ŒUVRES

DE LAGRANGE.

PARIS. — IMPRIMERIE DE GAUTHIER-VILLARS, SUCCESSEUR DE MALLET-BACHELIER,
Quai des Augustins, 55.

ŒUVRES

DE LAGRANGE,

PUBLIÉES PAR LES SOINS

DE M. J.-A. SERRET,

SOUS LES AUSPICES

DE SON EXCELLENCE

LE MINISTRE DE L'INSTRUCTION PUBLIQUE.

TOME SIXIÈME.

PARIS,

GAUTHIER-VILLARS, IMPRIMEUR-LIBRAIRE

DE L'ÉCOLE POLYTECHNIQUE, DU BUREAU DES LONGITUDES,

SUCCESSEUR DE MALLET-BACHELIER,

Quai des Augustins, 55.

MDCCCLXXIII

TROISIÈME SECTION.

MÉMOIRES

EXTRAITS DES

RECUEILS DE L'ACADÉMIE DES SCIENCES DE PARIS

ET DE

LA CLASSE DES SCIENCES MATHÉMATIQUES ET PHYSIQUES
DE L'INSTITUT DE FRANCE.

RECHERCHES

SUR

LA LIBRATION DE LA LUNE,

DANS LESQUELLES ON TACHE DE RÉSOUDRE

LA QUESTION PROPOSÉE PAR L'ACADÉMIE ROYALE DES SCIENCES
POUR LE PRIX DE L'ANNÉE 1764.

RECHERCHES

SUR

LA LIBRATION DE LA LUNE,

DANS LESQUELLES ON TACHE DE RÉSOUDRE

LA QUESTION PROPOSÉE PAR L'ACADÉMIE ROYALE DES SCIENCES POUR LE PRIX DE L'ANNÉE 1764 (*).

(Prix de l'Académie Royale des Sciences de Paris, tome IX, 1764.)

I.

Cet écrit a pour objet d'examiner les différents mouvements, apparents ou réels, que la Lune peut avoir autour de son centre. Je suppose d'abord que cette Planète a une figure quelconque; et je cherche le mouvement qu'elle doit recevoir de l'action de la Terre et du Soleil. Quoiqu'un très-grand Géomètre ait déjà donné des méthodes et des for-

(*) Dans ce premier travail sur la *libration de la Lune*, Lagrange donne une explication satisfaisante du phénomène de l'égalité entre les mouvements moyens de translation et de rotation de la Lune ; mais il n'est pas aussi heureux à l'égard du phénomène de l'égalité entre le mouvement des nœuds de l'équateur lunaire et celui des nœuds de l'orbite de la Lune sur l'écliptique.

Il fallait de nouveaux efforts pour obtenir une solution complète du Problème du mouvement de l'axe lunaire. L'illustre Auteur y a consacré assurément de longues méditations, car ce n'est que seize années plus tard qu'il présenta à l'Académie de Berlin sa célèbre *Théorie de la libration de la Lune*. (*OEuvres de Lagrange*, t. V, p. 1.) (*Note de l'Éditeur*.)

mules générales, qui peuvent aisément s'appliquer à la recherche dont il s'agit ici, néanmoins il m'a paru plus commode de reprendre la question en entier, et de la résoudre par une méthode que je crois nouvelle à plusieurs égards et qui est d'un usage simple et général pour tous les Problèmes de Dynamique. Cette méthode me conduit naturellement à trois équations générales, qui reviennent au même, pour le fond, que celles qu'on trouve dans les *Mémoires de l'Académie* de 1754, pages 424 et 425 ; et, pour en faciliter la comparaison à ceux qui voudront prendre la peine de la faire, j'expose en peu de mots les principales différences qu'il y a entre elles par rapport à la diversité des dénominations. D'après ces équations, j'examine quels changements l'action de la Terre et du Soleil doit produire dans la rotation de la Lune et dans la position de son axe. Après avoir prouvé que l'action du Soleil est presque insensible par rapport à celle de la Terre, je trouve qu'en supposant, avec M. Newton, que la Lune est un sphéroïde allongé vers la Terre, cette Planète doit faire autour de son axe une espèce de balancement ou de libration, par lequel sa vitesse de rotation est tantôt accélérée, tantôt retardée; et j'explique alors avec facilité pourquoi la Lune doit nous montrer toujours à peu près la même face, quoiqu'elle n'ait point reçu d'abord, comme il est très-naturel de l'imaginer, une rotation exactement égale à son mouvement moyen autour de la Terre. Je fais voir ensuite que l'axe de cette Planète doit être sujet à un mouvement semblable à celui de la Terre, comme M. d'Alembert l'a déjà démontré dans la supposition que la Lune soit un sphéroïde homogène et elliptique dans tous les sens; mais je diffère essentiellement de lui sur la quantité de la précession et de la nutation qui doit avoir lieu dans cette hypothèse; je donne la raison de la différence qui se trouve entre nos résultats, en faisant voir que les formules qui sont vraies pour la Terre ne s'appliquent pas indistinctement à la Lune, comme le suppose cet Auteur. Je fais voir de plus que la figure de la Lune pourrait aussi être telle que la précession de ses points équinoxiaux fût exactement, ou à très-peu près, égale au mouvement des nœuds de la Lune, comme l'a trouvé M. Cassini; et dans ce cas je démontre qu'il ne doit plus y avoir de nutation sensible dans l'axe de cette Planète. Au reste, c'est aux Astronomes seuls à nous instruire pleinement là-dessus; mais, pour les mettre plus à portée de connaître ces différents mouvements, je propose des méthodes que je crois assez simples pour déterminer, par le moyen des observations des taches de la Lune, la position de son axe de rotation et la quantité de sa libration tant apparente que réelle.

Tels sont, en abrégé, les points principaux de la Dissertation suivante. L'Académie Royale des Sciences ayant proposé pour le sujet du Prix de l'année prochaine : « Si l'on peut expliquer par quelque raison » physique pourquoi la Lune nous présente toujours à peu près la même » face; et comment on peut déterminer par les observations et par la » théorie si l'axe de cette Planète est sujet à quelque mouvement propre, » semblable à celui qu'on connaît dans l'axe de la Terre, et qui produit » la précession des équinoxes et la nutation »; j'ose lui présenter le fruit de mon travail sur cette importante matière. S'il ne répond pas entièrement aux vues de cette savante Compagnie, au moins servira-t-il à jeter de nouvelles lumières sur un des principaux phénomènes célestes.

II.

Comme il n'est question ici que du mouvement que la Lune doit avoir autour de son centre de gravité, en vertu de l'action du Soleil et de la Terre, il est évident qu'on peut regarder le centre de la Lune comme immobile par rapport à la Terre et au Soleil, en transportant à ces deux Planètes en sens contraire le mouvement que la Lune a réellement autour d'elles, c'est-à-dire en imaginant que la Terre et le Soleil se meuvent autour du centre de la Lune, supposé fixe, comme les verrait un observateur placé dans ce centre.

Cela posé, j'imagine par le centre de la Lune un plan parallèle à l'écliptique, auquel je rapporte la position des centres de la Terre et du Soleil, comme aussi celle de tous les points de la masse de la Lune. Pour cela, ayant mené du centre de cette Planète dans le plan dont je parle une ligne fixe et dirigée vers le premier point d'*Aries*, laquelle sert d'axe commun à toutes les abscisses : soient x l'abscisse et y l'ordonnée rectangle qui répondent à la projection du centre de la Terre sur ce plan, et soit z l'autre coordonnée rectangle qui exprime la distance du centre de la Terre au point qui en est la projection; soient aussi x', y', z' les coordonnées semblables pour la position du centre du Soleil; enfin soient X l'abscisse, et Y, Z les deux ordonnées correspondantes à un point quelconque α de la masse de la Lune.

Il est visible :

1° Que la distance de ce point au centre de la Terre sera exprimée par

$$\sqrt{(x-X)^2+(y-Y)^2+(z-Z)^2},$$

quantité que j'appelle R, pour abréger;

2° Que la distance du même point au centre du Soleil sera exprimée de même par la quantité

$$\sqrt{(x'-X)^2+(y'-Y)^2+(z'-Z)^2},$$

que j'appelle R'.

Donc, si l'on nomme T la masse de la Terre et S celle du Soleil, chaque point α de la Lune sera tiré par deux forces, l'une dans la direction de la ligne R, égale à $\frac{T}{R^2}$, l'autre suivant la ligne R', égale à $\frac{S}{R'^2}$.

De plus, si l'on prend l'élément du temps dt pour constant, on aura $\frac{d^2X}{dt^2}$, $\frac{d^2Y}{dt^2}$, $\frac{d^2Z}{dt^2}$ pour les forces accélératrices dont le point α est sollicité suivant la direction des espaces dX, dY, dZ, qu'il parcourt dans l'instant dt, et il faudra, par le principe général de la Dynamique, que ces forces prises en sens contraire et combinées avec les forces $\frac{T}{R^2}$, $\frac{S}{R'^2}$ tiennent le système de tous les points α, c'est-à-dire la masse entière de la Lune, en équilibre autour de son centre de gravité supposé fixe.

III.

C'est un principe généralement vrai en Statique que, si un système quelconque de tant de corps ou de points que l'on veut, tirés chacun par des puissances quelconques, est en équilibre, et qu'on donne à ce système un petit mouvement quelconque, en vertu duquel chaque point parcoure un espace infiniment petit, la somme des puissances, multipliées chacune par l'espace que le point où elle est appliquée parcourt suivant la direction de cette même puissance, sera toujours égale à zéro.

Dans la question présente, si l'on imagine que les lignes X, Y, Z, R, R' deviennent, en variant infiniment peu la position de la Lune autour de son centre,

$$X + \delta X, \quad Y + \delta Y, \quad Z + \delta Z, \quad R + \delta R, \quad R' + \delta R',$$

il est facile de voir que les différences

$$\delta X, \ \delta Y, \ \delta Z, \ \delta R, \ \delta R'$$

exprimeront les espaces parcourus en même temps par le point α dans des directions opposées à celles des puissances

$$\alpha\frac{d^2X}{dt^2}, \quad \alpha\frac{d^2Y}{dt^2}, \quad \alpha\frac{d^2Z}{dt^2}, \quad \alpha\frac{T}{R^2}, \quad \alpha\frac{S}{R'^2},$$

qui sont censées agir sur ce point; on aura donc, pour les conditions de l'équilibre, l'équation générale

$$\int\left[\alpha\frac{d^2X}{dt^2}(-\delta X)+\alpha\frac{d^2Y}{dt^2}(-\delta Y)+\alpha\frac{d^2Z}{dt^2}(-\delta Z)+\alpha\frac{T}{R^2}(-\delta R)+\alpha\frac{S}{R'^2}(-\delta R')\right]=0;$$

savoir, en changeant les signes,

$$\text{(A)} \qquad \frac{1}{dt^2}\int\alpha(d^2X\,\delta X + d^2Y\,\delta Y + d^2Z\,\delta Z) + T\int\frac{\alpha\,\delta R}{R^2} + S\int\frac{\alpha\,\delta R'}{R'^2} = 0.$$

Les quantités δX, δY, δZ, δR, $\delta R'$ ne sont autre chose que les différentielles des lignes X, Y, Z prises à l'ordinaire et affectées de la caractéristique δ au lieu de la commune d, pour les distinguer des autres différentielles des mêmes lignes qui ont rapport au mouvement réel du corps.

Quant au signe d'intégration $\int$, il est mis pour marquer la somme de toutes les formules semblables qui répondent à tous les éléments α de la masse de la Lune.

IV.

Scolie. — Le principe de Statique que je viens d'exposer n'est, dans le fond, qu'une généralisation de celui qu'on nomme communément le *principe des vitesses virtuelles*, et qui est reconnu depuis longtemps par les Géomètres pour le principe fondamental de l'équilibre. M. Jean Bernoulli est le premier, que je sache, qui ait envisagé ce principe sous un point de vue général et applicable à toutes les questions de Statique, comme on le peut voir dans la Section IX de la nouvelle *Mécanique* de M. Varignon, où cet habile Géomètre, après avoir rapporté d'après M. Bernoulli le principe dont il s'agit, fait voir, par différentes applications, qu'il conduit aux mêmes conclusions que celui de la composition des forces.

C'est aussi ce même principe qui sert de base à celui que M. de Maupertuis a donné dans les *Mémoires de l'Académie* de 1740, sous le nom de *loi du repos*, et que M. Euler a développé ensuite et rendu très-général dans les *Mémoires de l'Académie de Berlin* pour l'année 1751.

Enfin c'est de ce principe que dépend celui de la conservation des forces vives, comme M. d'Alembert l'a remarqué le premier à la fin de sa *Dynamique ;* ce qui peut d'ailleurs se démontrer généralement ainsi.

Soit un système quelconque de tant de corps qu'on voudra m, m', m'',..., qui pèsent, ou qui soient attirés vers des centres par des forces quelconques; soient P, Q, R,... les forces qui agissent sur le corps m, et p, q, r,... les distances respectives de ce corps aux centres de ces forces; soient aussi P′, Q′, R′,..., P″, Q″, R″,... les forces des corps m', m'',..., et p', q', r',..., p'', q'', r'',... leurs distances aux centres des forces; si l'on imagine que tous ces corps se meuvent, durant un instant quelconque dt, par les espaces ds, ds', ds'',... avec les vitesses v, v', v'',..., il faudra, par le principe général de la Dynamique, que le système des corps m, m', m'',..., animés chacun des forces

$$-\frac{m\,dv}{dt},\quad -\frac{m'\,dv'}{dt},\quad -\frac{m''\,dv''}{dt},\ldots,$$

dans la direction même des espaces ds, ds', ds'',..., soit en équilibre avec les forces

$$mP,\ mQ,\ mR,\ldots,\quad m'P',\ m'Q',\ m'R',\ldots,\quad m''P'',\ m''Q'',\ m''R'',\ldots,\ldots.$$

Or, si l'on considère le système pendant que les corps changent infiniment peu de position en parcourant les espaces ds, ds', ds'',..., il est clair que

$$dp,\ dq,\ dr,\ldots,\quad dp',\ dq',\ dr',\ldots,\quad dp'',\ dq'',\ dr'',\ldots,\ldots$$

exprimeront les espaces parcourus par chacun des corps, dans des directions contraires à celles des forces P, Q, R,..., P′, Q′, R′,...,...; on aura donc, par le principe de l'équilibre dont nous parlons,

$$\left.\begin{array}{l}
-\dfrac{m\,dv}{dt}ds + mP(-dp) + mQ(-dq) + mR(-dr) + \ldots \\
-\dfrac{m'dv'}{dt}ds' + m'P'(-dp') + m'Q'(-dq') + m'R'(-dr') + \ldots \\
-\dfrac{m''dv''}{dt}ds'' + m''P''(-dp'') + m''Q''(-dq'') + m''R''(-dr'') + \ldots \\
\ldots\ldots\ldots\ldots\ldots\ldots\ldots\ldots\ldots\ldots\ldots\ldots\ldots\ldots
\end{array}\right\} = 0.$$

Mettant, au lieu de dt, ses valeurs $\frac{ds}{v}$, $\frac{ds'}{v'}$, $\frac{ds''}{v''}$,... et intégrant, on aura

$$\begin{aligned}
mv^2 + m'v'^2 + m''v''^2 + \ldots = mV^2 &+ m'V'^2 + m''V''^2 + \ldots \\
&- 2m\int(P\,dp + Q\,dq + R\,dr + \ldots) \\
&- 2m'\int(P'dp' + Q'dq' + R'dr' + \ldots) \\
&- 2m''\int(P''dp'' + Q''dq'' + R''dr'' + \ldots) \\
&- \ldots\ldots\ldots\ldots\ldots\ldots\ldots\ldots,
\end{aligned}$$

V, V′, V″,... étant les valeurs primitives de v, v', v'',...; et cette équation renferme, comme on le voit, la conservation des forces vives prise dans toute son étendue.

Au reste le principe de Statique que je viens d'exposer, étant combiné avec le principe de Dynamique donné par M. d'Alembert, constitue une espèce de formule générale qui renferme la solution de tous les Problèmes qui regardent le mouvement des corps. Car on aura toujours une équation semblable à l'équation (A) (Article précédent), et toute la difficulté ne consistera plus qu'à trouver l'expression analytique des forces qu'on suppose agir sur les corps et des lignes suivant lesquelles ces forces agissent, en n'employant dans ces expressions que le plus petit nombre possible de variables indéterminées, de manière que leurs différentielles désignées par le δ soient entièrement indépendantes les unes des autres; après quoi, faisant séparément égaux à zéro les termes qui se trouveront multipliés par chacune des différentielles dont je parle, on aura tout d'un coup autant d'équations particulières qu'il en faudra pour la solution du Problème, comme on le verra dans les Articles qui suivent.

V.

Soient présentement :

π l'inclinaison du plan de l'équateur lunaire par rapport à celui de l'écliptique;

ε la longitude du nœud descendant de l'équateur lunaire, c'est-à-dire l'angle que l'intersection de cet équateur avec l'écliptique, ou avec le plan parallèle à l'écliptique et passant par le centre de la Lune, fait avec l'axe des abscisses (Article II);

ω la distance d'un méridien lunaire pris à volonté sur la surface de la Lune, et qu'on appellera dorénavant le premier méridien, au nœud descendant de l'équateur, cette distance étant comptée à l'ordinaire sur l'équateur et selon la suite des signes.

Il est aisé de voir que ces trois variables suffiront pour déterminer, à chaque instant, la situation de la Lune par rapport à son centre, qui est censé immobile; aussi ce seront les seules qu'il faudra faire varier dans les différentielles des lignes X, Y, Z, R, R'.

Soient de plus :

r le rayon ou la distance d'un point quelconque α au centre de gravité de la Lune;

P l'angle que ce rayon fait avec le plan de l'équateur, ou la distance du point α à l'équateur comptée sur le méridien qui passe par ce point;

Q l'angle que le méridien passant par le point α fait avec le premier méridien, c'est-à-dire la distance entre ces deux méridiens comptée sur l'équateur en allant d'occident en orient.

Il est visible que ces trois nouvelles indéterminées ne dépendent nullement de la position de la Lune sur son centre, mais seulement de la situation particulière de chacun de ces points α par rapport à tous les autres. Ainsi ces quantités r, P, Q ne seront variables dans nos formules que relativement aux intégrations indiquées par le signe $\int$ dans l'équation (A).

Au reste il est bon de remarquer d'avance que, comme on suppose que le centre de rotation de la Lune soit dans son centre même de gravité, on aura, par la propriété connue de ce centre, les trois conditions suivantes

$$(\mathrm{B}) \qquad \int \alpha r \sin \mathrm{P} = 0, \quad \int \alpha r \cos \mathrm{P} \sin \mathrm{Q} = 0, \quad \int \alpha r \cos \mathrm{P} \cos \mathrm{Q} = 0.$$

VI.

Maintenant, pour avoir les valeurs des coordonnées X, Y, Z exprimées en r, P, Q, ω, ε, π, je considère que l'angle P peut être regardé comme exprimant la déclinaison du point α vu du centre de la Lune, et rapporté à l'équateur lunaire; et que, dans cette supposition, l'angle $\mathrm{Q} + \omega$, que je nommerai Q', pour abréger, sera l'ascension droite du même point comptée à l'ordinaire depuis le nœud descendant de l'équateur. Donc, en rapportant le point α au plan de l'écliptique lunaire (j'appelle ainsi le plan que nous avons imaginé parallèle à l'écliptique et passant par le centre de la Lune), lequel est incliné à l'équateur de l'angle π, on trouvera facilement, par les formules de la Trigonométrie, sa latitude que j'appellerai p et sa longitude que je nommerai q' ; car on aura, comme il est aisé de le démontrer,

$$(C)\qquad \left\{\begin{aligned} \sin p &= \sin P \cos\pi - \cos P \sin Q' \sin\pi,\\ \sin q' &= \frac{\sin P \sin\pi + \cos P \sin Q' \cos\pi}{\cos p},\\ \cos q' &= \frac{\cos P \cos Q'}{\cos p}.\end{aligned}\right.$$

Mais il est clair d'autre part que l'angle p n'est autre chose que l'angle fait par le rayon r avec le plan des X et Y ; et que $q' + \varepsilon$, que je nomme q, est l'angle que la projection de r sur ce plan fait avec l'axe des X ; on aura donc, comme il est facile de le concevoir même sans figure,

$$(D)\qquad \left\{\begin{aligned} Z &= r\sin p,\\ Y &= r\cos p \sin q = r\cos p \cos q' \sin\varepsilon + r\cos p \sin q' \cos\varepsilon,\\ X &= r\cos p \cos q = r\cos p \cos q' \cos\varepsilon - r\cos p \sin q' \sin\varepsilon,\end{aligned}\right.$$

et, substituant pour $\sin p$, pour $\sin q'$ et $\cos q'$ leur valeurs ci-devant,

$$(E)\qquad \left\{\begin{aligned} X &= r\cos P \cos Q' \cos\varepsilon - r\cos P \sin Q' \sin\varepsilon \cos\pi - r\sin P \sin\varepsilon \sin\pi,\\ Y &= r\cos P \cos Q' \sin\varepsilon + r\cos P \sin Q' \cos\varepsilon \cos\pi + r\sin P \cos\varepsilon \sin\pi,\\ Z &= r\sin P \cos\pi - r\cos P \sin Q' \sin\pi,\end{aligned}\right.$$

où l'on se resouviendra que $Q' = Q + \omega$.

VII.

On différentiera d'abord ces valeurs de X, Y, Z, en faisant varier seulement ω, ε, π (Article V), et en mettant la caractéristique δ au lieu de la d, pour avoir celles de δX, δY, δZ ; on différentiera ensuite les mêmes valeurs X, Y, Z deux fois à l'ordinaire, pour avoir les différentio-différentielles d^2X, d^2Y, d^2Z ; après quoi on fera les produits $d^2X\,\delta X$, $d^2Y\,\delta Y$,

$d^2Z\,\delta Z$; et, après avoir effacé ce qui se détruit, et mis pour

$$\sin Q'\cos Q',\quad \sin^2 Q',\quad \cos^2 Q'$$

leurs valeurs

$$\tfrac{1}{2}\sin 2Q',\quad \tfrac{1}{2}-\tfrac{1}{2}\cos 2Q',\quad \tfrac{1}{2}+\tfrac{1}{2}\cos 2Q',$$

on aura

$$d^2X\,\delta X + d^2Y\,\delta Y + d^2Z\,\delta Z$$

$$= \left\{\begin{aligned} & r^2\cos^2 P[d(d\omega+\cos\pi\, d\varepsilon)+\tfrac{1}{2}\sin 2Q'(\sin^2\pi\, d\varepsilon^2 - d\pi^2)+\cos 2Q'\sin\pi\, d\pi\, d\varepsilon] \\ & + r^2\sin P\cos P[\sin Q'(\sin\pi\, d^2\varepsilon + 2\cos\pi\, d\pi\, d\varepsilon) \\ & \qquad + \cos Q'(d^2\pi - \sin\pi\cos\pi\, d\varepsilon^2)] \end{aligned}\right\}\times\delta\omega$$

$$+ \left\{\begin{aligned} & r^2\cos^2 P\Big[d(\cos\pi\, d\omega + d\varepsilon - \tfrac{1}{2}\sin^2\pi\, d\varepsilon) - \sin 2Q'[\sin^2\pi\, d\omega\, d\varepsilon + \tfrac{1}{2}d(\sin\pi\, d\pi)] \\ & \qquad + \cos 2Q'[\tfrac{1}{2}d(\sin^2\pi\, d\varepsilon) - \sin\pi\, d\omega\, d\pi]\Big] \\ & + r^2\sin P\cos P\Big[\sin Q'[\sin\pi\, d^2\omega + d(\sin 2\pi\, d\varepsilon)] \\ & \qquad + \cos Q'[\sin\pi\, d\omega^2 + \sin 2\pi\, d\varepsilon\, d\omega + d(\cos\pi\, d\pi)]\Big] \\ & + r^2\sin^2 P[d(\sin^2\pi\, d\varepsilon)] \end{aligned}\right\}\times\delta\varepsilon$$

$$+ \left\{\begin{aligned} & r^2\cos^2 P[\sin\pi\, d\omega\, d\varepsilon + \tfrac{1}{2}\sin\pi\cos\pi\, d\varepsilon^2 + \tfrac{1}{2}d^2\pi + \sin 2Q'(d\omega\, d\pi - \tfrac{1}{2}\sin\pi\, d^2\varepsilon) \\ & \qquad - \cos 2Q'(\sin\pi\, d\omega\, d\varepsilon + \tfrac{1}{2}\sin\pi\cos\pi\, d\varepsilon^2 + \tfrac{1}{2}d^2\pi)] \\ & + r^2\sin P\cos P[-\sin Q'(2\cos\pi\, d\omega\, d\varepsilon + \cos 2\pi\, d\varepsilon^2 + d\omega^2) \\ & \qquad + \cos Q'(d^2\omega + \cos\pi\, d^2\varepsilon)] \\ & + r^2\sin^2 P[d^2\pi - \sin\pi\cos\pi\, d\varepsilon^2] \end{aligned}\right\}\times\delta\pi.$$

On multipliera cette quantité par α, et l'on en prendra l'intégrale en faisant varier seulement r, P, Q (Article V); on aura ainsi la valeur de

$$\int \alpha(d^2X\,\delta X + d^2Y\,\delta Y + d^2Z\,\delta Z),$$

qu'il faudra substituer dans l'équation (A), Article III.

VIII.

Remarque. — Il y a plusieurs moyens d'abréger le calcul de la valeur de

$$d^2X\,\delta X + d^2Y\,\delta Y + d^2Z\,\delta Z;$$

en voici un qui quoique indirect est néanmoins préférable par sa simplicité et sa généralité. On commencera par chercher la valeur de

$$dX^2 + dY^2 + dZ^2;$$

et pour ce j'observerai, dans la supposition présente, que la valeur de X devient celle de Y, en mettant simplement $-\cos\varepsilon$ à la place de $\sin\varepsilon$, et $\sin\varepsilon$ à la place de $\cos\varepsilon$, c'est-à-dire en augmentant l'angle ε de 90 degrés; ce qui aura par conséquent lieu aussi dans les valeurs de dX^2 et de dY^2; d'où il s'ensuit que, dès que l'on aura la valeur de dX, on en pourra tirer tout de suite celle de dX^2+dY^2, en négligeant simplement dans le carré de dX tous les termes qui renfermeraient $\sin\varepsilon\cos\varepsilon$, et effaçant dans les autres les carrés $\sin^2\varepsilon$ et $\cos^2\varepsilon$; après cela il n'y aura plus qu'à faire le carré de dZ, et l'on aura, après quelques réductions,

$$\begin{aligned} &dX^2 + dY^2 + dZ^2 \\ &\quad = r^2\cos^2 P\Big[d\omega^2 + 2\cos\pi\, d\omega\, d\varepsilon + d\varepsilon^2 - \tfrac{1}{2}\sin^2\pi\, d\varepsilon^2 + \tfrac{1}{2}d\pi^2 \\ &\qquad\qquad + \tfrac{1}{2}\cos 2Q'(\sin^2\pi\, d\varepsilon^2 - d\pi^2) - \sin 2Q'\sin\pi\, d\pi\, d\varepsilon\Big] \\ &\quad + 2r^2\sin P\cos P\Big[\sin Q'(\sin\pi\, d\omega\, d\varepsilon + \sin\pi\cos\pi\, d\varepsilon^2) \\ &\qquad\qquad + \cos Q'(d\omega\, d\pi + \cos\pi\, d\varepsilon\, d\pi)\Big] \\ &\quad + r^2\sin^2 P\,[\sin^2\pi\, d\varepsilon^2 + d\pi^2]. \end{aligned}$$

Je différentie à présent cette équation par δ, c'est-à-dire en affectant les différentielles de δ au lieu de d; j'aurai, après avoir divisé par 2,

$$\begin{aligned} &dX\,\delta dX + dY\,\delta dY + dZ\,\delta dZ \\ &\quad = r^2\cos^2 P[d\omega\,\delta d\omega + \cos\pi\, d\varepsilon\,\delta d\omega + \cos\pi\, d\omega\,\delta d\varepsilon - \sin\pi\, d\omega\, d\varepsilon\,\delta\pi + \ldots] + \ldots. \end{aligned}$$

Je ne mets pas cette différentielle en entier parce que je ne veux que donner une idée de la méthode que je propose. Maintenant je considère que δdX est la même chose que $d\delta X$, comme il est aisé de s'en convaincre en considérant la nature du Calcul différentiel; il en est de même des autres différences affectées de δd; on peut donc mettre partout $d\delta$ au lieu de δd, et l'on aura

$$dX\,d\delta X + dY\,d\delta Y + dZ\,d\delta Z$$
$$= r^2\cos^2 P(d\omega\,d\delta\omega + \cos\pi\,d\varepsilon\,d\delta\omega + \cos\pi\,d\omega\,d\delta\varepsilon - \sin\pi\,d\omega\,d\varepsilon\,\delta\pi\ldots) + \ldots.$$

On prendra l'intégrale de cette équation, et, regardant les différences affectées de δ comme de simples variables, on fera disparaître leurs différentielles par l'opération assez connue des intégrations par partie; ce qui donnera

$$dX\,\delta X + dY\,\delta Y + dZ\,\delta Z - \int(d^2X\,\delta X + d^2Y\,\delta Y + d^2Z\,\delta Z)$$
$$= r^2\cos^2 P\,(d\omega\,\delta\omega + \cos\pi\,d\varepsilon\,\delta\omega + \cos\pi\,d\omega\,\delta\varepsilon + \ldots) + \ldots$$
$$-\int\left[r^2\cos^2 P[d^2\omega\,\delta\omega + d(\cos\pi\,d\varepsilon)\delta\omega + d(\cos\pi\,d\omega)\delta\varepsilon + \sin\pi\,d\omega\,d\varepsilon\,\delta\pi + \ldots] + \ldots\right].$$

Or il est aisé de comprendre que cette équation doit être identique et que par conséquent il faut que la partie algébrique du premier membre soit égale à la partie algébrique du second, et la partie intégrale à la partie intégrale; donc, n'ayant égard qu'à la partie intégrale de l'un et de l'autre membre, et ôtant le signe $\int$, on aura sur-le-champ

$$d^2X\,\delta X + d^2Y\,\delta Y + d^2Z\,\delta Z$$
$$= r^2\cos^2 P[d^2\omega\,\delta\omega + d(\cos\pi\,d\varepsilon)\,\delta\omega + d(\cos\pi\,d\omega)\,\delta\varepsilon + \sin\pi\,d\omega\,d\varepsilon\,\delta\pi + \ldots] + \ldots.$$

On peut remarquer encore que cette valeur ne diffère de celle de

$$dX\,\delta\,dX + dY\,\delta\,dY + dZ\,\delta\,dY,$$

qu'en ce que la lettre d qui était après la δ dans les différentielles affectées de δd se trouve maintenant devant les quantités mêmes qui multiplient ces différentielles, et que les autres termes, qui ne renferment point de semblables différentielles, ont des signes contraires. Ainsi, ayant la valeur de

$$dX^2 + dY^2 + dZ^2,$$

on aura facilement celle de

$$d^2X\,\delta X + d^2Y\,\delta Y + d^2Z\,\delta Z,$$

dont on a besoin dans la solution de tous les Problèmes de Dynamique qu'on voudra traiter suivant notre méthode.

IX.

Jusqu'ici la position de l'axe de rotation, autour duquel nous supposons que la Lune tourne en décrivant d'occident en orient l'angle ω, est absolument arbitraire, et nous pourrons prendre telle ligne qu'il nous plaira pourvu qu'elle passe par le centre de gravité; mais le calcul sera beaucoup simplifié si l'on suppose qu'abstraction faite des forces étrangères, la rotation de la Lune doive être uniforme, et son axe une ligne fixe et invariable. Voyons donc les conditions qui résultent de ces suppositions; pour cela il n'y a qu'à faire

$$T = 0, \quad S = 0$$

dans l'équation (A), ce qui la réduit à

$$\frac{1}{dt^2}\int \alpha(d^2X\,\delta X + d^2Y\,\delta Y + d^2Z\,\delta Z) = 0;$$

et il faudra que cette équation soit vraie en faisant

$$d^2\omega = 0, \quad d\varepsilon = 0, \quad d\pi = 0;$$

or, dans ce cas, on aura (Article VII)

$$\begin{aligned}&d^2X\,\delta X + d^2Y\,\delta Y + d^2Z\,\delta Z\\ &\quad = r^2 \sin P \cos P \cos Q' \sin\pi\, d\omega^2 \delta\varepsilon - r^2 \sin P \cos P \sin Q'\, d\omega^2 \delta\pi;\end{aligned}$$

donc l'équation à vérifier sera

$$\frac{\sin\pi\, d\omega^2\delta\varepsilon}{dt^2}\int\alpha r^2\sin P\cos P\cos Q' - \frac{d\omega^2\delta\pi}{dt^2}\int\alpha r^2\sin P\cos P\sin Q' = 0,$$

laquelle donne séparément les deux suivantes (Article IV, à la fin)

$$\text{(F)}\qquad \int\alpha r^2\sin P\cos P\cos Q' = 0,\qquad \int\alpha r^2\sin P\cos P\sin Q' = 0.$$

Telles sont les conditions nécessaires pour que la Lune puisse d'elle-même tourner uniformément autour d'un axe fixe; par conséquent si l'on suppose, comme les observations de la libration paraissent le démontrer, que ces conditions aient lieu dans la rotation de la Lune, il faudra négliger, dans la valeur (Article VII) de

$$d^2X\,\delta X + d^2Y\,\delta Y + d^2Z\,\delta Z,$$

tous les termes où se trouvent $\sin P\cos P\cos Q'$ et $\sin P\cos P\sin Q'$; et pour avoir l'intégrale

$$\int\alpha(d^2X\,\delta X + d^2Y\,\delta Y + d^2Z\,\delta Z),$$

il n'y aura plus qu'à mettre au lieu de Q' sa valeur $Q+\omega$; ce qui donne

$$\cos 2Q' = \cos 2Q\cos 2\omega - \sin 2Q\sin 2\omega,$$
$$\sin 2Q' = \cos 2Q\sin 2\omega + \sin 2Q\cos 2\omega.$$

En supposant, pour abréger,

$$\text{(G)}\qquad \left\{\begin{array}{ll} \int\alpha r^2\cos^2 P = H, & \int\alpha r^2\sin^2 P = K,\\ \int\alpha r^2\cos^2 P\cos 2Q = M, & \int\alpha r^2\cos^2 P\sin 2Q = N, \end{array}\right.$$

on trouvera pour la valeur de

$$\frac{1}{dt^2}\int\alpha(d^2X\,\delta X + d^2Y\,\delta Y + d^2Z\,\delta Z)$$

une expression de cette forme

$$\Omega\,\delta\omega + \mathrm{E}\,\delta\varepsilon + \Pi\,\delta\pi,$$

dans laquelle

$$\Omega = \frac{d(d\omega + \cos\pi\,d\varepsilon)}{dt^2}\,\mathrm{H} + \frac{\sin^2\pi\,d\varepsilon^2 - d\pi^2}{2\,dt^2}(\mathrm{M}\sin 2\omega + \mathrm{N}\cos 2\omega)$$

$$+ \frac{\sin\pi\,d\pi\,d\varepsilon}{dt^2}(\mathrm{M}\cos 2\omega - \mathrm{N}\sin 2\omega),$$

$$\mathrm{E} = \frac{d(\cos\pi\,d\omega + d\varepsilon)}{dt^2}\,\mathrm{H} + \frac{d(\sin^2\pi\,d\varepsilon)}{dt^2}(\mathrm{K} - \tfrac{1}{2}\mathrm{H})$$

$$- \frac{\sin^2\pi\,d\omega\,d\varepsilon + \frac{1}{2}d(\sin\pi\,d\pi)}{dt^2}(\mathrm{M}\sin 2\omega + \mathrm{N}\cos 2\omega)$$

$$+ \frac{\frac{1}{2}d(\sin^2\pi\,d\varepsilon) - \sin\pi\,d\omega\,d\pi}{dt^2}(\mathrm{M}\cos 2\omega - \mathrm{N}\sin 2\omega),$$

$$\Pi = \frac{\sin\pi\,d\omega\,d\varepsilon}{dt^2}\,\mathrm{H} + \frac{d^2\pi}{dt^2}(\tfrac{1}{2}\mathrm{H} + \mathrm{K}) + \frac{\sin\pi\cos\pi\,d\varepsilon^2}{dt^2}(\tfrac{1}{2}\mathrm{H} - \mathrm{K})$$

$$+ \frac{d\omega\,d\pi - \frac{1}{2}\sin\pi\,d^2\varepsilon}{dt^2}(\mathrm{M}\sin 2\omega + \mathrm{N}\cos 2\omega)$$

$$- \frac{\sin\pi\,d\omega\,d\varepsilon + \frac{1}{2}d^2\pi + \frac{1}{2}\sin\pi\cos\pi\,d\varepsilon^2}{dt^2}(\mathrm{M}\cos 2\omega - \mathrm{N}\sin 2\omega).$$

X.

Scolie I. — On aurait tort de croire que les conditions

$$\int \alpha r^2 \sin\mathrm{P}\cos\mathrm{P}\cos\mathrm{Q}' = 0, \qquad \int \alpha r^2 \sin\mathrm{P}\cos\mathrm{P}\sin\mathrm{Q}' = 0$$

rendissent notre solution moins générale; car je vais démontrer que, dans quelque corps que ce soit, on peut toujours trouver trois axes qui passent par le centre de gravité, par rapport à chacun desquels ces deux équations aient lieu en même temps.

Pour cela, imaginons pour un moment que la position de la Lune, que je considérerai ici comme un corps quelconque, soit fixe par rapport au plan de son écliptique; et cherchons la position du plan de l'équateur de manière que l'on ait

$$\int \alpha r^2 \sin P \cos P \cos Q' = 0, \quad \int \alpha r^2 \sin P \cos P \sin Q' = 0;$$

on aura d'abord, en combinant les formules (C) de l'Article VI,

$$\begin{aligned}
\sin P &= \sin\pi \cos p \sin q' + \cos\pi \sin p,\\
\cos P \sin Q' &= \cos\pi \cos p \sin q' - \sin\pi \sin p,\\
\cos P \cos Q' &= \cos p \cos q';
\end{aligned}$$

donc

$$\begin{aligned}
\sin P \cos P \sin Q' &= \sin\pi \cos\pi (\cos^2 p \sin^2 q' - \sin^2 p) + (\cos^2\pi - \sin^2\pi) \cos p \sin p \sin q',\\
\sin P \cos P \cos Q' &= \sin\pi \cos^2 p \sin q' \cos q' + \cos\pi \sin p \cos p \cos q',
\end{aligned}$$

et, en mettant pour q' sa valeur $q - \varepsilon$ afin que l'angle q' ait une origine fixe,

$$\begin{aligned}
&\sin P \cos P \sin Q'\\
&\quad = \sin\pi \cos\pi (\cos^2 p \sin^2 q \cos^2\varepsilon - 2\cos^2 p \sin q \cos q \sin\varepsilon \cos\varepsilon + \cos^2 p \cos^2 q \sin^2\varepsilon - \sin^2 p)\\
&\qquad + (\cos^2\pi - \sin^2\pi)(\cos p \sin p \sin q \cos\varepsilon - \cos p \sin p \cos q \sin\varepsilon),
\end{aligned}$$

$$\begin{aligned}
&\sin P \cos P \cos Q'\\
&\quad = \sin\pi \cos^2 p \sin q \cos q (\cos^2\varepsilon - \sin^2\varepsilon) + \sin\pi \sin\varepsilon \cos\varepsilon (\cos^2 p \sin^2 q - \cos^2 p \cos^2 q)\\
&\qquad + \cos\pi (\sin p \cos p \sin q \sin\varepsilon + \sin p \cos p \cos q \cos\varepsilon).
\end{aligned}$$

Donc si l'on fait, pour abréger,

$$\int \alpha r^2 \cos^2 p \sin^2 q = A, \qquad \int \alpha r^2 \cos^2 p \cos^2 q = B,$$

$$\int \alpha r^2 \cos^2 p \sin q \cos q = C, \qquad \int \alpha r^2 \cos p \sin p \sin q = D,$$

$$\int \alpha r^2 \cos p \sin p \cos q = E, \qquad \int \alpha r^2 \sin^2 p = F,$$

on aura

$$\int \alpha r^2 \sin P \cos P \sin Q'$$
$$= \sin\pi \cos\pi (A\cos^2\varepsilon - 2C\sin\varepsilon\cos\varepsilon + B\sin^2\varepsilon - F) + (\cos^2\pi - \sin^2\pi)(D\cos\varepsilon - E\sin\varepsilon) = 0,$$

$$\int \alpha r^2 \sin P \cos P \cos Q'$$
$$= \sin\pi[(A - B)\sin\varepsilon\cos\varepsilon + C(\cos^2\varepsilon - \sin^2\varepsilon)] + \cos\pi(D\sin\varepsilon + E\cos\varepsilon) = 0,$$

deux équations d'où l'on tirera les valeurs de ε et π.

La première nous donne

$$\frac{\tang\pi}{1 - \tang^2\pi} = \frac{E\sin\varepsilon - D\cos\varepsilon}{A\cos^2\varepsilon - 2C\sin\varepsilon\cos\varepsilon + B\sin^2\varepsilon - F},$$

et la seconde nous donne aussi

$$\tang\pi = \frac{-D\sin\varepsilon - E\cos\varepsilon}{(A - B)\sin\varepsilon\cos\varepsilon + C(\cos^2\varepsilon - \sin^2\varepsilon)};$$

donc, chassant $\tang\pi$ et faisant $\sin\varepsilon = x$, on aura, après les réductions, une équation de cette forme

$$ax + bx^3 + (f + gx^2)\sqrt{1 - x^2} = 0,$$

dans laquelle

$$a = CDK + EHK - C^2E - 2CHD + 2D^2E - E^3,$$
$$b = -2CDK - EHK + 3CDH + 2C^2E - 3D^2E + E^3,$$
$$f = CEK - C^2D + E^2D,$$
$$g = DHK - 2CEK - CEH + 2C^2D + D^3 - H^2D - 3E^2D,$$

K étant $= A - F$ et $H = A - B$. Cette équation, étant dégagée des signes radicaux, devient celle-ci

$$x^6 + \frac{2ab + 2fg - g^2}{b^2 + g^2}x^4 + \frac{a^2 + f^2 - 2fg}{b^2 + g^2}x^2 - \frac{f^2}{b^2 + g^2} = 0,$$

laquelle, ayant son dernier terme négatif, et ne renfermant aucune puissance impaire de x, aura nécessairement, comme on sait, au moins deux racines réelles et égales, l'une positive et l'autre négative; donc, puisque

$$\tang \varepsilon = \frac{x}{\sqrt{1-x^2}} = -\frac{f+gx^2}{a+bx^2},$$

on aura au moins une valeur de $\tang\varepsilon$, et par conséquent de l'angle ε; et cette valeur étant substituée dans l'expression de $\tang\pi$ ci-dessus, on aura l'angle π correspondant. Ayant les angles ε et π, on aura, comme on le voit, la position du plan cherché de l'équateur par rapport au plan donné de l'écliptique. Si $D=0$ et $E=0$, alors $\tang\pi=0$, et le plan cherché tomberait dans le plan donné, ce qui est évident, parce que les deux équations

$$\int \alpha r^2 \cos p \sin p \sin q = 0, \quad \int \alpha r^2 \cos p \sin p \cos q = 0$$

sont analogues aux équations de condition

$$\int \alpha r^2 \cos P \sin P \sin Q' = 0, \quad \int \alpha r^2 \cos P \sin P \cos Q' = 0;$$

mais, en reprenant les équations qui résultent immédiatement de ces deux dernières équations et y mettant $D=0$ et $E=0$, on trouve

$$\sin\pi\cos\pi(A\cos^2\varepsilon - 2C\sin\varepsilon\cos\varepsilon + B\sin^2\varepsilon - F) = 0,$$

$$\sin\pi[(A-B)\sin\varepsilon\cos\varepsilon + C(\cos^2\varepsilon - \sin^2\varepsilon)] = 0,$$

équations qui, outre la racine $\pi=0$, donnent encore

$$\cos\pi = 0, \quad (A-B)\sin\varepsilon\cos\varepsilon + C(\cos^2\varepsilon - \sin^2\varepsilon) = 0;$$

savoir, en faisant $\tang\varepsilon = t$,

$$t^2 + \frac{B-A}{C}t - 1 = 0,$$

dont les deux racines sont nécessairement réelles, à cause du dernier terme négatif; de là il s'ensuit que si, après avoir trouvé par les équations ci-dessus la position du plan cherché, on regarde maintenant ce plan comme donné, on trouvera encore deux autres plans qui auront la même propriété, et dont la position par rapport à celui-là sera déterminée par les équations

$$\cos\pi = 0, \qquad t^2 + \frac{B-A}{C}t - 1 = 0.$$

Donc : 1° ces deux derniers plans couperont le premier à angles droits; 2° ils se couperont l'un l'autre avec un angle égal à la différence des angles qui ont pour tangentes les deux racines de l'équation en t; c'est-à-dire qu'en nommant t' et t'' ces racines, la tangente de l'angle en question sera, à cause de $t't'' = -1$,

$$\frac{t'-t''}{1+t't''} = \frac{t'-t''}{0} = \infty.$$

XI.

Scolie II. — A l'égard des quantités H, K, M, N de l'Article IX [équations (G)], il est clair que leur valeur dépend entièrement de la figure et de la constitution intérieure de la Lune; car, soit D la densité d'une particule quelconque α, on trouvera aisément

$$\alpha = \mathrm{D}r^2 \cos \mathrm{P}\, d\mathrm{Q}\, d\mathrm{P}\, dr,$$

et l'on aura

$$\mathrm{H} = \int \mathrm{D}r^4 dr \cos^3 \mathrm{P}\, d\mathrm{P}\, d\mathrm{Q}, \qquad \mathrm{K} = \int \mathrm{D}r^4 dr \sin^2 \mathrm{P} \cos \mathrm{P}\, d\mathrm{P}\, d\mathrm{Q},$$

$$\mathrm{M} = \int \mathrm{D}r^4 dr \cos^3 \mathrm{P}\, d\mathrm{P} \cos 2\mathrm{Q}\, d\mathrm{Q}, \qquad \mathrm{N} = \int \mathrm{D}r^4 dr \cos^3 \mathrm{P}\, d\mathrm{P} \sin 2\mathrm{Q}\, d\mathrm{Q};$$

et, pour avoir la valeur complète de ces intégrales, il faudra, après avoir substitué pour D sa valeur en r, P et Q, intégrer : 1° en faisant varier r et en mettant, après l'intégration, sa valeur en P et en Q, qui dépend de la figure de la Lune; 2° en faisant varier Q et en mettant, après l'intégration $\mathrm{Q} = c$, c étant la circonférence d'un cercle dont le rayon $= 1$; 3° en faisant varier P et en mettant, après l'intégration, $\mathrm{P} = \frac{c}{4}$, et doublant les termes. Comme la figure de la Lune est sensiblement sphérique, on ne s'éloignera pas de la vérité en la regardant comme formée de différentes couches à peu près sphériques et dont chacune soit partout de la même densité; soit donc $r'(1+e\xi)$ le rayon variable d'une couche quelconque de densité uniforme, r' étant le rayon de cette couche, qui est perpendiculaire au plan de l'équateur, e une quantité constante très-petite, et ξ une fonction quelconque de r', P et Q, qui soit nulle, lorsque $P=90°$. On remarquera : 1° que la quantité D sera une fonction de r' seulement; 2° que, si l'on néglige les carrés et les puissances plus hautes de e, on aura, en faisant, pour abréger, $\frac{d(r'^5\xi)}{dr'}=X$,

$$r^4\,dr = r'^4\,dr' + e\frac{d(r'^5\xi)}{dr'}\,dr' = r'^4\,dr' + eX\,dr';$$

d'où il suit qu'on aura

$$(\mathrm{H})\quad\left\{\begin{aligned}
H &= \int D\,r'^4\,dr'\cos^3P\,dP\,dQ + e\int DX\,dr'\cos^3P\,dP\,dQ,\\
K &= \int D\,r'^4\,dr'\sin^2P\cos P\,dP\,dQ + e\int DX\,dr'\sin^2P\cos P\,dP\,dQ,\\
M &= \int D\,r'^4\,dr'\cos^3P\cos2Q\,dP\,dQ + e\int DX\,dr'\cos^3P\cos2Q\,dP\,dQ,\\
N &= \int D\,r'^4\,dr'\cos^3P\,dP\sin2Q\,dQ + e\int DX\,dr'\cos^3P\,dP\sin2Q\,dQ.
\end{aligned}\right.$$

Soit

$$\int D\,r'^4\,dr' = F;$$

on aura

$$\int D\,r'^4\,dr'\cos^3P\,dP\,dQ = F\int\cos^3P\,dP\,dQ = cF\int\cos^3P\,dP = \tfrac{4}{3}cF;$$

on trouvera de la même manière

$$\int D\,r'^4\,dr'\sin^2P\cos P\,dP\,dQ = \tfrac{2}{3}cF,$$

$$\int D\,r'^4\,dr'\cos^3P\,dP\cos2Q\,dQ = 0,\quad \int D\,r'^4\,dr'\cos^3P\,dP\sin2Q\,dQ = 0;$$

on aura donc

$$(\mathrm{I})\quad \begin{cases} \left.\begin{aligned} \mathrm{H} &= \tfrac{4}{3} c\mathrm{F} + e\int \mathrm{DX}\, dr' \cos^3 \mathrm{P}\, d\mathrm{P}\, d\mathrm{Q} \\ \mathrm{K} &= \tfrac{2}{3} c\mathrm{F} + e\int \mathrm{DX}\, dr' \sin^2 \mathrm{P} \cos \mathrm{P}\, d\mathrm{P}\, d\mathrm{Q} \end{aligned}\right\} \text{à très-peu près} \left\{\begin{aligned} \mathrm{H} &= \tfrac{4}{3} c\mathrm{F}, \\ \mathrm{K} &= \tfrac{2}{3} c\mathrm{F}; \end{aligned}\right. \\ \mathrm{M} = e\int \mathrm{DX}\, dr' \cos^3 \mathrm{P}\, d\mathrm{P} \cos 2\mathrm{Q}\, d\mathrm{Q}, \\ \mathrm{N} = e\int \mathrm{DX}\, dr' \cos^3 \mathrm{P}\, d\mathrm{P} \sin 2\mathrm{Q}\, d\mathrm{Q}. \end{cases}$$

D'ou l'on voit : 1° que les quantités H et K sont des quantités finies; 2° que les quantités M et N sont des quantités très-petites par rapport à H et K, étant de l'ordre de e; 3° que la quantité $\mathrm{K} - \frac{1}{2}\mathrm{H}$ est aussi une quantité très-petite du même ordre, étant égale à

$$e\int \mathrm{DX}\, dr' (\sin^2 \mathrm{P} - \tfrac{1}{2}\cos^2 \mathrm{P}) \cos \mathrm{P}\, d\mathrm{P}\, d\mathrm{Q}.$$

Quant à la masse de la Lune, on la trouve en intégrant l'expression de α, savoir, dans la supposition présente,

$$\mathrm{D} r^2 dr \cos \mathrm{P}\, d\mathrm{P}\, d\mathrm{Q} = \mathrm{D} r'^2 dr' \cos \mathrm{P}\, d\mathrm{P}\, d\mathrm{Q} + e\mathrm{DX}' dr' \cos \mathrm{P}\, d\mathrm{P}\, d\mathrm{Q},$$

et son intégrale sera

$$2c\int \mathrm{D} r'^2 dr' + e\int \mathrm{DX}' dr' \cos \mathrm{P}\, d\mathrm{P}\, d\mathrm{Q},$$

en prenant ici X' pour la valeur de $\frac{d(r'^3 \xi)}{dr'}$.

Donc, nommant cette masse L, on aura, aux quantités de l'ordre de e près,

$$\mathrm{L} = 2c\int \mathrm{D} r'^2 dr', \quad \text{d'où} \quad \int \mathrm{D} r'^2 dr' = \frac{\mathrm{L}}{2c}.$$

Or, quoique sans connaître la valeur de D on ne puisse déterminer le rapport de F ou de $\int \mathrm{D} r'^4 dr'$ à $\int \mathrm{D} r'^2 dr'$, on peut néanmoins trouver des limites entre lesquelles ce rapport doit nécessairement demeurer. Il est clair : 1° que, si f exprime la valeur de r' à la surface,

$$\int \mathrm{D}\, r'^4 dr' < f^2 \int \mathrm{D}\, r'^2 dr',$$

parce que r'^4 est toujours $< f^2 r'^2$; de plus on a

$$\int \mathrm{D}\, r'^4 dr' = \tfrac{1}{5}\mathrm{D} f^5 - \tfrac{1}{5}\int r'^5 d\mathrm{D}, \qquad \int \mathrm{D}\, r'^2 dr' = \tfrac{1}{3}\mathrm{D} f^3 - \tfrac{1}{3}\int r'^3 d\mathrm{D};$$

ce qui donne

$$3f^2 \int \mathrm{D}\, r'^2 dr' - 5\int \mathrm{D}\, r'^4 dr' = \int r'^3 (r'^2 - f^2)\, d\mathrm{D}$$

égale à une quantité positive si $d\mathrm{D}$ est négatif, et à une quantité négative si $d\mathrm{D}$ est positif, parce que $r'^2 < f^2$; donc, 2° si la densité diminue du centre à la circonférence,

$$\int \mathrm{D}\, r'^4 dr' < \tfrac{3}{5} f^2 \int \mathrm{D}\, r'^2 dr';$$

mais si elle augmente,

$$\int \mathrm{D}\, r'^4 dr' > \tfrac{3}{5} f^2 \int \mathrm{D}\, r'^2 dr';$$

ainsi, dans ce dernier cas, la valeur de F sera contenue entre les limites

$$\frac{f^2 \mathrm{L}}{2c} \quad \text{et} \quad \frac{3}{5}\,\frac{f^2 \mathrm{L}}{2c}.$$

Si la densité était partout la même, on aurait alors

$$\mathrm{F} = \frac{3}{5}\,\frac{f^2 \mathrm{L}}{2c}.$$

XII.

Scolie III. — On peut au reste déterminer la figure de la Lune par la Théorie, en supposant qu'elle ait été originairement fluide, et qu'elle ait conservé, en se durcissant, la forme qu'elle aurait dû prendre, en vertu de la gravitation mutuelle de ses parties, combinée avec la force centrifuge et avec l'attraction de la Terre. Pour cela, nous supposerons que le premier méridien de la Lune, d'où l'on commence à compter les angles Q, soit celui qui passe par la Terre, lorsque le lieu moyen de cette Planète est égal à son lieu vrai, et nous regarderons l'attraction de la Terre comme agissant dans le sens du diamètre de l'équateur qui se trouve dans le premier méridien; ce qui est vrai à très-peu près, à cause que la Lune nous présente toujours sensiblement la même face. Or soient φ le rapport de la force centrifuge à la pesanteur sous l'équateur de la Lune et ρ la distance moyenne du centre de la Lune à la Terre; on trouvera généralement pour la figure de chaque couche

$$\xi = \text{A}\cos^2\text{P} + \text{B}\cos^2\text{P}\cos^2\text{Q},$$

et les deux quantités A et B seront déterminées par les deux équations suivantes

$$(\text{K})\quad \begin{cases} \dfrac{1}{e}\,\dfrac{5\text{L}\varphi r'^5}{4cf^3} - \dfrac{5\text{L}r'^2\text{A}}{2c} + \displaystyle\int \text{D}\,d(\text{A}r'^5) + r'^5\left(\beta - \int \text{D}\,d\text{A}\right) = 0, \\[2ex] \dfrac{1}{e}\,\dfrac{3\text{T}}{2\rho^3}\,\dfrac{5r'^5}{2c} - \dfrac{5\text{L}r'^2\text{B}}{2c} + \displaystyle\int \text{D}\,d(\text{B}r'^5) + r'^5\left(\eta - \int \text{D}\,d\text{B}\right) = 0, \end{cases}$$

β et η étant égales à ce que deviennent $\int \text{D}\,d\text{A}$ et $\int \text{D}\,d\text{B}$, lorsque $r' = f$; la démonstration de ces formules est facile à trouver par les principes établis par MM. Clairaut et d'Alembert; je ne la donne point ici, pour ne pas m'écarter trop de mon objet principal. On aura donc dans cette hypothèse

$$\text{X} = \frac{d(r'^5\xi)}{dr'} = \frac{d(\text{A}r'^5)}{dr'}\cos^2\text{P} + \frac{d(\text{B}r'^5)}{dr'}\cos^2\text{P}\cos^2\text{Q};$$

et par conséquent on trouvera

$$\int \text{DX}\,dr'\cos^3\text{P}\,d\text{P}\,d\text{Q} = \tfrac{16}{15}c\int \text{D}\,d(\text{A}r'^5) + \tfrac{16}{30}c\int \text{D}\,d(\text{B}r'^5),$$

$$\int \text{DX}\,dr'\sin^2\text{P}\cos\text{P}\,d\text{P}\,d\text{Q} = \tfrac{4}{15}c\int \text{D}\,d(\text{A}r'^5) + \tfrac{2}{15}c\int \text{D}\,d(\text{B}r'^5),$$

$$\int \text{DX}\,dr'\cos^3\text{P}\,d\text{P}\cos 2\text{Q}\,d\text{Q} = \tfrac{4}{15}c\int \text{D}\,d(\text{B}r'^5),$$

et

$$\int DX\,dr'\cos^3 P\,dP\sin 2Q\,dQ = 0.$$

Par là on aura

$$(L)\qquad \begin{cases} M = \dfrac{4ec}{15}\displaystyle\int D\,d(Br'^5), \quad N = 0, \\ K - \frac{1}{2}H = -\dfrac{4ec}{15}\displaystyle\int D\,d(Ar'^5) - \dfrac{2ec}{15}\displaystyle\int D\,d(Br'^5). \end{cases}$$

Si l'on suppose $D = 1$, on aura alors

$$M = \frac{4ecf^5 B'}{15}, \quad N = 0, \quad K - \tfrac{1}{2}H = -\frac{4ecf^5}{15}(A' + \tfrac{1}{2}B'),$$

en prenant A' et B' pour les valeurs de A et B, lorsque $r' = f$. Mais, si l'on veut avoir égard aux conditions de l'équilibre, on aura, par les équations (K), quelle que soit d'ailleurs la densité D,

$$\int D\,d(Ar'^5) = \frac{5Lf^2A'}{2c} - \frac{5L\varphi f^2}{4ce}, \quad \int D\,d(Br'^5) = \frac{5Lf^2B'}{2c} - \frac{3T}{2\rho^3}\frac{5f^5}{2ce},$$

en mettant $r' = f$. Si l'on supposait de plus la densité constante et égale à 1, on aurait, à cause de $L = \frac{2cf^3}{3}$ dans cette hypothèse,

$$A'e = \frac{5L\varphi}{10L - 4cf^3} = \tfrac{5}{4}\varphi, \quad B'e = \frac{15Tf^5}{2\rho^3(5L - 2cf^3)} = \frac{15Tf^5}{4L\rho^3}.$$

Du reste on remarquera que $e(A' + B')$ sera dans ce cas l'ellipticité du premier méridien, et eA' celle du méridien qui est à 90 degrés de là; d'où il suit que les deux demi-axes de l'équateur seront $f(1 + eA' + eB')$ et $f(1 + eA')$, et que son ellipticité sera, à très-peu près, eB'.

XIII.

Il reste encore à trouver la valeur des deux termes $\int\frac{\alpha\,\delta R}{R^2}$ et $\int\frac{\alpha\,\delta R'}{R'^2}$ de l'équation (A). Pour cela, soient

ρ le rayon de l'orbite de la Terre autour de la Lune, projeté sur le plan de l'écliptique lunaire; ou, ce qui revient au même, le rayon de l'orbite de la Lune autour de la Terre, réduit à l'écliptique;

υ la longitude de la Terre, vue du centre de la Lune, ce qui est la même chose que la longitude de la Lune vue du centre de la Terre et augmentée de 180 degrés;

λ la tangente de la latitude de la Terre, vue de la Lune, et supposée au-dessus de l'écliptique lunaire, laquelle est égale, mais de signe contraire à celle de la Lune vue de la Terre.

On aura, comme il est très-facile de le concevoir,

$$x = \rho\cos\upsilon,\quad y = \rho\sin\upsilon,\quad z = \rho\lambda;$$

et, si ζ exprime la longitude du nœud ascendant de la Lune et i la tangente de l'inclinaison de l'orbite, la valeur de λ sera, suivant les dénominations qu'on vient de poser,

$$\lambda = -i\sin(\upsilon - 180^\circ - \zeta) = i\sin(\upsilon - \zeta).$$

Soient aussi

ρ' le rayon de l'orbite apparente du Soleil autour de la Terre,

υ' sa longitude.

Il est visible qu'on aura

$$x' - x = \rho'\cos\upsilon',\quad y' - y = \rho'\sin\upsilon',\quad z' = z,$$

savoir

$$x' = \rho'\cos\upsilon' + \rho\cos\upsilon,\quad y' = \rho'\sin\upsilon' + \rho\sin\upsilon,\quad z' = z = \rho\lambda.$$

On fera donc toutes ces substitutions dans l'expression de R et de R' (Article II), et l'on aura, après quelques réductions fort simples, en substituant pour X, Y, Z leurs valeurs [Article VI, équations (E)], et réduisant,

$$\begin{aligned}R^2 &= \rho^2(1+\lambda^2) - 2\rho(X\cos\upsilon + Y\sin\upsilon + Z\lambda) + X^2 + Y^2 + Z^2\\ &= \rho^2(1+\lambda^2) - 2\rho r\sin P[\sin(\upsilon-\varepsilon)\sin\pi + \lambda\cos\pi]\\ &\quad - 2\rho r\cos P\sin Q'[\sin(\upsilon-\varepsilon)\cos\pi - \lambda\sin\pi] - 2\rho r\cos P\cos Q'\cos(\upsilon-\varepsilon) + r^2.\end{aligned}$$

On aura de même

$$\begin{aligned}
R'^2 &= \rho'^2 + 2\rho'\rho\cos(\upsilon'-\upsilon) + \rho^2(1+\lambda^2) - 2\rho'(X\cos\upsilon' + Y\sin\upsilon') \\
&\quad - 2\rho(X\cos\upsilon + Y\sin\upsilon + Z\lambda) + X^2 + Y^2 + Z^2 \\
&= \rho'^2 + 2\rho'\rho\cos(\upsilon'-\upsilon) + \rho^2(1+\lambda^2) - 2\rho' r\sin P\sin(\upsilon'-\varepsilon)\sin\pi \\
&\quad - 2\rho' r\cos P\sin Q'\sin(\upsilon'-\varepsilon)\cos\pi - 2\rho' r\cos P\cos Q'\cos(\upsilon'-\varepsilon) \\
&\quad - 2\rho r\sin P[\sin(\upsilon-\varepsilon)\sin\pi + \lambda\cos\pi] \\
&\quad - 2\rho r\cos P\sin Q'[\sin(\upsilon-\varepsilon)\cos\pi - \lambda\sin\pi] - 2\rho r\cos P\cos Q'\cos(\upsilon-\varepsilon) + r^2.
\end{aligned}$$

Substituant au lieu de Q' sa valeur $Q+\omega$, et faisant, pour abréger, après avoir développé les sinus et les cosinus de $Q+\omega$,

$$(\text{M})\quad\left\{\begin{aligned}
\Gamma &= \sin(\upsilon-\varepsilon)\sin\pi + \lambda\cos\pi, \\
\Delta &= \sin\omega\sin(\upsilon-\varepsilon)\cos\pi + \cos\omega\cos(\upsilon-\varepsilon) - \lambda\sin\omega\sin\pi, \\
\Lambda &= \cos\omega\sin(\upsilon-\varepsilon)\cos\pi - \sin\omega\cos(\upsilon-\varepsilon) - \lambda\cos\omega\sin\pi, \\
\Gamma' &= \sin(\upsilon'-\varepsilon)\sin\pi, \\
\Delta' &= \sin\omega\sin(\upsilon'-\varepsilon)\cos\pi + \cos\omega\cos(\upsilon'-\varepsilon), \\
\Lambda' &= \cos\omega\sin(\upsilon'-\varepsilon)\cos\pi - \sin\omega\cos(\upsilon'-\varepsilon),
\end{aligned}\right.$$

on aura

$$R^2 = \rho^2(1+\lambda^2) - 2\rho r\sin P\times\Gamma - 2\rho r\cos P\cos Q\times\Delta - 2\rho r\cos P\sin Q\times\Lambda + r^2,$$

$$\begin{aligned}
R'^2 &= \rho'^2 + 2\rho'\rho\cos(\upsilon'-\upsilon) + \rho^2(1+\lambda^2) - 2r\sin P\times(\rho'\Gamma' + \rho\Gamma) \\
&\quad - 2r\cos P\cos Q\times(\rho'\Delta' + \rho\Delta) - 2r\cos P\sin Q\times(\rho'\Lambda' + \rho\Lambda) + r^2.
\end{aligned}$$

XIV.

Je différentie maintenant la valeur de R^2 qu'on vient de trouver, en faisant varier seulement ω, ε, π, et en écrivant δ au lieu de d; j'aurai, en retenant les lettres Γ, Δ, Λ, et divisant par 2,

$$R\,\delta R = -\rho r(\sin P\,\delta\Gamma + \cos P\cos Q\,\delta\Delta + \cos P\sin Q\,\delta\Lambda),$$

On a de plus, en négligeant les carrés et les autres puissances de r vis-à-vis de ρ,

$$\frac{1}{R^3} = \frac{1}{\rho^3(1+\lambda^2)^{\frac{3}{2}}} + \frac{3\rho r}{\rho^5(1+\lambda^2)^{\frac{5}{2}}}(\Gamma \sin P + \Delta \cos P \cos Q + \Lambda \cos P \sin Q).$$

On multipliera donc ensemble ces valeurs de $R\,\delta R$ et de $\frac{1}{R^3}$, en ayant attention de rejeter tous les termes qui renfermeraient

$$r \sin P, \quad r \cos P \sin Q, \quad r \cos P \cos Q, \quad r^2 \sin P \cos P \cos Q, \quad r^2 \sin P \cos P \sin Q,$$

par la raison que l'intégrale de ces termes, après avoir été multipliés par α, est égale à o [Article V, (B); Article IX, (F)]; on multipliera ensuite chaque terme du produit par α, et l'on en prendra l'intégrale, en se souvenant que l'on a [Article IX, (G)]

$$\int \alpha r^2 \cos^2 P = H, \quad \int \alpha r^2 \cos^2 P \cos 2Q = M,$$

$$\int \alpha r^2 \sin^2 P = K, \quad \int \alpha r^2 \cos^2 P \sin 2Q = N,$$

ce qui donne

$$\int \alpha r^2 \cos^2 P \cos^2 Q = \tfrac{1}{2}(H + M), \quad \int \alpha r^2 \cos^2 P \sin^2 Q = \tfrac{1}{2}(H - M),$$

$$\int \alpha r^2 \cos^2 P \sin Q \cos Q = \tfrac{1}{2} N.$$

Par ce moyen, on aura

$$\int \frac{\alpha\,\delta R}{R^2} = -\frac{3\rho^2}{\rho^5(1+\lambda^2)^{\frac{5}{2}}}\Big[K\Gamma\,\delta\Gamma + \tfrac{1}{2}H(\Delta\,\delta\Delta + \Lambda\,\delta\Lambda)$$
$$+ \tfrac{1}{2}M(\Delta\,\delta\Delta - \Lambda\,\delta\Lambda) + \tfrac{1}{2}N(\Lambda\,\delta\Delta + \Delta\,\delta\Lambda)\Big].$$

Or on trouve, par la différentiation de Γ, Δ, Λ (Article précédent),

$$\delta\Gamma = -\cos(\upsilon - \varepsilon)\sin\pi\,\delta\varepsilon + [\sin(\upsilon - \varepsilon)\cos\pi - \lambda \sin\pi]\delta\pi,$$

$$\delta\Delta = [\cos\omega \sin(\upsilon - \varepsilon)\cos\pi - \sin\omega\cos(\upsilon - \varepsilon) - \lambda\cos\omega\sin\pi]\delta\omega$$
$$- [\sin\omega\cos(\upsilon - \varepsilon)\cos\pi - \cos\omega\sin(\upsilon - \varepsilon)]\delta\varepsilon$$
$$- [\sin\omega\sin(\upsilon - \varepsilon)\sin\pi + \lambda\sin\omega\cos\pi]\delta\pi;$$

savoir, comme il est facile de le voir, par la seule inspection des formules (M), Article précédent,

$$\partial\Delta = \Lambda\,\partial\omega + (\Lambda\cos\pi + \Gamma\cos\omega\sin\pi)\,\partial\varepsilon - \Gamma\sin\omega\,\partial\pi.$$

On a de même

$$\partial\Lambda = -\Delta\,\partial\omega - (\Delta\cos\pi + \Gamma\sin\omega\sin\pi)\,\partial\varepsilon - \Gamma\cos\omega\,\partial\pi;$$

donc

$$\Delta\,\partial\Delta + \Lambda\,\partial\Lambda = \Gamma(\Delta\cos\omega - \Lambda\sin\omega)\sin\pi\,\partial\varepsilon - \Gamma(\Delta\sin\omega + \Lambda\cos\omega)\,\partial\pi,$$

$$\begin{aligned}\Delta\,\partial\Delta - \Lambda\,\partial\Lambda = {} & 2\Delta\Lambda\,\partial\omega + 2\Delta\Lambda\cos\pi\,\partial\varepsilon + \Gamma(\Delta\cos\omega + \Lambda\sin\omega)\sin\pi\,\partial\varepsilon \\ & - \Gamma(\Delta\sin\omega - \Lambda\cos\omega)\,\partial\pi,\end{aligned}$$

$$\begin{aligned}\Lambda\,\partial\Delta + \Delta\,\partial\Lambda = {} & (\Lambda^2 - \Delta^2)\,\partial\omega + (\Lambda^2 - \Delta^2)\cos\pi\,\partial\varepsilon + \Gamma(\Lambda\cos\omega - \Delta\sin\omega)\sin\pi\,\partial\varepsilon \\ & - \Gamma(\Lambda\sin\omega + \Delta\cos\omega)\,\partial\pi.\end{aligned}$$

Donc, si l'on fait, pour abréger,

$$\int\frac{\alpha\,\partial R}{R^2} = -\frac{3\rho^2}{\rho^4(1+\lambda^2)^{\frac{5}{2}}}(\Omega'\,\partial\omega + E'\,\partial\varepsilon + \Pi'\,\partial\pi),$$

on aura

$$\Omega' = M\Delta\Lambda + \tfrac{1}{2}N(\Lambda^2 - \Delta^2),$$

$$\begin{aligned}E' = {} & (-K + \tfrac{1}{2}H)\Gamma\cos(\upsilon - \varepsilon)\sin\pi + \tfrac{1}{2}M[2\Delta\Lambda\cos\pi + \Gamma(\Delta\cos\omega + \Lambda\sin\omega)\sin\pi] \\ & + \tfrac{1}{2}N[(\Lambda^2 - \Delta^2)\cos\pi + \Gamma(\Lambda\cos\omega - \Delta\sin\omega)\sin\pi],\end{aligned}$$

$$\begin{aligned}\Pi' = {} & (K - \tfrac{1}{2}H)\Gamma[\sin(\upsilon - \varepsilon)\cos\pi - \lambda\sin\pi] - \tfrac{1}{2}M\Gamma(\Delta\sin\omega - \Lambda\cos\omega) \\ & - \tfrac{1}{2}N\Gamma(\Lambda\sin\omega + \Delta\cos\omega).\end{aligned}$$

On remarquera que dans ces formules j'ai mis pour $\Delta\cos\omega - \Lambda\sin\omega$ sa valeur $\cos(\upsilon - \varepsilon)$, et pour $\Delta\sin\omega + \Lambda\cos\omega$, $\sin(\upsilon - \varepsilon)\cos\pi - \lambda\sin\pi$; mais j'ai conservé dans les autres termes les lettres Γ, Δ, Λ, tant pour rendre les expressions moins composées que pour les raisons qu'on verra plus bas.

XV.

On cherchera d'une manière semblable la valeur de $\int \frac{\alpha \, \partial R'}{R'^2}$; et pour cela il suffira de remarquer : 1° que, dans l'expression de R'^2 (Article XIII), on peut négliger les termes $\rho\Gamma$, $\rho\Delta$, $\rho\Lambda$ vis-à-vis de $\rho'\Gamma'$, $\rho'\Delta'$, $\rho'\Lambda'$, parce que le rayon ρ' de l'orbite du Soleil est incomparablement plus grand que le rayon ρ de l'orbite de la Lune; 2° que la valeur de R'^2 ne différera, après cela, de celle de R^2, qu'en ce qu'il y aura, au lieu de $\rho^2(1+\lambda^2)$,

$$\rho'^2 + 2\rho'\rho\cos(\upsilon' - \upsilon) + \rho^2(1+\lambda^2),$$

quantité qu'on peut réduire par la même raison à ρ'^2; et au lieu des $(\Gamma, \Delta, \Lambda, \rho \text{ et } \lambda)$, $(\Gamma', \Delta', \Lambda', \rho' \text{ et zéro})$; d'où il s'ensuit que, si l'on fait pareillement

$$\int \frac{\alpha \, \partial R'}{R'^2} = -\frac{3\rho'^2}{\rho'^5}(\Omega''\partial\omega + E''\partial\varepsilon + \Pi''\partial\pi),$$

on trouvera aussi

$$\Omega'' = M\Delta'\Lambda' + \tfrac{1}{2}N(\Lambda'^2 - \Delta'^2),$$

$$\begin{aligned} E'' = {} & (-K + \tfrac{1}{2}H)\Gamma'\cos(\upsilon' - \varepsilon)\sin\pi + \tfrac{1}{2}M[2\Delta'\Lambda'\cos\pi + \Gamma'(\Delta'\cos\omega + \Lambda'\sin\omega)\sin\pi] \\ & + \tfrac{1}{2}N[(\Lambda'^2 - \Delta'^2)\cos\pi + \Gamma'(\Lambda'\cos\omega - \Delta'\sin\omega)\sin\pi], \end{aligned}$$

$$\begin{aligned} \Pi'' = {} & (K - \tfrac{1}{2}H)\Gamma'\sin(\upsilon' - \varepsilon)\cos\pi - \tfrac{1}{2}M\Gamma'(\Delta'\sin\omega - \Lambda'\cos\omega) \\ & - \tfrac{1}{2}N\Gamma'(\Lambda'\sin\omega + \Delta'\cos\omega). \end{aligned}$$

XVI.

Remarque. — La valeur de R de l'Article XIII nous fournit un moyen commode et simple de trouver la position du centre apparent de la Lune par rapport à son équateur et à son premier méridien. Car, comme la quantité R exprime la distance de chaque point α de la Lune au centre de la Terre, il est évident qu'elle sera la plus petite, lorsque le rayon r sera dans la ligne qui joint les centres de la Lune et de la Terre, c'est-à-dire qui passe par le centre apparent de la Lune; donc si l'on fait : la distance du centre apparent de la Lune au plan de l'équateur lunaire $=\psi$; la distance du méridien qui passe par le centre apparent au premier méridien $=\theta$, il n'y aura qu'à mettre, dans l'expression de R, ψ au lieu de P, et θ au lieu de Q, et faire ensuite sa différentielle égale à zéro, en regardant ψ et θ comme variables; ce qui donnera

$$\begin{aligned}-2\rho r(\Gamma\cos\psi - \Delta\cos\theta\sin\psi - \Lambda\sin\theta\sin\psi)d\psi\\ +2\rho r(\Delta\cos\psi\sin\theta - \Lambda\cos\psi\cos\theta)d\theta = 0;\end{aligned}$$

d'où l'on tire séparément les deux équations

$$\Gamma\cos\psi - \Delta\cos\theta\sin\psi - \Lambda\sin\theta\sin\psi = 0,\quad \Delta\cos\psi\sin\theta - \Lambda\cos\psi\cos\theta = 0;$$

la dernière donne d'abord

$$\frac{\sin\theta}{\cos\theta} = \frac{\Lambda}{\Delta},$$

d'où

$$\sin\theta = \frac{\Lambda}{\sqrt{\Lambda^2+\Delta^2}},\quad \cos\theta = \frac{\Delta}{\sqrt{\Lambda^2+\Delta^2}};$$

ensuite la première nous donnera

$$\frac{\sin\psi}{\cos\psi} = \frac{\Gamma}{\Delta\cos\theta + \Lambda\sin\theta},$$

et, en substituant pour $\sin\theta$ et $\cos\theta$ les valeurs qu'on vient de trouver,

$$\frac{\sin\psi}{\cos\psi} = \frac{\Gamma}{\sqrt{\Delta^2+\Lambda^2}};$$

d'où l'on tire

$$\sin\psi = \frac{\Gamma}{\sqrt{\Gamma^2+\Delta^2+\Lambda^2}},\quad \cos\psi = \frac{\sqrt{\Delta^2+\Lambda^2}}{\sqrt{\Gamma^2+\Delta^2+\Lambda^2}};$$

mais on a par les valeurs de Γ, Δ, Λ [Article XIII, (M)],

$$\Gamma^2+\Delta^2+\Lambda^2 = 1+\lambda^2;$$

donc, substituant cette valeur, on aura

$$\Gamma = \sin\psi\sqrt{1+\lambda^2},\quad \sqrt{\Delta^2+\Lambda^2} = \cos\psi\sqrt{1+\lambda^2},$$

et par là

$$\Delta = \cos\theta \cos\psi \sqrt{1+\lambda^2}, \quad \Lambda = \sin\theta \cos\psi \sqrt{1+\lambda^2}.$$

Ainsi l'on aura les valeurs de Γ, Δ, Λ exprimées par les angles θ et ψ, et *vice versâ* on aura ces angles exprimés par les quantités Γ, Δ, Λ, c'est-à-dire par les angles ω, ε, π et υ.

On trouvera de la même manière, en changeant simplement Γ, Δ, Λ en Γ', Δ', Λ', et faisant $\lambda = 0$, les angles θ' et ψ' qui donnent le centre apparent de la Lune vue du Soleil, c'est-à-dire du centre de l'hémisphère éclairé; et, combinant ces angles avec les angles θ et ψ, il serait aisé de déterminer généralement les phases de cette Planète.

XVII.

Corollaire général. — Il faut maintenant substituer dans l'équation (A) les valeurs que nous avons trouvées (Articles IX, XIV et XV); ce qui la changera en celle-ci

$$\left(\Omega - \frac{3T}{\rho^3(1+\lambda^2)^{\frac{5}{2}}}\Omega' - \frac{3S}{\rho'^3}\Omega''\right)\delta\omega + \left(E - \frac{3T}{\rho^3(1+\lambda^2)^{\frac{5}{2}}}E' - \frac{3S}{\rho'^3}E''\right)\delta\varepsilon$$
$$+ \left(\Pi - \frac{3T}{\rho^3(1+\lambda^2)^{\frac{5}{2}}}\Pi' - \frac{3S}{\rho'^3}\Pi''\right)\delta\pi = 0,$$

laquelle devant être vraie, quelles que soient les valeurs des différentielles $\delta\omega$, $\delta\varepsilon$, $\delta\pi$ (Articles III et IV), nous fournit les trois suivantes

$$(1) \qquad \Omega - \frac{3T}{\rho^3(1+\lambda^2)^{\frac{5}{2}}}\Omega' - \frac{3S}{\rho'^3}\Omega'' = 0,$$

$$(2) \qquad E - \frac{3T}{\rho^3(1+\lambda^2)^{\frac{5}{2}}}E' - \frac{3S}{\rho'^3}E'' = 0,$$

$$(3) \qquad \Pi - \frac{3T}{\rho^3(1+\lambda^2)^{\frac{5}{2}}}\Pi' - \frac{3S}{\rho'^3}\Pi'' = 0.$$

La première de ces équations servira à déterminer les lois de la rotation de la Lune autour de son axe, la seconde à déterminer la nutation, et la troisième à déterminer la précession.

XVIII.

Scolie. — Les équations (1), (2), (3), que nous venons de trouver, répondent exactement aux équations (G), (H), (K) données par M. d'Alembert, dans les *Mémoires de l'Académie* de l'année 1754, pages 424 et 425, pour la précession des équinoxes et la nutation de l'axe de la Terre, en vertu de l'action du Soleil et de la Lune.

Pour en faire la comparaison, on remarquera :

1° Que les angles P, ε, π, dans les formules de M. d'Alembert, répondent dans les nôtres aux compléments des angles ω, ε, π;

2° Que les lignes f et $a-b$ dans celles-là ont dans celles-ci pour valeurs $r\cos P$ et $r\sin P$, et que les angles X'' sont la même chose que les compléments des angles Q';

3° Que les angles V', X', V, X répondent aux compléments des angles $\psi-180°$, $Q-\theta$, $\psi'-180°$, $Q-\theta'$;

4° Que les angles υ' et υ répondent ici aux angles $\upsilon-(\varepsilon+270°)$, $\upsilon'-(\varepsilon+270°)$.

Enfin on mettra dans les formules citées T au lieu de L, et ρ, ρ' et $-\lambda$ au lieu de u', u et p'.

XIX.

Résolution de l'équation (1)

$$\Omega-\frac{3T}{\rho^3(1+\lambda^2)^{\frac{5}{2}}}\Omega'-\frac{3S}{\rho'^3}\Omega''=0.$$

J'observerai d'abord qu'en regardant la Lune comme peu différente d'un globe, ainsi qu'elle l'est en effet, les quantités M, N sont incomparablement plus petites que les quantités H, K (Article XI); d'où il suit que, dans l'expression de Ω (Article IX), on peut négliger les termes qui renferment M et N vis à vis de ceux qui renferment H; ce qui la réduit à

$$\frac{d(d\omega + \cos\pi\, d\varepsilon)}{dt^2}\,\mathrm{H}.$$

J'observe ensuite qu'au lieu de l'angle ω, qui représente le mouvement de rotation de la Lune, il est beaucoup plus commode d'employer l'angle θ (Article XVI), lequel est toujours nécessairement très-petit, à cause que la Lune montre toujours à peu près la même face à la Terre. Or, pour trouver la valeur de ω en θ, on aura recours aux formules de l'Article cité, et l'on remarquera :

1° Que

$$\Delta\sin\omega + \Lambda\cos\omega = \sqrt{1+\lambda^2}\cos\psi(\cos\theta\sin\omega + \sin\theta\cos\omega) = \sqrt{1+\lambda^2}\cos\psi\sin(\omega+\theta),$$

et que de même

$$\Delta\cos\omega - \Lambda\sin\omega = \sqrt{1+\lambda^2}\cos\psi\cos(\omega+\theta);$$

2° Qu'en substituant pour Δ et pour Λ leurs valeurs [Article XIV, (M)],

$$\Delta\sin\omega + \Lambda\cos\omega = \sin(\upsilon-\varepsilon)\cos\pi - \lambda\sin\pi,$$

et que, par les mêmes substitutions,

$$\Delta\cos\omega - \Lambda\sin\omega = \cos(\upsilon-\varepsilon);$$

d'où il s'ensuit que l'on aura

$$\frac{\sin(\omega+\theta)}{\cos(\omega+\theta)} = \frac{\sin(\upsilon-\varepsilon)\cos\pi - \lambda\sin\pi}{\cos(\upsilon-\varepsilon)},$$

ou bien

$$\begin{aligned}\operatorname{tang}(\omega+\theta) &= \operatorname{tang}(\upsilon-\varepsilon)\cos\pi - \lambda\sin\pi\,\operatorname{s\acute{e}c}(\upsilon-\varepsilon)\\ &= \operatorname{tang}(\upsilon-\varepsilon) - 2\sin^2\frac{\pi}{2}\operatorname{tang}(\upsilon-\varepsilon) - \lambda\sin\pi\,\operatorname{s\acute{e}c}(\upsilon-\varepsilon),\end{aligned}$$

parce que, comme l'on sait,

$$\sin^2\frac{\pi}{2} = \frac{1-\cos\pi}{2};$$

3° Que la quantité λ, qui dénote la tangente de la latitude de la Lune (Article XIII), est toujours une quantité assez petite, puisque sa plus grande valeur est d'environ tang 5° 9';

4° Que l'angle π, qui représente l'inclinaison de l'équateur lunaire à l'écliptique (Article V), est aussi très-petit; car, suivant les observations de M. Cassini, on a $\pi = 2°30'$, et, suivant celles de M. Mayer, on a seulement $\pi = 1°29'$.

D'où il s'ensuit qu'on aura à très-peu près

$$\text{tang}(\omega + \theta) = \text{tang}(\upsilon - \varepsilon),$$

et par conséquent

$$\omega + \theta = \upsilon - \varepsilon,$$

ou, si l'on veut faire le calcul plus exactement, en ne négligeant que les quantités de l'ordre $\sin^4\pi$ et de $\lambda^2 \sin^2\pi$

$$\begin{aligned}\omega + \theta &= \upsilon - \varepsilon - \frac{2\sin^2\frac{\pi}{2}\,\text{tang}(\upsilon - \varepsilon)}{1 + \text{tang}^2(\upsilon - \varepsilon)} - \frac{\lambda \sin\pi\,\text{séc}(\upsilon - \varepsilon)}{1 + \text{tang}^2(\upsilon - \varepsilon)}\\ &= \upsilon - \varepsilon - \sin^2\frac{\pi}{2}\sin(2\upsilon - 2\varepsilon) - \lambda\sin\pi\cos(\upsilon - \varepsilon).\end{aligned}$$

Mais nous nous contenterons ici de prendre simplement $\upsilon - \varepsilon$ pour la valeur de $\omega + \theta$, ce qui nous donnera

$$\omega = \upsilon - \varepsilon - \theta, \quad d\omega = d\upsilon - d\varepsilon - d\theta$$

et

$$d\omega + \cos\pi\, d\varepsilon = d\upsilon - (1 - \cos\pi)\,d\varepsilon - d\theta = d\upsilon - 2\sin^2\frac{\pi}{2}\,d\varepsilon - d\theta = d\upsilon - d\theta,$$

en négligeant, comme on vient de le faire, les termes de l'ordre de $\sin^2\frac{\pi}{2}$. Faisant donc cette substitution dans la valeur de Ω ci-dessus, on aura

$$\Omega = \frac{d^2\upsilon - d^2\theta}{dt^2}\,\text{H}.$$

Soit maintenant V le mouvement moyen de la Lune autour de la Terre, on aura, en regardant l'orbite de cette Planète comme circulaire,

$$\frac{dV^2}{dt^2} = \frac{T}{\rho^3(1+\lambda^2)^{\frac{3}{2}}}$$

(il faudrait mettre à la vérité T + L au lieu de T, mais la différence qui en résulte est trop petite pour qu'il soit nécessaire d'en tenir compte ici). Donc

$$\frac{3T}{\rho^3(1+\lambda^2)^{\frac{5}{2}}} = \frac{3\,dV^2}{dt^2}\,\frac{1}{1+\lambda^2} = \frac{3\,dV^2}{dt^2},$$

en négligeant le carré de la quantité très-petite λ.

On trouvera de même, en nommant V′ le mouvement moyen de la Terre autour du Soleil,

$$\frac{3S}{\rho'^3} = \frac{3\,dV'^2}{dt^2};$$

mais on remarquera que $V' = \frac{V}{13\frac{1}{2}}$, à très-peu près, et par conséquent

$$\frac{3\,dV'^2}{dt^2} = \frac{1}{180}\,\frac{3\,dV^2}{dt^2} \quad \text{environ;}$$

d'où il s'ensuit que l'on peut négliger entièrement le terme $\frac{3\,dV'^2}{dt^2}\Omega''$ venant de l'action du Soleil, vis-à-vis du terme $\frac{3\,dV^2}{dt^2}\Omega'$ qui vient de l'action de la Terre, de sorte que l'équation (1) deviendra simplement, après avoir fait les substitutions précédentes et divisé par $\frac{dt^2}{H}$,

$$(4) \qquad -d^2\theta + d^2 v - \frac{3\,dV^2}{H}\Omega' = 0.$$

Or, par l'Article XIV, on a

$$\Omega' = M\Delta\Lambda + \tfrac{1}{2}N(\Lambda^2 - \Delta^2),$$

et, par l'Article XVI,

$$\Delta = \cos\theta\cos\psi\sqrt{1+\lambda^2}, \quad \Lambda = \sin\theta\cos\psi\sqrt{1+\lambda^2};$$

donc, puisque

$$\sin\theta\cos\theta = \tfrac{1}{2}\sin 2\theta, \quad \text{et} \quad \sin^2\theta - \cos^2\theta = -\cos 2\theta,$$

on aura

$$\Omega' = \tfrac{1}{2}\cos^2\psi(1+\lambda^2)(\mathrm{M}\sin 2\theta - \mathrm{N}\cos 2\theta);$$

mais on a (Articles XVI et XIII)

$$\sin\psi\sqrt{1+\lambda^2} = \Gamma = \sin(\upsilon - \varepsilon)\sin\pi + \lambda\cos\pi,$$

d'où l'on tire

$$\cos\psi\sqrt{1+\lambda^2} = \sqrt{1+\lambda^2\sin^2\pi - 2\lambda\sin\pi\cos\pi\sin(\upsilon-\varepsilon) - \sin^2\pi\sin^2(\upsilon-\varepsilon)} = 1,$$

en négligeant, comme nous l'avons fait jusqu'ici, les termes où se trouvent les quantités très-petites λ et $\sin\pi$ formant des produits de deux ou de plusieurs dimensions.

De plus, si l'on suppose, ce qui est permis, que le premier méridien de la Lune soit celui qui passe par la Terre, lorsque le lieu vrai de cette Planète est égal à son lieu moyen, il est clair que l'angle θ, qui représente la distance du méridien qui passe par le centre apparent de la Lune à son premier méridien (XVI), sera toujours très-petit; car, suivant les observations de la libration, cet angle ne va guère au delà de 8 degrés; par conséquent on aura à très-peu près, et avec une exactitude suffisante pour notre objet, $\sin 2\theta = 2\theta$ et $\cos 2\theta = 1$. Donc enfin

$$\Omega' = -\tfrac{1}{2}\mathrm{N} + \mathrm{M}\theta.$$

Il ne reste plus qu'à trouver la valeur de $d^2\upsilon$; pour cela, on remarquera que $\upsilon - 180^\circ$ est la longitude vraie de la Lune (Article XIII); par conséquent, si l'on appelle m le rapport du mouvement de l'anomalie moyenne de la Lune à son mouvement moyen, et qu'on n'ait égard qu'à sa première inégalité, on aura

$$\upsilon - 180^\circ = \text{long. moy. } ☾ - a\sin m\mathrm{V},$$

a étant, suivant M. Clairaut, $6^\circ 19'$, et m un nombre très-peu différent de l'unité; d'où l'on tire

$$d^2 v = m^2 a \sin m\mathrm{V}\, d\mathrm{V}^2.$$

Faisant donc ces substitutions dans l'équation (4) ci-dessus, on la changera en celle-ci

$$-d^2\theta - \frac{3\mathrm{M}}{\mathrm{H}}\theta\, d\mathrm{V}^2 + \frac{3\mathrm{N}}{2\mathrm{H}}\, d\mathrm{V}^2 + m^2 a \sin m\mathrm{V}\, d\mathrm{V}^2 = 0,$$

d'où l'on aura, par les méthodes connues,

$$(5)\quad \theta = \mathrm{C}\sin\left(\mathrm{V}\sqrt{\frac{3\mathrm{M}}{\mathrm{H}}}\right) + \frac{\mathrm{N}}{2\mathrm{M}}\left[1 - \cos\left(\mathrm{V}\sqrt{\frac{3\mathrm{M}}{\mathrm{H}}}\right)\right] - \frac{m^2 a}{m^2 - \frac{3\mathrm{M}}{\mathrm{H}}}\sin m\mathrm{V}.$$

C est l'une des deux constantes indéterminées introduites par la double intégration, l'autre ayant été supposée telle que l'angle θ soit nul lorsque $\mathrm{V} = 0$, c'est-à-dire lorsque le lieu vrai de la Lune est le même que son lieu moyen.

De là il est facile de voir que, si l'on veut tenir compte des autres inégalités du mouvement vrai de la Lune, et qu'on suppose pour cela

$$v - 180^\circ = \text{long. moy. ☾} - a\sin m\mathrm{V} - b\sin n\mathrm{V} - c\sin p\mathrm{V} - \ldots,$$

on trouvera pareillement

$$\theta = \mathrm{C}\sin\left(\mathrm{V}\sqrt{\frac{3\mathrm{M}}{\mathrm{H}}}\right) + \frac{\mathrm{N}}{2\mathrm{M}}\left[1 - \cos\left(\mathrm{V}\sqrt{\frac{3\mathrm{M}}{\mathrm{H}}}\right)\right]$$
$$- \frac{m^2 a}{m^2 - \frac{3\mathrm{M}}{\mathrm{H}}}\sin m\mathrm{V} - \frac{n^2 b}{n^2 - \frac{3\mathrm{M}}{\mathrm{H}}}\sin n\mathrm{V} - \ldots.$$

XX.

Conséquences qui résultent de la formule précédente par rapport à la libration de la Lune et à sa rotation.

Comme l'équateur lunaire n'est que très-peu incliné à l'écliptique, il est clair que l'angle θ représentera, sans erreur sensible, la libration de la Lune en longitude; d'où l'on voit que cette libration différera un peu de celle qui a été supposée jusqu'à présent par les Astronomes. Pour en faire la comparaison avec plus de facilité, on mettra l'expression de θ sous la forme suivante

$$\theta = -a\sin m\mathrm{V} - b\sin n\mathrm{V} - \ldots - \frac{3\mathrm{M}}{\mathrm{H}}\frac{a}{m^2 - \frac{3\mathrm{M}}{\mathrm{H}}}\sin m\mathrm{V} - \frac{3\mathrm{M}}{\mathrm{H}}\frac{b}{n^2 - \frac{3\mathrm{M}}{\mathrm{H}}}\sin n\mathrm{V} - \ldots$$

$$+ \mathrm{C}\sin\left(\mathrm{V}\sqrt{\frac{3\mathrm{M}}{\mathrm{H}}}\right) + \frac{\mathrm{N}}{2\mathrm{M}}\left[1 - \cos\left(\mathrm{V}\sqrt{\frac{3\mathrm{M}}{\mathrm{H}}}\right)\right];$$

et l'on remarquera qu'elle comprend, pour ainsi dire, trois sortes de librations.

La première est représentée par les termes

$$-a\sin m\mathrm{V} - b\sin n\mathrm{V} - \ldots,$$

qui expriment la différence entre le mouvement vrai et le mouvement moyen de la Lune; ainsi cette libration est purement optique, et c'est la seule qu'on ait observée jusqu'ici.

La seconde est contenue dans les termes

$$-\frac{3\mathrm{M}}{\mathrm{H}}\frac{a}{m^2 - \frac{3\mathrm{M}}{\mathrm{H}}}\sin m\mathrm{V} - \frac{3\mathrm{M}}{\mathrm{H}}\frac{b}{n^2 - \frac{3\mathrm{M}}{\mathrm{H}}}\sin n\mathrm{V} - \ldots,$$

et vient en partie de l'irrégularité du mouvement de la Lune et en partie de la non-sphéricité de cette Planète; mais elle sera presque insensible, en supposant, comme on l'a fait au commencement de l'Article précédent, M incomparablement plus petite que H, et cela doit en effet être ainsi; autrement il serait impossible que les Astronomes ne s'en fussent pas encore aperçus.

La troisième enfin est celle qui est représentée par les termes

$$\mathrm{C}\sin\left(\mathrm{V}\sqrt{\frac{3\mathrm{M}}{\mathrm{H}}}\right) + \frac{\mathrm{N}}{2\mathrm{M}}\left[1 - \cos\left(\mathrm{V}\sqrt{\frac{3\mathrm{M}}{\mathrm{H}}}\right)\right],$$

et qui ne dépend aucunement du mouvement de la Lune autour de la

Terre, mais simplement de sa figure non sphérique. Elle sera la plus grande, lorsque

$$\operatorname{tang}\left(V\sqrt{\frac{3M}{H}}\right) = -\frac{2CM}{N},$$

et alors sa valeur sera

$$\frac{N \pm \sqrt{N^2 + 4C^2M^2}}{2M};$$

le signe + a lieu lorsque la libration se fait dans le sens de la rotation de la Lune, c'est-à-dire d'occident en orient par rapport au centre de la Lune, et d'orient en occident par rapport à la Terre; et le signe — est pour la libration du côté opposé, d'où l'on voit que ces deux librations ne seront jamais égales, excepté si $N = 0$, auquel cas elles seront entièrement analogues aux oscillations d'un pendule simple de la longueur $\frac{H}{3M}$, qui décrirait des arcs égaux à $2C$.

Au reste, soit que $N = 0$, ou non, la durée d'une libration entière composée d'une allée et d'un retour, sera toujours égale à la durée d'une oscillation totale du même pendule, ou bien elle sera au temps périodique de la Lune comme $1 : \sqrt{\frac{3M}{H}}$.

A l'égard de la rotation de la Lune, comme on a trouvé dans l'Article XIX

$$\omega + \theta = \upsilon - \varepsilon, \quad \text{à très-peu près,}$$

on aura, en substituant les valeurs de υ et de θ,

$$\omega = \text{long. moy.} ☾ + 180^\circ - \varepsilon + \frac{3M}{H}\frac{a}{m^2 - \frac{3M}{H}}\sin mV + \frac{3M}{H}\frac{b}{n^2 - \frac{3M}{H}}\sin nV - \ldots$$
$$- C\sin\left(V\sqrt{\frac{3M}{H}}\right) - \frac{N}{2M}\left[1 - \cos\left(V\sqrt{\frac{3M}{H}}\right)\right].$$

D'où l'on voit :

1° Que la rotation moyenne de la Lune est égale à son mouvement moyen autour de la Terre, moins le mouvement moyen de ses points équinoxiaux; condition nécessaire pour que cette Planète nous présente toujours à peu près la même face;

2° Que la vitesse de la rotation vraie de la Lune est variable; cette vitesse étant à celle du mouvement moyen autour de la Terre dans le rapport de $d\omega$ à dV, c'est-à-dire de

$$1 - \frac{d\varepsilon}{dV} + \frac{3M}{H}\,\frac{ma}{m^2 - \frac{3M}{H}}\cos mV + \frac{3M}{H}\,\frac{nb}{n^2 - \frac{3M}{H}}\cos nV + \ldots$$

$$- C\sqrt{\frac{3M}{H}}\cos\left(V\sqrt{\frac{3M}{H}}\right) - \frac{N}{2M}\sqrt{\frac{3M}{H}}\sin\left(V\sqrt{\frac{3M}{H}}\right)$$

à 1.

Ainsi, faisant $V = 0$, on a

$$1 - \frac{d\varepsilon}{dV} + \frac{3M}{H}\,\frac{ma}{m^2 - \frac{3M}{H}} + \frac{3M}{H}\,\frac{nb}{n^2 - \frac{3M}{H}} + \ldots - C\sqrt{\frac{3M}{H}},$$

pour la valeur de la vitesse primitive de rotation, qui aura dû être imprimée à la Lune au commencement de son mouvement. Donc, à cause de l'indéterminée C, il est clair que cette vitesse aura pu être quelconque, pourvu qu'elle différât très-peu de 1, c'est-à-dire de la vitesse du mouvement moyen, et que d'ailleurs la valeur de M ne soit pas nulle, ni négative.

XXI.

Remarque. — Jusqu'ici les Astronomes avaient toujours supposé que la Lune tournait autour de son centre d'un mouvement parfaitement uniforme, et ils avaient été obligés, en conséquence, pour sauver le phénomène de la non-rotation apparente de cette Planète, d'imaginer qu'elle eût reçu d'abord une vitesse de rotation exactement égale à celle de son mouvement moyen autour de la Terre, ou plutôt de celui de ses points équinoxiaux; ce qui était néanmoins très-difficile à comprendre. Il me semble que la Théorie précédente fournit un dénouement tout simple de ce paradoxe, ou, pour mieux dire, ce paradoxe n'a point lieu dans la

Théorie que je viens de donner de la rotation de la Lune. Ainsi je puis, à cet égard, me flatter d'avoir pleinement satisfait à la première partie de la question proposée par l'Académie.

XXII.

Scolie. — Si l'on suppose la Lune homogène, et que sa figure soit celle d'un sphéroïde dont l'équateur et les méridiens seraient des ellipses, comme dans l'Article XII, on trouvera (Articles XI et XII), en faisant $D = 1$,

$$H = \tfrac{4}{3} c F = \frac{4cf^5}{15}, \quad M = \frac{4cf^5 eB'}{15}, \quad N = 0;$$

d'où l'on aura $\frac{M}{H} = eB' =$ à l'ellipticité de l'équateur, c'est-à-dire à la quantité dont le demi-axe de l'équateur, qui est à peu près dans la même ligne que le centre de la Terre, surpasse l'autre demi-axe, cette quantité étant supposée divisée par le rayon de la Lune; donc, suivant l'Article XX, la Lune fera réellement autour de son axe, en vertu de l'action de la Terre, des oscillations exprimées par la formule

$$C \sin(V\sqrt{3eB'}).$$

Si l'on veut que l'allongement de la Lune vers la Terre ait été produit par l'action même de la Terre sur cette Planète supposée fluide, alors on aura (Article XII)

$$eB' = \frac{15f^3}{4\rho^3}\frac{T}{L}.$$

Pour évaluer cette expression, nous ferons, avec M. Clairaut,

$$\frac{T}{L} = 67,$$

et avec M. de Lalande

$$\frac{f}{f'} = \frac{3}{11}$$

(f' est le rayon de la Terre); ensuite nous prendrons

$$\rho = 60 f',$$

ce qui donnera

$$\frac{f}{\rho} = \frac{3}{11 \times 60};$$

de là je trouve

$$eB' = \frac{236}{10\,000\,000}, \quad \sqrt{3eB'} = \frac{8414}{1\,000\,000}.$$

Donc le temps d'une oscillation totale sera de

$$\frac{1\,000\,000}{8414} \text{ mois périodiques} = \text{environ } 3848 \text{ jours.}$$

On peut regarder au reste tout ce que nous venons de dire sur la libration de la Lune comme un commentaire de la Proposition XXXVIII, Livre III des *Principes Mathématiques*.

XXIII.

Résolution de l'équation (2)

$$E - \frac{3T}{\rho^3(1+\lambda^2)^{\frac{5}{2}}} E' - \frac{3S}{\rho'^3} E'' = 0.$$

On aura d'abord, en négligeant dans la valeur de E (Article IX) les termes qui renferment les quantités très-petites M, N et $K - \frac{1}{2}H$,

$$E = \frac{d(\cos\pi\, d\omega + d\varepsilon)}{dt^2} H,$$

expression qu'on peut mettre sous cette forme

$$\frac{\cos\pi\, d(d\omega + \cos\pi\, d\varepsilon)}{dt^2} H - \frac{\sin\pi\, d\pi\, d\omega}{dt^2} H + \frac{\sin^2\pi\, d^2\varepsilon + \sin\pi\cos\pi\, d\pi\, d\varepsilon}{dt^2} H,$$

ou simplement, à cause de $\sin\pi$ très-petit, et de $d\pi$ et $d\varepsilon$ très-petits aussi par rapport à $d\omega$, comme on le verra dans la suite,

$$\frac{\cos\pi\, d(d\omega + \cos\pi\, d\varepsilon)}{dt^2}\,\mathrm{H} - \frac{\sin\pi\, d\pi\, d\omega}{dt^2}\,\mathrm{H},$$

c'est-à-dire (Article XIX)

$$\mathrm{E} = \Omega \cos\pi - \frac{\sin\pi\, d\pi\, d\omega}{dt^2}\,\mathrm{H},$$

En second lieu, on aura (Article XIV)

$$\begin{aligned}\mathrm{E}' = &-(\mathrm{K} - \tfrac{1}{2}\mathrm{H})\,\Gamma \cos(\upsilon - \varepsilon)\sin\pi + \mathrm{M}\Delta\Lambda\cos\pi + \tfrac{1}{2}\mathrm{M}\Gamma(\Delta\cos\omega + \Lambda\sin\omega)\sin\pi\\ &+ \tfrac{1}{2}\mathrm{N}(\Lambda^2 - \Delta^2)\cos\pi + \tfrac{1}{2}\mathrm{N}\Gamma(\Lambda\cos\omega - \Delta\sin\omega)\sin\pi,\end{aligned}$$

c'est-à-dire, en substituant pour Δ et pour Λ (Article XVI) les expressions

$$\cos\theta\cos\psi\sqrt{1+\lambda^2},\quad \sin\theta\cos\psi\sqrt{1+\lambda^2},$$

et mettant Ω' à la place de $\mathrm{M}\Delta\Lambda + \frac{1}{2}\mathrm{N}(\Lambda^2 - \Delta^2)$ (Article XIV),

$$\begin{aligned}\mathrm{E}' = \Omega'\cos\pi + \Gamma\sin\pi\big[(\tfrac{1}{2}\mathrm{H} - \mathrm{K})\cos(\upsilon - \varepsilon) &+ \tfrac{1}{2}\mathrm{M}\cos\psi\sqrt{1+\lambda^2}\cos(\omega - \theta)\\ &- \tfrac{1}{2}\mathrm{N}\cos\psi\sqrt{1+\lambda^2}\sin(\omega - \theta)\big].\end{aligned}$$

On mettra ici, comme dans l'Article XIX, 1 au lieu de $\cos\psi\sqrt{1+\lambda^2}$ et $\upsilon - \varepsilon - \theta$ au lieu de ω, c'est-à-dire $\upsilon - \varepsilon - 2\theta$ au lieu de $\omega - \theta$, ou bien simplement $\upsilon - \varepsilon$, à cause que l'angle θ est toujours très-petit, et l'on aura

$$\mathrm{E}' = \Omega'\cos\pi + \Gamma\sin\pi\big[(\tfrac{1}{2}\mathrm{H} - \mathrm{K} + \tfrac{1}{2}\mathrm{M})\cos(\upsilon - \varepsilon) - \tfrac{1}{2}\mathrm{N}\sin(\upsilon - \varepsilon)\big].$$

On substituera donc ces valeurs dans l'équation proposée (2), et, ôtant ce qui se détruit en vertu de l'équation (1), on aura, après avoir mis $\frac{3\,d\mathrm{V}^2}{dt^2}$ au lieu de $\frac{3\mathrm{T}}{\rho^3(1+\lambda^2)^{\frac{5}{2}}}$ et effacé les termes qui contiennent $\frac{3\mathrm{S}}{\rho'^3}$ comme dans l'Article XIX, l'équation

$$(6)\qquad -d\pi\, d\omega - \frac{3(H-2K+M)}{2H}\Gamma\cos(\upsilon-\varepsilon)\,dV^2 + \frac{3N}{2H}\Gamma\sin(\upsilon-\varepsilon)\,dV^2 = 0.$$

Or (Article XIII)

$$\Gamma = \sin(\upsilon-\varepsilon)\sin\pi + \lambda\cos\pi$$

et (Article cité)

$$\lambda = i\sin(\upsilon-\zeta);$$

donc

$$\Gamma\cos(\upsilon-\varepsilon) = \tfrac{1}{2}\sin(2\upsilon-2\varepsilon)\sin\pi + \tfrac{1}{2}i\sin(2\upsilon-\varepsilon-\zeta)\cos\pi - \tfrac{1}{2}i\sin(\zeta-\varepsilon)\cos\pi,$$

$$\Gamma\sin(\upsilon-\varepsilon) = \tfrac{1}{2}[1-\cos(2\upsilon-2\varepsilon)]\sin\pi - \tfrac{1}{2}i\cos(2\upsilon-\varepsilon-\zeta)\cos\pi$$
$$+ \tfrac{1}{2}i\cos(\zeta-\varepsilon)\cos\pi.$$

De plus

$$\omega = \upsilon - \varepsilon - \theta \quad \text{et} \quad d\omega = d\upsilon - d\varepsilon - d\theta = (1+\mu)\,dV, \text{ à très-peu près,}$$

μ étant le rapport de la précession moyenne des points équinoxiaux lunaires au mouvement moyen V; en faisant ces substitutions, on remarquera que les termes qui renferment les angles $\zeta-\varepsilon$ deviendront, par l'intégration, beaucoup plus grands que les autres, parce qu'ils auront alors pour diviseur la quantité très-petite $\mu-p$, p exprimant le rapport du mouvement rétrograde moyen des nœuds de la Lune à son mouvement moyen V; donc, n'ayant égard qu'aux termes dont nous parlons, on changera l'équation (6) en celle-ci

$$(7)\quad d\pi = \frac{3(H-2K+M)i\cos\pi}{4(1+\mu)H}\sin(\zeta-\varepsilon)dV + \frac{3Ni\cos\pi}{4(1+\mu)H}\cos(\zeta-\varepsilon)dV + \frac{3N\sin\pi}{4(1+\mu)H}dV.$$

D'où l'on tire, en prenant ϖ pour la valeur moyenne de π, lorsque $V=0$,

$$(8)\quad \pi = \varpi - \frac{3(H-2K+M)i\cos\varpi}{4(1+\mu)(\mu-p)H}\cos(\zeta-\varepsilon) + \frac{3Ni\cos\varpi}{4(1+\mu)(\mu-p)H}\sin(\zeta-\varepsilon) + \frac{3N\sin\varpi}{4(1+\mu)H}V.$$

Et, en supposant que π', ζ', ε' soient les valeurs de π, ζ, ε lorsque $V = 0$, on aura

$$\varpi = \pi' + \frac{3(H - 2K + M) i \cos\varpi}{4(1+\mu)(\mu - p)H} \cos(\zeta' - \varepsilon') - \frac{3N i \cos\varpi}{4(1+\mu)(\mu - p)H} \sin(\zeta' - \varepsilon').$$

XXIV.

Résolution de l'équation (3)

$$\Pi - \frac{3T}{\rho^3(1+\lambda^2)^{\frac{5}{2}}} \Pi' - \frac{3S}{\rho'^3} \Pi'' = 0.$$

1° La valeur de Π est, par l'Article IX, en négligeant les termes multipliés par les constantes très-petites M, N, $(\frac{1}{2}H - K)$,

$$\frac{\sin\pi\, d\omega\, d\varepsilon}{dt^2} H + \frac{d^2\pi}{dt^2} (\tfrac{1}{2}H + K);$$

2° La valeur de Π' est, par l'Article XIV [en mettant $\sin(\upsilon - \varepsilon)$ au lieu de $\Delta \sin\omega - \Lambda \cos\omega$, et $\cos(\upsilon - \varepsilon)$ au lieu de $\Lambda \sin\omega + \Delta \cos\omega$, comme dans l'Article précédent, et négligeant de plus la quantité infiniment petite du second ordre $\lambda \sin\pi$, comme on l'a fait toujours],

$$[(K - \tfrac{1}{2}H)\cos\pi - \tfrac{1}{2}M]\Gamma \sin(\upsilon - \varepsilon) - \tfrac{1}{2}N\Gamma \cos(\upsilon - \varepsilon);$$

3° On mettra, comme dans l'Article précédent, $\frac{1}{2}\sin\pi + \frac{1}{2} i \cos(\zeta - \varepsilon)\cos\pi$ au lieu de $\Gamma \sin(\upsilon - \varepsilon)$, $-\frac{1}{2} i \sin(\zeta - \varepsilon)\cos\pi$ au lieu de $\Gamma \cos(\upsilon - \varepsilon)$, $(1+\mu)dV$ au lieu de $d\omega$, et $\frac{3dV^2}{dt^2}$ au lieu de $\frac{3T}{\rho^3(1+\lambda^2)^{\frac{5}{2}}}$; on effacera le terme $\frac{3S}{\rho'^3}\Pi'$, par les raisons alléguées (Article XIX), et, divisant toute l'équation (3) par $\frac{\sin\pi\, d\omega}{dt^2} H$, on aura

$$d\varepsilon = -\frac{H + 2K}{2(1+\mu)H} \frac{d^2\pi}{\sin\pi\, dV} + 3\frac{(2K - H)\cos\pi - M}{4(1+\mu)H} dV$$
$$+ 3\frac{(2K - H)\cos\pi - M}{4(1+\mu)H} \frac{\cos\pi}{\sin\pi} i \cos(\zeta - \varepsilon) dV + 3\frac{N i \cos\pi}{4(1+\mu)H \sin\pi} \sin(\zeta - \varepsilon) dV.$$

Ce qui donne, en intégrant, après avoir mis ϖ au lieu de π (*),

$$(9)\quad \left\{\begin{aligned}\varepsilon = \eta &- \frac{H+2K}{2(1+\mu)H}\frac{d\pi}{\sin\varpi\, dV} + 3\frac{(2K-H)\cos\varpi - M}{4(1+\mu)H}V\\ &+ 3\frac{(2K-H)\cos\varpi - M}{4(1+\mu)(\mu-p)H}\frac{\cos\varpi}{\sin\varpi}i\sin(\zeta-\varepsilon) - 3\frac{Ni\cos\varpi}{4(1+\mu)(\mu-p)H\sin\varpi}\cos(\zeta-\varepsilon),\end{aligned}\right.$$

η étant égal à

$$\varepsilon' - 3\frac{(2K-H)\cos\varpi - M}{4(1+\mu)(\mu-p)H}\frac{\cos\varpi}{\sin\varpi}i\sin(\zeta'-\varepsilon') - 3\frac{Ni\cos\varpi}{4(1+\mu)(\mu-p)H\sin\varpi}\cos(\zeta'-\varepsilon').$$

On remarquera que la valeur de $\frac{d\pi}{dV}$ peut être négligée, parce qu'elle ne contiendra pas le diviseur $\mu-p$ qui se trouve dans les autres termes.

XXV.

Conséquences qui résultent des formules précédentes (8), (9), par rapport à la précession des équinoxes et à la nutation de l'axe de la Lune.

Si l'on fait, ce qui est permis,

$$H - 2K + M = h\cos g,\quad N = h\sin g,$$

savoir

$$h = \sqrt{(H-2K+M)^2 + N^2},\quad \operatorname{tang} g = \frac{N}{H-2K+M},$$

et qu'on mette 1 au lieu de $\cos\varpi$, on aura, en négligeant μ vis-à-vis de 1,

$$\pi = \varpi - \frac{3hi}{4(\mu-p)H}\cos(\zeta-\varepsilon+g) + \frac{3N\sin\varpi}{4H}V,$$

$$\varepsilon = \eta - \frac{3(H-2K+M)}{4H}V - \frac{3hi}{4(\mu-p)H\sin\varpi}\sin(\zeta-\varepsilon+g)\ (^{**}).$$

(*) Le procédé d'intégration employé ici par Lagrange est tout à fait défectueux ; la substitution de ϖ à π, avant l'intégration, ne saurait effectivement être regardée comme légitime. (*Note de l'Éditeur.*)

(**) Il y a, dans le texte primitif, plusieurs fautes de signes qui ont peu d'importance ; nous avons cru devoir toutefois les faire disparaître. (*Note de l'Éditeur.*)

D'où l'on voit :

1° Que, si N n'est pas $=0$, l'inclinaison de l'équateur sera sujette à une diminution ou augmentation constante selon que N sera positive ou négative ;

2° Que la valeur de μ, c'est-à-dire la précession moyenne des équinoxes, sera

$$\frac{3(\mathrm{H}-2\mathrm{K}+\mathrm{M})}{4\mathrm{H}};$$

3° Que le pôle de l'équateur de la Lune décrira, pendant une révolution des nœuds de l'orbite par rapport aux nœuds de l'équateur, un petit cercle dont le rayon sera

$$\frac{3hi}{4(\mu-p)\mathrm{H}}.$$

Mais, si $\mu=p$, c'est-à-dire si le mouvement des points équinoxiaux de la Lune est égal au mouvement des nœuds de l'orbite, comme l'a trouvé M. Cassini, les formules précédentes ne serviront plus ; mais il faudra mettre d'abord au lieu de ϖ sa valeur

$$\pi'+\frac{3hi}{4(\mu-p)\mathrm{H}}\cos(\zeta'-\varepsilon'+g),$$

et au lieu de η sa valeur

$$\varepsilon'+\frac{3hi}{4(\mu-p)\mathrm{H}\sin\varpi}\sin(\zeta'-\varepsilon'+g);$$

on mettra ensuite $\varepsilon'-\mu\mathrm{V}$ au lieu de ε, et $\zeta'-p\mathrm{V}$ au lieu de ζ ; après quoi, regardant $(\mu-p)\mathrm{V}$ comme une quantité infiniment petite, on aura

$$\cos(\zeta-\varepsilon+g)=\cos(\zeta'-\varepsilon'+g)-(\mu-p)\,\mathrm{V}\sin(\zeta'-\varepsilon'+g),$$
$$\sin(\zeta-\varepsilon+g)=\sin(\zeta'-\varepsilon'+g)+(\mu-p)\,\mathrm{V}\cos(\zeta'-\varepsilon'+g);$$

et les valeurs de ε et de π deviendront les suivantes

$$\pi=\pi'+\left[\frac{3\mathrm{N}\sin\varpi}{4\mathrm{H}}+\frac{3hi}{4\mathrm{H}}\sin(\zeta'-\varepsilon'+g)\right]\mathrm{V},$$
$$\varepsilon=\varepsilon'-\left[\frac{3(\mathrm{H}-2\mathrm{K}+\mathrm{M})}{4\mathrm{H}}+\frac{3hi}{4\mathrm{H}\sin\varpi}\cos(\zeta'-\varepsilon'+g)\right]\mathrm{V}.$$

D'où il s'ensuit que

$$\mu = \frac{3(H - 2K + M)}{4H} + \frac{3hi}{4H \sin\varpi} \cos(\zeta' - \varepsilon' + g),$$

et qu'il n'y aura plus de nutation sensible dans l'axe de la Lune.

XXVI.

Remarque. — Il est bon de remarquer que, si l'on voulait appliquer à la Terre regardée comme un sphéroïde quelconque les formules (8) et (9), il faudrait effacer partout les lettres M et N. La raison de cela est que, l'angle θ n'étant plus alors très-petit par rapport à υ, il ne serait plus permis de mettre, comme nous l'avons fait, $\sin(\upsilon - \varepsilon)$ et $\cos(\upsilon - \varepsilon)$ au lieu de $\Delta \sin\omega - \Lambda \cos\omega$ et de $\Lambda \sin\omega + \Delta \cos\omega$ dans les expressions de E' et de Π'; mais il faudrait substituer pour Λ et pour Δ leurs valeurs [Article XIII (M)]; cependant, comme les termes venant de ces substitutions seraient tous multipliés par $\sin 2\omega$ ou $\cos 2\omega$, et que ω serait dans ce cas beaucoup plus grand que V, étant à très-peu près dans le rapport de 27 à 1, il est clair que ces termes pourraient être négligés entièrement comme devant être, après l'intégration, considérablement plus petits que les autres. M. d'Alembert a fait le premier cette importante observation, sans laquelle il eût été comme impossible de résoudre le Problème de la précession des équinoxes dans la Terre considérée comme un sphéroïde à méridiens dissemblables; mais elle n'a plus lieu à l'égard de la Lune, dans laquelle $\omega = V$ à peu près; et c'est ce qui fait que nos résultats diffèrent un peu de ceux de ce grand Géomètre, comme on va le voir.

XXVII.

Scolie I. — En supposant la Lune homogène et de figure elliptique, comme dans l'Article XXII, on aura (Article XII)

$$H = \frac{4cf^5}{15}, \quad M = \frac{4cf^5}{15} eB', \quad N = 0, \quad K - \tfrac{1}{2}H = -\frac{4cf^5}{15}(eA' + \tfrac{1}{2}eB');$$

donc (Article XXV)

$$g = 0, \quad h = H - 2K + M = \frac{8cf^4}{15}(eA' + eB'), \quad \frac{h}{H} = 2eA' + 2eB';$$

donc

$$\pi = \varpi - \frac{3i(eA' + eB')}{2(\mu - p)}\cos(\zeta - \varepsilon),$$

$$\varepsilon = \eta - \mu V - \frac{3i(eA' + eB')}{2(\mu - p)\sin\varpi}\sin(\zeta - \varepsilon), \quad \mu = \frac{3e(A' + B')}{2};$$

où l'on remarquera que $eA' + eB'$ représente l'ellipticité du premier méridien, c'est-à-dire l'allongement de la Lune (dans le sens de la ligne qui joint le centre de la Lune et de la Terre à très-peu près), par rapport au demi-axe de la Lune; et que par conséquent le mouvement de l'axe de cette Planète dépend en ce cas uniquement de la quantité de cet allongement.

Par la théorie de la figure de la Lune, on a (Articles XII et XXII)

$$eB' = \frac{15f^3 T}{4\rho^3 L} = \frac{236}{10\,000\,000}, \quad \text{et} \quad eA' = \tfrac{5}{4}\varphi;$$

or φ exprime le rapport de la force centrifuge à la pesanteur sous l'équateur de la Lune; donc, si l'on nomme φ' ce même rapport sous l'équateur de la Terre, f' le rayon de la Terre, t, t' les temps de la rotation de la Lune et de la Terre, on voit facilement qu'on aura

$$\varphi : \varphi' = \frac{f}{t^2}\frac{T}{f^2} : \frac{f'}{t'^2}\frac{L}{f'^2};$$

ce qui donne

$$\varphi = \frac{f^3}{f'^3}\frac{T}{L}\frac{t'^2}{t^2}\varphi';$$

mettant $\frac{1}{288}$ au lieu de φ', $\frac{3}{11}$ au lieu de $\frac{f}{f'}$, 67 au lieu de $\frac{T}{L}$, et $\frac{1}{27\frac{1}{3}}$ au lieu de $\frac{t'}{t}$, je trouve

$$\varphi = \frac{6326}{1\,000\,000\,000},$$

d'où

$$eA' = \frac{79}{10\,000\,000},$$

et par conséquent

$$eA' + eB' = \frac{315}{10\,000\,000};$$

donc

$$\mu = \frac{471}{10\,000\,000},$$

et, multipliant ce nombre par 360 degrés, on aura, en secondes, 61″ pour la précession moyenne des points équinoxiaux lunaires dans un mois périodique.

Pour avoir la nutation, il faut multiplier μ par $\frac{i}{\mu - p}$, ou bien par $\frac{i}{p}$ simplement, à cause de μ extrêmement petit.

Or, en prenant pour la tangente i de l'inclinaison de l'orbite lunaire $\tang 5^\circ 9'$, et pour le rapport p du mouvement moyen des nœuds au mouvement périodique de la Lune $\frac{1^\circ 26' 43''}{360^\circ}$, je trouve la nutation de l'axe $= 3'39''$; et, divisant ce nombre par $\sin \varpi$ (en prenant pour ϖ, 2 degrés, valeur moyenne entre celles de M. Cassini et de M. Mayer), j'ai $1^\circ 44' 15''$ pour la plus grande équation de la précession.

Selon M. d'Alembert (*voyez* le dernier Mémoire de ses *Opuscules*), la précession moyenne des équinoxes dans l'hypothèse présente est seulement de $\frac{3(eA' + \frac{1}{2} eB')}{2}$, et la nutation est aussi diminuée à proportion; c'est ce qui fait que nos résultats ne s'accordent point; mais j'ai donné ci-dessus (Article XVII) la raison de cette différence entre les formules de ce grand Géomètre et les miennes.

XXVIII.

Scolie II. — Voyons maintenant quelle devrait être la valeur de $eA' + eB'$, pour que la précession moyenne des équinoxes lunaires fût égale au mouvement des nœuds de la Lune; dans ce cas, on aura (Article XXV)

$$\mu = p = \frac{3(\mathrm{H} - 2\mathrm{K} + \mathrm{M})}{4\mathrm{H}} + \frac{3hi}{4\mathrm{H}\sin\varpi}\cos(\zeta' - \varepsilon' + g)$$

$$= \tfrac{3}{2}(e\mathrm{A}' + e\mathrm{B}')\left[1 + \frac{i}{\sin\varpi}\cos(\zeta' - \varepsilon')\right];$$

donc

$$e\mathrm{A}' + e\mathrm{B}' = \frac{2p}{3\left[1 + \frac{i}{\sin\varpi}\cos(\zeta' - \varepsilon')\right]}.$$

Donc, si l'on veut, avec M. de Cassini, que le nœud descendant de l'équateur lunaire soit toujours au même point que le nœud ascendant de l'orbite de la Lune, on fera $\varepsilon' = \zeta'$, et l'on aura

$$e\mathrm{A}' + e\mathrm{B}' = \frac{2p}{3\left(1 + \frac{i}{\sin\varpi}\right)} = \frac{747}{1\,000\,000};$$

et, dans ce cas, il n'y aura plus de nutation sensible dans l'axe.

XXIX.

Scolie III. — Au reste, quelle que soit la valeur de $e\mathrm{A}' + e\mathrm{B}'$, pourvu qu'elle surpasse $\frac{747}{1\,000\,000}$, je dis que le mouvement des équinoxes lunaires deviendra toujours de lui-même égal au mouvement des nœuds de la Lune; car il est clair qu'on pourra toujours trouver un angle $\zeta' - \varepsilon'$ tel, que l'on ait

$$e\mathrm{A}' + e\mathrm{B}' = \frac{2p}{3\left[1 + \frac{i}{\sin\varpi}\cos(\zeta' - \varepsilon')\right]};$$

donc lorsque les nœuds de l'équateur et de l'orbite, à force de s'éloigner, seront parvenus à la distance $\zeta' - \varepsilon'$ entre eux, le nœud de l'équateur recevra un mouvement égal à celui de l'orbite.

Il est vrai que l'inclinaison de l'axe sera sujette à une augmentation ou diminution constante, selon que $\varepsilon' > \zeta'$ ou $< \zeta'$, en vertu de laquelle la valeur $\sin\varpi$ changera un peu, et l'équation

$$eA' + eB' = \frac{2p}{3\left[1 + \frac{i}{\sin\varpi}\cos(\zeta' - \varepsilon')\right]}$$

cessera d'être vraie; mais elle se rétablira ensuite par la variation de la distance $\zeta' - \varepsilon'$. Peut-être pourrait-on démontrer, par ce raisonnement, que les nœuds de l'équateur lunaire devront enfin coïncider pour toujours avec ceux de l'orbite.

XXX.

Scolie IV. — Un moyen de déterminer si le mouvement des nœuds de l'équateur lunaire est exactement égal à celui des nœuds de l'orbite, ce serait d'observer pendant une longue suite de révolutions de la Lune la quantité de sa plus grande libration en latitude. Car il est clair que cette libration peut être représentée sans erreur sensible par l'angle que nous avons nommé ψ (Article XVI), à cause que l'inclinaison de l'équateur à l'écliptique est extrêmement petite; or (Articles XVI et XIII)

$$\sin\psi = \frac{\Gamma}{\sqrt{1+\lambda^2}} = \frac{\sin(\upsilon-\varepsilon)\sin\pi + \lambda\cos\pi}{\sqrt{1+\lambda^2}} = \frac{\sin(\upsilon-\varepsilon)\sin\pi + i\sin(\upsilon-\zeta)\cos\pi}{\sqrt{1+i^2\sin^2(\upsilon-\zeta)}}$$

[en mettant pour λ sa valeur $i\sin(\upsilon - \zeta)$]. Donc, si $\zeta = \varepsilon$, on aura

$$\sin\psi = \frac{\sin(\upsilon-\zeta)}{\sqrt{1+i^2\sin^2(\upsilon-\zeta)}}(\sin\pi + i\cos\pi),$$

et comme (Article XIII)

$$\upsilon = \text{long. } ☾ + 180^\circ \quad \text{et} \quad \zeta = \text{long. } ☊,$$

lorsque la Lune sera dans ses plus grandes latitudes boréales, on aura

$$\upsilon - 180^\circ - \zeta = 90^\circ,$$

savoir

$$\upsilon - \zeta = 270^\circ \quad \text{et} \quad \sin(\upsilon-\zeta) = -1;$$

on trouvera de même $\sin(\upsilon - \zeta) = 1$ pour les plus grandes latitudes méridionales; donc la libration totale en latitude sera

$$2\frac{\sin\pi + i\cos\pi}{\sqrt{1+i^2}},$$

ce qui va à $\frac{1}{4}$ environ du rayon de la Lune. Soit maintenant $\varepsilon >$ ou $< \zeta$, il est évident qu'après quelques révolutions de la Lune, on devra avoir $\varepsilon = \zeta + 180^\circ$; et alors $\sin\psi$ sera égal à

$$\frac{\sin(\upsilon - \zeta)}{\sqrt{1 + i\sin^2(\upsilon - \zeta)}}(-\sin\pi + i\cos\pi),$$

et la libration totale égale à

$$2\frac{-\sin\pi + i\cos\pi}{\sqrt{1+i^2}} = \frac{1}{9} \text{ seulement du rayon de la Lune.}$$

XXXI.

Scolie V. — Je finirai ces recherches par exposer une méthode par laquelle, ayant trois observations d'une même tache de la Lune, on pourra connaître la position de l'équateur de cette Planète par rapport à l'écliptique. Soient, comme dans l'Article XIII, $\upsilon - 180^\circ$ la longitude du centre de la Lune et λ sa latitude supposée australe, $U - 180^\circ$ la longitude de la tache et $\lambda - l$ la tangente de la latitude, dans une observation quelconque; il est facile de voir, en conservant les suppositions et les noms de l'Article II, que l'on aura

$$\frac{x}{\sqrt{x^2+y^2}} = \frac{x}{\rho} = \cos\upsilon, \quad \frac{y}{\sqrt{x^2+y^2}} = \frac{y}{\rho} = \sin\upsilon, \quad \frac{z}{\sqrt{x^2+y^2}} = \frac{z}{\rho} = \lambda;$$

et de même

$$\frac{y - Y}{\sqrt{(x-X)^2 + (y-Y)^2}} = \sin U, \quad \frac{z - Z}{\sqrt{(x-X)^2+(y-Y)^2}} = \lambda - l;$$

or

$$(x-X)^2 + (y-Y)^2 = x^2 + y^2 - 2xX - 2yY = \rho^2 - 2xX - 2yY,$$

à très-peu près; donc, en négligeant les carrés et les puissances plus hautes de X, Y, aussi bien que leurs produits, on aura

$$\frac{y-\mathrm{Y}}{\sqrt{(x-\mathrm{X})^2+(y-\mathrm{Y})^2}}=\frac{y}{\rho}-\frac{\mathrm{Y}}{\rho}+\frac{xy\mathrm{X}}{\rho^3}+\frac{y^2\mathrm{Y}}{\rho^3}=\sin\upsilon+\cos\upsilon\,\frac{\mathrm{X}\sin\upsilon-\mathrm{Y}\cos\upsilon}{\rho},$$

en mettant $\sin\upsilon$ et $\cos\upsilon$ au lieu de $\frac{y}{\rho}$, $\frac{x}{\rho}$; par conséquent, si l'on fait

$$\sin\mathrm{U}=\sin\upsilon-\mathrm{S},$$

on aura l'équation

$$(1)\qquad \frac{\rho\mathrm{S}}{\cos\upsilon}=\mathrm{Y}\cos\upsilon-\mathrm{X}\sin\upsilon.$$

On trouvera de la même manière

$$\frac{z-\mathrm{Z}}{\sqrt{(x-\mathrm{X})^2+(y-\mathrm{Y})^2}}=\frac{z}{\rho}-\frac{\mathrm{Z}}{\rho}+\frac{zx\mathrm{X}}{\rho^3}+\frac{zy\mathrm{Y}}{\rho^3}$$

$$=\lambda-\frac{\mathrm{Z}}{\rho}+\frac{\lambda}{\rho}(\mathrm{X}\cos\upsilon+\mathrm{Y}\sin\upsilon)=\lambda-l\ \text{(hypothèse)};$$

ce qui donnera

$$(2)\qquad \frac{\mathrm{Z}-\rho l}{\lambda}=\mathrm{X}\cos\upsilon+\mathrm{Y}\sin\upsilon.$$

Il faut tirer de ces deux équations les valeurs de X, Y, Z; et pour cela on remarquera que, r étant le rayon de la Lune, on aura

$$\mathrm{X}^2+\mathrm{Y}^2+\mathrm{Z}^2=r^2,$$

et que

$$(\mathrm{Y}\cos\upsilon-\mathrm{X}\sin\upsilon)^2+(\mathrm{X}\cos\upsilon+\mathrm{Y}\sin\upsilon)^2=\mathrm{X}^2+\mathrm{Y}^2=r^2-\mathrm{Z}^2;$$

on aura donc

$$r^2-\mathrm{Z}^2=\frac{(\mathrm{Z}-\rho l)^2}{\lambda^2}+\frac{\rho^2\mathrm{S}^2}{\cos^2\upsilon},$$

d'où l'on tire

$$Z = \frac{\rho l + h\lambda}{1+\lambda^2},$$

en faisant, pour abréger,

$$h = \sqrt{(1+\lambda^2)\left(r^2 - \frac{\rho^2 S^2}{\cos^2 \upsilon}\right) - \rho^2 l^2}.$$

Ayant la valeur de Z, on trouvera aussitôt celle de X et de Y par les équations (1), (2), car

$$X = \frac{Z-\rho l}{\lambda}\cos\upsilon - \rho S \operatorname{tang}\upsilon, \quad Y = \frac{Z-\rho l}{\lambda}\sin\upsilon + \rho S.$$

On fera le même calcul pour chacune des deux autres observations, et l'on appellera X', Y', Z'; X'', Y'', Z'' les valeurs correspondantes de X, Y, Z.

Maintenant on a [Article VI, (D)]

$$Z = r\sin p, \quad Y = r\cos p \sin q, \quad X = r\cos p\cos q;$$

de plus, en combinant les deux premières formules (C),

$$\begin{aligned}\sin P &= \sin p\cos\pi + \cos p\sin q'\sin\pi \\ &= \sin p\cos\pi + \cos p\sin q\cos\varepsilon\sin\pi - \cos p\cos q\sin\varepsilon\sin\pi,\end{aligned}$$

en mettant, au lieu de q', $q-\varepsilon$; donc, substituant pour $\sin p$, $\cos p\sin q$, $\cos p\cos q$ leurs valeurs $\frac{Z}{r}$, $\frac{Y}{r}$, $\frac{X}{r}$, on aura

$$(3) \qquad r\sin P = Z\cos\pi + Y\cos\varepsilon\sin\pi - X\sin\varepsilon\sin\pi$$

et de même pour les deux autres observations

$$(4) \qquad r\sin P = Z'\cos\pi + Y'\cos\varepsilon\sin\pi - X'\sin\varepsilon\sin\pi,$$

$$(5) \qquad r\sin P = Z''\cos\pi + Y''\cos\varepsilon\sin\pi - X''\sin\varepsilon\sin\pi,$$

en supposant que la position de l'équateur demeure la même.

Retranchant l'équation (4) de l'équation (3) et l'équation (5) de l'équation (4), on aura deux nouvelles équations

$$(6)\qquad (Z - Z')\cos\pi + (Y - Y')\cos\varepsilon\sin\pi - (X - X')\sin\varepsilon\sin\pi = 0,$$

$$(7)\qquad (Z' - Z'')\cos\pi + (Y' - Y'')\cos\varepsilon\sin\pi - (X' - X'')\sin\varepsilon\sin\pi = 0,$$

d'où l'on tire

$$\frac{(X - X')\sin\varepsilon - (Y - Y')\cos\varepsilon}{Z - Z'} = \frac{\cos\pi}{\sin\pi} = \frac{(X' - X'')\sin\varepsilon - (Y' - Y'')\cos\varepsilon}{Z' - Z''},$$

et par conséquent

$$\operatorname{tang}\varepsilon = \left(\frac{Y - Y'}{Z - Z'} - \frac{Y' - Y''}{Z' - Z''}\right) : \left(\frac{X - X'}{Z - Z'} - \frac{X' - X''}{Z' - Z''}\right).$$

Connaissant ε, on trouvera π par la formule

$$\operatorname{tang}\pi = \frac{Z - Z'}{(X - X')\sin\varepsilon - (Y - Y')\cos\varepsilon}.$$

RECHERCHES

SUR LES

INÉGALITÉS DES SATELLITES DE JUPITER

CAUSÉES PAR LEUR ATTRACTION MUTUELLE.

TABLE DES TITRES

CONTENUS DANS CETTE DISSERTATION.

RECHERCHES

SUR LES

INÉGALITÉS DES SATELLITES DE JUPITER

CAUSÉES PAR LEUR ATTRACTION MUTUELLE.

Multùm adhuc restat operis.
SEN., *Epist.* 64.

(Prix de l'Académie Royale des Sciences de Paris, tome IX, 1766.)

CHAPITRE PREMIER.

FORMULES GÉNÉRALES POUR LE MOUVEMENT DES SATELLITES DE JUPITER.

I.

Soient nommés :

r le rayon vecteur de l'orbite d'un satellite quelconque projetée sur le plan de l'orbite de Jupiter;

p la tangente de la latitude du satellite par rapport à ce même plan;

F la force que Jupiter exerce sur le satellite à la distance 1.

On aura la distance du satellite au plan de l'orbite de Jupiter égale à rp.

Donc la distance du satellite au centre de Jupiter sera $r\sqrt{1+p^2}$.

Par conséquent la force par laquelle le satellite est poussé vers Jupiter sera $\frac{F}{r^2(1+p^2)}$.

Cette force peut être regardée comme composée de deux autres : l'une parallèle au rayon vecteur et égale à $\frac{F}{r^2(1+p^2)^{\frac{3}{2}}}$; l'autre perpendiculaire au plan de l'orbite de Jupiter et égale à $\frac{Fp}{r^2(1+p^2)^{\frac{3}{2}}}$.

Or on peut, en général, réduire les forces perturbatrices du satellite à trois forces uniques, dont :

La première, que j'appelle R, soit parallèle au rayon r;

La seconde, que j'appelle Q, soit perpendiculaire au rayon vecteur, et parallèle au plan de l'orbite de Jupiter;

La troisième, que j'appelle P, soit perpendiculaire à ce même plan.

Donc le satellite sera sollicité, dans les directions dont nous parlons, par les forces

$$\frac{F}{r^2(1+p^2)^{\frac{3}{2}}}+R, \qquad Q, \qquad \frac{Fp}{r^2(1+p^2)^{\frac{3}{2}}}+P;$$

dont les deux premières déterminent le mouvement que le satellite doit avoir dans le plan de l'orbite de Jupiter, ou pour mieux dire, parallèlement à ce plan.

II.

Cela posé, soient :

t le temps écoulé depuis le commencement du mouvement;
φ l'angle décrit par le rayon r durant ce temps;
l'élément du temps dt constant, c'est-à-dire, $ddt = 0$.

On aura pour la vitssse circulatoire du satellite, parallèlement au plan de l'orbite de Jupiter, $\frac{r\,d\varphi}{dt}$, d'où résulte la force centrifuge $\frac{r^2\,d\varphi^2}{r\,dt^2}=\frac{r\,d\varphi^2}{dt^2}$, laquelle étant retranchée de la force $\frac{F}{r^2(1+p^2)^{\frac{3}{2}}}+R$, on aura la véritable force qui tend à diminuer le rayon r.

Donc, par le principe des forces accélératrices, on aura

$$\text{(A)} \qquad -\frac{d^2r}{dt^2}=\frac{F}{r^2(1+p^2)^{\frac{3}{2}}}+R-\frac{r\,d\varphi^2}{dt^2}.$$

Maintenant on sait que, si la force perpendiculaire Q était nulle, le rayon r décrirait des aires proportionnelles aux temps, de sorte que l'on aurait, à cause de dt constant,

$$d\left(\frac{r^2 d\varphi}{2}\right) = 0;$$

mais la force Q fait parcourir perpendiculairement à r l'espace $Q\,dt^2$ pendant le temps dt; donc le secteur $\frac{r^2 d\varphi}{2}$ croîtra pendant ce temps de la quantité $\frac{Q r dt^2}{2}$; par conséquent on aura l'équation

$$d(r^2 d\varphi) = Q r dt^2,$$

dont l'intégrale, en ajoutant $c\,dt$, est

$$r^2 d\varphi = c\,dt + dt \int Q r\,dt;$$

d'où l'on tire

$$\text{(B)} \qquad \frac{d\varphi}{dt} = \frac{c + \int Q r\,dt}{r^2}.$$

Enfin on aura, en vertu de la force perpendiculaire au plan de l'orbite de Jupiter,

$$-\frac{d^2(pr)}{dt^2} = \frac{Fp}{r^2(1+p^2)^{\frac{3}{2}}} + P,$$

ou bien

$$\frac{d^2 p}{dt^2} + \frac{2\,dp\,dr}{r\,dt^2} + \frac{p\,d^2 r}{r\,dt^2} + \frac{Fp}{r^3(1+p^2)^{\frac{3}{2}}} + \frac{P}{r} = 0,$$

d'où, en mettant pour $\frac{d^2 r}{r\,dt^2}$ sa valeur

$$\frac{d\varphi^2}{dt^2} - \frac{F}{r^3(1+p^2)^{\frac{3}{2}}} - \frac{R}{r}$$

tirée de l'équation (A), et effaçant ce qui se détruit, on aura l'équation suivante

$$\text{(C)} \qquad \frac{d^2 p}{dt^2} + p\frac{d\varphi^2}{dt^2} + \frac{2\,dp\,dr}{r\,dt^2} + \frac{P - Rp}{r} = 0.$$

III.

Les équations (A), (B), (C) donneront r, φ et p en t, ce qui suffira pour faire connaître le lieu du satellite à chaque instant. Que si l'on voulait connaître la figure même de l'orbite qu'il décrit, il faudrait éliminer des équations (A), (C) l'élément dt. Or de l'équation (B) on tire, après quelques réductions fort simples,

$$dt = \frac{r^2 d\varphi}{\sqrt{c^2 + 2\int Q r^3 d\varphi}};$$

donc, si l'on substitue cette valeur dans (A), (C), et qu'on fasse pour plus de simplicité $\frac{1}{r} = u$, on aura, en prenant $d\varphi$ constant,

$$(a) \qquad \frac{d^2 u}{d\varphi^2} + u - \frac{F(1+p^2)^{\frac{3}{2}} + R r^2 + Q \frac{r\,dr}{d\varphi}}{c^2 + 2\int Q r^3 d\varphi} = 0,$$

$$(c) \qquad \frac{d^2 p}{d\varphi^2} + p + \frac{r^3\left(P - pR + Q\frac{dp}{d\varphi}\right)}{c^2 + 2\int Q r^3 d\varphi} = 0.$$

Supposons pour un moment que les forces perturbatrices P, Q, R soient nulles; on aura par l'équation (c)

$$\frac{d^2 p}{d\varphi^2} + p = 0,$$

dont l'intégrale est, comme on sait,

$$p = G \sin\varphi + H \cos\varphi,$$

ou bien

$$p = \lambda \sin(\varphi - \varepsilon),$$

λ et ε étant deux constantes arbitraires. Cette dernière expression de p fait voir que l'orbite est toute dans un plan fixe, dont la position dépend des quantités λ, ε, qui expriment, la première, la tangente de l'inclinaison, et la seconde, la longitude du nœud. Retenons maintenant cette même expression de p, et supposons, à cause des forces perturbatrices, λ et ε variables; on aura

$$dp = d\lambda \sin(\varphi - \varepsilon) + \lambda \cos(\varphi - \varepsilon)(d\varphi - d\varepsilon).$$

Or, afin que le corps puisse être regardé comme se mouvant réellement dans le plan déterminé par λ et ε, il faut que la valeur de dp soit la même que si ces quantités demeuraient constantes, c'est-à-dire, que

$$dp = \lambda \cos(\varphi - \varepsilon)\, d\varphi;$$

donc

$$d\lambda \sin(\varphi - \varepsilon) = \lambda \cos(\varphi - \varepsilon)\, d\varepsilon;$$

par conséquent, à cause de $d\varphi$ constant,

$$\frac{d^2p}{d\varphi^2} = -\lambda \sin(\varphi - \varepsilon) + \frac{\lambda\, d\varepsilon}{\sin(\varphi - \varepsilon)\, d\varphi},$$

et

$$\frac{d^2p}{d\varphi^2} + p = \frac{\lambda\, d\varepsilon}{\sin(\varphi - \varepsilon)\, d\varphi},$$

On réduira ainsi l'équation (c) ci-dessus à deux équations du premier degré, qui donneront λ et ε en φ; d'où l'on connaîtra la variation de l'inclinaison de l'orbite et le mouvement de la ligne des nœuds. C'est ainsi que la plupart des Géomètres en ont usé jusqu'ici dans la recherche des orbites des Planètes; mais il nous paraît plus court de chercher directement la latitude p par une seule équation, d'autant plus que les quantités λ et ε s'en déduiront plus aisément; car, puisque

$$p = \lambda \sin(\varphi - \varepsilon), \quad \frac{dp}{d\varphi} = \lambda \cos(\varphi - \varepsilon),$$

on aura

$$\lambda = \sqrt{p^2 + \frac{dp^2}{d\varphi^2}}, \quad \operatorname{tang}(\varphi - \varepsilon) = \frac{p\, d\varphi}{dp}.$$

On pourrait faire une pareille transformation sur l'équation (a); ce qui réduirait l'orbite à une ellipse dont l'excentricité et la position de la ligne des apsides seraient variables, ainsi que M. Newton l'a pratiqué par rapport à la Lune. En effet, si l'on suppose d'abord

$$Q = 0, \quad R = 0, \quad p = 0,$$

l'équation (a) devient

$$\frac{d^2u}{d\varphi^2} + u - \frac{F}{c^2} = 0,$$

dont l'intégrale, étant mise sous cette forme

$$u - \frac{F}{c^2} = \rho \cos(\varphi - \alpha),$$

donne une ellipse dans laquelle $\frac{c^2}{F}$ est le demi-paramètre, $\frac{\rho c^2}{F}$ l'excentricité, et α la longitude de l'apside inférieure. Qu'on regarde maintenant ρ et α comme variables, et qu'on suppose, par une raison analogue à celle que nous avons expliquée ci-dessus,

$$du = -\rho \sin(\varphi - \alpha)\, d\varphi,$$

on trouvera

$$d\rho \cos(\varphi - \alpha) + \rho \sin(\varphi - \alpha)\, d\alpha = 0,$$

$$\frac{d^2u}{d\varphi^2} + u - \frac{F}{c^2} = \frac{\rho\, d\alpha}{\cos(\varphi - \alpha)\, d\varphi}.$$

Ainsi l'équation (a) se réduira à deux équations du premier degré, d'où l'on tirera aisément ρ et α.

IV.

Les observations nous apprennent que les inégalités des mouvements des satellites de Jupiter sont très-petites, aussi bien que les inclinaisons de leurs orbites, par rapport à l'orbite de cette Planète; d'où il suit que, si l'on nomme a la valeur moyenne de r, μ la valeur moyenne de $\frac{d\varphi}{dt}$, c'est-à-dire la vitesse angulaire moyenne, et qu'on dénote par n un coefficient très-petit, et par x, y, z des quantités variables, on aura les expressions suivantes

$$r = a(1 + nx), \quad \varphi = \mu t + ny, \quad p = nz,$$

où l'on remarquera que les valeurs de x et de $\frac{dy}{dt}$ ne doivent contenir aucun terme constant; autrement a et μ ne seraient plus les valeurs moyennes de r et de $\frac{d\varphi}{dt}$, ce qui est contre l'hypothèse.

V.

Substituons maintenant ces expressions de r, φ, p dans les équations de l'Article II, et négligeons les termes qui se trouveraient multipliés par des puissances de n plus hautes que n^2, parce qu'une plus grande exactitude serait superflue dans le sujet que nous traitons; nous changerons d'abord l'équation (A) en celle-ci

$$-na\frac{d^2x}{dt^2} = \frac{F}{a^2}(1-2nx+3n^2x^2)\left(1-\tfrac{3}{2}n^2z^2\right)+R - a(1+nx)\left(\mu^2+2n\mu\frac{dy}{dt}+n^2\frac{dy^2}{dt^2}\right),$$

ou bien

$$na\frac{d^2x}{dt^2}+\frac{F}{a^2}-a\mu^2-n\left(\frac{2F}{a^2}+a\mu^2\right)x+n^2\frac{F}{a^2}\left(3x^2-\tfrac{3}{2}z^2\right)-2na\mu\frac{dy}{dt} - 2n^2a\mu x\frac{dy}{dt}-n^2a\frac{dy^2}{dt^2}+R=0.$$

Si n était $=0$, on aurait

$$\frac{F}{a^2}-a\mu^2+R=0;$$

donc, n étant très-petite, la quantité

$$\frac{F}{a^2}-a\mu^2+R$$

devra l'être aussi; de sorte qu'on pourra supposer

$$\frac{F}{a^2}-a\mu^2+R=n\frac{F}{a^2}X.$$

Cette substitution faite, on divisera toute l'équation par na, et l'on aura, en mettant pour plus de simplicité f au lieu de $\frac{F}{a^3}$,

$$\frac{d^2x}{dt^2} - (2f + \mu^2)x - 2\mu\frac{dy}{dt} + f\mathrm{X} + nf(3x^2 - \tfrac{3}{2}z^2) - 2n\mu x\frac{dy}{dt} - n\frac{dy^2}{dt^2} = 0.$$

VI.

L'équation (B) deviendra, par les mêmes substitutions,

$$\mu + n\frac{dy}{dt} = \left[\frac{c}{a^2} + \frac{\int Q(1 + nx)\,dt}{a}\right](1 - 2nx + 3n^2x^2).$$

Si n était $= 0$, on aurait

$$\int Q\,dt = a\mu - \frac{c}{a};$$

supposons donc

$$\int Q(1 + nx)\,dt = a\mu - \frac{c}{a} + n\frac{F}{a^2}\mathrm{Y};$$

on aura, après les réductions,

$$\frac{dy}{dt} = -2\mu x + f\mathrm{Y} + 3n\mu x^2 - 2nfx\mathrm{Y}.$$

VII.

Enfin l'équation (C) se changera en celle-ci

$$n\frac{d^2z}{dt^2} + nz\left(\mu^2 + 2n\mu\frac{dy}{dt}\right) + 2n^2\frac{dz\,dx}{dt^2} + \frac{P - nRz}{a(1 + nx)} = 0;$$

et l'on prouvera ici, comme on a fait ci-dessus, qu'il faut que la quantité P soit très-petite de l'ordre n; c'est pourquoi nous supposerons

$$\frac{P - nRz}{1 + nx} = n\frac{F}{a^2}\mathrm{Z},$$

d'où nous aurons l'équation

$$\frac{d^2z}{dt^2} + \mu^2z + f\mathrm{Z} + 2n\mu z\frac{dy}{dt} + 2n\frac{dz\,dx}{dt^2} = 0.$$

VIII.

Voilà les formules par lesquelles on pourra déterminer les inégalités des satellites de Jupiter, dès qu'on aura trouvé les valeurs des quantités X, Y, Z qui résultent de leur action mutuelle.

Pour rendre ces formules encore plus commodes pour le calcul, nous substituerons dans celles des Articles V et VII la valeur de $\frac{dy}{dt}$ tirée de l'Article VI.

De cette manière, on aura, en négligeant toujours les termes affectés de n^3, n^4, ...,

$$(\text{D})\qquad \left\{\begin{aligned}&\frac{d^2x}{dt^2}+(3\mu^2-2f)x+f\text{X}-2\mu f\text{Y}\\ &\quad -n(6\mu^2-3f)x^2-\tfrac{3}{2}nfz^2+6n\mu fx\text{Y}-nf^2\text{Y}^2\end{aligned}\right\}=0,$$

$$(\text{E})\qquad \frac{dy}{dt}+2\mu x-f\text{Y}-3n\mu x^2+2nfx\text{Y}=0,$$

$$(\text{F})\qquad \frac{d^2z}{dt^2}+\mu^2z+f\text{Z}-4n\mu^2zx+2n\frac{dz\,dx}{dt^2}+2n\mu fz\text{Y}=0.$$

Nous avons dit que les valeurs de x et $\frac{dy}{dt}$ ne doivent renfermer aucun terme constant; on remplira ces deux conditions par le moyen des constantes f et c.

CHAPITRE II.

DÉTERMINATION DES FORCES PERTURBATRICES DES SATELLITES DE JUPITER.

IX.

Soient :

♃ la masse de Jupiter,

$\mathfrak{C}_1$ la masse du premier satellite,

$\mathfrak{C}_2$ la masse du second satellite,

$\mathfrak{C}_3$ la masse du troisième satellite,

$\mathfrak{C}_4$ la masse du quatrième satellite.

Supposons de plus que toutes les quantités que nous avons nommées $r, p, \varphi, F, R, Q, P,\ldots$, dans le Chapitre précédent, soient désignées ici, relativement au premier satellite, par

$$r_1,\ p_1,\ \varphi_1,\ F_1,\ R_1,\ Q_1,\ P_1,\ldots;$$

relativement au second satellite, par

$$r_2,\ p_2,\ \varphi_2,\ F_2,\ R_2,\ Q_2,\ P_2,\ldots;$$

relativement au troisième, par

$$r_3,\ p_3,\ \varphi_3,\ F_3,\ R_3,\ Q_3,\ P_3,\ldots;$$

et relativement au quatrième, par

$$r_4,\ p_4,\ \varphi_4,\ F_4,\ R_4,\ Q_4,\ P_4,\ldots.$$

En général, nous conserverons toujours dans la suite les noms donnés dans les Articles précédents, avec cette seule différence que nous marquerons les lettres d'un trait pour le premier satellite, de deux traits pour le second satellite, etc. (*).

Enfin nous dénoterons, pour plus de simplicité, la distance entre deux satellites quelconques, c'est-à-dire, la ligne droite qui joint leurs centres, par $\Delta(r, r)$; r, r étant les rayons vecteurs des deux satellites; ainsi la distance entre le premier et le second satellite sera désignée par $\Delta(r_1, r_2)$, la distance entre le premier et le troisième par $\Delta(r_1, r_3)$, et ainsi des autres.

X.

Cela posé, il est visible :

1° Que le satellite $\mathfrak{C}_1$ est attiré vers Jupiter avec une force

$$\frac{\mathfrak{T}}{r_1^2(1+p_1^2)},$$

(*) Il nous a paru indispensable, au point de vue de l'exécution typographique, de remplacer les traits par des indices en chiffres arabes. (*Note de l'Éditeur.*)

et qu'en même temps Jupiter est attiré lui-même vers le satellite avec une force

$$\frac{\mathfrak{C}_1}{r_1^2(1+p_1^2)};$$

d'où il suit que la force totale qui tend à rapprocher le satellite de Jupiter est

$$\frac{\mathfrak{J}+\mathfrak{C}_1}{r^2(1+p_1^2)}.$$

Cette expression doit être comparée avec l'expression de la force centrale $\frac{F}{r^2(1+p^2)}$ (Article I), c'est-à-dire, en la rapportant au premier satellite, avec $\frac{F_1}{r_1^2(1+p_1^2)}$, ce qui donne d'abord

$$F_1=\mathfrak{J}+\mathfrak{C}_1.$$

2° Que le satellite $\mathfrak{C}_1$ est attiré vers le satellite $\mathfrak{C}_2$ avec une force

$$\frac{\mathfrak{C}_2}{\Delta(r_1, r_2)^2},$$

laquelle peut se décomposer en deux autres : l'une dans la direction du rayon mené du satellite $\mathfrak{C}_1$ à Jupiter, qui sera

$$\frac{\mathfrak{C}_2 r_1\sqrt{1+p_1^2}}{\Delta(r_1, r_2)^3};$$

l'autre parallèle au rayon mené du satellite $\mathfrak{C}_2$ à Jupiter, et qui sera

$$\frac{\mathfrak{C}_2 r_2\sqrt{1+p_2^2}}{\Delta(r_1, r_2)^3}.$$

De plus le même satellite $\mathfrak{C}_1$ doit être regardé comme attiré par une force égale, et en sens contraire, à celle avec laquelle Jupiter est attiré par le satellite $\mathfrak{C}_2$, c'est-à-dire par une force

$$\frac{\mathfrak{C}_2}{r_2^2(1+p_2^2)},$$

et dirigée parallèlement au rayon mené de ce dernier satellite à Jupiter.

Donc l'action du satellite $\mathfrak{C}_2$ produit dans le satellite $\mathfrak{C}_1$ deux forces : l'une

$$\frac{\mathfrak{C}_2 r_1\sqrt{1+p_1^2}}{\Delta(r_1, r_2)^3}$$

dirigée vers Jupiter, l'autre

$$\mathfrak{C}_2\left[\frac{1}{r_2^2(1+p_2^2)} - \frac{r_2\sqrt{1+p_2^2}}{\Delta(r_1, r_2)^3}\right]$$

dans une direction parallèle à celle qui va du satellite $\mathfrak{C}_2$ à Jupiter.

3° Or la force

$$\frac{\mathfrak{C}_2 r_1\sqrt{1+p_1^2}}{\Delta(r_1, r_2)^3}$$

se décompose en deux autres : l'une perpendiculaire au plan de l'orbite de Jupiter

$$\frac{\mathfrak{C}_2 r_1 p_1}{\Delta(r_1, r_2)^3},$$

l'autre parallèle au même plan dans la direction du rayon r_1, qui sera

$$\frac{\mathfrak{C}_2 r_1}{\Delta(r_1, r_2)^3}.$$

Pareillement la force

$$\mathfrak{C}_2\left[\frac{1}{r_2^2(1+p_2^2)} - \frac{r_2\sqrt{1+p_2^2}}{\Delta(r_1, r_2)^3}\right]$$

se change en deux autres forces : l'une perpendiculaire au plan de l'orbite de Jupiter

$$\mathfrak{C}_2\left[\frac{p_2}{r_2^2(1+p_2^2)^{\frac{3}{2}}} - \frac{r_2 p_2}{\Delta(r_1, r_2)^3}\right],$$

et l'autre parallèle à ce plan, dans la direction du rayon r_2,

$$\mathfrak{C}_2\left[\frac{1}{r_2^2(1+p_2^2)^{\frac{3}{2}}} - \frac{r_2}{\Delta(r_1, r_2)^3}\right].$$

Enfin cette dernière force se décompose encore en deux autres : l'une dans la direction du rayon r_1, avec le rayon r_2 fait l'angle $\varphi_2-\varphi_1$; l'autre perpendiculaire à cette direction ; la première sera exprimée par

$$\text{☾}_2\left[\frac{1}{r_2^2(1+p_2^2)^{\frac{3}{2}}}-\frac{r_2}{\Delta(r_1,r_2)^3}\right]\cos(\varphi_2-\varphi_1),$$

la seconde par

$$\text{☾}_2\left[\frac{1}{r_2^2(1+p_2^2)^{\frac{3}{2}}}-\frac{r_2}{\Delta(r_1,r_2)^3}\right]\sin(\varphi_2-\varphi_1),$$

et tendra à diminuer l'angle φ_1, au lieu que nous avons supposé (Article II) que la force perpendiculaire Q tendait à augmenter l'angle φ ; c'est pourquoi il faudra la prendre négativement.

4° Comparant donc toutes ces forces avec les forces R, Q, P (Article I), ou bien R_1, Q_1, P_1 (Article IX), on aura en conséquence de l'action du satellite ☾$_2$ les expressions suivantes

$$R_1=\text{☾}_2\left[\frac{r_1-r_2\cos(\varphi_2-\varphi_1)}{\Delta(r_1,r_2)^3}+\frac{\cos(\varphi_2-\varphi_1)}{r_2^2(1+p_2^2)^{\frac{3}{2}}}\right],$$

$$Q_1=\text{☾}_2\left[\frac{r_2\sin(\varphi_2-\varphi_1)}{\Delta(r_1,r_2)^3}-\frac{\sin(\varphi_2-\varphi_1)}{r_2^2(1+p_2^2)^{\frac{3}{2}}}\right],$$

$$P_1=\text{☾}_2\left[\frac{r_1p_1-r_2p_2}{\Delta(r_1,r_2)^3}+\frac{p_2}{r_2^2(1+p_2^2)^{\frac{3}{2}}}\right].$$

On trouvera de la même manière les expressions des forces R_1, Q_1, P_1, en tant qu'elles résultent de l'action des satellites ☾$_3$ et ☾$_4$; et il est clair que l'on aura les mêmes formules que ci-dessus, en marquant seulement de trois traits ou de quatre traits les lettres qui sont marquées de deux traits (*).

XI.

Si l'on veut avoir égard aussi à l'action du Soleil sur le satellite ☾$_1$, on nommera :

☉ la masse du Soleil,

δ_1 la distance du satellite ☾$_1$ au Soleil,

ρ_1 le rayon vecteur de l'orbite du Soleil autour de Jupiter,

ψ la longitude du Soleil vu du centre de ♃ :

(*) *Voir* la Note de la page 76.

et il n'y aura qu'à mettre, dans les expressions de R_1, Q_1, P_1 de l'Article X, $\odot$ au lieu de $\mathfrak{C}_2$, δ_1 au lieu de $\Delta(r_1, r_2)$, ρ_1 au lieu de r_2, ψ au lieu de φ_2, et supposer $p_2 = 0$. De cette manière on aura, en vertu de l'action du Soleil,

$$R_1 = \odot\left[\frac{r_1 - \rho_1\cos(\psi - \varphi_1)}{\delta_1^3} + \frac{\cos(\psi - \varphi_1)}{\rho_1^2}\right],$$

$$Q_1 = \odot\left[\frac{\rho_1\sin(\psi - \varphi_1)}{\delta_1^3} - \frac{\sin(\psi - \varphi_1)}{\rho_1^2}\right],$$

$$P_1 = \odot\,\frac{r_1 p_1}{\delta_1^3}.$$

XII.

Donc, en joignant ensemble les forces qui proviennent de l'action des trois satellites $\mathfrak{C}_2$, $\mathfrak{C}_3$, $\mathfrak{C}_4$, et du Soleil sur le satellite $\mathfrak{C}_1$, on aura les valeurs complètes de R_1, Q_1, P_1 exprimées de la manière suivante

$$\begin{aligned}
R_1 = {} & \mathfrak{C}_2\left[\frac{r_1 - r_2\cos(\varphi_2 - \varphi_1)}{\Delta(r_1, r_2)^3} + \frac{\cos(\varphi_2 - \varphi_1)}{r_2^2(1 + p_2^2)^{\frac{3}{2}}}\right] \\
& + \mathfrak{C}_3\left[\frac{r_1 - r_3\cos(\varphi_3 - \varphi_1)}{\Delta(r_1, r_3)^3} + \frac{\cos(\varphi_3 - \varphi_1)}{r_3^2(1 + p_3^2)^{\frac{3}{2}}}\right] \\
& + \mathfrak{C}_4\left[\frac{r_1 - r_4\cos(\varphi_4 - \varphi_1)}{\Delta(r_1, r_4)^3} + \frac{\cos(\varphi_4 - \varphi_1)}{r_4^2(1 + p_4^2)^{\frac{3}{2}}}\right] \\
& + \odot\left[\frac{r_1 - \rho_1\cos(\psi - \varphi_1)}{\delta_1^3} + \frac{\cos(\psi - \varphi_1)}{\rho_1^2}\right],
\end{aligned}$$

$$\begin{aligned}
Q_1 = {} & \mathfrak{C}_2\left[\frac{r_2\sin(\varphi_2 - \varphi_1)}{\Delta(r_1, r_2)^3} - \frac{\sin(\varphi_2 - \varphi_1)}{r_2^2(1 + p_2^2)^{\frac{3}{2}}}\right] \\
& + \mathfrak{C}_3\left[\frac{r_3\sin(\varphi_3 - \varphi_1)}{\Delta(r_1, r_3)^3} - \frac{\sin(\varphi_3 - \varphi_1)}{r_3^2(1 + p_3^2)^{\frac{3}{2}}}\right] \\
& + \mathfrak{C}_4\left[\frac{r_4\sin(\varphi_4 - \varphi_1)}{\Delta(r_1, r_4)^3} - \frac{\sin(\varphi_4 - \varphi_1)}{r_4^2(1 + p_4^2)^{\frac{3}{2}}}\right] \\
& + \odot\left[\frac{r_4\sin(\psi - \varphi_1)}{\delta_1^3} - \frac{\sin(\psi - \varphi_1)}{\rho_1^2}\right],
\end{aligned}$$

$$P_1 = \mathfrak{C}_2\left[\frac{r_1 p_1 - r_2 p_2}{\Delta(r_1, r_2)^3} + \frac{p_2}{r_2^2(1+p_2^2)^{\frac{3}{2}}}\right]$$
$$+ \mathfrak{C}_3\left[\frac{r_1 p_1 - r_3 p_3}{\Delta(r_1, r_3)^3} + \frac{p_3}{r_3^2(1+p_3^2)^{\frac{3}{2}}}\right]$$
$$+ \mathfrak{C}_4\left[\frac{r_1 p_1 - r_4 p_4}{\Delta(r_1, r_4)^3} + \frac{p_4}{r_4^2(1+p_4^2)^{\frac{3}{2}}}\right]$$
$$+ \odot \frac{r_1 p_1}{\delta_1^3}.$$

XIII.

Telles sont les expressions des forces perturbatrices du satellite $\mathfrak{C}_1$; d'où il est facile de déduire celles des trois autres satellites $\mathfrak{C}_2$, $\mathfrak{C}_3$, $\mathfrak{C}_4$. En effet, un peu de réflexion suffit pour faire voir que les quantités R_1, Q_1, P_1 deviendront R_2, Q_2, P_2, en marquant seulement de deux traits les lettres qui sont marquées d'un trait, et réciproquement (*); ainsi l'on aura pour les forces perturbatrices du second satellite les expressions suivantes

$$R_2 = \mathfrak{C}_1\left[\frac{r_2 - r_1\cos(\varphi_1-\varphi_2)}{\Delta(r_2, r_1)^3} + \frac{\cos(\varphi_1-\varphi_2)}{r_1^2(1+p_1^2)^{\frac{3}{2}}}\right]$$
$$+ \mathfrak{C}_3\left[\frac{r_2 - r_3\cos(\varphi_3-\varphi_2)}{\Delta(r_2, r_3)^3} + \frac{\cos(\varphi_3-\varphi_2)}{r_3^2(1+p_3^2)^{\frac{3}{2}}}\right]$$
$$+ \mathfrak{C}_4\left[\frac{r_2 - r_4\cos(\varphi_4-\varphi_2)}{\Delta(r_2, r_4)^3} + \frac{\cos(\varphi_4-\varphi_2)}{r_4^2(1+p_4^2)^{\frac{3}{2}}}\right]$$
$$+ \odot\left[\frac{r_2 - \rho_1\cos(\psi-\varphi_2)}{\delta_2^3} + \frac{\cos(\psi-\varphi_2)}{\rho_1^2}\right],$$

$$Q_2 = \mathfrak{C}_1\left[\frac{r_1\sin(\varphi_1-\varphi_2)}{\Delta(r_2, r_1)^3} - \frac{\sin(\varphi_1-\varphi_2)}{r_1^2(1+p_1^2)^{\frac{3}{2}}}\right]$$
$$+ \mathfrak{C}_3\left[\frac{r_3\sin(\varphi_3-\varphi_2)}{\Delta(r_2, r_3)^3} - \frac{\sin(\varphi_3-\varphi_2)}{r_3^2(1+p_3^2)^{\frac{3}{2}}}\right]$$
$$+ \mathfrak{C}_4\left[\frac{r_4\sin(\varphi_4-\varphi_2)}{\Delta(r_2, r_4)^3} - \frac{\sin(\varphi_4-\varphi_2)}{r_4^2(1+p_4^2)^{\frac{3}{2}}}\right]$$
$$+ \odot\left[\frac{\rho_1\sin(\psi-\varphi_2)}{\delta_2^3} - \frac{\sin(\psi-\varphi_2)}{\rho_1^2}\right],$$

(*) *Voir* la Note de la page 76.

$$\begin{aligned}
P_2 = {}& \mathfrak{C}_1 \left[\frac{r_2 p_2 - r_1 p_1}{\Delta(r_2, r_1)^3} + \frac{p_1}{r_1^2(1+p_1^2)^{\frac{3}{2}}} \right] \\
&+ \mathfrak{C}_3 \left[\frac{r_2 p_2 - r_3 p_3}{\Delta(r_2, r_3)^3} + \frac{p_3}{r_3^2(1+p_3^2)^{\frac{3}{2}}} \right] \\
&+ \mathfrak{C}_4 \left[\frac{r_2 p_2 - r_4 p_4}{\Delta(r_2, r_4)^3} + \frac{p_4}{r_4^2(1+p_4^2)^{\frac{3}{2}}} \right] \\
&+ \mathfrak{S} \frac{r_2 p_2}{\delta_2^3}.
\end{aligned}$$

On aura pareillement les expressions de R_3, Q_3, P_3, et de R_4, Q_4, P_4, en marquant successivement de trois et de quatre traits les lettres qui ne sont marquées que d'un seul trait dans les expressions de R_1, Q_1, P_1, et réciproquement (*).

XIV.

Il reste à chercher les valeurs des quantités $\Delta(r_1, r_2)$, $\Delta(r_1, r_3)$, ..., qui expriment les distances entre le premier satellite et le second, entre le premier et le troisième, etc. (Article IX). Or il est facile de trouver qu'on aura

$$\begin{aligned}
\Delta(r_1, r_2)^2 &= (r_2 p_2 - r_1 p_1)^2 + [r_1 \sin(\varphi_2 - \varphi_1)]^2 + [r_2 - r_1 \cos(\varphi_2 - \varphi_1)]^2 \\
&= r_1^2(1+p_1^2) - 2 r_1 r_2 [\cos(\varphi_2 - \varphi_1) + p_1 p_2] + r_2^2(1+p_2^2);
\end{aligned}$$

donc, tirant la racine carrée,

$$\Delta(r_1, r_2) = \sqrt{r_1^2(1+p_1^2) - 2 r_1 r_2 [\cos(\varphi_2 - \varphi_1) + p_1 p_2] + r_2^2(1+p_2^2)}.$$

On trouvera pareillement

$$\Delta(r_1, r_3) = \sqrt{r_1^2(1+p_1^2) - 2 r_1 r_3 [\cos(\varphi_3 - \varphi_1) + p_1 p_3] + r_3^2(1+p_3^2)},$$

et ainsi des autres. On voit par là que

$$\Delta(r_2, r_1) = \Delta(r_1, r_2),$$

car l'expression de cette dernière quantité demeure la même, en changeant r_1, p_1, φ_1 en r_2, p_2, φ_2, et réciproquement; ce qui est d'ailleurs évident.

(*) *Voir* la Note de la page 76.

XV.

Pour avoir maintenant la valeur de δ_1, il n'y aura qu'à changer, dans celle de $\Delta(r_1, r_2)$, r_2 en ρ_1, φ_2 en ψ, et effacer la quantité p_2 (Article XI); on aura donc ainsi

$$\delta_1 = \sqrt{r_1^2(1+p_1^2) - 2r_1\rho_1\cos(\psi-\varphi_1) + \rho_1^2};$$

on trouvera pareillement

$$\delta_2 = \sqrt{r_2^2(1+p_2^2) - 2r_2\rho_1\cos(\psi-\varphi_2) + \rho_1^2},$$

et ainsi des autres.

XVI.

Nous avons supposé (Article X) que l'attraction de Jupiter sur les satellites était exactement en raison inverse du carré des distances; c'est ce qui n'est rigoureusement vrai qu'en regardant Jupiter comme un globe de densité uniforme.

Or on sait par les observations et par la Théorie que cette Planète est considérablement aplatie; de plus il peut se faire qu'elle ne soit pas partout de la même densité : deux circonstances qui peuvent aussi influer sur le mouvement des satellites, et auxquelles il est bon par conséquent d'avoir égard ici. Pour cela nous supposerons : 1° que la figure de Jupiter soit celle d'un sphéroïde elliptique peu différent d'une sphère; 2° que ce sphéroïde soit formé d'une infinité de couches toutes sphéroïdiques, et de densités différentes; 3° que l'équateur de Jupiter soit dans le plan de l'orbite de cette Planète.

Cette dernière supposition n'est pas tout à fait exacte; car on sait que l'équateur de Jupiter est incliné d'environ 3 degrés sur le plan de son orbite; mais l'erreur qui en résulte est si petite qu'il serait superflu d'en tenir compte.

Cela posé : soient A le demi-axe d'une couche quelconque, E son ellipticité et D sa densité; on trouvera par les Théorèmes de la figure de la Terre de M. Clairaut (§§ XXVI et XLVI, seconde Partie) que l'attraction de Jupiter sur un satellite quelconque produit deux forces : l'une, dirigée au centre de Jupiter, égale à

$$\frac{2\varpi}{r^2(1+p^2)}\left[\int \mathrm{D}\mathrm{A}^2 d\mathrm{A} + \frac{2}{3}\int \mathrm{D}\,d(\mathrm{A}^3\mathrm{E})\right] + \frac{2\varpi(1-2p^2)}{5r^4(1+p^2)^3}\int \mathrm{D}\,d(\mathrm{A}^5\mathrm{E});$$

l'autre, perpendiculaire à cette direction dans le plan d'un méridien, égale à

$$\frac{4\varpi p}{5r^4(1+p^2)^3}\int \mathrm{D}\,d(\mathrm{A}^5\mathrm{E})$$

(ϖ dénote ici la périphérie d'un cercle dont le rayon est égal à 1). La partie

$$\frac{2\varpi p}{r^2(1+p^2)}\left[\int \mathrm{D}\mathrm{A}^2 d\mathrm{A} + \frac{2}{3}\int \mathrm{D}\,d(\mathrm{A}^3\mathrm{E})\right]$$

de la première de ces deux forces, étant réciproquement proportionnelle au carré de la distance, doit être comparée avec la force $\frac{\mathcal{U}}{r^2(1+p^2)}$ (Article X); d'où l'on aura

$$\mathcal{U} = 2\varpi\left[\int \mathrm{D}\mathrm{A}^2 d\mathrm{A} + \frac{2}{3}\int \mathrm{D}\,d(\mathrm{A}^3\mathrm{E})\right].$$

L'autre partie de la même force

$$\frac{2\varpi(1-2p^2)}{5r^4(1+p^2)^3}\int \mathrm{D}\,d(\mathrm{A}^5\mathrm{E}),$$

aussi bien que la force perpendiculaire

$$\frac{4\varpi p}{5r^4(1+p^2)^3}\int \mathrm{D}\,d(\mathrm{A}^5\mathrm{E}),$$

devront être regardées comme des forces perturbatrices, et par conséquent décomposées suivant les directions de R, Q, P; cette décomposition étant faite, on aura les deux forces suivantes

$$\frac{2\varpi}{5r^4}\frac{1-4p^2}{(1+p^2)^{\frac{7}{2}}}\int D\,d(A^5E)$$

dans la direction de la force R, et

$$\frac{2\varpi}{5r^4}\frac{3p-2p^3}{(1+p^2)^{\frac{7}{2}}}\int D\,d(A^5E)$$

dans la direction de la force P; donc, si l'on suppose

$$\nu=\frac{\int D\,d(A^5E)}{A^2\left[\int DA^2dA+\frac{2}{3}\int D\,d(A^3E)\right]},$$

les forces perturbatrices R et P, qui résultent de l'aplatissement de Jupiter et de l'hétérogénéité de ses couches, seront, en général,

$$R=\frac{\nu A^2\varpi(1-4p^2)}{5r^4(1+p^2)^{\frac{7}{2}}},\quad P=\frac{\nu A^2\varpi(3p-2p^3)}{5r^4(1+p^2)^{\frac{7}{2}}},$$

d'où l'on tire : par rapport au premier satellite,

$$R_1=\frac{\nu A^2\varpi(1-4p_1^2)}{5r_1^4(1+p_1^2)^{\frac{7}{2}}},\quad P_1=\frac{\nu A^2\varpi(3p_1-2p_1^3)}{5r_1^4(1+p_1^2)^{\frac{7}{2}}};$$

par rapport au second satellite,

$$R_2=\frac{\nu A^2\varpi(1-4p_2^2)}{5r_2^4(1+p_2^2)^{\frac{7}{2}}},\quad P_2=\frac{\nu A^2\varpi(3p_2-2p_2^3)}{5r_1^4(1+p_2^2)^{\frac{7}{2}}};$$

et ainsi des autres.

Il n'y aura donc qu'à ajouter ces valeurs à celles des Articles XII et XIII. Au reste, comme l'aplatissement de Jupiter n'est que d'environ $\frac{1}{14}$, suivant les dernières observations, la quantité E sera fort petite, aussi bien que la quantité ν; de plus le rapport de A^2 à r^2 sera toujours exprimé par une fraction fort petite; de sorte que les forces perturbatrices dont nous venons de parler seront nécessairement très-petites.

Si l'on suppose D constante, on aura

$$\nu = \frac{3E}{1+2E}.$$

En général, quelle que soit D, on aura, par les conditions de l'équilibre,

$$\int D\, d(A^5 E) = 5A^2(E - \tfrac{1}{2}\mathfrak{C}) \int DA^2 dA$$

($\mathfrak{C}$ étant le rapport de la force centrifuge à la pesanteur, sous l'équateur); donc

$$\nu = 5E - \tfrac{5}{2}\mathfrak{C}$$

à très-peu près.

XVII.

Il faut maintenant développer les expressions des forces perturbatrices P, Q, R, en employant les suppositions de l'article V. Pour cela nous remarquerons d'abord que nous pouvons négliger dans ce calcul tous les termes de l'ordre n^2, parce que les quantités P, Q, R sont déjà elles-mêmes de l'ordre n, comme nous le verrons plus bas. Donc, mettant premièrement dans la valeur de $\Delta(r_1, r_2)$ [Article XIV], au lieu de r_1, $a_1(1+nx_1)$, au lieu de p_1, nz_1; et de même, au lieu de r_2, $a_2(1+nx_2)$, et au lieu de p_2, nz_2, suivant ce que nous avons dit à l'Article IX, on aura

$$\begin{aligned}\Delta(r_1, r_2) &= \sqrt{a_1^2(1+2nx_1) - 2a_1a_2(1+nx_1+nx_2)\cos(\varphi_2-\varphi_1) + a_2^2(1+2nx_2)} \\ &= \sqrt{a_1^2 - 2a_1a_2\cos(\varphi_2-\varphi_1) + a_2^2 + 2n(a_1^2x_1 + a_2^2x_2) - 2na_1a_2(x_1+x_2)\cos(\varphi_2-\varphi_1)},\end{aligned}$$

d'où l'on tire, par les séries,

$$\begin{aligned}\frac{1}{\Delta(r_1, r_2)^3} &= [a_1^2 - 2a_1a_2\cos(\varphi_2-\varphi_1) + a_2^2]^{-\frac{3}{2}} \\ &\quad - 3n[a_1^2x_1 + a_2^2x_2 - a_1a_2(x_1+x_2)\cos(\varphi_2-\varphi_1)][a_1^2 - 2a_1a_2\cos(\varphi_2-\varphi_1) + a_2^2]^{-\frac{5}{2}} + \ldots\end{aligned}$$

On trouvera de même

$$\begin{aligned}\frac{1}{\Delta(r_1, r_3)^3} &= [a_1^2 - 2a_1a_3\cos(\varphi_3-\varphi_1) + a_3^2]^{-\frac{3}{2}} \\ &\quad - 3n[a_1^2x_1 + a_3^2x_3 - a_1a_3(x_1+x_3)\cos(\varphi_3-\varphi_1)][a_1^2 - 2a_1a_3\cos(\varphi_3-\varphi_1) + a_3^2]^{-\frac{5}{2}} + \ldots\end{aligned}$$

Et pareillement

$$\frac{1}{\Delta(r_1, r_4)^3} = [a_1^2 - 2a_1 a_4 \cos(\varphi_4 - \varphi_1) + a_4^2]^{-\frac{3}{2}}$$
$$- 3n[a_1^2 x_1 + a_4^2 x_4 - a_1 a_4 (x_1 + x_4)\cos(\varphi_4 - \varphi_1)]\,[a_1^2 - 2a_1 a_4 \cos(\varphi_4 - \varphi_1) + a_4^2]^{-\frac{5}{2}} + \ldots;$$

et ainsi des autres.

XVIII.

Mais il se présente ici une difficulté, par rapport aux quantités

$$[a_1^2 - 2a_1 a_2 \cos(\varphi_2 - \varphi_1) + a_2^2]^{-\frac{3}{2}}, \quad [a_1^2 - 2a_1 a_2 \cos(\varphi_2 - \varphi_1) + a_2^2]^{-\frac{5}{2}}, \ldots,$$

c'est de pouvoir les réduire à une forme rationnelle, condition absolument nécessaire pour l'intégration des équations des satellites.

Pour résoudre cette difficulté, on écrira d'abord les radicaux proposés ainsi

$$a_2^{-3}\left[1 - \frac{2a_1}{a_2}\cos(\varphi_2 - \varphi_1) + \frac{a_1^2}{a_2^2}\right]^{-\frac{3}{2}}, \quad a_2^{-5}\left[1 - \frac{2a_1}{a_2}\cos(\varphi_2 - \varphi_1) + \frac{a_1^2}{a_2^2}\right]^{-\frac{5}{2}}, \ldots;$$

et la question se réduira à changer en une fonction rationnelle une quantité de cette forme

$$(1 - 2q\cos\theta + q^2)^{-\lambda},$$

dans laquelle q est un nombre moindre que l'unité.

Pour y parvenir, je remarque que la quantité $1 - 2q\cos\theta + q^2$ est égale au produit de ces deux quantités

$$1 - q(\cos\theta + \sin\theta\sqrt{-1}), \quad \text{et} \quad 1 - q(\cos\theta - \sin\theta\sqrt{-1});$$

je les élève donc l'une et l'autre à la puissance $-\lambda$, en écrivant au lieu du carré de $\cos\theta \pm \sin\theta\sqrt{-1}$, $\cos 2\theta \pm \sin 2\theta\sqrt{-1}$, et ainsi de suite;

j'ai

$$\begin{aligned}[1 - q(\cos\theta \pm \sin\theta\sqrt{-1})]^{-\lambda} = 1 &+ \lambda q(\cos\theta \pm \sin\theta\sqrt{-1})\\ &+ \frac{\lambda(\lambda+1)}{2} q^2(\cos 2\theta \pm \sin 2\theta\sqrt{-1})\\ &+ \frac{\lambda(\lambda+1)(\lambda+2)}{2.3} q^3(\cos 3\theta \pm \sin 3\theta\sqrt{-1}) + \ldots\end{aligned}$$

Soit, pour abréger,

$$1 + \lambda q\cos\theta + \frac{\lambda(\lambda+1)}{2} q^2\cos 2\theta + \frac{\lambda(\lambda+1)(\lambda+2)}{2.3} q^3\cos 3\theta + \ldots = \mathrm{M},$$

$$\lambda q\sin\theta + \frac{\lambda(\lambda+1)}{2} q^2\sin 2\theta + \frac{\lambda(\lambda+1)(\lambda+2)}{2.3} q^3\sin 3\theta + \ldots = \mathrm{N};$$

on aura

$$[1 - q(\cos\theta + \sin\theta\sqrt{-1})]^{-\lambda} = \mathrm{M} + \mathrm{N}\sqrt{-1},$$

$$[1 - q(\cos\theta - \sin\theta\sqrt{-1})]^{-\lambda} = \mathrm{M} - \mathrm{N}\sqrt{-1};$$

donc

$$(1 - 2q\cos\theta + q^2)^{-\lambda} = (\mathrm{M} + \mathrm{N}\sqrt{-1})(\mathrm{M} - \mathrm{N}\sqrt{-1}) = \mathrm{M}^2 + \mathrm{N}^2.$$

Or, si l'on fait les carrés des deux séries M et N, qu'on ajoute ensemble les termes qui ont le même coefficient, et qu'on remarque que

$$\cos m\theta \times \cos n\theta + \sin m\theta \times \sin n\theta = \cos(m - n)\theta,$$

m et n étant des nombres quelconques, on trouvera

$$(1 - 2q\cos\theta + q^2)^{-\lambda} = \mathrm{A} + \mathrm{B}\cos\theta + \mathrm{C}\cos 2\theta + \mathrm{D}\cos 3\theta + \ldots.$$

Et les coefficients A, B, C,... seront exprimés de la manière suivante

$$\mathrm{A} = 1 + \lambda^2 q^2 + \frac{\lambda^2(\lambda+1)^2}{2^2} q^4 + \frac{\lambda^2(\lambda+1)^2(\lambda+2)^2}{2^2.3^2} q^6 + \ldots,$$

$$\begin{aligned}\mathrm{B} = 2\lambda q &+ 2\lambda\frac{\lambda(\lambda+1)}{2} q^3 + 2\frac{\lambda(\lambda+1)}{2}\,\frac{\lambda(\lambda+1)(\lambda+2)}{2.3} q^5\\ &+ 2\frac{\lambda(\lambda+1)(\lambda+2)}{2.3}\,\frac{\lambda(\lambda+1)(\lambda+2)(\lambda+3)}{2.3.4} q^7 + \ldots,\end{aligned}$$

$$\mathrm{C} = 2\frac{\lambda(\lambda+1)}{2} q^2 + 2\lambda\frac{\lambda(\lambda+1)(\lambda+2)}{2.3} q^4 + \ldots;$$

et ainsi de suite.

Au reste il ne sera nécessaire que de connaître les deux premiers coefficients A, B, pour avoir tous les autres C, D,...; car on trouvera par les formules de l'Article XXVI de la *Pièce sur le mouvement de Saturne* [*Prix* 1748] (*)

$$C = \frac{(1+q^2)B - 2\lambda q A}{(2-\lambda)q},$$

$$D = \frac{2(1+q^2)C - (1+\lambda)qB}{(3-\lambda)q},$$

$$E = \frac{3(1+q^2)D - (2+\lambda)qC}{(4-\lambda)q};$$

et ainsi de suite.

XIX.

Tout consiste donc à déterminer les valeurs de A et B. Or, dans la Théorie des satellites de Jupiter, la plus grande valeur de q est d'environ $\frac{2}{3}$, comme on le verra plus bas; donc q^2 sera toujours moindre que $\frac{1}{2}$; donc, si l'on fait $\lambda = \frac{3}{2}$, les suites A et B seront assez convergentes pour qu'on puisse se contenter d'un petit nombre de termes. Ces suites seront représentées, en général, par celles-ci

$$A = 1 + \frac{9}{4}q^2 + \frac{9}{4}\cdot\frac{25}{16}q^4 + \frac{9}{4}\cdot\frac{25}{16}\cdot\frac{49}{36}q^6 + \ldots,$$

$$\frac{B}{2} = \frac{3}{2}q + \frac{9}{4}\cdot\frac{5}{4}q^3 + \frac{9}{4}\cdot\frac{25}{16}\cdot\frac{7}{6}q^5 + \ldots,$$

dont les coefficients numériques sont très-aisés à calculer.

Voici les logarithmes de ces coefficients pour les différentes puissances de q qui entrent dans les deux séries dont il s'agit; les logarithmes qui répondent aux puissances paires de q sont ceux des coefficients des termes de la série A, et les logarithmes qui répondent aux puissances impaires de q sont ceux des coefficients des termes de la série $\frac{B}{2}$.

(*) La pièce dont il est ici question est le Mémoire d'Euler inséré dans le tome VII des *Prix de l'Académie Royale des Sciences*. (*Note de l'Éditeur.*)

q	0,176091	q^{16}	1,047096	q^{31}	1,315612
q^2	0,352182	q^{17}	1,070577	q^{32}	1,328976
q^3	0,449092	q^{18}	1,094058	q^{33}	1,341565
q^4	0,546002	q^{19}	1,115247	q^{34}	1,354154
q^5	0,612949	q^{20}	1,136436	q^{35}	1,366053
q^6	0,679896	q^{21}	1,155741	q^{36}	1,377952
q^7	0,731049	q^{22}	1,175046	q^{37}	1,389233
q^8	0,782202	q^{23}	1,192775	q^{38}	1,400514
q^9	0,823595	q^{24}	1,210504	q^{39}	1,411238
q^{10}	0,864988	q^{25}	1,226895	q^{40}	1,421962
q^{11}	0,899750	q^{26}	1,243286	q^{41}	1,432181
q^{12}	0,934512	q^{27}	1,258526	q^{42}	1,442400
q^{13}	0,964475	q^{28}	1,273766	q^{43}	1,452160
q^{14}	0,994438	q^{29}	1,288007	q^{44}	1,461920
q^{15}	1,020767	q^{30}	1,302248	...	...

Il ne s'agira donc plus que d'ajouter à chacun de ces logarithmes celui de la puissance correspondante de q, et de chercher ensuite le nombre qui répond à chaque somme; on aura ainsi les valeurs d'autant de termes des deux séries A et $\frac{B}{2}$ qu'on voudra; d'où l'on pourra tirer pour A et B des valeurs aussi approchées qu'on le croira nécessaire. Pour juger de la quantité de l'approximation, on remarquera que les différences des logarithmes de la Table précédente forment une progression décroissante; d'où il suit que, si après avoir pris la somme d'un nombre quelconque de termes de la série A ou $\frac{B}{2}$ on regarde le reste de la série comme une propression géométrique, l'erreur sera toujours moindre que la somme de cette progression. Au reste, dans le cas même où q sera la plus grande $\left(\text{ce cas est celui où } q = \frac{a_2}{a_3} = \frac{900}{1438}, \text{ comme on le verra dans la suite}\right)$, il suffira de prendre les dix premiers termes des séries A et $\frac{B}{2}$ pour avoir les valeurs de ces coefficients en millièmes, c'est-à-dire aux dix-millièmes près, et en prenant encore trois ou quatre termes, on poussera l'exactitude jusqu'aux dix-millièmes et au delà.

XX.

Ayant ainsi les valeurs des coefficients A, B, C, ... de la suite qui représente

$$(1 - 2q\cos\theta + q^2)^{-\frac{3}{2}},$$

on trouvera aisément ceux de la suite qui exprime

$$(1 - 2q\cos\theta + q^2)^{-\frac{5}{2}};$$

car, dénotant ces derniers par (A), (B), (C),..., il faudra que la série

$$(A) + (B)\cos\theta + (C)\cos 2\theta + \ldots,$$

étant multipliée par

$$1 - 2q\cos\theta + q^2,$$

devienne égale à la série

$$A + B\cos\theta + C\cos 2\theta + \ldots.$$

La multiplication faite, on trouvera, en comparant les deux premiers termes,

$$A = (1+q^2)(A) - q(B),$$
$$B = (1+q^2)(B) - 2q(A) - q(C).$$

Or (C) est donné en (A) et (B) de la même manière que C est donné en A et B; il suffira pour cela de mettre dans l'expression de C, Article XVIII, (A) au lieu de A, (B) au lieu de B, (C) au lieu de C, et $\lambda+1$ au lieu de λ; ce qui donnera

$$(C) = \frac{(1+q^2)(B) - 2(\lambda+1)q(A)}{(1-\lambda)q};$$

donc, si l'on substitue cette valeur de (C), on aura deux équations en A, B, (A), (B), d'où l'on tirera

$$(A) = \frac{(1+q^2)A + \frac{\lambda-1}{\lambda}qB}{(1-q^2)^2},$$

$$(B) = \frac{\frac{\lambda-1}{\lambda}(1+q^2)B + 4qA}{(1-q^2)^2}.$$

Connaissant (A) et (B), on connaîtra tous les suivants (Article XVIII).

XXI.

De ce qu'on vient de démontrer, il suit qu'on peut supposer

$$\begin{aligned}[a_1^2 - 2a_1a_2\cos(\varphi_2-\varphi_1) + a_2^2]^{-\frac{3}{2}} &= \Gamma(a_1,a_2) + \Gamma_1(a_1,a_2)\cos(\varphi_2-\varphi_1) \\ &\quad + \Gamma_2(a_1,a_2)\cos 2(\varphi_2-\varphi_1) + \Gamma_3(a_1,a_2)\cos 3(\varphi_2-\varphi_1) + \ldots,\end{aligned}$$

$$\begin{aligned}[a_1^2 - 2a_1a_2\cos(\varphi_2-\varphi_1) + a_2^2]^{-\frac{5}{2}} &= \Lambda(a_1,a_2) + \Lambda_1(a_1,a_2)\cos(\varphi_2-\varphi_1) \\ &\quad + \Lambda_2(a_1,a_2)\cos 2(\varphi_2-\varphi_1) + \Lambda_3(a_1,a_2)\cos 3(\varphi_2-\varphi_1) + \ldots.\end{aligned}$$

J'entends par

$$\Gamma(a_1,a_2),\ \Gamma_1(a_1,a_2),\ \Gamma_2(a_1,a_2),\ldots;\quad \Lambda(a_1,a_2),\ \Lambda_1(a_1,a_2),\ \Lambda_2(a_1,a_2),\ldots$$

des fonctions données de a_1, a_2, dont on trouvera la valeur par les méthodes des Articles précédents.

Donc, si l'on fait ces substitutions dans la quantité $\frac{1}{\Delta(r_1, r_2)^3}$ (Article XVII), et que l'on développe les produits des sinus et des cosinus, on trouvera

$$\begin{aligned}
\frac{1}{\Delta(r_1, r_2)^3} = {} & \Gamma(a_1, a_2) + \Gamma_1(a_1, a_2)\cos(\varphi_2 - \varphi_1) + \Gamma_2(a_1, a_2)\cos 2(\varphi_2 - \varphi_1) \\
& + \Gamma_3(a_1, a_2)\cos 3(\varphi_2 - \varphi_1) + \ldots \\
& - 3nx_1\left[a_1^2 \Lambda\,(a_1, a_2) - a_1 a_2 \frac{\Lambda_1(a_1, a_2)}{2}\right] \\
& - 3nx_1\left[a_1^2 \Lambda_1(a_1, a_2) - a_1 a_2 \frac{2\Lambda(a_1, a_2) + \Lambda_2(a_1, a_2)}{2}\right]\cos(\varphi_2 - \varphi_1) \\
& - 3nx_1\left[a_1^2 \Lambda_2(a_1, a_2) - a_1 a_2 \frac{\Lambda_1(a_1, a_2) + \Lambda_3(a_1, a_2)}{2}\right]\cos 2(\varphi_2 - \varphi_1) \\
& - \ldots\ldots\ldots\ldots\ldots\ldots\ldots\ldots\ldots\ldots \\
& - 3nx_2\left[a_2^2 \Lambda\,(a_1, a_2) - a_1 a_2 \frac{\Lambda_1(a_1, a_2)}{2}\right] \\
& - 3nx_2\left[a_2^2 \Lambda_1(a_1, a_2) - a_1 a_2 \frac{2\Lambda(a_1, a_2) + \Lambda_2(a_1, a_2)}{2}\right]\cos(\varphi_2 - \varphi_1) \\
& - 3nx_2\left[a_2^2 \Lambda_2(a_1, a_2) - a_1 a_2 \frac{\Lambda_1(a_1, a_2) + \Lambda_3(a_1, a_2)}{2}\right]\cos 2(\varphi_2 - \varphi_1) \\
& - \ldots\ldots\ldots\ldots\ldots\ldots\ldots\ldots\ldots\ldots
\end{aligned}$$

XXII.

Soit fait, pour plus de simplicité,

$$\Pi\,(a_1, a_2) = \frac{a_1 a_2 \Lambda_1(a_1, a_2) - 2a_1^2 \Lambda(a_1, a_2)}{2},$$

$$\Pi_1(a_1, a_2) = \frac{a_1 a_2 \Lambda_2(a_1, a_2) - 2a_1^2 \Lambda_1(a_1, a_2) + 2a_1 a_2 \Lambda(a_1, a_2)}{2},$$

$$\Pi_2(a_1, a_2) = \frac{a_1 a_2 \Lambda_3(a_1, a_2) - 2a_1^2 \Lambda_2(a_1, a_2) + a_1 a_2 \Lambda_1(a_1, a_2)}{2},$$

$$\Pi_3(a_1, a_2) = \frac{a_1 a_2 \Lambda_4(a_1, a_2) - 2a_1^2 \Lambda_3(a_1, a_2) + a_1 a_2 \Lambda_2(a_1, a_2)}{2},$$

$$\ldots\ldots\ldots\ldots\ldots\ldots\ldots\ldots\ldots\ldots$$

Soit aussi

$$\Psi(a_1, a_2) = \frac{a_1 a_2 \Lambda_1(a_1, a_2) - 2a_2^2 \Lambda(a_1, a_2)}{2},$$

$$\Psi_1(a_1, a_2) = \frac{a_1 a_2 \Lambda_2(a_1, a_2) - 2a_2^2 \Lambda_1(a_1, a_2) + 2a_1 a_2 \Lambda(a_1, a_2)}{2},$$

$$\Psi_2(a_1, a_2) = \frac{a_1 a_2 \Lambda_3(a_1, a_2) - 2a_2^2 \Lambda_2(a_1, a_2) + a_1 a_2 \Lambda_1(a_1, a_2)}{2},$$

$$\Psi_3(a_1, a_2) = \frac{a_1 a_2 \Lambda_4(a_1, a_2) - 2a_2^2 \Lambda_3(a_1, a_2) + a_1 a_2 \Lambda_2(a_1, a_2)}{2},$$

. . . .

On aura la quantité $\frac{1}{\Delta(r_1, r_2)^3}$, exprimée de la manière suivante

$$\begin{aligned}\frac{1}{\Delta(r_1, r_2)^3} = {} & \Gamma(a_1, a_2) + \Gamma_1(a_1, a_2)\cos(\varphi_2 - \varphi_1) + \Gamma_2(a_1, a_2)\cos 2(\varphi_2 - \varphi_1) + \ldots \\ & + 3nx_1[\Pi(a_1, a_2) + \Pi_1(a_1, a_2)\cos(\varphi_2 - \varphi_1) + \Pi_2(a_1, a_2)\cos 2(\varphi_2 - \varphi_1) + \ldots] \\ & + 3nx_2[\Psi(a_1, a_2) + \Psi_1(a_1, a_2)\cos(\varphi_2 - \varphi_1) + \Psi_2(a_1, a_2)\cos 2(\varphi_2 - \varphi_1) + \ldots].\end{aligned}$$

On trouvera de même, en changeant simplement r_2 en r_3, a_2 en a_3, φ_2 en φ_3 et x_2 en x_3,

$$\begin{aligned}\frac{1}{\Delta(r_1, r_3)^3} = {} & \Gamma(a_1, a_3) + \Gamma_1(a_1, a_3)\cos(\varphi_3 - \varphi_1) + \Gamma_2(a_1, a_3)\cos 2(\varphi_3 - \varphi_1) + \ldots \\ & + 3nx_1[\Pi(a_1, a_3) + \Pi_1(a_1, a_3)\cos(\varphi_3 - \varphi_1) + \Pi_2(a_1, a_3)\cos 2(\varphi_3 - \varphi_1) + \ldots] \\ & + 3nx_3[\Psi(a_1, a_3) + \Psi_1(a_1, a_3)\cos(\varphi_3 - \varphi_1) + \Psi_2(a_1, a_3)\cos 2(\varphi_3 - \varphi_1) + \ldots];\end{aligned}$$

et pareillement

$$\begin{aligned}\frac{1}{\Delta(r_1, r_4)^3} = {} & \Gamma(a_1, a_4) + \Gamma_1(a_1, a_4)\cos(\varphi_4 - \varphi_1) + \Gamma_2(a_1, a_4)\cos 2(\varphi_4 - \varphi_1) + \ldots \\ & + 3nx_1[\Pi(a_1, a_4) + \Pi_1(a_1, a_4)\cos(\varphi_4 - \varphi_1) + \Pi_2(a_1, a_4)\cos 2(\varphi_4 - \varphi_1) + \ldots] \\ & + 3nx_4[\Psi(a_1, a_4) + \Psi_1(a_1, a_4)\cos(\varphi_4 - \varphi_1) + \Psi_2(a_1, a_4)\cos 2(\varphi_4 - \varphi_1) + \ldots].\end{aligned}$$

XXIII.

Cela posé, on aura

$$\frac{r_1}{\Delta(r_1, r_2)^3} = \frac{a_1(1 + nx_1)}{\Delta(r_1, r_2)^3}$$

$$= a_1[\Gamma(a_1, a_2) + \Gamma_1(a_1, a_2)\cos(\varphi_2 - \varphi_1) + \Gamma_2(a_1, a_2)\cos 2(\varphi_2 - \varphi_1) + \ldots]$$

$$+ nx_1 a_1\Big[3\Pi(a_1, a_2) + \Gamma(a_1, a_2) + [3\Pi_1(a_1, a_2) + \Gamma_1(a_1, a_2)]\cos(\varphi_2 - \varphi_1)$$
$$+ [3\Pi_2(a_1, a_2) + \Gamma_2(a_1, a_2)]\cos 2(\varphi_2 - \varphi_1) + \ldots\Big]$$

$$+ 3nx_2 a_1[\Psi(a_1, a_2) + \Psi_1(a_1, a_2)\cos(\varphi_2 - \varphi_1) + \Psi_2(a_1, a_2)\cos 2(\varphi_2 - \varphi_1) + \ldots].$$

On trouvera de la même manière

$$\frac{r_2}{\Delta(r_1, r_2)^3} = a_2[\Gamma(a_1, a_2) + \Gamma_1(a_1, a_2)\cos(\varphi_2 - \varphi_1) + \Gamma_2(a_1, a_2)\cos 2(\varphi_2 - \varphi_1) + \ldots]$$

$$+ 3nx_1 a_2[\Pi(a_1, a_2) + \Pi_1(a_1, a_2)\cos(\varphi_2 - \varphi_1) + \Pi_2(a_1, a_2)\cos 2(\varphi_2 - \varphi_1) + \ldots]$$

$$+ nx_2 a_2\Big[3\Psi(a_1, a_2) + \Gamma(a_1, a_2) + [3\Psi_1(a_1, a_2) + \Gamma_1(a_1, a_2)]\cos(\varphi_2 - \varphi_1)$$
$$+ [3\Psi_2(a_1, a_2) + \Gamma_2(a_1, a_2)]\cos 2(\varphi_2 - \varphi_1) + \ldots\Big].$$

On aura ensuite

$$\frac{1}{r_2^2(1 + p_2^2)^{\frac{3}{2}}} = \frac{1}{a_2^2}(1 - 2nx_2 + \ldots).$$

Donc

$$-\frac{r_2}{\Delta(r_1, r_2)^3} + \frac{1}{r_2^2(1 + p_2^2)^{\frac{3}{2}}}$$

$$= \frac{1}{a_2^2} - a_2\Gamma(a_1, a_2) - a_2\Gamma_1(a_1, a_2)\cos(\varphi_2 - \varphi_1) - a_2\Gamma_2(a_1, a_2)\cos 2(\varphi_2 - \varphi_1) - \ldots$$

$$- 3nx_1 a_2[\Pi(a_1, a_2) + \Pi_1(a_1, a_2)\cos(\varphi_2 - \varphi_1) + \Pi_2(a_1, a_2)\cos 2(\varphi_2 - \varphi_1) + \ldots]$$

$$- nx_2\Big[\frac{2}{a_2^2} + 3a_2\Psi(a_1, a_2) + a_2\Gamma(a_1, a_2)$$
$$+ [3a_2\Psi_1(a_1, a_2) + a_2\Gamma_1(a_1, a_2)]\cos(\varphi_2 - \varphi_1)$$
$$+ [3a_2\Psi_2(a_1, a_2) + a_2\Gamma_2(a_1, a_2)]\cos 2(\varphi_2 - \varphi_1) + \ldots\Big].$$

Cette quantité étant multipliée par $\cos(\varphi_2 - \varphi_1)$, on aura

$$
\begin{aligned}
&-\frac{r_2\cos(\varphi_2-\varphi_1)}{\Delta(r_1, r_2)^3}+\frac{\cos(\varphi_2-\varphi_1)}{r_2^2(1+p_2^2)^{\frac{3}{2}}}\\
&=-\frac{a_2\Gamma_1(a_1, a_2)}{2}-\left[\frac{a_2\Gamma_2(a_1, a_2)+2a_2\Gamma(a_1, a_2)}{2}-\frac{1}{a_2^2}\right]\cos(\varphi_2-\varphi_1)\\
&\quad-\frac{a_2\Gamma_3(a_1, a_2)+a_2\Gamma_1(a_1, a_2)}{2}\cos 2(\varphi_2-\varphi_1)-\ldots\\
&\quad-nx_1\left[3a_2\frac{\Pi_1(a_1, a_2)}{2}+3a_2\frac{\Pi_2(a_1, a_2)+2\Pi(a_1, a_2)}{2}\cos(\varphi_2-\varphi_1)\right.\\
&\qquad\qquad\left.+3a_2\frac{\Pi_3(a_1, a_2)+\Pi_1(a_1, a_2)}{2}\cos 2(\varphi_2-\varphi_1)+\ldots\right]\\
&\quad-nx_2\left[\frac{3a_2\Psi_1(a_1, a_2)+a_2\Gamma_1(a_1, a_2)}{2}\right.\\
&\qquad+\left(3a_2\frac{\Psi_2(a_1, a_2)+2\Psi(a_1, a_2)}{2}+a_2\frac{\Gamma_2(a_1, a_2)+2\Gamma(a_1, a_2)}{2}+\frac{2}{a_2^2}\right)\cos(\varphi_2-\varphi_1)\\
&\qquad\left.+\left(3a_2\frac{\Psi_3(a_1, a_2)+\Psi_1(a_1, a_2)}{2}+a_2\frac{\Gamma_3(a_1, a_2)+\Gamma_1(a_1, a_2)}{2}\right)\cos 2(\varphi_2-\varphi_1)+\ldots\right]
\end{aligned}
$$

Enfin, multipliant la même quantité par $-\sin(\varphi_2 - \varphi_1)$, on aura

$$
\begin{aligned}
&\frac{r_2\sin(\varphi_2-\varphi_1)}{\Delta(r_1, r_2)^3}-\frac{\sin(\varphi_2-\varphi_1)}{r_2^2(1+p_1^2)^{\frac{3}{2}}}\\
&=-\left[a_2\frac{\Gamma_2(a_1, a_2)-2\Gamma(a_1, a_2)}{2}+\frac{1}{a_2^2}\right]\sin(\varphi_2-\varphi_1)\\
&\quad-a_2\frac{\Gamma_3(a_1, a_2)-\Gamma_1(a_1, a_2)}{2}\sin 2(\varphi_2-\varphi_1)-\ldots\\
&\quad-nx_1\left[3a_2\frac{\Pi_2(a_1, a_2)-2\Pi(a_1, a_2)}{2}\sin(\varphi_2-\varphi_1)\right.\\
&\qquad\qquad\left.+3a_2\frac{\Pi_3(a_1, a_2)-\Pi_1(a_1, a_2)}{2}\sin 2(\varphi_2-\varphi_1)+\ldots\right]
\end{aligned}
$$

$$-nx_2\left[\left(3a_2\frac{\Psi_2(a_1,a_2)-2\Psi(a_1,a_2)}{2}+a_2\frac{\Gamma_2(a_1,a_2)-2\Gamma_2(a_1,a_2)}{2}-\frac{2}{a_2^2}\right)\sin(\varphi_2-\varphi_1)\right.$$
$$\left.+\left(3a_2\frac{\Psi_3(a_2,a_1)-\Psi_1(a_1,a_2)}{2}+a_2\frac{\Gamma_3(a_2,a_1)-\Gamma_1(a_1,a_2)}{2}\right)\sin 2(\varphi_2-\varphi_1)+\ldots\right].$$

XXIV.

Soit maintenant

$$\breve{\Gamma}(a_1,a_2)=\frac{a_1^2a_2\Gamma_1(a_1,a_2)-2a_1^3\Gamma(a_1,a_2)}{2},$$

$$\breve{\Gamma}_1(a_1,a_2)=\frac{a_1^2a_2\Gamma_2(a_1,a_2)-2a_1^3\Gamma_1(a_1,a_2)+2a_1^2a_2\Gamma(a_1,a_2)}{2}-\frac{a_1^2}{a_2^2},$$

$$\breve{\Gamma}_2(a_1,a_2)=\frac{a_1^2a_2\Gamma_3(a_1,a_2)-2a_1^3\Gamma_2(a_1,a_2)+a_1^2a_2\Gamma_1(a_1,a_2)}{2},$$

$$\breve{\Gamma}_3(a_1,a_2)=\frac{a_1^3a_2\Gamma_4(a_1,a_2)-2a_1^3\Gamma_3(a_1,a_2)+a_1^2a_2\Gamma_2(a_1,a_2)}{2},$$

. . . . ;

$$\breve{\Pi}(a_1,a_2)=3\frac{a_1^2a_2\Pi_1(a_1,a_2)-2a_1^3\Pi(a_1,a_2)}{2}-a_1^3\Gamma(a_1,a_2),$$

$$\breve{\Pi}_1(a_1,a_2)=3\frac{a_1^2a_2\Pi_2(a_1,a_2)-2a_1^3\Pi_1(a_1,a_2)+2a_1^2a_2\Pi(a_1,a_2)}{2}-a_1^3\Gamma_1(a_1,a_2),$$

$$\breve{\Pi}_2(a_1,a_2)=3\frac{a_1^2a_2\Pi_3(a_1,a_2)-2a_1^3\Pi_2(a_1,a_2)+a_1^2a_2\Pi_1(a_1,a_2)}{2}-a_1^3\Gamma_2(a_1,a_2),$$

$$\breve{\Pi}_3(a_1,a_2)=3\frac{a_1^2a_2\Pi_4(a_1,a_2)-2a_1^3\Pi_3(a_1,a_2)+a_1^2a_2\Pi_2(a_1,a_2)}{2}-a_1^3\Gamma_3(a_1,a_2),$$

. . . . ;

$$\breve{\Psi}(a_1, a_2) = 3\,\frac{a_1^2 a_2 \Psi_1(a_1, a_2) - 2a_1^3 \Psi(a_1, a_2)}{2} + \frac{a_1^2 a_2 \Gamma_1(a_1, a_2)}{2},$$

$$\breve{\Psi}_1(a_1, a_2) = 3\,\frac{a_1^2 a_2 \Psi_2(a_1, a_2) - 2a_1^3 \Psi_1(a_1, a_2) + 2a_1^2 a_2 \Psi(a_1, a_2)}{2}$$

$$+ \frac{a_1^2 a_2 \Gamma_2(a_1, a_2) + 2a_1^2 a_2 \Gamma(a_1, a_2)}{2} + \frac{2a_1^2}{a_2^2},$$

$$\breve{\Psi}_2(a_1, a_2) = 3\,\frac{a_1^2 a_2 \Psi_3(a_1, a_2) - 2a_1^3 \Psi_2(a_1, a_2) + a_1^2 a_2 \Psi_1(a_1, a_2)}{2}$$

$$+ \frac{a_1^3 a_2 \Gamma_3(a_1, a_2) + a_1^2 a_2 \Gamma_1(a_1, a_2)}{2},$$

$$\breve{\Psi}_3(a_1, a_2) = 3\,\frac{a_1^2 a_2 \Psi_4(a_1, a_2) - 2a_1^3 \Psi_3(a_1, a_2) + a_1^2 a_2 \Psi_2(a_1, a_2)}{2}$$

$$+ \frac{a_1^2 a_2 \Gamma_4(a_1, a_2) + a_1^2 a_2 \Gamma_2(a_1, a_2)}{2},$$

. . . .

On aura

$$\mathfrak{C}_2\left[\frac{r_1 - r_2\cos(\varphi_2 - \varphi_1)}{\Delta(r_1, r_2)^3} + \frac{\cos(\varphi_2 - \varphi_1)}{r_2^2(1 + p_2^2)^{\frac{3}{2}}}\right]$$

$$= -\frac{\mathfrak{C}_2}{a_1^2}\left[\breve{\Gamma}(a_1, a_2) + \breve{\Gamma}_1(a_1, a_2)\cos(\varphi_2 - \varphi_1) + \breve{\Gamma}_2(a_1, a_2)\cos 2(\varphi_2 - \varphi_1)\ldots\right]$$

$$- n\frac{\mathfrak{C}_2}{a_1^2}x_1\left[\breve{\Pi}(a_1, a_2) + \breve{\Pi}_1(a_1, a_2)\cos(\varphi_2 - \varphi_1) + \breve{\Pi}_2(a_1, a_2)\cos 2(\varphi_2 - \varphi_1)\ldots\right]$$

$$- n\frac{\mathfrak{C}_2}{a_1^2}x_2\left[\breve{\Psi}(a_1, a_2) + \breve{\Psi}_1(a_1, a_2)\cos(\varphi_2 - \varphi_1) + \breve{\Psi}_2(a_1, a_2)\cos 2(\varphi_2 - \varphi_1)\ldots\right].$$

C'est la partie de la force R_1 qui résulte de l'action du satellite $\mathfrak{C}_2$ (Article X).

XXV.

Soit de plus

$$\widehat{\Gamma}_1(a_1, a_2) = \frac{a_1^2 a_2 \Gamma_2(a_1, a_2) - 2 a_1^2 a_2 \Gamma(a_1, a_2)}{2} + \frac{a_1^2}{a_2^2},$$

$$\widehat{\Gamma}_2(a_1, a_2) = \frac{a_1^2 a_2 \Gamma_3(a_1, a_2) - a_1^2 a_2 \Gamma_1(a_1, a_2)}{2},$$

$$\widehat{\Gamma}_3(a_1, a_2) = \frac{a_1^2 a_2 \Gamma_4(a_1, a_2) - a_1^2 a_2 \Gamma_2(a_1, a_2)}{2},$$

$$\dots\dots\dots\dots\dots\dots\dots\dots;$$

$$\widehat{\Pi}_1(a_1, a_2) = 3\,\frac{a_1^2 a_2 \Pi_2(a_1, a_2) - 2 a_1^2 a_2 \Pi(a_1, a_2)}{2},$$

$$\widehat{\Pi}_2(a_1, a_2) = 3\,\frac{a_1^2 a_2 \Pi_3(a_1, a_2) - a_1^2 a_2 \Pi_1(a_1, a_2)}{2},$$

$$\widehat{\Pi}_3(a_1, a_2) = 3\,\frac{a_1^2 a_2 \Pi_4(a_1, a_2) - a_1^2 a_2 \Pi_2(a_1, a_2)}{2},$$

$$\dots\dots\dots\dots\dots\dots\dots\dots;$$

$$\widehat{\Psi}_1(a_1, a_2) = 3\,\frac{a_1^2 a_2 \Psi_2(a_1, a_2) - 2 a_1^2 a_2 \Psi(a_1, a_2)}{2} + \widehat{\Gamma}(a_1, a_2) - 3\,\frac{a_1^2}{a_2^2},$$

$$\widehat{\Psi}_2(a_1, a_2) = 3\,\frac{a_1^2 a_2 \Psi_3(a_1, a_2) - a_1^2 a_2 \Psi_1(a_1, a_2)}{2} + \widehat{\Gamma}(a_1, a_2),$$

$$\widehat{\Psi}_3(a_1, a_2) = 3\,\frac{a_1^2 a_2 \Psi_4(a_1, a_2) - a_1^2 a_2 \Psi_2(a_1, a_2)}{2} + \widehat{\Gamma}_3(a_1, a_2),$$

$$\dots\dots\dots\dots\dots\dots\dots\dots\dots\dots\dots$$

On aura

$$\begin{aligned}
&\mathfrak{C}_2\left[\frac{r_2 \sin(\varphi_2 - \varphi_1)}{\Delta(r_1, r_2)^3} - \frac{\sin(\varphi_2 - \varphi_1)}{r_2^2(1 + p_2^2)^{\frac{3}{2}}}\right] \\
&= -\frac{\mathfrak{C}_2}{a_1^2}\left[\widehat{\Gamma}_1(a_1, a_2)\sin(\varphi_2 - \varphi_1) + \widehat{\Gamma}_2(a_1, a_2)\sin 2(\varphi_2 - \varphi_1) + \dots\right] \\
&\quad - n\,\frac{\mathfrak{C}_2}{a_1^2}\,x_1\left[\widehat{\Pi}_1(a_1, a_2)\sin(\varphi_2 - \varphi_1) + \widehat{\Pi}_2(a_1, a_2)\sin 2(\varphi_2 - \varphi_1) + \dots\right] \\
&\quad - n\,\frac{\mathfrak{C}_2}{a_1^2}\,x_2\left[\widehat{\Psi}_1(a_1, a_2)\sin(\varphi_2 - \varphi_1) + \widehat{\Psi}_2(a_1, a_2)\sin 2(\varphi_2 - \varphi_1) + \dots\right].
\end{aligned}$$

C'est la valeur de la force Q_1, en tant qu'elle vient de l'action du satellite $\mathfrak{C}_2$.

XXVI.

Enfin on trouvera

$$\mathfrak{C}_2\left[\frac{r_1 p_1 - r_2 p_2}{\Delta(r_1, r_2)^3} + \frac{p_2}{r_2^2(1+p_2^2)^{\frac{3}{2}}}\right]$$

$$= n\frac{\mathfrak{C}_2}{a_1^2} z_1 [a_1^3 \Gamma(a_1, a_2) + a_1^3 \Gamma_1(a_1, a_2)\cos(\varphi_2 - \varphi_1) + a_1^3 \Gamma_2(a_1, a_2)\cos 2(\varphi_2 - \varphi_1) + \ldots]$$

$$- n\frac{\mathfrak{C}_2}{a_1^2} z_2 \left[a_1^2 a_2 \Gamma(a_1, a_2) - \frac{a_1^2}{a_2^2} + a_1^2 a_2 \Gamma_1(a_1, a_2)\cos(\varphi_2 - \varphi_1) + a_1^2 a_2 \Gamma_2(a_1, a_2)\cos 2(\varphi_2 - \varphi_1) + \ldots\right].$$

C'est la partie de force P_1, qui vient de l'action du même satellite $\mathfrak{C}_2$.

On changera maintenant dans les expressions précédentes les quantités $\mathfrak{C}_2$, a_2, φ_2, x_2, z_2 en $\mathfrak{C}_3$, a_3, φ_3, x_3, z_3, et en $\mathfrak{C}_4$, a_4, φ_4, x_4, z_4 successivement, et l'on aura les valeurs de R_1, Q_1, P_1, dues à l'action des satellites $\mathfrak{C}_3$, $\mathfrak{C}_4$.

Il ne restera donc plus qu'à chercher les valeurs de ces mêmes forces, en tant qu'elles viennent de l'action du Soleil.

Pour cela nous remarquerons d'abord que le rayon ρ_1 de l'orbite de Jupiter est considérablement plus grand que le rayon r de l'orbite d'un satellite quelconque; d'où il suit que la valeur de δ, qui est exprimée généralement (Article XV) par

$$\sqrt{\rho_1^2 - 2\rho_1 r\cos(\psi - \varphi) + r^2(1+p^2)}$$

se réduira en une suite très-convergente, dont il suffira de prendre les premiers termes; on aura donc

$$\frac{1}{\delta^3} = \frac{1}{\rho_1^3} + \frac{3r\cos(\psi - \varphi)}{\rho_1^4} + \ldots;$$

donc

$$-\frac{\rho_1\cos(\psi-\varphi)}{\delta^3}+\frac{\cos(\psi-\varphi)}{\rho_1^2}=-\frac{3r}{2\rho_1^3}[1+\cos 2(\psi-\varphi)],$$

$$\frac{\rho_1\sin(\psi-\varphi)}{\delta^3}-\frac{\sin(\psi-\varphi)}{\rho_1^2}=\frac{3r}{2\rho_1^3}\sin 2(\psi-\varphi),$$

et

$$\frac{r}{\delta^3}=\frac{r}{\rho_1^3}.$$

XXVII.

Soient à présent α la valeur moyenne de ρ, et m la valeur moyenne de $\frac{d\psi}{dt}$, c'est-à-dire la vitesse angulaire moyenne de Jupiter autour du Soleil.

On supposera, à l'imitation de ce que nous avons fait (Article IV),

$$\rho_1=\alpha(1+n\xi),\quad \psi=mt+n\mathrm{J}.$$

Dans ces formules, $n\xi$ représente l'équation de la distance de Jupiter au Soleil, et $n\mathrm{J}$ l'équation du centre de Jupiter; lesquelles sont connues par la théorie de cette Planète. En effet, en n'ayant égard qu'aux équations elliptiques, et supposant que ne soit l'excentricité et U l'anomalie moyenne, on a à très-peu près

$$\xi=e\cos\mathrm{U},\quad \mathrm{J}=-2e\sin\mathrm{U}.$$

On aura donc

$$\frac{r}{\rho_1^3}=\frac{a}{\alpha^3}(1+nx)(1-3n\xi)=\frac{a}{\alpha^3}(1+nx-3n\xi);$$

donc enfin

$$☉\left[\frac{r-\rho_1\cos(\psi-\varphi_1)}{\delta_1^3}+\frac{\cos(\psi-\varphi_1)}{\rho_1^2}\right]$$
$$=-\frac{a_1☉}{2\alpha^3}[1+3\cos 2(\psi-\varphi_1)]-n\frac{a_1☉}{2\alpha^3}(x_1-3\xi)[1+3\cos 2(\psi-\varphi_1)],$$

$$\odot\left[\frac{\rho_1\sin(\psi-\varphi_1)}{\delta_1^3}-\frac{\sin(\psi-\varphi_1)}{\rho_1^2}\right]$$
$$=\frac{3a_1\odot}{2\alpha^3}\sin 2(\psi-\varphi_1)+n\frac{3a_1\odot}{2\alpha^3}(x_1-3\xi)\sin 2(\psi-\varphi_1),$$

$$\odot\frac{r_1p_1}{\delta_1^3}=n\frac{a_1\odot}{\alpha_1^3}z_1.$$

Ce sont les valeurs des forces R_1, Q_1, P_1, qui viennent de l'action du Soleil (Article XI).

XXVIII.

En joignant ensemble toutes ces différentes valeurs, on aura les valeurs complètes des forces R_1, Q_1, P_1 exprimées de la manière suivante

$$
\begin{aligned}
R_1 = &-\frac{\mathfrak{C}_2}{\mathfrak{T}}\frac{\mathfrak{T}}{a_1^2}\left[\breve{\Gamma}(a_1,a_2)+\breve{\Gamma}_1(a_1,a_2)\cos(\varphi_2-\varphi_1)+\ldots\right]\\
&-\frac{\mathfrak{C}_3}{\mathfrak{T}}\frac{\mathfrak{T}}{a_1^2}\left[\breve{\Gamma}(a_1,a_3)+\breve{\Gamma}_1(a_1,a_3)\cos(\varphi_3-\varphi_1)+\ldots\right]\\
&-\frac{\mathfrak{C}_4}{\mathfrak{T}}\frac{\mathfrak{T}}{a_1^2}\left[\breve{\Gamma}(a_1,a_4)+\breve{\Gamma}_1(a_1,a_4)\cos(\varphi_4-\varphi_1)+\ldots\right]\\
&-\frac{a_1^3}{\alpha^3}\frac{\odot}{\mathfrak{T}}\frac{\mathfrak{T}}{a_1^2}\left[\tfrac{1}{2}+\tfrac{3}{2}\cos 2(\psi-\varphi_1)\right]\\
&-n\frac{\mathfrak{C}_2}{\mathfrak{T}}\frac{\mathfrak{T}}{a_1^2}x_1\left[\breve{\Pi}(a_1,a_2)+\breve{\Pi}_1(a_1,a_2)\cos(\varphi_2-\varphi_1)+\ldots\right]\\
&-n\frac{\mathfrak{C}_3}{\mathfrak{T}}\frac{\mathfrak{T}}{a_1^2}x_1\left[\breve{\Pi}(a_1,a_3)+\breve{\Pi}_1(a_1,a_3)\cos(\varphi_3-\varphi_1)+\ldots\right]\\
&-n\frac{\mathfrak{C}_4}{\mathfrak{T}}\frac{\mathfrak{T}}{a_1^2}x_1\left[\breve{\Pi}(a_1,a_4)+\breve{\Pi}_1(a_1,a_4)\cos(\varphi_4-\varphi_1)+\ldots\right]\\
&-n\frac{a_1^3}{\alpha^3}\frac{\odot}{\mathfrak{T}}\frac{\mathfrak{T}}{a_1^2}x_1\left(\tfrac{1}{2}+\tfrac{3}{2}\cos 2(\psi-\varphi_1)\right)\\
&-n\frac{\mathfrak{C}_2}{\mathfrak{T}}\frac{\mathfrak{T}}{a_1^2}x_2\left[\breve{\Psi}(a_1,a_2)+\breve{\Psi}_1(a_1,a_2)\cos(\varphi_2-\varphi_1)+\ldots\right]\\
&-n\frac{\mathfrak{C}_3}{\mathfrak{T}}\frac{\mathfrak{T}}{a_1^2}x_3\left[\breve{\Psi}(a_1,a_3)+\breve{\Psi}_1(a_1,a_3)\cos(\varphi_3-\varphi_1)+\ldots\right]
\end{aligned}
$$

$$- n \frac{\mathfrak{C}_4}{\mathfrak{T}} \frac{\mathfrak{T}}{a_1^2} x_4 [\Psi(a_1, a_4) + \Psi_1(a_1, a_4) \cos(\varphi_4 - \varphi_1) + \ldots]$$

$$+ n \frac{a_1^3}{\alpha^3} \frac{\mathfrak{T}}{\odot} \frac{\mathfrak{T}}{a_1^2} \xi [\tfrac{3}{4} + \tfrac{9}{4} \cos 2(\psi - \varphi_1)],$$

$$\mathrm{Q}_1 = - \frac{\mathfrak{C}_2}{\mathfrak{T}} \frac{\mathfrak{T}}{a_1^2} [\widehat{\Gamma}_1(a_1, a_2) \sin(\varphi_2 - \varphi_1) + \ldots]$$

$$- \frac{\mathfrak{C}_3}{\mathfrak{T}} \frac{\mathfrak{T}}{a_1^2} [\widehat{\Gamma}_1(a_1, a_3) \sin(\varphi_3 - \varphi_1) + \ldots]$$

$$- \frac{\mathfrak{C}_4}{\mathfrak{T}} \frac{\mathfrak{T}}{a_1^2} [\widehat{\Gamma}_1(a_1, a_4) \sin(\varphi_4 - \varphi_1) + \ldots]$$

$$- \frac{a_1^3}{\alpha^3} \frac{\odot}{\mathfrak{T}} \frac{\mathfrak{T}}{\alpha_1^2} \times \tfrac{3}{2} \sin 2(\psi - \varphi_1)$$

$$- n \frac{\mathfrak{C}_2}{\mathfrak{T}} \frac{\mathfrak{T}}{a_1^2} x_1 [\widehat{\Pi}_1(a_1, a_2) \sin(\varphi_2 - \varphi_1) + \ldots]$$

$$- n \frac{\mathfrak{C}_3}{\mathfrak{T}} \frac{\mathfrak{T}}{a_1^2} x_1 [\widehat{\Pi}_1(a_1, a_3) \sin(\varphi_3 - \varphi_1) + \ldots]$$

$$- n \frac{\mathfrak{C}_4}{\mathfrak{T}} \frac{\mathfrak{T}}{a_1^2} x_1 [\widehat{\Pi}_1(a_1, a_4) \sin(\varphi_4 - \varphi_1) + \ldots]$$

$$+ n \frac{a_1^3}{\alpha^3} \frac{\odot}{\mathfrak{T}} \frac{\mathfrak{T}}{a_1^2} x_1 \times \tfrac{3}{2} \sin 2(\psi - \varphi_1)$$

$$- n \frac{\mathfrak{C}_2}{\mathfrak{T}} \frac{\mathfrak{T}}{a_1^2} x_2 [\widehat{\Psi}_1(a_1, a_2) \sin(\varphi_2 - \varphi_1) + \ldots]$$

$$- n \frac{\mathfrak{C}_3}{\mathfrak{T}} \frac{\mathfrak{T}}{a_1^2} x_3 [\widehat{\Psi}_1(a_1, a_3) \sin(\varphi_3 - \varphi_1) + \ldots]$$

$$- n \frac{\mathfrak{C}_4}{\mathfrak{T}} \frac{\mathfrak{T}}{a_1^2} x_4 [\widehat{\Psi}_1(a_1, a_4) \sin(\varphi_4 - \varphi_1) + \ldots]$$

$$- n \frac{a_1^3}{\alpha^3} \frac{\odot}{\mathfrak{T}} \frac{\mathfrak{T}}{a_1^2} \xi \times \tfrac{9}{2} \sin 2(\psi - \varphi_1),$$

$$\mathrm{P}_1 = n \frac{\mathfrak{C}_2}{\mathfrak{T}} \frac{\mathfrak{T}}{a_1^2} z_1 [a_1^3 \Gamma(a_1, a_2) + a_1^3 \Gamma_1(a_1, a_2) \cos(\varphi_2 - \varphi_1) + \ldots]$$

$$+ n \frac{\mathfrak{C}_3}{\mathfrak{T}} \frac{\mathfrak{T}}{a_1^2} z_1 [a_1^3 \Gamma(a_1, a_2) + a_1^3 \Gamma_1(a_1, a_3) \cos(\varphi_3 - \varphi_1) + \ldots]$$

$$+ n \frac{\mathfrak{C}_4}{\mathfrak{T}} \frac{\mathfrak{T}}{a_1^2} z_1 [a_1^3 \Gamma(a_1, a_4) + a_1^3 \Gamma_1(a_1, a_4) \cos(\varphi_4 - \varphi_1) + \ldots]$$

$$+ n \frac{a_1^3}{\alpha^3} \frac{\odot}{\mathfrak{T}} \frac{\mathfrak{T}}{a_1^2} z_1$$

$$- n \frac{\mathfrak{C}_2}{\mathfrak{T}} \frac{\mathfrak{T}}{a_1^2} z_2 \left[a_1^2 a_2 \Gamma(a_1, a_2) - \frac{a_1^2}{a_2^2} + a_1^2 a_2 \Gamma_1(a_1, a_2) \cos(\varphi_2 - \varphi_1) + \ldots \right]$$

$$- n \frac{\mathfrak{C}_3}{\mathfrak{T}} \frac{\mathfrak{T}}{a_1^2} z_3 \left[a_1^2 a_3 \Gamma(a_1, a_3) - \frac{a_1^2}{a_3^2} + a_1^2 a_3 \Gamma_1(a_1, a_3) \cos(\varphi_3 - \varphi_1) + \ldots \right]$$

$$- n \frac{\mathfrak{C}_4}{\mathfrak{T}} \frac{\mathfrak{T}}{a_1^2} z_4 \left[a_1^2 a_4 \Gamma(a_1, a_4) - \frac{a_1^2}{a_4^2} + a_1^2 a_4 \Gamma_1(a_1, a_4) \cos(\varphi_4 - \varphi_1) + \ldots \right].$$

Il ne reste plus qu'à substituer pour φ_1, φ_2, φ_3, φ_4 et ψ leurs valeurs $\mu_1 t + n y_1$, $\mu_2 t + n y_2$, $\mu_3 t + n y_3$, $\mu_4 t + n y_4$ et $mt + n\mathrm{J}$; ce qui est très-facile, car il n'y aura qu'à changer φ_1, φ_2, φ_3, φ_4, ψ en $\mu_1 t$, $\mu_2 t$, $\mu_3 t$, $\mu_4 t$, mt, et ajouter ensuite aux expressions de R_1 et Q_1 les quantités suivantes

$$n \frac{\mathfrak{C}_2}{\mathfrak{T}} \frac{\mathfrak{T}}{a_1^2} (y_2 - y_1) [\breve{\Gamma}_1(a_1, a_2) \sin(\mu_2 - \mu_1) t + 2 \breve{\Gamma}_2(a_1, a_2) + \ldots]$$

$$+ n \frac{\mathfrak{C}_3}{\mathfrak{T}} \frac{\mathfrak{T}}{a_1^2} (y_3 - y_1) [\breve{\Gamma}_1(a_1, a_3) \sin(\mu_3 - \mu_1) t + 2 \breve{\Gamma}_2(a_1, a_3) + \ldots]$$

$$+ n \frac{\mathfrak{C}_4}{\mathfrak{T}} \frac{\mathfrak{T}}{a_1^2} (y_4 - y_1) [\breve{\Gamma}_1(a_1, a_4) \sin(\mu_4 - \mu_1) t + 2 \breve{\Gamma}_2(a_1, a_4) + \ldots]$$

$$+ n \frac{a_1^3}{\alpha^3} \frac{\odot}{\mathfrak{T}} \frac{\mathfrak{T}}{a_1^2} (\mathrm{J} - y_1) \times 3 \sin 2(m - \mu_1) t,$$

et

$$- n \frac{\mathfrak{C}_2}{\mathfrak{T}} \frac{\mathfrak{T}}{a_1^2} (y_2 - y_1) [\widehat{\Gamma}_1(a_1, a_2) \cos(\mu_2 - \mu_1) t + 2 \widehat{\Gamma}_2(a_1, a_2) + \ldots]$$

$$- n \frac{\mathfrak{C}_3}{\mathfrak{T}} \frac{\mathfrak{T}}{a_1^2} (y_3 - y_1) [\widehat{\Gamma}_1(a_1, a_3) \cos(\mu_3 - \mu_1) t + 2 \widehat{\Gamma}_2(a_1, a_3) + \ldots]$$

$$- n \frac{\mathfrak{C}_4}{\mathfrak{T}} \frac{\mathfrak{T}}{a_1^2} (y_4 - y_1) [\widehat{\Gamma}_1(a_1, a_4) \cos(\mu_4 - \mu_1) t + 2 \widehat{\Gamma}_2(a_1, a_2) + \ldots]$$

$$+ n \frac{a_1^3}{\alpha^3} \frac{\odot}{\mathfrak{T}} \frac{\mathfrak{T}}{a_1^2} (\mathrm{J} - y_1) \times 3 \cos 2(m - \mu_1) t.$$

Pour trouver les valeurs de R_2, Q_2, P_2, il ne faudra qu'ajouter un trait aux lettres qui n'en ont qu'un, et en ôter un à celles qui en ont deux; et ainsi des autres quantités R_3, Q_3, P_3, R_4, Q_4, P_4 [Article XIII] (*).

A l'égard des forces perturbatrices qui viennent de la non-sphéricité de Jupiter, on trouvera, en négligeant dans les formules de l'Article XVI ce qu'on y doit négliger, qu'il faut ajouter aux valeurs de R_1 et P_1 les quantités suivantes

$$\frac{\nu A^2}{5a_1^2}\frac{\mathfrak{T}}{a_1^2}(1-4nx_1) \quad \text{et} \quad n\frac{3\nu A^2}{5a_1^2}\frac{\mathfrak{T}}{a_1^2}z_1,$$

et de même aux valeurs de R_2, P_2 les quantités

$$\frac{\nu A^2}{5a_2^2}\frac{\mathfrak{T}}{a_2^2}(1-4nx_2) \quad \text{et} \quad n\frac{3\nu A^2}{5a_2^2}\frac{\mathfrak{T}}{a_2^2}z_2,$$

et ainsi de suite.

CHAPITRE III.

CALCUL DES PERTURBATIONS DES SATELLITES DE JUPITER.

XXIX.

Nous nous contenterons ici de chercher les formules qui déterminent le mouvement du premier satellite, parce que les autres s'en déduiront aisément par les remarques des Articles IX et XIII.

Pour appliquer au mouvement du premier satellite les équations générales de l'Article VIII, il est visible qu'il ne faut que marquer les lettres d'un trait (*), et substituer ensuite pour X_1, Y_1, Z_1 leurs valeurs tirées de celles de R_1, Q_1, P_1 (Article précédent). Mais, avant que de faire cette substitution, nous remarquerons que les équations (Articles V et VI)

$$R+\frac{F}{a^2}-a\mu^2=n\frac{F}{a^2}X, \quad \int Q(1+nx)\,dt=a\mu-\frac{c}{a}+n\frac{F}{a^2}Y$$

(*) *Voir* la Note de la page 76.

ne peuvent subsister dans l'hypothèse de n très-petit, à moins que les quantités constantes $\frac{F}{a^2} - a\mu^2$, $a\mu - \frac{a}{e}$, et les quantités variables R et Q ne soient chacune très-petites de l'ordre n.

Or, en examinant les valeurs de R et Q (Article précédent), il est facile de voir qu'elles ne sauraient être supposées très-petites qu'en regardant comme telles les quantités constantes $\frac{\mathfrak{C}}{\mathfrak{T}}$, $\frac{a^3 \mathfrak{S}}{\alpha^3 \mathfrak{T}}$ et $\nu \frac{A^2}{a^2}$.

Soit donc, en général,

$$\frac{\mathfrak{C}}{\mathfrak{T}} = n\chi, \quad \frac{a^3 \mathfrak{S}}{\alpha^3 \mathfrak{T}} = nK, \quad \nu \frac{A^2}{a^2} = n\varkappa.$$

Soit, de plus,

$$1 - \frac{\mu^2}{f} = ng, \quad -\frac{\mu - \frac{c}{a^2}}{f} = nH.$$

Nous aurons, à cause de $f = \frac{F}{a^3}$ (Article V),

$$X = g + \frac{a^2}{F}\frac{R}{n}, \quad Y = H + \frac{a^2}{F}\frac{\int Q(1 + nx)\,dt}{n},$$

c'est-à-dire, à cause de $F = \mathfrak{T} + \mathfrak{C}$ (Article X),

$$X = g + \frac{a^2}{\mathfrak{T}}\frac{R}{n(1 + n\chi)}, \quad Y = H + \frac{a^2}{\mathfrak{T}}\frac{\int Q(1 + nx)\,dt}{n(1 + n\chi)}.$$

A l'égard de la quantité Z, elle sera déterminée par l'équation (Article VII)

$$\frac{P - nRz}{1 + nx} = n\frac{F}{a^2}Z,$$

laquelle se réduit à

$$Z = \frac{a^2}{\mathfrak{T}}\frac{P - nRz}{n(1 + n\chi)(1 + nx)},$$

où l'on remarquera que P est déjà toute multipliée par n (Article XXVIII).

XXX.

Appliquons maintenant ces formules au premier satellite. Nous aurons d'abord en substituant la valeur de R_1 (Article XXIX)

$$
\begin{aligned}
X_1 = g_1 &- \frac{\chi_2}{1+n\chi_1}\left[\breve{\Gamma}(a_1, a_2) + \breve{\Gamma}_1(a_1, a_2)\cos(\mu_2-\mu_1)t + \breve{\Gamma}_2(a_1, a_2)\cos 2(\mu_2-\mu_1)t + \ldots\right] \\
&- \frac{\chi_3}{1+n\chi_1}\left[\breve{\Gamma}(a_1, a_3) + \breve{\Gamma}_1(a_1, a_3)\cos(\mu_3-\mu_1)t + \breve{\Gamma}_2(a_1, a_3)\cos 2(\mu_3-\mu_1)t + \ldots\right] \\
&- \frac{\chi_4}{1+n\chi_1}\left[\breve{\Gamma}(a_1, a_4) + \breve{\Gamma}_1(a_1, a_4)\cos(\mu_4-\mu_1)t + \breve{\Gamma}_2(a_1, a_4)\cos 2(\mu_4-\mu_1)t + \ldots\right] \\
&- \frac{K_1}{1+n\chi_1}\left[\tfrac{1}{2} + \tfrac{3}{2}\cos(m-\mu_1)t\right] \\
&- \frac{n\chi_2}{1+n\chi_1}x_1\left[\breve{\Pi}(a_1, a_2) + \breve{\Pi}_1(a_1, a_2)\cos(\mu_2-\mu_1)t + \breve{\Pi}_2(a_1, a_2)\cos 2(\mu_2-\mu_1)t + \ldots\right] \\
&- \frac{n\chi_3}{1+n\chi_1}x_1\left[\breve{\Pi}(a_1, a_3) + \breve{\Pi}_1(a_1, a_3)\cos(\mu_3-\mu_1)t + \breve{\Pi}_2(a_1, a_3)\cos 2(\mu_3-\mu_1)t + \ldots\right] \\
&- \frac{n\chi_4}{1+n\chi_1}x_1\left[\breve{\Pi}(a_1, a_4) + \breve{\Pi}_1(a_1, a_4)\cos(\mu_4-\mu_1)t + \breve{\Pi}_2(a_1, a_4)\cos 2(\mu_4-\mu_1)t + \ldots\right] \\
&- \frac{nK_1}{1+n\chi_1}x_1\left[\tfrac{1}{2} + \tfrac{3}{2}\cos(m-\mu_1)\right] \\
&- \frac{n\chi_2}{1+n\chi_1}x_2\left[\breve{\Psi}(a_1, a_2) + \breve{\Psi}_1(a_1, a_2)\cos(\mu_2-\mu_1)t + \breve{\Psi}_2(a_1, a_2)\cos 2(\mu_2-\mu_1)t + \ldots\right] \\
&- \frac{n\chi_3}{1+n\chi_1}x_3\left[\breve{\Psi}(a_1, a_3) + \breve{\Psi}_1(a_1, a_3)\cos(\mu_3-\mu_1)t + \breve{\Psi}_2(a_1, a_3)\cos 2(\mu_3-\mu_1)t + \ldots\right] \\
&- \frac{n\chi_4}{1+n\chi_1}x_4\left[\breve{\Psi}(a_1, a_4) + \breve{\Psi}_1(a_1, a_4)\cos(\mu_4-\mu_1)t + \breve{\Psi}_2(a_1, a_4)\cos 2(\mu_4-\mu_1)t + \ldots\right] \\
&+ \frac{nK_1}{1+n\chi_1}\xi\left[\tfrac{3}{2} + \tfrac{9}{2}\cos 2(m-\mu_1)t\right] \\
&+ \frac{n\chi_2}{1+n\chi_1}(y_2-y_1)\left[\breve{\Gamma}_1(a_1, a_2)\sin(\mu_2-\mu_1)t + 2\breve{\Gamma}_2(a_1, a_2)\sin 2(\mu_2-\mu_1)t + \ldots\right] \\
&+ \frac{n\chi_3}{1+n\chi_1}(y_3-y_1)\left[\breve{\Gamma}_1(a_1, a_3)\sin(\mu_3-\mu_1)t + 2\breve{\Gamma}_2(a_1, a_3)\sin 2(\mu_3-\mu_1)t + \ldots\right] \\
&+ \frac{n\chi_4}{1+n\chi_1}(y_4-y_1)\left[\breve{\Gamma}_1(a_1, a_4)\sin(\mu_4-\mu_1)t + 2\breve{\Gamma}_2(a_1, a_4)\sin 2(\mu_4-\mu_1)t + \ldots\right] \\
&+ \frac{nK_1}{1+n\chi_1}(J-y)\, 3\sin 2(m-\mu_1)t \\
&+ \frac{\chi_1}{1+n\chi_1}\left(\tfrac{1}{5} - \tfrac{4}{5}nx_1\right).
\end{aligned}
$$

XXXI.

Multipliant la valeur de Q_1 par $1 + nx_1$, et faisant, pour abréger,

$$\overset{\mathrm{s}}{\Pi}_1(a_1, a_2) = \widehat{\Pi}_1(a_1, a_2) + \widehat{\Gamma}_1(a_1, a_2),$$

$$\overset{\mathrm{s}}{\Pi}_2(a_1, a_2) = \widehat{\Pi}_2(a_1, a_2) + \widehat{\Gamma}_2(a_1, a_2),$$

$$\overset{\mathrm{s}}{\Pi}_3(a_1, a_2) = \widehat{\Pi}_3(a_1, a_2) + \widehat{\Gamma}_3(a_1, a_2),$$

$$\ldots\ldots\ldots\ldots\ldots\ldots\ldots\ldots\ldots,$$

on aura, après l'intégration et la substitution,

$$\begin{aligned}
Y_1 = H_1 &+ \frac{\chi_2}{1 + n\chi_1}\left[\frac{\widehat{\Gamma}_1(a_1, a_2)}{\mu_2 - \mu_1}\cos(\mu_2 - \mu_1)t + \frac{\widehat{\Gamma}_2(a_1, a_2)}{2(\mu_2 - \mu_1)}\cos 2(\mu_2 - \mu_1)t + \ldots\right] \\
&+ \frac{\chi_3}{1 + n\chi_1}\left[\frac{\widehat{\Gamma}_1(a_1, a_3)}{\mu_3 - \mu_1}\cos(\mu_3 - \mu_1)t + \frac{\widehat{\Gamma}_2(a_1, a_3)}{2(\mu_3 - \mu_1)}\cos 2(\mu_3 - \mu_1)t + \ldots\right] \\
&+ \frac{\chi_4}{1 + n\chi_1}\left[\frac{\widehat{\Gamma}_1(a_1, a_4)}{\mu_4 - \mu_1}\cos(\mu_4 - \mu_1)t + \frac{\widehat{\Gamma}_2(a_1, a_4)}{2(\mu_4 - \mu_1)}\cos 2(\mu_4 - \mu_1)t + \ldots\right] \\
&- \frac{K_1}{1 + n\chi_1}\,\frac{3}{4(m - \mu_1)}\cos 2(m - \mu_1)t \\
&- \frac{n\chi_2}{1 + n\chi_1}\int x_1\left[\overset{\mathrm{s}}{\Pi}_1(a_1, a_2)\sin(\mu_2 - \mu_1)t + \overset{\mathrm{s}}{\Pi}_2(a_1, a_2)\sin 2(\mu_2 - \mu_1)t + \ldots\right]dt \\
&- \frac{n\chi_3}{1 + n\chi_1}\int x_1\left[\overset{\mathrm{s}}{\Pi}_1(a_1, a_3)\sin(\mu_3 - \mu_1)t + \overset{\mathrm{s}}{\Pi}_2(a_1, a_3)\sin 2(\mu_3 - \mu_1)t + \ldots\right]dt \\
&- \frac{n\chi_4}{1 + n\chi_1}\int x_1\left[\overset{\mathrm{s}}{\Pi}_1(a_1, a_4)\sin(\mu_4 - \mu_1)t + \overset{\mathrm{s}}{\Pi}_2(a_1, a_4)\sin 2(\mu_4 - \mu_1)t + \ldots\right]dt \\
&+ \frac{nK_1}{1 + n\chi_1}\int x_1 \times 3\sin 2(m - \mu_1)t\,dt \\
&- \frac{n\chi_2}{1 + n\chi_1}\int x_2\left[\widehat{\Psi}_1(a_1, a_2)\sin(\mu_2 - \mu_1)t + \widehat{\Psi}_2(a_1, a_2)\sin 2(\mu_2 - \mu_1)t + \ldots\right]dt \\
&- \frac{n\chi_3}{1 + n\chi_1}\int x_3\left[\widehat{\Psi}_1(a_1, a_3)\sin(\mu_3 - \mu_1)t + \widehat{\Psi}_2(a_1, a_3)\sin 2(\mu_3 - \mu_1)t + \ldots\right]dt \\
&- \frac{n\chi_4}{1 + n\chi_1}\int x_4\left[\widehat{\Psi}_1(a_1, a_4)\sin(\mu_4 - \mu_1)t + \widehat{\Psi}_2(a_1, a_4)\sin 2(\mu_4 - \mu_1)t + \ldots\right]dt \\
&- \frac{nK_1}{1 + n\chi_1}\int \xi \times \tfrac{9}{2}\sin 2(m - \mu_1)t\,dt \\
&- \frac{n\chi_2}{1 + n\chi_1}\int (y_2 - y_1)\left[\widehat{\Gamma}_1(a_1, a_2)\cos(\mu_2 - \mu_1)t + 2\widehat{\Gamma}_2(a_1, a_2)\cos 2(\mu_2 - \mu_1)t + \ldots\right]dt
\end{aligned}$$

$$- \frac{n\chi_3}{1+n\chi_1}\int (y_3 - y_1)\left[\widehat{\Gamma}_1(a_1, a_3)\cos(\mu_3-\mu_1)t + 2\widehat{\Gamma}_2(a_1, a_3)\cos 2(\mu_3-\mu_1)t + \ldots\right]dt$$

$$- \frac{n\chi_4}{1+n\chi_1}\int (y_4 - y_1)\left[\widehat{\Gamma}_1(a_1, a_4)\cos(\mu_4-\mu_1)t + 2\widehat{\Gamma}_2(a_1, a_4)\cos 2(\mu_4-\mu_1)t + \ldots\right]dt$$

$$+ \frac{n\mathrm{K}_1}{1+n\chi_1}\int (\mathrm{J} - y_1) \times 3\cos 2(m-\mu_1)t\,dt.$$

XXXII.

Enfin, si l'on fait

$$\overset{\S}{\Gamma}(a_1, a_2) = a_1^3\,\Gamma(a_1, a_2) + \breve{\Gamma}(a_1, a_2),$$

$$\overset{\S}{\Gamma}_1(a_1, a_2) = a_1^3\,\Gamma_1(a_1, a_2) + \breve{\Gamma}_1(a_1, a_2),$$

$$\overset{\S}{\Gamma}_2(a_1, a_2) = a_1^3\,\Gamma_2(a_1, a_2) + \breve{\Gamma}_2(a_1, a_2),$$

$$\mathring{\Gamma}(a_1, a_2) = a_1^2 a_2\,\Gamma(a_1, a_2) - \frac{a_1^2}{a_2^2},$$

$$\mathring{\Gamma}_1(a_1, a_2) = a_1^2 a_2\,\Gamma_1(a_1, a_2),$$

$$\mathring{\Gamma}_2(a_1, a_2) = a_1^2 a_2\,\Gamma_2(a_1, a_2),$$

et ainsi de suite, on trouvera

$$\mathrm{Z}_1 = \frac{n\chi_2}{1+n\chi_1} z_1\left[\overset{\S}{\Gamma}(a_1, a_2) + \overset{\S}{\Gamma}_1(a_1, a_2)\cos(\mu_2-\mu_1)t + \overset{\S}{\Gamma}_2(a_1, a_2)\cos 2(\mu_2-\mu_1)t + \ldots\right]$$

$$+ \frac{n\chi_3}{1+n\chi_1} z_1\left[\overset{\S}{\Gamma}(a_1, a_3) + \overset{\S}{\Gamma}_1(a_1, a_3)\cos(\mu_3-\mu_1)t + \overset{\S}{\Gamma}_2(a_1, a_3)\cos 2(\mu_3-\mu_1)t + \ldots\right]$$

$$+ \frac{n\chi_4}{1+n\chi_1} z_1\left[\overset{\S}{\Gamma}(a_1, a_4) + \overset{\S}{\Gamma}_1(a_1, a_4)\cos(\mu_4-\mu_1)t + \overset{\S}{\Gamma}_2(a_1, a_4)\cos 2(\mu_4-\mu_1)t + \ldots\right]$$

$$+ \frac{n\mathrm{K}_1}{1+n\chi_1} z_1\left[\tfrac{3}{2} + \tfrac{3}{2}\cos 2(m-\mu_1)t\right]$$

$$+ \frac{n\varkappa_1}{1+n\chi_1}\,\tfrac{2}{5} z_1$$

$$- \frac{n\chi_2}{1+n\chi_1} z_2\left[\mathring{\Gamma}(a_1, a_2) + \mathring{\Gamma}_1(a_1, a_2)\cos(\mu_2-\mu_1)t + \mathring{\Gamma}_2(a_1, a_2)\cos 2(\mu_2-\mu_1)t + \ldots\right]$$

$$- \frac{n\chi_3}{1+n\chi_1} z_3\left[\mathring{\Gamma}(a_1, a_3) + \mathring{\Gamma}_1(a_1, a_3)\cos(\mu_3-\mu_1)t + \mathring{\Gamma}_2(a_1, a_3)\cos 2(\mu_3-\mu_1)t + \ldots\right]$$

$$- \frac{n\chi_4}{1+n\chi_1} z_4\left[\mathring{\Gamma}(a_1, a_4) + \mathring{\Gamma}_1(a_1, a_4)\cos(\mu_4-\mu_1)t + \mathring{\Gamma}_2(a_1, a_4)\cos 2(\mu_4-\mu_1)t + \ldots\right].$$

XXXIII.

Et le mouvement du satellite $\mathfrak{C}_1$ sera déterminé par les équations suivantes (Article VIII)

1° $$\frac{d^2 x_1}{dt^2} + (3\mu_1^2 - 2f_1)x_1 + f_1 X_1 - 2\mu_1 f_1 Y_1 - n(6\mu_1^2 - 3f_1)x_1^2 - \tfrac{3}{2} n f_1 z_1^2 + 6n\mu_1 f_1 x_1 Y_1 - n_1 f_1^2 Y_1^2 = 0,$$

2° $$\frac{dy_1}{dt} + 2\mu_1 x_1 - f_1 Y_1 - 3n\mu_1 x_1^2 + 2n f_1 x_1 Y_1 = 0,$$

3° $$\frac{d^2 z_1}{dt^2} + \mu_1^2 z_1 + f_1 Z_1 - 4n\mu_1^2 z_1 x_1 + 2n\frac{dz_1\,dx_1}{dt^2} + 2n\mu_1 f_1 z_1 Y_1 = 0.$$

On se souviendra que les quantités x_1 et $\frac{dy_1}{dt}$ ne doivent renfermer aucun terme constant, suivant la remarque de l'Article IV.

XXXIV.

Il ne s'agit donc plus que d'intégrer les équations que nous venons de donner; pour cela, on commencera par rejeter tous les termes affectés de n, et l'on cherchera par l'intégration les valeurs de x_1, y_1, z_1; on substituera ensuite ces valeurs dans les termes qu'on avait négligés, et l'on en tirera de nouvelles valeurs de x_1, y_1, z_1 plus approchées que les premières. On opérerait ainsi de suite, si nous avions eu égard aux termes affectés de n^2, n^3,.... Par ce moyen, l'intégration de la première et de la troisième équation de l'Article précédent se réduira à celle d'une équation de cette forme

$$\frac{d^2 u}{dt^2} + M^2 u + T = 0,$$

T étant une fonction composée de sinus et de cosinus d'angles multiples de t; or l'intégrale de cette équation est, comme l'on sait,

$$u = G\sin Mt + H\cos Mt + \frac{\cos Mt\int T\sin Mt\,dt - \sin Mt\int T\cos Mt\,dt}{M};$$

de sorte qu'en supposant

$$T = A + B\cos pt + b\sin pt + C\cos qt + c\sin qt + \ldots,$$

on aura

$$u = -\frac{A}{M^2} + \left(H + \frac{A}{M^2} - \frac{B}{p^2 - M^2} - \frac{C}{q^2 - M^2} - \ldots\right)\cos Mt$$
$$+ \left(G - \frac{pb}{M(p^2 - M^2)} - \frac{qc}{M(q^2 - M^2)} - \ldots\right)\sin Mt$$
$$+ \frac{B}{p^2 - M^2}\cos pt + \frac{b}{p^2 - M^2}\sin pt$$
$$+ \frac{C}{q^2 - M^2}\cos qt + \frac{c}{q^2 - M^2}\sin qt + \ldots;$$

H et G sont les valeurs de u et de $\frac{du}{M\,dt}$ lorsque $t = 0$.

On voit de là que, pour avoir la valeur de u, il n'y a qu'à diviser chacun des sinus et des cosinus qui entrent dans T par $p^2 - M^2$, p étant le coefficient de t, et y ajouter encore deux autres termes, qui renferment $\sin Mt$ et $\cos Mt$ avec des coefficients arbitraires.

Il ne peut y avoir de difficulté que dans le cas où p serait égal à M; car alors le diviseur $p^2 - M^2$ sera nul, et les termes

$$-\frac{B}{p^2 - M^2}\cos Mt + \frac{B}{p^2 - M^2}\cos pt,$$

aussi bien que les termes

$$-\frac{pb}{M(p^2 - M^2)}\sin Mt + \frac{b}{p^2 - M^2}\sin pt$$

deviendraient $-\infty$, $+\infty$: ce qui ne fait rien connaître.

Pour résoudre cette difficulté, on supposera que p ne soit pas tout à fait égale à M, mais qu'elle en diffère d'une quantité infiniment petite;

et l'on trouvera que les deux premiers termes se réduisent à

$$-\frac{Bt}{2p}\sin Mt,$$

et les deux autres à

$$\frac{bt}{2p}\cos Mt;$$

d'où l'on voit que la valeur de u contiendra des termes multipliés par l'angle t.

Au reste, si dans la quantité T il se trouve des termes de cette forme $\cos pt$ ou $\sin pt$, p étant égal à $M+nb$, il est visible que ces termes augmenteront beaucoup par l'intégration, puisqu'ils se trouveront divisés par la quantité très-petite $p^2 - M^2 = nb(2M+nb)$.

Donc, si ces sortes de termes ont des coefficients finis dans l'équation différentielle, ils deviendront comme infinis dans l'intégrale; et, s'ils n'ont que des coefficients très-petits de l'ordre n dans la différentielle, ils deviendront finis dans l'intégrale, et appartiendront à la première valeur de u.

§ I. — *Premières formules du mouvement des satellites de Jupiter autour de cette Planète.*

XXXV.

Si l'on substitue dans les trois équations de l'Article XXXIII les valeurs X_1, Y_1 et Z_1, qu'on rejette d'abord tous les termes affectés de n, et que l'on fasse, pour abréger,

$$L_1 = g_1 - 2\mu_1 H_1 - \chi_2\breve{\Gamma}(a_1, a_2) - \chi_3\breve{\Gamma}(a_1, a_3) - \chi_4\breve{\Gamma}(a_1, a_4) - \tfrac{1}{2}K_1 + \tfrac{1}{6}\varkappa_1,$$

$$M_1^2 = 3\mu_1^2 - 2f_1, \quad N_1^2 = \mu^2,$$

on trouvera les trois équations suivantes

$$
1^{\circ}\quad \left.\begin{aligned}
&\frac{d^2x_1}{dt^2} + M_1^2 x_1 + f_1 L_1 \\
&- \chi_2 f_1 \left[\breve{\Gamma}_1(a_1, a_2) + \frac{2\mu_1}{\mu_2 - \mu_1} \widehat{\Gamma}_1(a_1, a_2) \right] \cos(\mu_2 - \mu_1)t \\
&- \chi_2 f_1 \left[\breve{\Gamma}_2(a_1, a_2) + \frac{2\mu_1}{2(\mu_2 - \mu_1)} \widehat{\Gamma}_2(a_1, a_2) \right] \cos 2(\mu_2 - \mu_1)t + \ldots \\
&- \ldots\ldots\ldots\ldots\ldots\ldots\ldots\ldots\ldots\ldots\ldots\ldots \\
&- \chi_3 f_1 \left[\breve{\Gamma}_1(a_1, a_3) + \frac{2\mu_1}{\mu_3 - \mu_1} \widehat{\Gamma}_1(a_1, a_3) \right] \cos(\mu_3 - \mu_1)t \\
&- \chi_3 f_1 \left[\breve{\Gamma}_2(a_1, a_2) + \frac{2\mu_1}{2(\mu_3 - \mu_1)} \widehat{\Gamma}_2(a_1, a_3) \right] \cos 2(\mu_3 - \mu_1)t + \ldots \\
&- \ldots\ldots\ldots\ldots\ldots\ldots\ldots\ldots\ldots\ldots\ldots\ldots \\
&- \chi_4 f_1 \left[\breve{\Gamma}_1(a_1, a_4) + \frac{2\mu_1}{\mu_4 - \mu_1} \widehat{\Gamma}_1(a_1, a_4) \right] \cos(\mu_4 - \mu_1)t \\
&- \chi_4 f_1 \left[\breve{\Gamma}_2(a_1, a_4) + \frac{2\mu_1}{2(\mu_4 - \mu_1)} \widehat{\Gamma}_2(a_1, a_4) \right] \cos 2(\mu_4 - \mu_1)t + \ldots \\
&- \ldots\ldots\ldots\ldots\ldots\ldots\ldots\ldots\ldots\ldots\ldots\ldots \\
&- K_1 f_1 \left[\tfrac{3}{2} - \frac{3\mu_1}{2(m - \mu_1)} \right] \cos 2(m - \mu_1)t
\end{aligned}\right\} = 0;
$$

$$
2^{\circ}\quad \left.\begin{aligned}
&\frac{dy_1}{dt} + 2\mu_1 x_1 - f_1 h_1 \\
&- \chi_2 f_1 \left[\frac{\widehat{\Gamma}_1(a_1, a_2)}{\mu_2 - \mu_1} \cos(\mu_2 - \mu_1)t + \frac{\widehat{\Gamma}_2(a_1, a_2)}{2(\mu_2 - \mu_1)} \cos 2(\mu_2 - \mu_1)t + \ldots \right] \\
&- \chi_3 f_1 \left[\frac{\widehat{\Gamma}_1(a_1, a_3)}{\mu_3 - \mu_1} \cos(\mu_3 - \mu_1)t + \frac{\widehat{\Gamma}_2(a_1, a_3)}{2(\mu_3 - \mu_1)} \cos 2(\mu_3 - \mu_1)t + \ldots \right] \\
&- \chi_4 f_1 \left[\frac{\widehat{\Gamma}_1(a_1, a_4)}{\mu_4 - \mu_1} \cos(\mu_4 - \mu_1)t + \frac{\widehat{\Gamma}_2(a_1, a_4)}{2(\mu_4 - \mu_1)} \cos 2(\mu_4 - \mu_1)t + \ldots \right] \\
&+ K_1 \frac{3f_1}{4(m - \mu_1)} \cos 2(m - \mu_1)t
\end{aligned}\right\} = 0;
$$

$$
3^{\circ}\qquad \frac{d^2z_1}{dt^2} + N_1 z_1 = 0.
$$

XXXVI.

La première équation étant intégrée par la méthode de l'Article XXXIV, on trouvera que la valeur de x_1 renferme premièrement le terme constant $-\frac{f_1 L_1}{M_1^2}$, lequel devant être nul (Article XXXIII), on aura l'équation $L_1 = 0$.

Ensuite la valeur de x_1 renfermera deux termes, tels que $\sin M_1 t$ et $\cos M_1 t$, avec des coefficients arbitraires, lesquels pourront se réduire à un seul terme représenté par $\varepsilon_1 \cos(M_1 t + \omega_1)$; ε_1, ω_1 étant pareillement des constantes arbitraires.

De cette manière, si l'on fait

$$\Xi_1(a_1, a_2) = \left[\breve{\Gamma}_1(a_1, a_2) + \frac{2\mu_1}{\mu_2 - \mu_1}\widehat{\Gamma}_1(a_1, a_2)\right]\frac{f_1}{(\mu_2 - \mu_1)^2 - M_1^2},$$

$$\Xi_2(a_1, a_2) = \left[\breve{\Gamma}_2(a_1, a_2) + \frac{2\mu_1}{2(\mu_2 - \mu_1)}\widehat{\Gamma}_2(a_1, a_2)\right]\frac{f_1}{4(\mu_2 - \mu_1)^2 - M_1^2},$$

$$\Xi_3(a_1, a_2) = \left[\breve{\Gamma}_3(a_1, a_2) + \frac{2\mu_1}{3(\mu_2 - \mu_1)}\widehat{\Gamma}_3(a_1, a_2)\right]\frac{f_1}{9(\mu_2 - \mu_1)^2 - M_1^2},$$

. . . . ,

et de même

$$\Xi_1(a_1, a_3) = \left[\breve{\Gamma}_1(a_1, a_3) + \frac{2\mu_1}{\mu_3 - \mu_1}\widehat{\Gamma}_1(a_1, a_3)\right]\frac{f_1}{(\mu_3 - \mu_1)^2 - M_1^2},$$

$$\Xi_2(a_1, a_3) = \left[\breve{\Gamma}_2(a_1, a_3) + \frac{2\mu_1}{2(\mu_3 - \mu_1)}\widehat{\Gamma}_2(a_1, a_3)\right]\frac{f_1}{4(\mu_3 - \mu_1)^2 - M_1^2},$$

. . . . ,

et ainsi des autres, et qu'on suppose de plus

$$\beta_1 = \tfrac{3}{2}\left(1 - \frac{\mu_1}{m - \mu_1}\right)\frac{f_1}{4(m - \mu_1)^2 - M_1^2},$$

on aura

$$\begin{aligned}
x_1 = \varepsilon_1 \cos(\mathrm{M}_1 t + \omega_1)& \\
&- \chi_2[\Xi_1(a_1, a_2)\cos(\mu_2 - \mu_1)t + \Xi_2(a_1, a_2)\cos 2(\mu_2 - \mu_1)t + \ldots] \\
&- \chi_3[\Xi_1(a_1, a_3)\cos(\mu_3 - \mu_1)t + \Xi_2(a_1, a_3)\cos 2(\mu_3 - \mu_1)t + \ldots] \\
&- \chi_4[\Xi_1(a_1, a_4)\cos(\mu_4 - \mu_1)t + \Xi_2(a_1, a_4)\cos 2(\mu_4 - \mu_1)t + \ldots] \\
&- \mathrm{K}_1\beta_1 \cos 2(m - \mu_1)t.
\end{aligned}$$

XXXVII.

Ayant trouvé la valeur x_1, on aura l'expression du rayon vecteur r_1 de l'orbite du premier satellite rapportée au plan de l'orbite de Jupiter, par la formule $r_1 = a_1(1 + n x_1)$ [Article IV].

Or, en examinant cette expression de r_1, on reconnaîtra aisément que le terme $na_1\varepsilon_1\cos(\mathrm{M}_1 t + \omega_1)$ représente l'équation elliptique qui vient de l'excentricité de l'orbite, de sorte que $n\varepsilon_1$ exprimera la valeur de l'excentricité, et $\mathrm{M}_1 t + \omega_1$ sera l'anomalie moyenne; d'où l'on voit que le mouvement de cette anomalie sera au mouvement moyen du satellite comme M_1 à μ_1; par conséquent le mouvement moyen de la ligne des apsides sera au mouvement moyen du satellite comme $\mu_1 - \mathrm{M}_1$ à μ_1. Nous verrons plus bas (Article XLV), qu'en négligeant les quantités de l'ordre n, on a $\mathrm{M}_1 = \mu_1$, de sorte que la ligne des apsides sera fixe, au moins par cette première approximation.

A l'égard de ω_1, on le déterminera par le moyen d'une époque quelconque donnée de l'anomalie moyenne; ainsi les quantités ε_1 et ω_1 dépendent entièrement des observations.

Les autres termes de la valeur de r_1 expriment les inégalités qui viennent de l'action des trois satellites $\mathfrak{C}_2$, $\mathfrak{C}_3$, $\mathfrak{C}_4$ et du Soleil sur le satellite $\mathfrak{C}_1$.

XXXVIII.

On substituera maintenant la valeur de x_1 dans la seconde équation de l'Article XXXV, et l'on tirera par l'intégration la valeur de y_1, mais on aura attention de faire évanouir auparavant (Article XXXIII) le terme constant $f_1 H_1$; ce qui donnera $H_1 = 0$.

Soit, pour abréger,

$$\Phi_1(a_1, a_2) = \frac{2\mu_1}{\mu_2 - \mu_1}\Xi_1(a_1, a_2) + \frac{f_1}{(\mu_2 - \mu_1)^2}\widehat{\Gamma}_1(a_1, a_2),$$

$$\Phi_2(a_1, a_2) = \frac{2\mu_1}{2(\mu_2 - \mu_1)}\Xi_2(a_1, a_2) + \frac{f_1}{4(\mu_2 - \mu_1)^2}\widehat{\Gamma}_2(a_1, a_2),$$

$$\Phi_3(a_1, a_2) = \frac{2\mu_1}{3(\mu_2 - \mu_1)}\Xi_3(a_1, a_2) + \frac{f_1}{9(\mu_2 - \mu_1)^2}\widehat{\Gamma}_3(a_1, a_2),$$

$$\cdots\cdots\cdots\cdots\cdots\cdots\cdots\cdots,$$

et pareillement

$$\Phi_1(a_1, a_3) = \frac{2\mu_1}{\mu_3 - \mu_1}\Xi_1(a_1, a_3) + \frac{f_1}{(\mu_3 - \mu_1)^2}\widehat{\Gamma}_1(a_1, a_3),$$

$$\Phi_2(a_1, a_3) = \frac{2\mu_1}{2(\mu_3 - \mu_1)}\Xi_2(a_1, a_3) + \frac{f_1}{4(\mu_3 - \mu_1)^2}\widehat{\Gamma}_2(a_1, a_3),$$

$$\cdots\cdots\cdots\cdots\cdots\cdots\cdots\cdots;$$

et ainsi de suite.

Soit de plus

$$\gamma_1 = \frac{\mu_1}{m - \mu_1}\beta_1 - \frac{3f_1}{8(m - \mu_1)^2};$$

on trouvera

$$\begin{aligned} y_1 = &- \frac{2\mu_1\varepsilon_1}{M_1}\sin(M_1 t + \omega_1) \\ &+ \chi_2[\Phi_1(a_1, a_2)\sin(\mu_2 - \mu_1)t + \Phi_2(a_1, a_2)\sin 2(\mu_2 - \mu_1)t + \ldots] \\ &+ \chi_3[\Phi_1(a_1, a_3)\sin(\mu_3 - \mu_1)t + \Phi_2(a_1, a_3)\sin 2(\mu_3 - \mu_1)t + \ldots] \\ &+ \chi_4[\Phi_1(a_1, a_4)\sin(\mu_4 - \mu_1)t + \Phi_2(a_1, a_4)\sin 2(\mu_4 - \mu_1)t + \ldots] \\ &+ K_1\gamma_1\sin 2(m - \mu_1)t. \end{aligned}$$

XXXIX.

Puisque $\varphi_1 = \mu_1 t + ny_1$ (Article IV), on aura, en connaissant γ_1, l'expression du mouvement vrai du premier satellite par son mouvement moyen.

Le terme $-\frac{2n\mu_1\varepsilon_1}{M_1}\sin(M_1 t + \omega_1)$ représentera l'équation du centre qui vient de la figure elliptique de l'orbite, et les termes suivants exprimeront les inégalités causées par l'action des trois autres satellites et du Soleil.

XL.

Enfin l'équation

$$\frac{d^2 z_1}{dt^2} + N_1^2 z_1 = 0$$

donnera

$$z_1 = \lambda_1 \sin(N_1 t + \eta_1),$$

λ_1 et η_1 étant des quantités arbitraires; car il est visible que cette expression $G \sin N_1 t + H \cos N_1 t$, laquelle représente généralement la valeur de z_1 (Article XXXIV), peut se réduire à celle-ci : $\lambda_1 \sin(N_1 t + \eta_1)$.

XLI.

On aura donc, à cause de $p_1 = nz_1$ (Article IV),

$$\begin{aligned} p_1 &= n\lambda_1 \sin(N_1 t + \eta_1) \\ &= \text{tangente de la latitude du satellite par rapport au plan de l'orbite de Jupiter}; \end{aligned}$$

d'où l'on voit que l'orbite réelle du satellite sera toute dans un plan passant par le centre de Jupiter, et dont on connaîtra la position en remarquant : 1° que $n\lambda_1$, étant la plus grande valeur de p_1, exprimera la tangente de l'inclinaison; 2° que $N_1 t + \eta_1$ sera la distance du satellite au nœud ascendant, comptée sur l'orbite de Jupiter, laquelle étant retranchée de la longitude moyenne $\mu_1 t$, on aura $(\mu_1 - N_1)t - \eta_1$ pour la longitude moyenne du nœud.

Au reste, puisque l'on a ici $N_1 = \mu_1$ (Article XXXV), le mouvement du nœud sera nul, et sa longitude moyenne sera $-\eta_1$, ou plutôt $360° - \eta_1$, quantité qui dépend des observations; mais il faut se souvenir que ce résultat n'est exact qu'aux quantités de l'ordre n près.

XLII.

On trouvera de même, pour le second satellite, les formules suivantes

$$x_2 = \varepsilon_2 \cos(M_2 t + \omega_2)$$
$$- \chi_1[\Xi_1(a_2, a_1)\cos(\mu_1 - \mu_2)t + \Xi_2(a_2, a_1)\cos 2(\mu_1 - \mu_2)t + \ldots]$$
$$- \chi_3[\Xi_1(a_2, a_3)\cos(\mu_3 - \mu_2)t + \Xi_2(a_2, a_3)\cos 2(\mu_3 - \mu_2)t + \ldots]$$
$$- \chi_4[\Xi_1(a_2, a_4)\cos(\mu_4 - \mu_2)t + \Xi_1(a_2, a_4)\cos 2(\mu_4 - \mu_2)t + \ldots]$$
$$- K_2\beta_2 \cos 2(m - \mu_2)t;$$

$$y_2 = -\frac{2\mu_2\varepsilon_2}{M_2}\sin(M_2 t + \omega_2)$$
$$+ \chi_1[\Phi_1(a_2, a_1)\sin(\mu_1 - \mu_2)t + \Phi_2(a_2, a_1)\sin 2(\mu_1 - \mu_2)t + \ldots]$$
$$+ \chi_3[\Phi_1(a_2, a_3)\sin(\mu_3 - \mu_2)t + \Phi_2(a_2, a_3)\sin 2(\mu_3 - \mu_2)t + \ldots]$$
$$+ \chi_4[\Phi_1(a_2, a_4)\sin(\mu_4 - \mu_2)t + \Phi_2(a_2, a_4)\sin 2(\mu_4 - \mu_2)t + \ldots]$$
$$+ K_2\gamma_2 \sin 2(m - \mu_2)t;$$

$$z_2 = \lambda_2 \sin(\mu_2 t + \eta_2).$$

Et l'on aura ensuite

$$r_2 = a_2(1 + n x_2), \quad \varphi_2 = \mu_2 t + n y_2, \quad p_2 = n z_2.$$

Quant aux quantités marquées par Ξ et Φ, on aura

$$\Xi_1(a_2, a_1) = \left[\breve{\Gamma}_1(a_2, a_1) + \frac{2\mu_2}{\mu_1 - \mu_2}\widehat{\Gamma}_1(a_2, a_1)\right]\frac{f_2}{(\mu_1 - \mu_2)^2 - M_2^2},$$

$$\Xi_2(a_2, a_1) = \left[\breve{\Gamma}_2(a_2, a_1) + \frac{2\mu_2}{2(\mu_1 - \mu_2)}\widehat{\Gamma}_2(a_2, a_1)\right]\frac{f_2}{4(\mu_1 - \mu_2)^2 - M_2^2},$$

. . . . ;

$$\Phi_1(a_2, a_1) = \frac{2\mu_2}{\mu_1 - \mu_2}\Xi_1(a_2, a_1) + \frac{f_2}{(\mu_1 - \mu_2)^2}\widehat{\Gamma}_1(a_2, a_1),$$

$$\Phi_2(a_2, a_1) = \frac{2\mu_2}{2(\mu_1 - \mu_2)}\Xi_2(a_2, a_1) + \frac{f_2}{4(\mu_1 - \mu_2)^2}\widehat{\Gamma}_2(a_2, a_1),$$

. . . .

Outre cela, on aura

$$L_2 = g_2 - 2\mu_2 H_2 - \chi_1 \breve{\Gamma}(a_2, a_1) - \chi_3 \breve{\Gamma}(a_2, a_3) - \chi_4 \breve{\Gamma}(a_2, a_4) - \tfrac{1}{2} K_2 + \tfrac{1}{5} \varkappa_2,$$

$$M_2^2 = 3\mu_2^2 - 2f_2,$$

$$\beta_2 = \tfrac{3}{2}\left(1 - \frac{\mu_2}{m - \mu_2}\right) \frac{f_2}{4(m - \mu_2)^2 - M_2^2},$$

$$\gamma_2 = \frac{\mu_2}{m - \mu_2} \beta_2 - \frac{3f_2}{8(m - \mu_2)^2}.$$

Enfin on trouvera les deux conditions $L_2 = 0$ et $H_2 = 0$, qui serviront à déterminer les deux constantes f_2 et t_2 (Article XIX).

On aura des formules analogues pour le troisième et le quatrième satellite, que nous nous dispenserons de rappeler ici, parce qu'elles se déduisent à l'œil de celles que nous venons de donner.

§ II. — *Valeurs numériques des coefficients des formules précédentes.*

XLIII.

Soit, en général, suivant l'Article XVIII,

$$(1 - 2q\cos\theta + q^2)^{-\frac{3}{2}} = A + B\cos\theta + C\cos 2\theta + D\cos 3\theta + \ldots,$$

q étant une fraction moindre que l'unité; on aura, en faisant $q = \dfrac{a_1}{a_2}$ et $\theta = \varphi_2 - \varphi_1$,

$$[a_1^2 - 2a_1 a_2 \cos(\varphi_2 - \varphi_1) + a_2^2]^{-\frac{3}{2}} = a_2^3\,[A + B\cos(\varphi_2 - \varphi_1) + C\cos 2(\varphi_2 - \varphi_1) + \ldots];$$

donc (Article XXI)

$$\Gamma(a_1, a_2) = \frac{A}{a_2^3}, \quad \Gamma_1(a_1, a_2) = \frac{B}{a_2^3}, \quad \Gamma_2(a_1, a_2) = \frac{C}{a_2^3}, \ldots.$$

On trouvera de même, en faisant successivement

$$q = \frac{a_1}{a_3}, \quad q = \frac{a_1}{a_4}, \quad q = \frac{a_2}{a_3}, \quad q = \frac{a_2}{a_4}, \quad q = \frac{a_3}{a_4},$$

on trouvera, dis-je,

$$\Gamma(a_1, a_3) = \frac{A}{a_3^3}, \quad \Gamma_1(a_1, a_3) = \frac{B}{a_3^3}, \ldots,$$

$$\Gamma(a_1, a_4) = \frac{A}{a_4^3}, \quad \Gamma_1(a_1, a_4) = \frac{B}{a_4^3}, \ldots,$$

$$\Gamma(a_2, a_3) = \frac{A}{a_3^3}, \quad \Gamma_1(a_2, a_3) = \frac{B}{a_3^3}, \ldots;$$

et ainsi de suite.

A l'égard des quantités $\Gamma(a_2, a_1)$, $\Gamma(a_3, a_1)$,..., il est évident qu'elles doivent être égales à leurs réciproques $\Gamma(a_1, a_2)$, $\Gamma(a_1, a_3)$,..., car les fonctions

$$a_1^2 - 2a_1 a_2 \cos(\varphi_2 - \varphi_1) + a_2^2, \quad a_1^2 - 2a_1 a_3 \cos(\varphi_3 - \varphi_1) + a_3^2, \ldots$$

demeurent les mêmes, en changeant a_1 en a_2 et a_2 en a_1, ou bien a_1 en a_3 et a_3 en a_1,....

XLIV.

De là on trouvera (Article XXIV), q étant égal à $\frac{a_1}{a_2}$,

$$\breve{\Gamma}(a_1, a_2) = \frac{q^2 B - 2q^3 A}{2},$$

$$\breve{\Gamma}_1(a_1, a_2) = \frac{q^2 C - 2q^3 B + 2q^2 A}{2} - q^2,$$

$$\breve{\Gamma}_2(a_1, a_2) = \frac{q^2 D - 2q^3 C + q^2 B}{2},$$

$$\breve{\Gamma}_3(a_1, a_2) = \frac{q^2 E - 2q^3 D + q^2 C}{2},$$

....

Et, par l'Article XXV, on aura

$$\hat{\Gamma}_1(a_1, a_2) = \frac{q^2 C - 2q^2 A}{2} + q^2,$$

$$\hat{\Gamma}_2(a_1, a_2) = \frac{q^2 D - q^2 B}{2},$$

$$\hat{\Gamma}_3(a_1, a_2) = \frac{q^2 E - q^2 C}{2},$$

......................;

et ces mêmes formules serviront aussi pour les quantités

$$\breve{\Gamma}(a_1, a_3),\quad \breve{\Gamma}(a_1, a_4),\quad \breve{\Gamma}(a_2, a_3), \ldots,\quad \widehat{\Gamma}(a_1, a_3),\quad \widehat{\Gamma}(a_1, a_4),\quad \widehat{\Gamma}(a_2, a_3), \ldots,$$

en faisant successivement

$$q = \frac{a_1}{a_3},\quad q = \frac{a_1}{a_4},\quad q = \frac{a_2}{a_3}, \ldots.$$

Mais, pour les quantités réciproques $\breve{\Gamma}(a_2, a_1)$, $\widehat{\Gamma}(a_2, a_1)$,..., on aura les formules suivantes

$$\breve{\Gamma}(a_2, a_1) = \frac{qB - 2A}{2},$$

$$\breve{\Gamma}_1(a_2, a_1) = \frac{qC - 2B + 2qA}{2} - \frac{1}{q^2},$$

$$\breve{\Gamma}_2(a_2, a_1) = \frac{qD - 2C + qB}{2};$$

$$\breve{\Gamma}_3(a_2, a_1) = \frac{qE - 2D + qC}{2},$$

$$\ldots\ldots\ldots\ldots\ldots\ldots\ldots;$$

$$\widehat{\Gamma}_1(a_2, a_1) = \frac{qC - 2qA}{2} + \frac{1}{q^2},$$

$$\widehat{\Gamma}_2(a_2, a_1) = \frac{qD - qB}{2},$$

$$\widehat{\Gamma}_3(a_2, a_1) = \frac{qE - qC}{2},$$

$$\ldots\ldots\ldots\ldots\ldots\ldots,$$

lesquelles auront lieu pareillement pour les quantités $\breve{\Gamma}(a_3, a_1)$, $\widehat{\Gamma}(a_3, a_1)$,... en faisant comme ci-devant $q = \frac{a_1}{a_3}, \ldots$.

XLV.

On formera ensuite les quantités marquées par Ξ et par Φ (Articles XXXIV et XXXVIII), ce qui n'aura aucune difficulté. On remarquera seulement que, à cause de $1-\frac{\mu^2}{f}=ng$ (Article XXIX), on aura, en négligeant la quantité ng qui est de l'ordre n,

$$f=\mu^2, \quad \text{et de là} \quad f_1=\mu_1^2, \quad f_2=\mu_2^2, \quad f_3=\mu_3^2, \quad f_4=\mu_4^2;$$

par conséquent (Article XXXV)

$$M_1=\mu_1, \quad \text{et} \quad \text{pareillement} \quad M_2=\mu_2, \quad M_3=\mu_3, \quad M_4=\mu_4.$$

Donc, supposant $s=\frac{\mu_2}{\mu_1}$, on aura

$$\Xi_1(a_1, a_2)=\left[\breve{\Gamma}_1(a_1, a_2)+\frac{2}{s-1}\breve{\Gamma}_1(a_1, a_2)\right]\frac{1}{(s-1)^2-1},$$

$$\Xi_2(a_1, a_2)=\left[\breve{\Gamma}_2(a_1, a_2)+\frac{2}{2(s-1)}\breve{\Gamma}_2(a_1, a_2)\right]\frac{1}{4(s-1)^2-1},$$

$$\Xi_3(a_1, a_2)=\left[\breve{\Gamma}_3(a_1, a_2)+\frac{2}{3(s-1)}\breve{\Gamma}_3(a_1, a_2)\right]\frac{1}{9(s-1)^2-1},$$

. . . . ;

$$\Phi_1(a_1, a_2)=\frac{2}{s-1}\Xi_1(a_1, a_2)+\frac{1}{(s-1)^2}\widehat{\Gamma}_1(a_1, a_2),$$

$$\Phi_2(a_1, a_2)=\frac{2}{2(s-1)}\Xi_2(a_1, a_2)+\frac{1}{4(s-1)^2}\widehat{\Gamma}_2(a_1, a_2),$$

$$\Phi_3(a_1, a_2)=\frac{2}{3(s-1)}\Xi_3(a_1, a_2)+\frac{1}{9(s-1)^2}\widehat{\Gamma}_3(a_1, a_2),$$

. . . .

De même, en faisant $s=\frac{\mu_3}{\mu_1}$, on aura

$$\Xi_1(a_1, a_3)=\left[\breve{\Gamma}_1(a_1, a_3)+\frac{2}{s-1}\widehat{\Gamma}(a_1, a_3)\right]\frac{1}{(s-1)^2-1},$$

. . . . ;

$$\Phi_1(a_1, a_3)=\frac{2}{s-1}\Xi_1(a_1, a_3)+\frac{1}{(s-1)^2}\widehat{\Gamma}_1(a_1, a_3),$$

. . . . ;

Pareillement on trouvera, s étant égal à $\frac{\mu_1}{\mu_2}$,

$$\Xi_1(a_2, a_1) = \left[\breve{\Gamma}_1(a_2, a_1) + \frac{2}{s-1}\widehat{\Gamma}(a_2, a_1)\right]\frac{1}{(s-1)^2-1},$$

$$\ldots\ldots\ldots\ldots\ldots\ldots\ldots\ldots\ldots\ldots\ldots\ldots ;$$

$$\Phi_1(a_2, a_1) = \frac{2}{s-1}\Xi_1(a_2, a_1) + \frac{1}{(s-1)^2}\widehat{\Gamma}_1(a_2, a_1),$$

$$\ldots\ldots\ldots\ldots\ldots\ldots\ldots\ldots\ldots\ldots\ldots\ldots ;$$

et ainsi des autres.

XLVI.

Cela posé, on remarquera :

1° Que les quantités μ_1, μ_2, μ_3, μ_4 expriment les vitesses angulaires moyennes des satellites $\mathfrak{C}_1$, $\mathfrak{C}_2$, $\mathfrak{C}_3$, $\mathfrak{C}_4$ autour de Jupiter (Articles IV et IX); d'où il suit que ces quantités sont réciproquement proportionnelles aux temps périodiques des mêmes satellites.

Or on a, par les observations, en négligeant les secondes,

Révolutions périodiques.

$\mathfrak{C}_1$	$\mathfrak{C}_2$	$\mathfrak{C}_3$	$\mathfrak{C}_4$
$1^j\,18^h\,27^m$,	$3^j\,13^h\,13^m$,	$7^j\,3^h\,42^m$,	$16^j\,16^h\,32^m$.

Donc, réduisant ces quantités en minutes, on aura

$$\mu_1 = \frac{1}{2547}, \quad \mu_2 = \frac{1}{5113}, \quad \mu_3 = \frac{1}{10302}, \quad \mu_4 = \frac{1}{24032}.$$

2° Que l'on a généralement (Article XLV)

$$f = \mu^2,$$

c'est-à-dire, à cause de $f = \frac{F}{a^3}$ (Article V) et de $F = \mathfrak{T} + \mathfrak{C}$ (Article X) $= \mathfrak{T}(1 + n\chi) = \mathfrak{T}$,

$$\frac{\mathfrak{T}}{a^3} = \mu^2;$$

et par conséquent

$$\mu_1^2 = \frac{\mathfrak{P}}{a_1^3}, \quad \mu_2^2 = \frac{\mathfrak{P}}{a_2^3}, \quad \mu_3^2 = \frac{\mathfrak{P}}{a_3^3}, \quad \mu_4^2 = \frac{\mathfrak{P}}{a_4^3};$$

d'où l'on voit que les quantités a_1, a_2, a_3, a_4 sont entre elles comme les quantités $\frac{1}{\mu_1^{\frac{2}{3}}}$, $\frac{1}{\mu_2^{\frac{2}{3}}}$, $\frac{1}{\mu_3^{\frac{2}{3}}}$, $\frac{1}{\mu_4^{\frac{2}{3}}}$; ainsi l'on trouvera les valeurs de ces quantités, ou plutôt de leurs rapports, qui sont les seules dont nous ayons besoin ici.

Au reste, comme ces valeurs ne sont exactes qu'aux quantités de l'ordre n près, nous emploierons, pour les distances moyennes des satellites, les déterminations que M. Cassini a tirées des observations, lesquelles ne s'écartent d'ailleurs que très-peu de la loi de Kepler; on aura donc, en prenant le demi-diamètre de Jupiter pour l'unité,

$$a_1 = 5{,}67; \quad a_2 = 9{,}00; \quad a_3 = 14{,}38; \quad a_4 = 25{,}30.$$

XLVII.

Par le moyen de ces valeurs numériques et des formules des Articles XVIII et XIX, j'ai trouvé les déterminations suivantes

	$q = \frac{a_1}{a_2}$	$q = \frac{a_1}{a_3}$	$q = \frac{a_1}{a_4}$	$q = \frac{a_2}{a_3}$	$q = \frac{a_2}{a_4}$	$q = \frac{a_3}{a_4}$
A	3,029	1,456	1,122	2,973	1,342	2,362
B	4,947	1,624	0,740	4,811	1,376	3,563
C	3,760	0,780	0,204	3,542	0,660	2,410
D	2,869	0,341	0,041	2,475	0,493	1,539
E	2,368	0,107	0,009	1,640	0,197	0,924
F	2,311	0,046	0,002	1,308	0,077	0,478
...	.....	.....	.....	.....	.....	.....

Et de là (Article XLIV)

	(a_1, a_2)	(a_1, a_3)	(a_1, a_4)	(a_2, a_3)	(a_2, a_4)	(a_3, a_4)
$\breve{\Gamma}$	0,224	0,037	0,007	0,213	0,027	0,142
$\breve{\Gamma}_1$	0,313	0,032	0,003	0,286	0,021	0,175
$\breve{\Gamma}_2$	0,611	0,104	0,017	0,559	0,088	0,382
$\breve{\Gamma}_3$	0,499	0,048	0,005	0,415	0,032	0,255
$\breve{\Gamma}_4$	0,436	0,022	0,001	0,334	0,027	0,156
...	....	....	....	....	....	....
$\widehat{\Gamma}_1$	−0,059	−0,010	−0,001	−0,078	−0,000	−0,050
$\widehat{\Gamma}_2$	−0,412	−0,099	−0,017	−0,457	−0,056	−0,327
$\widehat{\Gamma}_3$	−0,276	−0,052	−0,005	−0,365	−0,029	−0,240
$\widehat{\Gamma}_4$	−0,111	−0,024	−0,001	−0,234	−0,026	−0,172
...	....	....	....	....	....	....

	(a_2, a_1)	(a_3, a_1)	(a_4, a_1)	(a_3, a_2)	(a_4, a_2)	(a_4, a_3)
$\breve{\Gamma}$	−1,471	−1,136	− 1,039	−1,467	−1,097	−1,349
$\breve{\Gamma}_1$	−4,373	−7,328	−20,375	−4,395	−8,684	−4,631
$\breve{\Gamma}_2$	−1,298	−0,393	− 0,116	−1,262	−0,328	−0,960
$\breve{\Gamma}_3$	−0,938	−0,166	− 0,017	−0,853	−0,341	−0,592
$\breve{\Gamma}_4$	−0,736	−0,031	− 0,004	−0,465	−0,096	−0,351
...	....	....	....	....	....	....
$\widehat{\Gamma}_1$	1,796	6,012	19,681	1,802	7,542	2,438
$\widehat{\Gamma}_2$	−0,654	−0,253	− 0,053	−0,731	−0,157	−0,575
$\widehat{\Gamma}_3$	−0,438	−0,133	− 0,022	−0,595	−0,082	−0,422
$\widehat{\Gamma}_4$	−0,175	−0,058	− 0,004	−0,365	−0,074	−0,301
...	....	....	....	....	....	....

D'où enfin (Article XLV)

	(a_1, a_2)	(a_1, a_3)	(a_1, a_4)	(a_2, a_1)	(a_2, a_3)	(a_2, a_4)
Ξ_1	−0,739	−0,133	−0,025	−57,643	− 0,815	−0,058
Ξ_2	179,000	0,187	0,016	− 0,637	91,562	0,539
Ξ_3	0,682	0,023	0,001	− 0,152	0,698	0,012
Ξ_4	0,180	0,004	0,000	− 0,054	0,184	0,004
...	....	....	....	....	....	....
Φ_1	2,705	0,337	0,054	−112,714	2,928	0,147
Φ_2	−356,982	−0,292	−0,023	− 0,793	−182,169	−0,908
Φ_3	−1,025	−0,029	−0,001	− 0,148	− 1,081	−0,015
Φ_4	−0,205	−0,005	−0,000	− 0,003	− 0,240	−0,005
...	....	....	....	....	....	....

	(a_3, a_1)	(a_3, a_2)	(a_3, a_4)	(a_4, a_1)	(a_4, a_2)	(a_4, a_3)
Ξ_1	−0,409	−31,500	−0,518	−0,224	−0,363	−1,243
Ξ_2	−0,013	− 0,635	2,338	−0,000	−0,007	−0,064
Ξ_3	−0,002	− 0,150	0,275	−0,000	−0,003	−0,053
Ξ_4	−0,000	− 0,041	−0,066	−0,000	−0,000	−0,017
...	....	....	....	....	....	....
Φ_1	0,380	−60,322	1,659	0,224	0,354	−0,492
Φ_2	−0,011	− 0,803	−4,338	0,000	−0,004	−0,129
Φ_3	−0,002	− 0,163	−0,400	0,000	−0,001	−0,052
Φ_4	0,000	− 0,041	−0,089	0,000	−0,000	−0,017
...	....	....	....	....	....	....

En consultant cette dernière Table, on voit qu'il y a des quantités dont les valeurs numériques sont fort grandes; telles sont les quantités

$$\Xi_2(a_1, a_2),\quad \Xi_1(a_2, a_1),\quad \Xi_2(a_2, a_3),\quad \Xi_1(a_3, a_2),$$

et leurs correspondantes

$$\Phi_2(a_1, a_2),\quad \Phi_1(a_2, a_1),\quad \Phi_2(a_2, a_3),\quad \Phi_1(a_3, a_2).$$

La raison pour laquelle ces quantités ont des valeurs si considérables, c'est que le diviseur $4(s-1)^2-1$ se trouve fort petit dans le cas où $s=\frac{\mu_2}{\mu_1}$ et $s=\frac{\mu_3}{\mu_2}$; et que pareillement le diviseur $(s-1)^2-1$ est fort petit lorsque $s=\frac{\mu_1}{\mu_2}$ et $s=\frac{\mu_2}{\mu_3}$, comme il est facile de s'en assurer, au moyen des valeurs de μ_1, μ_2, μ_3 données ci-dessus.

Cette remarque est d'autant plus essentielle qu'elle sert à expliquer pourquoi les équations empiriques des satellites de Jupiter sont en effet les seules qui puissent être bien sensibles (*voir* plus bas Articles LVIII et suivants).

XLVIII.

Il ne reste plus maintenant qu'à chercher les valeurs des quantités β et γ (Articles XXXVI et XXXVIII).

Pour cela, on remarquera que la quantité m, qui représente la vitesse angulaire moyenne du Soleil autour de Jupiter (Article XXVII), est extrêmement petite par rapport aux quantités μ, vitesses moyennes des satellites; d'où il suit qu'elle pourra être négligée vis-à-vis de ces dernières quantités; or on a généralement (Articles cités)

$$\beta=\tfrac{3}{2}\left(1-\frac{\mu}{m-\mu}\right)\frac{f}{4(m-\mu)^2-\mathrm{M}^2},\quad \gamma=\frac{\mu}{m-\mu}\beta-\frac{3f}{8(m-\mu)^2},$$

c'est-à-dire, à cause de $f=\mu^2$ et $\mathrm{M}=\mu$ (Article XLV),

$$\beta=\tfrac{3}{2}\left(1-\frac{\mu}{m-\mu}\right)\frac{\mu^2}{4(m-\mu)^2-\mu^2},\quad \gamma=\frac{\mu}{m-\mu}\beta-\frac{3\mu^2}{8(m-\mu)^2};$$

donc, en négligeant la quantité m, on aura

$$\beta = 1, \quad \gamma = -1 - \tfrac{3}{8} = -\tfrac{11}{8}.$$

A l'égard des quantités g et c qui doivent être déterminées par les équations L = o et H = o (Articles XXIX, XXXV et suivants), il est inutile d'en chercher la valeur, puisqu'elles ne se trouvent point dans l'expression des coefficients de nos formules.

§ III. — *Formules des rayons vecteurs et des longitudes vraies des satellites de Jupiter par rapport au plan de l'orbite de cette Planète.*

XLIX.

Dans les formules suivantes, j'ai remis, au lieu de $n\chi_1$, $n\chi_2$, $n\chi_3$, $n\chi_4$, les quantités $\frac{\mathfrak{C}_1}{\mathfrak{T}}$, $\frac{\mathfrak{C}_2}{\mathfrak{T}}$, $\frac{\mathfrak{C}_3}{\mathfrak{T}}$, $\frac{\mathfrak{C}_4}{\mathfrak{T}}$ (Article XXIX); et j'ai substitué pour nK_1, nK_2, nK_3, nK_4 leurs valeurs en nombres; car, puisque $nK = \frac{a^3 \odot}{\alpha^3 \mathfrak{T}}$ (Article cité) et que $\frac{\mathfrak{T}}{\alpha^3} = \mu^2$ (Article XLVI), et par conséquent aussi $\frac{\odot}{a^3} = m^2$, on aura $nK = \frac{m^2}{\mu^2}$; donc

$$nK_1 = \frac{m^2}{\mu_1^2}, \quad nK_2 = \frac{m^2}{\mu_2^2}, \ldots.$$

Or, m étant la vitesse moyenne angulaire du Soleil autour de Jupiter et μ les vitesses moyennes angulaires des satellites, on aura

$$\frac{m}{\mu_1} = \frac{1^j\,18^h\,27^m}{4332^j\,12^h\,20^m}, \quad \frac{m}{\mu_2} = \frac{3^j\,13^h\,13^m}{4332^j\,15^h\,20^m}, \quad \frac{m}{\mu_3} = \frac{7^j\,12^h\,13^m}{4332^j\,12^h\,20^m}, \quad \frac{m}{\mu_4} = \frac{16^j\,16^h\,32^m}{4332^j\,12^h\,20^m};$$

d'où l'on tire à très-peu près

$$nK_1 = \frac{m^2}{\mu_1^2} = 0{,}0000002, \quad nK_2 = 0{,}0000007, \quad nK_3 = 0{,}0000027, \quad nK_4 = 0{,}0000148.$$

Outre cela, au lieu de $\mu_1 t$, $\mu_2 t$, $\mu_3 t$, $\mu_4 t$ et mt, qui représentent les valeurs moyennes des angles φ_1, φ_2, φ_3, φ_4 et ψ, c'est-à-dire des longitudes moyennes des quatre satellites et du Soleil vus de Jupiter, et rapportés au plan de son orbite, j'ai mis les lettres u_1, u_2, u_3, u_4 et v.

De même, au lieu de $M_1 t + \omega_1$, $M_2 t + \omega_2$, $M_3 t + \omega_3$, $M_4 t + \omega_4$, anomalies moyennes des satellites, j'ai substitué, pour plus de simplicité, V_1, V_2, V_3, V_4.

Enfin j'ai exprimé les rayons vecteurs en demi-diamètres de Jupiter, et les longitudes en minutes. De cette manière j'ai trouvé

L.

Rayon vecteur du premier satellite.

$$\begin{aligned} r_1 = 5{,}67\,(1 + n\varepsilon_1 \cos V_1) \\ &+ \frac{\mathfrak{C}_2}{\mathfrak{T}}[4{,}19\cos(u_2-u_1) - 1014{,}93\cos 2(u_2-u_1) - 3{,}87\cos 3(u_2-u_1) - 1{,}02\cos 4(u_2-u_1)\ldots] \\ &+ \frac{\mathfrak{C}_3}{\mathfrak{T}}[0{,}75\cos(u_3-u_1) - 1{,}06\cos 2(u_3-u_1) - 0{,}13\cos 3(u_3-u_1) - 0{,}02\cos 4(u_3-u_1)\ldots] \\ &+ \frac{\mathfrak{C}_4}{\mathfrak{T}}[0{,}14\cos(u_4-u_1) - 0{,}09\cos 2(u_4-u_1) - 0{,}00\cos 3(u_4-u_1) - 0{,}00\cos 4(u_4-u_1)\ldots] \\ &- 0{,}0000009\cos 2(v-u_1). \end{aligned}$$

Rayon vecteur du deuxième satellite.

$$\begin{aligned} r_2 = 9{,}00\,(1 + n\varepsilon_2 \cos V_2) \\ &+ \frac{\mathfrak{C}_1}{\mathfrak{T}}[518{,}78\cos(u_1-u_2) + 5{,}73\cos 2(u_1-u_2) + 1{,}36\cos 3(u_1-u_2) + 0{,}49\cos 4(u_1-u_2)\ldots] \\ &+ \frac{\mathfrak{C}_3}{\mathfrak{T}}[7{,}16\cos(u_3-u_2) - 824{,}07\cos 2(u_3-u_2) - 6{,}29\cos 3(u_3-u_2) - 1{,}66\cos 4(u_3-u_2)\ldots] \\ &+ \frac{\mathfrak{C}_4}{\mathfrak{T}}[0{,}52\cos(u_4-u_2) - 4{,}85\cos 2(u_4-u_2) - 0{,}11\cos 3(u_4-u_2) - 0{,}04\cos 4(u_4-u_2)\ldots] \\ &- 0{,}0000060\cos 2(v-u_2). \end{aligned}$$

Rayon vecteur du troisième satellite.

$$
\begin{aligned}
r_3 = {} & 14{,}38(1 + n\varepsilon_3 \cos V_3) \\
& + \frac{\mathfrak{C}_1}{\text{♃}}[5{,}88 \cos(u_1 - u_3) + 0{,}19 \cos 2(u_1 - u_3) + 0{,}03 \cos 3(u_1 - u_3) + 0{,}00 \cos 4(u_1 - u_3) \ldots] \\
& + \frac{\mathfrak{C}_2}{\text{♃}}[452{,}98 \cos(u_2 - u_3) + 9{,}13 \cos 2(u_2 - u_3) + 2{,}16 \cos 3(u_2 - u_3) + 0{,}59 \cos 4(u_2 - u_3) \ldots] \\
& + \frac{\mathfrak{C}_4}{\text{♃}}[7{,}46 \cos(u_4 - u_3) - 33{,}62 \cos 2(u_4 - u_3) - 3{,}95 \cos 3(u_4 - u_3) + 0{,}95 \cos 4(u_4 - u_3) \ldots] \\
& - 0{,}0000392 \cos 2(v - u_3).
\end{aligned}
$$

Rayon vecteur du quatrième satellite.

$$
\begin{aligned}
r_4 = {} & 25{,}30(1 + n\varepsilon_4 \cos V_4) \\
& + \frac{\mathfrak{C}_1}{\text{♃}}[5{,}66 \cos(u_1 - u_4) + 0{,}01 \cos 2(u_1 - u_4) + 0{,}00 \cos 3(u_1 - u_4) + 0{,}00 \cos 4(u_1 - u_4) \ldots] \\
& + \frac{\mathfrak{C}_2}{\text{♃}}[9{,}18 \cos(u_2 - u_4) + 0{,}17 \cos 2(u_2 - u_4) + 0{,}07 \cos 3(u_2 - u_4) + 0{,}00 \cos 4(u_2 - u_4) \ldots] \\
& + \frac{\mathfrak{C}_3}{\text{♃}}[31{,}55 \cos(u_3 - u_4) + 1{,}62 \cos 2(u_3 - u_4) + 1{,}35 \cos 3(u_3 - u_4) + 0{,}43 \cos 4(u_3 - u_4) \ldots] \\
& - 0{,}0003754 \cos 2(v - u_4).
\end{aligned}
$$

LI.

Longitude vraie du premier satellite.

$$
\begin{aligned}
\varphi_1 = {} & u_1 - (114^\circ 35')n\varepsilon_1 \sin V_1 \\
& + \frac{\mathfrak{C}_2}{\text{♃}}[9500' \sin(u_2 - u_1) - 1227214' \sin 2(u_2 - u_1) - 3526' \sin 3(u_2 - u_1) - 705' \sin 4(u_2 - u_1) \ldots] \\
& + \frac{\mathfrak{C}_3}{\text{♃}}[1158' \sin(u_3 - u_1) - 1007' \sin 2(u_3 - u_1) - 101' \sin 3(u_3 - u_1) - 18' \sin 4(u_3 - u_1) \ldots] \\
& + \frac{\mathfrak{C}_4}{\text{♃}}[188' \sin(u_4 - u_1) - 81' \sin 2(u_4 - u_1) - 3' \sin 3(u_1 - u_1) - 0' \sin 4(u_4 - u_1) \ldots] \\
& - 0'',047 \sin 2(v - u_1).
\end{aligned}
$$

Longitude vraie du deuxième satellite.

$$\varphi_2 = u_2 - (114°35')n\varepsilon_2 \sin V_2$$

$$+\frac{\mathfrak{C}_1}{\mathfrak{T}}[-387482' \sin(u_1-u_2) - 2727' \sin 2(u_1-u_2) - 509' \sin 3(u_1-u_2) - 12' \sin 4(u_1-u_2)\ldots]$$

$$+\frac{\mathfrak{C}_3}{\mathfrak{T}}[10067' \sin(u_3-u_2) - 626246' \sin 2(u_3-u_2) - 3717' \sin 3(u_3-u_2) - 825' \sin 4(u_3-u_2)\ldots]$$

$$+\frac{\mathfrak{C}_4}{\mathfrak{T}}[506' \sin(u_4-u_2) - 3123' \sin 2(u_4-u_2) - 52' \sin 3(u_4-u_2) - 17' \sin 4(u_4-u_2)\ldots]$$

$$-0'',190 \sin 2(v-u_2).$$

Longitude vraie du troisième satellite.

$$\varphi_3 = u_3 - (114°35')n\varepsilon_3 \sin V_3$$

$$+\frac{\mathfrak{C}_1}{\mathfrak{T}}[1306' \sin(u_1-u_3) - 38' \sin 2(u_1-u_3) - 8' \sin 3(u_1-u_3) - 1' \sin 4(u_1-u_3)\ldots]$$

$$+\frac{\mathfrak{C}_2}{\mathfrak{T}}[-207375' \sin(u_2-u_3) - 2760' \sin 2(u_2-u_3) - 559' \sin 3(u_2-u_3) - 142' \sin 4(u_2-u_3)\ldots]$$

$$+\frac{\mathfrak{C}_4}{\mathfrak{T}}[5703' \sin(u_4-u_3) - 14911' \sin 2(u_4-u_3) - 1376' \sin 3(u_4-u_3) - 306' \sin 4(u_4-u_3)\ldots]$$

$$-0'',977 \sin(v-u_3).$$

Longitude vraie du quatrième satellite.

$$\varphi_4 = u_4 - (114°35')n\varepsilon_4 \sin V_4$$

$$+\frac{\mathfrak{C}_1}{\mathfrak{T}}[768' \sin(u_1-u_4) - 0' \sin 2(u_1-u_4) - 0' \sin 3(u_1-u_4) - 0' \sin 4(u_1-u_4)\ldots]$$

$$+\frac{\mathfrak{C}_2}{\mathfrak{T}}[1219' \sin(u_2-u_4) - 15' \sin 2(u_2-u_4) - 3' \sin 3(u_2-u_4) - 0' \sin 4(u_2-u_4)\ldots]$$

$$+\frac{\mathfrak{C}_3}{\mathfrak{T}}[-1691' \sin(u_3-u_4) - 444' \sin 2(u_3-u_4) - 180' \sin 3(u_3-u_4) - 59' \sin 4(u_3-u_4)\ldots]$$

$$-4'',208 \sin 2(v-u_4).$$

§ IV. — *Où l'on donne les inégalités des satellites qui dépendent de leurs configurations, et qui ont lieu au temps des éclipses.*

LII.

Il est visible que les éclipses des satellites, c'est-à-dire leurs conjonctions avec Jupiter, arrivent lorsque leurs longitudes φ diffèrent de 180 degrés de la longitude ψ du Soleil vu de Jupiter; de sorte qu'on aura généralement l'équation

$$\varphi - \psi = 180^{\circ},$$

ou bien, en mettant pour φ et ψ leurs valeurs $u + ny$ et $v + nJ$,

$$u - v = 180^{\circ} + nJ - ny,$$

où nJ exprime l'équation de Jupiter, ny l'équation, ou plutôt la somme des équations du satellite, et $u - v$ la distance, ou bien l'élongation moyenne du satellite; donc, pour avoir la conjonction vraie, il n'y aura qu'à ajouter au temps de la conjonction moyenne la quantité $nJ - ny$ convertie en temps, à raison du mouvement moyen du satellite au Soleil, conversion qu'on fera aisément en multipliant la quantité proposée par 0,1179 pour le premier satellite, par 0,2369 pour le deuxième, par 0,4771 pour le troisième et par 1,1169 pour le quatrième; et changeant ensuite les degrés en heures, les minutes de degré en minutes de temps, etc.; ces nombres se trouvent, en divisant les durées des révolutions synodiques des satellites, lesquelles sont de

$$1^{j}\,18^{h}\,28^{m}\,36^{s},\quad 3^{j}\,13^{h}\,17^{m}\,54^{s},\quad 7^{j}\,3^{h}\,59^{m}\,36^{s},\quad 16^{j}\,18^{h}\,5^{m}\,7^{s},$$

par 360 degrés, après avoit réduit le tout en secondes.

LIII.

Nous allons donc donner ici les équations des conjonctions des satellites; mais nous ferons abstraction de celles qui viennent de l'excentricité de Jupiter, et des excentricités particulières des satellites, parce que les unes sont assez connues des Astronomes, et que les autres ne sont pas assez exactes pour qu'on puisse s'y fier.

LIV.

Équation du premier satellite.

$$\frac{\mathfrak{C}_2}{\mathfrak{T}}[-1097^m \sin(u_2-u_1)+144800^m \sin 2(u_2-u_1)+416^m \sin 3(u_2-u_1)+83^m \sin 4(u_2-u_1)\ldots]$$

$$+\frac{\mathfrak{C}_3}{\mathfrak{T}}[-137^m \sin(u_3-u_1)+119^m \sin 2(u_3-u_1)+12^m \sin 3(u_3-u_1)-1^m \sin 4(u_3-u_1)\ldots]$$

$$+\frac{\mathfrak{C}_4}{\mathfrak{T}}[-22^m \sin(u_4-u_1)+9^m \sin 2(u_4-u_1)+0^m \sin 3(u_4-u_1)+0^m \sin 4(u_4-u_1)\ldots].$$

LV.

Équation du deuxième satellite.

$$\frac{\mathfrak{C}_1}{\mathfrak{T}}[91810^m \sin(u_1-u_2)+646^m \sin 2(u_1-u_2)+121^m \sin 3(u_1-u_2)+3^m \sin 4(u_1-u_2)\ldots]$$

$$+\frac{\mathfrak{C}_3}{\mathfrak{T}}[-2385^m \sin(u_3-u_2)+148383^m \sin 2(u_3-u_2)+881^m \sin 3(u_3-u_2)+195^m \sin 4(u_3-u_2)\ldots]$$

$$+\frac{\mathfrak{C}_4}{\mathfrak{T}}[-119^m \sin(u_4-u_2)+740^m \sin 2(u_4-u_2)+12^m \sin 3(u_4-u_2)+4^m \sin 4(u_4-u_2)\ldots].$$

LVI.

Équation du troisième satellite.

$$\frac{\mathfrak{C}_1}{\mathfrak{T}}[-624^m \sin(u_1-u_3)+18^m \sin 2(u_1-u_3)+4^m \sin 3(u_1-u_3)+0^m \sin 4(u_1-u_3)\ldots]$$

$$+\frac{\mathfrak{C}_2}{\mathfrak{T}}[99075^m \sin(u_2-u_3)+1319^m \sin 2(u_2-u_3)+267^m \sin 3(u_2-u_3)+68^m \sin 4(u_2-u_3)\ldots]$$

$$+\frac{\mathfrak{C}_4}{\mathfrak{T}}[-2725^m \sin(u_4-u_3)+7124^m \sin 2(u_4-u_3)+627^m \sin 3(u_4-u_3)+146^m \sin 4(u_4-u_3)\ldots].$$

LVII.

Équation du quatrième satellite.

$$\frac{\mathfrak{C}_1}{\mathfrak{T}}[-858^m \sin(u_1-u_4)+0^m \sin 2(u_1-u_4)\ldots]$$

$$+\frac{\mathfrak{C}_2}{\mathfrak{T}}[-1362^m \sin(u_2-u_4)+18^m \sin 2(u_2-u_4)+4^m \sin 3(u_2-u_4)-0^m \sin 4(u_2-u_4)\ldots]$$

$$+\frac{\mathfrak{C}_3}{\mathfrak{T}}[1888^m \sin(u_3-u_4)+496^m \sin 2(u_3-u_4)+201^m \sin 3(u_3-u_4)+66^m \sin 4(u_3-u_4)\ldots].$$

J'ai négligé dans ces formules les termes dus à l'action du Soleil, et qui sont de la forme de $\sin 2(v-u)$, parce que ces termes deviennent nuls au temps des conjonctions où l'on a $u-v=180^\circ$.

§ V. — *Comparaison des formules précédentes avec les observations, et conséquences qui en résultent par rapport aux masses des satellites.*

LVIII.

Nous nous contenterons ici de comparer nos formules avec les Tables de M. Wargentin, qui sont, comme l'on sait, le résultat d'un grand nombre d'observations; mais, avant d'entreprendre ce parallèle, il est bon d'avertir que les Tables de ce grand Astronome sont dressées de manière qu'il n'y a aucune équation soustractive, quoique les équations qu'il a employées soient de nature à être tantôt additives et tantôt soustractives; cela vient de ce que l'Auteur a retranché, par avance des époques, chacune des plus grandes équations soustractives; de sorte que les équations des Tables se trouvent nulles dans le cas où elles auraient été les plus grandes à soustraire, et que leur plus grande valeur est double de ce qu'elle aurait dû être.

LIX.

En examinant les différents termes de la formule de l'Article LIV, on voit qu'il y en a un dont le coefficient numérique est très-grand, et vis-à-vis duquel tous les autres termes ne sont presque d'aucune considération; c'est le terme

$$\frac{\mathfrak{C}_2}{\mathfrak{T}} 144800^{\prime\prime\prime} \sin 2(u_2-u_1),$$

d'où résulte une équation qui a pour argument $2(u_2-u_1)$, savoir le double de la distance moyenne du second satellite au premier, au temps des conjonctions de celui-ci, et dont la plus grande valeur est de $\frac{\mathfrak{C}_2}{\mathfrak{T}} 144800^{\prime\prime\prime}$, $\frac{\mathfrak{C}_2}{\mathfrak{T}}$ exprimant le rapport de la masse du second satellite à celle de Jupiter.

Pour mieux connaître la nature de cette inégalité qui doit avoir lieu dans les conjonctions du premier satellite, il faut chercher sa période, laquelle dépend du rapport des révolutions synodiques des deux premiers satellites. Or, suivant M. Wargentin, on a pour la durée de la révolution synodique du premier

$$1^j\,18^h\,28^m\,35^s\,56^t\,58^q,$$

et pour celle du second

$$3^j\,13^h\,17^m\,53^s\,45^t\,7^q;$$

d'où l'on trouve, en additionnant successivement ces nombres, que 247 révolutions du premier font

$$437^j\,3^h\,43^m\,59^s\,31^t,$$

et que 123 révolutions du second font

$$437^j\,3^h\,41^m\,11^s\,29^t;$$

ainsi, pendant que le premier fait une révolution par rapport au Soleil, le second ne fait que $\frac{123}{247}$ d'une pareille révolution; d'où il suit que la distance $u_2 - u_1$ du second satellite au premier augmente, dans l'intervalle d'une conjonction à l'autre, de $\left(\frac{123}{247} - 1\right) 360^o$; pour avoir une exactitude plus grande, on additionnera de nouveau les périodes du premier et du second satellite que nous venons de trouver, jusqu'à ce qu'ils fassent des sommes à peu près égales, et l'on trouvera que 449538 révolutions du premier font

$$795619^j\,13^h\,28^m\,8^s\,26^t,$$

et que 223860 révolutions du second font

$$795619^j\,13^h\,32^m\,19^s\,40^t;$$

c'est pourquoi on aura, au lieu de la fraction $\frac{123}{247}$, celle-ci beaucoup plus exacte $\frac{223860}{449538}$.

Soit maintenant θ la distance du second satellite au premier au temps d'une conjonction de celui-ci, cette distance deviendra, après n révolutions (*),

$$\theta + n\left(\frac{223860}{449538} - 1\right) 360^\circ = u_2 - u_1;$$

donc on aura

$$2(u_2 - u_1) = 2\theta + n\left(\frac{447720}{449538} - 2\right) 360^\circ = 2\theta - n\left(\frac{1818}{449538} + 1\right) 360^\circ,$$

et

$$\sin 2(u_2 - u_1) = \sin\left(2\theta - n\frac{1818}{449538}\, 360^\circ\right);$$

donc, pour que cette quantité redevienne $\sin 2\theta$, il faut que

$$\frac{1818\, n}{449538} = 1, \quad \text{ce qui donne} \quad n = \frac{449538}{1818} = 247{,}270;$$

c'est le nombre des révolutions du premier satellite qui exprime la période de l'équation $\sin 2(u_2 - u_1)$.

Or 247 révolutions font à très-peu près

$$437^{j}\, 3^{h}\, 44^{m}\, 0^{s},$$

et $\frac{27}{100}$ de révolution font $11^{h}\, 28^{m}\, 7^{s}$; donc la période cherchée sera de

$$437^{j}\, 15^{h}\, 12^{m}\, 7^{s}.$$

LX.

Voyons à présent quelle doit être la marche de cette équation; pour cela, nous supposerons $\theta = 0$, c'est-à-dire que les deux satellites se trouvent à la fois en conjonction, et nous aurons, après un nombre quelconque n de révolutions du premier satellite,

$$\sin 2(u_2 - u_1) = -\sin\left(n\frac{1818}{449538}\, 360^\circ\right),$$

(*) La lettre n a été affectée plus haut à un autre usage; le double emploi que nous croyons devoir signaler n'a ici aucun inconvénient. (*Note de l'Éditeur.*)

ou bien en faisant, pour abréger, $p = \frac{449538}{1818}$ égal au nombre des révolutions qui forment la période de l'équation

$$\sin 2(u_2 - u_1) = -\sin \frac{n}{p}\, 360^\circ.$$

De là on voit que l'équation $\sin 2(u_2 - u_1)$ sera nulle au commencement de la période, qu'ensuite elle deviendra soustractive, et qu'elle sera la plus grande à soustraire lorsque $n = \frac{p}{4}$, c'est-à-dire, au quart de la période; après quoi elle redeviendra nulle à la moitié de la période, ensuite se changera en additive croissante jusqu'aux trois quarts de la période, où elle sera la plus grande, et enfin décroitra pendant le dernier quart, pour se retrouver nulle au commencement de la période suivante.

LXI.

Je dis maintenant que l'équation que nous venons d'examiner est la même que celle qui se trouve dans les Tables du premier satellite, désignée par la lettre C, et qui est la seule que les observations aient fait connaître jusqu'ici. En effet : 1° la période de cette équation est, selon M. Wargentin, de $437^j 19^h 41^m$ environ, ce qui s'accorde admirablement bien avec ce que nous avons trouvé dans l'Article LIX; car la différence de $4^h 28^m$, qui s'y trouve, n'est d'aucune considération par rapport à un intervalle de 437 jours; 2° si l'on examine l'équation C, on verra qu'en ôtant toujours $3^m 30^s$ (moitié de la plus grande valeur de cette équation, selon la remarque de l'Article LVIII), et établissant le commencement de la période (qui est divisée en 1000 parties) au nombre 750, on verra, dis-je, que la marche de cette équation est la même que celle de l'équation $\sin 2(u_2 - u_1)$ de l'Article précédent. De plus on trouvera, par les Tables du premier et du second satellite, que, dans les conjonctions du premier satellite qui répondent exactement au nombre 750, l'élongation du second satellite est nulle. Donc, etc.

LXII.

De là il suit que les nombres C des Tables du premier satellite ne sont autre chose que les distances, c'est-à-dire, les élongations du second satellite au premier, au temps des conjonctions de celui-ci, le cercle étant supposé divisé en 1000 parties, de sorte que le nombre 750 réponde aux conjonctions des deux satellites et 250 à leurs oppositions. Cette remarque fournit un moyen de rectifier les époques de ces nombres, si elles en avaient besoin, et de les prolonger autant qu'on voudra, sans craindre de s'égarer.

LXIII.

La plus grande valeur de l'équation C du premier satellite est de 7^{m}, dont il ne faut prendre que la moitié (Article LVIII); donc, comparant cette valeur avec le coefficient de l'équation $\sin 2(u_2 - u_1)$, lequel est $\frac{\mathfrak{C}_2}{\mathfrak{T}} 144800^{\mathrm{m}}$, on aura

$$\frac{\mathfrak{C}_2}{\mathfrak{T}} 144800 = \frac{7}{2},$$

d'où l'on tire

$$\frac{\mathfrak{C}_2}{\mathfrak{T}} = \frac{7}{289600} = 0,00002417 = \frac{1}{40000} \quad \text{à peu près;}$$

c'est le rapport de la masse du second satellite à celle de Jupiter. Si l'on prend la masse de la Terre pour l'unité, on a

$$\mathfrak{T} = 363,9,$$

ce qui donne

$$\mathfrak{C}_2 = 0,008794 = \frac{11}{1250} \quad \text{à peu près.}$$

Supposons que la densité de ce satellite soit la même que celle de Jupiter, ou au moins qu'elle n'en diffère que très-peu, ce qui est très-naturel, on trouvera, en prenant le demi-diamètre de Jupiter pour l'unité, que celui du satellite est 0,0289, c'est-à-dire, environ $\frac{1}{34}$, ce qui donnerait pour le temps que le satellite doit employer à entrer dans l'ombre de Jupiter $5^m 14^s$, ce qui est à peu près le milieu entre les résultats des observations de M. Maraldi et de M. Whiston (*Mémoires de l'Académie*, 1734).

LXIV.

Il serait tout à fait inutile d'examiner les autres termes de la formule de l'Article LIV; car il est clair qu'il n'en pourrait résulter que des équations extrêmement petites, et par conséquent insensibles, à moins qu'on ne voulût supposer les masses du troisième et du quatrième satellite énormément grandes par rapport à celle du second, ce qui ne paraît guère naturel; d'ailleurs l'équation que nous avons examinée est la seule qu'on ait jusqu'ici déduite des observations.

LXV.

Passons donc à la formule de l'Article LV, qui renferme les équations des conjonctions du second satellite. Parmi tous les termes dont cette formule est composée, j'en distingue d'abord deux qui sont beaucoup plus considérables que les autres par les coefficients numériques dont ils sont affectés, savoir

$$\frac{\mathfrak{C}_1}{\mathfrak{T}} 91810^m \sin(u_1 - u_2) + \frac{\mathfrak{C}_3}{\mathfrak{T}} 148383^m \sin 2(u_3 - u_2);$$

dont l'un vient de l'action du premier satellite, et l'autre de l'action du troisième. Ces deux termes produisent, comme l'on voit, deux équations dont les arguments sont $u_1 - u_2$, distance moyenne du premier satellite au second, et $2(u_3 - u_2)$, double de la distance moyenne du troisième satellite au second au temps des conjonctions de celui-ci.

Je remarque maintenant que la durée de la révolution synodique du troisième satellite est de

$$7^j\, 3^h\, 59^m\, 35^s\, 55^t\, 23^q,$$

selon M. Wargentin; ce qui donne, pour 61 révolutions,

$$437^j\, 3^h\, 35^m\, 31^s\, 18^t,$$

et, pour 111021 révolutions,

$$795619^{j}\,13^{h}\,29^{m}\,1^{s}\,55^{t};$$

or nous avons déjà trouvé que 449538 révolutions du premier sont

$$795619^{j}\,13^{h}\,28^{m}\,8^{s}\,26^{t},$$

et que 223860 révolutions du second sont (Article LIX)

$$795619^{j}\,13^{h}\,32^{m}\,19^{s}\,40^{t};$$

donc les mouvements des trois premiers satellites au Soleil sont entre eux comme les nombres 449538, 223860, 111021, et les différences entre les mouvements des deux premiers et les mouvements du second et du troisième sont au mouvement du second comme les nombres 225678, 112839 au nombre 223860; donc, pendant que le second achève une révolution au Soleil, les angles $u_1 - u_2$ et $u_3 - u_2$ croissent de $\frac{225678}{223860}360^\circ$ et $-\frac{112839}{223860}360^\circ$; donc l'angle $2(u_3 - u_2)$ diminue à chaque révolution du second de la même quantité dont l'angle $u_1 - u_2$ augmente, savoir de $\frac{225678}{223860}360^\circ$; donc la quantité

$$u_1 - u_2 + 2(u_3 - u_2)$$

est toujours la même dans les conjonctions du second satellite.

Examinons donc une conjonction quelconque de ce satellite, et voyons quelles sont les élongations du premier et du troisième, c'est-à-dire, les valeurs de $u_1 - u_2$ et de $u_3 - u_2$; je prends pour exemple la première conjonction de l'année 1760, laquelle est marquée dans les Tables à $2^{j}\,13^{h}\,42^{m}\,50^{s}$, à quoi ajoutant la moitié des plus grandes équations, savoir, $1^{h}\,35^{m}\,6^{s}$ (Article LVIII), on a

$$2^{j}\,15^{h}\,17^{m}\,56^{s}$$

pour le temps moyen de la conjonction moyenne du second satellite; je trouve de la même manière que les premières conjonctions moyennes du premier et du troisième satellite ont dû arriver à

$$1^j\,10^h\,48^m\,48^s \quad \text{et à} \quad 3^j\,5^h\,54^m\,56^s$$

de temps moyen; d'où je conclus qu'au temps de la conjonction du second satellite, le premier était plus avancé de $1^j\,4^h\,29^m$, ce qui fait $241°\,24'$, et que le troisième était en arrière de $14^j\,37^m$, ce qui vaut $30°\,27'$; donc

$$u_1 - u_2 = 241°\,24' \quad \text{et} \quad u_3 - u_2 = -30°\,27';$$

par conséquent

$$u_1 - u_2 + 2(u_3 - u_2) = 180°\,30' = 180° \quad \text{à très-peu près.}$$

On aura donc, en général,

$$2(u_3 - u_2) = 180° - (u_1 - u_2) \quad \text{et} \quad \sin 2(u_3 - u_2) = \sin(u_1 - u_2);$$

ainsi les deux termes

$$\frac{\mathfrak{C}_1}{\mathfrak{T}}\,91810^m \sin(u_1 - u_2) + \frac{\mathfrak{C}_3}{\mathfrak{T}}\,148383^m \sin 2(u_3 - u_2)$$

peuvent se réduire à un terme unique, tel que

$$\left(\frac{\mathfrak{C}_1}{\mathfrak{T}}\,91810^m + \frac{\mathfrak{C}_3}{\mathfrak{T}}\,148383^m\right) \sin(u_1 - u_2),$$

lequel ne donne qu'une équation dépendante de l'élongation du premier satellite au second.

LXVI.

Soit, dans une conjonction du second satellite, $u_1 - u_2 = \theta$, on aura, par ce que nous avons démontré dans l'Article précédent, après n révolutions de ce même satellite,

$$u_1 - u_2 = \theta + n\,\frac{225678}{223860}\,360°,$$

et par conséquent

$$\sin(u_1 - u_2) = \sin\left(\theta + n\,\frac{225678}{223860}\,360°\right) = \sin\left(\theta + n\,\frac{1818}{223860}\,360°\right);$$

d'où l'on voit que cette quantité ne peut redevenir $\sin\theta$, à moins que l'on n'ait $n\frac{1818}{223860} = 1$, ce qui donne

$$n = \frac{223860}{1818} = 123,135;$$

c'est le nombre des révolutions du second satellite qui forment la période de l'équation $\sin(u_1 - u_2)$, et l'on trouvera que cette période est la même que celle de l'équation du premier satellite, savoir (Article LIX)

$$437^j\,15^h\,12^m\,7^s.$$

Mettons p au lieu du nombre $\frac{223860}{1818}$, nous aurons

$$\sin(u_1 - u_2) = \sin\left(\theta + \frac{n}{p}\,360^\circ\right);$$

donc, supposant au commencement de la période $\theta = 0$, c'est-à-dire, les deux premiers satellites en conjonction à la fois, et faisant successivement $n = 0$, $n = \frac{p}{4}$, $n = \frac{p}{2}$, $n = \frac{3p}{4}$ et $n = p$, on trouvera que l'équation dont il s'agit est nulle au commencement de la période, qu'ensuite elle augmente jusqu'au quart de la période, où elle est la plus grande; que de là elle diminue et redevient nulle à la moitié de la période, après quoi elle se change en négative, etc.

LXVII.

Si l'on compare maintenant la marche de cette équation avec celle de l'équation C des Tables du second satellite, on verra qu'elles s'accordent parfaitement, pourvu que l'on ait attention d'ôter constamment de cette dernière équation $16^m\,30^s$ moitié de sa plus grande valeur, et qu'on fixe le commencement de la période au nombre 250. Ainsi les nombres C des Tables du second satellite indiquent les élongations du premier au temps des conjonctions du second, de sorte que le nombre 250 répond aux conjonctions des deux satellites, et le nombre 750 à leurs oppositions. (*Voyez* là-dessus la dissertation de M. Wargentin qui est à la tête des observations du second satellite, dans les *Mémoires de la Société d'Upsal* pour l'année 1743.)

LXVIII.

Il ne reste donc plus qu'à égaler le coefficient de l'équation $\sin(u_1 - u_2)$ à la plus grande valeur de l'équation C des Tables, ce qui donne

$$\frac{\mathfrak{C}_1}{\mathfrak{T}} 91810 + \frac{\mathfrak{C}_3}{\mathfrak{T}} 148383 = \frac{33}{2};$$

de sorte qu'en supposant $\mathfrak{C}_3 = m\mathfrak{C}_1$, on aura

$$\frac{\mathfrak{C}_1}{\mathfrak{T}} = \frac{23}{183620 + 296766m} \quad \text{et} \quad \frac{\mathfrak{C}_3}{\mathfrak{T}} = \frac{33m}{183620 + 296766m}.$$

Soit par exemple $m = 1$, c'est-à-dire, les masses du premier et du troisième satellite égales entre elles, on aura

$$\frac{\mathfrak{C}_1}{\mathfrak{T}} = \frac{\mathfrak{C}_3}{\mathfrak{T}} = \frac{33}{480386} = 0,0000686\,9 = \frac{1}{14500} \quad \text{environ};$$

d'où, en supposant les densités des satellites égales à celles de Jupiter, on tire leurs demi-diamètres $= 0,0409 =$ environ $\frac{1}{25}$ de celui de Jupiter; ce qui donne pour le temps que le premier devrait employer à entrer dans l'ombre $5^m 51^s$, et pour le temps que devrait employer le troisième $9^m 21^s$.

Au reste, quel que soit le nombre m, comme il ne saurait être ni infini ni nul, il est clair que les quantités $\frac{\mathfrak{C}_1}{\mathfrak{T}}$, $\frac{\mathfrak{C}_3}{\mathfrak{T}}$ sont toujours nécessairement moindres que la fraction $\frac{33}{296766} = 0,000111$, c'est-à-dire, en prenant la masse de la Terre pour l'unité,

$$\mathfrak{C}_1 \text{ et } \mathfrak{C}_3 < 0,0404\ldots, \quad \text{environ } \frac{1}{25}.$$

LXIX.

A l'égard des autres termes de la formule de l'Article LV, il est facile de voir qu'ils ne donnent que des équations extrêmement petites, et qui peuvent par conséquent être négligées; en effet, le terme qui a le plus grand coefficient numérique, après ceux que nous venons d'examiner, est

$$\frac{\mathfrak{C}_3}{\mathfrak{T}}[-2385^{m}\sin(u_3-u_2)];$$

or nous avons trouvé que $\frac{\mathfrak{C}_3}{\mathfrak{T}} < 0,000111\ldots$; donc la plus grande équation sera $< 16^{s}$.

LXX.

L'équation

$$u_1-u_2+2(u_3-u_2)=180^{\circ}30',$$

trouvée dans l'Article LXV, et d'où nous avons tiré

$$\sin 2(u_3-u_2)=\sin(u_1-u_2) \quad \text{à très-peu près},$$

est une suite du rapport que nous avons établi entre les révolutions synodiques des trois premiers satellites; ce rapport n'est pas exact à la rigueur, mais il ne s'écarte de la vérité que d'une quantité infiniment petite, de sorte qu'au bout de 1000 ans l'erreur qui en pourra résulter sera encore presque insensible.

En effet, on trouve qu'il faudrait environ 1317900 ans pour que l'équation dont nous parlons devînt

$$u_1-u_2+2(u_3-u_2)=360^{\circ},$$

pourvu que les moyens mouvements des satellites fussent assez exacts pour pouvoir être employés dans une si longue suite de siècles. (*Voyez* l'Ouvrage de M. Wargentin cité ci-dessus.)

LXXI.

La formule de l'Article LVI, qui renferme les équations du troisième satellite, ne nous présente qu'un terme qui puisse être de quelque considération : c'est le terme

$$\frac{\text{ℭ}_2}{\text{♃}} 99075^{\text{m}} \sin(u_2 - u_3),$$

dont l'argument est l'élongation du second satellite au troisième au temps des conjonctions de celui-ci.

Avant d'entrer dans le détail de l'inégalité qui en résulte, voyons si elle est assez considérable pour qu'on doive en tenir compte. Pour cela on substituera, au lieu de $\frac{\text{ℭ}_2}{\text{♃}}$, sa valeur trouvée ci-dessus (Article LXIII), savoir $\frac{7}{289600}$, et l'on trouvera

$$\frac{\text{ℭ}_2}{\text{♃}} 99075^{\text{m}} = 2^{\text{m}}24^{\text{s}},$$

de sorte que l'inégalité dont il s'agit montera à $4^{\text{m}}48^{\text{s}}$, à cause que l'équation $\sin(u_2 - u_3)$ est tantôt additive, tantôt soustractive.

Maintenant on sait que les mouvements moyens du second et du troisième satellite sont entre eux comme les nombres 233860 et 111021 (Article LXV), d'où il suit que, pendant que le troisième achève une révolution au Soleil, la distance $u_2 - u_3$ augmente de $\frac{112839}{111021} 360°$; de sorte que, si l'on appelle θ l'élongation du second satellite au troisième au temps d'une conjonction quelconque de ce dernier, on aura, après n révolutions,

$$u_2 - u_3 = \theta + n\frac{112839}{111021} 360°,$$

et de là

$$\sin(u_2 - u_3) = \sin\left(\theta + n\frac{112839}{111021} 360°\right) = \sin\left(\theta + n\frac{1818}{111021} 360°\right);$$

d'où l'on voit : 1° que la période de cette équation sera de $\frac{111021}{1818}$ révolutions du troisième satellite, ce qui revient au même que celles du premier et du second satellite (Articles LIX et LXVI); 2° que si l'on prend pour le commencement de la période une conjonction du troisième satellite dans laquelle $\theta = 0$, c'est-à-dire, que le second satellite soit aussi en conjonction, on trouvera que la marche de l'équation dont il s'agit sera entièrement analogue à celle de l'équation du second satellite (Article LXVI).

LXXII.

L'équation que nous venons d'examiner ne se trouve point dans les Tables du troisième satellite; M. Wargentin s'est contenté de l'indiquer dans la Préface de ses Tables (*Mémoires de la Société d'Upsal,* pour l'année 1741), où il dit : *Multæ etiam observationes satis manifeste indicant tertium æquatione alia indigere cujus fere eadem est quantitas et natura cum æquatione nova primi; sed quoniam observationes non paucas habeam quæ eam vel minorem, vel nullam arguant, hujus æquationis in Tabulis nullam habere rationem satius judicavi;* et ailleurs (dans la Dissertation qui est à la tête des observations du second satellite) : *In motibus tertii satellitis deprehenditur inæqualitas quædam quæ indicat eum esse retardatum in conjunctionibus, sed acceleratum in oppositionibus secundi;* et plus bas : *Est etiam hæc inæqualitas tertii similis inæqualitati supra descriptæ secundi;* ce qui s'accorde parfaitement avec ce que nous avons trouvé dans l'Article précédent. Il est vrai que cette équation a paru à M. Wargentin de la même quantité que celle du premier satellite, au lieu qu'elle n'en est qu'environ les deux tiers, suivant notre Théorie; mais ce savant Astronome avoue lui-même qu'il ne regarde pas son résultat comme fort exact, l'ayant trouvé quelquefois moindre, et même nul, et que c'est pour cette raison qu'il a cru devoir s'abstenir d'en faire usage dans ses Tables.

LXXIII.

Avant de quitter la formule de l'Article LVI, nous dirons deux mots des termes qui dépendent de $u_4 - u_3$, élongation du quatrième satellite au troisième, et dont le plus considérable est celui-ci

$$\frac{\mathfrak{C}_4}{\mathfrak{T}_1} 7124^{\mathrm{m}} \sin 2(u_4 - u_3).$$

Supposons d'abord que l'équation qui en provient soit, lorsqu'elle est la plus grande, de m minutes; on aura

$$\frac{\mathfrak{C}_4}{\mathfrak{T}} 7124 = m;$$

donc

$$\frac{\mathfrak{C}_4}{\mathfrak{T}} = \frac{m}{7124} = 0,000140\,m;$$

d'où l'on voit que, pour que m soit au moins $= 1$, il faut que la masse du quatrième satellite surpasse de beaucoup celles des trois premiers.

Si l'on veut que la densité de ce satellite soit la même que celle de Jupiter, on trouvera son diamètre $= 0,0519 \sqrt[3]{m}$ de celui de Jupiter; et par conséquent le temps qu'il doit employer à entrer dans l'ombre $= (15^{m}46^{s}) \sqrt[3]{m}$; ce qui, en faisant $m = 1$, est assez conforme au résultat des observations de M. Maraldi.

Cette équation, au reste, supposé qu'elle montât à quelques minutes, ce qui ne serait nullement impossible, mériterait d'autant plus l'attention des Astronomes qu'elle varie beaucoup d'une conjonction à l'autre; en effet, les révolutions synodiques du troisième et du quatrième satellite étant de 619176^{s} et 1447507^{s}, on trouve que l'angle $u_4 - u_3$ doit augmenter pendant une révolution du troisième de $\left(\frac{619176}{1447507} - 1\right) 360^{\circ}$, c'est-à-dire, diminuer de $\frac{828331}{1447507} 360^{\circ}$; donc, nommant θ l'angle $u_4 - u_3$ dans le temps d'une conjonction quelconque de ce satellite, on aura, après n révolutions,

$$u_4 - u_3 = \theta - n \frac{828331}{1447507} 360^{\circ} \quad \text{et} \quad 2(u_4 - u_3) = 2\theta - n \frac{1656662}{1447507} 360^{\circ},$$

d'où

$$\sin 2(u_4 - u_3) = \sin\left(2\theta - n \frac{209155}{1447507} 360^{\circ}\right);$$

par conséquent la période de cette équation ne sera que de $\frac{1447507}{209155}$ révolutions, c'est-à-dire, de 6,920 révolutions, ce qui fait $49^{j}\,14^{h}\,12^{m}$ à peu près. Ne serait-ce point là la source de ces inégalités qu'on observe dans les conjonctions du troisième satellite, et qui font des sauts considérables d'une conjonction à l'autre? C'est une vue que nous proposons aux Astronomes qui s'occupent de la Théorie des satellites.

LXXIV.

Il ne resterait plus qu'à examiner les équations des conjonctions du quatrième satellite, contenues dans la formule de l'Article LVIII; mais ayant déjà trouvé (Articles LXIII et LXVIII)

$$\mathfrak{C}_2 = 0,00002417\,\mathfrak{T}, \quad \mathfrak{C}_1 \text{ et } \mathfrak{C}_3 < 0,000111\,\mathfrak{T},$$

on verra aisément que les coefficients de ces équations ne s'étendent point au delà d'un petit nombre de secondes; ce qui est trop peu de chose pour qu'on doive en tenir compte dans le mouvement de ce satellite, surtout vu l'imperfection qui règne encore dans les Tables de Jupiter.

CHAPITRE IV.

SUITE DU CALCUL DES PERTURBATIONS DES SATELLITES DE JUPITER.

LXXV.

Ayant trouvé les premières valeurs de x, y, z (Articles XXXVI et suivants), on reprendra les équations de l'Article XXXII; et après y avoir mis au lieu de X, Y, Z leurs expressions (Articles XXX et suivants), sans négliger les termes de l'ordre n, on substituera dans tous les termes de cet ordre les valeurs trouvées de x, y, z, et l'on aura de nouvelles équations en x, y, z plus exactes que celles de l'Article XXXV, et qui s'intégreront encore par la même méthode.

LXXVI.

Soit pour le premier satellite (ces formules s'appliquent également aux trois autres, suivant les remarques des Articles IX et XIII)

$$L_1 = g_1 - 2\mu_1 H_1 - \frac{\chi_2}{1+n\chi_1}\breve{\Gamma}(a_1, a_2) - \frac{\chi_3}{1+n\chi_1}\breve{\Gamma}(a_1, a_3) - \frac{\chi_4}{1+n\chi_1}\breve{\Gamma}(a_1, a_4)$$
$$-\frac{1}{2}\frac{K_1}{1+n\chi_1} + \frac{1}{5}\frac{\varkappa_1}{1+n\chi_1},$$

$$M_1^2 = 3\mu_1^2 - 2f_1 - nf_1\left[\chi_2\breve{\Pi}(a_1, a_2) + \chi_3\breve{\Pi}(a_1, a_3) + \chi_4\breve{\Pi}(a_1, a_4) + \tfrac{1}{2}K_1 + \tfrac{4}{5}\varkappa_1\right],$$

$$N_1^2 = \mu_1^2 + nf_1\left[\chi_2\breve{\breve{\Gamma}}(a_1, a_2) + \chi_3\breve{\breve{\Gamma}}(a_1, a_3) + \chi_4\breve{\breve{\Gamma}}(a_1, a_4) + \tfrac{3}{2}K_1 + \tfrac{2}{5}\varkappa_1\right] + 2n\mu_1 f_1 H_1.$$

Supposons de plus (Articles XXXVI et XXXVIII)

$$\theta_1 = -\frac{\chi_2}{1+n\chi_1}\left[\Xi_1(a_1, a_2)\cos(\mu_2-\mu_1)t + \Xi_2(a_1, a_2)\cos 2(\mu_2-\mu_1)t + \ldots\right]$$
$$-\frac{\chi_3}{1+n\chi_1}\left[\Xi_1(a_1, a_3)\cos(\mu_3-\mu_1)t + \Xi_2(a_1, a_3)\cos 2(\mu_3-\mu_1)t + \ldots\right]$$
$$-\frac{\chi_4}{1+n\chi_1}\left[\Xi_1(a_1, a_4)\cos(\mu_4-\mu_1)t + \Xi_2(a_1, a_4)\cos 2(\mu_4-\mu_1)t + \ldots\right]$$
$$-\frac{K_1}{1+n\chi_1}\beta_1\cos 2(m-\mu_1)t,$$

$$\vartheta_1 = \frac{\chi_2}{1+n\chi_1}\left[\Phi_1(a_1, a_2)\sin(\mu_2-\mu_1)t + \Phi_2(a_1, a_2)\sin 2(\mu_2-\mu_1)t + \ldots\right]$$
$$+\frac{\chi_3}{1+n\chi_1}\left[\Phi_1(a_1, a_3)\sin(\mu_3-\mu_1)t + \Phi_2(a_1, a_3)\sin 2(\mu_3-\mu_1)t + \ldots\right]$$
$$+\frac{\chi_4}{1+n\chi_1}\left[\Phi_1(a_1, a_4)\sin(\mu_4-\mu_1)t + \Phi_2(a_1, a_4)\sin 2(\mu_4-\mu_1)t + \ldots\right]$$
$$+\frac{K_1}{1+n\chi_1}\gamma_1\sin 2(m-\mu_1)t,$$

et faisons $x_1 = \theta_1 + \mathrm{x}_1$, $y_1 = \vartheta_1 + \mathrm{y}_1$ (nous verrons bientôt la raison de ces substitutions). Les équations de l'Article XXXIII se changeront en celles-ci, dans lesquelles nous avons négligé les termes affectés de n^2,

$$
\begin{aligned}
(\mathrm{G})\quad & \frac{d^2\mathrm{x}_1}{dt^2} + \mathrm{M}_1^2\mathrm{x}_1 + f_1\mathrm{L}_1 - n(6\mu_1^2 - 3f_1)x_1^2 - \tfrac{1}{2}nf_1z_1^2 - nf_1^2\mathrm{Y}_1^2 \\
& - n\chi_2 f_1 x_1\left[\breve{\Pi}_1(a_1, a_2) + \frac{2\mu_1}{\mu_2-\mu_1}\widehat{\Gamma}_1(a_1, a_2)\right]\cos(\mu_2-\mu_1)t \\
& - n\chi_2 f_1 x_1\left[\breve{\Pi}_2(a_1, a_2) + \frac{2\mu_1}{2(\mu_2-\mu_1)}\widehat{\Gamma}_2(a_1, a_2)\right]\cos 2(\mu_2-\mu_1)t \\
& \cdots\cdots\cdots\cdots\cdots\cdots\cdots\cdots\cdots\cdots \\
& - n\chi_3 f_1 x_1\left[\breve{\Pi}_1(a_1, a_3) + \frac{2\mu_1}{\mu_3-\mu_1}\widehat{\Gamma}_1(a_1, a_3)\right]\cos(\mu_3-\mu_1)t \\
& - n\chi_3 f_1 x_1\left[\breve{\Pi}_2(a_1, a_3) + \frac{2\mu_1}{2(\mu_3-\mu_1)}\widehat{\Gamma}_2(a_1, a_3)\right]\cos 2(\mu_3-\mu_1)t \\
& \cdots\cdots\cdots\cdots\cdots\cdots\cdots\cdots\cdots\cdots \\
& - n\chi_4 f_1 x_1\left[\breve{\Pi}_1(a_1, a_4) + \frac{2\mu_1}{\mu_4-\mu_1}\widehat{\Gamma}_1(a_1, a_4)\right]\cos(\mu_4-\mu_1)t \\
& - n\chi_4 f_1 x_1\left[\breve{\Pi}_2(a_1, a_4) + \frac{2\mu_1}{2(\mu_4-\mu_1)}\widehat{\Gamma}_2(a_1, a_4)\right]\cos 2(\mu_4-\mu_1)t \\
& \cdots\cdots\cdots\cdots\cdots\cdots\cdots\cdots\cdots\cdots \\
& - n\mathrm{K}_1 f_1 x_1\left[\tfrac{3}{2} - \frac{3\mu_1}{2(m-\mu_1)}\cos 2(m-\mu_1)t\right] \\
& - n\chi_2 f_1 x_2[\breve{\Psi}(a_1,a_2) + \breve{\Psi}_1(a_1,a_2)\cos(\mu_2-\mu_1)t + \breve{\Psi}_2(a_1,a_2)\cos 2(\mu_2-\mu_1)t + \ldots] \\
& - n\chi_3 f_1 x_3[\breve{\Psi}(a_1,a_3) + \breve{\Psi}_1(a_1,a_3)\cos(\mu_3-\mu_1)t + \breve{\Psi}_2(a_1,a_3)\cos 2(\mu_3-\mu_1)t + \ldots] \\
& - n\chi_4 f_1 x_4[\breve{\Psi}(a_1,a_4) + \breve{\Psi}_1(a_1,a_4)\cos(\mu_4-\mu_1)t + \breve{\Psi}_2(a_1,a_4)\cos 2(\mu_4-\mu_1)t + \ldots] \\
& + n\mathrm{K}_1 f_1 \xi[\tfrac{3}{2} + \tfrac{9}{2}\cos 2(m-\mu_1)t] \\
& + n\chi_2 f_1(y_2-y_1)[\breve{\Gamma}_1(a_1, a_2)\sin(\mu_2-\mu_1)t + 2\breve{\Gamma}_2(a_1, a_2)\sin 2(\mu_2-\mu_1)t - \ldots] \\
& + n\chi_3 f_1(y_3-y_1)[\breve{\Gamma}_1(a_1, a_3)\sin(\mu_3-\mu_1)t + 2\breve{\Gamma}_2(a_1, a_3)\sin 2(\mu_3-\mu_1)t - \ldots] \\
& + n\chi_4 f_1(y_4-y_1)[\breve{\Gamma}_1(a_1, a_4)\sin(\mu_4-\mu_1)t + 2\breve{\Gamma}_2(a_1, a_4)\sin 2(\mu_4-\mu_1)t - \ldots]
\end{aligned}
$$

$$+ n\mathrm{K}_1 f_1 (\mathrm{J} - y_1) \times 3 \sin 2(m - \mu_1) t$$

$$+ 2n\chi_2 f_1 \mu_1 \int x_1 \left[\overset{\text{ss}}{\Pi}_1(a_1, a_2) \sin(\mu_2 - \mu_1) t + \overset{\text{ss}}{\Pi}_2(a_1, a_2) \sin 2(\mu_2 - \mu_1) t + \ldots \right] dt$$

$$+ 2n\chi_3 f_1 \mu_1 \int x_1 \left[\overset{\text{ss}}{\Pi}_1(a_1, a_3) \sin(\mu_3 - \mu_1) t + \overset{\text{ss}}{\Pi}_2(a_1, a_3) \sin 2(\mu_3 - \mu_1) t + \ldots \right] dt$$

$$+ 2n\chi_4 f_1 \mu_1 \int x_1 \left[\overset{\text{ss}}{\Pi}_1(a_1, a_4) \sin(\mu_4 - \mu_1) t + \overset{\text{ss}}{\Pi}_2(a_1, a_4) \sin 2(\mu_4 - \mu_1) t + \ldots \right] dt$$

$$- 2n\mathrm{K}_1 f_1 \mu_1 \int x_1 \times 3 \sin 2(m - \mu_1) t \, dt$$

$$+ 2n\chi_2 f_1 \mu_1 \int x_2 \left[\widehat{\Psi}_1(a_1, a_2) \sin(\mu_2 - \mu_1) t + \widehat{\Psi}_2(a_1, a_2) \sin 2(\mu_2 - \mu_1) t + \ldots \right] dt$$

$$+ 2n\chi_3 f_1 \mu_1 \int x_3 \left[\widehat{\Psi}_1(a_1, a_3) \sin(\mu_3 - \mu_1) t + \widehat{\Psi}_2(a_1, a_3) \sin 2(\mu_3 - \mu_1) t + \ldots \right] dt$$

$$+ 2n\chi_4 f_1 \mu_1 \int x_4 \left[\widehat{\Psi}_1(a_1, a_4) \sin(\mu_4 - \mu_1) t + \widehat{\Psi}_2(a_1, a_4) \sin 2(\mu_4 - \mu_1) t + \ldots \right] dt$$

$$+ 2n\mathrm{K}_1 f_1 \mu_1 \int \xi \times \tfrac{9}{2} \sin 2(m - \mu_1) t \, dt$$

$$+ 2n\chi_2 f_1 \mu_1 \int (y_2 - y_1) \left[\widehat{\Gamma}_1(a_1, a_2) \cos(\mu_2 - \mu_1) t + 2\widehat{\Gamma}_2(a_1, a_2) \cos 2(\mu_2 - \mu_1) t + \ldots \right] dt$$

$$+ 2n\chi_3 f_1 \mu_1 \int (y_3 - y_1) \left[\widehat{\Gamma}_1(a_1, a_3) \cos(\mu_3 - \mu_1) t + 2\widehat{\Gamma}_2(a_1, a_3) \cos 2(\mu_3 - \mu_1) t + \ldots \right] dt$$

$$+ 2n\chi_4 f_1 \mu_1 \int (y_4 - y_1) \left[\widehat{\Gamma}_1(a_1, a_4) \cos(\mu_4 - \mu_1) t + 2\widehat{\Gamma}_2(a_1, a_4) \cos 2(\mu_4 - \mu_1) t + \ldots \right] dt$$

$$- 2n\mathrm{K}_1 f_1 x_1 \int (\mathrm{J} - y_1) \times 3 \cos 2(m - \mu_1) t \, dt = 0,$$

$$(\mathrm{H}) \quad \frac{d\mathrm{y}_1}{dt} + 2\mu_1 \mathrm{x}_1 - f_1 \mathbf{H}_1 - 3n\mu \mathrm{x}_1^2$$

$$+ 2n\chi_2 f_1 x_1 \left[\frac{\widehat{\Gamma}_1(a_1, a_2)}{\mu_2 - \mu_1} \cos(\mu_2 - \mu_1) t + \frac{\widehat{\Gamma}_2(a_1, a_2)}{2(\mu_2 - \mu_1)} \cos 2(\mu_2 - \mu_1) t + \ldots \right]$$

$$+ 2n\chi_3 f_1 x_1 \left[\frac{\widehat{\Gamma}_1(a_1, a_3)}{\mu_3 - \mu_1} \cos(\mu_3 - \mu_1) t + \frac{\widehat{\Gamma}_2(a_1, a_3)}{2(\mu_3 - \mu_1)} \cos 2(\mu_3 - \mu_1) t + \ldots \right]$$

$$+ 2n\chi_4 f_1 x_1 \left[\frac{\widehat{\Gamma}_1(a_1, a_4)}{\mu_4 - \mu_1} \cos(\mu_4 - \mu_1) t + \frac{\widehat{\Gamma}_2(a_1, a_4)}{2(\mu_4 - \mu_1)} \cos 2(\mu_4 - \mu_1) t + \ldots \right]$$

$$-2nK_1f_1x_1\times\frac{3}{4(m-\mu_1)}\cos 2(m-\mu_1)t$$

$$+n\chi_2f_1\int x_1\left[\overset{\omega}{\Pi}_1(a_1, a_2)\sin(\mu_2-\mu_1)t+\overset{\omega}{\Pi}_2(a_1, a_2)\sin 2(\mu_2-\mu_1)t+\ldots\right]dt$$

$$+n\chi_3f_1\int x_1\left[\overset{\omega}{\Pi}_1(a_1, a_3)\sin(\mu_3-\mu_1)t+\overset{\omega}{\Pi}_2(a_1, a_3)\sin 2(\mu_3-\mu_1)t+\ldots\right]dt$$

$$+n\chi_4f_1\int x_1\left[\overset{\omega}{\Pi}_1(a_1, a_4)\sin(\mu_4-\mu_1)t+\overset{\omega}{\Pi}_2(a_1, a_4)\sin 2(\mu_4-\mu_1)t+\ldots\right]dt$$

$$+nK_1f_1\int x_1\times 3\sin 2(m-\mu_1)t\,dt$$

$$+n\chi_2f_1\int x_2\left[\widehat{\Psi}_1(a_1, a_2)\sin(\mu_2-\mu_1)t+\widehat{\Psi}_2(a_1, a_2)\sin 2(\mu_2-\mu_1)t+\ldots\right]dt$$

$$+n\chi_3f_1\int x_3\left[\widehat{\Psi}_1(a_1, a_3)\sin(\mu_3-\mu_1)t+\widehat{\Psi}_2(a_1, a_3)\sin 2(\mu_3-\mu_1)t+\ldots\right]dt$$

$$+n\chi_4f_1\int x_4\left[\widehat{\Psi}_1(a_1, a_4)\sin(\mu_4-\mu_1)t+\widehat{\Psi}_2(a_1, a_4)\sin 2(\mu_4-\mu_1)t+\ldots\right]dt$$

$$+nK_1f_1\int \xi\times\tfrac{9}{2}\sin 2(m-\mu_1)t\,dt$$

$$+n\chi_2f_1\int(y_2-y_1)\left[\widehat{\Gamma}_1(a_1, a_2)\cos(\mu_2-\mu_1)t+2\widehat{\Gamma}_2(a_1, a_2)\cos 2(\mu_2-\mu_1)t+\ldots\right]dt$$

$$+n\chi_3f_1\int(y_3-y_1)\left[\widehat{\Gamma}_1(a_1, a_3)\cos(\mu_3-\mu_1)t+2\widehat{\Gamma}_2(a_1, a_3)\cos 2(\mu_3-\mu_1)t+\ldots\right]dt$$

$$+n\chi_4f_1\int(y_4-y_1)\left[\widehat{\Gamma}_1(a_1, a_4)\cos(\mu_4-\mu_1)t+2\widehat{\Gamma}_2(a_1, a_4)\cos 2(\mu_4-\mu_1)t+\ldots\right]dt$$

$$-nK_1f_1\int(J-y_1)\times 3\cos 2(m-\mu_1)t=0,$$

$$(K)\quad \frac{d^2z_1}{dt^2}+N_1^2-4n\mu_1^2z_1x_1+2n\frac{dx_1dz_1}{dt^2}$$

$$+n\chi_2f_1z_1\left[\overset{\omega}{\Gamma}_1(a_1, a_2)+\frac{2\mu_1}{\mu_2-\mu_1}\widehat{\Gamma}_1(a_1, a_2)\right]\cos(\mu_2-\mu_1)t$$

$$+n\chi_2f_1z_1\left[\overset{\omega}{\Gamma}_2(a_1, a_2)+\frac{2\mu_1}{2(\mu_2-\mu_1)}\widehat{\Gamma}_2(a_1, a_2)\right]2\cos(\mu_2-\mu_1)t\ldots$$

. . . .

$$+ n\chi_3 f_1 z_1 \left[\mathring{\Gamma}_1(a_1, a_3) + \frac{2\mu_1}{\mu_3 - \mu_1} \widehat{\Gamma}_1(a_1, a_3) \right] \cos(\mu_3 - \mu_1)t$$

$$+ n\chi_3 f_1 z_1 \left[\mathring{\Gamma}_2(a_1, a_3) + \frac{2\mu_1}{2(\mu_3 - \mu_1)} \widehat{\Gamma}_2(a_1, a_3) \right] \cos 2(\mu_3 - \mu_1)t \ldots$$

. . . .

$$+ n\chi_4 f_1 z_1 \left[\mathring{\Gamma}_1(a_1, a_4) + \frac{2\mu_1}{\mu_4 - \mu_1} \widehat{\Gamma}_1(a_1, a_4) \right] \cos(\mu_4 - \mu_1)t$$

$$+ n\chi_4 f_1 z_1 \left[\mathring{\Gamma}_2(a_1, a_4) + \frac{2\mu_1}{2(\mu_4 - \mu_1)} \widehat{\Gamma}_2(a_1, a_4) \right] \cos 2(\mu_4 - \mu_1)t \ldots$$

. . . .

$$+ n\mathrm{K}_1 f_1 z_1 \left[\tfrac{3}{2} - \frac{3\mu_1}{2(m - \mu_1)} \right] \cos 2(m - \mu_1)t$$

$$- n\chi_2 f_1 z_2 [\mathring{\Gamma}(a_1, a_2) + \mathring{\Gamma}_1(a_1, a_2)\cos(\mu_2 - \mu_1)t + \mathring{\Gamma}_2(a_1, a_2)\cos 2(\mu_2 - \mu_1)t \ldots]$$

$$- n\chi_3 f_1 z_3 [\mathring{\Gamma}(a_1, a_3) + \mathring{\Gamma}_1(a_1, a_3)\cos(\mu_3 - \mu_1)t + \mathring{\Gamma}_2(a_1, a_3)\cos 2(\mu_3 - \mu_1)t \ldots]$$

$$- n\chi_4 f_1 z_4 [\mathring{\Gamma}(a_1, a_4) + \mathring{\Gamma}_1(a_1, a_4)\cos(\mu_4 - \mu_1)t + \mathring{\Gamma}_2(a_1, a_4)\cos 2(\mu_4 - \mu_1)t \ldots] = 0.$$

LXXVII.

Si l'on rejette dans les équations (G) et (H) tous les termes affectés de n, comme aussi tous les termes constants qui doivent être nuls par les conditions de l'Article XXXII, on a

$$\frac{d^2 \mathrm{x}_1}{dt^2} + \mathrm{M}_1^2 \mathrm{x}_1 = 0, \quad \frac{d\mathrm{y}_1}{dt} + 2\mu_1 \mathrm{x}_1 = 0.$$

D'où l'on tire

$$\mathrm{x}_1 = \varepsilon_1 \cos(\mathrm{M}_1 t + \omega_1), \quad \mathrm{y}_1 = -\frac{2\mu_1}{\mathrm{M}_1} \varepsilon_1 \sin(\mathrm{M}_1 t + \omega_1),$$

ce qui donne pour x_1 et y_1 les mêmes valeurs que nous avons déjà trouvées (Article LXXV).

La quantité $-\frac{2\mu_1}{m_1}\varepsilon_1 \sin(\mathrm{M}_1 t + \omega_1)$ n'est que le premier terme de l'équation du centre calculée dans une ellipse mobile (Article XXXVIII); si l'on voulait avoir le terme suivant, c'est-à-dire celui qui contient le carré de l'excentricité, il n'y aurait qu'à mettre au lieu de x_1 dans les termes $-n(6\mu_1-3f_1)x_1^2$ et $-3n\mu_1 x_1^2$ des équations (G), (H), la valeur de x_1 qu'on vient de trouver.

On aurait donc, en négligeant toujours les termes constants,

$$\frac{d^2\mathrm{x}_1}{dt^2}+\mathrm{M}_1^2\mathrm{x}_1-n(6\mu_1^2-3f_1)\frac{\varepsilon_1^2}{2}\cos 2(\mathrm{M}_1 t+\omega_1)=0,$$

$$\frac{d\mathrm{y}_1}{dt}+2\mu_1\mathrm{x}_1-3n\mu_1\frac{\varepsilon_1^2}{2}\cos 2(\mathrm{M}_1 t+\omega_1)=0.$$

La première de ces équations donne (Article XXXIV)

$$\mathrm{x}_1=\varepsilon_1\cos(\mathrm{M}_1 t+\omega_1)-n(6\mu_1^2-3f_1)\frac{\varepsilon_1^2}{2}\frac{\cos 2(\mathrm{M}_1 t+\omega_1)}{3\mathrm{M}_1^2},$$

c'est-à-dire, en mettant au lieu de f_1 et de M_1^2 leurs valeurs approchées μ_1^2 (Article XLV),

$$\mathrm{x}_1=\varepsilon_1\cos(\mathrm{M}_1 t+\omega_1)-n\frac{\varepsilon_1^2}{2}\cos 2(\mathrm{M}_1 t+\omega_1).$$

Donc, substituant cette valeur de x_1 dans la seconde, et l'intégrant ensuite, on aura

$$\mathrm{y}_1=-\frac{2\mu_1}{\mathrm{M}_1}\varepsilon_1\sin(\mathrm{M}_1 t+\omega_1)+n\frac{5\mu_1}{4\mathrm{M}_1}\varepsilon_1^2\sin 2(\mathrm{M}_1 t+\omega_1).$$

Ce qui s'accorde avec ce que l'on sait d'ailleurs; mais nous verrons plus bas qu'il y a dans l'équation (G) d'autres termes qui influent considérablement sur l'équation du centre, et qui empêchent qu'on ne puisse regarder l'expression précédente comme assez exacte, même dans le cas où l'on néglige les quantités de l'ordre n.

Il en faut dire autant de l'expression de la latitude que nous avons déjà trouvée (Article XL); mais avant que d'entrer dans cette discussion, il est bon de voir ce que donnent les nouvelles valeurs de M et de N (Article précédent) pour le mouvement des apsides et des nœuds.

§ I. — *Premières valeurs du mouvement des apsides et des nœuds des satellites.*

LXXVIII.

Nous avons trouvé (Article LXXVI)

$$M_1^2 = 3\mu_1^2 - 2f_1 - nf_1\left[\chi_2\breve{\Pi}(a_1, a_2) + \chi_3\breve{\Pi}(a_1, a_3) + \chi_4\breve{\Pi}(a_1, a_4) + \tfrac{1}{2}K_1 + \tfrac{4}{5}\varkappa_1\right];$$

or, on a généralement (Article XXIX)

$$1 - \frac{\mu^2}{f} = ng,$$

d'où

$$f = \frac{\mu^2}{1 - ng} = \mu^2(1 + ng),$$

et par conséquent

$$f_1 = \mu_1^2(1 + ng_1);$$

donc, négligeant les termes affectés de n, on aura

$$M_1^2 = \mu_1^2\left[1 - 2ng_1 - n\chi_2\breve{\Pi}(a_1, a_2) - n\chi_3\breve{\Pi}(a_1, a_3) - n\chi_4\breve{\Pi}(a_1, a_4) - \tfrac{1}{2}K_1 - \tfrac{4}{5}n\varkappa_1\right].$$

Maintenant on a par l'équation $L_1 = g_1 - \ldots$ de l'Article LXXVI

$$g_1 = L_1 + 2\mu_1 H_1 + \frac{1}{1 + n\chi_1}\left[\chi_2\breve{\Gamma}(a_1, a_2) + \chi_3\breve{\Gamma}(a_1, a_3) + \chi_4\breve{\Gamma}(a_1, a_4) + \tfrac{1}{2}K_1 - \tfrac{1}{5}\varkappa_1\right];$$

donc

$$\begin{aligned} M_1^2 = \mu_1^2 \Big[& 1 - n\chi_2\left[\breve{\Pi}(a_1, a_2) + 2\breve{\Gamma}(a_1, a_2)\right] - n\chi_3\left[\breve{\Pi}(a_1, a_3) + 2\breve{\Gamma}(a_1, a_3)\right] \\ & - n\chi_4\left[\breve{\Pi}(a_1, a_4) + 2\breve{\Gamma}(a_1, a_4)\right] - \tfrac{3}{2}nK_1 - \tfrac{2}{5}n\varkappa_1 - 2nL_1 - 4n\mu_1 H_1\Big], \end{aligned}$$

les quantités L_1, H_1 devant être déterminées par la condition que les équations (G), (H) ne renferment aucun terme constant.

Pour remplir ces deux conditions, on supposera que (x_1^2) soit la quantité constante qui entre dans la valeur de x_1^2; car la valeur de x_1 étant composée de sinus et de cosinus, il est évident que le carré x_1^2 contiendra nécessairement des termes constants, quoique x_1 n'en contienne point; de même, soient (z_1^2), (Y_1^2) les quantités constantes qui entreront dans les valeurs de z_1^2, Y_1^2; on aura donc

$$f_1 L - n(6\mu_1^2 - 3f_1)(x_1^2) - \tfrac{3}{2}nf_1(z_1^2) - nf_1^2(Y_1^2) = 0, \quad -f_1 H_1 - 3n\mu_1(x_1^2) = 0;$$

d'où l'on tirera L_1 et H_1, qui seront de l'ordre de n; c'est pourquoi on peut négliger dans la valeur de M_1^2 les quantités $2nL_1$ et $4n\mu_1 H_1$, qui seraient de l'ordre n^2.

LXXIX.

Donc, si l'on fait, pour abréger,

$$\begin{aligned}\varepsilon_1 = {} & \chi_2[\breve{\Pi}(a_1, a_2) + 2\breve{\Gamma}(a_1, a_2)] + \chi_3[\breve{\Pi}(a_1, a_3) + 2\breve{\Gamma}(a_1, a_3)] \\ & + \chi_4[\breve{\Pi}(a_1, a_4) + 2\breve{\Gamma}(a_1, a_4)] + \tfrac{3}{2}K_1 + \tfrac{2}{5}\varkappa_1,\end{aligned}$$

et de même (Article IX)

$$\begin{aligned}\varepsilon_2 = {} & \chi_1[\breve{\Pi}(a_2, a_1) + 2\breve{\Gamma}(a_2, a_1)] + \chi_3[\breve{\Pi}(a_2, a_3) + 2\breve{\Gamma}(a_2, a_3)] \\ & + \chi_4[\breve{\Pi}(a_2, a_4) + 2\breve{\Gamma}(a_2, a_4)] + \tfrac{3}{2}K_2 + \tfrac{2}{5}\varkappa_2,\end{aligned}$$

$$\begin{aligned}\varepsilon_3 = {} & \chi_1[\breve{\Pi}(a_3, a_1) + 2\breve{\Gamma}(a_3, a_1)] + \chi_2[\breve{\Pi}(a_3, a_2) + 2\breve{\Gamma}(a_3, a_2)] \\ & + \chi_4[\breve{\Pi}(a_3, a_4) + 2\breve{\Gamma}(a_3, a_4)] + \tfrac{3}{2}K_3 + \tfrac{2}{5}\varkappa_3,\end{aligned}$$

$$\begin{aligned}\varepsilon_4 = {} & \chi_1[\breve{\Pi}(a_4, a_1) + 2\breve{\Gamma}(a_4, a_1)] + \chi_2[\breve{\Pi}(a_4, a_2) + 2\breve{\Gamma}(a_4, a_2)] \\ & + \chi_3[\breve{\Pi}(a_4, a_3) + 2\breve{\Gamma}(a_4, a_3)] + \tfrac{3}{2}K_4 + \tfrac{2}{5}\varkappa_4,\end{aligned}$$

on aura

$$M_1^2 = \mu_1^2(1 - n\beta_1), \quad M_1 = \mu_1(1 - \tfrac{1}{2}n\beta_1),$$
$$M_2^2 = \mu_2^2(1 - n\beta_2), \quad M_2 = \mu_2(1 - \tfrac{1}{2}n\beta_2);$$

et ainsi des autres.

Or le mouvement de la ligne des apsides étant au mouvement moyen comme $\mu - M$ à μ (Article XXXVII), cette ligne avancera pendant une révolution de $\frac{n\beta}{2}360^\circ$, d'où l'on connaîtra le mouvement des apsides de tous les satellites.

LXXX.

Pour évaluer en nombres les quantités β, il faut commencer par chercher les valeurs des quantités $\breve{\Pi}(a_1, a_2), \ldots$, lesquelles dépendent des quantités $\Lambda(a_1, a_2), \ldots$, c'est-à-dire des coefficients de la série qui représente la quantité radicale $(1 - 2q\theta + q^2)^{-\frac{5}{2}}$ (Articles XX et suivants).

Soit donc, comme dans cet Article,

$$(1 - 2q\cos\theta + q^2)^{-\frac{5}{2}} = (A) + (B)\cos\theta + (C)\cos 2\theta + \ldots,$$

on aura, en faisant $q = \frac{a_1}{a_2}$ et $\theta = \varphi_2 - \varphi_1$,

$$[a_1^2 - 2a_1 a_2 \cos(\varphi_2 - \varphi_1) + a_2^2]^{-\frac{5}{2}} = a_2^{-5}[(A) + (B)\cos(\varphi_2 - \varphi_1) + (C)\cos 2(\varphi_2 - \varphi_1) + \ldots];$$

donc (Article XXI)

$$\Lambda(a_1, a_2) = a_2^{-5}(A), \quad \Lambda_1(a_1, a_2) = a_2^{-5}(B), \ldots.$$

De même, en faisant $q = \frac{a_1}{a_3}, = \frac{a_2}{a_3}, \ldots$, on aura

$$\Lambda(a_1, a_3) = a_3^{-5}(A), \quad \Lambda_1(a_1, a_3) = a_3^{-5}(B), \ldots,$$

et ainsi de suite; où l'on remarquera que les quantités réciproques $\Lambda(a_2, a_1)$, $\Lambda(a_3, a_1), \ldots$ sont les mêmes que les quantités $\Lambda(a_1, a_2)$, $\Lambda(a_1, a_3), \ldots$ (Article XLIII).

Cela posé, on trouvera (Article XXII), q étant égal à $\frac{a_1}{a_2}$,

$$\Pi(a_1, a_2) = \frac{q(\text{B}) - 2q^2(\text{A})}{2a_2^3},$$

$$\Pi_1(a_1, a_2) = \frac{q(\text{C}) - 2q^2(\text{B}) + 2q(\text{A})}{2a_2^3},$$

$$\Pi_2(a_1, a_2) = \frac{q(\text{D}) - 2q^2(\text{C}) + q(\text{B})}{2a_2^3},$$

$$\dots\dots\dots\dots\dots\dots\dots\dots\dots\dots;$$

et de là, en faisant, pour abréger,

$$\text{P} = \frac{q(\text{B}) - q^2(\text{A})}{2},$$

$$\text{P}_1 = \frac{q(\text{C}) - 2q^2(\text{B}) + 2q(\text{A})}{2},$$

$$\text{P}_2 = \frac{q(\text{D}) - q^2(\text{C}) + q(\text{B})}{2},$$

$$\dots\dots\dots\dots\dots\dots\dots\dots,$$

on aura par l'Article XXIV

$$\breve{\Pi}(a_1, a_2) = 3\,\frac{q^2\text{P}_1 - 2q^3\text{P}}{2} - q^3\text{A},$$

$$\breve{\Pi}_1(a_1, a_2) = 3\,\frac{q^2\text{P}_2 - 2q^3\text{P}_1 + 2q^2\text{P}}{2} - q^3\text{B},$$

$$\breve{\Pi}_2(a_1, a_2) = 3\,\frac{q^2\text{P}_3 - 2q^3\text{P}_2 + q^2\text{P}_1}{2} - q^3\text{C},$$

$$\dots\dots\dots\dots\dots\dots\dots\dots\dots\dots\dots$$

On trouvera des expressions semblables pour les fonctions $\breve{\Pi}$ de (a_1, a_3), $(a_2, a_3), \dots$, en faisant $q = \frac{a_1}{a_3}$, $= \frac{a_2}{a_3}, \dots$

De la même manière on trouvera que l'on a, q étant encore égal à $\frac{a_1}{a_2}$,

$$\Pi(a_2, a_1) = \frac{q(\mathrm{B}) - 2(\mathrm{A})}{2a_2^3},$$

$$\Pi_1(a_2, a_1) = \frac{q(\mathrm{C}) - 2(\mathrm{B}) + 2q(\mathrm{A})}{2a_2^3},$$

$$\Pi_2(a_2, a_1) = \frac{q(\mathrm{D}) - 2(\mathrm{C}) + q(\mathrm{B})}{2a_2^3},$$

$$\dots\dots\dots\dots\dots\dots\dots\dots\dots;$$

d'où, en faisant

$$\mathrm{Q} = \frac{q(\mathrm{B}) - 2(\mathrm{A})}{2},$$

$$\mathrm{Q}_1 = \frac{q(\mathrm{C}) - 2(\mathrm{B}) + 2q(\mathrm{A})}{2},$$

$$\mathrm{Q}_2 = \frac{q(\mathrm{D}) - 2(\mathrm{C}) + q(\mathrm{B})}{2},$$

$$\dots\dots\dots\dots\dots\dots\dots\dots,$$

on tire

$$\breve{\Pi}(a_2, a_1) = 3\,\frac{q\mathrm{Q}_1 - 2\mathrm{Q}}{2} - \mathrm{A},$$

$$\breve{\Pi}_1(a_2, a_1) = 3\,\frac{q\mathrm{Q}_2 - 2\mathrm{Q}_1 + 2q\mathrm{Q}}{2} - \mathrm{B},$$

$$\breve{\Pi}_2(a_2, a_1) = 3\,\frac{q\mathrm{Q}_3 - 2\mathrm{Q}_2 + q\mathrm{Q}_1}{2} - \mathrm{C},$$

$$\dots\dots\dots\dots\dots\dots\dots\dots\dots,$$

expressions qui serviront aussi pour les quantités $\breve{\Pi}(a_3, a_1)$, $\breve{\Pi}(a_3, a_2), \ldots$, en faisant successivement $q = \frac{a_1}{a_3}$, $q = \frac{a_2}{a_3}, \ldots$

LXXXI.

Ayant donc fait le calcul de ces différentes quantités, j'ai trouvé les valeurs suivantes :

	$q=\frac{a_1}{a_2}$	$q=\frac{a_1}{a_3}$	$q=\frac{a_1}{a_4}$	$q=\frac{a_2}{a_3}$	$q=\frac{a_2}{a_4}$	$q=\frac{a_3}{a_4}$
(A)	14,494	2,654	1,366	13,856	2,198	8,288
(B)	27,331	4,095	1,399	26,083	3,179	15,144
(C)	23,754	2,544	0,550	22,646	1,850	12,400
(D)	19,323	1,151	0,515	17,547	1,185	9,402
...	......	.....	.....	......	.....	.....
P	2,856	0,395	0,099	2,734	0,287	1,627
P_1	5,767	0,912	0,298	5,539	0,709	3,342
P_2	5,268	0,639	0,186	4,783	0,541	2,972
...	.....	.....	.....	.....	.....	.....
Q	− 5,887	− 1,847	− 1,199	− 5,692	− 1,633	− 3,985
Q_1	−10,717	− 2,547	− 1,031	−10,335	− 2,068	− 6,909
Q_2	− 9,059	− 1,510	− 0,336	− 8,993	− 1,075	− 5,423
...	....	....	....	....	....	....

	(a_1, a_2)	(a_1, a_3)	(a_1, a_4)	(a_2, a_3)	(a_2, a_4)	(a_3, a_4)
$\breve{\Pi}$	0,534	0,050	0,008	0,514	0,036	0,389
	(a_2, a_1)	(a_3, a_1)	(a_4, a_1)	(a_3, a_2)	(a_4, a_2)	(a_4, a_3)
$\breve{\Pi}$	4,504	2,579	2,128	4,401	2,454	3,837

LXXXII.

A l'égard des valeurs de $\breve{\Gamma}(a_1, a_2), \ldots$, nous les avons données ci-dessus (Article XLVII), aussi bien que celles de $n\mathrm{K}_1$, $n\mathrm{K}_2, \ldots$ (Article XLIX); et pour ce qui est des quantités $n\varkappa = \nu \frac{\mathrm{A}^2}{a^2}$ (Article XXIX) on aura, en faisant A, demi-diamètre de Jupiter, égal à 1, et mettant pour a_1, $a_2, \ldots$ leurs valeurs (Article XLVI), on aura, dis-je,

$$n\varkappa_1 = 0{,}03110\,\nu, \quad n\varkappa_2 = 0{,}01234\,\nu, \quad n\varkappa_3 = 0{,}00484\,\nu, \quad n\varkappa_4 = 0{,}00156\,\nu,$$

la quantité ν dépendant de la figure et de la constitution intérieure de Jupiter, comme on l'a vu (Article XVI).

LXXXIII.

Toutes ces substitutions faites, on aura, après avoir remis au lieu de $n\chi_1$, $n\chi_2, \ldots$, les quantités $\frac{\mathfrak{C}_1}{\mathfrak{T}}$, $\frac{\mathfrak{C}_2}{\mathfrak{T}}, \ldots$,

$$n\mathrm{6}_1 = 0{,}982\,\frac{\mathfrak{C}_2}{\mathfrak{T}} + 0{,}124\,\frac{\mathfrak{C}_3}{\mathfrak{T}} + 0{,}022\,\frac{\mathfrak{C}_4}{\mathfrak{T}} + 0{,}012440\,\nu + 0{,}0000003,$$

$$n\mathrm{6}_2 = 1{,}562\,\frac{\mathfrak{C}_1}{\mathfrak{T}} + 0{,}940\,\frac{\mathfrak{C}_3}{\mathfrak{T}} + 0{,}090\,\frac{\mathfrak{C}_4}{\mathfrak{T}} + 0{,}004936\,\nu + 0{,}0000010,$$

$$n\mathrm{6}_3 = 0{,}307\,\frac{\mathfrak{C}_1}{\mathfrak{T}} + 1{,}467\,\frac{\mathfrak{C}_2}{\mathfrak{T}} + 0{,}673\,\frac{\mathfrak{C}_4}{\mathfrak{T}} + 0{,}001936\,\nu + 0{,}0000040,$$

$$n\mathrm{6}_4 = 0{,}050\,\frac{\mathfrak{C}_1}{\mathfrak{T}} + 0{,}260\,\frac{\mathfrak{C}_2}{\mathfrak{T}} + 1{,}139\,\frac{\mathfrak{C}_3}{\mathfrak{T}} + 0{,}000624\,\nu + 0{,}0000222.$$

LXXXIV.

Passons maintenant aux formules qui donnent le mouvement des nœuds, et nous trouvons d'abord pour le premier satellite (Article LXXV)

$$\mathrm{N}_1^2 = \mu_1^2 + nf_1\left[\chi_2 \overset{\text{ꝏ}}{\Gamma}(a_1, a_2) + \chi_3 \overset{\text{ꝏ}}{\Gamma}(a_1, a_3) + \chi_4 \overset{\text{ꝏ}}{\Gamma}(a_1, a_4) + \tfrac{3}{2}\mathrm{K}_1 + \tfrac{3}{5}\varkappa_1\right] + 2n\mu_1 f_1 \mathrm{H}_1;$$

c est-à-dire, en mettant μ_1^2 au lieu de f_1, et négligeant le terme $2n\mu_1 f_1 \mathrm{H}_1$

qui est du second ordre, à cause que H_1 est déjà de l'ordre de n (Article LXXVIII),

$$N_1^2 = \mu_1^2\left[1 + n\chi_2\overset{5}{\Gamma}(a_1, a_2) + n\chi_3\overset{5}{\Gamma}(a_1, a_3) + n\chi_4\overset{5}{\Gamma}(a_2, a_4) + \tfrac{3}{2}nK_1 + \tfrac{2}{5}n\varkappa_1\right];$$

donc si l'on fait, pour abréger,

$$\varpi_1 = \chi_2\overset{5}{\Gamma}(a_1, a_2) + \chi_3\overset{5}{\Gamma}(a_1, a_3) + \chi_4\overset{5}{\Gamma}(a_1, a_4) + \tfrac{2}{3}K_1 + \tfrac{3}{5}\varkappa_1,$$

de même

$$\varpi_2 = \chi_1\overset{5}{\Gamma}(a_2, a_1) + \chi_3\overset{5}{\Gamma}(a_2, a_3) + \chi_4\overset{5}{\Gamma}(a_2, a_4) + \tfrac{3}{2}K_2 + \tfrac{3}{5}\varkappa_2,$$

$$\varpi_3 = \chi_1\overset{5}{\Gamma}(a_3, a_1) + \chi_2\overset{5}{\Gamma}(a_3, a_2) + \chi_4\overset{5}{\Gamma}(a_3, a_4) + \tfrac{3}{2}K_3 + \tfrac{3}{5}\varkappa_3,$$

$$\varpi_4 = \chi_1\overset{5}{\Gamma}(a_4, a_1) + \chi_2\overset{5}{\Gamma}(a_4, a_2) + \chi_3\overset{5}{\Gamma}(a_4, a_3) + \tfrac{3}{2}K_4 + \tfrac{3}{5}\varkappa_4.$$

On aura pour tous les quatre satellites

$$N_1^2 = \mu_1^2(1 + n\varpi_1), \quad N_1 = \mu_1(1 + \tfrac{1}{2}n\varpi_1),$$

$$N_2^2 = \mu_2^2(1 + n\varpi_2), \quad N_1 = \mu_2(1 + \tfrac{1}{2}n\varpi_2),$$

$$\dots\dots\dots\dots, \quad \dots\dots\dots\dots$$

Pour tirer de là le mouvement des nœuds, on remarquera que $(\mu - N)t - \eta$ exprime, en général, la longitude moyenne du nœud ascendant (Article XLI); d'où il suit que le mouvement de la ligne des nœuds sera au mouvement moyen comme $\mu - N$ à μ, c'est-à-dire, comme $-\frac{n\varpi}{2}$ à 1; par conséquent les nœuds reculeront à chaque révolution de $\frac{1}{2}n\varpi \times 360°$.

LXXXV.

Or, on trouve par l'Article XXXII, en faisant successivement $q = \frac{a_1}{a_2}$, $q = \frac{a_1}{a_3}, \dots$,

$$\overset{5}{\Gamma}(a_1, a_2) = q^3 A + \breve{\Gamma}(a_1, a_2),$$

$$\overset{5}{\Gamma}(a_1, a_3) = q^3 A + \breve{\Gamma}(a_1, a_3),$$

$$\dots\dots\dots\dots\dots\dots,$$

ensuite,

$$\breve{\breve{\Gamma}}(a_2, a_1) = A + \breve{\Gamma}(a_2, a_1),$$

$$\breve{\breve{\Gamma}}(a_3, a_1) = A + \breve{\Gamma}(a_3, a_1),$$

$$\ldots\ldots\ldots\ldots\ldots\ldots\ldots,$$

ce qui donne (Article XLVII)

	(a_1, a_2)	(a_1, a_3)	(a_1, a_4)	(a_2, a_3)	(a_2, a_4)	(a_3, a_4)
$\breve{\Gamma}$	0,981	0,126	0,018	0,942	0,087	0,576
	(a_2, a_1)	(a_3, a_1)	(a_4, a_1)	(a_3, a_2)	(a_4, a_2)	(a_4, a_3)
$\breve{\breve{\Gamma}}$	1,558	0,320	0,083	1,506	0,245	1,013

LXXXVI.

Donc, faisant ces substitutions, et remettant $\frac{\mathfrak{C}_1}{\mathfrak{T}}, \frac{\mathfrak{C}_2}{\mathfrak{T}}, \ldots$ au lieu de $n\chi_1, n\chi_2, \ldots$, on aura

$$n\varpi_1 = 0,981\,\frac{\mathfrak{C}_2}{\mathfrak{T}} + 0,126\,\frac{\mathfrak{C}_3}{\mathfrak{T}} + 0,018\,\frac{\mathfrak{C}_4}{\mathfrak{T}} + 0,018660\nu + 0,0000003,$$

$$n\varpi_2 = 1,558\,\frac{\mathfrak{C}_1}{\mathfrak{T}} + 0,942\,\frac{\mathfrak{C}_3}{\mathfrak{T}} + 0,087\,\frac{\mathfrak{C}_4}{\mathfrak{T}} + 0,007404\nu + 0,0000010,$$

$$n\varpi_3 = 0,320\,\frac{\mathfrak{C}_1}{\mathfrak{T}} + 1,506\,\frac{\mathfrak{C}_2}{\mathfrak{T}} + 0,576\,\frac{\mathfrak{C}_4}{\mathfrak{T}} + 0,002904\nu + 0,0000040,$$

$$n\varpi_4 = 0,083\,\frac{\mathfrak{C}_1}{\mathfrak{T}} + 0,245\,\frac{\mathfrak{C}_2}{\mathfrak{T}} + 1,013\,\frac{\mathfrak{C}_3}{\mathfrak{T}} + 0,000936\nu + 0,0000222.$$

§ II. — *Où l'on montre la nécessité d'avoir égard, dans les calculs de l'équation du centre et de la latitude, à quelques termes de l'ordre n des équations* (H) *et* (K).

LXXXVII.

Nous avons trouvé (Article LXXVII)

$$\mathrm{x}_1 = \varepsilon_1 \cos(\mathrm{M}_1 t + \omega_1), \quad \mathrm{y}_1 = -\frac{2\mu_1}{\mathrm{M}_1}\varepsilon_1 \sin(\mathrm{M}_1 t + \omega_1);$$

on trouvera de même

$$\mathrm{x}_2 = \varepsilon_2 \cos(\mathrm{M}_2 t + \omega_2), \quad \mathrm{y}_2 = -\frac{2\mu_2}{\mathrm{M}_2}\varepsilon_2 \sin(\mathrm{M}_2 t + \omega_2);$$

et ainsi des autres. Cela posé, si l'on reprend l'équation (G) de l'Article LXXVI, et qu'on substitue dans le terme

$$n\chi_2 f_1 x_2 \Psi_1(a_1, a_2)\cos(\mu_2 - \mu_1)t,$$

au lieu de x_2 sa valeur $\mathrm{x}_2 + \theta_2$, on verra que la quantité $\mathrm{x}_2\cos(\mu_2 - \mu_1)t$ renfermera un terme de cette forme

$$\cos[(\mathrm{M}_2 - \mu_2 + \mu_1)t + \omega_2] = \cos\left[\left(\mu_1 - \frac{n\mathfrak{G}_2}{2}\mu_2\right)t + \omega_2\right] (^*);$$

lequel étant intégré deviendra

$$\frac{\cos\left[\left(\mu_1 - \frac{n\mathfrak{G}_2}{2}\mu_2\right)t + \omega_2\right]}{\left(\mu_1 - \frac{n\mathfrak{G}_2}{2}\mu_2\right)^2 - \left(\mu_1 - \frac{n\mathfrak{G}_1}{2}\mu_1\right)^2};$$

ainsi le terme

$$n\chi_2 f_1 \Psi_1(a_1, a_2) x_2 \cos(\mu_2 - \mu_1)t$$

(*) Les formules qui suivent sont, dans le texte primitif, entachées d'erreurs provenant de ce que l'Auteur a employé, par inadvertance, la formule $\mathrm{M} = \mu - \frac{n\mathfrak{G}}{2}$, au lieu de $\mathrm{M} = \mu\left(1 - \frac{n\mathfrak{G}}{2}\right)$ (Article LXXIX); nous avons cru devoir faire subir aux formules la rectification nécessaire.

(*Note de l'Éditeur.*)

de l'équation différentielle donnera dans la valeur de x_1 le terme suivant

$$\frac{\varepsilon_2}{2}\frac{n\chi_2 f_1 \Psi_1(a_1, a_2)\cos\left[\left(\mu_1 - \frac{n\mathcal{G}_2}{2}\mu_2\right)t + \omega_2\right]}{\left(\mu_1 - \frac{n\mathcal{G}_2}{2}\mu_2\right)^2 - \left(\mu_1 - \frac{n\mathcal{G}_1}{2}\mu_1\right)^2} = \frac{\varepsilon_2}{2}\frac{\chi_2 f_1 \Psi_1(a_1, a_2)}{\mu_1(\mathcal{G}_1\mu_1 - \mathcal{G}_2\mu_2)}\cos\left[\left(\mu_1 - \frac{n\mathcal{G}_2}{2}\mu_2\right)t + \omega_2\right],$$

lequel appartient, comme on voit, à la première valeur de x_1. Pareillement le terme

$$n\chi_3 f_1 x_3 \Psi_1(a_1, a_3)\cos(\mu_3 - \mu_1)t$$

donnera dans la valeur de x_1 le terme

$$\frac{\varepsilon_3}{2}\frac{\chi_3 f_1 \Psi_1(a_1, a_3)}{\mu_1(\mathcal{G}_1\mu_1 - \mathcal{G}_3\mu_3)}\cos\left[\left(\mu_1 - \frac{n\mathcal{G}_3}{2}\mu_3\right)t + \omega_3\right];$$

et il en sera de même de quelques autres termes de l'équation (G) dont nous parlerons plus bas.

On trouvera de la même manière dans la valeur de x_2 les termes

$$\frac{\varepsilon_1}{2}\frac{\chi_1 f_2 \Psi_1(a_2, a_1)}{\mu_2(\mathcal{G}_2\mu_2 - \mathcal{G}_1\mu_1)}\cos\left[\left(\mu_2 - \frac{n\mathcal{G}_1}{2}\mu_1\right)t + \omega_1\right],$$

$$\frac{\varepsilon_3}{2}\frac{\chi_3 f_2 \Psi_1(a_2, a_3)}{\mu_2(\mathcal{G}_2\mu_2 - \mathcal{G}_3\mu_3)}\cos\left[\left(\mu_2 - \frac{n\mathcal{G}_3}{2}\mu_3\right)t + \omega_3\right],$$

lesquels étant de nouveau substitués dans le terme

$$n\chi_2 f_1 \Psi_1(a_1, a_2)\, x_2 \cos(\mu_2 - \mu_1)t$$

de l'équation (G), en donneront deux autres de cette forme

$$\tfrac{1}{2}n\chi_2 f_1 \Psi_1(a_1, a_2)\,\frac{\varepsilon_1}{2}\frac{\chi_1 f_2 \Psi_1(a_2, a_1)}{\mu_2(\mathcal{G}_2\mu_2 - \mathcal{G}_1\mu_1)}\cos\left[\left(\mu_1 - \frac{n\mathcal{G}_1}{2}\mu_1\right)t + \omega_1\right],$$

$$\tfrac{1}{2}n\chi_2 f_1 \Psi_1(a_1, a_2)\,\frac{\varepsilon_3}{2}\frac{\chi_3 f_2 \Psi_1(a_2, a_3)}{\mu_2(\mathcal{G}_2\mu_2 - \mathcal{G}_3\mu_3)}\cos\left[\left(\mu_1 - \frac{n\mathcal{G}_3}{2}\mu_3\right)t + \omega_3\right];$$

le premier de ces deux termes produira $\left[\text{à cause de } \mu\left(1 - \frac{n\beta}{2}\right) = \mathrm{M}\right]$ dans la valeur de x, un terme qui sera multiplié par l'angle t (Article XXXIV); ce qui donnera des arcs de cercle dans le rayon vecteur de l'orbite; le second y produira le terme

$$\frac{1}{2}\,\frac{\chi_2 f_1 \Psi_1(a_1, a_2)}{\mu_2(\beta_3\mu_3 - \beta_1\mu_1)}\,\frac{\varepsilon_3}{2}\,\frac{\chi_3 f_2 \Psi_1(a_2, a_3)}{\mu_2(\beta_2\mu_2 - \beta_3\mu_3)}\cos\left[\left(\mu_1 - \frac{n\beta_3}{2}\mu_3\right)t + \omega_3\right],$$

qui est de la même forme que celui que nous avons déjà trouvé.

Ces termes en reproduiront d'autres dans la valeur de x_2, de la même forme que ceux que nous venons d'examiner, d'où il renaîtra encore dans la valeur de x d'autres termes de même espèce que les précédents, et ainsi de suite à l'infini.

LXXXVIII.

De là je tire ces deux conséquences fort importantes : 1° que les termes dont il s'agit, quoique de l'ordre n dans l'équation différentielle, appartiennent cependant à la première approximation et ne doivent point être négligés dans les premières valeurs de x, y; 2° que la méthode ordinaire d'approximation, suivant laquelle on emploie à chaque nouvelle correction les valeurs trouvées dans la correction précédente, est absolument insuffisante pour calculer ces sortes de termes.

On appliquera le même raisonnement à l'équation (K) et l'on en tirera des conclusions analogues par rapport à la valeur de z.

LXXXIX.

Il est donc nécessaire d'avoir une méthode particulière pour intégrer les équations (G), (K); on verra dans le paragraphe suivant comment je m'y suis pris pour arriver à ce but; mais il faut commencer ici par voir quels sont les termes de ces équations, auxquels on doit avoir égard.

Pour peu qu'on examine l'équation (G), on reconnaîtra aisément que les termes dont il s'agit viennent uniquement des termes qui renferment

$$x_2\cos(\mu_2-\mu_1)t,\quad x_3\cos(\mu_3-\mu_1)t,\quad x_4\cos(\mu_4-\mu_1)t,$$

$$y_2\sin(\mu_2-\mu_1)t,\quad y_3\sin(\mu_3-\mu_1)t,\quad y_4\sin(\mu_4-\mu_1)t,$$

$$\int x_2\sin(\mu_2-\mu_1)t\,dt,\quad \int x_3\sin(\mu_3-\mu_1)t\,dt,\quad \int x_4\sin(\mu_4-\mu_1)t\,dt,$$

$$\int y_2\cos(\mu_2-\mu_1)t\,dt,\quad \int y_3\cos(\mu_3-\mu_1)t\,dt,\quad \int y_4\cos(\mu_4-\mu_1)t\,dt,$$

en tant qu'on y substitue x_2, x_3, x_4; y_2, y_3, y_4, à la place de x_2, x_3, x_4; y_2, y_3, y_4; de sorte qu'on pourra réduire cette équation à celle-ci

$$
(\mathrm{L})\qquad
\begin{aligned}
&\frac{d^2\mathrm{x}_1}{dt^2}+\mathrm{M}_1^2\,\mathrm{x}_1\\
&\quad-nf_1\chi_2\breve{\Psi}_1(a_1,a_2)\,\mathrm{x}_2\cos(\mu_3-\mu_1)t\\
&\quad-nf_1\chi_3\breve{\Psi}_1(a_1,a_3)\,\mathrm{x}_3\cos(\mu_3-\mu_1)t\\
&\quad-nf_1\chi_4\breve{\Psi}_1(a_1,a_4)\,\mathrm{x}_4\cos(\mu_4-\mu_1)t\\
&\quad+nf_1\chi_2\breve{\Gamma}_1(a_1,a_2)\,\mathrm{y}_2\sin(\mu_2-\mu_1)t\\
&\quad+nf_1\chi_3\breve{\Gamma}_1(a_1,a_3)\,\mathrm{y}_3\sin(\mu_3-\mu_4)t\\
&\quad+nf_1\chi_4\breve{\Gamma}_1(a_1,a_4)\,\mathrm{y}_4\sin(\mu_4-\mu_1)t\\
&\quad+2nf_1\mu_1\chi_2\widehat{\Psi}_1(a_1,a_2)\int\mathrm{x}_2\sin(\mu_2-\mu_1)t\,dt\\
&\quad+2nf_1\mu_1\chi_3\widehat{\Psi}_1(a_1,a_3)\int\mathrm{x}_3\sin(\mu_3-\mu_1)t\,dt\\
&\quad+2nf_1\mu_1\chi_4\widehat{\Psi}_1(a_1,a_4)\int\mathrm{x}_4\sin(\mu_4-\mu_1)t\,dt\\
&\quad+2nf_1\mu_1\chi_2\widehat{\Gamma}_1(a_1,a_2)\int\mathrm{y}_2\cos(\mu_2-\mu_1)t\,dt\\
&\quad+2nf_1\mu_1\chi_3\widehat{\Gamma}_1(a_1,a_3)\int\mathrm{y}_3\cos(\mu_3-\mu_1)t\,dt\\
&\quad+2nf_1\mu_1\chi_4\widehat{\Gamma}_1(a_1,a_4)\int\mathrm{y}_4\cos(\mu_4-\mu_1)t\,dt=0.
\end{aligned}
$$

A l'égard de l'équation (K), on trouvera qu'elle se réduit de même à celle-ci

$$(N)\qquad \frac{d^2 z_1}{dt^2} + N_1^2 z_1$$
$$- nf_1 \chi_2 \mathring{\Gamma}_2(a_1, a_2)\, z_2 \cos(\mu_2 - \mu_1) t$$
$$- nf_1 \chi_3 \mathring{\Gamma}_1(a_1, a_3)\, z_3 \cos(\mu_3 - \mu_1) t$$
$$- nf_1 \chi_4 \mathring{\Gamma}_1(a_1, a_4)\, z_4 \cos(\mu_4 - \mu_1) t = 0.$$

XC.

Comme notre dessein n'est pas d'avoir égard dans les valeurs de x, y et z aux termes de l'ordre n, mais seulement à ceux qui ont des coefficients finis, nous pourrons négliger dans les équations (L) et (N) tous les termes qui se trouveront affectés de n^2, parce que ces termes seront encore de l'ordre n après l'intégration.

Or les équations (G) et (H) donnent, en rejetant les termes affectés de n,

$$\frac{d^2 x_1}{dt^2} + M_1^2 x_1 = 0, \qquad \frac{dy_1}{dt} + 2\mu_1 x_1 = 0;$$

d'où l'on tire

$$\frac{dy_1}{dt} - \frac{2\mu_1}{M_1^2}\frac{d^2 x_1}{dt^2} = 0,$$

et, intégrant,

$$y_1 - \frac{2\mu_1}{M_1^2}\frac{dx_1}{dt} = 0;$$

il ne faut point ici de constante, ce qui est évident par la nature de nos formules; on trouvera de même

$$y_2 - \frac{2\mu_2}{M_2^2}\frac{dx_2}{dt} = 0, \quad y_3 - \frac{2\mu_3}{M_3^2}\frac{dx_3}{dt} = 0, \quad y_4 - \frac{2\mu_4}{M_4^2}\frac{dx_4}{dt} = 0;$$

donc, substituant ces valeurs de y_2, y_3, y_4 dans l'équation (L) de l'Article précédent, on changera les termes

$$n f_1 \chi_2 \breve{\Gamma}_1(a_1, a_2)\, y_2 \sin(\mu_2 - \mu_1)\, t$$

$$+ n f_1 \chi_3 \breve{\Gamma}_1(a_1, a_3)\, y_3 \sin(\mu_3 - \mu_1)\, t$$

$$+ n f_1 \chi_4 \breve{\Gamma}_1(a_1, a_4)\, y_4 \sin(\mu_4 - \mu_1)\, t$$

en ceux-ci

$$2 n f_1 \chi_2 \frac{\mu_2}{M_2^2} \breve{\Gamma}_1(a_1, a_2) \frac{dx_2}{dt} \sin(\mu_2 - \mu_1)\, t$$

$$+ 2 n f_1 \chi_3 \frac{\mu_3}{M_3^2} \breve{\Gamma}_1(a_1, a_3) \frac{dx_3}{dt} \sin(\mu_3 - \mu_1)\, t$$

$$+ 2 n f_1 \chi_4 \frac{\mu_4}{M_4^2} \breve{\Gamma}_1(a_1, a_4) \frac{dx_4}{dt} \sin(\mu_4 - \mu_1)\, t,$$

et les termes

$$2 n f_1 \mu_1 \chi_2 \widehat{\Gamma}_1(a_1, a_2) \int y_2 \cos(\mu_2 - \mu_1)\, t\, dt$$

$$+ 2 n f_1 \mu_1 \chi_3 \widehat{\Gamma}_1(a_1, a_3) \int y_3 \cos(\mu_3 - \mu_1)\, t\, dt$$

$$+ 2 n f_1 \mu_1 \chi_4 \widehat{\Gamma}_1(a_1, a_4) \int y_4 \cos(\mu_4 - \mu_1)\, t\, dt$$

en ceux-ci

$$4 n f_1 \mu_1 \chi_2 \frac{\mu_2}{M_2^2} \widehat{\Gamma}_1(a_1, a_2) \int \frac{dx_2}{dt} \cos(\mu_2 - \mu_1) t\, dt$$

$$+ 4 n f_1 \mu_1 \chi_3 \frac{\mu_3}{M_3^2} \widehat{\Gamma}_1(a_1, a_3) \int \frac{dx_3}{dt} \cos(\mu_3 - \mu_1) t\, dt$$

$$+ 4 n f_1 \mu_1 \chi_4 \frac{\mu_4}{M_4^2} \widehat{\Gamma}_1(a_1, a_4) \int \frac{dx_4}{dt} \cos(\mu_4 - \mu_1) t\, dt,$$

que l'on peut encore changer en ceux-ci

$$\begin{aligned}
&4nf_1\mu_1\chi_2\,\frac{\mu_2}{M_2^2}\,\widehat{\Gamma}_1(a_1, a_2)x_2\cos(\mu_2-\mu_1)t\\
&+4nf_1\mu_1\chi_3\,\frac{\mu_3}{M_3^2}\,\widehat{\Gamma}_1(a_1, a_3)x_3\cos(\mu_3-\mu_1)t\\
&+4nf_1\mu_1\chi_4\,\frac{\mu_4}{M_4^2}\,\widehat{\Gamma}_1(a_1, a_4)x_4\cos(\mu_4-\mu_1)t\\
&+4nf_1\mu_1\chi_2\,\frac{\mu_2(\mu_2-\mu_1)}{M_2^2}\,\widehat{\Gamma}_1(a_1, a_2)\int x_2\sin(\mu_2-\mu_1)t\,dt\\
&+4nf_1\mu_1\chi_3\,\frac{\mu_3(\mu_3-\mu_1)}{M_3^2}\,\widehat{\Gamma}_1(a_1, a_3)\int x_3\sin(\mu_3-\mu_1)t\,dt\\
&+4nf_1\mu_1\chi_4\,\frac{\mu_4(\mu_4-\mu_1)}{M_4^2}\,\widehat{\Gamma}_1(a_1, a_4)\int x_4\sin(\mu_4-\mu_1)t\,dt.
\end{aligned}$$

Par ce moyen, l'équation (L) ne contiendra plus que des termes de la forme de

$$x_2\cos(\mu_2-\mu_1)t,\quad \frac{dx_2}{dt}\sin(\mu_2-\mu_1)t \quad\text{et}\quad \int x_2\sin(\mu_2-\mu_1)t\,dt.$$

Je reprends maintenant l'équation

$$\frac{d^2x_1}{dt^2}+M_1^2x_1=0,$$

laquelle, étant rapportée au second satellite, devient

$$\frac{d^2x_2}{dt^2}+M_2^2x_2=0;$$

je multiplie cette dernière par $\sin(\mu_2-\mu_1)t\,dt$; je l'intègre, j'ai

$$\int\frac{d^2x_2}{dt^2}\sin(\mu_2-\mu_1)t\,dt+M_2^2\int x_2\sin(\mu_2-\mu_1)t\,dt=0;$$

je change l'expression

$$\int\frac{d^2x_2}{dt^2}\sin(\mu_2-\mu_1)t\,dt$$

en son équivalente

$$\frac{d\mathrm{x}_2}{dt}\sin(\mu_2-\mu_1)t-(\mu_2-\mu_1)\mathrm{x}_2\cos(\mu_2-\mu_1)t-(\mu_2-\mu_1)^2\int\mathrm{x}_2\sin(\mu_2-\mu_1)t\,dt,$$

et il me vient l'équation

$$\frac{d\mathrm{x}_2}{dt}\sin(\mu_2-\mu_1)t-(\mu_2-\mu_1)\mathrm{x}_2\cos(\mu_2-\mu_1)t+[\mathrm{M}_2^2-(\mu_2-\mu_1)^2]\int\mathrm{x}_2\sin(\mu_2-\mu_1)t\,dt=0;$$

d'où je tire

$$\int\mathrm{x}_2\sin(\mu_2-\mu_1)t\,dt=\frac{(\mu_2-\mu_1)\mathrm{x}_2\cos(\mu_2-\mu_1)t-\dfrac{d\mathrm{x}_2}{dt}\sin(\mu_2-\mu_1)t}{\mathrm{M}_2^2-(\mu_2-\mu_1)^2}.$$

Je trouve, de la même manière,

$$\int\mathrm{x}_3\sin(\mu_3-\mu_1)t\,dt=\frac{(\mu_3-\mu_1)\mathrm{x}_3\cos(\mu_3-\mu_1)i-\dfrac{d\mathrm{x}_3}{dt}\sin(\mu_3-\mu_1)t}{\mathrm{M}_3^2-(\mu_3-\mu_1)^2}.$$

$$\int\mathrm{x}_4\sin(\mu_4-\mu_1)t\,dt=\frac{(\mu_4-\mu_1)\mathrm{x}_4\cos(\mu_4-\mu_1)t-\dfrac{d\mathrm{x}_4}{dt}\sin(\mu_4-\mu_1)t}{\mathrm{M}_4^2-(\mu_4-\mu_1)^2}.$$

On fera toutes ces substitutions dans l'équation (L), moyennant quoi elle n'aura plus que des termes de la forme de

$$\mathrm{x}_2\cos(\mu_2-\mu_1)t \quad \text{et} \quad \frac{d\mathrm{x}_2}{dt}\sin(\mu_2-\mu_1)t.$$

XCI.

Donc si l'on fait, pour abréger,

$$\mathring{\Psi}_1(a_1,a_2)=\widehat{\Psi}_1(a_1,a_2)-4\frac{\mu_1\mu_2}{\mathrm{M}_2^2}\widehat{\Gamma}_1(a_1,a_2)-\left[2\widehat{\Psi}_1(a_1,a_2)+4\frac{\mu_2(\mu_2-\mu_1)}{\mathrm{M}_2^2}\widehat{\Gamma}_1(a_1,a_2)\right]\frac{\mu_1(\mu_2-\mu_1)}{\mathrm{M}_2^2-(\mu_2-\mu_1)^2},$$

$$\mathring{\Psi}_1(a_1,a_3)=\widehat{\Psi}_1(a_1,a_3)-4\frac{\mu_1\mu_3}{\mathrm{M}_3^2}\widehat{\Gamma}_1(a_1,a_3)-\left[2\widehat{\Psi}_1(a_1,a_3)+4\frac{\mu_3(\mu_3-\mu_1)}{\mathrm{M}_3^2}\widehat{\Gamma}_1(a_1,a_3)\right]\frac{\mu_1(\mu_3-\mu_1)}{\mathrm{M}_3^2-(\mu_3-\mu_1)^2},$$

$$\mathring{\Psi}_1(a_1,a_4)=\widehat{\Psi}_1(a_1,a_4)-4\frac{\mu_1\mu_4}{\mathrm{M}_4^2}\widehat{\Gamma}_1(a_1,a_4)-\left[2\widehat{\Psi}_1(a_1,a_4)+4\frac{\mu_4(\mu_4-\mu_1)}{\mathrm{M}_4^2}\widehat{\Gamma}_1(a_1,a_4)\right]\frac{\mu_1(\mu_4-\mu_1)}{\mathrm{M}_4^2-(\mu_4-\mu_1)^2},$$

et de plus

$$\overset{\circ}{\Pi}_1(a_1, a_2) = \frac{-2\mu_2}{M_2^2}\breve{\Gamma}_1(a_1, a_2) + \left[2\widehat{\Psi}_1(a_1, a_2) + 4\,\frac{\mu_2(\mu_2-\mu_1)}{M_2^2}\,\widehat{\Gamma}_1(a_1, a_2)\right]\frac{\mu_1}{M_2^2-(\mu_2-\mu_1)^2},$$

$$\overset{\circ}{\Pi}_1(a_1, a_3) = \frac{-2\mu_3}{M_3^2}\breve{\Gamma}_1(a_1, a_3) + \left[2\widehat{\Psi}_1(a_1, a_3) + 4\,\frac{\mu_3(\mu_3-\mu_1)}{M_3^2}\,\widehat{\Gamma}_1(a_1, a_3)\right]\frac{\mu_1}{M_3^2-(\mu_3-\mu_1)^2},$$

$$\overset{\circ}{\Pi}_1(a_1, a_4) = \frac{-2\mu_4}{M_4^2}\breve{\Gamma}_1(a_1, a_4) + \left[2\widehat{\Psi}_1(a_1, a_4) + 4\,\frac{\mu_4(\mu_4-\mu_1)}{M_4^2}\,\widehat{\Gamma}_1(a_1, a_4)\right]\frac{\mu_1}{M_4^2-(\mu_4-\mu_1)^2},$$

on aura, pour le premier satellite, l'équation

$$(M_1)\quad \frac{d^2x_1}{dt^2} + M_1^2 x_1$$

$$- nf_1\chi_2\overset{\circ}{\Psi}_1(a_1, a_2)x_2\cos(\mu_2-\mu_1)t - nf_1\chi_2\overset{\circ}{\Pi}_1(a_1, a_2)\frac{dx_2}{dt}\sin(\mu_2-\mu_1)t$$

$$- nf_1\chi_3\overset{\circ}{\Psi}_1(a_1, a_3)x_3\cos(\mu_3-\mu_1)t - nf_1\chi_3\overset{\circ}{\Pi}_1(a_1, a_3)\frac{dx_3}{dt}\sin(\mu_3-\mu_1)t$$

$$- nf_1\chi_4\overset{\circ}{\Psi}_1(a_1, a_4)x_4\cos(\mu_4-\mu_1)t - nf_1\chi_4\overset{\circ}{\Pi}_1(a_1, a_4)\frac{dx_4}{dt}\sin(\mu_4-\mu_1)t = 0;$$

et de même pour les trois autres satellites

$$(M_2)\quad \frac{d^2x_2}{dt^2} + M_2^2 x_2$$

$$- nf_2\chi_1\overset{\circ}{\Psi}_1(a_2, a_1)x_1\cos(\mu_1-\mu_2)t - nf_2\chi_1\overset{\circ}{\Pi}_1(a_2, a_1)\frac{dx_1}{dt}\sin(\mu_1-\mu_2)t$$

$$- nf_2\chi_3\overset{\circ}{\Psi}_1(a_2, a_3)x_3\cos(\mu_3-\mu_2)t - nf_2\chi_3\overset{\circ}{\Pi}_1(a_2, a_3)\frac{dx_3}{dt}\sin(\mu_3-\mu_2)t$$

$$- nf_2\chi_4\overset{\circ}{\Psi}_1(a_2, a_4)x_4\cos(\mu_4-\mu_2)t - nf_2\chi_4\overset{\circ}{\Pi}_1(a_2, a_4)\frac{dx_4}{dt}\sin(\mu_4-\mu_2)t = 0,$$

$$(M_3)\ \frac{d^2x_3}{dt^2}+M_3^2x_3$$

$$-nf_3\chi_1\mathring{\Psi}_1(a_3,a_1)x_1\cos(\mu_1-\mu_3)t-nf_3\chi_1\mathring{\Pi}_1(a_3,a_1)\frac{dx_1}{dt}\sin(\mu_1-\mu_3)t$$

$$-nf_3\chi_2\mathring{\Psi}_1(a_3,a_2)x_2\cos(\mu_2-\mu_3)t-nf_3\chi_2\mathring{\Pi}_1(a_3,a_2)\frac{dx_2}{dt}\sin(\mu_2-\mu_3)t$$

$$-nf_3\chi_4\mathring{\Psi}_1(a_3,a_4)x_4\cos(\mu_4-\mu_3)t-nf_3\chi_4\mathring{\Pi}_1(a_3,a_4)\frac{dx_4}{dt}\sin(\mu_4-\mu_3)t=0,$$

$$(M_4)\ \frac{d^2x_4}{dt^2}+M_4^2x_4$$

$$-nf_4\chi_1\mathring{\Psi}_1(a_4,a_1)x_1\cos(\mu_1-\mu_4)t-nf_4\chi_1\mathring{\Pi}_1(a_4,a_1)\frac{dx_1}{dt}\sin(\mu_1-\mu_4)t$$

$$-nf_4\chi_2\mathring{\Psi}_1(a_4,a_2)x_2\cos(\mu_2-\mu_4)t-nf_4\chi_2\mathring{\Pi}_1(a_4,a_2)\frac{dx_2}{dt}\sin(\mu_2-\mu_4)t$$

$$-nf_4\chi_3\mathring{\Psi}_1(a_4,a_3)x_3\cos(\mu_3-\mu_4)t-nf_4\chi_3\mathring{\Pi}_1(a_4,a_3)\frac{dx_3}{dt}\sin(\mu_3-\mu_4)t=0.$$

Pareillement on aura, par rapport aux variables z, ces quatre équations (Article LXXXIX)

$$(N_1)\qquad \frac{d^2z_1}{dt^2}+N_1^2z_1$$

$$-nf_1\chi_2\mathring{\Gamma}_1(a_1,a_2)z_2\cos(\mu_2-\mu_1)t$$

$$-nf_1\chi_3\mathring{\Gamma}_1(a_1,a_3)z_3\cos(\mu_3-\mu_1)t$$

$$-nf_1\chi_4\mathring{\Gamma}_1(a_1,a_4)z_4\cos(\mu_4-\mu_1)t=0,$$

$$(N_2)\qquad \frac{d^2z_2}{dt^2}+N_2^2z_2$$

$$-nf_2\chi_1\mathring{\Gamma}_1(a_2,a_1)z_1\cos(\mu_1-\mu_2)t$$

$$-nf_2\chi_3\mathring{\Gamma}_1(a_2,a_3)z_3\cos(\mu_3-\mu_2)t$$

$$-nf_2\chi_4\mathring{\Gamma}_1(a_2,a_4)z_4\cos(\mu_4-\mu_2)t=0,$$

$$(\mathrm{N}_3)\qquad \frac{d^2 z_3}{dt^2} + \mathrm{N}_3^2 z_3$$
$$- nf_3 \chi_1 \mathring{\Gamma}_1(a_3, a_1) z_1 \cos(\mu_1 - \mu_3) t$$
$$- nf_3 \chi_2 \mathring{\Gamma}_1(a_3, a_2) z_2 \cos(\mu_2 - \mu_3) t$$
$$- nf_3 \chi_4 \mathring{\Gamma}_1(a_3, a_4) z_4 \cos(\mu_4 - \mu_3) t = 0,$$

$$(\mathrm{N}_4)\qquad \frac{d^2 z_4}{dt^2} + \mathrm{N}_4^2 z_4$$
$$- nf_4 \chi_1 \mathring{\Gamma}_1(a_4, a_1) z_1 \cos(\mu_1 - \mu_4) t$$
$$- nf_4 \chi_2 \mathring{\Gamma}_1(a_4, a_2) z_2 \cos(\mu_2 - \mu_4) t$$
$$- nf_4 \chi_3 \mathring{\Gamma}_1(a_4, a_3) z_3 \cos(\mu_3 - \mu_4) t = 0.$$

§ III. — *Où l'on donne une nouvelle méthode pour intégrer les équations précédentes.*

XCII.

Je fais

$$\mathrm{x}_2 \cos(\mu_2 - \mu_1) t = \mathrm{P}, \quad \mathrm{x}_2 \sin(\mu_2 - \mu_1) t = p,$$
$$\mathrm{x}_3 \cos(\mu_3 - \mu_1) t = \mathrm{Q}, \quad \mathrm{x}_3 \sin(\mu_3 - \mu_1) t = q,$$
$$\mathrm{x}_4 \cos(\mu_4 - \mu_1) t = \mathrm{R}, \quad \mathrm{x}_4 \sin(\mu_4 - \mu_1) t = r,$$

d'où je tire

$$\frac{d\mathrm{x}_2}{dt} \sin(\mu_2 - \mu_1) t = \frac{dp}{dt} - (\mu_2 - \mu_1) \mathrm{P},$$
$$\frac{d\mathrm{x}_3}{dt} \sin(\mu_3 - \mu_1) t = \frac{dq}{dt} - (\mu_3 - \mu_1) \mathrm{Q},$$
$$\frac{d\mathrm{x}_4}{dt} \sin(\mu_4 - \mu_1) t = \frac{dr}{dt} - (\mu_4 - \mu_1) \mathrm{R}.$$

Je substitue ces valeurs dans l'équation (M_1), ce qui la change en celle-ci

$$\begin{aligned}
&\frac{d^2 x_1}{dt^2} + M_1^2 x_1 \\
&\quad - nf_1\chi_2\left[\mathring{\Psi}_1(a_1, a_2) - (\mu_2 - \mu_1)\mathring{\Pi}_1(a_1, a_2)\right] P - nf_1\chi_2\mathring{\Pi}_1(a_1, a_2)\frac{dp}{dt} \\
&\quad - nf_1\chi_3\left[\mathring{\Psi}_1(a_1, a_3) - (\mu_3 - \mu_1)\mathring{\Pi}_1(a_1, a_3)\right] Q - nf_1\chi_3\mathring{\Pi}_1(a_1, a_3)\frac{dq}{dt} \\
&\quad - nf_1\chi_4\left[\mathring{\Psi}_1(a_1, a_4) - (\mu_4 - \mu_1)\mathring{\Pi}_1(a_1, a_4)\right] R - nf_1\chi_4\mathring{\Pi}_1(a_1, a_4)\frac{dr}{dt} = 0.
\end{aligned}$$

C'est l'équation qu'il s'agit maintenant d'intégrer, en regardant les quantités P, Q, R, p, q, r, chacune comme une variable particulière. Pour y parvenir, voici comment je m'y prends.

XCIII.

Je reprends les formules

$$\frac{dx_2}{dt}\sin(\mu_2 - \mu_1)t = \frac{dp}{dt} - (\mu_2 - \mu_1)P,$$

$$\frac{dx_3}{dt}\sin(\mu_3 - \mu_1)t = \frac{dq}{dt} - (\mu_3 - \mu_1)Q,$$

$$\frac{dx_4}{dt}\sin(\mu_4 - \mu_1)t = \frac{dr}{dt} - (\mu_4 - \mu_1)R,$$

et je trouve de même

$$\frac{dx_2}{dt}\cos(\mu_2 - \mu_1)t = \frac{dP}{dt} + (\mu_2 - \mu_1)p,$$

$$\frac{dx_3}{dt}\cos(\mu_3 - \mu_1)t = \frac{dQ}{dt} + (\mu_3 - \mu_1)q,$$

$$\frac{dx_4}{dt}\cos(\mu_4 - \mu_1)t = \frac{dR}{dt} + (\mu_4 - \mu_1)r.$$

De là je tire, par la différentiation, les formules suivantes

$$\frac{d^2 x_2}{dt^2}\sin(\mu_2-\mu_1)t = \frac{d^2 p}{dt^2} - 2(\mu_2-\mu_1)\frac{dP}{dt} - (\mu_2-\mu_1)^2 p,$$

$$\frac{d^2 x_2}{dt^2}\cos(\mu_2-\mu_1)t = \frac{d^2 P}{dt^2} + 2(\mu_2-\mu_1)\frac{dp}{dt} - (\mu_2-\mu_1)^2 P,$$

$$\frac{d^2 x_3}{dt^2}\sin(\mu_3-\mu_1)t = \frac{d^2 q}{dt^2} - 2(\mu_3-\mu_1)\frac{dQ}{dt} - (\mu_3-\mu_1)^2 q,$$

$$\frac{d^2 x_3}{dt^2}\cos(\mu_3-\mu_1)t = \frac{d^2 Q}{dt^2} + 2(\mu_3-\mu_1)\frac{dq}{dt} - (\mu_3-\mu_1)^2 Q,$$

$$\frac{d^2 x_4}{dt^2}\sin(\mu_4-\mu_1)t = \frac{d^2 r}{dt^2} - 2(\mu_4-\mu_1)\frac{dR}{dt} - (\mu_4-\mu_1)^2 r,$$

$$\frac{d^2 x_4}{dt^2}\cos(\mu_4-\mu_1)t = \frac{d^2 R}{dt^2} + 2(\mu_4-\mu_1)\frac{dr}{dt} - (\mu_4-\mu_1)^2 R.$$

Cela posé, je multiplie d'abord l'équation (M_2) par $\sin(\mu_2-\mu_1)t$, j'ai

$$\begin{aligned}
&\frac{d^2 x_2}{dt^2}\sin(\mu_2-\mu_1)t + M_2^2 x_2 \sin(\mu_2-\mu_1)t \\
&\quad - \frac{n}{2} f_2 \chi_1 \hat{\Psi}_1(a_2, a_1)\, x_1 \sin 2(\mu_2-\mu_1)t \\
&\quad - \frac{n}{2} f_2 \chi_1 \mathring{\Pi}_1(a_2, a_1)\frac{dx_1}{dt}[-1+\cos 2(\mu_2-\mu_1)t] \\
&\quad - \frac{n}{2} f_2 \chi_3 \hat{\Psi}_1(a_2, a_3)\, x_3 [\sin(\mu_3-\mu_1)t - \sin(\mu_3-2\mu_2+\mu_1)t] \\
&\quad - \frac{n}{2} f_2 \chi_3 \mathring{\Pi}_1(a_2, a_3)\frac{dx_3}{dt}[-\cos(\mu_3-\mu_1)t + \cos(\mu_3-2\mu_2+\mu_1)t] \\
&\quad - \frac{n}{2} f_2 \chi_4 \hat{\Psi}_1(a_2, a_4)\, x_4 [\sin(\mu_4-\mu_1)t - \sin(\mu_4-2\mu_2+\mu_1)t] \\
&\quad - \frac{n}{2} f_2 \chi_4 \mathring{\Pi}_1(a_2, a_4)\frac{dx_4}{dt}[-\cos(\mu_4-\mu_1)t + \cos(\mu_4-2\mu_2+\mu_1)t] = 0.
\end{aligned}$$

Je ne conserve dans cette équation que les termes analogues à ceux de l'équation (M_1), c'est-à-dire, les termes qui, en faisant pour x_1, x_2,... les substitutions de l'Article LXXXVII, en donneraient d'autres où le coefficient de t serait presque égal à μ_1, et qui sont les seuls auxquels nous devions avoir égard dans l'intégration de l'équation de l'Article XCII.

J'aurai donc simplement

$$\begin{aligned}
&\frac{d^2 x_2}{dt^2}\sin(\mu_2-\mu_1)t + M_2^2 x_2 \sin(\mu_2-\mu_1)t + \frac{n}{2}f_2\chi_1 \mathring{\Pi}_1(a_2,a_1)\frac{dx_1}{dt}\\
&\quad -\frac{n}{2}f_2\chi_3\mathring{\Psi}_1(a_2,a_3)x_3\sin(\mu_3-\mu_1)t + \frac{n}{2}f_2\chi_3\mathring{\Pi}_1(a_2,a_3)\frac{dx_3}{dt}\cos(\mu_3-\mu_1)t\\
&\quad -\frac{n}{2}f_2\chi_4\mathring{\Psi}_1(a_2,a_4)x_4\sin(\mu_4-\mu_1)t + \frac{n}{2}f_2\chi_4\mathring{\Pi}_1(a_2,a_4)\frac{dx_4}{dt}\cos(\mu_4-\mu_1)t = 0.
\end{aligned}$$

Je substitue au lieu de

$$\frac{d^2 x_2}{dt^2}\sin(\mu_2-\mu_1)t,\quad x_2\cos(\mu_2-\mu_1)t,\ldots$$

leurs valeurs en P, p,...; j'ai

$$(1^\circ)$$

$$\begin{aligned}
&\frac{d^2 p}{dt^2} - 2(\mu_2-\mu_1)\frac{dP}{dt}[M_2^2-(\mu_2-\mu_1)^2]p + \frac{n}{2}f_2\chi_1\mathring{\Pi}_1(a_2,a_1)\frac{dx_1}{dt}\\
&\quad -\frac{n}{2}f_2\chi_3[\mathring{\Psi}_1(a_2,a_3)-(\mu_3-\mu_1)\mathring{\Pi}_1(a_2,a_3)]q + \frac{n}{2}f_2\chi_3\mathring{\Pi}_1(a_2,a_3)\frac{dQ}{dt}\\
&\quad -\frac{n}{2}f_2\chi_4[\mathring{\Psi}_1(a_2,a_4)-(\mu_4-\mu_1)\mathring{\Pi}_1(a_2,a_4)]r + \frac{n}{2}f_2\chi_4\mathring{\Pi}_1(a_2,a_4)\frac{dR}{dt} = 0.
\end{aligned}$$

Je multiplie en second lieu la même équation (M_2) par $\cos(\mu_2-\mu_1)t$; j'ai

$$\begin{aligned}
&\frac{d^2 x_2}{dt^2}\cos(\mu_2-\mu_1)t + M_2^2 x_2\cos(\mu_2-\mu_1)t\\
&\quad -\frac{n}{2}f_2\chi_1\mathring{\Psi}_1(a_2,a_1)x_1[1+\cos 2(\mu_2-\mu_1)t]\\
&\quad +\frac{n}{2}f_2\chi_1\mathring{\Pi}_1(a_2,a_1)\frac{dx_1}{dt}\sin 2(\mu_2-\mu_1)t\\
&\quad -\frac{n}{2}f_2\chi_3\mathring{\Psi}_1(a_2,a_3)x_3[\cos(\mu_3-\mu_1)t+\cos(\mu_3-2\mu_2+\mu_1)t]\\
&\quad -\frac{n}{2}f_2\chi_3\mathring{\Pi}_1(a_2,a_3)\frac{dx_3}{dt}[\sin(\mu_3-\mu_1)t+\sin(\mu_3-2\mu_2+\mu_1)t]
\end{aligned}$$

$$- \frac{n}{2} f_2 \chi_4 \mathring{\Psi}_1(a_2, a_4)\, x_4 [\cos(\mu_4 - \mu_1) t + \cos(\mu_4 - 2\mu_2 + \mu_1) t]$$

$$- \frac{n}{2} f_2 \chi_4 \mathring{\Pi}_1(a_2, a_4) \frac{dx_4}{dt} [\sin(\mu_4 - \mu_1) t + \sin(\mu_4 - 2\mu_2 + \mu_1) t] = 0,$$

équation que je réduis, par la raison que j'ai dite tantôt, à celle-ci

$$\frac{d^2 x_2}{dt} \cos(\mu_2 - \mu_1) t + M_2^2 x_2 \cos(\mu_2 - \mu_1) t - \frac{n}{2} f_2 \chi_1 \mathring{\Psi}_1(a_2, a_1) x_1$$

$$- \frac{n}{2} f_2 \chi_3 \mathring{\Psi}_1(a_2, a_3) x_3 \cos(\mu_3 - \mu_1) t - \frac{n}{2} f_2 \chi_3 \mathring{\Pi}_1(a_2, a_3) \frac{dx_3}{dt} \sin(\mu_3 - \mu_1) t$$

$$- \frac{n}{2} f_2 \chi_4 \mathring{\Psi}_1(a_2, a_4) x_4 \cos(\mu_4 - \mu_1) t - \frac{n}{2} f_2 \chi_4 \mathring{\Pi}_1(a_2, a_4) \frac{dx_4}{dt} \sin(\mu_4 - \mu_1) t = 0,$$

laquelle me donne, après les substitutions,

(2°)

$$\frac{d^2 P}{dt^2} + 2(\mu_2 - \mu_1) \frac{dp}{dt} + [M_2^2 - (\mu_2 - \mu_1)^2] P - \frac{n}{2} f_2 \chi_1 \mathring{\Psi}_1(a_2, a_1) x_1$$

$$- \frac{n}{2} f_2 \chi_3 [\mathring{\Psi}_1(a_2, a_3) - (\mu_3 - \mu_1) \mathring{\Pi}_1(a_2, a_3)] Q - \frac{n}{2} f_2 \chi_3 \mathring{\Pi}_1(a_2, a_3) \frac{dq}{dt}$$

$$- \frac{n}{2} f_2 \chi_4 [\mathring{\Psi}_1(a_2, a_4) - (\mu_4 - \mu_1) \mathring{\Pi}_1(a_2, a_4)] R - \frac{n}{2} f_2 \chi_4 \mathring{\Pi}_1(a_2, a_4) \frac{dr}{dt} = 0.$$

En troisième lieu, je multiplie l'équation (M_3) par $\sin(\mu_3 - \mu_1) t$; j'aurai, après les réductions et les substitutions,

(3°)

$$\frac{d^2 q}{dt^2} - 2(\mu_3 - \mu_1) \frac{dQ}{dt} + [M_3^2 - (\mu_3 - \mu_1)^2] q + \frac{n}{2} f_3 \chi_1 \mathring{\Pi}_1(a_3, a_1) \frac{dx_1}{dt}$$

$$- \frac{n}{2} f_3 \chi_2 [\mathring{\Psi}_1(a_3, a_2) - (\mu_2 - \mu_1) \mathring{\Pi}_1(a_3, a_2)] p + \frac{n}{2} f_3 \chi_2 \mathring{\Pi}_1(a_3, a_2) \frac{dP}{dt}$$

$$- \frac{n}{2} f_3 \chi_4 [\mathring{\Psi}_1(a_3, a_4) - (\mu_4 - \mu_1) \mathring{\Pi}_1(a_3, a_4)] r + \frac{n}{2} f_3 \chi_4 \mathring{\Pi}_1(a_3, a_4) \frac{dR}{dt} = 0.$$

En quatrième lieu, je multiplie la même équation par $\cos(\mu_3 - \mu_1)t$, et je trouve

(4°)

$$\frac{d^2Q}{dt^2} + 2(\mu_3 - \mu_1)\frac{dq}{dt} + [M_3^2 - (\mu_3 - \mu_1)^2]Q - \frac{n}{2}f_3\chi_1\Psi_1(a_3, a_1)x_1$$

$$- \frac{n}{2}f_3\chi_2[\mathring{\Psi}_1(a_3, a_2) - (\mu_2 - \mu_1)\mathring{\Pi}_1(a_3, a_2)]P - \frac{n}{2}f_3\chi_2\mathring{\Pi}_1(a_3, a_2)\frac{dp}{dt}$$

$$- \frac{n}{2}f_3\chi_4[\mathring{\Psi}_1(a_3, a_4) - (\mu_4 - \mu_1)\mathring{\Pi}_1(a_3, a_4)]R - \frac{n}{2}f_3\chi_4\mathring{\Pi}_1(a_3, a_4)\frac{dr}{dt} = 0.$$

En cinquième lieu, je multiplie l'équation (M_4) par $\sin(\mu_4 - \mu_1)t$; j'ai

(5°)

$$\frac{d^2r}{dt^2} - 2(\mu_4 - \mu_1)\frac{dR}{dt} + [M_4^2 - (\mu_4 - \mu_1)^2]r + \frac{n}{2}f_4\chi_1\mathring{\Pi}_1(a_4, a_1)\frac{dx_1}{dt}$$

$$- \frac{n}{2}f_4\chi_2[\mathring{\Psi}_1(a_4, a_2) - (\mu_2 - \mu_1)\mathring{\Pi}_1(a_4, a_2)]p + \frac{n}{2}f_4\chi_2\mathring{\Pi}_1(a_4, a_2)\frac{dP}{dt}$$

$$- \frac{n}{2}f_4\chi_3[\mathring{\Psi}_1(a_4, a_3) - (\mu_3 - \mu_1)\mathring{\Pi}_1(a_4, a_3)]q + \frac{n}{2}f_4\chi_3\mathring{\Pi}_1(a_4, a_3)\frac{dQ}{dt} = 0.$$

En sixième et dernier lieu, je multiplie la même équation par $\cos(\mu_4 - \mu_1)t$, et je trouve

(6°)

$$\frac{d^2R}{dt^2} + 2(\mu_4 - \mu_1)\frac{dr}{dt} + [M^4 + (\mu_4 - \mu_1)^2]R - \frac{n}{2}f_4\chi_1\Psi_1(a_4, a_1)x_1$$

$$- \frac{n}{2}f_4\chi_2[\mathring{\Psi}_1(a_4, a_2) - (\mu_2 - \mu_1)\mathring{\Pi}_1(a_4, a_2)]P - \frac{n}{2}f_4\chi_2\mathring{\Pi}_1(a_4, a_2)\frac{dp}{dt}$$

$$- \frac{n}{2}f_4\chi_3[\mathring{\Psi}_1(a_4, a_3) - (\mu_3 - \mu_1)\mathring{\Pi}_1(a_4, a_3)]Q - \frac{n}{2}f_4\chi_3\mathring{\Pi}_1(a_4\ a_3)\frac{dq}{dt} = 0.$$

Voilà, comme on voit, six équations différentielles de la même nature que l'équation de l'Article XCII, et qui, étant combinées avec cette dernière équation, suffiront pour déterminer les sept variables x_1, P, p, Q, q, R, r.

XCIV.

Pour cet effet, je multiplie l'équation de l'Article XCII par $e^{\mathrm{V}_1 t}$, l'équation (1°) de l'Article précédent par $\alpha_1 e^{\mathrm{V}_1 t}dt$, l'équation (2°) par $\mathrm{A}_1 e^{\mathrm{V}_1 t}dt$, l'équation (3°) par $\beta_1 e^{\mathrm{V}_1 t}dt$, l'équation (4°) par $\mathrm{B}_1 e^{\mathrm{V}_1 t}dt$, l'équation (5°) par $\gamma_1 e^{\mathrm{V}_1 t}dt$, l'équation (6°) par $\mathrm{C}_1 e^{\mathrm{V}_1 t}dt$ (α_1, β_1, γ_1, A_1, B_1, C_1 et V_1 sont des constantes indéterminées), et après en avoir fait une somme, j'en prends l'intégrale; j'ai

$$\int\left(\frac{d^2\mathrm{x}_1}{dt^2}+\alpha_1\frac{d^2p}{dt^2}+\mathrm{A}_1\frac{d^2\mathrm{P}}{dt^2}+\beta_1\frac{d^2q}{dt^2}+\mathrm{B}_1\frac{d^2\mathrm{Q}}{dt^2}+\gamma_1\frac{d^2\mathrm{R}}{dt^2}+\mathrm{C}_1\frac{d^2r}{dt^2}\right)e^{\mathrm{V}_1 t}dt$$

$$\begin{aligned}
+\int\Big[&\frac{n}{2}\left(\alpha_1 f_2\chi_1\mathring{\Pi}_1(a_2,a_1)+\beta_1 f_3\chi_1\mathring{\Pi}_1(a_3,a_1)+\gamma_1 f_4\chi_1\mathring{\Pi}_1(a_4,a_1)\right)\frac{d\mathrm{x}_1}{dt}\\
&+\left(-nf_1\chi_2\mathring{\Pi}_1(a_1,a_2)+2\mathrm{A}_1(\mu_2-\mu_1)-\frac{n}{2}\mathrm{B}_1 f_3\chi_2\mathring{\Pi}_1(a_3,a_2)-\frac{n}{2}\mathrm{C}_1 f_4\chi_2\mathring{\Pi}_1(a_4,a_2)\right)\frac{dp}{dt}\\
&+\left(-2\alpha_1(\mu_2-\mu_1)+\frac{n}{2}\beta_1 f_3\chi_2\mathring{\Pi}_1(a_3,a_2)+\frac{n}{2}\gamma_1 f_4\chi_2\mathring{\Pi}_1(a_4,a_2)\right)\frac{d\mathrm{P}}{dt}\\
&+\left(-nf_1\chi_3\mathring{\Pi}_1(a_1,a_3)-\frac{n}{2}\mathrm{A}_1 f_2\chi_3\mathring{\Pi}_1(a_2,a_3)+2\mathrm{B}_1(\mu_3-\mu_1)-\frac{n}{2}\mathrm{C}_1 f_4\chi_3\mathring{\Pi}_1(a_4,a_3)\right)\frac{dq}{dt}\\
&+\left(\frac{n}{2}\alpha_1 f_2\chi_3\mathring{\Pi}_1(a_2,a_3)-2\beta_1(\mu_3-\mu_1)+\frac{n}{2}\gamma_1 f_4\chi_3\mathring{\Pi}_1(a_4,a_3)\right)\frac{d\mathrm{Q}}{dt}\\
&+\left(-nf_1\chi_4\mathring{\Pi}_1(a_1,a_4)-\frac{n}{2}\mathrm{A}_1 f_2\chi_4\mathring{\Pi}_1(a_2,a_4)-\frac{n}{2}\mathrm{B}_1 f_3\chi_4\mathring{\Pi}_1(a_3,a_4)+2\mathrm{C}_1(\mu_4-\mu_1)\right)\frac{dr}{dt}\\
&\qquad+\left(\frac{n}{2}\alpha_1 f_2\chi_4\mathring{\Pi}_1(a_2,a_4)+\frac{n}{2}\beta_1 f_3\chi_4\mathring{\Pi}_1(a_3,a_4)+2\gamma_1(\mu_4-\mu_1)\right)\frac{d\mathrm{R}}{dt}\Big]e^{\mathrm{V}_1 t}dt
\end{aligned}$$

$$\begin{aligned}
+\int\Big[&\left(\mathrm{M}_1^2-\frac{n}{2}\mathrm{A}_1 f_2\chi_1\mathring{\Psi}_1(a_2,a_1)-\frac{n}{2}\mathrm{B}_1 f_3\chi_1\mathring{\Psi}_1(a_3,a_1)-\frac{n}{2}\mathrm{C}_1 f_4\chi_1\mathring{\Psi}_1(a_4,a_1)\right)\mathrm{x}_1\\
&+\Big(\alpha_1[\mathrm{M}_2^2-(\mu_2-\mu_1)^2]-\frac{n}{2}\beta_1 f_3\chi_2[\mathring{\Psi}_1(a_3,a_2)-(\mu_2-\mu_1)\mathring{\Pi}_1(a_3,a_2)]\\
&\qquad-\frac{n}{2}\gamma_1 f_4\chi_2[\mathring{\Psi}_1(a_4,a_2)-(\mu_2-\mu_1)\mathring{\Pi}_1(a_4,a_2)]\Big)p
\end{aligned}$$

$$+\Big(-nf_1\chi_2\big[\mathring{\Psi}_1(a_1,a_2)-(\mu_2-\mu_1)\mathring{\Pi}_1(a_1,a_2)\big]$$
$$+A_1\big[M_2^2-(\mu_2-\mu_1)^2\big]-\frac{n}{2}B_1f_3\chi_2\big[\mathring{\Psi}_1(a_3,a_2)-(\mu_2-\mu_1)\mathring{\Pi}_1(a_3,a_2)\big]$$
$$-\frac{n}{2}C_1f_4\chi_2\big[\mathring{\Psi}_1(a_4,a_2)-(\mu_2-\mu_1)\mathring{\Pi}_1(a_4,a_2)\big]\Big)P$$

$$+\Big(-\frac{n}{2}\alpha_1f_2\chi_3\big[\mathring{\Psi}_1(a_2,a_3)-(\mu_3-\mu_1)\mathring{\Pi}_1(a_2,a_3)\big]+\beta_1\big[M_3^2-(\mu_3-\mu_1)^2\big]$$
$$-\frac{n}{2}\gamma_1f_4\chi_3\big[\mathring{\Psi}_1(a_4,a_3)-(\mu_4-\mu_2)\mathring{\Pi}_1(a_4,a_3)\big]\Big)q$$

$$+\Big(-nf_1\chi_3\big[\mathring{\Psi}_1(a_1,a_3)-(\mu_3-\mu_1)\mathring{\Pi}_1(a_1,a_3)\big]$$
$$-\frac{n}{2}A_1f_2\chi_3\big[\mathring{\Psi}_1(a_2,a_3)-(\mu_3-\mu_1)\mathring{\Pi}_1(a_2,a_3)\big]+B_1\big[M_3^2-(\mu_3-\mu_1)^2\big]$$
$$-\frac{n}{2}C_1f_4\chi_3\big[\mathring{\Psi}_1(a_4,a_3)-(\mu_3-\mu_1)\mathring{\Pi}_1(a_4,a_3)\big]\Big)Q$$

$$+\Big(-\frac{n}{2}\alpha_1f_2\chi_4\big[\mathring{\Psi}_1(a_2,a_4)-(\mu_4-\mu_1)\mathring{\Pi}_1(a_2,a_4)\big]$$
$$-\frac{n}{2}\beta_1f_3\chi_4\big[\mathring{\Psi}_1(a_3,a_4)-(\mu_4-\mu_1)\mathring{\Pi}_1(a_3,a_4)\big]+\gamma_1\big[M_4^2-(\mu_4-\mu_1)^2\big]\Big)r$$

$$+\Big(-nf_1\chi_4\big[\mathring{\Psi}_1(a_1,a_4)-(\mu_4-\mu_1)\mathring{\Pi}_1(a_1,a_4)\big]$$
$$-\frac{n}{2}A_1f_2\chi_4\big[\mathring{\Psi}_1(a_2,a_4)-(\mu_4-\mu_1)\mathring{\Pi}_1(a_2,a_4)\big]$$
$$-\frac{n}{2}B_1f_3\chi_4\big[\mathring{\Psi}_1(a_3,a_4)-(\mu_4-\mu_1)\mathring{\Pi}_1(a_3,a_4)\big]+C_1\big[M_4^2-(\mu_4-\mu_1)^2\big]\Big)R\Big]e^{V_1t}dt=\text{const.}$$

XCV.

Cela fait, je transforme les expressions intégrales

$$\int\frac{d^2X}{dt^2}e^{V_1t}dt,\quad \int\frac{d^2p}{dt^2}e^{V_1t}dt,\ldots$$

en leurs équivalentes

$$\left(\frac{dX_1}{dt}-V_1X_1\right)e^{V_1t}+V_1^2\int X_1\varepsilon^{V_1t}dt,\quad \left(\frac{dp}{dt}-V_1p\right)e^{V_1t}+V_1^2\int pe^{V_1t}dt,\ldots.$$

De même je change les expressions

$$\int \frac{dx_1}{dt} e^{V_1 t} dt, \quad \int \frac{dp}{dt} e^{V_1 t} dt, \ldots,$$

en celles-ci

$$x_1 e^{V_1 t} - V_1 \int x_1 e^{V_1 t} dt, \quad p e^{V_1 t} - V_1 \int p e^{V_1 t} dt, \ldots.$$

Par ce moyen, l'équation se trouve composée de deux parties, l'une finie et l'autre indéfinie, laquelle renferme les quantités intégrales

$$\int x e^{V_1 t} dt, \int p e^{V_1 t} dt, \int P e^{V_1 t} dt, \int q e^{V_1 t} dt, \int Q e^{V_1 t} dt, \int r e^{V_1 t} dt, \int R e^{V_1 t} dt.$$

Je fais les coefficients de ces quantités chacun égal à zéro, ce qui me donne sept équations entre les sept inconnues α_1, β_1, γ_1, A_1, B_1, C_1 et V_1, savoir

(1°)

$$V_1^2 - \frac{n}{2}\left[\alpha_1 f_2 \chi_1 \mathring{\Pi}_1(a_2, a_1) + \beta_1 f_3 \chi_1 \mathring{\Pi}_1(a_3, a_1) + \gamma_1 f_4 \chi_1 \mathring{\Pi}_1(a_4, a_1)\right] V_1$$
$$+ M_1^2 - \frac{n}{2} A_1 f_2 \chi_1 \mathring{\Psi}_1(a_2, a_1) - \frac{n}{2} B_1 f_3 \chi_1 \mathring{\Psi}_1(a_3, a_1) - \frac{n}{2} C_1 f_4 \chi_1 \mathring{\Psi}_1(a_4, a_1) = 0.$$

(2°)

$$\alpha_1 V_1^2 + \left[n f_1 \chi_2 \mathring{\Pi}_1(a_1, a_2) - 2 A_1(\mu_2 - \mu_1) + \frac{n}{2} B_1 f_3 \chi_2 \mathring{\Pi}_1(a_3, a_2) + \frac{n}{2} C_1 f_4 \chi_2 \mathring{\Pi}_1(a_4, a_2)\right] V_1$$
$$+ \alpha_1 [M_2^2 - (\mu_2 - \mu_1)^2] - \frac{n}{2} \beta_1 f_3 \chi_2 [\mathring{\Psi}_1(a_3, a_2) - (\mu_2 - \mu_1) \mathring{\Pi}_1(a_3, a_2)]$$
$$- \frac{n}{2} \gamma_1 f_4 \chi_2 [\mathring{\Psi}_1(a_4, a_2) - (\mu_2 - \mu_1) \mathring{\Pi}_1(a_4, a_2)] = 0.$$

(3°)

$$A_1 V_1^2 - \left[-2\alpha_1(\mu_2-\mu_1) + \frac{n}{2}\beta_1 f_3 \chi_2 \mathring{\Pi}_1(a_3, a_2) + \frac{n}{2}\gamma_1 f_4 \chi_2 \mathring{\Pi}_1(a_4, a_2) \right] V_1$$
$$- n f_1 \chi_2 [\mathring{\Psi}_1(a_1, a_2) - (\mu_2-\mu_1)\mathring{\Pi}_1(a_1, a_2)] + A_1[M_2^2 - (\mu_2-\mu_1)^2]$$
$$- \frac{n}{2}\beta_1 f_3 \chi_2 [\mathring{\Psi}_1(a_3, a_2) - (\mu_2-\mu_1)\mathring{\Pi}_1(a_3, a_2)]$$
$$- \frac{n}{2} C_1 f_4 \chi_2 [\mathring{\Psi}_1(a_4, a_2) - (\mu_2-\mu_1)\mathring{\Pi}_1(a_4, a_2)] = 0.$$

(4°)

$$\beta_1 V_1^2 + \left[n f_1 \chi_3 \mathring{\Pi}_1(a_1, a_3) + \frac{n}{2} A_1 f_2 \chi_3 \mathring{\Pi}_1(a_2, a_3) - 2B_1(\mu_3-\mu_1) + \frac{n}{2} C_1 f_4 \chi_3 \mathring{\Pi}_1(a_4, a_3) \right] V_1$$
$$- \frac{n}{2}\alpha_1 f_2 \chi_3 [\mathring{\Psi}_1(a_2, a_3) - (\mu_3-\mu_1)\mathring{\Pi}_1(a_2, a_3)] + \beta_1[M_3^2 - (\mu_3-\mu_1)^2]$$
$$- \frac{n}{2}\gamma_1 f_4 \chi_3 [\mathring{\Psi}_1(a_4, a_3) - (\mu_3-\mu_1)\mathring{\Pi}_1(a_4, a_3)] = 0.$$

(5°)

$$B_1 V_1^2 - \left[\frac{n}{2}\alpha_1 f_2 \chi_3 \mathring{\Pi}_1(a_2, a_3) - 2\beta_1(\mu_3-\mu_1) + \frac{n}{2}\gamma_1 f_4 \chi_3 \mathring{\Pi}_1(a_4, a_3) \right] V_1$$
$$- n f_1 \chi_3 [\mathring{\Psi}_1(a_1, a_3) - (\mu_3-\mu_1)\mathring{\Pi}_1(a_1, a_3)]$$
$$- \frac{n}{2} A_1 f_2 \chi_3 [\mathring{\Psi}_1(a_2, a_3) - (\mu_3-\mu_1)\mathring{\Pi}_1(a_2, a_3)] + B_1[M_3^2 - (\mu_3-\mu_1)^2]$$
$$- \frac{n}{2} C_1 f_4 \chi_3 [\mathring{\Psi}_1(a_4, a_3) - (\mu_3-\mu_1)\mathring{\Pi}_1(a_4, a_3)] = 0.$$

(6°)

$$\gamma_1 V_1^2 + \left[n f_1 \chi_4 \mathring{\Pi}_1(a_1, a_4) + \frac{n}{2} A_1 f_2 \chi_4 \mathring{\Pi}_1(a_2, a_4) + \frac{n}{2} B_1 f_3 \chi_4 \mathring{\Pi}_1(a_3, a_4) - 2C_1(\mu_4-\mu_1) \right] V_1$$
$$- \frac{n}{2}\alpha_1 f_2 \chi_4 [\mathring{\Psi}_1(a_2, a_4) - (\mu_4-\mu_1)\mathring{\Pi}_1(a_2, a_4)]$$
$$- \frac{n}{2}\beta_1 f_3 \chi_4 [\mathring{\Psi}_1(a_3, a_4) - (\mu_4-\mu_1)\mathring{\Pi}_1(a_3, a_4)] + \gamma_1[M_4^2 - (\mu_4-\mu_1)^2] = 0.$$

(7°)

$$C_1 V_1^2 - \left[\frac{n}{2}\alpha_1 f_2 \chi_4 \mathring{\Pi}_1(a_2, a_4) + \frac{n}{2}\beta_1 f_3 \chi_4 \mathring{\Pi}_1(a_3, a_4) - 2\gamma_1(\mu_4 - \mu_1)\right] V_1$$

$$- \frac{n}{2} f_1 \chi_4 \left[\mathring{\Psi}_1(a_1, a_4) - (\mu_4 - \mu_1)\mathring{\Pi}_1(a_1, a_4)\right]$$

$$- \frac{n}{2} A_1 f_2 \chi_4 \left[\mathring{\Psi}_1(a_2, a_4) - (\mu_4 - \mu_1)\mathring{\Pi}_1(a_2, a_4)\right]$$

$$- \frac{n}{2} B_1 f_3 \chi_4 \left[\mathring{\Psi}_1(a_3, a_4) - (\mu_4 - \mu_1)\mathring{\Pi}_1(a_3, a_4)\right] + C_1\left[M_4^2 - (\mu_4 - \mu_1)^2\right] = 0.$$

Ensuite j'ai l'équation intégrale

$$\text{(P)} \quad \left[\frac{dx_1}{dt} + \alpha_1 \frac{dp}{dt} + A_1 \frac{dP}{dt} + \beta_1 \frac{dq}{dt} + B_1 \frac{dQ}{dt} + \gamma_1 \frac{dr}{dt} + C_1 \frac{dR}{dt}\right.$$

$$+ \left(-V_1 + \frac{n}{2}\alpha_1 f_2 \chi_1 \mathring{\Pi}_1(a_2, a_1) + \frac{n}{2}\beta_1 f_3 \chi_1 \mathring{\Pi}_1(a_3, a_1) + \frac{n}{2}\gamma_1 f_4 \chi_1 \mathring{\Pi}_1(a_4, a_1)\right) x_1$$

$$+ \left(-\alpha_1 V_1 - n f_1 \chi_2 \mathring{\Pi}_1(a_1, a_2) + 2A_1(\mu_2 - \mu_1) - \frac{n}{2} B_1 f_3 \chi_2 \mathring{\Pi}_1(a_3, a_2) - \frac{n}{2} C_1 f_4 \chi_2 \mathring{\Pi}_1(a_1, a_2)\right) p$$

$$+ \left(-A_1 V_1 - 2\alpha_1(\mu_2 - \mu_1) + \frac{n}{2}\beta_1 f_3 \chi_2 \mathring{\Pi}_1(a_3, a_2) + \frac{n}{2}\gamma_1 f_4 \chi_2 \mathring{\Pi}_1(a_4 a_2)\right) P$$

$$+ \left(-\beta_1 V_1 - n f_1 \chi_3 \mathring{\Pi}_1(a_1, a_3) - \frac{n}{2} A_1 f_2 \chi_3 \mathring{\Pi}_1(a_2, a_3) + 2B_1(\mu_3 - \mu_1) - \frac{n}{2} C_1 f_4 \chi_3 \mathring{\Pi}_1(a_4, a_3)\right) q$$

$$+ \left(-B_1 V_1 + \frac{n}{2}\alpha_1 f_2 \chi_3 \mathring{\Pi}_1(a_2, a_3) - 2\beta_1(\mu_3 - \mu_1) + \frac{n}{2}\gamma_1 f_4 \chi_3 \mathring{\Pi}_1(a_4, a_3)\right) Q$$

$$+ \left(-\gamma_1 V_1 - n f_1 \chi_4 \mathring{\Pi}_1(a_1, a_4) - \frac{n}{2} A_1 f_2 \chi_4 \mathring{\Pi}_1(a_1, a_4) - \frac{n}{2} B_1 f_3 \chi_4 \mathring{\Pi}_1(a_3, a_4) + 2C_1(\mu_4 - \mu_1)\right) r$$

$$\left. + \left(-C_1 V_1 + \frac{n}{2}\alpha_1 f_2 \chi_4 \mathring{\Pi}_1(a_2, a_4) + \frac{n}{2}\beta_1 f_3 \chi_4 \mathring{\Pi}_1(a_3, a_4) + 2\gamma_1(\mu_4 - \mu_1)\right) R\right] e^{V_1 t} = \text{cons}$$

XCVI.

Qu'on multiplie l'équation (2°) par $\pm\sqrt{-1}$, et qu'on y ajoute l'équation (3°), on aura

$$(\mathrm{Q})\quad \begin{aligned}&[\mathrm{M}_2^2-(\mu_2-\mu_1\pm \mathrm{V}_1\sqrt{-1})^2](\mathrm{A}_1\pm\alpha_1\sqrt{-1})\\ &-nf_1\chi_2[\mathring{\Psi}_1(a_1,a_2)-(\mu_2-\mu_1\pm \mathrm{V}_1\sqrt{-1})\mathring{\Pi}_1(a_1,a_2)]\\ &-\frac{n}{2}f_3\chi_2[\mathring{\Psi}_1(a_3,a_2)-(\mu_2-\mu_1\pm \mathrm{V}_1\sqrt{-1})\mathring{\Pi}_1(a_3,a_2)](\mathrm{B}_1\pm\beta_1\sqrt{-1})\\ &-\frac{n}{2}f_4\chi_2[\mathring{\Psi}_1(a_4,a_2)-(\mu_2-\mu_1\pm \mathrm{V}_1\sqrt{-1})\mathring{\Pi}_1(a_4,a_2)](\mathrm{C}_1\pm\gamma_1\sqrt{-1})=0.\end{aligned}$$

De même, en multipliant l'équation (4°) par $\pm\sqrt{-1}$, et y ajoutant l'équation (5°), on aura

$$(\mathrm{R})\quad \begin{aligned}&[\mathrm{M}_3^2-(\mu_3-\mu_1\pm \mathrm{V}_1\sqrt{-1})^2](\mathrm{B}_1\pm\beta_1\sqrt{-1})\\ &-nf_1\chi_3[\mathring{\Psi}_1(a_1,a_3)-(\mu_3-\mu_1\pm \mathrm{V}_1\sqrt{-1})\mathring{\Pi}_1(a_1,a_3)]\\ &-\frac{n}{2}f_2\chi_3[\mathring{\Psi}_1(a_2,a_3)-(\mu_3-\mu_1\pm \mathrm{V}_1\sqrt{-1})\mathring{\Pi}_1(a_2,a_3)](\mathrm{A}_1\pm\alpha_1\sqrt{-1})\\ &-\frac{n}{2}f_4\chi_3[\mathring{\Psi}_1(a_4,a_3)-(\mu_3-\mu_1\pm \mathrm{V}_1\sqrt{-1})\mathring{\Pi}_1(a_4,a_3)](\mathrm{C}_1\pm\gamma_1\sqrt{-1})=0.\end{aligned}$$

Enfin, multipliant l'équation (6°) par $\pm\sqrt{-1}$, et y ajoutant l'équation (7°), on aura

$$(\mathrm{S})\quad \begin{aligned}&[\mathrm{M}_4^2-(\mu_4-\mu_1\pm \mathrm{V}_1\sqrt{-1})^2](\mathrm{C}_1\pm\gamma_1\sqrt{-1})\\ &-nf_1\chi_4[\mathring{\Psi}_1(a_1,a_4)-(\mu_4-\mu_1\pm \mathrm{V}_1\sqrt{-1})\mathring{\Pi}_1(a_1,a_4)]\\ &-\frac{n}{2}f_2\chi_4[\mathring{\Psi}_1(a_2,a_4)-(\mu_4-\mu_1\pm \mathrm{V}_1\sqrt{-1})\mathring{\Pi}_1(a_2,a_4)](\mathrm{A}_1\pm\alpha_1\sqrt{-1})\\ &-\frac{n}{2}f_3\chi_4[\mathring{\Psi}_1(a_3,a_4)-(\mu_4-\mu_1\pm \mathrm{V}_1\sqrt{-1})\mathring{\Pi}_1(a_3,a_4)](\mathrm{B}_1\pm\beta_1\sqrt{-1})=0.\end{aligned}$$

Chacune de ces trois équations en vaut deux, comme on voit, à cause de l'ambiguïté du signe de $\sqrt{-1}$.

Maintenant, il est visible par l'équation (1°) que, si n était $= 0$, on aurait

$$V_1^2 + M_1^2 = 0,$$

c'est-à-dire, à cause de $M_1^2 = \mu_1^2(1 - n\mathfrak{G}_1)$ (Article LXXIX),

$$V_1^2 + \mu_1^2 = 0 \quad \text{et} \quad V_1^2 = -\mu_1^2.$$

Supposons donc, en général,

$$V_1^2 = -\mu_1^2(1 - n\nu_1),$$

et l'équation dont nous parlons se changera en celle-ci

$$\begin{aligned}(\mathrm{T}) \qquad \mu_1^2(\nu_1 - \mathfrak{G}_1) &- \frac{1}{2} f_2 \chi_1 \left[\mathring{\Psi}_1(a_2, a_1) A_1 + \mathring{\Pi}_1(a_2, a_1)\alpha_1 V_1\right] \\ &- \frac{1}{2} f_3 \chi_1 \left[\mathring{\Psi}_1(a_3, a_1) B_1 + \mathring{\Pi}_1(a_3, a_1)\beta_1 V_1\right] \\ &- \frac{1}{2} f_4 \chi_1 \left[\mathring{\Psi}_1(a_4, a_1) C_1 + \mathring{\Pi}_1(a_4, a_1)\gamma_1 V_1\right] = 0.\end{aligned}$$

XCVII.

L'équation

$$V_1^2 = -\mu_1^2(1 - n\nu_1)$$

donne

$$V_1 = \mu_1\left(1 - \frac{n}{2}\nu_1\right)\sqrt{-1}; \quad \text{donc} \quad V_1\sqrt{-1} = -\mu_1(1 - \tfrac{1}{2}n\nu_1);$$

donc, substituant cette valeur dans l'équation (Q), aussi bien que celle de M_2^2, qui est $\mu_2^2(1 - n\mathfrak{G}_2)$ (Article XXIX), on aura

$$\begin{aligned}&\left[\mu_2^2(1 - n\mathfrak{G}_2) - [\mu_2 - \mu_1 \mp \mu_1(1 - \tfrac{1}{2}n\nu_1)]^2\right](A_1 \pm \alpha_1\sqrt{-1}) \\ &\quad - n f_1 \chi_2 \left[\mathring{\Psi}_1(a_1, a_2) - [\mu_2 - \mu_1 \mp \mu_1(1 - \tfrac{1}{2}n\nu_1)]\,\mathring{\Pi}_1(a_1, a_2)\right] \\ &\quad - \tfrac{1}{2} n f_3 \chi_2 \left[\mathring{\Psi}_1(a_3, a_2) - [\mu_2 - \mu_1 \mp \mu_1(1 - \tfrac{1}{2}n\nu_1)]\,\mathring{\Pi}_1(a_3, a_2)\right](B_1 \pm \beta_1\sqrt{-1}) \\ &\quad - \tfrac{1}{2} n f_4 \chi_2 \left[\mathring{\Psi}_1(a_4, a_2) - [\mu_2 - \mu_1 \mp \mu_1(1 - \tfrac{1}{2}n\nu_1)]\,\mathring{\Pi}_1(a_4, a_2)\right](C_1 \pm \gamma_1\sqrt{-1}) = 0.\end{aligned}$$

Donc :

1° Si l'on prend le signe supérieur, et qu'on néglige les termes affectés de n, on aura

$$[\mu_2^2 - (\mu_2 - 2\mu_1)^2](A_1 + \alpha_1\sqrt{-1}) = 0;$$

ce qui donne

$$A_1 + \alpha_1\sqrt{-1} = 0 \quad \text{et} \quad \alpha_1\sqrt{-1} = -A_1.$$

2° Si l'on prend le signe inférieur, et qu'après avoir ôté ce qui se détruit on divise toute l'équation par n, on aura, en négligeant toujours les termes affectés de n,

$$\begin{aligned}(\text{V})\quad \mu_2^2\left(\frac{\mu_1}{\mu_2}\nu_1 - 6_2\right)(A_1 - \alpha_1\sqrt{-1}) &- f_1\chi_2[\mathring{\Psi}_1(a_1, a_2) - \mu_2\mathring{\Pi}_1(a_1, a_2)] \\ &- \tfrac{1}{2}f_3\chi_2[\mathring{\Psi}_1(a_3, a_2) - \mu_2\mathring{\Pi}_1(a_3, a_2)](B_1 - \beta_1\sqrt{-1}) \\ &- \tfrac{1}{2}f_4\chi_2[\mathring{\Psi}_1(a_4, a_2) - \mu_1\mathring{\Pi}_1(a_4, a_2)](C_1 - \gamma_1\sqrt{-1}) = 0.\end{aligned}$$

On tirera de même de l'équation (R)

$$\beta_1\sqrt{-1} = -B_1$$

et

$$\begin{aligned}(\text{U})\quad \mu_3^2\left(\frac{\mu_1}{\mu_3}\nu_1 - 6_3\right)(B_1 - \beta_1\sqrt{-1}) &- f_1\chi_3[\mathring{\Psi}_1(a_1, a_3) - \mu_3\mathring{\Pi}_1(a_1, a_3)] \\ &- \tfrac{1}{2}f_2\chi_3[\mathring{\Psi}_1(a_2, a_3) - \mu_3\mathring{\Pi}_1(a_2, a_3)](A_1 - \alpha_1\sqrt{-1}) \\ &- \tfrac{1}{2}f_4\chi_3[\mathring{\Psi}_1(a_4, a_3) - \mu_3\mathring{\Pi}_1(a_4, a_3)](C_1 - \gamma_1\sqrt{-1}) = 0;\end{aligned}$$

et de l'équation (S)

$$\gamma_1\sqrt{-1} = -C_1$$

et

$$\begin{aligned}(\text{W})\quad \mu_4^2\left(\frac{\mu_1}{\mu_4}\nu_1 - 6_4\right)(C_1 - \gamma_1\sqrt{-1}) &- f_1\chi_4[\mathring{\Psi}_1(a_1, a_4) - \mu_4\mathring{\Pi}_1(a_1, a_4)] \\ &- \tfrac{1}{2}f_2\chi_4[\mathring{\Psi}_1(a_2, a_4) - \mu_4\mathring{\Pi}_1(a_2, a_4)](A_1 - \alpha_1\sqrt{-1}) \\ &- \tfrac{1}{2}f_3\chi_4[\mathring{\Psi}_1(a_3, a_4) - \mu_4\mathring{\Pi}_1(a_3, a_4)](B_1 - \beta_1\sqrt{-1}) = 0.\end{aligned}$$

XCVIII.

Soit fait, pour plus de simplicité,

$$(1, 2) = \mathring{\Psi}_1(a_1, a_2) - \mu_2 \mathring{\Pi}_1(a_1, a_2),$$

$$(1, 3) = \mathring{\Psi}_1(a_1, a_3) - \mu_3 \mathring{\Pi}_1(a_1, a_3),$$

$$(2, 1) = \mathring{\Psi}_1(a_2, a_1) - \mu_1 \mathring{\Pi}_1(a_2, a_1);$$

et ainsi des autres.

Soit de plus $\rho = \mu_1 v_1$.

On aura, en faisant ces substitutions dans les équations (V), (U), (W), et mettant à la place de $\alpha_1\sqrt{-1}$, $\beta_1\sqrt{-1}$, $\gamma_1\sqrt{-1}$ leurs valeurs $-A_1$, $-B_1$, $-C_1$, les équations suivantes

$$(X) \quad \begin{cases} 2\mu_2^2\left(\dfrac{\rho}{\mu_2} - \beta_2\right)A_1 - f_1\chi_2(1, 2) - f_3\chi_2(3, 2)B_1 - f_4\chi_2(4, 2)C_1 = 0, \\ 2\mu_3^2\left(\dfrac{\rho}{\mu_3} - \beta_3\right)B_1 - f_1\chi_3(1, 3) - f_2\chi_3(2, 3)A_1 - f_4\chi_3(4, 3)C_1 = 0, \\ 2\mu_4^2\left(\dfrac{\rho}{\mu_4} - \beta_4\right)C_1 - f_1\chi_4(1, 4) - f_2\chi_4(2, 4)A_1 - f_3\chi_4(3, 4)B_1 = 0, \end{cases}$$

d'où l'on tirera facilement les valeurs de A_1, B_1, C_1.

Or, en négligeant les termes affectés de n, on a $V_1 = \mu_1\sqrt{-1}$ (Article précédent); donc, puisque $\alpha_1 = -\dfrac{A_1}{\sqrt{-1}}$, on aura $\alpha_1 V_1 = -\mu_1 A_1$; et de même $\beta_1 V_1 = -\mu_1 B_1$, $\gamma_1 V_1 = -\mu_1 C_1$. Donc l'équation (T) de l'Article XCVI deviendra, après toutes les substitutions,

$$(Y) \qquad 2\mu_1^2\left(\frac{\rho}{\mu_1} - \beta_1\right) - f_2\chi_1(2, 1)A_1 - f_3\chi_1(3, 1)B_1 - f_4\chi_1(4, 1)C_1 = 0;$$

c'est l'équation qui donnera la valeur de ρ.

XCIX.

Soit, pour abréger,

$$K_1 = 2\frac{\frac{\rho}{\mu_1} - 6_1}{\chi_1}, \quad K_2 = 2\frac{\frac{\rho}{\mu_2} - 6_2}{\chi_2} \text{ (*)},$$

et ainsi des autres; les équations (X) donneront, après avoir mis au lieu de $f_1, f_2, \ldots$ leurs valeurs approchées $\mu_1^2, \mu_2^2, \ldots$ (Article XLV),

$$\begin{aligned} A_1 = [&(1,2)K_3K_4 - (1,2)(3,4)(4,3) + (1,3)(3,2)K_4 \\ &+ (1,3)(3,4)(4,2) + (1,4)(3,2)(4,3) + (1,4)(4,2)K_3]\frac{\mu_1^2}{\mu_2^2}, \end{aligned}$$

$$\begin{aligned} B_1 = [&(1,3)K_2K_4 + (1,4)(4,3)K_2 + (1,2)(2,3)K_4 \\ &+ (1,4)(2,3)(4,2) + (1,2)(2,4)(4,3) - (1,3)(2,4)(4,2)]\frac{\mu_1^2}{\mu_3^2}, \end{aligned}$$

$$\begin{aligned} C_1 = [&(1,4)K_2K_3 + (1,3)(3,4)K_2 - (1,4)(2,3)(3,2) \\ &+ (1,2)(2,3)(3,4) + (1,3)(2,4)(3,2) + (1,2)(2,4)K_3]\frac{\mu_1^2}{\mu_4^2}. \end{aligned}$$

Chacune de ces quantités étant divisée par

$$\begin{aligned} &K_2K_3K_4 - (3,4)(4,3)K_2 - (2,3)(3,2)K_4 \\ &\quad - (2,3)(3,4)(4,2) - (2,4)(3,2)(4,3) - (2,4)(4,2)K_3. \end{aligned}$$

Ces valeurs étant ensuite substituées dans l'équation (Y), on aura, après les réductions,

$$\begin{aligned} \text{(Z)} \quad & K_1K_2K_3K_4 - (3,4)(4,3)K_1K_2 - (2,4)(4,2)K_1K_3 - (2,3)(3,2)K_1K_4 \\ &- (4,1)(1,4)K_2K_3 - (3,1)(1,3)K_2K_4 - (2,1)(1,2)K_3K_4 \\ &- [(2,3)(3,4)(4,2) + (2,4)(3,2)(4,3)]K_1 \\ &- [(3,1)(1,4)(4,3) + (4,1)(1,3)(3,4)]K_2 \\ &- [(2,1)(1,4)(4,2) + (4,1)(1,2)(2,4)]K_3 \\ &- [(2,1)(1,3)(3,2) + (3,1)(1,2)(2,3)]K_4 \\ &+ (2,1)(1,2)(3,4)(4,3) - (2,1)(1,3)(3,4)(4,2) \\ &- (2,1)(1,4)(3,2)(4,3) - (3,1)(1,4)(2,3)(4,2) \\ &- (3,1)(1,2)(2,4)(4,3) + (3,1)(1,3)(2,4)(4,2) \\ &+ (4,1)(1,4)(2,3)(3,2) - (4,1)(1,2)(2,3)(3,4) \\ &- (4,1)(1,3)(2,4)(3,2) = 0, \end{aligned}$$

(*) Lagrange emploie, dans ce paragraphe et dans les suivants, diverses lettres telles que K, $\chi, \ldots$ qui ont été précédemment affectées à un autre usage, mais il n'y a pas évidemment de confusion à redouter. (*Note de l'Éditeur.*)

équation qui, en remettant au lieu de K_1, K_2,... leurs valeurs, et ordonnant les termes par rapport à ρ, montera au quatrième degré, et donnera par conséquent quatre valeurs de ρ, que nous dénoterons par ρ', ρ'', ρ''', ρ^{IV}.

C.

Les calculs que nous venons de faire dans ce paragraphe n'appartiennent proprement qu'au premier satellite; mais il est aisé de les appliquer à chacun des trois autres, suivant les remarques faites ailleurs. En effet, pour les appliquer, par exemple, au second satellite, il n'y aura qu'à marquer de deux traits toutes les lettres qui ne sont marquées que d'un seul, et réciproquement ôter un trait à celles qui en ont deux, et ainsi de suite (*); ainsi, dans l'équation (Z), il ne faudra qu'échanger entre elles les lettres K_1, K_2, et les nombres 1, 2. Or on verra aisément que cette permutation ne produira aucun changement dans l'équation; d'où il s'ensuit que les valeurs de ρ seront les mêmes pour le second satellite que pour le premier. On en dira autant par rapport au troisième et au quatrième, de sorte que l'équation (Z) servira pour tous les quatre satellites, et c'est ce qui fait que cette équation monte au quatrième degré.

CI.

Reprenons maintenant l'équation (P) de l'Article XCV, et substituons-y, au lieu de α_1, β_1, γ_1, leurs valeurs $A_1\sqrt{-1}$, $B_1\sqrt{-1}$, $C_1\sqrt{-1}$ (Article XCVII), et au lieu de V_1 sa valeur $\mu_1(1-\frac{1}{2}n\nu_1)\sqrt{-1}$ (Article XCVII), c'est-à-dire, $\left(\mu_1-\frac{n}{2}\rho\right)\sqrt{-1}$, à cause de $\mu_1\nu_1=\rho$ (Article XCVIII), on aura, en négligeant partout les termes affectés de n, excepté dans $e^{V_1 t}$,

$$\begin{aligned}\Big[\frac{dx_1}{dt}&+A_1\left(\frac{dP}{dt}+\frac{dp}{dt}\sqrt{-1}\right)+B_1\left(\frac{dQ}{dt}+\frac{dq}{dt}\sqrt{-1}\right)+C_1\left(\frac{dR}{dt}+\frac{dr}{dt}\sqrt{-1}\right)-\mu_1 x_1\sqrt{-1}\\ &+A_1(2\mu_2-\mu_1)(p-P\sqrt{-1})+B_1(2\mu_3-\mu_1)(q-Q\sqrt{-1})\\ &+C_1(2\mu_4-\mu_1)(r-R\sqrt{-1})\Big]e^{\left(\mu_1-\frac{1}{2}n\rho\right)t\sqrt{-1}}=\text{const.},\end{aligned}$$

(*) *Voir* la Note de la page 76.

c'est-à-dire, en mettant au lieu de $e^{\left(\mu_1-\frac{1}{2}n\rho\right)t\sqrt{-1}}$ sa valeur $\cos(\mu_1-\frac{1}{2}n\rho)t+\sin(\mu_1-\frac{1}{2}n\rho)t\times\sqrt{-1}$,

$$\left[\frac{dx_1}{dt}+A_1\left(\frac{dP}{dt}+(2\mu_2-\mu_1)p\right)+B_1\left(\frac{dQ}{dt}+(2\mu_3-\mu_1)q\right)\right.$$
$$\left.+C_1\left(\frac{dR}{dt}+(2\mu_4-\mu_1)r\right)\right]\cos\left(\mu_1-\frac{n}{2}\rho\right)t$$
$$+\left[\mu_1x_1-A_1\left(\frac{dp}{dt}+(2\mu_2-\mu_1)P\right)-B_1\left(\frac{dq}{dt}-(2\mu_3-\mu_1)Q\right)\right.$$
$$\left.-C_1\left(\frac{dr}{dt}-(2\mu_4-\mu_1)R\right)\right]\sin\left(\mu_1-\frac{n}{2}\rho\right)t$$
$$+\left[\frac{dx_1}{dt}+A_1\left(\frac{dP}{dt}+(2\mu_2-\mu_1)p\right)+B_1\left(\frac{dQ}{dt}+(2\mu_3-\mu_1)q\right)\right.$$
$$\left.+C_1\left(\frac{dR}{dt}+(2\mu_4-\mu_1)r\right)\right]\sin\left(\mu_1-\frac{n}{2}\rho\right)t\times\sqrt{-1}$$
$$-\left[\mu_1x_1-A_1\left(\frac{dp}{dt}-(2\mu_2-\mu_1)P\right)-B_1\left(\frac{dq}{dt}-(2\mu_3-\mu_1)Q\right)\right.$$
$$\left.-C_1\left(\frac{dr}{dt}-(2\mu_4-\mu_1)R\right)\right]\cos\left(\mu_1-\frac{n}{2}\rho\right)t\times\sqrt{-1}=\text{const.},$$

équation qui, à cause du radical $\sqrt{-1}$, lequel peut avoir indifféremment les signes + ou −, se décompose en ces deux-ci

$$(\alpha)\qquad\left[\frac{dx_1}{dt}+A_1\left(\frac{dP}{dt}+(2\mu_2-\mu_1)p\right)+B_1\left(\frac{dQ}{dt}+(2\mu_3-\mu_1)q\right)\right.$$
$$\left.+C_1\left(\frac{dR}{dt}+(2\mu_4-\mu_1)r\right)\right]\cos\left(\mu_1-\frac{n}{2}\rho\right)t$$
$$+\left[\mu_1x_1-A_1\left(\frac{dp}{dt}-(2\mu_2-\mu_1)P\right)-B_1\left(\frac{dq}{dt}-(2\mu_3-\mu_1)Q\right)\right.$$
$$\left.-C_1\left(\frac{dr}{dt}-(2\mu_4-\mu_1)R\right)\right]\sin\left(\mu_1-\frac{n}{2}\rho\right)t=D_1,$$

et

$$(\beta)\qquad\left[\frac{dx_1}{dt}+A_1\left(\frac{dP}{dt}+(2\mu_2-\mu_1)p\right)+B_1\left(\frac{dQ}{dt}+(2\mu_3-\mu_1)q\right)\right.$$
$$\left.+C_1\left(\frac{dR}{dt}+(2\mu_4-\mu_1)r\right)\right]\sin\left(\mu_1-\frac{n}{2}\rho\right)t$$
$$-\left[\mu_1x_1-A_1\left(\frac{dp}{dt}-(2\mu_2-\mu_1)P\right)-B_1\left(\frac{dq}{dt}-(2\mu_3-\mu_1)Q\right)\right.$$
$$\left.-C_1\left(\frac{dr}{dt}-(2\mu_4-\mu_1)R\right)\right]\cos\left(\mu_1-\frac{n}{2}\rho\right)t=E_1,$$

D_1 et E_1 étant deux constantes arbitraires que nous déterminerons dans un moment.

On aura donc par là

$$(\gamma)\quad \mu_1 x_1 - A_1\left(\frac{dp}{dt}-(2\mu_2-\mu_1)P\right) - B_1\left(\frac{dq}{dt}-(2\mu_3-\mu_1)Q\right) - C_1\left(\frac{dr}{dt}-(2\mu_4-\mu_1)R\right)$$
$$= D_1 \sin\left(\mu_1 - \frac{n}{2}\rho\right)t - E_1\cos\left(\mu_1-\frac{n}{2}\rho\right)t,$$

équation qui suffira pour trouver la valeur de x_1, comme on le verra ci-après.

CII.

Soit, lorsque $t = 0$,

$$x_1 = X_1,\quad x_2 = X_2,\quad x_3 = X_3,\quad x_4 = X_4,$$
$$\frac{dx_1}{dt} = Y_1,\quad \frac{dx_2}{dt} = Y_2,\quad \frac{dx_3}{dt} = Y_3,\quad \frac{dx_4}{dt} = Y_4.$$

On aura (Article XCII)

$$P = X_2,\quad Q = X_3,\quad R = X_4,\quad p = 0,\quad q = 0,\quad r = 0;$$

ensuite

$$\frac{dP}{dt} = Y_2,\quad \frac{dQ}{dt} = Y_3,\quad \frac{dR}{dt} = Y_4,$$
$$\frac{dp}{dt} = (\mu_2-\mu_1)X_2,\quad \frac{dq}{dt} = (\mu_3-\mu_1)X_3,\quad \frac{dr}{dt} = (\mu_4-\mu_1)X_4.$$

Donc, substituant ces valeurs dans les équations (α) et (β), et faisant $t = 0$, on aura

$$D_1 = Y_1 + A_1 Y_2 + B_1 Y_3 + C_1 Y_4,$$
$$E_1 = -(\mu_1 X_1 + A_1\mu_2 X_2 + B_1\mu_3 X_3 + C_1\mu_4 X_4).$$

CIII.

Soit maintenant, pour abréger,

$$\frac{dp}{dt}-(2\mu_2-\mu_1)P = (P),\quad \frac{dq}{dt}-(2\mu_3-\mu_1)Q = (Q),\quad \frac{dr}{dt}-(2\mu_4-\mu_1)R = (R);$$

l'équation (γ) deviendra

$$\mu_1 x_1 - A_1(P) - B_1(Q) - C_1(R) = D_1 \sin\left(\mu_1 - \frac{n}{2}\rho\right) t - E_1 \cos\left(\mu_1 - \frac{n}{2}\rho\right) t.$$

Substituons successivement, dans cette équation, au lieu de ρ, ses quatre valeurs ρ', ρ'', ρ''', ρ^{IV} (Article XCIX), on aura

$$\mu_1 x_1 - A'_1(P) - B'_1(Q) - C'_1(R) = D'_1 \sin\left(\mu_1 - \frac{n}{2}\rho'\right) t - E'_1 \cos\left(\mu_1 - \frac{n}{2}\rho'\right) t,$$

$$\mu_1 x_1 - A''_1(P) - B''_1(Q) - C''_1(R) = D''_1 \sin\left(\mu_1 - \frac{n}{2}\rho''\right) t - E''_1 \cos\left(\mu_1 - \frac{n}{2}\rho''\right) t,$$

$$\mu_1 x_1 - A'''_1(P) - B'''_1(Q) - C'''_1(R) = D'''_1 \sin\left(\mu_1 - \frac{n}{2}\rho'''\right) t - E'''_1 \cos\left(\mu_1 - \frac{n}{2}\rho'''\right) t,$$

$$\mu_1 x_1 - A^{\text{IV}}_1(P) - B^{\text{IV}}_1(Q) - C^{\text{IV}}_1(R) = D^{\text{IV}}_1 \sin\left(\mu_1 - \frac{n}{2}\rho^{\text{IV}}\right) t - E^{\text{IV}}_1 \cos\left(\mu_1 - \frac{n}{2}\rho^{\text{IV}}\right) t,$$

A'_1, B'_1, C'_1, D'_1, E'_1; A'_2, B'_2, C'_2, D'_2, E'_2, ... étant ce que deviennent les quantités A_1, B_1, C_1, D_1, E_1 lorsque ρ devient ρ', ρ'', ...

Donc, éliminant de ces quatre équations les trois inconnues (P), (Q), (R), on aura la valeur de x_1.

CIV.

Pour cet effet, je multiplie la seconde équation par α_1, la troisième par β_1, la quatrième par γ_1 (α_1, β_1, γ_1 étant de nouvelles indéterminées); après quoi je les ajoute toutes quatre ensemble, et je fais évanouir séparément chacun des coefficients de (P), (Q), (R); j'ai

$$(\delta)\qquad \begin{cases} A'_1 + \alpha_1 A''_1 + \beta_1 A'''_1 + \gamma_1 A^{\text{IV}}_1 = 0, \\ B'_1 + \alpha_1 B''_1 + \beta_1 B'''_1 + \gamma_1 B^{\text{IV}}_1 = 0, \\ C'_1 + \alpha_1 C''_1 + \beta_1 C'''_1 + \gamma_1 C^{\text{IV}}_1 = 0, \end{cases}$$

et

$$\begin{aligned}
x_1 = {} & \frac{D'_1}{\mu_1(1+\alpha_1+\beta_1+\gamma_1)} \sin\left(\mu_1 - \frac{n}{2}\rho'\right)t - \frac{E'_1}{\mu_1(1+\alpha_1+\beta_1+\gamma_1)} \cos\left(\mu_1 - \frac{n}{2}\rho'\right)t \\
& + \frac{\alpha_1 D''_1}{\mu_1(1+\alpha_1+\beta_1+\gamma_1)} \sin\left(\mu_1 - \frac{n}{2}\rho''\right)t - \frac{\alpha_1 E''_1}{\mu_1(1+\alpha_1+\beta_1+\gamma_1)} \cos\left(\mu_1 - \frac{n}{2}\rho''\right)t \\
& + \frac{\beta_1 D'''_1}{\mu_1(1+\alpha_1+\beta_1+\gamma_1)} \sin\left(\mu_1 - \frac{n}{2}\rho'''\right)t - \frac{\beta_1 E'''_1}{\mu_1(1+\alpha_1+\beta_1+\gamma_1)} \cos\left(\mu_1 - \frac{n}{2}\rho'''\right)t \\
& + \frac{\gamma_1 D^{\text{IV}}_1}{\mu_1(1+\alpha_1+\beta_1+\gamma_1)} \sin\left(\mu_1 - \frac{n}{2}\rho^{\text{IV}}\right)t - \frac{\gamma_1 E^{\text{IV}}_1}{\mu_1(1+\alpha_1+\beta_1+\gamma_1)} \cos\left(\mu_1 - \frac{n}{2}\rho^{\text{IV}}\right)t.
\end{aligned}$$

CV.

On peut simplifier cette expression de x_1 en supposant, en général,

$$D_1 = -\delta_1 \sin\omega_1, \quad E_1 = -\delta_1 \cos\omega_1;$$

ce qui donne

$$\delta_1 = \sqrt{D_1^2 + E_1^2}, \quad \operatorname{tang}\omega_1 = \frac{D_1}{E_1},$$

savoir

$$\delta_1 = \sqrt{(Y_1 + A_1 Y_2 + B_1 Y_3 + C_1 Y_4)^2 + (\mu_1 X_1 + A_1 \mu_2 X_2 + B_1 \mu_3 X_3 + C_1 \mu_4 X_4)^2},$$

$$\operatorname{tang}\omega_1 = -\frac{Y_1 + A_1 Y_2 + B_1 Y_3 + C_1 Y_4}{\mu_1 X_1 + A_1 \mu_2 X_2 + B_1 \mu_3 X_3 + C_1 \mu_4 X_4}.$$

Par ce moyen, on aura

$$D_1 \sin\left(\mu_1 - \frac{n}{2}\rho\right)t - E_1 \cos\left(\mu_1 - \frac{n}{2}\rho\right)t = \delta_1 \cos\left[\left(\mu_1 - \frac{n}{2}\rho\right)t + \omega_1\right],$$

et de là

$$D'_1 \sin\left(\mu_1 - \frac{n}{2}\rho'\right)t - E'_1 \cos\left(\mu_1 - \frac{n}{2}\rho'\right)t = \delta'_1 \cos\left[\left(\mu_1 - \frac{n}{2}\rho'\right)t + \omega'_1\right],$$

$$D''_1 \sin\left(\mu_1 - \frac{n}{2}\rho''\right)t - E''_1 \cos\left(\mu_1 - \frac{n}{2}\rho''\right)t = \delta''_1 \cos\left[\left(\mu_1 - \frac{n}{2}\rho''\right)t + \omega''_1\right];$$

et ainsi de suite.

Donc, si l'on fait, pour plus de simplicité,

$$\varepsilon'_1 = \frac{\delta'_1}{\mu_1(1+\alpha_1+\beta_1+\gamma_1)}, \quad \varepsilon''_1 = \frac{\alpha_1 \delta''_1}{\mu_1(1+\alpha_1+\beta_1+\gamma_1)},$$

$$\varepsilon'''_1 = \frac{\beta_1 \delta'''_1}{\mu_1(1+\alpha_1+\beta_1+\gamma_1)}, \quad \varepsilon^{\text{IV}}_1 = \frac{\gamma_1 \delta^{\text{IV}}_1}{\mu_1(1+\alpha_1+\beta_1+\gamma_1)},$$

on aura

$$x_1 = \varepsilon'_1 \cos\left[\left(\mu_1 - \frac{n}{2}\rho'\right)t + \omega'_1\right] + \varepsilon''_1 \cos\left[\left(\mu_1 - \frac{n}{2}\rho''\right)t + \omega''_1\right]$$
$$+ \varepsilon'''_1 \cos\left[\left(\mu_1 - \frac{n}{2}\rho'''\right)t + \omega'''_1\right] + \varepsilon^{\text{IV}}_1 \cos\left[\left(\mu_1 - \frac{n}{2}\rho^{\text{IV}}\right)t + \omega^{\text{IV}}_1\right].$$

CVI.

Scolie. — A l'égard des valeurs de α_1, β_1, γ_1, on les trouvera aisément par résolution des équations (δ); mais on pourrait encore se servir d'une autre méthode assez simple, que j'exposerai ici en peu de mots.

Qu'on multiplie la seconde de ces équations par b et la troisième par c (b et c étant deux indéterminées), et qu'on les ajoute toutes ensemble, on aura

$$A'_1 + bB'_1 + cC'_1 + (A''_1 + bB''_1 + cC''_1)\alpha_1 + (A'''_1 + bB'''_1 + cC'''_1)\beta_1$$
$$+ (A^{\text{IV}}_1 + bB^{\text{IV}}_1 + cC^{\text{IV}}_1)\gamma_1 = 0.$$

Or, pour avoir la valeur de α_1, on fera

$$A'''_1 + bB'''_1 + cC'''_1 = 0, \quad A^{\text{IV}}_1 + bB^{\text{IV}}_1 + cC^{\text{IV}}_1 = 0,$$

et l'on aura

$$\alpha_1 = -\frac{A'_1 + bB'_1 + cC'_1}{A''_1 + bB''_1 + cC''_1}.$$

Les quantités b et c doivent donc être telles, que l'on ait

$$A_1 + bB_1 + cC_1 = 0,$$

en mettant successivement, au lieu de ρ, ρ''' et ρ^{IV}.

Or l'équation

$$A_1 + bB_1 + cC_1 = 0,$$

si l'on y substitue les valeurs de A_1, B_1, C_1 (Article XCIX) et qu'on l'ordonne par rapport à ρ, sera de cette forme

$$\rho^2 - M\rho + N = 0,$$

dont les racines devront être ρ''' et ρ^{IV}; c'est pourquoi on aura $M = \rho''' + \rho^{\text{IV}}$ et $N = \rho'''\rho^{\text{IV}}$, d'où l'on tirera b et c; on trouvera de la même manière les valeurs de β_1 et de γ_1.

CVII.

Ayant trouvé la valeur de x_1, on trouvera celle de y_1 par l'équation (H) de l'Article LXXVI.

On aura donc, en négligeant les termes affectés de n (*),

$$\begin{aligned} y_1 = & -2\varepsilon'_1 \sin\left[\left(\mu_1 - \frac{n}{2}\rho'\right)t + \omega'_1\right] - 2\varepsilon''_1 \sin\left[\left(\mu_1 - \frac{n}{2}\rho''\right)t + \omega''_1\right] \\ & - 2\varepsilon'''_1 \sin\left[\left(\mu_1 - \frac{n}{2}\rho'''\right)t + \omega'''_1\right] - 2\varepsilon^{\text{IV}}_1 \sin\left[\left(\mu_1 - \frac{n}{2}\rho^{\text{IV}}\right)t + \omega^{\text{IV}}_1\right]. \end{aligned}$$

CVIII.

On aura des expressions semblables pour les valeurs de x_2, y_2, ... (*voyez* la remarque de l'Article C).

CIX.

Pour peu qu'on examine ces valeurs de x et de y, on verra aisément qu'elles renferment, pour ainsi dire, quatre équations du centre prises dans des ellipses mobiles, dont les excentricités seraient $n\varepsilon'$, $n\varepsilon''$, $n\varepsilon'''$,

(*) Lagrange rejette en outre les termes constants qui doivent disparaître par les conditions de l'Article XXXII. (*Note de l'Éditeur.*)

$n\varepsilon^{\text{IV}}$, et les anomalies moyennes

$$\left(\mu-\frac{n}{2}\rho'\right)t+\omega',\quad \left(\mu-\frac{n}{2}\rho''\right)t+\omega'',\quad \left(\mu-\frac{n}{2}\rho'''\right)t+\omega''',\quad \left(\mu-\frac{n}{2}\rho^{\text{IV}}\right)t+\omega^{\text{IV}};$$

d'où l'on voit que les mouvements de ces anomalies seront au mouvement moyen du satellite comme $1-\frac{n}{2}\frac{\rho'}{\mu}$, $1-\frac{n}{2}\frac{\rho''}{\mu}$, $1-\frac{n}{2}\frac{\rho'''}{\mu}$ et $1-\frac{n}{2}\frac{\rho^{\text{IV}}}{\mu}$ à 1; par conséquent les apsides avanceront de

$$\frac{n}{2}\frac{\rho'}{\mu}\cdot 360^\circ,\quad \frac{n}{2}\frac{\rho''}{\mu}\cdot 360^\circ,\quad \frac{n}{2}\frac{\rho'''}{\mu}\cdot 360^\circ,\quad \frac{n}{2}\frac{\rho^{\text{IV}}}{\mu}\cdot 360^\circ$$

à chaque révolution du satellite.

On pourrait, par la méthode de l'Article III, réduire ces quatre équations à une seule, dans laquelle l'excentricité serait variable et le mouvement des apsides non uniforme; mais je crois qu'il est plus commode de les laisser sous leur forme naturelle.

CX.

On suivra une méthode analogue pour trouver la valeur de z_1, au moyen des équations (N_1), (N_2),... de l'Article XCI. Mais, sans entrer dans de nouveaux calculs à cet égard, il suffira de remarquer que les équations dont nous parlons peuvent se déduire des équations (M_1), (M_2),..., en changeant x en z, M en N, Ψ en Γ, et supposant nulles toutes les quantités marquées par la lettre $\overset{\circ}{\Pi}$; d'où il s'ensuit :

1° Que si l'on fait (Article XCVIII)

$$(1,2)=\overset{\circ}{\Gamma}_1(a_1,a_2),\quad (1,3)=\overset{\circ}{\Gamma}_1(a_1,a_3),\quad (2,1)=\overset{\circ}{\Gamma}_1(a_2,a_1),\ldots;$$

ensuite

$$K_1=-2\,\frac{\frac{\sigma}{\mu_1}-\pi_1}{\chi_1},\quad K_2=-2\,\frac{\frac{\sigma}{\mu_1}-\pi_2}{\chi_2},\ldots,$$

on aura pour A_1, B_1, C_1 les mêmes expressions que dans l'Article XCIX, et la valeur de σ devra se déterminer au moyen de l'équation (Z).

2° Que si l'on suppose, lorsque $t = 0$,

$$z_1 = Z_1, \quad z_2 = Z_2, \quad z_3 = Z_3, \quad z_4 = Z_4,$$

$$\frac{dz_1}{dt} = V_1, \quad \frac{dz_2}{dt} = V_2, \quad \frac{dz_3}{dt} = V_3, \quad \frac{dz_4}{dt} = V_4,$$

et qu'on fasse

$$\chi_1 = \sqrt{(V_1 + A_1 V_2 + B_1 V_3 + C_1 V_4)^2 + (\mu_1 Z_1 + A_1 \mu_2 Z_2 + B_1 \mu_3 Z_3 + C_1 \mu_4 Z_4)^2},$$

$$\cot \eta_1 = \frac{V_1 + A_1 V_2 + B_1 V_3 + C_1 V_4}{\mu_1 Z_1 + A_1 \mu_2 Z_2 + B_1 \mu_3 Z_3 + C_1 \mu_4 Z_4},$$

ensuite

$$\lambda_1' = \frac{\chi_1'}{\mu_1(1 + \alpha_1 + \beta_1 + \gamma_1)}, \quad \lambda_1'' = \frac{\alpha_1 \chi_1''}{\mu_1(1 + \alpha_1 + \beta_1 + \gamma_1)},$$

$$\lambda_1''' = \frac{\beta_1 \chi_1'''}{\mu_1(1 + \alpha_1 + \beta_1 + \gamma_1)}, \quad \lambda_1^{\text{IV}} = \frac{\gamma_1 \chi_1^{\text{IV}}}{\mu_1(1 + \alpha_1 + \beta_1 + \gamma_1)},$$

les quantités α_1, β_1, γ_1 étant déterminées par les équations (δ) de l'Article CIV, on aura

$$z_1 = \lambda_1' \sin\left[\left(\mu_1 + \frac{n}{2}\sigma'\right)t + \eta_1'\right] + \lambda_1'' \sin\left[\left(\mu_1 + \frac{n}{2}\sigma''\right)t + \eta_1''\right]$$
$$+ \lambda_1''' \sin\left[\left(\mu_1 + \frac{n}{2}\sigma'''\right)t + \eta_1'''\right] + \lambda_1^{\text{IV}} \sin\left[\left(\mu_1 + \frac{n}{2}\sigma^{\text{IV}}\right)t + \eta_1^{\text{IV}}\right],$$

et ainsi des autres quantités z_2, z_3, z_4, ...

CXI.

Cette expression de z_1 est composée, comme l'on voit, de quatre termes, chacun analogue à l'expression de z_1, trouvée dans l'Article XL, laquelle donne un plan mobile dont l'inclinaison est constante; donc, pour trouver la position de l'orbite d'un satellite quelconque, il n'y aura qu'à imaginer quatre plans passant par le centre de Jupiter, dont le premier se meuve sur celui de l'orbite de cette Planète, en gardant toujours avec lui la même inclinaison; le second se meuve de la même manière sur le premier; le troisième sur le second, et enfin le quatrième, qui sera celui de l'orbite du satellite, se meuve pareillement sur le troisième. Ainsi les quantités $n\lambda'$, $n\lambda''$, $n\lambda'''$, $n\lambda^{\text{IV}}$ seront les tangentes des inclinaisons du premier plan sur celui de Jupiter, du second sur le premier, du troisième sur le second et du quatrième sur le troisième, et les angles

$$\left(\mu+\frac{n}{2}\sigma'\right)t+\eta',\quad \left(\mu+\frac{n}{2}\sigma''\right)t+\eta'',\quad \left(\mu+\frac{n}{2}\sigma'''\right)t+\eta''',\quad \left(\mu+\frac{n}{2}\sigma^{\text{IV}}\right)t+\eta^{\text{IV}}$$

seront les distances du satellite aux nœuds du premier plan avec celui de ♃, du second avec le premier, du troisième avec le second et du quatrième avec le troisième; d'où l'on voit que les nœuds de ces quatre plans rétrograderont pendant une révolution du satellite de

$$\frac{n}{2}\frac{\sigma'}{\mu}\cdot 360^{\circ},\quad \frac{n}{2}\frac{\sigma''}{\mu}\cdot 360^{\circ},\quad \frac{n}{2}\frac{\sigma'''}{\mu}\cdot 360^{\circ},\quad \frac{n}{2}\frac{\sigma^{\text{IV}}}{\mu}\cdot 360^{\circ}.$$

Si l'on voulait connaître directement la position du plan de l'orbite du satellite par rapport à celui de l'orbite de Jupiter, on y parviendrait par la méthode de l'Article III; car, nommant $n\tau$ la tangente de l'inclinaison et ψ la distance du satellite au nœud ascendant, on aurait

$$n\tau=\sqrt{n^2z^2+\frac{n^2dz^2}{d\varphi^2}},\qquad \tang\psi=\frac{nz\,d\varphi}{n\,dz},$$

savoir, à cause de $\varphi=\mu t+ny$,

$$\tau=\sqrt{z^2+\frac{dz^2}{\mu^2dt^2}},\qquad \tang\psi=\frac{\mu z\,dt}{dz},$$

d'où l'on tire, par les logarithmes,

$$\psi=\frac{1}{2\sqrt{-1}}\left[\log\left(\frac{dz}{\mu\,dt}+z\sqrt{-1}\right)-\log\left(\frac{dz}{\mu\,dt}-z\sqrt{-1}\right)\right],$$

expression dans laquelle les imaginaires se détruiront mutuellement.

mais qu'il sera difficile, peut-être impossible, de réduire à une forme finie. Ainsi je crois qu'il vaudra mieux s'en tenir à la formule de l'Article CIX.

CXII.

Telles sont les premières valeurs des variables x, y, z dans lesquelles on a négligé les quantités de l'ordre de n. Si l'on veut y avoir égard, il n'y a qu'à substituer ces mêmes valeurs dans les équations de l'Article LXXVI, et les intégrer ensuite par la méthode ordinaire (Article XXXIV).

Nous n'entrerons point dans ce détail, qui n'a d'autre difficulté que la longueur du calcul, et qui d'ailleurs ne paraît guère nécessaire dans la Théorie des satellites.

Il y a cependant encore quelques termes des équations (G) et (K) de l'Article LXXVI auxquels il ne serait peut-être pas inutile d'avoir égard; ce sont ceux qui viennent de l'action du Soleil, et qui renferment les quantités x_1, y_1, z_1, multipliées par $\cos 2(m-\mu_1)t$, ou par $\sin 2(m-\mu_1)t$; car, en substituant au lieu de ces quantités leurs valeurs trouvées ci-dessus, on aura, à cause de m très-petit (Article XLVIII), des termes qui augmenteront beaucoup par l'intégration, et qui appartiendront aussi en quelque manière à la première approximation; je dis *en quelque manière*, parce que ces termes, quoique fort augmentés par l'intégration, se trouveront encore assez petits par rapport à ceux que nous avons trouvés jusqu'ici.

En effet les termes dont il s'agit étant tous multipliés par $n\mathrm{K} = \frac{m^2}{\mu^2}$ (Article XLIX), et devant être divisés par des quantités de l'ordre de m et de n, seront encore après l'intégration de l'ordre de m et par conséquent très-petits. C'est là la raison pour laquelle nous n'avons point eu d'égard à ces sortes de termes dans les calculs précédents; d'autant plus que notre objet principal est de déterminer les inégalités des satellites causées par leur action mutuelle, conformément au Programme de l'Académie. Je pourrai peut-être dans une autre occasion reprendre plus au long ces recherches.

CXIII.

Remarque I. — Nous avons vu que les quantités ρ et σ dépendent de deux équations du quatrième degré (Articles XCIX et CX). Or il peut arriver deux cas qu'il est bon d'examiner. Le premier est celui où ces équations auraient des racines égales; le second, celui où elles auraient des racines imaginaires.

Voyons donc ce qu'il faudra faire dans ces deux cas :

1° Supposons que deux quelconques des valeurs de ρ soient égales entre elles, par exemple $\rho^{\text{IV}} = \rho'''$. On fera $\rho^{\text{IV}} = \rho''' + i$, i étant une quantité évanouissante, et l'on aura (Article XCIX)

$$A_1^{\text{IV}} = A_1''' + F i, \quad B_1^{\text{IV}} = B_1''' + G i, \quad C_1^{\text{IV}} = C_1''' + H i,$$

F, G, H étant les coefficients de $d\rho'''$ dans les différentielles de A_1''', B_1''', C_1'''.

Donc les équations (δ) de l'Article CIV deviendront, en faisant $\beta_1 + \gamma_1 = b$ et $\gamma_1 i = c$,

$$\begin{aligned} A_1' + a A_1'' + b A_1''' + c F &= 0, \\ B_1' + a B_1'' + b B_1''' + c G &= 0, \\ C_1' + a C_1'' + b C_1''' + c H &= 0, \end{aligned}$$

d'où l'on tirera α_1, b et c.

On aura de même (Article CIV)

$$\delta_1^{\text{IV}} = \delta_1''' + \Delta i \quad \text{et} \quad \omega_1^{\text{IV}} = \omega_1''' + \Omega i,$$

Δ et Ω étant pareillement les coefficients de $d\rho_3$ dans la différentiation de δ_1''' et ω_1'''.

Donc

$$\cos\left[\left(\mu_1 - \frac{n}{2}\rho^{\text{IV}}\right)t + \omega_1^{\text{IV}}\right]$$
$$= \cos\left[\left(\mu_1 - \frac{n}{2}\rho'''\right)t + \omega_1'''\right] + i\left(\frac{n}{2}t - \Omega\right)\sin\left[\left(\mu_1 - \frac{n}{2}\rho'''\right)t + \omega_1'''\right].$$

Donc les termes

$$\varepsilon_1''' \cos\left[\left(\mu_1 - \frac{n}{2}\rho'''\right)t + \omega_1'''\right] + \varepsilon_1^{\text{IV}} \cos\left[\left(\mu_1 - \frac{n}{2}\rho^{\text{IV}}\right)t + \omega_1^{\text{IV}}\right]$$

de la valeur de x_1 (Article CIV) se changeront en

$$(\varepsilon_1''' + \varepsilon_1^{\text{IV}}) \cos\left[\left(\mu_1 - \frac{n}{2}\rho'''\right)t + \omega_1'''\right] + \varepsilon_1^{\text{IV}} i \left(\frac{n}{2}t - \Omega\right) \sin\left[\left(\mu_1 - \frac{n}{2}\rho'''\right)t + \omega_1'''\right].$$

Or

$$\varepsilon_1''' + \varepsilon_1^{\text{IV}} = \frac{(\beta_1 + \gamma_1)\delta_1''' + \Delta\gamma_1 i}{\mu_1(1 + \alpha_1 + \beta_1 + \gamma_1)} = \frac{b\delta_1''' + c\Delta}{\mu_1(1 + \alpha_1 + b)},$$

$$\varepsilon_1^{\text{IV}} i = \frac{\delta_1^{\text{IV}}\gamma_1 i}{\mu_1(1 + \alpha_1 + \beta_1 + \gamma_1)} = \frac{c\delta_1'''}{\mu_1(1 + \alpha_1 + b)}.$$

Donc la valeur de x_1 deviendra

$$\begin{aligned} x_1 = {} & \varepsilon_1' \cos\left[\left(\mu_1 - \frac{n}{2}\rho'\right)t + \omega_1'\right] + \varepsilon_1'' \cos\left[\left(\mu_1 - \frac{n}{2}\rho''\right)t + \omega_1''\right] \\ & + \frac{b\delta_1''' + c\Delta}{\mu_1(1 + \alpha_1 + b)} \cos\left[\left(\mu_1 - \frac{n}{2}\rho'''\right)t + \omega_1'''\right] \\ & + \frac{c\delta_1'''}{\mu_1(1 + \alpha_1 + b)} \left(\frac{n}{2}t - \Omega\right) \sin\left[\left(\mu_1 - \frac{n}{2}\rho'''\right)t + \omega_1'''\right]. \end{aligned}$$

Par conséquent celle de y_1 sera (Article CVII), en négligeant les termes de l'ordre de n,

$$\begin{aligned} y_1 = {} & -2\varepsilon_1' \sin\left[\left(\mu_1 - \frac{n}{2}\rho'\right)t + \omega_1'\right] - 2\varepsilon_1'' \sin\left[\left(\mu_1 - \frac{n}{2}\rho''\right)t + \omega_1''\right] \\ & - 2\frac{b\delta_1''' + c\Delta}{\mu_1(1 + \alpha_1 + b)} \sin\left[\left(\mu_1 - \frac{n}{2}\rho'''\right)t + \omega_1'''\right] \\ & - 2\frac{c\delta_1'''}{\mu_1(1 + \alpha_1 + b)} \left(\frac{n}{2}t - \Omega\right) \cos\left[\left(\mu_1 - \frac{n}{2}\rho'''\right)t + \omega_1'''\right]. \end{aligned}$$

De là on voit que les valeurs de x_1 et de y_1 contiendront dans ce cas un terme multiplié par l'angle t, lequel donnera par conséquent une équation dont la valeur ira toujours en augmentant.

On résoudra de la même manière le cas de trois racines égales, et l'on trouvera pour lors dans les valeurs de x_1 et de y_1 des termes qui contiendront l'angle t avec son carré t^2; et ainsi de suite, s'il y avait quatre racines égales.

2° Soient maintenant ρ''' et ρ^{IV} imaginaires; on les mettra d'abord (ce qui est toujours possible comme on sait) sous cette forme

$$\rho''' = p + q\sqrt{-1}, \quad \rho^{\text{IV}} = p - q\sqrt{-1},$$

p et q étant des quantités réelles; moyennant quoi les quantités A'''_1, B'''_1, C'''_1, A^{IV}_1, B^{IV}_1, C^{IV}_1 se ramèneront à la forme suivante

$$A'''_1 = P + Q\sqrt{-1}, \quad A^{\text{IV}}_1 = P - Q\sqrt{-1},$$

$$B'''_1 = R + S\sqrt{-1}, \quad B^{\text{IV}}_1 = R - S\sqrt{-1},$$

$$C'''_1 = T + V\sqrt{-1}, \quad C^{\text{IV}}_1 = T - V\sqrt{-1}.$$

Faisant ces substitutions dans les équations (δ) et supposant $\beta_1 + \gamma_1 = 2b$, $\beta_1 = 2c\sqrt{-1}$, les imaginaires disparaîtront, de sorte qu'on aura pour α_1, b, c des valeurs réelles; donc les quantités β_1, γ_1 seront encore de cette forme

$$\beta_1 = b + c\sqrt{-1}, \quad \gamma_1 = b - c\sqrt{-1}.$$

De plus, on verra par l'Article CII que les quantités D'''_1, E'''_1, D^{IV}_1, E^{IV}_1 seront aussi de la forme

$$D'''_1 = F + G\sqrt{-1}, \quad D^{\text{IV}}_1 = F - G\sqrt{-1},$$

$$E'''_1 = f + g\sqrt{-1}, \quad E^{\text{IV}}_1 = f - g\sqrt{-1}.$$

Donc on aura aussi

$$\frac{\beta_1 D'''_1}{\mu_1(1 + \alpha_1 + \beta_1 + \gamma_1)} = H + L\sqrt{-1}, \quad \frac{\gamma_1 D^{\text{IV}}_1}{\mu_1(1 + \alpha_1 + \beta_1 + \gamma_1)} = H - L\sqrt{-1},$$

$$\frac{\beta_1 E'''_1}{\mu_1(1 + \alpha_1 + \beta_1 + \gamma_1)} = h + l\sqrt{-1}, \quad \frac{\gamma_1 E^{\text{IV}}_1}{\mu_1(1 + \alpha_1 + \beta_1 + \gamma_1)} = h - l\sqrt{-1}.$$

Or

$$\sin\left[\mu_1 - \frac{n}{2}(p \pm q\sqrt{-1})\right]t$$
$$= \sin\left(\mu_1 - \frac{n}{2}p\right)t \times \cos\frac{n}{2}qt\sqrt{-1} \mp \cos\left(\mu_1 - \frac{n}{2}p\right)t \times \sin\frac{n}{2}qt\sqrt{-1},$$

et de même

$$\cos\left[\mu_1 - \frac{n}{2}(p \pm q\sqrt{-1})\right]t$$
$$= \cos\left(\mu_1 - \frac{n}{2}p\right)t \times \cos\frac{n}{2}qt\sqrt{-1} \pm \sin\left(\mu_1 - \frac{n}{2}p\right)t \times \sin\frac{n}{2}qt\sqrt{-1}.$$

Donc les termes

$$\frac{\beta_1 D_1'''}{\mu_1(1+\alpha_1+\beta_1+\gamma_1)}\sin\left(\mu_1 - \frac{n}{2}\rho'''\right)t - \frac{\beta_1 E_1'''}{\mu_1(1+\alpha_1+\beta_1+\gamma_1)}\cos\left(\mu_1 - \frac{n}{2}\rho'''\right)t$$
$$\frac{\gamma_1 D_1^{\text{IV}}}{\mu_1(1+\alpha_1+\beta_1+\gamma_1)}\sin\left(\mu_1 - \frac{n}{2}\rho^{\text{IV}}\right)t - \frac{\gamma_1 E_1^{\text{IV}}}{\mu_1(1+\alpha_1+\beta_1+\gamma_1)}\cos\left(\mu_1 - \frac{n}{2}\rho^{\text{IV}}\right)t$$

de la valeur de x_1 (Article CIV) se changeront en

$$2\left[H\sin\left(\mu_1 - \frac{n}{2}p\right)t - h\cos\left(\mu_1 - \frac{n}{2}p\right)t\right]\cos\frac{n}{2}qt\sqrt{-1}$$
$$-2\left[L\cos\left(\mu_1 - \frac{n}{2}p\right)t + l\sin\left(\mu_1 - \frac{n}{2}p\right)t\right]\sin\frac{n}{2}qt\sqrt{-1} \times \sqrt{-1},$$

c'est-à-dire, en mettant au lieu de $\cos\frac{n}{2}qt\sqrt{-1}$ et $\sin\frac{n}{2}qt\sqrt{-1}$ leurs valeurs exponentielles $\frac{e^{-\frac{n}{2}qt}+e^{\frac{n}{2}qt}}{2}$, $\frac{e^{-\frac{n}{2}qt}-e^{\frac{n}{2}qt}}{2\sqrt{-1}}$,

$$e^{-\frac{n}{2}qt}\left[(H-l)\sin\left(\mu_1 - \frac{n}{2}p\right)t + (L+h)\cos\left(\mu_1 - \frac{n}{2}p\right)t\right]$$
$$+ e^{-qt}\left[(H+l)\sin\left(\mu_1 - \frac{n}{2}p\right)t - (L-h)\cos\left(\mu_1 - \frac{n}{2}p\right)t\right],$$

expressions qui peuvent encore se changer en celles-ci

$$\breve{\varepsilon}\, e^{\frac{n}{2}qt} \cos\left[\left(\mu_1 - \frac{n}{2}p\right)t + \breve{\varpi}\right] + \hat{\varepsilon}\, e^{-\frac{n}{2}qt} \cos\left[\left(\mu_1 - \frac{n}{2}p\right)t + \hat{\varpi}\right],$$

en faisant

$$\mathrm{H} - l = -\breve{\varepsilon}\sin\breve{\varpi},\quad \mathrm{L} + h = \breve{\varepsilon}\cos\breve{\varpi},\quad \mathrm{H} + l = -\hat{\varepsilon}\sin\hat{\varpi},\quad h - \mathrm{L} = \hat{\varepsilon}\cos\hat{\varpi}.$$

On mettra donc ces termes au lieu des termes

$$\varepsilon_1''' \cos\left[\left(\mu_1 - \frac{n}{2}\rho'''\right)t + \omega_1'''\right] + \varepsilon_1^{\text{IV}} \cos\left[\left(\mu_1 - \frac{n}{2}\rho^{\text{IV}}\right)t + \omega_1^{\text{IV}}\right]$$

de la valeur de x_1 de l'Article CIV, et l'on aura

$$\begin{aligned} \mathrm{x}_1 = {} & \varepsilon_1' \cos\left[\left(\mu_1 - \frac{n}{2}\rho'\right)t + \omega_1'\right] + \varepsilon_1'' \cos\left[\left(\mu_1 - \frac{n}{2}\rho''\right)t + \omega_1''\right] \\ & + \breve{\varepsilon}\, e^{\frac{n}{2}qt} \cos\left[\left(\mu_1 - \frac{n}{2}p\right)t + \breve{\varpi}\right] + \hat{\varepsilon}\, e^{-\frac{n}{2}qt} \cos\left[\left(\mu_1 - \frac{n}{2}p\right)t + \hat{\varpi}\right], \end{aligned}$$

d'où l'on tire (Article XC)

$$\begin{aligned} \mathrm{y}_1 = {} & -2\varepsilon_1' \sin\left[\left(\mu_1 - \frac{n}{2}\rho'\right)t + \omega_1'\right] - 2\varepsilon_1'' \sin\left[\left(\mu_1 - \frac{n}{2}\rho''\right)t + \omega_1''\right] \\ & - 2\breve{\varepsilon}\, e^{\frac{n}{2}qt} \sin\left[\left(\mu_1 - \frac{n}{2}p\right)t + \breve{\varpi}\right] - 2\hat{\varepsilon}\, e^{-\frac{n}{2}qt} \sin\left[\left(\mu_1 - \frac{n}{2}p\right)t + \hat{\varpi}\right]. \end{aligned}$$

Ainsi, dans ce cas, les valeurs de x et de y contiendront deux termes, l'un multiplié par $e^{\frac{n}{2}qt}$, et l'autre par $e^{-\frac{n}{2}qt}$, lesquels donneront dans le mouvement des satellites deux équations, dont l'une ira toujours en augmentant et l'autre ira en diminuant.

Si les valeurs de ρ étaient toutes quatre imaginaires, on ferait sur les deux premiers termes de l'expression de x (Article CIII) les mêmes raisonnements et les mêmes réductions que nous venons de faire sur les deux autres.

On en dira autant des valeurs de z, lesquelles sont entièrement analogues à celles de x (Article CIX); de sorte que, si l'équation en σ avait des racines égales ou imaginaires, les latitudes des satellites se trouveraient sujettes à des variations qui augmenteraient de plus en plus.

CXIV.

Remarque II. — A l'égard des quantités ε'_1, $\varepsilon''_1, \ldots$, ω'_1, $\omega''_1, \ldots$, ε'_2, $\varepsilon''_2, \ldots$, il faudra les déterminer par le moyen des observations; mais il y a là-dessus une remarque importante à faire : c'est que, comme il n'y a proprement que les huit quantités X_1, Y_1, X_2, Y_2, X_3, Y_3, X_4, Y_4 qui soient absolument arbitraires (Article CII), et que les quantités dont nous parlons sont au nombre de 32, on aura 24 conditions à vérifier.

Il en est de même des quantités λ'_1, $\lambda''_1, \ldots$, η'_1, $\eta''_1, \ldots$, λ'_2, $\lambda''_2, \ldots$, η'_2, $\eta''_2, \ldots$ (Article CX).

CXV.

Scolie. — Nous avons déjà donné les valeurs de β_1, β_2, β_3, β_4 (Article LXXXII) aussi bien que celles de ϖ_1, ϖ_2, ϖ_3, ϖ_4 (Article LXXXVI).

Ainsi, pour avoir les valeurs de ρ et de σ, il ne s'agira plus que de trouver les valeurs numériques des coefficients de l'équation (Z) (Article XCIX) dans les deux cas (Articles XCVIII, CIX).

Premier Cas.

Suivant les formules de l'Article XCVIII, on a

$$(1, 2) = \mathring{\Psi}_1(a_1, a_2) - \mu_2 \mathring{\Pi}_1(a_1, a_2);$$

donc, faisant les substitutions de l'Article XCI, et mettant partout μ_2 au lieu de M_2, on aura

$$\begin{aligned}(1, 2) = {} & \Psi_1(a_1, a_2) + 2\Gamma_1(a_1, a_2) - 4\frac{\mu_1}{\mu_2}\widehat{\Gamma}_1(a_1, a_2) \\ & - \left(2\widehat{\Psi}_1(a_1, a_2) + 4\,\frac{\mu_2 - \mu_1}{\mu_2}\,\widehat{\Gamma}_1(a_1, a_2)\right)\frac{\mu_1(2\mu_2 - \mu_1)}{\mu_2^2 - (\mu_2 - \mu_1)^2},\end{aligned}$$

ce qui se réduit à

$$(1, 2) = \breve{\Psi}_1(a_1, a_2) + 2\breve{\Gamma}_1(a_1, a_2) - 2\widehat{\Psi}_1(a_1, a_2) - 4\widehat{\Gamma}_1(a_1, a_2).$$

On trouvera de même

$$(1, 3) = \breve{\Psi}_1(a_1, a_3) + 2\widehat{\Gamma}_1(a_1, a_3) - 2\widehat{\Psi}_1(a_1, a_3) - 4\widehat{\Gamma}_1(a_1, a_3),$$

$$(2, 1) = \breve{\Psi}_1(a_2, a_1) + 2\widehat{\Gamma}_1(a_2, a_1) - 2\breve{\Psi}_1(a_2, a_1) - 4\widehat{\Gamma}_1(a_2, a_1);$$

et ainsi des autres.

Or nous avons déjà donné les valeurs des quantités $\breve{\Gamma}_1$ et $\widehat{\Gamma}_1$ (Article XLVII); il ne reste plus qu'à chercher celles de $\breve{\Psi}_1$ et de $\widehat{\Psi}_1$.

Pour cela, il faut auparavant chercher les valeurs des quantités Ψ, Ψ_1 et Ψ_2. Or, en faisant $q = \frac{a_1}{a_2}$, on trouve (Article XXII), à cause de $\mathrm{A}(a_1, a_2) = a_2^{-3}\,(\mathrm{A})$, $\mathrm{A}_1(a_1, a_2) = a_2^{-3}\,(\mathrm{B})$,... (Article LXXX),

$$\Psi(a_1, a_2) = \frac{q(\mathrm{B}) - 2(\mathrm{A})}{2a_2^3},$$

$$\Psi_1(a_1, a_2) = \frac{q(\mathrm{C}) - 2(\mathrm{B}) + 2q(\mathrm{A})}{2a_2^3},$$

$$\Psi_2(a_1, a_2) = \frac{q(\mathrm{D}) - 2(\mathrm{C}) + q(\mathrm{B})}{2a_2^3},$$

et de même, à cause de $\mathrm{A}(a_2, a_1) = \mathrm{A}(a_1, a_2)$,...,

$$\Psi\,(a_2, a_1) = \frac{q(\mathrm{B}) - 2q^2(\mathrm{A})}{2a_2^3},$$

$$\Psi_1(a_2, a_1) = \frac{q(\mathrm{C}) - 2q^2(\mathrm{B}) + 2q(\mathrm{A})}{2a_2^3},$$

$$\Psi_2(a_2, a_1) = \frac{q(\mathrm{D}) - 2q^2(\mathrm{C}) + q(\mathrm{B})}{2a_2^3}.$$

Donc (Article LXXX)

$$\Psi\,(a_1, a_2) = \Pi\,(a_2, a_1), \quad \Psi_1(a_1, a_2) = \Pi_1(a_2, a_1)\ldots,$$

$$\Psi\,(a_2, a_1) = \Pi\,(a_1, a_2), \quad \Psi_1(a_2, a_1) = \Pi_1(a_1, a_2)\ldots,$$

c'est-à-dire, que les quantités Ψ sont les réciproques des quantités Π.

On aura donc (Article XXIV)

$$\breve{\Psi}_1(a_1, a_2) = 3\frac{q^2Q_2 - 2q^3Q_1 + 2q^2Q}{2} + \frac{q^2C + 2q^2A}{2} + 2q^2,$$

expression qui servira aussi pour les quantités analogues $\breve{\Psi}_1(a_1, a_3)$, $\breve{\Psi}_1(a_2, a_3), \ldots$, en faisant successivement

$$q = \frac{a_1}{a_3}, \quad q = \frac{a_2}{a_3}, \ldots.$$

Ensuite on aura, pour les quantités réciproques,

$$\breve{\Psi}_1(a_2, a_1) = 3\frac{qP_2 - 2P_1 + 2qP}{2} + \frac{qC + 2qA}{2} + \frac{2}{q^2};$$

et ainsi des autres.

Pareillement on trouvera (Article XXV)

$$\widehat{\Psi}_1(a_1, a_2) = 3\frac{q^2Q_2 - 2q^2Q}{2} + \widehat{\Gamma}_1(a_1, a_2) - 3q^2,$$

$$\widehat{\Psi}_1(a_2, a_1) = 3\frac{qQ_2 - 2qQ}{2} + \widehat{\Gamma}_1(a_2, a_1) - \frac{3}{q^2};$$

et ainsi des autres.

De là on tire, en employant les valeurs de la Table de l'Article LXXXI,

	(a_1, a_2)	(a_1, a_3)	(a_1, a_4)	(a_2, a_3)	(a_2, a_4)	(a_3, a_4)
$\breve{\Psi}_1$	$-1,708$	$-0,181$	$-0,008$	$-1,733$	$-0,132$	$-0,887$
$\widehat{\Psi}_1$	$0,366$	$0,068$	$0,003$	$0,153$	$0,036$	$0,214$
	(a_2, a_1)	(a_3, a_1)	(a_4, a_1)	(a_3, a_2)	(a_4, a_2)	(a_4, a_3)
$\breve{\Psi}_1$	$1,203$	$11,699$	$29,330$	$1,580$	$14,871$	$3,489$
$\widehat{\Psi}_1$	$-6,181$	$-13,371$	$-40,052$	$-6,500$	$-16,188$	$-7,089$

ensuite

(1, 2)	(1, 3)	(1, 4)	(2, 3)	(2, 4)	(3, 4)
— 1,578	— 0,213	— 0,004	— 1,155	— 0,162	— 0,765
(2, 1)	(3, 1)	(4, 1)	(3, 2)	(4, 2)	(4, 3)
— 2,365	— 0,363	— 10,040	— 1,414	— 0,289	— 1,331

Donc l'équation (Z) de l'Article XCIX deviendra

$$(\varepsilon) \quad \begin{aligned} &K_1 K_2 K_3 K_4 - 2{,}532\,K_1 K_2 - 0{,}468\,K_1 K_3 - 1{,}633\,K_1 K_4 \\ &- 0{,}040\,K_2 K_3 - 0{,}077\,K_2 K_4 - 3{,}732\,K_3 K_4 \\ &+ 1{,}013\,K_1 + 1{,}641\,K_2 + 2{,}593\,K_3 + 1{,}373\,K_4 - 5{,}599 = 0, \end{aligned}$$

où il n'y aura plus qu'à substituer au lieu de K_1, K_2, K_3, K_4 leurs valeurs

$$2\,\frac{\frac{\rho}{\mu_1} - 6_1}{\chi_1}, \quad 2\,\frac{\frac{\rho}{\mu_2} - 6_2}{\chi_2}, \quad 2\,\frac{\frac{\rho}{\mu_3} - 6_3}{\chi_3}, \quad 2\,\frac{\frac{\rho}{\mu_4} - 6_4}{\chi_4}.$$

Second Cas.

On aura ici (Article CX)

$$(1, 2) = \mathring{\Gamma}_1(a_1 a_2), \quad (1, 3) = \mathring{\Gamma}_1(a_1, a_3), \ldots, \quad (2, 1) = \mathring{\Gamma}_1(a_2, a_1), \ldots.$$

Donc, faisant successivement $q = \frac{a_1}{a_2}$, $q = \frac{a_1}{a_3}, \ldots$, on aura (Articles XXXII et XLIII)

$$(1, 2) = q^2 B, \quad (1, 3) = q^2 B, \ldots;$$

ensuite

$$(2, 1) = q B, \quad (3, 1) = q B, \ldots.$$

Donc, en employant les valeurs de B données dans l'Article XLVII, on trouvera

(1, 2)	(1, 3)	(1, 4)	(2, 3)	(2, 4)	(3, 4)
− 1,963	− 0,252	− 0,037	− 1,884	− 0,174	− 1,151
(2, 1)	(3, 1)	(4, 1)	(3, 2)	(4, 2)	(4, 3)
− 3,116	− 0,640	− 0,166	− 3,011	− 0,489	− 2,025

et l'équation (Z) se changera en celle-ci

$$(\zeta)\qquad \begin{aligned} &K_1 K_2 K_3 K_4 - 2,331\, K_1 K_2 - 0,085\, K_1 K_3 - 5,675\, K_1 K_4 \\ &- 0,006\, K_2 K_3 - 0,161\, K_2 K_4 - 6,120\, K_3 K_4 \\ &+ 2,124\, K_1 + 0,096\, K_2 + 0,114\, K_3 + 4,738\, K_4 + 11,972 = 0, \end{aligned}$$

dans laquelle

$$K_1 = 2\,\frac{\frac{\sigma}{\mu_1} - \pi_1}{\chi_1}, \quad K_2 = 2\,\frac{\frac{\sigma}{\mu_2} - \pi_2}{\chi_2}, \quad K_3 = 2\,\frac{\frac{\sigma}{\mu_3} - \pi_3}{\chi_3}, \quad K_4 = 2\,\frac{\frac{\sigma}{\mu_4} - \pi_4}{\chi_4}.$$

Il resterait maintenant à tirer de ces équations les valeurs de ρ et σ, d'où dépendent les principales inégalités de l'équation du centre et de la latitude des satellites de Jupiter; mais comme nous touchons au terme fixé par l'Académie pour l'admission des Pièces, nous nous contenterons ici d'avoir donné la méthode et les principes nécessaires pour déterminer ces sortes d'inégalités, et nous remettrons ce travail à un autre temps, où nous nous proposons de suivre et de discuter avec attention ces points importants de la Théorie des satellites.

§ IV. — *Sur les inégalités des satellites de Jupiter qui dépendent de la période de 12 ans.*

CXVI.

Les Tables du premier et du second satellite ne renferment que les équations qui dépendent de l'anomalie de Jupiter avec celles qui dépendent de la période de 437 jours dont nous avons parlé au long dans le § V du Chapitre précédent; cependant, il est facile de se convaincre, et M. Wargentin l'avoue lui-même dans les dissertations qu'il a mises à la tête des observations de ces deux satellites (*Mémoires de la Société d'Upsal*, années 1742 et 1743), que les équations attribuées à l'inégalité du mouvement de Jupiter ne s'accordent pas entièrement avec l'équation du centre de cette Planète; d'où il s'ensuit qu'il doit y avoir dans le mouvement de ces deux satellites des inégalités particulières qui, ayant des périodes à très-peu près égales à la révolution de Jupiter, se trouvent pour ainsi dire fondues dans la grande inégalité qui vient de l'excentricité de cette Planète; c'est ce que la Théorie confirme d'ailleurs, car on a vu que les équations du centre des satellites (Article CVII) doivent renfermer quatre termes tels que

$$2n\varepsilon \sin\left[\left(\mu - \frac{n}{2}\rho\right)t + \omega\right];$$

or, dans le temps des éclipses, on a $u - v = 180^\circ$ à très-peu près (Article LII); donc $u = \mu t = 180^\circ + v$, donc

$$\sin\left[\left(\mu - \frac{n}{2}\rho\right)t + \omega\right] = \sin\left[\left(1 - \frac{n\rho}{2\mu}\right)(180^\circ + v) + \omega\right]$$

$$= -\sin\left[\left(1 - \frac{n\rho}{2\mu}\right)v + \omega - \frac{n\rho}{2\mu}180^\circ\right];$$

d'où l'on voit que les équations provenant de ces termes auront des périodes égales à la révolution de Jupiter, plus à $\frac{n\rho}{2\mu}$ de cette révolution.

Au reste on ne doit pas se flatter de pouvoir jamais déterminer ces sortes d'inégalités par la simple Théorie; car les valeurs de ρ (Article CXV) dépendent des quantités χ, c'est-à-dire des masses des satellites, dont la plupart sont encore inconnues. Ainsi, ce n'est que par des observations multipliées et réitérées qu'on peut espérer de perfectionner à cet égard la Théorie des deux premiers satellites.

CXVII.

On a aperçu de pareilles inégalités dans le mouvement du troisième et du quatrième satellite; ce sont celles qui, dans les Tables de M. Wargentin, répondent aux arguments E et G.

En consultant ces Tables (*voyez* les Tables des satellites imprimées parmi celles des Planètes de M. Halley), on trouve : 1° que le nombre E achève huit périodes exactes dans l'intervalle de cent années juliennes, d'où il s'ensuit que chaque période est de douze ans et demi; 2° que dans le même espace de temps le nombre G achève $8\frac{244}{1000}$ périodes, ce qui donne $12^{\text{ans}},130$ pour la durée de chaque période; mais ce dernier élément a été réformé dans les nouvelles Tables du quatrième satellite imprimées à la fin de la *Connaissance des Mouvements célestes* pour l'année prochaine : suivant ces Tables, le nombre C, qui fait ici le même effet que le nombre G dans les premières, achève $8\frac{254}{1000}$ périodes en cent années juliennes; d'où l'on tire pour la durée de chaque période $12^{\text{ans}},115$ environ.

Or, si l'on imagine que chacune de ces deux équations soit représentée par un seul terme tel que

$$\sin\left[\left(1 - \frac{n\rho}{2\mu}v + \omega - \frac{n\rho}{2\mu}\right)180^\circ\right],$$

(c'est le cas où l'orbite serait une ellipse mobile), on trouvera aisément que la quantité $\frac{n\rho}{2\mu}$ sera, pour le troisième satellite, $= \frac{377}{4332} = 0,0870$, et, pour le quatrième, $= \frac{103}{4332} = 0,0237$. On pourrait trouver de même les valeurs des quantités ω qui dépendent des époques des arguments E et C, aussi bien que les coefficients $n\varepsilon$ qui expriment les plus grandes équations; mais, pour que toutes ces déterminations fussent exactes, il faudrait que les autres termes qui doivent entrer dans les équations du centre fussent nuls à la fois, ce qui paraît assez difficile; d'ailleurs les incertitudes et les variétés qu'on trouve lorsqu'on compare les observations de ces deux satellites, et qu'on veut fixer les quantités et les périodes des équations dont nous parlons, donnent tout lieu de croire que ces équations sont plutôt des résultats de différentes équations particulières qui, ayant à peu près les mêmes périodes, se confondent ensemble, comme nous l'avons déjà observé par rapport aux deux premiers satellites.

CXVIII.

Je finirai ces remarques par donner un léger essai de calcul sur les valeurs des quantités ρ, et, pour plus de simplicité, je supposerai que les masses du premier et du quatrième satellite soient considérablement plus petites que celles du second et du troisième; hypothèse qui n'a d'ailleurs rien de choquant.

Donc, puisque χ_1 et χ_4 sont des quantités fort petites, K_1 et K_4 seront fort grandes, par conséquent l'équation (ε) de l'Article CXV se réduira à très-peu près à celle-ci

$$K_1 K_2 K_3 K_4 - 1{,}633 K_1 K_4 = 0,$$

d'où l'on tire

$$K_1 = 0, \quad \text{ou bien} \quad K_4 = 0, \quad \text{ou bien} \quad K_2 K_3 - 1{,}633 = 0.$$

On aura de plus par les formules de l'Article LXXXVI, en mettant $n\chi_1$, $n\chi_2, \ldots$ au lieu de $\frac{\mathfrak{C}_1}{\mathfrak{T}}$, $\frac{\mathfrak{C}_2}{\mathfrak{T}}, \ldots$, et ne conservant que les termes qui renferment χ_2 et χ_3, on aura, dis-je,

$$\beta_1 = 0{,}982\chi_2 + 0{,}124\chi_3, \quad \beta_2 = 60{,}40\chi_3, \quad \beta_3 = 1{,}467\chi_2, \quad \beta_4 = 0{,}260\chi_2 + 1{,}139\chi_3.$$

Donc, puisque

$$K_1 = 2\frac{\frac{\rho}{\mu_1} - 6_1}{\chi_1}, \quad K_2 = 2\frac{\frac{\rho}{\mu_2} - 6_2}{\chi_2}, \ldots,$$

on a, pour les quatre valeurs de ρ, les équations suivantes

$$\frac{\rho}{\mu_1} - 0,982\chi_2 - 0,124\chi_3 = 0,$$

$$\frac{\rho}{\mu_4} - 0,260\chi_2 - 1,139\chi_3 = 0,$$

$$\frac{\frac{\rho}{\mu_2} - 0,940\chi_3}{\chi_2} \times \frac{\frac{\rho}{\mu_3} - 1,467\chi_3}{\chi_3} - 0,408 = 0,$$

d'où l'on tire à peu près

$$\rho = 0,731\,\mu_3\chi_2 + 0,470\,\mu_2\chi_3 \pm \sqrt{(0,731\,\mu_3\chi_2 + 0,470\,\mu_2\chi_3)^2 + 0,408\,\mu_2\mu_3\chi_2\chi_3}.$$

Ainsi l'on aura les quatre valeurs de ρ, qui donneront pour chaque satellite quatre équations, dont les périodes seront de $1 + \frac{n\rho}{2\mu}$ révolutions de Jupiter.

§ V. — *Des durées des éclipses des satellites de Jupiter.*

CXIX.

La durée d'une éclipse dépend de quatre éléments : de la largeur de l'ombre de Jupiter, de la vitesse du satellite, de sa latitude, et de l'inclinaison de sa route, laquelle peut être prise pour rectiligne pendant tout le temps de l'éclipse.

Soit donc α l'angle que le demi-diamètre de la section de l'ombre soustend au centre de Jupiter; cet angle est donné par les observations pour chacun des quatre satellites.

Supposons de plus que φ dénote la longitude du satellite, et p la tangente de sa latitude, au moment de la conjonction

Enfin soit $\varphi - \psi$ la longitude du satellite au moment de son entrée dans l'ombre; de sorte que ψ exprime l'angle qu'il parcourt sur le plan de Jupiter depuis l'immersion jusqu'à la conjonction.

On aura, pour la valeur de p qui y répond, $p - \frac{dp}{d\varphi}\psi$ à peu près.

Cela posé, supposons, pour plus d'exactitude, que la section de l'ombre soit une ellipse semblable à celle des méridiens de Jupiter; il est visible qu'on aura

Demi-grand axe de l'ellipse..............................	$\nu\alpha$,
Demi-petit axe (E étant l'ellipticité comme dans l'Article XVI).	$\nu\alpha(1-\mathrm{E})$,
Abscisse prise depuis le centre..........................	$\nu\psi$,
Appliquée correspondante.................................	$\nu\left(p - \frac{dp}{d\varphi}\psi\right)$.

Donc, par la nature de l'ellipse,

$$\alpha^2 - \psi^2 : \left(p - \frac{dp}{d\varphi}\psi\right)^2 = 1 : (1-\mathrm{E})^2,$$

équation d'où l'on tirera ψ.

On aura donc

$$\alpha^2(1-\mathrm{E})^2 - \psi^2(1-\mathrm{E})^2 = p^2 - 2\frac{p\,dp}{d\varphi}\psi + \frac{dp^2}{d\varphi^2}\psi^2;$$

d'où l'on tire, après les réductions,

$$\psi = \frac{\frac{p\,dp}{d\varphi} \pm (1-\mathrm{E})\sqrt{\alpha^2\left[(1-\mathrm{E})^2 + \frac{dp^2}{d\varphi^2}\right] - p^2}}{(1-\mathrm{E})^2 + \frac{dp^2}{d\varphi^2}}.$$

Le signe + donne la valeur ψ pour l'immersion, comme nous l'avons supposé, et le signe — donne au contraire la valeur de ψ pour l'émersion.

CXX.

Substituons maintenant $\mu t + ny$ au lieu de φ, nz au lieu de p, et de même $n\delta$ au lieu de α (car il est évident que la quantité α doit être du même ordre que la quantité p); on aura, en ne négligeant que les termes affectés de n^3,

$$\psi = \pm \frac{n}{1-E}\sqrt{\delta^2(1-E)^2 - z^2} + \frac{n^2}{(1-E)^2}\frac{z\,dz}{\mu\,dt}.$$

CXXI.

Pour convertir cette expression en temps, on la divisera par la vitesse angulaire qui est $\frac{d\varphi}{dt} = \mu + n\frac{dy}{dt}$; ce qui donnera, en négligeant toujours les n^3,

$$\pm \frac{n}{\mu(1-E)}\sqrt{\delta^2(1-E)^2 - z^2} + \frac{n^2}{\mu(1-E)^2}\left[\frac{z\,dz}{\mu\,dt} \mp (1-E)\frac{dy}{\mu\,dt}\sqrt{\delta^2(1-E)^2 - z^2}\right].$$

Donc l'intervalle entre l'immersion et la conjonction sera

$$\frac{n}{\mu(1-E)}\sqrt{\delta^2(1-E)^2 - z^2} + \frac{n^2}{\mu(1-E)^2}\left[\frac{z\,dz}{\mu\,dt} - (1-E)\frac{dy}{\mu\,dt}\sqrt{\delta^2(1-E)^2 - z^2}\right],$$

et l'intervalle entre la conjonction et l'émersion sera

$$\frac{n}{\mu(1-E)}\sqrt{\delta^2(1-E)^2 - z^2} - \frac{n^2}{\mu(1-E)^2}\left[\frac{z\,dz}{\mu\,dt} + (1-E)\frac{dy}{\mu\,dt}\sqrt{\delta^2(1-E)^2 - z^2}\right].$$

Par conséquent la demi-durée sera

$$\frac{n}{\mu(1-E)}\sqrt{\delta^2(1-E)^2 - z^2} - \frac{n^2}{\mu(1-E)}\frac{dy}{\mu\,dt}\sqrt{\delta^2(1-E)^2 - z^2}.$$

CXXII.

Il paraît que les Astronomes ont toujours supposé jusqu'à présent que les durées des éclipses des satellites étaient les mêmes avant et après la conjonction; ce qui n'est pas vrai à la rigueur, la différence étant de

$$\frac{n^2}{\mu(1-E)^2}\frac{z\,dz}{\mu\,dt}, \quad \text{c'est-à-dire de} \quad \frac{p\,dp}{\mu^2(1-E)^2 dt};$$

d'où l'on voit que ces durées ne peuvent être égales que dans deux cas :

1° lorsque $p=0$, c'est-à-dire lorsque la latitude du satellite est nulle, et que par conséquent l'éclipse est centrale; 2° lorsque $dp=0$, savoir lorsque la latitude est la plus grande, ou bien que le satellite est dans les limites.

CXXIII.

Supposons maintenant qu'on ait observé la demi-durée d'une éclipse de satellite, laquelle soit de Δ secondes; on aura, en remettant pour $n\delta$ et nz, α et p,

$$\Delta=\frac{1-n\frac{dy}{\mu dt}}{\mu(1-E)}\sqrt{\alpha^2(1-E)^2-p^2},$$

où il faudra prendre, pour μ, 360 degrés divisés par le temps périodique réduit en secondes; ou bien on convertira immédiatement la durée Δ en degrés, et l'on aura simplement

$$\Delta=\frac{1-n\frac{dy}{\mu dt}}{1-E}\sqrt{\alpha^2(1-E)^2-p^2},$$

d'où l'on tire

$$p=(1-E)\sqrt{\alpha^2-\Delta^2\left(1+2n\frac{dy}{\mu dt}\right)};$$

c'est la tangente de la latitude du satellite au moment de la conjonction.

CXXIV.

Ayant ainsi la latitude, et connaissant d'ailleurs le lieu du nœud par les observations des plus grandes durées, on trouvera aisément l'inclinaison de l'orbite; il n'y aura pour cela qu'à diviser la tangente de la latitude trouvée par le sinus de l'élongation de Jupiter, vu du Soleil, au nœud du satellite; le quotient sera la tangente de l'inclinaison de l'orbite.

C'est ainsi que tous les Astronomes en ont usé jusqu'ici pour déterminer la position des plans des orbites des satellites.

Mais, si l'on pouvait connaître avec assez de précision par la Théorie le moment de la conjonction, on pourrait trouver immédiatement l'inclinaison de la route du satellite dans l'ombre par les observations des immersions et des émersions; car nous avons vu que la différence entre les durées avant et après la conjonction doit être

$$\frac{p\,dp}{\mu^2(1-E)^2\,dt};$$

donc, divisant cette différence par $\frac{p}{\mu(1-E)^2}$, on aura

$$\frac{dp}{\mu\,dt}=\frac{dp}{d\varphi}\quad \text{tangente de l'inclinaison de la route du satellite.}$$

Mais, outre que cette méthode exigerait dans les Tables des satellites un degré de précision dont elles sont encore bien éloignées, elle serait encore le plus souvent impraticable, à cause qu'on ne peut pas toujours observer à la fois les immersions et les émersions.

Je finirai ces recherches par dire un mot des variations qu'on a aperçues jusqu'ici dans les positions des orbites des satellites.

§ VI. — *Des inclinaisons et des nœuds des satellites.*

CXXV.

Le premier satellite est le seul dont l'orbite paraisse à peu près fixe; son inclinaison est, selon les Tables, de 3°18′, et le lieu du nœud, à 10^s, 14°30′; du moins les demi-durées observées cadrent assez bien avec ces éléments.

Le nœud du second paraît aussi fixe, mais son inclinaison est sujette à un changement considérable, dont la période est de 31 ans; la plus grande inclinaison est de 3°47′27″, et la plus petite de 2°29′2″, de sorte que la variation est de 1°18′25″, ou bien de 39′12″, tantôt en plus, tantôt en moins, ce qui fait environ $\frac{1}{5}$ de l'inclinaison moyenne.

CXXVI.

Un changement si considérable ne saurait s'expliquer que par les formules de l'Article CIX. En effet, supposons que la valeur de z'' ne renferme que deux termes, ou au moins que les deux autres soient assez petits pour pouvoir être négligés, de sorte qu'on ait simplement

$$z_2 = \lambda'_2 \sin\left[\left(\mu_2 + \frac{n}{2}\sigma'\right)t + \eta'_2\right] + \lambda''_2 \sin\left[\left(\mu_2 + \frac{n}{2}\sigma''\right)t + \eta''_2\right].$$

On aura, en nommant $n\tau_2$ la tangente de l'inclinaison de l'orbite et ψ_2 la distance du satellite au nœud ascendant (Article CXI),

$$\tau_2 = \sqrt{z_2^2 + \frac{dz_2^2}{\mu_2^2 dt^2}},$$

$$\operatorname{tang}\psi_2 = \frac{z_2 \mu_2 dt}{dz_2},$$

savoir, en négligeant les termes de l'ordre de n,

$$\tau_2 = \sqrt{\lambda_2'^2 + \lambda_2''^2 + 2\lambda'_2\lambda''_2 \cos\left[\frac{n}{2}(\sigma' - \sigma'')t + \eta'_2 - \eta''_2\right]},$$

$$\operatorname{tang}\psi_2 = \frac{\lambda'_2 \sin\left[\left(\mu_2 + \frac{n}{2}\sigma'\right)t + \eta'_2\right] + \lambda''_2 \sin\left[\left(\mu_2 + \frac{n}{2}\sigma''\right)t + \eta''_2\right]}{\lambda'_2 \cos\left[\left(\mu_2 + \frac{n}{2}\sigma'\right)t + \eta'_2\right] + \lambda''_2 \cos\left[\left(\mu_2 + \frac{n}{2}\sigma''\right)t + \eta''_2\right]}.$$

Donc la plus grande valeur de τ_2 sera $= \lambda'_2 + \lambda''_2$, et la plus petite $= \lambda'_2 - \lambda''_2$; donc

$$n(\lambda'_2 + \lambda''_2) = \operatorname{tang} 3^\circ 47' 27'' \quad \text{et} \quad n(\lambda'_2 - \lambda''_2) = \operatorname{tang} 2^\circ 29' 2'';$$

par conséquent

$$\frac{\lambda'_2 + \lambda''_2}{\lambda'_2 - \lambda''_2} = \frac{\operatorname{tang} 3^\circ 47' 27''}{\operatorname{tang} 2^\circ 29' 2''} = 1{,}527;$$

d'où l'on tire

$$\frac{\lambda''_2}{\lambda'_2} = \frac{0{,}527}{2{,}527} = 0{,}208 = \text{environ } \frac{1}{5}.$$

Maintenant il est clair que la valeur de τ_2 redeviendra la même lorsque l'angle $\frac{n}{2}(\sigma' - \sigma'')t$ se trouvera augmenté ou diminué de 360 degrés pris une ou plusieurs fois; donc, puisque la longitude moyenne du second satellite est exprimée par $\mu_2 t$, la période de la variation de τ_2 sera de

$$\pm \frac{1}{\frac{n}{2\mu_2}(\sigma' - \sigma'')}$$

révolutions de ce même satellite. Or cette période est, selon les observations, de 31 ans, ce qui répond à peu près à 3189 révolutions du second satellite; donc il faudra que

$$\pm \frac{n}{2\mu_2}(\sigma' - \sigma'') = \frac{1}{3189} = 0,0003136.$$

CXXVII.

Ayant trouvé $\lambda''_2 = \frac{1}{5}\lambda'_2$, on pourra simplifier les expressions de τ_2 et de $\tang \psi_2$, et l'on aura à très-peu près

$$\tau_2 = \lambda'_2\left[1 + \frac{1}{5}\cos\left(\frac{n}{2}(\sigma' - \sigma'')t + \eta'_2 - \eta''_2\right)\right]$$

$$\text{tang}\,\psi_2 = \text{tang}\left[\left(\mu_2 + \frac{n}{2}\sigma'\right)t + \eta'_2\right] + \frac{1}{3}\,\frac{\sin\left[\left(\mu_2 + \frac{n}{2}\sigma''\right)t + \eta''_2\right]}{\cos\left[\left(\mu_2 + \frac{n}{2}\sigma'\right)t + \eta'_2\right]}$$

$$- \frac{1}{5}\,\frac{\cos\left[\left(\mu_2 + \frac{n}{2}\sigma''\right)t + \eta''_2\right]\sin\left[\left(\mu_2 + \frac{n}{2}\sigma'\right)t + \eta'_2\right]}{\cos^2\left[\left(\mu_2 + \frac{n}{2}\sigma'\right)t + \eta'_2\right]}.$$

Soit fait

$$\psi_2 = \left(\mu_2 + \frac{n}{2}\sigma'\right)t + \eta'_2 + q,$$

q étant une quantité fort petite, on aura

$$\text{tang}\,\psi = \text{tang}\left[\left(\mu_2 + \frac{n}{2}\sigma'\right)t + \eta'_2\right] + \frac{q}{\cos^2\left[\left(\mu_2 + \frac{n}{2}\sigma'\right)t + \eta'_2\right]}$$

à peu près; donc

$$q = \frac{1}{5}\sin\left[\left(\mu_2 + \frac{n}{2}\sigma''\right)t + \eta''_2\right]\cos\left[\left(\mu_2 + \frac{n}{2}\sigma'\right)t + \eta'_2\right]$$

$$- \frac{1}{5}\cos\left[\left(\mu_2 + \frac{n}{2}\sigma''\right)t + \eta''_2\right]\sin\left[\left(\mu_2 + \frac{n}{2}\sigma'\right)t + \eta'_2\right]$$

$$= -\frac{1}{5}\sin\left[\frac{n}{2}(\sigma' - \sigma'')t + \eta'_2 - \eta''_2\right];$$

donc

$$\psi_2 = \left(\mu_2 + \frac{n}{2}\sigma'\right)t + \eta'_2 - \frac{1}{5}\sin\left[\frac{n}{2}(\sigma' - \sigma'')t + \eta'_2 - \eta''_2\right].$$

D'où l'on voit : 1° que le mouvement du nœud sera de $\frac{n\sigma'}{2\mu_2}$ par révolution; 2° que ce mouvement sera sujet à une équation analogue à celle de l'inclinaison, laquelle montera à $\frac{57°17'}{5} = 11°27'$.

Ces derniers résultats ne s'accordent pas à la vérité avec les observations des demi-durées, par lesquelles il paraît que les nœuds sont à très-peu près fixes; mais j'observe : 1° que la quantité σ' peut être nulle, auquel cas le nœud n'aura plus qu'un mouvement d'oscillation; 2° qu'il est impossible que l'attraction produise un changement dans l'inclinaison sans produire en même temps un changement analogue dans le lieu du nœud (*voyez* plus bas, Article CXXX).

CXXVIII.

Voyons maintenant comment on pourrait satisfaire à ces deux conditions, savoir

$$\pm \frac{n}{2\mu_2}(\sigma' - \sigma'') = 0{,}0003136 \quad \text{et} \quad \sigma' = 0.$$

Pour cela, nous conserverons ici les hypothèses de l'Article CXVIII, moyennant quoi l'équation (ζ) de l'Article CXV se réduira à celle-ci

$$K_1 K_2 K_3 K_4 - 5{,}675\, K_1 K_4 = 0,$$

laquelle donne

$$K_1 = 0, \quad \text{ou bien} \quad K_4 = 0, \quad \text{ou bien} \quad K_3 K_4 - 5{,}675 = 0;$$

cette dernière équation se réduit à celle-ci

$$\left(\frac{\sigma}{\mu_2} - \varpi_2\right)\left(\frac{\sigma}{\mu_3} - \varpi_3\right) - \frac{5{,}675}{4}\chi_2\chi_3 = 0,$$

ou bien

$$\sigma^2 - (\mu_2\varpi_2 + \mu_3\varpi_3)\sigma + \mu_2\mu_3\varpi_2\varpi_3 - 1{,}419\,\mu_2\mu_3\chi_2\chi_3 = 0.$$

Or, suivant les mêmes hypothèses, on a (Article LXXXVI)

$$\varpi_2 = 0{,}942\,\chi_3 \quad \text{et} \quad \varpi_3 = 1{,}506\,\chi_2 \text{ à peu près};$$

donc

$$\varpi_2\varpi_3 = 0{,}942 \times 1{,}506\,\chi_2\chi_3 = 1{,}419\,\chi_2\chi_3;$$

donc, faisant pour plus de simplicité $\chi_3 = m\chi_2$, et mettant $0{,}496\mu_2$ au lieu de μ_3, on aura l'équation

$$\sigma^2 - (0{,}942m + 0{,}747)\mu_2\chi_2\sigma = 0;$$

d'où l'on tire

$$\sigma = 0 \quad \text{et} \quad \sigma = (0{,}942m + 0{,}747)\mu_2\chi_2.$$

Donc on satisfera à nos conditions en prenant pour σ' la première de ces deux racines et pour σ'' la seconde, et supposant

$$\frac{n}{2}(0{,}942m + 0{,}747)\chi_2 = 0{,}000336,$$

ce qui donne, à cause de $n\chi_2 = \frac{\text{♃}}{\text{♄}} = 0{,}00002417$ (Article LXIII),

$$m = 27 \text{ à très-peu près.}$$

Il est vrai que cette détermination ne s'accorde point avec ce que nous avons trouvé dans l'Article LXVIII; mais cela n'est point surprenant vu le grand nombre des quantités que nous avons négligées dans ce calcul : aussi ne l'ai-je donné ici que comme un essai, me réservant de le reprendre dans quelque autre occasion.

CXXIX.

La position de l'orbite du troisième satellite est aussi sujette à des variations fort remarquables; son inclinaison paraît avoir été la plus petite en 1697, où elle n'était que d'environ 3 degrés, et depuis lors elle a toujours été en augmentant, de sorte qu'en 1763 on l'a trouvée de $3^\circ 27'$, ce qui fait $27'$ en 66 ans, et par conséquent environ $26''$ par an.

Quoiqu'on ne connaisse pas encore le terme de cette augmentation, il y a cependant tout lieu de croire qu'elle est périodique comme celle du second satellite; car, suivant la comparaison que M. Maraldi a faite d'un très-grand nombre d'observations des demi-durées depuis 1671 jusqu'en 1763, l'inclinaison se trouve à très-peu près la même à intervalles égaux avant et après 1697.

A l'égard du nœud, les Tables de M. Wargentin le supposent fixe, à 10^s, $16^\circ 3'$, mais M. Maraldi trouve qu'il doit avoir un mouvement direct d'environ 3 minutes par an; selon ce savant Astronome, il était, à 10^s, $1^\circ 52'$ en 1697, et, à 10^s, $17^\circ 9'$ en 1763.

Ces variations peuvent s'expliquer de la même manière que celle du second satellite, pourvu qu'on suppose que la période de l'inclinaison soit beaucoup plus longue; faisons-la de r révolutions du troisième satellite; il faudra que l'on ait

$$\pm \frac{n}{2\mu_3}(\sigma' - \sigma'') = \frac{1}{r};$$

prenons pour σ' la même racine que ci-dessus, et pour σ'' une des deux autres racines, par exemple celle qui résulte de l'équation (Article LXXXVI)

$$K_1 = 0, \quad \text{savoir} \quad \sigma'' = \mu_1 \varpi_1 = \mu_1(0,981\chi_2 + 0,126\chi_3);$$

mettons, au lieu de μ_1, $4,044\mu_2$; au lieu de χ_3, $m\chi_2$, et au lieu de $n\chi_2 = \frac{\mathfrak{C}_2}{\mathfrak{T}}$ sa valeur 0,00002417, on aura

$$\frac{n\sigma''}{2\mu_3} = 0,00004796 + 0,00000615\, m = \frac{1}{r};$$

si $m=10$, on aurait environ $r=10000$, ce qui donnerait à peu près 195 ans pour la durée de la période.

Maintenant, si l'on dénote par $n\tau_3$ la tangente de l'inclinaison et par ψ_3 la distance au nœud, et qu'on suppose $\lambda''_3=\nu\lambda'_3$, ν étant une fraction assez petite, on aura comme dans l'Article CXXVI

$$\tau_3=\lambda'_3\left[1+\nu\cos\left(\frac{n}{2}(\sigma'-\sigma'')t+\eta'_3-\eta''_3\right]\right],$$

$$\psi_3=\left(\mu_3+\frac{n}{2}\sigma'\right)t+\eta'_3-\nu\sin\left[\frac{n}{2}(\sigma'-\sigma'')t+\eta'_3-\eta''_3\right],$$

ou bien (à cause de $\sigma'=0$ et de $\mu_3 t=$ à la longitude moyenne du satellite que nous dénoterons par u_3)

$$\tau_3=\lambda'_3\left[1+\nu\cos\left(\frac{n\sigma''}{2\mu_3}u_3-\eta'_3+\eta''_3\right)\right],$$

$$u_3-\psi_3=-\eta'_3-\nu\sin\left(\frac{n\sigma''}{2\mu_3}u_3-\eta'_3+\eta''_3\right),$$

où $u_3-\psi_3$ est la longitude du nœud.

Supposons, ce qui est permis, que la longitude moyenne u_3 soit comptée depuis le point où se trouvait le satellite au moment de la plus petite inclinaison de son orbite, on aura

$$\cos(-\eta'_3+\eta''_3)=-1,\quad \text{donc}\quad -\eta'_3+\eta''_3=180^\circ;$$

par conséquent les formules précédentes deviendront

$$\tau_3=\lambda'_3\left(1-\nu\cos\frac{n\sigma''}{2\mu_3}u_3\right),\quad u_3-\psi_3=-\eta'_3+\nu\sin\frac{n\sigma''}{2\mu_3}u_3.$$

Donc la vitesse du nœud sera à la vitesse moyenne du satellite comme $\nu\frac{n\sigma''}{2\mu_3}\cos\frac{n\sigma''}{2\mu_3}u_3$ à 1; d'où l'on voit que le mouvement du nœud sera direct tant que $\cos\frac{n\sigma''}{2\mu_3}u_3$ sera positif, c'est-à-dire, tant que l'inclinaison sera au-dessous de la moyenne.

Au reste, si je donne ici ces formules, ce n'est pas que je les regarde comme fort exactes et conformes au mouvement du troisième satellite;

mon objet est simplement de donner une idée de la manière dont on pourrait rendre raison de l'augmentation d'inclinaison et du mouvement direct des nœuds de ce satellite, phénomènes qui paraissent assez difficiles à expliquer.

CXXX.

Le quatrième satellite est aussi dans le même cas que le troisième à l'égard du mouvement des nœuds. M. Maraldi l'a trouvé d'environ $5'33''$ par an suivant l'ordre des signes; mais M. Wargentin ne le fait que d'environ $4'24''$ dans ses nouvelles Tables.

Quant à l'inclinaison, ils la supposent constante et de $2^\circ 36'$; mais il y a tout lieu de croire que cette détermination n'est pas tout à fait exacte; car il paraît difficile que les nœuds aient un mouvement direct, tandis que l'inclinaison demeure la même. D'ailleurs, M. Wargentin remarque que les nœuds ont dû être stationnaires vers la fin du siècle dernier, ce qui prouve, ce me semble, qu'ils étaient auparavant rétrogrades, et que leur mouvement n'est qu'une espèce d'oscillation, comme nous l'avons déjà supposé, à l'égard du troisième satellite; or je dis qu'un tel mouvement ne saurait avoir lieu dans le nœud, sans qu'il ait, dans l'inclinaison, une variation analogue; c'est de quoi il est facile de se convaincre en jetant les yeux sur la formule de l'Article III

$$d\lambda \sin(\varphi - \varepsilon) = \lambda \cos(\varphi - \varepsilon)\, d\varepsilon,$$

laquelle exprime la relation qu'il doit y avoir en général entre le mouvement du nœud et la variation de l'inclinaison.

Je fais cette remarque, moins pour faire naître des doutes sur les résultats de ces deux savants Astronomes, que pour les engager à se rendre de plus en plus attentifs à la détermination d'éléments si délicats et si difficiles.

Au reste, quand on sera bien assuré de l'exactitude de ces éléments, on pourra alors se servir de nos formules pour donner à la Théorie du quatrième satellite de nouveaux degrés de perfection.

ESSAI

SUR

LE PROBLÈME DES TROIS CORPS.

ESSAI

SUR

LE PROBLÈME DES TROIS CORPS.

Juvat integros accedere fontes.
LUCR.

(Prix de l'Académie Royale des Sciences de Paris, tome IX, 1772.)

AVERTISSEMENT.

Ces Recherches renferment une Méthode pour résoudre le Problème des trois Corps, différente de toutes celles qui ont été données jusqu'à présent. Elle consiste à n'employer dans la détermination de l'orbite de chaque Corps d'autres éléments que les distances entre les trois Corps, c'est-à-dire, le triangle formé par ces Corps à chaque instant. Pour cela, il faut d'abord trouver les équations qui déterminent ces mêmes distances par le temps; ensuite, en supposant les distances connues, il faut en déduire le mouvement relatif des Corps par rapport à un plan fixe quelconque. On verra, dans le premier Chapitre, comment je m'y suis pris pour remplir ces deux objets, dont le second surtout demande une analyse délicate et assez compliquée. A la fin de ce Chapitre, je rassemble les principales formules que j'ai trouvées, et qui renferment la solution du Problème des trois Corps pris dans toute sa généralité.

Le deuxième Chapitre a pour objet d'examiner comment et dans quels cas les trois Corps pourraient se mouvoir en sorte que leurs distances fussent toujours constantes, ou gardassent au moins entre elles des rapports constants. Je trouve que ces conditions ne peuvent avoir lieu que dans deux cas : l'un, lorsque les trois Corps sont rangés dans une même ligne droite, et l'autre, lorsqu'ils forment un triangle équilatéral; alors chacun des trois Corps décrit autour des deux autres des cercles ou des sections coniques, comme s'il n'y avait que deux Corps. Cette recherche n'est à la vérité que de pure curiosité; mais j'ai cru qu'elle ne serait pas déplacée dans un Ouvrage qui roule principalement sur le Problème des trois Corps, envisagé dans toute son étendue.

Dans le troisième Chapitre, je suppose que la distance de l'un des trois Corps aux deux autres soit fort grande, et j'applique la solution générale du Chapitre premier à cette hypothèse, qui est, comme l'on sait, celle de la Terre, de la Lune et du Soleil.

Enfin, dans le quatrième Chapitre, je traite en particulier de la Théorie de la Lune; j'y donne les formules qui renferment cette Théorie, et je fais voir, par un léger essai de calcul, comment on doit se servir de ces formules pour en déduire les inégalités du mouvement de la Lune autour de la Terre.

Le défaut de temps et d'autres occupations indispensables ne m'ont pas permis d'entrer là-dessus dans tout le détail nécessaire pour répondre d'une manière convenable aux principaux points de la question proposée par l'Académie : aussi ai-je d'abord hésité si je lui présenterais ces Recherches pour le Concours, et je ne m'y suis déterminé que par l'espérance que cette illustre Compagnie trouvera peut-être ma Méthode pour résoudre le Problème des trois Corps digne de quelque attention, tant par sa nouveauté et sa singularité que par les difficultés considérables de calcul qu'elle renferme.

Si l'Académie daigne honorer mon travail de son suffrage, ce sera un puissant motif pour m'engager à le perfectionner, et je ne désespère pas de pouvoir tirer de ma Méthode une Théorie de la Lune aussi complète qu'on puisse le demander dans l'état d'imperfection où est encore l'Analyse.

CHAPITRE PREMIER.

FORMULES GÉNÉRALES POUR LA SOLUTION DU PROBLÈME DES TROIS CORPS.

I.

Soient A, B, C les masses des trois Corps qui s'attirent mutuellement en raison directe des masses et en raison inverse du carré des distances; soient nommées de plus x, y, z les coordonnées rectangles de l'orbite du Corps B autour du Corps A, x', y', z' les coordonnées rectangles de l'orbite du Corps C autour du même Corps A, coordonnées qu'on suppose toujours parallèles à trois lignes fixes et perpendiculaires entre elles; enfin soient r, r', r'' les distances entre les Corps A et B, A et C, B et C, en sorte que l'on ait

$$r=\sqrt{x^2+y^2+z^2},\quad r'=\sqrt{x'^2+y'^2+z'^2},\quad r''=\sqrt{(x'-x)^2+(y'-y)^2+(z'-z)^2}.$$

On aura, comme on sait, en prenant l'élément du temps dt constant, les six équations suivantes

$$(\mathrm{A})\quad \left\{\begin{aligned} &\frac{d^2x}{dt^2}+\left(\frac{\mathrm{A}+\mathrm{B}}{r^3}+\frac{\mathrm{C}}{r''^3}\right)x+\mathrm{C}\left(\frac{1}{r'^3}-\frac{1}{r''^3}\right)x'=0,\\ &\frac{d^2y}{dt^2}+\left(\frac{\mathrm{A}+\mathrm{B}}{r^3}+\frac{\mathrm{C}}{r''^3}\right)y+\mathrm{C}\left(\frac{1}{r'^3}-\frac{1}{r''^3}\right)y'=0,\\ &\frac{d^2z}{dt^2}+\left(\frac{\mathrm{A}+\mathrm{B}}{r^3}+\frac{\mathrm{C}}{r''^3}\right)z+\mathrm{C}\left(\frac{1}{r'^3}-\frac{1}{r''^3}\right)z'=0;\end{aligned}\right.$$

$$(\mathrm{B})\quad \left\{\begin{aligned} &\frac{d^2x'}{dt^2}+\left(\frac{\mathrm{A}+\mathrm{C}}{r'^3}+\frac{\mathrm{B}}{r''^3}\right)x'+\mathrm{B}\left(\frac{1}{r^3}-\frac{1}{r''^3}\right)x=0,\\ &\frac{d^2y'}{dt^2}+\left(\frac{\mathrm{A}+\mathrm{C}}{r'^3}+\frac{\mathrm{B}}{r''^3}\right)y'+\mathrm{B}\left(\frac{1}{r^3}-\frac{1}{r''^3}\right)y=0,\\ &\frac{d^2z'}{dt^2}+\left(\frac{\mathrm{A}+\mathrm{C}}{r'^3}+\frac{\mathrm{B}}{r''^3}\right)z'+\mathrm{B}\left(\frac{1}{r^3}-\frac{1}{r''^3}\right)z=0;\end{aligned}\right.$$

à l'aide desquelles on pourra déterminer les orbites relatives des Corps B et C autour du Corps A.

Si l'on fait encore

$$x' - x = x'', \quad y' - y = y'', \quad z' - z = z'',$$

en sorte que x'', y'', z'' soient les coordonnées rectangles de l'orbite du Corps C autour de B, on aura

$$r'' = \sqrt{x''^2 + y''^2 + z''^2},$$

et, retranchant respectivement les trois premières équations des trois dernières, on aura ces trois-ci

$$(\mathrm{C}) \quad \left\{ \begin{aligned} &\frac{d^2x''}{dt^2} + \left(\frac{\mathrm{B}+\mathrm{C}}{r''^3} + \frac{\mathrm{A}}{r^3}\right) x'' + \mathrm{A}\left(\frac{1}{r'^3} - \frac{1}{r^3}\right) x' = 0,\\ &\frac{d^2y''}{dt^2} + \left(\frac{\mathrm{B}+\mathrm{C}}{r''^3} + \frac{\mathrm{A}}{r^3}\right) y'' + \mathrm{A}\left(\frac{1}{r'^3} - \frac{1}{r^3}\right) y' = 0,\\ &\frac{d^2z''}{dt^2} + \left(\frac{\mathrm{B}+\mathrm{C}}{r''^3} + \frac{\mathrm{A}}{r^3}\right) z'' + \mathrm{A}\left(\frac{1}{r'^3} - \frac{1}{r^3}\right) z' = 0, \end{aligned} \right.$$

qui exprimeront le mouvement relatif du Corps C autour du Corps B.

Il est bon de remarquer l'analogie qu'il y a entre ces neuf équations (A), (B), (C); c'est que les équations (A) se changent en les équations (B) en y changeant seulement B en C, x en x', y en y', z en z', r en r', et réciproquement; et que de même ces équations se changent en les équations (C) en y changeant A en C, x en x'', y en y'', z en z'', r en r'', et *vice versâ;* et la même analogie aura lieu dans toutes les formules que nous trouverons par la suite.

II.

Qu'on multiplie la première des équations (A) par y et la seconde par x, et qu'ensuite on les retranche l'une de l'autre, on aura

$$\frac{y\,d^2x - x\,d^2y}{dt^2} + \mathrm{C}\left(\frac{1}{r'^3} - \frac{1}{r''^3}\right)(yx' - xy') = 0.$$

Combinant de même les deux premières des équations (B) et les deux premières des équations (C), on aura ces deux-ci

$$\frac{y'\,d^2x' - x'\,d^2y'}{dt^2} + B\left(\frac{1}{r^3} - \frac{1}{r''^3}\right)(xy' - yx') = 0,$$

$$\frac{y''d^2x'' - x''d^2y''}{dt^2} + A\left(\frac{1}{r'^3} - \frac{1}{r^3}\right)(x'y'' - y'x'') = 0.$$

Mais

$$x'' = x' - x, \quad y'' = y' - y;$$

donc

$$x'y'' - y'x'' = xy' - yx';$$

donc, en ajoutant ensemble les trois équations précédentes, après avoir divisé la première par C, la seconde par B et la troisième par A, on aura celle-ci

$$\frac{y\,d^2x - x\,d^2y}{C\,dt^2} + \frac{y'\,d^2x' - x'\,d^2y'}{B\,dt^2} + \frac{y''\,d^2x'' - x''\,d^2y''}{A\,dt^2} = 0.$$

On trouvera de la même manière ces deux autres équations

$$\frac{z\,d^2x - x\,d^2z}{C\,dt^2} + \frac{z'\,d^2x' - x'\,d^2z'}{B\,dt^2} + \frac{z''\,d^2x'' - x''\,d^2z''}{A\,dt^2} = 0,$$

$$\frac{z\,d^2y - y\,d^2z}{C\,dt^2} + \frac{z'\,d^2y' - y'\,d^2z'}{B\,dt^2} + \frac{z''\,d^2y'' - y''\,d^2z''}{A\,dt^2} = 0.$$

De sorte qu'on aura, en intégrant,

$$(\mathrm{D})\quad \left\{\begin{aligned} &\frac{y\,dx - x\,dy}{C\,dt} + \frac{y'\,dx' - x'\,dy'}{B\,dt} + \frac{y''\,dx'' - x''\,dy''}{A\,dt} = a,\\ &\frac{z\,dx - x\,dz}{C\,dt} + \frac{z'\,dx' - x'\,dz'}{B\,dt} + \frac{z''\,dx'' - x''\,dz''}{A\,dt} = b,\\ &\frac{z\,dy - y\,dz}{C\,dt} + \frac{z'\,dy' - y'\,dz'}{B\,dt} + \frac{z''\,dy'' - y''\,dz''}{A\,dt} = c,\end{aligned}\right.$$

a, b, c étant des constantes arbitraires.

De plus, si l'on multiplie la première des équations (A) par $\frac{dx}{C}$, la première des équations (B) par $\frac{dx'}{C}$, et la première des équations (C) par

$\dfrac{dx''}{A}$, et qu'ensuite on les ajoute ensemble, on aura, à cause de $x''=x'-x$,

$$\frac{dx\,d^2x}{C\,dt^2}+\frac{dx'\,d^2x'}{B\,dt^2}+\frac{dx''\,d^2x''}{A\,dt^2}+(A+B+C)\left(\frac{x\,dx}{C\,r^3}+\frac{x'\,dx'}{B\,r'^3}+\frac{x''\,dx''}{A\,r''^3}\right)=0.$$

On trouvera de même

$$\frac{dy\,d^2y}{C\,dt^2}+\frac{dy'\,d^2y'}{B\,dt^2}+\frac{dy''\,d^2y''}{A\,dt^2}+(A+B+C)\left(\frac{y\,dy}{C\,r^3}+\frac{y'\,dy'}{B\,r'^3}+\frac{y''\,dy''}{A\,r''^3}\right)=0,$$

$$\frac{dz\,d^2z}{C\,dt^2}+\frac{dz'\,d^2z'}{B\,dt^2}+\frac{dz''\,d^2z''}{A\,dt^2}+(A+B+C)\left(\frac{z\,dz}{C\,r^3}+\frac{z'\,dz'}{B\,r'^3}+\frac{z''\,dz''}{A\,r''^3}\right)=0.$$

Donc, ajoutant ensemble ces trois équations et mettant

$r\,dr$ à la place de $x\,dx+y\,dy+z\,dz$,

$r'\,dr'$ à la place de $x'\,dx'+y'\,dy'+z'\,dz'$,

$r''\,dr''$ à la place de $x''\,dx''+y''\,dy''+z''\,dz''$,

on aura une équation intégrable dont l'intégrale sera

$$\text{(E)}\quad \frac{dx^2+dy^2+dz^2}{C\,dt^2}+\frac{dx'^2+dy'^2+dz'^2}{B\,dt^2}+\frac{dx''^2+dy''^2+dz''^2}{A\,dt^2}-2(A+B+C)\left(\frac{1}{Cr}+\frac{1}{Br'}+\frac{1}{Ar''}\right)=f,$$

f étant une constante arbitraire.

Ce sont là les seules intégrales exactes qu'on ait pu trouver jusqu'à présent; or, comme il y a en tout six variables x, y, z, x', y', z', il est clair que, si l'on pouvait trouver encore deux autres intégrales, le problème serait réduit aux premières différences; mais on ne saurait guère se flatter d'y parvenir dans l'état d'imperfection où est encore l'Analyse.

III.

Supposons, pour abréger,

$$u^2=\frac{dx^2+dy^2+dz^2}{dt^2},$$

$$u'^2=\frac{dx'^2+dy'^2+dz'^2}{dt^2},$$

$$u''^2=\frac{dx''^2+dy''^2+dz''^2}{dt^2},$$

en sorte que u, u', u'' expriment les vitesses relatives des Corps B, C autour de A, et de C autour de B; il est clair qu'on aura

$$\frac{d^2(r^2)}{2\,dt^2} = \frac{x\,d^2x + y\,d^2y + z\,d^2z}{dt^2} + u^2,$$

$$\frac{d^2(r'^2)}{2\,dt^2} = \frac{x'\,d^2x' + y'\,d^2y' + z'\,d^2z'}{dt^2} + u'^2,$$

$$\frac{d^2(r''^2)}{2\,dt^2} = \frac{x''\,d^2x'' + y''\,d^2y'' + z''\,d^2z''}{dt^2} + u''^2.$$

Donc, mettant dans ces équations au lieu de

$$\frac{d^2x}{dt^2},\quad \frac{d^2y}{dt^2},\quad \frac{d^2z}{dt^2},\quad \frac{d^2x'}{dt^2},\ldots$$

leurs valeurs tirées des équations (A), (B), (C), et faisant attention que

$$x^2 + y^2 + z^2 = r^2,\quad x'^2 + y'^2 + z'^2 = r'^2,\quad x''^2 + y''^2 + z''^2 = r''^2,$$

et

$$xx' + yy' + zz' = \frac{r^2 + r'^2 - r''^2}{2},$$

$$x'x'' + y'y'' + z'z'' = x'^2 + y'^2 + z'^2 - (x'x + y'y + z'z) = \frac{r'^2 + r''^2 - r^2}{2},$$

on aura, après avoir fait passer tous les termes du même côté,

$$(\mathrm{F})\quad \begin{cases} \dfrac{d^2(r^2)}{2\,dt^2} + \left(\dfrac{A+B}{r^3} + \dfrac{C}{r''^3}\right) r^2 + \dfrac{C}{2}\left(\dfrac{1}{r'^3} - \dfrac{1}{r''^3}\right)(r^2 + r'^2 - r''^2) - u^2 = 0, \\[2ex] \dfrac{d^2(r'^2)}{2\,dt^2} + \left(\dfrac{A+C}{r'^3} + \dfrac{B}{r''^3}\right) r'^2 + \dfrac{B}{2}\left(\dfrac{1}{r^3} - \dfrac{1}{r''^3}\right)(r^2 + r'^2 - r''^2) - u'^2 = 0, \\[2ex] \dfrac{d^2(r''^2)}{2\,dt^2} + \left(\dfrac{B+C}{r''^3} + \dfrac{A}{r^3}\right) r''^2 + \dfrac{A}{2}\left(\dfrac{1}{r'^3} - \dfrac{1}{r^3}\right)(r'^2 + r''^2 - r^2) - u''^2 = 0. \end{cases}$$

Donc, si l'on peut avoir les valeurs de u^2, u'^2, u''^2 exprimées en r, r', r'' seulement, on aura trois équations entre ces trois dernières variables et le temps t, à l'aide desquelles on pourra à chaque instant déterminer la position relative des Corps.

30.

IV.

Or on a, en différentiant les valeurs de u^2, u'^2, u''^2,

$$u\,du = \frac{dx\,d^2x + dy\,d^2y + dz\,d^2z}{dt^2},$$

$$u'\,du' = \frac{dx'\,d^2x' + dy'\,d^2y' + dz'\,d^2z'}{dt^2},$$

$$u''du'' = \frac{dx''\,d^2x'' + dy''\,d^2y'' + dz''\,d^2z''}{dt^2};$$

donc, si l'on fait ici les mêmes substitutions que ci-dessus, et qu'on suppose pour un moment

$$dV = x'\,dx + y'\,dy + z'\,dz,$$

$$dV' = x\,dx' + y\,dy' + z\,dz',$$

$$dV'' = x'\,dx'' + y'\,dy'' + z'\,dz'',$$

à cause de

$$x\,dx + y\,dy + z\,dz = r\,dr, \quad x'\,dx' + y'\,dy' + z'\,dz' = r'\,dr', \quad x''\,dx'' + y''\,dy'' + z''\,dz'' = r''\,dr'',$$

on aura

$$u\,du = -\left(\frac{A+B}{r^3} + \frac{C}{r''^3}\right) r\,dr - C\left(\frac{1}{r'^3} - \frac{1}{r''^3}\right) dV,$$

$$u'\,du' = -\left(\frac{A+C}{r'^3} + \frac{B}{r''^3}\right) r'\,dr' - B\left(\frac{1}{r^3} - \frac{1}{r''^3}\right) dV',$$

$$u''du'' = -\left(\frac{B+C}{r''^3} + \frac{A}{r^3}\right) r''dr'' - A\left(\frac{1}{r'^3} - \frac{1}{r^3}\right) dV''.$$

Soit, pour abréger,

$$dR = \frac{2\,r\,dr}{r''^3} + 2\left(\frac{1}{r'^3} - \frac{1}{r''^3}\right) dV,$$

$$dR' = \frac{2\,r'\,dr'}{r''^3} + 2\left(\frac{1}{r^3} - \frac{1}{r''^3}\right) dV',$$

$$dR'' = \frac{2\,r''\,dr''}{r^3} + 2\left(\frac{1}{r'^3} - \frac{1}{r^3}\right) dV'',$$

et l'on aura

$$u^2 = \frac{2(A+B)}{r} - CR,$$

$$u'^2 = \frac{2(A+C)}{r'} - BR',$$

$$u''^2 = \frac{2(B+C)}{r''} - AR'';$$

de sorte que les équations (F) deviendront

$$(G)\quad \begin{cases} \dfrac{d^2(r^2)}{2\,dt^2} - \dfrac{A+B}{r} + C\left[\dfrac{r^2}{r''^3} + \dfrac{1}{2}\left(\dfrac{1}{r'^3} - \dfrac{1}{r''^3}\right)(r^2 + r'^2 - r''^2) + R\right] = 0, \\ \dfrac{d^2(r'^2)}{2\,dt^2} - \dfrac{A+C}{r'} + B\left[\dfrac{r'^2}{r''^3} + \dfrac{1}{2}\left(\dfrac{1}{r^3} - \dfrac{1}{r''^3}\right)(r^2 + r'^2 - r''^2) + R'\right] = 0, \\ \dfrac{d^2(r''^2)}{2\,dt^2} - \dfrac{B+C}{r''} + A\left[\dfrac{r''^2}{r^3} + \dfrac{1}{2}\left(\dfrac{1}{r'^3} - \dfrac{1}{r^3}\right)(r'^2 + r''^2 - r^2) + R''\right] = 0; \end{cases}$$

et il ne restera plus qu'à trouver les valeurs de

$$dV, \quad dV', \quad dV''.$$

Pour cela, je fais

$$d\rho = x'\,dx + y'\,dy + z'\,dz - x\,dx' - y\,dy' - z\,dz',$$

et comme l'on a

$$xx' + yy' + zz' = \frac{r^2 + r'^2 - r''^2}{2},$$

on aura, en différentiant,

$$x\,dx' + y\,dy' + z\,dz' + x'\,dx + y'\,dy + z'\,dz = r\,dr + r'\,dr' - r''\,dr'';$$

donc

$$dV = \frac{r\,dr + r'\,dr' - r''\,dr'' + d\rho}{2},$$

$$dV' = \frac{r\,dr + r'\,dr' - r''\,dr'' - d\rho}{2},$$

et ensuite

$$dV'' = r'dr' - dV,$$

savoir

$$dV'' = \frac{r'\,dr' + r''\,dr'' - r\,dr - d\rho}{2}.$$

Tout se réduit donc maintenant à avoir la valeur de $d\rho$; pour y parvenir, je différentie, et j'ai

$$d^2\rho = x'\,d^2x + y'\,d^2y + z'\,d^2z - x\,d^2x' - y\,d^2y' - z\,d^2z' ;$$

je substitue à la place de d^2x, d^2y, d^2z, ... les valeurs tirées des équations (A) et (B), et faisant les autres substitutions convenables, je trouve

$$\frac{d^2\rho}{dt^2} = -\frac{1}{2}\left(\frac{A+B}{r^3} + \frac{C}{r''^3} - \frac{A+C}{r'^3} - \frac{B}{r''^3}\right)(r^2 + r'^2 - r''^2) - C\left(\frac{1}{r'^3} - \frac{1}{r''^3}\right)r'^2 + B\left(\frac{1}{r^3} - \frac{1}{r''^3}\right)r^2,$$

ou bien

$$\frac{2\,d^2\rho}{dt^2} + A\left(\frac{1}{r^3} - \frac{1}{r'^3}\right)(r^2 + r'^2 - r''^2) + B\left(\frac{1}{r^3} - \frac{1}{r''^3}\right)(r'^2 - r^2 - r''^2) + C\left(\frac{1}{r''^3} - \frac{1}{r'^3}\right)(r^2 - r'^2 - r''^2) = 0.$$

V.

Supposons, pour mettre nos formules sous une forme plus simple,

$$\frac{r'^2 + r''^2 - r^2}{2} = p, \qquad \frac{r^2 + r''^2 - r'^2}{2} = p', \qquad \frac{r^2 + r'^2 - r''^2}{2} = p'',$$

$$\frac{1}{r'^3} - \frac{1}{r''^3} = q, \qquad \frac{1}{r^3} - \frac{1}{r''^3} = q', \qquad \frac{1}{r'^3} - \frac{1}{r^3} = q'' = q - q',$$

$$\frac{u'^2 + u''^2 - u^2}{2} = v, \qquad \frac{u^2 + u''^2 - u'^2}{2} = v', \qquad \frac{u^2 + u'^2 - u''^2}{2} = v'',$$

et l'on aura d'abord, pour la détermination de $d\rho$, cette équation

$$\text{(H)} \qquad \frac{d^2\rho}{dt^2} + Cpq - Bp'q' - Ap''q'' = 0.$$

On aura ensuite

$$dV = \frac{dp'' + d\rho}{2}, \quad dV' = \frac{dp'' - d\rho}{2}, \quad dV'' = \frac{dp - d\rho}{2},$$

d'où

$$dR = \frac{2rdr}{r''^3} + q(dp''+d\rho),$$

$$dR' = \frac{2r'dr'}{r''^3} + q'(dp''-d\rho),$$

$$dR'' = \frac{2r''dr''}{r^3} + q''(dp-d\rho).$$

Mais

$$\frac{1}{r''^3} = \frac{1}{r^3} - q', \quad 2rdr = dp' + dp'';$$

donc

$$\frac{2rdr}{r''^3} = \frac{2dr}{r^2} - q'(dp'+dp'');$$

on trouvera de même

$$\frac{2r'dr'}{r''^3} = \frac{2dr'}{r'^2} - q(dp+dp''),$$

$$\frac{2r''dr''}{r^3} = \frac{2dr''}{r''^2} + q'(dp'+dp);$$

de sorte qu'en substituant ces valeurs, et faisant pour plus de simplicité

$$(I) \quad \begin{cases} dQ = q'dp' - q''dp'' - q\,d\rho, \\ dQ' = q\,dp + q''dp'' + q'd\rho, \\ dQ'' = -q\,dp - q'dp' + q''d\rho, \end{cases}$$

on aura

$$R = -\frac{2}{r} - Q, \quad R' = -\frac{2}{r'} - Q', \quad R'' = -\frac{2}{r''} - Q'',$$

et de là

$$(J) \quad \begin{cases} u^2 = \dfrac{2(A+B+C)}{r} + CQ, \\ u'^2 = \dfrac{2(A+B+C)}{r'} + BQ', \\ u''^2 = \dfrac{2(A+B+C)}{r''} + AQ''. \end{cases}$$

Maintenant on aura

$$\frac{r^2}{r''^3} = \frac{1}{r} - q'(p' + p''),$$

$$\frac{1}{2}\left(\frac{1}{r'^3} - \frac{1}{r''^3}\right)(r^2 + r'^2 - r''^2) = qp'';$$

donc, ajoutant ces deux équations, et mettant q'' à la place de $q - q'$, on aura

$$\frac{r^2}{r''^3} + \frac{1}{2}\left(\frac{1}{r'^3} - \frac{1}{r''^3}\right)(r^2 + r'^2 - r''^2) = \frac{1}{r} - p'q' + p''q'';$$

on trouvera de même

$$\frac{r'^2}{r''^3} + \frac{1}{2}\left(\frac{1}{r^3} - \frac{1}{r''^3}\right)(r^2 + r'^2 - r''^2) = \frac{1}{r'} - pq - p''q'',$$

$$\frac{r''^2}{r^3} + \frac{1}{2}\left(\frac{1}{r'^3} - \frac{1}{r^3}\right)(r'^2 + r''^2 - r^2) = \frac{1}{r''} + pq + p'q';$$

donc, faisant toutes ces substitutions dans les équations (G) ou (F) des Articles précédents, elles deviendront celles-ci

$$(\mathrm{K})\quad \begin{cases} \dfrac{d^2(r^2)}{2\,dt^2} - \dfrac{\mathrm{A}+\mathrm{B}+\mathrm{C}}{r} - \mathrm{C}\,(p'q' - p''q'' + \mathrm{Q}) = 0, \\[2ex] \dfrac{d^2(r'^2)}{2\,dt^2} - \dfrac{\mathrm{A}+\mathrm{B}+\mathrm{C}}{r'} - \mathrm{B}\,(pq + p''q'' + \mathrm{Q}') = 0, \\[2ex] \dfrac{d^2(r''^2)}{2\,dt^2} - \dfrac{\mathrm{A}+\mathrm{B}+\mathrm{C}}{r''} - \mathrm{A}(-pq - p'q' + \mathrm{Q}'') = 0. \end{cases}$$

Ainsi l'on pourra, à l'aide de ces trois équations, déterminer les trois rayons r, r' et r'' en t, ce qui donnera pour chaque instant la position relative des Corps entre eux.

Il est bon de remarquer que, si l'on divise la première de ces équations par C, la seconde par B et la troisième par A, et qu'ensuite on les ajoute ensemble, on aura (à cause de $d\mathrm{Q} + d\mathrm{Q}' + d\mathrm{Q}'' = 0$, et par conséquent $\mathrm{Q} + \mathrm{Q}' + \mathrm{Q}'' = \text{const.}$) celle-ci

$$(\mathrm{L})\quad \frac{d^2(r^2)}{2\mathrm{C}\,dt^2} + \frac{d^2(r'^2)}{2\mathrm{B}\,dt^2} + \frac{d^2(r''^2)}{2\mathrm{A}\,dt^2} - (\mathrm{A}+\mathrm{B}+\mathrm{C})\left(\frac{1}{\mathrm{C}r} + \frac{1}{\mathrm{B}r'} + \frac{1}{\mathrm{A}r''}\right) = \text{const.},$$

laquelle pourra tenir lieu d'une quelconque des trois équations (K).

VI.

On peut encore mettre les mêmes équations (K) sous une autre forme que voici.

Je multiplie la première de ces équations par $d(r^2)$, et je l'intègre ensuite pour avoir

$$\frac{d(r^2)^2}{4dt^2} - 2(A+B+C)r - C\int(p'q'-p''q'')\,d(r^2) - C\int Q\,d(r^2) + L = 0,$$

L étant une constante arbitraire.

Or

$$\int Q\,d(r^2) = Qr^2 - \int r^2 dQ;$$

mais

$$dQ = q'dp' - q''dp'' - q\,d\rho;$$

de plus, à cause de $r^2 = p' + p''$, on aura

$$(p'q'-p''q'')\,d(r^2) - r^2(q'dp'-q''dp'')$$
$$= -(p'q'-p''q'')(dp'+dp'') + (p'+p'')(q'dp'-q''dp'') = q(p''dp'-p'dp'');$$

de sorte que si l'on fait, pour abréger,

$$dP = q(p''dp' - p'dp'' - r^2 d\rho),$$

on aura, en négligeant la constante L qui peut être censée contenue dans P, et divisant toute l'équation par r^2,

$$\frac{dr^2}{dt^2} - \frac{2(A+B+C)}{r} + C\left(\frac{P}{r^2} - Q\right) = 0.$$

Faisant de même

$$dP' = q'(p''dp - p\,dp'' + r'^2 d\rho),$$
$$dP'' = q''(p\,dp' - p'dp + r''^2 d\rho),$$

on trouvera par des opérations semblables aux précédentes

$$\frac{dr'^2}{dt^2} - \frac{2(A+B+C)}{r'} + B\left(\frac{P'}{r'^2} - Q'\right) = 0,$$

$$\frac{dr''^2}{dt^2} - \frac{2(A+B+C)}{r''^2} + A\left(\frac{P''}{r''^2} - Q''\right) = 0.$$

Et, si l'on retranche ces équations respectivement des équations (K) trouvées ci-dessus, qu'ensuite on divise les équations restantes par r, r', r'', on aura ces trois-ci

$$(M) \quad \begin{cases} \dfrac{d^2 r}{dt^2} + \dfrac{A+B+C}{r^2} - C\left(\dfrac{p'q' - p''q''}{r} + \dfrac{P}{r^3}\right) = 0, \\ \dfrac{d^2 r'}{dt^2} + \dfrac{A+B+C}{r'^2} - B\left(\dfrac{pq + p''q''}{r'} + \dfrac{P'}{r'^3}\right) = 0, \\ \dfrac{d^2 r''}{dt^2} + \dfrac{A+B+C}{r''^2} - A\left(\dfrac{-pq - p'q'}{r''} + \dfrac{P''}{r''^3}\right) = 0. \end{cases}$$

VII.

Nous avons donc réduit les six équations primitives (A), (B) qui renferment la solution du Problème des trois Corps pris dans toute sa généralité à trois autres équations entre les trois distances r, r', r'' et le temps t. Il est vrai que ces réduites renferment chacune deux signes d'intégration (ce qui est évident en substituant les valeurs de Q, Q', Q'', ou de P, P', P'' et de $d\rho$), et qu'à cet égard elles sont moins simples que les équations primitives; mais, d'un autre côté, elles ont l'avantage de ne renfermer aucun radical, ce qui me paraît d'une grande importance dans ces sortes de Problèmes.

Supposons donc qu'on ait déterminé par les équations (K) ou (M) les trois variables r, r', r'' en t; on ne connaîtra encore par là que la position relative des Corps, c'est-à-dire, le triangle que les trois Corps forment à chaque instant; ainsi il reste à voir comment on pourra déterminer ensuite l'orbite même de chaque Corps, c'est-à-dire, les six variables x, y, z, x', y', z'.

VIII.

Pour cet effet, nous remarquerons d'abord qu'en connaissant r, r', r'' on connaîtra aussi u u', u'', et dV, dV', dV'' par les formules de l'Article V. De sorte qu'on aura $\left(\text{en mettant } p'' \text{ à la place de } \frac{r^2+r'^2-r''^2}{2}\right.$ et v'' à la place de $\left.\frac{u^2+u'^2-u''^2}{2}\right)$ les dix équations suivantes

$$x^2+y^2+z^2=r^2,$$
$$x'^2+y'^2+z'^2=r'^2,$$
$$xx'+yy'+zz'=p'',$$
$$x\,dx+y\,dy+z\,dz=r\,dr,$$
$$x'\,dx'+y'\,dy'+z'\,dz'=r'\,dr',$$
$$x'\,dx+y'\,dy+z'\,dz=dV,$$
$$x\,dx'+y\,dy'+z\,dz'=dV',$$
$$dx^2+dy^2+dz^2=u^2\,dt^2,$$
$$dx'^2+dy'^2+dz'^2=u'^2\,dt^2,$$
$$dx\,dx'+dy\,dy'+dz\,dz'=v''\,dt^2.$$

Or, en regardant les quantités $x, y, z, x', y', z', dx, dy, dz, dx', dy', dz'$ comme autant d'inconnues, il est clair que les équations précédentes ne suffisent pas pour les déterminer, puisqu'on aurait douze inconnues, et seulement dix équations; mais, si l'on joint à ces équations les trois équations (D) de l'Article II, on aura alors une équation de plus qu'il n'y a d'inconnues, et la difficulté ne consistera qu'à résoudre ces équations.

IX.

J'observe, à l'égard des équations de l'Article précédent, qu'elles ne peuvent tenir lieu que de neuf équations, parce que, en éliminant quelques-unes des inconnues, il arrive que les autres s'en vont d'elles-mêmes, de sorte qu'on tombe par ce moyen dans une équation où il n'entre plus que les quantités r^2, r'^2, p'',.... Pour le prouver de la manière la plus simple qu'il est possible, je prends d'abord les trois équations

$$\begin{aligned} x\,dx + y\,dy + z\,dz &= r\,dr,\\ x'\,dx + y'\,dy + z'\,dz &= dV,\\ dx'\,dx + dy'\,dy + dz'\,dz &= v''\,dt^2, \end{aligned}$$

et j'en tire par les règles ordinaires de l'élimination les valeurs de dx, dy, dz; j'aurai, en faisant, pour abréger,

$$\begin{aligned} &\alpha = y'dz' - z'dy', \quad \alpha' = z\,dy' - y\,dz', \quad \alpha'' = yz' - y'z,\\ &\beta = z'dx' - x'dz', \quad \beta' = x\,dz' - z\,dx', \quad \beta'' = zx' - z'x,\\ &\gamma = x'dy' - y'dx', \quad \gamma' = y\,dx' - x\,dy', \quad \gamma'' = xy' - yx',\\ &\delta = x(y'dz' - z'dy') - y(x'dz' - z'dx') + z(x'dy' - y'dx'), \end{aligned}$$

j'aurai, dis-je,

$$dx = \frac{\alpha\,r\,dr + \alpha'\,dV + \alpha''v''\,dt^2}{\delta},$$

$$dy = \frac{\beta\,r\,dr + \beta'\,dV + \beta''v''\,dt^2}{\delta},$$

$$dz = \frac{\gamma\,r\,dr + \gamma'\,dV + \gamma''v''\,dt^2}{\delta}.$$

Or je remarque que l'on a

$$\begin{aligned} \alpha^2 + \beta^2 + \gamma^2 &= (x'^2 + y'^2 + z'^2)(dx'^2 + dy'^2 + dz'^2) - (x'dx' + y'dy' + z'dz')^2\\ &= r'^2u'^2dt^2 - (r'dr')^2, \end{aligned}$$

$$\begin{aligned} \alpha'^2 + \beta'^2 + \gamma'^2 &= (x^2 + y^2 + z^2)(dx'^2 + dy'^2 + dz'^2) - (x\,dx' + y\,dy' + z\,dz')^2\\ &= r^2u'^2dt^2 - dV'^2, \end{aligned}$$

$$\begin{aligned} \alpha''^2 + \beta''^2 + \gamma''^2 &= (x^2 + y^2 + z^2)(x'^2 + y'^2 + z'^2) - (xx' + yy' + zz')^2\\ &= r^2r'^2 - p''^2, \end{aligned}$$

$$\begin{aligned} \alpha\alpha' + \beta\beta' + \gamma\gamma' &= (x'dx' + y'dy' + z'dz')(x\,dx' + y\,dy' + z\,dz')\\ &\quad - (xx' + yy' + zz')(dx'^2 + dy'^2 + dz'^2)\\ &= r'dr'\,dV' - p''u'^2dt^2, \end{aligned}$$

$$\begin{aligned}\alpha\alpha'' + \beta\beta'' + \gamma\gamma'' &= (x'dx' + y'dy' + z'dz')(xx' + yy' + zz') \\ &\quad - (x\,dx' + y\,dy' + z\,dz')(x'^2 + y'^2 + z'^2) \\ &= p''r'dr' - r'^2 dV',\end{aligned}$$

$$\begin{aligned}\alpha'\alpha'' + \beta'\beta'' + \gamma'\gamma'' &= (x\,dx' + y\,dy' + z\,dz')(xx' + yy' + zz') \\ &\quad - (x'dx' + y'dy' + z'dz')(x^2 + y^2 + z^2) \\ &= p''dV' - r^2 r'dr';\end{aligned}$$

de sorte que, si l'on carre les trois équations précédentes, et qu'on les ajoute ensuite ensemble, on aura, après avoir multiplié par δ^2, et fait les substitutions convenables,

$$\begin{aligned}\delta^2(dx^2 + dy^2 + dz^2) &= (r\,dr)^2[r'^2u'^2dt^2 - (r'\,dr')^2] + dV^2(r^2u'^2dt^2 - dV'^2) \\ &\quad + (v''dt^2)^2(r^2r'^2 - p''^2) + 2r\,dr\,dV(r'dr'dV' - p''u'^2dt^2) \\ &\quad + 2r\,dr\,v''dt^2(p''r'dr' - r'^2dV') + 2\,dV\,v''dt^2(p''dV' - r^2r'dr').\end{aligned}$$

De même, si l'on prend les trois équations

$$\begin{aligned} xx + yy + zz &= r^2, \\ x'x + y'y + z'z &= p'', \\ x\,dx' + y\,dy' + z\,dz' &= dV',\end{aligned}$$

et qu'on en tire les valeurs de x, y et z, il est facile de voir qu'on aura pour x, y, z les mêmes expressions que l'on a trouvées plus haut pour dx, dy, dz, en y changeant seulement $r\,dr$ en r^2, dV en p'' et $v''dt^2$ en dV'; donc, faisant les mêmes opérations et les mêmes substitutions que ci-dessus, on aura cette autre équation

$$\begin{aligned}\delta^2(x^2 + y^2 + z^2) &= r^4[r'^2u'^2dt^2 - (r'dr')^2] + p''^2(r^2u'^2dt^2 - dV'^2) \\ &\quad + dV'^2(r^2r'^2 - p''^2) + 2r^2p''(r'dr'dV' - p''u'^2dt^2) \\ &\quad + 2r^2dV'(p''r'dr' - r'^2dV') + 2p''dV'(p''dV' - r^2r'dr').\end{aligned}$$

Or on a

$$dx^2 + dy^2 + dz^2 = u^2dt^2, \quad \text{et} \quad x^2 + y^2 + z^2 = r^2$$

donc on aura les deux équations suivantes

$$\begin{aligned}\delta^2 u^2 dt^2 = &(r\,dr)^2(r'^2 u'^2 dt^2 - r'^2 dr'^2) + dV^2(r^2 u'^2 dt^2 - dV'^2)\\ &+ (v'' dt^2)^2 (r^2 r'^2 - p''^2) + 2 r\,dr\,dV(r'\,dr'\,dV' - p'' u'^2 dt^2)\\ &+ 2 r\,dr\,v'' dt^2 (p'' r'\,dr' - r'^2 dV') + 2 dV\,v'' dt^2 (p'' dV' - r^2 r'\,dr'),\end{aligned}$$

$$\begin{aligned}\delta^2 r^2 = &r^4 (r'^2 u'^2 dt^2 - r'^2 dr'^2) + p''^2 (r^2 u'^2 dt^2 - dV'^2)\\ &+ dV'^2 (r^2 r'^2 - p''^2) + 2 r^2 p'' (r'\,dr'\,dV' - p'' u'^2 dt^2)\\ &+ 2 r^2 dV' (p'' r'\,dr' - r'^2 dV') + 2 p'' dV' (p'' dV' - r^2 r'\,dr').\end{aligned}$$

D'où, chassant δ^2, on aura une équation entre les seules quantités connues r^2, r'^2, ...

X.

Si l'on tire de la dernière équation la valeur de δ^2, on aura, en réduisant et effaçant ce qui se détruit,

$$\delta^2 = r'^2 (r^2 u'^2 dt^2 - r^2 dr'^2 - dV'^2) + 2 p'' r'\,dr'\,dV' - p''^2 u'^2 dt^2;$$

et, cette valeur de δ^2 étant substituée dans l'autre équation, on aura

$$\begin{aligned}&r'^2 (r^2 u'^2 dt^2 - r^2 dr'^2 - dV'^2) u^2 dt^2 + (2p'' r'\,dr'\,dV' - p''^2 u'^2 dt^2) u^2 dt^2\\ &\quad = (r\,dr)^2 (r'^2 u'^2 dt^2 - r'^2 dr'^2) + dV^2 (r^2 u'^2 dt^2 - dV'^2)\\ &\qquad + (v'' dt^2)^2 (r^2 r'^2 - p''^2) + 2 r\,dr\,dV(r'\,dr'\,dV' - p'' u'^2 dt^2)\\ &\qquad + 2 r\,dr\,v'' dt^2 (p'' r'\,dr' - r'^2 dV') + 2 dV\,v'' dt^2 (p'' dV' - r^2 r'\,dr');\end{aligned}$$

ou bien, en ordonnant les termes,

$$\begin{aligned}&(r^2 r'^2 - p''^2)(u^2 u'^2 - v''^2)\,dt^4 + (r\,dr.r'\,dr' - dV\,dV')^2\\ &\quad - [r^2 (r'\,dr')^2 - 2p'' r'\,dr'\,dV' + r'^2 dV'^2]\,u^2 dt^2\\ &\quad - [r'^2 (r\,dr)^2 - 2p'' r\,dr\,dV + r^2 dV^2]\,u'^2 dt^2\\ &\quad - 2[p''(r\,dr.r'\,dr' + dV\,dV') - r^2 r'\,dr'\,dV - r'^2 r\,dr\,dV']\,v'' dt^2 = 0.\end{aligned}$$

Or (Article V)

$$dV = \frac{dp'' + d\rho}{2}, \quad \text{et} \quad dV' = \frac{dp'' - d\rho}{2};$$

de plus on a, par les formules du même Article,

$$r^2 = p' + p'', \quad r'^2 = p + p'', \quad r''^2 = p + p',$$

et de même

$$u^2 = v' + v'', \quad u'^2 = v + v'', \quad u''^2 = v + v';$$

donc, si l'on fait ces substitutions, et qu'on suppose pour plus de simplicité

$$\Sigma = p\left(\frac{2\,r\,dr}{dt}\right)^2 + p'\left(\frac{dp''}{dt}\right)^2 + p''\left(\frac{dp'}{dt}\right)^2 - 2\left(p''\frac{dp'}{dt} - p'\frac{dp''}{dt}\right)\frac{d\rho}{dt} + r^2\left(\frac{d\rho}{dt}\right)^2,$$

$$\Sigma' = p'\left(\frac{2\,r'dr'}{dt}\right)^2 + p\left(\frac{dp''}{dt}\right)^2 + p''\left(\frac{dp}{dt}\right)^2 + 2\left(p''\frac{dp}{dt} - p\frac{dp''}{dt}\right)\frac{d\rho}{dt} + r'^2\left(\frac{d\rho}{dt}\right)^2,$$

$$\Sigma'' = p''\left(\frac{2\,r''dr''}{dt}\right)^2 + p'\left(\frac{dp}{dt}\right)^2 + p\left(\frac{dp'}{dt}\right)^2 + 2\left(p\frac{dp'}{dt} - p'\frac{dp}{dt}\right)\frac{d\rho}{dt} + r''^2\left(\frac{d\rho}{dt}\right)^2,$$

l'équation suivante deviendra, après avoir été multipliée par $\frac{16}{dt^4}$,

$$16(pp' + pp'' + p'p'')(vv' + vv'' + v'v'') - 4(\Sigma v + \Sigma' v' + \Sigma'' v'') + \left(\frac{dp\,dp' + dp\,dp'' + dp'\,dp'' + d\rho^2}{dt^2}\right)^2 = 0. \tag{N}$$

Il faut donc que cette équation ait lieu en même temps que les trois équations (K) de l'Article V; de sorte que, comme elle ne contient d'ailleurs que les mêmes variables que les équations (K), et qu'elle est d'un ordre moins élevé d'une unité que celle-ci, on pourra la regarder comme une intégrale de ces mêmes équations (K), mais intégrale particulière à cause qu'elle ne renferme aucune nouvelle constante; ainsi, si l'on intègre les équations (K) en y ajoutant les constantes nécessaires, ces constantes devront être telles qu'elles satisfassent à l'équation (N). De sorte que, si l'on ne veut pas se servir de cette dernière équation à la place de l'une des équations (K), il faudra néanmoins y avoir égard dans la détermination des constantes; mais pour cela il suffira d'y supposer partout $t = 0$.

Au reste nous ferons toujours usage de cette équation pour déterminer la constante qui doit entrer dans la valeur de $\frac{d\rho}{dt}$, résultante de l'intégration de l'équation (H) de l'Article V.

XI.

Reprenons maintenant les équations (D) de l'Article II, et faisant, pour abréger,

$$\lambda = y\,dx - x\,dy,\quad \lambda' = y'\,dx' - x'\,dy',\quad \lambda'' = y''\,dx'' - x''\,dy'',$$
$$\mu = z\,dx - x\,dz,\quad \mu' = z'\,dx' - x'\,dz',\quad \mu'' = z''\,dx'' - x''\,dz'',$$
$$\nu = z\,dy - y\,dz,\quad \nu' = z'\,dy' - y'\,dz',\quad \nu'' = z''\,dy'' - y''\,dz'',$$

on aura, après avoir multiplié par dt,

$$(\mathrm{O})\qquad \left\{\begin{aligned} &\frac{\lambda}{C} + \frac{\lambda'}{B} + \frac{\lambda''}{A} = a\,dt,\\ &\frac{\mu}{C} + \frac{\mu'}{B} + \frac{\mu''}{A} = b\,dt,\\ &\frac{\nu}{C} + \frac{\nu'}{B} + \frac{\nu''}{A} = c\,dt.\end{aligned}\right.$$

Or je trouve, comme plus haut,

$$\lambda^2 + \mu^2 + \nu^2 = (x^2 + y^2 + z^2)(dx^2 + dy^2 + dz^2) - (x\,dx + y\,dy + z\,dz)^2 = r^2 u^2\,dt^2 - (r\,dr)^2,$$

et par analogie

$$\lambda'^2 + \mu'^2 + \nu'^2 = r'^2 u'^2\,dt^2 - (r'\,dr')^2,$$
$$\lambda''^2 + \mu''^2 + \nu''^2 = r''^2 u''^2\,dt^2 - (r''\,dr')^2;$$

je trouve de même

$$\lambda\lambda' + \mu\mu' + \nu\nu' = (xx' + yy' + zz')(dx\,dx' + dy\,dy' + dz\,dz') - (x'\,dx + y'\,dy + z'\,dz)(x\,dx' + y\,dy' + z\,dz')$$
$$= p''v''\,dt^2 - d\mathrm{V}\,d\mathrm{V}' = p''v''\,dt^2 - \left(\frac{dp''}{2}\right)^2 + \left(\frac{d\rho}{2}\right)^2,$$

et par analogie

$$\lambda\lambda'' + \mu\mu'' + \nu\nu'' = p'v'\,dt^2 - \left(\frac{dp'}{2}\right)^2 + \left(\frac{d\rho}{2}\right)^2,$$

$$\lambda'\lambda'' + \mu'\mu'' + \nu'\nu'' = pv\,dt^2 - \left(\frac{dp}{2}\right)^2 + \left(\frac{d\rho}{2}\right)^2.$$

Donc, si l'on fait, pour plus de simplicité,

$$\Pi = r^2 u^2 - \left(\frac{r\,dr}{dt}\right)^2,$$

$$\Pi' = r'^2 u'^2 - \left(\frac{r'\,dr'}{dt}\right)^2,$$

$$\Pi'' = r''^2 u''^2 - \left(\frac{r''\,dr''}{dt}\right)^2,$$

et

$$\Psi = p\upsilon - \left(\frac{dp}{2\,dt}\right)^2 + \left(\frac{d\rho}{2\,dt}\right)^2,$$

$$\Psi' = p'\upsilon' - \left(\frac{dp'}{2\,dt}\right)^2 + \left(\frac{d\rho}{2\,dt}\right)^2,$$

$$\Psi'' = p''\upsilon'' - \left(\frac{dp''}{2\,dt}\right)^2 + \left(\frac{d\rho}{2\,dt}\right)^2,$$

en sorte que l'on ait

$$\lambda^2 + \mu^2 + \nu^2 = \Pi\,dt^2, \quad \lambda'\lambda'' + \mu'\mu'' + \nu'\nu'' = \Psi\,dt^2,$$

$$\lambda'^2 + \mu'^2 + \nu'^2 = \Pi'\,dt^2, \quad \lambda\lambda'' + \mu\mu'' + \nu\nu'' = \Psi'\,dt^2,$$

$$\lambda''^2 + \mu''^2 + \nu''^2 = \Pi''\,dt^2, \quad \lambda\lambda' + \mu\mu' + \nu\nu' = \Psi''\,dt^2,$$

on aura, en carrant les trois équations (O) et les ajoutant ensemble,

$$(\text{P}) \qquad \frac{\Pi}{C^2} + \frac{\Pi'}{B^2} + \frac{\Pi''}{A^2} + \frac{2\Psi}{AB} + \frac{2\Psi'}{AC} + \frac{2\Psi''}{BC} = a^2 + b^2 + c^2,$$

équation qui est aussi, comme l'on voit, d'un ordre moins élevé d'une unité que les équations (K); et comme elle renferme la constante arbitraire $a^2 + b^2 + c^2$ qui ne se trouve point dans les équations (K), on peut la regarder comme une intégrale complète de ces mêmes équations.

XII.

On pourrait croire que l'équation (E) que nous avons trouvée dans l'Article II pourrait ainsi, en y substituant les valeurs de u, u' et u'', donner une nouvelle intégrale, mais il est facile de voir qu'il n'en résulterait qu'une équation identique, car l'équation dont il s'agit se réduit d'abord à

$$\frac{u^2}{C}+\frac{u'^2}{B}+\frac{u''^2}{A}-2(A+B+C)\left(\frac{1}{Cr}+\frac{1}{Br'}+\frac{1}{Ar''}\right)=f;$$

et, mettant pour u, u' et u'' leurs valeurs tirées des formules (J), on aura, en rejetant ce qui se détruit,

$$Q+Q'+Q''=f,$$

ce qui ne renferme aucune nouvelle condition, car les quantités Q, Q', Q'' sont déjà d'elles-mêmes telles que $dQ+dQ'+dQ''=0$ (Article V).

Au reste, si l'on combine l'équation

$$Q+Q'+Q''=f$$

avec les équations (N) et (P), après y avoir substitué les valeurs de u, u' et u'', on pourra, par le moyen de ces trois équations, déterminer les trois quantités Q, Q' et Q'', lesquelles ne renfermeront par conséquent que les variables finies r, r', r'' et leurs différentielles premières dr, dr', dr'' avec la quantité $\frac{d\rho}{dt}$; ainsi, substituant ces valeurs dans les équations (K), on aura trois équations du second ordre entre les variables r, r' et r'', dans lesquelles il n'y aura plus qu'à substituer la valeur de $\frac{d\rho}{dt}$. Donc, si à l'aide d'une de ces équations on élimine la quantité $\frac{d\rho}{dt}$ des deux autres, on aura d'abord deux équations purement du second ordre entre les variables r, r', r'' et t; ensuite, si l'on différentie la valeur de $\frac{d\rho}{dt}$, et qu'on mette la valeur de $\frac{d^2\rho}{dt^2}$ dans l'équation (H), on aura une troisième équation entre les mêmes variables, qui ne sera que du troisième ordre. De sorte que l'on aura, par ce moyen, pour la détermination des variables r, r' et r'', deux équations différentielles du second ordre et une du troisième; et ces équations suffiront, comme on le verra dans un moment, pour la solution complète du Problème des trois Corps.

Nous croyons cependant qu'il est encore plus simple et plus commode pour le calcul de substituer dans les équations (K) les valeurs de Q, Q′ et Q″ tirées des équations (J); car, quoique les équations résultantes puissent monter à des ordres plus élevés que le second, elles auront toujours ce grand avantage que les variables s'y trouveront peu mêlées entre elles, et que l'analogie qui y règne facilitera beaucoup leur résolution.

XIII.

Des dix équations de l'Article VIII il n'en reste donc plus que neuf, et des trois équations (D) de l'Article II, ou (O) de l'Article XI, il n'en reste plus que deux; de sorte qu'on n'aura en tout que onze équations pour la détermination des six variables x, y, z, x', y', z' et de leurs différentielles $dx, dy, \ldots$; d'où l'on voit qu'il est impossible de déterminer ces variables directement et par les seules opérations de l'Algèbre; mais on pourra en venir à bout au moyen d'une intégration, comme on va le voir.

Je suppose que l'on veuille connaître les valeurs de x, y, z; on aura d'abord l'équation

$$(Q) \qquad x^2 + y^2 + z^2 = r^2.$$

Ensuite, multipliant les trois équations (O) de l'Article XI respectivement par λ, μ, ν, et les ajoutant ensemble, on aura

$$\frac{\lambda^2 + \mu^2 + \nu^2}{C} + \frac{\lambda\lambda' + \mu\mu' + \nu\nu'}{B} + \frac{\lambda\lambda'' + \mu\mu'' + \nu\nu''}{A} = (a\lambda + b\mu + c\nu)dt;$$

ou bien, en faisant les substitutions du même Article,

$$(R) \qquad \left(\frac{\Pi}{C} + \frac{\Psi''}{B} + \frac{\Psi'}{A}\right) dt = a(y\,dx - x\,dy) + b(z\,dx - x\,dz) + c(z\,dy - y\,dz).$$

Enfin, multipliant les mêmes équations (O) respectivement par z, $-y$, x, et les ajoutant ensemble, on aura

$$\frac{\lambda z - \mu y + \nu x}{C} + \frac{\lambda' z - \mu' y + \nu' x}{B} + \frac{\lambda'' z - \mu'' y + \nu'' x}{A} = (az - by + cx)\,dt.$$

Or il est aisé de voir que l'on a $\lambda z - \mu y + \nu x = 0$, et que

$-\lambda' z + \mu' y - \nu' x$ est la même quantité que nous avons désignée plus haut par δ (Article IX); donc, puisqu'on a déjà trouvé (Article X)

$$\delta^2 = (r^2 r'^2 - p''^2) u'^2 dt^2 - r^2 r'^2 dr'^2 + 2p'' r' dr' dV' - r'^2 dV'^2,$$

on aura, en faisant les substitutions du même Article X,

$$(\lambda' z - \mu' y + \nu' x)^2 = \left[(pp' + pp'' + p' p'') u'^2 - \frac{\Sigma'}{4}\right] dt^2,$$

et par analogie

$$(\lambda'' z - \mu'' y + \nu'' x)^2 = \left[(pp' + pp'' + p' p'') u''^2 - \frac{\Sigma''}{4}\right] dt^2.$$

De sorte que l'équation ci-dessus deviendra

$$(\mathrm{S})\quad \frac{\frac{1}{2}\sqrt{4(pp'+pp''+p'p'')u'^2 - \Sigma'}}{\mathrm{B}} + \frac{\frac{1}{2}\sqrt{4(pp'+pp''+p'p'')u''^2 - \Sigma''}}{\mathrm{A}} = az - by + cx.$$

Ainsi on aura trois équations (Q), (R) et (S), à l'aide desquelles on pourra déterminer facilement les valeurs de x, y, z, dès qu'on connaîtra celles de r, r' et r''.

On peut trouver de semblables formules pour la détermination de x', y', z'; et même, sans faire un nouveau calcul, il suffira de changer dans les précédentes B en C et C en B, d'accentuer les lettres qui n'ont point d'accent et d'effacer l'accent de celles qui en ont un, sans toucher à celles qui ont deux accents. Il faut seulement observer que la quantité $d\rho$ ne change point de valeur, mais seulement de signe, lorsqu'on change entre elles les masses A, B, C et les lettres accentuées, ce qui se voit clairement par l'équation (H) de l'Article V.

XIV.

Supposons, pour abréger,

$$\mathrm{T} = \frac{\Pi}{\mathrm{C}} + \frac{\Psi''}{\mathrm{B}} + \frac{\Psi'}{\mathrm{A}},$$

$$\mathrm{Z} = \frac{\sqrt{4(pp' + pp'' + p'p'')u'^2 - \Sigma'}}{2\mathrm{B}} + \frac{\sqrt{4(pp' + pp'' + p'p'')u''^2 - \Sigma''}}{2\mathrm{A}},$$

et l'on aura ces trois équations

$$x^2 + y^2 + z^2 = r^2,$$
$$az - by + cx = Z,$$
$$a(y\,dx - x\,dy) + b(z\,dx - x\,dz) + c(z\,dy - y\,dz) = T\,dt.$$

Comme les constantes a, b, c sont arbitraires (Article II) et ne dépendent que de la position du plan de projection des orbites des Corps B et C autour du Corps A, il est facile de voir qu'on peut prendre ce plan de manière que l'on ait $b = 0$ et $c = 0$; car pour cela il suffira qu'on ait $b = 0$ et $c = 0$ au commencement du mouvement, c'est-à-dire, lorsque $t = 0$.

Supposant donc $b = 0$ et $c = 0$, on aura

$$az = Z, \quad a(y\,dx - x\,dy) = T\,dt;$$

donc

$$z = \frac{Z}{a},$$

et, à cause de $x^2 + y^2 + z^2 = r^2$, on aura

$$x^2 + y^2 = r^2 - \frac{Z^2}{a^2};$$

donc

$$\frac{y\,dx - x\,dy}{x^2 + y^2} = \frac{aT\,dt}{a^2 r^2 - Z^2};$$

de sorte qu'en faisant

$$d\varphi = \frac{aT\,dt}{a^2 r^2 - Z^2},$$

on aura

$$\frac{y}{x} = \tang\varphi,$$

et de là

$$z = \frac{Z}{a}, \quad y = \sqrt{r^2 - \frac{Z^2}{a^2}}\sin\varphi, \quad x = \sqrt{r^2 - \frac{Z^2}{a^2}}\cos\varphi.$$

XV.

Mais si l'on ne veut pas s'astreindre à la supposition de $b=0$ et $c=0$, ce qui oblige de prendre le plan de projection d'une manière déterminée, voici comment on pourra déterminer les quantités x, y, z avec toute la généralité possible.

Soient

$$lz - my + nx = X, \quad \lambda z - \mu y + \nu x = Y,$$

l, m, n, λ, μ, ν étant des coefficients indéterminés, et X, Y deux nouvelles variables; on aura

$$Y\,dX - X\,dY = (m\nu - n\mu)(y\,dx - x\,dy) + (n\lambda - l\nu)(z\,dx - x\,dz) + (l\mu - m\lambda)(z\,dy - y\,dz);$$

donc, faisant

$$m\nu - n\mu = ka, \quad n\lambda - l\nu = kb, \quad l\mu - m\lambda = kc,$$

on aura l'équation (Article XIV)

$$Y\,dX - X\,dY = kT\,dt.$$

Supposons maintenant que l'on ait

$$f(X^2 + Y^2) + gZ^2 = x^2 + y^2 + z^2,$$

substituant les valeurs de X, Y et Z en x, y et z, et comparant ensuite les termes qui contiennent les mêmes puissances de x, y et z, on aura ces six équations

$$f(l^2 + \lambda^2) + ga^2 = 1, \quad f(lm + \lambda\mu) + gab = 0,$$
$$f(m^2 + \mu^2) + gb^2 = 1, \quad f(ln + \lambda\nu) + gac = 0,$$
$$f(n^2 + \nu^2) + gc^2 = 1, \quad f(mn + \mu\nu) + gbc = 0,$$

lesquelles, étant combinées avec les trois précédentes, serviront à déterminer les neuf inconnues l, m, n, λ, μ, ν, f, g, k.

XVI.

Cela fait, on aura donc, à cause de $x^2+y^2+z^2=r^2$, l'équation

$$f(X^2+Y^2)+gZ^2=r^2,$$

d'où

$$f(X^2+Y^2)=r^2-gZ^2;$$

donc

$$\frac{Y\,dX-X\,dY}{X^2+Y^2}=\frac{fkT\,dt}{r^2-gZ^2}.$$

Donc, si l'on fait

$$d\varphi=\frac{fkT\,dt}{r^2-gZ^2},$$

on aura

$$Y=\sqrt{\frac{r^2-gZ^2}{f}}\sin\varphi,\qquad X=\sqrt{\frac{r^2-gZ^2}{f}}\cos\varphi.$$

Ainsi l'on connaîtra les trois quantités X, Y, Z, à l'aide desquelles on pourra déterminer x, y, z.

Pour cela, on prendra les trois équations

$$lz-my+nx=X,\qquad \lambda z-\mu y+\nu x=Y,\qquad az-by+cx=Z,$$

et on les ajoutera ensemble après les avoir multipliées respectivement : 1° par fl, $f\lambda$, ga; 2° par fm, $f\mu$, gb; 3° par fn, $f\nu$, gc; on aura sur-le-champ, en vertu des équations de l'Article précédent,

$$z=f(lX+\lambda Y)+gaZ,\quad y=-f(mX+\mu Y)-gbZ,\quad x=f(nX+\nu Y)+gcZ.$$

XVII.

Maintenant, comme on a supposé

$$x^2+y^2+z^2=f(X^2+Y^2)+gZ^2,$$

on aura, en substituant les valeurs de x, y, z qu'on vient de trouver, et comparant les termes homogènes,

$$f(l^2+m^2+n^2)=1, \qquad l\lambda+m\mu+n\nu=0,$$
$$f(\lambda^2+\mu^2+\nu^2)=1, \qquad la+mb+nc=0,$$
$$g(a^2+b^2+c^2)=1, \qquad \lambda a+\mu b+\nu c=0,$$

et ces équations devront être identiques avec les six qu'on a trouvées ci-dessus (Article XV), et pourront par conséquent être employées à la place de celles-là pour la détermination des inconnues l, m,....

Or, comme il faut satisfaire en même temps à ces trois autres équations (Article XV)

$$m\nu-n\mu=ka, \qquad n\lambda-l\nu=kb, \qquad l\mu-m\lambda=kc,$$

je remarque que, si l'on ajoute ensemble ces dernières équations après les avoir multipliées respectivement : 1° par l, m, n; 2° par λ, μ, ν, on aura ces deux-ci

$$k(la+mb+nc)=0, \qquad k(\lambda a+\mu b+\nu c)=0,$$

lesquelles s'accordent avec la cinquième et la sixième des précédentes; ainsi l'on peut déjà réduire à une seule les trois équations dont il s'agit, et l'on y satisfera par la détermination de l'inconnue k. Or, si l'on ajoute ensemble les carrés de ces équations, on aura

$$\begin{aligned} k^2(a^2+b^2+c^2) &= (m\nu-n\mu)^2+(n\lambda-l\nu)^2+(l\mu-m\lambda)^2 \\ &= (l^2+m^2+n^2)(\lambda^2+\mu^2+\nu^2)-(l\lambda+m\mu+n\nu)^2=\frac{1}{f^2} \end{aligned}$$

en vertu des six équations ci-dessus; de sorte qu'on aura

$$k=\frac{1}{f\sqrt{a^2+b^2+c^2}}.$$

Donc il n'y aura plus qu'à satisfaire aux six équations trouvées plus haut : c'est ce qu'on pourra exécuter de plusieurs manières à cause qu'il y a plus d'indéterminées que d'équations.

On aura d'abord

$$g = \frac{1}{a^2 + b^2 + c^2};$$

ensuite, si l'on chasse λ des deux équations

$$l\lambda + m\mu + n\nu = 0, \qquad \lambda a + \mu b + \nu c = 0,$$

on aura

$$(am - bl)\mu + (an - cl)\nu = 0,$$

et, chassant μ, on aura de même

$$(bl - am)\lambda + (bn - cm)\nu = 0,$$

d'où je conclus qu'on aura

$$\lambda = (cm - bn)\delta, \quad \mu = (an - cl)\delta, \quad \nu = (bl - am)\delta,$$

δ étant une inconnue qu'on déterminera par l'équation

$$f(\lambda^2 + \mu^2 + \nu^2) = 1,$$

laquelle donnera

$$f\delta^2[(cm - bn)^2 + (an - cl)^2 + (bl - am)^2] = 1;$$

mais on a

$$(cm-bn)^2+(an-cl)^2+(bl-am)^2 = (a^2+b^2+c^2)(l^2+m^2+n^2)-(al+bm+cn)^2 = \frac{1}{fg},$$

à cause de

$$a^2 + b^2 + c^2 = \frac{1}{g}, \quad l^2 + m^2 + n^2 = \frac{1}{f}, \quad al + bm + cn = 0$$

par les équations ci-dessus; donc on aura

$$\frac{\delta^2}{g} = 1, \quad \delta = \sqrt{g} = \frac{1}{\sqrt{a^2 + b^2 + c}},$$

et il ne restera qu'à satisfaire à ces deux équations

$$f(l^2 + m^2 + n^2) = 1, \quad la + mb + nc = 0.$$

Supposons, pour plus de simplicité,

$$a = h\cos\alpha, \quad b = h\sin\alpha\cos\varepsilon, \quad c = h\sin\alpha\sin\varepsilon;$$

on aura

$$\delta = \sqrt{g} = \frac{1}{h},$$

de sorte que

$$h = \sqrt{a^2 + b^2 + c^2},$$

et la seconde des deux équations précédentes deviendra

$$l\cos\alpha + \sin\alpha(m\cos\varepsilon + n\sin\varepsilon) = 0;$$

soit donc

$$l = \sin\alpha\sin\eta,$$

et l'on aura, en faisant pour plus de simplicité $f = 1$,

$$\sin^2\alpha\sin^2\eta + m^2 + n^2 = 1, \quad \cos\alpha\sin\eta + m\cos\varepsilon + n\sin\varepsilon = 0.$$

Donc

$$m\cos\varepsilon + n\sin\varepsilon = -\cos\alpha\sin\eta;$$

donc

$$m^2 + n^2 - (m\cos\varepsilon + n\sin\varepsilon)^2 = (m\sin\varepsilon - n\cos\varepsilon)^2$$
$$= 1 - \sin^2\alpha\sin^2\eta - \cos^2\alpha\sin^2\eta = 1 - \sin^2\eta = \cos^2\eta;$$

et, tirant la racine carrée,

$$m\sin\varepsilon - n\cos\varepsilon = \cos\eta;$$

de sorte qu'on aura

$$m = \sin\varepsilon\cos\eta - \cos\alpha\cos\varepsilon\sin\eta,$$
$$n = -\cos\varepsilon\cos\eta - \cos\alpha\sin\varepsilon\sin\eta;$$

et de là on trouvera les valeurs de λ, μ, ν par les formules précédentes.

On aura de cette manière

$$
\begin{aligned}
l &= \sin\alpha \sin\eta, \\
m &= \sin\varepsilon \cos\eta - \cos\alpha \cos\varepsilon \sin\eta, \\
n &= -\cos\varepsilon \cos\eta - \cos\alpha \sin\varepsilon \sin\eta, \\
\lambda &= \sin\alpha \cos\eta, \\
\mu &= -\sin\varepsilon \sin\eta - \cos\alpha \cos\varepsilon \cos\eta, \\
\nu &= \cos\varepsilon \sin\eta - \cos\alpha \sin\varepsilon \cos\eta.
\end{aligned}
$$

Si l'on substitue ces valeurs dans les expressions de x, y et z de l'Article XVI, il est facile de voir que les quantités X, Y et $\frac{Z}{h}$ ne sont autre chose que les coordonnées rectangles de la même courbe, qui est représentée par les coordonnées x, y, z, mais rapportée à un autre plan de projection, dont la position dépend des angles α, ε et η. En effet, si l'on considère les deux plans des coordonnées x, y, et des coordonnées X, Y, l'angle α sera celui de l'inclinaison de ces deux plans, l'angle η sera celui que la ligne d'interjection de ces plans fait avec l'axe des abscisses x, et l'angle ε sera celui que l'axe des abscisses X comprend avec la même ligne d'intersection. Or, comme l'expression des coordonnées X, Y et $\frac{Z}{h}$ est plus simple que celle des coordonnées x, y, z, il est clair que le plan de projection auquel appartiennent les coordonnées X, Y et $\frac{Z}{h}$ est plus propre que tout autre plan pour y rapporter les mouvements des trois Corps, ou plutôt le mouvement relatif de deux de ces Corps autour du troisième.

On voit donc que la position du plan de projection n'est point du tout indifférente, et que, parmi tous les plans possibles qu'on peut faire passer par le Corps A, il y en a un qui doit être choisi de préférence, parce que les mouvements des Corps B et C autour de A sont par rapport à ce plan les plus simples qu'il est possible.

Cette remarque, qui me paraît de quelque importance dans le Problème des trois Corps, n'avait pas encore été faite, parce que personne, que je sache, n'avait jusqu'à présent envisagé ce Problème d'une manière aussi générale que nous venons de le faire.

XVIII.

Nous prendrons donc, à la place des coordonnées x, y, z, celles-ci X, Y, $\frac{Z}{h}$, pour représenter le mouvement du Corps B autour de A; et comme l'on a, à cause de $h = \frac{1}{\sqrt{g}}$ (Article XV),

$$X^2 + Y^2 + \left(\frac{Z}{h}\right)^2 = x^2 + y^2 + z^2 = r^2,$$

$$Y = \sqrt{r^2 - \left(\frac{Z}{h}\right)^2}\sin\varphi, \quad X = \sqrt{r^2 - \left(\frac{Z}{h}\right)^2}\cos\varphi,$$

il est clair que φ sera l'angle décrit par le Corps B autour de A dans le plan de projection, c'est-à-dire, la longitude du Corps B dans ce même plan; et que $\frac{Z}{hr}$ sera le sinus de la latitude. Ainsi on aura (Article XVI), à cause de $f = 1$,

$$k = \frac{1}{\sqrt{a^2 + b^2 + c^2}} = \frac{1}{h}.$$

Pour le Corps B :

Rayon recteur de l'orbite.............. r,

Longitude.......................... $\displaystyle\int \frac{T\,dt}{h\left[r^2 - \left(\frac{Z}{h}\right)^2\right]}$,

Sinus de la latitude.................. $\frac{Z}{hr}$.

Pour le Corps C :

Rayon recteur de l'orbite.............. r',

Longitude.......................... $\displaystyle\int \frac{T'\,dt}{h\left[r'^2 - \left(\frac{Z'}{h}\right)^2\right]}$,

Sinus de la latitude.................. $\frac{Z'}{hr'}$.

Les valeurs de T et de Z sont données par les formules de l'Article XIV, et pour avoir celles de T′ et Z′ il n'y aura qu'à changer dans celles-là l'accent zéro en ′ et ′ en zéro, et ensuite B en C et C en B.

Quant à la quantité h, c'est une constante arbitraire qui dépend du mouvement initial des Corps; mais il faudra la prendre telle, qu'elle s'accorde avec l'équation (P) de l'Article XI, dans laquelle le second membre est

$$a^2 + b^2 + c^2 = h^2;$$

de sorte qu'il n'y aura qu'à prendre pour h la racine carrée de la valeur du premier membre de cette équation lorsqu'on y fait $t = 0$.

XIX.

Les formules que nous venons de trouver servent à déterminer les orbites des Corps B et C autour du Corps A par rapport à un plan fixe passant par ce même Corps; mais il faut voir encore comment on peut déterminer, par leur moyen, la position mutuelle de ces orbites. Pour cela, nous commencerons par remarquer que si l'on considère le triangle formé à chaque instant par les trois Corps A, B, C, et dont les trois côtés sont r, r' et r'', et qu'on nomme ζ, ζ', ζ'' les trois angles opposés à ces côtés, on aura, comme on le sait, par la Géométrie élémentaire,

$$\cos\zeta = \frac{r'^2 + r''^2 - r^2}{2r'r''} = \frac{p}{r'r''},$$

$$\cos\zeta' = \frac{r^2 + r''^2 - r'^2}{2rr''} = \frac{p'}{rr''},$$

$$\cos\zeta'' = \frac{r^2 + r'^2 - r''^2}{2rr'} = \frac{p''}{rr'}.$$

Or on a (Article VIII)

$$p'' = xx' + yy' + zz';$$

donc

$$\cos\zeta'' = \frac{xx' + yy' + zz'}{rr'},$$

ζ'' étant l'angle formé au centre du Corps A par les rayons recteurs r et r' des deux autres corps B et C.

Qu'on imagine maintenant deux plans passant, l'un par le Corps A et par les deux points infiniment proches dans lesquels s'est trouvé le Corps B au commencement et à la fin du temps infiniment petit dt, et l'autre par le même Corps A, et par les deux points infiniment proches où le Corps C était au commencement et à la fin du même temps dt; ces deux plans seront ceux des orbites des Corps B et C autour de A, et ils se couperont nécessairement dans une ligne droite passant par le Corps A, laquelle sera donc la ligne des nœuds des deux orbites.

Soit ω l'inclinaison de ces deux plans l'un à l'autre, ξ la distance du Corps B à l'intersection des deux plans ou à la ligne des nœuds, c'est-à-dire, l'angle compris entre le rayon r et la ligne des nœuds, et ξ' la distance du Corps C à la même ligne des nœuds, c'est-à-dire, l'angle formé par le rayon r' et la ligne des nœuds; si l'on imagine une sphère décrite autour de A comme centre, et que par les points où les deux rayons r, r' et la ligne des nœuds traversent la surface de cette sphère, dont nous supposerons le rayon égal à 1, on mène des arcs de grands cercles, on aura un triangle sphérique dont les trois côtés seront ξ, ξ' et ζ'', et dont l'angle opposé au côté ζ'' sera ω; de sorte qu'on aura, par les formules connues,

$$\cos\zeta'' = \cos\xi\cos\xi' + \sin\xi\sin\xi'\cos\omega;$$

donc

$$\cos\xi\cos\xi' + \sin\xi\sin\xi'\cos\omega = \frac{xx' + yy' + zz'}{rr'}$$

Supposons maintenant que pendant le temps dt le Corps B décrive autour de A l'angle infiniment petit $d\theta$, et que le Corps C décrive l'angle $d\theta'$, il est clair que, tandis que les lignes x, y, z, r croissent de leurs différentielles dx, dy, dz, dr, l'angle ξ croîtra de $d\theta$, et l'angle ω demeurera le même, parce qu'on suppose que la position des plans des orbites des Corps B et C est la même au commencement et à la fin de l'instant dt; de même, en faisant croître les lignes x', y', z', r' de leurs différentielles dx', dy', dz', dr', il n'y aura que l'angle ξ' qui variera en croissant de $d\theta'$. Or, comme l'équation précédente doit être identique et indépendante de la loi des mouvements des Corps B et C, il est clair qu'on pourra y faire varier les quantités x, y, z, r et ξ qui appartiennent au Corps B indépendamment des quantités x', y', z', r' et Z' qui appartiennent au Corps C, et *vice versâ* celles-ci indépendamment de celles-là; d'où il suit qu'en faisant varier d'abord x, y, z, r et ξ, ensuite x', y', z', r' et ξ', enfin les unes et les autres en même temps, on tirera de l'équation dont il s'agit les trois suivantes

$$(-\sin\xi\cos\xi'+\cos\xi\sin\xi'\cos\omega)d\theta=-\frac{(xx'+yy'+zz')dr}{r^2r'}+\frac{x'dx+y'dy+z'dz}{rr'},$$

$$(-\cos\xi\sin\xi'+\sin\xi\cos\xi'\cos\omega)d\theta'=-\frac{(xx'+yy'+zz')dr'}{rr'^2}+\frac{x\,dx'+y\,dy'+z\,dz'}{rr'},$$

$$\begin{aligned}&(\sin\xi\sin\xi'+\cos\xi\cos\xi'\cos\omega)\,d\theta\,d\theta'\\&\quad=\frac{(xx'+yy'+zz')\,dr\,dr'}{r^2r'^2}-\frac{(x'dx+y'dy+z'dz)\,dr'}{rr'^2}\\&\qquad-\frac{(x\,dx'+y\,dy'+z\,dz')\,dr}{r^2r'}+\frac{dx\,dx'+dy\,dy'+dz\,dz'}{rr'}.\end{aligned}$$

Donc, si l'on fait dans toutes ces équations les substitutions de l'Article VIII, on aura ces quatre-ci

$$\cos\xi\cos\xi'+\sin\xi\sin\xi'\cos\omega=\frac{p''}{rr'},$$

$$-\sin\xi\cos\xi'+\cos\xi\sin\xi'\cos\omega=-\frac{p''\,dr+r\,d\mathrm{V}}{r^2r'\,d\theta},$$

$$-\cos\xi\sin\xi'+\sin\xi\cos\xi'\cos\omega=-\frac{p''\,dr'+r'\,d\mathrm{V}'}{rr'^2\,d\theta},$$

$$\sin\xi\sin\xi'+\cos\xi\cos\xi'\cos\omega=\frac{p''dr\,dr'-d\mathrm{V}.r\,dr'-d\mathrm{V}'.r'dr+rr'v''dt^2}{r^2r'^2\,d\theta\,d\theta'}.$$

Or il est facile de concevoir que le carré du petit espace que parcourt le Corps B dans le temps dt est exprimé également par $dx^2+dy^2+dz^2$ et par $r^2\,d\theta^2+dr^2$, de sorte qu'on aura

$$r\,d\theta=\sqrt{dx^2+dy^2+dz^2-dr^2}$$

et par conséquent (Articles VIII et XI)

$$d\theta=\frac{\sqrt{u^2dt^2-dr^2}}{r}=\frac{dt\sqrt{\Pi}}{r^2},$$

et de même

$$d\theta' = \frac{\sqrt{u'^2 dt^2 - dr'^2}}{r'} = \frac{dt\sqrt{\Pi'}}{r'^2}.$$

Ainsi les seconds membres des quatre équations précédentes seront tous donnés, dès qu'on connaîtra r, r' et r'' en t (Article cité); de sorte qu'on aura quatre équations entre les trois inconnues ξ, ξ' et ω, par lesquelles on pourra non-seulement déterminer ces trois inconnues, mais encore avoir une équation entre les quantités $r, r', r'', u, u', \ldots$, et cette équation sera la même que celle qu'on a déjà trouvée plus haut (Article X) par une voie bien différente.

XX.

Supposons, pour abréger, que les équations précédentes soient représentées ainsi

$$\cos\xi\cos\xi' + \sin\xi\sin\xi'\cos\omega = \lambda,$$

$$\sin\xi\cos\xi' - \cos\xi\sin\xi'\cos\omega = \mu,$$

$$\cos\xi\sin\xi' - \sin\xi\cos\xi'\cos\omega = \nu,$$

$$\sin\xi\sin\xi' + \cos\xi\cos\xi'\cos\omega = -\varpi,$$

en faisant

$$\lambda = \frac{p''}{rr'}, \quad \mu = \frac{p''\,dr + r\,dV}{r^2 r'\,d\theta}, \quad \nu = \frac{p''\,dr' + r'\,dV'}{rr'^2\,d\theta'},$$

$$\varpi = \frac{-p''\,dr\,dr' + dV.r\,dr' + dV'.r'\,dr - rr'v''\,dt^2}{r^2 r'^2\,d\theta\,d\theta'};$$

il est facile de réduire ces quatre équations à ces deux-ci

$$\cos(\xi \pm \xi')(1 \mp \cos\omega) = \lambda \pm \varpi,$$

$$\sin(\xi \pm \xi')(1 \mp \cos\omega) = \mu \pm \nu,$$

lesquelles, à cause de l'ambiguïté des signes, équivalent réellement à quatre équations. Élevant ces deux équations au carré, et ensuite les ajoutant ensemble, on a

$$(1 \mp \cos\omega)^2 = (\lambda \pm \varpi)^2 + (\mu \pm \nu)^2,$$

d'où, à cause de l'ambiguïté des signes, on tire

$$-\cos\omega = \lambda\varpi + \mu\nu, \qquad 1 + \cos^2\omega = \lambda^2 + \mu^2 + \nu^2 + \varpi^2;$$

de sorte qu'éliminant $\cos\omega$ on aura

$$1 + (\lambda\varpi + \mu\nu)^2 = \lambda^2 + \mu^2 + \nu^2 + \varpi^2.$$

Si l'on substitue dans cette équation les valeurs de λ, μ, ν, ϖ, comme aussi celles de $d\theta$ et de $d\theta'$, on aura une équation qui sera la même que l'équation (N) de l'Article X; ce qui peut servir à confirmer la bonté de nos calculs.

L'équation

$$-\cos\omega = \lambda\varpi + \mu\nu$$

donnera

$$\cos\omega = \frac{p''\nu'' dt^2 - dV\, dV'}{r^2 r'^2 d\theta\, d\theta'} = \frac{\Psi''}{\sqrt{\Pi\Pi'}},$$

ce qui fera connaître l'inclinaison ω des deux orbites.

Connaissant ω, on connaîtra aisément ξ et ξ'; car, en multipliant les deux équations

$$\cos(\xi + \xi')(1 - \cos\omega) = \lambda + \varpi,$$
$$\cos(\xi - \xi')(1 + \cos\omega) = \lambda - \varpi$$

l'une par l'autre, on aura celle-ci

$$\tfrac{1}{2}(\cos 2\xi + \cos 2\xi')\sin^2\omega = \lambda^2 - \varpi^2;$$

et de même les deux autres équations

$$\sin(\xi + \xi')(1 - \cos\omega) = \mu + \nu, \qquad \sin(\xi - \xi')(1 + \cos\omega) = \mu - \nu,$$

étant multipliées ensemble, donneront

$$-\tfrac{1}{2}(\cos 2\xi - \cos 2\xi')\sin^2\omega = \mu^2 - \nu^2,$$

d'où l'on tire

$$\cos 2\xi = \frac{\lambda^2 - \varpi^2 - \mu^2 + \nu^2}{\sin^2\omega}, \qquad \cos 2\xi' = \frac{\lambda^2 - \varpi^2 + \mu^2 - \nu^2}{\sin^2\omega},$$

ou bien, en mettant à la place de ϖ^2 sa valeur

$$1 + \cos^2\omega - \lambda^2 - \mu^2 - \nu^2,$$

tirée de l'équation trouvée ci-dessus, on aura, à cause de $\cos^2\omega = 1 - \sin^2\omega$,

$$\cos 2\xi = 1 + \frac{2(\lambda^2 + \nu^2 - 1)}{\sin^2\omega}, \qquad \cos 2\xi' = 1 + \frac{2(\lambda^2 + \mu^2 - 1)}{\sin^2\omega},$$

d'où l'on tire

$$\sin\xi = \frac{\sqrt{1 - \lambda^2 - \nu^2}}{\sin\omega}, \qquad \sin\xi' = \frac{\sqrt{1 - \lambda^2 - \mu^2}}{\sin\omega};$$

c'est-à-dire, en substituant les valeurs de λ, μ, ν, et faisant attention que $r^2 d\theta^2 = u^2 dt^2 - dr^2$ et $r'^2 d\theta'^2 = u'^2 dt^2 - dr'^2$,

$$\sin\xi = \frac{\sqrt{(r^2 r'^2 - p''^2)\, u'^2 dt^2 - r^2 (r'dr')^2 + 2p''(r'dr')\, dV' - r'^2 dV'^2}}{r r'^2 \sin\omega\, d\theta'},$$

$$\sin\xi' = \frac{\sqrt{(r^2 r'^2 - p''^2)\, u^2 dt^2 - r'^2 (rdr)^2 + 2p''(rdr)\, dV - r^2 dV^2}}{r' r^2 \sin\omega\, d\theta},$$

ou bien (Article XIII)

$$\sin\xi = \frac{\sqrt{4(pp' + pp'' + p'p'')\, u'^2 - \Sigma'}}{2r\sqrt{\Pi'}\sin\omega},$$

$$\sin\xi' = \frac{\sqrt{4(pp' + pp'' + p'p'')\, u^2 - \Sigma}}{2r'\sqrt{\Pi}\sin\omega}.$$

XXI.

Si l'on veut que les trois Corps se meuvent dans un même plan, on aura alors $\omega = 0$, et par conséquent $\cos\omega = 1$ et $\sin\omega = 0$; donc

$$\Sigma = 4(pp' + pp'' + p'p'')\, u^2, \quad \Sigma' = 4(pp' + pp'' + p'p'')\, u'^2,$$

et par analogie

$$\Sigma'' = 4(pp' + pp'' + p'p'')\, u''^2.$$

De sorte que les quantités Z et Z′ (Article XIV) seront nulles, et par conséquent les mouvements des trois Corps s'exécuteront dans le même plan que nous avons pris pour le plan de projection (Article XVIII). Or, si l'on substitue les valeurs de u^2, u'^2, u''^2 tirées des équations précédentes dans l'équation (P) de l'Article XI, on aura une équation en r, r', r'' et $\frac{dr}{dt}$, $\frac{dr'}{dt}$, $\frac{d\rho}{dt}$, par laquelle on pourra déterminer cette dernière quantité $\frac{d\rho}{dt}$; substituant ensuite la valeur de $\frac{d\rho}{dt}$ dans celles de Σ, Σ', Σ'', on aura les valeurs de u^2, u'^2, u''^2 exprimées en r, r', r'' et $\frac{dr}{dt}$, $\frac{dr'}{dt}$, $\frac{dr''}{dt}$ seulement; ainsi, mettant ces valeurs de u^2, u'^2, u''^2 dans les équations (F) de l'Article III, on aura enfin trois équations en r, r', r'' et t, lesquelles seront simplement différentielles du second ordre, au lieu que les équations générales (K) de l'Article V montent au quatrième ordre, lorsqu'on les délivre des signes d'intégration.

Au reste je crois que, dans le cas même dont il s'agit, ces dernières équations seront toujours préférables, parce qu'elles ont l'avantage singulier de ne renfermer aucun radical, ce qui n'aurait point lieu dans les équations où l'on emploierait les valeurs de u, u', u'' déterminées par les équations ci-dessus, valeurs qui renfermeraient nécessairement des radicaux carrés.

RÉCAPITULATION.

XXII.

Pour résumer ce qui vient d'être démontré dans ce Chapitre, soient nommées : A, B, C les masses des trois Corps; r, r', r'' les distances entre les Corps A et B, A et C, B et C; et supposant, pour abréger,

$$p = \frac{r'^2 + r''^2 - r^2}{2}, \quad p' = \frac{r^2 + r''^2 - r'^2}{2}, \quad p'' = \frac{r^2 + r'^2 - r''^2}{2},$$

$$q = \frac{1}{r'^3} - \frac{1}{r''^3}, \quad q' = \frac{1}{r^3} - \frac{1}{r''^3}, \quad q'' = \frac{1}{r'^3} - \frac{1}{r^3} = q - q',$$

on aura, en prenant l'élément du temps dt pour constant,

$$\text{(H)} \qquad \frac{d^2\rho}{dt^2} + Cpq - Bp'q' - Ap''q'' = 0;$$

$$\text{(I)} \qquad \begin{cases} dQ = q'\,dp' - q''\,dp'' - q\,d\rho, \\ dQ' = q\,dp + q''\,dp'' + q'\,d\rho, \\ dQ'' = -q\,dp - q'\,dp' + q''\,d\rho; \end{cases}$$

$$\text{(K)} \qquad \begin{cases} \dfrac{d^2(r^2)}{2dt^2} - \dfrac{A+B+C}{r} - C(p'q' - p''q'' + Q) = 0, \\ \dfrac{d^2(r'^2)}{2dt^2} - \dfrac{A+B+C}{r'} - B(pq + p''q'' + Q') = 0, \\ \dfrac{d^2(r''^2)}{2dt^2} - \dfrac{A+B+C}{r''} - A(-pq - p'q' + Q'') = 0. \end{cases}$$

Ces équations serviront à déterminer les valeurs des distances r, r', r'' en t; après quoi on pourra trouver directement et sans aucune intégration les valeurs de tous les autres éléments, d'où dépend la détermination des orbites des Corps B et C autour du Corps A.

En effet, si l'on nomme

$$\left.\begin{matrix} u, \\ u', \\ u'', \end{matrix}\right\} \text{ la vitesse du Corps } \left\{\begin{matrix} B, \\ C, \\ C, \end{matrix}\right. \text{ autour de } \left\{\begin{matrix} A, \\ A, \\ B, \end{matrix}\right.$$

on aura d'abord

$$\text{(J)} \qquad \begin{cases} u^2 = \dfrac{2(A+B+C)}{r} + CQ, \\ u'^2 = \dfrac{2(A+B+C)}{r'} + BQ', \\ u''^2 = \dfrac{2(A+B+C)}{r''} + AQ''. \end{cases}$$

Si l'on nomme ensuite

φ l'angle parcouru par le Corps B autour de A dans un plan supposé fixe et passant par A, c'est-à-dire, la longitude de B,

ψ l'angle de la latitude de B par rapport à ce même plan,
φ' la longitude de C,
ψ' sa latitude,

et qu'on fasse, pour abréger,

$$\begin{aligned}
P &= pp' + pp'' + p'p'' = r^2 r'^2 - p''^2 = \tfrac{1}{4}(2r^2 r'^2 + 2r^2 r''^2 + 2r'^2 r''^2 - r^4 - r'^4 - r''^4) \\
&= -\tfrac{1}{4}(r + r' + r'')(r + r' - r'')(r - r' + r'')(r - r' - r''),
\end{aligned}$$

$$\Sigma = p\left(\frac{d(r^2)}{dt}\right)^2 + p'\left(\frac{dp''}{dt}\right)^2 + p''\left(\frac{dp'}{dt}\right)^2 - 2\left(p''\frac{dp'}{dt} - p'\frac{dp''}{dt}\right)\frac{d\rho}{dt} + r^2\left(\frac{d\rho}{dt}\right)^2,$$

$$\Sigma' = p'\left(\frac{d(r'^2)}{dt}\right)^2 + p\left(\frac{dp''}{dt}\right)^2 + p''\left(\frac{dp}{dt}\right)^2 + 2\left(p''\frac{dp}{dt} - p\frac{dp''}{dt}\right)\frac{d\rho}{dt} + r'^2\left(\frac{d\rho}{dt}\right)^2,$$

$$\Sigma'' = p''\left(\frac{d(r''^2)}{dt}\right)^2 + p'\left(\frac{dp}{dt}\right)^2 + p\left(\frac{dp'}{dt}\right)^2 + 2\left(p\frac{dp'}{dt} - p'\frac{dp}{dt}\right)\frac{d\rho}{dt} + r''^2\left(\frac{d\rho}{dt}\right)^2,$$

$$\Pi = r^2u^2 - \left(\frac{d(r^2)}{2\,dt}\right)^2,$$

$$\Pi' = r'^2u'^2 - \left(\frac{d(r'^2)}{2\,dt}\right)^2,$$

$$\Pi'' = r''^2u''^2 - \left(\frac{d(r''^2)}{2\,dt}\right)^2,$$

$$\Psi = pv - \left(\frac{dp}{2\,dt}\right)^2 + \left(\frac{d\rho}{2\,dt}\right)^2,$$

$$\Psi' = p'v' - \left(\frac{dp'}{2\,dt}\right)^2 + \left(\frac{d\rho}{2\,dt}\right)^2,$$

$$\Psi'' = p''v'' - \left(\frac{dp''}{2\,dt}\right)^2 + \left(\frac{d\rho}{2\,dt}\right)^2,$$

en supposant

$$v = \frac{u'^2 + u''^2 - u^2}{2}, \qquad v' = \frac{u^2 + u''^2 - u'^2}{2}, \qquad v'' = \frac{u^2 + u'^2 - u''^2}{2},$$

on aura sur-le-champ

$$\sin\psi = \frac{\frac{1}{B}\sqrt{4Pu'^2 - \Sigma'} + \frac{1}{A}\sqrt{4Pu''^2 - \Sigma''}}{2hr}, \qquad \frac{d\varphi}{dt} = \frac{\frac{\Pi}{C} + \frac{\Psi'}{A} + \frac{\Psi''}{B}}{hr^2\cos^2\psi},$$

et

$$\sin\psi' = \frac{\frac{1}{C}\sqrt{4Pu^2-\Sigma}+\frac{1}{A}\sqrt{4Pu''^2-\Sigma''}}{2hr'},\qquad \frac{d\varphi'}{dt} = \frac{\frac{\Pi'}{B}+\frac{\Psi}{A}+\frac{\Psi''}{C}}{hr'^2\cos^2\psi'}.$$

Il faut remarquer que ces formules renferment deux constantes qui ne sont pas arbitraires, mais qui doivent être déterminées par des équations particulières; ce sont : l'une la constante h, et l'autre la constante qui peut être ajoutée à la valeur de $\frac{d\rho}{dt}$ déduite de l'équation (H) par la voie de l'intégration.

Voici donc les équations qui serviront à déterminer ces constantes

$$\text{(N)}\qquad 16PU - 4(\Sigma v + \Sigma' v' + \Sigma'' v'') + \left(\frac{dp\,dp' + dp\,dp'' + dp'dp'' + d\rho^2}{dt^2}\right)^2 = 0,$$

en supposant

$$U = vv' + vv'' + v'v'' = u^2u'^2 - v''^2 = \tfrac{1}{4}(2u^2u'^2 + 2u^2u''^2 + 2u'^2u''^2 - u^4 - u'^4 - u''^4)$$

et

$$\text{(P)}\qquad \frac{\Pi}{C^2} + \frac{\Pi'}{B^2} + \frac{\Pi''}{A^2} + 2\left(\frac{\Psi}{AB} + \frac{\Psi'}{AC} + \frac{\Psi''}{BC}\right) = h^2.$$

On pourrait, si l'on voulait, employer ces équations à la place de deux quelconques des équations (K); mais, comme elles sont assez compliquées, il vaudra mieux ne s'en servir que dans la détermination des constantes dont il s'agit; et pour cela il est clair qu'on y pourra supposer partout $t = 0$.

Or si, pour plus de simplicité, on suppose que, lorsque $t = 0$, on ait $\frac{dr}{dt} = 0$, $\frac{dr'}{dt} = 0$, et que de plus les rayons r, r' coïncident, en sorte que l'angle ζ'' compris entre ces rayons (Article XIX) soit nul, ce qui est toujours permis lorsque cet angle est variable, on aura, à cause de $r''^2 = r^2 + r'^2 - 2rr'\cos\zeta''$ (Article cité),

$$r''^2 = (r' - r)^2,\qquad \frac{dp''}{dt} = 0;$$

donc

$$\frac{dp}{dt} = 0,\qquad \frac{dp'}{dt} = 0,\qquad \frac{dp''}{dt} = 0;$$

de sorte que l'équation (N) deviendra

$$16\,PU - 4(r^2 v + r'^2 v' + r''^2 v'')\left(\frac{d\rho}{dt}\right)^2 + \left(\frac{d\rho}{dt}\right)^4 = 0;$$

mais à cause de $r''^2 = (r' - r)^2$ on aura $P = 0$; donc aussi $\frac{d\rho}{dt} = 0$. Ainsi il faudra prendre la valeur de $\frac{d\rho}{dt}$, en sorte qu'elle devienne nulle lorsque $t = 0$ (*).

L'équation (P) se simplifiera aussi beaucoup par les mêmes suppositions, et elle deviendra

$$(\mathrm{P}') \qquad h^2 = \frac{r^2 u^2}{C^2} + \frac{r'^2 u'^2}{B^2} + \frac{r''^2 u''^2}{A^2} + 2\left(\frac{p v}{AB} + \frac{p' v'}{AC} + \frac{p'' v''}{BC}\right),$$

où il faudra prendre pour r, r', r'', u, u', u'' les valeurs qui répondent à $t = 0$.

Quant aux constantes qui pourront entrer dans les valeurs de Q, Q' et Q'', elles seront entièrement arbitraires et ne dépendront que des valeurs initiales de u, u', u'', qui sont à volonté.

Enfin, si l'on nomme encore

$d\theta$ l'angle élémentaire décrit par le Corps B autour du Corps A dans l'instant dt,

$d\theta'$ l'angle correspondant décrit par le corps C autour de A,

ω l'inclinaison mutuelle des orbites des Corps B et C autour de A,

ξ la distance du Corps B au nœud de ces deux orbites,

ξ' la distance du Corps C au même nœud,

on aura

$$\frac{d\theta}{dt} = \frac{\sqrt{\Pi}}{r^2}, \quad \frac{d\theta'}{dt} = \frac{\sqrt{\Pi'}}{r'^2},$$

$$\cos\omega = \frac{\Psi''}{\sqrt{\Pi\Pi'}}, \quad \sin\xi = \frac{\sqrt{4Pu'^2 - \Sigma'}}{2r\sin\omega\sqrt{\Pi'}}, \quad \sin\xi' = \frac{\sqrt{4Pu^2 - \Sigma}}{2r'\sin\omega\sqrt{\Pi}}.$$

(*) Il faut remarquer que, dans le cas dont il s'agit ici, l'équation (N) est encore satisfaite si l'on prend

$$\left(\frac{d\rho}{dt}\right)^2 = 4(r^2 v + r'^2 v' + r''^2 v'').$$

(*Note de l'Éditeur.*)

CHAPITRE II.

SOLUTION DU PROBLÈME DES TROIS CORPS DANS DIFFÉRENTS CAS.

XXIII.

Nous allons examiner dans ce Chapitre quelques cas particuliers, où le Problème des trois Corps se simplifie beaucoup et admet une solution exacte ou presque exacte; quoique ces cas n'aient pas lieu dans le Système du monde, nous croyons cependant qu'ils méritent l'attention des Géomètres, parce qu'il en peut résulter des lumières pour la solution générale du Problème des trois Corps.

XXIV.

Le premier cas qui se présente est celui où les trois distances r, r', r'' seraient constantes, en sorte que le triangle formé par ces Corps demeurât toujours le même et ne fît que changer de position.

On aura dans ce cas

$$dr = 0, \quad dr' = 0, \quad dr'' = 0,$$

et par conséquent aussi

$$dp = 0, \quad dp' = 0, \quad dp'' = 0;$$

donc les trois équations (K) deviendront

$$(a) \qquad \begin{cases} \dfrac{A+B+C}{r} + C(p'q' - p''q'' + Q) = 0, \\[2ex] \dfrac{A+B+C}{r'} + B(pq + p''q'' + Q') = 0, \\[2ex] \dfrac{A+B+C}{r''} + A(-pq - p'q' + Q'') = 0; \end{cases}$$

d'où l'on voit que les quantités Q, Q', Q'' seront pareillement constantes, en sorte qu'on aura

$$dQ = 0, \quad dQ' = 0, \quad dQ'' = 0,$$

moyennant quoi les équations (I) se réduiront à celles-ci

$$q\,d\rho = 0, \quad q'd\rho = 0, \quad q''d\rho = 0,$$

lesquelles donneront ou $q = 0$, $q' = 0$, $q'' = 0$, ou $d\rho = 0$. Examinons séparément ces deux cas.

XXV.

Soit d'abord

$$q = 0, \quad q' = 0, \quad q'' = 0;$$

donc

$$r = r' = r'';$$

de sorte que le triangle formé par les trois Corps sera équilatère; les équations (a) donneront donc

$$CQ = BQ' = AQ'' = -\frac{A + B + C}{r},$$

et, ces valeurs étant substituées dans les formules (J), on aura

$$u^2 = u'^2 = u''^2 = \frac{A + B + C}{r}.$$

Maintenant on aura

$$p = p' = p'' = \frac{r^2}{2}, \quad v = v' = v'' = \frac{u^2}{2};$$

donc

$$P = \frac{3r^4}{4}, \quad U = \frac{3u^4}{4};$$

de plus l'équation (H) donnera $\frac{d^2\rho}{dt^2} = 0$, par conséquent

$$\frac{d\rho}{dt} = \alpha,$$

α étant une constante arbitraire qui doit satisfaire à l'équation (N).

Or on trouve

$$\Sigma = \Sigma' = \Sigma'' = r^2\alpha^2;$$

de sorte que l'équation dont nous parlons deviendra

$$9r^4u^4 - 6r^2u^2\alpha^2 + \alpha^4 = 0,$$

c'est-à-dire,

$$(3r^2u^2 - \alpha^2)^2 = 0,$$

d'où

$$\alpha^2 = 3r^2u^2 = 3(A + B + C)r.$$

Ainsi l'on aura satisfait à toutes les équations du Problème; de sorte que la valeur de r demeurera indéterminée; d'où il s'ensuit que le système des trois Corps peut se mouvoir de manière que les trois Corps forment toujours un triangle quelconque équilatéral.

Ayant trouvé

$$P = \frac{3r^4}{4}, \quad \Sigma = \Sigma' = \Sigma'' = r^2\alpha^2 = 3r^4u^2,$$

on aura

$$4Pu^2 - \Sigma = 0, \quad 4Pu'^2 - \Sigma' = 0, \quad 4Pu''^2 - \Sigma'' = 0;$$

donc

$$\sin\psi = 0, \quad \sin\psi' = 0;$$

d'où l'on voit que les trois Corps seront toujours nécessairement dans un même plan.

On trouve ensuite

$$\Pi = \Pi' = \Pi'' = r^2u^2,$$

$$\Psi = \Psi' = \Psi'' = pv + \frac{\alpha^2}{4} = \frac{r^2u^2}{4} + \frac{3r^2u^2}{4} = r^2u^2;$$

donc, à cause de $\psi = 0$ et $\psi' = 0$, on aura

$$\frac{d\varphi}{dt} = \frac{d\varphi'}{dt} = \left(\frac{1}{C} + \frac{1}{A} + \frac{1}{B}\right)\frac{u^2}{h};$$

mais l'équation (P) donnera

$$h^2 = \left(\frac{1}{C^2} + \frac{1}{B^2} + \frac{1}{A^2} + \frac{2}{AB} + \frac{2}{AC} + \frac{2}{BC}\right)r^2u^2,$$

ou bien

$$h^2 = \left(\frac{1}{C} + \frac{1}{B} + \frac{1}{A}\right)^2 r^2u^2,$$

par conséquent

$$h = \left(\frac{1}{C} + \frac{1}{A} + \frac{1}{B}\right) ru;$$

donc

$$\frac{d\varphi}{dt} = \frac{d\varphi'}{dt} = \frac{u}{r} = \sqrt{\frac{A+B+C}{r^3}}.$$

Ainsi les Corps B et C ne feront que tourner autour du Corps A avec une vitesse angulaire constante et égale à $\sqrt{\frac{A+B+C}{r^3}}$.

XXVI.

Examinons maintenant l'autre cas, où $\frac{d\rho}{dt} = 0$ sans que q, q', q'' soient nuls, et substituons d'abord dans les équations (J) les valeurs de CQ, BQ' et AQ'' tirées des équations (a) ci-dessus; on aura

$$(b)\quad \begin{cases} u^2 = \dfrac{A+B+C}{r} - C(p'q' - p''q''), \\ u'^2 = \dfrac{A+B+C}{r'} - B(pq + p''q''), \\ u''^2 = \dfrac{A+B+C}{r''} - A(-pq - p'q'); \end{cases}$$

d'où l'on voit que les vitesses relatives des Corps seront aussi constantes, mais non pas égales entre elles comme dans le cas précédent.

Or, puisqu'il faut que $\frac{d\rho}{dt} = 0$, on aura donc aussi $\frac{d^2\rho}{dt^2} = 0$, et l'équation (H) deviendra

$$(c)\qquad Cpq - Bp'q' - Ap''q'' = 0.$$

Ensuite l'équation (N) deviendra (à cause de $dr = 0$, $dr' = 0$, $dr'' = 0$, et $dp = 0$, $dp' = 0$, $dp'' = 0$, $d\rho = 0$)

$$16\,PU = 0,$$

savoir

$$P = 0, \quad \text{ou} \quad U = 0;$$

ainsi, en combinant l'une ou l'autre de ces équations avec l'équation précédente (c), on pourra, par leur moyen, déterminer deux quelconques des trois indéterminées r, r', r'', et le Problème sera résolu.

Supposons d'abord $P = o$, on aura

$$(r + r' + r'')(r + r' - r'')(r - r' + r'')(r - r' - r'') = o;$$

donc, puisque r, r', r'' sont supposées positives, on aura ces équations

$$r + r' - r'' = o, \quad \text{ou} \quad r - r' + r'' = o, \quad \text{ou} \quad r - r' - r'' = o,$$

d'où l'on tire

$$r'' = r + r', \quad \text{ou} \quad r' = r + r'', \quad \text{ou} \quad r = r' + r'';$$

c'est-à-dire, que l'une des trois distances doit être égale à la somme des deux autres, ce qui montre que les trois Corps doivent être toujours rangés dans une même ligne droite.

Imaginons que les trois Corps A, B, C soient rangés de suite dans la même direction, en sorte que l'on ait

$$r'' = r' - r,$$

et, faisant pour plus de simplicité $r' = mr$, il n'y aura qu'à substituer dans l'équation (c) mr à la place de r', et $(m - 1)r$ à la place de r''; l'inconnue r s'en ira, et l'on aura une équation qui servira à déterminer m. On trouvera donc

$$p = \frac{m^2 + (m-1)^2 - 1}{2} r^2 = (m^2 - m) r^2,$$

$$p' = \frac{1 + (m-1)^2 - m^2}{2} r^2 = (1 - m) r^2,$$

$$p'' = \frac{1 + m^2 - (m-1)^2}{2} r^2 = m r^2,$$

$$q = \left[\frac{1}{m^3} - \frac{1}{(m-1)^3}\right] \frac{1}{r^3} = -\frac{3m^2 - 3m + 1}{m^3(m-1)^3} \frac{1}{r^3},$$

$$q' = \left[1 - \frac{1}{(m-1)^3}\right] \frac{1}{r^3} = \frac{m^3 - 3m^2 + 3m}{(m-1)^3} \frac{1}{r^3},$$

$$q'' = \left(\frac{1}{m^3} - 1\right) \frac{1}{r^3} = \frac{1 - m^3}{m^3} \frac{1}{r^3};$$

et, ces substitutions étant faites dans l'équation (c), elle deviendra, après avoir été multipliée par $m^2(m-1)^2 r$,

$$(d)\quad C(-3m^2+3m-1)+Bm^3(m^2-3m+3)-A(m-1)^2(1-m^3)=0,$$

laquelle étant ordonnée par rapport à m montera au cinquième degré, et aura par conséquent toujours une racine réelle.

Il est bon de remarquer ici que, quoique nous ayons supposé $r''=r'-r$, la solution n'en renfermera pas moins tous les cas possibles, à cause que les distances r, r', r'', étant prises sur une même ligne droite, peuvent être positives ou négatives, suivant la différente position des Corps.

Maintenant, à cause de

$$dr=0,\quad dr'=0,\quad dr''=0,\quad d\rho=0,$$

on aura

$$\Sigma=0,\quad \Sigma'=0,\quad \Sigma''=0;$$

de sorte que, comme on a déjà $P=0$, on aura

$$\sin\psi=0,\quad \sin\psi'=0,$$

ce qui montre que les trois Corps doivent se mouvoir dans un plan fixe.

XXVII.

Supposons maintenant l'autre facteur U égal à zéro, on aura

$$U=vv'+vv''+v'v''=u^2u'^2-v''^2=0.$$

Or les équations (b) donnent

$$\frac{u^2}{r^2}-\frac{u'^2}{r'^2}=-(A+B+C)q''-\frac{C}{r^2}(p'q'-p''q'')+\frac{B}{r'^2}(pq+p''q''),$$

d'où, en multipliant par $r^2r'^2$, et mettant à la place de r^2 et r'^2 leurs valeurs $p'+p''$ et $p+p''$, on aura, à cause de $q''=q-q'$,

$$r'^2u^2-r^2u'^2=(-Cq+Bq'-Aq'')P+(Cpq-Bp'q'-Ap''q'')p'';$$

mais

$$Cpq - Bp'q' - Ap''q'' = 0$$

par l'équation (c); donc on aura simplement

$$r'^2u^2 - r^2u'^2 = (-Cq + Bq' - Aq'')P,$$

et l'on trouvera de même par analogie

$$r''^2u^2 - r^2u''^2 = (Cq + Bq' - Aq'')P,$$

$$r''^2u'^2 - r'^2u''^2 = (Cq + Bq' + Aq'')P,$$

d'où il est facile de tirer

$$p''u^2 - r^2v'' = -CqP, \quad p''u'^2 - r'^2v'' = -Bq'P,$$

et par conséquent

$$v'' = \frac{p''u^2 + CqP}{r^2} = \frac{p''u'^2 + Bq'P}{r'^2};$$

donc

$$v''^2 = \frac{p''^2u^2u'^2 + p''P(Bq'u^2 + Cqu'^2) + BCqq'P^2}{r^2r'^2},$$

et de là, à cause de $P = r^2r'^2 - p''^2$,

$$U = u^2u'^2 - v''^2 = \frac{P}{r^2r'^2}[u^2u'^2 - p''(Bq'u^2 + Cqu'^2) - BCqq'P]$$

$$= \frac{P}{r^2r'^2}[(u^2 - Cqp'')(u'^2 - Bq'p'') - BCr^2r'^2qq'].$$

Mais les mêmes équations (b) donnent

$$u^2 - Cqp'' = \left(\frac{A+B}{r^3} + \frac{C}{r''^3}\right)r^2,$$

$$u'^2 - Bq'p'' = \left(\frac{A+C}{r'^3} + \frac{B}{r''^3}\right)r'^2;$$

donc, en substituant ces valeurs aussi bien que celles de q et q', on aura

$$U = P\left[\left(\frac{A+B}{r^3} + \frac{C}{r''^3}\right)\left(\frac{A+C}{r'^3} + \frac{B}{r''^3}\right) - BC\left(\frac{1}{r'^3} - \frac{1}{r''^3}\right)\left(\frac{1}{r^3} - \frac{1}{r''^3}\right)\right],$$

ou bien

$$U=P\left[\frac{A^2}{r^3r'^3}+\frac{B^2}{r^3r''^3}+\frac{C^2}{r'^3r''^3}+\frac{AB}{r^3}\left(\frac{1}{r'^3}+\frac{1}{r''^3}\right)+\frac{AC}{r'^3}\left(\frac{1}{r^3}+\frac{1}{r''^3}\right)+\frac{BC}{r''^3}\left(\frac{1}{r^3}+\frac{1}{r'^3}\right)\right].$$

D'où l'on voit que l'équation $U=0$ ne peut donner que celle-ci $P=0$, l'autre facteur de U ne pouvant jamais devenir nul, à cause que les rayons r, r', r'' et les masses A, B, C sont des quantités positives.

XXVIII.

L'équation $P=0$ étant donc la seule qui puisse satisfaire au cas que nous examinons, ce cas n'aura lieu, comme nous l'avons vu plus haut, que lorsque les trois Corps seront rangés dans une même ligne droite, et que leurs distances seront dans le rapport exprimé par l'équation (d).

Or nous avons déjà trouvé que les trois Corps doivent se mouvoir dans un plan fixe; de sorte que, connaissant la vitesse u du Corps B autour de A, il n'y aura qu'à la diviser par r pour avoir la vitesse angulaire des Corps B et C; mais, si l'on veut faire usage des formules générales de l'Article XXII, on remarquera qu'à cause de $P=0$ on a (Article XXVII)

$$\frac{u^2}{r^2}=\frac{u'^2}{r'^2}=\frac{u''^2}{r''^2};$$

mais les équations (b) donnent

$$\frac{u^2}{C}+\frac{u'^2}{B}+\frac{u''^2}{A}=(A+B+C)\left(\frac{1}{r}+\frac{1}{r'}+\frac{1}{r''}\right);$$

donc, substituant les valeurs précédentes de u'^2 et u''^2, et faisant, pour abréger,

$$k=\frac{(A+B+C)\left(\frac{1}{r}+\frac{1}{r'}+\frac{1}{r''}\right)}{\frac{r^2}{C}+\frac{r'^2}{B}+\frac{r''^2}{A}},$$

on aura

$$u^2=kr^2,\quad u'^2=kr'^2,\quad u''^2=kr''^2;$$

donc aussi

$$v = kp, \quad v' = kp', \quad v'' = kp''.$$

Ainsi on aura (Article XXII)

$$\Pi = kr^4, \quad \Pi' = kr'^4, \quad \Pi'' = kr''^4,$$

$$\Psi = kp^2, \quad \Psi' = kp'^2, \quad \Psi'' = kp''^2;$$

mais, à cause de P = o, on a

$$p^2 = r'^2 r''^2, \quad p'^2 = r^2 r''^2, \quad p''^2 = r^2 r'^2;$$

donc

$$\Psi = kr'^2 r''^2, \quad \Psi' = kr^2 r''^2, \quad \Psi'' = kr^2 r'^2;$$

donc l'équation (P) deviendra

$$h^2 = k \left(\frac{r^2}{C} + \frac{r'^2}{B} + \frac{r''^2}{A} \right)^2,$$

d'où

$$h = \left(\frac{r^2}{C} + \frac{r'^2}{B} + \frac{r''^2}{A} \right) \sqrt{k};$$

ensuite, à cause de $\psi = o$ et $\psi' = o$,

$$\frac{d\varphi}{dt} = \frac{d\varphi'}{dt} = \frac{k}{h} \left(\frac{r^2}{C} + \frac{r'^2}{B} + \frac{r''^2}{A} \right) = \sqrt{k}.$$

XXIX.

Nous avons supposé ci-dessus que les rayons r, r', r'' étaient constants, et nous avons vu que cela ne peut avoir lieu que dans deux cas, savoir : lorsque ces trois rayons sont égaux entre eux, et lorsque l'un d'eux est égal à la somme des deux autres. Supposons maintenant que ces trois rayons soient seulement dans un rapport constant entre eux, et voyons dans quel cas cette condition pourra avoir lieu. Soit donc

$$r' = mr, \quad r'' = nr,$$

m et n étant des quantités constantes, et l'on aura d'abord (Article XXII)

$$p = \mu r^2, \quad p' = \mu' r^2, \quad p'' = \mu'' r^2,$$

$$q = \frac{\varpi}{r^3}, \quad q' = \frac{\varpi'}{r^3}, \quad q'' = \frac{\varpi''}{r^3},$$

en faisant, pour abréger,

$$\mu = \frac{m^2 + n^2 - 1}{2}, \quad \mu' = \frac{1 + n^2 - m^2}{2}, \quad \mu'' = \frac{1 + m^2 - n^2}{2},$$

$$\varpi = \frac{1}{m^3} - \frac{1}{n^3}, \quad \varpi' = 1 - \frac{1}{n^3}, \quad \varpi'' = \frac{1}{m^3} - 1 = \varpi - \varpi'.$$

Donc l'équation (H) deviendra

$$\frac{d^2\rho}{dt^2} + \frac{C\mu\varpi - B\mu'\varpi' - A\mu''\varpi''}{r} = 0,$$

ou bien, en faisant

$$\lambda = C\mu\varpi - B\mu'\varpi' - A\mu''\varpi'',$$

pour abréger,

$$\frac{d^2\rho}{dt^2} + \frac{\lambda}{r} = 0,$$

et intégrant

$$\frac{d\rho}{dt} = \alpha - \lambda \int \frac{dt}{r},$$

α étant une constante arbitraire égale à la valeur de $\frac{d\rho}{dt}$ lorsque $t = 0$.

Ensuite on aura

$$dQ = 2(\mu'\varpi' - \mu''\varpi'') \frac{dr}{r^2} - \varpi \left(\alpha - \lambda \int \frac{dt}{r}\right) \frac{dt}{r^3},$$

$$dQ' = 2(\mu\varpi + \mu''\varpi'') \frac{dr}{r^2} + \varpi' \left(\alpha - \lambda \int \frac{dt}{r}\right) \frac{dt}{r^3},$$

$$dQ'' = 2(-\mu\varpi - \mu'\varpi') \frac{dr}{r^2} + \varpi'' \left(\alpha - \lambda \int \frac{dt}{r}\right) \frac{dt}{r^3};$$

donc, en intégrant,

$$Q = -\frac{2(\mu'\varpi' - \mu''\varpi'')}{r} - \varpi \int \left(\alpha - \lambda \int \frac{dt}{r}\right) \frac{dt}{r^3} + k,$$

$$Q' = -\frac{2(\mu\varpi + \mu''\varpi'')}{r} + \varpi' \int \left(\alpha - \lambda \int \frac{dt}{r}\right) \frac{dt}{r^3} + k',$$

$$Q'' = -\frac{2(-\mu\varpi - \mu'\varpi')}{r} + \varpi'' \int \left(\alpha - \lambda \int \frac{dt}{r}\right) \frac{dt}{r^3} + k'',$$

k, k' et k'' étant des constantes arbitraires.

Faisant toutes ces substitutions dans les équations (K), et divisant ensuite la seconde par m^2 et la troisième par n^2, elles deviendront celles-ci

$$\frac{d^2(r^2)}{2\,dt^2} - \frac{A + B + C(1 - \mu'\varpi' + \mu''\varpi'')}{r} + C\varpi \int \left(\alpha - \lambda \int \frac{dt}{r}\right) \frac{dt}{r^3} - Ck = 0,$$

$$\frac{d^2(r^2)}{2\,dt^2} - \frac{A + C + B[1 - (\mu\varpi + \mu''\varpi'')m]}{m^3 r} - \frac{B\varpi'}{m^2} \int \left(\alpha - \lambda \int \frac{dt}{r^3}\right) \frac{dt}{r^3} - \frac{Bk'}{m^2} = 0,$$

$$\frac{d^2(r^2)}{2\,dt^2} - \frac{B + C + A[1 + (\mu\varpi + \mu'\varpi')n]}{n^3 r} - \frac{A\varpi''}{n^2} \int \left(\alpha - \lambda \int \frac{dt}{r}\right) \frac{dt}{r^3} - \frac{Ak''}{n^2} = 0,$$

lesquelles devront être identiques; de sorte qu'on aura ces conditions à remplir :

1° $$A + B + C(1 - \mu'\varpi' + \mu''\varpi'') = \frac{A + C + B[1 - (\mu\varpi + \mu''\varpi'')m]}{m^3}$$
$$= \frac{B + C + A[1 + (\mu\varpi + \mu'\varpi')n]}{n^3};$$

2° $$C\varpi = -\frac{B\varpi'}{m^2} = -\frac{A\varpi''}{n^2}, \quad \text{ou bien} \quad \alpha = 0 \quad \text{et} \quad \lambda = 0;$$

3° $$Ck = \frac{Bk'}{m^2} = \frac{Ak''}{n^2}.$$

Ces deux dernières conditions peuvent toujours se remplir par le moyen des constantes indéterminées k, k' et k''; ainsi la difficulté ne consiste qu'à satisfaire à celles des groupes 1° et 2°.

Or, si l'on fait, pour abréger,

$$\delta = \mu\mu' + \mu\mu'' + \mu'\mu'' = -\tfrac{1}{4}(1 + m + n)(1 + m - n)(1 - m + n)(1 - m - n),$$

on pourra réduire les deux équations du groupe 1° à celles-ci, par des transformations analogues à celles de l'Article XXVII,

$$(e)\quad (-C\varpi + B\varpi' - A\varpi'')\delta + \mu''\lambda = 0, \quad (C\varpi + B\varpi' - A\varpi'')\delta - \mu'\lambda = 0.$$

Ainsi il n'y aura qu'à combiner ces deux équations avec celles du groupe 2°, savoir

$$C\varpi = -\frac{B\varpi'}{m^2} = -\frac{A\varpi''}{n^2}, \quad \text{ou bien} \quad \alpha = 0 \quad \text{et} \quad \lambda = 0;$$

ce qui fait deux cas que nous allons examiner séparément.

XXX.

Soit d'abord

$$C\varpi = -\frac{B\varpi'}{m^2} = -\frac{A\varpi''}{n^2};$$

donc

$$\varpi' = -\frac{m^2 C\varpi}{B}, \quad \text{et} \quad \varpi'' = -\frac{n^2 C\varpi}{A};$$

mais on a (Article XXIX)

$$\varpi - \varpi' - \varpi'' = 0;$$

donc

$$\varpi\left(1 + \frac{m^2 C}{B} + \frac{n^2 C}{A}\right) = 0,$$

savoir

$$\varpi\left(\frac{1}{C} + \frac{m^2}{B} + \frac{n^2}{A}\right) = 0.$$

Or il est visible que la quantité $\frac{1}{C} + \frac{m^2}{B} + \frac{n^2}{A}$ ne saurait jamais devenir nulle, à cause que les masses A, B, C sont des quantités positives; ainsi il faudra que l'on ait $\varpi = 0$, et par conséquent aussi $\varpi' = 0$, $\varpi'' = 0$; or, dans ce cas, on aura $\lambda = 0$, et les deux équations (e) ci-dessus auront lieu d'elles-mêmes; de sorte que toutes les conditions se trouveront remplies, et le Problème des trois Corps sera résoluble exactement dans l'hypothèse de

$$\varpi = 0, \quad \varpi' = 0, \quad \varpi'' = 0,$$

ce qui donnera

$$n = m = 1,$$

et par conséquent

$$r = r' = r'',$$

c'est-à-dire, les distances entre les Corps égales entre elles, comme dans le cas de l'Article XIV; mais avec cette différence, que dans le cas présent elles peuvent être variables.

Pour connaître le mouvement des Corps dans ce cas, on reprendra les équations différentielles de l'Article XXIX, lesquelles, en faisant

$$f = Ck = Bk' = Ak'',$$

se réduisent à cette équation unique

$$\frac{d^2(r^2)}{2dt^2} - \frac{A+B+C}{r} - f = 0.$$

Multipliant par $d(r^2)$, et intégrant ensuite, on aura

$$\left[\frac{d(r^2)}{2dt}\right]^2 - 2(A+B+C)r - fr^2 = H,$$

H étant une constante arbitraire; et de là

$$dt = \frac{r\,dr}{\sqrt{H + 2(A+B+C)r + fr^2}},$$

moyennant quoi on connaîtra t en r, et *vice versâ*, r en t.

Maintenant, puisque $\varpi = 0$, $\varpi' = 0$, $\varpi'' = 0$, on aura

$$Q = k, \quad Q' = k', \quad Q'' = k'';$$

donc (Article XXII)

$$u^2 = u'^2 = u''^2 = \frac{2(A+B+C)}{r} + f.$$

De plus, ayant $\lambda = 0$, on aura

$$\frac{d\rho}{dt} = \alpha,$$

et cette constante α devra être déterminée en sorte qu'elle satisfasse à l'équation (N); on peut donner pour cela à t telle valeur qu'on voudra; mais, en ne faisant aucune supposition particulière, l'équation (N) devra être identique avec celle que nous avons trouvée ci-dessus pour la détermination de r, et leur comparaison donnera la valeur de α.

En effet, à cause de $r = r' = r''$, on aura

$$p = p' = p'' = \frac{r^2}{2};$$

donc

$$P = \frac{3r^4}{4};$$

et de même, à cause de $u = u' = u''$, on aura

$$v = v' = v'' = \frac{u^2}{2};$$

donc

$$U = \frac{3u^4}{4};$$

ensuite

$$\Sigma = \Sigma' = \Sigma'' = \frac{r^2}{2}\left(\frac{2r\,dr}{dt}\right)^2 + r^2\left(\frac{r\,dr}{dt}\right)^2 + r^2\alpha^2 = 3r^2\left(\frac{r\,dr}{dt}\right)^2 + r^2\alpha^2;$$

et l'équation (N) deviendra

$$9r^4u^4 - 6u^2\left[3r^2\left(\frac{r\,dr}{dt}\right)^2 + r^2\alpha^2\right] + \left[3\left(\frac{r\,dr}{dt}\right)^2 + \alpha^2\right]^2 = 0,$$

ou bien

$$\left[3r^2u^2 - 3\left(\frac{r\,dr}{dt}\right)^2 - \alpha^2\right]^2 = 0;$$

d'où l'on tire

$$3r^2u^2 - 3\left(\frac{r\,dr}{dt}\right)^2 - \alpha^2 = 0.$$

Or on a déjà trouvé

$$u^2 = \frac{2(A+B+C)}{r} + f;$$

donc, substituant cette valeur et résolvant l'équation, il viendra

$$dt = \frac{r\,dr}{\sqrt{-\frac{\alpha^2}{3} + 2(A+B+C)r + fr^2}}.$$

Comparant donc cette équation avec la précédente, on aura

$$H = -\frac{\alpha^2}{3},$$

et par conséquent

$$\alpha = \sqrt{-3H};$$

d'où l'on voit que H doit être nécessairement une quantité négative.

On aura ensuite

$$\Pi = \Pi' = \Pi'' = r^2u^2 - \left(\frac{r\,dr}{dt}\right)^2 = \frac{\alpha^2}{3},$$

et

$$\Psi = \Psi' = \Psi'' = \frac{r^2u^2}{4} - \left(\frac{r\,dr}{2\,dt}\right)^2 + \left(\frac{\alpha}{2}\right)^2 = \frac{\alpha^2}{4.3} + \frac{\alpha^2}{4} = \frac{\alpha^2}{3};$$

donc l'équation (P) deviendra

$$\frac{\alpha^2}{3}\left(\frac{1}{C} + \frac{1}{B} + \frac{1}{A}\right)^2 = h^2,$$

d'où l'on tire

$$h = \frac{\alpha}{\sqrt{3}}\left(\frac{1}{C} + \frac{1}{B} + \frac{1}{A}\right).$$

Or, puisqu'on a déjà trouvé

$$\Sigma = \Sigma' = \Sigma'' = 3r^2\left(\frac{r\,dr}{dt}\right)^2 + r^2\alpha^2,$$

et que

$$3r^2u^2 - 3\left(\frac{r\,dr}{dt}\right)^2 - \alpha^2 = 0,$$

on aura

$$\Sigma = \Sigma' = \Sigma'' = 3r^4u^2;$$

d'ailleurs on a

$$4P = 3r^4, \quad \text{et} \quad u = u' = u'';$$

donc on aura

$$4Pu^2 - \Sigma = 0, \quad 4Pu'^2 - \Sigma' = 0, \quad 4Pu''^2 - \Sigma'' = 0;$$

et par conséquent

$$\sin\psi = 0, \quad \sin\psi' = 0,$$

c'est-à-dire,

$$\psi = 0, \quad \psi' = 0;$$

ce qui montre que les Corps B et C doivent se mouvoir dans un même plan fixe passant par le Corps A.

Maintenant, si l'on substitue dans les expressions de $\frac{d\varphi}{dt}$ et $\frac{d\varphi'}{dt}$ les valeurs de Π, Π', Ψ, Ψ', Ψ'' et de h trouvées ci-dessus, on aura

$$\frac{d\varphi}{dt} = \frac{d\varphi'}{dt} = \frac{\alpha}{r^2\sqrt{3}};$$

et par conséquent, en substituant la valeur ci-dessus de dt,

$$d\varphi = \frac{dr}{r\sqrt{-1 + \frac{6(A+B+C)}{\alpha^2}r + \frac{3f}{\alpha^2}r^2}},$$

qui est l'équation polaire d'une section conique rapportée au foyer, et dans laquelle $\frac{2(A+B+C)}{-f}$ est le grand axe et $\frac{2\alpha^2}{3(A+B+C)}$ le paramètre.

Ainsi les Corps B et C décriront dans ce cas autour du Corps A deux sections coniques semblables et égales, dont l'espèce et la forme dépendront des quantités arbitraires f et α, lesquelles pourront se déterminer par les équations

$$\alpha^2 = 3r^2u^2 - 3\left(\frac{r\,dr}{dt}\right)^2, \quad f = u^2 - \frac{2(A+B+C)}{r},$$

en donnant à u, r et $\frac{dr}{dt}$ les valeurs qui conviennent au premier instant.

XXXI.

Reste à examiner le cas où $\alpha = 0$ et $\lambda = 0$; or la supposition de $\lambda = 0$ réduit d'abord les équations (e) à celles-ci

$$(-C\varpi + B\varpi' - A\varpi'')\,\delta = 0, \quad (C\varpi + B\varpi' - A\varpi'')\,\delta = 0,$$

lesquelles donnent ou

$$\delta = 0,$$

ou bien

$$C\varpi + B\varpi' - A\varpi'' = 0, \quad \text{et} \quad C\varpi + B\varpi' - A\varpi'' = 0,$$

c'est-à-dire,

$$C\varpi = 0 \quad \text{et} \quad B\varpi' - A\varpi'' = 0.$$

Or j'observe d'abord que ces deux dernières équations sont inutiles; car on aurait d'abord $\varpi = 0$, ensuite, à cause de $\varpi'' = \varpi - \varpi'$, on aurait $\varpi'' = -\varpi'$; de sorte que l'équation $B\varpi' - A\varpi'' = 0$ deviendrait $(B + A)\varpi' = 0$, ce qui donnerait $\varpi' = 0$; on aurait donc $\varpi = \varpi' = \varpi'' = 0$, ce qui rentre dans le cas que nous avons examiné ci-dessus.

Il faut donc faire $\delta = 0$, de sorte que la solution du Problème sera renfermée dans ces trois équations

$$\delta = 0, \quad \lambda = 0, \quad \alpha = 0.$$

La première donnera (Article XXIX)

$$(1 + m + n)(1 + m - n)(1 - m + n)(1 - m - n) = 0;$$

donc

$$1 \pm m \pm n = 0,$$

et par conséquent

$$r \pm r' \pm r'' = 0,$$

c'est-à-dire, que l'une des trois distances r, r', r'' doit être égale à la somme des deux autres, et conséquemment que les trois Corps doivent être toujours rangés dans une même ligne droite.

Ce cas est donc analogue à celui de l'Article XXVI, mais il est plus général, en ce que les distances entre les Corps peuvent être variables, pourvu que leurs rapports soient constants.

On déterminera ces rapports par l'équation $\lambda = 0$, et pour cela on pourra supposer, comme dans l'Article cité, que les trois Corps A, B, C soient disposés de suite dans une même ligne droite, en sorte que $r'' = r' - r$, ce qui donnera $n = m - 1$; on substituera donc cette valeur de n dans l'expression de λ de l'Article XXIX, et l'on aura une équation en m qui sera la même que l'équation (d) de l'Article XXVI. Mais il faut voir encore si la condition de $\alpha = 0$ peut avoir lieu; et comme la constante α doit être déterminée par l'équation (N), tout se réduit à savoir si cette équation peut subsister en y faisant $\alpha = 0$, c'est-à-dire, $\frac{d\rho}{dt} = 0$, à cause de $\frac{d\rho}{dt} = \alpha - \lambda \int \frac{dt}{r}$ (Article XXIX) et de $\lambda = 0$.

Or, en supposant $\frac{d\rho}{dt} = 0$, et substituant pour r', r'' et p, p', p'' leurs valeurs (Article cité), on aura

$$\mathrm{P} = (\mu\mu' + \mu\mu'' + \mu'\mu'')\, r^4,$$

$$\Sigma = (\mu + \mu'\mu''^2 + \mu''\mu'^2)\, r^2 \left(\frac{2\, r\, dr}{dt}\right)^2,$$

$$\Sigma' = (\mu' m^4 + \mu\mu''^2 + \mu''\mu^2)\, r^2 \left(\frac{2\, r\, dr}{dt}\right)^2,$$

$$\Sigma'' = (\mu'' n^4 + \mu'\mu^2 + \mu\mu'^2)\, r^2 \left(\frac{2\, r\, dr}{dt}\right)^2,$$

$$\frac{dp\, dp' + dp\, dp'' + dp'\, dp'' + d\rho^2}{dt^2} = (\mu\mu' + \mu\mu'' + \mu'\mu'') \left(\frac{2\, r\, dr}{dt}\right)^2;$$

mais, par la nature des quantités μ, μ', μ'', on a

$$\mu' + \mu'' = 1, \quad \mu + \mu'' = m^2, \quad \mu + \mu' = n^2;$$

de plus, on a, en vertu de l'équation $\delta = 0$,

$$\mu\mu' + \mu\mu'' + \mu'\mu'' = 0;$$

donc on aura aussi

$$\mu + \mu'\mu''^2 + \mu''\mu'^2 = 0, \quad \mu' m^4 + \mu\mu''^2 + \mu''\mu^2 = 0, \quad \mu'' n^4 + \mu'\mu^2 + \mu\mu'^2 = 0;$$

de sorte que toutes les quantités précédentes P, Σ,... seront nulles, et conséquemment l'équation (N) se trouvera vérifiée d'elle-même.

XXXII.

Maintenant il est clair qu'à cause de $\alpha = 0$ et $\lambda = 0$ les trois équations différentielles de l'Article XXIX se réduiront à celle-ci

$$\frac{d^2(r^2)}{2\,dt^2} - \frac{\mathrm{F}}{r} - f = 0,$$

en faisant, pour abréger,

$$\mathrm{F} = \mathrm{A} + \mathrm{B} + \mathrm{C}(1 - \mu'\varpi' + \mu''\varpi''),$$

$$f = \mathrm{C}k = \frac{\mathrm{B}k'}{m^2} = \frac{\mathrm{A}k''}{n^2}.$$

Cette équation étant donc multipliée par $d(r^2)$, et ensuite intégrée, donnera

$$\left(\frac{r\,dr}{dt}\right)^2 - 2\mathrm{F}r - fr^2 = \mathrm{H},$$

H étant une constante arbitraire; d'où l'on tire

$$dt = \frac{r\,dr}{\sqrt{\mathrm{H} + 2\mathrm{F}r + fr^2}},$$

moyennant quoi on déterminera t en r, et par conséquent r en t.

De plus, si dans les équations (J) de l'Article XXII on substitue les valeurs de Q, Q′, Q″ de l'Article XXIX, on aura, en vertu des équations du groupe 1° du même Article,

$$u^2 = \frac{2\mathrm{F}}{r} + f, \quad u'^2 = \frac{2m^2\mathrm{F}}{r} + m^2 f, \quad u''^2 = \frac{2n^2\mathrm{F}}{r} + n^2 f;$$

donc

$$v = \frac{2\mu\mathrm{F}}{r} + \mu f, \quad v' = \frac{2\mu'\mathrm{F}}{r} + \mu' f, \quad v'' = \frac{2\mu''\mathrm{F}}{r} + \mu'' f.$$

De là on trouvera

$$\Pi = 2Fr + fr^2 - \left(\frac{rdr}{dt}\right)^2 = -H,$$

$$\Pi' = m^4\left[2Fr + fr^2 - \left(\frac{rdr}{dt}\right)^2\right] = -Hm^4,$$

$$\Pi'' = -Hn^4,$$

$$\Psi = \mu^2\left[2Fr + fr^2 - \left(\frac{rdr}{dt}\right)^2\right] = -H\mu^2 = -Hm^2n^2,$$

$$\Psi' = -H\mu'^2 = -Hn^2,$$

$$\Psi'' = -H\mu''^2 = -Hm^2,$$

à cause de

$$\mu\mu' + \mu\mu'' + \mu'\mu'' = 0,$$

et par conséquent

$$\mu^2 = m^2n^2, \quad \mu'^2 = n^2, \quad \mu''^2 = m^2.$$

Donc, si l'on substitue ces valeurs dans l'équation (P), elle deviendra

$$h^2 = -H\left(\frac{1}{C} + \frac{m^2}{B} + \frac{n^2}{A}\right)^2,$$

d'où

$$h = \left(\frac{1}{C} + \frac{m^2}{B} + \frac{n^2}{A}\right)\sqrt{-H},$$

d'où l'on voit que H doit être une quantité négative.

Or, à cause de $P = 0$ et de $\Sigma = 0$, $\Sigma' = 0$, $\Sigma'' = 0$, on aura

$$\sin\psi = 0 \quad \text{et} \quad \sin\psi' = 0,$$

ce qui montre que les deux Corps B et C doivent se mouvoir dans un même plan fixe passant par le Corps A, et l'on trouvera ensuite pour les angles de rotation

$$\frac{d\varphi}{dt} = \frac{d\varphi'}{dt} = \frac{-H}{hr^2}\left(\frac{1}{C} + \frac{m^2}{B} + \frac{n^2}{A}\right) = \frac{\sqrt{-H}}{r^2}.$$

Et, si l'on substitue la valeur de dt, trouvée ci-dessus, on aura

$$d\varphi = \frac{dr}{r\sqrt{-1 + \frac{2F}{-H}r + \frac{f}{-H}r^2}},$$

équation polaire d'une section conique, rapportée au foyer, dans laquelle $\frac{2F}{f}$ sera le grand axe et $-\frac{2H}{F}$ le paramètre.

XXXIII.

Nous venons donc de voir que le Problème des trois Corps est résoluble exactement, soit que les distances entre les trois Corps soient constantes, ou qu'elles gardent seulement entre elles des rapports constants, et cela dans deux cas, savoir : lorsque les trois distances sont égales entre elles, en sorte que les trois Corps forment toujours un triangle équilatère, et lorsque l'une des distances est égale à la somme ou à la différence des deux autres, en sorte que les trois Corps se trouvent toujours rangés en ligne droite.

Or, si l'on suppose que les distances r, r', r'' soient variables, mais de manière que leurs valeurs ne s'écartent que très-peu de celles qu'elles devraient avoir pour que l'un des cas précédents eût lieu, il est clair que le Problème sera résoluble à très-peu près, et par les méthodes connues d'approximation; mais nous n'entrerons pas ici dans ce détail, qui nous écarterait trop de notre objet principal.

J'avoue, au reste, qu'on pourrait résoudre les Problèmes précédents d'une manière plus simple par les formules ordinaires du Problème des trois Corps entre les rayons vecteurs et les angles décrits par ces rayons, si l'on voulait se borner d'abord à l'hypothèse que les Corps se meuvent dans un même plan fixe; mais il ne serait pas aisé, ce me semble, d'en venir à bout par les mêmes formules, si l'on supposait, comme nous l'avons fait, que les Corps pussent se mouvoir dans des plans différents.

CHAPITRE III.

MODIFICATION DES FORMULES DU CHAPITRE PREMIER, POUR LE CAS OÙ L'ON SUPPOSE QUE L'UN DES TROIS CORPS SOIT ÉLOIGNÉ DES DEUX AUTRES.

XXXIV.

Le cas que nous allons examiner a lieu dans le Système du monde, par rapport à ces trois Planètes, le Soleil, la Terre et la Lune, dont les deux dernières sont beaucoup plus éloignées de la première qu'elles ne le sont l'une de l'autre; mais nous ne considérons ici le cas dont il s'agit que d'une manière générale, et seulement pour voir quelles modifications cette supposition doit apporter aux formules générales de l'Article XXII.

Supposons donc que le Corps C soit beaucoup plus éloigné des Corps A et B que ceux-ci ne le sont entre eux, en sorte que les quantités r' et r'' soient fort grandes par rapport à la quantité r; pour cela nous prendrons une quantité i, que nous supposerons constante et très-petite, et nous ferons

$$r' = \frac{R}{i}, \quad r'' = \frac{R'}{i},$$

en sorte que R et R' soient des quantités finies et comparables à r. Or, si l'on nomme, comme dans l'Article XIX, ζ'' l'angle formé au centre du Corps A par les rayons vecteurs r et r' des Corps B et C, on aura

$$\cos\zeta'' = \frac{r^2 + r'^2 - r''^2}{2r'r},$$

d'où

$$r''^2 = r'^2 - 2r'r\cos\zeta'' + r^2,$$

ou bien

$$R'^2 = R^2 - 2iRr\cos\zeta'' + i^2r^2.$$

Donc, si l'on fait

$$z = r\cos\zeta'',$$

on aura

$$R'^2 = R^2 - 2iRz + i^2r^2;$$

donc

$$r'^2 = \frac{R^2}{i^2}, \quad r''^2 = \frac{R^2}{i^2} - \frac{2Rz}{i} + r^2.$$

De là on aura

$$\frac{1}{r'} = \frac{i}{R},$$

$$\frac{1}{r''} = \frac{i}{R} + \frac{i^2(2Rz - ir^2)}{2R^3} + \frac{3i^3(2Rz - ir^2)^2}{8R^5} + \frac{5i^4(2Rz - ir^2)^3}{16R^7} + \ldots$$

$$= \frac{i}{R} + \frac{i^2 z}{R^2} + \frac{i^3(3z^2 - r^2)}{2R^3} + \frac{i^4(5z^3 - 3zr^2)}{2R^4} + \ldots,$$

$$\frac{1}{r'^3} = \frac{i^3}{R^3},$$

$$\frac{1}{r''^3} = \frac{i^3}{R^3} + \frac{3i^4(2Rz - ir^2)}{2R^5} + \frac{15i^5(2Rz - ir^2)^2}{8R^7} + \frac{35i^6(2Rz - ir^2)^3}{16R^9} + \ldots$$

$$= \frac{i^3}{R^3} + \frac{3i^4 z}{R^4} + \frac{i^5(15z^2 - 3r^2)}{2R^5} + \frac{i^6(35z^3 - 15zr^2)}{2R^6} + \ldots$$

Donc (Article XXII)

$$p = \frac{R^2}{i^2} - \frac{Rz}{i}, \quad p' = -\frac{Rz}{i} + r^2, \quad p'' = \frac{Rz}{i},$$

$$q = -\frac{3i^4 z}{R^4} - \frac{i^5(15z^2 - 3r^2)}{2R^5} - \frac{i^6(35z^3 - 15zr^2)}{2R^6} - \ldots,$$

$$q' = \frac{1}{r^3} - \frac{i^3}{R^3} - \frac{3i^4 z}{R^4} - \frac{i^5(15z^2 - 3r^2)}{2R^5} - \frac{i^6(35z^3 - 15zr^2)}{2R^6} - \ldots,$$

$$q'' = -\frac{1}{r^3} + \frac{i^3}{R^3};$$

et de là

$$pq = -\frac{3i^2 z}{R^2} - \frac{i^3(9z^2 - 3r^2)}{2R^3} - \frac{i^4(20z^3 - 12zr^2)}{2R^4} - \ldots,$$

$$p'q' = -\frac{Rz}{ir^3} + \frac{1}{r} + \frac{i^2 z}{R^2} + \frac{i^3(3z^2 - r^2)}{R^3} + \frac{i^4(15z^3 - 9r^2 z)}{2R^4} + \frac{i^5(35z^4 - 30z^2 r^2 + 3r^4)}{2R^5} + \ldots,$$

$$p''q'' = -\frac{Rz}{ir^3} + \frac{i^2 z}{R^2}.$$

Or, comme pq est une quantité très-petite de l'ordre de i^2, et que $p'q'$, $p''q''$ sont des quantités fort grandes de l'ordre de $\frac{1}{i}$, il est clair qu'en substituant les valeurs de ces quantités dans l'équation (H) les termes Cpq, $Bp'q'$, $Ap''q''$ ne pourront être homogènes, à moins que la masse C ne soit infiniment grande de l'ordre $\frac{1}{i^3}$ vis-à-vis des deux autres.

Supposons donc $C = \frac{D}{i^3}$, et l'équation (H) de l'Article XXII deviendra, après les substitutions,

$$\frac{d^2\rho}{dt^2} + \frac{1}{i}\left[\frac{(A+B)R}{r^3} - \frac{3D}{R^2}\right]z - \frac{B}{r} - \frac{D(9z^2-3r^2)}{2R^3} - \frac{iD(20z^3-12zr^2)}{2R^4} - \ldots = 0;$$

d'où l'on voit que la quantité $\frac{d^2\rho}{dt^2}$ est de l'ordre de $\frac{1}{i}$, de sorte que la quantité $\frac{d\rho}{dt}$ sera aussi du même ordre.

Donc, si l'on fait, pour abréger,

$$(f)\quad \frac{d\sigma}{dt} = \left[\frac{(A+B)R}{r^3} - \frac{3D}{R^2}\right]z - i\left[\frac{B}{r} + \frac{3D(3z^2-r^2)}{2R^3}\right] - i^2\left[\frac{D(10z^3-6zr^2)}{R^4}\right] - \ldots,$$

on aura

$$\frac{d\rho}{dt} = -\frac{\sigma}{i},$$

et il faudra prendre la valeur de σ telle, qu'elle soit nulle lorsque $t=0$.

XXXV.

$$q\,dp = -\frac{6i^2z\,dR}{R^3} - \frac{i^3[(15z^2-3r^2)dR - 3z\,d(Rz)]}{R^4} - \ldots,$$

$$q'\,dp' = -\frac{d(Rz)}{ir^3} + \frac{2\,dr}{r^2} + \frac{i^2 d(Rz)}{R^3} + \frac{i^3[3z\,d(Rz) - R\,d(r^2)]}{R^4}$$
$$+ \frac{i^4[(15z^2-3r^2)d(Rz) - 6Rz\,d(r^2)]}{2R^5}$$
$$+ \frac{i^5[(35z^3-15zr^2)d(Rz) - (15z^2-3r^2)R\,d(r^2)]}{2R^6} + \ldots,$$

$$q''dp'' = -\frac{d(Rz)}{ir^3} + \frac{i^2 d(Rz)}{R^3}.$$

De sorte que les valeurs de dQ, dQ' et dQ'' deviendront

$$dQ = \frac{2\,dr}{r^2} + i^3\left[-\frac{d(r^2)}{R^3} + \frac{3z[d(Rz) - \sigma\,dt]}{R^4}\right]$$

$$+ i^4\left[-\frac{3z\,d(r^2)}{R^4} + \frac{(15z^2 - 3r^2)[d(Rz) - \sigma\,dt]}{2R^5}\right]$$

$$+ i^5\left[-\frac{(15z^2 - 3r^2)\,d(r^2)}{2R^5} + \frac{(35z^3 - 15zr^2)[d(Rz) - \sigma\,dt]}{2R^6}\right] + \ldots,$$

$$dQ' = -\frac{1}{i}\left[\frac{d(Rz) + \sigma\,dt}{r^3}\right] + i^2\left[\frac{-6z\,dR + d(Rz) + \sigma\,dt}{R^3}\right] + \ldots,$$

$$dQ'' = \frac{1}{i}\left[\frac{d(Rz) + \sigma\,dt}{r^3}\right] - \frac{2\,dr}{r^2} - i^2\left[\frac{-6z\,dR + d(Rz) + \sigma\,dt}{R^3}\right] + \ldots.$$

Donc, faisant toutes ces substitutions dans les équations (K), elles deviendront

$$(g)\left\{\begin{aligned}
&\frac{d^2(r^2)}{2\,dt^2} - \frac{A+B}{r} - D\left[\frac{3z^2 - r^2}{R^3} + \int\left(-\frac{d(r^2)}{R^3} + \frac{3z[d(Rz) - \sigma\,dt]}{R^4}\right)\right] \\
&\quad - iD\left[\frac{15z^3 - 9r^2z}{2R^4} + \int\left(-\frac{3z\,d(r^2)}{R^4} + \frac{(15z^2 - 3r^2)[d(Rz) - \sigma\,dt]}{2R^5}\right)\right] \\
&\quad - i^2D\left[\frac{35z^4 - 30z^2r^2 + 3r^4}{2R^5}\right. \\
&\qquad \left. + \int\left(-\frac{(15z^2 - 3r^2)\,d(r^2)}{2R^5} + \frac{(35z^3 - 15zr^2)[d(Rz) - \sigma\,dt]}{2R^6}\right)\right] - \ldots = \text{const}
\end{aligned}\right.$$

$$\frac{d^2(R^2)}{2i^2\,dt^2} - \frac{D}{i^2R} + \frac{B}{i}\left[\frac{Rz}{r^3} + \int\frac{d(Rz) + \sigma\,dt}{r^3}\right] - \frac{i(A+B)}{R} - \ldots = \text{const.},$$

$$\frac{d^2(R^2)}{2i^2\,dt^2} - \frac{d^2(Rz)}{i\,dt^2} + \frac{d^2(r^2)}{2\,dt^2} - \frac{D}{i^2R}$$

$$- \frac{1}{i}\left[\frac{Dz}{R^2} + A\frac{Rz}{r^3} + A\int\frac{d(Rz) + \sigma\,dt}{r^3}\right]$$

$$- \frac{D(3z^2 - r^2)}{2R^3} - \frac{A}{r} - i\left[\frac{D(5z^3 - 3zr^2)}{2R^4} + \frac{A+B}{R}\right] - \ldots = \text{const.},$$

dont les deux dernières se réduisent à celles-ci

$$(h)\quad \frac{d^2(\mathrm{R}^2)}{2\,dt^2} - \frac{\mathrm{D}}{\mathrm{R}} + i\mathrm{B}\left[\frac{\mathrm{R}z}{r^3} + \int \frac{d(\mathrm{R}z) + \sigma\,dt}{r^3}\right] - \frac{i^3(\mathrm{A}+\mathrm{B})}{\mathrm{R}} + \ldots = \text{const.},$$

$$(i)\left\{\begin{aligned} &\frac{d^2(\mathrm{R}z)}{dt^2} + \frac{\mathrm{D}z}{\mathrm{R}^2} + (\mathrm{A}+\mathrm{B})\left[\frac{\mathrm{R}z}{r^3} + \int \frac{d(\mathrm{R}z) + \sigma\,dt}{r^3}\right] \\ &\qquad - i\left[\frac{\mathrm{B}}{r} + \frac{\mathrm{D}(3z^2 - r^2)}{2\mathrm{R}^3} + \mathrm{D}\int\left(-\frac{d(r^2)}{\mathrm{R}^3} + \frac{3z[d(\mathrm{R}z) - \sigma\,dt]}{\mathrm{R}^4}\right)\right] \\ &\qquad - i^2\mathrm{D}\left[\frac{5z^3 - 3zr^2}{\mathrm{R}^4} + \int\left(-\frac{3z\,d(r^2)}{\mathrm{R}^4} + \frac{(15z^2 - 3r^2)[d(\mathrm{R}z) - \sigma\,dt]}{2\mathrm{R}^5}\right)\right] - \ldots = \text{const.} \end{aligned}\right.$$

Ainsi l'on aura, à la place des équations (K) de l'Article XXII, les trois équations (g), (h) et (i), dans lesquelles on n'a négligé que les quantités très-petites de l'ordre de i^3 et des ordres suivants, et ces équations serviront à trouver les valeurs de r, R et z en t; moyennant quoi le Problème sera résolu dans toute sa généralité, puisqu'il ne s'agira plus ensuite que de substituer ces valeurs dans les formules qui donnent les latitudes et les longitudes des Corps B et C (Article XXII). Or, comme la supposition de i très-petit simplifie aussi beaucoup les substitutions dont il s'agit, nous allons donner encore les valeurs de $\sin\psi$, $\sin\psi'$ et de $\frac{d\varphi}{dt}$, $\frac{d\varphi'}{dt}$, exprimées en r, R et z; mais nous ne pousserons pas la précision au delà des quantités de l'ordre de i.

XXXVI.

Pour cela nous commencerons par chercher les valeurs des vitesses u, u', u''; or, si dans les équations (J) on substitue, à la place des quantités CQ, BQ′, AQ″, leurs valeurs tirées des équations (K), on a, en général,

$$u^2 = \frac{d^2(r^2)}{2\,dt^2} + \frac{\mathrm{A}+\mathrm{B}+\mathrm{C}}{r} - \mathrm{C}(p'q' - p''q''),$$

$$u'^2 = \frac{d^2(r'^2)}{2\,dt^2} + \frac{\mathrm{A}+\mathrm{B}+\mathrm{C}}{r'} - \mathrm{B}(pq + p''q''),$$

$$u''^2 = \frac{d^2(r''^2)}{2\,dt^2} + \frac{\mathrm{A}+\mathrm{B}+\mathrm{C}}{r''} - \mathrm{A}(-pq - p'q').$$

Donc, faisant ici les mêmes substitutions que ci-dessus, et supposant, pour abréger,

$$(k)\quad\left\{\begin{aligned} L &= \frac{d^2(r^2)}{2\,dt^2} + \frac{A+B}{r} - \frac{D(3z^2-r^2)}{R^3},\\ M &= \frac{d^2(R^2)}{2\,dt^2} + \frac{D}{R},\\ N &= \frac{d^2(Rz)}{dt^2} + \frac{(A+B)Rz}{r^3} - \frac{Dz}{R^2},\end{aligned}\right.$$

on aura

$$u^2 = L - \frac{iD(15z^3 - 9r^2z)}{2R^4} - \ldots,$$

$$u'^2 = \frac{M}{i^2} + \frac{BRz}{ir^3} + \ldots,$$

$$u''^2 = \frac{M}{i^2} + \frac{1}{i}\left(\frac{BRz}{r^3} - N\right) + \left[L - \frac{B}{r} + \frac{3D(3z^2-r^2)}{2R^3}\right] + \ldots.$$

Or on a

$$P = pp' + pp'' + p'p'' = pr^2 + p'p'' = \frac{R^2(r^2-z^2)}{i^2};$$

donc

$$Pu^2 = \frac{LR^2(r^2-z^2)}{i^2} - \frac{D(r^2-z^2)(15z^3-9r^2z)}{2iR^2} - \ldots,$$

$$Pu'^2 = \frac{MR^2(r^2-z^2)}{i^4} + \frac{BR^3z(r^2-z^2)}{i^3r^3} + \ldots,$$

$$Pu''^2 = \frac{MR^2(r^2-z^2)}{i^4} + \frac{BR^3z(r^2-z^2)}{i^3r^3} - \frac{NR^2(r^2-z^2)}{i^3} - \ldots.$$

De plus, en faisant, pour abréger,

$$\Gamma = \frac{R^2[d(r^2)]^2 + r^2[d(Rz)]^2 - 2Rz\,d(Rz)\,d(r^2)}{dt^2} + \frac{2\sigma[Rz\,d(r^2) - r^2\,d(Rz)]}{dt} + r^2\sigma^2,$$

$$\Delta = \frac{R^2[d(Rz)]^2 + r^2[d(R^2)]^2 - 2Rz\,d(Rz)\,d(R^2)}{dt^2} + \frac{2\sigma[R^2d(Rz) - Rz\,d(R^2)]}{dt} + R^2\sigma^2,$$

$$\Lambda = \frac{Rz\left[d(R^2)\,d(r^2) + [d(Rz)]^2\right] - d(Rz)\,d(R^2r^2)}{dt^2} - \frac{\sigma[R^2d(r^2) - r^2d(R^2)]}{dt} - Rz\sigma^2,$$

on aura

$$\Sigma = \frac{\Gamma}{i^2}, \quad \Sigma' = \frac{\Delta}{i^4}, \quad \Sigma'' = \frac{\Delta}{i^4} + \frac{2\Lambda}{i^3} + \frac{\Gamma}{i^2};$$

donc, substituant ces valeurs dans les expressions de $\sin\psi$ et $\sin\psi'$ (Article XXII), et faisant encore

$$h = \frac{k}{i^2}\left(\frac{1}{A} + \frac{1}{B}\right),$$

$$\lambda = R^2(r^2 - z^2)\left(M + i\,\frac{BRz}{r^3}\right) - \frac{\Delta}{4},$$

$$\mu = R^2(r^2 - z^2)\,N + \frac{\Lambda}{2},$$

on aura, aux quantités de l'ordre i^2 près,

$$(l) \quad \begin{cases} \sin\psi = \dfrac{A\sqrt{\lambda} + B\sqrt{\lambda - i\mu}}{k(A+B)r}, \\[2ex] \sin\psi' = \dfrac{iB\sqrt{\lambda - i\mu}}{k(A+B)R}, \end{cases}$$

ou bien

$$(l') \quad \begin{cases} \sin\psi = \dfrac{\sqrt{\lambda}}{kr} - \dfrac{iB\mu}{2k(A+B)r\sqrt{\lambda}}, \\[2ex] \sin\psi' = \dfrac{iB\sqrt{\lambda}}{k(A+B)R}, \end{cases}$$

la quantité k étant une constante qu'on déterminera par l'équation (P'), comme on le verra ci-dessous.

Ainsi l'on connaitra par ces formules les latitudes ψ et ψ' des Corps B et C par rapport à un plan fixe passant par A.

On voit par là qu'on aura à très-peu près

$$\frac{\sin\psi'}{\sin\psi} = \frac{iBr}{(A+B)R} = \frac{Br}{(A+B)r'},$$

ce qui donne un rapport bien simple et très-remarquable entre les latitudes des Corps B et C.

XXXVII.

On trouvera ensuite

$$\Pi = Lr^2 - \left(\frac{d(r^2)}{2\,dt}\right)^2 - \frac{i\mathrm{D}(15z^3 - 9r^2z)r^2}{2\mathrm{R}^4} - \ldots,$$

$$\Pi' = \frac{1}{i^4}\left[\mathrm{MR}^2 - \left(\frac{d(\mathrm{R}^2)}{2\,dt}\right)^2\right] + \ldots,$$

$$\Pi'' = \frac{1}{i^4}\left[\mathrm{MR}^2 - \left(\frac{d(\mathrm{R}^2)}{2\,dt}\right)^2\right] + \frac{1}{i^3}\left(\frac{\mathrm{BR}^3z}{r^3} - \mathrm{NR}^2 - 2\mathrm{MR}z + \frac{d(\mathrm{R}^2)\,d(\mathrm{R}z)}{dt^2}\right) + \ldots,$$

et, à cause de

$$v = \frac{\mathrm{M}}{i^2} + \frac{1}{i}\left(\frac{\mathrm{BR}z}{r^3} - \frac{\mathrm{N}}{2}\right) + \ldots,$$

$$v' = -\frac{\mathrm{N}}{2i} + \mathrm{L} - \frac{\mathrm{B}}{2r} + \frac{3\mathrm{D}(3z^2 - r^2)}{4\mathrm{R}^3} + \ldots,$$

$$v'' = \frac{\mathrm{N}}{2i} + \frac{\mathrm{B}}{2r} - \frac{3\mathrm{D}(3z^2 - r^2)}{4\mathrm{R}^3} + \ldots,$$

on aura de même (Article XXII)

$$\Psi = \frac{1}{i^4}\left[\mathrm{MR}^2 - \left(\frac{d(\mathrm{R}^2)}{2\,dt}\right)^2\right] + \frac{1}{i^3}\left[\frac{\mathrm{BR}^3z}{r^3} - \frac{\mathrm{NR}^2}{2} - \mathrm{MR}z + \frac{d(\mathrm{R}^2)\,d(\mathrm{R}z)}{2\,dt^2}\right] + \ldots,$$

$$\Psi' = \frac{1}{i^2}\left[\frac{\mathrm{NR}z}{2} - \left(\frac{d(\mathrm{R}z)}{2\,dt}\right)^2 + \frac{\sigma^2}{4}\right]$$
$$+ \frac{1}{i}\left[-\left(\mathrm{L} - \frac{\mathrm{B}}{2r} + \frac{3\mathrm{D}(3z^2 - r^2)}{4\mathrm{R}^3}\right)\mathrm{R}z - \frac{\mathrm{N}r^2}{2} + \frac{d(\mathrm{R}z)\,d(r^2)}{2\,dt^2}\right] + \ldots,$$

$$\Psi'' = \frac{1}{i^2}\left[\frac{\mathrm{NR}z}{2} - \left(\frac{d(\mathrm{R}z)}{2\,dt}\right)^2 + \frac{\sigma^2}{4}\right] + \frac{1}{i}\left(\frac{\mathrm{B}}{2r} - \frac{3\mathrm{D}(3z^2 - r^2)}{4\mathrm{R}^3}\right)\mathrm{R}z + \ldots.$$

Donc, si l'on substitue ces valeurs dans les expressions de $\frac{d\varphi}{dt}$ et $\frac{d\varphi'}{dt}$, et que l'on fasse, pour abréger,

$$\varpi = \frac{NRz}{2} - \left(\frac{d(Rz)}{2dt}\right)^2 + \frac{\sigma^2}{4},$$

$$\varepsilon = \frac{BRz}{2r} - \frac{3D(3z^2 - r^2)z}{4R^2},$$

$$\eta = -LRz - \frac{Nr^2}{2} + \frac{d(Rz)\,d(r^2)}{2dt^2},$$

$$\rho = MR^2 - \left(\frac{d(R^2)}{2dt}\right)^2,$$

$$\nu = -MRz - \frac{NR^2}{2} + \frac{d(R^2)\,d(Rz)}{2dt^2},$$

on aura

$$(m)\qquad \begin{cases} \dfrac{d\varphi}{dt} = \dfrac{\varpi + i\left(\varepsilon + \dfrac{B}{A+B}\eta\right)}{kr^2\cos^2\psi}, \\[2ex] \dfrac{d\varphi'}{dt} = \dfrac{\rho + \dfrac{iB}{A+B}\left(\dfrac{BR^3z}{r^3} + \nu\right)}{kR^2\cos^2\psi'}. \end{cases}$$

XXXVIII.

Voyons maintenant comment on doit déterminer la constante k et les autres constantes du Problème. Pour cela, on supposera, comme dans l'Article XXII, que, lorsque $t = o$, on ait

$$\frac{dr}{dt} = o, \quad \frac{dr'}{dt} = o, \quad \zeta'' = o;$$

par conséquent

$$\frac{dr}{dt} = o, \quad \frac{dR}{dt} = o, \quad z = r, \quad \frac{dz}{dt} = o,$$

à cause de $z = r\cos\zeta''$; et l'équation (P′) de l'Article cité donnera

$$(n)\qquad k^2 = MR^2 + iB\left(\frac{R^3}{r^2} - \frac{2MRr + NR^2}{A+B}\right),$$

d'où l'on tirera aisément la valeur de k, en ayant soin de rapporter les valeurs de R, r et de M, N au point où $t=0$.

De plus on se souviendra que la valeur de σ doit être prise en sorte qu'elle soit nulle lorsque $t=0$.

XXXIX.

Au reste il est bon de remarquer que, dès que l'on aura trouvé les latitudes ψ et ψ', on pourra avoir aisément les valeurs des vitesses en longitude $\frac{d\varphi}{dt}$ et $\frac{d\varphi'}{dt}$ par le moyen des vitesses réelles u et u'.

En effet, nommant $d\theta$ l'angle décrit par le rayon r dans le temps dt, on aura, comme nous l'avons vu dans l'Article XIX,

$$u^2\,dt^2 = r^2\,d\theta^2 + dr^2;$$

or il est facile de voir que

$$d\theta^2 = \cos^2\psi\,d\varphi^2 + d\psi^2;$$

donc

$$u^2\,dt^2 = r^2\cos^2\psi\,d\varphi^2 + r^2\,d\psi^2 + dr^2,$$

donc

$$(m')\quad \left\{\begin{aligned} &\frac{d\varphi}{dt} = \frac{\sqrt{\frac{u^2}{r^2} - \left(\frac{d\psi}{dt}\right)^2 - \left(\frac{dr}{r\,dt}\right)^2}}{\cos\psi},\\ &\text{et de même}\\ &\frac{d\varphi'}{dt} = \frac{\sqrt{\frac{u'^2}{r'^2} - \left(\frac{d\psi'}{dt}\right)^2 - \left(\frac{dr'}{r'\,dt}\right)^2}}{\cos\psi'};\end{aligned}\right.$$

donc, en substituant les valeurs de u^2 et u'^2, on aura

$$\frac{d\varphi}{dt} = \frac{\sqrt{\frac{L}{r^2} - \frac{d\psi^2}{dt^2} - \left(\frac{dr}{r\,dt}\right)^2 - \frac{iD(15z^3 - 9r^2z)}{2R^4r^2}}}{\cos\psi},$$

$$\frac{d\varphi'}{dt} = \frac{\sqrt{\frac{M}{R^2} - \frac{d\psi'^2}{dt^2} - \left(\frac{dR}{R\,dt}\right)^2 + \frac{iBz}{Rr^3}}}{\cos\psi'}.$$

Ces formules peuvent quelquefois être plus commodes que les précédentes, surtout lorsque les quantités r, R varient très-peu, et que les latitudes ψ, ψ' sont fort petites.

CHAPITRE IV.

DE LA THÉORIE DE LA LUNE.

---

§ I. — *Application des formules du Chapitre précédent à cette Théorie.*

XL.

Pour faire cette application, il n'y a qu'à imaginer que le Corps A, que nous avons regardé comme immobile et auquel nous avons rapporté les mouvements des deux autres, soit la Terre, que le Corps B soit la Lune, et que le Corps C, que nous avons supposé beaucoup plus éloigné du Corps A que ne l'est le Corps B, soit le Soleil, dont la distance à la Terre est en effet très-grande par rapport à la distance entre la Terre et la Lune. Ainsi r sera le rayon vecteur de l'orbite de la Lune autour de la Terre, r' le rayon vecteur de l'orbite apparente du Soleil, et r'' sera la distance rectiligne entre le Soleil et la Lune.

De plus ψ représentera la latitude de la Lune par rapport à un plan fixe que nous prendrons pour l'écliptique, et ψ' représentera la latitude du Soleil; φ sera la longitude de la Lune et φ' celle du Soleil, comptées à l'ordinaire dans l'écliptique.

Pour savoir quel est ce plan que nous prenons ici pour l'écliptique, et que nous avons vu dans le Chapitre I être celui par rapport auquel les mouvements des Corps B et C sont les plus simples qu'il est possible, nous remarquerons que, d'après les suppositions de l'Article XXXVIII, on trouve, lorsque $t=0$,

$$\lambda=0, \quad \mu=0, \quad \nu=0;$$

de sorte qu'on aura aussi [Article XXXVI, formule (l)]

$$\psi=0, \quad \psi'=0;$$

donc, puisqu'on a en même temps (Article XXXVIII)

$$\frac{dr}{dt}=0, \quad \frac{dr'}{dt}=0, \quad \zeta''=0,$$

il s'ensuit que le plan dont il s'agit est celui dans lequel le Soleil et la Lune se trouvent en même temps, lorsqu'ils sont à la fois en conjonction et dans leurs apsides.

Maintenant, puisque nous avons fait (Article XXXIV)

$$r'=\frac{R}{i},$$

on aura

$$\frac{r}{r'}=i\frac{r}{R};$$

de sorte que, si l'on suppose (ce qui est permis) que les valeurs moyennes de r et de R soient égales à l'unité, on aura i égal à la valeur moyenne de $\frac{r}{r'}$, c'est-à-dire,

$$i=\frac{\text{parall. ☉}}{\text{parall. moy. ☾}};$$

or, en prenant $57'30''$ pour la parallaxe horizontale moyenne de la Lune et $9''$ pour celle du Soleil, on aurait $i=\frac{9}{3450}=\frac{1}{383}$ à très-peu près; d'où l'on voit que la quantité i sera en effet très-petite.

Or, comme les observations nous apprennent que les orbites de la Lune et du Soleil sont presque circulaires, il est clair que les variations des quantités r et R devront être fort petites; de sorte que, si l'on fait

$$r^2=1+x, \quad R^2=1+X,$$

x et X devront être des quantités assez petites par rapport à l'unité; et de plus elles ne devront contenir aucun terme constant; autrement les valeurs moyennes de r et R ne seraient plus égales à 1, contre l'hypothèse.

Donc le carré de la vitesse angulaire de la Lune $\frac{u^2}{r^2}$ sera à peu près égal à L, ou égal à

$$A + B - D(3z^2 - 1),$$

et le carré de la vitesse angulaire du Soleil autour de la Terre $\frac{u'^2}{r'^2}$ sera à peu près égal à M, ou égal à D (Article XXXVI).

Mais on sait que la vitesse angulaire de la Lune est à celle du Soleil environ comme 13 à 1, de sorte que leurs carrés sont à peu près entre eux comme 169 à 1; d'où l'on voit que la quantité D doit être beaucoup plus petite que la quantité A + B, et cela dans une raison peu différente de 1 à 169. Donc, si l'on suppose, ce qui est permis,

$$A + B = 1,$$

et que l'on fasse

$$D = \alpha^2,$$

on aura $\alpha = \frac{1}{13}$ environ, et α^2 sera presque égal à $2i$; en sorte que l'on pourra regarder les quantités i et α^2 comme du même ordre.

De plus on a, comme on sait,

$$\frac{☾}{☉} = i^3 6,$$

le nombre 6 étant, par la Théorie de la précession des équinoxes de M. d'Alembert, égal à environ $\frac{7}{3}$, et par celle des marées de M. Daniel Bernoulli égal à $\frac{5}{2}$; donc, puisque (Article XXXIV)

$$☾ = B, \quad ☉ = C = \frac{D}{i^3},$$

on aura

$$B = 6D = 6\alpha^2;$$

ainsi les quantités B et D seront à peu près du même ordre i.

Au reste, pour ce qui regarde la vraie valeur de α, il faudra la déterminer par le rapport connu entre le mouvement moyen du Soleil et celui de la Lune, rapport qui est, suivant les nouvelles Tables de M. Mayer, de

$$11^s 29^\circ 45' 40'',7 \quad \text{à} \quad 160^s 9^\circ 23' 5'' \frac{1}{2}.$$

Quant au coefficient $\mathfrak{S}$, qui est encore assez incertain, comme il se trouve partout multiplié par les coefficients très-petits α^2 et i, il suffira de le connaître à peu près, puisque l'erreur qui en pourrait résulter ne serait que de l'ordre de i^2.

XLI.

On fera donc toutes ces substitutions dans les formules (f), (g), (h), (i) du Chapitre précédent, et, mettant pour plus de simplicité y à la place de Rz, on aura

$$(p) \quad \frac{d\sigma}{dt} = y(1+x)^{-\frac{5}{2}} - 3\alpha^2 y(1+X)^{-\frac{3}{2}}$$
$$- i\alpha^2\left[\mathfrak{S}(1+x)^{-\frac{1}{2}} + \frac{9}{2}y^2(1+X)^{-\frac{5}{2}} - \frac{3}{2}(1+x)(1+X)^{-\frac{1}{2}}\right]$$
$$- i^2\alpha^2\left[10y^3(1+X)^{-\frac{7}{2}} - 6y(1+x)(1+X)^{-\frac{5}{2}}\right] - \ldots,$$

$$(q) \quad \frac{d^2x}{2dt^2} - (1+x)^{-\frac{1}{2}}$$
$$- \alpha^2 \left\{ \begin{array}{l} 3y^2(1+X)^{-\frac{5}{2}} - (1+x)(1+X)^{-\frac{3}{2}} \\ - \int (1+X)^{-\frac{3}{2}} dX + 3\int y(1+X)^{-\frac{5}{2}}(dy - \sigma\, dt) \end{array} \right\}$$
$$- i\alpha^2 \left\{ \begin{array}{l} \frac{15}{2} y^3(1+X)^{-\frac{7}{2}} - \frac{9}{2} y(1+x)(1+X)^{-\frac{5}{2}} \\ - 3\int y(1+X)^{-\frac{5}{2}} dX + \frac{15}{2}\int y^2(1+X)^{-\frac{5}{2}}(dy - \sigma\, dt) \\ - \frac{3}{2}\int (1+x)(1+X)^{-\frac{3}{2}}(dy - \sigma\, dt) \end{array} \right\}$$

$$-i^2\alpha^2\left\{\begin{array}{l}\frac{35}{2}\,\mathrm{Y}^4(1+\mathrm{X})^{-\frac{9}{2}}-15\mathrm{Y}^2(1+x)(1+\mathrm{X})^{-\frac{7}{2}}+\frac{3}{2}(1+x)^2(1+\mathrm{X})^{-\frac{5}{2}}\\ -\frac{15}{2}\int \mathrm{Y}^2(1+\mathrm{X})^{-\frac{7}{2}}d\mathrm{X}+\frac{3}{2}\int(1+x)(1+\mathrm{X})^{-\frac{5}{2}}dx\\ +\frac{35}{2}\int \mathrm{Y}^3(1+\mathrm{X})^{-\frac{9}{2}}(d\mathrm{Y}-\sigma\,dt)\\ -\frac{15}{2}\int \mathrm{Y}(1+x)(1+\mathrm{X})^{-\frac{7}{2}}(d\mathrm{Y}-\sigma\,dt)\end{array}\right\}$$

$$-\ldots\ldots\ldots\ldots\ldots\ldots = \text{const.},$$

$$(r)\quad \frac{d^2\mathrm{X}}{2\,dt^2}-\alpha^2(1+\mathrm{X})^{-\frac{1}{2}}$$

$$+i\alpha^2 6\left[\mathrm{Y}(1+x)^{-\frac{3}{2}}+\int(1+x)^{-\frac{3}{2}}(d\mathrm{Y}+\sigma\,dt)\right]+\ldots = \text{const.},$$

$$(s)\quad \frac{d^2\mathrm{Y}}{dt^2}+\mathrm{Y}(1+x)^{-\frac{3}{2}}+\int(1+x)^{-\frac{3}{2}}(d\mathrm{Y}+\sigma\,dt)$$

$$+\alpha^2 y(1+\mathrm{X})^{-\frac{3}{2}}$$

$$-i\alpha^2\left\{\begin{array}{l}6(1+x)^{-\frac{1}{2}}+\frac{3}{2}\,\mathrm{Y}^2(1+\mathrm{X})^{-\frac{5}{2}}-\frac{1}{2}(1+x)(1+\mathrm{X})^{-\frac{3}{2}}\\ -\int(1+\mathrm{X})^{-\frac{3}{2}}d\mathrm{X}+3\int \mathrm{Y}(1+\mathrm{X})^{-\frac{5}{2}}(d\mathrm{Y}-\sigma\,dt)\end{array}\right\}$$

$$-i^2\alpha^2\left\{\begin{array}{l}5\mathrm{Y}^3(1+\mathrm{X})^{-\frac{7}{2}}-3\mathrm{Y}(1+x)(1+\mathrm{X})^{-\frac{5}{2}}\\ -3\int \mathrm{Y}(1+\mathrm{X})^{-\frac{5}{2}}d\mathrm{X}+\frac{15}{2}\int \mathrm{Y}^2(1+\mathrm{X})^{-\frac{7}{2}}(d\mathrm{Y}-\sigma\,dt)\\ -\frac{3}{2}\int(1+x)(1+\mathrm{X})^{-\frac{5}{2}}(d\mathrm{Y}-\sigma\,dt)\end{array}\right\}$$

$$-\ldots\ldots\ldots\ldots\ldots\ldots = \text{const.}$$

Or, comme les quantités x et X sont assez petites, on aura assez exactement

$$(1+x)^{-\frac{1}{2}} = 1-\frac{x}{2}+\frac{3x^2}{8}-\frac{5x^3}{16}+\frac{35x^4}{128}-\ldots,$$

$$(1+x)^{-\frac{3}{2}} = 1-\frac{3x}{2}+\frac{15x^2}{8}-\frac{35x^3}{16}-\ldots,$$

$$(1+\mathrm{X})^{-\frac{1}{2}} = 1-\frac{\mathrm{X}}{2}+\frac{3\mathrm{X}^2}{8}-\frac{5\mathrm{X}^3}{16}+\frac{35\mathrm{X}^4}{128}-\ldots,$$

$$(1+X)^{-\frac{3}{2}} = 1 - \frac{3X}{2} + \frac{15X^2}{8} - \frac{35X^3}{16} + \ldots,$$

$$(1+X)^{-\frac{5}{2}} = 1 - \frac{5X}{2} + \frac{35X^2}{8} - \frac{105X^3}{16} + \ldots,$$

$$(1+X)^{-\frac{7}{2}} = 1 - \frac{7X}{2} + \frac{63X^2}{8} - \ldots,$$

$$(1+X)^{-\frac{9}{2}} = 1 - \frac{9X}{2} + \frac{99X^2}{8} - \ldots.$$

De sorte qu'en substituant ces valeurs dans les équations précédentes, et mettant de plus dans les trois dernières la valeur de σ tirée de la première par l'intégration, on aura trois équations en x, X, y et t, qui seront intégrables, du moins par approximation, par les méthodes connues, puisque les variables y seront toutes sous une forme rationnelle et entière.

XLII.

Ensuite on aura (Article XXXVI)

$$L = \frac{d^2x}{2\,dt^2} + (1+x)^{-\frac{1}{2}} - \alpha^2\left[3y^2(1+X)^{-\frac{5}{2}} - (1+x)(1+X)^{-\frac{3}{2}}\right],$$

$$M = \frac{d^2X}{2\,dt^2} + \alpha^2(1+X)^{-\frac{1}{2}},$$

$$N = \frac{d^2y}{dt^2} + y(1+x)^{-\frac{3}{2}} - \alpha^2 y(1+X)^{-\frac{3}{2}},$$

et de là

$$\lambda = M[(1+x)(1+X) - y^2] - \frac{1}{4}(1+X)\left(\frac{dy}{dt} + \sigma\right)^2 + \frac{1}{2}y\frac{dX}{dt}\left(\frac{dy}{dt} + \sigma\right) - \frac{1}{4}(1+x)\frac{dX^2}{dt^2}$$
$$+ 16\alpha^2\left[y(1+x)^{-\frac{1}{2}}(1+X) - y^3(1+x)^{-\frac{3}{2}}\right],$$

$$\mu = N[(1+x)(1+X) - y^2] - \frac{y}{2}\left(\sigma^2 + \frac{dy^2}{dt^2} - \frac{dx\,dX}{dt^2}\right)$$
$$- \frac{1}{2}(1+X)\frac{dx}{dt}\left(\frac{dy}{dt} + \sigma\right) - \frac{1}{2}(1+x)\frac{dX}{dt}\left(\frac{dy}{dt} - \sigma\right);$$

moyennant quoi on aura

$$(t)\quad \begin{cases} \sin\psi = \dfrac{(1+x)^{-\frac{1}{2}}}{k}\left(\sqrt{\lambda} - \dfrac{i\beta\alpha^2}{2}\,\dfrac{\mu}{\sqrt{\lambda}}\right), \\[2ex] \sin\psi' = \dfrac{i\beta\alpha^2(1+X)^{-\frac{1}{2}}\sqrt{\lambda}}{k}; \end{cases}$$

enfin les formules de l'Article XXXIX donneront

$$\begin{cases} \dfrac{d\varphi}{dt} = \dfrac{1}{\cos\psi}\sqrt{L(1+x)^{-1} - (1+x)^{-2}\dfrac{dx^2}{4\,dt^2} - \dfrac{d\psi^2}{dt^2} - i\alpha^2\left[\dfrac{15}{2}y^3(1+x)^{-1}(1+X)^{-\frac{7}{2}} - \dfrac{9}{2}y(1+X)^{-\frac{5}{2}}\right]}, \\[2ex] \dfrac{d\varphi'}{dt} = \dfrac{1}{\cos\psi'}\sqrt{M(1+X)^{-1} - (1+X)^{-2}\dfrac{dX^2}{4\,dt^2} - \dfrac{d\psi'^2}{dt^2} + i\beta\alpha^2 y(1+X)^{-1}(1+x)^{-\frac{3}{2}}}; \end{cases}$$

et quant à la constante k, on la déterminera par l'équation

$$(x)\qquad k^2 = M(1 + X - 2i\alpha^2\beta y) + i\alpha^2\beta(1+X)\left[(1+x)^{-\frac{3}{2}}y - N\right],$$

en y faisant $t = 0$.

On se souviendra au reste que les valeurs de x, X et y doivent être prises en sorte que $\dfrac{dx}{dt}$, $\dfrac{dX}{dt}$, $\dfrac{dy}{dt}$ soient nulles lorsque $t = 0$, et que y devienne alors

$$Rr = (1+x)^{\frac{1}{2}}(1+X)^{\frac{1}{2}};$$

de plus il faudra aussi que la valeur de σ tirée par l'intégration de l'équation (p) soit telle, qu'elle s'évanouisse lorsque $t = 0$.

§ II. — *De l'intégration des équations qui donnent les mouvements de la Lune et du Soleil.*

XLIII.

Le Problème des mouvements de la Lune et du Soleil se réduit à la recherche des quantités x, X et y, lesquelles dépendent de l'intégration des équations (q), (r), (s) de l'Article XLI, à quoi il faut joindre l'équation (p) comme subsidiaire. Si les variables x, X, y ne se trouvaient dans les équations que sous la forme linéaire, l'intégration serait facile par les méthodes connues; or il est aisé de voir que les termes où ces variables se trouvent multipliées entre elles sont tous fort petits, à cause que les coefficients α^2 et i sont très-petits et que les variables x et X sont aussi supposées fort petites; ainsi l'on pourra d'abord négliger les termes dont nous venons de parler, pour pouvoir trouver les premières valeurs approchées des variables, et ces valeurs serviront ensuite à en trouver d'autres plus exactes, et ainsi de suite.

Pour donner un essai du calcul qu'il faudra faire pour cet objet, nous rejetterons d'abord dans les équations du paragraphe précédent tous les termes multipliés par i, et qui dépendent de la parallaxe du Soleil; l'erreur sera d'autant plus petite que ces termes sont en même temps multipliés par la quantité très-petite α^2.

De cette manière, les équations (p), (q), (r), (s) deviendront

$$(\alpha)\qquad \frac{d\sigma}{dt} = y(1+x)^{-\frac{3}{2}} - 3\alpha^2 y(1+X)^{-\frac{3}{2}},$$

$$(\beta)\qquad \begin{aligned} &\frac{d^2x}{dt^2} - 2(1+x)^{-\frac{1}{2}} \\ &\quad - 2\alpha^2 \left\{ \begin{aligned} &3y^2(1+X)^{-\frac{1}{2}} - (1+x)(1+X)^{-\frac{3}{2}} \\ &- \int (1+X)^{-\frac{3}{2}} dx + 3\int y(1+X)^{-\frac{5}{2}}(dy - \sigma\, dt) \end{aligned} \right\} \\ &\quad - \ldots\ldots\ldots\ldots\ldots\ldots\ldots\ldots\ldots = \text{const.}, \end{aligned}$$

$$(\gamma)\qquad \frac{d^2X}{dt^2} - 2\alpha^2(1+X)^{-\frac{1}{2}} = \text{const.},$$

$$(\delta)\qquad \frac{d^2y}{dt^2} + y(1+x)^{-\frac{3}{2}} + \alpha^2 y(1+X)^{-\frac{3}{2}} + \int (1+x)^{-\frac{3}{2}}(dy + \sigma\, dt) = \text{const.},$$

où il n'y aura plus qu'à réduire en série les puissances de $1+x$ et $1+X$.

XLIV.

Négligeons encore les produits de deux ou de plusieurs dimensions de x et X, on aura, à la place des équations précédentes, celles-ci

$$\frac{d\sigma}{dt} = y\left(1 - 3\alpha^2 - \frac{3x}{2} + \frac{9\alpha^2 X}{2}\right),$$

$$\frac{d^2x}{dt^2} + (1 + 4\alpha^2)x - \frac{3x^2}{4}$$

$$- 2\alpha^2\left[3y^2\left(1 - \frac{5X}{2}\right) + \frac{3X}{2} + 3\int\left(1 - \frac{5X}{2}\right)y(dy - \sigma\,dt)\right] = \text{const.},$$

$$\frac{d^2X}{dt^2} + \alpha^2 X = \text{const.},$$

$$\frac{d^2y}{dt^2} + y\left(1 + \alpha^2 - \frac{3x}{2} - \frac{3\alpha^2 X}{2}\right) + \int\left(1 - \frac{3x}{2}\right)(dy + \sigma\,dt) = \text{const.},$$

lesquelles, en substituant la valeur de σ, se réduisent à ces trois-ci

$$(\varepsilon)\qquad \frac{d^2X}{dt^2} + \alpha^2 X = \text{const.},$$

$$(\zeta)\quad \left\{\begin{aligned} &\frac{d^2x}{dt^2} + (1 + 4\alpha^2)x - \frac{3x^2}{2} \\ &\quad - 3\alpha^2\left[3y^2 - (1 - 3\alpha^2)\left(\int y\,dt\right)^2 + 3\int y\,dt\int yx\,dt\right] \\ &\quad + 3\alpha^2\left\{\begin{aligned} &(5y^2 - 1)X + 5\int Xy\,dy + 9\alpha^2\int y\,dt\int yX\,dt \\ &- 5(1 - 3\alpha^2)\int Xy\,dt\int y\,dt \end{aligned}\right\} = \text{const.}, \end{aligned}\right.$$

$$(\eta)\quad \left\{\begin{aligned} &\frac{d^2y}{dt^2} + (2 + \alpha^2)y + (1 - 3\alpha^2)\int dt\int y\,dt \\ &\quad - \frac{3}{2}\left[yx + \int x\,dy + \int dt\int yx\,dt + (1 - 3\alpha^2)\int x\,dt\int y\,dt\right] \\ &\quad - \frac{3\alpha^2}{2}\left(Xy - 3\int dt\int yX\,dt\right) = \text{const.} \end{aligned}\right.$$

XLV.

Comme les variables x et X sont supposées fort petites vis-à-vis de la variable Y qui est finie, on peut d'abord négliger dans l'équation (η) les termes qui renferment x et X; on aura ainsi cette première équation approchée

$$\frac{d^2 Y}{dt^2} + (2 + \alpha^2) Y + (1 - 3\alpha^2) \int dt \int Y \, dt = \text{const.},$$

laquelle étant différentiée deux fois devient

$$\frac{d^4 Y}{dt^4} + (2 + \alpha^2) \frac{d^2 Y}{dt^2} + (1 - 3\alpha^2) Y = 0,$$

qui est intégrable par les méthodes connues.

Pour en trouver l'intégrale, il n'y a qu'à supposer $Y = f \cos(pt + a)$, ou bien, puisqu'on veut que $\frac{dY}{dt} = 0$ lorsque $t = 0$, on fera simplement

$$Y = f \cos pt,$$

et l'on aura, après les substitutions, cette équation en p

$$p^4 - (2 + \alpha^2) p^2 + 1 - 3\alpha^2 = 0,$$

d'où l'on tire

$$p^2 = 1 + \frac{\alpha^2}{2} \pm 2\alpha \sqrt{1 + \frac{\alpha^2}{16}},$$

ou bien, en négligeant les puissances de α plus hautes que la seconde,

$$p^2 = 1 \pm 2\alpha + \frac{\alpha^2}{2}$$

et

$$p = 1 \pm \alpha - \frac{\alpha^2}{4}.$$

Donc, dénotant par p l'une de ces valeurs et par q l'autre, on aura

$$Y = f \cos pt + g \cos qt,$$

f et g étant des constantes indéterminées qui doivent être telles, que lorsque $t = 0$ on ait $Y = Rr = 1$; ce qui donne $f + g = 1$.

Cherchons maintenant, d'après cette première valeur approchée de y, celle de $\sin\psi$ par les formules (t) de l'Article XLII; on aura $\mathrm{M}=\alpha^2$, en négligeant les quantités x et X; donc aussi $k^2=\alpha^2$, et $k=\alpha$ [équation (x)]; donc

$$\lambda=\alpha^2(1-\mathrm{y}^2)-\frac{1}{4}\left(\frac{d\mathrm{y}}{dt}+\sigma\right)^2$$

et

$$\sin\psi=\frac{\sqrt{\lambda}}{\alpha}.$$

Or

$$\frac{d\mathrm{y}}{dt}=-pf\sin pt-qg\sin qt,$$

$$\sigma=\int\mathrm{y}\,dt=\frac{f\sin pt}{p}+\frac{g\sin qt}{q};$$

donc

$$\frac{d\mathrm{y}}{dt}+\sigma=\frac{f(1-p^2)}{p}\sin pt+\frac{g(1-q^2)}{q}\sin qt=\mp2\alpha(f\sin pt-g\sin qt),$$

en négligeant les puissances supérieures de α; donc

$$\begin{aligned}\lambda&=\alpha^2[1-(f\cos pt+g\cos qt)^2-(f\sin pt-g\sin qt)^2]\\&=\alpha^2[1-f^2-g^2-2fg(\cos pt\cos qt-\sin pt\sin qt)]\\&=\alpha^2[1-f^2-g^2-2fg\cos(p+q)t];\end{aligned}$$

mais

$$f+g=1;$$

donc

$$1=f^2+g^2+2fg,$$

donc

$$\lambda=2\alpha^2fg[1-\cos(p+q)t]=4\alpha^2fg\sin^2\left(\frac{p+q}{2}t\right),$$

donc enfin

$$\sin\psi=2\sqrt{fg}\sin\left(\frac{p+q}{2}t\right).$$

Or, comme on doit avoir $f+g=1$, on peut supposer

$$f=\left(\cos\frac{l}{2}\right)^2,\qquad g=\left(\sin\frac{l}{2}\right)^2,$$

et l'on aura

$$\sin\psi=\sin l\sin\left(\frac{p+q}{2}t\right),$$

l'angle l étant arbitraire et dépendant de l'inclinaison primitive de l'orbite de la Lune : en effet, il est clair que la plus grande valeur de $\sin\psi$ sera $\sin l$, de sorte que l exprimera la plus grande latitude, c'est-à-dire, l'inclinaison de l'orbite; donc, puisqu'on sait par les observations que l'inclinaison de l'orbite lunaire est assez petite, et d'environ 5° 8', la constante g sera toujours très-petite et la constante f presque égale à l'unité; car on aura à peu près

$$g=(\sin 2^\circ 34')^2=\text{environ }\frac{1}{500};$$

de sorte que la quantité g est encore plus petite que la quantité i, qui exprime le rapport des parallaxes de la Lune et du Soleil; d'où il s'ensuit que l'on pourra négliger sans scrupule les termes qui se trouveront multipliés par le carré et les puissances plus hautes de g.

XLVI.

Il est facile de voir, par l'expression de $\sin\psi$ qu'on vient de trouver, que l'angle $\frac{p+q}{2}t$ n'est autre chose que la distance de la Lune au nœud, c'est-à-dire, l'argument de latitude; d'où il s'ensuit que, si l'on retranche cet angle de la longitude de la Lune dans son orbite, on aura la longitude du nœud. Donc, si ht dénote la longitude moyenne de la Lune, on aura $\left(h-\frac{p+q}{2}\right)t$ pour la longitude moyenne du nœud; or, les longitudes moyennes étant à peu près les mêmes dans les orbites des planètes et dans l'écliptique, ht sera la valeur moyenne de φ, et h sera par conséquent égale à ce qu'il doit y avoir de constant dans la valeur de $\frac{d\varphi}{dt}$. Or les formules de l'Article XLII donnent, en rejetant x et ψ,

$$\frac{d\varphi}{dt} = \sqrt{L} = \sqrt{1 - \alpha^2(3\gamma^2 - 1)},$$

et, à cause de $\gamma = f\cos pt$, on aura

$$h = \sqrt{1 - \left(\frac{3f^2}{2} - 1\right)\alpha^2} = 1 - \frac{\alpha^2}{4} \quad \text{à peu près.}$$

Mais on a aussi

$$\frac{p+q}{2} = 1 - \frac{\alpha^2}{4},$$

d'où l'on voit que la position du nœud est fixe, du moins par cette première approximation; ce qui ne doit pas paraître surprenant, vu que les valeurs de p et q ne peuvent tout au plus être censées exactes qu'aux quantités de l'ordre de α^2 près.

Pour savoir maintenant laquelle des deux valeurs

$$1 \pm \alpha - \frac{\alpha^2}{4}$$

doit être prise pour p, on remarquera qu'en supposant l'inclinaison de l'orbite nulle on a

$$\gamma = f\cos pt = \cos pt;$$

mais on a (Articles XXXIV et XLI)

$$\gamma = Rz = Rr\cos\zeta'' = \cos\zeta'';$$

donc

$$\cos pt = \cos\zeta'' \quad \text{et} \quad pt = \zeta'' = \varphi - \varphi',$$

puisque ζ'' n'est autre chose que l'angle compris entre les deux rayons r et r'; donc

$$p = h - h',$$

en nommant ht et $h't$ les valeurs moyennes de φ et de φ'; or on a déjà trouvé $h = 1 - \frac{\alpha^2}{4}$ et, pour avoir h', on prendra la partie constante de $\frac{d\varphi'}{dt}$, qui est $= \sqrt{M} = \alpha$; de sorte que $h' = \alpha$, et par conséquent

$$p = 1 - \alpha - \frac{\alpha^2}{4};$$

donc

$$q = 1 + \alpha - \frac{\alpha^2}{4}.$$

Ainsi il faudra toujours avoir soin dans la suite de prendre pour p une valeur telle, que ses deux premiers termes soient $1 - \alpha$, et pour q une valeur dont les deux premiers termes soient $1 + \alpha$; cette remarque est d'autant plus importante que les quantités p et q seront données dorénavant par des équations particulières dont chacune montera cependant au quatrième degré, comme on le verra ci-après.

XLVII.

Ayant trouvé la première valeur approchée de Y, on la substituera dans l'équation (ζ) qui donne la valeur de X, en y négligeant d'abord les termes où X et Y sont mêlés; ce qui la réduit à celle-ci

$$\frac{d^2X}{dt^2} + (1 + 4\alpha^2)X - \alpha^2[9Y^2 - 3(\int Y\,dt)^2] = \text{const.};$$

or, puisque

$$Y = f\cos pt + g\cos qt,$$

on aura, en négligeant les g^2,

$$\begin{aligned}Y^2 &= f^2\cos^2 pt + 2fg\cos pt\cos qt\\ &= \frac{1}{2}f^2(1 + \cos 2pt) + fg[\cos(p+q)t + \cos(p-q)t],\end{aligned}$$

et

$$\int Y\,dt = \frac{f\sin pt}{p} + \frac{g\sin qt}{q},$$

$$\begin{aligned}\left(\int Y\,dt\right)^2 &= \frac{f^2}{p^2}\sin^2 pt + \frac{2fg}{pq}\sin pt\sin qt\\ &= \frac{f^2}{2p^2}(1 - \cos 2pt) - \frac{fg}{pq}[\cos(p+q)t - \cos(p-q)t];\end{aligned}$$

donc, substituant ces valeurs, et rejetant tous les termes constants, à cause qu'il ne doit y en avoir aucun dans la valeur de x par l'hypothèse, on aura

$$\frac{d^2x}{dt^2} + (1 + 4\alpha^2)x - \frac{3\alpha^2 f^2(3p^2+1)}{2p^2}\cos 2pt$$
$$- \frac{3\alpha^2 fg}{pq}[(3pq+1)\cos(p+q)t + (3pq-1)\cos(p-q)t] = 0.$$

Ainsi la valeur de x sera de cette forme

$$x = a\cos mt + \alpha^2 f^2 A\cos 2pt + \alpha^2 fg[B\cos(p+q)t + B_1\cos(p-q)t],$$

et, la substitution faite, on aura

$$a\cos mt.(-m^2 + 1 + 4\alpha^2)$$
$$+ \alpha^2 f^2\cos 2pt\left[A(-4p^2 + 1 + 4\alpha^2) - \frac{3(3p^2+1)}{2p^2}\right]$$
$$+ \alpha^2 fg\cos(p+q)t\left[B[-(p+q)^2 + 1 + 4\alpha^2] - \frac{3(3pq+1)}{pq}\right]$$
$$+ \alpha^2 fg\cos(p-q)t\left[B_1[-(p-q)^2 + 1 + 4\alpha^2] - \frac{3(3pq-1)}{pq}\right] = 0.$$

Donc, égalant à zéro les coefficients de chaque cosinus, on aura les équations suivantes

$$-m^2 + 1 + 4\alpha^2 = 0,$$
$$A[-4p^2 + 1 + 4\alpha^2] - \frac{3(3p^2+1)}{2p^2} = 0,$$
$$B[-(p+q)^2 + 1 + 4\alpha^2] - \frac{3(3pq+1)}{pq} = 0,$$
$$B_1[-(p-q)^2 + 1 + 4\alpha^2] - \frac{3(3pq-1)}{pq} = 0,$$

d'où l'on tire

$$m = \sqrt{1 + 4\alpha^2},$$

$$A = \frac{3(3p^2 + 1)}{2p^2(-4p^2 + 1 + 4\alpha^2)} = -2 \quad \text{à peu près,}$$

$$B = \frac{3(3pq + 1)}{pq[-(p+q)^2 + 1 + 4\alpha^2]} = -4,$$

$$B_1 = \frac{3(3pq - 1)}{pq[-(p-q)^2 + 1 + 4\alpha^2]} = 6.$$

La constante a, qui est demeurée indéterminée, dépend de l'excentricité de l'orbite lunaire, et doit par conséquent être fixée par les observations.

Ainsi l'angle mt représentera l'anomalie moyenne de la Lune, c'est-à-dire, sa distance à l'apogée; de sorte que $(h - m)t$ sera la longitude moyenne de l'apogée, ht étant, comme plus haut, celle du lieu de la Lune; mais, comme nous avons négligé dans l'équation (ζ) des termes où x se trouve multiplié par α^2, on doit s'attendre à ce que la valeur de m ne sera exacte qu'aux quantités de l'ordre de α^2 près; c'est pourquoi on aura dans cette première approximation $m = 1$ et $m - h = 0$, en rejetant les α^2; ce qui donnerait les apsides fixes.

Venons maintenant à l'équation (ε) qui donne la valeur de X; et comme cette quantité ne doit contenir aucun terme tout constant, il est clair qu'on aura simplement

$$\frac{d^2X}{dt^2} + \alpha^2 X = 0,$$

et que la valeur de X sera de cette forme

$$X = b \cos nt,$$

d'où l'on trouvera, par la substitution;

$$-n^2 + \alpha^2 = 0, \quad n = \alpha.$$

Le coefficient indéterminé b dépend de l'excentricité de l'orbite du Soleil, et nt est par conséquent l'angle de l'anomalie moyenne; de sorte que $(n-h')t$ sera la longitude de l'apogée du Soleil, qui est ici nulle à cause que

$$h'=\alpha, \quad n=\alpha.$$

XLVIII.

Puisque l'on connaît déjà la forme des premiers termes des valeurs y, x et X, on pourra aisément trouver les suivants et rectifier en même temps les coefficients de ceux qu'on a déjà trouvés; pour cela, il n'y aura qu'à substituer dans les termes négligés des équations proposées les valeurs qu'on vient de trouver, et l'on aura la forme des termes qu'il faudra introduire dans les nouvelles valeurs de y, x et X; on donnera à tous les termes des coefficients indéterminés, et, la substitution faite, on fera égaux à zéro les termes analogues, c'est-à-dire, ceux qui renferment les mêmes cosinus; on aura par là autant d'équations qu'il en faudra pour la détermination de tous les coefficients.

Ainsi, reprenant l'équation (η) et substituant dans les termes qui renferment x et X les valeurs de x, X et y trouvées ci-dessus, il viendra des termes de la forme

$$\begin{array}{ll} af\cos(p\pm m)t, & ag\cos(q\pm m)t, \\ \alpha^2 f^2\cos(2p\pm p)t, & \alpha^2 f^2 g\cos(2p\pm q)t, \\ \alpha^2 f^2 g\cos(p\pm q\pm p)t, & \alpha^2 f^2 g\cos(p\pm q\pm q)t, \\ bf\cos(p\pm n)t, & bg\cos(q\pm n)t; \end{array}$$

on supposera donc

$$\begin{aligned} y = {} & f\cos pt + g\cos qt + afP\cos(p+m)t + afP_1\cos(p-m)t \\ & + agQ\cos(q+m)t + agQ_1\cos(q-m)t + \ldots, \end{aligned}$$

et, prenant pour x et X les expressions de l'Article XLVII, on aura l'équation suivante, dans laquelle j'ai négligé les quantités affectées de a^2, de $a\alpha^2$ et de α^4, à cause que l'on a négligé dans l'équation (η) les termes où x se trouvait à la seconde dimension,

$$\cos pt\left[f\left(-p^2+2+\alpha^2-\frac{1-3\alpha^2}{p^2}\right)-\frac{3\alpha^2f^3A}{4}\left(1-1-\frac{1}{p^2}+\frac{1-3\alpha^2}{p^2}\right)\right]$$

$$+\cos qt\left[g\left(-q^2+2+\alpha^2-\frac{1-3\alpha^2}{q^2}\right)-\frac{3\alpha^2f^2gB}{4}\left(1-\frac{p}{q}-\frac{1}{q^2}+\frac{1-3\alpha^2}{pq}\right)-\frac{3\alpha^2f^2gB_1}{4}\left(1+\frac{p}{q}-\frac{1}{q^2}-\frac{1-3\alpha^2}{pq}\right.\right.$$

$$+\cos(p+m)t\left[afP\left(-(p+m)^2+2+\alpha^2-\frac{1-3\alpha^2}{(p+m)^2}\right)-\frac{3af}{4}\left(1+\frac{p}{p+m}-\frac{1}{(p+m)^2}-\frac{1-3\alpha^2}{p(p+m)}\right)\right]$$

$$+\cos(p-m)t\left[afP_1\left(-(p-m)^2+2+\alpha^2-\frac{1-3\alpha^2}{(p-m)^2}\right)-\frac{3af}{4}\left(1+\frac{p}{p-m}-\frac{1}{(p-m)^2}-\frac{1-3\alpha^2}{p(p-m)}\right)\right]$$

$$+\cos(q+m)t\left[agQ\left(-(q+m)^2+2+\alpha^2-\frac{1-3\alpha^2}{(q+m)^2}\right)-\frac{3ag}{4}\left(1+\frac{q}{q+m}-\frac{1}{(q+m)^2}-\frac{1-3\alpha^2}{q(q+m)}\right)\right]$$

$$+\cos(q-m)t\left[agQ_1\left(-(q-m)^2+2+\alpha^2-\frac{1-3\alpha^2}{(q-m)^2}\right)-\frac{3ag}{4}\left(1+\frac{q}{q-m}-\frac{1}{(q-m)^2}-\frac{1-3\alpha^2}{(q-m)^2}\right)\right]+\ldots=$$

On égalera donc à zéro les coefficients de ces différents cosinus, et l'on aura :

$$1^\circ \qquad -p^2+2+\alpha^2-\frac{1-3\alpha^2}{p^2}=0,$$

équation d'où l'on tirera la même valeur de p que ci-dessus (Article XLV), de sorte qu'on aura

$$p=1-\alpha-\frac{\alpha^2}{4},$$

et l'on sera maintenant assuré que cette valeur est exacte jusqu'aux quantités de l'ordre de α^2 inclusivement;

$$2^\circ \quad -q^2+2+\alpha^2-\frac{1-3\alpha^2}{q^2}-\frac{3\alpha^2f^2(B+B_1)}{4}\left(1-\frac{1}{q^2}\right)+\frac{3\alpha^2f^2(B-B_1)}{4}\,\frac{p^2-1+3\alpha^2}{4}=0;$$

or, comme nous négligeons les quantités de l'ordre de α^4, on aura (en mettant pour p et q leurs valeurs approchées)

$$\frac{p^2-1+3\alpha^2}{pq}=-2\alpha,$$

de sorte que, à cause de $B = -4$ et $B_1 = 6$ (Article XLVII), l'équation précédente se réduira à

$$-q^2 + 2 + \alpha^2 - \frac{1-3\alpha^2}{q^2} - \frac{3\alpha^2 f^2}{2}\left(1 - \frac{1}{q^2}\right) + 15 f^2 \alpha^3 = 0,$$

ou bien

$$q^4 - \left(2 + \alpha^2 - \frac{3\alpha^2 f^2}{2} + 15 f^2 \alpha^3\right) q^2 + 1 - 3\alpha^2 - \frac{3\alpha^2 f^2}{2} = 0;$$

d'où l'on tire d'abord, aux quantités de l'ordre α^3 près, en ayant égard à la remarque de l'Article XLVI,

$$\begin{aligned} q^2 &= 1 + \frac{\alpha^2}{2} - \frac{3\alpha^2 f^2}{4} + 2\alpha\sqrt{1 + \frac{15 f^2 \alpha}{4}} \\ &= 1 + 2\alpha + \frac{\alpha^2}{2} - \frac{3\alpha^2 f^2}{4} + \frac{15 f^2 \alpha^2}{4} \\ &= 1 + 2\alpha + \frac{\alpha^2}{2} + 3 f^2 \alpha^2, \end{aligned}$$

et de là

$$q = 1 + \alpha + \frac{\alpha^2}{4} + \frac{3 f^2 \alpha^2}{2} - \frac{4\alpha^2}{8} = 1 + \alpha - \frac{\alpha^2}{4} + \frac{3 f^2 \alpha^2}{2};$$

on aura donc ici

$$\frac{p+q}{2} = 1 - \frac{\alpha^2}{4} + \frac{3 f^2 \alpha^2}{4};$$

par conséquent le mouvement moyen du nœud qui est représenté par $\left(h - \frac{p+q}{2}\right) t$ (Article XLVI) sera $= -\frac{3 f^2 \alpha^2}{4} t$, ce qui s'accorde avec les observations;

3° $$P\left[-(p+m)^2 + 2 + \alpha^2 - \frac{1-3\alpha^2}{(p+m)^2}\right] - \frac{3}{4}\left[1 + \frac{p}{p+m} - \frac{1}{(p+m)^2} - \frac{1-3\alpha^2}{p(p+m)}\right] = 0;$$

$$4^{\circ}\ P_1\left[-(p-m)^2+2+\alpha^2-\frac{1-3\alpha^2}{(p-m)^2}\right]-\frac{3}{4}\left[1+\frac{p}{p-m}-\frac{1}{(p-m)^2}-\frac{1-3\alpha^2}{p(p-m)}\right]=0;$$

5° ....;

d'où l'on tire à peu près

$$P=-\frac{1}{4},\quad P_1=\frac{3}{4},\quad Q=-\frac{1}{4},\quad Q_1=\frac{3}{4},\ldots$$

XLIX.

On repassera présentement à l'équation (ζ) pour trouver une valeur de x plus exacte que celle de l'Article XLVII.

Pour cet effet, on commencera par substituer dans les termes de cette dernière équation qui suivent les deux premiers, à la place de x, X et y, leurs valeurs trouvées dans les Articles précédents, et négligeant les quantités de l'ordre de g^2, aussi bien que celles qui seraient affectées de α^2 multipliée par a^2, $a\alpha^2$, b^2, $b\alpha^2$ et α^4, à cause que nous avons rejeté dans la même équation les termes de l'ordre α^2 dans lesquels x et X pouvaient former ensemble des produits de deux dimensions, on aura par ces substitutions des termes de la forme

$$\begin{array}{lll}\alpha^2 f^2\cos 2pt, & \alpha^2 fg\cos(p\pm q)t, & \alpha^2 af^2\cos(p\pm m\pm p)t,\\ \alpha^2 agf\cos(p\pm m\pm q)t, & \alpha^4 f^4\cos 4pt, & \alpha^4 f^3 g\cos(3p\pm q)t,\\ \alpha^2 bf^2\cos(2p\pm n)t, & \alpha^2 b\cos nt, & \alpha^2 bgf\cos(p\pm q\pm n)t;\end{array}$$

c'est pourquoi on supposera

$$\begin{aligned}x = a\cos mt &+ \alpha^2 f^2 A\cos 2pt\\ &+ \alpha^2 fgB\cos(p+q)t+\alpha^2 fgB_1\cos(p-q)t\\ &+ \alpha^2 af^2 C\cos(2p+m)t+\alpha^2 af^2 C_1\cos(2p-m)t\\ &+ \alpha^2 agfD\cos(p+q+m)t+\alpha^2 agf\cos(p+q-m)t\\ &+ \ldots\ldots\ldots\ldots,\end{aligned}$$

et substituant cette valeur de x aussi bien que celles de y et X des Articles précédents, on aura, en négligeant ce qu'on doit négliger,

$$\begin{aligned}
&\cos mt\left[-m^2+1+4\alpha^2-\frac{9\alpha^2 f^2}{2(p^2-m^2)}-9\alpha^2 f^2(P+P_1)+\frac{3\alpha^2 f^2}{p}\left(\frac{P}{p+m}+\frac{P_1}{p-m}\right)+\ldots\right]\\
&+\alpha^2\cos 2pt\left[f^2 A\left(-4p^2+1+4\alpha^2-\frac{9\alpha^2 f^2}{2(p^2-4p^2)}\right)-\frac{9f^2}{2}-\frac{3(1-3\alpha^2)f^2}{2p^2}+\ldots\right]\\
&+\alpha^2\cos(p+q)t\left[fgB\left(-(p+q)^2+1+4\alpha^2-\frac{9\alpha^2 f^2}{2[p^2-(p+q)^2]}\right)-\frac{3\alpha^2 f^2 g AB_1}{4}-9fg-\frac{3fg(1-3\alpha^2)}{pq}+\ldots\right]\\
&+\alpha^2\cos(p-q)t\left[fgB_1\left(-(p-q)^2+1+4\alpha^2-\frac{9\alpha^2 f^2}{2[p^2-(p-q)^2]}\right)-\frac{3\alpha^2 f^3 g AB}{4}-9fg+\frac{3fg(1-3\alpha^2)}{pq}+\ldots\right]\\
&+\alpha^2 a\cos(2p+m)t\left[f^2 C[-(2p+m)^2+1+4\alpha^2]-\frac{3f^2 A}{4}-9f^2 P-\frac{3f^2 P}{p(p+m)}+\frac{9f^2}{4(p+m)(2p+m)}+\ldots\right]\\
&+\alpha^2 a\cos(2p-m)t\left[f^2 C_1[-(2p-m)^2+1+4\alpha^2]-\frac{3f^2 A}{4}-9f^2 P_1-\frac{3f^2 P_1}{p(p-m)}+\frac{9f^2}{4(p-m)(2p-m)}+\ldots\right].
\end{aligned}$$

Ainsi il n'y aura plus qu'à égaler à zéro les coefficients de ces différents cosinus, pour déterminer les inconnues m, A, B, B', C_1, C'_1, ...

Le coefficient de $\cos mt$ donnera la valeur de m exacte jusqu'aux quantités de l'ordre de α^2 inclusivement, et l'on aura, à cause de $P=-\frac{1}{4}$ et $P_1=\frac{3}{4}$ (Article précédent), l'équation

$$-m^2+1+4\alpha^2-\frac{9\alpha^2 f^2}{2(p^2-m^2)}-\frac{3\alpha^2 f^2}{4p(p+m)}+\frac{9\alpha^2 f^2}{4p(p-m)}-\frac{9\alpha^2 f^2}{2}=0,$$

ou bien

$$-m^2+1+4\alpha^2-\frac{3\alpha^2 f^2}{p(p+m)}-\frac{9\alpha^2 f^2}{2}=0,$$

d'où, en mettant pour f, p et m leurs valeurs approchées 1, on tire

$$m^2=1-2\alpha^2 \quad \text{et} \quad m=1-\alpha^2;$$

de sorte que le mouvement de l'apogée $(h-m)\,t$ deviendra $\frac{3\alpha^2}{4}t$, à cause de $h=1-\frac{\alpha^2}{4}$.

Comme notre dessein n'est point de donner ici une Théorie complète de la Lune, nous nous contenterons de ce léger essai, qui peut suffire pour donner une idée de la méthode qu'il faudra suivre dans l'intégra-

41.

tion des équations différentielles de l'Article XLI, auxquelles nous avons réduit le Problème des mouvements de la Lune et du Soleil autour de la Terre.

Quand on aura trouvé les valeurs de x, X et Y en t, c'est-à-dire, de r, r' et r'', on aura d'abord les latitudes ψ et ψ' par les formules (t) de l'Article XLII, et ensuite on aura les longitudes φ et φ' par les formules (u) du même Article; ou bien, comme $\text{Y} = \text{R}r\cos\zeta''$, en connaissant Y, r et R, on connaîtra

$$\cos\zeta'' = \frac{\text{Y}}{\sqrt{(1+\text{x})(1+\text{X})}};$$

or ζ'' est l'angle qui exprime la distance de la Lune au Soleil, de sorte que, comme la latitude du Soleil est très-petite et peut par conséquent être négligée, on aura, par la propriété connue des triangles sphériques rectangles, $\cos\zeta'' = \cos\psi\cos(\varphi - \varphi')$, et par conséquent

$$\cos(\varphi - \varphi') = \frac{\text{Y}}{\cos\psi\sqrt{1+\text{x}+\text{X}+\text{x}\text{X}}}.$$

Ainsi l'on aura par ce moyen la distance $\varphi - \varphi'$ de la Lune au Soleil comptée sur l'écliptique; mais la longitude φ' du Soleil est assez connue par la loi de Kepler, que cet astre suit assez exactement, puisque les dérangements que la Lune pourrait y produire ne seraient que de l'ordre de iB ou de $i\alpha^2\sigma$, comme on le voit par l'équation (r) de l'Article XLI; donc, en ajoutant cette longitude à la distance $\varphi - \varphi'$ des deux astres, on aura la longitude φ de la Lune comptée à l'ordinaire dans l'écliptique.

Le Chapitre premier du Mémoire qu'on vient de lire mérite d'être compté parmi les travaux les plus importants de l'illustre Auteur. Les équations différentielles du Problème des trois Corps, lorsqu'on ne considère, ce qui est permis, que des mouvements relatifs, constituent un système du *douzième ordre*, et la solution complète exige, en conséquence, *douze* intégrations; les seules intégrales connues étaient celle des *forces vives* et les trois que fournit le *principe des aires :* il en restait donc *huit* à découvrir. En réduisant à *sept* le nombre des intégrations nécessaires pour l'achèvement de la solution, Lagrange a fait faire à la question un pas considérable, et les géomètres qui se sont occupés après lui du Problème des trois Corps ne sont pas allés au delà. Leurs efforts, cependant, n'ont pas été inutiles : des méthodes nouvelles et ingénieuses ont été proposées, comme, par exemple, celle que Jacobi a développée dans son célèbre *Mémoire sur l'élimination des nœuds dans le Problème des trois Corps;* mais ces méthodes, comme celle de Lagrange, font dépendre la solution du Problème de *sept* intégrations.

La méthode de Lagrange est des plus remarquables; elle montre que la solution complète du Problème exige seulement que l'on connaisse à chaque instant les côtés du triangle formé par les trois Corps; les coordonnées de chaque Corps se déterminent effectivement ensuite sans aucune difficulté. Quant à la recherche du triangle des trois Corps, elle dépend de trois équations différentielles, parmi lesquelles deux sont du *deuxième ordre* et la troisième du *troisième ordre;* ces équations renferment deux constantes arbitraires introduites, l'une par le principe des *forces vives,* l'autre par celui des *aires,* en sorte que les distances des Corps sont des fonctions du temps et de *neuf* constantes arbitraires seulement. Parmi les *douze* arbitraires que l'intégration complète doit introduire, il y en a donc *trois* qui ne figurent pas dans les expressions des distances, circonstance que l'examen des conditions du Problème permet d'ailleurs de mettre en évidence *à priori.*

Préoccupé assurément de l'application qu'il voulait faire de sa nouvelle méthode à la *Théorie de la Lune,* application qui fait l'objet du Chapitre IV de son Mémoire, Lagrange a négligé d'introduire dans ses formules la symétrie que comportait son analyse, symétrie qu'un très-léger changement dans les notations permet de rétablir. Les masses des trois Corps étant représentées par A, B, C, Lagrange étudie les mouvements relatifs de B et C autour de A, et il est bientôt amené à introduire en outre, dans ses formules, les quantités qui se rapportent au mouvement relatif du Corps C autour de B. Une telle direction des calculs est incontestablement défectueuse, au point de vue de l'élégance mathématique, en ce sens que les coordonnées des trois orbites relatives considérées ne figurent pas symétriquement dans les formules; mais, pour éviter cet inconvénient, il suffit, comme nous venons de le dire, d'une simple modification dans les notations de l'illustre Auteur, et cette modification revient à introduire, au lieu des mouvements considérés : 1° le mouvement relatif du Corps B autour de C; 2° celui de C autour de A; 3° celui de A autour de B.

Un habile géomètre allemand, M. Otto Hesse, a repris récemment l'analyse de Lagrange en se plaçant au point de vue que nous venons d'indiquer, et il a publié son travail dans le tome LXXIV du *Journal de Crelle* (imprimé à Berlin en 1872). M. Hesse ne considère que ce qu'il nomme le *Problème restreint,* c'est-à-dire, celui qui a pour objet de déterminer à chaque instant le triangle des trois Corps; c'est à ce Problème restreint que Lagrange a ramené d'ailleurs, comme nous l'avons dit plus haut, le Problème général. M. Hesse, malgré son incontestable talent, n'a pas réussi à perfectionner l'analyse rigoureuse que nous devons à Lagrange, car une inadvertance l'a fait tomber dans une erreur grave, que nous indiquerons plus loin, et qui infirme absolument sa conclusion. Ajoutons que la notation particulière dont le géomètre allemand fait usage, pour abréger l'écriture des formules, ne paraît pas préférable à celle de son illustre devancier.

Pour justifier les remarques qui précèdent, il est nécessaire d'entrer dans quelques détails; nous le ferons d'une manière succincte, en introduisant dans l'analyse de Lagrange les modifications nécessaires pour rétablir la symétrie des formules, et en dégageant la solution de tout ce qui n'est qu'accessoire.

1. Soient x, y, z les coordonnées rectangles du Corps B par rapport à C; x', y', z' celles du Corps C par rapport à A; x'', y'', z'' celles de A par rapport à B; on aura

$$x + x' + x'' = 0, \quad y + y' + y'' = 0, \quad z + z' + z'' = 0. \tag{1}$$

Soient aussi

$$(2) \qquad r=\sqrt{x^2+y^2+z^2}, \quad r'=\sqrt{x'^2+y'^2+z'^2}, \quad r''=\sqrt{x''^2+y''^2+z''^2}.$$

Les équations différentielles du mouvement forment trois groupes dont l'un est

$$(3) \qquad \begin{cases} \dfrac{d^2x}{dt^2}+\dfrac{A+B+C}{r^3}x-A\left(\dfrac{x}{r^3}+\dfrac{x'}{r'^3}+\dfrac{x''}{r''^3}\right)=0,\\[2mm] \dfrac{d^2x'}{dt^2}+\dfrac{A+B+C}{r'^3}x'-B\left(\dfrac{x}{r^3}+\dfrac{x'}{r'^3}+\dfrac{x''}{r''^3}\right)=0,\\[2mm] \dfrac{d^2x''}{dt^2}+\dfrac{A+B+C}{r''^3}x''-C\left(\dfrac{x}{r^3}+\dfrac{x'}{r'^3}+\dfrac{x''}{r''^3}\right)=0,\end{cases}$$

et dont les deux autres se déduisent du précédent en changeant x en y et en z. A cause des formules (1), les équations de chaque groupe peuvent être réduites à deux distinctes; ces équations coïncideraient avec les équations (A), (B), (C) de Lagrange, si l'on y faisait le simple changement de x, y, z, x'', y'', z'' en $-x'', -y'', -z'', -x, -y, -z$.

Du groupe (3) et des deux groupes analogues on déduit

$$\frac{x\,d^2y-y\,d^2x}{A\,dt^2}+\frac{x'd^2y'-y'd^2x'}{B\,dt^2}+\frac{x''d^2y''-y''d^2x''}{C\,dt^2}=0,$$

équation qui subsiste quand on exécute la substitution circulaire (x, y, z) et qu'on répète cette substitution. On conclut de là les trois intégrales des aires, savoir

$$(4) \qquad \begin{cases} \dfrac{y\,dz-z\,dy}{A\,dt}+\dfrac{y'dz'-z'dy'}{B\,dt}+\dfrac{y''dz''-z''dy''}{C\,dt}=a,\\[2mm] \dfrac{z\,dx-x\,dz}{A\,dt}+\dfrac{z'dx'-x'dz'}{B\,dt}+\dfrac{z''dx''-x''dz''}{C\,dt}=b,\\[2mm] \dfrac{x\,dy-y\,dx}{A\,dt}+\dfrac{x'dy'-y'dx'}{B\,dt}+\dfrac{x''dy''-y''dx''}{C\,dt}=c,\end{cases}$$

a, b, c étant trois constantes arbitraires.

Ensuite, si l'on fait

$$(5) \qquad u^2=\frac{dx^2+dy^2+dz^2}{dt^2}, \quad u'^2=\frac{dx'^2+dy'^2+dz'^2}{dt^2}, \quad u''^2=\frac{dx''^2+dy''^2+dz''^2}{dt^2},$$

et que l'on ajoute ensemble les équations du groupe (3) et des deux analogues, après avoir multiplié ces équations respectivement par

$$\frac{2\,dx}{A},\quad \frac{2\,dx'}{B},\quad \frac{2\,dx''}{C},\quad \frac{2\,dy}{A},\quad \frac{2\,dy'}{B},\quad \frac{2\,dy''}{C},\quad \frac{2\,dz}{A},\quad \frac{2\,dz'}{B},\quad \frac{2\,dz''}{C},$$

on aura

$$(6) \qquad d\left(\frac{u^2}{A}+\frac{u'^2}{B}+\frac{u''^2}{C}\right)+2(A+B+C)\left(\frac{dr}{A\,r^2}+\frac{dr'}{B\,r'^2}+\frac{dr''}{C\,r''^2}\right)=0.$$

ce qui donne, par l'intégration, l'équation des forces vives, savoir

$$(7)\qquad \left(\frac{u^2}{A}+\frac{u'^2}{B}+\frac{u''^2}{C}\right)-2(A+B+C)\left(\frac{1}{Ar}+\frac{1}{Br'}+\frac{1}{Cr''}\right)=f,$$

f étant une constante arbitraire.

2. Posons

$$(8)\qquad x'x''+y'y''+z'z''=-p,\quad x''x+y''y+z''z=-p',\quad xx'+yy'+zz'=-p'',$$

ou, ce qui revient au même,

$$(9)\qquad \frac{r'^2+r''^2-r^2}{2}=p,\quad \frac{r''^2+r^2-r'^2}{2}=p',\quad \frac{r^2+r'^2-r''^2}{2}=p'',$$

on aura

$$(10)\qquad r^2=p'+p'',\quad r'^2=p''+p,\quad r''^2=p+p';$$

faisons en outre

$$(11)\qquad \frac{1}{r'^3}-\frac{1}{r''^3}=q,\quad \frac{1}{r''^3}-\frac{1}{r^3}=q',\quad \frac{1}{r^3}-\frac{1}{r'^3}=q'',$$

ce qui donnera

$$(12)\qquad q+q'+q''=0,\quad \frac{q}{r^3}+\frac{q'}{r'^3}+\frac{q''}{r''^3}=0.$$

Si l'on différentie deux fois la première équation (2), après l'avoir élevée au carré, on aura

$$\frac{1}{2}\frac{d^2(r^2)}{dt^2}=\left(x\frac{d^2x}{dt^2}+y\frac{d^2y}{dt^2}+z\frac{d^2z}{dt^2}\right)+u^2,$$

et cette formule subsiste quand on y remplace x, y, z, r, u par x', y', z', r', u' ou par x'', y'', z'', r'', u''. Si donc on multiplie les équations (3) par x, x', x'' respectivement, et qu'on ajoute ensuite chacune des équations résultantes avec celles qu'on en déduit par le changement de x en y et en z, on aura, en vertu de la formule précédente,

$$(13)\qquad \begin{cases} \dfrac{1}{2}\dfrac{d^2(r^2)}{dt^2}+\dfrac{A+B+C}{r}+A(p'q'-p''q'')-u^2=0,\\[2ex] \dfrac{1}{2}\dfrac{d^2(r'^2)}{dt^2}+\dfrac{A+B+C}{r'}+B(p''q''-pq)-u'^2=0,\\[2ex] \dfrac{1}{2}\dfrac{d^2(r''^2)}{dt^2}+\dfrac{A+B+C}{r''}+C(pq-p'q')-u''^2=0. \end{cases}$$

Ces formules (13) répondent aux formules (F) de Lagrange, ou, ce qui revient au même, aux formules (K), en tenant compte des formules (J) de l'Auteur.

Ajoutons les quatre équations (13) et (7), après avoir divisé les trois premières par A, B, C respectivement; on aura

$$(14)\quad \left[\frac{1}{2A}\frac{d^2(r^2)}{dt^2}+\frac{1}{2B}\frac{d^2(r'^2)}{dt^2}+\frac{1}{2C}\frac{d^2(r''^2)}{dt^2}\right]-(A+B+C)\left(\frac{1}{Ar}+\frac{1}{Br'}+\frac{1}{Cr''}\right)=f.$$

Cette équation coïncide avec l'équation (L) de Lagrange, quand on y permute les lettres r et r''; c'est une transformée de l'intégrale des forces vives; elle ne renferme que les seules distances r, r', r''.

3. D'après les formules (1), les trois quantités

$$\begin{gathered}
(x'dx''+y'dy''+z'dz'')-(x''dx'+y''dy'+z''dz'),\\
(x''dx+y''dy+z''dz)-(x\,dx''+y\,dy''+z\,dz''),\\
(x\,dx'+y\,dy'+z\,dz')-(x'dx+y'dy+z'dz)
\end{gathered}$$

sont égales entre elles. Si l'on désigne par $\rho\,dt$ leur valeur, on aura, par le moyen des formules (8),

$$(15)\quad \left\{\begin{aligned}
&x'dx''+y'dy''+z'dz''=\tfrac{1}{2}(-dp+\rho\,dt), && x''dx'+y''dy'+z''dz'=\tfrac{1}{2}(-dp-\rho\,dt),\\
&x''dx+y''dy+z''dz=\tfrac{1}{2}(-dp'+\rho\,dt), && x\,dx''+y\,dy''+z\,dz''=\tfrac{1}{2}(-dp'-\rho\,dt),\\
&x\,dx'+y\,dy'+z\,dz'=\tfrac{1}{2}(-dp''+\rho\,dt), && x'dx+y'dy+z'dz=\tfrac{1}{2}(-dp''-\rho\,dt).
\end{aligned}\right.$$

La quantité auxiliaire ρ que nous introduisons n'est autre chose que celle qui est désignée par $-\frac{d\rho}{dt}$ dans le Mémoire de Lagrange; il est évident que cette quantité peut être exprimée en fonction des vitesses u, u', u'', des distances r, r', r'' et de leurs différentielles dr, dr', dr''. En effet, considérons quatre directions respectivement parallèles à celles des rayons r, r' et des vitesses u, u'; soient L, M, N les cosinus des angles formés par la direction de r' avec les directions de u, u', r; L_1, M_1, N_1 les cosinus des angles formés par les directions de u' et r, de u et r, de u et u'. On aura entre ces six cosinus la relation connue

$$(16)\quad \left\{\begin{aligned}
&1-(L^2+M^2+N^2+L_1^2+M_1^2+N_1^2)+(L^2L_1^2+M^2M_1^2+N^2N_1^2)\\
&\qquad+2(L_1MN+M_1NL+N_1LM+L_1M_1N_1)-2(LL_1MM_1+MM_1NN_1+NN_1LL_1)=0.
\end{aligned}\right.$$

On a d'ailleurs, par les formules précédentes,

$$(17)\quad \left\{\begin{aligned}
&L=-\frac{\rho\,dt+dp''}{2r'u\,dt}, && M=\frac{dr'}{u'dt}, && N=-\frac{p''}{rr'},\\
&L_1=\frac{\rho\,dt-dp''}{2ru'dt}, && M_1=\frac{dr}{u\,dt}, && N_1=-\frac{u^2+u'^2-u''^2}{2uu'}.
\end{aligned}\right.$$

Faisons, pour abréger, avec Lagrange,

$$(18)\quad \frac{u'^2+u''^2-u^2}{2}=v,\qquad \frac{u''^2+u^2-u'^2}{2}=v',\qquad \frac{u^2+u'^2-u''^2}{2}=v'',$$

d'où

$$u^2 = v' + v'', \quad u'^2 = v'' + v, \quad u''^2 = v + v', \tag{19}$$

et

$$\left\{\begin{aligned}
\Sigma &= r^2\rho^2 - 2\left(p'\frac{dp''}{dt} - p''\frac{dp'}{dt}\right)\rho + p'\left(\frac{dp''}{dt}\right)^2 + p''\left(\frac{dp'}{dt}\right)^2 + p\left(\frac{d(r^2)}{dt}\right)^2,\\
\Sigma' &= r'^2\rho^2 - 2\left(p''\frac{dp}{dt} - p\frac{dp''}{dt}\right)\rho + p''\left(\frac{dp}{dt}\right)^2 + p\left(\frac{dp''}{dt}\right)^2 + p'\left(\frac{d(r'^2)}{dt}\right)^2,\\
\Sigma'' &= r''^2\rho^2 - 2\left(p\frac{dp'}{dt} - p'\frac{dp}{dt}\right)\rho + p\left(\frac{dp'}{dt}\right)^2 + p'\left(\frac{dp}{dt}\right)^2 + p''\left(\frac{d(r''^2)}{dt}\right)^2,
\end{aligned}\right. \tag{20}$$

l'équation (16) deviendra, après la substitution des valeurs (17),

$$\left(\rho^2 + \frac{dp\,dp' + dp'\,dp'' + dp''\,dp}{dt^2}\right)^2 - 4(\Sigma v + \Sigma' v' + \Sigma'' v'') + 16(pp' + p'p'' + p''p)(vv' + v'v'' + v''v) = 0; \tag{21}$$

c'est précisément l'équation (N) de Lagrange. Si l'on suppose que u^2, u'^2, u''^2 y soient remplacées par leurs valeurs tirées des équations (12), la quantité auxiliaire ρ ne dépendra que des distances r, r', r'' et de leurs différentielles du premier et du deuxième ordre.

4. Puisque l'on a

$$(x\,dx' - x'\,dx) + (y\,dy' - y'\,dy) + (z\,dz' - z'\,dz) = \rho\,dt;$$

il s'ensuit, par la différentiation,

$$(x\,d^2x' - x'\,d^2x) + (y\,d^2y' - y'\,d^2y) + (z\,d^2z' - z'\,d^2z) = d\rho\,dt,$$

et, si l'on élimine les différentielles secondes des coordonnées au moyen des équations (3) et de celles qui s'en déduisent par le changement de x en y et en z, on aura

$$\frac{d\rho}{dt} + \mathrm{A}pq + \mathrm{B}p'q' + \mathrm{C}p''q'' = 0; \tag{22}$$

cette équation n'est autre que l'équation (H) de Lagrange, en tenant compte du changement de notation.

5. Revenons maintenant aux équations (4) : on a identiquement

$$\begin{aligned}
&(y\,dz - z\,dy)(y'\,dz' - z\,dy') + (z\,dx - x\,dz)(z'\,dx' - x'\,dz') + (x\,dy - y\,dx)(x'\,dy' - y'\,dx')\\
&\quad = (xx' + yy' + zz')(dx\,dx' + dy\,dy' + dz\,dz') - (x\,dx' + y\,dy' + z\,dz')(x'\,dx + y'\,dy + z'\,dz),
\end{aligned}$$

et cette formule subsiste quand on écrit x', y', z' ou x'', y'', z'' au lieu de x, y, z, ou bien x'', y'', z'' ou x, y, z au lieu de x', y', z'. D'après cela, si l'on fait

$$a^2 + b^2 + c^2 = k^2,$$

et que l'on ajoute les équations (4), après les avoir élevées au carré, on aura, en faisant usage de la précédente formule, ainsi que des formules (2), (5), (15) et (18),

$$(23)\left\{\begin{aligned}&\frac{1}{A^2}\left[r^2u^2-\frac{1}{4}\left(\frac{d(r^2)}{dt}\right)^2\right]+\frac{1}{B^2}\left[r'^2u'^2-\frac{1}{4}\left(\frac{d(r'^2)}{dt}\right)^2\right]+\frac{1}{C^2}\left[r''^2u''^2-\frac{1}{4}\left(\frac{d(r''^2)}{dt}\right)^2\right]\\&+\frac{2}{BC}\left[p\rho-\frac{1}{4}\left(\frac{dp}{dt}\right)^2\right]+\frac{2}{CA}\left[p'\rho'-\frac{1}{4}\left(\frac{dp'}{dt}\right)^2\right]+\frac{2}{AB}\left[p''\rho''-\frac{1}{4}\left(\frac{dp''}{dt}\right)^2\right]=k^2-\frac{A+B+C}{2\,ABC},\end{aligned}\right.$$

ce qui est l'équation (P) de Lagrange.

Si maintenant on suppose que u^2, u'^2, u''^2 soient remplacés partout par les valeurs tirées des formules (13), et que, par le moyen de l'équation (21), ρ soit éliminé des équations (22) et (23), celles-ci ne contiendront plus que les distances r, r', r''; la première sera du troisième ordre et l'autre du deuxième; en les joignant à l'équation (14), on obtiendra le système différentiel indiqué par Lagrange. Ce qui précède résume la partie essentielle du Mémoire de l'Auteur.

6. Différentions les équations (5) et remplaçons ensuite les différentielles secondes par les valeurs tirées des équations (3) et des analogues : on aura, en faisant usage des formules précédentes,

$$(24)\left\{\begin{aligned}&\frac{d(u^2)}{dt}-2(A+B+C)\frac{d\frac{1}{r}}{dt}+A\left(q'\frac{dp'}{dt}-q''\frac{dp''}{dt}\right)+Aq\rho=0,\\&\frac{d(u'^2)}{dt}-2(A+B+C)\frac{d\frac{1}{r'}}{dt}+B\left(q''\frac{dp''}{dt}-q\frac{dp}{dt}\right)+Bq'\rho=0,\\&\frac{d(u''^2)}{dt}-2(A+B+C)\frac{d\frac{1}{r''}}{dt}+C\left(q\frac{dp}{dt}-q'\frac{dp'}{dt}\right)+Cq''\rho=0.\end{aligned}\right.$$

Ces formules coïncident avec les équations (I) de Lagrange, quand on tient compte des équations (J) de l'Auteur. M. Hesse leur substitue les trois combinaisons obtenues quand on les ajoute entre elles, après les avoir multipliées respectivement par $\frac{1}{A}$, $\frac{1}{B}$, $\frac{1}{C}$, puis par $\frac{1}{Ar^3}$, $\frac{1}{Br'^3}$, $\frac{1}{Cr''^3}$, puis enfin par p, p', p''. La première combinaison n'est autre chose que l'équation (6); la deuxième combinaison donne, en se servant des formules (12),

$$(25)\left\{\begin{aligned}&\frac{1}{Ar^3}\frac{d\left(u^2-2\frac{A+B+C}{r}\right)}{dt}+\frac{1}{Br'^3}\frac{d\left(u'^2-2\frac{A+B+C}{r'}\right)}{dt}+\frac{1}{Cr''^3}\frac{d\left(u''^2-2\frac{A+B+C}{r''}\right)}{dt}\\&\qquad-\left(q^2\frac{dp}{dt}+q'^2\frac{dp'}{dt}+q''^2\frac{dp''}{dt}\right)=0;\end{aligned}\right.$$

enfin la dernière combinaison, qui seule contient ρ, est, en faisant usage de l'équation (22),

$$(26)\quad \begin{cases} \rho\dfrac{d\rho}{dt} = p\dfrac{d\left(u^2 - 2\dfrac{A+B+C}{r}\right)}{dt} + p'\dfrac{d\left(u'^2 - 2\dfrac{A+B+C}{r'}\right)}{dt} + p''\dfrac{d\left(u''^2 - 2\dfrac{A+B+C}{r''}\right)}{dt} \\ \qquad + A p\left(q'\dfrac{dp'}{dt} - q''\dfrac{dp''}{dt}\right) + B p'\left(q''\dfrac{dp''}{dt} - q\dfrac{dp}{dt}\right) + C p''\left(q\dfrac{dp}{dt} - q'\dfrac{dp'}{dt}\right). \end{cases}$$

Supposons que l'on différentie l'équation (23), ce qui fera disparaître l'arbitraire k, et que de l'équation résultante on tire la valeur de $\rho\dfrac{d\rho}{dt}$ pour la substituer dans l'équation (26). Alors, comme u^2, u'^2, u''^2 représentent les valeurs fournies par les équations (13), les équations (6), (25) et (26), qui sont toutes du troisième ordre et ne renferment aucune arbitraire, constitueront, d'après M. Hesse, le système différentiel duquel dépendent les distances r, r', r'', quand on ne fait pas intervenir les principes des forces vives et des aires. Enfin, si des mêmes équations (6), (25) et (26) on tire les valeurs de $d(u^2)$, $d(u'^2)$, $d(u''^2)$, pour les porter dans l'une des équations (24), celle-ci donnera, d'après le même géomètre, une valeur de ρ qui sera seulement du deuxième ordre; en portant cette valeur dans l'équation (23) et en joignant ensuite cette équation aux équations (14) et (26), on obtiendra un système composé de deux équations du deuxième ordre et d'une du troisième ordre, dans lequel figureront les deux constantes arbitraires f et k.

Telle est la solution que M. Hesse propose dans son Mémoire. Cette solution paraît, à première vue, beaucoup plus simple que celle de Lagrange, mais il n'est pas difficile de reconnaître l'inexactitude de la conclusion de M. Hesse. Effectivement l'équation (26), après qu'on en a éliminé $\rho\dfrac{d\rho}{dt}$ par l'équation (23) différentiée, n'est pas autre chose que l'équation (6) multipliée par le facteur $\dfrac{r^2}{A} + \dfrac{r'^2}{B} + \dfrac{r''^2}{C}$; les trois équations du troisième ordre qui composent le premier système de M. Hesse ne sont donc pas distinctes. Le deuxième système du même géomètre ne saurait, en conséquence, avoir d'existence réelle, puisque les équations du premier système sont impropres à fournir les valeurs des différentielles du troisième ordre, ou, ce qui revient au même, les valeurs des différentielles $d(u^2)$, $d(u'^2)$, $d(u''^2)$. On ne saurait se dispenser, dans la recherche dont nous nous occupons, de tenir compte de l'équation (21), comme Lagrange a eu soin de le faire.

(*Note de l'Éditeur.*)

SUR

L'ÉQUATION SÉCULAIRE DE LA LUNE.

SUR

L'ÉQUATION SÉCULAIRE DE LA LUNE (*).

Nec cum fiduciâ inveniendi, nec sine spe.
SENEC., *Nat.*, quæst. VII, 29.

[Mémoires de l'Académie Royale des Sciences de Paris, *Savants étrangers*, t. VII; 1773. (Prix pour l'année 1774.)]

La question proposée par l'Académie Royale des Sciences pour le sujet du Prix de l'année 1774 est double et renferme, à proprement parler, deux questions différentes.

Dans la première, on demande par quel moyen on peut s'assurer qu'il ne résultera aucune erreur sensible des quantités qu'on aura négligées dans le calcul des mouvements de la Lune.

Et, dans la seconde, on demande si, en ayant égard non-seulement à l'action du Soleil et de la Terre sur la Lune, mais encore, s'il est néces-

(*) Ce premier essai de Lagrange sur *l'Équation séculaire de la Lune*, qui a obtenu le Prix de l'Académie Royale des Sciences, pour 1774, est antérieur de dix-huit années au Mémoire sur le même sujet que l'Auteur présenta à l'Académie de Berlin (*OEuvres de Lagrange*, t. V, p. 687).
C'est en 1787 que Laplace fit connaître sa mémorable découverte de la cause qui produit l'équation séculaire de la Lune; mais, dès 1783, Lagrange avait reconnu que les moyens mouvements des planètes *pouvaient* être sujets à des variations séculaires dépendant des excentricités et des inclinaisons; il avait même fait l'application à Jupiter et à Saturne, ce qui ne lui avait fourni que des variations presque insensibles (*OEuvres de Lagrange*, t. V, p. 381). Les formules qui se rapportent aux planètes sont applicables au cas de la Lune; mais ce ne fut que plus tard, en 1792, que Lagrange s'occupa de cette importante application.
(*Note de l'Éditeur.*)

saire, à l'action des autres planètes sur ce satellite, et même à la figure non sphérique de la Lune et de la Terre, on peut expliquer, par la seule Théorie de la gravitation, pourquoi la Lune paraît avoir une équation séculaire, sans que la Terre en ait une sensible.

Le Mémoire suivant est destiné uniquement à répondre à la seconde de ces deux questions. On y verra : 1° que l'équation séculaire de la Lune ne saurait être expliquée par la seule Théorie de la gravitation, du moins en prenant cette équation telle que les astronomes l'ont adoptée d'après feu M. Mayer; 2° que les preuves que l'on a de l'existence de cette même équation ne sont pas, à beaucoup près, aussi solides et aussi convaincantes qu'on pourrait le désirer. Je serai suffisamment récompensé de mon travail si l'illustre Compagnie, à qui j'ai l'honneur de le présenter, daigne l'honorer de quelque attention, et surtout s'il peut exciter d'autres plus habiles que moi à le pousser plus loin, et à décider irrévocablement l'importante question de l'équation séculaire de la Lune.

Quant à la première question, j'avoue que, après y avoir médité longtemps et avec toute l'attention dont je suis capable, je n'ai rien trouvé qui pût me satisfaire, ou qu'on pût du moins ajouter à ce que M. d'Alembert a déjà dit sur ce sujet dans les derniers volumes de ses *Opuscules*. J'ai donc cru pouvoir me dispenser de traiter cette question, et je me flatte que l'Académie voudra bien ne pas m'en savoir mauvais gré; en récompense, j'ai tâché de m'étendre d'autant plus sur l'autre question, et d'entrer dans des détails astronomiques que cette illustre Compagnie n'a pas demandés, mais que j'ai crus indispensables dans la matière dont il s'agit.

1. Quoique la Théorie de la gravitation universelle ait jusqu'ici parfaitement rendu raison des inégalités périodiques qu'on observe dans les mouvements des Corps célestes et surtout de la Lune, elle n'a cependant pas encore fourni d'explication de l'équation séculaire de cette planète. M. Halley est le premier qui ait soupçonné une accélération dans le moyen mouvement de la Lune, comme on le voit par ce passage de la seconde édition des *Principes mathématiques* : *Et collatis quidem obser-*

vationibus eclipsium babylonicis cum iis Albategnii et cum hodiernis, Halleyus noster motum medium Lunæ cum motu diurno Terræ collatum paulatim accelerari, primus omnium, quod sciam, deprehendit, page 481. Mais, soit que ce grand Astronome n'ait pas cru pouvoir entièrement compter sur l'exactitude des observations qui lui avaient donné l'accélération de la Lune, soit qu'il ait regardé cette accélération comme trop peu sensible pour qu'on dût en tenir compte dans le calcul du lieu de cette planète, il est certain qu'il n'y a eu aucun égard dans les Tables qu'il en a publiées depuis. Cependant la remarque de M. Halley n'est pas demeurée infructueuse : deux savants Astronomes, MM. Dunthorne et Mayer, ayant entrepris d'examiner de nouveau ce point important de la Théorie de la Lune, ont non-seulement reconnu l'existence de l'équation séculaire de cette planète, ils en ont de plus déterminé la quantité : le premier l'a fixée à 10 secondes pour le premier siècle, et le second à 7 secondes dans ses premières Tables, et ensuite à 9 secondes dans les dernières; et comme les Tables de la Lune de M. Mayer ont été généralement adoptées par les Astronomes, l'accélération du mouvement de la Lune est maintenant regardée comme un fait dont il semble qu'il ne soit presque pas permis de douter.

M. de la Lande a néanmoins remarqué, dans son *Astronomie,* qu'il restait encore quelque incertitude sur les observations qui ont servi à déterminer ce nouvel élément de la Théorie de la Lune, et qui se réduisent à deux éclipses de Soleil observées en 977 et 978 près du Caire, par Ibn Jonis, Astronome du calife d'Égypte Aziz; comme ces observations sont les seules que nous ayons pour servir de terme de comparaison entre les anciennes observations des Babyloniens et celles de ces derniers temps, il faut avouer que, si l'on était obligé de les rejeter, on perdrait les principales et même les uniques preuves décisives que l'on ait de l'accélération du moyen mouvement de la Lune; car je ne puis croire, avec M. Mayer, que cette question puisse se décider par la simple comparaison des observations du siècle passé avec celles de ce siècle, les variations qui peuvent se trouver dans le mouvement moyen de la Lune, dans le court espace d'un siècle, étant nécessairement trop petites pour pouvoir être attribuées à d'autres causes qu'aux erreurs des observations et à l'incertitude qui a encore lieu dans quelques-unes des équations de la Lune.

Quoi qu'il en soit, en attendant que le temps et les recherches des astronomes nous apportent de nouvelles lumières, la Théorie est, ce me semble, le seul moyen que nous ayons pour décider un point d'Astronomie si important. Il s'agit donc d'examiner, le plus soigneusement qu'il est possible, si la gravitation universelle peut produire, dans le mouvement moyen de la Lune, une altération sensible et conforme aux observations; c'est la question que je me propose de traiter dans ces Recherches.

2. Pour que le moyen mouvement de la Lune soit assujetti à une altération croissante comme le carré du temps, ainsi qu'on le suppose dans les Tables, il faut que la formule générale du lieu vrai de cette planète renferme, outre le terme Z qui représente le mouvement moyen, encore un terme de la forme iZ^2, i étant un coefficient positif et très-petit; ce dernier terme représentera donc l'équation séculaire, qui sera toujours additive au mouvement moyen avant et après l'époque qu'on aura fixée pour le commencement de cette équation, et qui, dans les Tables de Mayer, tombe au commencement de ce siècle. Donc, nommant ϖ le rapport de la circonférence au rayon, on aura $i\varpi \times 360^\circ$ pour la valeur de l'équation dont il s'agit au bout d'une révolution de la Lune; et, nommant ensuite ν le rapport du mouvement moyen de la Lune à celui du Soleil, on aura $i\varpi\nu^2 \times 360^\circ$ pour la quantité de la même équation au bout de la première année après l'époque; enfin, multipliant cette quantité par 10000, on aura la quantité de l'équation pour le premier siècle, laquelle étant, suivant M. Mayer, de 9 secondes, on aura cette équation

$$10000\, i\varpi\nu^2 \times 360^\circ = 9'',$$

c'est-à-dire, en réduisant aussi les degrés en secondes,

$$10000.360.3600\, i\varpi\nu^2 = 9;$$

d'où l'on tire

$$i = \frac{9}{10000 . 360 . 3600 \varpi \nu^2};$$

or on a à très-peu près $\varpi = 6$ et $\nu^2 = 178$; donc on aura environ

$$i = \frac{1}{1537920000000}.$$

3. Telle doit donc être la valeur du coefficient i de l'équation séculaire, dans l'hypothèse que cette équation soit réelle et croisse constamment comme le carré du temps; mais, comme il peut se faire aussi qu'elle ne soit qu'apparente, et que ce ne soit dans le fond qu'une équation périodique, mais dont la période soit très-longue, il est bon de voir en particulier quelle devrait être sa valeur dans ce cas; car, quoique l'effet de l'équation séculaire puisse être sensiblement le même dans l'un et dans l'autre cas, pendant un intervalle de temps peu considérable, il deviendra cependant fort différent au bout d'un grand espace de temps; de sorte que, si cette équation, au lieu d'être réelle, n'est qu'apparente, elle devra nécessairement avoir une tout autre valeur que celle que nous venons de trouver, pour pouvoir répondre à la fois aux observations babyloniennes et arabes qui ont servi de données dans la détermination de cet élément. Mais pour cela il est nécessaire de commencer par examiner, en peu de mots, comment on peut accorder ces observations par l'introduction d'une équation séculaire réelle; ensuite nous verrons ce qui doit en résulter dans l'hypothèse que l'équation séculaire ne soit qu'apparente.

4. Comme les observations les plus distantes entre elles sont celles qui peuvent fournir les déterminations les plus exactes des mouvements moyens des planètes, on a employé dans la détermination de celui de la Lune la plus ancienne éclipse dont la mémoire nous ait été conservée, et qui est celle que Ptolémée rapporte avoir été observée à Babylone le 19 mars 720 avant J.-C. (*Almageste*, Livre IV, Chapitre VI). M. Cassini ayant comparé cette observation avec celle d'une éclipse de l'année 1717,

où la Lune s'est trouvée à peu près dans les mêmes circonstances, a trouvé le mouvement séculaire de la Lune de $10^s 7^\circ 49' 52''$; or, si le mouvement moyen de la Lune était tout à fait uniforme, il est clair qu'on devrait toujours trouver le même résultat en comparant ensemble d'autres observations; mais on a reconnu dans ces derniers temps que les observations arabes, dont on a parlé ci-dessus, comparées avec les observations de ce siècle, donnent environ $2' 36'' \frac{1}{2}$ de plus pour le mouvement séculaire de la Lune. M. de la Lande, dans les *Mémoires de l'Académie*, année 1757, trouve qu'en employant le mouvement moyen qui résulte des observations arabes, la longitude de la Lune dans l'éclipse de 720 avant J.-C. est moindre de $1^\circ 27'$ que l'observation ne l'a donnée; or, comme M. de la Lande suppose le milieu de cette éclipse 47 minutes plus tôt que M. Cassini, il s'ensuit qu'il faut ôter de $1^\circ 27'$ le mouvement relatif de la Lune au Soleil pendant 47 minutes, lequel est de $23' 52''$; ainsi l'on aura $1^\circ 3' 8''$, qui, étant partagés en $24\frac{1}{5}$, nombre des siècles écoulés entre l'observation dont il s'agit et 1700, donne $2' 36'' \frac{1}{2}$, dont le mouvement moyen séculaire est plus grand, parce que, comme en remontant on avance contre l'ordre des signes, une longitude moindre indique un plus grand espace parcouru. C'est ce qui a engagé les Astronomes à appliquer au mouvement moyen une équation séculaire propre à sauver cette différence.

5. En effet, soit x le mouvement séculaire moyen dont la marche est uniforme, et y l'équation séculaire, que nous supposerons d'abord proportionnelle au carré du temps; et, prenant le commencement de ce siècle pour époque, on aura, après m siècles, le mouvement moyen $= mx + m^2 y$; par conséquent, en faisant m négatif, on aura, pour m siècles comptés en arrière, le mouvement moyen $= -mx + m^2 y$. Soit maintenant α le mouvement séculaire moyen trouvé par M. Cassini d'après l'éclipse de 720 avant J.-C. et $\alpha + \beta$ le mouvement séculaire moyen trouvé d'après les observations arabes de 977 et 978; et comme, entre les années 720 avant J.-C. et 1700, il s'est écoulé $24\frac{1}{5}$ siècles, et que, entre les années 978 et 1700, il s'est écoulé environ $7\frac{1}{5}$ siècles, on

aura $-(24\frac{1}{5})\alpha$ et $-(7\frac{1}{5})(\alpha+\beta)$ pour les mouvements moyens qui se rapportent aux années 720 avant J.-C. et 978 : donc, si l'on veut que la formule $-mx+m^2y$ satisfasse à la fois aux observations de ces années, il n'y aura qu'à supposer successivement $m=24\frac{1}{5}$, $=7\frac{1}{5}$, et former ensuite les équations

$$-(24\tfrac{1}{5})x+(24\tfrac{1}{5})^2y=-(24\tfrac{1}{5})\alpha,$$
$$-(\ 7\tfrac{1}{5})x+(\ 7\tfrac{1}{5})^2y=-(\ 7\tfrac{1}{5})(\alpha+\beta),$$

c'est-à-dire,

$$x-(24\tfrac{1}{5})y=\alpha,\quad x-(7\tfrac{1}{5})y=\alpha+\beta;$$

d'où l'on tire

$$y=\frac{\beta}{17},\quad x=\alpha+(24\tfrac{1}{5})y=\alpha+(24\tfrac{1}{5})\frac{\beta}{17}.$$

Or on a trouvé $\alpha=10^{S}7^{\circ}49'52''$ et $\beta=2'36''\frac{1}{2}$; donc on aura

$$y=9'',2,\quad \text{et de là}\quad x=10^{S}7^{\circ}53'34'',64;$$

ce qui s'accorde à très-peu près avec les éléments que M. Mayer a employés dans ses dernières Tables, où il fait le mouvement séculaire moyen de $10^{S}7^{\circ}53'35''$, et l'équation séculaire de 9 secondes pour le premier siècle, à compter depuis 1700.

6. Supposons maintenant que l'équation séculaire ne soit pas constamment proportionnelle au carré du temps, mais qu'elle dépende du sinus d'un angle qui varie peu, en sorte qu'elle ne suive la loi du carré que pendant un certain espace de temps; soit $A+\mu Z$ cet angle, Z étant, comme ci-dessus, le mouvement moyen de la Lune, et μ étant un coefficient très-petit, de manière que l'angle μZ demeure encore très-petit vis-à-vis de l'angle fini; et comptant A au bout d'un grand nombre de révolutions de la Lune, on aura pendant cet intervalle de temps

$$\sin(A+\mu Z)=\sin A+\mu Z\cos A-\frac{\mu^2Z^2}{2}\sin A$$

à très-peu près; d'où l'on tire

$$Z^2=\frac{2Z\cos A}{\mu\sin A}+\frac{2[\sin A-\sin(A+\mu Z)]}{\mu^2\sin A};$$

de sorte que l'équation séculaire apparente iZ^2 sera véritablement représentée par la formule

$$\frac{2i}{\mu \sin A}\left[Z\cos A + \frac{\sin A - \sin(A + \mu Z)}{\mu}\right],$$

et par conséquent s'éloignera à la longue de la loi du carré du temps.

7. Voyons donc quelle doit être, dans cette hypothèse, la valeur du coefficient i, pour satisfaire aux mêmes données du n° 4. Soit θ la quantité de l'angle μZ au bout d'un siècle, on aura au bout de m siècles $\mu = m\theta$; donc

$$Z = \frac{m\theta}{\mu};$$

ainsi l'équation séculaire sera, pour m siècles,

$$\frac{2i}{\mu^2 \sin A}[m\theta \cos A + \sin A - \sin(A + m\theta)];$$

lorsque $m = 1$, cette quantité devient (à cause de θ très-petit) $\frac{i\theta^2}{\mu^2}$, qui sera donc la quantité de l'équation séculaire pour le premier siècle. Nommons donc, comme ci-dessus, y cette valeur de l'équation séculaire et x le mouvement séculaire moyen; on aura, après m siècles, le mouvement moyen égal à

$$mx + \frac{2y}{\theta^2 \sin A}[m\theta \cos A + \sin A - \sin(A + m\theta)].$$

Faisant donc successivement $m = -24\frac{1}{6}$ et $= -7\frac{1}{6}$, pour avoir les mouvements moyens qui répondent aux années 720 avant J.-C. et 978, on formera ces deux équations

$$-(24\tfrac{1}{5})x + \frac{2y}{\theta^2 \sin A}\left[-(24\tfrac{1}{5})\,\theta\cos A + \sin A - \sin[A - (24\tfrac{1}{5})\,\theta]\right] = -(24\tfrac{1}{5})\,\alpha,$$

$$-(7\tfrac{1}{5})x + \frac{2y}{\theta^2 \sin A}\left[-(7\tfrac{1}{5})\,\theta\cos A + \sin A - \sin[A - (7\tfrac{1}{5})\,\theta]\right] = -(7\tfrac{1}{5})(\alpha + \beta);$$

c'est-à-dire, en changeant les signes,

$$x - \frac{2y}{\theta}\left[-\cot A + \frac{1}{(24\frac{1}{5})\theta}\left(1 - \frac{\sin[A - (24\frac{1}{5})\theta]}{\sin A}\right)\right] = \alpha,$$

$$x - \frac{2y}{\theta}\left[-\cot A + \frac{1}{(7\frac{1}{5})\theta}\left(1 - \frac{\sin[A - (7\frac{1}{5})\theta]}{\sin A}\right)\right] = \alpha + \beta;$$

d'où l'on tirera aisément x et y quand on connaîtra A et θ; ensuite on aura, comme dans le n° **2**,

$$10000\, i\, \varpi \nu^2 \times 360° = y,$$

d'où l'on tirera

$$i = \frac{y}{10000\, \varpi \nu^2 \times 360°}.$$

8. Supposons, par exemple, que l'angle $A + \mu Z$ soit égal au double de la longitude de l'apogée du Soleil (on verra plus bas, aux n^{os} **30** et suivants, pourquoi nous choisissons cette hypothèse); on aura donc, en prenant toujours le commencement de ce siècle pour époque, A égal au double de la longitude de l'apogée du Soleil en 1700, et θ au double du mouvement séculaire de cet apogée; ainsi l'on aura, par les nouvelles Tables de Mayer,

$$A = 6^s\, 15° 25' 12'', \quad \text{et} \quad \theta = 3° 40' = (\text{en parties du rayon})\ 0{,}063994.$$

Substituant ces valeurs dans les équations précédentes, on aura

$$x - \frac{2y}{3° 40'}\left[-\cot 15° 25' + \frac{1}{88° 44'}\left(1 + \frac{\sin 73° 19'}{\sin 15° 25'}\right)\right] = \alpha,$$

$$x - \frac{2y}{3° 40'}\left[-\cot 15° 25' + \frac{1}{26° 24'}\left(1 + \frac{\sin 10° 59'}{\sin 15° 25'}\right)\right] = \alpha + \beta,$$

c'est-à-dire,

$$x - \frac{2y}{0{,}06399}\left(-3{,}62636 + \frac{4{,}60336}{1{,}54869}\right) = \alpha,$$

$$x - \frac{2y}{0{,}06399}\left(-3{,}62636 + \frac{1{,}71669}{0{,}46077}\right) = \alpha + \beta;$$

ou bien, en réduisant,

$$x + \frac{1,30788}{0,06399} y = \alpha, \quad x - \frac{0,19868}{0,06399} y = \alpha + \beta;$$

d'où

$$y = -\frac{0,06399}{1,50656}\beta, \quad x = \alpha + \frac{1,30788}{1,50656}\beta,$$

et, à cause de $\alpha = 10^s 7^\circ 49' 52''$ et $\beta = 2' 32''$ (nº 5),

$$x = 10^s 7^\circ 52' 4'', \quad y = -6'', 456;$$

d'où l'on voit que la valeur de y doit être négative et égale à environ deux tiers de la valeur qu'elle doit avoir dans le cas de l'équation constamment proportionnelle au carré du temps; quant au mouvement séculaire moyen, il ne diffère que de $1' 24''$ de celui qu'on a trouvé dans le cas dont nous venons de parler.

Dans l'hypothèse présente, on aurait donc pour l'équation séculaire, qui devra être ajoutée au mouvement moyen au bout de m siècles comptés depuis 1700,

$$-3' 21'', 775 \left[m \cot 15^\circ 25' + 15,627 \left(1 - \frac{\sin(15^\circ 25' + m \times 3^\circ 40')}{\sin 15^\circ 25'} \right) \right];$$

et, pour les siècles qui précèdent 1700, il n'y aura qu'à prendre m négatif.

Et la valeur du coefficient i sera

$$-\frac{6}{10000 . 360 . 3600 \varpi \nu^2} = -\frac{1}{2\,306\,880\,000\,000} \text{ environ.}$$

9. On trouverait des résultats différents si l'on adoptait d'autres hypothèses à l'égard de l'angle $A + \mu Z$, et il est clair que, tant qu'il ne s'agira que de satisfaire aux données du nº 4, on sera le maître de donner telles valeurs qu'on voudra à A et à μ; de sorte que le Problème de l'équation séculaire de la Lune, envisagé sous ce point de vue, est entiè-

rement indéterminé et ne peut être résolu par le secours des observations seules. Il est vrai que les Astronomes supposent communément que les équations séculaires des planètes ne peuvent être que proportionnelles aux carrés des temps; mais il paraît que la simplicité et la facilité de cette hypothèse sont les seuls motifs qu'ils aient de l'embrasser.

Ce n'est donc que par la Théorie qu'on peut se flatter de déterminer la forme de l'équation séculaire des planètes et de la Lune en particulier; et la question est de savoir si, parmi les inégalités qui résultent de l'attraction mutuelle des Corps célestes, il doit y en avoir de l'espèce de celles que nous avons supposées ci-dessus dans le mouvement de la Lune, et dont l'effet ne doit être sensible qu'au bout de plusieurs siècles; or, pour ce qui regarde la Lune, quoiqu'il soit démontré que ses inégalités périodiques sont entièrement et uniquement dues à l'action du Soleil combinée avec celle de la Terre, cependant il paraît très-difficile et presque impossible de déduire de la même cause l'inégalité séculaire de cette planète; du moins aucun de ceux qui ont travaillé jusqu'à présent à la solution du Problème des trois Corps n'a pu trouver dans la formule du lieu de la Lune des termes propres à produire une altération vraie ou même seulement apparente dans son mouvement moyen; sur quoi on peut voir surtout les judicieuses et fines remarques de M. d'Alembert dans les volumes V et VI de ses *Opuscules*.

Mais il y a une circonstance à laquelle on n'a point encore fait attention jusqu'ici dans les calculs des mouvements de la Lune : c'est la non-sphéricité de la Terre, laquelle produit une petite altération dans la force qui pousse la Lune vers la Terre, en sorte qu'il en résulte une nouvelle force perturbatrice de l'orbite de la Lune, laquelle, étant combinée avec celle qui vient de l'action du Soleil, pourrait peut-être produire des termes qui donneraient l'équation séculaire de la Lune. Ce point mérite donc d'être discuté soigneusement; c'est ce que nous allons faire avec tout le détail que la difficulté et l'importance de la matière exigent.

10. Soit x le rayon vecteur de l'orbite qu'un Corps décrit dans un plan fixe en vertu de deux forces, l'une Ψ dirigée vers le centre des rayons vecteurs, et l'autre Π toujours perpendiculaire à ces rayons; nommant φ l'angle parcouru pendant le temps t, on aura, comme l'on sait, les deux équations

$$\text{I.}\qquad \frac{d^2x}{dt^2} - \frac{x\,d\varphi^2}{dt^2} + \Psi = 0,$$

$$\text{II.}\qquad \frac{d(x^2\,d\varphi)}{dt^2} - x\Pi = 0.$$

La seconde, étant multipliée par $2x^2\,d\varphi$ et ensuite intégrée, donne

$$\left(\frac{x^2\,d\varphi}{dt}\right)^2 - 2\int x^3\Pi\,d\varphi = k^2,$$

k étant la valeur de $\frac{x^2\,d\varphi}{dt}$, lorsque $\int x^3\Pi\,d\varphi$ est nul; et de là on tire d'abord

$$\text{III.}\qquad dt = \frac{x^2\,d\varphi}{\sqrt{k^2 + 2\int x^3\Pi\,d\varphi}}.$$

Ensuite, substituant cette valeur dans la première équation et prenant $d\varphi$ constant, on aura

$$\text{IV.}\qquad \frac{d^2\frac{1}{x}}{d\varphi^2} + \frac{1}{x} - \frac{\Psi x^2 + \frac{\Pi x\,dx}{d\varphi}}{k^2 + 2\int \Pi x^3\,d\varphi} = 0.$$

Donc, si la force Ψ est composée d'une force $\frac{M}{x^2}$ et d'une force perturbatrice Φ, on aura, en faisant $\frac{1}{x} = u$,

$$\text{V.}\qquad \frac{d^2u}{d\varphi^2} + u - \frac{M}{k^2} - \Omega = 0,$$

où

$$\Omega = \frac{\Phi x^2 + \frac{\Pi x\,dx}{d\varphi} - \frac{2M}{k^2}\int \Pi x^3\,d\varphi}{k^2 + 2\int \Pi x^3\,d\varphi}.$$

Et, si les forces perturbatrices Π et Φ sont très-petites par rapport à la force principale $\frac{M}{x^2}$, on aura à très-peu près

$$\text{VI.} \qquad \frac{d^2 u}{d\varphi^2} + u - \frac{1}{k^2}\left(M + \frac{\Phi}{u^2} - \frac{2M}{k^2}\int \frac{\Pi\, d\varphi}{u^3} - \frac{\Pi\, du}{u^3 d\varphi}\right) = 0,$$

$$\text{VII.} \qquad dt = \frac{d\varphi}{ku^2}\left(1 - \int \frac{\Pi\, d\varphi}{k^2 u^3}\right).$$

Ces formules sont assez connues, mais nous avons cru devoir les rappeler ici pour épargner à nos lecteurs la peine de les aller chercher ailleurs.

11. Pour appliquer maintenant ces formules au mouvement de la Lune, nous supposerons d'abord que cette planète se meuve dans l'écliptique, c'est-à-dire, que nous ferons abstraction de l'inclinaison de son orbite, qu'on sait toujours être fort petite; il sera ensuite aisé d'y avoir égard si on le juge à propos. Dans cette supposition donc, si l'on nomme σ le rayon vecteur de l'orbite du Soleil, S sa masse et η la distance ou l'élongation de la Lune au Soleil, on trouve que l'action du Soleil sur la Lune produit deux forces perturbatrices, l'une dans la direction du rayon vecteur x de l'orbite de la Lune autour de la Terre, laquelle est

$$S\left[\frac{x}{\delta^3} + \sigma\left(\frac{1}{\sigma^3} - \frac{1}{\delta^3}\right)\cos\eta\right],$$

l'autre perpendiculaire au même rayon vecteur, et qui est

$$S\sigma\left(\frac{1}{\sigma^3} - \frac{1}{\delta^3}\right)\sin\eta,$$

δ étant la distance rectiligne entre la Lune et le Soleil, en sorte que

$$\delta = \sqrt{\sigma^2 - 2\sigma x\cos\eta + x^2}.$$

Or, comme σ est environ quatre cents fois plus grand que x, on aura, avec une approximation suffisante,

$$\frac{1}{\delta^3} = \frac{1}{\sigma^3} + \frac{3x\cos\eta}{\sigma^4} + \frac{(3 - 15\cos^2\eta)x^2}{2\sigma^5};$$

donc, substituant cette valeur, et faisant attention que

$$\cos^2\eta = \frac{1+\cos 2\eta}{2}, \qquad \cos^3\eta = \frac{3\cos\eta + \cos 3\eta}{4},$$

$$\cos\eta \sin\eta = \frac{\sin 2\eta}{2}, \qquad \cos^2\eta \sin\eta = \frac{\sin\eta + \sin 3\eta}{4},$$

on aura, par l'action du Soleil sur la Lune :

Force perturbatrice dans la direction du rayon,

$$-\frac{S}{2\sigma^3}(1+3\cos 2\eta)x - \frac{S}{4\sigma^4}\left(\frac{9\cos\eta}{2} + 15\cos 3\eta\right)x^2;$$

Force perturbatrice perpendiculaire au rayon,

$$-\frac{3S}{2\sigma^3}\sin 2\eta \times x - \frac{S}{8\sigma^4}(3\sin\eta + 15\sin 3\eta)x^2.$$

12. A ces forces provenant de l'attraction du Soleil, il faut maintenant ajouter celles qui viennent de l'attraction de la Terre; et comme on veut avoir égard à la non-sphéricité de sa figure, il est nécessaire de considérer en particulier l'attraction de chaque particule de la Terre sur la Lune et d'en chercher les forces résultantes.

Pour faciliter cette recherche, nous commencerons par établir cette proposition préliminaire, qui est assez facile à démontrer et qui peut être aussi utile dans d'autres occasions :

Si un point A *attire un autre point* B *avec une force quelconque* F, *et qu'on propose de décomposer cette force suivant trois directions données perpendiculaires entre elles; soit* Δ *la distance entre les deux Corps, et soit* $d\Delta$ *l'accroissement de cette distance en supposant que le Corps attiré* B *parcoure, suivant l'une des directions dont il s'agit, l'espace infiniment petit* $d\alpha$, *on aura* $-F\dfrac{d\Delta}{d\alpha}$ *pour la partie de la force* F *qui agit suivant cette même direction.*

De là il s'ensuit que, si l'on détermine la position du point B, par rapport au point A, par trois variables α, β, γ, dont les différentielles $d\alpha$,

$d\beta$, $d\gamma$ soient dans les directions suivant lesquelles il s'agit de décomposer la force F, en sorte que la distance Δ soit une fonction de α, β, γ,..., et qu'on dénote, comme à l'ordinaire, par $\frac{d\Delta}{d\alpha}$, $\frac{d\Delta}{d\beta}$, $\frac{d\Delta}{d\gamma}$ les coefficients de $d\alpha$, $d\beta$, $d\gamma$ dans la différentielle de Δ, on aura

$$-\mathrm{F}\frac{d\Delta}{d\alpha}, \quad -\mathrm{F}\frac{d\Delta}{d\beta}, \quad -\mathrm{F}\frac{d\Delta}{d\gamma}$$

pour les trois forces résultantes de la force F.

Si F est proportionnelle à $\frac{1}{\Delta^2}$, ce qui est le cas de l'attraction céleste, on aura

$$\mathrm{F}\,d\Delta = \frac{d\Delta}{\Delta^2} = -d\frac{1}{\Delta};$$

par conséquent, les trois forces dont il s'agit pourront se représenter par les coefficients de $d\alpha$, $d\beta$, $d\gamma$ dans la différentielle de $\frac{1}{\Delta}$; en sorte qu'il suffira de trouver la valeur de $\frac{1}{\Delta}$ et de la différentier par les méthodes ordinaires.

Si le point B est attiré en même temps vers différents points A, A', A'',..., dont les distances à B soient Δ, Δ', Δ'',..., et dont les attractions soient

$$\frac{\mathrm{M}}{\Delta^2}, \quad \frac{\mathrm{M}'}{\Delta'^2}, \quad \frac{\mathrm{M}''}{\Delta''^2}, \ldots,$$

il est visible qu'il n'y aura qu'à chercher la valeur de la quantité

$$\frac{\mathrm{M}}{\Delta} + \frac{\mathrm{M}'}{\Delta'} + \frac{\mathrm{M}''}{\Delta''} + \ldots$$

et la différentier suivant α, β, γ; les coefficients de $d\alpha$, $d\beta$, $d\gamma$ dans cette différentielle donneront immédiatement les forces cherchées. Donc, en général, si le point B est attiré par un Corps de figure quelconque et dont la masse soit M, en considérant chaque élément $d\mathrm{M}$ de ce Corps comme un point attirant, il faudra prendre d'abord la somme de tous les $\frac{d\mathrm{M}}{\Delta}$, en faisant varier uniquement les quantités qui se rapportent aux éléments dM, et regardant les α, β, γ comme constantes; dénotant cette somme par Σ, on y fera varier ensuite les quantités α, β, γ relatives à la position du point B, et l'on aura

$$\frac{d\Sigma}{d\alpha}, \quad \frac{d\Sigma}{d\beta}, \quad \frac{d\Sigma}{d\gamma}$$

pour les trois forces suivant $d\alpha$, $d\beta$, $d\gamma$ auxquelles se réduira l'effet de l'attraction totale du Corps M sur le point B.

13. Cela posé, pour pouvoir appliquer avec facilité cette méthode à la recherche des forces qui résultent de l'attraction de toutes les parties de la Terre sur la Lune, nous considérerons le centre de la Terre, ainsi que le plan de son équateur, comme fixes; et nous y rapporterons, tant la position de chaque particule dM de la Terre que celle du centre de la Lune, en ayant attention d'employer, pour déterminer la position de ce centre des lignes variables, dont les différentielles aient les mêmes directions qu'on veut donner aux forces résultantes de l'attraction totale de la Terre sur la Lune.

Nous supposerons de plus que l'axe de la Terre soit un de ses trois axes naturels de rotation, et que, par conséquent, les deux autres se trouvent dans le plan de l'équateur; car, quelle que soit la figure de la Terre et la disposition intérieure de ses parties, la rotation constante et uniforme qu'elle a autour de son axe suffit pour nous convaincre que cet axe est nécessairement un de ses axes naturels de rotation; de sorte que, comme les deux autres doivent être perpendiculaires à celui-là, ils ne peuvent être placés que dans le plan de l'équateur.

Donc, si l'on nomme l la distance d'une particule quelconque dM de la Terre au plan de l'équateur, et m, n les distances de cette même particule aux plans des méridiens qui passent par le deuxième et par le troisième axe naturel de rotation de la Terre, on aura d'abord, par les propriétés du centre de gravité,

$$\int l\,dM = 0, \quad \int m\,dM = 0, \quad \int n\,dM = 0,$$

et, par les propriétés des axes naturels de rotation, on aura en même temps

$$\int lm\,d\mathrm{M} = 0, \quad \int ln\,d\mathrm{M} = 0, \quad \int mn\,d\mathrm{M} = 0.$$

14. Dans le cas où les deux hémisphères de la Terre sont supposés semblables et de densité uniforme, il est facile de voir qu'on aura de plus, en général,

$$\int l^\rho \mathrm{P}\,d\mathrm{M} = 0,$$

ρ étant un nombre impair quelconque, et P une fonction quelconque de m et de n; et, si la Terre est un sphéroïde de révolution, on aura

$$\int n^\rho \mathrm{Q}\,d\mathrm{M} = 0, \quad \int m^\rho \mathrm{R}\,d\mathrm{M} = 0,$$

Q étant une fonction quelconque de l et n, et R une fonction quelconque de l et m; mais ces quantités ne seront plus nulles dès qu'on voudra abandonner ces hypothèses et regarder la Terre comme ayant une figure quelconque.

15. Soient maintenant ω l'obliquité de l'écliptique, z la longitude de la Lune comptée depuis l'équinoxe du printemps, et y sa latitude; nommant q son ascension droite et p sa déclinaison, on aura par la Trigonométrie ces deux équations

$$\cos p \cos q = \cos y \cos z,$$

$$\sin p = \cos\omega \sin y + \sin\omega \cos y \sin z,$$

d'où il est facile de tirer

$$\cos p \sin q = -\sin\omega \sin y + \cos\omega \cos y \sin z.$$

De plus, il est aisé de voir que, si l'on nomme ρ le rayon de l'orbite lunaire, et que λ soit la distance de la Lune au plan de l'équateur, μ sa distance au plan passant par le colure des équinoxes, et ν celle au plan qui passe par le colure des solstices, il est aisé de voir, dis-je, que l'on aura

$$\lambda = \rho \sin p, \quad \mu = \rho \cos p \sin q, \quad \nu = \rho \cos p \cos q,$$

et par conséquent

$$\begin{aligned}
\lambda &= \rho(\cos\omega \sin y + \sin\omega \cos y \sin z),\\
\mu &= -\rho(\sin\omega \sin y - \cos\omega \cos y \sin z),\\
\nu &= \rho \cos y \cos z.
\end{aligned}$$

Ainsi l'on connaîtra les coordonnées rectangles λ, μ, ν de la Lune, rapportées au plan de l'équateur.

16. Or il est clair que l'ordonnée λ est toujours parallèle à l'ordonnée l, mais les autres ordonnées μ et ν ne peuvent être parallèles aux ordonnées m et n, que dans le cas où le deuxième axe de rotation de la Terre passerait par les équinoxes; ainsi il faudra encore changer les coordonnées μ et ν en deux autres qui soient toujours parallèles aux coordonnées m et n, ou bien on changera ces dernières en deux autres parallèles à celles-là; ce qui est d'ailleurs plus convenable, à cause que la ligne des équinoxes est à peu près fixe, au lieu que le deuxième et le troisième axe naturel de rotation de la Terre changent continuellement de position, à cause de sa révolution diurne autour du premier axe.

Soit donc ψ l'angle que le deuxième axe de rotation de la Terre fait avec la ligne des équinoxes, c'est-à-dire, la distance du premier méridien à l'équinoxe, en nommant, ce qui est permis, premier méridien celui qui passe par ce même axe, et qui est, par conséquent, fixe sur la surface de la Terre; on verra aisément que, si l'on désigne par m' et n' les nouvelles coordonnées dont l'une serait perpendiculaire et l'autre parallèle à la ligne des équinoxes dans le plan de l'équateur, on aura

$$m' = m \cos\psi + n \sin\psi, \quad n' = n \cos\psi - m \sin\psi.$$

Et, comme les coordonnées l, m', n' qui répondent à la particule $d\text{M}$ de la Terre sont respectivement parallèles aux coordonnées λ, μ, ν qui répondent au centre de la Lune, il est clair que la distance Δ de cette particule à la Lune sera exprimée par la formule

$$\sqrt{(\lambda - l)^2 + (\mu - m')^2 + (\nu - n')^2}.$$

17. Soit, pour abréger, $l^2 + m^2 + n^2 = r^2$ (r étant la distance de la particule dM au centre de la Terre); on aura aussi $l^2 + m'^2 + n'^2 = r^2$; et, comme on a déjà $\lambda^2 + \mu^2 + \nu^2 = \rho^2$, on aura, en substituant les valeurs de λ, μ, ν et développant les termes,

$$\begin{aligned}\Delta^2 = \rho^2 &- 2\rho l(\cos\omega \sin y + \sin\omega \cos y \sin z)\\ &+ 2\rho m'(\sin\omega \sin y - \cos\omega \cos y \sin z)\\ &- 2\rho n' \cos y \cos z + r^2,\end{aligned}$$

où l'on remarquera que le rayon ρ de l'orbite de la Lune est infiniment plus grand que les quantités l, m, n, r; en sorte qu'on pourra exprimer commodément la valeur de $\frac{1}{\Delta}$ par une série fort convergente.

Pour cela je suppose

$$p = l(\cos\omega \sin y + \sin\omega \cos y \sin z) - m'(\sin\omega \sin y - \cos\omega \cos y \sin z) + n' \cos y \cos z;$$

ou bien, en substituant les valeurs de m' et n',

$$\begin{aligned}p = l&(\cos\omega \sin y + \sin\omega \cos y \sin z)\\ &- m[(\sin\omega \sin y - \cos\omega \cos y \sin z)\cos\psi + \cos y \cos z \sin\psi]\\ &- n[(\sin\omega \sin y - \cos\omega \cos y \sin z)\sin\psi - \cos y \cos z \cos\psi],\end{aligned}$$

en sorte que l'on ait

$$\Delta = \sqrt{\rho^2 - 2\rho p + r^2};$$

et, regardant les quantités p et r comme très-petites du même ordre vis-à-vis de ρ, on aura

$$\frac{1}{\Delta} = \frac{1}{\rho} - \frac{1}{2\rho^3}(-2\rho p + r^2) + \frac{1.3}{2.4\rho^5}(-2\rho p + r^2)^2 - \frac{1.3.5}{2.4.6\rho^7}(-2\rho p + r^2)^3 + \ldots,$$

c'est-à-dire, en ordonnant les termes par rapport aux puissances de ρ, et ne poussant la précision que jusqu'aux infiniment petits du troisième ordre,

$$\frac{1}{\Delta} = \frac{1}{\rho} + \frac{p}{\rho^2} + \frac{3p^2 - r^2}{2\rho^3} + \frac{5p^3 - 3pr^2}{2\rho^4} + \ldots.$$

18. Faisons encore, pour abréger,

$$P = \cos\omega \sin y + \sin\omega \cos y \sin z,$$

$$Q = -(\sin\omega \sin y - \cos\omega \cos y \sin z)\cos\psi - \cos y \cos z \sin\psi,$$

$$R = -(\sin\omega \sin y - \cos\omega \cos y \sin z)\sin\psi + \cos y \cos z \cos\psi,$$

de manière que la valeur de p soit représentée par $lP + mQ + nR$, et, substituant cette quantité à la place de p dans l'expression précédente de $\frac{1}{\Delta}$, on aura, à cause de $r^2 = l^2 + m^2 + n^2$,

$$\begin{aligned}\frac{1}{\Delta} = \frac{1}{\rho} &+ \frac{lP + mQ + nR}{\rho^2}\\ &+ \frac{l^2(3P^2 - 1) + m^2(3Q^2 - 1) + n^2(3R^2 - 1) + 6(lmPQ + lnPR + mnQR)}{2\rho^3}\\ &+ \frac{l^3(5P^3 - 3P) + m^3(5Q^3 - 3Q) + n^3(5R^3 - 3R)}{2\rho^4}\\ &+ \frac{3(l^2mQ + l^2nR)(5P^2 - 1) + 3(m^2lP + m^2nR)(5Q^2 - 1) + 3(n^2lP + n^2mQ)(5R^2 - 1)}{2\rho^4}\ (^*).\end{aligned}$$

Donc, multipliant cette quantité par dM, et intégrant en ne faisant varier que les quantités l, m, n, on aura la valeur de $\int \frac{dM}{\Delta}$ ou de Σ (nº **12**); ainsi, en faisant attention que (nº **13**)

$$\int l\,dM = 0, \qquad \int m\,dM = 0, \qquad \int n\,dM = 0,$$

$$\int lm\,dM = 0, \qquad \int ln\,dM = 0, \qquad \int mn\,dM = 0,$$

(*) Lagrange a omis ici le terme $\frac{15\,lmn\,PQR}{\rho^4}$, qui est du même ordre que les derniers termes conservés.

(*Note de l'Éditeur.*)

et supposant, pour plus de simplicité,

$$\int l^2 dM = a^2 M, \quad \int m^2 dM = b^2 M, \quad \int n^2 dM = c^2 M,$$

$$\int l^3 dM = f^3 M, \quad \int lm^2 dM = f'^3 M, \quad \int ln^2 dM = f''^3 dM,$$

$$\int m^3 dM = g^3 M, \quad \int ml^2 dM = g'^3 M, \quad \int mn^2 dM = g''^3 M,$$

$$\int n^3 dM = h^3 M, \quad \int nl^2 dM = h'^3 M, \quad \int nm^2 dM = h''^3 M,$$

on aura

$$\Sigma = \frac{M}{\rho} + \frac{a^2(3P^2-1)+b^2(3Q^2-1)+c^2(3R^2-1)}{2\rho^3}M$$
$$+ \frac{f^3(5P^3-3P)+3f'^3P(5Q^2-1)+3f''^3P(5R^2-1)}{2\rho^4}M$$
$$+ \frac{g^3(5Q^3-3Q)+3g'^3Q(5P^2-1)+3g''^3Q(5R^2-1)}{2\rho^4}M$$
$$+ \frac{h^3(5R^3-3R)+3h'^3R(5P^2-1)+3h''^3R(5Q^2-1)}{2\rho^4}M.$$

19. Or, comme ρ est la distance du centre de la Lune au centre de la Terre, et que z, y sont deux angles dont l'un représente la longitude de la Lune sur l'écliptique et l'autre sa latitude, il est clair qu'en faisant varier ces trois quantités à la fois on aura $-d\rho$, $\rho\cos y\,dz$ et $\rho\,dy$ pour les trois petits espaces que le centre de la Lune parcourra suivant la direction du rayon ρ et suivant deux autres directions perpendiculaires à celle-ci, dont l'une parallèle au plan de l'écliptique et l'autre dans un plan perpendiculaire à l'écliptique. Ainsi, prenant ces trois quantités pour les différences $d\alpha$, $d\beta$, $d\gamma$ (n° **12**), on aura

$$-\frac{d\Sigma}{d\rho}, \quad \frac{1}{\rho\cos y}\frac{d\Sigma}{dz}, \quad \frac{1}{\rho}\frac{d\Sigma}{dy},$$

pour les expressions des forces résultantes de l'attraction de toutes les parties de la Terre sur la Lune, et dont les directions seront les mêmes que celles des petits espaces $-d\rho$, $\rho\cos y\,dz$, $\rho\,dy$.

Si, au lieu du rayon ρ de l'orbite réelle de la Lune, on introduisait le rayon x de son orbite projetée sur l'écliptique, et qu'au lieu de la latitude y on introduisît la distance perpendiculaire de la Lune au plan de l'écliptique q, ce qui ne demande que de mettre partout, dans l'expression de Σ,

$$\sqrt{x^2+q^2}$$

à la place de ρ, et $\dfrac{q}{\sqrt{x^2+q^2}}$, $\dfrac{x}{\sqrt{x^2+q^2}}$ à la place de $\sin y$ et $\cos y$, alors, en faisant varier les trois quantités x, z, q, et prenant $-dx$, $x\,dz$ et dq pour $d\alpha$, $d\beta$, $d\gamma$, on aurait les trois forces

$$-\frac{d\Sigma}{dx},\quad \frac{1}{x}\frac{d\Sigma}{dz},\quad \frac{d\Sigma}{dq},$$

qui seraient équivalentes aux précédentes, mais dont la première agirait suivant la direction du rayon x, la seconde perpendiculairement à ce rayon et parallèlement à l'écliptique, la troisième perpendiculairement à ces deux-là.

Comme cette dernière manière d'envisager les forces qui proviennent de l'action de la Terre sur la Lune est beaucoup plus convenable, lorsqu'on ne veut pas considérer l'orbite réelle de la Lune, mais son orbite projetée sur l'écliptique, ainsi que nous l'avons fait plus haut, nous nous y tiendrons dans la recherche présente, et nous remarquerons d'abord qu'on peut faire abstraction de la latitude de la Lune y, qui étant toujours assez petite, et étant d'ailleurs tantôt positive, tantôt négative, ne saurait influer que très-peu sur son mouvement moyen; c'est pourquoi on pourra simplifier nos formules en y supposant d'avance $y=0$ et $\rho=x$, ce qui donnera

$$\begin{aligned}
P &= \sin\omega\sin z,\\
Q &= \cos\omega\sin z\cos\psi-\cos z\sin\psi,\\
R &= \cos\omega\sin z\sin\psi+\cos z\cos\psi;
\end{aligned}$$

et l'on n'aura plus qu'à considérer les deux forces

$$-\frac{d\Sigma}{dx}, \quad \frac{1}{x}\frac{d\Sigma}{dz},$$

parallèles à l'écliptique et dirigées, la première suivant le rayon x, et la seconde perpendiculairement à ce rayon; de sorte que si l'on fait, pour abréger,

$$P' = \sin\omega \cos z = \frac{dP}{dz},$$

$$Q' = \cos\omega \cos z \cos\psi + \sin z \sin\psi = \frac{dQ}{dz},$$

$$R' = \cos\omega \cos z \sin\psi - \sin z \cos\psi = \frac{dR}{dz},$$

on aura, pour la force qui agit suivant la direction du rayon x, cette expression

$$\begin{aligned}
&\frac{M}{x^2} + 3\,\frac{a^2(3P^2-1) + b^2(3Q^2-1) + c^2(3R^2-1)}{2x^4}\,M\\
&\quad + 2\,\frac{f^3(5P^3-3P) + 3f'^3P(5Q^2-1) + 3f''^3P(5R^2-1)}{x^5}\,M\\
&\quad + 2\,\frac{g^3(5Q^3-3Q) + 3g'^3Q(5P^2-1) + 3g''^3Q(5R^2-1)}{x^5}\,M\\
&\quad + 2\,\frac{h^3(5R^3-3R) + 3h'^3R(5P^2-1) + 3h''^3R(5Q^2-1)}{x^5}\,M,
\end{aligned}$$

et, pour celle qui agit perpendiculairement au rayon, celle-ci

$$\begin{aligned}
&3\,\frac{a^2PP' + b^2QQ' + c^2RR'}{x^4}\,M\\
&\quad + 3\,\frac{f^3(5P^2-1)P' + f'^3[(5Q^2-1)P' + 10PQQ'] + f''^3[(5R^2-1)P' + 10PRR']}{2x^5}\,M\\
&\quad + 3\,\frac{g^3(5Q^2-1)Q' + g'^3[(5P^2-1)Q' + 10QPP'] + g''^3[(5R^2-1)Q' + 10QRR']}{2x^5}\,M\\
&\quad + 3\,\frac{h^3(5R^2-1)R' + h'^3[(5P^2-1)R' + 10RPP'] + h''^3[(5Q^2-1)R' + 10RQQ']}{2x^5}\,M.
\end{aligned}$$

La première de ces deux forces sera donc celle qui pousse la Lune vers le centre de la Terre, en vertu de l'attraction de toutes les parties de la Terre; et il est visible que le premier terme $\frac{M}{x^2}$ de l'expression de cette force représentera l'attraction de la Terre sur la Lune, lorsqu'on n'a point d'égard à sa figure et qu'on la suppose toute concentrée dans un point; de sorte que les autres termes de la même formule exprimeront la force perturbatrice de la Lune, dans la direction du rayon vecteur, provenant de la non-sphéricité de la Terre; ainsi, joignant cette force à celle qu'on a trouvée plus haut (n° **11**) suivant la même direction, on aura la valeur de la force totale perturbatrice Φ (n° **10**).

La seconde des forces trouvées ci-dessus, agissant perpendiculairement au rayon vecteur de l'orbite de la Lune, devra être pareillement ajoutée à celle qu'on a trouvée suivant la même direction, en vertu de l'action du Soleil, et l'on aura la valeur de l'autre force perturbatrice Π (numéros cités).

20. Si la Terre était sphérique et composée de couches concentriques de densité uniforme, il est facile de voir qu'on aurait nécessairement (n° **18**)

$$a^2 = b^2 = c^2, \quad \text{et} \quad f^3 = 0, \quad f'^3 = 0, \quad f''^3 = 0, \quad g^3 = 0, \ldots;$$

par conséquent les deux forces ci-dessus se réduiraient à

$$\frac{M}{x^2} + \frac{3a^2(P^2 + Q^2 + R^2 - 1)}{2x^4} M, \qquad \frac{3a^2(PP' + QQ' + RR')}{x^4} M;$$

mais on a

$$P^2 + Q^2 + R^2 = 1, \quad PP' + QQ' + RR' = 0,$$

comme on peut s'en convaincre par les valeurs de P, Q, R, P',...; donc la première des deux forces précédentes, celle qui agit dans la direction du rayon vecteur, se réduira à $\frac{M}{x^2}$, c'est-à-dire, à ce qu'elle serait si la Terre était concentrée dans un point; et la seconde deviendra entièrement nulle, ce qui s'accorde avec ce que l'on sait d'ailleurs.

Au reste les conditions de

$$a^2 = b^2 = c^2 \quad \text{et de} \quad f^3 = 0, \quad f'^3 = 0, \ldots$$

peuvent avoir lieu d'une infinité de manières différentes, et sans que le Corps soit sphérique et de densité uniforme dans chaque couche; mais, quoique ces conditions suffisent pour rendre nulles les forces perturbatrices que nous venons de trouver, cependant, comme les expressions précédentes ne sont qu'approchées, il est clair que les forces perturbatrices ne seront réellement nulles que lorsque tous les autres termes qu'on a négligés s'évanouiront aussi en même temps. Il n'y a peut-être que le seul cas où le Corps est sphérique, et de densité uniforme dans chaque couche, dans lequel les forces perturbatrices soient exactement et rigoureusement nulles; mais c'est ce qui paraît assez difficile à démontrer.

Si l'on suppose que la Terre soit un solide quelconque de révolution, en sorte que tous ses méridiens aient la même figure, et que de plus toutes les parties de même densité y soient distribuées de manière qu'elles forment des couches semblables, supposition qui paraît la plus naturelle et la plus générale qu'on puisse faire, du moins, en tant qu'on regarde la Terre comme ayant été originairement fluide, on aura, dans cette hypothèse,

$$b^2=c^2,\quad f'^3=f''^3,\quad \text{et}\quad g^3=0,\quad g'^3=0,\quad g''^3=0,\quad h^3=0,\quad h'^3=0,\quad h''^3=0,$$

comme il est facile de s'en convaincre avec un peu de réflexion; ainsi, à cause de

$$P^2+Q^2+R^2=1,\quad \text{et}\quad PP'+QQ'+RR'=0,$$

les deux forces perturbatrices provenant de la non-sphéricité de la Terre deviendront

$$\frac{3(a^2-b^2)(3P^2-1)}{2x^4}M+\frac{2(f^3-3f'^3)(5P^3-3P)}{x^5}M,$$

$$\frac{3(a^2-b^2)PP'}{x^4}M+\frac{3(f^3-3f'^3)(5P^2-1)P'}{2x^5}M,$$

dont la première agira suivant le rayon vecteur x, et l'autre perpendiculairement à ce rayon.

En supposant que la Terre soit un sphéroïde elliptique et homogène, on aura, en nommant α le demi-axe et β le demi-diamètre de l'équateur,

$$a^2 = \frac{\alpha^2}{5}, \quad b^2 = \frac{\beta^2}{5};$$

et le rapport de β à α est, par la Théorie de la figure de la Terre, égal à $1 + \frac{1}{230}$, et par les observations égal à $1 + \frac{1}{178}$.

En général, quels que soient la figure de la Terre et l'arrangement intérieur de ses parties, pourvu que $b^2 = c^2$, on trouve, par la Théorie de la précession des équinoxes, que la précession moyenne annuelle des équinoxes, en vertu de l'action combinée du Soleil et de la Lune, est exprimée par

$$\frac{3(b^2 - a^2)}{4b^2}(1 + \sigma\nu^2)\cos\omega \times \text{mouv. diurne} ☉,$$

σ étant le rapport de la masse de la Lune à celle de la Terre, ν le rapport du mouvement de la Lune à celui du Soleil, et ω l'obliquité de l'écliptique. Or, par les observations, on sait que la précession moyenne est de $50''$; donc, exprimant aussi en secondes le mouvement diurne du Soleil, qui est de $59'8'' = 3548''$, on aura, à cause de $\cos\omega = \cos 23^\circ 29' = \frac{917}{1000}$ et $\nu^2 = 178$,

$$\frac{b^2 - a^2}{b^2} = \frac{200000}{9760548(1+178\sigma)} = \frac{1}{48,80274(1+178\sigma)};$$

donc, si σ est $\frac{1}{70}$ suivant M. Daniel Bernoulli, on aura

$$\frac{b^2 - a^2}{b^2} = \frac{7}{4,880274 \cdot 248} = \frac{1}{173} \text{ à peu près.}$$

21. Ayant donc trouvé les valeurs des forces perturbatrices Φ et Π, tant en vertu de l'action du Soleil que de celle de la Terre regardée comme non sphérique, il ne faudra plus que les substituer dans les équations VI et VII du n° **10**, pour pouvoir déterminer les inégalités de la Lune, qui résultent de ces deux causes; mais, comme les effets de la première ont déjà été suffisamment examinés par les géomètres qui ont travaillé sur la Théorie de la Lune, et que notre objet n'est que de rechercher si la non-sphéricité de la Terre peut servir à expliquer l'équation séculaire de la Lune, il suffira d'avoir égard, dans les équations dont nous venons de parler, aux termes provenant de l'action de la Terre, soit seule, soit combinée avec celle du Soleil, et même, parmi ces termes, à ceux-là seuls qui paraîtront pouvoir produire une altération dans le mouvement moyen. Nous ferons, pour cet effet, les remarques suivantes.

22. Nous avons déjà vu que, pour que la Lune ait une équation séculaire réelle, il faut que l'angle du mouvement vrai φ renferme, outre l'angle du mouvement moyen Z, qui est proportionnel au temps t, encore le terme iZ^2 (n° **2**); et si l'équation séculaire n'est qu'apparente, alors, au lieu du terme iZ^2, il faudra qu'il y en ait un de cette forme

$$\frac{2i}{\mu \sin A}\left(Z\cos A + \frac{\sin A - \sin(A+\mu Z)}{\mu}\right),$$

μ étant un coefficient très-petit (n° 6); donc on aura dans le premier cas, abstraction faite des autres inégalités,

$$\varphi = Z + iZ^2,$$

d'où l'on tire à très-peu près

$$Z = \varphi - i\varphi^2,$$

et, supposant $dt = n\,dZ$,

$$\frac{dt}{d\varphi} = n(1 - 2i\varphi).$$

Dans le second cas, on aura

$$\varphi = Z + \frac{2i}{\mu \sin A}\left[Z\cos A + \frac{\sin A - \sin(A+\mu Z)}{\mu}\right],$$

d'où l'on tire de même

$$Z = \varphi - \frac{2i}{\mu \sin A}\left[\varphi \cos A + \frac{\sin A - \sin(A + \mu\varphi)}{\mu}\right],$$

et de là

$$\frac{dt}{d\varphi} = n\left[1 - \frac{2i}{\sin A}\,\frac{\cos A - \cos(A + \mu\varphi)}{\mu}\right].$$

Or l'équation VII donne

$$\frac{dt}{d\varphi} = \frac{1}{ku^2}\left(1 - \int \frac{\Pi\, d\varphi}{k^2 u^3}\right);$$

donc on aura dans le premier cas

$$nu^2(1 - 2i\varphi) = \frac{1}{k} - \int \frac{\Pi\, d\varphi}{k^3 u^3},$$

et, différentiant, on trouvera

$$\frac{\Pi}{k^3 u^3} = -\frac{2nu\,du}{d\varphi}(1 - 2i\varphi) + 2inu^2;$$

or, comme $\frac{1}{u}$, rayon vecteur de l'orbite de la Lune, est une quantité à très-peu près constante, il s'ensuit que la valeur de $\frac{\Pi}{u^3}$ contiendra nécessairement un terme tout constant, qui sera exprimé par $2ink^3\gamma^2$, γ^2 étant le terme tout constant de la valeur de u^2.

Dans l'autre cas, on aura l'équation

$$nu^2\left[1 - \frac{2i}{\sin A}\,\frac{\cos A - \cos(A + \mu\varphi)}{\mu}\right] = \frac{1}{k} - \int \frac{\Pi\, d\varphi}{k^3 u^3},$$

d'où l'on tire

$$\frac{\Pi}{k^3 u^3} = -\frac{2nu\,du}{d\varphi}\left[1 - \frac{2i}{\sin A}\,\frac{\cos A - \cos(A + \mu\varphi)}{\mu}\right] + 2inu^2\,\frac{\sin(A + \mu\varphi)}{\sin A};$$

de sorte que dans ce cas il faudra que la valeur de $\frac{\Pi}{u^3}$ contienne un terme de la forme

$$2ink^3\gamma^2\frac{\sin(A+\mu\varphi)}{\sin A},$$

μ étant un coefficient extrêmement petit.

On peut conclure de là, en général, que l'équation séculaire de la Lune ne peut avoir lieu à moins que la quantité $\frac{\Pi}{u^3}$ ne contienne ou un terme tout constant, ou un terme qui renferme le sinus d'un angle qui varie infiniment peu, et qui soit par conséquent à très-peu près constant, au moins pendant un grand nombre de révolutions; dans le premier cas, l'équation séculaire de la Lune sera réelle et ira en augmentant comme les carrés des temps; dans le second, elle ne sera qu'apparente et ne différera des autres équations du mouvement de la Lune que par la longueur de sa période.

23. Tout se réduit donc à examiner si la quantité $\frac{\Pi}{u^3}$ peut contenir des termes de l'espèce de ceux dont nous venons de parler, et pour cela il n'y aura qu'à considérer les différents angles dont les sinus ou cosinus entreront dans la valeur de $\frac{\Pi}{u^3}$, et à voir s'il y a quelque combinaison de ces angles qui puisse donner un angle constant ou à peu près constant; alors on n'aura égard qu'aux termes qui pourront donner de telles combinaisons dans les équations VI et VII, et il sera facile d'en déduire l'équation séculaire cherchée.

Je remarque donc d'abord que les forces perturbatrices de la Lune, qui dépendent de l'action du Soleil, ne renferment que les sinus ou cosinus de l'angle η et de ses multiples, avec les deux variables x ou $\frac{1}{u}$ et σ, et que celles qui viennent de la non-sphéricité de la Terre ne contiennent que les sinus ou cosinus des angles z et ψ avec la variable x; car, pour ce qui regarde l'angle ω, qui exprime l'obliquité de l'écliptique, on doit le considérer comme une quantité constante.

Je remarque en second lieu que, σ étant le rayon vecteur de l'orbite du Soleil, on aura, comme l'on sait,

$$\frac{1}{\sigma} = \frac{1 + \varepsilon \cos \xi}{\lambda},$$

λ étant la distance moyenne, ε l'excentricité et ξ l'anomalie vraie; de même, x étant le rayon vecteur de l'orbite de la Lune, on aurait, sans les forces perturbatrices,

$$\frac{1}{x} = u = \frac{1 + e \cos s}{l},$$

l étant la distance moyenne de la Lune, e l'excentricité de son orbite, et s l'anomalie vraie; mais, à cause des forces perturbatrices, on aura

$$\frac{1}{x} = u = \frac{1 + e \cos s + v}{l},$$

v étant une variable très-petite et dépendant uniquement de ces forces. De là il est facile de conclure que les inégalités du mouvement de la Lune, abstraction faite de l'inclinaison de l'orbite, mais en ayant égard à la non-sphéricité de la Terre, ne pourront dépendre que de ces cinq angles ξ, s, η, z et ψ; et il est facile de se convaincre, en particulier, que la valeur de $\frac{\Pi}{u^3}$ se réduira à une suite de termes de la forme

$$A \sin(m\xi + ns + p\eta + qz + r\psi),$$

m, n, p, q, r étant des coefficients indéterminés exprimés par des nombres entiers positifs ou négatifs, en y comprenant zéro et l'unité; or, si l'on se rappelle que l'on a

ξ = anomalie du Soleil,
s = anomalie de la Lune,
η = distance de la Lune au Soleil,
z = longitude de la Lune comptée depuis l'équinoxe,
ψ = distance du premier méridien de la Terre au colure des équinoxes,

et qu'on examine les rapports de ces angles entre eux, lesquels sont à très-peu près connus par les observations, on verra aisément qu'il n'y a que cette combinaison $z-\xi-\eta$ et ses multiples qui puissent former des angles presque constants; en effet, il est clair que $z-\xi$ sera égal à la longitude de la Lune moins celle du Soleil, plus la longitude de l'apogée du Soleil, c'est-à-dire, égal à la distance de la Lune au Soleil plus la longitude de l'apogée du Soleil; par conséquent, nommant α la longitude de l'apogée du Soleil, on aura

$$z-\xi=\eta+\alpha;$$

donc

$$z-\xi-\eta=\alpha.$$

Or on sait que α est une quantité presque constante, qui ne varie que de $1^\circ 50'$ par siècle, suivant les Tables de Mayer, de sorte que l'angle $z-\xi-\eta$ et ses multiples seront dans le cas dont il s'agit; ainsi, dans la recherche de l'équation séculaire de la Lune, il suffira de tenir compte des termes qui renfermeront les trois angles z, ξ, η; d'où je conclus d'abord que, dans les expressions des forces perturbatrices provenant de la non-sphéricité de la Terre, on pourra rejeter les termes qui contiendront les sinus ou cosinus de l'angle ψ; ce qui servira beaucoup à simplifier ces expressions.

24. De cette manière on aura donc, d'après les formules du n° 19,

$$P^2=\frac{\sin^2\omega(1-\cos 2z)}{2},$$

$$Q^2=R^2=\frac{2-\sin^2\omega(1-\cos 2z)}{4},$$

$$P^3=\frac{\sin^3\omega(3\sin z-\sin 3z)}{4},$$

$$PQ^2=PR^2=\frac{(4-3\sin^2\omega)\sin\omega\sin z+\sin^3\omega\sin 3z}{8},$$

et toutes les autres quantités Q^3, QP^2,... seront nulles.

Et comme

$$P' = \frac{dP}{dz}, \quad Q' = \frac{dQ}{dz}, \quad R' = \frac{dR}{dz},$$

on aura, par la différentiation,

$$PP' = \frac{\sin^2\omega \sin 2z}{2},$$

$$QQ' = RR' = -\frac{\sin^2\omega \sin 2z}{4},$$

$$P^2P' = \frac{\sin^3\omega(\cos z - \cos 3z)}{4},$$

$$Q^2P' + 2PQQ' = R^2P' + 2PRR' = \frac{(4 - 3\sin^2\omega)\sin\omega\cos z + 3\sin^3\omega\cos 3z}{8},$$

toutes les autres quantités Q^2Q', R^2R',... étant nulles.

Faisant donc ces substitutions dans les formules du n° 19, et supposant, pour abréger,

$$B = M\left(a^2 - \frac{b^2 + c^2}{2}\right)\left(1 - \frac{3\sin^2\omega}{2}\right),$$

$$C = \frac{3M}{2}\left(a^2 - \frac{b^2 + c^2}{2}\right)\sin^2\omega,$$

$$D = \frac{3M}{2}(2f^3 - 3f'^3 - 3f''^3)\left(\sin\omega - \frac{5}{4}\sin^3\omega\right),$$

$$E = \frac{5M}{8}(2f^3 - 2f'^3 - 3f''^3)\sin^3\omega,$$

on aura, à cause de la non-sphéricité de la Terre :

Force perturbatrice dans la direction du rayon,

$$-\frac{3}{2}\frac{B + C\cos 2z}{x^4} - 2\frac{D\sin z + E\sin 3z}{x^5};$$

Force perturbatrice perpendiculaire au rayon,

$$\frac{C\sin 2z}{x^4} - \frac{D\cos z + 3E\cos 3z}{2x^5}$$

25. Il faut maintenant reprendre les expressions des forces perturbatrices résultant de l'action du Soleil (nº **11**) et y substituer à la place de σ sa valeur $\frac{\lambda}{1+\varepsilon\cos\xi}$; mais il ne sera pas nécessaire de faire cette substitution en entier; car, par ce que nous venons de remarquer dans le numéro précédent, il est visible qu'il suffira d'avoir égard aux termes qui contiendront des sinus ou des cosinus de l'angle $\xi+\eta$ ou de ses multiples. Or la valeur précédente de σ donne celles-ci

$$\frac{1}{\sigma^3}=\frac{1+\frac{3\varepsilon^2}{2}}{\lambda^3}+\frac{3\varepsilon+\frac{3\varepsilon^3}{4}}{\lambda^3}\cos\xi+\frac{3\varepsilon^2}{2\lambda^3}\cos 2\xi+\frac{\varepsilon^3}{4\lambda^3}\cos 3\xi,$$

$$\frac{1}{\sigma^4}=\frac{1+3\varepsilon^2+\frac{3\varepsilon^4}{8}}{\lambda^4}+\frac{4\varepsilon+3\varepsilon^3}{\lambda^4}\cos\xi+\frac{3\varepsilon^2+\frac{\varepsilon^4}{2}}{\lambda^4}\cos 2\xi+\frac{\varepsilon^3}{\lambda^4}\cos 3\xi+\frac{\varepsilon^4}{8\lambda^4}\cos 4\xi;$$

donc, substituant ces valeurs et rejetant tous les termes qui contiendraient d'autres angles que $\xi+\eta$, on aura, par l'action du Soleil :

Force perturbatrice dans la direction du rayon,

$$-\frac{S}{2\lambda^3}\left(1+\frac{3\varepsilon^2}{2}+\frac{9\varepsilon^2}{4}\cos 2(\xi+\eta)\right)x,$$

$$-\frac{S}{4\lambda^4}\left(\frac{9}{4}(4\varepsilon+3\varepsilon^3)\cos(\xi+\eta)+\frac{15\varepsilon^3}{2}\cos 3(\xi+\eta)\right)x^2;$$

Force perturbatrice perpendiculaire au rayon,

$$-\frac{3S}{2\lambda^3}\left(\frac{3\varepsilon^2}{4}\sin 2(\xi+\eta)\right)x,$$

$$-\frac{S}{8\lambda^4}\left(\frac{3}{2}(4\varepsilon+3\varepsilon^3)\sin(\xi+\eta)+\frac{15\varepsilon^3}{2}\sin 3(\xi+\eta)\right)x^2.$$

Joignant donc ces forces à celles du numéro précédent, on aura les valeurs des quantités Φ et Π, lesquelles, en mettant pour plus de simplicité $\frac{1}{\nu^2}$ à la place de $\frac{S}{\lambda^3}$, se trouveront exprimées de la manière suivante

$$\Phi = -\frac{1}{2\nu^2}\left(1 + \frac{3\varepsilon^2}{2} + \frac{9\varepsilon^2}{4}\cos 2(\xi+\eta)\right)$$
$$-\frac{3\varepsilon}{4\nu^2\lambda}\left[\left(3+\frac{9\varepsilon^2}{4}\right)\cos(\xi+\eta) + \frac{5\varepsilon^2}{2}\cos 3(\xi+\eta)\right]x^2$$
$$-\frac{3}{2}\frac{B + C\cos 2z}{x^4} - 2\frac{D\sin z + E\sin 3z}{x^5},$$

$$\Pi = -\frac{9\varepsilon^2}{8\nu^2}\sin 2(\xi+\eta)x$$
$$-\frac{3\varepsilon}{4\nu^2\lambda}\left[\left(1+\frac{3\varepsilon^2}{4}\right)\sin(\xi+\eta) + \frac{5\varepsilon^2}{4}\sin 3(\xi+\eta)\right]x^2$$
$$+\frac{C\sin 2z}{x^4} - \frac{D\cos z + 3E\cos 3z}{2x^5}.$$

26. On substituera maintenant ces valeurs de Φ et de Π dans l'équation VI de l'orbite de la Lune, laquelle deviendra par là, à cause de $x = \frac{1}{u}$,

$$\text{VIII.}\quad \frac{d^2u}{d\varphi^2} + u - \frac{1}{k^2} + \frac{1}{2\nu^2k^2u^3}\left[1 + \frac{3\varepsilon^2}{2} + \frac{9\varepsilon^2}{4}\cos 2(\xi+)\eta\right]$$
$$+\frac{3\varepsilon}{4\nu^2k^2\lambda u^4}\left[\left(3+\frac{9\varepsilon^2}{4}\right)\cos(\xi+\eta) + \frac{5\varepsilon^2}{2}\cos 3(\xi+\eta)\right]$$
$$+\frac{3u^2}{2k^2}(B + C\cos 2z) + \frac{2u^3}{k^2}(D\sin z + E\sin 3z)$$
$$-\frac{9\varepsilon^2}{4k^4\nu^2}\int\frac{\sin 2(\xi+\eta)}{u^4}d\varphi - \frac{9\varepsilon^2}{8\nu^2}\frac{\sin 2(\xi+\eta)\,d\omega}{u^4\,d\varphi}$$
$$-\frac{3\varepsilon}{2k^4\nu^2\lambda}\left[\left(1+\frac{3\varepsilon^2}{4}\right)\int\frac{\sin(\xi+\eta)}{u^5}d\varphi - \frac{5\varepsilon^2}{4}\int\frac{\sin 3(\xi+\eta)}{u^5}d\varphi\right]$$
$$-\frac{3\varepsilon}{2k^4\nu^2\lambda}\left[\left(1+\frac{3\varepsilon^2}{4}\right)\frac{\sin(\xi+\eta)\,du}{u^5\,d\varphi} - \frac{5\varepsilon^2}{4}\frac{\sin 3(\xi+\eta)\,du}{u^5\,d\varphi}\right]$$
$$+\frac{2}{k^4}\left(C\int u\sin 2z\,d\varphi - \frac{D}{2}\int u^2\cos z\,d\varphi - \frac{3E}{2}\int u^2\cos 3z\,d\varphi\right)$$
$$+\frac{1}{k^2}\left(C\frac{\sin 2z.u\,du}{d\varphi} - \frac{D}{2}\frac{\cos z.u^2du}{d\varphi} - \frac{3E}{2}\frac{\cos 3z.u^2du}{d\varphi}\right) = 0.$$

J'ai supposé, dans cette équation, la masse M de la Terre égale à l'unité; de sorte que, si l'on suppose aussi (ce qui est également permis) que la distance moyenne l de la Lune à la Terre soit $= 1$, on aura $\frac{M}{l^3} = 1$; par conséquent, comme on a, par les Théorèmes de Huyghens, $\sqrt{\frac{S}{\lambda^3}} : \sqrt{\frac{M}{l^3}}$ égal au rapport du temps périodique de la Lune au temps périodique de la Terre, ou (ce qui est la même chose) au rapport du mouvement moyen de la Terre à celui de la Lune, la quantité $\frac{1}{\sqrt{\frac{S}{\lambda^3}}}$, ou bien ν, exprimera le rapport du mouvement moyen de la Lune à celui du Soleil, lequel est environ de $13 : 1$, ou plus exactement $\sqrt{178\frac{29}{40}} : 1$.

27. De plus on aura, à cause de $l = 1$ (n° 23),

$$u = 1 + e\cos s + v,$$

et il faudra que la quantité v ne contienne ni aucun terme tout constant, ni aucun terme affecté de $\cos s$; ainsi, après avoir substitué cette valeur dans l'équation précédente, on y fera disparaître tous les termes qui renfermeront $\cos s$, ainsi que ceux qui ne contiendront aucun sinus ou cosinus; ce qui donnera deux équations dont l'une servira à déterminer le rapport $\frac{ds}{d\varphi}$ qui est supposé constant, et l'autre servira à déterminer la constante k; mais, comme l'équation VII n'est pas exacte, à cause des différents termes qu'on y a négligés comme inutiles dans la recherche de l'équation séculaire, on ne pourra déterminer de cette manière les deux quantités dont il s'agit; ainsi l'on se contentera de rejeter les termes en question sans faire attention aux conditions nécessaires pour la destruction rigoureuse de ces termes, et l'on pourra prendre, sans erreur sensible, pour k sa valeur approchée 1, et pour $\frac{ds}{d\varphi}$ sa valeur donnée par les observations.

Supposons donc $\frac{ds}{d\varphi} = p$, et soient de plus $\frac{d\xi + d\eta}{d\varphi} = \varpi$, $\frac{dz}{d\varphi} = q$, en sorte que $p-1$ désigne le rapport du mouvement de l'apogée de la Lune à son mouvement moyen en longitude, $\varpi-1$ le rapport du mouvement de l'apogée du Soleil au mouvement moyen de la Lune, et $q-1$ le rapport du mouvement des points équinoxiaux à ce même mouvement moyen (n° 23); il est facile de voir que l'équation VII deviendra de cette forme

$$\frac{d^2 v}{d\varphi^2}+n^2 v+\Omega=0,$$

où,

$$n^2=1-3\frac{1+\frac{3\varepsilon^2}{2}}{2\nu^3 k^2}+\frac{6B}{k^2},$$

et Ω sera composée de différents termes de la forme $A\cos(a+\alpha\varphi)$; et l'on sait que chacun de ces termes donnera dans la valeur de v le terme correspondant $\frac{A}{\alpha^2-n^2}\cos(a+\alpha\varphi)$; de sorte qu'on aura facilement par ce moyen la valeur complète de v.

28. Pour avoir les termes qui doivent composer la valeur de Ω, il n'y aura qu'à substituer dans les termes de l'équation VII, qui sont affectés de quelques sinus ou cosinus, $1+e\cos s$ à la place de u, parce qu'on peut négliger dans la première approximation la quantité très-petite v; on pourrait même négliger aussi le terme $e\cos s$, qui est fort petit vis-à-vis de 1, la valeur de e étant environ $\frac{1}{20}$; mais comme on sait que, dans la Théorie de la Lune, il se rencontre des termes qui augmentent beaucoup par l'intégration, il faut voir si de pareils termes ne peuvent pas venir du terme $e\cos s$; or, comme les coefficients p, ϖ, q et n diffèrent peu de l'unité, il est d'abord clair que les deux termes qui contiennent $\sin(\xi+\eta)$ et $\sin z$ sous le signe $\int$, étant multipliés par $\cos s$, en donneront deux autres qui contiendront $\sin(\xi+\eta-s)$ et $\sin(z-s)$, et qui, étant multipliés par $d\varphi$ et intégrés ensuite, se trouveront augmentés dans les raisons de 1 à $\frac{1}{\varpi-n}$ et de 1 à $\frac{1}{q-n}$; ainsi il sera bon de conserver ces termes.

De plus, les termes qui contiennent des sinus ou cosinus de $2(\xi+\eta)$ et de $2z$, étant multipliés par $\cos s$, en donneront d'autres qui contiendront des sinus ou cosinus de $2(\xi+\eta)-s$ et de $2z-s$; et ces sortes de termes augmenteront beaucoup dans la valeur de v, puisqu'ils devront être divisés par les quantités très-petites $(2\varpi-p)^2-n^2$ et $(2q-p)^2-n^2$; il faudra donc aussi avoir recours aux termes de cette espèce.

A l'exception des termes dont nous venons de parler, on pourra mettre partout ailleurs 1 à la place de u, et l'on trouvera, toutes réductions faites,

$$\begin{aligned}\Omega = {} & \mathrm{L}\cos 2(\xi+\eta)+\mathrm{M}\cos(\xi+\eta)+\mathrm{N}\cos 3(\xi+\eta)+\mathrm{P}\cos 2z+\mathrm{Q}\sin z+\mathrm{R}\sin 3z\\ & +\mathrm{S}\cos[2(\xi+\eta)-s]+\mathrm{T}\cos(\xi+\eta-s)+\mathrm{V}\cos(2z-s)+\mathrm{X}\sin(z-s),\end{aligned}$$

où les coefficients L, M,... auront les valeurs suivantes

$$\mathrm{L}=\frac{9\varepsilon^2}{8\nu^2k^2}+\frac{9\varepsilon^2}{8\nu^2k^4\varpi},$$

$$\mathrm{M}=\frac{9\varepsilon\left(1+\frac{3\varepsilon^2}{4}\right)}{4\nu^2k^2\lambda}+\frac{3\varepsilon\left(1+\frac{3\varepsilon^2}{4}\right)}{2\nu^2k^4\lambda\varpi},$$

$$\mathrm{N}=\frac{15\varepsilon^3}{8\nu^2k^2\lambda}+\frac{5\varepsilon^3}{8\nu^2k^4\lambda\varpi},$$

$$\mathrm{P}=\frac{3\mathrm{C}}{2k^2}-\frac{\mathrm{C}}{k^4q},$$

$$\mathrm{Q}=\frac{2\mathrm{D}}{k^2}-\frac{\mathrm{D}}{k^4q},$$

$$\mathrm{R}=\frac{2\mathrm{E}}{k^2}-\frac{\mathrm{E}}{k^4q},$$

$$\mathrm{S}=-\frac{27\varepsilon^2e}{16\nu^2k^2}-\frac{9\varepsilon^2e}{2\nu^2k^4(2\varpi-p)}+\frac{9\varepsilon^2ep}{16\nu^2},$$

$$\mathrm{T}=-\frac{15\varepsilon\left(1+\frac{3\varepsilon^2}{4}\right)e}{4\nu^2k^4\lambda(\varpi-p)},$$

$$\mathrm{V}=\frac{3\mathrm{C}e}{2k^2}-\frac{\mathrm{C}e}{k^4(2q-p)}-\frac{\mathrm{C}pe}{2k^2},$$

$$\mathrm{X}=-\frac{2\mathrm{D}e}{k^4(q-p)}.$$

Et de là on trouvera

$$v = \frac{L\cos 2(\xi+\eta)}{4\varpi^2 - n^2} + \frac{M\cos(\xi+\eta)}{\varpi^2 - n^2} + \frac{N\cos 3(\xi+\eta)}{9\varpi^2 - n^2}$$
$$+ \frac{P\cos 2z}{4q^2 - n^2} + \frac{Q\sin z}{q^2 - n^2} + \frac{R\sin 3z}{9q^2 - n^2} + \frac{S\cos[2(\xi+\eta) - s]}{(2\varpi - p)^2 - n^2}$$
$$+ \frac{T\cos(\xi+\eta - s)}{(\varpi - p)^2 - n^2} + \frac{V\cos(2z - s)}{(2q - p)^2 - n^2} + \frac{X\sin(z - s)}{(q - p)^2 - n^2}.$$

29. Il ne s'agit plus maintenant que de substituer à la place de u sa valeur $1 + e\cos s + v$, dans la quantité $\frac{\Pi}{u^3}$, c'est-à-dire (n° 25), dans celle-ci $\left(x \text{ étant } = \frac{1}{u}\right)$

$$-\frac{9\varepsilon^2}{8\nu^2 u^4}\sin 2(\xi+\eta) - \frac{3\varepsilon\left(1 + \frac{3\varepsilon^2}{4}\right)}{4\nu^2\lambda u^5}\sin(\xi+\eta)$$
$$-\frac{15\varepsilon^2}{16\nu^2\lambda u^5}\sin 3(\xi+\eta) + Cu\sin 2z - \frac{Du^2}{2}\cos z - \frac{3E}{2}u^2\cos 3z,$$

et de tenir compte uniquement des termes qui contiendront des sinus ou cosinus de l'angle $\xi + \eta - z$ ou de ses multiples quelconques (n° 23); nous allons pour cela examiner séparément chacun des termes de la quantité dont il s'agit, et nous supposerons, pour abréger, l'angle $\xi + \eta - z$ égal à α, ainsi qu'on l'a déjà fait plus haut. Et :

1° Il est clair que le terme

$$-\frac{9\varepsilon^2}{8\nu^2 u^4}\sin 2(\xi+\eta)$$

pourra donner un terme de la forme $\sin 2\alpha$, pourvu que la quantité $\frac{1}{u^4}$ en contienne un de la forme $\cos 2z$; or

$$\frac{1}{u^4} = 1 - 4(e\cos s + v) + 10(e\cos s + v)^2 - \ldots;$$

ainsi l'on aura d'abord dans la valeur de $\frac{1}{u^4}$, en vertu du terme $-4v$, celui-ci

$$-\frac{4P}{4q^2 - n^2}\cos 2z;$$

ensuite on trouvera, en vertu du terme $10.2e\cos s.v$, cet autre-ci

$$\frac{10eV}{(2q-p)^2-n^2}\cos 2z;$$

de sorte que le terme dont il s'agit donnera le suivant

$$\frac{9\varepsilon^2}{8\nu^2}\left(-\frac{2P}{4q^2-n^2}+\frac{5eV}{(2q-p)^2-n^2}\right)\sin 2\alpha.$$

2° Le terme

$$-\frac{3\varepsilon\left(1+\frac{3\varepsilon^2}{4}\right)}{4\nu^2\lambda u^5}\sin(\xi+\eta)$$

donnera un terme de cette forme $\sin\alpha$ ou $\cos\alpha$, pourvu que la quantité $\frac{1}{u^5}$ en contienne de la forme $\cos z$ ou $\sin z$; or

$$\frac{1}{u^5}=1-5(e\cos s+v)+15(e\cos s+v)^2-\ldots;$$

et il est visible que le terme $-5v$ donnera d'abord celui-ci

$$\frac{5Q}{q^2-n^2}\sin z,$$

et que le terme $15.2e\cos s.v$ donnera celui-ci

$$\frac{15eX}{(q-p)^2-n^2}\sin z;$$

ainsi le terme en question donnera le suivant

$$-\frac{3\varepsilon\left(1+\frac{3\varepsilon^2}{4}\right)}{4\nu^2\lambda}\left(-\frac{5Q}{2(q^2-n^2)}+\frac{15eX}{2[(q-p)^2-n^2]}\right)\cos\alpha.$$

3° Le terme

$$-\frac{15\varepsilon^3}{16\nu^2\lambda u^5}\sin 3(\xi+\eta)$$

donnera un terme de la forme $\sin 3\alpha$ ou $\cos 3\alpha$, pourvu que la quantité

$\frac{1}{u^5}$ en contienne de la forme $\cos 3z$ ou $\sin 3z$; mais

$$\frac{1}{u^5} = 1 - 5(e\cos s + v) + 15(e\cos s + v)^2 \ldots,$$

et l'on trouvera que le terme $-5v$ produira celui-ci

$$-\frac{5R}{9q^2 - n^2}\sin 3z,$$

et que les autres termes n'en produiront aucun de cette espèce; donc le terme dont il s'agit donnera simplement celui-ci

$$\frac{15\varepsilon^3}{16\nu^2\lambda}\,\frac{5R}{2(9q^2 - n^2)}\cos 3\alpha.$$

4° Le terme $Cu\sin 2z$ en donnera un de la forme $\sin 2\alpha$, si u ou v en contient un de la forme $\cos 2(\xi + \eta)$; or le terme de cette forme qui est contenu dans v est

$$\frac{L}{4\varpi^2 - n^2}\cos 2(\xi + \eta);$$

ainsi l'on aura, pour le terme dont il s'agit, celui-ci

$$\frac{CL}{2(4\varpi^2 - n^2)}\sin 2\alpha.$$

5° Le terme

$$-\frac{D}{2}u^2\cos z$$

en donnera de la forme $\cos\alpha$, si u^2 en contient de la forme $\cos(\xi + \eta)$; mais

$$u^2 = 1 + 2e\cos s + 2v + (e\cos s + v)^2,$$

et l'on trouve que $2v$ contient d'abord le terme

$$\frac{2M}{\varpi^2 - n^2}\cos(\xi + \eta),$$

et que $2e\cos s.v$ contiendra le terme

$$\frac{eT}{(\varpi - p)^2 - n^2}\cos(\xi + \eta);$$

donc on aura, pour le terme en question, celui-ci

$$-\frac{D}{2}\left(\frac{M}{\varpi^2 - n^2} + \frac{eT}{2[(\varpi - p)^2 - n^2]}\right)\cos\alpha.$$

Enfin le terme

$$-\frac{3E}{2}u^2\cos 3z$$

donnera un terme de la forme $\cos 3\alpha$, si u^2 en contient de la forme $\cos 3(\xi + \eta)$; or on trouve que $2v$ contient celui-ci

$$\frac{2N\cos 3(\xi + \eta)}{9\varpi^2 - n^2},$$

et que les autres termes de la valeur de u^2 n'en contiennent aucun de cette espèce; ainsi l'on aura simplement le terme

$$-\frac{3E}{2}\frac{N}{9\varpi^2 - n^2}\cos 3\alpha.$$

Rassemblant donc tous les termes qu'on vient de trouver, on aura les trois suivants

$$\left[\frac{9\varepsilon^2}{8\nu^2}\left(-\frac{2P}{4q^2 - n^2} + \frac{5eV}{(2q - p)^2 - n^2}\right) + \frac{CL}{2(4\varpi^2 - n^2)}\right]\sin 2\alpha,$$

$$+\left[\frac{3\varepsilon\left(1 + \frac{3\varepsilon^2}{4}\right)}{8\nu^2\lambda}\left(\frac{5Q}{q^2 - n^2} - \frac{15eX}{(q - p)^2 - n^2}\right) - \frac{D}{2}\left(\frac{M}{\varpi^2 - n^2} + \frac{eT}{2[(\varpi - p)^2 - n^2]}\right)\right]\cos\alpha,$$

$$+\left(\frac{15\varepsilon^3}{16\nu^2\lambda}\frac{5R}{2(9q^2 - n^2)} - \frac{3E}{2}\frac{N}{9\varpi^2 - n^2}\right)\cos 3\alpha,$$

qui seront contenus dans la valeur de $\frac{\Pi}{u^3}$, et qui pourront par conséquent donner une équation séculaire; et il est facile de se convaincre, avec un peu de réflexion, que ces termes seront effectivement les seuls de cette espèce qui pourront entrer dans la valeur de $\frac{\Pi}{u^3}$, du moins dans la première approximation; ainsi il n'y aura qu'à voir si l'équation séculaire qui en résulte est conforme ou non aux observations.

30. J'observe d'abord que, si l'on suppose que les deux hémisphères de la Terre soient semblables, supposition à laquelle il n'est presque pas permis de renoncer, du moins sans les raisons les plus fortes et les plus décisives, on aura (nos **14** et **18**)

$$f=0,\quad f'=0,\quad f''=0;\quad g=0,\quad g'=0,\quad g''=0;\quad h=0,\quad h'=0,\quad h''=0;$$

donc (no **24**)

$$D=0,\quad E=0,$$

et de là (no **28**)

$$Q=0,\quad R=0,\quad X=0;$$

d'où il s'ensuit que, dans ce cas, les trois termes ci-dessus se réduiront à celui-ci unique

$$\left[\frac{9\varepsilon^2}{8\nu^2}\left(-\frac{2P}{4q^2-n^2}+\frac{5eV}{(2q-p)^2-n^2}\right)+\frac{CL}{2(4\varpi^2-n^2)}\right]\sin 2\alpha;$$

de sorte que, comme α exprime la longitude de l'apogée du Soleil (no **23**), on aura une équation séculaire apparente et analogue à celle que nous avons examinée dans le no **8**; ainsi il n'y aura plus qu'à voir si le coefficient de cette équation est tel qu'il faut pour répondre aux observations.

Pour cela, je remarque que, suivant les observations, on a

$$p-1=-\frac{6'41''}{13^{\circ}10'35''}=\frac{-1}{118\frac{1}{3}};$$

ce qui, à cause de $\nu^2=178$, ne diffère pas beaucoup de $\frac{-3}{2\nu^2}$; ensuite on a aussi par les observations

$$\varpi - 1 = -\frac{16''}{365\frac{1}{4}(13^{\circ}10'35'')} \quad \text{et} \quad q - 1 = -\frac{50''}{365\frac{1}{4}(13^{\circ}10'35'')};$$

d'où l'on voit que les quantités ϖ et q sont presque égales à l'unité; du moins la différence en est si petite qu'il serait inutile d'en tenir compte dans les coefficients.

De plus on a déjà observé que la constante k est aussi à très-peu près égale à l'unité; du moins la différence ne peut être que de l'ordre de ε^2 et de $\frac{1}{\nu^2}$; c'est pourquoi on aura, sans erreur sensible (n° 27),

$$L = \frac{9\varepsilon^2}{4\nu^2}, \quad P = \frac{C}{2}, \quad V = 0;$$

et, faisant ces substitutions dans le coefficient du terme $\sin 2\alpha$ trouvé ci-dessus, on verra que tout se détruira, en sorte que ce coefficient deviendra nul de lui-même.

31. Si les deux termes

$$\frac{9\varepsilon^2}{8\nu^2}\frac{-2P}{4q^2 - n^2} + \frac{CL}{2(4\varpi^2 - n^2)}$$

ne se détruisaient pas, on aurait une quantité de l'ordre de $\frac{\varepsilon^2 C}{\nu^2}$; de même, si les différents termes de la valeur de V ne se détruisaient pas entre eux, cette quantité serait de l'ordre de Ce, et par conséquent, à cause de

$$(2p - q)^2 - n^2 = \left(1 - \frac{3}{\nu^2}\right)^2 - 1 + \frac{3}{2\nu^2} - 6B = -\frac{9}{2\nu^2} - 6B,$$

le terme

$$\frac{9\varepsilon^2}{8\nu^2}\frac{5eV}{(2q - p)^2 - n^2}$$

serait de l'ordre $\varepsilon^2 e^2 C$, c'est-à-dire, du même ordre que les autres termes, à cause que $\frac{1}{\nu^2}$ et e^2 sont à peu près des quantités du même ordre.

Ainsi le coefficient de $\sin 2\alpha$, dans la quantité $\frac{\Pi}{u^3}$, serait de l'ordre de $\frac{\varepsilon^2 C}{\nu^2}$: c'est-à-dire, de l'ordre de $\frac{C}{(60)^2 . 180}$, à cause de ε égal environ à $\frac{1}{60}$ et de ν^2 égal environ à 180.

Dénotons, pour plus de simplicité, ce coefficient par β, en sorte que la quantité $\frac{\Pi}{u^3}$ renferme le terme $\beta \sin 2\alpha$; et, si l'on regarde l'angle α comme constant, on aura

$$\int \frac{\Pi \, d\varphi}{u^3} = \beta \sin 2\alpha . \varphi;$$

donc (équation VII)

$$dt = \frac{d\varphi}{k u^2} - \frac{\beta \sin 2\alpha}{k u^2} \varphi \, d\varphi,$$

et, à cause que le terme tout constant de u^2 est à très-peu près égal à 1, et que k est aussi presque égal à 1, on aura, en intégrant,

$$t \quad \text{ou} \quad Z = \varphi - \frac{\beta \sin 2\alpha}{2} \varphi^2$$

(Z étant l'angle du mouvement moyen répondant à l'angle du mouvement vrai φ); d'où

$$\varphi = Z + \frac{\beta \sin 2\alpha}{2} Z^2;$$

donc (n° 2)

$$\frac{\beta \sin 2\alpha}{2} = i = \frac{9}{10000 . 360 . 3600 . \varpi \nu^2} \ (^*),$$

et de là

$$\beta = \frac{18}{10000 . 360 . 3600 . \varpi \nu^2 \sin 2\alpha};$$

c'est la valeur que doit avoir le coefficient β pour pouvoir répondre aux observations. Or nous avons vu ci-dessus que, si les termes qui composent la valeur de ce coefficient ne se détruisaient pas entre eux, du moins à très-peu près, ce coefficient serait de l'ordre de $\frac{C}{(60)^2 . 180}$: d'où il

(*) La lettre ϖ, qui vient d'être employée pour un autre usage, désigne ici, comme au n° 2. le rapport de la circonférence au rayon. (*Note de l'Éditeur.*)

s'ensuit que l'on devrait avoir alors pour la valeur de C une quantité de l'ordre $\frac{18}{(100)^2 . 360 . \varpi \sin 2\alpha}$, ou bien (à cause de $\varpi =$ environ 6) de l'ordre $\frac{1}{(100)^2 . 120 . \sin 2\alpha}$; mais on a (nº **24**)

$$C = \frac{3}{2}\left(a^2 - \frac{b^2 + c^2}{2}\right)\sin^2\omega;$$

donc il faudrait que la quantité $a^2 - \frac{b^2 + c^2}{2}$ fût de l'ordre de $\frac{1}{(100)^2 . 180 . \sin 2\alpha . \sin^2\omega}$.

Si l'on suppose la Terre elliptique et homogène, on a (nº **20**), à cause que, la distance de la Lune à la Terre ayant été supposée égale à 1, le rayon de la Terre est environ égal à $\frac{1}{60}$, on a, dis-je,

$$a^2 = \frac{1}{5(60)^2}, \quad b^2 = c^2 = \frac{1}{5}\,\frac{1}{(60)^2}\left(1 + \frac{1}{230}\right)^2;$$

donc on aura à très-peu près, dans cette hypothèse,

$$a^2 - \frac{b^2 + c^2}{2} = -\frac{1}{5(60)^2} \times \frac{1}{115} = -\frac{1}{(60)^2 . 575};$$

or il est visible que cette quantité est à peu près du même ordre que la précédente, à cause de $(100)^2 . 90 = 900000$, et $(60)^2 . 575 = 2070000$; d'où l'on peut d'abord conclure que, si les principaux termes du coefficient de $\sin 2\alpha$ ne se détruisaient pas, ce coefficient serait à peine suffisant pour donner une équation séculaire conforme aux observations.

En général, quelle que soit la figure de la Terre, pourvu qu'elle soit un solide de révolution, on a, par la Théorie de la précession des équinoxes,

$$\frac{b^2 - a^2}{b^2} = \frac{1}{173} \quad \text{à peu près;}$$

or il est bien aisé de se convaincre que la quantité b^2 est nécessairement moindre que le carré du rayon de l'équateur, c'est-à-dire, $< \frac{1}{(60)^2}$ (la distance de la Lune à la Terre étant prise pour l'unité); de sorte qu'on aura (b^2 étant égal à c^2)

$$\frac{b^2+c^2}{2} - a^2 < \frac{1}{173.(60)^2} < \frac{1}{622800}.$$

D'un autre côté, on a trouvé que, pour que le coefficient de $\sin 2\alpha$ répondit aux observations dans l'hypothèse où les principaux termes de ce coefficient ne se détruiraient pas, il faudrait que la même quantité $\frac{b^2+c^2}{2} - a^2$ fût de l'ordre de $\frac{1}{(100)^2.180.\sin 2\alpha.\sin^2\omega}$, c'est-à-dire (à cause que ω est l'obliquité de l'écliptique et α la longitude de l'apogée du Soleil), de l'ordre $\frac{1}{(100)^2.180.\sin(15^\circ\frac{1}{2})(\sin 23^\circ\frac{1}{2})^2} = \frac{1}{76484}$, quantité qui est de beaucoup plus grande que la précédente; d'où il s'ensuit que, même dans cette hypothèse, on aurait peine à expliquer l'équation séculaire de la Lune, par le moyen du terme dont il s'agit.

Mais, puisque nous avons trouvé que le coefficient de ce terme est à peu près nul, du moins aux quantités de l'ordre de $\frac{1}{\nu^2}$ près (car les valeurs de p et de k, que nous avons prises égales à l'unité, n'en diffèrent réellement que par des quantités de ce même ordre), il est clair que la vraie valeur de ce coefficient sera nécessairement de l'ordre de $\frac{\varepsilon^2 c}{\nu^4}$; par conséquent, le terme dont nous parlons sera tout à fait insuffisant pour produire l'équation séculaire de la Lune, telle que les Tables de Mayer la donnent.

On trouvera à peu près le même résultat, si l'on a égard à la variabilité de l'angle α, auquel cas l'équation séculaire ne sera qu'apparente et devra avoir la valeur déterminée dans le n° 8.

On conclura donc de là que l'équation séculaire dont il s'agit ne saurait venir de la non-sphéricité de la Terre, tant qu'on y suppose les deux hémisphères semblables; mais, avant de prononcer sur l'impossibilité d'expliquer cette équation par l'attraction de la Terre supposée non sphérique, il est à propos de voir ce que la dissimilitude des hémisphères peut donner sur ce point.

32. Pour cela, il ne s'agit que d'examiner l'effet des autres termes de la formule du n° 29, c'est-à-dire, de ceux qui contiennent $\cos\alpha$ et $\cos 3\alpha$, et que nous avons vus devoir disparaître lorsque les deux hémisphères de la Terre sont semblables. Or on a (n° 27), aux infiniment petits de l'ordre ε^2 près,

$$M = \frac{15\varepsilon}{4\nu^2\lambda},\quad N = \frac{5\varepsilon^3}{2\nu^2\lambda},\quad Q = D,\quad R = E,$$

$$T = -\frac{15\varepsilon e}{4\nu^2\lambda(1-p)},\quad X = -\frac{2De}{1-p},$$

où l'on remarquera que $1-p$ est une quantité très-petite, égale à $\frac{3}{2\nu^2}$ environ (n° 30). Substituant donc ces valeurs dans les deux termes dont nous venons de parler, ils se réduiront (en y négligeant ce qu'on doit y négliger) à celui-ci

$$\left[\frac{3\varepsilon}{8\nu^2\lambda}\,\frac{5D}{1-n^2} - \frac{D}{2}\,\frac{15\varepsilon}{4\nu^2\lambda(1-n^2)}\right]\cos\alpha,$$

lequel, comme l'on voit, disparaît de lui-même.

Il arrive donc de nouveau, par une fatalité singulière, que les deux principaux termes du coefficient de $\cos\alpha$ se détruisent. Si cela n'était pas, il est clair que ce coefficient serait de l'ordre de $\frac{\varepsilon D}{\nu^2\lambda(1-n^2)}$, c'est-à-dire, à cause de $n^2 = 1 - \frac{3}{2\nu^2}$ à très-peu près (n° 27), de l'ordre de $\frac{\varepsilon D}{\lambda}$; or λ, distance du Soleil à la Terre, est environ égale à 400 (*), puisque celle de la Lune à la Terre est supposée égale à 1; donc $\frac{1}{\lambda}$ sera de l'ordre de $\frac{1}{\nu^2}$; de plus il est facile de voir que les quantités D et E (n° 24) doivent être, généralement parlant, plus petites que la quantité C dans

(*) Le texte primitif porte 200 au lieu de 400; c'est assurément une simple erreur typographique que nous avions le devoir de faire disparaître; car, à l'époque où Lagrange publia son Mémoire, la parallaxe du Soleil était déjà connue avec une certaine précision.

(*Note de l'Éditeur.*)

la raison du rayon de la Terre à la distance de la Lune, c'est-à-dire, dans la raison de 1 : 60, parce que les quantités a^2, b^2, c^2 ne sont que de deux dimensions, au lieu que les quantités f^3, f'^3, f''^3 sont de trois (nº 18). Ainsi on peut regarder les quantités de l'ordre de $\frac{\varepsilon D}{\lambda}$ comme du même ordre que celles de l'ordre $\frac{\varepsilon^2 C}{\nu^2}$; d'où il s'ensuit que, si les principaux termes du coefficient de $\cos\alpha$ ne se détruisaient pas, ce coefficient serait du même ordre que celui de $\sin 2\alpha$, dans le cas où les termes de celui-ci ne se détruiraient pas (nº 31); ainsi on pourra faire ici le même raisonnement que nous avons fait dans le numéro précédent, et en tirer des conclusions semblables. Il est vrai que, comme les quantités f^3, f'^3, f''^3 sont indéterminées, on pourrait les prendre telles, que les coefficients de $\cos\alpha$ et de $\cos 3\alpha$ eussent la valeur requise pour donner l'équation séculaire de Mayer; mais il est facile de se convaincre qu'il faudrait, pour cela, supposer aux deux hémisphères de la Terre des figures trop dissemblables pour qu'on pût les accorder avec les mesures des degrés et la Théorie de la précession des équinoxes et de la nutation de l'axe de la Terre.

33. Comme, dans les calculs précédents, nous avons toujours fait abstraction de l'inclinaison de l'orbite lunaire à l'égard de l'écliptique, on pourrait peut-être douter, au premier aspect, si cette circonstance ne doit pas apporter quelque changement à nos résultats; mais, pour lever ce doute, il suffit de remarquer que l'inclinaison de l'orbite ne peut avoir d'autre influence dans nos calculs que d'introduire un sixième angle ζ égal à la distance de la Lune au nœud, lequel se combinerait avec les cinq autres que nous avons considérés dans le nº 23; or, comme le mouvement des nœuds est assez prompt, étant à celui du Soleil dans la raison de 1 : 18, il est facile de se convaincre que cet angle ζ ne saurait donner aucune nouvelle combinaison qui puisse servir à expliquer l'équation séculaire; de sorte qu'on est, ce me semble, bien en droit de conclure que cette équation, si elle est réelle, ne peut être l'effet de la figure non sphérique de la Terre.

34. Après avoir examiné l'effet de l'action de la Terre sur la Lune, eu égard à la non-sphéricité de la Terre, il conviendrait aussi d'entrer dans un pareil examen, relativement à la figure non sphérique de la Lune; car il est clair qu'il doit résulter aussi de cette circonstance de nouvelles forces perturbatrices de l'orbite de la Lune, et il pourrait arriver que ces forces, combinées avec celles qui viennent de l'action du Soleil, pussent servir à expliquer l'équation séculaire. Aussi l'Académie demande-t-elle expressément, dans son Programme, qu'on ait égard à la figure non sphérique tant de la Terre que de la Lune. D'ailleurs l'examen dont il s'agit ne peut avoir de difficulté après ce que nous avons démontré jusqu'ici, puisqu'il doit être aisé d'appliquer à la Lune les formules que nous avons trouvées pour la Terre; mais il ne sera pas même nécessaire d'entreprendre un nouveau calcul sur cet objet, pour décider la question de l'équation séculaire, et l'on pourra s'en dispenser par les considérations suivantes.

Il est clair que, pour avoir les forces perturbatrices de l'orbite de la Lune, provenant de la non-sphéricité de cette planète, il n'y aura qu'à prendre les formules des n°s 19 et suivants en sens contraire, en appliquant à la Lune les quantités qui, dans ces formules, se rapportent à la Terre.

Ainsi ω sera l'inclinaison de l'équateur lunaire sur l'écliptique, laquelle est d'environ 2 degrés; z sera la longitude de la Terre vue de la Lune, et comptée depuis le nœud de son équateur; de sorte que, comme on sait par les observations que les nœuds de l'équateur lunaire coïncident toujours, du moins à très-peu près, avec ceux de l'orbite de la Lune, l'angle z sera égal à la distance de la Lune au nœud de son orbite, angle que nous avons déjà nommé ζ ci-dessus (n° 33); ψ sera la distance du premier méridien de la Lune au nœud de son équateur; et puisque la Lune présente toujours à la Terre la même face, à la libration près, qui est très-petite et périodique, si l'on prend, ce qui est permis, pour premier méridien celui qui est dirigé vers le centre de la Terre, lorsque la libration est nulle, et qu'on nomme Λ l'angle de la libration, on aura $\psi = \zeta + \Lambda$. Enfin la quantité y exprimera la latitude de la Terre vue de la Lune, et aura par conséquent la même valeur que dans les formules citées, où elle dénote la latitude de la Lune vue de la Terre; de sorte qu'on aura, en nommant χ l'inclinaison de l'orbite lunaire, $\tang y = \tang \chi \sin \zeta$, ou, à très-peu près, à cause de χ très-petit, $y = \chi \sin \zeta$. Quant à la quantité Λ, qui exprime la libration de la Lune, elle doit être proportionnelle à l'équation du centre de la Lune ou, plus exactement, à la somme de toutes les équations qui affectent le mouvement moyen de cette planète; il pourrait, à la vérité, s'y joindre encore une équation provenant de la libration physique, supposé qu'elle ait véritablement lieu; mais, comme il n'y a encore rien de bien constaté sur ce point, ni par la Théorie, ni par les observations, on pourra se dispenser d'y avoir égard; et d'ailleurs, quand on en voudrait tenir compte, on trouverait aisément qu'il n'en pourrait rien résulter pour l'équation séculaire de la Lune, à moins de faire des suppositions trop forcées et trop peu admissibles sur la figure de cette planète.

On voit donc par là que l'expression des forces perturbatrices de la Lune, provenant de la non-sphéricité de sa figure, ne pourra renfermer que les mêmes angles qui composent les arguments des inégalités de la Lune, produites par l'action du Soleil, c'est-à-dire, les angles ξ, s, η, ζ (n°s 23 et 33); or il n'y a aucune combinaison de ces angles ni de leurs multiples qui puisse donner un angle constant, ou à très-peu près constant, à moins d'admettre des multiples fort grands, auquel cas le coefficient, qui affecterait le sinus ou le cosinus d'un tel angle, serait d'autant plus petit, et par conséquent insuffisant pour l'explication de l'équation séculaire (sur quoi *voir* le VIe volume des *Opuscules* de M. d'Alembert); ainsi on peut être assuré d'avance que la non-sphéricité de la Lune ne peut être d'aucune utilité dans la recherche de cette équation.

35. Je n'entreprendrai pas maintenant d'examiner si l'équation séculaire de la Lune peut être l'effet de l'action des autres planètes : cette discussion nous mènerait trop loin et demanderait même un Ouvrage particulier, auquel le défaut de temps et mes occupations actuelles

m'empêchent de me livrer; mais il ne paraît pas impossible de pouvoir décider la question *à priori*, par des considérations analogues à celles du numéro précédent. En effet, il est facile de voir que les expressions des forces perturbatrices de la Lune, produites par l'action d'une planète quelconque, ne peuvent dépendre que des angles s, η, ζ relatifs à la Lune, et des angles analogues s', η', ζ' relatifs à la planète (s' étant l'anomalie de la planète, η' son élongation à la Terre, et ζ' sa distance au nœud); de sorte que ces expressions ne renfermeront que des sinus ou cosinus d'angles formés par la combinaison de ceux-ci et de leurs multiples; et l'on prouvera aisément que la quantité $\frac{\Pi}{u^3}$ ne pourra être formée que de pareils sinus ou cosinus; et si l'on veut avoir égard en même temps à l'action du Soleil, il se joindra encore à ces six angles celui de l'anomalie du Soleil, qu'on a nommé ci-dessus ξ. Tout se réduira donc à examiner si l'on peut trouver une combinaison des sept angles s, η, ζ, s', η', ζ', ξ et de leurs multiples, laquelle donne un angle tout à fait, ou du moins à très-peu près, constant; or, d'après les valeurs connues des rapports de ces angles, on pourra s'assurer aisément qu'il n'est guère possible de former de telles combinaisons, sans employer des multiples assez grands; d'où l'on peut conclure que les termes qui pourront produire une équation séculaire ne se présenteront qu'après plusieurs corrections de l'orbite, et seront par conséquent d'un ordre beaucoup trop petit pour pouvoir donner une équation sensible et conforme aux observations.

36. Puis donc que l'équation séculaire de la Lune, telle que les Tables de Mayer la donnent, ne peut être l'effet de la non-sphéricité de la Terre, ni de celle de la Lune, ni de l'action des autres planètes sur la Lune, et par conséquent ne saurait être expliquée par le secours de la gravitation seule, il faut que, si cette équation est réelle, elle provienne de quelque autre cause, comme de la résistance que la Lune éprouverait de la part de quelque fluide très-rare, dans lequel elle serait mue; mais comme, d'un autre côté, l'hypothèse d'un fluide très-subtil, dont la résistance altérerait sensiblement le mouvement des Corps célestes, n'est pas encore

bien confirmée par les observations des autres planètes, que même elle paraît être contredite par celles de Saturne, dont le mouvement va en se ralentissant au lieu de s'accélérer, comme cela devrait être en vertu de la résistance de l'éther, il me semble qu'on ne doit pas admettre cette hypothèse uniquement dans la vue d'expliquer par son moyen l'équation séculaire dont il s'agit.

Je dis : *si cette équation est réelle;* car il me paraît que les preuves que l'on en a jusqu'à présent ne sont pas bien décisives, puisqu'elles sont fondées uniquement sur quelques observations faites dans des siècles fort éloignés, et sur l'exactitude desquelles on ne saurait guère compter.

37. M. Dunthorn, le premier après M. Halley qui ait adopté l'hypothèse de l'accélération de la Lune, et le seul, ce me semble, qui soit entré là-dessus dans quelques détails, ne s'en est pas tenu à la simple comparaison des observations des années 720 avant J.-C. et 977, 978 après J.-C. avec les modernes, pour prouver la nécessité de cette accélération; il a aussi discuté, dans le même objet, quelques autres observations faites dans les siècles intermédiaires (*voir* le volume XLVI des *Transactions philosophiques*); mais, quoique ces observations paraissent confirmer en gros l'accélération du mouvement moyen de la Lune, elles ne s'accordent cependant pas entre elles, à beaucoup près, ni sur la quantité de l'accélération séculaire, ni même sur la loi de cette accélération; c'est ce que je vais faire voir en empruntant les résultats des calculs de ce savant Astronome.

Les observations qu'il a examinées sont, en les rangeant par ordre chronologique :

1° Une éclipse de Lune observée à Babylone le 9 mars 720 avant J.-C. et rapportée par Ptolémée dans le IVe Livre de son *Almageste*, Chapitre VI. On ne sait d'autres circonstances de cette éclipse, sinon qu'elle a commencé plus d'une heure après le lever de la Lune, et qu'elle a été totale. M. Dunthorn, ayant fait à cette observation les réductions convenables, a trouvé que le commencement a dû être à $6^h 46^m$; ensuite, l'ayant calculée par ses propres Tables, qui n'ont jamais été publiées, que je sache, il a trouvé que le commencement aurait dû être à $8^h 32^m$; ce qui donne une anticipation de $1^h 46^m$ de l'observation sur les Tables, et par conséquent une erreur de 54 minutes sur la longitude calculée.

2° Une éclipse de Lune observée à Babylone le 23 décembre 382 avant J.-C. (il faut remarquer que M. Dunthorn rapporte faussement cette éclipse à l'année 312). Le commencement en a été observé, au rapport de Ptolémée, une demi-heure avant la fin de la nuit; d'où M. Dunthorn dit que ce commencement a été à $6^h 42^m$ du matin, tandis que les Tables ne le lui donnent qu'à $8^h 15^m$; ce qui fait une anticipation de $1^h 33^m$, et par conséquent une erreur de $47' 15''$ sur la longitude calculée.

3° Une éclipse de Lune observée à Alexandrie le 22 septembre 200 avant J.-C., et rapportée par Ptolémée d'après Hipparque. Cette éclipse a dû commencer une demi-heure avant le lever de la Lune, ce qui revient, suivant M. Dunthorn, à $5^h 32^m$, tandis que les Tables ne lui donnent que $6^h 12^m$; ce qui fait une anticipation de 40 minutes, et par conséquent une erreur de $20' 20''$ sur la longitude calculée.

4° Une éclipse de Soleil observée par Théon, à Alexandrie, le 16 juin 364 après J.-C., et rapportée dans son Commentaire sur l'*Almageste*. Le commencement en a été à $3^h 18^m$; d'où M. Dunthorn conclut la distance de la Lune au Soleil de $39' 41''$, tandis que les Tables ne la lui donnent que de $35' 25''$; ce qui fait une différence de $4' 16''$, qui est l'erreur des Tables au temps de l'observation.

5° Une éclipse de Soleil observée au Caire le 13 décembre 977, et dont le commencement est arrivé lorsque le Soleil était haut de $15° 43'$, et la fin lorsque la hauteur du Soleil était de $33\frac{1}{2}$ degrés. M. Dunthorn conclut de là que le commencement de cette éclipse a dû être à $8^h 25^m$, et la fin à $10^h 45^m$ du matin; et il trouve que l'erreur de ses Tables sur la longitude de la Lune est de $7' 36''$, dont la Lune s'est trouvée plus avancée.

6° Une éclipse de Soleil observée dans le même endroit le 8 juin 978, et qui a commencé lorsque le Soleil était haut de 56 degrés, et fini lorsqu'il était haut de 26 degrés. M. Dunthorn trouve que le commencement de cette éclipse a dû être à $2^h 31^m$, et la fin à $4^h 50^m$; d'où il conclut l'erreur de ses Tables sur la longitude de 8′45″ dont la Lune était plus avancée.

Ces deux observations se trouvent dans l'*Histoire céleste* de Tycho et sont tirées d'un manuscrit arabe, qui renferme les observations de Ibn Jonis et qui se trouve dans la Bibliothèque de Leyde; ce sont celles dont nous avons parlé au commencement de ces Recherches.

Enfin une éclipse de Soleil observée à Nuremberg par Walter, le 29 juillet 1478, laquelle donne une erreur de 10 minutes sur la longitude calculée; mais, comme il en résulte aussi une erreur en latitude de 9′12″, M. Dunthorn croit cette observation trop inexacte pour qu'on puisse s'y fixer.

Rassemblant maintenant ces résultats, on aura les éléments suivants :

Années des observations.	Erreurs des Tables de Dunthorn.
720 avant J.-C.	−54′. 0″
382 »	−47.15
200 »	−20.20
364 après J.-C.	− 4.16
977 »	+ 7.36
978 »	+ 8.45
1478 »	+10.29

38. Il paraît, en général, par cette Table, que le mouvement de la Lune a dû s'accélérer continuellement depuis l'année 720 avant J.-C. jusqu'à présent; voyons donc quelles doivent être la quantité et la loi de cette accélération, pour répondre aux observations que nous venons de rapporter.

Pour cela, je remarque qu'entre la première et la troisième observation il y a un intervalle de 520 ans; qu'entre celle-ci et la quatrième il y a un intervalle de 563 ans; qu'entre la quatrième et la cinquième il y a un intervalle de 613 ans; qu'enfin entre la cinquième et la septième il y a un intervalle de 500 ans; d'où l'on voit que ces intervalles ne sont pas fort différents entre eux, en sorte qu'on pourra, sans craindre de grandes erreurs, les prendre et les traiter comme égaux.

De cette manière donc les erreurs des Tables de Dunthorn seront à peu près, dans des intervalles de temps égaux,

$$-54', \quad -20', \quad -4', \quad +8', \quad +10';$$

et, si l'on suppose que ces erreurs soient dues à une équation qui augmente comme les carrés des temps, et qu'il faille de plus changer l'époque et le mouvement moyen des Tables, il est clair que les différences secondes seront constantes, et que la moitié de la valeur de cette différence constante prise négativement sera l'équation séculaire pour un espace de temps égal à l'intervalle d'une observation à l'autre; or je trouve, en prenant successivement les différences,

Erreurs des Tables...........	− 54	− 20	− 4	+ 8	+ 10
Premières différences..........	− 34	− 16	− 12	− 2	
Secondes différences...........	− 18	− 4	− 10		

et comme les différences secondes sont trop inégales entre elles, je crois pouvoir en conclure qu'on ne saurait sauver les erreurs des Tables par un simple changement de l'époque et du mouvement moyen combiné avec une équation séculaire qui augmente comme les carrés des temps.

39. Mais voyons encore si l'on pourrait concilier les observations avec les Tables, en introduisant dans celles-ci une équation séculaire apparente, qui dépende du sinus d'un certain angle qui croisse ou décroisse uniformément.

Soient p le changement qu'il faudrait faire à l'époque des Tables pour l'observation de 720 avant J.-C.; q le changement qu'il faudrait faire au mouvement moyen pour 550 ans environ, ce qui est l'intervalle moyen entre les observations; α l'argument de l'équation séculaire pour l'observation de 720 avant J.-C.; φ le mouvement ou la variation de cet argument pour 550 ans, et f le coefficient ou la plus grande valeur de l'équation : on aura donc pour les erreurs des Tables dans les cinq observations dont il s'agit, supposées équidistantes, les quantités

$$\begin{aligned}
&p+f\sin\alpha,\\
&p+q+f\sin(\alpha+\varphi),\\
&p+2q+f\sin(\alpha+2\varphi),\\
&p+3q+f\sin(\alpha+3\varphi),\\
&p+4q+f\sin(\alpha+4\varphi);
\end{aligned}$$

donc

$$\begin{aligned}
&p+f\sin\alpha=-54,\\
&p+q+f\sin(\alpha+\varphi)=-20,\\
&p+2q+f\sin(\alpha+2\varphi)=-4,\\
&p+3q+f\sin(\alpha+3\varphi)=8,\\
&p+4q+f\sin(\alpha+4\varphi)=10,
\end{aligned}$$

équations par lesquelles on pourra déterminer les cinq inconnues p, q, f, α, φ. Pour cela, j'ajoute la première et la troisième : j'ai

$$2(p+q)+f[\sin\alpha+\sin(\alpha+2\varphi)]=-58;$$

mais

$$\sin\alpha+\sin(\alpha+2\varphi)=2\cos\varphi\sin(\alpha+\varphi);$$

donc on aura, en divisant par 2,

$$p+q+f\cos\varphi\sin(\alpha+\varphi)=-29,$$

et de là

$$f\sin(\alpha+\varphi)=-\frac{29+p+q}{\cos\varphi};$$

or la seconde équation donne

$$f\sin(\alpha+\varphi)=-20-p-q;$$

donc, comparant ces deux valeurs, on aura

$$\frac{29+p+q}{\cos\varphi}=20+p+q;$$

d'où

$$p+q=\frac{20\cos\varphi-29}{1-\cos\varphi}.$$

De même, en ajoutant la seconde et la quatrième équation, on aura

$$2(p+2q)+f[\sin(\alpha+\varphi)+\sin(\alpha+3\varphi)]=-12,$$

savoir, à cause de $\sin(\alpha+\varphi)+\sin(\alpha+3\varphi)=2\cos\varphi\sin(\alpha+2\varphi)$,

$$p+2q+f\cos\varphi\sin(\alpha+2\varphi)=-6;$$

d'où l'on tire

$$f\sin(\alpha+2\varphi)=-\frac{6+p+2q}{\cos\varphi};$$

et, comme la troisième équation donne

$$f\sin(\alpha+2\varphi)=-4-p-2q,$$

on aura, par la comparaison de ces valeurs,

$$\frac{6+p+2q}{\cos\varphi}=4+p+2q;$$

et de là

$$p+2q=\frac{4\cos\varphi-6}{1-\cos\varphi}.$$

On comparera de même entre elles les trois dernières équations; et comme M. Dunthorn regarde l'observation de Walter, qui a donné 10 minutes d'erreur, comme un peu suspecte, nous prendrons, en général, $2m$ pour l'erreur de cette observation; ainsi l'on aura d'abord, en ajoutant la troisième et la cinquième équation,

$$2(p+3q)+f[\sin(\alpha+2\varphi)+\sin(\alpha+4\varphi)]=2m-4,$$

et, à cause de $\sin(\alpha+2\varphi)+\sin(\alpha+4\varphi)=2\cos\varphi\sin(\alpha+3\varphi)$,

$$p+3q+f\cos\varphi\sin(\alpha+3\varphi)=m-2;$$

d'où

$$f \sin(\alpha + 3\varphi) = \frac{m - 2 - p - 3q}{\cos\varphi};$$

mais la quatrième équation donne

$$f \sin(\alpha + 3\varphi) = 8 - p - 3q;$$

donc

$$8 - p - 3q = \frac{m - 2 - p - 3q}{\cos\varphi};$$

d'où

$$p + 3q = \frac{m - 2 - 8\cos\varphi}{1 - \cos\varphi}.$$

On a donc maintenant les trois équations

$$p + q = \frac{20\cos\varphi - 29}{1 - \cos\varphi},$$

$$p + 2q = \frac{4\cos\varphi - 6}{1 - \cos\varphi},$$

$$p + 3q = \frac{m - 2 - 8\cos\varphi}{1 - \cos\varphi};$$

d'où l'on tire d'abord celles-ci

$$q = \frac{-16\cos\varphi + 23}{1 - \cos\varphi} = \frac{m + 4 - 12\cos\varphi}{1 - \cos\varphi};$$

et par conséquent

$$-16\cos\varphi + 23 = m + 4 - 12\cos\varphi;$$

d'où

$$\cos\varphi = \frac{19 - m}{4}.$$

On voit donc que cette équation ne saurait subsister, en adoptant 10 minutes pour l'erreur des Tables sur l'observation de Walter; car on aurait alors $2m = 10$ et $m = 5$, ce qui donnerait

$$\cos\varphi = \frac{14}{4} = 3\tfrac{1}{2}.$$

En général, comme $\cos\varphi$ doit être nécessairement < 1, il faudra que l'on ait $\frac{19-m}{4} < 1$; donc $19 - m < 4$ et $m > 15$; donc $2m > 30$; en sorte que l'erreur des Tables au temps de l'observation dont il s'agit, loin d'être moindre que celle que M. Dunthorn a trouvée, devrait être au contraire trois fois plus grande; ce qui ne saurait être admis, puisqu'il faudrait que Walter se fût trompé d'environ une heure sur le temps de l'éclipse qu'il a observée.

40. Si l'on désigne par $-2a$, $-2b$, $-2c$, $-2d$, $-2e$ les erreurs -54, -20,... en sorte que l'on ait les équations

$$\begin{aligned}
p + f\sin\alpha &= -2a,\\
p + q + f\sin(\alpha + \varphi) &= -2b,\\
p + 2q + f\sin(\alpha + 2\varphi) &= -2c,\\
p + 3q + f\sin(\alpha + 3\varphi) &= -2d,\\
p + 4q + f\sin(\alpha + 4\varphi) &= -2e,
\end{aligned}$$

on trouvera ces trois-ci

$$\begin{aligned}
p + q &= \frac{2b\cos\varphi - a - c}{1 - \cos\varphi},\\
p + 2q &= \frac{2c\cos\varphi - b - d}{1 - \cos\varphi},\\
p + 3q &= \frac{2d\cos\varphi - c - e}{1 - \cos\varphi};
\end{aligned}$$

d'où l'on tire sur-le-champ

$$q = \frac{2(c-b)\cos\varphi + a - b + c - d}{1 - \cos\varphi} = \frac{2(d-c)\cos\varphi + b - c + d - e}{1 - \cos\varphi},$$

et de là

$$2(c-b)\cos\varphi + a - b + c - d = 2(d-c)\cos\varphi + b - c + d - e,$$

savoir

$$\cos\varphi = \frac{a - 2b + 2c - 2d + e}{2(b - 2c + d)};$$

connaissant l'angle φ, on connaîtra p et q, et ensuite f et α par les équations ci-dessus; cette solution peut être utile dans d'autres occasions, et c'est ce qui nous a engagé à la rapporter ici.

41. Au reste, comme M. Dunthorn n'a point publié ses Tables de la Lune, et que par conséquent on ne peut savoir quel degré de confiance elles méritent; que d'ailleurs les Astronomes paraissent être convenus de regarder celles de Mayer comme les meilleures, j'ai cru qu'il était important de voir ce que ces dernières donneraient, et j'ai prié en conséquence un très-habile Astronome (M. B***) de vouloir bien calculer les lieux de la Lune, au temps des observations rapportées ci-dessus d'après les Tables de Mayer, pour en déduire les erreurs de ces Tables; je l'ai même engagé à entreprendre ce travail deux fois, premièrement en adoptant l'époque et le mouvement moyen de la Lune de Cassini, et y appliquant les équations données par les Tables de Mayer, et ensuite en faisant le calcul uniquement d'après ces dernières Tables; car, comme la différence de 3′42″, qui est entre les mouvements moyens séculaires de la Lune suivant Cassini et suivant Mayer, tient principalement à l'équation séculaire introduite par ce dernier, ainsi qu'on l'a vu au commencement de ce Mémoire, si l'on veut faire abstraction de cette équation, il paraît naturel qu'on rétablisse le mouvement moyen tel que Cassini l'a trouvé; or il ne sera pas inutile, dans notre recherche, de connaître les erreurs des Tables dans cette hypothèse, et de les comparer à celles qui ont lieu dans l'hypothèse de l'équation séculaire.

Voici les résultats de ces calculs; l'Auteur m'a assuré les avoir faits et revus avec beaucoup de soin, et de manière à pouvoir compter entièrement sur leur exactitude.

LIEUX des observations.	DATE des éclipses observées.		ERREURS des Tables de Mayer avec l'équation séculaire.	ERREURS des Tables de Mayer sans l'équation séculaire.
Babylone........	720 avant J.-C.	Mars 19	$-24'.55''$	$-23'.30''$
Babylone........	382..........	Déc. 22	$-26.$	-11.30
Alexandrie......	200..........	Sept. 22	$-17.$	-1.15
Alexandrie......	364 après J.-C.	Juin 16	-12.40	$+12.12$
Caire...........	977..........	Déc. 12	-1.22	$+20.42$
Caire...........	978..........	Juin 8	$+0.18$	$+16.35$

Il faut remarquer, à l'égard des deux premières observations de cette Table, qu'on a supposé dans le calcul, d'après M. de la Lande (*Mémoires de l'Académie*, année 1757), que la différence des méridiens entre Paris et Babylone n'est que de $2^h 32^m$, tandis que M. Dunthorn la fait de $2^h 41^m \frac{3}{4}$, à cause que, suivant Ptolémée, Babylone est plus à l'orient qu'Alexandrie de 50 minutes, et que la différence des méridiens entre cette dernière ville et Paris est fixée à $1^h 51^m \frac{3}{4}$.

Si l'on voulait adopter la détermination de Dunthorn, alors les erreurs des Tables au temps des deux premières observations, c'est-à-dire, en 720 et 382 avant J.-C., deviendraient d'environ 5 minutes plus grandes.

42. Si l'on prend les erreurs contenues dans la dernière colonne de la Table précédente, mais en omettant celle de l'année 382, et substituant à la place des deux dernières la valeur moyenne $18'\frac{1}{2}$, on a cette suite de nombres $-23\frac{1}{2}$, $-1\frac{1}{4}$, $+12\frac{1}{4}$, $+18\frac{1}{2}$, dont les différences premières sont $22\frac{1}{4}$, $12\frac{1}{2}$, $6\frac{1}{4}$, et dont les différences secondes sont $-9\frac{3}{4}$, $-6\frac{1}{4}$, lesquelles sont trop inégales pour qu'on en puisse rien conclure directement pour la loi de l'équation séculaire (n° 38); on pourrait cependant, en changeant seulement de quelques minutes les erreurs dont il s'agit, rendre leurs différences secondes constantes et égales à la va-

leur moyenne — 8 des précédentes; alors on aurait 4 minutes pour la quantité de l'équation séculaire dans l'espace d'environ 550 ans, ce qui donnerait à peu près 8 secondes pour l'équation séculaire au bout du premier siècle; mais nous ne nous arrêterons pas davantage là-dessus, et nous passerons à examiner les erreurs des Tables mêmes de Mayer, qu'on voit dans la pénultième colonne.

Il est d'abord évident que le but de ce savant Astronome a été principalement de faire cadrer ses Tables avec les observations arabes de 977 et 978; mais on doit, ce me semble, être un peu surpris de ce que ses Tables ne représentent pas mieux l'observation de 720 avant J.-C., qui a toujours servi de base dans la détermination des moyens mouvements de la Lune; cependant, si l'on fait attention que le calcul a été fait en prenant avec M. de la Lande $6^h 11^m$ pour le temps de l'opposition, tandis que suivant M. Cassini elle a dû arriver à $6^h 58^m$, on verra que cette différence de 47 minutes en produira une d'environ 24 minutes dans le lieu de la Lune (n° 4 ci-dessus), ce qui réduira l'erreur des Tables de Mayer à environ — 1 minute.

Il paraît donc très-probable que cet Astronome a suivi le calcul de M. Cassini pour la détermination du lieu de la Lune dans l'éclipse de 720 avant J.-C., et qu'il a par conséquent tâché d'y accommoder ses Tables au moyen de l'équation séculaire qu'il a appliquée au mouvement moyen. Mais si la correction que M. de la Lande a faite au calcul de M. Cassini, et dont il rend raison dans son *Mémoire sur les équations séculaires* (*Mémoires de l'Académie*, année 1757), est fondée, il est clair que le mouvement moyen et l'équation séculaire de Mayer devront être un peu altérés pour que ses Tables puissent représenter également l'observation de 720 avant J.-C. et celles de 977 et 978 après J.-C.

Soit x le nombre de minutes dont il faudrait augmenter le mouvement séculaire de Mayer, et y celui dont il faudrait augmenter son équation séculaire pour le premier siècle, à compter depuis 1700; il est clair que, en gardant l'époque du lieu moyen pour 1700, le lieu moyen pour 978 se trouvera plus avancé de $-7\frac{1}{5}x+(7\frac{1}{6})^2y$, et pour 720 avant J.-C. de $-24\frac{1}{5}x+(24\frac{1}{5})^2y$; or, comme l'erreur des Tables de Mayer est presque nulle pour l'observation de 978, il faudra faire d'abord

$$-7\tfrac{1}{5}x + (7\tfrac{1}{5})^2 y = 0,$$

pour que le lieu moyen ne change pas en 978; et l'on aura par là

$$x = 7\tfrac{1}{5}y;$$

ensuite, pour détruire l'erreur de $-24'55''$ que les Tables donnent pour l'observation de 720 avant J.-C., on fera

$$-24\tfrac{1}{5}x + (24\tfrac{1}{5})^2 y = 24\tfrac{11}{12},$$

ce qui, à cause de $x = 7\frac{1}{5}y$, donne à très-peu près

$$y = \tfrac{1}{17} = 3''\tfrac{1}{2} \quad \text{et} \quad x = 25'';$$

en sorte que l'équation séculaire devrait être, pour le premier siècle, de $12''\frac{1}{2}$, et le mouvement séculaire moyen de $10^s\,7^\circ\,54'\,0''$.

43. Ce changement dans l'équation séculaire et dans le mouvement moyen diminuerait aussi beaucoup les erreurs des Tables dans les observations intermédiaires; car le lieu moyen se trouverait plus avancé d'environ 13 minutes pour l'observation de 382 avant J.-C., d'environ 17 minutes pour celle de 200 avant J.-C., et d'environ 5 minutes pour l'observation de 364 après J.-C., de sorte que les erreurs trouvées dans la dernière colonne de notre Table précédente en seraient diminuées d'autant.

Il est vrai qu'en changeant le lieu moyen les valeurs des équations doivent aussi changer un peu; mais on peut ici négliger ces variations qui ne peuvent monter qu'à quelques secondes; en effet, il est clair qu'il n'y aura que les trois principales équations de la Lune, savoir l'*équation du centre*, l'*évection* et la *variation*, qui puissent recevoir un changement tant soit peu sensible, tandis que le lieu moyen augmente ou diminue de quelques minutes; or, à cause que dans les observations dont il s'agit la distance de la Lune au Soleil est 0 ou 180 degrés, la variation sera nulle, et l'évection aura pour argument la simple anomalie de la Lune; de plus, comme toutes les éclipses rapportées dans notre Table ci-dessus, à l'exception des deux dernières, sont arrivées, la Lune étant assez éloignée de ses apsides, on trouvera aisément que la différence produite par le changement des équations dont nous venons de parler ne pourra guère monter à 1 minute.

Il n'en serait pas de même pour les deux éclipses de 977 et 978, qui sont arrivées fort près des apsides de la Lune, où un degré de différence dans l'anomalie peut donner jusqu'à $7'\frac{1}{2}$ de variation dans l'équation du centre; mais, puisque nous avons fait en sorte que les changements du mouvement moyen et de l'équation séculaire se compensent mutuellement au temps de ces éclipses, le lieu moyen de la Lune n'a point été altéré par ces changements.

44. Au reste, comme les observations qui nous ont été transmises par Ptolémée ne sont rapportées que d'une manière fort vague, et que d'ailleurs on sait qu'il est très-difficile de fixer le commencement ou la fin d'une éclipse de Lune, à cause de la pénombre et de l'atmosphère de la Terre, qui en rendent les phases douteuses et qui font que nos meilleurs Astronomes s'y trompent quelquefois de plusieurs minutes, malgré l'exactitude de nos instruments et les soins scrupuleux qu'on a coutume d'apporter à ces sortes d'observations, il s'ensuit qu'il y a très-peu de fond à faire sur les observations que nous venons de discuter ci-dessus pour en déduire l'équation séculaire de la Lune; et si l'on joint à cette remarque celle que M. de la Lande a déjà faite sur l'incertitude des deux observations arabes de 977 et 978, au sujet desquelles feu M. Bevis, savant Astronome anglais, qui avait entre les mains une traduction du manuscrit arabe d'où elles sont tirées, lui dit qu'il avait de fortes raisons de douter si c'étaient de véritables observations ou de simples calculs (*Astronomie,* Article 1485), on conviendra sans peine que l'existence de cette prétendue équation séculaire est encore très-douteuse; de sorte que, comme la Théorie y paraît en même temps contraire, le meilleur parti qu'il y aurait à prendre, du moins jusqu'à ce que le temps nous apporte là-dessus de nouvelles lumières, serait peut-être de rejeter entiè-

rement cette équation, en conservant néanmoins le mouvement moyen, tel que Mayer l'a établi, lequel paraît assez bien d'accord avec les observations de ces deux derniers siècles, pour lesquelles l'équation séculaire est d'ailleurs presque insensible.

En effet le savant Astronome dont j'ai parlé ci-dessus, ayant comparé avec les Tables de Mayer les observations de quelques éclipses de Lune du XIVe et du XVIe siècle, rapportées par Riccioli dans son *Almageste*, a trouvé les résultats suivants

		TEMPS MOYEN, A PARIS, des oppositions observées.	ERREURS des Tables de Mayer.
		h m	m
1457	3 septembre	10 10.........	— 1
1464	21 avril	12 30.........	+ 1
1500	5 novembre	12 59.........	+ 2
1573	8 décembre	7 21.........	— 1

La première de ces quatre éclipses a été observée à Mellicum, en Autriche, par Purbach et Regiomontanus, la seconde à Padoue par Regiomontanus, la troisième à Rome par Copernic, et la quatrième à Uranibourg par Tycho.

On voit d'abord que les erreurs des Tables de Mayer sont très-petites, et que, de plus, elles sont les unes positives et les autres négatives; ce qui prouve que l'époque et le moyen mouvement sont assez bien établis; il n'y a que l'observation de 1500 pour laquelle l'erreur des Tables est un peu sensible; mais je crois qu'il faut la rejeter plutôt sur l'observation même, qui n'est rapportée par Copernic (*De Revolutionibus orbium cœlestium,* Livre IV, Chapitre IV) que d'une manière un peu vague, d'autant plus que, cette éclipse n'ayant pas été totale comme les autres, il lui aura été difficile d'en fixer le temps du milieu.

RECHERCHES

SUR LA

THÉORIE DES PERTURBATIONS

QUE LES COMÈTES PEUVENT ÉPROUVER PAR L'ACTION DES PLANÈTES.

RECHERCHES

SUR LA

THÉORIE DES PERTURBATIONS

QUE LES COMÈTES PEUVENT ÉPROUVER PAR L'ACTION DES PLANÈTES.

(*Mémoires des Savants étrangers*, t. X, 1785. Prix de l'Académie pour 1778.)

Ces Recherches sont divisées en quatre Sections, que je vais parcourir sommairement.

Dans la première Section, je donne d'abord les équations générales du mouvement d'une comète autour du Soleil, en ayant égard aux perturbations qu'elle peut éprouver par l'action d'une ou de plusieurs planètes, et en rapportant les lieux tant de la comète que des planètes à des coordonnées rectangles. Je simplifie ensuite ces équations en partageant chacune d'elles en deux, dont l'une appartienne à l'orbite non altérée et dont l'autre renferme l'effet des perturbations, et je fais voir qu'en négligeant, à l'exemple des grands Géomètres qui ont déjà traité la Théorie des comètes, les carrés et les produits des forces perturbatrices, on peut considérer à part l'action de chaque planète, et prendre la somme des effets de leurs différentes actions pour l'effet total de leurs actions réunies. Enfin je montre comment on peut satisfaire aux équations différentielles des perturbations, dans le cas où la comète serait à

51.

une distance du Soleil infiniment grande par rapport à la distance de la planète au Soleil : d'où résulte naturellement une transformation de ces mêmes équations, laquelle en facilite beaucoup l'intégration relativement à la partie supérieure de l'orbite de la comète. Cette transformation tient lieu des méthodes synthétiques proposées jusqu'ici pour simplifier le calcul des perturbations dans les régions supérieures de l'orbite, et elle a en même temps l'avantage de conserver l'uniformité dans la marche du calcul.

La deuxième Section est destinée uniquement à l'intégration des équations différentielles de l'orbite non altérée, et contient une solution complète du fameux Problème que Newton a résolu le premier, et une foule d'Auteurs après lui. Je me flatte que mon analyse pourra paraître encore digne de l'attention des Géomètres par sa simplicité et par sa généralité; elle est d'ailleurs nécessaire pour les calculs de la Section suivante, et fournit différentes formules qui sont d'un grand usage dans tout le cours de cet Ouvrage.

Dans la troisième Section, je m'occupe de l'intégration des équations différentielles des perturbations. Je fais voir comment leurs intégrales se déduisent naturellement de celles des équations de l'orbite non altérée, en y faisant varier les constantes arbitraires qui représentent les éléments de l'orbite : ce qui conduit directement à exprimer l'effet des perturbations par la variation des éléments de l'orbite considérée comme elliptique; et ces variations se trouvent déterminées par des formules différentielles assez simples, dont chacune ne demande qu'une seule intégration. Je fais ensuite usage des transformations proposées dans la première Section pour les parties supérieures de l'orbite; les formules différentielles dont il s'agit deviennent par là composées d'une partie absolument intégrable et d'une partie non intégrable, mais qui est toujours d'autant plus petite que la comète est plus éloignée du Soleil, en sorte qu'elle devient insensible lorsque la comète est à une très-grande distance du Soleil. Je termine cette Section par les formules générales qui expriment l'altération de la durée des révolutions anomalistiques et périodiques de la comète.

La quatrième Section contient l'application des méthodes et des formules données dans les Sections précédentes aux perturbations des comètes, et en particulier à celles de la comète de 1532 et de 1661. Toute la difficulté de cette application consiste dans l'intégration des formules différentielles qui déterminent les variations des éléments de l'orbite. Après avoir mis ces formules sous une forme plus simple et plus commode pour le calcul, je montre les obstacles qui s'opposent à leur intégration générale, et qui obligent d'avoir recours aux quadratures des courbes mécaniques. Comme la méthode de ces quadratures est assez connue par les Ouvrages de Cotes et de Stirling, je n'entre là-dessus dans aucun détail; mais je remarque qu'il y a des cas où l'usage de cette méthode cesse d'être légitime : c'est lorsque la distance entre la comète et la planète perturbatrice est fort petite et approche de son *minimum*. Je donne pour ces sortes de cas une méthode particulière, qui réduit l'intégration aux logarithmes ou aux arcs de cercles, et ne peut jamais être sujette à aucun inconvénient. Tout ce que nous venons de dire ne regarde que la partie inférieure de l'orbite de la comète; car, pour la partie supérieure de cette orbite, dans laquelle la distance de la comète au Soleil sera beaucoup plus grande que la distance de la planète au Soleil, je fais voir que la partie des formules différentielles qu'il reste à enregistrer se partage de nouveau en deux parties : l'une indépendante du lieu de la planète, et qui est absolument intégrable; l'autre qui contient les sinus ou cosinus de l'angle du moyen mouvement de la planète, et qui n'est intégrable par aucune méthode connue, mais dont je démontre que l'intégrale est nécessairement beaucoup plus petite que celle de la première partie, en sorte qu'on peut la négliger entièrement; et, au cas qu'on voulût pousser l'exactitude plus loin, je donne un moyen d'approcher de plus en plus de la vraie valeur de cette intégrale. D'où il s'ensuit que, dans les régions supérieures de l'orbite des comètes, on peut déterminer leurs perturbations par des formules analytiques, qui ne demandent que des substitutions numériques pour donner les résultats cherchés, comme dans le cas des planètes. Je considère enfin la comète des années 1532 et 1661, que les Astronomes attendent vers 1789 ou 1790, et je déduis des éléments de cette comète toutes les données nécessaires pour le calcul de ses perturbations. Comme, dans le Programme de 1778, on n'exige pas que les concurrents donnent les résultats numériques de ce calcul, je m'abstiens d'entrer dans aucun détail à cet égard; mais je me flatte qu'il n'y aura point de calculateur tant soit peu intelligent qui ne soit en état d'appliquer à la comète dont il s'agit la Théorie exposée dans cet Ouvrage.

Tels sont les principaux objets du travail que je soumets au jugement de l'Académie; j'en serai suffisamment récompensé si cette illustre Compagnie daigne l'honorer de quelque attention.

SECTION PREMIÈRE.

ÉQUATIONS DIFFÉRENTIELLES DU MOUVEMENT D'UNE COMÈTE AUTOUR DU SOLEIL, EN AYANT ÉGARD AUX PERTURBATIONS QU'ELLE PEUT ÉPROUVER PAR L'ACTION DES PLANÈTES.

1. Je prends la masse du Soleil pour l'unité, et je nomme m la masse de la comète, μ, μ',... les masses des planètes perturbatrices. Il est clair que ces quantités m, μ, μ',... doivent être des fractions très-petites, puisqu'elles expriment les rapports des masses de la comète et des planètes à la masse du Soleil; en effet on sait que Jupiter, la plus grosse de toutes les planètes, a environ mille fois moins de masse que le Soleil; et quant aux masses des comètes, quoiqu'elles soient inconnues, on ne peut guère les supposer plus grandes que celle de Jupiter, autrement il pourrait résulter de leur attraction des dérangements sensibles dans les orbites des planètes; ce que les observations n'ont pas encore fait connaître, et ce qu'on ne suppose pas d'ailleurs qui arrive dans le Problème des comètes, tel qu'on l'a envisagé jusqu'à présent.

Nous regarderons donc dans la suite et nous traiterons les quantités m, μ, μ',... comme des quantités très-petites, dont il sera permis de négliger les puissances et les produits de deux ou de plusieurs dimensions. Cette supposition est conforme à ce que les Géomètres ont pratiqué jusqu'ici dans la Théorie des planètes principales et dans celle des comètes, et une plus grande exactitude ne serait peut-être d'aucune utilité.

2. Je rapporte les orbites que la comète et les planètes décrivent autour du Soleil à des coordonnées rectangles, prises du centre de cet astre, et parallèles à trois droites fixes et perpendiculaires entre elles.

Et je nomme ces coordonnées x, y, z pour l'orbite de la comète; ξ, η, ζ pour l'orbite de la planète μ; ξ', η', ζ' pour l'orbite de la planète μ', etc.

Je nomme de plus r la distance de la comète au Soleil, ou le rayon vecteur de son orbite; ρ le rayon vecteur de l'orbite de la planète μ; ρ' le rayon vecteur de l'orbite de la planète μ', etc.

Enfin je désigne par R la distance de la planète μ à la comète; par R' la distance de la planète μ' à la comète, etc.

Il est clair qu'on aura

$$r=\sqrt{x^2+y^2+z^2},\quad \rho=\sqrt{\xi^2+\eta^2+\zeta^2},\quad \rho'=\sqrt{\xi'^2+\eta'^2+\zeta'^2},\ \ldots,$$

$$\mathrm{R}=\sqrt{(x-\xi)^2+(y-\eta)^2+(z-\zeta)^2},\quad \mathrm{R}'=\sqrt{(x-\xi')^2+(y-\eta')^2+(z-\zeta')^2},\ \ldots.$$

3. Cela posé, si l'on décompose, suivant les directions des trois coordonnées rectangles x, y, z, toutes les forces qui agissent sur la comète pour lui faire décrire son orbite autour du Soleil, savoir : les attractions $\frac{1}{r^2}$, $\frac{\mu}{\mathrm{R}^2}$, $\frac{\mu'}{\mathrm{R}'^2}$, ... exercées par le Soleil et par les planètes sur la comète, et les attractions $\frac{m}{r^2}$, $\frac{\mu}{\rho^2}$, $\frac{\mu'}{\rho'^2}$, ... exercées par la comète et par les planètes sur le Soleil, et qui doivent être transportées à la comète en sens contraire; et qu'on égale la somme de toutes les forces qui agissent suivant la ligne x et qui tendent à diminuer cette ligne à $-\frac{d^2x}{dt^2}$, la somme de toutes les forces qui agissent suivant y à $-\frac{d^2y}{dt^2}$, et la somme de toutes les forces qui agissent suivant z à $-\frac{d^2z}{dt^2}$, dt étant les éléments du temps

supposés constants, on aura ces trois équations

$$\frac{d^2x}{dt^2}+\frac{(1+m)x}{r^3}+\mu\left(\frac{x-\xi}{R^3}+\frac{\xi}{\rho^3}\right)+\mu'\left(\frac{x-\xi'}{R'^3}+\frac{\xi'}{\rho'^3}\right)+\ldots=0,$$

$$\frac{d^2y}{dt^2}+\frac{(1+m)y}{r^3}+\mu\left(\frac{y-\eta}{R^3}+\frac{\eta}{\rho^3}\right)+\mu'\left(\frac{y-\eta'}{R'^3}+\frac{\eta'}{\rho'^3}\right)+\ldots=0,$$

$$\frac{d^2z}{dt^2}+\frac{(1+m)z}{r^3}+\mu\left(\frac{z-\zeta}{R^3}+\frac{\zeta}{\rho^3}\right)+\mu'\left(\frac{z-\zeta'}{R'^3}+\frac{\zeta'}{\rho'^3}\right)+\ldots=0,$$

lesquelles, d'après les principes connus de la Dynamique, serviront à déterminer le mouvement de la comète par rapport au Soleil regardé comme immobile.

4. On aura des équations semblables pour le mouvement de la planète μ autour du Soleil, en tant qu'elle est dérangée par l'action de la comète et des autres planètes; pour cela, il n'y aura qu'à changer, dans les équations précédentes, les quantités m, x, y, z, r, appartenant à l'orbite de la comète, dans les quantités analogues μ, ξ, η, ζ, ρ, appartenant à l'orbite de la planète, et *vice versâ*, celles-ci en celles-là.

Mais il faut considérer que pour notre objet il n'est pas nécessaire de tenir compte des termes affectés des quantités très-petites m, μ, μ', ... dans les équations de la planète, parce que les quantités ξ, η, ζ dépendant de ces équations ne se trouvent dans les équations de la comète que dans des termes déjà affectés de la quantité très-petite μ.

On peut donc réduire les équations de la planète μ aux deux premiers termes, savoir

$$\frac{d^2\xi}{dt^2}+\frac{(1+\mu)\xi}{\rho^3}=0,$$

$$\frac{d^2\eta}{dt^2}+\frac{(1+\mu)\eta}{\rho^3}=0,$$

$$\frac{d^2\zeta}{dt^2}+\frac{(1+\mu)\zeta}{\rho^3}=0;$$

et l'on réduira, par des raisons semblables, les équations du mouvement de la planète μ' à celles-ci

$$\frac{d^2\xi'}{dt^2}+\frac{(1+\mu')\,\xi'}{\rho'^3}=0,$$

$$\frac{d^2\eta'}{dt^2}+\frac{(1+\mu')\,\eta'}{\rho'^3}=0,$$

$$\frac{d^2\zeta'}{dt^2}+\frac{(1+\mu')\,\zeta'}{\rho'^3}=0;$$

et ainsi pour les autres planètes perturbatrices.

Ces réductions sont fondées, comme l'on voit, sur la supposition que, dans le calcul des perturbations des comètes, on néglige les perturbations des planètes perturbatrices. Si cette supposition n'est pas rigoureusement exacte, elle est du moins permise dans la première approximation, à laquelle nous nous contenterons ici de borner nos Recherches, à l'exemple des grands Géomètres qui ont traité avant nous le Problème des comètes.

5. En considérant les expressions des quantités r, ρ, ρ',..., R, R',..., il est aisé de voir qu'on peut mettre les équations précédentes sous une forme plus simple que voici :

Pour la comète,

$$\frac{d^2x}{dt^2}=(1+m)\frac{d\frac{1}{r}}{dx}+\mu\frac{d\left(\frac{1}{\rho}-\frac{1}{R}\right)}{d\xi}+\mu'\frac{d\left(\frac{1}{\rho'}-\frac{1}{R'}\right)}{d\xi'}+\ldots,$$

$$\frac{d^2y}{dt^2}=(1+m)\frac{d\frac{1}{r}}{dy}+\mu\frac{d\left(\frac{1}{\rho}-\frac{1}{R}\right)}{d\eta}+\mu'\frac{d\left(\frac{1}{\rho'}-\frac{1}{R'}\right)}{d\eta'}+\ldots,$$

$$\frac{d^2z}{dt^2}=(1+m)\frac{d\frac{1}{r}}{dz}+\mu\frac{d\left(\frac{1}{\rho}-\frac{1}{R}\right)}{d\zeta}+\mu'\frac{d\left(\frac{1}{\rho'}-\frac{1}{R'}\right)}{d\zeta'}+\ldots;$$

Pour la planète μ,

$$\frac{d^2\xi}{dt^2}=(1+\mu)\frac{d\frac{1}{\rho}}{d\xi},\quad \frac{d^2\eta}{dt^2}=(1+\mu)\frac{d\frac{1}{\rho}}{d\eta},\quad \frac{d^2\zeta}{dt^2}=(1+\mu)\frac{d\frac{1}{\rho}}{d\zeta};$$

Pour la planète μ',

$$\frac{d^2\xi'}{dt^2} = (1+\mu')\frac{d\frac{1}{\rho'}}{d\xi'}, \quad \frac{d^2\eta'}{dt^2} = (1+\mu')\frac{d\frac{1}{\rho'}}{d\eta'}, \quad \frac{d^2\zeta'}{dt^2} = (1+\mu')\frac{d\frac{1}{\rho'}}{d\zeta'};$$

et ainsi des autres.

Dans ces formules, les expressions $\frac{d\frac{1}{r}}{dx}$, $\frac{d\frac{1}{r}}{dy}$,... dénotent, suivant la notation reçue parmi les Géomètres, les coefficients de dx, dy,... dans la différentielle de $\frac{1}{r}$; et ainsi des autres expressions semblables.

6. Si l'on suppose que dans le mouvement de la comète on fasse abstraction des forces perturbatrices, il faudra rejeter, dans les équations de la comète, les termes affectés de μ, μ',...; on aura ainsi

Pour l'orbite non altérée de la comète,

$$\frac{d^2x}{dt^2} = (1+m)\frac{d\frac{1}{r}}{dx}, \quad \frac{d^2y}{dt^2} = (1+m)\frac{d\frac{1}{r}}{dy}, \quad \frac{d^2z}{dt^2} = (1+m)\frac{d\frac{1}{r}}{dz}.$$

Nous pouvons supposer que les quantités x, y, z se rapportent à l'orbite non altérée, et sont par conséquent déterminées par les équations précédentes; dans cette supposition, il est clair que les vraies valeurs des quantités x, y, z, dans l'orbite troublée, ne peuvent différer des précédentes que par des quantités très-petites de l'ordre de μ, μ',..., qu'on peut désigner, pour plus de simplicité, par la caractéristique δ, à la manière des différences ordinaires; et la recherche des perturbations de la comète se réduira à déterminer les valeurs des différences δx, δy, δz.

7. Dorénavant donc les quantités x, y, z, r appartiendront toujours à l'orbite non altérée de la comète, et devront par conséquent se déterminer par les équations du numéro précédent. Dans l'orbite troublée,

ces quantités deviendront $x+\delta x$, $y+\delta y$, $z+\delta z$, $r+\delta r$, et devront être déterminées par les équations du n° 5, en mettant dans ces équations ces nouvelles quantités à la place des premières x, y, z, r. Or, comme les différences δx, δy, δz sont très-petites de l'ordre μ, μ',..., il suffira de conserver, dans cette substitution, les premières dimensions de ces différences (par l'hypothèse du n° 1), dans les termes non affectés de μ, μ',...; et, dans les termes affectés de ces quantités, on pourra négliger tout à fait les différences dont il s'agit.

Ainsi donc le terme $\frac{d^2 x}{dt^2}$ de la première équation du n° 5 deviendra

$$\frac{d^2 x}{dt^2}+\frac{d^2\,\delta x}{dt^2},$$

le terme $(1+m)\frac{d\frac{1}{r}}{dx}$ de la même équation deviendra

$$(1+m)\frac{d\frac{1}{r}}{dx}+(1+m)\left(\frac{d^2\frac{1}{r}}{dx^2}\delta x+\frac{d^2\frac{1}{r}}{dx\,dy}\delta y+\frac{d^2\frac{1}{r}}{dx\,dz}\delta z\right),$$

et les autres termes demeureront les mêmes.

On transformera de même la deuxième et la troisième équation du mouvement de la comète, et, effaçant ensuite les termes qui se détruisent en vertu des équations du n° 6, on aura ces trois-ci, qui serviront à déterminer les valeurs des quantités δx, δy, δz, dues aux perturbations de la comète :

Pour les perturbations de la comète,

$$\frac{d^2\,\delta x}{dt^2}=(1+m)\left(\frac{d^2\frac{1}{r}}{dx^2}\delta x+\frac{d^2\frac{1}{r}}{dx\,dy}\delta y+\frac{d^2\frac{1}{r}}{dx\,dz}\delta z\right)+\mu\frac{d\left(\frac{1}{\rho}-\frac{1}{R}\right)}{d\xi}+\mu'\frac{d\left(\frac{1}{\rho'}-\frac{1}{R'}\right)}{d\xi'}+\ldots,$$

$$\frac{d^2\,\delta y}{dt^2}=(1+m)\left(\frac{d^2\frac{1}{r}}{dy\,dx}\delta x+\frac{d^2\frac{1}{r}}{dy^2}\delta y+\frac{d^2\frac{1}{r}}{dy\,dz}\delta z\right)+\mu\frac{d\left(\frac{1}{\rho}-\frac{1}{R}\right)}{d\eta}+\mu'\frac{d\left(\frac{1}{\rho'}-\frac{1}{R'}\right)}{d\eta'}+\ldots,$$

$$\frac{d^2\,\delta z}{dt^2}=(1+m)\left(\frac{d^2\frac{1}{r}}{dz\,dx}\delta x+\frac{d^2\frac{1}{r}}{dz\,dy}\delta y+\frac{d^2\frac{1}{r}}{dz^2}\delta z\right)+\mu\frac{d\left(\frac{1}{\rho}-\frac{1}{R}\right)}{d\zeta}+\mu'\frac{d\left(\frac{1}{\rho'}-\frac{1}{R'}\right)}{d\zeta'}+\ldots.$$

C'est donc de l'intégration de ces équations que dépend la solution du Problème des perturbations des comètes. Nous allons nous en occuper, après avoir fait quelques remarques générales sur la nature de ces équations.

8. J'observe d'abord que, comme ces équations ne renferment que les premières dimensions des variables δx, δy, δz, on peut chercher à part les valeurs de ces variables pour les différents termes affectés des quantités μ, μ',..., et qui viennent de l'action des différentes planètes dont ces quantités sont les masses; car il est visible que, si l'on réunit ensuite ces différentes valeurs, on aura les valeurs complètes des variables δx, δy, δz, qui satisfont aux équations proposées.

En général, il est facile de concevoir que, lorsqu'on néglige, ainsi que nous l'avons fait, les carrés et les produits des forces perturbatrices, l'effet total de ces forces doit être égal à la somme des effets que chacune en particulier produirait si elle était seule.

9. Je remarque ensuite que les termes multipliés par les masses μ, μ',... des planètes perturbatrices deviennent d'autant plus petits que les quantités x, y, z sont plus petites, c'est-à-dire, que la comète est plus près du Soleil. En effet, en supposant x, y, z des quantités très-petites vis-à-vis de ξ, η, ζ, on a à très-peu près (n° 2)

$$\frac{1}{R} = \frac{1}{\rho} - \frac{d\frac{1}{\rho}}{d\xi}x - \frac{d\frac{1}{\rho}}{d\eta}y - \frac{d\frac{1}{\rho}}{d\zeta}z;$$

d'où l'on voit que la quantité $\frac{1}{\rho} - \frac{1}{R}$, ainsi que ses différences divisées par $d\xi$, $d\eta$, $d\zeta$, seront du même ordre de petitesse que les quantités x, y, z. Par conséquent, si l'on suppose que ces quantités soient devenues de l'ordre des quantités μ, μ',..., il est clair que les termes dont il s'agit seront pour lors de l'ordre de μ^2, $\mu\mu'$,...; de sorte qu'on pourra les négliger, d'autant plus que, dans ce cas, la quantité $\frac{1}{r}$ devient d'autant plus grande. Ces termes disparaissant, il est visible qu'on pourra satisfaire aux équations proposées par la supposition de $\delta x = 0$, $\delta y = 0$, $\delta z = 0$. Ainsi l'on peut regarder ces valeurs comme les limites des variables δx, δy, δz, du côté du Soleil.

10. Voyons maintenant quelles sont les limites des mêmes variables du côté opposé.

Supposons donc les quantités x, y, z infiniment grandes vis-à-vis de ξ, η, ζ; on aura ici (n° **2**)

$$\frac{1}{R} = \frac{1}{r} - \frac{d\frac{1}{r}}{dx}\xi - \frac{d\frac{1}{r}}{dy}\eta - \frac{d\frac{1}{r}}{dz}\zeta + \frac{1}{2}\frac{d^2\frac{1}{r}}{dx^2}\xi^2 + \frac{1}{2}\frac{d^2\frac{1}{r}}{dy^2}\eta^2 + \frac{1}{2}\frac{d^2\frac{1}{r}}{dz^2}\zeta^2 + \frac{d^2\frac{1}{r}}{dx\,dy}\xi\eta + \frac{d^2\frac{1}{r}}{dx\,dz}\xi\zeta + \frac{d^2\frac{1}{r}}{dy\,dz}\eta\zeta + \ldots$$

J'ai poussé ici l'approximation jusqu'à la seconde dimension des quantités ξ, η, ζ, parce que la différentiation par $d\xi$, $d\eta$, $d\zeta$ fait disparaître une dimension de ces quantités.

On aura donc

$$\frac{d\frac{1}{R}}{d\xi} = -\frac{d\frac{1}{r}}{dx} + \frac{d^2\frac{1}{r}}{dx^2}\xi + \frac{d^2\frac{1}{r}}{dx\,dy}\eta + \frac{d^2\frac{1}{r}}{dx\,dz}\zeta,$$

$$\frac{d\frac{1}{R}}{d\eta} = -\frac{d\frac{1}{r}}{dy} + \frac{d^2\frac{1}{r}}{dx\,dy}\xi + \frac{d^2\frac{1}{r}}{dy^2}\eta + \frac{d^2\frac{1}{r}}{dy\,dz}\zeta,$$

$$\frac{d\frac{1}{R}}{d\zeta} = -\frac{d\frac{1}{r}}{dz} + \frac{d^2\frac{1}{r}}{dx\,dz}\xi + \frac{d^2\frac{1}{r}}{dy\,dz}\eta + \frac{d^2\frac{1}{r}}{dz^2}\zeta.$$

Qu'on substitue ces valeurs dans les équations du n° **7**, en n'ayant égard qu'aux termes affectés de μ, par la remarque ci-dessus (n° **8**), on aura les équations suivantes

$$\frac{x}{} = (1+m)\left[\frac{d^2\frac{1}{r}}{dx^2}\left(\delta x - \frac{\mu}{1+m}\xi\right) + \frac{d^2\frac{1}{r}}{dx\,dy}\left(\delta y - \frac{\mu}{1+m}\eta\right) + \frac{d^2\frac{1}{r}}{dx\,dz}\left(\delta z - \frac{\mu}{1+m}\zeta\right)\right] + \mu\left(\frac{d\frac{1}{\rho}}{d\xi} + \frac{d\frac{1}{r}}{dx}\right),$$

$$\frac{d^2\delta y}{dt^2}=(1+m)\left[\frac{d^2\frac{1}{r}}{dy\,dx}\left(\delta x-\frac{\mu}{1+m}\xi\right)+\frac{d^2\frac{1}{r}}{dy^2}\left(\delta y-\frac{\mu}{1+m}\eta\right)+\frac{d^2\frac{1}{r}}{dy\,dz}\left(\delta z-\frac{\mu}{1+m}\zeta\right)\right]+\mu\left(\frac{d\frac{1}{\rho}}{d\eta}+\cdots\right.$$

$$\frac{d^2\delta z}{dt^2}=(1+m)\left[\frac{d^2\frac{1}{r}}{dz\,dx}\left(\delta x-\frac{\mu}{1+m}\xi\right)+\frac{d^2\frac{1}{r}}{dz\,dy}\left(\delta y-\frac{\mu}{1+m}\eta\right)+\frac{d^2\frac{1}{r}}{dz^2}\left(\delta z-\frac{\mu}{1+m}\zeta\right)\right]+\mu\left(\frac{d\frac{1}{\rho}}{d\zeta}+\cdots\right.$$

Or on a, par les équations de la planète μ (n° 5),

$$\frac{d\frac{1}{\rho}}{d\xi}=\frac{1}{1+\mu}\frac{d^2\xi}{dt^2},\quad \frac{d\frac{1}{\rho}}{d\eta}=\frac{1}{1+\mu}\frac{d^2\eta}{dt^2},\quad \frac{d\frac{1}{\rho}}{d\zeta}=\frac{1}{1+\mu}\frac{d^2\zeta}{dt^2};$$

faisant ces substitutions dans les pénultièmes termes des équations précédentes, on verra incontinent que, si les derniers termes

$$\mu\frac{d\frac{1}{r}}{dx},\quad \mu\frac{d\frac{1}{r}}{dy},\quad \mu\frac{d\frac{1}{r}}{dz}$$

n'existaient pas, et que l'on eût $\mu=m$, on satisferait exactement à ces équations, en faisant

$$\delta x=\frac{\mu}{1+\mu}\xi,\quad \delta y=\frac{\mu}{1+\mu}\eta,\quad \delta z=\frac{\mu}{1+\mu}\zeta.$$

Supposons donc

$$\delta x=\frac{\mu}{1+\mu}\xi+\alpha,$$

$$\delta y=\frac{\mu}{1+\mu}\eta+\beta,$$

$$\delta z=\frac{\mu}{1+\mu}\zeta+\gamma;$$

si l'on substitue ces valeurs, et qu'on rejette les termes qui auraient pour coefficient $\frac{\mu}{1+\mu}-\frac{\mu}{1+m}=\frac{\mu(m-\mu)}{(1+\mu)(1+m)}$, d'après l'hypothèse établie dans le n° 1, on aura ces nouvelles équations

$$\frac{d^2\alpha}{dt^2} = (1+m)\left(\frac{d^2\frac{1}{r}}{dx^2}\alpha + \frac{d^2\frac{1}{r}}{dx\,dy}\beta + \frac{d^2\frac{1}{r}}{dx\,dz}\gamma\right) + \mu\frac{d\frac{1}{r}}{dx},$$

$$\frac{d^2\beta}{dt^2} = (1+m)\left(\frac{d^2\frac{1}{r}}{dy\,dx}\alpha + \frac{d^2\frac{1}{r}}{dy^2}\beta + \frac{d^2\frac{1}{r}}{dy\,dz}\gamma\right) + \mu\frac{d\frac{1}{r}}{dy},$$

$$\frac{d^2\gamma}{dt^2} = (1+m)\left(\frac{d^2\frac{1}{r}}{dz\,dx}\alpha + \frac{d^2\frac{1}{r}}{dz\,dy}\beta + \frac{d^2\frac{1}{r}}{dz^2}\gamma\right) + \mu\frac{d\frac{1}{r}}{dz}.$$

J'observe qu'on peut satisfaire à ces équations en faisant $\alpha = Kx$, $\beta = Ky$, $\gamma = Kz$, K étant un coefficient constant; car elles deviennent par là

$$K\frac{d^2x}{dt^2} = (1+m)\left(\frac{d^2\frac{1}{r}}{dx^2}x + \frac{d^2\frac{1}{r}}{dx\,dy}y + \frac{d^2\frac{1}{r}}{dx\,dz}z\right)K + \mu\frac{d\frac{1}{r}}{dx},$$

$$K\frac{d^2y}{dt^2} = (1+m)\left(\frac{d^2\frac{1}{r}}{dy\,dx}x + \frac{d^2\frac{1}{r}}{dy^2}y + \frac{d^2\frac{1}{r}}{dy\,dz}z\right)K + \mu\frac{d\frac{1}{r}}{dy},$$

$$K\frac{d^2z}{dt^2} = (1+m)\left(\frac{d^2\frac{1}{r}}{dz\,dx}x + \frac{d^2\frac{1}{r}}{dz\,dy}y + \frac{d^2\frac{1}{r}}{dz^2}z\right)K + \mu\frac{d\frac{1}{r}}{dz}.$$

Mais les équations de l'orbite non altérée (n° 6) donnent

$$\frac{d^2x}{dt^2} = (1+m)\frac{d\frac{1}{r}}{dx}, \quad \frac{d^2y}{dt^2} = (1+m)\frac{d\frac{1}{r}}{dy}, \quad \frac{d^2z}{dt^2} = (1+m)\frac{d\frac{1}{r}}{dz}.$$

Ensuite je remarque que la quantité $\frac{1}{r}$ est une fonction homogène de x, y, z de la dimension -1, qu'ainsi les quantités $\frac{d\frac{1}{r}}{dx}$, $\frac{d\frac{1}{r}}{dy}$, $\frac{d\frac{1}{r}}{dz}$ sont aussi des fonctions homogènes de x, y, z, mais de la dimension -2. Donc, par le Théorème connu concernant ces sortes de fonctions, on aura

$$\frac{d^2\frac{1}{r}}{dx^2}x+\frac{d^2\frac{1}{r}}{dx\,dy}y+\frac{d^2\frac{1}{r}}{dx\,dz}z=-2\frac{d\frac{1}{r}}{dx},$$

$$\frac{d^2\frac{1}{r}}{dy\,dx}x+\frac{d^2\frac{1}{r}}{dy^2}y+\frac{d^2\frac{1}{r}}{dy\,dz}z=-2\frac{d\frac{1}{r}}{dy},$$

$$\frac{d^2\frac{1}{r}}{dz\,dx}x+\frac{d^2\frac{1}{r}}{dz\,dy}y+\frac{d^2\frac{1}{r}}{dz^2}z=-2\frac{d\frac{1}{r}}{dz}.$$

C'est de quoi on peut d'ailleurs s'assurer par la différentiation actuelle. Ces substitutions faites, on verra d'abord que, pour satisfaire aux trois équations dont il s'agit, il suffit de satisfaire à celle-ci

$$K(1+m)=-2(1+m)K+\mu,$$

laquelle donne

$$K=\frac{\mu}{3(1+m)}.$$

Donc enfin on aura

$$\delta x=\frac{\mu}{1+\mu}\xi+\frac{\mu}{3(1+m)}x,$$

$$\delta y=\frac{\mu}{1+\mu}\eta+\frac{\mu}{3(1+m)}y,$$

$$\delta z=\frac{\mu}{1+\mu}\zeta+\frac{\mu}{3(1+m)}z.$$

Ce sont les limites cherchées, dont les quantités δx, δy, δz s'approchent d'autant plus que la comète s'éloigne davantage du Soleil.

11. De là il s'ensuit que si l'on suppose, en général,

$$\delta x = \mu\left(\frac{x}{3(1+m)} + \frac{\xi}{1+\mu}\right) + \delta x',$$

$$\delta y = \mu\left(\frac{y}{3(1+m)} + \frac{\eta}{1+\mu}\right) + \delta y',$$

$$\delta z = \mu\left(\frac{z}{3(1+m)} + \frac{\zeta}{1+\mu}\right) + \delta z',$$

qu'on substitue ces valeurs dans les équations du n° 7 et qu'on y fasse les réductions enseignées ci-dessus, on aura, en n'ayant égard qu'aux termes affectés de μ, et faisant, pour abréger,

$$\frac{1}{S} = \frac{1}{r} - \frac{1+m}{1+\mu}\left(\frac{d\frac{1}{r}}{dx}\xi + \frac{d\frac{1}{r}}{dy}\eta + \frac{d\frac{1}{r}}{dz}\zeta\right),$$

on aura, dis-je, ces transformées

$$\frac{d^2\delta x'}{dt^2} = (1+m)\left(\frac{d^2\frac{1}{r}}{dx^2}\delta x' + \frac{d^2\frac{1}{r}}{dx\,dy}\delta y' + \frac{d^2\frac{1}{r}}{dx\,dz}\delta z'\right) - \mu\frac{d\left(\frac{1}{S}-\frac{1}{R}\right)}{dx},$$

$$\frac{d^2\delta y'}{dt^2} = (1+m)\left(\frac{d^2\frac{1}{r}}{dy\,dx}\delta x' + \frac{d^2\frac{1}{r}}{dy^2}\delta y' + \frac{d^2\frac{1}{r}}{dy\,dz}\delta z'\right) - \mu\frac{d\left(\frac{1}{S}-\frac{1}{R}\right)}{dy},$$

$$\frac{d^2\delta z'}{dt^2} = (1+m)\left(\frac{d^2\frac{1}{r}}{dz\,dx}\delta x' + \frac{d^2\frac{1}{r}}{dz\,dy}\delta y' + \frac{d^2\frac{1}{r}}{dz^2}\delta z'\right) - \mu\frac{d\left(\frac{1}{S}-\frac{1}{R}\right)}{dz}.$$

Dans ces équations, j'ai mis à la place des quantités $\frac{d\frac{1}{R}}{d\xi}$, $\frac{d\frac{1}{R}}{d\eta}$, $\frac{d\frac{1}{R}}{d\zeta}$ leurs équivalentes $-\frac{d\frac{1}{R}}{dx}$, $-\frac{d\frac{1}{R}}{dy}$, $-\frac{d\frac{1}{R}}{dz}$, pour mettre plus d'uniformité dans les formules.

12. On peut aussi donner une forme semblable aux équations primitives du n° 7. En effet, si l'on fait

$$\frac{1}{\sigma} = \frac{1}{\rho} - \left(\frac{d\frac{1}{\rho}}{d\xi} x + \frac{d\frac{1}{\rho}}{d\eta} y + \frac{d\frac{1}{\rho}}{d\zeta} z \right),$$

et que l'on fasse abstraction des termes affectés de μ', on aura

$$\frac{d^2 \delta x}{dt^2} = (1+m) \left(\frac{d^2\frac{1}{r}}{dx^2} \delta x + \frac{d^2\frac{1}{r}}{dx\,dy} \delta y + \frac{d^2\frac{1}{r}}{dx\,dz} \delta z \right) - \mu \frac{d\left(\frac{1}{\sigma} - \frac{1}{R}\right)}{dx},$$

$$\frac{d^2 \delta y}{dt^2} = (1+m) \left(\frac{d^2\frac{1}{r}}{dy\,dx} \delta x + \frac{d^2\frac{1}{r}}{dy^2} \delta y + \frac{d^2\frac{1}{r}}{dy\,dz} \delta z \right) - \mu \frac{d\left(\frac{1}{\sigma} - \frac{1}{R}\right)}{dy},$$

$$\frac{d^2 \delta z}{dt^2} = (1+m) \left(\frac{d^2\frac{1}{r}}{dz\,dx} \delta x + \frac{d^2\frac{1}{r}}{dz\,dy} \delta y + \frac{d^2\frac{1}{r}}{dz^2} \delta z \right) - \mu \frac{d\left(\frac{1}{\sigma} - \frac{1}{R}\right)}{dz}.$$

13. On voit que la quantité $\frac{1}{\sigma}$ contient les deux premiers termes de la quantité $\frac{1}{R}$ développée en suite ascendante par rapport aux puissances de x, y, z; comme la quantité $\frac{1}{S}$ contient les deux premiers termes de la même quantité $\frac{1}{R}$ développée en suite ascendante par rapport aux puissances de ξ, η, ζ, en négligeant (ce qui est permis ici) la différence infiniment petite entre $\frac{1+m}{1+\mu}$ et l'unité : d'où résultent naturellement les conclusions que nous avons trouvées plus haut (n^{os} **10**, **11**).

Il s'ensuit aussi de là que, tant que $r < \rho$, il est plus simple de se servir des formules du n° **12**, et qu'au contraire, lorsque $r > \rho$, il est plus avantageux d'employer celles du n° **11**; d'autant plus que dans celles-ci les termes affectés de μ, et qui sont l'effet des forces perturbatrices, deviennent presque nuls lorsque la comète est à une grande distance du Soleil.

SECTION DEUXIÈME.

INTÉGRATION DES ÉQUATIONS DIFFÉRENTIELLES DE L'ORBITE NON ALTÉRÉE.

14. Ayant décomposé les équations générales du mouvement de la comète en équations de l'orbite non troublée (n° 6) et en équations des perturbations (n° 7), nous allons nous occuper, dans cette Section, de l'intégration des premières. Nous pourrions, à la vérité, nous en dispenser, puisqu'on sait d'avance, par les Théorèmes de Newton, que, sans les forces perturbatrices, la comète doit décrire autour du Soleil une section conique dont cet astre occupe le foyer, et que le temps doit être proportionnel à l'aire parcourue, divisée par la racine carrée du paramètre. Mais, comme nous avons besoin de connaître les intégrales mêmes des équations dont il s'agit, il est beaucoup plus court et en même temps plus direct de chercher ces intégrales par l'intégration effective que de les déduire des propriétés des sections coniques.

Les équations qu'il s'agit d'intégrer sont celles-ci, en mettant pour $\frac{d\frac{1}{r}}{dx}, \frac{d\frac{1}{r}}{dy}, \frac{d\frac{1}{r}}{dz}$ leurs valeurs $-\frac{x}{r^3}, -\frac{y}{r^3}, -\frac{z}{r^3}$,

$$\frac{d^2x}{dt^2} + \frac{(1+m)x}{r^3} = 0,$$

$$\frac{d^2y}{dt^2} + \frac{(1+m)y}{r^3} = 0,$$

$$\frac{d^2z}{dt^2} + \frac{(1+m)z}{r^3} = 0.$$

On peut intégrer ces équations par différentes méthodes; celle dont je vais faire usage m'a paru une des plus simples.

Je remarque d'abord que, en supposant les deux premières équations, on peut satisfaire à la troisième en faisant

$$z = bx + cy, \tag{A}$$

b et c étant deux constantes arbitraires; et il est visible que cette valeur de z est en même temps l'intégrale complète de la troisième équation, puisqu'elle renferme deux constantes arbitraires.

Je multiplie maintenant la première des trois équations différentielles proposées par $2dx$, la seconde par $2dy$, la troisième par $2dz$; ensuite je les ajoute ensemble, et j'intègre : j'ai

$$\text{(B)} \qquad \frac{dx^2 + dy^2 + dz^2}{dt^2} - 2(1+m)\left(\frac{1}{r} - \frac{1}{a}\right) = 0,$$

a étant une constante arbitraire.

Je multiplie ensuite les mêmes équations par x, y, z, et j'ajoute à leur somme l'équation précédente : j'ai, à cause de $r^2 = x^2 + y^2 + z^2$,

$$\text{(C)} \qquad \frac{1}{2}\frac{d^2(r^2)}{dt^2} - (1+m)\left(\frac{1}{r} - \frac{2}{a}\right) = 0.$$

Cette équation étant multipliée par $d(r^2)$, et ensuite intégrée, donne celle-ci

$$\text{(D)} \qquad \left[\frac{1}{2}\frac{d(r^2)}{dt}\right]^2 - 2(1+m)\left(r - \frac{r^2}{a} - h\right) = 0,$$

h étant une nouvelle constante arbitraire. Or

$$\frac{1}{2}d^2(r^2) = r\,d^2r + dr^2 \quad \text{et} \quad \left[\frac{1}{2}d(r^2)\right]^2 = r^2dr^2;$$

donc, si l'on divise l'équation (D) par r^2, et qu'on la retranche de l'équation (C), on aura, après avoir divisé par r,

$$\frac{d^2r}{dt^2} + (1+m)\left(\frac{1}{r^2} - \frac{2h}{r^3}\right) = 0,$$

équation qui, en faisant $2h - r = p$, prend cette forme

$$\frac{d^2p}{dt^2} + (1+m)\frac{p}{r^3} = 0,$$

qui est, comme l'on voit, semblable aux équations primitives.

C'est pourquoi on aura sur-le-champ cette intégrale $p=fx+gy$, ou bien

$$(\mathrm{E}) \qquad 2h-r=fx+gy,$$

f et g étant deux nouvelles constantes arbitraires, en sorte que l'intégrale est complète.

Les équations (A) et (E) offrent déjà, comme l'on voit, deux intégrales finies. On trouvera la troisième au moyen de l'équation (D), laquelle se réduit à

$$\frac{r\,dr}{\sqrt{r-\frac{r^2}{a}-h}}=dt\sqrt{2(1+m)},$$

dont l'intégrale est

$$(\mathrm{F}) \qquad \arcsin\frac{2\sqrt{r-\frac{r^2}{a}-h}}{\sqrt{a-4h}}-\frac{2\sqrt{r-\frac{r^2}{a}-h}}{\sqrt{a}}=2t\sqrt{\frac{2(1+m)}{a^3}}+i,$$

i étant encore une constante arbitraire.

Cette équation détermine r en t, et les équations (A) et (E), combinées avec celle-ci $r^2=x^2+y^2+z^2$, servent à déterminer x, y, z en r; ainsi l'on aura x, y, z en t. Mais ces valeurs, pour être complètes, doivent renfermer six constantes, parce que les équations différentielles proposées sont chacune du second ordre. Or l'équation (A) renferme deux constantes arbitraires b et c; l'équation (E) en renferme trois f, g et h, et l'équation (F) en renferme encore deux autres a et i. Il y en a donc en tout sept, et par conséquent une de plus qu'il ne faut.

En examinant la chose de plus près, il est aisé de s'apercevoir que cela vient de ce que la constante a a été introduite par l'intégration qui a donné l'équation (B), équation dont nous n'avons point tenu compte dans la suite du calcul comme d'une équation intégrale. Il est donc nécessaire d'avoir égard à cette équation, et il en doit résulter une équation de condition entre les constantes; en sorte qu'il n'en restera plus que six d'arbitraires, comme le Problème le demande

15. Commençons par déterminer x, y, z en r. Les équations (A) et (E) donnent, en retenant p à la place de $2h-r$,

$$x=\frac{gz-cp}{bg-cf},\quad y=\frac{fz-bp}{cf-bg};$$

substituant ces valeurs dans $x^2+y^2+z^2=r^2$, et ordonnant par rapport à z, on a

$$[(cf-bg)^2+f^2+g^2]z^2-2(bf+cg)pz+(b^2+c^2)p^2-(cf-bg)^2r^2=0,$$

d'où l'on tirera z, et ensuite x et y.

Si l'on fait, pour plus de simplicité,

$$q=\sqrt{[(cf-bg)^2+f^2+g^2]r^2-(1+b^2+c^2)p^2},$$

on trouvera

$$\text{(G)}\qquad\left\{\begin{aligned} x&=\frac{[f+c(cf-bg)]p-gq}{(cf-bg)^2+f^2+g^2},\\ y&=\frac{[g-b(cf-bg)]p+fq}{(cf-bg)^2+f^2+g^2},\\ z&=\frac{(bf+cg)p+(cf-bg)q}{(cf-bg)^2+f^2+g^2}.\end{aligned}\right.$$

16. Maintenant l'équation (B) donne, en chassant dt, par le moyen de l'équation (D),

$$dx^2+dy^2+dz^2=\frac{r-\dfrac{r^2}{a}}{r-\dfrac{r^2}{a}-h}\,dr^2;$$

mais les équations précédentes donnent

$$dx^2+dy^2+dz^2=\frac{(1+b^2+c^2)\,dp^2+dq^2}{(cf-bg)^2+f^2+g^2};$$

il faut donc que ces deux expressions de $dx^2+dy^2+dz^2$ deviennent identiques après qu'on aura substitué dans la dernière les valeurs de p et q en r.

Ces substitutions faites, on verra que l'identité aura lieu en effet, en faisant

$$\text{(H)} \qquad \frac{4h}{a} = 1 - \frac{(cf - bg)^2 + f^2 + g^2}{1 + b^2 + c^2}.$$

C'est l'équation de condition cherchée.

Si, dans l'expression de q du numéro précédent, on substitue la valeur de $(cf - bg)^2 + f^2 + g^2$ donnée par l'équation (G), que nous venons de trouver, et qu'on y mette de plus pour p sa valeur $2h - r$, elle deviendra

$$q = 2\sqrt{h(1 + b^2 + c^2)}\sqrt{r - \frac{r^2}{a} - h}.$$

17. Pour pouvoir appliquer les formules précédentes au mouvement des comètes, il faut connaître les valeurs des constantes que ces formules renferment.

Pour cet effet, je remarque d'abord que l'équation (A) est celle d'un plan dont la position, à l'égard du plan des coordonnées x et y, dépend des constantes b et c. Ce plan sera donc celui de l'orbite de la comète, et qui est déterminé par les observations.

Soient ω l'angle que l'intersection des deux plans, c'est-à-dire, la ligne des nœuds de l'orbite sur le plan des x et y, fait avec l'axe des x, et ψ l'inclinaison de l'orbite sur ce dernier plan; il est facile de prouver qu'on aura

$$c = \operatorname{tang}\psi \cos\omega, \quad b = -\operatorname{tang}\psi \sin\omega.$$

L'équation (E) servira ensuite à déterminer la figure de l'orbite; et il est aisé de conclure de la forme même de cette équation que l'orbite ne peut être qu'une section conique, ayant le foyer dans l'origine des coordonnées, en sorte que r sera le rayon vecteur de l'orbite.

Les deux apsides seront donc aux points où $\frac{dr}{dt} = 0$; or, dans ce cas, l'équation (D) donne

$$r - \frac{r^2}{a} - h = 0,$$

équation dont les deux racines sont

$$\frac{a \pm \sqrt{a^2 - 4ah}}{2}.$$

La somme de ces deux racines sera le grand axe, et leur différence, divisée par la somme, sera l'excentricité. Donc le grand axe de l'orbite sera a, et l'excentricité sera $\sqrt{1 - \frac{4h}{a}}$, que je désignerai dans la suite par e.

Puis donc que

$$e = \sqrt{1 - \frac{4h}{a}},$$

on aura

$$a\sqrt{1 - e^2} = \sqrt{4ha} = \text{au petit axe de l'orbite};$$

par conséquent, $4h$ sera le paramètre du grand axe.

Or on sait que le rayon vecteur qui répond à 90 degrés d'anomalie, c'est-à-dire, qui est perpendiculaire au grand axe, est égal au demi-paramètre. Donc on aura à 90 degrés d'anomalie $r = 2h$, et l'équation (E) donnera $fx + gy = 0$; d'où l'on tire $\frac{y}{x} = -\frac{f}{g}$, égal par conséquent à la tangente de l'angle que fait avec l'axe des x, dans le plan des x et y, la projection du rayon vecteur qui répond à 90 degrés d'anomalie dans l'orbite.

Soit cet angle $= 90^\circ + \varepsilon$, on aura donc $\frac{g}{f} = \operatorname{tang}\varepsilon$; donc, faisant $l = \sqrt{f^2 + g^2}$, on aura $g = l\sin\varepsilon$, $f = l\cos\varepsilon$; ces valeurs étant substituées dans l'équation (H) du n° 16, ainsi que celles de b et c trouvées ci-dessus, et mettant e^2 à la place de $1 - \frac{4h}{a}$, elle deviendra

$$e^2 = l^2 \frac{1 + \operatorname{tang}^2\psi \cos^2(\omega - \varepsilon)}{1 + \operatorname{tang}^2\psi} = l^2[1 - \sin^2\psi \sin^2(\omega - \varepsilon)];$$

d'où l'on tire

$$l = \frac{e}{\sqrt{1 - \sin^2\psi \sin^2(\omega - \varepsilon)}};$$

de sorte qu'on aura

$$f = \frac{e\cos\varepsilon}{\sqrt{1-\sin^2\psi\sin^2(\omega-\varepsilon)}}, \quad g = \frac{e\sin\varepsilon}{\sqrt{1-\sin^2\psi\sin^2(\omega-\varepsilon)}}.$$

18. Si l'on fait coïncider le plan de l'orbite avec celui de x et y, on aura $\psi = 0$, et l'angle ε sera évidemment celui que le grand axe de l'orbite fait avec l'axe des x. Donc, si l'on suppose de plus que ces deux axes coïncident, on aura aussi $\varepsilon = 0$; de sorte que, dans cette hypothèse, $b = 0$, $c = 0$, $f = e$, $g = 0$, et les formules (G) du n° **15** donneront

$$x = \frac{p}{e}, \quad y = \frac{q}{e}, \quad z = 0,$$

savoir

$$x = \frac{2h-r}{e}, \quad y = \frac{2\sqrt{h}}{e}\sqrt{r-\frac{r^2}{a}-h}.$$

Or il est visible que, dans ce cas, x et y deviennent les coordonnées de l'orbite dans le plan même de cette orbite; et comme ces coordonnées doivent être indépendantes de la position du plan de l'orbite, il s'ensuit que les valeurs précédentes de x et y exprimeront toujours, l'une l'abscisse prise dans le grand axe depuis le foyer, et l'autre l'ordonnée rectangle dans le plan même de l'orbite, quelle que soit d'ailleurs la position de ce plan.

Donc, si l'on nomme φ l'angle du rayon vecteur r avec le grand axe, on aura, dans la supposition précédente,

$$x = r\cos\varphi, \quad y = r\sin\varphi;$$

savoir

$$r\cos\varphi = \frac{2h-r}{e}, \quad r\sin\varphi = \frac{2\sqrt{h}}{e}\sqrt{r-\frac{r^2}{a}-h};$$

d'où l'on tire

$$r = \frac{2h}{1+e\cos\varphi}, \quad \sqrt{r-\frac{r^2}{a}-h} = \frac{e\sqrt{h}\sin\varphi}{1+e\cos\varphi};$$

cette expression de r fait voir que φ est l'anomalie vraie de l'orbite, comptée de son périhélie.

On aura donc, en général,

$$p = er\cos\varphi, \quad q = \frac{er\sin\varphi}{\cos\psi},$$

et l'on pourra, par ces substitutions, dans les formules (F) et (G), avoir les valeurs de t, x, y, z exprimées par la seule anomalie φ.

19. Dans le nœud, on a $z = 0$; donc (équation G)

$$(bf + cg)p + (cf - bg)q = 0,$$

savoir, en substituant les valeurs précédentes de p et q,

$$(bf + cg)\cos\varphi + (cf - bg)\frac{\sin\varphi}{\cos\psi} = 0,$$

où φ est l'anomalie qui répond au nœud.

Dénotons cette anomalie par α, on aura donc

$$(bf + cg)\cos\alpha\cos\psi + (cf - bg)\sin\alpha = 0;$$

d'où l'on tire

$$\frac{g}{f} = \frac{c\sin\alpha + b\cos\psi\cos\alpha}{b\sin\alpha - c\cos\psi\cos\alpha},$$

et, en mettant pour b et c leurs valeurs (n° **17**),

$$\frac{g}{f} = \frac{-\cos\omega\sin\alpha + \cos\psi\sin\omega\cos\alpha}{\sin\omega\sin\alpha + \cos\psi\cos\omega\cos\alpha};$$

mais on a trouvé plus haut (n° **17**) $\frac{g}{f} = \operatorname{tang}\varepsilon$; ainsi l'on aura l'équation

$$\operatorname{tang}\varepsilon = \frac{-\cos\omega\sin\alpha + \cos\psi\sin\omega\cos\alpha}{\sin\omega\sin\alpha + \cos\psi\cos\omega\cos\alpha};$$

d'où il est aisé de tirer

$$\sin\varepsilon = \frac{-\cos\omega\sin\alpha + \cos\psi\sin\omega\cos\alpha}{\sqrt{1 - \sin^2\psi\cos^2\alpha}}, \quad \cos\varepsilon = \frac{\sin\omega\sin\alpha + \cos\psi\cos\omega\cos\alpha}{\sqrt{1 - \sin^2\psi\cos^2\alpha}};$$

et, en substituant ces valeurs dans les expressions de f et g du n° **17**, on trouvera

$$f = e\left(\cos\omega\cos\alpha + \frac{\sin\omega\sin\alpha}{\cos\psi}\right), \quad g = e\left(\sin\omega\cos\alpha - \frac{\cos\omega\sin\alpha}{\cos\psi}\right);$$

par là, et par les valeurs de b et c, on aura

$$cf - bg = e\tang\psi\cos\alpha, \quad bf + cg = -\frac{e\tang\psi\sin\alpha}{\cos\psi},$$

$$f + c(cf - bg) = \frac{e(\cos\omega\cos\alpha + \sin\omega\sin\alpha\cos\psi)}{\cos^2\psi},$$

$$g - b(cf - bg) = \frac{e(\sin\omega\cos\alpha - \cos\omega\sin\alpha\cos\psi)}{\cos^2\psi}, \quad (cf - bg)^2 + f^2 + g^2 = \frac{e^2}{\cos^2\psi};$$

de sorte que, à cause de $p = er\cos\varphi$, $q = \dfrac{er\sin\varphi}{\cos\psi}$, les formules (G) du n° **15** deviendront

$$\begin{aligned}
x &= r[\cos\omega\cos(\varphi - \alpha) - \sin\omega\sin(\varphi - \alpha)\cos\psi],\\
y &= r[\sin\omega\cos(\varphi - \alpha) + \cos\omega\sin(\varphi - \alpha)\cos\psi],\\
z &= r\ \sin\psi\sin(\varphi - \alpha),
\end{aligned}$$

dans lesquelles $\varphi - \alpha$ est ce qu'on nomme l'argument de latitude.

20. Si l'on fait

$$\frac{2\sqrt{r - \dfrac{r^2}{a} - h}}{\sqrt{a - 4h}} = \sin u, \quad 2t\sqrt{\frac{2(1 + m)}{a^3}} + i = \theta,$$

et qu'on se souvienne que $\sqrt{1 - \dfrac{4h}{a}} = e$ (n° **17**), il est clair que l'équation (F) du n° **15** prendra cette forme très-simple

$$u - e\sin u = \theta,$$

dans laquelle u sera évidemment ce que l'on nomme, d'après Kepler, l'anomalie excentrique, mais comptée du périhélie, et où θ sera, par conséquent, l'anomalie moyenne.

Donc, comme $\theta = i$ lorsque $t = 0$, on voit que la constante i n'est autre chose que l'époque de l'anomalie moyenne.

En appliquant les formules au mouvement de la Terre autour du Soleil, et prenant la distance moyenne $\frac{a}{2}$ pour l'unité, on aura, en négligeant $m = \frac{1}{304355}$ vis-à-vis de 1,

$$t + i = \theta = \text{l'anomalie moyenne du Soleil};$$

d'où il s'ensuit que t, exprimé en angles, représentera proprement le mouvement moyen du Soleil pendant le temps écoulé depuis l'époque d'où l'on part; et qu'ainsi, en divisant la valeur de t par 360 degrés, ou bien, si t est exprimé en nombres (la distance moyenne du Soleil étant l'unité), en divisant la valeur de t par le rapport de la circonférence au rayon, on aura le temps exprimé en années sidérales, puisque nous pouvons faire abstraction ici du mouvement de l'apogée du Soleil.

Or, puisque

$$1 - \frac{4h}{a} - 4\left(\frac{r}{a} - \frac{r^2}{a^2} - \frac{h}{a}\right) = \left(1 - \frac{2r}{a}\right)^2,$$

il est clair qu'on aura

$$1 - \frac{2r}{a} = e\cos u;$$

donc

$$r = \frac{a}{2}(1 - e\cos u),$$

et comme (nos **15** et **16**)

$$p = 2h - r, \quad q = 2\sqrt{h(1 + b^2 + c^2)}\sqrt{r - \frac{r^2}{a} - h},$$

on aura, à cause de $h = \frac{a(1 - e^2)}{4}$,

$$p = \frac{ae}{2}(\cos u - e),$$

$$q = \frac{ae}{2}\sqrt{(1 - e^2)(1 + b^2 + c^2)}\sin u.$$

De sorte que, en substituant ces valeurs dans les formules (G), on aura aussi x, y, z exprimées en u.

Dans la parabole, le grand axe a devient infini, par conséquent l'angle u est infiniment petit. Dans les ellipses très-allongées, telles que sont les orbites des comètes, la quantité a est seulement très-grande ; donc l'angle u sera très-petit, du moins tant que r n'est pas fort grand

Dans ce cas donc on aura

$$u = \sin u + \frac{1}{6}\sin^3 u + \frac{3}{40}\sin^5 u + \frac{5}{112}\sin^7 u + \ldots,$$

et l'équation entre θ et u deviendra

$$\theta = (1-e)\sin u + \frac{1}{6}\sin^3 u + \frac{3}{40}\sin^5 u + \frac{5}{112}\sin^7 u + \ldots;$$

mais

$$1 - e = \frac{1-e^2}{1+e} = \frac{4h}{a(1+e)};$$

donc, si l'on met pour θ sa valeur

$$2t\sqrt{\frac{2(1+m)}{a^3}} + i,$$

et qu'on fasse

$$i\sqrt{\frac{a^3}{8}} = j, \quad \sin u = \frac{w}{\sqrt{\frac{a}{2}}},$$

on aura, après avoir tout multiplié par $\sqrt{\frac{a^3}{8}}$,

$$t\sqrt{1+m} + j = \frac{2h}{1+e}w + \frac{1}{6}w^3 + \frac{3}{20a}w^5 + \frac{5}{28a^2}w^7 + \ldots,$$

où w sera une quantité finie, puisqu'on aura

$$w = \frac{\sqrt{2}\sqrt{r - \frac{r^2}{a} - h}}{\sqrt{1 - \frac{4h}{a}}} = \frac{\sqrt{2}\sqrt{r - \frac{r^2}{a} - h}}{e},$$

et, substituant pour $\sqrt{r - \frac{r^2}{a} - h}$ sa valeur en φ trouvée ci-dessus, il viendra

$$\omega = \frac{\sqrt{2h}\sin\varphi}{1+e\cos\varphi}.$$

Pour la parabole, on fera $a=\infty$, et l'on aura

$$t\sqrt{1+m}+j = h\omega + \frac{\omega^3}{6},$$

où (à cause de $e=1$)

$$\omega = \sqrt{2(r-h)} = \sqrt{2h}\tang\frac{\varphi}{2};$$

et h sera pour lors égal à la distance périhélie.

21. Nous remarquerons encore que, si, dans l'équation différentielle entre dr et dt du n° **15**, on substitue pour dr et pour $\sqrt{r-\frac{r^2}{a}-h}$ leurs valeurs en φ (n° **18**), on trouve

$$dt = \sqrt{\frac{1}{2h(1+m)}}\,r^2\,d\varphi;$$

et, si l'on différentie l'équation qui donne la relation entre t et u (n° **20**), et qu'on y mette $\frac{2r}{a}$ pour $1-e\cos u$, il vient

$$dt = \sqrt{\frac{a}{2(1+m)}}\,r\,du;$$

dans la première formule, φ est l'anomalie vraie, et dans la seconde u est l'anomalie excentrique.

SECTION TROISIÈME.

INTÉGRATION DES ÉQUATIONS DIFFÉRENTIELLES DES PERTURBATIONS.

22. Nous avons vu, dans la première Section, que x, y, z étant les coordonnées de l'orbite non altérée, et $x+\delta x$, $y+\delta y$, $z+\delta z$ celles de l'orbite troublée par l'action d'une planète μ, on a pour la détermination des quantités δx, δy, δz les équations suivantes

$$\frac{d^2\,\delta x}{dt^2}=(1+m)\left(\frac{d^2\frac{1}{r}}{dx^2}\,\delta x+\frac{d^2\frac{1}{r}}{dx\,dy}\,\delta y+\frac{d^2\frac{1}{r}}{dx\,dz}\,\delta z\right)-\mu.\mathrm{X},$$

$$\frac{d^2\,\delta y}{dt^2}=(1+m)\left(\frac{d^2\frac{1}{r}}{dy\,dx}\,\delta x+\frac{d^2\frac{1}{r}}{dy^2}\,\delta y+\frac{d^2\frac{1}{r}}{dy\,dz}\,\delta z\right)-\mu.\mathrm{Y},$$

$$\frac{d^2\,\delta z}{dt^2}=(1+m)\left(\frac{d^2\frac{1}{r}}{dz\,dx}\,\delta x+\frac{d^2\frac{1}{r}}{dz\,dy}\,\delta y+\frac{d^2\frac{1}{r}}{dz^2}\,\delta z\right)-\mu.\mathrm{Z},$$

en faisant, pour abréger (n° **12**),

$$\mathrm{X}=\frac{d\left(\frac{1}{\sigma}-\frac{1}{\mathrm{R}}\right)}{dx},\quad \mathrm{Y}=\frac{d\left(\frac{1}{\sigma}-\frac{1}{\mathrm{R}}\right)}{dy},\quad \mathrm{Z}=\frac{d\left(\frac{1}{\sigma}-\frac{1}{\mathrm{R}}\right)}{dz}.$$

23. C'est donc de l'intégration de ces équations que dépend la recherche des perturbations causées par l'action d'une planète quelconque sur la comète. Or cette intégration dépend, comme l'on sait, de celle du cas où il n'y aurait aucun terme tout connu, à cause que les variables inconnues δx, δy, δz ne paraissent que sous la forme linéaire. Ainsi toute la difficulté se réduit à intégrer des équations de la forme suivante

$$\frac{d^2\,\delta x}{dt^2}=(1+m)\left(\frac{d^2\frac{1}{r}}{dx^2}\,\delta x+\frac{d^2\frac{1}{r}}{dx\,dy}\,\delta y+\frac{d^2\frac{1}{r}}{dx\,dz}\,\delta z\right),$$

$$\frac{d^2\,\delta y}{dt^2}=(1+m)\left(\frac{d^2\frac{1}{r}}{dy\,dx}\,\delta x+\frac{d^2\frac{1}{r}}{dy^2}\,\delta y+\frac{d^2\frac{1}{r}}{dy\,dz}\,\delta z\right),$$

$$\frac{d^2\,\delta z}{dt^2}=(1+m)\left(\frac{d^2\frac{1}{r}}{dz\,dx}\,\delta x+\frac{d^2\frac{1}{r}}{dz\,dy}\,\delta y+\frac{d^2\frac{1}{r}}{dz^2}\,\delta z\right).$$

24. Si l'on se rappelle les calculs du n° **7**, on doit voir que les équations précédentes résultent des équations de l'orbite non altérée, en y faisant varier les quantités x, y, z, des différences δx, δy, δz regardées comme infiniment petites. Donc les intégrales des équations dont il s'agit doivent résulter aussi des intégrales des mêmes équations de l'orbite non altérée, en y faisant varier non-seulement ces mêmes quantités, mais encore les constantes arbitraires introduites par les différentes intégrations, et qui, n'existant point dans les équations différentielles, peuvent, à leur égard, être aussi regardées comme variables.

Ainsi donc, pour avoir les intégrales des trois équations différentielles du numéro précédent, il n'y aura qu'à différentier à l'ordinaire les intégrales de l'orbite non altérée, trouvées dans la seconde Section, en y regardant les trois indéterminées x, y, z et les six arbitraires a, b, c, f, g, i, comme variables à la fois, et marquant leurs différences par la caractéristique δ [à l'égard de h, elle doit aussi être traitée comme variable, parce que c'est une fonction de a, b, c, f, g, donnée par l'équation (H) du n° **16**]; les différences de ces arbitraires seront elles-mêmes les nouvelles constantes arbitraires que les intégrales cherchées doivent contenir pour être complètes.

25. Comme les formules (G) du n° **15** donnent x, y, z en r, et que la formule (F) du n° **14** donne r en t, on pourra tirer directement de la différentiation des premières les valeurs de δx, δy, δz en δr; ensuite on aura δr par la différentiation de la dernière; mais, à la place de r, il sera plus simple d'introduire l'angle u, au moyen des formules du n° **20**; et, pour donner à notre calcul toute la simplicité dont il est susceptible, nous remarquerons de plus que, la position du plan des x et y, auquel nous avons jusqu'ici rapporté l'orbite de la comète, étant arbitraire, on peut, sans nuire à la généralité du Problème, supposer que ce plan coïncide avec celui de l'orbite non altérée de la comète; et l'on peut, par la même raison, supposer aussi que l'axe des x coïncide avec le grand axe de la même orbite, en sorte que les abscisses x soient prises depuis le foyer et soient positives en allant vers l'apside inférieure.

Ces deux suppositions donneront (n^{os} **17** et **19**)

$$\psi = 0, \quad \alpha = \omega; \quad \text{donc} \quad b = 0, \quad c = 0, \quad f = e, \quad g = 0,$$

ce qui simplifiera beaucoup les expressions finies de x, y, z; mais, comme les différences δb, δc, δg ne sont pas nulles, il ne faudra pas faire disparaître entièrement les quantités b, c, g; mais il en faudra conserver les premières dimensions dans les expressions de x, y, z, afin de pouvoir en tirer par la différentiation les valeurs complètes de δx, δy, δz.

26. De cette manière, on aura donc (nº **15**, formule G)

$$x = \frac{fp - gq}{f^2}, \quad y = \frac{gp + fq}{f^2}, \quad z = \frac{bp + cq}{f},$$

et par les formules du nº **20** on aura, à cause de $e = f$,

$$p = \frac{af}{2}(\cos u - f), \quad q = \frac{af}{2}\sqrt{1-f^2}\sin u,$$

de sorte qu'en substituant il viendra

$$x = \frac{a}{2}(\cos u - f) - \frac{ag}{2f}\sqrt{1-f^2}\sin u,$$

$$y = \frac{a}{2}\sqrt{1-f^2}\sin u + \frac{ag}{2f}(\cos u - f),$$

$$z = \frac{ab}{2}(\cos u - f) + \frac{ac}{2}\sqrt{1-f^2}\sin u.$$

Différentiant donc suivant la caractéristique δ, en faisant tout varier, et supposant ensuite les constantes b, c, g nulles, on aura

$$\delta x = \frac{\cos u - f}{2}\delta a - \frac{a}{2}\delta f - \frac{a\sqrt{1-f^2}}{2f}\sin u\,\delta g - \frac{a}{2}\sin u\,\delta u,$$

$$\delta y = \frac{\sqrt{1-f^2}}{2}\sin u\,\delta a - \frac{af}{2\sqrt{1-f^2}}\sin u\,\delta f + \frac{a(\cos u - f)}{2f}\delta g + \frac{a\sqrt{1-f^2}}{2}\cos u\,\delta u,$$

$$\delta z = \frac{a(\cos u - f)}{2}\delta b + \frac{a\sqrt{1-f^2}}{2}\sin u\,\delta c.$$

Mais, par le nº **20**, on a, en mettant f à la place de e,

$$u - f\sin u = \theta = 2t\sqrt{\frac{2(1+m)}{a^3}} + i;$$

donc, faisant varier f, a, i et u, on en tirera la valeur de δu, laquelle sera

$$\delta u = \frac{-3t\sqrt{\frac{2(1+m)}{a^3}}\frac{\delta a}{a} + \sin u\,\delta f + \delta i}{1 - f\cos u}.$$

Substituant donc cette valeur de δu dans les expressions précédentes de δx, δy, δz, on aura les valeurs cherchées, lesquelles seront évidemment de cette forme

$$\delta x = \mathrm{A}\,\delta a + \mathrm{B}\,\delta f + \mathrm{C}\,\delta g + \mathrm{D}\,\delta i,$$
$$\delta y = \mathrm{E}\,\delta a + \mathrm{F}\,\delta f + \mathrm{G}\,\delta g + \mathrm{H}\,\delta i,$$
$$\delta z = \mathrm{K}\,\delta b + \mathrm{L}\,\delta c,$$

en supposant, pour abréger,

$$\mathrm{A} = \frac{\cos u - f}{2} + \frac{3t}{2}\sqrt{\frac{2(1+m)}{a^3}}\frac{\sin u}{1 - f\cos u},$$

$$\mathrm{B} = -\frac{a}{2}\left(1 + \frac{\sin^2 u}{1 - f\cos u}\right),$$

$$\mathrm{C} = -\frac{a\sqrt{1-f^2}}{2f}\sin u,$$

$$\mathrm{D} = -\frac{a}{2}\frac{\sin u}{1 - f\cos u},$$

$$\mathrm{E} = \frac{\sqrt{1-f^2}}{2}\sin u - \frac{3t}{2}\sqrt{\frac{2(1+m)}{a^3}}\frac{\sqrt{1-f^2}\cos u}{1 - f\cos u},$$

$$\mathrm{F} = -\frac{af}{2\sqrt{1-f^2}}\sin u + \frac{a\sqrt{1-f^2}}{2}\frac{\sin u\cos u}{1 - f\cos u},$$

$$\mathrm{G} = \frac{a}{2f}(\cos u - f),$$

$$\mathrm{H} = \frac{a\sqrt{1-f^2}}{2}\frac{\cos u}{1 - f\cos u},$$

$$\mathrm{K} = \frac{a}{2}(\cos u - f),$$

$$\mathrm{L} = \frac{a\sqrt{1-f^2}}{2}\sin u.$$

Telles sont les valeurs complètes des quantités δx, δy, δz, en tant qu'elles résultent des trois équations différentielles du nº 23; et les quantités δa, δb, δc, δf, δg, δi sont les six constantes arbitraires que ces valeurs doivent contenir à raison des six intégrations qu'elles supposent.

27. Voyons maintenant comment on doit déterminer ces nouvelles arbitraires; il est clair qu'elles dépendent des valeurs des quantités δx, δy, δz, et de leurs différences premières $\frac{d\,\delta x}{dt}$, $\frac{d\,\delta y}{dt}$, $\frac{d\,\delta z}{dt}$, pour un instant quelconque donné. Il faudra donc différentier les expressions de δx, δy, δz trouvées ci-dessus, en y regardant les arbitraires δa, δb, δc, δf, δg, δi comme constantes, c'est-à-dire, en y faisant varier seulement les quantités qui sont des fonctions du temps t, pour avoir les valeurs de $\frac{d\,\delta x}{dt}$, $\frac{d\,\delta y}{dt}$, $\frac{d\,\delta z}{dt}$, lesquelles seront représentées, en général, par les formules suivantes

$$\frac{d\,\delta x}{dt} = \frac{dA}{dt}\delta a + \frac{dB}{dt}\delta f + \frac{dC}{dt}\delta g + \frac{dD}{dt}\delta i,$$

$$\frac{d\,\delta y}{dt} = \frac{dE}{dt}\delta a + \frac{dF}{dt}\delta f + \frac{dG}{dt}\delta g + \frac{dH}{dt}\delta i,$$

$$\frac{d\,\delta z}{dt} = \frac{dK}{dt}\delta b + \frac{dL}{dt}\delta c.$$

Ces trois équations étant combinées avec les trois du numéro précédent, on en tirera, par la méthode ordinaire d'élimination, les valeurs des six inconnues δa, δb, δc, δf, δg, δi; et il est aisé de voir que ces valeurs seront de la forme suivante

$$\delta a = A'\,\delta x + B'\,\delta y + C'\,\frac{d\,\delta x}{dt} + D'\,\frac{d\,\delta y}{dt},$$

$$\delta f = E'\,\delta x + F'\,\delta y + G'\,\frac{d\,\delta x}{dt} + H'\,\frac{d\,\delta y}{dt},$$

$$\delta g = A''\,\delta x + B''\,\delta y + C''\,\frac{d\,\delta x}{dt} + D''\,\frac{d\,\delta y}{dt},$$

$$\delta i = E''\delta x + F''\delta y + G''\frac{d\,\delta x}{dt} + H''\frac{d\,\delta y}{dt},$$

$$\delta b = K'\,\delta z + L'\frac{d\,\delta z}{dt},$$

$$\delta c = K''\delta z + L''\frac{d\,\delta z}{dt};$$

les quantités A′, B′, C′,… étant des fonctions rationnelles de A, B, C,… et de $\frac{dA}{dt}$, $\frac{dB}{dt}$,….

28. Quoique la détermination de ces quantités A′, B′,… ne soit pas difficile, elle pourrait néanmoins entraîner dans des calculs très-longs, si on l'entreprenait par la méthode ordinaire; voici un moyen de la simplifier beaucoup.

Ce moyen consiste à chercher d'abord les valeurs des constantes a, b, c, f, g, i, en x, y, z, t, et en $\frac{dx}{dt}$, $\frac{dy}{dt}$, $\frac{dz}{dt}$, à quoi on parviendra facilement par le moyen des formules du n° **14**; ensuite à différentier ces valeurs relativement à la caractéristique δ, c'est-à-dire, en faisant varier seulement les constantes dont il s'agit et les indéterminées $x, y, z, \frac{dx}{dt}, \frac{dy}{dt}, \frac{dz}{dt}$, et marquant les variations par δ; et comme les différentiations relatives aux deux caractéristiques différentes d et δ sont totalement indépendantes entre elles, on voit aisément que δd sera la même chose que $d\delta$, de sorte qu'on aura ainsi directement les valeurs de δa, δb, δc,… en δx, $\frac{d\,\delta x}{dt}$, δy,….

Nous allons donner ici les résultats de ce calcul, parce qu'ils nous seront utiles dans la suite.

29. On voit d'abord (n° **14**) que l'équation (B) donnera la valeur de a, et que l'équation (D) donnera celle de h; ensuite l'équation finie (E), combinée avec sa différentielle, donnera les valeurs de f et g; et de même l'équation (A), combinée avec sa différentielle, donnera celle de b et c;

enfin l'équation (F) donnera la valeur de i; on aura donc d'abord

$$\frac{1}{a}=\frac{1}{r}-\frac{dx^2+dy^2+dz^2}{2(1+m)dt^2}, \quad h=r-\frac{r^2}{a}-\frac{(dr^2)^2}{8(1+m)dt^2};$$

ensuite on trouvera

$$f=\frac{(2h-r)dy+y\,dr}{x\,dy-y\,dx}, \quad g=\frac{(2h-r)dx+x\,dr}{y\,dx-x\,dy},$$

$$b=\frac{z\,dy-y\,dz}{x\,dy-y\,dx}, \quad c=\frac{z\,dx-x\,dz}{y\,dx-x\,dy};$$

or, si dans la valeur de h on substitue celle de $\frac{1}{a}$, et qu'on y mette $2(x\,dx+y\,dy+z\,dz)$ à la place de dr^2, on a

$$h=\frac{r^2(dx^2+dy^2+dz^2)-(x\,dx+y\,dy+z\,dz)^2}{2(1+m)dt^2},$$

ce qui, à cause de $r^2=x^2+y^2+z^2$, peut se réduire à cette forme

$$h=\frac{(x\,dy-y\,dx)^2+(z\,dy-y\,dz)^2+(x\,dz-z\,dx)^2}{2(1+m)dt^2};$$

mais on vient de trouver

$$z\,dy-y\,dz=b(x\,dy-y\,dx), \quad x\,dz-z\,dx=c(x\,dy-y\,dx);$$

donc, faisant ces substitutions, extrayant la racine carrée et supposant, pour abréger,

$$\frac{h}{1+b^2+c^2}=\mathrm{K}^2,$$

on aura

$$\mathrm{K}=\frac{x\,dy-y\,dx}{dt\sqrt{2(1+m)}},$$

et les autres formules deviendront, étant multipliées par K,

$$\mathrm{K}f=\frac{(2h-r)dy+y\,dr}{dt\sqrt{2(1+m)}}, \quad \mathrm{K}g=-\frac{(2h-r)dx+x\,dr}{dt\sqrt{2(1+m)}},$$

$$\mathrm{K}b=\frac{z\,dy-y\,dz}{dt\sqrt{2(1+m)}}, \quad \mathrm{K}c=-\frac{z\,dx-x\,dz}{dt\sqrt{2(1+m)}}.$$

Enfin on aura (formule F)

$$i = -2t\sqrt{\frac{2(1+m)}{a^3}} + \arc\sin\frac{2\sqrt{r-\frac{r^2}{a}-h}}{\sqrt{a-4h}} - \frac{2\sqrt{r-\frac{r^2}{a}-h}}{\sqrt{a}}.$$

30. En différentiant ces équations par rapport à la caractéristique δ, et changeant partout δd en $d\delta$, on trouvera les formules suivantes

$$\delta a = a^2\left(\frac{\delta r}{r^2} + \frac{dx\,d\delta x + dy\,d\delta y + dz\,d\delta z}{(1+m)\,dt^2}\right),$$

$$\delta K = \frac{dy\,\delta x - dx\,\delta y + x\,d\delta y - y\,d\delta x}{dt\sqrt{2(1+m)}},$$

$$\delta f = \frac{dy(2\,\delta h - \delta r) + dr\,\delta y + (2h - r)\,d\delta y + y\,d\delta r}{K\,dt\sqrt{2(1+m)}} - \frac{f\,\delta K}{K},$$

$$\delta g = -\frac{dx(2\,\delta h - \delta r) + dr\,\delta x + (2h - r)\,d\delta x + x\,d\delta r}{K\,dt\sqrt{2(1+m)}} - \frac{g\,\delta K}{K},$$

$$\delta b = \frac{dy\,\delta z - dz\,\delta y + z\,d\delta y - y\,d\delta z}{K\,dt\sqrt{2(1+m)}} - \frac{b\,\delta K}{K},$$

$$\delta c = -\frac{dx\,\delta z - dz\,\delta x + z\,d\delta x - x\,d\delta z}{K\,dt\sqrt{2(1+m)}} - \frac{c\,\delta K}{K},$$

$$\delta h = 2(1 + b^2 + c^2)\,K\,\delta K + 2K^2(b\,\delta b + c\,\delta c),$$

dans lesquelles il faudra substituer pour δr sa valeur

$$\frac{x\,\delta x + y\,\delta y + z\,\delta z}{r},$$

et pour $d\delta r$

$$\frac{x\,d\delta x + y\,d\delta y + z\,d\delta z}{r} + d\frac{x}{r}\,\delta x + d\frac{y}{r}\,\delta y + d\frac{z}{r}\,\delta z.$$

Quant à la valeur de δi, pour la trouver plus aisément, on supposera

$$\frac{r}{a} = v, \quad \frac{h}{a} = n, \quad \frac{2\sqrt{v - v^2 - n}}{\sqrt{1-4n}} = V,$$

ce qui réduira la valeur de i à cette forme

$$i = -2t\sqrt{\frac{2(1+m)}{a^3}} + \arc\sin V - V\sqrt{1-4n};$$

de sorte qu'on aura, en différentiant suivant δ et faisant tout varier, excepté t,

$$\delta i = 3t\sqrt{\frac{2(1+m)}{a^3}}\,\frac{\delta a}{a} + \frac{\delta V}{\sqrt{1-V^2}} - \sqrt{1-4n}\,\delta V - V\,\delta\sqrt{1-4n};$$

or

$$\sqrt{1-V^2} = \frac{1-2v}{\sqrt{1-4n}};$$

donc, substituant cette valeur, ainsi que celles de V et de δV, et réduisant, il viendra

$$\delta i = 3t\sqrt{\frac{2(1+m)}{a^3}}\,\frac{\delta a}{a} + \frac{2v\,\delta v + \dfrac{2\,\delta n}{1-4n}(v-2n)}{\sqrt{v-v^2-n}},$$

où il n'y aura plus qu'à remettre pour v et n leurs valeurs $\frac{r}{a}$, $\frac{h}{a}$, et par conséquent pour δv et δn les quantités $\frac{a\,\delta r - r\,\delta a}{a^2}$, $\frac{a\,\delta h - h\,\delta a}{a^2}$.

Après avoir trouvé cette expression de δi, j'ai remarqué qu'elle avait l'inconvénient de contenir au dénominateur le radical $\sqrt{v-v^2-n}$, savoir

$$\frac{\sqrt{r - \dfrac{r^2}{a} - h}}{\sqrt{a}},$$

lequel, comme on l'a vu dans le n° **17**, devient nul dans les deux apsides de l'orbite; de sorte que, comme δi ne saurait devenir infini, il faut nécessairement que le numérateur soit alors pareillement nul; d'où il s'ensuit que la formule sera en défaut dans ces deux points.

Pour éviter cet inconvénient, il faut tâcher de donner une autre forme à la valeur de δi, et qui soit telle, qu'il n'y ait aucune fonction des variables au dénominateur; voici comment je suis parvenu à ce but.

Je considère que la quantité

$$\frac{\partial V}{\sqrt{1-V^2}}$$

est la même chose que celle-ci

$$\sqrt{1-V^2}\,\partial V - V\,\partial\sqrt{1-V^2},$$

et qu'ainsi on peut réduire la première expression de ∂i à celle-ci

$$\partial i = 3t\sqrt{\frac{2(1+m)}{a^3}}\,\frac{\partial a}{a} + \left(\sqrt{1-V^2} - \sqrt{1-4n}\right)\partial V - V\,\partial\left(\sqrt{1-V^2} + \sqrt{1-4n}\right);$$

mais

$$V = \frac{2\sqrt{v - v^2 - n}}{\sqrt{1-4n}} = \frac{2\sqrt{r - \frac{r^2}{a} - h}}{\sqrt{a}\sqrt{1-4n}},$$

et, par le n° **16** et à cause de $h = na$,

$$V = \frac{q}{a\sqrt{1-4n}\sqrt{n(1+b^2+c^2)}}; \quad \sqrt{1-V^2} = \frac{1-2v}{\sqrt{1-4n}};$$

par conséquent (n° **14**)

$$\sqrt{1-V^2} - \sqrt{1-4n} = \frac{4n-2v}{\sqrt{1-4n}} = \frac{4h-2r}{a\sqrt{1-4n}} = \frac{2p}{a\sqrt{1-4n}},$$

$$\sqrt{1-V^2} + \sqrt{1-4n} = \frac{2p}{a\sqrt{1-4n}} + 2\sqrt{1-4n};$$

donc, faisant ces substitutions dans l'équation précédente, et effaçant les termes qui viendront de la différentiation de la quantité

$$a\sqrt{1-4n},$$

laquelle divise p et q, parce que ces termes se détruisent mutuellement, on aura

$$\partial i = 3t\,\frac{\sqrt{2(1+m)}}{a^3}\,\frac{\partial a}{a}$$
$$+ \frac{2}{a^2(1-4n)}\left[p\partial\frac{q}{\sqrt{n(1+b^2+c^2)}} - \frac{q}{\sqrt{n(1+b^2+c^2)}}(\partial p - 2a\,\partial n)\right].$$

Or les formules (G) du n° 15 donnent

$$p = fx + gy,$$
$$q = [f + c(cf - bg)]y - [g - b(cf - bg)]x;$$

donc, substituant ces valeurs, on aura pour δi une expression toute rationnelle et entière, et qui ne sera par conséquent sujette à aucun inconvénient.

On remarquera encore, à l'égard de δf, δg, δb, δc, qu'on peut aussi les exprimer d'une manière plus simple et plus commode à quelques égards, en les déduisant directement des équations (A) et (E), différentiées d'abord relativement à la caractéristique δ, et ensuite par rapport à la caractéristique ordinaire d; ce qui, dans le fond, revient au même que si on les différentie d'abord par rapport à cette dernière caractéristique, et ensuite par rapport à la première, ainsi que nous en avons usé plus haut.

De cette manière, l'équation (E) donnera ces deux-ci

$$2\delta h - \delta r = x\delta f + y\delta g + f\delta x + g\delta y, \quad -d\delta r = dx\delta f + dy\delta g + fd\delta x + gd\delta y;$$

d'où l'on tire, en mettant pour $x\,dy - y\,dx$ sa valeur $\mathrm{K}\,dt\sqrt{2(1+m)}$,

$$\delta f = \frac{dy(2\delta h - \delta r) + y\,d\delta r - f(dy\,\delta x - y\,d\delta x) - g(dy\,\delta y - y\,d\delta y)}{\mathrm{K}\,dt\sqrt{2(1+m)}},$$

$$\delta g = -\frac{dx(2\delta h - \delta r) + x\,d\delta r - f(dx\,\delta x - x\,d\delta x) - g(dx\,\delta y - x\,d\delta y)}{\mathrm{K}\,dt\sqrt{2(1+m)}}.$$

De même l'équation (A) donnera ces deux-ci

$$\delta z = x\,\delta b + y\,\delta c + b\,\delta x + c\,\delta y, \quad d\delta z = dx\,\delta b + dy\,\delta c + bd\,\delta x + cd\,\delta y;$$

d'où l'on tire

$$\delta b = \frac{dy\,\delta z - y\,d\delta z - b(dy\,\delta x - y\,d\delta x) - c(dy\,\delta y - y\,d\delta y)}{\mathrm{K}\,dt\sqrt{2(1+m)}},$$

$$\delta c = -\frac{dx\,\delta z - x\,d\delta z - b(dx\,\delta x - x\,d\delta x) - c(dx\,\delta y - x\,d\delta y)}{\mathrm{K}\,dt\sqrt{2(1+m)}};$$

ce sont les formules que nous emploierons dans la suite, par préférence aux autres trouvées ci-dessus.

Enfin on observera que, comme $n = \frac{h}{a}$, on aura, par la formule (H) du n° 16,

$$4n = 1 - \frac{(cf - bg)^2 + f^2 + g^2}{1 + b^2 + c^2},$$

de sorte que, en différentiant suivant δ, on aura la valeur de δn exprimée à volonté par δh et δa, ou par δf, δg, δb, δc.

31. Les formules précédentes ont toute la généralité possible; mais, pour les appliquer à notre cas, il y faut supposer (n° **25**)

$$b = 0, \quad c = 0, \quad g = 0,$$

ce qui donne [équation (G)]

$$z = 0, \quad \frac{dz}{dt} = 0;$$

par conséquent

$$d\frac{x}{r} = -\frac{(x\,dy - y\,dx)y}{r^3}, \quad d\frac{y}{r} = \frac{(x\,dy - y\,dx)x}{r^3};$$

donc

$$\delta r = \frac{x\,\delta x + y\,\delta y}{r}, \quad d\delta r = \frac{x\,d\delta x + y\,d\delta y}{r} + \frac{(x\,\delta y - y\,\delta x)(x\,dy - y\,dx)}{r^3};$$

de plus on aura

$$\mathrm{K} = \sqrt{h}, \quad \delta\mathrm{K} = \frac{\delta h}{2\sqrt{h}};$$

donc, faisant ces différentes réductions dans les formules ci-dessus, elles deviendront

$$\delta h = 2h\,\frac{dy\,\delta x - dx\,\delta y + x\,d\delta y - y\,d\delta x}{dt\sqrt{2h(1+m)}},$$

$$\delta a = a^2\left(\frac{x\,\delta x + y\,\delta y}{r^3} + \frac{dx\,d\delta x + dy\,d\delta y}{(1+m)\,dt^2}\right),$$

$$\delta f = \frac{y}{r^3}(x\,\delta y - y\,\delta x) - \left(f + \frac{x}{r}\right)\frac{dy\,\delta x - y\,d\delta x}{dt\sqrt{2h(1+m)}}$$
$$- \frac{y}{r}\,\frac{dy\,\delta y - y\,d\delta y}{dt\sqrt{2h(1+m)}} + \frac{2\,dy\,\delta h}{dt\sqrt{2h(1+m)}},$$

$$\delta g = -\frac{x}{r^3}(x\,\delta y - y\,\delta x) + \left(f + \frac{x}{r}\right)\frac{dx\,\delta x - x\,d\delta x}{dt\sqrt{2h(1+m)}}$$
$$+ \frac{y}{r}\,\frac{dx\,\delta y - x\,d\delta y}{dt\sqrt{2h(1+m)}} - \frac{2\,dx\,\delta h}{dt\sqrt{2h(1+m)}},$$

$$\delta b = \frac{dy\,\delta z - y\,d\delta z}{dt\sqrt{2h(1+m)}},$$

$$\delta c = \frac{-dx\,\delta z + x\,d\delta z}{dt\sqrt{2h(1+m)}},$$

$$\delta i = 3t\sqrt{\frac{2(1+m)}{a^3}}\,\frac{\delta a}{a} + \frac{2(p\,\delta q - q\,\delta p)}{a^2(1-4n)\sqrt{n}} - \frac{q(p-4an)\,\delta n}{a^2(1-4n)\,n^{\frac{3}{2}}};$$

mais, à cause de $b = 0$, $c = 0$, $g = 0$, on aura

$$p = fx, \quad q = fy, \quad \delta p = f\,\delta x + x\,\delta f + y\,\delta g, \quad \delta q = f\,\delta y + y\,\delta f - x\,\delta g;$$

donc

$$p\,\delta q - q\,\delta p = f^2(x\,\delta y - y\,\delta x) - (x^2 + y^2) f\,\delta g;$$

de plus

$$n = \frac{h}{a} = \frac{1 - f^2}{4}, \quad \delta n = -\frac{f\,\delta f}{2};$$

donc la dernière formule deviendra

$$\delta i = 3t\sqrt{\frac{2(1+m)}{a^3}}\,\frac{\delta a}{a} + \frac{2\left(x\,\delta y - y\,\delta x - \frac{r^2\,\delta g}{f}\right)}{\sqrt{a^3 h}} + \frac{y(fx - 4h)\,\delta f}{2\sqrt{ah^3}}.$$

Et l'on remarquera que, à cause de $n = \frac{h}{a}$ et de $\delta n = -\frac{f\,\delta f}{2}$, on aura encore cette équation entre δa, δh et δf, savoir

$$a\,\delta h - h\,\delta a + \frac{a^2 f\,\delta f}{2} = 0,$$

laquelle pourra tenir lieu d'une quelconque des trois premières formules.

Telles sont donc les valeurs des quantités δh, δa, δf, δg, δb, δc, δi en δx, δy, δz, $\frac{d\delta x}{dt}$, $\frac{d\delta y}{dt}$, $\frac{d\delta z}{dt}$; par conséquent, si l'on met dans ces formules les valeurs de x, y, dx, dy et dt en u et du, savoir

$$x = \frac{a}{2}(\cos u - f), \quad y = \frac{a}{2}\sqrt{1-f^2}\cos u,$$

et (nº 21)

$$dt = \sqrt{\frac{a}{2(1+m)}}\, r\, du = \frac{a}{2}\sqrt{\frac{a}{2(1+m)}}(1 - f\cos u)\, du,$$

à cause de $e = f$, elles doivent devenir identiques avec celles du nº 27; de sorte qu'on pourra trouver, par la comparaison des coefficients de δx, δy, δz, $d\delta x, \ldots$ dans les expressions de δa, $\delta f, \ldots$, les valeurs des quantités A′, B′, C′,... des formules de ce numéro; lesquelles valeurs seront nécessairement les mêmes que si on les avait déduites des formules du nº 26, au moyen de l'élimination.

32. Revenons maintenant aux expressions de δx, δy, δz, trouvées dans le numéro que nous venons de citer; comme ces expressions satisfont aux équations différentielles du nº 23, les quantités δa, δb, δc, δf, δg, δi demeurant constantes et indéterminées, il s'ensuit que, par la substitution de ces valeurs de δx, δy, δz dans les mêmes équations, tous les termes doivent se détruire d'eux-mêmes, indépendamment des quantités δa, $\delta b, \ldots$; donc, en général, les termes qui renfermeront les quantités finies δa, $\delta b, \ldots$ se détruiront toujours dans les équations dont il s'agit, soit que ces quantités soient constantes ou non.

Donc, si l'on suppose, ce qui est permis, que les mêmes expressions de δx, δy, δz satisfassent aux équations du nº 22 (lesquelles ne diffèrent, comme l'on voit, de celles du nº 23 que par les termes $-\mu X$, $-\mu Y$, $-\mu Z$ ajoutés à leurs seconds membres), mais en y regardant les six quantités δa, δb, δc, δf, δg, δi comme des variables indéterminées, et qu'on en fasse la substitution, il est visible que les termes qui renfermeront ces variables finies s'en iront aussi, et que les équations résultantes seront (n° 26)

$$\frac{A\,d^2\delta a + B\,d^2\delta f + C\,d^2\delta g + D\,d^2\delta i}{dt^2} + 2\,\frac{dA\,d\delta a + dB\,d\delta f + dC\,d\delta g + dD\,d\delta i}{dt^2} = -\mu X,$$

$$\frac{E\,d^2\delta a + F\,d^2\delta f + G\,d^2\delta g + H\,d^2\delta i}{dt^2} + 2\,\frac{dE\,d\delta a + dF\,d\delta f + dG\,d\delta g + dH\,d\delta i}{dt^2} = -\mu Y,$$

$$\frac{K\,d^2\delta b + L\,d^2\delta c + 2(dK\,d\delta b + dL\,d\delta c)}{dt^2} = -\mu Z.$$

33. Comme il y a ici six variables indéterminées, et qu'il n'y a que trois équations pour la détermination de ces variables, il est clair qu'on peut supposer à volonté trois autres équations entre ces mêmes variables, et il sera à propos de prendre ces équations en sorte que les différences secondes des variables δa, δb,... disparaissent d'elles-mêmes; c'est de quoi on viendra à bout en supposant

$$\frac{A\,d\delta a + B\,d\delta f + C\,d\delta g + D\,d\delta i}{dt} = 0,$$

$$\frac{E\,d\delta a + F\,d\delta f + G\,d\delta g + H\,d\delta i}{dt} = 0,$$

$$\frac{K\,d\delta b + L\,d\delta c}{dt} = 0;$$

car, en retranchant respectivement des équations précédentes les différences de celles-ci, on aura

$$\frac{dA\,d\delta a + dB\,d\delta f + dC\,d\delta g + dD\,d\delta i}{dt^2} = -\mu X,$$

$$\frac{dE\,d\delta a + dF\,d\delta f + dG\,d\delta g + dH\,d\delta i}{dt^2} = -\mu Y,$$

$$\frac{dK\,d\delta b + dL\,d\delta c}{dt^2} = -\mu Z.$$

Ayant ainsi six équations entre les six quantités

$$\frac{d\delta a}{dt},\quad \frac{d\delta f}{dt},\quad \frac{d\delta g}{dt},\quad \frac{d\delta i}{dt},\quad \frac{d\delta b}{dt},\quad \frac{d\delta c}{dt},$$

on déterminera, par l'élimination, la valeur de chacune de ces quantités; ensuite il n'y aura plus qu'à multiplier ces différentes valeurs par dt, et les intégrer; on aura de cette manière les valeurs des variables δa, δb, δc, δf, δg, δi qu'il faudra substituer dans les expressions de δx, δy, δz; et les équations du n° 22, qui expriment les perturbations de la comète, seront résolues.

34. Il est important de remarquer que, si l'on différentie les expressions de δx, δy, δz, on aura, en vertu des équations supposées ci-dessus,

$$d\delta x = d\mathrm{A}\,\delta a + d\mathrm{B}\,\delta f + d\mathrm{C}\,\delta g + d\mathrm{D}\,\delta i,$$

$$d\delta y = d\mathrm{E}\,\delta a + d\mathrm{F}\,\delta f + d\mathrm{G}\,\delta g + d\mathrm{H}\,\delta i,$$

$$d\delta z = d\mathrm{K}\,\delta b + d\mathrm{L}\,\delta c,$$

précisément comme si les quantités δa, δf, δg, δi, δb, δc étaient constantes, parce que les termes dépendant des variations de ces quantités sont précisément ceux qui forment les équations supposées. D'où il est facile de conclure que, si les équations différentielles du n° 22 contenaient aussi les différences premières de δx, δy, δz, elles s'intégreraient également par la méthode du numéro précédent, et l'on parviendrait aux mêmes résultats.

Il y a plus, et c'est ici le point essentiel, dans l'orbite non altérée on a pour coordonnées x, y, z, fonctions du temps t et des six constantes arbitraires a, f, g, i, b, c, lesquelles déterminent les six éléments de l'orbite, savoir, le grand axe, l'excentricité, la position du périhélie, l'époque du passage par le périhélie, le lieu du nœud et l'inclinaison (n°s 17, 19, 20). Dans l'orbite troublée, les coordonnées sont $x + \delta x$, $y + \delta y$, $z + \delta z$, les quantités δx, δy, δz n'étant autre chose que les variations de x, y, z provenant des variations δa, δf, δg, δi, δb, δc des six constantes a, f, g, i, b, c, comme on l'a vu ci-dessus. Ainsi, dans l'orbite troublée, les coordonnées sont exprimées de la même manière que dans l'orbite non troublée, c'est-à-dire, qu'elles sont les mêmes fonctions de t et de $a + \delta a$, $f + \delta f$, $g + \delta g$, $i + \delta i$, $b + \delta b$, $c + \delta c$, qu'elles le sont de t, a, f, g, i, b, c dans l'orbite non troublée. Par conséquent on peut à chaque instant regarder l'orbite troublée comme étant de la même forme que l'orbite non troublée, mais dont les éléments dépendent des quantités $a+\delta a$, $f+\delta f$, $g+\delta g$, $i+\delta i$, $b+\delta b$, $c+\delta c$, lesquelles étant variables, il s'ensuit que les éléments de l'orbite troublée seront variables aussi, et que les quantités δa, δf, δg, δi, δb, δc serviront à déterminer leurs variations. Or, comme nous venons de voir que les valeurs de ces quantités sont telles, que les différences premières de δx, δy, δz sont les mêmes que si ces quantités étaient constantes, il est aisé d'en conclure que les éléments de l'orbite troublée, quoique essentiellement variables, peuvent néanmoins être regardés et traités comme constants pendant un instant, et qu'ainsi non-seulement le lieu de la comète dans l'orbite troublée, mais encore son mouvement instantané, c'est-à-dire, sa vitesse et sa direction, seront dans chaque instant les mêmes que l'on trouverait en les déterminant à l'ordinaire dans une orbite fixe dont les éléments seraient ceux qui répondent à ce même instant.

35. La difficulté est donc réduite à déterminer les valeurs des quantités δa, δf, δg, δi, δb, δc au moyen des six équations du n° 33.

Or, en examinant ces équations et en les comparant avec les formules qui donnent les valeurs de δx, δy, δz et de leurs différences $\frac{d\,\delta x}{dt}$, $\frac{d\,\delta y}{dt}$, $\frac{d\,\delta z}{dt}$ (n°s 26, 27), il est aisé de voir qu'elles sont semblables, et qu'elles peuvent se déduire de ces mêmes formules en y changeant seulement les quantités δa, δf, δg, ... en leurs différences $\frac{d\,\delta a}{dt}$, $\frac{d\,\delta f}{dt}$, $\frac{d\,\delta g}{dt}$, ..., et en y supposant en même temps

$$\delta x=0,\quad \delta y=0,\quad \delta z=0,\quad \frac{d\,\delta x}{dt}=-\mu X,\quad \frac{d\,\delta y}{dt}=-\mu Y,\quad \frac{d\,\delta z}{dt}=-\mu Z.$$

Donc, en faisant ces mêmes suppositions dans les expressions de δa, δf, δg, ... en δx, $\frac{d\,\delta x}{dt}$, δy, ..., on aura les valeurs des différences $\frac{d\,\delta a}{dt}$,

$\frac{d\delta f}{dt},\ldots$; ainsi l'on aura (nº 23)

$$\frac{d\delta a}{dt} = -\mu(C'X + D'Y), \quad \frac{d\delta f}{dt} = -\mu(G'X + H'Y),$$

$$\frac{d\delta g}{dt} = -\mu(C''X + D''Y), \quad \frac{d\delta i}{dt} = -\mu(G''X + H''Y),$$

$$\frac{d\delta b}{dt} = -\mu L'Z, \qquad \frac{d\delta c}{dt} = -\mu L''Z.$$

36. En général, il est visible que les équations du nº 33 ne sont autre chose que les différentielles de celles qui donnent les valeurs de δx, $\frac{d\delta x}{dt}$, $\delta y,\ldots$ en δa, δf, $\delta g,\ldots$, en y faisant varier seulement ces dernières quantités, ainsi que les différences premières $\frac{d\delta x}{dt}$, $\frac{d\delta y}{dt}$, $\frac{d\delta z}{dt}$, et mettant à la place des différences secondes $\frac{d^2\delta x}{dt^2}$, $\frac{d^2\delta y}{dt^2}$, $\frac{d^2\delta z}{dt^2}$ les quantités $-\mu X$, $-\mu Y$, $-\mu Z$; de sorte qu'en faisant les mêmes opérations sur les équations qui donnent directement les valeurs de δa, $\delta f,\ldots$ en δx, $\frac{d\delta x}{dt}$, $\delta y,\ldots$, on aura sur-le-champ les valeurs cherchées de $\frac{d\delta a}{dt}$, $\frac{d\delta f}{dt}$, $\frac{d\delta g}{dt},\ldots$ C'est ce qu'on peut aussi démontrer *à priori* par le raisonnement suivant.

Soit, en général,

$$\Delta = \Phi$$

une quelconque des équations dont il s'agit, Δ étant une des six constantes arbitraires δa, δf, δg, δi, δb, δc, et Φ la fonction de t et de δx, δy, δz, $\frac{d\delta x}{dt}$, $\frac{d\delta y}{dt}$, $\frac{d\delta z}{dt}$ qui lui est égale, il est clair que cette équation considérée en elle-même n'est autre chose qu'une intégrale première, ou du premier ordre, des équations du nº 23, dans laquelle Δ est la constante arbitraire introduite par l'intégration; donc, en différentiant, on aura cette équation du second ordre

$$d\Phi = 0,$$

laquelle, ne contenant plus de constantes arbitraires, devra être identique, c'est-à-dire, avoir lieu en même temps que les équations du numéro cité; de sorte que la différentielle $d\Phi$ devra être telle que, si l'on y substitue à la place des différences secondes $\frac{d^2\delta x}{dt^2}$, $\frac{d^2\delta y}{dt^2}$, $\frac{d^2\delta z}{dt^2}$ leurs valeurs données par ces mêmes équations, tous ses termes se détruisent d'eux-mêmes; c'est aussi de quoi on pourra se convaincre *à posteriori* par le calcul.

Or, comme les équations du n° 22 ne diffèrent de celles du n° 23 que parce que les valeurs de $\frac{d^2\delta x}{dt^2}$, $\frac{d^2\delta y}{dt^2}$, $\frac{d^2\delta z}{dt^2}$ ont les termes $-\mu X$, $-\mu Y$, $-\mu Z$ de plus, il s'ensuit que si, au lieu de substituer dans l'expression de $d\Phi$ les valeurs de $\frac{d^2\delta x}{dt^2}$, $\frac{d^2\delta y}{dt^2}$, $\frac{d^2\delta z}{dt^2}$, déduites des équations du n° 23, on y substituait les valeurs de ces mêmes quantités, déduites des équations du n° 22, on aurait nécessairement le même résultat que si l'on y substituait simplement $-\mu X$, $-\mu Y$, $-\mu Z$ à la place de $\frac{d^2\delta x}{dt^2}$, $\frac{d^2\delta y}{dt^2}$, $\frac{d^2\delta z}{dt^2}$, et qu'on y effaçât en même temps tous les autres termes. Soit $d\Delta$ ce que devient alors la valeur de $d\Phi$ (Δ étant ici regardée comme variable); on aura donc, pour les équations du n° 22,

$$d\Phi = d\Delta, \quad \text{et de là} \quad \Phi = \Delta,$$

comme pour celles du n° 23, mais avec cette différence, que Δ ne sera plus ici constante, mais une fonction donnée de t; et cette équation $\Phi = \Delta$ sera par conséquent aussi une intégrale première des équations du n° 22.

D'où il est aisé de conclure, en général, que, pour trouver les intégrales de ces dernières équations, qui sont proprement celles qui déterminent les perturbations de la comète, il n'y aura qu'à différentier chacune des formules $\Delta = \Phi$ trouvées plus haut (n°s 30, 31), en n'y faisant varier que la constante Δ et les différences premières $\frac{d\delta x}{dt}$, $\frac{d\delta y}{dt}$, $\frac{d\delta z}{dt}$, et y substituer ensuite à la place de $\frac{d^2\delta x}{dt^2}$, $\frac{d^2\delta y}{dt^2}$, $\frac{d^2\delta z}{dt^2}$ les quantités $-\mu X$,

$-\mu Y$, $-\mu Z$; on aura par ce moyen la valeur de $d\Delta$, dont l'intégrale sera celle de Δ.

Ayant déterminé ainsi les valeurs des différentes quantités Δ qui étaient auparavant constantes, et qui sont devenues maintenant des fonctions de t, on aura des intégrales premières de la même forme qu'auparavant; par conséquent les intégrales secondes ou finies qui résulteront de celles-là par l'élimination des différences premières $\frac{d\delta x}{dt}$, $\frac{d\delta y}{dt}$, $\frac{d\delta z}{dt}$ seront encore de la même forme; d'où il s'ensuit que tant ces différences que les variables finies δx, δy, δz seront aussi de la même forme, c'est-à-dire, les mêmes fonctions de t et des différentes quantités Δ que dans le cas où ces quantités seraient constantes.

Et il est facile de se convaincre qu'il n'est pas nécessaire, pour l'exactitude de cette méthode, que les différentes constantes Δ soient dégagées tout à fait des variables dans les intégrales premières des équations du n° 23, ainsi que nous l'avons supposé : il suffit de les imaginer dégagées, ce qui est toujours possible, et de les traiter comme toutes variables à la fois dans la différentiation des mêmes équations intégrales; on éliminera ensuite successivement les différentielles de ces différentes quantités Δ, pour avoir la valeur de chacune de ces différentielles.

Voilà, comme l'on voit, un moyen aussi simple que direct pour déduire les intégrales des équations du n° 22 de celles des équations plus simples du n° 23, et, en général, pour intégrer toutes sortes d'équations linéaires, en supposant qu'on sache déjà intégrer ces mêmes équations dans le cas où elles ne contiendraient aucun terme tout connu.

37. Qu'on différentie donc, d'après la méthode précédente, les formules du n° 31, en y faisant varier seulement les quantités δh, δa, δf, δg, δi, δb, δc, ainsi que les trois différences premières $\frac{d\delta x}{dt}$, $\frac{d\delta y}{dt}$, $\frac{d\delta z}{dt}$, et qu'on y mette ensuite, à la place des différences secondes $\frac{d^2\delta x}{dt^2}$, $\frac{d^2\delta y}{dt^2}$, $\frac{d^2\delta z}{dt^2}$, les quantités $-\mu X$, $-\mu Y$, $-\mu Z$, c'est-à-dire, $-\mu X\,dt$, $-\mu Y\,dt$,

$-\mu Z\,dt$ à la place de $d\frac{d\delta x}{dt}$, $d\frac{d\delta y}{dt}$, $d\frac{d\delta z}{dt}$; on aura les équations suivantes

$$d\delta h = -\mu\frac{\sqrt{2h}}{1+m}(x\mathrm{Y} - y\mathrm{X})\,dt,$$

$$d\delta a = -\frac{\mu}{1+m}a^2(\mathrm{X}\,dx + \mathrm{Y}\,dy),$$

$$d\delta f = -\frac{\mu y\,dt}{\sqrt{2h(1+m)}}\left[\left(f+\frac{x}{r}\right)\mathrm{X} + \frac{y}{r}\mathrm{Y}\right] + \frac{2\,dy\,d\delta h}{dt\sqrt{2h(1+m)}},$$

$$d\delta g = \frac{\mu x\,dt}{\sqrt{2h(1+m)}}\left[\left(f+\frac{x}{r}\right)\mathrm{X} + \frac{y}{r}\mathrm{Y}\right] - \frac{2\,dx\,d\delta h}{dt\sqrt{2h(1+m)}},$$

$$d\delta b = \frac{\mu y}{\sqrt{2h(1+m)}}\mathrm{Z}\,dt,$$

$$d\delta c = -\frac{\mu x}{\sqrt{2h(1+m)}}\mathrm{Z}\,dt,$$

$$d\delta i = 3t\sqrt{\frac{2(1+m)}{a^3}}\,\frac{d\delta a}{a} - \frac{2r^2\,d\delta g}{f\sqrt{a^3 h}} + \frac{y(fx-4h)\,d\delta f}{2\sqrt{ah^3}};$$

et l'équation entre δa, δh, δf, étant différentiée aussi, donnera

$$a\,d\delta h - h\,d\delta a + \frac{a^2 f\,d\delta f}{2} = 0,$$

qui servira à déterminer, si l'on veut, $d\delta f$, en connaissant $d\delta h$ et $d\delta a$.

Or je remarque qu'on a cette combinaison

$$x\,d\delta f + y\,d\delta g = 2\frac{x\,dy - y\,dx}{dt\sqrt{2h(1+m)}}\,d\delta h = 2\,d\delta h;$$

de sorte qu'on aura

$$d\delta g = \frac{2\,d\delta h - x\,d\delta f}{y};$$

ainsi, comme

$$d\delta f = \frac{2(h\,d\delta a - a\,d\delta h)}{a^2 f},$$

on aura

$$d\delta g = \frac{2}{afy}\left[(af+x)\,d\delta h - xh\right]\frac{d\delta a}{a},$$

valeurs que l'on pourra employer à la place des précédentes.

Telles sont les formules par l'intégration desquelles il faudra déterminer les valeurs des quantités δh, δa, δb, δc, δf, δg, δi; et il est visible que ces intégrations ne demandent que de simples quadratures, puisque les quantités x, y et X, Y, Z sont censées données en t d'après les mouvements supposés connus de la comète dans l'orbite non altérée, et de la planète perturbatrice dans son orbite.

38. Connaissant ces différentes quantités, on aura les éléments de l'orbite troublée, au moyen desquels on pourra calculer, par les méthodes ordinaires, tant le lieu que la vitesse et la direction de la comète dans un instant quelconque, ainsi que nous l'avons démontré plus haut (nº 34).

Pour cet effet, on se ressouviendra que a est le grand axe de l'orbite non altérée, $4h$ le paramètre du grand axe, et $e=\sqrt{1-\frac{4h}{a}}$ l'excentricité (nº 17).

Ainsi $a+\delta a$ sera le grand axe de l'orbite troublée, $4h+4\delta h$ le paramètre de cette orbite, et $e+\delta e=e+2\frac{h\delta a-a\delta h}{ea^2}$ son excentricité.

Ensuite, en différentiant suivant δ les valeurs de b et de c de ce même nº 17, et faisant, suivant l'hypothèse du nº 25, $\psi=0$, on aura

$$\delta b=-\sin\omega\,\delta\psi,\quad \delta c=\cos\omega\,\delta\psi;$$

ainsi $\delta\psi$ sera l'inclinaison du plan de l'orbite troublée sur le plan de l'orbite non troublée, et ω sera l'angle que la ligne des nœuds de ces deux plans fait avec l'axe des x, lequel est en même temps le grand axe de l'orbite non altérée (nº 25); de sorte que ω sera proprement la longitude du nœud ascendant de l'orbite troublée, comptée sur le plan de l'orbite non troublée depuis le périhélie de cette dernière orbite.

En différentiant de même les valeurs de f et de g du nº 17, et faisant, d'après le nº 25, $\psi=0$ et $\varepsilon=0$, on aura

$$\delta f=\delta e,\quad \delta g=e\,\delta\varepsilon;$$

et il est clair, par les dénominations du nº 13, que $90°+\delta\varepsilon$ sera la longitude du point de l'orbite troublée qui est à 90 degrés du périhélie, comptée sur le plan de l'orbite non troublée, depuis le périhélie de celle-ci; mais, à cause que ces deux orbites ne font entre elles qu'un très-petit angle $\delta\psi$, et que nous négligeons ici les $\delta\psi^2$, il est très-facile de prouver que $\delta\varepsilon$ sera la longitude même du périhélie de l'orbite troublée, la projection d'un arc de 90 degrés ne pouvant différer de 90 degrés que par des quantités de l'ordre de $\delta\psi^2$. Ainsi le petit angle $\delta\varepsilon$ exprimera proprement le mouvement du périhélie en longitude, en vertu des perturbations.

Enfin on se rappellera que i est l'époque de l'anomalie moyenne dans l'orbite non troublée, c'est-à-dire, la valeur de cette anomalie lorsque $t = 0$ (n° 20); donc $i + \delta i$ sera aussi l'époque de la même anomalie dans l'orbite troublée; en sorte qu'ajoutant à cette époque le mouvement moyen pendant le temps t, dans une orbite dont le grand axe serait $a + \delta a$, on aura l'anomalie moyenne qui servira à déterminer le lieu de la comète dans l'orbite troublée.

Ainsi

$$\theta = 2t\sqrt{\frac{2(1+m)}{a^3}} + i$$

étant (numéro cité) l'anomalie moyenne dans l'orbite non troublée, on aura $\theta + \delta\theta$ pour l'anomalie moyenne dans l'orbite troublée, et l'on trouvera la valeur de $\delta\theta$ par la différentiation de l'équation précédente, en y faisant varier a et i seulement, en sorte qu'on aura

$$\delta\theta = -3t\sqrt{\frac{2(1+m)}{a^3}}\,\frac{\delta a}{a} + \delta i.$$

Comme δa et δi sont ici des quantités variables, si l'on différentie à l'ordinaire cette valeur de $\delta\theta$, on aura

$$d\,\delta\theta = -3\,dt\sqrt{\frac{2(1+m)}{a^3}}\,\frac{\delta a}{a} - 3t\sqrt{\frac{2(1+m)}{a^3}}\,\frac{d\,\delta a}{a} + d\,\delta i;$$

et substituant pour $d\,\delta i$ sa valeur trouvée dans le numéro précédent,

on aura

$$d\,\delta\theta = -3\,dt\sqrt{\frac{2(1+m)}{a^3}}\,\frac{\delta a}{a} - \frac{2r^2\,d\,\delta g}{f\sqrt{a^3h}} + \frac{y(xf-4h)\,d\,\delta f}{2\sqrt{ah^3}},$$

dont l'intégrale donnera directement la valeur de $\delta\theta$, qui est l'altération de l'anomalie moyenne causée par les perturbations.

39. Nous avons donné, dans la première Section (nos **10, 11**), une manière de transformer les équations générales des perturbations, en sorte que les forces perturbatrices deviennent très-petites lorsque la comète est à une grande distance du Soleil; comme cette transformation est d'une grande utilité pour le calcul des perturbations dans la partie supérieure de l'orbite, il faut voir maintenant comment elle peut s'appliquer aussi aux formules que nous venons de trouver.

La transformation dont il s'agit consiste en ce que, si l'on fait

$$\delta x = \mu\left(\frac{x}{3(1+m)} + \frac{\xi}{1+\mu}\right) + \delta x',$$

$$\delta y = \mu\left(\frac{y}{3(1+m)} + \frac{\eta}{1+\mu}\right) + \delta y',$$

$$\delta z = \mu\left(\frac{z}{3(1+m)} + \frac{\zeta}{1+\mu}\right) + \delta z',$$

et de plus

$$X' = \frac{d\left(\frac{1}{S}-\frac{1}{R}\right)}{dx},\quad Y' = \frac{d\left(\frac{1}{S}-\frac{1}{R}\right)}{dy},\quad Z' = \frac{d\left(\frac{1}{S}-\frac{1}{R}\right)}{dz},$$

on aura entre $\delta x'$, $\delta y'$, $\delta z'$ et X', Y', Z' les mêmes équations qu'entre δx, δy, δz et X, Y, Z, c'est-à-dire, des équations de la même forme que celles du n° **22**, en y marquant seulement les quantités δx, δy, δz, X, Y, Z, chacune d'un trait.

On peut donc appliquer à ces équations les mêmes raisonnements et les mêmes opérations que nous venons de faire dans cette Section sur les équations du n° **22**, et en tirer des conclusions semblables. Ainsi, si l'on dénote par $\delta a'$, $\delta b'$, $\delta c'$, $\delta f'$, $\delta g'$, $\delta h'$, $\delta i'$ des quantités analogues aux quantités δa, δb, δc,..., on aura des formules semblables à celles des n°s 31 et 37 ci-dessus, en y marquant d'un trait les quantités δa, δb, δc, δf, δg, δh, δi, δx, δy, δz, X, Y, Z. Par les premières, on aura les valeurs de $\delta a'$, $\delta b'$,... en $\delta x'$, $\frac{d\,\delta x'}{dt}$, $\delta y'$,..., et par les autres les valeurs de $d\,\delta a'$ $d\,\delta b'$,... en X′, Y′, Z′.

Supposons maintenant qu'on substitue dans les formules du n° 31 les valeurs précédentes de δx, δy, δz; il est aisé de voir (à cause que ces quantités n'entrent dans les mêmes formules que sous une forme linéaire) que les valeurs des quantités δh, δa, δf,... deviendront

$$\begin{aligned}
\delta h &= \mu.\mathrm{H} + \delta h',\\
\delta a &= \mu.\mathrm{A} + \delta a',\\
\delta f &= \mu.\mathrm{F} + \delta f',\\
\delta g &= \mu.\mathrm{G} + \delta g',\\
\delta b &= \mu.\mathrm{B} + \delta b',\\
\delta c &= \mu.\mathrm{C} + \delta c',\\
\delta i &= \mu.\mathrm{I} + \delta i',
\end{aligned}$$

en dénotant par μ.H, μ.A, μ.F,... les valeurs de δh, δa, δf,... provenant de la simple substitution de $\mu\left(\frac{x}{3(1+m)} + \frac{\xi}{1+\mu}\right)$ à la place de δx, de $\mu\left(\frac{y}{3(1+m)} + \frac{\eta}{1+m}\right)$ à la place de δy, et de $\mu\left(\frac{z}{3(1+m)} + \frac{\zeta}{1+m}\right)$ à la place de δz.

De sorte qu'en faisant

$$z = 0, \quad \frac{dz}{dt} = 0,$$

et mettant à la place de $x\,dy - y\,dx$ sa valeur $dt\sqrt{2h(1+m)}$ (n°s 29, 31), on aura

$$\mathrm{H} = \frac{4h}{3(1+m)} + \frac{2h}{1+\mu}\,\frac{\xi\,dy - \eta\,dx + x\,d\eta - y\,d\xi}{dt\sqrt{2h(1+m)}},$$

$$\mathrm{A} = \frac{a^2}{3(1+m)}\left(\frac{1}{r} + \frac{dx^2 + dy^2}{(1+m)\,dt^2}\right) + \frac{a^2}{1+\mu}\left(\frac{x\xi + y\eta}{r^3} + \frac{dx\,d\xi + dy\,d\eta}{(1+m)\,dt^2}\right),$$

$$F = -\frac{f + \frac{x}{r}}{3(1+m)} + \frac{\frac{y}{r^3}(x\eta - y\xi)}{1+\mu} - \frac{\left(f + \frac{x}{r}\right)(\xi\,dy - y\,d\xi) + \frac{y}{r}(\eta\,dy - y\,d\eta)}{(1+\mu)\,dt\sqrt{2h(1+m)}} + \frac{2H\,dy}{dt\sqrt{2h(1+m)}}$$

$$G = -\frac{\frac{y}{r}}{3(1+m)} - \frac{\frac{x}{r^3}(x\eta - y\xi)}{1+\mu} + \frac{\left(f + \frac{x}{r}\right)(\xi\,dx - x\,d\xi) + \frac{y}{r}(\eta\,dx - x\,d\eta)}{(1+\mu)\,dt\sqrt{2h(1+m)}} - \frac{2H\,dx}{dt\sqrt{2h(1+m)}}$$

$$B = \frac{\zeta\,dy - y\,d\zeta}{(1+\mu)\,dt\sqrt{2h(1+m)}},$$

$$C = \frac{x\,d\zeta - \zeta\,dx}{(1+\mu)\,dt\sqrt{2h(1+m)}};$$

$$I = \frac{3t}{a}\sqrt{\frac{2(1+m)}{a^3}}\,\Lambda + 2\,\frac{\left(\frac{x\eta - y\xi}{1+\mu} - \frac{r^2 G}{f}\right)}{\sqrt{a^3 h}} + \frac{y(fx - 4h)F}{2\sqrt{a^3 h}}.$$

De plus on aura, par les formules du n° **37**, en y marquant d'un trait les quantités δh, $\delta a, \ldots$, X, Y, Z,

$$d\,\delta h' = -\mu\,\frac{\sqrt{2h}}{1+\mu}\,(xY' - yX')\,dt,$$

$$d\,\delta a' = -\frac{\mu}{1+m}\,a^2(X'\,dx + Y'\,dy),$$

$$d\,\delta f' = -\frac{\mu\,y\,dt}{\sqrt{2h(1+m)}}\left[\left(f + \frac{x}{r}\right)X' + \frac{y}{r}Y'\right] + \frac{2\,dy\,d\,\delta h'}{dt\sqrt{2h(1+m)}},$$

$$d\,\delta g' = \frac{\mu\,x\,dt}{\sqrt{2h(1+m)}}\left[\left(f + \frac{x}{r}\right)X' + \frac{y}{r}Y'\right] - \frac{2\,dx\,d\,\delta h'}{dt\sqrt{2h(1+m)}},$$

$$d\,\delta b' = \frac{\mu\,y}{\sqrt{2h(1+m)}}\,Z'\,dt,$$

$$d\,\delta c' = -\frac{\mu\,x}{\sqrt{2h(1+m)}}\,Z'\,dt,$$

$$d\,\delta i' = 3t\sqrt{\frac{2(1+m)}{a^3}}\,\frac{d\,\delta a'}{a} - \frac{2r^2\,d\,\delta g'}{f\sqrt{a^3 h}} + \frac{y(fx - 4h)\,d\,\delta f'}{2\sqrt{a h^3}}.$$

Donc, si l'on différentie les valeurs de δh, $\delta a, \ldots$ données ci-dessus, et qu'on y substitue ensuite les valeurs précédentes de $d\,\delta h'$, $d\,\delta a'$,..., il viendra

$$d\,\delta h = \mu.dH - \mu.\frac{\sqrt{2h}}{1+\mu}(xY' - yX')\,dt,$$

$$d\,\delta a = \mu.dA - \frac{m}{1+\mu}a^2(X'\,dx + Y'\,dy),$$

$$d\,\delta f = \mu.dF - \frac{\mu.y\,dt}{\sqrt{2h(1+m)}}\left[\left(f+\frac{x}{r}\right)X' + \frac{y}{r}Y'\right] + \frac{2\,dy\,d\,\delta h'}{dt\sqrt{2h(1+m)}},$$

$$d\,\delta g = \mu.dG + \frac{\mu.x\,dt}{\sqrt{2h(1+m)}}\left[\left(f+\frac{x}{r}\right)X' + \frac{y}{r}Y'\right] - \frac{2\,dx\,d\,\delta h'}{dt\sqrt{2h(1+m)}},$$

$$d\,\delta b = \mu.dB + \frac{\mu.y}{\sqrt{2h(1+m)}}Z'\,dt,$$

$$d\,\delta c = \mu.dC - \frac{\mu.x}{\sqrt{2h(1+m)}}Z'\,dt,$$

$$d\,\delta i = \mu.dI + 3t\sqrt{\frac{2(1+m)}{a^3}}\,\frac{d\,\delta a'}{a} - \frac{2r^2\,d\,\delta g'}{f\sqrt{a^3h}} + \frac{y(fx-4h)\,d\,\delta f'}{2\sqrt{ah^3}},$$

formules qu'on pourra employer à la place de celles du n° 37, avec lesquelles elles sont identiques dans le fond.

40. En comparant les formules précédentes avec celles du n° 37, il est aisé d'en tirer cette conclusion générale, qu'il est permis de changer dans ces dernières les quantités X, Y, Z en X′, Y′, Z′, pourvu qu'on ajoute en même temps aux valeurs de $d\,\delta h$, $d\,\delta a$, $d\,\delta f$,... les quantités $\mu.dH$, $\mu.dA$, $\mu.dF$,....

De là il s'ensuit que, soit, par exemple, $\mu.\Pi\,dt$ la valeur de $d\,\delta h$ dans les formules du n° 37, on aura, en intégrant,

$$\delta h = \int \mu.\Pi\,dt,$$

cette intégrale étant supposée commencer au point où $\delta h = 0$. Supposons maintenant qu'à commencer d'un point donné de l'orbite on veuille employer les quantités X′, Y′, Z′ à la place des X, Y, Z, et qu'on dénote par $\delta h'$ la valeur de δh pour ce point, c'est-à-dire, la valeur de l'intégrale $\int \mu.\Pi\, dt$ étendue jusqu'à ce point; soit Π' ce que devient Π en y changeant X, Y, Z en X', Y', Z' : on aura, en général, par les formules du numéro précédent,

$$d\,\delta h = \mu.d\mathrm{H} + \mu.\Pi'\,dt;$$

donc, intégrant,

$$\delta h = \mu.\mathrm{H} + \int \mu.\Pi'\,dt + \text{const.}$$

Soit H' la valeur de H dans le même point de l'orbite, et supposons que l'intégrale $\int \mu.\Pi' dt$ commence aussi à ce point dans lequel on a supposé que finit l'intégrale $\int \mu.\Pi\, dt$; on aura donc dans ce point

$$\delta h' = \mu.\mathrm{H}' + \text{const.},\quad \text{donc}\quad \text{const.} = \delta h' - \mu.\mathrm{H}';$$

donc on aura, en général,

$$\delta h = \mu.\mathrm{H} - \mu.\mathrm{H}' + \delta h' + \int \mu.\Pi'\,dt,$$

savoir

$$\delta h = \mu.\mathrm{H} - \mu.\mathrm{H}' + \int \mu.\Pi\,dt + \int \mu.\Pi'\,dt.$$

Supposons ensuite que, dans un autre point quelconque de l'orbite, on veuille changer de nouveau les quantités X', Y', Z' en X, Y, Z, et soient dénotées par $\delta h''$ et par H'' les valeurs de δh et de H pour ce second point; on aura donc dans ce point

$$\delta h'' = \mu.\mathrm{H}'' - \mu.\mathrm{H}' + \int \mu.\Pi\,dt + \int \mu.\Pi'\,dt,$$

l'intégrale $\int \mu.\Pi' dt$ étant supposée étendue jusqu'à ce second point. Or, lorsqu'on emploie les quantités X, Y, Z, on a, en général,

$$d\,\delta h = \mu.\Pi\,dt,\quad \text{donc}\quad \delta h = \int \mu.\Pi\,dt + \text{const.};$$

supposons que l'intégrale $\int \mu \Pi\, dt$ commence à ce second point dans lequel δh devient $\delta h''$, et l'on aura $\delta h'' =$ const.; donc, en général,

$$\delta h = \int \mu \Pi\, dt + \delta h'',$$

et, substituant la valeur de $\delta h''$,

$$\delta h = \mu \mathrm{H}'' - \mu \mathrm{H}' + \int \mu \Pi\, dt + \int \mu \Pi'\, dt + \int \mu \Pi\, dt;$$

dans cette formule, la première intégrale $\int \mu \Pi\, dt$ est supposée commencer au point de l'orbite où δh est nul et s'étendre seulement jusqu'au point où les quantités X, Y, Z se changent en X′, Y′, Z′; la seconde intégrale $\int \mu \Pi'\, dt$ est supposée commencer à ce point et s'étendre jusqu'à l'autre point où les quantités X′, Y′, Z′ redeviennent X, Y, Z; enfin la troisième intégrale $\int \mu \Pi\, dt$ commence à ce dernier point et s'étend indéfiniment; de sorte que ces différentes intégrales ne forment proprement qu'une seule intégrale, qui commence au point où δh est nul et qui s'étend indéfiniment, mais avec cette condition que la quantité Π se change en Π' dans une certaine étendue.

On voit par là que, dans l'intégration de la valeur de $d\delta h$ du n° **37**, on peut changer à volonté les quantités X, Y, Z en leurs analogues X′, Y′, Z′, et rétablir ensuite celles-là à la place de celles-ci, pourvu qu'on ajoute en même temps à la valeur finie de δh la quantité $\mu \mathrm{H}'' - \mu \mathrm{H}'$, qui est la différence des deux valeurs de $\mu \mathrm{H}$, dont l'une $\mu \mathrm{H}'$ se rapporte au point où X, Y, Z se changent en X′, Y′, Z′, et dont l'autre $\mu \mathrm{H}''$ se rapporte au point où X′, Y′, Z′ redeviennent X, Y, Z.

On fera le même raisonnement sur chacune des autres formules du n° **37**, et l'on tirera des conclusions semblables. Ainsi, dans l'intégration de la valeur de $d\delta a$, on pourra, pour un certain espace à volonté, changer X, Y, Z en X′, Y′, Z′, pourvu qu'on ajoute ensuite à la valeur finie de δa l'excès de la valeur de μA qui répond à la fin de cet espace sur la valeur de μA qui répond au commencement du même espace, etc.

Et, si l'on voulait substituer à plusieurs reprises les quantités X', Y', Z' à la place de X, Y, Z, on ferait la même opération pour chaque nouvelle substitution.

41. Une des déterminations les plus importantes de la Théorie des perturbations des comètes est celle de l'altération du temps périodique. Rien n'est plus facile que de trouver cette altération par le moyen de la formule que nous avons donnée (nº **38**) pour l'anomalie moyenne dans l'orbite troublée. En effet, θ exprimant, en général, l'anomalie moyenne dans l'orbite non altérée, et $\theta + \delta\theta$ l'anomalie moyenne qui a lieu en même temps dans l'orbite troublée, on aura, pour l'instant du périhélie dans l'orbite troublée, $\theta + \delta\theta = 0$; d'où $\theta = -\delta\theta$, ou (ce qui revient au même), $\theta = 360^\circ - \delta\theta$. D'où l'on voit que, lorsque la comète passera au périhélie dans son orbite troublée, une comète fictive, qu'on supposerait se mouvoir dans l'orbite non altérée, serait encore éloignée de son périhélie de la quantité qui répond à l'anomalie moyenne $\delta\theta$ dans cette même orbite. Donc, comme on a, en général (nº **20**),

$$\theta = 2t\sqrt{\frac{2(1+m)}{a^3}} + i,$$

i étant une constante dans l'orbite non altérée, si l'on dénote par δt le temps qui répond à l'anomalie $\delta\theta$ dans cette orbite, on aura

$$\delta\theta = 2\delta t\sqrt{\frac{2(1+m)}{a^3}};$$

donc

$$\delta t = \sqrt{\frac{a^3}{8(1+m)}}\,\delta\theta;$$

c'est le temps dont le passage au périhélie de l'orbite troublée précédera le passage au périhélie de l'orbite non altérée, ce temps étant exprimé par le mouvement moyen du Soleil qui y répond (numéro cité).

Dénotons par $\delta\theta'$ et $\delta\theta''$ les valeurs de $\delta\theta$ qui répondent à deux périhélies consécutifs, et par $\delta t'$, $\delta t''$ les valeurs correspondantes de δt, en sorte que l'on ait

$$\delta t' = \sqrt{\frac{a^3}{8(1+m)}}\,\delta\theta', \quad \delta t'' = \sqrt{\frac{a^3}{8(1+m)}}\,\delta\theta'';$$

soient de plus t' et t'' les temps des passages par les deux périhélies consécutifs dans l'orbite non altérée : on aura, pour les temps de ces passages dans l'orbite troublée, $t' - \delta t'$, $t'' - \delta t''$; donc la différence de ces temps, c'est-à-dire, l'intervalle de temps entre deux passages consécutifs au périhélie de l'orbite troublée, sera $t'' - t' + \delta t' - \delta t''$, où $t'' - t'$ est le même intervalle pour l'orbite non altérée. D'où il s'ensuit que la durée de la révolution anomalistique dans l'orbite troublée surpassera la même durée, dans l'orbite non altérée, du temps exprimé par

$$\delta t' - \delta t'',$$

ou par

$$\sqrt{\frac{a^3}{8(1+m)}}(\delta\theta' - \delta\theta'');$$

c'est l'altération produite par les perturbations.

Il faut remarquer que, pour avoir les valeurs de $\delta\theta'$ et $\delta\theta''$, il faudrait à la rigueur supposer, dans $\delta\theta$, $t = t' - \delta t'$, $t = t'' - \delta t''$; mais, comme nous négligeons les carrés et les produits des forces perturbatrices, et par conséquent aussi de toutes les quantités résultant de ces forces, il suffira d'y faire $t = t'$ et $t = t''$.

Nous venons de déterminer l'altération de la révolution anomalistique de la comète; si l'on voulait avoir l'altération de sa révolution périodique, il faudrait défalquer de l'altération précédente le temps dû au changement du périhélie. Or nous avons vu (nº 38) que le périhélie de l'orbite troublée est plus avancé que celui de l'orbite non altérée de l'angle $\delta\varepsilon = \frac{\delta g}{e}$; donc, si l'on dénote par $\delta\varepsilon'$ et $\delta\varepsilon''$ les valeurs de $\delta\varepsilon$ qui répondent à $t = t'$ et $t = t''$, on aura $\delta\varepsilon'' - \delta\varepsilon'$ pour l'angle dont le périhélie de l'orbite troublée aura avancé pendant une révolution; ainsi la quantité à défalquer de l'altération de la révolution anomalistique, pour avoir celle de la révolution périodique, sera le temps qui répond à l'angle ou à l'anomalie vraie $\delta\varepsilon'' - \delta\varepsilon'$.

Pour trouver ce temps, on pourra employer la formule différentielle (n° **21**)

$$dt = \frac{r^2 d\varphi}{\sqrt{2h(1+m)}},$$

en faisant $d\varphi = \delta\varepsilon'' - \delta\varepsilon'$ et r égal à la distance périhélie dans l'orbite non altérée, laquelle est

$$\frac{a - ae}{2} = \frac{a}{2}(1 - e) = \frac{a(1 - e^2)}{2(1+e)} = \frac{2h}{1+e},$$

de sorte qu'on aura, pour le temps cherché, la quantité

$$\left(\frac{2h}{1+e}\right)^2 \frac{\delta\varepsilon'' - \delta\varepsilon'}{\sqrt{2h(1+m)}}.$$

Donc la durée de la révolution périodique de la comète dans l'orbite troublée, c'est-à-dire, le temps qu'elle mettra à faire une révolution entière depuis son départ du périhélie jusqu'à ce qu'elle revienne sur la ligne du même périhélie, surpassera le temps de la révolution entière, dans l'orbite non altérée, de la quantité

$$\sqrt{\frac{a^3}{8(1+m)}}(\delta\theta' - \delta\theta'') - \left(\frac{2h}{1+e}\right)^2 \frac{\delta\varepsilon'' - \delta\varepsilon'}{\sqrt{2h(1+m)}},$$

laquelle, en substituant pour $\delta\theta'$ et $\delta\theta''$ leurs valeurs déduites de la formule du n° 38, et dénotant par $\delta a'$, $\delta i'$ et par $\delta a''$, $\delta i''$ les valeurs de δa, δi, qui répondent à $t = t'$ et $t = t''$, se réduit à celle-ci

$$\frac{3(t''\delta a'' - t'\delta a')}{2a} - \sqrt{\frac{a^3}{8(1+m)}}(\delta i'' - \delta i') - \left(\frac{2h}{1+e}\right)^2 \frac{\delta\varepsilon'' - \delta\varepsilon'}{\sqrt{2h(1+m)}}.$$

SECTION QUATRIÈME.

APPLICATION DES THÉORIES PRÉCÉDENTES AU CALCUL DES PERTURBATIONS DES COMÈTES, ET EN PARTICULIER AU CALCUL DES PERTURBATIONS DE LA COMÈTE DE 1532 ET DE 1661.

42. Cette application se présente d'elle-même; il ne s'agit que de trouver les valeurs des quantités δh, δa, δf, δg, δb, δc, δi, par l'intégration des formules du n° **37**, et l'on aura immédiatement les altérations des éléments de l'orbite de la comète dues aux perturbations (n° **38**); mais la grande difficulté consiste dans ces intégrations, lesquelles, à cause de la grande excentricité de l'orbite des comètes, ne peuvent s'exécuter, en général, par aucune méthode connue et demandent nécessairement des quadratures de courbes mécaniques.

Nous allons proposer les moyens qui nous paraissent les plus propres pour arriver à ce but.

Je commence par substituer, dans les équations du n° **37**, les valeurs de X, Y, Z (n° **22**), lesquelles, en effectuant les différentiations indiquées, deviennent

$$X = \frac{\xi}{\rho^3} + \frac{x-\xi}{R^3}, \quad Y = \frac{\eta}{\rho^3} + \frac{y-\eta}{R^3}, \quad Z = \frac{\zeta}{\rho^3} + \frac{z-\zeta}{R^3};$$

je substitue de plus, à la place des quantités x, y, z, r, dt, leurs valeurs exprimées par l'anomalie excentrique u, parce que l'emploi de cette anomalie rend tout à la fois les formules plus simples et plus faciles à calculer; ces valeurs sont (en faisant $b=0$, $c=0$, $f=e$, $g=0$, par l'hypothèse du n° **25**)

$$x = \frac{a}{2}(\cos u - f), \quad y = \sqrt{ah}\sin u, \quad z = 0 \quad (\text{n}^\circ\ 26),$$

$$r = \frac{a}{2}(1 - f\cos u), \quad dt = \sqrt{\frac{a}{2(1+m)}}\, r\, du \quad (\text{n}^{\text{os}}\ 20,\ 21).$$

Ces substitutions faites, si l'on suppose, pour plus de simplicité,

$$\Pi = \frac{1}{\rho^3} - \frac{1}{R^3}, \quad \varpi = \frac{1}{R^3},$$

on aura des équations de la forme suivante

$$d\delta h = \frac{\mu}{1+m}[(\mathrm{H})\Pi + (h)\varpi]\,du,$$

$$d\delta a = \frac{\mu}{1+m}[(\mathrm{A})\Pi + (a)\varpi]\,du,$$

$$d\delta f = \frac{\mu}{1+m}[(\mathrm{F})\Pi + (f)\varpi]\,du,$$

$$d\delta g = \frac{\mu}{1+m}[(\mathrm{G})\Pi + (g)\varpi]\,du,$$

$$d\delta b = \frac{\mu}{1+m}[(\mathrm{B})\Pi + (b)\varpi]\,du,$$

$$d\delta c = \frac{\mu}{1+m}[(\mathrm{C})\Pi + (c)\varpi]\,du,$$

$$d\delta i = \frac{\mu}{1+m}[(\mathrm{I})\Pi + (i)\varpi]\,du,$$

dans lesquelles on aura les valeurs suivantes des quantités (H), (h), (A), (a), ...

$$(\mathrm{H}) = \sqrt{ah}\,(y\xi - x\eta)\,r, \quad (h) = 0,$$

$$(\mathrm{A}) = a^2\left(\frac{a}{2}\,\xi\sin u - \sqrt{ah}\,\eta\cos u\right), \quad (a) = -\frac{a^3 f}{2}\,r\sin u,$$

$$(\mathrm{F}) = -\sqrt{\frac{a}{4h}}\,[(fr+x)\xi + y\eta]\,y + 2\sqrt{ah}\,(y\xi - x\eta)\cos u, \quad (f) = -\sqrt{ah}\,ry,$$

$$(\mathrm{G}) = \sqrt{\frac{a}{4h}}\,[(fr+x)\xi + y\eta]\,x + a(y\xi - x\eta)\sin u, \quad (g) = \sqrt{ah}\,rx,$$

$$(\mathrm{B}) = \sqrt{\frac{a}{4h}}\,ry\zeta, \quad (b) = 0,$$

$$(\mathrm{C}) = -\sqrt{\frac{a}{4h}}\,rx\zeta, \quad (c) = 0,$$

$$(\mathrm{I}) = 3t\sqrt{\frac{2(1+m)}{a^5}}\,(\mathrm{A}) - \frac{2r^2(\mathrm{G})}{f\sqrt{a^3h}} + \frac{y(fx-4h)}{2\sqrt{ah^3}}\,(\mathrm{F}),$$

$$(i) = 3t\sqrt{\frac{2(1+m)}{a^5}}\,(a) - \frac{2r^2(g)}{f\sqrt{a^3h}} + \frac{y(fx-4h)}{2\sqrt{ah^3}}\,(f).$$

Dans ces expressions, j'ai conservé, pour plus de simplicité, les lettres x, y, r à la place de leurs valeurs en $\sin u$ et $\cos u$; il est facile de les y substituer si on le juge à propos.

43. Il est visible, par les formules précédentes, que les quantités (H), (h), (A), (a),... sont toutes exprimées par des fonctions rationnelles et entières de $\sin u$, $\cos u$, ξ, η, ζ; de sorte que, si l'on pouvait exprimer de même les quantités ξ, η, ζ, $\frac{1}{\rho^3}$ et $\frac{1}{R^3}$ par des fonctions rationnelles et entières de $\sin u$ et $\cos u$, l'intégration des équations différentielles dont il s'agit n'aurait aucune difficulté. Voyons quels sont les obstacles qui s'opposent à cette réduction dans la Théorie des comètes.

On se rappellera d'abord que les quantités ξ, η, ζ sont les trois coordonnées rectangles du lieu de la planète perturbatrice, dont la masse est μ, que ρ est son rayon vecteur, et R la distance rectiligne entre le lieu de la planète et le lieu de la comète dans l'orbite non altérée (n°s 2, 7); on se rappellera ensuite que nous prenons pour le plan de projection celui de l'orbite non altérée de la comète, et pour l'axe des abscisses la ligne du périhélie de cette orbite (n° 25).

Nommons Ψ l'inclinaison du plan de l'orbite de la planète sur le plan de l'orbite non altérée de la comète, et Ω la longitude du nœud ascendant de l'orbite de la planète, comptée sur le plan de l'orbite de la comète depuis le périhélie de cette orbite.

Soit, de plus, λ l'argument de latitude de la planète, c'est-à-dire, la longitude dans son orbite, moins la longitude de son nœud avec l'orbite de la comète.

Il est facile de comprendre que l'on aura pour ξ, η, ζ des expressions semblables à celles de x, y, z du n° 19, en y changeant r en ρ, ω en Ω, ψ en Ψ et $\varphi - \alpha$ en λ; on aura donc ainsi

$$\xi = \rho(\cos\Omega\cos\lambda - \sin\Omega\cos\Psi\sin\lambda),$$

$$\eta = \rho(\sin\Omega\cos\lambda + \cos\Omega\cos\Psi\sin\lambda),$$

$$\zeta = \rho\sin\Psi\sin\lambda.$$

Or on sait que dans les orbites des planètes, à cause de la petitesse de leur excentricité, on peut exprimer tant l'équation du centre que le rayon vecteur par des suites très-convergentes, qui procèdent suivant les sinus et cosinus de l'anomalie moyenne et de ses multiples (on trouve ces suites développées d'après les principales *Tables astronomiques*, dans le premier volume du *Recueil des Tables*, publié par l'Académie de Berlin); on pourra donc représenter par de semblables séries les valeurs de ξ, η, ζ et de $\frac{1}{\rho^3}$ pour chaque planète, et il n'y aura plus qu'à exprimer l'anomalie moyenne de la planète par l'anomalie excentrique u de la comète.

Pour faire cette réduction, soient α le grand axe de l'orbite de la planète, et M son anomalie moyenne comptée à l'ordinaire depuis l'aphélie; soit, de plus, T la valeur de l'anomalie moyenne θ de la comète pour l'instant du passage de la planète par l'aphélie; il est visible que M et $\theta - T$ seront les anomalies contemporaines de la planète et de la comète, lesquelles doivent être entre elles en raison réciproque de la durée de leurs révolutions, et par conséquent, par les Théorèmes connus, en raison de $\sqrt{a^3} : \sqrt{\alpha^3}$; d'où il suit qu'on aura

$$M = (\theta - T)\sqrt{\frac{a^3}{\alpha^3}},$$

où il n'y aura plus qu'à substituer pour θ sa valeur $u - e\sin u$ (n° **20**).

Comme, dans l'orbite des comètes, l'excentricité e est peu différente de l'unité, il est clair que les sinus et cosinus de M et de ses multiples ne sauraient s'exprimer par de simples sinus et cosinus de u et de ses multiples; par conséquent, il est impossible d'exprimer, en général, ξ, η, ζ et $\frac{1}{\rho^3}$ par des fonctions rationnelles et entières de $\sin u$ et de $\cos u$. C'est la première difficulté qui s'oppose à l'intégration des équations du numéro précédent.

La seconde difficulté vient du dénominateur irrationnel R^3; en effet il est d'abord impossible, par la raison précédente, de réduire l'expression rationnelle de R^2, laquelle est (n° 2), z étant $=0$,

$$R^2 = r^2 - 2(x\xi + y\eta) + \rho^2,$$

à une fonction rationnelle de $\sin u$ et $\cos u$; à plus forte raison le sera-t-il d'y réduire la quantité irrationnelle et rompue $\frac{1}{R^3}$.

44. On est donc forcé, dans la Théorie des comètes, de renoncer à l'avantage de parvenir à des formules analytiques qui expriment les inégalités de leur mouvement pour un temps quelconque, telles que celles que l'on trouve pour les inégalités des planètes, et la seule ressource qui reste est de déterminer ces inégalités par parties, en partageant l'orbite de la comète en différentes portions, et calculant séparément l'effet des perturbations pour chacune de ces portions.

En effet, tant que l'angle $\theta\sqrt{\frac{a^3}{\alpha^3}}$ ne sera pas trop grand, on pourra exprimer son sinus et son cosinus par les séries connues qui procèdent suivant les puissances de l'arc, et par là on remédiera au premier inconvénient.

Ensuite on observera que, tant que le rayon r de la comète sera beaucoup moindre que le rayon ρ de la planète perturbatrice, et que, par conséquent, x et y seront moindres que ρ, on pourra réduire la quantité $\frac{1}{R^3}$ en une série convergente, en prenant $\frac{1}{\rho^3}$ pour le premier terme.

De cette manière, on pourra donc intégrer les valeurs de $d\delta h$, $d\delta a$,... du n° 42, depuis le périhélie de l'orbite de la comète jusqu'à un point de cette orbite dans lequel $\theta\sqrt{\frac{a^3}{\alpha^3}}$ et $\frac{r}{\rho}$ soient des quantités encore assez petites.

Soit maintenant u' l'anomalie excentrique qui répond à ce point; on fera, en général, $u = u' + v$, et, tant que l'angle v sera assez petit, on pourra mettre les quantités à intégrer sous la forme rationnelle

$$(L + Mv + Nv^2 + \ldots)\,dv;$$

on intégrera donc derechef depuis $u = u'$ jusqu'à $u = u''$, en supposant l'arc $u'' - u'$ assez petit, et ainsi de suite.

45. On peut faciliter beaucoup ce calcul par la méthode connue des courbes paraboliques; mais, pour pouvoir employer cette méthode en toute sûreté, il faut que les quantités qu'on veut exprimer par des formules paraboliques ne souffrent pas de trop grandes ni de trop fréquentes irrégularités; autrement il arriverait que, parmi les coefficients de la série parabolique, il s'en trouverait de très-grands, ce qui diminuerait la convergence de la série et obligerait à la pousser à un grand nombre de termes. Il est donc nécessaire d'examiner *à priori* la nature des quantités auxquelles on veut appliquer la méthode des courbes paraboliques.

De ce que nous avons dit dans le n° 43, il s'ensuit que les différentes quantités (H), (h), (A), (a),..., ainsi que les quantités $\frac{1}{\rho^3}$ et R^2, peuvent être exprimées par des fonctions rationnelles et entières de sinus et de cosinus des angles u et $\theta\sqrt{\frac{a^3}{\alpha^3}}$, c'est-à-dire, de l'anomalie excentrique de la comète et du mouvement moyen correspondant de la planète; donc, si l'on suppose que ces deux angles varient en même temps des angles contemporains β et γ, chacune des quantités dont il s'agit pourra être représentée, pendant ces variations, par une formule algébrique de la forme

$$L + M\beta + N\gamma + O\beta^2 + P\beta\gamma + Q\gamma^2 + \ldots,$$

dans laquelle les quantités L, M, N,... seront toutes aussi des fonctions rationnelles et entières de $\sin u$, $\cos u$, $\sin\theta\sqrt{\frac{a^3}{\alpha^3}}$, $\cos\theta\sqrt{\frac{a^3}{\alpha^3}}$. Or $\theta = u - e\sin u$; donc, faisant croître u de β et θ de $\gamma\sqrt{\frac{\alpha^3}{a^3}}$, on aura

$$\gamma = \sqrt{\frac{a^3}{\alpha^3}}\left[(1 - e\cos u)\beta + \frac{e\sin u}{2}\beta^2 + \ldots\right].$$

Si donc on substitue cette valeur de γ dans la formule précédente, elle prendra cette forme plus simple

$$L + M\beta + N\beta^2 + \ldots,$$

dans laquelle les quantités L, M, N,... seront pareillement des fonctions toutes rationnelles et entières de $\sin u$, $\cos u$, $\sin\theta\sqrt{\frac{a^3}{\alpha^3}}$, $\cos\theta\sqrt{\frac{a^3}{\alpha^3}}$; en sorte que ces quantités ne pourront jamais augmenter au delà d'un certain terme. Et il est clair que la formule précédente, n'étant poussée que jusqu'au second degré, sera exacte, aux quantités près des ordres de β^3 et de γ^3.

Il semble qu'il faudrait faire une exception à l'égard des quantités (I) et (i) qui contiennent des termes multipliés par t, et qui par conséquent ne sont pas uniquement des fonctions de sinus et cosinus de u et de $\theta\sqrt{\frac{a^3}{\alpha^3}}$, mais renferment aussi l'angle même u; mais il est facile de se convaincre que cette circonstance ne peut apporter aucun changement à la conclusion précédente.

Si donc on dénote, en général, par V une quelconque des quantités dont il s'agit, et que V_0, V_1, V_2 soient les valeurs de V qui répondent à

$$u = u_0, \quad u = u_1 = u_0 + \beta, \quad u = u_2 = u_1 + \beta,$$

il résulte de ce que nous venons de démontrer que, pour $u = u_1 + n\beta$ (n étant un nombre quelconque compris entre zéro et 1), on aura, aux quantités près des ordres de β^3 et de γ^3,

$$V = V_1 + V'_1 n + V''_1 n^2,$$

formule qui pourra servir aussi par la même raison, en faisant n négatif depuis zéro jusqu'à -1.

Or, comme $V = V_0$ lorsque $n = -1$, et $V = V_2$ lorsque $n = 1$, on aura

$$V_0 = V_1 - V'_1 + V''_1, \quad V_2 = V_1 + V'_1 + V''_1;$$

d'où l'on tire

$$V'_1 = \frac{V_2 - V_0}{2}, \quad V''_1 = \frac{V_2 - 2V_1 + V_0}{2}.$$

46. Cela posé, séparons, dans les équations différentielles du n° 42,

les termes divisés par R³ des autres, et représentons, en général, chacune de ces équations par

$$d\Delta = \frac{\mu}{1+m}\left(V + \frac{U}{R^{\frac{3}{2}}}\right) du,$$

R étant égal à R^2, Δ étant une des quantités δh, δa,..., V étant respectivement $\frac{(H)}{\rho^3}$, $\frac{(A)}{\rho^3}$,..., et U étant $(h) - (H)$, $(a) - (A)$,....

Qu'on calcule les valeurs des quantités V, U et R pour trois anomalies excentriques $u = u_0, u_1, u_2$, dont la commune différence soit β, et qu'on marque ces valeurs respectivement par V_0, U_0, R_0; V_1, U_1, R_1; V_2, U_2, R_2; qu'on en déduise ensuite, par les dernières formules du numéro précédent, les valeurs de V'_1, V''_1, ainsi que celles de U'_1, U''_1, R'_1, R''_1, et qu'on substitue partout dans l'équation précédente $u_1 + \beta n$ à la place de u, on aura donc, en regardant maintenant n comme variable, la transformée

$$d\Delta = \frac{\mu\beta}{1+m}\left(V_1 + V'_1 n + V''_1 n^2 + \frac{U_1 + U'_1 n + U''_1 n^2}{(R_1 + R'_1 n + R''_1 n^2)^{\frac{3}{2}}}\right) dn,$$

qui, étant intégrée depuis $n = -1$ jusqu'à $n = 1$, donnera, aux quantités près de l'ordre de $\mu\beta^3$ et de $\mu\gamma^3$, la valeur de Δ ou plutôt l'accroissement de Δ, depuis l'anomalie excentrique u_0 jusqu'à l'anomalie $u_2 = u_0 + 2\beta$; en sorte que, désignant par Δ_0 et Δ_2 les valeurs de Δ qui répondent à ces deux anomalies, on aura $\Delta_2 - \Delta_0$ égale à l'intégrale du second membre de cette équation, prise depuis $n = -1$ jusqu'à $n = 1$.

L'intégration de la partie

$$(V_1 + V'_1 n + V''_1 n^2)\, dn$$

n'a aucune difficulté, et l'on trouve sur-le-champ pour l'intégrale totale

$$2V_1 + \tfrac{2}{3}V''_1.$$

A l'égard de l'autre partie

$$\frac{U_1 + U'_1 n + U''_1 n^2}{(R_1 + R'_1 n + R''_1 n^2)^{\frac{3}{2}}}\, dn,$$

elle dépend de la quadrature de l'hyperbole ou du cercle, suivant que R''_1 est une quantité positive ou négative.

Pour en trouver l'intégrale, on supposera cette différentielle égale à

$$d\frac{\mathrm{K}+\mathrm{L}n}{\sqrt{R_1+R'_1 n+R''_1 n^2}}+\frac{\mathrm{M}\,dn}{\sqrt{R_1+R'_1 n+R''_1 n^2}},$$

et l'on trouvera par la comparaison des termes, après avoir réduit au même dénominateur,

$$\mathrm{K}=\frac{\frac{1}{2}\mathrm{U}_1 R'_1-\mathrm{U}'_1 R_1+\dfrac{\mathrm{U}''_1 R_1 R'_1}{2R''}}{R_1 R''_1-\frac{1}{4}R'^2_1},$$

$$\mathrm{L}=\frac{\mathrm{U}_1 R''_1-\frac{1}{2}\mathrm{U}'_1 R'_1-\mathrm{U}''_1\left(R_1-\dfrac{R'^2_1}{2R''_1}\right)}{R_1 R''_1-\frac{1}{4}R'^2_1},$$

$$\mathrm{M}=\frac{\mathrm{U}''_1}{R''_1};$$

or l'intégrale de la première partie est évidemment

$$\frac{\mathrm{K}+\mathrm{L}n}{\sqrt{R_1+R'_1 n+R''_1 n^2}},$$

et celle de la seconde est, en faisant, pour abréger, $\dfrac{\sqrt{R_1+R'_1 n+R''_1 n^2}}{\frac{1}{2}R'_1+R''_1 n}=\mathrm{N}$,

$$\frac{\mathrm{M}}{2\sqrt{R''_1}}\log\frac{1+\mathrm{N}\sqrt{R''_1}}{1-\mathrm{N}\sqrt{R''_1}},$$

si R''_1 est positif; mais si R''_1 est négatif, cette intégrale devient

$$\frac{\mathrm{M}}{2\sqrt{-R''_1}}\operatorname{arc\,tang}(\mathrm{N}\sqrt{-R''_1}).$$

On fera maintenant dans ces formules $n=1$ et $n=-1$, et l'on retranchera la seconde valeur de la première pour avoir l'intégrale complète; or, en faisant $n=1$, la quantité sous le signe $\sqrt{}$ devient $R_1+R'_1+R''_1=R_2$, et, en faisant $n=-1$, elle devient $R_1-R'_1+R''_1=R_0$. Donc la valeur complète de l'intégrale de la différentielle dont il s'agit sera représentée par

$$\frac{K+L}{\sqrt{R_2}}-\frac{K-L}{\sqrt{R_0}}+\frac{M}{2\sqrt{\pm R''_1}}P,$$

en faisant

$$P=\log\frac{\frac{1}{2}R'_1+R''_1+\sqrt{R_2R''_1}}{\frac{1}{2}R'_1+R''_1-\sqrt{R_2R''_1}}-\log\frac{\frac{1}{2}R'_1+R''_1+\sqrt{R_0R''_1}}{\frac{1}{2}R'_1+R''_1-\sqrt{R_0R''_1}},$$

si R''_1 est positif, ou bien

$$P=\operatorname{arc\,tang}\frac{\sqrt{-R_2R''_1}}{\frac{1}{2}R_1+R''_1}-\operatorname{arc\,tang}\frac{\sqrt{-R_0R''_1}}{\frac{1}{2}R_1+R''_1},$$

si R''_1 est négatif.

Donc enfin on aura, aux quantités près des ordres de $\mu\beta^3$ et $\mu\gamma^3$,

$$\Delta_2-\Delta_0=\frac{\mu\beta}{1+m}\left(2V'_1+\frac{2}{3}V''_1+\frac{K+L}{\sqrt{R_2}}-\frac{K-L}{\sqrt{R_0}}+\frac{MP}{2\sqrt{\pm R''_1}}\right).$$

47. Il n'y a que deux cas où la formule précédente ne puisse pas servir : l'un est celui de $R''_1=0$, et l'autre celui de $R_1R''_1-\frac{1}{4}R'^2_1=0$.

Soit : 1° $R''_1=0$; on aura à intégrer cette différentielle

$$\frac{U_1+U'_1n+U''_1n^2}{(R_1+R'_1n)^{\frac{3}{2}}}dn,$$

et, supposant son intégrale de la forme

$$\frac{K+Ln+Mn^2}{\sqrt{R_1+R'_1n}},$$

on trouvera par la différentiation et par la comparaison des termes

$$K=-\frac{2U_1}{R'_1}+\frac{4U'_1R_1}{R'^2_1}-\frac{16U''_1R_1^2}{3R'^3_1},$$

$$L=\frac{2U_1}{R'_1}-\frac{8U''_1R_1}{3R'^2_1},$$

$$M=\frac{2U''_1}{3R'_1}.$$

Complétant donc cette intégrale de la manière que nous l'avons dit, on aura, à la place de la dernière équation du numéro précédent, celle-ci

$$\Delta_2 - \Delta_0 = \frac{\mu\beta}{1+m}\left(2V_1 + \tfrac{2}{3}V''_1 + \frac{K+L+M}{\sqrt{R_2}} - \frac{K-L+M}{\sqrt{R_0}}\right).$$

Soit : 2° $R_1 R''_1 - \frac{1}{4}R'^2_1 = 0$; dans ce cas, la quantité $R_1 + R'_1 n + R''_1 n^2$ deviendra $\frac{(R_1 + \frac{1}{2}R'_1 n)^2}{R_1}$, et l'on aura à intégrer cette différentielle rationnelle

$$\frac{(U_1 + U'_1 n + U''_1 n^2)\, R_1^{\frac{3}{2}}}{(R_1 + \frac{1}{2}R'_1 n)^3}\, dn,$$

qu'on supposera égale à

$$R_1^{\frac{3}{2}}\left(d\,\frac{K+Ln}{(R_1+\frac{1}{2}R'_1 n)^2} + \frac{M\,dn}{R_1+\frac{1}{2}R'_1 n}\right),$$

ce qui donnera, en réduisant au même dénominateur et comparant les termes,

$$K = -\frac{U_1}{R'_1} - \frac{2U_1 R_1}{R'^3_1} + \frac{12 U''^2_1 R_1}{R'^2_1},$$

$$L = -\frac{2U'_1}{R'_1} + \frac{8U''_1 R_1}{R'^2_1},$$

$$M = \frac{4U''_1}{R_1^2}.$$

Intégrant donc et complétant dûment l'intégrale, on trouvera, pour le cas dont il s'agit, l'équation

$$\Delta_2 - \Delta_0 = \frac{\mu\beta}{1+m}\left[2V_1 + \tfrac{2}{3}V''_1 + \left(\frac{K+L}{R_2} - \frac{K-L}{R_0}\right)\sqrt{R_1} + \frac{MR_1^{\frac{3}{2}}}{R'_1}\log\frac{R_2}{R_0}\right].$$

48. Ayant trouvé ainsi la valeur de $\Delta_2 - \Delta_0$ pour une portion d'anomalie excentrique $u_2 - u_0$, on trouvera de même la valeur de $\Delta_4 - \Delta_2$ pour une portion suivante d'anomalie $u_4 - u_2$, et ainsi de suite; et ces différentes valeurs seront exactes, aux quantités près de l'ordre de $\mu\beta^3$ et $\mu\gamma^3$, β étant $= \frac{u_2 - u_0}{2}, \frac{u_4 - u_2}{2}, \ldots$, et γ étant la partie correspondante de l'anomalie moyenne de la planète. Ajoutant donc successive-

ment ces valeurs ensemble, on aura la valeur totale de $\Delta_\zeta - \Delta_0$ répondant à une anomalie excentrique quelconque $u_\zeta - u_0$; et, faisant $u_\zeta - u_0 = 360°$, on aura la valeur de $\Delta_\zeta - \Delta_0$, c'est-à-dire, l'accroissement de la quantité Δ pour une révolution entière de la comète.

Au reste il est bon de remarquer que les formules précédentes ne doivent proprement être employées que pour les parties de l'anomalie excentrique relativement auxquelles la quantité R sera assez petite et du même ordre que les différences finies R', R'', ce qui arrivera vers les minimum de distance entre la comète et la planète; dans ces cas, les formules dont il s'agit ne sont sujettes à aucun inconvénient, et résolvent le Problème avec toute l'exactitude qu'on peut désirer; au lieu que la méthode ordinaire des quadratures par les lignes paraboliques serait trop inexacte, à cause que les valeurs de $\frac{\mathrm{U}}{R^{\frac{3}{2}}}$ seront fort grandes et que leurs différences seront fort inégales.

Dans tout autre cas, c'est-à-dire, lorsque la distance entre la comète et la planète sera assez grande et que les variations de cette distance seront fort régulières, on emploiera avec succès la méthode ordinaire, tant pour intégrer la partie $\mathrm{V}du$ que pour intégrer l'autre partie $\frac{\mathrm{U}du}{R^{\frac{3}{2}}}$; et, comme cette méthode est très-connue et très en usage parmi les Géomètres, nous ne croyons pas devoir nous arrêter ici à l'expliquer; les Ouvrages de Cotes et de Stirling renferment tout ce que l'on peut désirer sur ce sujet.

49. Quoiqu'on puisse, au moyen de ces différentes méthodes, calculer les variations des quantités Δ pour telles portions de l'orbite qu'on voudra, il ne sera cependant nécessaire de les employer que pour la partie inférieure de l'orbite, dans laquelle la distance de la comète au Soleil sera moindre ou ne sera pas beaucoup plus grande que la distance de la planète au Soleil; car pour la partie supérieure de l'orbite, dans laquelle la distance de la comète au Soleil surpassera de beaucoup la distance de la planète au Soleil, il sera bien plus avantageux d'employer la méthode

des nos 39 et suivants, laquelle abrége et simplifie considérablement le calcul des perturbations dans cette partie.

Pour faire usage de cette méthode, il ne s'agit que de substituer dans les équations du n° 37, à la place des valeurs de X, Y, Z qu'on a employées dans le n° 42, celles de X', Y', Z' (n° 39); or nous avons déjà remarqué dans le n° 13 que la quantité $\frac{1}{S}$ n'est autre chose que les deux premiers termes de la quantité $\frac{1}{R}$ réduite en série ascendante par rapport aux quantités ξ, η, ζ; donc, comme (n° 2)

$$R^2 = r^2 - 2(x\xi + y\eta + z\zeta) + \rho^2,$$

ρ^2 étant égal à $\xi^2 + \eta^2 + \zeta^2$, on aura, par la formule connue,

$$\frac{1}{R} = \frac{1}{r} + \frac{x\xi + y\eta + z\zeta}{r^3} - \frac{\rho^2}{2r^3} + \frac{3(x\xi + y\eta + z\zeta)^2}{2r^5} - \frac{3(x\xi + y\eta + z\zeta)\rho^2}{2r^5} + \frac{5(x\xi + y\eta + z\zeta)^3}{2r^7} + \ldots;$$

donc

$$\frac{1}{S} = \frac{1}{r} + \frac{x\xi + y\eta + z\zeta}{r^3},$$

et par conséquent

$$\frac{1}{S} - \frac{1}{R} = \frac{\rho^2}{2r^3} - \frac{3(x\xi + y\eta + z\zeta)^2}{2r^5} + \frac{3(x\xi + y\eta + z\zeta)\rho^2}{2r^5} - \frac{5(x\xi + y\eta + z\zeta)^3}{2r^7} + \ldots,$$

On différentiera maintenant cette quantité en faisant varier seulement x, y, z, et les coefficients de dx, dy, dz seront les valeurs de X', Y', Z'; donc, en supposant, pour abréger,

$$\varpi' = -\frac{3\rho^2}{2r^5} + \frac{15(x\xi + y\eta + z\zeta)^2}{2r^7} - \frac{15(x\xi + y\eta + z\zeta)\rho^2}{2r^7} + \frac{35(x\xi + y\eta + z\zeta)^3}{2r^9} - \ldots,$$

$$\Pi' = -\frac{3(x\xi + y\eta + z\zeta)}{r^5} + \frac{3\rho^2}{2r^5} - \frac{15(x\xi + y\eta + z\zeta)^2}{2r^7} + \ldots,$$

on trouvera

$$X' = \Pi'\xi + \varpi' x, \quad Y' = \Pi'\eta + \varpi' y, \quad Z' = \Pi'\zeta + \varpi' z.$$

60.

En comparant ces expressions de X′, Y′, Z′ avec celles de X, Y, Z du n° **42**, il est visible qu'elles n'en diffèrent qu'en ce que les quantités Π et ϖ se trouvent changées en Π′ et ϖ'. D'où il est aisé de conclure que, par la substitution dont il s'agit, on aura les mêmes équations différentielles que dans le n° **42**, en y changeant seulement Π et ϖ en Π′ et ϖ'.

Il n'y aura donc qu'à employer dans les équations du n° **42**, à la place de Π et ϖ, les quantités Π′ et ϖ'; et l'on pourra continuer à les employer pour telle portion de l'orbite qu'on voudra et reprendre ensuite les premières quantités, pourvu qu'on ajoute aux valeurs totales de δh, δa,... les quantités respectives $\mu(\mathrm{H}''-\mathrm{H}')$, $\mu(\mathrm{A}''-\mathrm{A}')$,...; H′, A′,... étant les valeurs de H, A,... du n° **39** qui répondent au point de l'orbite où l'on change Π, ϖ en Π′, ϖ'; et H″, A″,... étant les valeurs des mêmes quantités pour le point où l'on reprendra Π et ϖ à la place de Π′ et ϖ' (n° **40**).

50. Le grand avantage de la transformation précédente consiste en ce que les quantités Π′ et ϖ', qu'on substitue à la place de Π et ϖ, deviennent très-petites lorsque la distance r de la comète au Soleil est beaucoup plus grande que la distance ρ de la planète au Soleil, ce qui est visible par les expressions des quantités Π′ et ϖ' (numéro précédent); tandis que la valeur de Π (n° **42**) demeure toujours finie, quel que soit l'éloignement de la comète, à cause du terme $\frac{1}{\rho^3}$, qui ne dépend que de la distance de la planète au Soleil, et qui est l'effet de l'action de la planète sur le Soleil.

Or, si l'on considère que l'on a, en général,

$$\begin{aligned}&(x^2+y^2+z^2)(\xi^2+\eta^2+\zeta^2)\\&\quad=(x\xi+y\eta+z\zeta)^2+(x\eta-y\xi)^2+(x\zeta-z\xi)^2+(y\zeta-z\eta)^2,\end{aligned}$$

et que, par conséquent, $x\xi+y\eta+z\zeta$ est toujours nécessairement renfermé entre $+r\rho$ et $-r\rho$, on verra que le premier terme de la quantité Π′ sera de l'ordre de $\frac{\rho}{r^4}$, et les deux autres de l'ordre de $\frac{\rho^2}{r^5}$; et que les deux premiers termes de ϖ' seront de l'ordre de $\frac{\rho^2}{r^5}$, et les deux suivants de l'ordre de $\frac{\rho^5}{r^6}$, et ainsi de suite. Donc, lorsque r est assez grand vis-à-vis de ρ, en sorte que $\frac{1}{R^3}$ diffère peu de $\frac{1}{r^3}$, le rapport de Π' à Π sera de l'ordre de $\frac{\rho^4}{r^4}$, et celui de ϖ' à ϖ de l'ordre de $\frac{\rho^2}{r^2}$, la quantité ϖ étant déjà elle-même très-petite de l'ordre de $\frac{1}{r^3}$.

Donc, lorsque $\frac{\rho}{r}$ sera devenu $\frac{1}{3}$ ou $\frac{1}{4}$, on pourra, du moins dans la première approximation, négliger les quantités Π' et ϖ' comme nulles; ou, si l'on veut absolument y avoir égard, il suffira d'y tenir compte des premiers termes. Dans ce cas, on pourra en toute sûreté employer la méthode ordinaire des quadratures mécaniques pour intégrer les quantités $d\delta h$, $d\delta a, \ldots$; mais on pourra aussi les intégrer analytiquement, du moins par approximation; c'est ce que nous allons faire voir.

51. Pour cet effet, on commencera par remettre dans les expressions des quantités (H), (h), (A), (a),... du n° 42, à la place de $\cos u$ et $\sin u$, leurs valeurs en x et y, savoir

$$\cos u = \frac{2x}{a} + f, \quad \sin u = \frac{y}{\sqrt{ah}};$$

moyennant quoi ces quantités deviendront des fonctions rationnelles et entières de x, y, r et de ξ, η, ζ, dans lesquelles les quantités x, y, r ne passeront pas la seconde dimension, excepté les expressions de (I) et de (i), où ces quantités monteront à la quatrième dimension; mais je remarque, à l'égard de l'expression de (I), qu'on y peut réduire les dimensions de x, y, r à la troisième. En effet il est visible que les termes qui, dans cette expression, peuvent donner des dimensions de x, y, r plus hautes que la troisième, sont ceux-ci

$$-\frac{2r^2}{f\sqrt{a^3h}}(\mathrm{G}) + \frac{fyx}{2\sqrt{ah^3}}(\mathrm{F}),$$

autant que les valeurs de (F) et (G) contiennent x, y, r, élevées à la seconde dimension. Or, en faisant, pour un moment,

$$\sqrt{\frac{a}{4h}}[(fr+x)\xi+y\eta)]=\Xi,\quad y\xi-x\eta=\Upsilon,$$

on a

$$(\mathrm{F})=-\Xi y+\left(4x\sqrt{\frac{h}{a}}+2f\sqrt{ah}\right)\Upsilon,\quad (\mathrm{G})=\Xi x+\sqrt{\frac{a}{h}}y\Upsilon;$$

donc les termes en question seront

$$-\left(\frac{2r^2x}{f\sqrt{a^3h}}+\frac{fy^2x}{2\sqrt{ah^3}}\right)\Xi+\left(-\frac{2r^2y}{fah}+\frac{2fyx^2}{ah}\right)\Upsilon.$$

Maintenant, à cause que nous prenons le grand axe de l'orbite pour celui des abscisses x, et que $e=f$ (n° **25**), on aura (n° **18**)

$$x=\frac{2h-r}{f},\quad y=\frac{2\sqrt{h}}{f}\sqrt{r-\frac{r^2}{a}-h};$$

donc, substituant cette valeur de y dans le coefficient de Ξ, il deviendra

$$\frac{2r^2x}{f\sqrt{a^3h}}+\frac{2x}{f\sqrt{ah}}\left(r-\frac{r^2}{a}-h\right)=\frac{2x(r-h)}{f\sqrt{ah}};$$

et, substituant la valeur de x^2 dans le coefficient de Υ, il deviendra

$$-\frac{2r^2y}{fah}+\frac{2r^2y}{fah}+\frac{8(h-r)y}{fa}=\frac{8(h-r)y}{fa}.$$

Donc, puisque Ξ et Υ ne contiennent que la première dimension de x, y, r, il s'ensuit que les termes dont il s'agit de l'expression de (I), lesquels paraissent, au premier aspect, devoir contenir la quatrième dimension de ces quantités, n'en contiendront réellement que la troisième.

Cela supposé, on mettra, tant dans les expressions de (H), (h), (A), (a),... du numéro cité que dans celles de Π' et ϖ' du n° **48**, à la place de x et y, les valeurs $r\cos\varphi$, $r\sin\varphi$ (n° **18**), φ étant l'anomalie vraie de la comète dans son orbite non altérée; on verra :

1° Que les expressions de (H), (h), (A), (a),... deviendront des fonctions rationnelles et entières de ξ, η, ζ et de $\sin\varphi$, $\cos\varphi$ et r, dans lesquelles r ne montera au plus qu'au second degré, à l'exception des quantités (I) et (i), dont la première contiendra r^3, et dont la seconde contiendra r^4;

2° Que les expressions de Π' et ϖ' deviendront, à cause de $z=0$,

$$\Pi' = \frac{3(\xi\cos\varphi+\eta\sin\varphi)}{r^4} + \frac{3\rho^2-2(\xi\cos\varphi+\eta\sin\varphi)^2}{r^5}+\ldots,$$

$$\varpi' = \frac{-3\rho^2+15(\xi\cos\varphi+\eta\sin\varphi)^2}{r^5} + \frac{-15(\xi\cos\varphi+\eta\sin\varphi)\rho^2+35(\xi\cos\varphi+\eta\sin\varphi)^3}{r^6}+\ldots.$$

On substituera maintenant ces valeurs de (H), (h), (A), (a),... dans les expressions des différentielles $d\,\delta h$, $d\,\delta a$, $d\,\delta f$,... du n° **42**, et l'on y mettra, à la place de Π et ϖ, les valeurs précédentes de Π' et ϖ'; enfin on mettra pour du sa valeur $\dfrac{r\,d\varphi}{\sqrt{ah}}$ déduite de l'équation (n° **21**)

$$dt = \frac{r^2\,d\varphi}{\sqrt{2h(1+m)}} = \sqrt{\frac{a}{2(1+m)}}\,r\,du.$$

52. Il est aisé de voir que, par ces différentes substitutions, les valeurs des différentielles $d\,\delta h$, $d\,\delta a$, $d\,\delta f$,... du n° **42** se trouveront composées de différents termes de la forme

$$\frac{\Sigma\cos^m\varphi\sin^n\varphi\,d\varphi}{r^p},$$

m, n, p étant des nombres entiers positifs ou zéro, et Σ étant une fonction rationnelle et entière de ξ, η, ζ; j'en excepte seulement les termes de la valeur de $d\,\delta i$, qui seront multipliés par l'angle t, et que nous examinerons plus bas. Et il n'est pas difficile de prouver que $m+n+p$ ne sera pas >5 pour les premiers termes de ϖ' et Π', ni >7 pour les termes suivants, et ainsi du reste.

Or (n° **18**)

$$r = \frac{2h}{1+f\cos\varphi},$$

à cause de $e=f$; donc, si l'on substitue cette valeur dans la formule précédente, on n'aura dans les valeurs de $d\delta h$, $d\delta a$, $d\delta f$,... que des termes de cette forme $\Sigma \cos^\mu \varphi \sin^\nu d\varphi$, μ et ν étant des nombres entiers positifs, tels que $\mu + \nu$ non > 5 pour les premiers termes de Π' et ϖ', ni > 7 pour les termes suivants; j'excepte toujours les termes affectés de t dans la valeur de $d\delta i$ (*voir* ci-après le n° 56).

Qu'on substitue maintenant dans Σ, à la place de ξ, η, ζ, leurs valeurs en sinus et cosinus de $\theta\sqrt{\frac{a^3}{\alpha^3}}$ (n° 43); et pour cela on remarquera que, à cause de la petitesse des quantités Π' et ϖ', on peut sans scrupule négliger l'effet de l'excentricité de la planète, et faire simplement

$$\rho = \frac{\alpha}{2}, \quad \lambda = \mathrm{M} - \mathrm{A} = (\theta - \mathrm{T})\sqrt{\frac{a^3}{\alpha^3}} - \mathrm{A},$$

en dénotant par A l'anomalie vraie de la planète qui répond au nœud ascendant de son orbite sur l'orbite non altérée de la comète; mais, si l'on voulait absolument avoir égard à l'excentricité de l'orbite de la planète, il n'y aurait qu'à ajouter aux valeurs moyennes de ρ et de λ les inégalités du rayon vecteur et de la longitude de la planète, inégalités dont les premières sont représentées par une suite très-convergente de termes qui procèdent suivant les cosinus de M, 2M,..., et dont les autres sont représentées par une semblable suite, mais qui procède suivant les sinus des mêmes angles. (*Voir* les pages 6 et 8 des *Tables astronomiques de Berlin*, où *a* dénote l'anomalie moyenne que nous désignons ici par M.)

Ces substitutions rendront la quantité Σ de la forme

$$\mathrm{A} + \mathrm{B}\sin\upsilon + \mathrm{C}\cos\upsilon + \mathrm{D}\sin 2\upsilon + \ldots,$$

les coefficients A, B, C,... étant constants, et l'angle υ étant $= \theta\sqrt{\frac{a^3}{\alpha^3}}$.

Ainsi les valeurs des différentielles $d\delta h$, $d\delta a$,... se trouveront composées de deux sortes de termes: les uns indépendants de l'angle υ, c'est-à-dire, du mouvement moyen de la planète, les autres affectés des sinus ou cosinus de cet angle ou de ses multiples.

53. A l'égard des termes de la première espèce, il est clair qu'ils seront de la forme

$$\cos^\mu\varphi \sin^\nu\varphi \, d\varphi,$$

et par conséquent tous intégrables, μ et ν étant, par l'hypothèse, des nombres entiers positifs.

Quant à ceux de l'autre espèce, ils seront évidemment de la forme

$$\cos^\mu\varphi \sin^\nu\varphi \sin N\upsilon \, d\varphi, \quad \text{ou} \quad \cos^\mu\varphi \sin^\nu\varphi \cos N\upsilon \, d\varphi,$$

N étant un nombre entier. Ces termes ne sont intégrables par aucune méthode connue; mais nous allons faire voir que, dans la partie supérieure de l'orbite de la comète, à laquelle est destinée la méthode que nous exposons, ces termes seront considérablement plus petits que les précédents; en sorte qu'on pourra le plus souvent les négliger sans scrupule.

Pour cet effet, je remarque que

$$d\upsilon = d\theta \sqrt{\frac{a^3}{\alpha^3}},$$

mais (n° 20)

$$d\theta = \sqrt{\frac{8(1+m)}{a^3}} \, dt,$$

et (n° 21)

$$dt = \frac{r^2 \, d\varphi}{\sqrt{2h(1+m)}};$$

donc

$$d\upsilon = \frac{2r^2 \, d\varphi}{\sqrt{\alpha^3 h}}, \quad \text{et de là} \quad d\varphi = \frac{d\upsilon \sqrt{\alpha^3 h}}{2r^2}.$$

Si l'on substitue cette valeur de $d\varphi$ dans les termes dont il s'agit, et qu'on fasse, pour abréger,

$$\sqrt{\alpha^3 h} \, \frac{\cos^\mu\varphi \sin^\nu\varphi}{2Nr^2} = \Phi,$$

ils deviendront

$$-\Phi \, d\cos N\upsilon, \quad \Phi \, d\sin N\upsilon,$$

dont l'intégrale est

$$-\Phi \cos N\upsilon + \int \cos N\upsilon \, d\Phi, \quad \Phi \sin N\upsilon - \int \sin N\upsilon \, d\Phi.$$

Les expressions $\int \cos N\upsilon \, d\Phi$ et $\int \sin N\upsilon \, d\Phi$ représentent, comme l'on voit, les aires des courbes qui auraient Φ pour abscisse et $\cos N\upsilon$ ou $\sin N\upsilon$ pour ordonnée; et il est facile de concevoir que l'aire totale de chacune de ces courbes sera toujours moindre (abstraction faite du signe) que le produit de l'abscisse totale par la plus grande ordonnée, laquelle est égale à 1; de sorte que, dénotant par (Φ) cette abscisse totale, on aura $\pm(\Phi)$ pour les deux limites entre lesquelles seront nécessairement renfermées les aires $\int \cos N\upsilon \, d\Phi$ et $\int \sin N\upsilon \, d\Phi$.

Or, dans la partie supérieure de l'orbite, la distance r de la comète au Soleil est supposée beaucoup plus grande que la distance moyenne $\frac{\alpha}{2}$ de la planète au Soleil; de plus la distance périhélie $\frac{2h}{1+e}$, égale à h à très-peu près, est dans la plupart des comètes, et surtout dans celles dont on attend le retour, moindre que l'unité, distance moyenne de la Terre au Soleil; de sorte que la quantité $\frac{\sqrt{\alpha^3 h}}{2Nr^2}$ sera nécessairement fort petite. Par conséquent les quantités Φ et (Φ) seront beaucoup plus petites, généralement parlant, que la valeur de $\int \cos^{\mu}\varphi \sin^{\nu}\varphi \, d\varphi$.

Il faut remarquer au reste que, pour avoir la valeur de (Φ) pour toute la partie supérieure de l'orbite, c'est-à-dire, la valeur totale de l'intégrale de $d\Phi$ pour cet espace, il faut prendre les éléments $d\Phi$ toujours avec le même signe. Si donc dans tout cet espace la quantité Φ n'a ni maximum ni minimum, on prendra l'intégrale à la manière ordinaire, et l'on aura pour (Φ) la différence entre les deux valeurs extrêmes de Φ. Mais si entre ces valeurs extrêmes il se trouve des maximum et des minimum, alors la valeur exacte de (Φ) sera égale au double de la différence entre la somme de toutes les plus grandes valeurs de Φ et la somme de toutes les plus petites, en regardant les maximum négatifs comme des minimum et les minimum négatifs comme des maximum, et comptant les deux valeurs extrêmes de Φ parmi les maximum ou minimum, suivant que Φ va en diminuant ou en augmentant, mais en ne prenant que la moitié de chacune de ces valeurs. C'est de quoi l'on peut se convaincre aisément par l'inspection d'une figure parabolique quelconque qui aurait différents maximum et minimum.

Or je dis que, si $r > (2+\mu)h$, la quantité Φ n'aura ni maximum ni minimum lorsque ν sera impair, et qu'elle aura un seul minimum au périhélie où $\varphi = 180^\circ$ lorsque μ sera pair. En effet, à cause de

$$r = \frac{2h}{1 + f\cos\varphi},$$

on aura

$$\cos\varphi = \frac{1}{f}\left(\frac{2h}{r} - 1\right);$$

en sorte que, si $r > (2+\mu)h$, $\cos\varphi$ sera négatif et ne changera point de signe, mais $\sin\varphi$ sera positif en deçà de l'aphélie et deviendra négatif au delà. Or

$$\Phi = \sqrt{\alpha^3 h}\,\frac{\cos^\mu\varphi\sin^\nu\varphi}{2\mathrm{N}r^2} = \frac{\sqrt{\alpha^3 h}}{(-f)^\mu 2\mathrm{N}}\left(1 - \frac{2h}{r}\right)^\mu \frac{\sin^\nu\varphi}{r^2};$$

mais la quantité

$$\frac{1}{r^2}\left(1 - \frac{2h}{r}\right)^\mu$$

diminue à mesure que r augmente, et *vice versâ*, du moins tant que $r > (\mu+2)h$, puisque sa différentielle est

$$-2\left(1 - \frac{2h}{r}\right)^{\mu-1}\left[1 - \frac{(\mu+2)h}{r}\right]\frac{dr}{r^3};$$

donc, si r est impair, la quantité

$$\left(1 - \frac{2h}{r}\right)^\mu \frac{\sin^\nu\varphi}{r^2}$$

ira en diminuant jusqu'à l'aphélie où elle sera nulle, et continuera à diminuer au delà de l'aphélie où elle sera négative; mais, si ν est pair, la même quantité, après avoir diminué jusqu'à l'aphélie, augmentera de nouveau au delà de l'aphélie, en demeurant toujours positive.

Donc, si l'on suppose que la partie supérieure de l'orbite commence au point où $\varphi = \varphi'$, $r = r'$, et finisse au point semblablement situé au delà de l'aphélie où $\varphi = 360^\circ - \varphi'$ et $r = r'$, on aura, pourvu que $r' > (2+\mu)h$,

$$(\Phi) = \sqrt{\alpha^3 h}\,\frac{\cos^\mu \varphi' \sin^\nu \varphi'}{\mathrm{N} r'^2}$$

si ν est impair, et

$$(\Phi) = \sqrt{\alpha^3 h}\left[\frac{\cos^\mu \varphi' \sin^\nu \varphi'}{\mathrm{N} r'^2} - \frac{\cos^\mu 180^\circ \sin^\nu 180^\circ}{\mathrm{N}\left(\frac{a(1+e)}{2}\right)^2}\right]$$

si ν est pair, $\frac{a(1+e)}{2}$ étant la valeur de r dans l'aphélie.

A l'égard de la condition de $r' > (2+\mu)h$, comme nous avons vu (n° **51**) que μ ne peut être > 5 pour les premiers termes de Π' et ϖ', auxquels il suffira le plus souvent d'avoir égard, il est clair que cette condition aura toujours lieu dans la partie supérieure de l'orbite où l'on suppose r beaucoup plus grand que $\frac{\alpha}{2}$, puisque pour Jupiter et Saturne, qui sont les seules planètes qu'on ait à considérer dans la Théorie des perturbations des comètes, on a à peu près $\frac{\alpha}{2} = 5$ ou $9\frac{1}{2}$.

54. Si les limites $\pm(\Phi)$ n'étaient pas assez petites, en sorte qu'on ne crût pas pouvoir négliger les quantités renfermées entre ces limites, on pourrait les resserrer davantage de la manière suivante.

Les deux différentielles

$$\cos \mathrm{N}\upsilon\, d\Phi, \quad \sin \mathrm{N}\upsilon\, d\Phi,$$

étant mises sous la forme

$$\frac{d\Phi}{d\varphi}\cos \mathrm{N}\upsilon\, d\varphi, \quad \frac{d\Phi}{d\varphi}\sin \mathrm{N}\upsilon\, d\varphi,$$

se changent, par la substitution de $\frac{d\upsilon\sqrt{\alpha^3 h}}{2r^2}$ à $d\varphi$, et par la supposition de $\frac{\sqrt{\alpha^3 h}}{2\mathrm{N} r^2}\frac{d\Phi}{d\varphi} = \Phi'$, en celles-ci

$$-\Phi'\, d\cos \mathrm{N}\upsilon, \quad \Phi'\, d\sin \mathrm{N}\upsilon,$$

dont l'intégrale est

$$-\Phi\cos N\upsilon + \int \cos N\upsilon\, d\Phi', \quad \Phi'\sin N\upsilon - \int \sin N\upsilon\, d\Phi';$$

et l'on pourra appliquer aux quantités

$$\int \cos N\upsilon\, d\Phi', \quad \int \sin N\upsilon\, d\Phi'$$

les mêmes raisonnements que nous avons faits dans le numéro précédent; ainsi, dénotant par (Φ') la valeur totale de l'intégrale de $d\Phi'$, prise comme nous l'avons dit dans ce numéro, on aura de nouveau $\pm(\Phi')$ pour les limites entre lesquelles seront renfermées les valeurs des quantités dont il s'agit.

Or il est facile de se convaincre que la quantité Φ' est nécessairement beaucoup plus petite que la quantité Φ lorsque r^2 est assez grand vis-à-vis de $\sqrt{\alpha^3 h}$; ainsi, en négligeant les intégrales renfermées entre ces dernières limites, on commettra une erreur bien plus petite que celle qui pourrait résulter de l'omission des intégrales renfermées dans les limites du numéro précédent.

On voit par là comment on pourrait s'y prendre pour pousser cette approximation plus loin, et diminuer à volonté l'erreur résultant des intégrales qu'on négligerait; mais il suffira, dans la plupart des cas, de s'en tenir à l'approximation du numéro précédent.

55. Il nous reste encore à examiner les termes multipliés par l'angle t dans la différentielle $d\,\delta i$, termes que nous avons expressément exceptés (n° **51**). Or on voit, par la valeur générale de $d\,\delta i$ du n° **37** (Section précédente), que les termes dont il s'agit ne peuvent venir que du terme

$$3t\sqrt{\frac{2(1+m)}{a^3}}\,\frac{d\,\delta a}{a};$$

il suffit donc de considérer ce terme et d'en chercher l'intégrale, en supposant que l'on mette dans la valeur de $d\,\delta a$ les quantités X′, Y′, Z′ à la place des quantités X, Y, Z (n° **48**).

Je reprends pour cela l'expression générale de la différentielle $d\delta a$ du même n° **37**, laquelle est

$$d\,\delta a = -\frac{\mu}{1+m}a^2(X\,dx + Y\,dy),$$

et, pour embrasser en même temps toute la généralité possible, je remarque que, si l'on n'avait pas supposé $z=0$ et $\frac{dz}{dt}=0$, et qu'on eût par conséquent employé dans les calculs de ce numéro la valeur complète de δa du n° **30** à la place de celle du n° **31**, on eût trouvé cette expression plus générale de $d\delta a$, savoir

$$d\,\delta a = -\frac{\mu}{1+m}a^2(X\,dx + Y\,dy + Z\,dz).$$

Qu'on change maintenant, dans cette expression, les quantités X, Y, Z en X′, Y′, Z′, et qu'on y substitue ensuite, à la place de ces dernières quantités, leurs valeurs, lesquelles $\left(\text{en faisant, pour abréger, } \frac{1}{S}-\frac{1}{R}=P\right)$ sont exprimées ainsi (n° 39)

$$X' = \frac{dP}{dx}, \quad Y' = \frac{dP}{dy}, \quad Z' = \frac{dP}{dz};$$

il est visible que la différentielle

$$X'\,dx + Y'\,dy + Z'\,dz$$

ne sera autre chose que la différence de P prise en faisant varier seulement les quantités x, y, z, qui appartiennent à l'orbite de la comète, et en regardant comme constantes les coordonnées ξ, η, ζ de l'orbite de la planète.

De sorte que, si l'on désigne par la caractéristique D cette différence partielle, on aura, en général,

$$d\,\delta a = -\frac{\mu}{1+m}a^2\,DP.$$

Or on a, par le n° 48,

$$P = \frac{\rho^2}{2r^3} - \frac{3(x\xi + y\eta + z\zeta)^2}{2r^5} + \frac{3(x\xi + y\eta + z\zeta)\rho^2}{2r^5} - \frac{5(x\xi + y\eta + z\zeta)^3}{2r^7} + \ldots$$

Et si l'on substitue, dans cette expression de P, les valeurs de ξ, η, ζ, ρ en sinus et cosinus de υ (n° 51), il est visible qu'elle deviendra de cette forme

$$\mathcal{R} + \mathrm{R}\sin\upsilon + \mathrm{S}\cos\upsilon + \mathrm{T}\sin 2\upsilon + \mathrm{V}\cos 2\upsilon + \ldots,$$

dans laquelle $\mathcal{R}$, R, S,... seront des fonctions rationnelles et entières de x, y, z, et dont chaque terme sera de plus divisé par une puissance de r, dont l'exposant surpassera de trois unités ou davantage la somme des dimensions de x, y, z dans le numérateur.

Or, comme l'angle υ dépend uniquement des quantités ξ, η, ζ qui doivent être regardées comme constantes dans la différence partielle DP, et qu'au contraire les quantités $\mathcal{R}$, R, S,... dépendent uniquement des quantités x, y, z qui sont les seules variables dans cette différentielle, il est clair qu'on aura

$$\mathrm{DP} = d\mathcal{R} + \sin\upsilon\, d\mathrm{R} + \cos\upsilon\, d\mathrm{S} + \sin 2\upsilon\, d\mathrm{T} + \cos 2\upsilon\, d\mathrm{V} + \ldots,$$

$d\mathcal{R}$, $d\mathrm{R}$, $d\mathrm{S}$,... étant des différences ordinaires et totales des quantités $\mathcal{R}$, R, S,....

Donc on aura, en général,

$$d\,\delta a = -\frac{\mu a^2}{1+m}(d\mathcal{R} + \sin\upsilon\, d\mathrm{R} + \cos\upsilon\, d\mathrm{S} + \sin 2\upsilon\, d\mathrm{T} + \ldots);$$

et cette valeur de $d\,\delta a$, en y faisant $x = r\cos\varphi$, $y = r\sin\varphi$, et $z = 0$, deviendra identique avec celle du n° 50, mais elle sera toujours d'une forme plus simple et plus commode pour l'intégration.

56. En effet on voit d'abord, par l'expression précédente de $d\,\delta a$, que la partie indépendante de l'angle υ est intégrable, son intégrale étant $-\frac{\mu a^2}{1+m}\mathcal{R}$, où $\mathcal{R}$ est la partie indépendante de υ dans la valeur de P,

laquelle sera par conséquent une fonction rationnelle et entière de $\sin\varphi$ et $\cos\varphi$, en faisant

$$x = r\cos\varphi,\quad y = r\sin\varphi,\quad z = 0,\quad r = \frac{2h}{1+f\cos\varphi}.$$

De là on tire cette conclusion importante, que la valeur de δa, c'est-à-dire, l'altération du grand axe de l'orbite de la comète, en tant qu'elle vient des perturbations de la partie supérieure de l'orbite, ne contient aucun terme proportionnel à l'angle φ, et qui puisse par conséquent augmenter continuellement.

A l'égard des autres termes de la valeur de $d\delta a$, il est clair qu'après la substitution des valeurs de x, y, r en φ ils deviendront de la forme

$$\cos^\mu\varphi\sin^\nu\varphi\sin N\upsilon\, d\varphi,\quad \text{ou}\quad \cos^\mu\varphi\sin^\nu\varphi\cos N\upsilon\, d\varphi,$$

et pourront être traités par la méthode des n^{os} **52** et suivants.

57. Venons maintenant au terme

$$3t\sqrt{\frac{2(1+m)}{a^3}}\,\frac{d\,\delta a}{a}$$

de la valeur de $d\,\delta i$. En y substituant d'abord pour $d\,\delta a$ la quantité $-\frac{\mu}{1+m}a^2\,dR$ indépendante de υ, on aura la différentielle

$$-3\mu\sqrt{\frac{2}{a(1+m)}}\,t\,dR,$$

dont l'intégrale est

$$-3\mu\sqrt{\frac{2}{a(1+m)}}\left(tR-\int R\,dt\right).$$

Or on a (n° **21**)

$$dt = \frac{r^2\,d\varphi}{\sqrt{2h(1+m)}};$$

donc, comme dans l'expression de R les exposants négatifs de r surpassent de trois unités ou davantage la somme des exposants positifs de x, y, z (n° **54**), il est visible qu'en mettant dans Rr^2, pour x et y, $r\cos\varphi$

et $r\sin\varphi$ (z étant égal à zéro), la quantité r ne s'y trouvera encore qu'au dénominateur; en sorte que, substituant ensuite $\frac{2h}{1+f\cos\varphi}$ pour r, la quantité Rr^2 deviendra une fonction rationnelle et entière de $\sin\varphi$ et $\cos\varphi$; d'où il s'ensuit que

$$R\,dt = \frac{Rr^2\,d\varphi}{\sqrt{2h(1+m)}}$$

sera tout à fait intégrable.

Quant à l'autre partie de la valeur de $d\delta a$, elle sera composée, comme nous l'avons vu ci-dessus, de termes de la forme

$$-\frac{\mu a^2}{1+m}\cos^\mu\varphi\sin^\nu\varphi\sin N\upsilon\,d\varphi,\quad \text{ou}\quad -\frac{\mu a^2}{1+m}\cos^\mu\varphi\sin^\nu\varphi\cos N\upsilon\,d\varphi;$$

donc les termes qui en résulteront dans la valeur de $d\delta i$ seront de la forme

$$-3\mu\sqrt{\frac{2}{a(1+m)}}\,t\cos^\mu\varphi\sin^\nu\varphi\sin N\upsilon\,d\varphi,\ \text{ou}\ -3\mu\sqrt{\frac{2}{a(1+m)}}\,t\cos^\mu\varphi\sin^\nu\varphi\cos N\upsilon\,d\varphi.$$

Ainsi il suffira de considérer les différentielles

$$t\cos^\mu\varphi\sin^\nu\varphi\sin N\upsilon\,d\varphi\quad \text{et}\quad t\cos^\mu\varphi\sin^\nu\varphi\cos N\upsilon\,d\varphi.$$

A l'imitation de ce qu'on a fait plus haut (n° **52**), on substituera, dans ces différentielles, $\frac{d\upsilon\sqrt{\alpha^3 h}}{2r^2}$ au lieu de $d\varphi$, et faisant, pour abréger $\left(\text{à cause de } dt = \sqrt{\frac{\alpha^3}{8(1+m)}}\,d\upsilon\right)$,

$$V = \int t\sin N\upsilon . N\,d\upsilon = -t\cos N\upsilon + \sqrt{\frac{\alpha^3}{8(1+m)}}\,\frac{\sin N\upsilon}{N},$$

$$W = \int t\cos N\upsilon . N\,d\upsilon = \quad t\sin N\upsilon - \sqrt{\frac{\alpha^3}{8(1+m)}}\,\frac{\cos N\upsilon}{N},$$

on aura ces transformées $\Phi\,dV$ et $\Phi\,dW$, en conservant la valeur de Φ du numéro cité.

Intégrant par parties, on aura

$$\Phi V - \int V\,d\Phi \quad \text{et} \quad \Phi W - \int W\,d\Phi,$$

et l'on démontrera, par un raisonnement analogue à celui de ce numéro, que les valeurs des intégrales $\int V\,d\Phi$ et $\int W\,d\Phi$ seront renfermées entre les limites $\pm(V)(\Phi)$ et $\pm(W)(\Phi)$, en désignant par (V) et (W) les plus grandes valeurs de (V) et (W) dans la partie supérieure de l'orbite, et conservant la valeur de (Φ) de l'endroit cité. Or les maximum de V et W ayant lieu lorsque $dV = 0$ ou $dW = 0$, c'est-à-dire, lorsque $\sin N\upsilon = 0$ ou $\cos N\upsilon = 0$, il s'ensuit que les plus grandes valeurs des quantités V et W seront égales à t (abstraction faite du signe). Si donc on désigne par (t) la valeur de t qui répond à toute la partie supérieure de l'orbite, c'est-à-dire, la valeur de t pour le point où finit cette partie de l'orbite, on aura $(V) = (t)$ et $(W) = (t)$; et les valeurs des intégrales $\int V\,d\Phi$, $\int W\,d\Phi$, pour toute la partie supérieure de l'orbite, seront renfermées entre ces limites $\pm(t)(\Phi)$.

58. Si l'on ne jugeait pas les limites assez approchées, surtout à cause que la valeur de (t) peut être assez considérable, on pourrait les resserrer davantage par une méthode analogue à celle du n° 53.

En effet, en conservant la valeur de Φ' de ce numéro, et faisant, pour abréger,

$$V_1 = \int VN\,d\upsilon = -W - \sqrt{\frac{\alpha^3}{8(1+m)}}\,\frac{\cos N\upsilon}{N},$$

$$W_1 = \int WN\,d\upsilon = \quad V - \sqrt{\frac{\alpha^3}{8(1+m)}}\,\frac{\sin N\upsilon}{N},$$

on transformera les différentielles $V\,d\Phi$ et $W\,d\Phi$ en celles-ci $\Phi'\,dV_1$ et $\Phi'\,dW_1$, dont l'intégrale, prise par parties, sera

$$\Phi' V_1 - \int V_1\,d\Phi' \quad \text{et} \quad \Phi' W_1 - \int W_1\,d\Phi';$$

et l'on démontrera de la même manière que, si (V_1) et (W_1) sont les plus grandes valeurs de V_1 et de W_1 dans la partie supérieure de l'orbite, on aura, pour les valeurs des intégrales $\int V_1\, d\Phi'$ et $\int W_1\, d\Phi'$ dans cette partie, les limites $\pm (V_1)(\Phi')$ et $\pm (W_1)(\Phi')$. Or, sans chercher les valeurs exactes de (V_1) et (W_1), il suffira de considérer que, les plus grandes valeurs de V et W étant égales à t (abstraction faite du signe), et les plus grandes valeurs de $\sin N\upsilon$ et $\cos N\upsilon$ étant 1, les plus grandes valeurs de V_1 et de W_1 ne pourront jamais être plus grandes que $t + \frac{1}{N}\sqrt{\frac{\alpha^3}{8(1+m)}}$; en sorte qu'on pourra prendre dans les limites précédentes (V_1) et (W_1) égales à $(t) + \frac{1}{N}\sqrt{\frac{\alpha^3}{8(1+m)}}$. Et comme la quantité Φ' est nécessairement moindre que Φ dans la partie supérieure de l'orbite, il est clair que ces nouvelles limites seront plus approchées que les premières, et qu'ainsi l'erreur qu'on commettrait en négligeant les intégrales $\int V_1\, d\Phi'$ et $\int W_1\, d\Phi'$ sera beaucoup moindre que celle qui résulterait de l'omission des premières intégrales $\int V\, d\Phi$, $\int W\, d\Phi$; et ainsi de suite.

59. De ce que nous venons de démontrer depuis le n° 48 jusqu'ici, il est aisé de conclure que les perturbations que la comète doit éprouver dans la partie supérieure de son orbite peuvent être déterminées analytiquement sans avoir recours aux quadratures mécaniques, sinon par des formules rigoureuses, du moins par des formules très-approchées et dont on peut pousser l'approximation aussi loin que l'on veut. Si ce Mémoire n'était peut-être pas déjà trop long, je présenterais ici ces formules toutes développées, en sorte qu'il n'y eût plus que les substitutions numériques à faire; mais, comme cela ne demande plus qu'un travail mécanique et de calcul, nous croyons pouvoir nous en dispenser et nous contenter d'avoir exposé les principes de cette analyse avec tout le détail et la clarté nécessaires.

Nous allons donner maintenant une idée de la manière dont on doit faire usage des Théories précédentes, en montrant comment on doit les appliquer à la comète des années 1532 et 1661, que les Astronomes attendent vers 1789 ou 1790.

60. La comète de l'année 1532 a été observée par Appien, et calculée par Halley; ses éléments sont (la distance moyenne du ☉ étant = 1):

Temps moyen du périhélie, à Paris, 19 octobre......	22ʰ29ᵐ0ˢ
Longitude du périhélie........................	3ˢ21°7′0″
Distance périhélie..........................	0,50910
Longitude du nœud ascendant....................	2ˢ20°37′0″
Inclinaison de l'orbite........................	32°36′0″
Sens du mouvement..........................	direct.

Celle de l'année 1661 a été observée par Hevelius et calculée par Halley; ses éléments sont:

Temps moyen du périhélie, à Paris, 26 janvier......	23ʰ42ᵐ0ˢ
Longitude du périhélie........................	3ˢ25°58′40″
Distance périhélie..........................	0,44851
Longitude du nœud ascendant....................	2ˢ22°30′30″
Inclinaison de l'orbite........................	32°35′50″
Sens du mouvement..........................	direct.

Comme les éléments de ces deux comètes sont à très-peu près les mêmes, on est fondé à prendre ces astres pour une même comète, dont la révolution serait d'environ 128 ans, et qui devrait, par conséquent, reparaître en 1789. Dans cette hypothèse, on peut attribuer les différences qui se trouvent entre les éléments de 1532 et de 1661 en partie à l'inexactitude des observations, du moins de celles de 1532, et en partie à l'effet des perturbations que la comète a dû éprouver pendant la révolution de 1532 à 1661 par l'action des planètes; et l'on ne saurait fixer au juste le retour de cette comète qu'en calculant d'avance l'effet des perturbations qu'elle doit éprouver dans la révolution de 1661 à 1789.

61. Comme les observations de 1661 ont été faites par Hevelius, on peut les prendre pour exactes, ainsi que les éléments que Halley en a

déduits. On peut supposer de plus que ces éléments soient ceux de l'orbite non altérée, puisque, en faisant abstraction des perturbations qui ont précédé et suivi l'apparition de cette comète en 1661, elle aurait dû se mouvoir toujours dans le même plan et avoir le périhélie placé dans le même lieu du ciel.

Nous prendrons donc, pour plus de simplicité, le temps du passage par le périhélie en 1661, c'est-à-dire, le 21 janvier $23^h 50^m$, temps moyen de Paris, pour l'époque du temps t, en supposant t positif après cette époque et négatif avant elle, et en se souvenant que t exprime l'angle du mouvement moyen du Soleil (n° **20**).

Nous prendrons de plus le plan qui coupe l'écliptique à $2^s 22° 30' 32''$, et sous un angle égal à $32° 35' 50''$ (cet angle doit être du côté du Nord et sur la partie de l'écliptique comprise entre $2^s 22° 30' 32''$ et $8^s 22° 30' 32''$) pour le plan fixe des coordonnées x et y; et nous prendrons l'axe des x dans la ligne menée du Soleil au point de ce plan qui répond à $3^s 25° 58' 40''$ de longitude comptée depuis le lieu de l'équinoxe en 1661. Nous rapporterons ensuite à ce même plan et à ce même axe les lieux des planètes perturbatrices au moyen des coordonnées rectangles ξ, η, ζ. Ces déterminations s'accordent avec les suppositions des n^os **2** et **25**.

62. Cela posé, soient, comme dans la Section deuxième, a le grand axe de l'orbite non altérée, $4h$ le paramètre de ce grand axe, et e l'excentricité de l'orbite, égale à $\sqrt{1 - \frac{4h}{a}}$; la distance périhélie sera

$$\frac{a - ae}{2} = \frac{a}{2}(1 - e) = \frac{a(1 - e^2)}{2(1 + e)} = \frac{2h}{1 + e}.$$

Or, par les observations de 1661, on a conclu la distance périhélie $= 0,44851$ (la distance moyenne du Soleil à la Terre étant $= 1$); on aura donc

$$\frac{2h}{1 + e} = 0,44851.$$

Mais j'observe que, comme les éléments de 1661 ont été calculés dans l'hypothèse de l'orbite parabolique, il paraît naturel d'adopter aussi cette hypothèse dans la détermination de h; or, dans la parabole, on a $a=\infty$, donc $e=1$, par conséquent $h=0,44851$.

Au reste, nous verrons ci-après que cette valeur de h ne serait tout au plus diminuée que d'un centième, si l'on voulait la déterminer dans l'hypothèse elliptique (n° 64).

63. Il faut déterminer maintenant le grand axe a; ce qu'on fera par le principe connu que, dans les orbites elliptiques décrites par une même force tendant au foyer et variant dans la raison inverse des carrés des distances, les temps des révolutions sont comme les racines carrées des cubes des moyennes distances. Or l'intervalle entre le passage par le périhélie en 1532 et le passage par le périhélie en 1661 est de 128 années $99^j\,1^h\,21^m$; mais il faut remarquer que, comme en 1582 on a retranché 10 jours, il faut aussi les retrancher du nombre précédent, ce qui réduira le vrai intervalle entre les deux passages par le périhélie à 128 années $89^j\,1^h\,21^m$, parmi lesquelles années il y en a 32 de bissextiles.

Réduisant ce temps en jours et en décimales de jour, on aura donc, pour l'intervalle dont il s'agit, $46841^j,05625$.

Si les deux périhélies étaient placés dans le même lieu du ciel, il est clair que l'intervalle qu'on vient de trouver serait en même temps la durée de la révolution de la comète; mais, comme les lieux des deux périhélies diffèrent un peu entre eux, il faut défalquer de l'intervalle trouvé le temps que la comète a mis à aller du lieu du périhélie de 1532 à celui du périhélie de 1661.

Pour cela, j'observe que le périhélie de 1661 est plus avancé en longitude que celui de 1532 de $3^\circ 51' 40''$; mais l'équinoxe a reculé, dans l'espace de $128^a\,89^j$, de $1^\circ 45' 36''$; donc, retranchant cette quantité de la précédente, on aura $2^\circ 41' 42''$ pour le vrai espace dont le périhélie de 1661 était plus avancé par rapport aux étoiles fixes que celui de 1532; donc la comète, après avoir atteint en 1532 son périhélie, a dû parcourir encore autour du Soleil un angle de $2^\circ 41' 4''$ pour arriver au lieu du périhélie de 1661, parce que le mouvement de cette comète se fait suivant l'ordre des signes; ce serait le contraire si la comète était rétrograde.

Il faut donc chercher le temps qui répond à l'anomalie vraie $2^\circ 41' 4''$ dans une parabole dont la distance périhélie est 0,50910. Or, dans la *Table générale du mouvement des comètes* (cette Table, calculée d'abord par Halley, rendue ensuite plus commode par l'abbé de la Caille, a été étendue davantage dans le *Recueil des Tables* publié par l'Académie de Berlin, t. III, p. 2 et suiv.), on trouve que pour l'orbite, dont la distance périhélie serait 1, ce temps serait de $1^j,93$; il faut donc multiplier ce nombre par la racine carrée du cube de 0,50910, et l'on aura $0^j,70107$ pour le nombre qu'il faudra retrancher du nombre de jours trouvé plus haut, pour avoir la durée de la révolution de la comète par rapport aux étoiles fixes, laquelle durée sera donc $46840^j,35515$.

Or la durée de la révolution périodique de la Terre, c'est-à-dire, l'année sidérale, est de $365^j 6^h 9^m 10^s$, ou, en décimales de jour, de $365^j,25636$. Donc, puisque la distance moyenne de la Terre au Soleil est prise pour l'unité, et que la distance moyenne de la comète est $\frac{a}{2}$, on fera cette proportion

$$365,25636 : 46840,35515 = 1 : \left(\frac{a}{2}\right)^{\frac{3}{2}},$$

d'où l'on tire

$$\frac{a}{2} = \left(\frac{46840,35515}{365,25636}\right)^{\frac{2}{3}} = 25,43013.$$

C'est la distance moyenne ou le demi-grand axe de l'orbite elliptique de la comète.

64. Il est aisé de conclure de l'équation précédente que, si le temps périodique de la comète était plus long ou plus court d'un petit nombre n d'années sidérales, la distance moyenne $\frac{a}{2}$ serait augmentée ou diminuée à très-peu près de la quantité

$$\frac{2n}{3\sqrt{\frac{a}{2}}} = 0,13220\,n;$$

de sorte qu'il faudrait que n fût plus grand que 7, pour que la distance moyenne fût changée d'une unité.

Or, quoique les observations de 1532 faites par Appien ne soient peut-être pas tout à fait exactes, cependant, comme la comète dont il s'agit n'a été observée que pendant un mois, dans lequel temps elle a passé par le périhélie, il est visible qu'on ne saurait admettre une erreur de 15 jours dans le passage au périhélie, et qu'ainsi, à cet égard, on est assuré que la valeur de $\frac{a}{2}$ est exacte à 0,05 près.

Mais il y a une autre source d'erreur qui est bien plus considérable : je veux parler de l'effet des perturbations que la comète a dû éprouver dans la période de 1532 à 1661, et qui ont pu allonger ou diminuer cette période de quelques années. En effet, la détermination précédente du grand axe étant fondée sur l'hypothèse que la comète a décrit une orbite régulière autour du Soleil en vertu de la seule attraction de cet astre, cette détermination cesse d'être exacte dès qu'on admet l'action des planètes sur la comète; dans ce cas, il est clair qu'on ne saurait chercher le grand axe de la véritable orbite décrite par la comète, puisque cette orbite n'est plus une ellipse; mais on doit chercher plutôt le grand axe de l'orbite que la comète aurait décrite sans les perturbations, et que nous avons nommée, dans le cours de ce Mémoire, *orbite non altérée;* et pour cela il est visible qu'on ne doit pas employer la durée observée de la révolution, mais cette durée corrigée de l'effet des perturbations.

Supposons que cet effet consiste à allonger ou à raccourcir le temps périodique de l'orbite non altérée d'un petit nombre n d'années sidérales pendant la période de 1532 à 1661; il est clair que ce temps périodique sera plus court ou plus long de n années que la durée observée de la révolution de la comète; par conséquent la distance moyenne de l'orbite non altérée sera à très-peu près $25,43013 \mp 0,13220n$.

Or on ne peut déterminer la valeur de n que par le calcul même des perturbations, calcul dans lequel la quantité a entre comme élément; mais, comme la valeur de n ne peut être que de quelques unités, il sera permis de prendre pour la valeur de a la quantité 25,43013 qui aurait lieu sans les perturbations, du moins dans le calcul de ces perturbations. L'erreur qu'on pourra commettre par cette supposition ne sera que de l'ordre des carrés des forces perturbatrices, quantités que nous avons toujours supposées qu'on néglige dans la Théorie des perturbations des comètes.

65. En faisant donc $\frac{a}{2} = 25,43013$, et prenant pour h la valeur déterminée ci-dessus (n° 62), savoir $h = 0,44851$, on trouvera d'abord l'excentricité (n° 25)

$$e = \sqrt{1 - \frac{4h}{a}} = 0,98222 = f.$$

Employant cette valeur de e dans l'équation

$$\frac{2h}{1+e} = 0,44851$$

du numéro cité, on trouvera $h = 0,44452$: c'est la valeur de h dans la supposition que la distance périhélie, déduite des observations, soit la véritable distance périhélie dans l'ellipse; et l'on voit que cette valeur diffère à peine de $\frac{4}{1000}$ de celle que donne la supposition de l'orbite parabolique; c'est pourquoi on pourra sans crainte employer la première valeur de h dans le calcul des perturbations.

Comme le demi-petit axe de l'ellipse est $\sqrt{ah}$, on trouvera pour ce demi-petit axe 4,77612.

Et, si l'on cherche l'angle dont le cosinus sera e, on trouvera $10°49'10''$: c'est la valeur de l'anomalie excentrique qui répond à 90 degrés d'anomalie vraie, à compter du périhélie, et c'est aussi la valeur de l'anomalie vraie comptée de l'aphélie pour les points de la distance moyenne.

Enfin, comme nous prenons le périhélie de 1661 pour l'époque d'où l'on doit compter le temps t, et que nous supposons que, dans ce périhélie, l'orbite troublée coïncide avec l'orbite non troublée (n° 60), il s'ensuit qu'on aura non-seulement $\varepsilon = 0$, $\psi = 0$, $i = 0$, mais aussi $\delta\varepsilon = 0$, $\delta\psi = 0$, $\delta i = 0$, et de plus $\delta h = 0$ dans le même périhélie (n° 38); donc les cinq variables δh, δg, δb, δc, δi devront être nulles lorsque $t = 0$, de sorte que, en faisant commencer dans ce point les intégrations des différentielles $d\delta h$, $d\delta g$, $d\delta b$, $d\delta c$ et $d\delta i$ (n° **42**), il n'y aura point de constantes à y ajouter.

Nous remarquerons encore que, à cause de $i = 0$, on aura simplement (n° **20**)

$$\theta = 2t\sqrt{\frac{2(1+m)}{a^3}}, \quad \text{et par conséquent} \quad t = \theta\sqrt{\frac{8(1+m)}{a^3}},$$

et les angles t, θ, u, φ seront tous nuls à la fois dans le périhélie de 1661; ils seront positifs après ce périhélie, et négatifs avant.

A l'égard de la quantité δa, elle devrait aussi être nulle lorsque $t = 0$, si la valeur de a était exactement égale au grand axe de l'orbite non altérée de la comète; mais, ayant supposé ci-dessus $\frac{a}{2} = 25,43013$, on aura (n° **63**), pour la vraie distance moyenne de l'orbite non altérée,

$$25,43013 \mp 0,13220n,$$

laquelle doit être, par l'hypothèse, la même que celle de l'orbite troublée dans le périhélie de 1661, où $t = 0$. Or le grand axe de l'orbite troublée étant, en général, $a + \delta a$ (n° **38**), on aura donc, lorsque $t = 0$,

$$\frac{a + \delta a}{2} = 25,43013 \mp 0,13220n;$$

donc

$$\frac{\delta a}{2} = \mp 0,13220n.$$

D'où l'on voit que cette valeur de δa dépend du nombre n qui est l'effet des perturbations dans la période précédente.

66. Considérons maintenant le retour de la comète au périhélie; il est visible que, en faisant abstraction des perturbations, il n'y aura qu'à ajouter l'intervalle trouvé ci-dessus (n° **62**) de $128^a\,89^j\,1^h\,21^m$, à l'époque du passage par le périhélie de 1661, pour avoir le temps du retour au périhélie; et il viendra (en se souvenant que l'année 1700 n'a pas été bissextile) le 26 avril 1789 $1^h 11^m$, temps moyen au méridien de Paris. Mais, pour avoir exactement le temps du retour de la comète au périhélie dans l'orbite elliptique dont le demi-grand axe serait 25,43013, tel qu'on l'a déterminé dans le numéro cité, il faudra retrancher du temps qu'on vient de trouver $0^j,70107$, c'est-à-dire, $16^h 49^m \frac{1}{2}$, par la raison expliquée dans ce même numéro, ce qui donnera le 25 avril 1789 $8^h 21^m \frac{1}{2}$.

Cette détermination serait entièrement exacte, même en ayant égard aux perturbations, si les deux révolutions consécutives de 1532 à 1661, et de 1661 à 1789, étaient parfaitement égales, et par conséquent si l'effet des perturbations était le même dans ces deux périodes. Donc, si l'altération de ces deux périodes n'est pas la même, il est clair qu'il ne faudra qu'ajouter, au temps déterminé ci-dessus, l'excès de l'altération de la seconde période sur l'altération de la première.

Or nous avons donné, dans le nº 41, la formule qui exprime, en général, l'altération de la révolution périodique de la comète; appliquant donc ici cette formule, et marquant par un, deux, trois traits les quantités qui répondent aux trois périhélies consécutifs de 1532, 1661, 1789, on aura cette quantité, dans laquelle j'ai substitué au lieu de $\delta\varepsilon$ sa valeur $\frac{\delta g}{e}$ (nº 38),

$$\frac{3(t'''\delta a''' - 2t''\delta a'' + t'\delta a')}{2a} - \sqrt{\frac{a^3}{8(1+m)}}(\delta i''' - 2\delta i'' + \delta i') - \left(\frac{2h}{1+e}\right)^2 \frac{\delta g''' - 2\delta g'' + \delta g'}{e\sqrt{2h(1+m)}};$$

c'est la correction du temps, c'est-à-dire, le temps qu'il faudra ajouter au 25 avril 1789 $8^h 21^m \frac{1}{2}$ pour avoir l'instant du passage de la comète par la ligne du périhélie de 1661, dont la longitude était alors de $3^s 25° 58' 40''$, et sera, en 1789 (à cause de la précession des équinoxes), de $3^s 27° 46' 16''$.

Il est bon de remarquer que la dernière partie de la quantité précédente, celle qui contient les quantités $\delta g'$, $\delta g''$, $\delta g'''$, dépend uniquement du déplacement du périhélie, comme on peut le voir par le nº 41; de sorte qu'en rejetant cette partie la quantité restante sera la correction du temps pour le passage de la comète par le vrai périhélie de 1789; mais il faudra alors ajouter cette correction au 26 avril 1789 $1^h 11^m$, temps du passage par le périhélie, dans le cas où la révolution anomalistique de 1661 à 1789 serait égale à celle de 1532 à 1661.

Pour réduire ces quantités en temps, on se souviendra que nous exprimons le temps par le mouvement moyen du Soleil (nº **20**); de sorte que, si la quantité à réduire en temps est exprimée en angles, en la divisant par 360 degrés, on aura des années sidérales de $365^j,25636$; et, si elle est exprimée en nombres absolus (la moyenne distance du Soleil étant l'unité), il faudra la diviser par le rapport de la circonférence au rayon, c'est-à-dire, par 6,283185..., pour la réduire de même en années sidérales.

67. La formule précédente est générale; mais, dans notre cas, on aura, par ce qu'on a établi dans le nº **64**,

$$t'' = 0, \quad \delta i'' = 0, \quad \delta g'' = 0;$$

de plus, à cause de $t = \theta\sqrt{\dfrac{a^3}{8(1+m)}}$ (θ étant l'anomalie moyenne de la comète), on aura

$$t''' = 360^\circ\sqrt{\frac{a^3}{8(1+m)}}, \quad t' = -360^\circ\sqrt{\frac{a^3}{8(1+m)}};$$

de sorte que la première partie de la formule dont il s'agit se réduira à

$$\frac{3.360^\circ}{4}\sqrt{\frac{a}{2(1+m)}}(\delta a''' - \delta a'),$$

où $\delta a'''$ sera l'intégrale totale de la différentielle $d\delta a$ pour la période entière de 1661 à 1789, en faisant t positif, et où $\delta a'$ sera de même l'intégrale totale de $d\,\delta a$ pour la période de 1661 à 1532, en faisant t négatif; de sorte que, comme il n'y a que la différence de ces deux intégrales qui entre en ligne de compte, il n'y aura point de constantes à y ajouter, et l'on pourra prendre chaque intégrale en sorte qu'elle commence au périhélie de 1661, où $t=0$.

Les deux autres parties de la même formule deviendront

$$-\sqrt{\frac{a^3}{8(1+m)}}(\delta i''' + \delta i') - \left(\frac{2h}{1+e}\right)^2 \frac{\delta g''' + \delta g'}{e\sqrt{2h(1+m)}},$$

où (à cause de $\delta i''=0$ et $\delta g''=0$) il faudra prendre pour $\delta i'''$ et $\delta g'''$ les intégrales des quantités $d\delta i$ et $d\delta g$ depuis le périhélie de 1661 jusqu'à celui de 1789, et pour $\delta i'$ et $\delta g'$ les intégrales des mêmes quantités, mais depuis le périhélie de 1661 jusqu'à celui de 1532, en supposant t négatif.

L'altération du temps périodique est celle qu'il est le plus important de déterminer dans la Théorie des perturbations des comètes.

Quant aux altérations des autres éléments de l'orbite, on les déterminera directement par l'intégration des quantités $d\delta h$, $d\delta a$, $d\delta g$, $d\delta b$, $d\delta c$ (nos 38, 42 et suivants), en faisant commencer les intégrales au périhélie de 1661, et les étendant jusqu'au périhélie de 1789 ou de 1532, suivant qu'on voudra déterminer ces altérations pour la dernière période de la comète ou pour la période précédente.

68. Voilà toutes les données et les formules nécessaires pour calculer les perturbations causées à l'orbite de la comète dont il s'agit par l'action des planètes. Or, parmi toutes les planètes, il n'y a que Jupiter et Saturne dont l'action sur la comète puisse être sensible, tant parce que les masses des autres planètes sont trop petites, que parce qu'elles sont trop proches du Soleil. Ainsi l'on prendra successivement Jupiter et Saturne pour la planète perturbatrice dont on a supposé la masse μ, et dont le rayon vecteur est ρ, et les coordonnées rectangles ξ, η, ζ. Les *Tables astronomiques* de Halley donneront toutes les valeurs des quantités qui dépendent des lieux de ces planètes dans un temps quelconque; et nous ne croyons pas qu'il soit nécessaire d'entrer là-dessus dans aucun détail.

Comme la distance de Jupiter au Soleil est environ 5, et celle de Saturne environ $9\frac{1}{2}$, il est clair que, si l'on fait commencer la partie supérieure de l'orbite de la comète aux points de la moyenne-distance, c'est-à-dire, aux extrémités du petit axe, alors r sera toujours beaucoup plus grand que ρ, et la méthode des nos **48** et suivants aura toute l'exactitude qu'on peut désirer, en négligeant même tout à fait les termes qui dépendent du mouvement moyen de la planète perturbatrice dans les formules des quantités différentielles $d\,\delta h$, $d\delta a,\ldots$, et en ne tenant compte que des termes indépendants de l'angle υ, que nous avons vus être toujours intégrables (nos **52** et **56**).

Il y aura encore un autre avantage à prendre ainsi la moitié supérieure de l'orbite pour ce que nous appelons la partie supérieure, car on aura alors, pour le commencement de cette partie, $u = \pm 90$, et, pour la fin, $u = \pm 270$; de sorte que, à cause de

$$x = \frac{a}{2}(\cos u - e), \quad y = \sqrt{ah}\sin u, \quad r = \frac{a}{2}(1 - e\cos u), \quad dt = \sqrt{\frac{a}{2(1+m)}}\, r\,du$$

(u étant l'anomalie excentrique comptée depuis le périhélie), on aura, pour le commencement de la partie supérieure,

$$x = -\frac{ae}{2}, \quad y = \pm\sqrt{ah}, \quad r = \frac{a}{2},$$

$$\frac{dx}{dt} = \mp\sqrt{\frac{2(1+m)}{a}}, \quad \frac{dy}{dt} = 0, \quad \frac{dr}{dt} = \pm e\sqrt{\frac{2(1+m)}{a}};$$

et pour la fin

$$x = -\frac{ae}{2}, \quad y = \mp\sqrt{ah}, \quad r = \frac{a}{2},$$

$$\frac{dx}{dt} = \pm\sqrt{\frac{2(1+m)}{a}}, \quad \frac{dy}{dt} = 0, \quad \frac{dr}{dt} = \mp e\sqrt{\frac{2(1+m)}{a}}$$

(les signes supérieurs étant pour le cas où l'on prendra les angles t et u positifs, c'est-à-dire, pour la période qui suit le périhélie de 1661, et les signes inférieurs étant pour le cas où t et u seront négatifs, c'est-à-dire, pour la période qui précède ce périhélie), ce qui simplifiera beaucoup les valeurs des quantités H', H'', A', A'',..., c'est-à-dire, les valeurs de H, A,... pour le commencement et pour la fin de la partie supérieure de l'orbite (n° 48).

Quant à la masse m de la comète, que nous avons conservée, pour plus d'exactitude et de généralité, dans les formules de ce Mémoire, elle est inconnue, et rien ne saurait conduire à la déterminer; mais il est naturel de la supposer très-petite vis-à-vis de la masse du Soleil; de sorte qu'on pourra négliger partout la quantité m vis-à-vis de l'unité.

RECHERCHES

SUR LA MANIÈRE

DE FORMER DES TABLES DES PLANÈTES

D'APRÈS LES SEULES OBSERVATIONS.

RECHERCHES

SUR LA MANIÈRE

DE FORMER DES TABLES DES PLANÈTES

D'APRÈS LES SEULES OBSERVATIONS.

(Mémoires de l'Académie Royale des Sciences de Paris, année 1772.)

On s'occupe depuis longtemps à rechercher *à priori* les inégalités des mouvements des planètes d'après les principes de la gravitation universelle; mais personne, que je sache, n'a encore entrepris de donner des méthodes directes et générales pour trouver ces mêmes inégalités *à posteriori*, c'est-à-dire, d'après les observations seules. C'est à remplir ce dernier objet dans toute son étendue qu'est destiné le Mémoire que j'ai l'honneur de présenter à l'Académie Royale des Sciences; heureux si cette illustre Compagnie daigne recevoir avec indulgence ce fruit de mon travail sur une matière qui a, à la vérité, plus d'utilité que de difficulté, mais qui ne me paraît par là que plus digne de son attention.

HYPOTHÈSE.

1. Les inégalités des mouvements des planètes peuvent être représentées par une suite de termes de la forme $A\sin\varphi$, A étant un coefficient constant, et φ un angle qui augmente uniformément.

Remarque I.

2. C'est sur ce principe que sont fondées toutes les Tables des planètes; chaque terme tel que $A\sin\varphi$ s'appelle une équation, dont A est le coefficient ou la plus grande valeur, et φ l'argument.

Les Anciens, qui ne voulaient admettre dans le Système du monde que des mouvements circulaires et uniformes, représentaient toutes les irrégularités des mouvements des Corps célestes par des cercles excentriques et par des épicycles; or il est facile de prouver que, tant que l'excentricité est assez petite et que les rayons des épicycles sont aussi assez petits par rapport à celui du cercle principal, les irrégularités que l'on trouve par ce moyen peuvent toujours s'exprimer par une suite de termes de la forme $A\sin\varphi$.

En effet, si l'on considère un cercle dont le rayon soit a, et qui soit chargé d'un épicycle dont le rayon soit ma, et qu'on suppose que, tandis que le centre de cet épicycle se meut sur la circonférence du cercle principal en décrivant autour de son centre l'angle t, un corps se meuve sur la circonférence de l'épicycle en décrivant autour de son centre l'angle φ, on trouvera que ce corps décrira autour du centre du cercle principal un angle $t+x$, où x sera tel que

$$\operatorname{tang} x = \frac{m\sin\varphi}{1+m\cos\varphi},$$

en sorte que l'angle x exprimera l'inégalité du mouvement provenant de l'épicycle. Or, si l'on suppose le rayon ma fort petit par rapport au rayon a, on aura pour m une fraction fort petite, et l'on aura par les séries

$$\operatorname{tang} x = m\sin\varphi\,(1 - m\cos\varphi + m^2\cos^2\varphi - \ldots);$$

mais

$$x = \operatorname{tang} x - \frac{\operatorname{tang}^3 x}{3} + \ldots.$$

Donc, substituant la valeur de $\operatorname{tang} x$, et réduisant les puissances et les produits de $\sin\varphi$ et de $\cos\varphi$ en sinus et cosinus d'angles multiples de φ, on aura pour x cette série assez simple

$$x = m\sin\varphi - \frac{m^2\sin 2\varphi}{2} + \frac{m^3\sin 3\varphi}{3} - \frac{m^4\sin 4\varphi}{4} + \ldots.$$

Si l'on imaginait un second épicycle dont le rayon fût na, et dont le centre décrivît la circonférence du premier épicycle, tandis que le mobile décrit la circonférence de ce second épicycle, en parcourant autour de son centre des angles ψ dans le même temps que sont parcourus les angles t et φ, on trouverait que l'angle parcouru par le mobile autour du cercle principal serait $t + x$, où l'angle x, qui représente l'inégalité du mouvement, sera tel que

$$\tang x = \frac{m\sin\varphi + n\sin(\varphi+\psi)}{1 + m\cos\varphi + n\cos(\varphi+\psi)},$$

d'où, en supposant m et n fort petits, il est facile de tirer la valeur de x exprimée par une suite de sinus.

S'il y avait un troisième épicycle dont le rayon fût pa, et sur la circonférence duquel le mobile fût mû en parcourant autour de son centre des angles ξ, on trouverait que l'inégalité x serait déterminée par l'équation

$$\tang x = \frac{m\sin\varphi + n\sin(\varphi+\psi) + p\sin(\varphi+\psi+\xi)}{1 + m\cos\varphi + n\cos(\varphi+\psi) + p\cos(\varphi+\psi+\xi)},$$

et ainsi de suite.

Si l'on suppose un cercle excentrique dont le rayon soit a et l'excentricité ma, on trouvera que, tandis que le mobile parcourt autour du centre du cercle l'angle t, il parcourra autour du point qui est pris pour le centre du mouvement apparent un angle $t + x$, en sorte que

$$\tang x = \frac{m\sin t}{1 + m\cos t};$$

d'où l'on voit que c'est la même chose que si le cercle était supposé homocentrique, et qu'il portât un épicycle dont le rayon fût ma, et dont la circonférence fût parcourue par le mobile d'un mouvement angulaire égal à celui dont le centre de cet épicycle parcourt la circonférence du cercle principal; c'est ce qui a déjà été remarqué par Ptolémée.

De là on voit aussi que le cas d'un épicycle porté par un excentrique sera le même que celui d'un homocentrique qui portera deux épicycles, et ainsi de suite.

REMARQUE II.

3. Dans l'Astronomie moderne, on explique les principales inégalités des planètes par la figure elliptique de leurs orbites et par la loi des aires proportionnelles au temps, d'où résulte l'inégalité qu'on appelle *équation du centre*, et qui est, comme l'on sait, exprimée par la série

$$-2\varepsilon\sin\varphi + \frac{5\varepsilon^2}{4}\sin 2\varphi + \frac{\varepsilon^3}{4}\sin\varphi - \frac{13\varepsilon^3}{12}\sin 3\varphi + \ldots,$$

ε étant l'excentricité, et φ l'angle de l'anomalie moyenne qui est proportionnelle au temps. La loi de cette série n'est pas facile à trouver, surtout en employant la méthode ordinaire, suivant laquelle on cherche d'abord l'anomalie moyenne par la vraie, et ensuite on déduit celle-ci de celle-là par le retour de la série; mais on peut y parvenir par la méthode que j'ai donnée ailleurs [*Mémoires de Berlin*, 1769 (*)].

Quant aux autres inégalités des planètes, c'est par le principe de la gravitation universelle qu'on tâche de les déterminer, et les calculs faits d'après ce principe donnent toujours des équations dont les arguments dépendent des lieux moyens des planètes, de ceux de leurs aphélies et de leurs nœuds.

En général, la figure presque circulaire des orbites des planètes fait que les forces perturbatrices qui viennent de leur attraction réciproque peuvent être exprimées par des séries plus ou moins convergentes et composées uniquement de sinus ou cosinus; circonstance sans laquelle il serait comme impossible de déterminer d'une manière générale l'effet de ces perturbations.

(*) *Œuvres de Lagrange*, t. III, p. 113.

Remarque III.

4. Il y a cependant une espèce d'inégalités qui paraît faire une exception à la règle générale : je parle des inégalités séculaires qui augmentent comme les carrés des temps; mais, d'un côté, il paraît très-probable que ces sortes d'inégalités ne sont qu'apparentes et ne viennent que de quelques équations dont les arguments ne varient que très-peu, en sorte que leur période est très-longue; de l'autre, elles ne sont, à proprement parler, que des cas particuliers de la formule générale, comme nous le ferons voir dans la suite de ce Mémoire. D'ailleurs il est toujours possible de se débarrasser d'avance de ces sortes d'inégalités, et nous fournirons pour cela des moyens aussi simples que commodes.

PROPOSITION I.

Théorème.

5. *Toute série dont un terme quelconque est représenté par la formule*

$$A\sin(a+m\alpha)+B\sin(b+m\beta)+C\sin(c+m\gamma)+\ldots,$$

m étant le nombre des termes précédents, est une série récurrente dont l'échelle de relation dépend uniquement des angles α, β, γ,....

Dénotons, en général, par

$$T,\ T',\ T'',\ T''',\ldots,\quad T^{(m)},\ T^{(m+1)},\ldots$$

les termes de la série proposée, en sorte que l'on ait

$$T^{(m)}=A\sin(a+m\alpha)+B\sin(b+m\beta)+C\sin(c+m\gamma)+\ldots,$$

et examinons la nature de la suite infinie

$$T+T'x+T''x^2+T'''x^3+\ldots+T^{(m)}x^m+T^{(m+1)}x^{m+1}+\ldots.$$

On sait que

$$\sin\varphi = \frac{e^{\varphi\sqrt{-1}} - e^{-\varphi\sqrt{-1}}}{2\sqrt{-1}},$$

e étant le nombre dont le logarithme hyperbolique est l'unité; donc, faisant, pour abréger,

$$K = \frac{A\,e^{a\sqrt{-1}}}{2\sqrt{-1}}, \quad L = -\frac{A\,e^{-a\sqrt{-1}}}{2\sqrt{-1}}, \quad p = e^{\alpha\sqrt{-1}}, \quad q = e^{-\alpha\sqrt{-1}},$$

on aura

$$A\sin(a + m\alpha) = Kp^m + Lq^m;$$

de même, si l'on fait

$$M = \frac{B\,e^{b\sqrt{-1}}}{2\sqrt{-1}}, \quad N = -\frac{B\,e^{-b\sqrt{-1}}}{2\sqrt{-1}}, \quad r = e^{\beta\sqrt{-1}}, \quad s = e^{-\beta\sqrt{-1}},$$

$$P = \frac{C\,e^{c\sqrt{-1}}}{2\sqrt{-1}}, \quad Q = -\frac{C\,e^{-c\sqrt{-1}}}{2\sqrt{-1}}, \quad t = e^{\gamma\sqrt{-1}}, \quad u = e^{-\gamma\sqrt{-1}},$$

$$\ldots\ldots\ldots\ldots\ldots\ldots\ldots\ldots\ldots\ldots,$$

on aura

$$B\sin(b + m\beta) = M r^m + N s^m,$$

$$C\sin(c + m\gamma) = P t^m + Q u^m,$$

$$\ldots\ldots\ldots\ldots\ldots\ldots,$$

et le terme général $T^{(m)}$ prendra cette forme

$$T^{(m)} = Kp^m + Lq^m + Mr^m + Ns^m + Pt^m + Qu^m + \ldots.$$

D'où l'on voit que la suite

$$T + T'x + T''x^2 + T'''x^3 + \ldots$$

n'est autre chose que la somme de plusieurs séries géométriques, dont les premiers termes sont K, L, M,... et dont les raisons sont px, qx, rx, ..., de sorte qu'en sommant chacune de ces séries géométriques on aura la valeur de toute la série

$$T + T'x + T''x^2 + T'''x^3 + \ldots.$$

On aura donc de cette manière l'équation identique

$$T + T'x + T''x^2 + T'''x^3 + T^{IV}x^4 + \ldots = \frac{K}{1-px} + \frac{L}{1-qx} + \frac{M}{1-rx} + \frac{N}{1-sx} + \ldots;$$

et il est clair qu'en réduisant au même dénominateur les fractions qui composent le second membre de cette équation, et dont nous supposerons que le nombre soit n, ce second membre se transformera en une fraction unique de la forme

$$\frac{[0] + [1]x + [2]x^2 + [3]x^3 + \ldots + [n-1]x^{n-1}}{(0) + (1)x + (2)x^2 + (3)x^3 + \ldots + (n)x^n},$$

où les nombres 0, 1, 2, 3,..., renfermés dans des crochets carrés ou ronds, désignent des coefficients différents qui dépendent des quantités K, L, M, N,..., p, q, r, s,.... Et, comme le dénominateur de cette fraction doit être égal au produit des n dénominateurs $1-px$, $1-qx$, $1-rx$, $1-sx$,..., il est d'abord évident qu'on aura

$$\begin{aligned}
(0) &= 1,\\
(1) &= -p - q - r - s - \ldots,\\
(2) &= pq + pr + ps + \ldots + qr + qs + \ldots,\\
(3) &= -pqr - pqs - qrs - \ldots,\\
&\ldots\ldots\ldots\ldots\ldots\ldots\ldots\ldots,
\end{aligned}$$

de sorte que les coefficients (0), (1), (2), (3),... du dénominateur de la fraction dont il s'agit seront donnés uniquement par les quantités p, q, r, s,....

Ainsi la série proposée sera égale à cette dernière fraction, que nous appellerons par conséquent *fraction génératrice* de la série; d'où il est facile de conclure que la même série sera du genre de celles qu'on nomme *récurrentes*, et dont la propriété est qu'un terme quelconque se forme de l'addition d'un certain nombre de termes précédents, multipliés chacun par un coefficient donné; car, en multipliant la série

$$T + T'x + T''x^2 + \ldots$$

par le dénominateur

$$1+(1)x+(2)x^2+\ldots+(n)x^n,$$

et comparant les termes du produit avec le numérateur

$$[0]+[1]x+[2]x^2+\ldots+[n-1]x^{n-1},$$

on a les équations

$$\begin{aligned}
T &= [0],\\
T' &= -(1)T + [1],\\
T'' &= -(1)T' - (2)T + [2],\\
T''' &= -(1)T'' - (2)T' - (3)T + [3],\\
&\ldots\ldots\ldots\ldots\ldots\ldots\ldots,\\
T^{(n-1)} &= -(1)T^{(n-2)} - (2)T^{(n-3)} - \ldots - (n-1)T + [n-1],\\
T^{(n)} &= -(1)T^{(n-1)} - (2)T^{(n-2)} - \ldots - (n)T,\\
T^{(n+1)} &= -(1)T^{(n)} - (2)T^{(n-1)} - \ldots - (n)T',\\
&\ldots\ldots\ldots\ldots\ldots\ldots\ldots,
\end{aligned}$$

et, en général,

$$T^{(m)} = -(1)T^{(m-1)} - (2)T^{(m-2)} - \ldots - (n)T^{(m-n)},$$

où les coefficients

$$-(1),\quad -(2),\quad -(3),\ldots,\quad -(n)$$

forment ce qu'on appelle, d'après M. Moivre, *l'échelle de la série récurrente.*

Corollaire I.

6. Puisque $p=e^{\alpha\sqrt{-1}}$, $q=e^{-\alpha\sqrt{-1}}$, on aura

$$p+q=e^{\alpha\sqrt{-1}}+e^{-\alpha\sqrt{-1}}=2\cos\alpha,\quad pq=1;$$

de même

$$r+s=2\cos\beta,\quad rs=1,$$

$$t+u=2\cos\gamma,\quad tu=1,$$

et ainsi de suite; donc on aura

$$(1-px)(1-qx)=1-2x\cos\alpha+x^2,$$
$$(1-rx)(1-sx)=1-2x\cos\beta+x^2,$$
$$(1-tx)(1-ux)=1-2x\cos\gamma+x^2,$$
$$\dots\dots\dots\dots\dots\dots$$

Par conséquent le dénominateur

$$1+(1)x+(2)x^2+(3)x^3+\dots+(n)x^n$$

sera le produit de ces $\frac{n}{2}$ facteurs doubles

$$1-2x\cos\alpha+x^2,$$
$$1-2x\cos\beta+x^2,$$
$$1-2x\cos\gamma+x^2,$$
$$\dots\dots\dots\dots$$

D'où il est facile de conclure qu'on aura nécessairement

$$(n)=1,\quad (n-1)=(1),\quad (n-2)=(2),\dots,$$

c'est-à-dire, que les coefficients des termes extrêmes, ainsi que ceux des termes équidistants des extrêmes, seront les mêmes : ce qui est la propriété des polynômes qu'on appelle *réciproques*.

Or, pour trouver facilement les valeurs des coefficients

$$(1),\ (2),\ (3),\dots\left(\frac{n}{2}\right)\quad \text{en}\quad \cos\alpha,\ \cos\beta,\ \cos\gamma,\dots,$$

on mettra le polynôme en question sous la forme suivante, en faisant, pour plus de simplicité, $n=2\nu$,

$$(1+x^{2\nu})+(1)x(1+x^{2\nu-2})+(2)x^2(1+x^{2\nu-4})+\dots+(\nu)x^\nu;$$

ensuite on supposera

$$1+x^2=xz,$$

et l'on remarquera que

$$(1+x^2)^2 = 1+2x^2+x^4 = x^2z^2, \qquad \text{d'où} \quad 1+x^4 = x^2(z^2-2),$$

$$(1+x^2)^3 = 1+x^6+3x^2(1+x^2) = x^3z^3, \quad \text{d'où} \quad 1+x^6 = x^3(z^3-3z),$$

et, en général,

$$1+x^{2\mu} = x^{\mu}\left[z^{\mu} - \mu z^{\mu-2} + \frac{\mu(\mu-3)}{2} z^{\mu-4} - \frac{\mu(\mu-4)(\mu-5)}{2.3} z^{\mu-6} + \ldots\right],$$

en ne continuant cette série que tant que l'on aura des puissances positives de z.

On fera donc ces substitutions, et, divisant ensuite tous les termes par x^{ν}, il viendra un polynôme en z de la forme

$$z^{\nu} + [(1)]z^{\nu-1} + [(2)]z^{\nu-2} + [(3)]z^{\nu-3} + \ldots + [(\nu)],$$

où l'on aura

$$[(1)] = (1),$$

$$[(2)] = (2) - \nu,$$

$$[(3)] = (3) - (\nu-1)(1),$$

$$[(4)] = (4) - (\nu-2)(2) + \frac{\nu(\nu-3)}{2},$$

$$[(5)] = (5) - (\nu-3)(3) + \frac{(\nu-1)(\nu-4)}{2}(1),$$

. . . .

De même, si l'on substitue xz à la place de $1+x^2$ dans le produit des ν trinômes

$$1-2x\cos\alpha+x^2, \quad 1-2x\cos\beta+x^2, \ldots$$

et qu'on divise ce produit par x^{ν}, on aura celui-ci

$$(z-2\cos\alpha)(z-2\cos\beta)(z-2\cos\gamma)\ldots,$$

lequel devant être identique avec le polynôme précédent, on en conclura aisément les valeurs des coefficients $[(1)]$, $[(2)]$, $[(3)]$,..., et de là celles des coefficients (1), (2), (3),....

Quoique les formules précédentes soient connues depuis longtemps, j'ai cru devoir les donner ici, parce que j'aurai occasion d'en faire usage dans la suite.

Quant aux coefficients [0], [1], [2],... du numérateur, il est très-facile de les déterminer par le moyen des équations trouvées dans le numéro précédent, lesquelles donnent

$$\begin{aligned}
[0] &= T, \\
[1] &= T' + (1)T, \\
[2] &= T'' + (1)T' + (2)T, \\
[3] &= T''' + (1)T'' + (2)T' + (3)T, \\
&\ldots\ldots\ldots\ldots\ldots\ldots
\end{aligned}$$

Corollaire II.

7. On voit, par l'analyse du Problème précédent, que non-seulement toute suite composée de sinus d'angles qui croissent en progression arithmétique, mais, en général, toute suite composée de termes qui procèdent en progression géométrique, est récurrente d'un ordre égal au nombre de ces termes.

Il est facile de prouver de même que toute suite algébrique qui a des différences constantes d'un ordre quelconque, multipliée, si l'on veut, terme à terme par une série géométrique quelconque, est une suite récurrente d'un ordre supérieur d'une unité; et qu'en général toute suite formée par l'addition de deux ou de plusieurs suites de cette espèce sera pareillement récurrente d'un ordre égal à la somme de ceux de chaque suite particulière.

En effet, on sait que la somme d'une suite infinie, dont le terme général sera $(m+1)p^m x^m$, est exprimée par $\frac{1}{(1-px)^2}$, que celle dont le terme général sera $\frac{(m+1)(m+2)}{2} p^m x^m$ est exprimée par $\frac{1}{(1-px)^3}$, que celle dont le terme général sera $\frac{(m+1)(m+2)(m+3)}{2.3} p^m x^m$ est exprimée par $\frac{1}{(1-px)^4}$, et ainsi de suite; donc la somme de la suite qui aura le terme général

$$\left[K_0 + K_1(m+1) + K_2\frac{(m+1)(m+2)}{2} + K_3\frac{(m+1)(m+2)(m+3)}{2.3} + \ldots \right.$$
$$\left. + K_{\mu-1}\frac{(m+1)(m+2)(m+3)\ldots(m+\mu-1)}{2.3\ldots(\mu-1)}\right] p^m x^m$$

sera égale à

$$\frac{K_0}{1-px} + \frac{K_1}{(1-px)^2} + \frac{K_2}{(1-px)^3} + \ldots + \frac{K_{\mu-1}}{(1-px)^\mu},$$

c'est-à-dire, à la fraction simple

$$\frac{K_0(1-px)^{\mu-1} + K_1(1-px)^{\mu-2} + K_2(1-px)^{\mu-3} + \ldots + K_{\mu-1}}{(1-px)^\mu},$$

d'où il s'ensuit que, si l'on a une série dont le terme général soit représenté par la formule

$$(K + K'm + K''m^2 + K'''m^3 + \ldots + K^{(\mu-1)}m^{\mu-1})p^m x^m,$$

il n'y aura qu'à chercher les quantités K_0, K_1, K_2,..., $K_{\mu-1}$, en sorte que l'on ait l'équation identique

$$K + K'm + K''m^2 + \ldots + K^{(\mu-1)}m^{\mu-1} = K_0 + K_1(m+1) + K_2\frac{(m+1)(m+2)}{2}$$
$$+ K_3\frac{(m+1)(m+2)(m+3)}{2.3} + \ldots + K_{\mu-1}\frac{(m+1)(m+2)\ldots(m+\mu-1)}{1.3\ldots(\mu-1)},$$

et l'on aura, pour la somme de la série, la fraction ci-dessus, dont le numérateur est, comme l'on voit, un polynôme du degré $\mu - 1$ et dont le dénominateur est la puissance $\mu^{ième}$ du binôme $1 - px$; de sorte que la série proposée sera une série récurrente de l'ordre μ, et dont l'échelle de relation sera

$$\mu p_1, \quad -\frac{\mu(\mu-1)}{2}p_1^2, \quad +\frac{\mu(\mu-1)(\mu-2)}{2.3}p_1^3, \quad -\ldots, \quad \pm p^\mu.$$

Quant aux coefficients K_0, K_1, K_2,..., il est facile de les trouver de la manière suivante. Qu'on suppose, en général,

$$K + K'm + K''m^2 + K'''m^3 + \ldots + K^{(\mu-1)}m^{\mu-1} = S,$$

et qu'on dénote par S', S'', S''',... les valeurs de S lorsque $m = -1, -2, -3, \ldots$; on aura donc, en vertu de l'équation supposée,

$$\begin{aligned} S' &= K_0, \\ S'' &= K_0 - K_1, \\ S''' &= K_0 - 2K_1 + K_2, \\ S^{\text{IV}} &= K_0 - 3K_1 + 3K_2 - K_3, \\ &\ldots\ldots\ldots\ldots; \end{aligned}$$

d'où l'on tire

$$\begin{aligned} K_0 &= S', \\ -K_1 &= S'' - S', \\ K_2 &= S''' - 2S'' + S', \\ -K_3 &= S^{\text{IV}} - 3S''' + 3S'' - S', \\ &\ldots\ldots\ldots\ldots; \end{aligned}$$

en sorte que les coefficients K_0, K_1, K_2, K_3,... ne seront autre chose que les différences successives des quantités S', S'', S''',... prises alternativement en $-$ et en $+$.

Enfin il est clair que, si la suite proposée est composée de plusieurs suites de la forme précédente, il n'y aura qu'à ajouter ensemble les fractions qui expriment la somme de chacune de ces suites continuées à l'infini, et l'on aura une fraction unique qui sera égale à la série proposée, et dont le dénominateur sera de la forme

$$(1 - px)^\mu (1 - qx)^\nu \ldots.$$

De sorte que cette série sera récurrente de l'ordre

$$\mu + \nu + \ldots,$$

ayant pour échelle les coefficients pris négativement des puissances x,

x^2, x^3,... du polynôme qui résultera du développement de la formule

$$(1-px)^\mu(1-qx)^\nu\ldots.$$

En général, si l'on a une suite récurrente quelconque

$$T+T'x+T''x^2+T'''x^3+T^{\text{IV}}x^4+T^{\text{V}}x^5+\ldots,$$

et qu'en dénotant par φ une fonction rationnelle, et sans diviseur, d'une ou de plusieurs quantités, on forme les nouvelles séries

$$\varphi(T)+\varphi(T')x+\varphi(T'')x^2+\varphi(T''')x^3+\ldots,$$
$$\varphi(T,T')+\varphi(T',T'')x+\varphi(T'',T''')x^2+\varphi(T''',T^{\text{IV}})x^3+\ldots,$$
$$\varphi(T,T',T'')+\varphi(T',T'',T''')x+\varphi(T'',T''',T^{\text{IV}})x^2+\ldots,$$

et ainsi de suite, toutes ces séries seront pareillement récurrentes, et l'on pourra en trouver l'échelle de relation, dès qu'on en aura formé le terme général à l'aide de celui de la série proposée; et ces nouvelles échelles pourront toujours s'exprimer par les seuls termes de l'échelle de la proposée; car la difficulté ne consistera qu'à chercher les coefficients d'une équation dont les racines dépendent de celles d'une équation donnée, Problème dont l'Algèbre fournit plusieurs solutions.

De plus, si dans la série proposée on ne prend les termes que de deux en deux, ou de trois en trois,..., les séries résultantes

$$T+T''x^2+T^{\text{IV}}x^4+T^{\text{VI}}x^6+\ldots.$$
$$T+T'''x^3+T^{\text{VI}}x^6+T^{\text{IX}}x^9+\ldots,$$
$$\ldots\ldots\ldots\ldots\ldots\ldots\ldots\ldots$$

seront aussi récurrentes et du même ordre que la proposée; et il est facile de voir que, si l'échelle de relation de celle-ci est représentée par le polynôme

$$(1-px)^\mu(1-qx)^\nu\ldots,$$

celles des séries dont il s'agit le seront par les polynômes

$$(1-p^2x^2)^\mu(1-q^2x^2)^\nu\ldots,$$
$$(1-p^3x^3)^\mu(1-q^3x^3)^\nu\ldots,$$
$$\ldots\ldots\ldots\ldots\ldots\ldots\ldots\ldots;$$

ainsi, mettant x à la place de x^2, ou x^3,..., les séries

$$T + T''x + T^{IV}x^2 + T^{VI}x^3 + \ldots,$$
$$T + T'''x + T^{VI}x^2 + T^{IX}x^3 + \ldots,$$
$$\ldots\ldots\ldots\ldots\ldots\ldots$$

seront récurrentes et auront pour échelles de relation les polynômes

$$(1 - p^2x)^\mu(1 - q^2x)^\nu \ldots,$$
$$(1 - p^3x)^\mu(1 - q^3x)^\nu \ldots,$$
$$\ldots\ldots\ldots\ldots\ldots\ldots$$

Enfin, si l'on a différentes séries récurrentes, telles que

$$T + T'x + T''x^2 + T'''x^3 + T^{IV}x^4 + \ldots,$$
$$V + V'x + V''x^2 + V'''x^3 + V^{IV}x^4 + \ldots,$$
$$X + X'x + X''x^2 + X'''x^3 + X^{IV}x^4 + \ldots,$$
$$\ldots\ldots\ldots\ldots\ldots\ldots,$$

et que l'on en compose une nouvelle de la forme

$$\varphi(T, V, X, \ldots) + \varphi(T', V', X', \ldots)x + \varphi(T'', V'', X'', \ldots)x^2 + \ldots,$$

celle-ci sera encore récurrente, et son échelle dépendra uniquement de celles des séries particulières d'où elle est formée; et la difficulté de trouver cette échelle ne consistera qu'à trouver l'équation dont les racines seront des fonctions données de celles de quelques équations données, Problème toujours résoluble par les méthodes connues.

Corollaire III.

8. De même que, lorsqu'on connaît le terme général d'une série récurrente, on peut trouver la fraction génératrice de la série, de même, en connaissant cette fraction, on pourra en déduire l'expression du terme général; car il n'y aura d'abord qu'à chercher tous les facteurs du dénominateur, et à décomposer ensuite, par les méthodes connues, la frac-

tion proposée en autant de fractions partielles qu'il y a de facteurs, et dont chacune ait un de ces facteurs pour dénominateur, en observant cependant que, s'il y a des facteurs doubles ou triples, ..., ou μ^{cuples}, chacun de ces facteurs donnera μ fractions partielles, dont les dénominateurs seront successivement la première, la deuxième, la troisième, ..., la $\mu^{ième}$ puissance du même facteur.

De cette manière, la fraction dont il s'agit se trouvera décomposée en autant de fractions simples de la forme $\frac{H}{(1-px)^\lambda}$ que le dénominateur aura de facteurs, et chacune de ces fractions donnera une série dont le terme général sera

$$\frac{(m+1)(m+2)(m+3)\ldots(m+\lambda-1)}{1.2.3\ldots(\lambda-1)} H p^m x^m;$$

de sorte que, en ajoutant ensemble tous ces différents termes, on aura la valeur du terme général cherché. Tout cela est trop connu pour que je doive m'y arrêter davantage; je crois cependant qu'on me permettra de donner ici une formule générale et fort simple, pour trouver tout d'un coup, à l'aide du Calcul différentiel, la partie du terme général qui vient d'un facteur multiple quelconque du dénominateur de la fraction donnée.

Soit $(1-px)^\mu$ ce facteur, et dénotons par X la fraction proposée, après en avoir retranché par la division le même facteur, en sorte que $\frac{X}{(1-px)^\mu}$ soit égale à la fraction donnée; on cherchera, en faisant varier x et regardant dx comme constante, la valeur de la quantité

$$\frac{x^\mu d^{\mu-1}(Xx^{-m-1})}{1.2.3\ldots(\mu-1)(-dx)^{\mu-1}};$$

ensuite on y mettra $\frac{1}{p}$ à la place de x, et la quantité résultante sera le coefficient de x^m dans le terme général de la série provenant du facteur en question.

Je supprime la démonstration de ce Théorème, parce qu'elle n'est pas difficile à trouver d'après les principes connus.

Corollaire IV.

9. Concluons de là que chaque facteur simple du dénominateur de la fraction génératrice proposée, tel que $1 - px$, donnera, dans l'expression du terme général de la série, le terme $Kp^m x^m$, et que chaque facteur multiple, tel que $(1 - px)^\mu$, y donnera les termes

$$(K + K'm + K''m^2 + K'''m^3 + \ldots + K^{(\mu-1)}m^{\mu-1})p^m x^m.$$

Si p est imaginaire, il sera réductible à la forme $t + u\sqrt{-1}$, et il y aura nécessairement un facteur correspondant $1 - qx$, où q sera de la forme $t - u\sqrt{-1}$; de là on trouvera que les coefficients K, K', K'',... seront chacun de la forme

$$h + l\sqrt{-1},\quad h' + l'\sqrt{-1},\quad h'' + l''\sqrt{-1},\ldots,$$

et les quantités correspondantes, provenant de l'autre facteur $1 - qx$, seront de la forme

$$h - l\sqrt{-1},\quad h' - l'\sqrt{-1},\quad h'' - l''\sqrt{-1},\ldots.$$

Or soient

$$\sqrt{t^2 + u^2} = r,\quad \frac{u}{t} = \operatorname{tang}\alpha,$$

$$\sqrt{h^2 + l^2} = f,\quad \frac{l}{h} = \operatorname{tang} a,\quad \sqrt{h'^2 + l'^2} = f',\quad \frac{l'}{h'} = \operatorname{tang} a',\ldots;$$

on aura

$$p = r(\cos\alpha + \sin\alpha\sqrt{-1}),$$

$$p^m = r^m(\cos m\alpha + \sin m\alpha\sqrt{-1}),$$

$$K = f(\cos a + \sin a\sqrt{-1}),$$

$$K' = f'(\cos a' + \sin a'\sqrt{-1}),\ldots.$$

Donc

$$Kp^m = fr^m[\cos(a + m\alpha) + \sin(a + m\alpha)\sqrt{-1}],$$

$$K'p^m = f'r^m[\cos(a' + m\alpha) + \sin(a' + m\alpha)\sqrt{-1}],\ldots,$$

et les quantités correspondantes ne différeront de celles-ci que par le signe du radical $\sqrt{-1}$; de sorte qu'en rassemblant toutes ces quantités on trouvera que les facteurs multiples imaginaires $(1-px)^\mu$, $(1-qx)^\mu$ donneront, dans l'expression du terme général de la série, les termes suivants

$$[f\cos(a+m\alpha)+f'm\cos(a'+m\alpha)+f''m^2\cos(a''+m\alpha)+\ldots]r^m x^m,$$

et chaque autre couple de facteurs imaginaires donnera des termes semblables.

Quoique toutes ces choses soient assez connues, j'ai cru devoir les rappeler à mes lecteurs, parce qu'elles donnent lieu à des conséquences importantes dans la matière qui fait l'objet de ce Mémoire. Une des principales, c'est que, quelque dérangement que les Corps célestes puissent éprouver en vertu de leur action mutuelle, et même de la résistance d'un fluide très-rare dans lequel ils nageraient, leurs mouvements en temps égaux seront toujours représentés par des séries du genre des récurrentes; car les termes les plus compliqués que la Théorie puisse jamais donner dans l'expression du mouvement vrai d'une planète quelconque seront de la forme

$$K\varphi^m c^{n\varphi}\cos(a+b\varphi),$$

φ étant l'arc du mouvement moyen et a, b, c, m, n, K des coefficients constants quelconques; or il est clair, par ce qu'on a vu ci-dessus, que toute série qui naîtra de cette formule ou de la somme de plusieurs formules semblables, en donnant successivement à φ des valeurs qui augmentent en progression arithmétique, sera toujours récurrente.

Donc, si l'on a une suite d'observations d'une planète quelconque, faites à des intervalles de temps égaux, on est en droit de regarder les résultats de ces observations comme formant une suite récurrente d'un ordre quelconque, et toute la difficulté se réduira à trouver la loi de la série; c'est l'objet du Problème suivant.

PROPOSITION II.

Problème.

10. *Étant donnée une suite de termes dont les valeurs soient connues, trouver si cette suite est récurrente, et déterminer dans ce cas la forme générale de ses termes.*

Soient les termes donnés et connus

$$T,\ T',\ T'',\ T''',\ T^{\text{IV}},\ldots;$$

on en formera la série

$$T + T'x + T''x^2 + T'''x^3 + T^{\text{IV}}x^4 + \ldots,$$

que je supposerai égale à s, pour abréger; et il n'y aura qu'à chercher si cette série peut résulter du développement d'une fonction rationnelle quelconque, où la plus haute puissance de x dans le numérateur soit moindre que dans le dénominateur.

Supposons d'abord que la série proposée soit récurrente du premier ordre; on aura, dans ce cas,

$$s = \frac{a'}{a + bx};$$

donc

$$\frac{1}{s} = \frac{a + bx}{a'} = p + qx,$$

d'où il s'ensuit que, si l'on divise l'unité par le polynôme s, en ordonnant dans l'opération les termes suivant les puissances de x, on trouvera nécessairement un quotient fini de deux termes $p + qx$.

Supposons ensuite que la série proposée soit récurrente du second ordre; on aura, dans ce cas,

$$s = \frac{a' + b'x}{a + bx + cx^2};$$

donc

$$\frac{1}{s} = \frac{a + bx + cx^2}{a' + b'x};$$

qu'on divise le numérateur trinôme $a+bx+cx^2$ par le dénominateur binôme $a'+b'x$, on aura un quotient binôme $p+qx$ et un reste $a''x^2$; donc

$$\frac{1}{s}=p+qx+\frac{a''x^2}{a'+b'x},$$

d'où je conclus d'abord que, si l'on divise l'unité par le polynôme s, et qu'on pousse la division jusqu'à ce que l'on ait dans le quotient deux termes tels que $p+qx$, ce qui ne demande que deux opérations, on aura un reste qui sera nécessairement divisible par x^2 et que je représenterai par $s'x^2$, s' étant une nouvelle série de la forme

$$V+V'x+V''x^2+V'''x^3+\ldots.$$

Donc

$$\frac{1}{s}=p+qx+\frac{s'x^2}{s}=p+qx+\frac{a''x^2}{a'+b'x};$$

par conséquent

$$\frac{s'}{s}=\frac{a''}{a'+b'x},$$

et de là

$$\frac{s}{s'}=\frac{a'+b'x}{a''}=p'+q'x.$$

Donc, si l'on divise le polynôme s par le polynôme s', on aura nécessairement un quotient fini de deux termes tels que $p'+q'x$.

Supposons que la série proposée soit récurrente du troisième ordre, on aura alors

$$s=\frac{a'+b'x+c'x^2}{a+bx+cx^2+dx^3};$$

donc

$$\frac{1}{s}=\frac{a+bx+cx^2+dx^3}{a'+b'x+c'x^2}:$$

qu'on divise le numérateur de cette fraction par son dénominateur, on aura un quotient de la forme $p+qx$ et un reste de la forme $a''x^2+b''x^3$; donc

$$\frac{1}{s}=p+qx+\frac{a''x^2+b''x^3}{a'+b'x+c'x^2}.$$

De là il s'ensuit aussi que, si l'on divise l'unité par le polynôme s, et qu'on continue la division jusqu'à ce qu'on ait dans le quotient deux termes tels que $p+qx$, le reste sera tout divisible par x^2 et pourra être représenté par $s'x^2$, s' étant une série de la forme

$$V + V'x + V''x^2 + V'''x^3 + \ldots.$$

On aura donc

$$\frac{1}{s} = p + qx + \frac{s'x^2}{s} = p + qx + \frac{a''x^2 + b''x^3}{a' + b'x + c'x^2};$$

donc

$$\frac{s'}{s} = \frac{a'' + b''x}{a' + b'x + c'x^2},$$

et de là

$$\frac{s}{s'} = \frac{a' + b'x + c'x^2}{a'' + b''x}.$$

Or, en divisant le numérateur de cette fraction par le dénominateur, il est clair qu'on aura un reste de la forme $a'''x^2$, en sorte que

$$\frac{s}{s'} = p' + q'x + \frac{a'''x^2}{a'' + b''x}.$$

Donc, si l'on divise le polynôme s par le polynôme s', et qu'on pousse la division jusqu'à ce qu'on ait dans le quotient deux termes tels que $p' + q'x$, le reste sera nécessairement divisible par x^2 et pourra être représenté par $s''x^2$, s'' étant une nouvelle série de la forme

$$X + X'x + X''x^2 + X'''x^3 + \ldots.$$

Ainsi on aura

$$\frac{s}{s'} = p' + q'x + \frac{s''x^2}{s'} = p' + q'x + \frac{a'''x^2}{a'' + b''x};$$

d'où

$$\frac{s''}{s'} = \frac{a'''}{a'' + b''x},$$

et de là

$$\frac{s'}{s''} = \frac{a'' + b''x}{a'''} = p''' + q'''x.$$

D'où il s'ensuit qu'en divisant le polynôme s' par le polynôme s'', on aura nécessairement un quotient fini, tel que $p''' + q'''x$.

Si la série proposée était récurrente d'un ordre quelconque supérieur, on y pourrait faire des raisonnements et des opérations semblables. De là je conclus, en général, que, pour reconnaître si la série proposée s est récurrente d'un ordre quelconque, il n'y a qu'à diviser d'abord l'unité par s jusqu'à ce qu'on ait dans le quotient deux termes tels que $p + qx$, et, dénotant le reste par $s'x^2$, on divisera ensuite s par s' jusqu'à ce que l'on ait aussi dans le quotient deux termes comme $p' + q'x$; dénotant de même le reste par $s''x^2$, on divisera encore s' par s'' jusqu'à ce que l'on ait dans le quotient deux termes comme $p'' + qx''$; et ainsi de suite. Si la série s est véritablement récurrente d'un ordre quelconque n, l'opération se terminera nécessairement à la $n^{ième}$ division; en sorte que le reste $s^{(n)}x^2$ sera nul; sinon l'opération ira à l'infini.

Lors donc qu'on sera parvenu à une division qui ne laissera aucun reste, on sera d'abord assuré que la série proposée est récurrente d'un ordre égal au quantième de cette division; et, de plus, les quotients trouvés donneront la fraction même d'où la série tire son origine.

Car on a les équations suivantes

$$\frac{1}{s} = p + qx + \frac{s'x^2}{s},$$

$$\frac{s}{s'} = p' + q'x + \frac{s''x^2}{s'},$$

$$\frac{s'}{s''} = p'' + q''x + \frac{s'''x^2}{s''},$$

$$\frac{s''}{s'''} = p''' + q'''x + \frac{s^{\text{IV}}x^2}{s'''},$$

$$\cdots\cdots\cdots\cdots\cdots\cdots,$$

$$\frac{s^{(n-2)}}{s^{(n-1)}} = p^{(n-1)} + q^{(n-1)}x;$$

d'où

$$s = \frac{1}{p + qx + \frac{s'}{s}x^2},$$

$$\frac{s'}{s} = \frac{1}{p' + q'x + \frac{s''}{s'}x^2},$$

$$\frac{s''}{s'} = \frac{1}{p'' + q''x + \frac{s'''}{s''}x^2},$$

$$\cdots\cdots\cdots\cdots\cdots\cdots,$$

$$\frac{s^{(n-1)}}{s^{(n-2)}} = \frac{1}{p^{(n-1)} + q^{(n-1)}x}.$$

Donc

$$s = \cfrac{1}{p + qx + \cfrac{x^2}{p' + q'x + \cfrac{x^2}{p'' + q''x + \cfrac{x^2}{p''' + q'''x + \ldots + \cfrac{x^2}{p^{(n-1)} + q^{(n-1)}x}}}}}.$$

Ainsi il n'y aura plus qu'à réduire cette fraction continue en une fraction ordinaire, qui sera par conséquent la fraction cherchée; et il est clair que cette fraction aura pour numérateur un polynôme du degré $n-1$, et pour dénominateur un polynôme du degré n, dont les coefficients donneront l'échelle de relation de la série.

Ayant trouvé ainsi la fraction génératrice de la série, on en déduira aisément l'expression du terme général de la série par les méthodes connues.

Corollaire.

11. Pour faire avec facilité la réduction dont il s'agit, il n'y aura qu'à considérer la suite des quotients

$$p + qx, \quad p' + q'x, \ldots, \quad p^{(n-1)} + q^{(n-1)}x,$$

et les disposer à rebours, de cette manière

$$p^{(n-1)}+q^{(n-1)}x,\quad p^{(n-2)}+q^{(n-2)}x,\quad p^{(n-3)}+q^{(n-3)}x,\ldots,\quad p+qx;$$

ensuite on formera par leur moyen les quantités suivantes

$$\begin{aligned}
\xi &= 1,\\
\xi' &= p^{(n-1)}+q^{(n-1)}x,\\
\xi'' &= (p^{(n-2)}+q^{(n-2)}x)\xi'+x^2\xi,\\
\xi''' &= (p^{(n-3)}+q^{(n-3)}x)\xi''+x^2\xi',\\
\xi^{\text{IV}} &= (p^{(n-4)}+q^{(n-4)}x)\xi'''+x^2\xi'',\\
&\ldots\ldots\ldots\ldots\ldots\ldots,\\
\xi^{(n)} &= (p+qx)\xi^{(n-1)}+x^2\xi^{(n-2)},
\end{aligned}$$

et l'on aura $\frac{\xi^{(n-1)}}{\xi^{(n)}}$ pour la fraction génératrice de la série récurrente.

Exemple I.

12. *Étant proposée la suite des nombres*

$$1,\ 2,\ 3,\ 3,\ 7,\ 5,\ 15,\ 9,\ 31,\ 17,\ 63,\ 33,\ 127,\ 65,\ldots,$$

dont on ignore la loi, on demande si cette suite est récurrente, et quelle est, dans ce cas, l'expression de son terme général.

Ayant formé la série

$$\begin{aligned}
s = 1&+2x+3x^2+3x^3+7x^4+5x^5+15x^6+9x^7\\
&+31x^8+17x^9+63x^{10}+33x^{11}+127x^{12}+65x^{13}+\ldots,
\end{aligned}$$

on divisera, par la méthode ordinaire, l'unité par cette série, et l'on trouvera le quotient $1-2x$ et le reste $x^2+3x^3-x^4+\ldots$, qui est, comme l'on voit, tout divisible par x^2; on divisera donc ce reste par x^2, et l'on aura la nouvelle série

$$\begin{aligned}
s' = 1&+3x-x^2+9x^3-5x^4+21x^5-13x^6\\
&+45x^7-29x^8+93x^9-61x^{10}+18x^{1}\ +\ldots,
\end{aligned}$$

par laquelle il faudra maintenant diviser la série s; la division faite, on aura le quotient $1 - x$ et le reste $7x^2 - 7x^3 + 21x^4 + \ldots$, lequel, étant divisé par x^2, donnera la série

$$s'' = 7 - 7x + 21x^2 - 21x^3 + 49x^4 - 49x^5 + 105x^6 - 105x^7 + 217x^8 - 217x^9 + \ldots;$$

on continuera donc l'opération en divisant l'avant-dernière série par s'', et l'on trouvera le quotient $\frac{1}{7} + \frac{4x}{7}$; comme ensuite il ne reste rien, ce sera une marque que l'opération est terminée, et que la suite proposée est effectivement récurrente du troisième ordre.

Pour en trouver maintenant la fraction génératrice, on considérera les trois quotients qu'on vient de trouver, et on les rangera ainsi par ordre, en commençant du dernier,

$$\frac{1}{7} + \frac{4x}{7}, \quad 1 - x, \quad 1 - 2x;$$

ensuite on en formera les quantités ξ, ξ', ξ'',... de cette manière

$$\xi = 1,$$

$$\xi' = \frac{1}{7} + \frac{4x}{7},$$

$$\xi'' = (1 - x)\xi' + x^2\xi = \frac{1 + 3x + 3x^2}{7},$$

$$\xi''' = (1 - 2x)\xi'' + x^2\xi' = \frac{1 + x - 2x^2 - 2x^3}{7},$$

et la fraction génératrice de la série s sera $\frac{\xi''}{\xi'''}$, savoir

$$\frac{1 + 3x + 3x^2}{1 + x - 2x^2 - 2x^3};$$

d'où l'on voit d'abord que l'échelle de relation est

$$-1, \quad +2, \quad +2,$$

en sorte que, si t, t', t'', t''' sont quatre termes consécutifs quelconques de la série proposée, on aura

$$t''' = -t'' + 2t' + 2t.$$

Pour trouver maintenant l'expression du terme général, on cherchera d'abord les facteurs du quadrinôme

$$1 + x - 2x^2 - 2x^3,$$

lesquels sont

$$1 + x, \quad 1 + x\sqrt{2}, \quad 1 - x\sqrt{2},$$

et l'on décomposera ensuite la fraction

$$\frac{1 + 3x + 3x^2}{(1 + x)(1 + x\sqrt{2})(1 - x\sqrt{2})}$$

en ces trois-ci

$$-\frac{1}{1 + x} + \frac{1 - \frac{1}{2\sqrt{2}}}{1 + x\sqrt{2}} + \frac{1 + \frac{1}{2\sqrt{2}}}{1 - x\sqrt{2}},$$

d'où l'on tirera sur-le-champ le terme général

$$\left[-1(-1)^m + \left(1 - \frac{1}{2\sqrt{2}}\right)(-\sqrt{2})^m + \left(1 + \frac{1}{2\sqrt{2}}\right)(\sqrt{2})^m\right] x^m.$$

Remarque I.

13. Dans l'analyse du Problème précédent, nous avons observé que les restes des différentes divisions devaient être nécessairement divisibles par x^2, ce qui suit de la nature même de la division, et nous avons prescrit de diviser chacun de ces restes par x^2 pour avoir les polynômes s', s'', ..., qui doivent servir de diviseurs à leur tour. Or il peut arriver que quelqu'un de ces restes soit divisible par une puissance de x plus haute que le carré, auquel cas, après la division par x^2, on aura un polynôme

dont le premier terme contiendra encore x; en sorte que dans la division suivante il viendra des puissances négatives de x au quotient, ce qui pourrait causer quelque embarras; mais il sera aisé de l'éviter en divisant le reste dont il s'agit par la plus haute puissance de x dont il est divisible, et mettant ensuite cette puissance à la place de x^2 dans les formules du n° **2**.

En général, soient

$$\begin{gathered} r' x^\lambda + t' x^{\lambda+1} + \ldots, \\ r'' x^\mu + t'' x^{\mu+1} + \ldots, \\ r''' x^\nu + t''' x^{\nu+1} + \ldots, \\ \ldots\ldots\ldots\ldots\ldots\ldots, \\ r^{(n-1)} x^\sigma + t^{(n-1)} x^{\sigma+1} + \ldots, \end{gathered}$$

les restes provenant de la première, de la deuxième, de la troisième,..., de la $(n-1)^{ième}$ division; on divisera d'abord, pour plus de facilité, chacun de ces restes par les premiers termes

$$r' x^\lambda, \quad r'' x^\mu, \quad r''' x^\nu, \ldots, \quad r^{(n-1)} x^\sigma,$$

pour avoir des polynômes dont les premiers termes soient l'unité, et, ces polynômes étant nommés

$$s', \ s'', \ s''', \ldots, \ s^{(n-1)},$$

on continuera l'opération comme on l'a enseigné dans le n° **10**.

De cette manière, on trouvera la série s exprimée par la fraction continue

$$s = \cfrac{1}{p + qx + \cfrac{r' x^\lambda}{p' + q' x + \cfrac{r'' x^\mu}{p'' + q'' x + \cfrac{r''' x^\nu}{p''' + q''' x + \ldots + \cfrac{r^{(n-1)} x^\sigma}{p^{(n-1)} + q^{(n-1)} x}}}}};$$

et, pour la réduire à une fraction ordinaire, on cherchera les valeurs des quantités ξ, ξ', ξ'',..., $\xi^{(n)}$ de la manière suivante

$$\begin{aligned}
\xi &= 1,\\
\xi' &= p^{(n-1)} + q^{(n-1)}x,\\
\xi'' &= (p^{(n-2)} + q^{(n-2)}x)\xi' + r^{(n-1)}x^{\sigma}\xi,\\
\xi''' &= (p^{(n-3)} + q^{(n-3)}x)\xi'' + r^{(n-2)}x^{\rho}\xi',\\
\xi^{\text{IV}} &= (p^{(n-4)} + q^{(n-4)}x)\xi''' + r^{(n-3)}x^{\varpi}\xi'',\\
&\dots\dots\dots\dots\dots\dots,\\
\xi^{(n)} &= (p + qx)\xi^{(n-1)} + r'x^{\lambda}\xi^{(n-2)};
\end{aligned}$$

ensuite de quoi on aura $\frac{\xi^{(n-1)}}{\xi^{(n)}}$ pour la fraction génératrice de la série, où il est bon de remarquer que le polynôme $\xi^{(n)}$ sera du degré

$$n + (\sigma - 2) + (\rho - 2) + (\varpi - 2) + \ldots + (\lambda - 2),$$

en sorte que l'ordre de la série récurrente sera aussi marqué par ce même nombre.

Exemple II.

14. *Soit proposée la série des nombres*

$$1,\ 1,\ 1,\ 2,\ 4,\ 6,\ 7,\ 7,\ 7,\ 8,\ 10,\ 12,\ 13,\ 13,\ 13,\ 14,\ 16,\ldots,$$

dont la loi est assez claire; on demande si cette série est du genre des récurrentes, et quelle doit être, en ce cas, l'expression de son terme général.

On formera pour cela la série

$$s = 1 + x + x^2 + 2x^3 + 4x^4 + 6x^5 + 7x^6 + 7x^7 + 7x^8 + 8x^9 + \ldots,$$

et l'on divisera d'abord 1 par s, ce qui donnera le quotient $1 - x$ et le reste

$$-x^3 - 2x^4 - 2x^5 - x^6 \star\star - x^9 - 2x^{10} - 2x^{11} - x^{12} \star\star - x^{15} - \ldots;$$

qu'on divise ce reste par le premier terme $-x^3$, et l'on aura le polynôme

$$s' = 1 + 2x + 2x^2 + x^3 \star\star + x^6 + 2x^7 + 2x^8 + x^9 \star\star + x^{12} + \ldots,$$

par lequel on divisera maintenant le polynôme s, ce qui donnera le quotient $1 - x$ et le reste

$$x^2 + 3x^3 + 5x^4 + 6x^5 + 6x^6 + 6x^7 + 7x^8 + 9x^9 + 11x^{10} + 12x^{11} + 12x^{12} + 12x^{13} + \ldots;$$

on divisera donc ce reste par le premier terme x^2 pour avoir le polynôme

$$s'' = 1 + 3x + 5x^2 + 6x^3 + 6x^4 + 6x^5 + 7x^6 + 9x^7 + 11x^8 + 12x^9 + 12x^{10} + \ldots,$$

et ensuite on divisera le polynôme s' par le dernier polynôme s'', ce qui donnera le quotient $1 - x$ et un reste nul; d'où l'on conclura d'abord que la série proposée est effectivement récurrente.

Pour en trouver maintenant la fraction génératrice, il n'y aura qu'à considérer les quotients $1 - x$, $1 - x$, $1 - x$, et les premiers termes des restes $-x^3$, x^2; et, prenant tant les uns que les autres à rebours, on en formera les quantités suivantes

$$\xi = 1,$$
$$\xi' = 1 - x,$$
$$\xi'' = (1 - x)\xi' - x^2\xi = 1 - 2x + 2x^2,$$
$$\xi''' = (1 - x)\xi'' - x^3\xi' = 1 - 3x + 4x^2 - 3x^3 + x^4,$$

dont les deux dernières donneront la fraction cherchée $\frac{\xi''}{\xi'''}$, savoir

$$\frac{1 - 2x + 2x^2}{1 - 3x + 4x^2 - 3x^3 + x^4}.$$

D'où l'on voit que la série proposée est récurrente du quatrième ordre, ayant pour échelle de relation les coefficients $3, -4, 3, -1$. Or, comme le dénominateur

$$1 - 3x + 4x^2 - 3x^3 + x^4$$

se résout dans les facteurs

$$(1 - x)^2, \quad 1 - x + x^2,$$

et que ce dernier se résout encore dans ces deux facteurs imaginaires

$$1 - \left(\frac{1}{2} + \frac{\sqrt{-3}}{2}\right)x, \quad 1 - \left(\frac{1}{2} - \frac{\sqrt{-3}}{2}\right)x,$$

ou bien

$$1 - (\cos 60^\circ + \sqrt{-1}\sin 60^\circ)x, \quad 1 - (\cos 60^\circ - \sqrt{-1}\sin 60^\circ)x,$$

ou, ce qui revient au même,

$$1 - e^{60^\circ.\sqrt{-1}}x, \quad 1 - e^{-60^\circ.\sqrt{-1}}x,$$

on pourra décomposer la fraction génératrice en ces quatre-ci

$$\frac{K}{1-x} + \frac{K_1}{(1-x)^2} + \frac{L}{1 - e^{60^\circ.\sqrt{-1}}x} + \frac{M}{1 - e^{-60^\circ.\sqrt{-1}}x},$$

et l'on trouvera

$$K = -1, \quad K_1 = 1,$$

$$L = \frac{e^{60^\circ.\sqrt{-1}} - 1}{e^{60^\circ.\sqrt{-1}} - e^{-60^\circ.\sqrt{-1}}} = e^{30^\circ.\sqrt{-1}} \times \frac{e^{30^\circ.\sqrt{-1}} - e^{-30^\circ.\sqrt{-1}}}{e^{60^\circ.\sqrt{-1}} - e^{-60^\circ.\sqrt{-1}}}$$

$$= e^{30^\circ.\sqrt{-1}} \times \frac{1}{e^{30^\circ.\sqrt{-1}} + e^{-30^\circ.\sqrt{-1}}} = \frac{e^{30^\circ.\sqrt{-1}}}{2\cos 30^\circ},$$

et de même

$$M = \frac{e^{-30^\circ.\sqrt{-1}}}{2\cos 30^\circ};$$

de là on trouvera le terme général

$$\left[K + (m+1)K_1 + Le^{m.60^\circ.\sqrt{-1}} + Me^{-m.60^\circ.\sqrt{-1}}\right]x^m,$$

c'est-à-dire, en substituant les valeurs des coefficients K, K_1, L, M et réduisant,

$$\left[m + \frac{\cos(30^\circ + m.60^\circ)}{\cos 30^\circ}\right]x^m.$$

Remarque II.

15. Au reste il serait peut-être encore plus simple et plus commode d'employer dans le calcul les restes tels qu'ils se trouvent, sans les diviser par leurs premiers termes, comme nous l'avons dit ci-dessus; il est vrai que, de cette manière, les quotients renfermeront nécessairement des puissances négatives de x; mais il n'y aura alors qu'à faire disparaître les puissances négatives de la fraction génératrice $\frac{\xi^{(n-1)}}{\xi^{(n)}}$, en multipliant le haut et le bas par la plus haute puissance négative qui s'y trouvera.

Ainsi l'on peut réduire la solution du Problème précédent à cette règle fort simple :

Divisez l'unité par la série proposée s, et continuez la division jusqu'à ce qu'il y ait dans le quotient deux termes qui renferment deux puissances consécutives de x, comme $px^\lambda + qx^{\lambda+1}$; *divisez ensuite la série s par le reste de cette division, et avec les mêmes conditions; divisez, après cela, le second reste par le premier, et continuez ainsi en divisant le nouveau reste par le précédent, de manière qu'il y ait toujours dans chaque quotient deux termes de la forme précédente; si la série s est récurrente, on parviendra nécessairement à une division exacte; et alors, nommant*

$$px^\lambda + qx^{\lambda+1},\quad p'x^\mu + q'x^{\mu+1},\quad p''x^\nu + q''x^{\nu+1},\ldots,\quad p^{(n-1)}x^\sigma + q^{(n-1)}x^{\sigma+1}$$

les quotients trouvés dans les n divisions, on aura

$$s = \cfrac{1}{px^\lambda + qx^{\lambda+1} + \cfrac{1}{p'x^\mu + q'x^{\mu+1} + \cfrac{1}{p''x^\nu + q''x^{\nu+1} + \ldots + \cfrac{1}{p^{(n-1)}x^\sigma + q^{(n-1)}x^{\sigma+1}}}}}.$$

Donc, faisant

$$\begin{aligned}
\xi &= 1,\\
\xi' &= p^{(n-1)}x^{\sigma} + q^{(n-1)}x^{\sigma+1},\\
\xi'' &= (p^{(n-2)}x^{\rho} + q^{(n-2)}x^{\rho+1})\xi' + \xi,\\
\xi''' &= (p^{(n-3)}x^{\pi} + q^{(n-3)}x^{\pi+1})\xi'' + \xi',\\
&\ldots\ldots\ldots\ldots\ldots\ldots,\\
\xi^{(n)} &= (px^{\lambda} + qx^{\lambda+1})\xi^{(n-1)} + \xi^{(n-2)},
\end{aligned}$$

on aura

$$s = \frac{\xi^{(n-1)}}{\xi^{(n)}}.$$

Exemple III.

16. Pour confirmer la règle précédente par un Exemple, soit proposée la série

$$1,\ 4,\ 10,\ 19,\ 31,\ 46,\ 64,\ 85,\ 109,\ 136,\ 166,\ 199,\ldots,$$

on en formera la série

$$s = 1 + 4x + 10x^2 + 19x^3 + 31x^4 + 46x^5 + 64x^6 + 85x^7 + 109x^8 + 136x^9 + 166x^{10} + \ldots,$$

et l'on fera l'opération suivante, qui est analogue à celle qui sert à trouver le plus grand commun diviseur de deux quantités. Divisant d'abord 1 par s, on trouvera le quotient $1 - 4x$, et le reste

$$s' = 6x^2 + 21x^3 + 45x^4 + 78x^5 + 120x^6 + 171x^7 + 231x^8 + 300x^9 + \ldots.$$

Divisant ensuite s par s', on a le quotient $\frac{1}{6x^2} + \frac{1}{12x}$, et le reste

$$s'' = \frac{3x^2}{4} + \frac{9x^3}{4} + \frac{9x^4}{2} + \frac{15x^5}{2} + \frac{45x^6}{4} + \frac{63x^7}{4} + 21x^8 + 27x^9 + \ldots;$$

continuant ainsi à diviser s' par s'', on aura le quotient $8 + 4x$, et comme il ne reste rien de cette division, l'opération sera terminée; en sorte qu'on sera assuré que la série proposée est véritablement récurrente.

Or, puisque les quotients trouvés sont

$$1-4x,\quad \frac{1}{6x^2}+\frac{1}{12x},\quad 8+4x,$$

on fera

$$\xi=1,$$

$$\xi'=8+4x,$$

$$\xi''=\left(\frac{1}{6x^2}+\frac{1}{12x}\right)\xi'+\xi=\frac{4}{3x^2}+\frac{4}{3x}+\frac{4}{3},$$

$$\xi'''=(1-4x)\xi''+\xi'=\frac{4}{3x^2}-\frac{4}{x}+4-\frac{4x}{3},$$

et l'on aura $\frac{\xi''}{\xi'''}$, c'est-à-dire, en multipliant le haut et le bas par $\frac{3x^2}{4}$,

$$\frac{1+x+x^2}{1-3x+3x^2-x^3},$$

pour la fraction génératrice de la série proposée. On voit par là que, comme le dénominateur de cette fraction est le cube de $1-x$, la série ne peut être autre chose qu'une série algébrique du second ordre; c'est aussi ce que l'on aurait pu reconnaître d'abord, puisque les différences secondes sont constantes.

Remarque III.

17. Quoique, généralement parlant, dans la fraction génératrice $\frac{\xi^{(n-1)}}{\xi^{(n)}}$, le dénominateur doive être un polynôme d'un degré plus grand que celui du numérateur, cependant il peut arriver que quelques-unes des plus hautes puissances de x s'évanouissent dans le dénominateur, en sorte qu'il se trouve abaissé par là à un degré égal ou moindre que celui du numérateur; dans ce cas, la série récurrente qui en résultera sera aussi d'un ordre moindre qu'elle n'aurait dû être; mais elle contiendra au commencement un certain nombre de termes irréguliers, après lesquels seulement elle commencera à être véritablement récurrente. Ainsi

notre règle sert également, soit que la série soit récurrente dès son commencement, ou qu'elle contienne d'abord quelques termes irréguliers. Éclaircissons ceci par un Exemple.

Exemple IV.

18. *Soit proposée la série*

$$1,\ 1,\ 3,\ 7,\ 18,\ 47,\ 123,\ 322,\ 843,\ 2207,\ 5778,\ldots;$$

on en formera d'abord celle-ci

$$s = 1 + x + 3x^2 + 7x^3 + 18x^4 + 47x^5 + 123x^6 + 322x^7 + 843x^8 + \ldots,$$

et l'on procédera comme dans l'Exemple précédent. Divisant donc 1 par s, on a le quotient $1 - x$, et le reste

$$s' = -2x^2 - 4x^3 - 11x^4 - 29x^5 - 76x^6 - 199x^7 - 521x^8 - \ldots;$$

divisant ensuite s par s', on a le quotient $-\frac{1}{2x^2} + \frac{1}{2x}$, et le reste

$$s'' = -\frac{x^2}{2} - 2x^3 - \frac{11x^4}{2} - \frac{29x^5}{2} - 38x^6 - \frac{199x^7}{2} - \ldots;$$

divisant encore s' par s'', on trouve le quotient $4 - 8x$, et le reste

$$s''' = -5x^4 - 15x^5 - 40x^6 - 105x^7 - \ldots;$$

enfin, divisant s'' par s''', on a le quotient $\frac{1}{10x^2} + \frac{1}{10x}$, et il ne reste rien; d'où il s'ensuit que la série proposée est nécessairement récurrente.

Ayant donc trouvé les quatre quotients

$$1 - x,\quad -\frac{1}{2x^2} + \frac{1}{2x},\quad 4 - 8x,\quad \frac{1}{10x^2} + \frac{1}{10x},$$

on en formera les quantités suivantes

$$\xi = 1,$$

$$\xi' = \frac{1}{10x^2} + \frac{1}{10x},$$

$$\xi'' = (4 - 8x)\xi' + \xi = \frac{2}{5x^2} - \frac{2}{5x} + \frac{1}{5},$$

$$\xi''' = \left(-\frac{1}{2x^2} + \frac{1}{2x}\right)\xi'' + \xi' = -\frac{1}{5x^4} + \frac{2}{5x^3} - \frac{1}{5x^2} + \frac{1}{5x},$$

$$\xi^{\text{IV}} = (1 - x)\xi''' + \xi'' = -\frac{1}{5x^4} + \frac{3}{5x^3} - \frac{1}{5x^2},$$

dont les deux dernières donnent la fraction génératrice

$$\frac{\xi'''}{\xi^{\text{IV}}} = \frac{1 - 2x + x^2 - x^3}{1 - 3x + x^2};$$

or, comme x est élevé à une puissance plus haute dans le numérateur que dans le dénominateur, il s'ensuit qu'en divisant celui-là par celui-ci, jusqu'à ce qu'on arrive à un reste où l'exposant de x soit moindre que 2, qui est le plus grand exposant du dénominateur, la fraction se réduira à

$$x - 2 + \frac{3 - 7x}{1 - 3x + x^2};$$

d'où l'on voit que la série s n'est autre chose qu'une suite récurrente provenant de la fraction

$$\frac{3 - 7x}{1 - 3x + x^2},$$

à laquelle on a ajouté au commencement les deux termes arbitraires

$$-2, \quad -x;$$

de sorte qu'en retranchant ces deux termes de la série s on aura celle-ci

$$3 + 2x + 3x^2 + 7x^3 + 18x^4 + \ldots,$$

qui sera récurrente dès le commencement; ou bien on pourra diviser le numérateur

$$1 - 2x + x^2 - x^3$$

par le dénominateur

$$1 - 3x + x^2,$$

en commençant par le terme 1, et, continuant la division jusqu'à ce que l'on arrive à un reste qui renferme un nombre de termes moindre d'une unité que le diviseur, on aura ainsi le quotient $1 + x$ et le reste $3x^2 - 2x^3$; en sorte que la fraction deviendra

$$1 + x + x^2 \frac{3 - 2x}{1 - 3x + x^2};$$

d'où il est facile de conclure qu'en retranchant de la série s les deux premiers termes $1 + x$, et divisant les autres par x^2, on aura une série récurrente régulière, dont la fraction génératrice sera

$$\frac{3 - 2x}{1 - 3x + x^2}.$$

Remarque IV.

19. La solution du Problème précédent n'est, comme l'on voit, qu'une simple application de la Théorie des fractions continues; mais, quoique cette Théorie ait déjà été traitée par plusieurs grands Géomètres, il paraît que l'application dont il s'agit peut néanmoins être regardée comme neuve à plusieurs égards, et surtout relativement au point de vue sous lequel nous venons de l'envisager. En effet on n'avait point encore de méthode générale pour reconnaître si une série proposée, dont on ne connaît que la valeur de quelques termes consécutifs, est du genre des récurrentes, et pour trouver en même temps la loi de ses termes. Le seul cas où l'on pût trouver *à posteriori* la loi d'une série était lorsque, en prenant les différences successives de ses termes, on parvenait à des différences constantes; or il est clair que ce cas n'est

qu'un cas particulier de notre Théorie générale, car on sait que toute série qui a des différences constantes d'un ordre quelconque n'est autre chose qu'une série simplement algébrique du même ordre; par conséquent ce n'est qu'une espèce de séries récurrentes dont l'échelle, au lieu d'être un polynôme quelconque, est une puissance du binôme particulier $1 - x$ (n° 7). J'avoue que la méthode des différences est plus simple et plus commode que celle des fractions continues que nous venons d'exposer; aussi est-elle préférable pour trouver la loi des séries qui ont des différences constantes d'un ordre quelconque; mais, si en prenant les différences successives des termes d'une série on ne parvient jamais à des différences constantes, il faut alors avoir recours à notre méthode, pour voir si la série est au moins du genre des récurrentes.

Au reste il est bon de remarquer que, si l'on prend les différences successives des termes d'une série récurrente quelconque, ces différences formeront elles-mêmes une autre série récurrente du même ordre; car soit la série récurrente

$$T + T'x + T''x^2 + T'''x^3 + T^{\text{IV}}x^4 + T^{\text{V}}x^5 + \ldots,$$

laquelle résulte de la fraction

$$\frac{[0] + [1]x + [2]x^2 + \ldots + [n-1]x^{n-1}}{(0) + (1)x + (2)x^2 + \ldots + (n)x^n};$$

qu'on mette, tant dans la série que dans la fraction, $\frac{x}{1+x}$ à la place de x, et qu'on divise ensuite l'une et l'autre par $1 + x$, il est clair que la série deviendra celle-ci

$$\frac{T}{1+x} + \frac{T'x}{(1+x)^2} + \frac{T''x^2}{(1+x)^3} + \frac{T'''x^3}{(1+x)^4} + \ldots,$$

laquelle, en développant les puissances de $1 + x$, suivant les règles connues, et ordonnant les termes suivant x, se réduit à cette forme

$$T + (T' - T)x + (T'' - 2T' + T)x^2 + \ldots,$$

c'est-à-dire, à

$$T + \Delta T . x + \Delta^2 T . x^2 + \Delta^3 T . x^3 + \ldots,$$

en marquant par ΔT, $\Delta^2 T$, $\Delta^3 T$,... les différences successives des premiers termes de la série T, T′, T″,..., c'est-à-dire, les différences première, deuxième, troisième,... de ses termes, en sorte que l'on ait

$$\Delta T = T' - T,$$
$$\Delta^2 T = T'' - 2T' + T,$$
$$\Delta^3 T = T''' - 3T'' + 3T' - T,$$
$$\dots\dots\dots\dots,$$
$$\Delta^\mu T = T^{(\mu)} - \mu T^{(\mu-1)} + \frac{\mu(\mu-1)}{2} T^{(\mu-2)} - \dots \pm T.$$

Cette nouvelle série sera donc égale à la fraction

$$\frac{[0](1+x)^{n-1} + [1]x(1+x)^{n-2} + [2]x^2(1+x)^{n-3} + \dots + [n-1]x^{n-1}}{(0)(1+x)^n + (1)x(1+x)^{n-1} + (2)x^2(1+x)^{n-2} + \dots + (n)x^n},$$

dont le numérateur et le dénominateur, étant développés et ordonnés suivant les puissances de x, seront aussi des polynômes, l'un du degré $n-1$, l'autre du degré n, comme ceux de la fraction génératrice de la série primitive; d'où il est aisé de conclure que la série des différences

$$T + \Delta T . x + \Delta^2 T . x^2 + \Delta^3 T . x^3 + \dots$$

sera également une série récurrente du même ordre n que la proposée

$$T + T' x + T'' x^2 + \dots.$$

On pourra donc aussi appliquer notre méthode à la série des différences dont nous venons de parler, et dès qu'on en aura trouvé la fraction génératrice, si elle en a une, il n'y aura qu'à y substituer $\frac{x}{1-x}$ à la place de x, et la diviser en même temps par $1-x$; on aura sur-le-champ la fraction génératrice même de la série proposée.

Si la série proposée est purement algébrique de l'ordre $n-1$, alors on sait que les différences de l'ordre $n-1$ doivent être constantes, et par conséquent celles des ordres suivants nulles; en sorte qu'on doit avoir dans ce cas

$$\Delta^n T = 0, \quad \Delta^{n+1} T = 0, \dots;$$

or c'est aussi ce qui résulte de l'analyse précédente; car dans ce cas la fraction génératrice de la série aura pour dénominateur $(1-x)^n$, et il est facile de voir qu'en y faisant les substitutions et les réductions indiquées pour avoir la fraction génératrice de la série des différences, cette dernière fraction ne contiendra plus x à son dénominateur, de sorte qu'elle deviendra un simple polynôme du degré $n-1$; d'où il s'ensuit que les termes affectés de x^n, x^{n+1},... dans la série des différences devront être nuls; ce qui donnera donc

$$\Delta^n T = 0, \quad \Delta^{n+1} T = 0, \ldots.$$

En général, si la série proposée

$$T + T'x + T''x^2 + \ldots,$$

qu'on suppose toujours de l'ordre n, contient une partie purement algébrique de l'ordre $m-1$, le dénominateur de sa fraction génératrice aura nécessairement pour facteur la puissance $(1-x)^m$, laquelle s'évanouira par la substitution de $\frac{x}{1+x}$ à la place de x; en sorte que la série des différences se trouvera rabaissée d'elle-même à l'ordre $n-m$; mais elle aura au commencement m termes irréguliers, après lesquels elle deviendra régulière de l'ordre $n-m$, comme on l'a expliqué ci-dessus (n° 18).

Ainsi, en rejetant les termes irréguliers

$$T, \quad \Delta T.x, \quad \Delta^2 T.x^2, \ldots, \quad \Delta^{m-1} T.x^{m-1},$$

et divisant les autres par x^m, on aura la série régulière

$$\Delta^{n-m} T + \Delta^{n-m+1} T.x + \Delta^{n-m+2} T.x^2 + \ldots,$$

laquelle sera donc récurrente de l'ordre $n-m$ et ne contiendra plus de partie algébrique.

Remarque V.

20. Il est encore bon de remarquer que l'on peut toujours simplifier une série récurrente et la rabaisser à un ordre inférieur, en y détruisant quelques-unes des séries partielles dont elle est composée, pourvu qu'on connaisse seulement l'échelle de relation de ces séries, c'est-à-dire, le dénominateur de leur fraction génératrice; car, comme ce dénominateur doit être un facteur de celui de la fraction génératrice de la série totale, il s'ensuit que, si l'on multiplie cette série par le même facteur, la série résultante deviendra nécessairement plus simple, puisque sa fraction génératrice n'aura plus pour dénominateur que l'autre facteur, en sorte que les séries partielles dépendant du premier facteur se trouveront entièrement éteintes.

Il faut seulement observer que, dans ce cas, la nouvelle série contiendra, au commencement, autant de termes irréguliers qu'il y a d'unités dans le degré du multiplicateur; de sorte qu'il faudra retrancher ces termes et diviser ensuite les autres par la plus haute puissance de x, dont l'exposant sera le nombre des termes retranchés.

Soit, par exemple, la série de l'ordre n

$$T + T'x + T''x^2 + T'''x^3 + T^{\text{IV}}x^4 + \ldots,$$

dont la fraction génératrice soit $\frac{P}{Q}$, P étant un polynôme du degré $n-1$, et Q un polynôme du degré n, dont les n facteurs soient

$$1 - px, \quad 1 - qx, \quad 1 - rx, \quad 1 - sx, \ldots;$$

on aura, pour l'expression du terme général de la série,

$$T^{(m)} = Kp^m + Lq^m + Mr^m + Ns^m + \ldots.$$

Maintenant, si l'on suppose qu'on connaisse les deux quantités p et q, on pourra simplifier la série proposée et la rabaisser à l'ordre $n-2$, en y détruisant la partie qui répond aux termes Kp^m, Lq^m; car pour cela il n'y aura qu'à la multiplier par le polynôme formé des facteurs $1-px$, $1-qx$, c'est-à-dire, par

$$1-(p+q)x+pqx^2,$$

et, désignant par

$$t+t'x+t''x^2+t'''x^3+t^{\text{IV}}x^4+\ldots$$

la série résultant de cette multiplication, il est clair que cette série aura pour fraction génératrice $\frac{\text{P}}{\text{Q}'}$, en supposant

$$\text{Q}=(1-px)(1-qx)\text{Q}',$$

en sorte que Q′ sera un polynôme du degré $n-2$, formé par le produit des autres facteurs simples $1-rx$, $1-sx$,.... Qu'on retranche maintenant de part et d'autre les deux premiers termes $t+t'x$ de la série, on aura

$$t''x^2+t'''x^3+t^{\text{IV}}x^4+t^{\text{V}}x^5+\ldots=\frac{\text{P}}{\text{Q}'}-(t+t'x)=\frac{\text{P}-(t+t'x)\text{Q}'}{\text{Q}'}.$$

Or, P étant un polynôme du degré $n-1$ et Q′ un polynôme du degré $n-2$, il est clair que

$$\text{P}-(t+t'x)\text{Q}'$$

sera aussi un polynôme du degré $n-1$; et, comme toute la série est divisible par x^2, il s'ensuit que ce dernier polynôme devra l'être aussi, et qu'il manquera par conséquent de ses deux premiers termes, en sorte qu'il sera de la forme $x^2\text{P}'$, P′ étant un polynôme du degré $n-3$; donc, divisant de côté et d'autre par x^2, on aura la série

$$t''+t'''x+t^{\text{IV}}x^2+t^{\text{V}}x^3+\ldots,$$

dont la fraction génératrice sera $\frac{\text{P}'}{\text{Q}'}$; en sorte que le terme général de cette nouvelle série sera de la forme

$$\text{M}'r^m+\text{N}'s^m+\ldots,$$

de manière qu'elle sera récurrente de l'ordre $n-2$.

Or, si l'on traite cette série par notre méthode et qu'on en détermine la fraction génératrice $\frac{P'}{Q'}$, on pourra retrouver la fraction primitive $\frac{P}{Q}$ de la série proposée; car on a d'un côté

$$Q = (1 - px)(1 - qx)Q',$$

et de l'autre on a

$$P - (t + t'x)Q' = P'x^2,$$

et, par conséquent,

$$P = (t + t'x)Q' + P'x^2.$$

En général, soit R le facteur connu de Q, lequel soit du degré p, en sorte que $Q = RQ'$, Q' étant un polynôme du degré $n - p$; on multipliera la série proposée par R, ensuite on en retranchera les p premiers termes que je désignerai par S, et le reste, étant divisé par x^p, sera une série récurrente de l'ordre $n - p$; en sorte que la recherche de la fraction génératrice sera beaucoup plus simple que celle de la fraction de la série primitive. Or soit $\frac{P'}{Q'}$ la fraction génératrice de cette nouvelle série; on fera

$$Q = RQ' \quad \text{et} \quad P = SQ' + x^p P',$$

et la fraction $\frac{P}{Q}$ sera celle de la série proposée

$$T + T'x + T''x^2 + \dots .$$

PROPOSITION III.

Problème.

21. *Étant donnée une suite récurrente dont on connaisse déjà la fraction génératrice, on propose de trouver la fraction génératrice de la même série continuée en arrière.*

Soient

$$T,\ T',\ T'',\ T''',\dots,\ T^{(m)},\ T^{(m+1)},\dots$$

les termes de la série donnée, et supposons que, en continuant la même série en arrière, on ait les termes

$$T,\ {}^{\prime}T,\ {}^{\prime\prime}T,\ {}^{\prime\prime\prime}T, \ldots,\ {}^{(m)}T,\ {}^{(m+1)}T, \ldots,$$

de sorte que la série continuée des deux côtés soit représentée ainsi

$$\ldots {}^{(m+1)}T,\ {}^{(m)}T, \ldots,\ {}^{\prime\prime\prime}T,\ {}^{\prime\prime}T,\ {}^{\prime}T,\ T,\ T',\ T'',\ T''', \ldots,\ T^{(m)},\ T^{(m+1)}, \ldots,$$

où les termes en allant de la gauche à la droite soient tous formés les uns des autres, suivant une même loi générale.

Soit de plus

$$\frac{[0] + [1]x + [2]x^2 + [3]x^3 + \ldots + [n-1]x^{n-1}}{(0) + (1)x + (2)x^2 + (3)x^3 + \ldots + (n)x^n}$$

la fraction génératrice de la série

$$T + T'x + T''x^2 + T'''x^3 + \ldots;$$

la question est de trouver la fraction génératrice de la série

$$T + {}^{\prime}Tx - {}^{\prime\prime}Tx^2 + {}^{\prime\prime\prime}Tx^3 + {}^{\text{IV}}Tx^4 + \ldots.$$

Pour la résoudre, supposons que la fraction donnée soit décomposée en ces n fractions simples

$$\frac{K}{1-px} + \frac{L}{1-qx} + \frac{M}{1-rx} + \frac{N}{1-sx} + \ldots;$$

on aura, pour l'expression du terme général $T^{(m)}x^m$, celle-ci

$$(Kp^m + Lq^m + Mr^m + Ns^m + \ldots)\,x^m,$$

d'où

$$T^{(m)} = Kp^m + Lq^m + Mr^m + Ns^m + \ldots.$$

Or, comme cette expression de $T^{(m)}$ doit être générale pour tous les termes de la série, il est visible que, pour avoir les valeurs des termes

$${}^{\prime}T,\ {}^{\prime\prime}T,\ {}^{\prime\prime\prime}T, \ldots,\ {}^{(m)}T$$

qui précèdent le terme T°, il n'y aura qu'à faire successivement

$$m = -1, \quad -2, \quad -3, \ldots, \quad -m;$$

de sorte qu'on aura

$$^{(m)}T = Kp^{-m} + Lq^{-m} + Mr^{-m} + Ns^{-m} + \ldots;$$

donc le terme général $^{(m)}Tx^m$ de la série

$$T + {}^{\prime}Tx + {}^{\prime\prime}Tx^2 + {}^{\prime\prime\prime}Tx^3 + \ldots$$

sera représenté par la formule

$$(Kp^{-m} + Lq^{-m} + Mr^{-m} + Ns^{-m} + \ldots)\,x^m;$$

d'où il est facile de conclure que cette série résultera du développement des n fractions

$$\frac{K}{1 - \frac{x}{p}} + \frac{L}{1 - \frac{x}{q}} + \frac{M}{1 - \frac{x}{r}} + \ldots,$$

lesquelles étant réduites à une fraction unique, on aura la fraction génératrice cherchée.

Considérons donc l'équation identique

$$\frac{[0] + [1]x + [2]x^2 + \ldots + [n-1]x^{n-1}}{(0) + (1)x + (2)x^2 + \ldots + (n)x^n} = \frac{K}{1 - px} + \frac{L}{1 - qx} + \frac{M}{1 - rx} + \ldots,$$

et voyons quelle transformation on doit faire subir au premier membre, pour que le second se change en celui-ci

$$\frac{K}{1 - \frac{x}{p}} + \frac{L}{1 - \frac{x}{q}} + \frac{M}{1 - \frac{x}{r}} + \ldots.$$

Je remarque d'abord qu'en faisant $x = 0$ on a

$$\frac{[0]}{(0)} = K + L + M + \ldots;$$

ensuite, si l'on met $\frac{1}{x}$ à la place de x, et qu'on fasse les réductions ordinaires, on aura

$$\frac{[0]x^n+[1]x^{n-1}+[2]x^{n-2}+\ldots+[n-1]x}{(0)x^n+(1)x^{n-1}+(2)x^{n-2}+\ldots+(n)} = -\frac{\mathrm{K}x}{p-x}-\frac{\mathrm{L}x}{q-x}-\frac{\mathrm{M}x}{r-x}+\ldots;$$

retranchons cette équation de la précédente, et l'on aura celle-ci

$$\frac{[0]}{(0)}-\frac{[0]x^n+[1]x^{n-1}+[2]x^{n-2}+\ldots+[n-1]x}{(0)x^n+(1)x^{n-1}+(2)x^{n-2}+\ldots+(n)} = \frac{\mathrm{K}p}{p-x}+\frac{\mathrm{L}q}{q-x}+\frac{\mathrm{M}r}{r-x}+\ldots$$

$$= \frac{\mathrm{K}}{1-\frac{x}{p}}+\frac{\mathrm{L}}{1-\frac{x}{q}}+\frac{\mathrm{M}}{1-\frac{x}{r}}+\ldots.$$

On aura donc

$$\frac{[0]}{(0)}-\frac{[0]x^n+[1]x^{n-1}+[2]x^{n-2}+\ldots+[n-1]x}{(0)x^n+(1)x^{n-1}+(2)x^{n-2}+\ldots+(n)} = \mathrm{T}+{}^{\mathrm{I}}\mathrm{T}x+{}^{\mathrm{II}}\mathrm{T}x^2+{}^{\mathrm{III}}\mathrm{T}x^3+\ldots;$$

or, faisant $x=0$, on a $\frac{[0]}{(0)}=\mathrm{T}$; donc, retranchant cette équation de la précédente et divisant le reste par x, on aura, en ordonnant les termes suivant les puissances croissantes de x,

$$-\frac{[n-1]+[n-2]x+[n-3]x^2+\ldots+[0]x^{n-1}}{(n)+(n-1)x+(n-2)x^2+(n-3)x^3+\ldots+(0)x^n} = {}^{\mathrm{I}}\mathrm{T}+{}^{\mathrm{II}}\mathrm{T}x+{}^{\mathrm{III}}\mathrm{T}x^2+{}^{\mathrm{IV}}\mathrm{T}x^3+\ldots.$$

Ainsi le Problème est résolu.

Remarque I.

22. Quoique l'analyse précédente soit fondée sur la décomposition de la fraction génératrice donnée dans les fractions simples

$$\frac{\mathrm{K}}{1-px}+\frac{\mathrm{L}}{1-qx}+\ldots,$$

décomposition qui suppose que les facteurs binômes $1-px$, $1-qx$,... soient tous inégaux, cependant il est facile de se convaincre que notre démonstration n'en subsistera pas moins quand il se trouvera des facteurs doubles, ou triples,...; car on sait que le cas des facteurs égaux peut toujours se ramener à celui des facteurs inégaux, en regardant les quantités égales p, q, ... comme infiniment peu différentes entre elles; de sorte que, comme la conclusion à laquelle nous sommes arrivés est indépendante de la forme même des facteurs $1-px$, $1-qx$,..., il s'ensuit qu'elle aura lieu, soit que ces facteurs soient tous inégaux ou non.

Remarque II.

23. J'appellerai, pour plus de simplicité, *polynômes contraires* ceux qui, étant du même degré, ont aussi les mêmes coefficients, mais disposés en sens contraire.

Ainsi les deux polynômes

$$(0)+(1)x+(2)x^2+(3)x^3+\ldots+(n)x^n,$$

$$(n)+(n-1)x+(n-2)x^2+(n-3)x^3+\ldots+(0)(x)^n$$

seront des *polynômes contraires*.

Donc, si l'on a

$$(0)=(n),\quad (1)=(n-1),\quad (2)=(n-2),\ldots,$$

ce qui est la propriété des polynômes qu'on appelle *réciproques* (n° 6), il est clair que les deux *polynômes contraires* seront les mêmes; *vice versâ*, il est visible que tout polynôme, qui sera le même que son polynôme contraire, sera nécessairement *réciproque*.

De ces définitions des *polynômes contraires* et *réciproques*, il est facile de déduire les propriétés suivantes de ces mêmes polynômes :

1° La somme de deux polynômes contraires est un polynôme réciproque du même degré.

Et, en général, si P et Q sont deux polynômes contraires du degré n, le polynôme $P+Qx^m$ sera un polynôme réciproque du degré $n+m$.

2° Le produit de deux polynômes contraires est un polynôme réciproque d'un degré double; ainsi tout polynôme réciproque d'un degré pair peut être regardé comme le produit de deux polynômes contraires.

3° La somme ou la différence de deux polynômes réciproques du même degré est aussi un polynôme réciproque d'un pareil degré.

Et le produit de deux polynômes réciproques de quelque degré que ce soit est toujours un polynôme réciproque d'un degré égal à la somme des degrés de ces polynômes. De même le quotient de deux polynômes réciproques, lorsque l'un est divisible par l'autre, sera un polynôme réciproque d'un degré égal à la différence de ceux des deux polynômes.

4° Tout polynôme réciproque d'un degré impair est divisible par $1+x$, et le quotient sera aussi un polynôme réciproque; car il est visible qu'en faisant $x=-1$ les deux termes extrêmes du polynôme se détruiront l'un l'autre, ainsi que les autres termes équidistants des extrêmes; et, comme $1+x$ est lui-même un polynôme réciproque, il s'ensuit que le quotient le sera aussi.

5° La différence de deux polynômes contraires est divisible par $1-x$, et le quotient est un polynôme réciproque; car soient P et Q deux polynômes contraires de quelque degré que ce soit, il est clair qu'en faisant $x=1$ on aura $P=Q$ ou $P-Q=0$; donc $P-Q$ sera divisible par $1-x$. Maintenant, si l'on multiplie la différence $P-Q$ par $1-x$, on aura

$$P-Q-Px+Qx,$$

qui sera, par conséquent, divisible par $(1-x)^2$; or $P+Qx$ est un polynôme réciproque, et $Q+Px$ en est un aussi du même degré (1°); donc la différence $P+Qx-Q-Px$ sera un polynôme réciproque (3°); d'un autre côté,

$$(1-x)^2=1-2x+x^2$$

est aussi un polynôme réciproque; donc le quotient de ces deux polynômes, c'est-à-dire, le quotient de $P-Q$ par $1-x$, sera encore un polynôme réciproque (3°).

On peut démontrer de la même manière que $P-Qx^m$ sera divisible par $1-x$, et que le quotient sera un polynôme réciproque.

Ces propriétés des polynômes contraires et des polynômes réciproques vont nous servir pour tirer différentes conséquences de la solution du Problème précédent.

Corollaire I.

24. Soit $\frac{M}{P}$ la fraction génératrice de la série récurrente de l'ordre n

$$\text{(A)} \qquad T + T'x + T''x^2 + T'''x^3 + T^{\text{IV}}x^4 + \ldots,$$

P étant un polynôme du degré n, et M un polynôme du degré $n - 1$.

Que Q soit le polynôme contraire à P, et N le polynôme contraire à M, on aura $-\frac{N}{Q}$ pour la fraction génératrice de la série

$$\text{(B)} \qquad {}^{\prime}T + {}^{\prime\prime}Tx + {}^{\prime\prime\prime}Tx^2 + {}^{\text{IV}}Tx^3 + {}^{\text{V}}Tx^4 + \ldots.$$

Donc, si l'on ajoute ensemble les deux séries (A) et (B), ou qu'on les retranche l'une de l'autre, on aura la nouvelle série

$$\text{(C)} \qquad (T \pm {}^{\prime}T) + (T' \pm {}^{\prime\prime}T)x + (T'' \pm {}^{\prime\prime\prime}T)x^2 + (T''' \pm {}^{\text{IV}}T)x^3 + \ldots,$$

dont la fraction génératrice sera égale à

$$\frac{M}{P} \mp \frac{N}{Q}.$$

Supposons que le polynôme P soit le produit d'un polynôme réciproque Π d'un degré quelconque pair 2ν par un autre polynôme P', qui sera par conséquent du degré $n - 2\nu$, en sorte que l'on ait

$$P = \Pi P'.$$

Soit Q' le polynôme contraire à P'; comme Π est un polynôme réciproque, il est clair qu'on aura

$$Q = \Pi Q'.$$

Ainsi l'on aura

$$\frac{M}{\Pi P'} \mp \frac{N}{\Pi Q'},$$

c'est-à-dire, en réduisant au même dénominateur,

$$\frac{MQ' \mp NP'}{\Pi P'Q'}$$

pour la fraction génératrice de la série (C).

Or, comme M et N sont deux polynômes contraires du degré $n-1$, et P', Q' deux polynômes aussi contraires du degré $n-2\nu$, et que d'ailleurs Π est un polynôme réciproque du degré 2ν, il s'ensuit de ce qu'on a démontré dans le n° **23** :

1° Que le dénominateur $\Pi P'Q'$ de la fraction dont il s'agit sera un polynôme réciproque du degré pair

$$2(n-2\nu)+2\nu=2(n-\nu);$$

2° Que le numérateur $MQ' \mp NP'$ de la même fraction sera égal à un polynôme réciproque du degré pair $2(n-\nu-1)$, multiplié par $1 \mp x$.

Corollaire II.

25. Si l'on ajoute à la série (A), ou qu'on en retranche la série (B) multipliée par x, il viendra celle-ci

$$\text{(D)} \qquad T+(T' \pm {}'T)x+(T'' \pm {}''T)x^2+(T''' \pm {}'''T)x^3+\ldots,$$

dont la fraction génératrice sera donc égale à

$$\frac{M}{P} \mp \frac{Nx}{Q}.$$

Soit, comme ci-dessus,

$$P=\Pi P' \quad \text{et} \quad Q=\Pi Q';$$

on aura donc

$$\frac{M}{\Pi P'} \mp \frac{Nx}{\Pi Q'}, \quad \text{c'est-à-dire,} \quad \frac{MQ' \mp NP'x}{\Pi P'Q'}$$

pour la fraction génératrice de la série (D); d'où l'on voit :

1° Que le dénominateur de cette fraction sera le même que celui de la fraction génératrice de la série (C), c'est-à-dire, un polynôme réciproque du degré pair $2(n-\nu)$;

2° Que, si l'on prend le signe supérieur, la fraction aura pour numérateur un polynôme réciproque du degré $2(n-\nu-1)$ multiplié par $1-x^2$; car ce numérateur, étant égal à $MQ'-NP'x$, sera représenté par un polynôme du degré $2(n-m)$ divisible par $1-x$, et qui, par cette division, deviendra un polynôme réciproque du degré $2(n-\nu)-1$ (n° 23, 5°); or ce dernier polynôme, étant d'un degré impair, sera encore divisible par $1+x$, et deviendra, par cette division, un polynôme réciproque du degré $2(n-\nu)-2$ (numéro cité, 4°); donc, etc.;

3° Que, si l'on prend le signe inférieur, le numérateur de la même fraction sera un polynôme réciproque du degré $2(n-\nu)$, c'est-à-dire, du même degré que son dénominateur; ce qui est évident par ce qu'on a dit dans le n° 23 (1°). Donc, si l'on retranche de la fraction le premier terme T de la série, la fraction restante, après avoir réduit au même dénominateur, aura encore pour numérateur un polynôme réciproque de même degré (n° 23, 3°); mais ce numérateur doit être divisible par x; donc il faudra que son premier terme, où x n'entre pas, soit nul; par conséquent le dernier terme, qui renferme $x^{2(n-\nu)}$ et qui a le même coefficient que le premier, sera nul aussi; effaçant donc les deux termes extrêmes du numérateur, et divisant les autres par x, on aura un polynôme réciproque du degré $2(n-\nu)-2$ pour le numérateur de la fraction génératrice de la série

$$(T'-{}'T)+(T''-{}''T)x+(T'''-{}'''T)x^2+\ldots.$$

Corollaire III.

26. Donc, si l'on divise la série (C) du Corollaire I par $1\mp x$, ou, ce qui revient au même, qu'on la multiplie par la série

$$1\pm x+x^2\pm x^3+x^4\pm\ldots,$$

on aura, en prenant successivement les signes supérieurs ou les inférieurs, deux séries dont l'une sera

$$\text{(E)}\qquad t+t'x+t''x^2+t'''x^3+t^{\text{IV}}x^4+t^{\text{V}}x^5+\ldots,$$

dans laquelle

$$t = T + {}'T,$$
$$t' = T' + T + {}'T + {}''T,$$
$$t'' = T'' + T' + T + {}'T + {}''T + {}'''T,$$
$$t''' = T''' + T'' + T' + T + {}'T + {}''T + {}'''T + {}^{\text{IV}}T,$$
$$\dots\dots\dots\dots\dots\dots\dots,$$

et dont l'autre sera

$$(t) + (t')x + (t'')x^2 + (t''')x^3 + (t^{\text{IV}})x^4 + (t^{\text{V}})x^5 + \dots, \tag{F}$$

dans laquelle

$$(t) = T - {}'T,$$
$$(t') = T' - T + {}'T - {}''T,$$
$$(t'') = T'' - T' + T - {}'T + {}''T - {}'''T,$$
$$(t''') = T''' - T'' + T' - T + {}'T - {}''T + {}'''T - {}^{\text{IV}}T,$$
$$\dots\dots\dots\dots\dots\dots\dots$$

Et ces deux séries auront l'avantage de tirer leur origine de fractions génératrices qui auront pour dénominateur un même polynôme réciproque du degré pair $2(n-\nu-1)$ et pour numérateur des polynômes aussi réciproques et du degré $2(n-\nu-1)$.

De même le Corollaire II fournira deux autres séries qui auront les mêmes propriétés, et dont l'une sera la série (D), prise avec les signes supérieurs et divisée par $1-x^2$, ou, ce qui revient au même, multipliée par la série

$$1 + x^2 + x^4 + x^6 + \dots,$$

et dont l'autre sera la même série (D), prise avec les signes supérieurs et divisée par x, après en avoir retranché le premier terme T.

Ainsi la première de ces séries sera de la forme

$$t + t'x + t''x^2 + t'''x^3 + t^{\text{IV}}x^4 + t^{\text{V}}x^5 + \dots, \tag{G}$$

où

$$t = \mathrm{T},$$
$$t' = \mathrm{T}' + {}'\mathrm{T},$$
$$t'' = \mathrm{T}'' + \mathrm{T} + {}''\mathrm{T},$$
$$t''' = \mathrm{T}''' + \mathrm{T}' + {}'\mathrm{T} + {}'''\mathrm{T},$$
$$\ldots\ldots\ldots\ldots\ldots,$$

et la seconde sera de la forme

$$(\mathrm{H}) \qquad (t) + (t')x + (t'')x^2 + (t''')x^3 + (t^{\text{IV}})x^4 + (t^{\text{V}})x^5 + \ldots,$$

où

$$(t) = \mathrm{T}' - {}'\mathrm{T},$$
$$(t') = \mathrm{T}'' - {}''\mathrm{T},$$
$$(t'') = \mathrm{T}''' - {}'''\mathrm{T},$$
$$(t''') = \mathrm{T}^{\text{IV}} - {}^{\text{IV}}\mathrm{T},$$
$$\ldots\ldots\ldots\ldots\ldots$$

On a donc par là le moyen de transformer une série récurrente d'un ordre quelconque n en d'autres de l'ordre $2(n-\nu)$ qui aient les conditions dont on vient de parler. Or, quoique ces transformées soient en elles-mêmes d'un ordre supérieur à la proposée, elles peuvent néanmoins être abaissées à un ordre inférieur; car nous allons faire voir, dans le Problème suivant, que toute série récurrente dont la fraction génératrice a pour numérateur et pour dénominateur des polynômes réciproques de degrés pairs peut être transformée en une autre aussi récurrente, mais d'un ordre moindre de la moitié; d'où l'on pourra conclure que les séries transformées de l'ordre $2(n-\nu)$ seront réductibles à d'autres de l'ordre $n-\nu$, lequel, tant que ν n'est pas nul, sera toujours moindre que celui de la série primitive proposée.

PROPOSITION IV.

Problème.

27. *Étant donnée une suite récurrente d'un ordre pair, dont la fraction génératrice ait pour dénominateur un polynôme réciproque d'un degré pair, et pour numérateur un polynôme, aussi réciproque, d'un degré pair et moindre de deux unités que celui du dénominateur, on propose de transformer cette série en une autre pareillement récurrente, mais d'un ordre moindre de la moitié.*

Soit proposée la série

$$t + t'x + t''x^2 + t'''x^3 + t^{\text{IV}}x^4 + \ldots,$$

dont la fraction génératrice soit représentée par la formule

$$\frac{[0] + [1]x + [2]x^2 + \ldots + [2]x^{2\mu-4} + [1]x^{2\mu-3} + [0]x^{2\mu-2}}{(0) + (1)x + (2)x^2 + \ldots + (2)x^{2\mu-2} + (1)x^{2\mu-1} + (0)x^{2\mu}},$$

en sorte que la série proposée soit de l'ordre 2μ, et supposons que cette série soit transformée en une autre, telle que

$$\theta + \theta'y + \theta''y^2 + \theta'''y^3 + \theta^{\text{IV}}y^4 + \ldots,$$

laquelle ne soit que de l'ordre μ, et dont la fraction génératrice soit représentée par la formule

$$\frac{a + by + cy^2 + \ldots + hy^{\mu-1}}{\text{A} + \text{B}y + \text{C}y^2 + \ldots + \text{K}y^{\mu}}.$$

Je fais, pour obtenir cette transformation,

$$y = \frac{x}{1 + x^2},$$

et, substituant cette valeur de y dans la dernière fraction, j'ai, après avoir multiplié le haut et le bas par $(1 + x^2)^{\mu}$,

$$\frac{(1 + x^2)[a(1 + x^2)^{\mu-1} + bx(1 + x^2)^{\mu-2} + cx^2(1 + x^2)^{\mu-3} + \ldots + hx^{\mu-1}]}{\text{A}(1 + x^2)^{\mu} + \text{B}x(1 + x^2)^{\mu-1} + \text{C}x^2(1 + x^2)^{\mu-2} + \ldots + \text{K}x^{\mu}},$$

et cette fraction sera, par conséquent, égale à la série

$$\theta + \frac{\theta' x}{1+x^2} + \frac{\theta'' x^2}{(1+x^2)^2} + \frac{\theta''' x^3}{(1+x^2)^3} + \ldots;$$

et, divisant tant la fraction que la série par $1+x^2$, j'aurai cette fraction

$$\frac{a(1+x^2)^{\mu-1} + bx(1+x^2)^{\mu-2} + cx^2(1+x^2)^{\mu-3} + \ldots + hx^{\mu-1}}{A(1+x^2)^{\mu} + B(1+x^2)^{\mu-1} + C(1+x^2)^{\mu-2} + \ldots + Kx^{\mu}},$$

qui sera égale à la série

$$\frac{\theta}{1+x^2} + \frac{\theta' x}{(1+x^2)^2} + \frac{\theta'' x^2}{(1+x^2)^3} + \frac{\theta''' x^3}{(1+x^2)^4} + \ldots.$$

Maintenant, si l'on développe les puissances de $1+x^2$, tant dans le numérateur que dans le dénominateur de cette dernière fraction, et qu'on ordonne ensuite par rapport aux puissances de x, on verra que le dénominateur sera un polynôme réciproque du degré 2μ, et que le numérateur sera aussi un polynôme réciproque du degré $2\mu - 2$; en sorte qu'on pourra comparer terme à terme ces polynômes à ceux qui forment la fraction génératrice de la série proposée; et cette comparaison servira à déterminer les μ coefficients

$$a,\ b,\ c,\ldots,\ h$$

par les coefficients

$$[0],\ [1],\ [2],\ldots,\ [\mu-1],$$

ainsi que les $\mu+1$ coefficients

$$A,\ B,\ C,\ \ldots,\ K$$

par les coefficients

$$(0),\ (1),\ (2),\ldots,\ (\mu).$$

Les deux fractions étant donc, par ce moyen, devenues identiques, il faudra que les séries qui en dérivent le soient aussi; mais, comme la dernière série n'est pas ordonnée suivant les puissances de x, il faudra, pour pouvoir la comparer à la proposée, l'ordonner auparavant suivant ces mêmes puissances; et pour cela il n'y aura qu'à y substituer, à la place des fractions

$$\frac{1}{1+x^2},\quad \frac{1}{(1+x^2)^2},\quad \frac{1}{(1+x^2)^3},\ldots,$$

leurs valeurs en séries

$$\frac{1}{1+x^2} = 1 - x^2 + x^4 - x^6 + x^8 - \ldots,$$

$$\frac{1}{(1+x^2)^2} = 1 - 2x^2 + 4x^4 - 4x^6 + 5x^8 - \ldots,$$

$$\frac{1}{(1+x^2)^3} = 1 - 3x^2 + 6x^4 - 10x^6 + 15x^8 - \ldots,$$

$$\ldots\ldots\ldots\ldots\ldots\ldots\ldots\ldots\ldots\ldots;$$

et, après avoir ordonné les termes par rapport à x, on aura la série

$$\theta + \theta' x + (\theta'' - \theta) x^2 + (\theta''' - 2\theta') x^3 + (\theta^{\text{IV}} - 3\theta'' + \theta) x^4 + (\theta^{\text{V}} - 4\theta''' + 3\theta') x^5$$
$$+ (\theta^{\text{VI}} - 5\theta^{\text{IV}} + 6\theta'' - \theta) x^6 + \ldots,$$

dans laquelle chaque terme, comme x^λ, aura pour coefficient la quantité

$$\theta^\lambda - (\lambda - 1)\theta^{\lambda-2} + \frac{(\lambda-2)(\lambda-3)}{2}\theta^{\lambda-4} - \frac{(\lambda-3)(\lambda-4)(\lambda-5)}{2.3}\theta^{\lambda-6} + \ldots.$$

Comparant donc maintenant terme à terme cette série avec la série proposée, on aura

$$t = \theta,$$
$$t' = \theta',$$
$$t'' = \theta'' - \theta,$$
$$t''' = \theta''' - 2\theta',$$
$$t^{\text{IV}} = \theta^{\text{IV}} - 3\theta'' + \theta,$$
$$t^{\text{V}} = \theta^{\text{V}} - 4\theta''' + 3\theta',$$
$$\ldots\ldots\ldots\ldots\ldots\ldots,$$

et, en général,

$$t^{(\lambda)} = \theta^{(\lambda)} - (\lambda - 1)\theta^{(\lambda-2)} + \frac{(\lambda-2)(\lambda-3)}{2}\theta^{(\lambda-4)} - \frac{(\lambda-3)(\lambda-4)(\lambda-5)}{2.3}\theta^{(\lambda-6)} + \ldots,$$

d'où l'on tire réciproquement

$$\begin{aligned}
\theta &= t,\\
\theta' &= t',\\
\theta'' &= t'' + t,\\
\theta''' &= t''' + 2t',\\
\theta^{\text{IV}} &= t^{\text{IV}} + 3t'' + 2t,\\
\theta^{\text{V}} &= t^{\text{V}} + 4t''' + 5t',\\
\theta^{\text{VI}} &= t^{\text{VI}} + 5t^{\text{IV}} + 9t'' + 5t,\\
\theta^{\text{VII}} &= t^{\text{VII}} + 6t^{\text{V}} + 14t''' + 14t',\\
\theta^{\text{VIII}} &= t^{\text{VIII}} + 7t^{\text{VI}} + 20t^{\text{IV}} + 28t'' + 14t,\\
\theta^{\text{IX}} &= t^{\text{IX}} + 8t^{\text{VII}} + 27t^{\text{V}} + 48t''' + 42t',\\
&\ldots\ldots\ldots\ldots\ldots\ldots\ldots,
\end{aligned}$$

où la loi de la progression est évidente; car on voit que le coefficient de chaque terme, dans un rang horizontal quelconque, est égal au coefficient du terme qui lui est au-dessus dans le rang horizontal précédent, plus à celui qui est à gauche dans le même rang. Ainsi, dans la valeur de θ^{IX}, on a

$$1 = 1 + 0,\quad 8 = 7 + 1,\quad 27 = 20 + 7,\quad 48 = 28 + 20,\quad 42 = 14 + 28;$$

et ainsi des autres.

D'où il est facile de conclure qu'on aura, en général,

$$\begin{aligned}
\theta^{(\lambda)} = t^{(\lambda)} + (\lambda - 1)\,t^{(\lambda-2)} + \frac{\lambda(\lambda-3)}{2}\,t^{(\lambda-4)} + \frac{\lambda(\lambda-1)(\lambda-5)}{2.3}\,t^{(\lambda-6)}\\
+ \frac{\lambda(\lambda-1)(\lambda-2)(\lambda-7)}{2.3.4}\,t^{(\lambda-8)} + \frac{\lambda(\lambda-1)(\lambda-2)(\lambda-3)(\lambda-9)}{2.3.4.5}\,t^{(\lambda-10)} + \ldots.
\end{aligned}$$

Corollaire.

28. Donc, si l'on a une série telle que

$$t + t'x + t''x^2 + t'''x^3 + t^{\text{IV}}x^4 + \ldots,$$

et qu'on demande si elle est récurrente d'un ordre pair, et produite par une fraction génératrice dont le numérateur et le dénominateur soient l'un et l'autre des polynômes réciproques de degrés pairs, au lieu d'employer immédiatement la méthode générale de la Proposition II pour résoudre cette question, il y aura de l'avantage à transformer d'abord cette suite en une autre de la forme

$$\theta + \theta' y + \theta'' y^2 + \theta''' y^3 + \theta^{\text{IV}} y^4 + \ldots$$

et à opérer ensuite sur cette dernière série par la méthode citée; car, de cette manière, on aura la moitié moins d'opérations à exécuter, puisque cette série sera d'un ordre moindre de la moitié que celui de la série proposée.

Quand on aura trouvé la fraction génératrice de la série transformée

$$\theta + \theta' y + \theta'' y^2 + \ldots,$$

il n'y aura qu'à y mettre partout $\frac{x}{1+x^2}$ à la place de y, et diviser ensuite toute la fraction par $1 + x^2$; on aura par ce moyen la fraction génératrice même de la série primitive

$$t + t'x + t''x^2 + \ldots.$$

Cette transformation a d'ailleurs encore un autre avantage, c'est qu'elle facilite la recherche du terme général de la série proposée; car, ayant trouvé la fraction génératrice de la série transformée et l'ayant décomposée en ses fractions simples, telles que

$$\frac{F}{1 - \varpi y} + \frac{G}{1 - \rho y} + \frac{H}{1 - \sigma y} + \ldots,$$

il n'y aura qu'à mettre dans chacune de ces fractions $\frac{x}{1+x^2}$ à la place de y, et la diviser ensuite par $1 + x^2$; on aura ainsi les fractions

$$\frac{F}{1 - \varpi x + x^2} + \frac{G}{1 - \rho x + x^2} + \frac{H}{1 - \sigma x + x^2} + \ldots,$$

d'où, en faisant

$$\varpi' = \frac{\varpi}{2} + \sqrt{\frac{\varpi^2}{4} - 1}, \quad \rho' = \frac{\rho}{2} + \sqrt{\frac{\rho^2}{4} - 1}, \quad \sigma' = \frac{\sigma}{2} + \sqrt{\frac{\sigma^2}{4} - 1}, \ldots,$$

on aura, pour l'expression du terme général $t^{(m)}$,

$$\begin{aligned} t^{(m)} = & \frac{F\varpi'^2}{\varpi'^2 - 1}\varpi'^m - \frac{F}{\varpi'^2 - 1}\varpi'^{-m} \\ & + \frac{G\rho'^2}{\rho'^2 - 1}\rho'^m - \frac{G}{\rho'^2 - 1}\rho'^{-m} \\ & + \frac{H\sigma'^2}{\sigma'^2 - 1}\sigma'^m - \frac{H}{\sigma'^2 - 1}\sigma'^{-m} \\ & + \ldots\ldots\ldots\ldots\ldots\ldots\ldots\ldots \end{aligned}$$

Exemple.

29. Soit proposée la série

$$1 + 3x + 5x^2 + 6x^3 + 7x^4 + 9x^5 + 11x^6 + 12x^7 + \ldots;$$

on trouvera que la transformée sera

$$1 + 3y + 6y^2 + 12y^3 + 24y^4 + 48y^5 + 96y^6 + 192y^7 + \ldots,$$

laquelle, à commencer du second terme, est une progression géométrique dont la raison est 2; de sorte qu'on aura sur-le-champ la formule

$$1 + \frac{3y}{1 - 2y}, \quad \text{c'est-à-dire}, \quad \frac{1 + y}{1 - 2y}$$

pour la fraction génératrice de cette dernière série; d'où l'on voit que cette série, quoique du premier ordre seulement, est cependant essentiellement une série du second ordre, mais dans laquelle le coefficient du terme y^2 dans l'échelle de relation est évanoui (n° 18); de sorte que la série proposée sera nécessairement du quatrième ordre.

En effet, mettant $\frac{x}{1 + x^2}$ à la place de y, et divisant ensuite la fraction par $1+x^2$, on aura celle-ci

$$\frac{1+x+x^2}{(1+x^2)(1-2x+x^2)}$$

pour la fraction génératrice de la série primitive

$$1+3x+5x^2+\ldots,$$

et il est clair par là que si l'on avait voulu opérer immédiatement par cette même série, suivant la méthode de la Proposition II, il aurait fallu procéder jusqu'à la quatrième division avant que l'opération fût terminée.

PROPOSITION V.

Problème.

30. *Les mêmes choses étant supposées, comme dans la Proposition IV, on demande une méthode plus simple que celle de la Proposition II, pour trouver immédiatement la fraction génératrice de la série proposée.*

On voit, par l'analyse du Problème précédent, que la fraction génératrice de la série (E), laquelle a pour dénominateur un polynôme réciproque du degré 2μ, et pour numérateur un polynôme réciproque du degré $2\mu-2$, étant multipliée par $1+x^2$, peut se transformer, par la substitution

$$y=\frac{x}{1+x^2},$$

en une autre fraction qui ait pour dénominateur un polynôme en y du degré μ, et pour numérateur un polynôme en y du degré $\mu-1$.

Or il est clair que, par la méthode de la Proposition II, cette dernière fraction peut se réduire en une fraction continue de la forme

$$\cfrac{1}{p+qy+\cfrac{y^2}{p'+q'y+\cfrac{y^2}{p''+q''y+\cfrac{y^2}{p'''+q'''y+\ldots+\cfrac{y^2}{p^{(\mu-1)}+q^{(\mu-1)}y}}}}}.$$

Donc, si l'on remet dans cette expression $\frac{x^2}{1+x^2}$ à la place de y, et qu'on la divise par $1+x^2$, elle deviendra égale et identique à la fraction génératrice de la série donnée (E).

Or il est facile de voir que, par ce moyen, la fraction continue précédente deviendra celle-ci

$$\cfrac{1}{p(1+x^2)+qx+\cfrac{x^2}{p'(1+x^2)+q'x+\cfrac{x^2}{p''(1+x^2)+q''x+\ldots+\cfrac{x^2}{p^{(\mu-1)}(1+x^2)+q^{(\mu-1)}x}}}}.$$

D'où je conclus que la série (E) peut se réduire elle-même aussi en une fraction continue de cette forme, c'est-à-dire, dans laquelle les quotients provenant des divisions successives, au lieu d'être simplement de la forme

$$p+qx,\quad p'+q'x,\quad p''+q''x,\ldots,$$

comme dans la Proposition II, soient de la forme

$$p+qx+px^2,\quad p'+q'x+p'x^2,\quad p''+q''x+p''x^2+\ldots;$$

et comme les termes px^2, $p'x^2$, $p''x^2$,..., dont ces quotients diffèrent de ceux de la Proposition citée, n'influent point, dans l'opération de la division, sur les termes précédents $p+qx$, $p'+q'x$,..., il s'ensuit que, pour réduire la série (E) en une fraction continue de la forme ci-dessus, il n'y aura qu'à faire sur cette série les mêmes opérations que dans la Proposition II, avec cette seule différence qu'après avoir trouvé les deux premiers termes de chaque quotient il faudra y ajouter encore le premier terme multiplié par x^2, et tenir compte ensuite de ce nouveau terme dans la soustraction. De cette manière, l'opération se terminera après μ divisions, au lieu qu'en employant la méthode de la Proposition II elle exigera 2μ divisions.

Corollaire.

31. Lorsqu'on aura ainsi trouvé les quotients successifs

$$p+qx+px^2,\quad p'+q'x+p'x^2,\quad p''+q''x+p''x^2,\ldots,$$

on pourra en déduire la fraction génératrice de la série par la méthode du n° **2**, en prenant ces quotients à la place des quotients

$$p+qx,\quad p'+q'x,\quad p''+q''x,\ldots.$$

Mais il sera encore plus simple et plus commode de prendre pour quotients les simples quantités

$$p+qy,\quad p'+q'y,\quad p''+q''y,\ldots,\quad p^{(\mu-1)}+q^{(\mu-1)}y;$$

car, ayant formé par leur moyen la fraction en y, il n'y aura plus qu'à y substituer $\frac{x}{1+x^2}$ à la place de y, et à la diviser ensuite par $1+x^2$, comme on l'a vu dans le n° **28**.

Remarque I.

32. La méthode précédente est donc très-utile pour reconnaître si une série quelconque proposée est récurrente et due à une fraction génératrice dont le numérateur et le dénominateur soient des polynômes réciproques de degrés pairs; car elle réduit à la moitié le nombre des opérations que demanderait la méthode générale de la Proposition II.

Si la fraction génératrice de la série devait avoir pour dénominateur un polynôme réciproque de degré pair, et pour numérateur le produit d'un polynôme réciproque de degré pair par un polynôme quelconque donné, alors on pourrait encore résoudre la question par la même méthode, avec cette seule différence, qu'au lieu de prendre l'unité pour le premier dividende, comme dans les opérations de la Proposition II, il faudrait prendre pour premier dividende le polynôme même donné; car il est visible que, de cette manière toute la fraction continue se trouvera multipliée par ce même polynôme, et que, par conséquent, la fraction résultant de la réduction de cette fraction le sera aussi. C'est pourquoi, après avoir trouvé dans ce cas les quotients des divisions successives, il n'y aura qu'à chercher, à l'aide de ces quotients, la fraction génératrice de la série, en faisant abstraction du polynôme donné, et ensuite multiplier le numérateur de cette fraction par le polynôme dont nous parlons.

EXEMPLE.

33. Je prendrai pour exemple la suite que nous avons déjà examinée dans le n° 29, d'après la méthode de la Proposition IV, savoir,

$$1 + 3x + 5x^2 + 6x^3 + 7x^4 + 9x^5 + 11x^6 + 12x^7 + 13x^8$$
$$+ 15x^9 + 17x^{10} + 18x^{11} + 19x^{12} + 21x^{13} + \ldots,$$

et voici comment je procède.

Je commence par diviser l'unité par la série donnée

$$1 + 3x + 5x^2 + \ldots,$$

que j'appelle s, et je trouve dans le quotient le terme 1, à la place duquel j'écris tout de suite $1 + x^2$; je multiplie $1 + x^2$ par la série s, et je soustrais le produit de l'unité, ce qui me donne le reste

$$-3x - 6x^2 - 9x^3 - 12x^4 - 15x^5 - 18x^6 - 21x^7 - \ldots.$$

Je continue à diviser ce reste par la série s, et il me vient dans le quotient le nouveau terme $-3x$, qui, étant multiplié par le diviseur s et soustrait du reste précédent, donne le reste

$$3x^2 + 6x^3 + 6x^4 + 6x^5 + 9x^6 + 12x^7 + \ldots.$$

Ainsi le premier quotient est

$$1 - 3x + x^2.$$

Maintenant je divise le dernier reste par son premier terme $3x^2$ pour avoir la série

$$1 + 2x + 2x^2 + 2x^3 + 3x^4 + 4x^5 + 4x^6 + \ldots,$$

que j'appelle s', et par laquelle je divise la série s, qui a servi de diviseur dans l'opération précédente.

Cette division me donne d'abord le quotient 1, à la place duquel j'écris de nouveau $1+x^2$; la multiplication et la soustraction faites, j'ai le reste

$$x+2x^2+2x^3+2x^4+3x^5+4x^6+4x^7+\ldots,$$

qui, étant divisé derechef par la série s, produit dans le quotient le terme x; et ce terme, étant multiplié par le diviseur s et soustrait du reste précédent, ne laisse plus rien; d'où je conclus que l'opération est terminée, et que la série proposée est récurrente du quatrième ordre, en sorte que sa fraction génératrice a pour dénominateur un polynôme réciproque du quatrième degré, et pour numérateur un polynôme réciproque du second degré.

En vertu de l'opération précédente, la série proposée s est donc égale à la fraction continue

$$s=\cfrac{1}{1-3x+x^2+\cfrac{3x^2}{1+x+x^2}},$$

laquelle, en mettant y à la place de $\frac{x}{1+x^2}$, c'est-à-dire, $y(1+x^2)$ à la place de x, se réduit à celle-ci

$$s=\cfrac{1}{(1+x^2)(1-3y)+\cfrac{3(1+x^2)^2y^2}{(1+x^2)(1+y)}},$$

savoir

$$s=\left(\cfrac{1}{1-3y+\cfrac{3y^2}{1+y}}\right):(1+x^2);$$

d'où l'on voit que l'expression de s en y est la même que celle en x, en réduisant les quotients

$$1-3x+x^2,\quad 1+x+x^2$$

aux deux premiers termes

$$1 - 3x, \quad 1 + x,$$

changeant ensuite x en y, et divisant le tout par $1 + x^2$.

Ainsi, pour avoir la fraction génératrice, on considérera les quotients

$$1 - 3x, \quad 1 + x$$

avec le premier terme $3x^2$ du reste de la première division, par lequel ce reste a été divisé; et l'on en formera (n° **13**) les quantités

$$\xi = 1, \quad \xi' = 1 + x, \quad \xi'' = (1 - 3x)\xi' + 3x^2\xi = 1 - 2x;$$

on changera x en y dans la fraction $\frac{\xi'}{\xi''}$, et, la divisant ensuite par $1 + x^2$, on aura celle-ci

$$\frac{1 + y}{(1 + x^2)(1 - 2y)}$$

pour la fraction cherchée, dans laquelle il n'y aura plus qu'à mettre $\frac{x}{1 + x^2}$ à la place de y, ce qui la transformera en

$$\frac{1 + x + x^2}{(1 + x^2)(1 - 2x + x^2)};$$

ce qui s'accorde avec le résultat du n° 29.

Remarque II.

34. Si, dans le cas du Problème précédent, il arrivait que la fraction génératrice eût pour numérateur un polynôme réciproque d'un degré égal ou plus grand que celui du dénominateur, alors la série aurait au commencement un certain nombre de termes irréguliers, comme on l'a vu dans le n° **18**; or, si l'on se contentait d'effacer ces termes, la série restante serait à la vérité régulière, mais elle n'aurait plus une fraction génératrice dont le numérateur et le dénominateur fussent des polynômes réciproques de degrés pairs, comme auparavant. Comme il peut néanmoins être quelquefois utile de conserver à la série cette propriété, nous allons voir ce qu'il faudra faire pour cet effet.

Considérons donc la fraction

$$\frac{a + bx + cx^2 + \ldots + cx^{2(\nu+\rho-1)-2} + bx^{2(\nu+\rho-1)-1} + ax^{2(\nu+\rho-1)}}{A + Bx + Cx^2 + \ldots + Cx^{2\nu-2} + Bx^{2\nu-1} + Ax^{2\nu}},$$

laquelle soit supposée donner naissance à la série

$$t + t'x + t''x^2 + t'''x^3 + t^{\text{IV}}x^4 + \ldots.$$

Je dis que l'on peut diviser le numérateur de cette fraction par son dénominateur, en sorte que tant le quotient que le reste soient aussi des polynômes réciproques de degrés pairs; en effet, si l'on suppose que le quotient soit

$$P + Qx + Rx^2 + \ldots + Rx^{2(\rho-1)-2} + Qx^{2(\rho-1)-1} + Px^{2(\rho-1)}$$

et que le reste soit

$$x^\rho[p + qx + rx^2 + \ldots + rx^{2(\nu-1)-2} + qx^{2(\nu-1)-1} + px^{2(\nu-1)}],$$

il est facile de prouver qu'en multipliant ce quotient par le diviseur

$$A + Bx + Cx^2 + \ldots$$

et y ajoutant ensuite le reste, il viendra un polynôme réciproque du degré $2(\nu + \rho - 1)$; et, comme le nombre des coefficients indéterminés P, Q, R,... est ρ, et celui des coefficients indéterminés p, q, r,... est ν, le polynôme dont il s'agit contiendra $\nu + \rho$ quantités indéterminées; par conséquent ce polynôme sera comparable au polynôme

$$a + bx + cx^2 + \ldots,$$

où le nombre des coefficients donnés a, b, c,... est aussi $\nu + \rho$.

Maintenant, puisque le reste est divisible par x^ρ, il est clair que les ρ premiers termes de la série

$$t + t'x + t''x^2 + \ldots$$

devront être les mêmes que les ρ premiers termes du quotient

$$P + Qx + Rx^2 + \ldots,$$

afin que, ces termes étant effacés de part et d'autre, ce qui restera soit tout divisible par x^ρ; on aura donc ainsi

$$P = t, \quad Q = t', \quad R = t'', \ldots;$$

donc, après avoir effacé ce qui se détruit, et divisé le tout par x^ρ, on aura l'équation

$$t^{(\rho)} + t^{(\rho+1)}x + t^{(\rho+2)}x^2 + t^{(\rho+3)}x^3 + \ldots = t^{(\rho-2)} + t^{(\rho-3)}x + t^{(\rho-4)}x^2 + \ldots + t\,x^{\rho-2}$$
$$+ \frac{p + qx + rx^2 + \ldots + rx^{2(\nu-1)-2} + qx^{2(\nu-1)-1} + px^{2(\nu-1)}}{A + Bx + Cx^2 + \ldots + Cx^{2\nu-2} + Bx^{2\nu-1} + Ax^{2\nu}},$$

d'où il s'ensuit qu'on aura

$$\left[t^{(\rho)} - t^{(\rho-2)}\right] + \left[t^{(\rho+1)} - t^{(\rho-3)}\right]x + \left[t^{(\rho+2)} - t^{(\rho-4)}\right]x^2 + \ldots$$
$$= \frac{p + qx + rx^2 + \ldots + rx^{2(\nu-1)-2} + qx^{2(\nu-1)-1} + px^{2(\nu-1)}}{A + Bx + Cx^2 + \ldots + Cx^{2\nu-2} + Bx^{2\nu-1} + Ax^{2\nu}}.$$

On voit donc par là que, pour rendre la série

$$t + t'x + t''x^2 + t'''x^3 + \ldots$$

régulière, et en même temps originaire d'une fraction qui ait pour numérateur et pour dénominateur des polynômes réciproques de degrés pairs, il faut non-seulement y effacer les ρ premiers termes, et diviser les restants par x^ρ, mais encore retrancher des coefficients de ceux-ci les coefficients de ceux des premiers termes qui sont également éloignés du terme $\rho^{ième}$, c'est-à-dire, en retrancher respectivement les coefficients des termes effacés disposés à rebours, à commencer par le pénultième.

Si la série proposée avait pour fraction génératrice la fraction ci-dessus, mais dont le numérateur fût de plus multiplié par $1 + x$, ce qui le rendrait un polynôme réciproque du degré $2(\nu + \rho - 1) + 1$, on trouverait par un raisonnement semblable que, pour débarrasser la série des termes irréguliers et conserver en même temps à sa fraction génératrice la même forme, il faudrait y effacer les ρ premiers termes, diviser les autres par x^ρ, et retrancher ensuite respectivement des coefficients de ceux-ci ceux des termes effacés, disposés à rebours, à commencer par le dernier; c'est le cas de la seconde des deux séries (C) du n° **24**.

Mais, si le numérateur de la fraction au lieu d'être multiplié par $1 + x$ devait l'être par $1 - x$, ce qui est le cas de la première des mêmes séries (C), alors on opérerait comme dans le cas précédent, mais en changeant la soustraction en addition.

Enfin, si l'on avait le cas de la première des séries (D) du n° **25**, où le numérateur de la fraction doit être multiplié par $1 - x^2$, il est facile de voir qu'après avoir effacé les ρ premiers termes, et divisé les autres par x^ρ, il faudrait ajouter respectivement aux coefficients de ceux-ci, à commencer seulement par le second, les coefficients des termes effacés disposés à rebours.

PROPOSITION VI.

Problème.

Étant donnée une suite de nombres dont la loi de la progression soit inconnue, on propose de trouver si chaque terme de cette suite peut être représenté par la somme d'un certain nombre de sinus d'angles qui varient d'un terme à l'autre par des différences constantes quelconques, chacun de ces sinus étant d'ailleurs multiplié par un coefficient constant quelconque.

Les principes posés ci-dessus fournissent différentes manières de résoudre ce Problème.

Première Solution.

35. De ce que l'on a démontré dans les n^{os} **5** et **6**, il s'ensuit que, pour que la suite proposée soit de la nature dont il s'agit, il faut qu'elle soit récurrente d'un ordre pair, et que de plus la fraction génératrice ait pour dénominateur un polynôme réciproque d'un degré pair, lequel soit résoluble en facteurs trinômes de la forme

$$1 - 2x\cos\alpha + x^2, \quad 1 - 2x\cos\beta + x^2, \ldots.$$

Ainsi, pour résoudre le Problème proposé, il n'y aura qu'à faire usage de la méthode générale de la Proposition II, et chercher par son moyen la fraction génératrice de la série. Cette fraction, si la série en a une, étant trouvée, il n'y aura plus qu'à voir si elle a pour dénominateur un polynôme qui ait les propriétés dont nous venons de parler: c'est de quoi on pourra s'assurer aisément par les formules du n° 6; car, d'abord, il faudra qu'en égalant le dénominateur à zéro on ait une équation réciproque de la forme

$$1 + (1)x + (2)x^2 + (3)x^3 + \ldots + (3)x^{2\nu-3} + (2)x^{2\nu-2} + (1)x^{2\nu-1} + x^{2\nu} = 0;$$

ensuite il faudra que la transformée

$$z^\nu + [(1)]z^{\nu-1} + [(2)]z^{\nu-2} + [(3)]z^{\nu-3} + \ldots + [(\nu)] = 0$$

ait toutes ses racines réelles, inégales et comprises entre les limites -2 et $+2$. On trouve, dans les *Mémoires de l'Académie de Berlin*, pour les années 1767 et 1768 (*), des méthodes directes et faciles pour reconnaître si cette condition a lieu, et pour trouver en même temps la valeur de chaque racine aussi approchée que l'on veut.

Supposons que $\varpi, \rho, \sigma, \ldots$ soient les racines dont nous parlons; on fera

$$\cos\alpha = \frac{\varpi}{2}, \quad \cos\beta = \frac{\rho}{2}, \quad \cos\gamma = \frac{\sigma}{2}, \ldots,$$

et l'on en conclura sur-le-champ que le terme général $T^{(m)}$ de la série proposée sera de la forme

$$A\sin(a + m\alpha) + B\sin(b + m\beta) + C\sin(c + m\gamma) + \ldots,$$

m étant l'exposant du rang, et $A, B, C, \ldots, a, b, c, \ldots$ des constantes qu'on déterminera aisément par les méthodes connues.

(*) *OEuvres de Lagrange*, t. II, p. 539 et 581.

En effet il est clair, par les formules du n° 6, que le dénominateur de la fraction génératrice aura alors pour facteur les trinômes

$$1 - 2x\cos\alpha + x^2, \quad 1 - 2x\cos\beta + x^2, \ldots,$$

en sorte qu'on pourra, par les méthodes connues décomposer cette fraction en autant de fractions partielles, telles que

$$\frac{F + Gx}{1 - 2x\cos\alpha + x^2} + \frac{H + Ix}{1 - 2x\cos\beta + x^2} + \ldots.$$

Or on sait, et il est d'ailleurs très-facile de démontrer que toute fraction de la forme

$$\frac{1}{1 - 2x\cos\alpha + x^2}$$

donne une série dont le terme général est

$$\frac{\sin(m+1)\alpha}{\sin\alpha} x^m;$$

donc la fraction

$$\frac{F + Gx}{1 - 2x\cos\alpha + x^2}$$

produira une série qui aura pour terme général la quantité

$$\frac{F\sin(m+1)\alpha + G\sin m\alpha}{\sin\alpha} x^m;$$

mais

$$\sin(m+1)\alpha = \sin m\alpha\cos\alpha + \cos m\alpha\sin\alpha;$$

donc, si l'on fait

$$F = A\sin a, \quad \frac{F\cos\alpha + G}{\sin\alpha} = A\cos a,$$

et par conséquent

$$\operatorname{tang} a = \frac{F\sin\alpha}{F\cos\alpha + G}, \quad A = \frac{\sqrt{F^2 + 2FG\cos\alpha + G^2}}{\sin\alpha}.$$

le terme général de la série provenant de la fraction

$$\frac{F + Gx}{1 - 2x\cos\alpha + x^2}$$

se réduira à la forme

$$A\sin(a + m\alpha)x^m.$$

Ainsi l'on connaîtra les valeurs des constantes A et a, et l'on déterminera de même celles des constantes B et b, à l'aide des quantités H, I, et $\sin\beta$, $\cos\beta$; et ainsi des autres.

Deuxième Solution.

36. Puisque la question est de savoir si la suite proposée résulte d'une fraction génératrice, dont le dénominateur soit un polynôme réciproque d'un degré pair 2ν, supposons que cela soit ainsi, et il est clair qu'on aura dans ce cas (n° 24)

$$P = \Pi, \quad n = 2\nu,$$

par conséquent

$$P' = 1, \quad Q' = 1, \quad P = Q.$$

D'où il s'ensuit que chacune des séries transformées du n° 26 sera de l'ordre $2(2\nu - \nu) = 2\nu$, c'est-à-dire, du même ordre que la proposée; en sorte que, par la méthode de la Proposition IV, on pourra les transformer de nouveau en d'autres qui ne seront que de l'ordre ν, et par conséquent d'un ordre moindre de la moitié de celui de la série proposée; moyennant quoi la recherche de la fraction génératrice deviendra beaucoup plus simple et plus facile.

Soit donc T un des termes du milieu de la suite proposée, et soient

$$T', \ T'', \ T''', \ldots$$

les termes qui suivent celui-là,

$${}'T, \ {}''T, \ {}'''T, \ldots$$

ceux qui le précèdent. On formera, par les formules du n° 26, les deux séries transformées (E) et (F), ou bien les deux autres (G) et (H), qu'on représentera, comme dans le numéro cité, de cette manière

$$t + t'x + t''x^2 + t'''x^3 + t^{\text{IV}}x^4 + \ldots,$$

$$(t) + (t')x + (t'')x^2 + (t''')x^3 + (t^{\text{IV}})x^4 + \ldots;$$

ensuite on transformera, par les formules du n° **27**, ces deux séries dans ces deux-ci

$$\text{(I)} \qquad \theta + \theta'y + \theta''y^2 + \theta'''y^3 + \theta^{\text{IV}}y^4 + \ldots,$$

$$\text{(K)} \qquad (\theta) + (\theta')y + (\theta'')y^2 + (\theta''')y^3 + (\theta^{\text{IV}})y^4 + \ldots,$$

et l'on opérera sur l'une ou l'autre de ces deux dernières séries, suivant la méthode de la Proposition II, pour trouver sa fraction génératrice, si elle en a une. Cette fraction étant trouvée pour l'une des deux séries dont il s'agit, il sera facile d'avoir la fraction de l'autre série, puisque les deux fractions génératrices doivent avoir le même dénominateur (sur quoi *voyez* la Remarque I, au n° 38), car la difficulté ne consistera qu'à trouver le numérateur de la fraction inconnue; et pour cela il est clair qu'il n'y aura qu'à multiplier la série elle-même par le dénominateur déjà trouvé, et prendre pour numérateur autant des premiers termes de ce produit qu'il y en a dans le dénominateur, moins un, les termes suivants devant d'ailleurs s'évanouir d'eux-mêmes, ce qui peut servir de confirmation à la bonté du calcul.

Connaissant ainsi les fractions génératrices des deux séries (I) et (K), il faudra examiner d'abord si leur dénominateur commun, étant égalé à zéro, donne, en y faisant $y = \frac{1}{z}$, une équation en z de la même nature que celle du n° 35, c'est-à-dire, dont les racines soient toutes réelles inégales, et comprises entre les limites 2 et -2, en sorte qu'on puisse les supposer égales à

$$2\cos\alpha, \quad 2\cos\beta, \quad 2\cos\gamma, \ldots,$$

auquel cas on pourrait décomposer les fractions dont il s'agit dans les fractions partielles

$$\frac{F}{1-2y\cos\alpha}+\frac{G}{1-2y\cos\beta}+\frac{H}{1-2y\cos\gamma}+\ldots,$$

$$\frac{(F)}{1-2y\cos\alpha}+\frac{(G)}{1-2y\cos\beta}+\frac{(H)}{1-2y\cos\gamma}+\ldots.$$

On mettra ensuite dans ces fractions $\frac{x}{1+x^2}$ à la place de y, et on les divisera par $1+x^2$, ce qui les changera en celles-ci

$$\frac{F}{1-2x\cos\alpha+x^2}+\frac{G}{1-2x\cos\beta+x^2}+\frac{H}{1-2x\cos\gamma+x^2}+\ldots,$$

$$\frac{(F)}{1-2x\cos\alpha+x^2}+\frac{(G)}{1-2x\cos\beta+x^2}+\frac{(H)}{1-2x\cos\gamma+x^2}+\ldots,$$

qui seront par conséquent égales aux séries

$$t+t'x+t''x^2+t'''x^3+\ldots,$$

$$(t)+(t')x+(t'')x^2+(t''')x^3+\ldots.$$

Il faut maintenant distinguer deux cas, suivant que ces séries répondent aux séries (E) et (F), ou aux séries (G) et (H) du n° **26**.

Dans le premier cas, il n'est pas difficile de voir que si l'on multiplie la série

$$t+t'x+t''x^2+t'''x^3+\ldots$$

par $1-x$, et la série

$$(t)+(t')x+(t'')x^2+(t''')x^3+\ldots$$

par $1+x$, et qu'on les ajoute ensemble, il en résultera celle-ci

$$2T+2T'x+2T''x^2+2T'''x^3+\ldots.$$

On aura donc dans ce cas

$$T+T'x+T''x^2+T'''x^3+T^{\text{IV}}x^4+\ldots=\frac{\frac{F+(F)}{2}-\frac{F-(F)}{2}x}{1-2x\cos\alpha+x^2}+\frac{\frac{G+(G)}{2}-\frac{G-(G)}{2}x}{1-2x\cos\beta+x^2}+\ldots;$$

d'où l'on tirera aisément l'expression du terme général $T^{(m)}$, comme dans la solution précédente.

Dans le second cas, la série

$$t + t'x + t''x^2 + t'''x^3 + \ldots,$$

étant multipliée par $1 - x^2$ et ensuite ajoutée à la série

$$(t) + (t')x + (t'')x^2 + (t''')x^3 + \ldots$$

multipliée par x, donnera celle-ci

$$T + 2T'x + 2T''x^2 + 2T'''x^3 + \ldots,$$

en sorte que l'on aura

$$\frac{T}{2} + T'x + T''x^2 + T'''x^3 + T^{\text{IV}}x^4 + \ldots = \frac{1}{2}\frac{F + (F)x - Fx^2}{1 - 2x\cos\alpha + x^2} + \frac{1}{2}\frac{G + (G)x - Gx^2}{1 - 2x\cos\beta + x^2} + \ldots.$$

Or, si l'on fait dans cette équation $x = 0$, on a

$$\frac{T}{2} = \frac{F}{2} + \frac{G}{2} + \ldots.$$

Donc, ajoutant cette équation à celle-là, il viendra

$$T + T'x + T''x^2 + T'''x^3 + T^{\text{IV}}x^4 + \ldots = \frac{F + [\frac{1}{2}(F) - F\cos\alpha]x}{1 - 2x\cos\alpha + x^2} + \frac{G + [\frac{1}{2}(G) - G\cos\beta]x}{1 - 2x\cos\beta + x^2} + \ldots,$$

d'où il est facile de trouver, pour le terme général $T^{(m)}$, l'expression

$$F\cos m\alpha + \frac{(F)}{2\sin\alpha}\sin m\alpha + G\cos m\beta + \frac{(G)}{2\sin\beta}\sin m\beta + \ldots,$$

qu'on réduira aisément à la forme

$$A\sin(a + m\alpha) + B\sin(b + m\beta) + \ldots,$$

en faisant

$$\operatorname{tang} a = \frac{2F\sin\alpha}{(F)}, \quad A = \sqrt{F^2 + \frac{(F)^2}{4\sin^2\alpha}},$$

$$\operatorname{tang} b = \frac{2G\sin\beta}{(G)}, \quad B = \sqrt{G^2 + \frac{(G)^2}{4\sin^2\beta}},$$

. . . .

Troisième Solution.

37. Ayant nommé, comme ci-dessus,

$$\ldots,\ {}'''\mathrm{T},\ {}''\mathrm{T},\ {}'\mathrm{T},\ \mathrm{T},\ \mathrm{T}',\ \mathrm{T}'',\ \mathrm{T}''',\ldots$$

les termes de la suite proposée, on en formera ces deux séries (24)

$$(\mathrm{C})\qquad \begin{cases} (\mathrm{T}+{}'\mathrm{T})+(\mathrm{T}'+{}''\mathrm{T})x+(\mathrm{T}''+{}'''\mathrm{T})x^2+(\mathrm{T}'''+{}^{\mathrm{IV}}\mathrm{T})x^3+\ldots,\\ (\mathrm{T}-{}'\mathrm{T})+(\mathrm{T}'-{}''\mathrm{T})x+(\mathrm{T}''-{}'''\mathrm{T})x^2+(\mathrm{T}'''-{}^{\mathrm{IV}}\mathrm{T})x^3+\ldots, \end{cases}$$

ou bien ces deux-ci (n° 25)

$$(\mathrm{D})\qquad \begin{cases} \mathrm{T}+(\mathrm{T}'+{}'\mathrm{T})x+(\mathrm{T}''+{}''\mathrm{T})x^2+(\mathrm{T}'''+{}'''\mathrm{T})x^3+\ldots,\\ (\mathrm{T}'-{}'\mathrm{T})+(\mathrm{T}''-{}''\mathrm{T})x+(\mathrm{T}'''+{}'''\mathrm{T})x^2+\ldots; \end{cases}$$

ensuite on opérera sur une quelconque de ces quatre séries, suivant la méthode de la Proposition V, en ayant seulement attention (32) de prendre pour premier dividende, au lieu de l'unité, la quantité $1-x$ si l'on choisit la première des deux séries (C), la quantité $1+x$ si l'on choisit la seconde de ces séries, ou la quantité $1-x^2$ si l'on veut opérer sur la première des deux séries (D); mais, à l'égard de la seconde des séries (D), il ne faudra prendre que l'unité, comme à l'ordinaire.

On pourra donc trouver, par cette méthode, la fraction génératrice de la série, si elle en a une; et pour cela il faudra se souvenir de multiplier ensuite le numérateur de la fraction qu'on aura trouvée directement, par la même quantité qui aura servi de premier dividende, pour avoir la véritable fraction génératrice cherchée (numéro cité).

Ayant trouvé ainsi la fraction génératrice de l'une des deux séries (C) ou (D), il faudra chercher encore celle de la série compagne, et pour cela on pourra, si l'on veut, s'y prendre de la même manière; mais, comme on sait d'avance que ces fractions doivent avoir le même dénominateur, il suffira de chercher le numérateur de la nouvelle fraction, en multipliant la série correspondante par le dénominateur déjà trouvé, et ne prenant dans le produit qu'un nombre de termes moindre d'une unité que celui du dénominateur; on pourra même se contenter de chercher ainsi les ν premiers termes du produit ($2\nu+1$ étant supposé le nombre des termes du dénominateur); car, comme on sait que les deux séries (C) doivent avoir pour numérateurs de leurs fractions génératrices des polynômes réciproques du degré $2\nu-2$ multipliés par $1-x$ ou par $1+x$, il s'ensuit que la seconde des séries (C) aura pour numérateur un polynôme réciproque du degré $2\nu-1$, et que la première aura pour numérateur un polynôme du même degré $2\nu-1$, dont les termes extrêmes, ainsi que les équidistants des extrêmes, auront les mêmes coefficients, mais avec des signes contraires, polynôme qu'on pourra appeler *anti-réciproque;* de même, puisque la première des deux séries (D) doit avoir pour numérateur de sa fraction génératrice un polynôme réciproque du degré $2\nu-2$, multiplié par $1-x^2$, il est facile de voir que ce numérateur ne sera autre chose qu'un polynôme *anti-réciproque* du degré 2ν; et, quant à la seconde des mêmes séries (D), elle aura naturellement pour numérateur un polynôme réciproque du degré $2\nu-2$. D'où l'on voit qu'il suffira toujours de connaître la première moitié des termes du numérateur cherché, puisque les termes restants seront les mêmes avec les mêmes signes, ou avec des signes contraires. Sur quoi *voyez* encore ci-dessous la Remarque II (39).

Dès qu'on connaitra les fractions génératrices des deux séries (C) ou (D), on pourra achever la solution du Problème, comme dans le numéro précédent; car il est visible qu'en faisant

$$\frac{x}{1+x^2}=y$$

on pourra mettre les deux fractions génératrices des séries (C) sous la forme

$$\frac{1-x}{1+x^2}\frac{\mathrm{V}}{\mathrm{Y}},\quad \frac{1+x}{1+x^2}\frac{(\mathrm{V})}{\mathrm{Y}},$$

et les deux fractions génératrices des séries (D) sous la forme

$$\frac{1-x^2}{1+x^2}\frac{\mathrm{V}}{\mathrm{Y}},\quad \frac{1}{1+x^2}\frac{(\mathrm{V})}{\mathrm{Y}},$$

V, (V) et Y étant des polynômes en y, dont les deux premiers seront du degré $\nu - 1$, et le dernier du degré ν; et il est facile de se convaincre que les fractions $\frac{V}{Y}$ et $\frac{(V)}{Y}$ ne seront autre chose que les fractions génératrices des séries (I) et (K) de la seconde solution; en sorte qu'en opérant sur ces fractions, comme nous l'avons enseigné dans cet endroit, on en tirera, pour l'expression du terme général $T^{(m)}$, les mêmes formules que nous avons trouvées à la fin de la Solution précédente, en remarquant que le premier des deux cas que nous y avons distingués répond à celui où l'on aura employé les séries (C), et que le second répond à celui où l'on aura fait usage des séries (D).

Remarque I.

38. Nous avons dit, dans la seconde solution du Problème précédent, que les fractions génératrices des deux séries (I) et (K) doivent avoir le même dénominateur. Cela est vrai, en général, comme on peut s'en convaincre en relisant les nos 24, 25 et 26; mais il peut arriver que le dénominateur ait un facteur commun avec le numérateur d'une de ces fractions, auquel cas ce facteur s'évanouira de lui-même, et la fraction deviendra plus simple. Dans ce cas donc, si l'on multiplie par ce dénominateur l'autre fraction, on aura encore après la multiplication une fraction dont le numérateur sera le même qu'auparavant, et dont le dénominateur sera le facteur commun qui s'était évanoui dans la première fraction. Par conséquent cette fraction donnera aussi une série récurrente, mais dans laquelle il y aura au commencement autant de termes irréguliers qu'il y a d'unités dans le degré du polynôme par lequel elle aura été multipliée (17). D'où il est facile de conclure que, si après avoir trouvé la fraction génératrice de l'une des séries (I) ou (K) on multiplie l'autre série par le dénominateur de cette fraction, et qu'après avoir pris autant de termes de ce produit qu'il y en a dans le multiplicateur, moins un, on trouve que les termes suivants ne sont pas nuls, ce sera une marque que la fraction trouvée est dans le cas

dont nous venons de parler; alors il faudra considérer ces derniers termes, et, après les avoir divisés par la puissance de y qui multiplie le premier d'entre eux, on cherchera de nouveau, par la méthode générale, la fraction génératrice de la série qui en est formée; on multipliera ensuite cette fraction par la puissance de y, par laquelle on avait divisé les termes de la série, et l'on y ajoutera les premiers termes dont on a parlé; on aura ainsi, après avoir réduit le tout au même dénominateur, une fraction qui, étant encore divisée par le dénominateur de la première fraction trouvée, sera la véritable fraction génératrice de l'autre série en question.

Remarque II.

39. Il est visible que la même difficulté, qui vient de faire l'objet de la Remarque précédente, pourra se rencontrer aussi dans la troisième Solution; et cela arrivera lorsque les termes du produit de la série par le dénominateur trouvé ne formeront pas un polynôme réciproque ou anti-réciproque, comme nous l'avons supposé dans cette Solution. Dans ce cas donc, il faudra chercher de nouveau la fraction génératrice de la série formée par le produit dont nous parlons; mais, comme cette série contiendra au commencement autant de termes irréguliers, moins un, qu'il y en a dans le dénominateur déjà trouvé, il faudra se débarrasser de ces termes par la méthode du n° 34. Voici donc comment on s'y prendra. Ayant trouvé la fraction génératrice de l'une des deux séries (C) ou (D), pour avoir celle de la série compagne, on multipliera cette série par le dénominateur de la fraction trouvée, et, retenant les premiers termes de ce produit, on retranchera des termes suivants ce qu'il faut pour qu'il en résulte un polynôme réciproque ou anti-réciproque de la forme et du degré dont devrait être le numérateur de la fraction cherchée, si elle avait le même dénominateur que l'autre fraction. On divisera tous les termes de cette partie retranchée par la puissance de x qui en affecte le premier terme, et l'on opérera ensuite sur la série résultante comme on aurait opéré sur la série elle-même, si l'on en avait

cherché directement la fraction génératrice sans supposer son dénominateur connu.

Dès qu'on aura trouvé la fraction génératrice de la série en question, il n'y aura plus qu'à la multiplier par la même puissance de x, par laquelle on avait divisé auparavant tous ses termes, et à y ajouter ensuite le polynôme réciproque ou anti-réciproque dont on vient de parler; la fraction qui en résultera, après avoir réduit le tout au même dénominateur et multiplié de plus ce dénominateur par celui de la première fraction déjà trouvée, sera la fraction génératrice de la série compagne de la première.

Cette règle se démontre facilement par les principes du numéro cité; nous ne nous y arrêterons pas, d'autant que dans la pratique il paraît beaucoup plus utile d'employer toujours la méthode directe pour l'une et l'autre série; car, quoique de cette manière le calcul devienne un peu plus long, il y a néanmoins cet avantage que l'opération qu'on fera sur la seconde série servira de preuve à celle qu'on aura faite pour la première, puisqu'il faut nécessairement que le dénominateur de la fraction génératrice de celle-ci soit le même que celui de la fraction génératrice de celle-là, ou qu'il en soit du moins un diviseur exact.

Conclusion.

40. Comme la troisième Solution mérite d'être employée de préférence, à cause de sa simplicité et de sa facilité, je vais, pour la commodité de ceux qui voudront en faire usage, récapituler en peu de mots les procédés qu'elle demande. Pour cela je distinguerai les deux cas qui répondent aux séries (C) ou (D), sur lesquelles on est libre d'opérer : ce qui fournira deux méthodes différentes de résoudre le Problème.

Première Méthode.

Soit T un des termes du milieu de la série proposée; T′, T″, T‴,...

les termes suivants, et $'T$, $''T$, $'''T$, $^{\text{IV}}T$,... les précédents; on en formera d'abord la série des sommes

$$(T + 'T) + (T' + ''T)x + (T'' + '''T)x^2 + (T''' + {}^{\text{IV}}T)x^3 + \ldots,$$

et, pour rendre le calcul plus commode, on commencera par diviser tous les termes de cette série par son premier terme $T + 'T$, que j'appellerai en général p, en sorte que la série résultante que je nommerai s ait pour premier terme l'unité.

Cette préparation faite, on divisera $1 - x$ par s, et, au lieu de 1, on écrira d'abord $1 + x^2$ dans le quotient; ensuite, après la multiplication et la soustraction ordinaires, on continuera la division, et il viendra dans le quotient un terme de la forme qx; après quoi on aura un reste dont le premier terme sera de la forme $p'x^2$.

On divisera ce reste par son premier terme $p'x^2$, pour avoir un polynôme dont le premier terme soit l'unité, et qu'on nommera s'; après quoi on divisera s par s', et, au lieu de 1, on écrira de nouveau $1 + x^2$ au quotient; ensuite, continuant la division comme à l'ordinaire, on aura dans le quotient un terme tel que $q'x$, et il viendra un reste dont le premier terme sera de la forme $p''x^2$.

On divisera donc aussi ce reste par son premier terme $p''x^2$, et l'on désignera le polynôme résultant par s''; on divisera maintenant s' par s'', en écrivant d'abord au quotient $1 + x^2$ au lieu de 1; on continuera la division, et l'on aura dans le quotient un nouveau terme de la forme $q''x$; ensuite de quoi le reste aura pour premier terme $p'''x^2$.

On opérera sur ce reste comme sur les précédents, et l'on continuera ainsi jusqu'à ce que l'on parvienne à un reste qui soit exactement ou à très-peu près nul; dans le premier cas, on aura une solution exacte; dans le second, on n'en aura qu'une approchée.

Maintenant, soit n le nombre des quotients trouvés, en sorte que l'on ait les deux suites de nombres

$$p, p', p'', p''', \ldots, p^{(n-1)}, \quad \text{et} \quad q, q', q'', q''', \ldots, q^{(n-1)};$$

on fera

$$\psi = 1,$$

$$\psi' = 1 + q^{(n-1)}y,$$

$$\psi'' = (1 + q^{(n-2)}y)\psi' + p^{(n-1)}y^2\psi,$$
$$= 1 + (q^{(n-1)} + q^{(n-2)})y + (q^{(n-1)}q^{(n-2)} + p^{(n-1)})y^2,$$

$$\psi''' = (1 + q^{(n-3)}y)\psi'' + p^{(n-2)}y^2\psi',$$
$$= 1 + (q^{(n-1)} + q^{(n-2)} + q^{(n-3)})y + (q^{(n-1)}q^{(n-2)} + q^{(n-1)}q^{(n-3)} + q^{(n-2)}q^{(n-3)})y^2$$
$$+ (q^{(n-1)}q^{(n-2)}q^{(n-3)} + q^{(n-1)}p^{(n-2)} + q^{(n-3)}p^{(n-1)})y^3,$$

. . . . ,

$$\psi^{(n)} = (1 + qy)\psi^{(n-1)} + p'y^2\psi^{(n-2)}.$$

Et l'on considérera la fraction $\frac{p\psi^{(n-1)}}{\psi^{(n)}}$, dont le dénominateur $\psi^{(n)}$ sera toujours un polynôme en y du degré n, dans lequel le premier terme sera l'unité; en sorte qu'il pourra être résolu en n facteurs simples de la forme

$$1 - \varpi y, \quad 1 - \rho y, \ldots.$$

On cherchera donc ces facteurs par les méthodes connues, et ensuite on décomposera la fraction elle-même en autant de fractions simples, telles que

$$\frac{F}{1 - \varpi y} + \frac{G}{1 - \rho y} + \ldots.$$

Ces opérations achevées, on reprendra la série proposée, et l'on en formera la série des différences

$$(T - T') + (T' - {}^{\text{II}}T)x + (T'' - {}^{\text{III}}T)x^2 + (T''' - {}^{\text{IV}}T)x^3 + \ldots,$$

qu'on traitera de la même manière qu'on l'a fait à l'égard de la série précédente des sommes, avec cette seule différence que, au lieu de prendre $1 - x$ pour premier dividende, il faudra prendre maintenant $1 + x$.

En suivant donc les mêmes procédés, on parviendra aussi à une fraction telle que $\frac{p(\psi)^{(n-1)}}{(\psi)^{(n)}}$, dont le dénominateur $(\psi)^{(n)}$ devra être exactement ou à très-peu près le même que celui de la fraction trouvée d'après la première série; ce qui pourra servir de confirmation à la bonté du calcul. Ainsi on pourra décomposer pareillement cette dernière fraction en n fractions partielles de la forme

$$\frac{(\mathrm{F})}{1-\varpi y}+\frac{(\mathrm{G})}{1-\rho y}+\ldots.$$

Ayant trouvé de cette manière les valeurs des quantités

$$\varpi,\ \rho,\ldots,\ \mathrm{F},\ \mathrm{G},\ldots,\ (\mathrm{F}),\ (\mathrm{G}),\ldots,$$

il n'y aura plus qu'à faire

$$\cos\alpha=\frac{\varpi}{2},\quad \operatorname{tang} a=\frac{\mathrm{F}+(\mathrm{F})}{(\mathrm{F})\cot\frac{\alpha}{2}-\mathrm{F}\operatorname{tang}\frac{\alpha}{2}},\quad \mathrm{A}=\frac{1}{2}\sqrt{\mathrm{F}^2\operatorname{séc}^2\frac{\alpha}{2}+(\mathrm{F})^2\operatorname{coséc}^2\frac{\alpha}{2}},$$

$$\cos\beta=\frac{\rho}{2},\quad \operatorname{tang} b=\frac{\mathrm{G}+(\mathrm{G})}{(\mathrm{G})\cot\frac{\beta}{2}-\mathrm{G}\operatorname{tang}\frac{\beta}{2}},\quad \mathrm{B}=\frac{1}{2}\sqrt{\mathrm{G}^2\operatorname{séc}^2\frac{\beta}{2}+(\mathrm{G})^2\operatorname{coséc}^2\frac{\beta}{2}},$$

....,

et l'on aura pour le terme général $\mathrm{T}^{(m)}$ de la série proposée l'expression suivante

$$\mathrm{T}^{(m)}=\mathrm{A}\sin(a+m\alpha)+\mathrm{B}\sin(b+m\beta)+\ldots.$$

Seconde Méthode.

On formera d'abord la série des sommes

$$\mathrm{T}+(\mathrm{T}'+{}'\mathrm{T})x+(\mathrm{T}''+{}''\mathrm{T})x^2+(\mathrm{T}'''+{}'''\mathrm{T})x^3+\ldots,$$

et l'on opérera sur cette série suivant les mêmes procédés prescrits ci-dessus, en ayant seulement attention de prendre $1-x^2$ pour premier dividende. On trouvera ainsi les fractions partielles

$$\frac{\mathrm{F}}{1-\varpi y}+\frac{\mathrm{G}}{1-\rho y}+\ldots.$$

On formera ensuite cette autre série des différences

$$(\mathrm{T}'-{}'\mathrm{T})+(\mathrm{T}''-{}''\mathrm{T})x+(\mathrm{T}'''-{}'''\mathrm{T})x^2+\ldots,$$

et, la traitant de même que la précédente, mais en prenant simplement l'unité pour premier dividende, on obtiendra pareillement ces fractions partielles

$$\frac{(F)}{1-\varpi y}+\frac{(G)}{1-\rho y}+\ldots;$$

ensuite on fera

$$\cos\alpha=\frac{\varpi}{2},\quad \operatorname{tang} a=\frac{2F\sin\alpha}{(F)},\quad A=\sqrt{F^2+\frac{(F)^2}{4\sin^2\alpha}},$$

$$\cos\beta=\frac{\rho}{2},\quad \operatorname{tang} b=\frac{2G\sin\beta}{(G)},\quad B=\sqrt{G^2+\frac{(G)^2}{4\sin^2\beta}},$$

$$\ldots\ldots\ldots,\quad \ldots\ldots\ldots\ldots\ldots,\quad \ldots\ldots\ldots\ldots\ldots\ldots,$$

et l'on aura, comme ci-devant,

$$T^{(m)}=A\sin(a+m\alpha)+B\sin(b+m\beta)+\ldots.$$

Exemple I.

41. Pour montrer l'usage des méthodes précédentes, par un exemple relatif à l'Astronomie, je prendrai la Table de l'équation du temps de Mayer (*Tabulæ solares, etc.*, p. 111), dont la marche est assez irrégulière, et, supposant qu'on ne me donne qu'un certain nombre de termes de cette Table pris à des intervalles égaux, je me propose de trouver la loi de ces termes, et de connaître par là la formule générale d'après laquelle la Table est formée.

Supposons que les termes donnés soient ceux qui répondent à

$$0^s,\ 2^s 10^\circ,\ 4^s 20^\circ,\ 7^s,\ 9^s 10^\circ,\ldots,$$

dont l'intervalle constant est $2^s 10^\circ$, et, réduisant les minutes en secondes, on aura la série des nombres suivants (*voir* le Tableau ci-contre, première case)

$$+456,\ -168,\ +274,\ -933,\ +220,\ +631,\ -232,\ +349,\ -823,\ -72,$$
$$+772,\ -237,\ +358,\ -657,\ -360,\ +860,\ -181,\ +305,\ -457,\ -616,\ldots,$$

dont il s'agira de trouver la loi.

PREMIÈRE CASE.

	0^s $+7^m\,36^s$	$2^s\,10^\circ$ $-2^m\,48^s$	$4^s\,20^\circ$ $+4^m\,34^s$	7^s $-15^m\,33^s$	$9^s\,10^\circ$ $+3^m\,40^s$	$11^s\,20^\circ$ $+10^m\,31^s$	2^s $-3^m\,52^s$	$4^s\,10^\circ$ $+5^m\,49^s$	$6^s\,20^\circ$ $-13^m\,43^s$	9^s $-1^m\,12^s$	$11^s\,10^\circ$ $+12^m\,52^s$	$1^s\,20^\circ$ $-3^m\,57^s$	4^s $+5^m\,58^s$	$6^s\,10^\circ$ $-10^m\,57^s$	$8^s\,20^\circ$ $-6^m\,0^s$	11^s $+14^m\,20^s$	$1^s\,10^\circ$ $-3^m\,1^s$	$3^s\,20^\circ$ $+5^m\,5^s$	6^s $-7^m\,37^s$	$8^s\,10^\circ$ $-10^m\,16^s$	
	+456	−168	+274	−933	+220	+631	−232	+349	−823	−72	+772	−237	+358	−657	−360	+860	−181	+305	−457	−616	
	−616	−457	+305	−181	+860	−360	−657	+358	−237	+772	−72	−823	+349	−232	+631	+220	−933	+274	−168	+456	
Somme.	−160	−625	+579	−1114	+1080	+271	−889	+707	−1060	+700	+844	+586	+ 9	−425	−991	+640	+752	+ 31	−289	−1072	Diff.

DEUXIÈME CASE.

+ 700	2.8450980	9.7111996	0,51428			− 1,23123	0.0903392	9.5121772	0,32522		
−1060	3.0253059	0.1802079	1,51428	9.8914075	0,77877	+ 2,26485	0.3550395	0.2647003	1,83950	9.7768775	0,59824
+ 707	2.8494194	0.0043214	1,01000	9.7155210	0,51943	− 0,74400	9.8715729	9.7812337	0,60427	9.2934109	0,19652
− 889	2.9489018	0.1038038	1,27000	9.8150034	0,65314	− 0,47196	9.6739052	9.5835660	0,38332	9.0957432	0,12466
+ 271	2.4329693	9.5878713	0,38714	9.2990709	0,19910	+ 0,41083	9.6136621	9.5233229	0,33367	9.0355001	0,10853
+1080	3.0334238	0.1883258	1,54286	9.8995254	0,79346	− 1,55156	0.1907685	0.1004293	1,26017	9.6126065	0,40983
−1114	3.0468852	0.2017872	1,59143	9.9129868	0,81844	+ 2,05890	0.3136353	0.2232961	1,67223	9.7354733	0,54384
+ 579	2.7626786	9.9175806	0,82714	9.6287802	0,42539	− 0,13939	9.1432316	9.0528924	0,11295		
− 625	2.7958800	9.9507820	0,89286	9.6619816	0,45918						
− 160	2.2041200	9.3590220	0,22857								

TROISIÈME CASE.

+ 844	2.9263424	9.4852812	0,30569			− 1,22290	0.0873909	9.7288892	0,53566		
+ 586	2.7678976	9.8415552	0,69431	9.3268364	0,21224	− 0,19402	9.2878465	9.2004556	0,15865	8.9293448	0,08498
+ 9	0.9542425	8.0279001	0,01066	7.5131813	0,00326	+ 1,31744	0.1197209	0.0323300	1,07730	9.7612192	0,57706
− 425	2.6283889	9.7020465	0,50355	9.1873277	0,15393	+ 0,10419	9.0178260	8.9304351	0,08519	8.6593243	0,04563
− 991	2.9960737	0.0697313	1,17417	9.5550125	0,35893	+ 0,05137	8.7107096	8.6233187	0,04201	8.3522079	0,02250
+ 640	2.8061800	9.8798376	0,75829	9.3651188	0,23180	− 1,06739	0.0283232	9.9409323	0,87284	9.6698215	0,46755
+ 752	2.8762178	9.9448754	0,89100	9.4351566	0,27237	− 0,55981	9.7480406	9.6606497	0,45777	9.3895389	0,24521
+ 31	1.4913617	8.5650193	0,03673	8.0503005	0,01123	+ 1,33808	0.1264721	0.0390812	1,09416		
− 289	2.4608978	9.5345554	0,34242	9.0198366	0,10467						
−1072	3.0301948	0.1038524	1,27014								

EXEMPLE I, N° 41.

QUATRIÈME CASE.

Premier quotient	$1 + x^2 + 0,51428\,x$
Premier diviseur	$1 - 1,51428\,x + 1,01000\,x^2 - 1,27000\,x^3 + 0,38714\,x^4 + 1,54286\,x^5 - 1,59143\,x^6 + 0,82714\,x^7 - 0,89286\,x^8 - 0,22857\,x^9$
Premier dividende	$1 \quad - x$
	$-1 + 1,51428\,x - 2,01000\,x^2 + 2,78428\,x^3 - 1,39714\,x^4 - 0,27286\,x^5 + 1,20429\,x^6 - 2,37000\,x^7 + 2,48429\,x^8 - 0,59857\,x^9$
	$-1,51428 \quad +0,77877 \quad -0,51943 \quad +0,65314 \quad -0,19910 \quad -0,79346 \quad +0,81844 \quad -0,42539 \quad +0,45918$
Premier reste	$\star \quad \star \quad -1,23123\,x^2 + 2,26485\,x^3 - 0,74400\,x^4 - 0,47196\,x^5 - 0,41083\,x^6 - 1,55156\,x^7 + 2,05890\,x^8 - 0,13939\,x^9$
Deuxième quotient	$1 + x^2 + 0,32522\,x$
Deuxième diviseur	$1 - 1,83950\,x + 0,60427\,x^2 + 0,38332\,x^3 + 0,33367\,x^4 + 1,26017\,x^5 - 1,67223\,x^6 + 0,11295\,x^7$
Deuxième dividende	$1 - 1,51428\,x + 1,01000\,x^2 - 1,27000\,x^3 + 0,38714\,x^4 + 1,54286\,x^5 - 1,59143\,x^6 + 0,82714\,x^7$
	$-1 + 1,83950 \quad -1,60427 \quad +1,45618 \quad -0,27060 \quad -1,64349 \quad +2,00590 \quad -1,37312$
	$\star \quad 0,32522\,x - 0,59427\,x^2 + 0,18618\,x^3 + 0,11654\,x^4 - 0,10063\,x^5 + 0,41447\,x^6 - 0,54598\,x^7$
	$-0,32522 \quad +0,59824 \quad -0,19652 \quad -0,12466 \quad +0,10853 \quad -0,40983 \quad +0,54384$
Deuxième reste	$\star \quad \star \quad 0,00397\,x^2 - 0,01034\,x^3 - 0,00812\,x^4 + 0,00790\,x^5 - 0,00464\,x^6 - 0,00214\,x^7$

CINQUIÈME CASE.

Premier quotient	$1 + x^2 + 0,30569\,x$
Premier diviseur	$1 + 0,69431\,x + 0,01066\,x^2 - 0,50355\,x^3 - 1,17417\,x^4 + 0,75829\,x^5 + 0,89100\,x^6 + 0,03673\,x^7 - 0,34242\,x^8 - 1,27014\,x^9$
Premier dividende	$1 \quad + x$
	$-1 - 0,69431\,x - 1,01066\,x^2 - 0,19076\,x^3 + 1,16351\,x^4 - 0,25474\,x^5 + 0,28317\,x^6 - 0,79502\,x^7 - 0,54858\,x^8 + 1,23341\,x^9$
	$-0,30569 \quad -0,21224 \quad -0,00326 \quad +0,15393 \quad +0,35893 \quad -0,23180 \quad -0,27237 \quad -0,01123 \quad +0,10467$
Premier reste	$\star \quad \star \quad -1,22290\,x^2 - 0,19402\,x^3 + 1,31744\,x^4 + 0,10419\,x^5 + 0,05137\,x^6 - 1,06739\,x^7 - 0,55981\,x^8 + 1,33808\,x^9$
Deuxième quotient	$1 + x^2 + 0,53566\,x$
Deuxième diviseur	$1 + 0,15865\,x - 1,07730\,x^2 - 0,08519\,x^3 - 0,04201\,x^4 + 0,87284\,x^5 + 0,45777\,x^6 - 1,09416\,x^7$
Deuxième dividende	$1 + 0,69431\,x + 0,01066\,x^2 - 0,50355\,x^3 - 1,17417\,x^4 + 0,75829\,x^5 + 0,89100\,x^6 + 0,03673\,x^7$
	$-1 - 0,15865 \quad +0,07730 \quad -0,07346 \quad +1,11931 \quad -0,78765 \quad -0,41576 \quad +0,22132$
	$\star \quad 0,53566\,x + 0,08796\,x^2 - 0,57701\,x^3 - 0,05486\,x^4 - 0,02936\,x^5 + 0,47524\,x^6 + 0,25805\,x^7$
	$-0,53566 \quad -0,08498 \quad +0,57706 \quad +0,04563 \quad +0,02250 \quad -0,46755 \quad -0,24521$
Deuxième reste	$\star \quad \star \quad 0,00298\,x^2 + 0,00005\,x^3 - 0,00923\,x^4 - 0,00686\,x^5 + 0,00769\,x^6 + 0,01284\,x^7$

Pour y parvenir, je suivrai donc les procédés détaillés ci-dessus (40), et j'emploierai la première méthode en opérant sur les séries formées des sommes et des différences des termes de la proposée équidistants du milieu.

Prenant donc le terme $+772$, qui répond à $11^s 10^o$ pour T, et les suivants -237, $+258$,... pour T′, T″,..., ainsi que les précédents -72, -823,... pour ′T, ″T,..., il faudra chercher les sommes

$$T + {}'T, \quad T' + {}''T, \ldots$$

et les différences

$$T - {}'T, \quad T' - {}''T, \ldots,$$

et, pour les trouver plus aisément et sans craindre de se tromper, il n'y aura qu'à écrire de nouveau les mêmes termes, comme on le voit dans les lignes troisième et quatrième de la première case, et prendre ensuite les sommes d'un côté et les différences de l'autre. On aura ainsi cette série des sommes

$$+700, \ -1060, \ +707, \ -889, \ +271, \ +1080, \ -1114, \ +579, \ -625, \ -160, \ldots,$$

et cette autre série des différences

$$+844, \ +586, \ +9, \ -425, \ -991, \ +640, \ +752, \ +31, \ -289, \ -1072, \ldots,$$

sur chacune desquelles il faudra opérer séparément.

Opération sur la première série.

Cette série sera donc représentée ainsi

$$700 - 1060x + 707x^2 - 889x^3 + 271x^4 + 1080x^5 - 1114x^6 + 579x^7 - 625x^8 - 160x^9 - \ldots,$$

et l'on aura d'abord

$$p = 700;$$

ensuite, divisant tous les termes par p, et faisant le calcul par les logarithmes, comme on le voit dans la deuxième case, on aura la nouvelle série

$$s = 1 - 1,51428x + 1,01000x^2 - 1,27000x^3 + 0,38714x^4$$
$$+ 1,54286x^5 - 1,59143x^6 + 0,82714x^7 - 0,89286x^8 - 0,22857x^9 - \ldots,$$

par laquelle il faudra diviser le binôme $1 - x$. Le procédé de cette division est détaillé dans la quatrième case, et les calculs subsidiaires pour les multiplications se trouvent dans la deuxième case.

On a donc ce premier quotient

$$1 + x^2 + 0,51428x,$$

en sorte que

$$q = 0,51428;$$

ensuite on a le reste

$$-1,23123x^2 + 2,26485x^3 - \ldots;$$

donc

$$p' = -1,23113;$$

et, comme ce reste n'est ni nul ni fort petit, il faut continuer l'opération.

On divisera donc tous les termes du reste dont il s'agit par p', et l'on aura la série

$$s' = 1 - 1,51428x + 1,01000x^2 + 0,38332x^3 - 0,33367x^4 + 1,26017x^5 - 1,67213x^6 + 0,11295x^7,$$

qui devra maintenant servir de diviseur à la série s.

Les quatrième et deuxième cases contiennent aussi le détail de cette nouvelle division, ainsi que les calculs subsidiaires qu'elle demande; et l'on voit que le quotient est

$$1 + x^2 + 0,32522x,$$

ce qui donne

$$q' = 0,32522,$$

et que le reste est

$$0,00397x^2 - 0,01034x^3 - 0,00812x^4 + 0,00790x^5 - 0,00464x^6 - 0,00214x^7.$$

Or, comme les coefficients numériques sont ici fort petits, on pourra négliger ce reste et regarder l'opération comme achevée; on aura de cette manière, non la véritable loi de la série, mais une loi fort approchée, qu'il sera facile de rectifier ensuite.

La première série donne donc ces valeurs

$$p = 700, \qquad q = 0,51428,$$
$$p' = -1,23123, \quad q' = 0,32522,$$

qu'il faudra substituer dans les formules du n° 40; mais auparavant nous chercherons celles qui doivent résulter de l'autre série.

Opération sur la seconde série.

Cette série sera représentée ainsi

$$844 + 586x + 9x^2 - 425x^3 - 991x^4 + 640x^5 + 752x^6 + 31x^7 - 289x^8 - 1072x^9 + \ldots,$$

en sorte qu'on aura d'abord

$$p = 844;$$

divisant donc tous les termes par p, et faisant le calcul par les logarithmes, comme on le voit dans la troisième case, on aura cette nouvelle série

$$s = 1 + 0,69431x + 0,01066x^2 - 0,50355x^3 - 1,17417x^4$$
$$+ 0,75829x^5 + 0,89100x^6 + 0,03663x^7 - 0,34242x^8 - 0,27014x^9 + \ldots,$$

par laquelle il faudra diviser le binôme $1 + x$.

On trouve dans la cinquième case le détail de cette division, et dans la troisième case les calculs subsidiaires qu'elle demande; et l'on voit que le quotient est

$$1 + x^2 + 0,30569x,$$

ce qui donne

$$q = 0,30569,$$

et que le reste est

$$-1,22290x^2 - 0,19402x^3 + \ldots,$$

de sorte que l'on aura

$$p' = -1,22290.$$

Continuant donc l'opération, on divisera ce reste par p', et l'on aura la nouvelle série

$$s' = 1 + 0,15865x - 1,07730x^2 - 0,08519x^3 - 0,04201x^4 + 0,87284x^5 + 0,45777x^6 - 1,09416x^7 + \ldots$$

par laquelle il faudra diviser la série s.

La division faite comme on le voit dans la cinquième case, on aura le quotient

$$1 + x^2 + 0,53566x,$$

par conséquent

$$q' = 0,53566;$$

et ensuite on aura ce reste

$$0,00298x^2 + 0,0005x^3 - 0,00923x^4 - 0,00686x^5 + 0,00769x^6 + 0,01284x^7 + \ldots,$$

lequel, n'ayant que des coefficients fort petits, pourra être négligé, en sorte qu'on pourra regarder l'opération comme finie.

Ainsi les valeurs résultant de la seconde série seront

$$p = 844, \qquad q = 0,30569,$$
$$p' = -1,22290, \quad q' = 0,53566.$$

Résultats déduits des valeurs précédentes.

Puisque nous n'avons eu que deux quotients dans chaque opération, on fera $n = 2$, et la fraction à considérer sera $\frac{p\psi'}{\psi''}$, dans laquelle on aura

$$\psi' = 1 + q'y,$$
$$\psi'' = 1 + (q + q')y + (qq' + p')y^2.$$

Or, si l'on représente par $1 - \varpi y$, $1 - \rho y$ les deux facteurs simples du trinôme ψ'', on aura, comme l'on sait,

$$\varpi = -\frac{q+q'}{2} + \frac{\sqrt{(q-q')^2-4p'}}{2},$$

$$\rho = -\frac{q+q'}{2} - \frac{\sqrt{(q-q')^2-4p'}}{2},$$

et la fraction $\frac{p\psi'}{\psi''}$ se décomposera en ces deux-ci

$$\frac{F}{1-\varpi y} + \frac{G}{1-\rho y},$$

en faisant

$$F = -\frac{p(q'+\varpi)}{\rho-\varpi} = \frac{p}{2}\left[1 - \frac{q-q'}{\sqrt{(q-q')^2-4p'}}\right],$$

$$G = -\frac{p(q'+\rho)}{\varpi-\rho} = \frac{p}{2}\left[1 + \frac{q-q'}{\sqrt{(q-q')^2-4p'}}\right].$$

Introduisons maintenant dans ces formules les valeurs trouvées ci-dessus, et prenons d'abord celles qui résultent de la première série.

On aura donc

$$q + q' = 0,83950,$$

$$q - q' = 0,18906, \quad \log = 9,2765997, \quad 2\log = 8,5531994,$$

$$(q-q')^2 = 0,03574,$$

$$-4p' = 4,92492,$$

$$4,96066, \quad \log = 0,6955394, \quad \tfrac{1}{2}\log = 0,3477697.$$

$$\sqrt{(q-q')^2-4p'} = 2,22725,$$

$$q + q' = 0,83950.$$

Somme....... 3,06675.

Différence .... 1,38775.

Donc

$$\varpi = 0,69387, \quad \rho = -1,53337;$$

de plus

$$\log(q-q') = 9,2765997,$$

$$\log\sqrt{(q-q')^2-4p'} = 0,3477697,$$

Différence.... $8,9288300$. Nombre corr. $= 0,08488$.

$$\log 0,91512 = 9,9614780,$$

$$\log 1,08488 = 0,0353818,$$

$$\log\frac{p}{2} = \log 350 = 2,5440680,$$

$$\log F = 2,5055460,$$

$$\log G = 2,5794498.$$

Donc

$$F = 320,30, \quad G = 379,70.$$

Employons maintenant les valeurs données par la seconde série, et l'on aura

$$q + q' = 0,84135,$$

$$q - q' = 0,22997, \quad \log = 9,3616712, \quad 2\log = 8,7233424,$$

$$(q-q')^2 = 0,05288,$$

$$-4p' = 4,89160,$$

$$4,94448, \quad \log = 0,6941206, \quad -\tfrac{1}{2}\log = 0,3470603.$$

$$\sqrt{(q-q')^2-4p'} = 2,22362,$$

$$q + q' = 0,84135.$$

Somme.. .... $3,06497$.

Différence.... $1,38227$.

Donc

$$\varpi = 0,69113, \quad \rho = -1,53248;$$

ensuite

$$\log(q'-q) = 9,3616712,$$

$$\log\sqrt{(q-q')^2-4p'} = 0,3470603.$$

Différence..... $9,0146109$. Nombre corr. $= 0,10342$.

$$\log 1,10342 = 0,0427409,$$

$$\log 0,89658 = 9,9525890,$$

$$\log \frac{p}{2} = \log 422 = 2,6253125,$$

$$\log(F) = 2,6680534,$$

$$\log(G) = 2,5779015.$$

Donc

$$(F) = 465,64, \quad (G) = 378,36.$$

Il faudra maintenant substituer ces valeurs dans les formules du n° **40**, pour en déduire celles de α, β; a, b; A, B; mais auparavant il est bon de remarquer, à l'égard des quantités ϖ et ρ, que les valeurs trouvées d'après les résultats de la première opération ne sont pas tout à fait les mêmes que celles qui résultent de la seconde opération; ce qui ne doit pas paraître surprenant, attendu que les restes que l'on a négligés comme nuls ne l'étaient pas, mais étaient seulement très-petits. On peut même observer que, comme les coefficients numériques de ces restes n'ont de chiffres significatifs que dans la troisième place décimale et dans les suivantes, les valeurs de ϖ et ρ ne peuvent être exactes que jusqu'à la troisième place décimale exclusivement; aussi voit-on que les deux valeurs de ϖ, ainsi que celles de ρ, s'accordent entre elles dans les deux premières décimales.

Nous donnerons, au reste, à ϖ et à ρ des valeurs moyennes entre celles qu'on a trouvées ci-dessus; ainsi l'on aura

$$\varpi = 0,69250, \quad \cos\alpha = \frac{\varpi}{2} = 0,34625,$$

$$\rho = -1,53292, \quad \cos\beta = \frac{\rho}{2} = -0,76646;$$

donc

$$\alpha = 69^\circ 45', \quad \beta = 180^\circ - 39^\circ 58' = 140^\circ 2'.$$

Maintenant on aura

$$\log\cot\frac{\alpha}{2} = 0,1567915,$$

$$\log(F) = 2,6680534,$$

$$2,8248449. \quad \text{Nombre corr.} = 668,10.$$

$$\log\text{tang}\frac{\alpha}{2} = 9,8432085,$$

$$\log F = 2,5055460,$$

$$2,3487545. \quad \text{Nombre corr.} = 223,23.$$

$$\text{Différence...} \quad 444,87.$$

$$F = 320,30,$$

$$(F) = 465,64,$$

$$785,94, \quad \log = 2,8953894.$$

$$\text{Otez } \log 444,87 \quad = 2,6482331,$$

$$0,2471563 = \log\text{tang}\, a;$$

donc

$$a = 60^\circ 30'.$$

Ensuite on aura

$$\log\text{séc}\frac{\alpha}{2} = 0,0859736,$$

$$\log F = 2,5055460,$$

$$2,5915196.$$

$$\text{Double.....} \quad 5,1830392. \quad \text{Nombre corr.} = 152419.$$

$$\log\text{coséc}\frac{\alpha}{2} = 0,2427650,$$

$$\log(F) = 2,6680534,$$

$$2,9108184.$$

$$\text{Double.....} \quad 5,8216368. \quad \text{Nombre corr.} = 663188.$$

$$4A^2 = 815607.$$

$$2A = 903, \quad A = 451.$$

On aura de même

$$\log\cot\frac{\beta}{2} = 9,5606727,$$

$$\log(G) = 2,5779015,$$

$$2,1385742. \quad \text{Nombre corr.} = 137,58.$$

$$\log\tang\frac{\beta}{2} = 0,4393273,$$

$$\log G = 2,5794498,$$

$$3,0187771. \quad \text{Nombre corr.} = 1044,18.$$

$$\text{Différence}\ldots \quad -906,60.$$

$$G = 379,70,$$

$$(G) = 378,36,$$

$$758,06, \quad \log 2,8797036.$$

$$\text{Otez } \log 906,60 = 2,9574157,$$

$$9,9222879 = \log(-\tang b);$$

donc

$$b = 180° - 39° 54' = 140° 6';$$

ensuite

$$\log\text{séc}\frac{\beta}{2} = 0,4662956,$$

$$\log G = 2,5794498,$$

$$3,0457454,$$

$$\text{Double}\ldots\ldots \quad 6,0914908. \quad \text{Nombre corr.} = 1234500.$$

$$\log\text{coséc}\frac{\beta}{2} = 0,0269682,$$

$$\log G = 2,5779015,$$

$$2,6048697.$$

$$\text{Double}\ldots\ldots \quad 5,2097394. \quad \text{Nombre corr.} = 162084.$$

$$4B^2 = 1396584.$$

$$2B = 1182, \quad B = 591.$$

Connaissant donc les angles a, b; α, β, et les coefficients A, B, on aura, pour le terme général de la série proposée, l'expression

$$A\sin(a+m\alpha)+B\sin(b+m\beta),$$

où m est la distance d'un terme quelconque au terme 772 qu'on a pris pour T, c'est-à-dire, le quantième à compter depuis ce même terme.

Exemple II.

42. Je reprendrai la série de l'Exemple précédent, et je la traiterai suivant la seconde méthode du n° **40**, afin que l'on ait en même temps un exemple de l'usage de cette méthode et une confirmation de sa bonté par la comparaison de ses résultats avec ceux de la première méthode; mais je n'entrerai pas dans le détail des opérations et des calculs qu'il faut faire, parce qu'on le trouve dans les deux Tableaux ci-joints.

La première case contient les termes de la série proposée écrits deux fois les uns au-dessous des autres, pour pouvoir en prendre aisément les sommes et les différences, et en former les deux séries

$$+772,\quad -309,\quad -465,\quad -308,\quad -592,\ldots,$$
$$-165,\quad +1181,\quad -1006,\quad -128,\quad +229,\ldots.$$

Ensuite la quatrième case contient le Tableau des opérations qu'on doit faire sur la première de ces deux séries, et la deuxième case contient tous les calculs subsidiaires que ces opérations demandent.

On s'est arrêté ici, comme dans l'Exemple précédent, après la seconde division, parce que le second reste n'a que des coefficients numériques très-petits, qu'on peut par conséquent négliger sans erreur sensible.

Les résultats des opérations faites sur la première série sont donc

$$p=772,\qquad q=0,40026,$$
$$p'=-1,23746,\quad q'=0,44043.$$

PREMIÈRE CASE.

	0h +7m36s	2h10m −2m48s	4h20m +4m34s	7h −15m33s	9h10m +3m40s	11h20m +10m31s	2h −3m32s	4h10m +5m39s	6h20m −13m43s	9h −1m12s	11h10m +12m52s	1h20m −3m57s	4h +5m58s	6h10m −10m57s	8h20m −6m0s	11h +14m20s	1h10m −3m1s	3h20m +5m5s	6h −7m37s	8h10m −10m16s	10h20m +14m41s	
	+ 456	−168	+274	−933	+220	+ 631	−232	+349	−823	− 72	+772	−237	+ 358	− 657	−360	+860	−181	+ 305	−457	−616	+881	
	+ 881	−616	−457	+305	−181	+ 860	−360	−657	+358	−237		− 72	− 823	+ 349	−232	+631	+220	− 933	+274	−168	+456	
Somme.	+1337	−784	−183	−628	+ 39	+1491	−592	−308	−465	−309	+772	−165	+1181	−1006	−128	+229	−401	+1238	−731	−448	+425	Diff.

DEUXIÈME CASE.

+ 772	2.8876173	9.6023412	0,40026			− 1,23746	0.0925313	9.6438769			
− 309	2.4899585	9.6023412	0,40026	9.2046824	0,16021	1,04031	0.0171628	9.9246315	0,84069	9.5685084	0,37026
− 465	2.6674530	9.7798357	0,60233	9.3821769	0,24109	1,52886	0.1843678	0.0918365	1,23543	9.7357134	0,54414
− 308	2.4885507	9.6009334	0,39896	9.2032746	0,15969	− 1,22546	0.0882993	9.9957680	0,99030	9.6396449	0,43616
− 592	2.7723217	9.8847044	0,76684	9.4870456	0,30693	− 0,05671	8.7536596	8.6611283	0,04582	8.3050052	0,02018
+1491	3.1734776	0.2858603	1,93135	9.8882015	0,77304	− 1,13817	0.0562072	9.9636759	0,91976	9.6075528	0,40509
+ 39	1.5910646	8.7034473	0,05051	8.3057885	0,02022	0,51214	9.7093887	9.6168574	0,51386	9.2607343	0,18228
− 628	2.7979596	9.9103423	0,81340	9.5126835	0,32560	1,92382	0.2841644	0.1916331	1,45465	9.8355100	0,68472
− 183	2.2624511	9.3748338	0,23705	8.9771750	0,09488	− 1,08833	0.0367606	9.9442293	0,87948		
− 784	2.8943161	0.0066988	1,01554	9.6090400	0,40648						
+1337	3.1261314	0.2385141	1,73186								

TROISIÈME CASE.

− 165	2.2174839	0.8547660	7,15758			44,13394	1.6447727	0.8002619			
+1181	3.0722499	0.8547660	7,15758	1.7095320	51,23091	− 37,25772	1.5712163	9.9264436	0,84420	0.7267055	5,32973
−1006	3.0025980	0.7851141	6,09697	1.6398801	43,63954	− 10,26163	1.0112163	9.3664436	0,23251	0.1667055	1,46793
− 128	2.1072100	9.8897261	0,77576	0.7444921	5,55254	6,72779	0.8278724	9.1830997	0,15244	9.9833616	0,96241
+ 229	2.3598355	0.1423516	1,38788	0.9971176	9,93385	− 8,50418	0.9296326	9.2748599	0,18830	0.0751218	1,18884
− 401	2.6031444	0.3856605	2,43030	1.2404265	17,39509	46,84293	1.6706440	0.0258713	1,06138	0.8261332	6,70090
+1238	3.0927206	0.8752367	7,50303	1.7300027	53,70353	− 26,92237	1.4301132	9.7853405	0,61002	0.5856024	3,85135
− 731	2.8639174	0.6464335	4,43030	1.5011995	31,71025	− 21,28845	1.3271441	9.6823714	0,48125		
− 448	2.6512780	0.4337941	2,71515	1.2885601	19,43390						
+ 425	2.6283889	0.4109050	2,57575								

EXEMPLE II, N° 42.

QUATRIÈME CASE.

Premier quotient. .	$1 + x^2 + 0,40026\,x$
Premier diviseur. .	$1 - 0,40026\,x - 0,60233\,x^2 - 0,39896\,x^3 - 0,76684\,x^4 + 1,93135\,x^5 + 0,05051\,x^6 - 0,81340\,x^7 - 0,23705\,x^8 - 1,01554\,x^9 + 1,73186\,x^{10}$
Premier dividende..	$1 \quad \star \quad - x^3$
	$-1 + 0,40026\,x - 0,39767\,x^2 + 0,79922\,x^3 + 1,36917\,x^4 - 1,53239\,x^5 + 0,71633\,x^6 - 1,11795\,x^7 + 0,18624\,x^8 + 1,82894\,x^9 - 1,49481\,x^{10}$
	$-0,40026 \quad + 0,16021 \quad + 0,24109 \quad + 0,15969 \quad + 0,30693 \quad - 0,77304 \quad - 0,02022 \quad - 0,32560 \quad + 0,09488 \quad + 0,40648$
Premier reste......	$\star \quad \star \quad - 1,23746\,x^2 + 1,04031\,x^3 + 1,52886\,x^4 - 1,22546\,x^5 - 0,05671\,x^6 - 1,13817\,x^7 + 0,51214\,x^8 + 1,92382\,x^9 - 1,08833\,x^{10}$
Deuxième quotient.	$1 + x^2 + 0,44043\,x$
Deuxième diviseur..	$1 - 0,84069\,x - 1,23543\,x^2 + 0,99030\,x^3 + 0,04582\,x^4 + 0,91976\,x^5 - 0,41386\,x^6 - 1,55465\,x^7 + 0,87948\,x^8$
Deuxième dividende	$1 - 0,40026\,x - 0,60233\,x^2 - 0,39896\,x^3 - 0,76684\,x^4 + 1,93135\,x^5 + 0,05051\,x^6 - 0,81340\,x^7 - 0,23705\,x^8$
	$-1 + 0,84069 \quad + 0,23543 \quad - 0,14961 \quad + 1,18961 \quad - 1,91106 \quad + 0,36804 \quad + 0,63489 \quad - 0,46562$
	$\star \quad 0,44043\,x - 0,36690\,x^2 - 0,54857\,x^3 + 0,42277\,x^4 + 0,02029\,x^5 + 0,41855\,x^6 - 0,17851\,x^7 - 0,70267\,x^8$
	$-0,44043 \quad + 0,37026 \quad + 0,54414 \quad - 0,43616 \quad - 0,02018 \quad - 0,40509 \quad + 0,18228 \quad + 0,68472$
Deuxième reste. . . .	$\star \quad \star \quad 0,00336\,x^2 + 0,00443\,x^3 - 0,01339\,x^4 + 0,00011\,x^5 + 0,01346\,x^6 + 0,00377\,x^7 - 0,01795\,x^8$

CINQUIÈME CASE.

Premier quotient. .	$1 + x^2 + 7,15758\,x$
Premier diviseur. . .	$1 - 7,15758\,x + 6,09697\,x^2 + 0,77576\,x^3 - 1,38788\,x^4 + 2,43030\,x^5 - 7,50303\,x^6 + 4,43030\,x^7 + 2,71515\,x^8 - 2,57575\,x^9$
Premier dividende.	$1 \quad \star \quad \star$
	$-1 + 7,15758\,x - 7,09697\,x^2 + 6,38182\,x^3 - 4,70909\,x^4 - 3,20606\,x^5 + 8,89091\,x^6 - 6,86060\,x^7 + 4,78788\,x^8 - 1,85455\,x^9$
	$-7,15758 \quad + 51,23091 \quad - 43,63954 \quad - 5,55254 \quad + 9,93385 \quad - 17,39509 \quad + 53,70353 \quad - 31,71025 \quad - 19,43390$
Premier reste......	$\star \quad \star \quad 44,13394\,x^2 - 37,25772\,x^3 - 10,26163\,x^4 + 6,72779\,x^5 - 8,50418\,x^6 + 46,84293\,x^7 - 26,92237\,x^8 - 21,28845\,x^9$
Deuxième quotient.	$1 + x^2 + 6,31338\,x$
Deuxième diviseur .	$1 - 0,84420\,x - 0,23251\,x^2 + 0,15244\,x^3 - 0,18830\,x^4 + 1,06138\,x^5 - 0,61002\,x^6 - 0,48125\,x^7$
Deuxième dividende	$1 - 7,15758\,x + 6,09697\,x^2 + 0,77576\,x^3 - 1,38788\,x^4 + 2,43030\,x^5 - 7,50303\,x^6 + 4,43030\,x^7$
	$-1 + 0,84420 \quad - 0,76749 \quad + 0,69176 \quad + 0,42081 \quad - 1,21382 \quad + 0,79832 \quad - 0,58013$
	$\star \quad - 6,31338\,x + 5,32948\,x^2 + 1,46752\,x^3 - 0,96707\,x^4 + 1,21648\,x^5 - 6,70471\,x^6 + 3,85017\,x^7$
	$+ 6,31338 \quad - 5,32973 \quad - 1,46793 \quad + 0,96241 \quad - 1,18884 \quad + 6,70090 \quad - 3,85135$
Deuxième reste. . . .	$\star \quad \star \quad - 0,00025\,x^2 - 0,00041\,x^3 - 0,00466\,x^4 + 0,02764\,x^5 - 0,00381\,x^6 - 0,00118\,x^7$

De même la cinquième case contient le tableau des opérations à faire sur la seconde série, et la troisième case les calculs subsidiaires; on voit aussi que le second reste n'a que des coefficients très-petits, en sorte qu'il peut être négligé, et que l'opération peut être regardée comme achevée après la seconde division.

Il résulte donc de cette série les valeurs suivantes

$$p = -165, \qquad q = 7,15758,$$
$$p' = 44,13394, \qquad q' = -6,31338.$$

Ayant trouvé ces valeurs, on cherchera par leur moyen celles des quantités ϖ, ρ; F, G; (F), (G), comme on l'a fait dans l'Exemple précédent, et en employant les mêmes formules.

On aura donc, en prenant d'abord les valeurs résultant de la première série,

$$q + q' = 0,84069,$$
$$q - q' = -0,04017, \qquad \log = 8,6039018, \qquad 2\log = 7,2078036,$$
$$(q - q')^2 = 0,00161,$$
$$-4p' = 4,94984,$$
$$4,95145, \qquad \log = 0,6947323, \qquad \tfrac{1}{2}\log = 0,3473661,$$

$$\sqrt{(q - q')^2 - 4p'} = 2,22522,$$
$$q + q' = 0,84069.$$
$$\text{Somme} \ldots\ldots\ 3,06591.$$
$$\text{Différence} \ldots\ 1,38453.$$

Donc

$$\varpi = 0,69226, \qquad \rho = -1,53295.$$

De plus

$$\log(q - q') = 8,6039018,$$
$$\log\sqrt{(q - q')^2 - 4p'} = 0,3473661.$$
$$\text{Différence} \ldots\ 8,2565357. \quad \text{Nombre corr.} = -0,01805.$$

$$\log 1{,}01805 = 0{,}0077692,$$
$$\log 0{,}98195 = 9{,}9920894,$$
$$\log \frac{p}{2} = \log 386 = 2{,}5865873,$$
$$\log F = 2{,}5943565,$$
$$\log G = 2{,}5786767.$$

Donc

$$F = 392{,}97, \qquad G = 379{,}03.$$

Employant maintenant les valeurs trouvées d'après la seconde série, on aura

$$\begin{aligned}
q + q' &= 0{,}84420, \\
q - q' &= 13{,}47096, \quad \log = 1{,}1293986, \quad 2\log = 2{,}2587972, \\
(q - q')^2 &= 181{,}46720, \\
-4p' &= -176{,}53576, \\
&\ 4{,}93144, \quad \log = 0{,}6929746, \quad \tfrac{1}{2}\log = 0{,}3464872,
\end{aligned}$$

$$\sqrt{(q-q')^2 - 4p'} = 2{,}22069,$$
$$q + q' = 0{,}84420.$$

Somme....... $3{,}06489$.

Différence.... $1{,}37649$.

Donc

$$\varpi = 0{,}68824, \qquad \rho = -1{,}53244.$$

Ensuite

$$\log(q - q') = 1{,}1293986,$$
$$\log\sqrt{(q-q')^2 - 4p'} = 0{,}3464873.$$

Différence.... $0{,}7829113$. Nombre corr. $= 6{,}06612$.

$$\log 5{,}06612 = 0{,}7046755,$$
$$\log 7{,}06612 = 0{,}8491800,$$
$$\log -\frac{p}{2} = \log 82{,}5 = 1{,}9164539,$$
$$\log(F) = 2{,}6211294,$$
$$\log(G) = 2{,}7656339.$$

Donc

$$(F) = 417,95, \qquad (G) = -582,95.$$

Ayant trouvé deux valeurs de ϖ et deux de ρ, qui ne sont pas tout à fait identiques, comme elles le devraient être si la solution était rigoureuse, au lieu qu'elle n'est qu'approchée, nous prendrons, comme dans l'Exemple précédent, les moyennes arithmétiques; moyennant quoi, on aura

$$\varpi = 0,69025, \qquad \rho = -1,53269.$$

Donc

$$\cos\alpha = \frac{\varpi}{2} = 0,34512, \qquad \cos\beta = \frac{\rho}{2} = -0,76634,$$

et de là

$$\alpha = 69^\circ 49', \quad \beta = 180^\circ - 39^\circ 59' = 140^\circ 1',$$

valeurs qui s'accordent, à quelques minutes près, avec celles de l'Exemple précédent.

On substituera donc ces valeurs ainsi que celles de F, G; (F), (G), dans les formules de la seconde méthode du n° **40**, pour en déduire les valeurs de A, B; a et b.

On fera donc le calcul suivant

$$\begin{aligned} \log F &= 2,5943565, \\ \log 2 \sin\alpha &= \underline{0,2735075.} \\ & 2,8678640, \\ \log(F) &= \underline{2,6211294,} \\ & 0,2467346 = \log \operatorname{tang} a. \end{aligned}$$

Donc

$$a = 60^\circ 28'.$$

Ensuite on aura

$$\begin{aligned} 2\log F &= 5,1887120. \quad \text{Nombre corr.} = 154423. \\ 2\log(F) &= 5,2422588, \\ 2\log 2 \sin\alpha &= \underline{0,5470150,} \\ & 4,6952438. \quad \text{Nombre corr.} = \underline{49573,} \\ & \phantom{= 4,6952438. \quad \text{Nombre corr.} =} 203996 = A^2. \end{aligned}$$

Donc

$$A = 451.$$

On aura de même

$$\begin{aligned}
\log G &= 2{,}5786767,\\
\log 2\sin\beta &= 0{,}1089469,\\
&\overline{2{,}6876236,}\\
\log-(G) &= 2{,}7656339,\\
&\overline{9{,}9219897} = \log(-\tang b).
\end{aligned}$$

Donc

$$b = 180^\circ - 39^\circ 53' = 140^\circ 7'.$$

Ensuite

$$\begin{aligned}
2\log G &= 5{,}1573534, \quad \text{Nombre corr.} = 143666,\\
2\log-(G) &= 5{,}5312678,\\
2\log 2\sin\beta &= 0{,}2178938,\\
&\overline{5{,}3133740.} \quad \text{Nombre corr.} = \underline{205766,}\\
&\qquad\qquad\qquad\qquad 349432 = B^2.
\end{aligned}$$

Donc

$$B = 591.$$

On voit donc que les valeurs de a, b; A, B, s'accordent aussi avec celles de l'Exemple précédent; ce qui prouve l'exactitude de nos deux méthodes.

Remarque I.

43. Au reste il est clair que les valeurs qu'on vient de trouver ne peuvent être qu'approchées, de sorte qu'il est nécessaire de chercher les moyens de les rectifier; mais il est bon de remarquer que les coefficients A, B, et les angles a, b n'exigent pas une aussi grande exactitude que les angles α et β; parce que, ces derniers angles se trouvant multipliés par le nombre des termes m, dans l'expression du terme général, les erreurs qu'on y peut commettre doivent aller en augmentant d'un terme à l'autre; au lieu que les erreurs des coefficients A, B, et des angles a, b, demeurent les mêmes.

Ainsi on doit surtout tâcher de déterminer avec précision les angles α et β; c'est de quoi on pourra venir à bout lorsqu'on connaîtra un grand nombre de termes de la série proposée; il se présente différents moyens pour cela, mais celui que je vais employer me paraît tout à la fois le plus simple et le plus exact; il est fondé sur cette considération que, si l'on cherche les valeurs des angles a et b pour des termes de la même série, assez distants entre eux, et qu'on nomme, par exemple, a', b' les valeurs de a, b pour le terme $T^{(\lambda)}$ pris à la place de T, et a'', b'' les valeurs de a, b pour le terme $T^{(\mu)}$ pris de même à la place de T, on aura nécessairement

$$a' = a + \lambda\alpha, \quad b' = b + \lambda\beta,$$

et de même

$$a'' = a + \mu\alpha, \quad b'' = b + \mu\beta;$$

donc

$$a'' - a' = (\mu - \lambda)\alpha, \quad b'' - b' = (\mu - \lambda)\beta;$$

et de là

$$\alpha = \frac{a'' - a'}{\mu - \lambda}, \quad \beta = \frac{b'' - b'}{\mu - \lambda};$$

d'où l'on voit que les erreurs qui pourront se trouver dans les valeurs de α et β ne seront qu'à la $(\mu - \lambda)^{ième}$ partie de celles des valeurs de a', a''; b', b''; ainsi l'exactitude de ces déterminations sera d'autant plus grande que le nombre $\mu - \lambda$ sera plus grand, c'est-à-dire, que la distance entre les termes $T^{(\lambda)}$ et $T^{(\mu)}$ sera plus grande.

Pour trouver les valeurs de a', b' et de a'', b'', il faudra faire un double calcul, en suivant l'une des deux méthodes ci-dessus; et il sera bon de préférer la seconde, qui est en quelque manière plus simple. D'ailleurs il ne sera pas nécessaire de faire le calcul en entier, comme dans l'Exemple II, en opérant successivement sur les deux séries; mais il suffira d'opérer sur la série des sommes, et d'en déduire les valeurs de F et de G: car, comme les coefficients A et B sont déjà connus, on peut s'en servir pour trouver les valeurs de tang$a$ et tang$b$, sans connaître celles de (F) et de (G); en effet on aura, par les formules de la seconde méthode (n° 40),

$$\operatorname{tang} a = \frac{F}{\sqrt{A^2 - F^2}}, \quad \operatorname{tang} b = \frac{G}{\sqrt{B^2 - G^2}};$$

d'où l'on tire

$$\sin a = \frac{F}{A}, \quad \sin b = \frac{G}{B}.$$

De plus, comme on sait déjà que l'opération ne doit pas aller au delà de la seconde division, et qu'il est clair que chaque division n'emporte que deux termes de la série sur laquelle on opère, il s'ensuit qu'il suffira, dans le cas présent, d'avoir quatre termes de la série des sommes, de sorte que l'on n'aura besoin que de sept termes consécutifs de la série proposée, dont celui du milieu sera pris pour T, et les adjacents de part et d'autre pour

$$T', \; T'', \; T''', \quad \text{et} \quad {}'T, \; {}''T, \; {}'''T,$$

pour avoir la série des sommes

$$T, \quad T'+{}'T, \quad T''+{}''T, \quad T'''+{}'''T.$$

On choisira donc à volonté sept des premiers termes de la série donnée et sept des derniers, et, pour avoir une plus grande exactitude, on aura soin de les choisir de manière que ceux du milieu soient les plus grands qu'il est possible; car il est facile de démontrer que l'on aura toujours des résultats plus approchés lorsque le terme du milieu T sera un maximum que dans tout autre cas, et c'est aussi pour cette raison que, dans l'Exemple II, nous avons pris pour T le terme 772, qui est un des plus grands de la série.

Nous prendrons donc les sept premiers termes

$$+456, \quad -168, \quad +274, \quad -933, \quad +220, \quad +631, \quad -232$$

et les sept autres

$$+358, \quad -657, \quad -360, \quad +360, \quad -181, \quad +305, \quad -447,$$

et l'on en formera les deux séries des sommes

$$\begin{array}{cccc} -933, & 494, & 463, & 224, \\ 860, & -541, & -352, & -99, \end{array}$$

sur chacune desquelles on opérera comme on l'a pratiqué dans l'Exemple II.

REMARQUE I, N° 43.

PREMIÈRE CASE.

+456	−168	+274	−933	+220	+631	−232
				+274	−168	+456
			−933	+494	+463	+224

DEUXIÈME CASE.

−933	2.9698816				
+494	2.6937269	9.7238453	0,52948	9.4476906	0,28034
+463	2.6655810	9.6956994	0,49625	9.4195447	0,26275
+224	2.3502480	9.3803664	0,24008		

−1,22341	0.0875722		
1,03231	0.0138101	9.9262379	0,84380

TROISIEME CASE.

Premier quotient........	$1 + x^2 + 0,52948x$
Premier diviseur........	$1 - 0,52948x - 0,49625x^2 - 0,24008x^3$
Premier dividende.......	$1 \quad * \quad - x^2$
	$-1 + 0,52948x - 0,50375x^2 + 0,76956x^3$
	$-0,52948 \quad + 0,28034 \quad + 0,26275$
Premier reste...........	$* \quad * \quad - 1,22341x^2 + 1,03231x^3$
Deuxième quotient......	$1 + x^2 + 0,31332x$
Deuxième diviseur.......	$1 - 0,84380x$
Deuxième dividende.....	$1 - 0,52948x$
	$-1 + 0,84380x$
	$* \quad 0,31332x$

QUATRIÈME CASE.

+358	−657	−360	+860	−181	+305	−457
				−360	−657	+358
			+860	−541	−352	−99

CINQUIÈME CASE.

+860	2.9344985				
−541	2.7331973	9.7986988	0,62907	9,5973976	0,39573
−352	2.5465427	9.6120442	0,40930	9,4107430	0,25748
−99	1.9956352	9.0611367	0,11512		

1,19493	0.0773425		
1,00167	0.0007245	9.9233820	0,83827

SIXIÈME CASE.

Premier quotient.......	$1 + x^2 + 0,62907x$
Premier diviseur........	$1 - 0,62907x - 0,40930x^2 - 0,11512x^3$
Premier dividende.....	$1 \quad * \quad - x^2$
	$-1 + 0,62907x - 0,59070x^2 + 0,74419x^3$
	$-0,62907 \quad + 0,39573 \quad + 0,25748$
Premier reste...........	$* \quad * \quad - 1,19497x^2 + 1,00167x^3$
Deuxième quotient......	$1 + x^2 + 0,20920x$
Deuxième diviseur......	$1 - 0,83827x$
Deuxième dividende.....	$1 - 0,62907x$
	$-1 + 0,83827$
	$* \quad 0,20920x$

Le Tableau ci-contre contient les détails et les résultats de ces opérations; les trois premières cases appartiennent à la première série, et les trois dernières à la seconde, où l'on voit que la première série donne ces valeurs

$$p = -933, \qquad q = 0,52948,$$
$$p' = -1,22341, \qquad q' = 0,31332,$$

et que la seconde donne celles-ci

$$p = 860, \qquad q = 0,62907,$$
$$p' = 1,19493, \qquad q' = 0,20920.$$

Ainsi l'on aura :

1° $q + q' = 0,84280,$

$q - q' = 0,21616, \qquad \log = 9,3347753, \qquad 2\log = 8,6695506.$

$(q - q')^2 = 0,04673,$

$-4p' = 4,89364.$

$4,94037, \qquad \log = 0,6937595, \qquad \tfrac{1}{2}\log = 0,3468797.$

$$\sqrt{(q - q')^2 - 4p'} = 2,22269,$$
$$q + q' = 0,84280.$$

Somme......... $3,06549.$

Différence ...... $1,37989.$

Donc

$$\varpi = 0,68994, \qquad \rho = -1,53274.$$

Ensuite

$$\log(q - q') = 9,3347753,$$
$$\log\sqrt{(q - q')^2 - 4p'} = 0,3468797.$$

Différence .... $8,9878956.$ Nombre corr. $= 0,097251.$

$$\log 0,902749 = 9,9555670,$$
$$\log 1,097251 = 0,0403060,$$
$$\log -\frac{p}{2} = \log 466,5 = 2,6688516.$$
$$\log -\mathrm{F} = 2,6244186, \qquad \mathrm{F} = -421,$$
$$\log -\mathrm{G} = 2,7091576, \qquad \mathrm{G} = -512.$$

Or on a (n° 42)

$$A = 451, \quad \log A = 2,6541765,$$

$$B = 591, \quad \log B = 2,7715875.$$

Donc

$$\log - \frac{A}{F} = 9,9702421 = \log - \sin a',$$

$$\log - \frac{G}{B} = 9,9375701 = \log - \sin b'.$$

Donc

$$a' = 180^\circ + 69^\circ 2' = 249^\circ 2', \quad \text{ou} \quad 360^\circ - 69^\circ 2' = 290^\circ 58',$$

$$b' = 180^\circ + 60^\circ \quad = 240^\circ, \quad \text{ou} \quad 360^\circ - 60^\circ \quad = 300^\circ.$$

A quoi on pourra encore ajouter ou en retrancher tel multiple de 360 degrés qu'on voudra.

2° $q + q' = 0,83827,$

$q - q' = 0,41887, \quad \log = 9,6220793, \quad 2\log = 9,2441586.$

$(q-q')^2 = 0,17546,$

$-4p' = 4,77972.$

$4,95518, \quad \log = 0,6950594, \quad \frac{1}{2}\log = 0,3475297.$

$$\sqrt{(q-q')^2 - 4p'} = 2,22603,$$

$$q + q' = 0,83827.$$

Somme............ 3,06430.

Différence .... 1,38776.

Donc

$$\varpi = 0,69388, \quad \rho = -1,53215.$$

Ensuite

$$\log(q - q') = 9,6220793,$$

$$\log\sqrt{(q-q')^2 - 4p'} = 0,3475297.$$

Différence....... 9,2745496. Nombre corr. = 0,18816.

$$\log 0,81184 = 9,9094704,$$

$$\log 1,18816 = 0,0748750,$$

$$\log \frac{p}{2} = \log 430 = 2,6334685.$$

$$\log F = 2,5429389,$$

$$\log G = 2,7083435;$$

et de là

$$\log \frac{F}{A} = 9,8887624 = \log \sin a'',$$

$$\log \frac{G}{B} = 9,9367560 = \log \sin b''.$$

Donc

$$a'' = 50^\circ 43', \quad \text{ou} \quad 180^\circ - 50^\circ 43' = 129^\circ 17',$$

$$b'' = 59^\circ 50', \quad \text{ou} \quad 180^\circ - 59^\circ 50' = 120^\circ 10'.$$

A quoi on pourra aussi ajouter ou en retrancher des multiples quelconques de 360 degrés.

Maintenant je remarque que, si l'on rapporte les deux termes moyens ci-dessus -933 et 860 au terme moyen 772 de l'Exemple II, on aura, en nommant ce dernier T, et ces deux-là $T^{(\lambda)}$, $T^{(\mu)}$, on aura, dis-je,

$$\lambda = -7, \quad \text{et} \quad \mu = 5,$$

parce que dans la série proposée le terme -933 précède de sept places le terme 772, et que le terme 860 le suit au contraire de cinq places; d'où il s'ensuit que si les valeurs de α, β et de a, b, trouvées dans l'Exemple II, étaient tout à fait exactes, et que celles de a', b', a'', b'', qu'on vient de trouver, le fussent aussi, on devrait avoir

$$a - 7\alpha = a', \quad b - 7\beta = b',$$

$$a + 5\alpha = a'', \quad b + 5\beta = b'';$$

or on a, après les substitutions,

$$a - 7\alpha = -428^\circ 15' = -2.360^\circ + 291^\circ 45',$$

$$b - 7\beta = -840^\circ \quad = -3.360^\circ + 240^\circ,$$

$$a + 5\alpha = \quad 409^\circ 33' = \quad 360^\circ + \ 49^\circ 33',$$

$$b + 5\beta = \quad 840^\circ 12' = \quad 2.360^\circ + 120^\circ 12'.$$

D'où l'on voit : 1° que ces valeurs diffèrent un peu de celles de a', b', a'', b''; 2° que les valeurs de ces dernières quantités doivent être exprimées ainsi

$$a' = -2.360^\circ + 290^\circ 58',$$

$$b' = -3.360^\circ + 240^\circ,$$

$$a'' = \quad 360^\circ + \ 50^\circ 43',$$

$$b'' = \quad 2.360^\circ + 120^\circ 10'.$$

De sorte qu'en faisant ces substitutions dans les formules ci-dessus on aura, à cause de $\mu = 5$, $\lambda = -7$, et par conséquent $\mu - \lambda = 12$,

$$\alpha = \frac{a'' - a'}{12} = \frac{839^\circ 45'}{12} = 69^\circ 59',$$

$$\beta = \frac{b'' - b'}{12} = \frac{1680^\circ 10'}{12} = 140^\circ \ 1'.$$

Cette valeur de β est la même que celle qu'on a trouvée directement dans l'Exemple II; mais la valeur de α diffère de 10 minutes de celle de cet Exemple; or on verra, dans la Remarque suivante, que les valeurs de α et β, qu'on vient de trouver, ne diffèrent que de 1 minute de la vérité, ce qui prouve l'utilité de la méthode précédente.

Ayant ainsi déterminé assez exactement les valeurs de α et β, on pourra s'en servir pour approcher davantage des véritables valeurs de a et b; car, puisqu'on a

$$a - 7\alpha = a', \quad b - 7\beta = b'; \quad a + 5\alpha = a'', \quad b + 5\beta = b'',$$

on aura

$$2(a - \alpha) = a' + a'', \quad 2(b - \beta) = b' + b'';$$

d'où

$$a = \alpha + \frac{a' + a''}{2}, \quad b = \beta + \frac{b' + b''}{2},$$

c'est-à-dire,

$$a = 69^\circ 59' - \frac{18^\circ 19'}{2} = 60^\circ 50',$$

$$b = 140^\circ\ 1' - \frac{10'}{2} = 139^\circ 56',$$

et ces valeurs sont aussi plus conformes à la vérité que celles qu'on a trouvées dans l'Exemple II, comme on le verra ci-après.

Remarque II.

44. Pour pouvoir maintenant juger de l'exactitude des résultats précédents, il faut réduire en formule la Table de l'équation du temps d'où la série proposée est tirée.

Pour cela je remarque que l'équation du temps n'est autre chose que la différence entre la longitude moyenne du Soleil et son ascension droite, convertie en temps à raison de 15 degrés par heure. Or soient φ la longitude vraie du Soleil, t la longitude moyenne, x l'ascension droite vraie, α le lieu de l'apogée, e l'excentricité du Soleil et ω l'angle de l'obliquité de l'écliptique; on aura d'abord, comme l'on sait,

$$t = \int \frac{(1 - e^2)^{\frac{3}{2}}\, d\varphi}{[1 - e\cos(\varphi - \alpha)]^2},$$

et ensuite

$$\tang x = \cos\omega \tang\varphi;$$

ainsi il n'y aura qu'à déduire de ces formules les valeurs de t et x en φ, et la différence $x - t$ (laquelle ne contiendra plus que des cosinus d'angles multiples de φ), étant multipliée par l'arc égal au rayon, lequel est $57^\circ 17' 44''$, et divisée ensuite par 15 degrés, donnera la valeur de l'équation du temps en heures, pour la longitude φ du Soleil; par conséquent, si l'on multiplie la valeur de $x - t$ par $\frac{206264}{15}$, dont le logarithme est

4,1383338, on aura l'équation du temps en secondes de temps, comme nous l'avons employée dans les Exemples ci-dessus.

Je commence par chercher la valeur de t, et, pour y parvenir d'une manière générale, je remarque que l'on a

$$\frac{dy}{1 - n\cos y} + d\left(\frac{n \sin y}{1 - n\cos y}\right) = \frac{(1 - n^2)\, dy}{(1 - n\cos y)^2};$$

d'où il s'ensuit que

$$\int \frac{(1 - n^2)^{\frac{2}{3}} dy}{(1 - n\cos y)^2} = \int \frac{\sqrt{1 - n^2}\, dy}{1 - n\cos y} + \frac{n\sqrt{1 - n^2}\sin y}{1 - n\cos y}.$$

Or on sait que la fraction $\frac{\sqrt{1 - n^2}}{1 - n\cos y}$ se réduit en une série de la forme

$$1 + 2K\cos y + 2K^2\cos 2y + 2K^3\cos 3y + \ldots,$$

en faisant, pour abréger,

$$K = \frac{1 - \sqrt{1 - n^2}}{n}:$$

ainsi l'on aura :

1° En multipliant par dy, et intégrant,

$$\int \frac{\sqrt{1 - n^2}\, dy}{1 - n\cos y} = y + 2K\sin y + \frac{2K^2}{2}\sin 2y + \frac{2K^3}{3}\sin 3y + \ldots;$$

2° En multipliant par $n \sin y$,

$$\frac{n\sqrt{1 - n^2}\sin y}{1 - n\cos y} = n(1 - K^2)(\sin y + K\sin 2y + K^2 \sin 3y + \ldots);$$

donc, réunissant ces deux séries, on aura

$$y + [2K + n(1 - K^2)]\sin y + \left[\frac{2K}{2} + n(1 - K^2)\right]K\sin 2y + \left[\frac{2K}{3} + n(1 - K^2)\right]K^2\sin 3y + \ldots$$

pour la valeur de l'intégrale $\int \frac{(1 - n^2)^{\frac{3}{2}} dy}{(1 - n\cos y)^2}$.

Maintenant il est visible que l'on aura la valeur de la longitude moyenne t, si l'on met dans la série précédente e à la place de n, et $\varphi - \alpha$ à la place de y, et qu'ensuite on y ajoute la constante α, qui est la longitude de l'apogée; on aura donc, en faisant

$$K = \frac{1 - \sqrt{1 - e^2}}{e} = \frac{e}{1 + \sqrt{1 - e^2}},$$

et observant que

$$K^2 = \frac{2K}{e} - 1,$$

on aura, dis-je, cette formule

$$t = \varphi + 2e\sin(\varphi - \alpha) + 2\left(e - \frac{K}{2}\right)K\sin 2(\varphi - \alpha) + 2\left(e - \frac{2K}{3}\right)K^2\sin 3(\varphi - \alpha) + \ldots.$$

Il ne reste donc plus qu'à trouver la valeur de l'angle x exprimée par une formule semblable; or l'équation

$$\tang x = \cos\omega \tang\varphi$$

donne celle-ci

$$dx = \frac{\cos\omega\, d\tang\varphi}{1 + \cos^2\omega \tang^2\varphi} = \frac{\cos\omega\, d\varphi}{\cos^2\varphi + \cos^2\omega\sin^2\varphi} = \frac{2\cos\omega\, d\varphi}{1 + \cos^2\omega + \sin^2\omega\cos 2\varphi};$$

de sorte qu'en faisant, pour abréger,

$$A = \frac{\cos\omega}{1 + \cos^2\omega}, \quad B = \frac{\sin^2\omega}{1 + \cos^2\omega},$$

on aura

$$dx = \frac{2A\, d\varphi}{1 + B\cos 2\varphi}.$$

Cette formule se rapporte évidemment à celle que nous avons intégrée ci-dessus, et il est clair qu'en faisant

$$B = -n \quad \text{et} \quad y = 2\varphi,$$

on aura sur-le-champ

$$x = \frac{2A}{\sqrt{1 - n^2}}\left(\varphi + K\sin 2\varphi + \frac{K^2}{2}\sin 4\varphi + \frac{K^3}{3}\sin 6\varphi + \ldots\right);$$

mais, puisque

$$n = -B = -\frac{\sin^2\omega}{1+\cos^2\omega},$$

on aura

$$\sqrt{1-n^2} = \frac{\sqrt{1+2\cos^2\omega+\cos^4\omega-\sin^4\omega}}{1+\cos^2\omega} = \frac{2\cos\omega}{1+\cos^2\omega};$$

donc

$$\frac{A}{\sqrt{1-n^2}} = \frac{1}{2};$$

de plus on aura

$$K = \frac{1-\sqrt{1-n^2}}{n} = -\frac{(1-\cos\omega)^2}{\sin^2\omega} = -\frac{1-\cos\omega}{1+\cos\omega} = -\operatorname{tang}\frac{\omega}{2}.$$

Donc enfin on aura

$$x = \varphi - \left(\operatorname{tang}\frac{\omega}{2}\right)^2 \sin 2\varphi + \frac{1}{2}\left(\operatorname{tang}\frac{\omega}{2}\right)^4 \sin 4\varphi - \frac{1}{3}\left(\operatorname{tang}\frac{\omega}{2}\right)^6 \sin 6\varphi + \ldots$$

Donc l'équation du temps sera représentée par la différence de ces deux séries, où j'ai fait, pour abréger, $i = \frac{206264}{15}$, savoir

$$\begin{aligned} &-2ie\sin(\varphi-\alpha) - i\operatorname{tang}^2\frac{\omega}{2}\sin 2\varphi \\ &-2i\left(e-\frac{K}{2}\right)K\sin 2(\varphi-\alpha) + \frac{i}{2}\operatorname{tang}^4\frac{\omega}{2}\sin 4\varphi \\ &-2i\left(e-\frac{2K}{3}\right)K^2\sin 3(\varphi-\alpha) - \frac{i}{3}\operatorname{tang}^6\frac{\omega}{2}\sin 6\varphi + \ldots, \end{aligned}$$

et il ne s'agira plus que de substituer dans cette formule les valeurs numériques des quantités i, e et des angles α et ω.

Or je trouve, par la Table de l'équation du centre du Soleil, de Mayer, que l'excentricité du Soleil est

$$e = 0,0168022,$$

dont le logarithme est

$$8,2253662;$$

ajoutant donc à ce logarithme celui de $2i$, qui est

$$4,4393638,$$

on aura le logarithme de $2ie$, savoir

$$2,6647300,$$

auquel répond le nombre 462.

Ensuite on a

$$\omega = 23^\circ 28' 15'',$$

et par conséquent

$$\frac{\omega}{2} = 11^\circ 44' 7'';$$

d'où

$$\log\operatorname{tang}\frac{\omega}{2} = 9,3175040, \quad \text{et} \quad \log\operatorname{tang}^2\frac{\omega}{2} = 8,6350080,$$

à quoi ajoutant le logarithme

$$\log i = 4,1383338,$$

on aura

$$2,7733418,$$

auquel répond le nombre 593.

Ainsi les deux premiers termes de notre formule seront

$$-462\sin(\varphi - \alpha) - 593\sin 2\varphi,$$

où α, longitude de l'apogée, est $= 3^s 9^\circ = 99^\circ$, et φ est la longitude vraie du Soleil.

Or il est facile de se convaincre que ces deux termes répondent précisément à ceux que nous avons trouvés *à posteriori* d'après nos calculs. En effet, ayant pris pour T, dans les Exemples ci-dessus, le terme de la Table de l'équation du temps qui répond à la longitude $11^s 10^\circ$, et ayant mis 70 degrés de distance entre un terme et l'autre, il est clair que l'on aura, pour un terme quelconque dont le quantième est m,

$$\varphi = 11^s 10^\circ + m.70^\circ;$$

ainsi l'on aura

$$\varphi - \alpha = 8^s 1^\circ + m.70^\circ;$$

donc

$$\sin(\varphi - \alpha) = -\sin(61^\circ + m.70^\circ),$$

et

$$2\varphi = 22^s 20^\circ + m.140^\circ,$$

d'où

$$\sin 2\varphi = -\sin(140^\circ + m.140^\circ);$$

de sorte qu'on aura la formule

$$462 \sin(61^\circ + m.70^\circ) + 593 \sin(140^\circ + m.140^\circ).$$

Or la formule trouvée *à posteriori* est

$$A \sin(a + m\alpha) + B \sin(b + m\beta),$$

c'est-à-dire, à cause de $A = 451$, $B = 591$ (nº **42**), et $\alpha = 69^\circ 59'$, $\beta = 140^\circ 1'$, $a = 60^\circ 50'$, $b = 139^\circ 56'$ (nº **44**),

$$451 \sin(60^\circ 50' + m.69^\circ 59') + 591 \sin(130^\circ 56' + m.140^\circ 1'),$$

laquelle s'accorde, comme l'on voit, à très-peu près avec la précédente.

On voit aussi par là que les vraies valeurs de A, B; a, b; α et β sont

$$A = 462, \quad B = 593; \quad a = 61^\circ, \quad b = 140^\circ; \quad \alpha = 70^\circ, \quad \beta = 140^\circ,$$

d'où l'on peut juger combien les résultats de nos méthodes approchent de la vérité.

A l'égard des autres termes de la formule ci-dessus, il est facile de se convaincre d'abord qu'ils seront nécessairement très-petits vis-à-vis des deux premiers, puisque ces termes décroissent dans des raisons moindres que $1 : e$ et $1 : \tang^2 \frac{\omega}{2}$. En effet, si l'on suppose

$$e = \sin \varepsilon,$$

on aura

$$K = \frac{\sin \varepsilon}{1 + \cos \varepsilon} = \tang \frac{\varepsilon}{2};$$

or, ayant

$$\log e = 8,2253662,$$

on trouvera

$$\varepsilon = 56'46'',$$

d'où

$$\log K = \log \tang 28'23'' = 7,9167994,$$

et de là on aura pour le coefficient de $\sin 2(\varphi - \alpha)$ le nombre 2, 9; ensuite on trouvera pour celui du terme $\sin 4\varphi$ le nombre 12, 8; d'où l'on voit que ce dernier terme est le plus considérable après les deux premiers, mais qu'en même temps il est extrêmement petit à leur égard, de sorte qu'on sera en droit de négliger tous les suivants; c'est pourquoi l'équation du temps pourra être représentée avec toute l'exactitude requise par cette formule

$$-462'' \sin(\varphi - \alpha) - 593'' \sin 2\varphi - 3'' \sin 2(\varphi - \alpha) + 13'' \sin 4\varphi.$$

Remarque III.

45. Puisque, dans les Exemples ci-dessus, on n'a poussé le calcul que jusqu'à la seconde division, et qu'on a ensuite négligé le reste de cette division comme nul, quoiqu'il ne fût que très-petit, il n'est pas surprenant que les valeurs trouvées par ce moyen diffèrent un peu des véritables; en effet on voit, par la formule précédente, qu'outre les deux équations proportionnelles à $\sin(\varphi - \alpha)$ et à $\sin 2\varphi$, qui sont les plus considérables, il y en a encore deux qui montent à quelques secondes, et dont l'une est proportionnelle à $\sin 4\varphi$ et l'autre à $\sin 2(\varphi - \alpha)$; il est vrai que cette dernière, outre qu'elle est très-petite, peut être combinée avec la seconde, de manière qu'il n'en résulte qu'une seule de la forme $-P \sin(p + 2\varphi)$; car, puisque

$$\sin 2(\varphi - \alpha) = \sin 2\varphi \cos 2\alpha - \cos 2\varphi \sin 2\alpha,$$

il n'y aura qu'à faire pour cela

$$P \cos p = 593'' + 3'' \cos 2\alpha, \quad P \sin p = -3'' \sin 2\alpha,$$

ce qui donne

$$\operatorname{tang} p = -\frac{3 \sin 2\alpha}{593 + 3 \cos 2\alpha}$$

et

$$P = \sqrt{(593)^2 + 2.593.3 \cos 2\alpha + 3^2};$$

et en faisant le calcul on trouve

$$p = 5'24'' \quad \text{et} \quad P = 590;$$

de sorte qu'au lieu du terme (Remarque précédente)

$$593 \sin(140^\circ + m.140^\circ)$$

il faudra mettre celui-ci

$$590 \sin(140^\circ 5' + m.140^\circ),$$

ce qui altère un peu les valeurs de B et de b, et les change en celles-ci

$$B = 590, \quad \text{et} \quad b = 140^\circ 5'.$$

Il ne restera donc ainsi que l'équation $13'' \sin 4\varphi$; et il est clair que, pour trouver cette équation *à posteriori*, il aurait fallu continuer l'opération et en venir à une troisième division; on aurait pu par là trouver les trois équations à la fois, avec toute l'exactitude requise; mais il y a ici une observation importante à faire.

Lorsque les termes donnés d'une série récurrente sont exacts et rigoureux, on est assuré de trouver toujours par nos méthodes la vraie loi générale de ces termes; c'est de quoi on a vu plusieurs exemples dans tout le cours de ce Mémoire; mais il n'en est pas toujours de même lorsque les valeurs des termes donnés ne sont qu'approchées; car, dans ce cas, il est clair qu'il doit y avoir des limites au delà desquelles l'opération ne saurait être continuée sans craindre de s'égarer; et voici comment on pourra déterminer ces limites.

Supposons, pour plus de généralité, que les termes de la série sur laquelle il s'agit d'opérer soient composés d'entiers et de décimales, et que leur exactitude s'étende jusqu'à la $\lambda^{ième}$ décimale inclusivement; supposons de plus que le premier terme p de la série, par lequel on divise préalablement tous les autres (n° 40) pour avoir la série s, dont le premier terme soit l'unité, supposons, dis-je, que ce terme p ait une valeur qui soit renfermée entre 10^{ϖ} et $10^{\varpi+1}$, ce qu'on peut connaître d'abord par la place de son premier chiffre significatif; il est clair qu'après la division par p les termes de la série s ne seront exacts que jusqu'à la place décimale $(\lambda+\varpi)^{ième}$ inclusivement. Ainsi tant le quotient que le reste de la première division ne seront exacts que jusqu'à cette limite.

Soit maintenant le coefficient p' du premier terme du reste dont nous parlons, renfermé entre $10^{\varpi'}$ et $10^{\varpi'+1}$, et comme ce coefficient doit servir de diviseur à tous les autres, il s'ensuit qu'après la division les termes de la nouvelle série s', sur laquelle on devra opérer, seront exacts jusqu'à la $(\lambda+\varpi+\varpi')^{ième}$ place décimale, mais non pas au delà, de sorte que le second quotient, ainsi que le second reste, n'auront pas non plus une exactitude plus grande; et ainsi de suite.

De là il sera facile de juger, dans chaque cas particulier, jusqu'où l'on peut continuer l'opération avec sûreté; car il est clair qu'il faudra nécessairement s'arrêter dès qu'on sera parvenu à un reste dont les termes ne contiendront plus que des chiffres douteux.

Il est clair que les termes de la Table de l'équation du temps ne sont qu'approchés, puisqu'ils sont exprimés en nombres ronds de secondes; ainsi les séries que nous avons examinées dans les Exemples précédents sont dans le cas dont nous venons de parler. Considérons le cas de l'Exemple II, et l'on aura d'abord $\lambda=0$; ensuite, dans la première série, on a (à cause de $p=772$) $\varpi=2$, d'où il s'ensuit que le premier reste n'est exact que jusqu'à la seconde place décimale inclusivement; de plus (à cause de $p'=-1,23\ldots$) on a $\varpi'=0$; de sorte que le second reste n'aura aussi que le même degré d'exactitude; mais la plupart des termes de ce second reste ne contiennent de chiffres significatifs que dans la troisième place; donc ce reste doit être regardé comme douteux, et par conséquent doit être rejeté. On appliquera le même raisonnement aux autres cas, et l'on en conclura que l'on ne doit pas aller au delà de la seconde division, de crainte que l'opération ne donne faux.

Remarque IV.

46. L'inconvénient que nous venons d'exposer empêche donc souvent qu'on ne puisse trouver directement la loi exacte d'une série proposée; c'est pourquoi il est très-important de chercher des moyens d'y remédier. Un des meilleurs est de tâcher de simplifier la série, en la dégageant de la partie dont la loi est déjà à très-peu près connue, ainsi qu'on l'a déjà fait voir dans la Remarque du n° 20.

Ce moyen réussira d'autant mieux que, comme le dénominateur de la série ne dépend que des angles α, β, ..., il suffira de connaître avec précision quelques-uns de ces angles pour pouvoir détruire dans la série la partie qui dépend de ces mêmes angles; or nous avons donné, dans la Remarque I, une méthode pour approcher autant que l'on veut de la vraie valeur de ces angles; ainsi l'on pourra toujours employer avec succès la transformation dont nous venons de parler.

Lorsqu'on emploie la première ou la seconde solution des n°s 35, 36, alors il n'y a qu'à faire usage de la méthode du n° 20, sans aucune préparation; mais il n'en est pas de même quand on emploie la troisième solution du n° 37, ou (ce qui est la même chose) les méthodes du n° 40, ainsi que nous l'avons fait dans les Exemples ci-dessus. Dans ce cas, il faudra modifier la règle du n° 20, d'après ce que nous avons démontré dans le n° 34.

Pour cela on remarquera que les séries des sommes ou des différences, dont il s'agit dans les deux méthodes du n° 40, ont des fractions génératrices dont le dénominateur commun est un polynôme réciproque formé du produit des trinômes

$$1 - 2x\cos\alpha + x^2, \quad 1 - 2x\cos\beta + x^2, \quad 1 - 2x\cos\gamma + x^2, \ldots,$$

et dont les numérateurs sont aussi des polynômes réciproques d'un degré moindre de deux unités, mais qui sont en même temps multipliés par $1-x$, s'il s'agit de la série des sommes de la première méthode; par $1+x$, s'il s'agit de la série des différences de la même méthode; et par $1-x^2$, s'il s'agit de la série des sommes de la seconde méthode. Donc, si l'on suppose qu'on connaisse déjà assez exactement la valeur de quelques-uns des angles α, β, γ,..., et que le nombre de ces angles connus soit ρ, il n'y aura qu'à former le produit des trinômes correspondants

$$1-2x\cos\alpha+x^2,\quad 1-2x\cos\beta+x^2,\ldots,$$

que j'appellerai, pour plus de simplicité, Π, et l'on multipliera par ce polynôme connu Π la série des sommes ou des différences qu'on se propose d'employer; ce qui donnera, après avoir ordonné tous les termes par rapport aux puissances de x, une nouvelle série, qu'on partagera en deux parties, l'une que je désigne par R et qui contiendra les ρ premiers termes; l'autre, que je désignerai par $x^\rho S$ et qui contiendra les termes suivants, lesquels seront tous divisibles par x^ρ, en sorte que, après cette division, on aura la série S.

On formera maintenant le polynôme contraire au polynôme R (n° 23), et le dénotant par (R) on distinguera quatre cas, suivant la forme de la série que l'on aura employée.

1° Si l'on fait usage de la série des sommes de la première méthode, on ajoutera le polynôme (R) à la série S, et la série résultante $S+(R)$ sera de la même nature que la série primitive des sommes; mais elle en sera plus simple, puisqu'elle sera débarrassée de la partie qui dépendrait des angles connus α, β,.... On traitera donc cette nouvelle série suivant les règles prescrites pour la série des sommes de la première méthode, et l'on en déduira la fraction en y, $\frac{p\psi^{(n-1)}}{\psi^{(n)}}$, que nous désignerons ici par $\frac{V}{Y}$. Ayant trouvé cette fraction en y, pour avoir celle de la série primitive, on prendra la différence $R-(R)x^\rho$ des deux polynômes R et $(R)x^\rho$, laquelle sera nécessairement divisible par $1-x$ (n° 23, 5°), et après la division on aura un polynôme réciproque du degré $\rho - 2$, que nous désignerons par P, en sorte que

$$P(1 - x) = R - (R)x^{\rho};$$

on considérera maintenant la fraction $\frac{P}{\Pi}$, dont le numérateur est un polynôme réciproque du degré $2\rho - 2$ et dont le dénominateur en est un du degré 2ρ, et, l'ayant multiplié par $1 + x^2$, on le transformera, par la substitution de y à la place de $\frac{x}{1+x^2}$, en une simple fraction en y, ayant pour numérateur un polynôme Q du degré $\rho - 1$ et pour dénominateur un polynôme Ψ du degré ρ (n° 27). Pour faire cette transformation avec facilité, il n'y aura qu'à employer les substitutions enseignées dans le n° 6, changer ensuite z en $\frac{1}{y}$, et multiplier le bas et le haut par y^{ρ}; ou bien, ce qui sera encore plus simple, on fera d'abord

$$\Psi = (1 - 2y\cos\alpha)(1 - 2y\cos\beta)\ldots;$$

ensuite on retranchera du polynôme P les $\rho - 1$ premiers termes, et l'on mettra dans les ρ derniers, à la place de x^{ρ}, $x^{\rho+1}$, $x^{\rho+2}, \ldots, x^{\rho+\mu}$, les quantités

$$y^{\rho},\ y^{\rho-1}(1-2y^2),\ y^{\rho-2}(1-3y^2), \ldots,\ y^{\rho-\mu}\left[1 - \mu y^2 + \frac{\mu(\mu-3)}{2}y^4 - \frac{\mu(\mu-4)(\mu-5)}{2.3}y^6 + \ldots\right],$$

et l'on aura le polynôme Q; en sorte que $\frac{Q}{\Psi}$ sera la fraction en y qu'on cherche.

Il ne restera plus maintenant qu'à ajouter cette fraction $\frac{Q}{\Psi}$ à la fraction $\frac{V}{Y}$ divisée par Ψ, et la somme, c'est-à-dire, la fraction $\frac{Q\Psi + V}{\Psi Y}$ sera la véritable fraction en y, qui répond à la série des sommes, et qu'on aurait dû trouver directement en faisant toutes les opérations requises. On traitera donc cette fraction de la manière prescrite à l'égard de la fraction $\frac{p\psi^{(n-1)}}{\psi^{(n)}}$, dans la première méthode du n° 40.

2° Lorsqu'on fera usage de la série des différences de la méthode, il n'y aura d'autres changements à faire aux procédés qu'on vient d'enseigner, sinon qu'à la place de la somme $S + (R)$ on prendra la différence $S - (R)$ pour avoir une série de la même nature que la primitive, et susceptible des mêmes opérations; et qu'ensuite à la place de la différence $R - (R)x^\rho$ il faudra prendre la somme $R + (R)x^\rho$, qu'on divisera par $1 + x$, pour avoir le polynôme réciproque P.

3° Dans le cas où l'on emploie la nouvelle méthode et où l'on veut opérer sur la série des sommes, on suivra encore les mêmes procédés, si ce n'est qu'on prendra $S + (R)x$ pour la série qui doit être de même nature que la primitive et qui doit fournir la fraction en y, $\frac{V}{Y}$; et qu'ensuite, pour avoir le polynôme réciproque P, on prendra le polynôme $R - (R)x^{\rho+1}$, qu'on divisera par $1 - x^2$.

4° Enfin, lorsqu'il s'agira de la série des différences de la même méthode, il faudra prendre pour (R) le polynôme réciproque de R diminué de son dernier terme, c'est-à-dire, le polynôme réciproque de celui qui est formé par les $\rho - 2$ premiers termes de la série après qu'elle aura été multipliée par Π; ensuite on procédera comme ci-dessus (2°), avec cette seule différence qu'il faudra prendre immédiatement $P + (R)x^\rho$ pour le polynôme P.

Nous ne nous étendrons pas davantage sur cette matière, et nous ne chercherons pas non plus à l'éclaircir par des Exemples, parce que cela nous mènerait trop loin, et que d'ailleurs elle ne doit plus être sujette à aucune difficulté, après tout ce que nous avons démontré dans le cours de ce Mémoire.

Remarque V.

47. Au reste, quoique les méthodes exposées ci-dessus soient principalement destinées pour les séries composées de sinus et de cosinus d'angles, elles peuvent néanmoins être appliquées, en général, à toutes sortes de séries récurrentes; et il suffit pour cela de remarquer que, lorsque parmi les racines ϖ, ρ, σ,... qu'on a supposées égales à $2\cos\alpha$,

$2\cos\beta$, $2\cos\gamma$,... il s'en trouvera d'égales ou de plus grandes que l'unité ou d'imaginaires, alors la série ne contiendra plus simplement des sinus et cosinus, mais elle contiendra une partie algébrique ou des exponentielles réelles; et il sera facile de résoudre ces différents cas par des méthodes connues.

Enfin je dois remarquer, en finissant ce Mémoire, que les différentes méthodes que nous y avons données peuvent aussi être d'un grand usage dans la Physique, lorsqu'il s'agit de découvrir la loi des phénomènes d'après les résultats de plusieurs expériences; et, en général, elles pourront servir pour résoudre un grand nombre de questions dont on ne pourrait venir à bout qu'en tâtonnant, et d'une manière très-imparfaite, sans le secours de ces méthodes.

LETTRE DE LAGRANGE A LAPLACE,

RELATIVE A LA

THÉORIE DES INÉGALITÉS SÉCULAIRES DES PLANÈTES.

LETTRE DE LAGRANGE A LAPLACE,

RELATIVE A LA

THÉORIE DES INÉGALITÉS SÉCULAIRES DES PLANÈTES (*).

(Mémoires de l'Académie Royale des Sciences de Paris, année 1772.)

Je prends la solution du Problème des trois Corps de M. Clairaut (*Théorie de la Lune,* p. 6), et j'observe que, puisque

$$\frac{f^2}{\mathrm{M}r} = 1 - \sin u\left(g - \int \Omega\, du \cos u\right) - \cos u\left(c + \int \Omega\, du \sin u\right),$$

si l'on fait

$$g - \int \Omega\, du \cos u = e \sin \mathrm{I}, \quad c + \int \Omega\, du \sin u = e \cos \mathrm{I},$$

on a

$$\frac{f^2}{\mathrm{M}r} = 1 - e \cos(u - \mathrm{I});$$

en sorte que e sera l'excentricité et I le lieu de l'aphélie, et il est remarquable que les quantités e et I peuvent être regardées comme con-

(*) Laplace, en reproduisant cette Lettre, à la suite de ses Recherches sur les inégalités séculaires, insérées dans le volume de 1772, la fait précéder des lignes suivantes :

« Ayant envoyé à M. de Lagrange mes Recherches sur les inégalités séculaires des planètes, lorsqu'elles furent imprimées, ce grand Géomètre me communiqua, dans une Lettre datée du 10 avril 1775, qu'il me fit l'honneur de m'écrire à ce sujet, une méthode très-élégante et que les Géomètres verront avec plaisir, pour trouver directement les équations différentielles de l'excentricité et de l'aphélie; la voici telle qu'il me l'a envoyée. »

stantes, pendant que les quantités r et u varient de dr et du; car, comme

$$\frac{f^2}{\mathrm{M}r} = 1 - e\sin\mathrm{I}\sin u - e\cos\mathrm{I}\cos u,$$

il suffit de démontrer que la différentielle de cette équation est nulle, en ne faisant varier que les deux quantités $e\sin\mathrm{I}$, $e\cos\mathrm{I}$; c'est-à-dire, que

$$\sin u . d(e\sin\mathrm{I}) + \cos u . d(e\cos\mathrm{I}) = 0;$$

mais

$$d(e\sin\mathrm{I}) = -\,\Omega\, du\cos u, \quad \text{et} \quad d(e\cos\mathrm{I}) = \Omega\, du\sin u,$$

donc, etc. Je fais donc

$$x = e\sin\mathrm{I}, \quad y = e\cos\mathrm{I};$$

j'ai

$$\frac{f^2}{\mathrm{M}r} = 1 - x\sin u - y\cos u,$$

et ensuite j'ai, en différentiant, les équations

$$dx = -\,\Omega\cos u\, du, \quad dy = \Omega\sin u\, du;$$

si l'on substitue, dans ces équations et dans les autres semblables, les valeurs de r et de u en x, y et t, et que l'on ne conserve que les termes où $x, y, x', y', \ldots$ seront linéaires et multipliés par des coefficients constants, on aura les équations cherchées; il faut seulement avoir soin de ne pas rejeter, dans la quantité Ω, les termes de la forme

$$\int x\sin u\, du, \quad \int x\cos u\, du, \quad \int y\sin u\, du, \quad \int y\cos u\, du,$$

et les autres semblables; car ces termes, étant transformés en $x\cos u + \int dx\cos u, \ldots$, produiront, dans les équations différentielles, des termes de la forme demandée; à l'égard des quantités $\int dx\cos u, \ldots$, on pourra les négliger entièrement, parce que dx est déjà très-petit de l'ordre des masses des planètes perturbatrices.

RECHERCHES

SUR LES

ÉQUATIONS SÉCULAIRES DES MOUVEMENTS DES NŒUDS

ET

DES INCLINAISONS DES ORBITES DES PLANÈTES.

RECHERCHES

SUR LES

ÉQUATIONS SÉCULAIRES DES MOUVEMENTS DES NŒUDS

ET

DES INCLINAISONS DES ORBITES DES PLANÈTES.

(Mémoires de l'Académie Royale des Sciences de Paris, année 1774.)

Ce Mémoire contient une nouvelle Théorie des mouvements des nœuds et des variations des inclinaisons des orbites des planètes, et l'application de cette Théorie à l'orbite de chacune des six planètes principales. On y trouvera des formules générales, par lesquelles on pourra déterminer dans un temps quelconque la position absolue de ces orbites, et connaître par conséquent les véritables lois des changements auxquels les plans de ces orbites sont sujets.

J'invite les Astronomes à faire usage de ces formules et à examiner si, par leur moyen, on peut rendre raison du peu d'accord que je trouve entre les observations anciennes et les modernes, les formules que d'autres Auteurs ont données pour cet objet étant insuffisantes, puisqu'elles ne représentent que les variations différentielles des lieux des nœuds et des inclinaisons; de sorte que ces formules cessent d'être exactes au bout d'un certain nombre d'années, au lieu que les nôtres peuvent s'étendre à tant d'années qu'on voudra.

Enfin on trouvera, dans ce Mémoire, des Tables des variations séculaires de l'obliquité de l'écliptique et de la longueur de l'année tropique, avec les formules nécessaires pour calculer les variations séculaires des étoiles fixes en longitude et en latitude; ces Tables s'étendent jusqu'à vingt siècles, tant avant qu'après 1760.

Article Ier. — *Formules générales du mouvement des nœuds, et de la variation de l'inclinaison de l'orbite que décrit un corps animé par des forces quelconques.*

1. Soient x, y, z les trois coordonnées rectangles qui déterminent dans chaque instant la position du corps par rapport à un plan fixe quelconque; supposons que toutes les forces qui agissent sur le corps soient décomposées suivant les directions des lignes x, y, z, et soient réduites à ces trois X, Y, Z; on aura, en prenant l'élément du temps dt pour constant, les trois équations

$$\frac{d^2x}{dt^2} = -\mathrm{X}, \quad \frac{d^2y}{dt^2} = -\mathrm{Y}, \quad \frac{d^2z}{dt^2} = -\mathrm{Z},$$

qui serviront à déterminer le mouvement du corps.

2. De ces trois équations je tire celles-ci

$$\frac{x\,d^2y - y\,d^2x}{dt^2} = \mathrm{X}y - \mathrm{Y}x, \quad \frac{x\,d^2z - z\,d^2x}{dt^2} = \mathrm{X}z - \mathrm{Z}x, \quad \frac{y\,d^2z - z\,d^2y}{dt^2} = \mathrm{Y}z - \mathrm{Z}y,$$

lesquelles, étant multipliées par dt et ensuite intégrées, donnent, en faisant, pour abréger,

$$\mathrm{P} = \int (\mathrm{Y}z - \mathrm{Z}y)\,dt, \quad \mathrm{Q} = \int (\mathrm{X}z - \mathrm{Z}x)\,dt, \quad \mathrm{R} = \int (\mathrm{X}y - \mathrm{Y}x)\,dt,$$

ces trois autres-ci

$$\frac{x\,dy - y\,dx}{dt} = \mathrm{R}, \quad \frac{x\,dz - z\,dx}{dt} = \mathrm{Q}, \quad \frac{y\,dz - z\,dy}{dt} = \mathrm{P};$$

d'où je tire sur-le-champ cette équation finie

$$Px - Qy + Rz = 0.$$

3. Si les quantités P, Q, R étaient constantes, ou du moins dans des rapports constants entre elles, il est visible que cette équation serait celle d'un plan fixe passant par le point qui est l'origine des coordonnées x, y, z, et dont la position dépendrait des mêmes quantités P, Q, R. Et il est très-aisé de démontrer que, dans ce cas, l'intersection du plan dont il s'agit avec celui des coordonnées x et y, c'est-à-dire, la ligne des nœuds de ces deux plans, fera, avec l'axe des abscisses x, un angle dont la tangente serait $\frac{P}{Q}$, et que l'inclinaison mutuelle des mêmes plans serait égale à l'angle qui a pour tangente $\frac{\sqrt{P^2+Q^2}}{R}$.

4. Or les quantités P, Q, R ne peuvent être constantes qu'en faisant leurs différentielles nulles, ce qui donne

$$Yz - Zy = 0, \quad Xz - Zx = 0, \quad Xy - Yx = 0;$$

d'où l'on tire

$$X = \Pi x, \quad Y = \Pi y, \quad Z = \Pi z,$$

Π étant une quantité quelconque; ce qui fait voir que les trois forces X, Y, Z se réduisent à une seule égale à

$$\Pi\sqrt{x^2+y^2+z^2},$$

et toujours dirigée au point fixe qui est l'origine des coordonnées.

Mais, si l'on veut seulement que les rapports de ces quantités soient constants, en sorte que l'on ait

$$P = mR, \quad Q = nR$$

(m et n étant des coefficients quelconques), alors il faudra que l'on ait ces deux équations

$$Yz - Zy = m(Xy - Yx), \quad Xz - Zz = n(Xy - Yx).$$

Or, si dans l'équation

$$Px - Qy + Rz = 0$$

on met à la place de P et Q leurs valeurs ci-dessus, elle devient

$$mx - ny + z = 0,$$

et si ensuite on substitue dans les deux équations précédentes $ny - mx$ au lieu de z, on trouve qu'elles se réduisent à cette équation unique

$$mX - nY + Z = 0.$$

On aura donc, entre les forces X, Y, Z, une équation semblable à celle qui doit être entre les coordonnées x, y, z, et de là on conclura aisément que ces forces doivent être telles que leur résultante soit toujours dirigée dans le même plan qui est représenté par les coordonnées dont il s'agit : c'est ce qui est d'ailleurs de soi-même évident; mais nous avons cru qu'il n'était pas inutile de le déduire aussi de nos formules.

5. Voilà donc les seuls cas dans lesquels un corps puisse se mouvoir dans un plan fixe; dans tout autre cas, c'est-à-dire, lorsque l'équation

$$mX - nY + Z = 0$$

n'aura pas lieu, le corps sollicité par les forces X, Y, Z décrira nécessairement une courbe à double courbure.

Cependant, si l'on fait attention que les trois équations différentielles du n° 2, d'où l'on a tiré celle-ci

$$Px - Qy + Rz = 0,$$

donnent également cette autre-ci

$$P\,dx - Q\,dy + R\,dz = 0,$$

qui n'est autre chose, comme l'on voit, que la différentielle de celle-là, dans la supposition où les quantités P, Q, R seraient constantes, ou au moins dans des rapports constants, on verra que, quoique les rapports de ces mêmes quantités ne soient pas justement constants, ils pourront néanmoins être regardés comme tels pendant que le corps parcourt les espaces infiniment petits dx, dy, dz; d'où il suit que le plan représenté par l'équation

$$Px - Qy + Rz = 0$$

sera celui dans lequel le corps se meut dans l'instant où il décrit ces espaces infiniment petits; mais la position de ce plan, au lieu d'être fixe, changera d'un instant à l'autre, à cause de la variabilité des quantités $\frac{P}{R}$, $\frac{Q}{R}$.

6. Nommant donc ω l'angle de la ligne des nœuds avec l'axe des abscisses x, et θ la tangente de l'inclinaison du plan de l'orbite avec celui des coordonnées x et y, on aura, d'après les déterminations du n° 3, ces formules fondamentales

$$\tang\omega = \frac{P}{Q}, \quad \theta = \frac{\sqrt{P^2 + Q^2}}{R},$$

qu'on peut réduire à celles-ci

$$\theta \sin\omega = \frac{P}{R}, \quad \theta \cos\omega = \frac{Q}{R}.$$

7. Puisque, dans l'Astronomie, on a coutume de représenter le mouvement des planètes par les longitudes et les latitudes, nous supposerons que le plan des coordonnées x, y soit celui de l'écliptique, en regardant l'écliptique non pas comme l'orbite réelle de la Terre, mais comme un plan fixe qui passe toujours par les mêmes étoiles, et nous prendrons l'axe des x pour la ligne des équinoxes, ou plutôt pour la ligne qui passe par le premier point d'*Aries* supposé fixe, duquel nous compterons les longitudes; nous nommerons ensuite q la longitude du corps, p la tangente de sa latitude, et r le rayon vecteur projeté sur l'écliptique; il est visible qu'on aura

$$x = r\cos q, \quad y = r\sin q, \quad z = rp,$$

ce qui, étant substitué dans l'équation

$$Px - Qy + Rz = 0,$$

donnera celle-ci

$$P \cos q - Q \sin q + Rp = 0,$$

laquelle servira à déterminer p.

Si, de plus, on met dans cette équation pour P et Q leurs valeurs $R\theta \sin\omega$, $R\theta \cos\omega$ (6), on aura, en divisant par R et réduisant,

$$p = \theta \sin(q - \omega),$$

équation qu'on peut aussi tirer immédiatement de la Trigonométrie sphérique.

8. Pour rendre nos formules plus simples et plus commodes pour le calcul, nous ferons

$$s = \theta \sin\omega, \quad u = \theta \cos\omega,$$

ce qui donnera (numéro précédent)

$$p = u \sin q - s \cos q,$$

et les deux équations du n° 6 deviendront

$$Rs = P, \quad Ru = Q,$$

lesquelles étant différentiées pour faire disparaître les intégrations des quantités P et Q deviendront celles-ci

$$R \frac{ds}{dt} + \frac{dR}{dt} s = Yz - Zy,$$

$$R \frac{du}{dt} + \frac{dR}{dt} u = Xz - Zx,$$

équations qui serviront à déterminer les deux variables s et u, d'où dépend la solution du Problème. En effet, ces deux quantités étant connues, on aura sur-le-champ le lieu du nœud et l'inclinaison par les formules

$$\tang\omega = \frac{s}{u}, \quad \theta = \sqrt{s^2 + u^2}.$$

Pour faire usage des équations précédentes, il n'y aura qu'à y substituer à la place des quantités x, y, z leurs valeurs

$$r\cos q,\quad r\sin q,\quad ru\sin q - rs\cos q;$$

et, comme dans la recherche du mouvement des nœuds et de la variation de l'inclinaison on peut regarder l'orbite projetée sur l'écliptique comme déjà connue, du moins à très-peu près, les quantités r et q seront données en t, et il ne restera d'inconnues que s et u.

Il est bon de remarquer encore, à l'égard de la quantité R, qu'elle est égale à $\frac{r^2 dq}{dt}$, qui est ce que devient la quantité $\frac{x\,dy - y\,dx}{dt}$, en y substituant, pour x et y, leurs valeurs ci-dessus, de sorte qu'on pourra regarder aussi cette quantité R comme déjà connue.

9. Tous les Géomètres qui se sont occupés, jusqu'à présent, de la recherche du mouvement des nœuds et des variations de l'inclinaison des orbites planétaires, ont cherché immédiatement les valeurs de la tangente θ et de l'angle ω; leurs formules sont faciles à déduire des précédentes, mais nous ne nous y arrêterons pas, parce que d'un côté elles sont très-connues, et que de l'autre elles sont peu propres à la recherche dont il s'agit lorsqu'il est question de déterminer à la fois les mouvements des nœuds et des variations des inclinaisons de plusieurs planètes qui s'attirent mutuellement. [*Voir* plus bas (**23**).] C'est par cette raison que, dans les essais que j'ai donnés ailleurs sur la Théorie des satellites de Jupiter et de Saturne, j'ai fait abstraction des nœuds et des inclinaisons des orbites, et je n'ai considéré que les tangentes de la latitude (*); mais la méthode que nous proposons ici est préférable, parce qu'elle conduit à des équations beaucoup plus simples et plus faciles à résoudre.

(*) *OEuvres de Lagrange*, t. I, p. 609, et t. VI, p. 67.

Article II. — *Application des formules précédentes à la recherche du mouvement des nœuds et des variations des inclinaisons des orbites des planètes.*

10. Il faut commencer par chercher les valeurs des forces X, Y, Z, qui agissent sur une planète quelconque T, en vertu de l'attraction du Soleil S, et des autres planètes T_1, T_2,.... Pour cela nous regarderons le Soleil comme immobile, et nous le prendrons pour l'origine des coordonnées qui déterminent la position de chaque planète par rapport à l'écliptique; nous nommerons ces coordonnées x, y, z pour la planète T; x_1, y_1, z_1 pour la planète T_1; x_2, y_2, z_2 pour la planète T_2, et ainsi des autres, et nous désignerons, pour plus de simplicité, les distances de ces planètes au Soleil par (TS), (T_1S), (T_2S),..., et celles des mêmes planètes entre elles par (TT_1), (TT_2),..., (T_1T_2),..., de sorte que l'on aura

$$(\mathrm{T\,S}) = \sqrt{x^2 + y^2 + z^2},$$
$$(\mathrm{T_1 S}) = \sqrt{x_1^2 + y_1^2 + z_1^2},$$
$$(\mathrm{T_2 S}) = \sqrt{x_2^2 + y_2^2 + z_2^2},$$
$$\ldots\ldots\ldots\ldots\ldots\ldots,$$

$$(\mathrm{T\,T_1}) = \sqrt{(x - x_1)^2 + (y - y_1)^2 + (z - z_1)^2},$$
$$(\mathrm{T\,T_2}) = \sqrt{(x - x_2)^2 + (y - y_2)^2 + (z - z_2)^2},$$
$$\ldots\ldots\ldots\ldots\ldots\ldots\ldots\ldots\ldots\ldots,$$
$$(\mathrm{T_1 T_2}) = \sqrt{(x_1 - x_2)^2 + (y_1 - y_2)^2 + (z_1 - z_2)^2},$$
$$\ldots\ldots\ldots\ldots\ldots\ldots\ldots\ldots\ldots\ldots$$

11. Cela posé, le corps T étant attiré vers les corps S, T_1, T_2,... par les forces d'attraction

$$\frac{\mathrm{S}}{(\mathrm{TS})^2},\quad \frac{\mathrm{T_1}}{(\mathrm{TT_1})^2},\quad \frac{\mathrm{T_2}}{(\mathrm{TT_2})^2},\ldots,$$

si l'on décompose ces forces suivant les directions des trois lignes x, y, z

perpendiculaires entre elles, on aura celles-ci

$$\frac{Sx}{(TS)^3}+\frac{T_1(x-x_1)}{(TT_1)^3}+\frac{T_2(x-x_2)}{(TT_2)^3}+\ldots,$$

$$\frac{Sy}{(TS)^3}+\frac{T_1(y-y_1)}{(TT_1)^3}+\frac{T_2(y-y_2)}{(TT_2)^3}+\ldots,$$

$$\frac{Sz}{(TS)^3}+\frac{T_1(z-z_1)}{(TT_1)^3}+\frac{T_2(z-z_2)}{(TT_2)^3}+\ldots.$$

Mais le corps S est attiré de même par les corps T, T_1, T_2,..., avec les forces

$$\frac{T}{(TS)^2},\quad \frac{T_1}{(T_1S)^2},\quad \frac{T_2}{(T_2S)^2},\ldots,$$

lesquelles, étant décomposées suivant les mêmes directions, donnent celles-ci

$$-\frac{Tx}{(TS)^3}-\frac{T_1x_1}{(T_1S)^3}-\frac{T_2x_2}{(T_2S)^3}-\ldots,$$

$$-\frac{Ty}{(TS)^3}-\frac{T_1y_1}{(T_1S)^3}-\frac{T_2y_2}{(T_2S)^3}-\ldots,$$

$$-\frac{Tz}{(TS)^3}-\frac{T_1z_1}{(T_1S)^3}-\frac{T_2z_2}{(T_2S)^3}-\ldots.$$

Retranchant donc ces forces des précédentes, on aura les véritables forces qui font décrire au corps T son orbite autour du corps S, regardé comme immobile, c'est-à-dire, les valeurs des quantités X, Y, Z; on aura donc

$$X=\left[\frac{S+T}{(TS)^3}+\frac{T_1}{(TT_1)^3}+\frac{T_2}{(TT_2)^3}+\ldots\right]x+T_1\left[\frac{1}{(T_1S)^3}-\frac{1}{(TT_1)^3}\right]x_1+T_2\left[\frac{1}{(T_2S)^3}-\frac{1}{(TT_2)^3}\right]x_2+\ldots$$

$$Y=\left[\frac{S+T}{(TS)^3}+\frac{T_1}{(TT_1)^3}+\frac{T_2}{(TT_2)^3}+\ldots\right]y+T_1\left[\frac{1}{(T_1S)^3}-\frac{1}{(TT_1)^3}\right]y_1+T_2\left[\frac{1}{(T_2S)^3}-\frac{1}{(TT_2)^3}\right]y_2+\ldots$$

$$\left[\frac{S+T}{(TS)^3}+\frac{T_1}{(TT_1)^3}+\frac{T_2}{(TT_2)^3}+\ldots\right]z+T_1\left[\frac{1}{(T_1S)^3}-\frac{1}{(TT_1)^3}\right]z_1+T_2\left[\frac{1}{(T_2S)^3}-\frac{1}{(TT_2)^3}\right]z_2+\ldots,$$

et par conséquent

$$Yz-Zy=T_1\left[\frac{1}{(T_1S)^3}-\frac{1}{(TT_1)^3}\right](y_1z-yz_1)+T_2\left[\frac{1}{(T_2S)^3}-\frac{1}{(TT_2)^3}\right](y_2z-yz_2)+\ldots,$$

$$Xz-Zx=T_1\left[\frac{1}{(T_1S)^3}-\frac{1}{(TT_1)^3}\right](x_1z-xz_1)+T_2\left[\frac{1}{(T_2S)^3}-\frac{1}{(TT_2)^3}\right](x_2z-xz_2)+\ldots.$$

12. On substituera donc les quantités précédentes dans les deux équations du n° 8; ensuite on mettra à la place de x, y, z leurs valeurs

$$r\cos q,\quad r\sin q,\quad r(u\sin q - s\cos q),$$

et à la place de x_1, y_1, z_1 les valeurs analogues

$$r_1\cos q_1,\quad r_1\sin q_1,\quad r_1(u_1\sin q_1 - s_1\cos q_1),$$

et ainsi des autres, en supposant généralement que les mêmes lettres, sans indice, ou avec l'indice 1, ou 2,..., représentent les mêmes quantités relativement à l'orbite du corps T, ou du corps T_1, ou du corps T_2,.... On aura donc, en développant les produits des sinus et des cosinus,

$$y_1 z - y z_1 = \frac{rr_1}{2}(u-u_1)[\cos(q-q_1) - \cos(q+q_1)] + \frac{rr_1}{2}(s+s_1)\sin(q-q_1) - \frac{rr_1}{2}(s-s_1)\sin(q+q_1),$$

$$x_1 z - x z_1 = -\frac{rr_1}{2}(s-s_1)[\cos(q-q_1) + \cos(q+q_1)] + \frac{rr_1}{2}(u+u_1)\sin(q-q_1) + \frac{rr_1}{2}(u-u_1)\sin(q+q_1),$$

et ainsi des autres quantités semblables. Ensuite on aura (10)

$$(\mathrm{TS}) = r\sqrt{1+(u\sin q - s\cos q)^2},$$

$$(\mathrm{T_1S}) = r_1\sqrt{1+(u_1\sin q_1 - s_1\cos q_1)^2},$$

$$\dots\dots\dots\dots\dots,$$

$$(\mathrm{TT_1}) = \sqrt{r^2 - 2rr_1\cos(q-q_1) + r_1^2 + (ru\sin q - rs\cos q - r_1u_1\sin q_1 + r_1s_1\cos q_1)^2},$$

$$(\mathrm{TT_2}) = \sqrt{r^2 - 2rr_2\cos(q-q_2) + r_2^2 + (ru\sin q - rs\cos q - r_2u_2\sin q_2 + r_2s_2\cos q_2)^2},$$

$$\dots\dots\dots\dots\dots\dots\dots\dots\dots\dots$$

13. On remarquera maintenant que, comme les orbites des planètes sont fort peu inclinées à l'écliptique, les quantités θ, θ_1,..., et par conséquent aussi les quantités u, s, u_1, s_1,... (8) seront nécessairement des quantités très-petites; de sorte qu'on pourra, du moins dans le premier calcul, négliger les termes affectés de ces quantités dans les expressions des distances (TS), ($\mathrm{T_1S}$),...; l'erreur sera même d'autant moindre que les quantités à négliger sont très-petites du second ordre.

Les équations du n° 8 deviendront donc par toutes ces substitutions et réductions

$$\frac{ds}{dt}+\frac{dR}{dt}s=\frac{T_1 rr_1}{2}\left(\frac{1}{r_1^3}-\frac{1}{[r^2-2rr_1\cos(q-q_1)+r_1^2]^{\frac{3}{2}}}\right)$$
$$\times[(u-u_1)\cos(q-q_1)+(s+s_1)\sin(q-q_1)-(u-u_1)\cos(q+q_1)-(s-s_1)\sin(q+q_1)]$$
$$+\frac{T_2 rr_2}{2}\left(\frac{1}{r_2^3}-\frac{1}{[r^2-2rr_2\cos(q-q_2)+r_2^2]^{\frac{3}{2}}}\right)$$
$$\times[(u-u_2)\cos(q-q_2)+(s+s_2)\sin(q-q_2)-(u-u_2)\cos(q+q_2)-(s-s_2)\sin(q+q_2)]$$
$$\ldots\ldots\ldots\ldots\ldots\ldots,$$

$$\frac{du}{dt}+\frac{dR}{dt}u=\frac{T_1 rr_1}{2}\left(\frac{1}{r_1^3}-\frac{1}{[r^2-2rr_1\cos(q-q_1)+r_1^2]^{\frac{3}{2}}}\right)$$
$$\times[-(s-s_1)\cos(q-q_1)+(u+u_1)\sin(q-q_1)-(s-s_1)\cos(q+q_1)+(u-u_1)\sin(q+q_1)]$$
$$+\frac{T_2 rr_2}{2}\left(\frac{1}{r_2^3}-\frac{1}{[r^2-2rr_2\cos(q-q_2)+r_2^2]^{\frac{3}{2}}}\right)$$
$$\times[-(s-s_2)\cos(q-q_2)+(u+u_2)\sin(q-q_2)-(s-s_2)\cos(q+q_2)+(u-u_2)\sin(q+q_2)]$$
$$\ldots\ldots\ldots\ldots\ldots\ldots$$

14. De plus on pourra regarder, du moins dans la première approximation, les orbites comme circulaires, et par conséquent les rayons r, r_1, r_2,... comme constants, et les angles q, q_1, q_2,... comme proportionnels au temps, en sorte que l'on ait

$$q=\mu t,\quad q_1=\mu_1 t,\quad q_2=\mu_2 t,\ldots,$$

μ, μ_1, μ_2, ... étant des constantes telles que μt, $\mu_1 t$, $\mu_2 t$, ... soient les mouvements moyens des planètes T, T_1, T_2,... qui répondent au temps t.

Donc, comme (8) $R=\frac{r^2\,dq}{dt}$, on aura, dans cette hypothèse, $R=\mu r^2$, et de même $R_1=\mu_1 r_1^2$, $R_2=\mu_2 r_2^2$,...; de sorte que ces quantités seront aussi constantes.

Enfin on sait que la quantité rompue et radicale

$$[r^2-2rr_1\cos(q-q_1)+r_1^2]^{-\frac{3}{2}}$$

peut se réduire à une expression de cette forme

$$(r, r_1) + (r, r_1)_1 \cos(q - q_1) + (r, r_1)_2 \cos 2(q - q_1) + (r, r_1)_3 \cos 3(q - q_1) + \ldots,$$

où les coefficients (r, r_1), $(r, r_1)_1$, $(r, r_1)_2$, $(r, r_1)_3, \ldots$ sont des fonctions de r et r_1, qu'on peut trouver par différentes méthodes connues; de même la quantité

$$[r^2 - 2rr_2 \cos(q - q_2) + r_2^2]^{-\frac{3}{2}}$$

se réduira à la série

$$(r, r_2) + (r, r_2)_1 \cos(q - q_2) + (r, r_2)_2 \cos 2(q - q_2) + (r, r_2)_3 \cos 3(q - q_2) + \ldots,$$

et ainsi des autres quantités semblables.

Donc, si l'on fait ces substitutions dans les deux équations ci-dessus, et qu'on sépare les termes qui contiennent les variables s et u, sans aucun sinus ou cosinus, de ceux où ces mêmes variables sont multipliées par des sinus ou cosinus, on aura deux équations de cette forme

$$\frac{ds}{dt} + \frac{T_1 r_1 (r, r_1)_1}{4\mu r}(u - u_1) + \frac{T_2 r_2 (r, r_2)_1}{4\mu r}(u - u_2) + \ldots + \Pi = 0,$$

$$\frac{du}{dt} + \frac{T_1 r_1 (r, r_1)_1}{4\mu r}(s - s_1) - \frac{T_2 r_2 (r, r_2)_1}{4\mu r}(s - s_2) + \ldots + \Psi = 0,$$

dans lesquelles les quantités Π et Ψ dénotent la totalité des termes qui contiennent les variables u et s mêlées avec des sinus ou cosinus.

On aura des équations semblables pour chacun des autres corps T_1, $T_2, \ldots$; il n'y aura pour cela qu'à marquer de l'indice 1, ou 2,... les lettres qui n'en ont aucun, et d'effacer en même temps ceux des lettres qui sont marquées à la fois de l'indice 1 ou 2,....

15. Pour intégrer les équations précédentes, on commencera par négliger les quantités Π et Ψ, et l'on aura des équations linéaires en u, s, u_1, $s_1, \ldots$, qu'on pourra intégrer par les méthodes connues; ensuite on substituera, si l'on veut, ces premières valeurs de u, s, $u_1, \ldots$ dans les différents termes des quantités Π et Ψ, et l'on intégrera derechef, et ainsi de suite; or, comme dans les quantités Π et Ψ il n'y a aucun terme qui ne soit multiplié par le sinus ou le cosinus d'un de ces angles q, q_1, $q \pm q_1, \ldots$, il est clair que ces quantités ne pourront produire dans les valeurs de s et de u que des inégalités dépendant des lieux des planètes dans leurs orbites; de sorte que, lorsqu'on voudra faire abstraction de ces sortes d'inégalités et chercher uniquement les mouvements des nœuds et les variations des inclinaisons en tant qu'ils sont indépendants des mouvements mêmes des planètes dans leurs orbites, on pourra rejeter d'abord les quantités dont il s'agit, ce qui rendra les équations différentielles en s, u, s_1, $u_1, \ldots$ très-simples et très-faciles à intégrer. C'est ainsi que nous en userons dans la suite de ces Recherches, dont l'objet n'est que de déterminer la loi des équations séculaires des mouvements des nœuds et des inclinaisons des orbites planétaires.

16. Supposant donc, pour plus de commodité,

$$(0, 1) = \frac{T_1 r_1 (r, r_1)_1}{4\mu r}, \quad (0, 2) = \frac{T_2 r_2 (r, r_2)_1}{4\mu r}, \ldots;$$

$$(1, 0) = \frac{T r (r_1, r)_1}{4\mu_1 r_1}, \quad (1, 2) = \frac{T_2 r_2 (r_1, r_2)_1}{4\mu_1 r_1}, \ldots;$$

$$(2, 0) = \frac{T r (r_2, r)_1}{4\mu_2 r_2}, \quad (2, 1) = \frac{T_1 r_1 (r_2, r_1)_1}{4\mu_2 r_2}, \ldots,$$

et ainsi de suite, on aura les équations suivantes

$$\frac{ds}{dt} + (0, 1)(u - u_1) + (0, 2)(u - u_2) + \ldots = 0,$$

$$\frac{du}{dt} - (0, 1)(s - s_1) - (0, 2)(s - s_2) - \ldots = 0,$$

$$\frac{ds_1}{dt} + (1, 0)(u_1 - u) + (1, 2)(u_1 - u_2) + \ldots = 0,$$

$$\frac{du_1}{dt} - (1, 0)(s_1 - s) - (1, 2)(s_1 - s_2) - \ldots = 0,$$

$$\frac{ds_2}{dt} + (2, 0)(u_2 - u) + (2, 1)(u_2 - u_1) + \ldots = 0,$$

$$\frac{du_2}{dt} - (2, 0)(s_2 - s) - (2, 1)(s_2 - s_1) - \ldots = 0,$$

$$\ldots\ldots\ldots\ldots\ldots\ldots\ldots\ldots\ldots\ldots\ldots\ldots$$

C'est par l'intégration de ces équations qu'on pourra parvenir à une seule solution exacte du Problème qui concerne le mouvement des nœuds et la variation des inclinaisons des orbites de plusieurs planètes T, T_1, $T_2, \ldots$, en vertu de leurs attractions mutuelles. Nous allons nous en occuper, après avoir fait quelques remarques qui serviront à jeter un plus grand jour sur cette matière.

Article III. — *Remarques sur les équations qui donnent les mouvements des nœuds et les variations des inclinaisons des orbites planétaires.*

17. Imaginons qu'il n'y ait que deux planètes T et T_1, et que l'orbite de cette dernière soit fixe et immobile : on pourra alors regarder le plan de cette orbite comme celui de l'écliptique, et y rapporter l'orbite mobile de la planète T. De cette manière, θ sera la tangente de l'inclinaison et ω la longitude du nœud de l'orbite de T sur l'orbite de T_1; la tangente θ_1 de l'inclinaison de cette dernière orbite sera nulle : par conséquent on aura $s_1 = 0$, $u_1 = 0$, et toutes les autres quantités s_2, $u_2, \ldots$ seront aussi nulles, parce qu'on ne considère que les seules planètes T et T_1.

Donc, dans cette hypothèse, les équations du n° 16 se réduiront à ces deux-ci

$$\frac{ds}{dt} + (0, 1)\, u = 0, \quad \frac{du}{dt} - (0, 1)\, s = 0;$$

d'où l'on tire sur-le-champ celle-ci

$$\frac{d^2 s}{dt^2} + (0, 1)^2 s = 0,$$

laquelle donne

$$s = A \sin[\alpha - (0, 1)\, t],$$

et de là

$$u = A \cos[\alpha - (0, 1)\, t];$$

donc

$$\operatorname{tang}\omega = \frac{s}{u} = \operatorname{tang}[\alpha - (0, 1)t],$$

c'est-à-dire,

$$\omega = \alpha - (0, 1)t, \quad \text{et} \quad \theta = \sqrt{s^2 + u^2} = \mathrm{A},$$

où α et A sont deux constantes arbitraires.

On voit par là que l'inclinaison des deux orbites sera constante, et que le nœud de l'orbite mobile de la planète T aura, sur l'orbite fixe de la planète T_1, un mouvement rétrograde dont la vitesse sera exprimée par la quantité

$$(0, 1) = \frac{T_1 r_1 (r, r_1)_1}{4\mu r}, \quad \text{ou bien} \quad = \frac{T_1 r_1 r^2 (r, r_1)_1}{4S},$$

à cause de $\mu = \frac{S}{r^3}$, par les Théorèmes connus; c'est ce qui s'accorde avec le résultat des méthodes ordinaires.

18. En appliquant le même raisonnement à toutes les orbites considérées successivement deux à deux, et supposées alternativement l'une mobile et l'autre fixe, on en conclura, en général, que les quantités (0, 1), (0, 2), (0, 3),... ne sont autre chose que les vitesses rétrogrades des nœuds de l'orbite de la planète T sur les orbites des planètes T_1, T_2, T_3,..., considérées comme fixes; que, de même, les quantités (1, 0), (1, 2), (1, 3),... expriment les vitesses rétrogrades des nœuds de l'orbite de la planète T_1 sur les orbites des planètes T, T_2, T_3,... considérées comme fixes; que les quantités (2, 0), (2, 1), (2, 3),... expriment pareillement les vitesses rétrogrades des nœuds de l'orbite de la planète T_2 sur celles des planètes T, T_1, T_3,..., et ainsi de suite.

D'où il s'ensuit qu'il suffit de connaître les mouvements particuliers des nœuds de chaque orbite sur chacune des autres, regardée comme fixe, pour pouvoir déterminer les véritables mouvements des nœuds et les variations des inclinaisons des mêmes orbites, relativement à l'écliptique; mais il faut pour cela intégrer deux fois autant d'équations de la forme de celles du n° **16** qu'il y a d'orbites mobiles à considérer.

19. M. de Lalande a donné, dans les *Mémoires de l'année* 1758, le calcul du mouvement annuel des nœuds de l'orbite de chacune des six planètes principales sur les orbites de toutes les autres, regardées comme fixes; on aura donc par là les valeurs des coefficients $(0, 1)$, $(0, 2), \ldots$; mais, comme M. de Lalande a adopté pour les masses des planètes les déterminations de M. Euler, lesquelles sont un peu différentes de celles qui résultent des dernières observations du passage de Vénus, nous avons cru devoir changer les valeurs des mouvements des nœuds, trouvées par M. de Lalande, en sorte qu'elles répondent aux valeurs des masses établies par ces observations, et qui se trouvent dans la *Connaissance des Temps de l'année* 1774.

Les logarithmes des fractions qui représentent les masses de Mercure, Vénus, la Terre, Mars, Jupiter et Saturne (celle du Soleil étant prise pour l'unité), telles que M. de Lalande les a employées dans l'endroit cité, sont

$$3{,}37345,\quad 4{,}39467,\quad 4{,}77139,\quad 3{,}02666,\quad 6{,}97184,\quad 6{,}51985;$$

mais, d'après la *Connaissance des Temps*, je trouve ceux-ci

$$3{,}58930,\quad 4{,}50567,\quad 4{,}43722,\quad 3{,}77941,\quad 6{,}96870,\quad 6{,}46620.$$

Donc, comme les mouvements des nœuds sont (les temps périodiques et les rapports des distances au Soleil demeurant les mêmes) proportionnels aux masses des planètes qui les produisent (**17**), il faudra multiplier respectivement ceux que M. de Lalande a trouvés par les nombres dont les logarithmes sont les différences des précédents, savoir

$$0{,}21585,\quad 0{,}11100,\quad 9{,}66583,\quad 0{,}75275,\quad 9{,}99686,\quad 9{,}94635.$$

Supposant donc que le terme t soit exprimé en années tropiques, et que $T, T_1, T_2, T_3, T_4, T_5$ soient les six planètes premières, suivant l'ordre de leur grosseur, savoir : Jupiter, Saturne, la Terre, Vénus, Mars et Mercure, on aura les valeurs suivantes

$(0, 1) = 7'',564$,	$(0, 2) = 0'',030$,	$(0, 3) = 0'',005$,	$(0, 4) = 0'',271$,	$(0, 5) = 0'',0002$,
$(1, 0) = 17,773$,	$(1, 2) = 0,0009$,	$(1, 3) = 0,0007$,	$(1, 4) = 0,028$,	$(1, 5) = 0,00002$,
$(2, 0) = 6,874$,	$(2, 1) = 0,334$,	$(2, 3) = 6,646$,	$(2, 4) = 0,532$,	$(2, 5) = 0,077$,
$(3, 0) = 4,100$,	$(3, 1) = 0,203$,	$(3, 2) = 6,703$,	$(3, 4) = 0,515$,	$(3, 5) = 0,330$,
$(4, 0) = 14,060$,	$(4, 1) = 0,645$,	$(4, 2) = 1,773$,	$(4, 3) = 1,701$,	$(4, 5) = 0,013$,
$(5, 0) = 1,564$,	$(5, 1) = 0,080$,	$(5, 2) = 0,867$,	$(5, 3) = 3,749$,	$(5, 4) = 0,051$,

Au reste, comme il n'y a que les masses de Saturne, de Jupiter et de la Terre qui soient bien connues, et que les autres n'ont été déterminées que d'après l'hypothèse que les densités sont comme les racines des moyens mouvements, on ne doit regarder comme vraiment exactes que les valeurs des quantités où, après la virgule, il y a un de ces chiffres 0, 1, 2 entre les deux parenthèses.

20. Les mouvements particuliers de chaque orbite sur chacune des autres étant donnés, il est clair que c'est un Problème purement analytique de déterminer le changement de position des orbites au bout d'un temps quelconque. Les équations du n° 16 renferment la solution complète de ce Problème dans l'hypothèse que les inclinaisons des orbites soient très-petites; mais, comme ces équations ont été déduites immédiatement de la Théorie de la gravitation universelle, il ne sera peut-être pas inutile de faire voir comment on y peut parvenir directement, par la simple considération des mouvements particuliers des nœuds de chaque orbite sur chacune des autres, regardée comme fixe.

21. Considérons, pour cet effet, deux orbites seulement, pour lesquelles les lieux des nœuds sur l'écliptique soient ω, ω_1, et les tangentes des inclinaisons θ, θ_1, et supposons que la longitude du nœud de la première de ces orbites sur la seconde soit ψ, et que la tangente de l'inclinaison mutuelle de l'une à l'autre soit η; on sait que la tangente de la latitude correspondant à une longitude quelconque φ sera, pour la première orbite, égale à $\theta \sin(\varphi - \omega)$, et, pour la seconde, égale à $\theta_1 \sin(\varphi - \omega_1)$; et de même, en rapportant cette orbite-là à celle-ci, la tangente de la latitude correspondant à la longitude φ, comptée sur cette dernière orbite, sera exprimée par $\eta \sin(\varphi - \psi)$.

Or, à cause que les deux orbites sont supposées très-peu inclinées à l'écliptique, il est clair que les tangentes des latitudes doivent être, à très-peu près, égales aux latitudes elles-mêmes; de plus il est facile de voir que le cercle de latitude, correspondant à la longitude φ comptée sur l'écliptique, se confondra aussi, à très-peu près, avec le cercle de latitude correspondant à la même longitude φ, mais comptée sur l'une des orbites. De là il est aisé de conclure que la tangente de latitude $\eta \sin(\varphi - \psi)$ sera à très-peu près égale à la différence des deux tangentes de latitude $\theta \sin(\varphi - \omega)$ et $\theta_1 \sin(\varphi - \omega_1)$, de sorte qu'on aura cette équation

$$\eta \sin(\varphi - \psi) = \theta \sin(\varphi - \omega) - \theta_1 \sin(\varphi - \omega_1),$$

laquelle devra avoir lieu, en général, quelle que soit la longitude φ; on aura donc nécessairement ces deux équations particulières

$$\eta \sin\psi = \theta \sin\omega - \theta_1 \sin\omega_1,$$
$$\eta \cos\psi = \theta \cos\omega - \theta_1 \cos\omega_1,$$

lesquelles serviront à déterminer le lieu du nœud commun, et la tangente de l'inclinaison mutuelle de deux orbites dont on connaît les lieux des nœuds, et les inclinaisons sur l'écliptique. On aura, en effet, par les deux formules précédentes,

$$\operatorname{tang}\psi = \frac{\theta \sin\omega - \theta_1 \sin\omega_1}{\theta \cos\omega - \theta_1 \cos\omega_1},$$

$$\eta = \sqrt{(\theta^2 + \theta_1^2) - 2\theta\theta_1 \cos(\omega - \omega_1)}.$$

22. Cela posé, imaginons que la première des deux orbites, celle à laquelle répondent les éléments θ et ω, se meuve sur l'autre orbite regardée comme fixe, en sorte que l'inclinaison demeure constante et que le nœud rétrograde avec une vitesse représentée par (o, 1); il est clair

que, dans cette hypothèse, la quantité η sera constante, et que l'angle ψ variera de la quantité $-(0, 1)\,dt$, en sorte qu'on aura

$$d(\eta \sin\psi) = \eta \cos\psi[-(0, 1)\,dt],$$
$$d(\eta \cos\psi) = -\eta \sin\psi[-(0, 1)\,dt];$$

mais, par le numéro précédent, on a

$$\eta \sin\psi = \theta \sin\omega - \theta_1 \sin\omega_1, \quad \eta \cos\psi = \theta \cos\omega - \theta_1 \cos\omega_1;$$

et, comme l'orbite à laquelle répondent les éléments θ_1 et ω_1 est regardée comme immobile, pendant que l'autre orbite est supposée rétrograder sur elle de la quantité $(0, 1)\,dt$, il est clair qu'il faudra regarder, dans la différentiation, les quantités θ_1 et ω_1 comme constantes, et les quantités θ et ω comme seules variables; c'est pourquoi on aura donc

$$d(\eta \sin\psi) = d(\theta \sin\omega), \quad d(\eta \cos\psi) = d(\theta \cos\omega).$$

Substituant donc ces valeurs dans les deux équations précédentes, elles deviendront

$$d(\theta \sin\omega) = -(0, 1)(\theta \cos\omega - \theta_1 \cos\omega_1)\,dt,$$
$$d(\theta \cos\omega) = (0, 1)(\theta \sin\omega - \theta_1 \sin\omega_1)\,dt.$$

S'il y avait une troisième orbite pour laquelle le lieu du nœud fût ω_2 et la tangente de l'inclinaison θ_2, et qu'on supposât que la première orbite dût rétrograder sur celle-ci, regardée comme immobile, avec une vitesse égale à $(0, 2)$, et en gardant la même inclinaison mutuelle, on aurait pareillement, en vertu de ce mouvement,

$$d(\theta \sin\omega) = -(0, 2)(\theta \cos\omega - \theta_2 \cos\omega_2)\,dt,$$
$$d(\theta \cos\omega) = (0, 2)(\theta \sin\omega - \theta_2 \sin\omega_2)\,dt.$$

Donc, si l'on suppose que la même orbite soit mobile à la fois sur les deux autres, il est clair que les différentielles de $\theta \sin\omega$ et de $\theta \cos\omega$

auront pour valeurs la somme des valeurs particulières qui répondent aux vitesses (0, 1), (0, 2); par conséquent on aura, pour lors, en divisant par dt,

$$\frac{d(\theta\sin\omega)}{dt} = -(0,1)(\theta\cos\omega - \theta_1\cos\omega_1) - (0,2)(\theta\cos\omega - \theta_2\cos\omega_2),$$

$$\frac{d(\theta\cos\omega)}{dt} = (0,1)(\theta\sin\omega - \theta_1\sin\omega_1) + (0,2)(\theta\sin\omega - \theta_2\sin\omega_2).$$

Il est aisé maintenant d'étendre ces formules à tant d'orbites mobiles, à la fois, qu'on voudra, et, si l'on y met s, s_1,... à la place de $\theta\sin\omega$, $\theta_1\sin\omega_1$,..., et u, u_1,... à la place de $\theta\cos\omega$, $\theta_1\cos\omega_1$,..., suivant les dénominations établies plus haut, on en verra naître les équations du n° **16**.

23. Comme l'on a

$$d(\theta\sin\omega) = \theta\cos\omega\, d\omega + \sin\omega\, d\theta, \quad d(\theta\cos\omega) = -\theta\sin\omega\, d\omega + \cos\omega\, d\theta,$$

il s'ensuit que, si l'on prend la différence et la somme des deux équations ci-dessus, après les avoir multipliées respectivement par $\cos\omega$ et $\sin\omega$ dans le premier cas, et par $\sin\omega$ et $\cos\omega$ dans le second cas, on aura

$$\frac{\theta\, d\omega}{dt} = -(0,1)[\theta - \theta_1\cos(\omega-\omega_1)] - (0,2)[\theta - \theta_2\cos(\omega-\omega_2)],$$

$$\frac{d\theta}{dt} = (0,1)\theta_1\sin(\omega-\omega_1) + (0,2)\theta_2\sin(\omega-\omega_2);$$

et l'on aura des équations semblables pour les valeurs de $d\omega_1$, $d\theta_1$, ...

Ces équations sont surtout utiles pour déterminer les changements instantanés dans les lieux des nœuds et dans les inclinaisons de plusieurs orbites mobiles les unes sur les autres; mais elles seraient fort difficiles à intégrer sous cette forme.

24. Au reste on doit se ressouvenir que les équations précédentes sont fondées sur l'hypothèse que les inclinaisons des orbites à l'écliptique soient très-petites; ainsi elles ne peuvent être regardées comme exactes qu'autant que cette hypothèse a lieu. Si l'on voulait résoudre le Problème, en général, pour des inclinaisons quelconques, il faudrait suivre un autre chemin, ainsi que nous l'avons fait dans un Mémoire particulier sur cette matière, que nous avons donné à l'Académie de Berlin, et qui renferme la solution complète du cas où il n'y a que deux orbites mobiles (*); quant au cas où il y aurait trois orbites mobiles, nous avons trouvé qu'il dépend de la rectification des sections coniques, de sorte que la solution de ce cas, et à plus forte raison celle des cas plus compliqués, échappe nécessairement à toutes les méthodes analytiques connues. Mais, comme les orbites des planètes sont toutes à peu près dans un même plan, et qu'il en est de même de celles des satellites de Jupiter et de Saturne, la solution générale du Problème dont il s'agit serait plus curieuse qu'utile dans le Système du monde.

Article IV. — *Intégration des équations qui donnent les mouvements des nœuds et les variations des inclinaisons des orbites planétaires.*

25. Les équations qu'il s'agit d'intégrer sont celles du n° **16**, dont le nombre est, comme l'on voit, double de celui des orbites mobiles; or, pour peu qu'on considère la forme de ces équations, on verra aisément qu'on y peut satisfaire par les valeurs suivantes

$$\begin{aligned} s &= A\sin(at+\alpha), & u &= A\cos(at+\alpha),\\ s_1 &= A_1\sin(at+\alpha), & u_1 &= A_1\cos(at+\alpha),\\ s_2 &= A_2\sin(at+\alpha), & u_2 &= A_2\cos(at+\alpha),\\ &\ldots\ldots\ldots\ldots\ldots\ldots\ldots\ldots, \end{aligned}$$

où a, α et $A, A_1, A_2, \ldots$ sont des constantes indéterminées. Les substitu-

(*) *Œuvres de Lagrange*, t. IV, p. 111.

tions faites, on aura ces équations de condition

$$aA + (0,1)(A - A_1) + (0,2)(A - A_2) + \ldots = 0,$$
$$aA_1 + (1,0)(A_1 - A) + (1,2)(A_1 - A_2) + \ldots = 0,$$
$$aA_2 + (2,0)(A_2 - A) + (2,1)(A_2 - A_1) + \ldots = 0,$$
$$\ldots\ldots\ldots\ldots\ldots\ldots\ldots\ldots\ldots\ldots,$$

dont le nombre est égal à celui des quantités A, A_1, A_2,..., et n'est par conséquent que la moitié de celui des équations différentielles, en sorte qu'il est égal au nombre des orbites mobiles.

Supposons que ce nombre soit n; on aura donc n constantes indéterminées A, A_1, A_2,..., et n équations entre ces constantes; mais, en éliminant successivement ces mêmes constantes, on verra toujours que la dernière s'en ira d'elle-même, en sorte qu'il en restera nécessairement une d'indéterminée; et l'on trouvera pour équation finale une équation en a du degré $n^{ième}$, laquelle servira par conséquent à déterminer la constante a.

Il restera donc deux constantes indéterminées A, par exemple, et α; et, comme l'équation qui doit donner a est du $n^{ième}$ degré, on en pourra tirer n valeurs différentes de a; moyennant quoi on aura n valeurs particulières de chacune des $2n$ variables s, s_1, s_2, ..., u, u_1, u_2, ..., lesquelles satisferont toutes également aux équations différentielles données; et il est facile de voir, par la nature même de ces équations, que, pour avoir la valeur complète de chacune des variables dont il s'agit, il n'y aura qu'à prendre la somme des n valeurs particulières de la même variable, en donnant différentes valeurs aux constantes arbitraires.

Si donc on dénote par a, b, c,... les n racines de l'équation en a, et qu'on prenne n coefficients arbitraires A, B, C,... et autant d'angles arbitraires α, β, γ, ..., on aura

$$s = A\sin(at + \alpha) + B\sin(bt + \beta) + C\sin(ct + \gamma) + \ldots,$$
$$s_1 = A_1\sin(at + \alpha) + B_1\sin(bt + \beta) + C_1\sin(ct + \gamma) + \ldots,$$
$$s_2 = A_2\sin(at + \alpha) + B_2\sin(bt + \beta) + C_2\sin(ct + \gamma) + \ldots,$$
$$\ldots\ldots\ldots\ldots\ldots\ldots\ldots\ldots\ldots\ldots,$$

$$u = A\cos(at+\alpha) + B\cos(bt+\beta) + C\cos(ct+\gamma) + \ldots,$$
$$u_1 = A_1\cos(at+\alpha) + B_1\cos(bt+\beta) + C_1\cos(ct+\gamma) + \ldots,$$
$$u_2 = A_2\cos(at+\alpha) + B_2\cos(bt+\beta) + C_2\cos(ct+\gamma) + \ldots,$$
$$\ldots\ldots\ldots\ldots\ldots\ldots\ldots\ldots\ldots\ldots,$$

les quantités B_1, B_2,... devant être données par B et b, et les quantités C_1, C_2,... devant l'être par C et c, et ainsi des autres, de la même manière et par les mêmes équations que les quantités A_1, A_2,... le sont par A et a.

26. Pour déterminer maintenant les $2n$ constantes arbitraires A, B, C,..., α, β, γ,..., il faudra supposer que l'on connaisse les valeurs des $2n$ variables s, s_1, s_2,..., u, u_1, u_2,... pour une époque quelconque, par exemple, lorsque $t=0$, et, désignant ces valeurs données par S, S_1, S_2,..., U, U_1, U_2,..., on aura les équations

$$S = A\sin\alpha + B\sin\beta + C\sin\gamma + \ldots,$$
$$S_1 = A_1\sin\alpha + B_1\sin\beta + C_1\sin\gamma + \ldots,$$
$$S_2 = A_2\sin\alpha + B_2\sin\beta + C_2\sin\gamma + \ldots,$$
$$\ldots\ldots\ldots\ldots\ldots\ldots\ldots\ldots,$$

$$U = A\cos\alpha + B\cos\beta + C\cos\gamma + \ldots,$$
$$U_1 = A_1\cos\alpha + B_1\cos\beta + C_1\cos\gamma + \ldots,$$
$$U_2 = A_2\cos\alpha + B_2\cos\beta + C_2\cos\gamma + \ldots,$$
$$\ldots\ldots\ldots\ldots\ldots\ldots\ldots\ldots,$$

lesquelles, étant aussi au nombre de $2n$, serviront à déterminer toutes les constantes dont il s'agit.

Quoique cette détermination soit toujours facile dans les cas particuliers, au moyen des règles connues de l'élimination, cependant, si l'on voulait traiter la question, en général, pour un nombre quelconque d'orbites mobiles, on tomberait nécessairement dans des formules très-compliquées et dont la loi serait difficile à apercevoir; c'est pourquoi j'ai cru devoir chercher une méthode particulière pour remplir cet objet, et je me flatte que celle que je vais donner pourra mériter l'attention des Géomètres, tant par sa simplicité et sa généralité que par l'utilité dont elle pourra être dans plusieurs autres occasions.

27. Considérons les n équations

$$\begin{aligned}
S &= A \sin\alpha + B \sin\beta + C \sin\gamma + \ldots,\\
S_1 &= A_1 \sin\alpha + B_1 \sin\beta + C_1 \sin\gamma + \ldots,\\
S_2 &= A_2 \sin\alpha + B_2 \sin\beta + C_2 \sin\gamma + \ldots,\\
&\ldots\ldots\ldots\ldots\ldots\ldots\ldots\ldots\ldots\ldots
\end{aligned}$$

Il est visible que toutes les opérations qu'on fera sur celles-ci pourront s'appliquer aussi aux autres équations, en changeant seulement les quantités S, S_1, S_2,... en U, U_1, U_2,..., et $\sin\alpha$, $\sin\beta$, $\sin\gamma$,... en $\cos\alpha$, $\cos\beta$, $\cos\gamma$,....

On formera d'abord les quantités suivantes

$$\begin{aligned}
S^{(1)} &= -(0,1)(S - S_1) - (0,2)(S - S_2) - \ldots,\\
S_1^{(1)} &= -(1,0)(S_1 - S) - (1,2)(S_1 - S_2) - \ldots,\\
S_2^{(1)} &= -(2,0)(S_2 - S) - (2,1)(S_2 - S_1) - \ldots,\\
&\ldots\ldots\ldots\ldots\ldots\ldots\ldots\ldots\ldots\ldots,
\end{aligned}$$

dont la forme est, comme l'on voit, analogue à celle des équations différentielles proposées (**16**); il est aisé de prouver, en substituant les valeurs ci-dessus de S, S_1, S_2,... et ayant égard aux équations de condition du n° **25**, lesquelles doivent avoir lieu également entre les quantités a, A, A_1, A_2, ..., b, B, B_1, B_2, ..., c, C, C_1, C_2, ..., il est aisé de prouver, dis-je, qu'on aura

$$\begin{aligned}
S^{(1)} &= aA \sin\alpha + bB \sin\beta + cC \sin\gamma + \ldots,\\
S_1^{(1)} &= aA_1 \sin\alpha + bB_1 \sin\beta + cC_1 \sin\gamma + \ldots,\\
S_2^{(1)} &= aA_2 \sin\alpha + bB_2 \sin\beta + cC_2 \sin\gamma + \ldots,\\
&\ldots\ldots\ldots\ldots\ldots\ldots\ldots\ldots\ldots\ldots
\end{aligned}$$

Ensuite, de la même manière que les quantités $S^{(1)}$, $S_1^{(1)}$, $S_2^{(1)}$,... sont formées des quantités S, S_1, S_2,..., je forme les quantités $S^{(2)}$, $S_1^{(2)}$, $S_2^{(2)}$,... de celles-ci $S^{(1)}$, $S_1^{(1)}$, $S_2^{(1)}$,..., et pareillement je forme les quantités $S^{(3)}$, $S_1^{(3)}$, $S_2^{(3)}$,... des quantités précédentes $S^{(2)}$, $S_1^{(2)}$, $S_2^{(2)}$,..., et ainsi de suite; j'aurai, en vertu des mêmes équations de condition, les équations suivantes

$$
\begin{aligned}
S^{(2)} &= a^2 A \sin\alpha + b^2 B \sin\beta + c^2 C \sin\gamma + \ldots,\\
S_1^{(2)} &= a^2 A_1 \sin\alpha + b^2 B_1 \sin\beta + c^2 C_1 \sin\gamma + \ldots,\\
S_2^{(2)} &= a^2 A_2 \sin\alpha + b^2 B_2 \sin\beta + c^2 C_2 \sin\gamma + \ldots,\\
&\ldots\ldots\ldots\ldots\ldots\ldots\ldots\ldots\ldots,\\
S^{(3)} &= a^3 A \sin\alpha + b^3 B \sin\beta + c^3 C \sin\gamma + \ldots,\\
S_1^{(3)} &= a^3 A_1 \sin\alpha + b^3 B_1 \sin\beta + c^3 C_1 \sin\gamma + \ldots,\\
S_2^{(3)} &= a^3 A_2 \sin\alpha + b^3 B_2 \sin\beta + c^3 C_2 \sin\gamma + \ldots,\\
&\ldots\ldots\ldots\ldots\ldots\ldots\ldots\ldots\ldots,
\end{aligned}
$$

et ainsi de suite.

Il faudra continuer ces suites d'équations jusqu'à la $n^{ième}$ inclusivement, laquelle sera donc représentée ainsi

$$
\begin{aligned}
S^{(n-1)} &= a^{n-1} A \sin\alpha + b^{n-1} B \sin\beta + c^{n-1} C \sin\gamma + \ldots,\\
S_1^{(n-1)} &= a^{n-1} A_1 \sin\alpha + b^{n-1} B_1 \sin\beta + c^{n-1} C_1 \sin\gamma + \ldots,\\
S_2^{(n-1)} &= a^{n-1} A_2 \sin\alpha + b^{n-1} B_2 \sin\beta + c^{n-1} C_2 \sin\gamma + \ldots,\\
&\ldots\ldots\ldots\ldots\ldots\ldots\ldots\ldots\ldots\ldots
\end{aligned}
$$

Cela posé, je considère l'équation dont les racines sont a, b, c,..., et je la représente, en général, par

$$x^n + \lambda x^{n-1} + \mu x^{n-2} + \nu x^{n-3} + \varpi x^{n-4} + \ldots = 0,$$

en mettant x à la place de a pour plus de généralité. J'élimine de cette équation une des racines, comme a, en la divisant par $x - a$, ce qui me donne le quotient

$$x^{n-1}+(a+\lambda)x^{n-2}+(a^2+\lambda a+\mu)x^{n-3}+(a^3+\lambda a^2+\mu a+\nu)x^{n-4}+\ldots$$
$$+(a^{n-1}+\lambda a^{n-2}+\mu a^{n-3}+\nu a^{n-4}+\ldots)=0.$$

Cette équation n'aura donc plus pour racines que les $n-1$ quantités $b, c, \ldots$, de sorte que son premier membre ne deviendra égal à zéro qu'en faisant $x=b$, ou $x=c$, ou ...; mais, en faisant $x=a$, il deviendra

$$na^{n-1}+(n-1)\lambda a^{n-2}+(n-2)\mu a^{n-3}+\ldots.$$

Si, dans l'équation précédente, on change a en b ou en c, ou ...; on aura une équation qui sera vraie pour toutes les racines, excepté b, ou $c, \ldots$.

Je suppose maintenant que je veuille déterminer les valeurs des n quantités $A\sin\alpha$, $B\sin\beta$, $C\sin\gamma, \ldots$; je n'aurai qu'à prendre les n équations

$$\begin{aligned}
S &= A\sin\alpha+B\sin\beta+C\sin\gamma+\ldots,\\
S^{(1)} &= aA\sin\alpha+bB\sin\beta+cC\sin\gamma+\ldots,\\
S^{(2)} &= a^2A\sin\alpha+b^2B\sin\beta+c^2C\sin\gamma+\ldots,\\
&\ldots\ldots\ldots\ldots\ldots\ldots,\\
S^{(n-1)} &= a^{n-1}A\sin\alpha+b^{n-1}B\sin\beta+c^{n-1}C\sin\gamma+\ldots,
\end{aligned}$$

et les ajouter ensemble après les avoir multipliées respectivement par les coefficients de l'équation ci-dessus pris à rebours, c'est-à-dire, en commençant par le dernier

$$a^{n-1}+\lambda a^{n-2}+\ldots.$$

Il s'ensuit de ce que nous avons dit sur la nature de cette équation que le coefficient de la quantité $A\sin\alpha$ deviendra

$$na^{n-1}+(n-1)\lambda a^{n-2}+(n-2)\mu a^{n-3}+\ldots,$$

et que les coefficients des autres quantités $B\sin\beta$, $C\sin\gamma, \ldots$ deviendront tous nuls à la fois; de sorte que, divisant toute l'équation par le coefficient de $A\sin\alpha$, on aura sur-le-champ la valeur de cette même quantité. Donc

$$\begin{aligned}A\sin\alpha = &(a^{n-1}+\lambda a^{n-2}+\mu a^{n-3}+\nu a^{n-4}+\ldots)S\\ &+(a^{n-2}+\lambda a^{n-3}+\mu a^{n-4}+\ldots)S^{(1)}\\ &+(a^{n-3}+\lambda a^{n-4}+\ldots)S^{(2)},\\ &\ldots\ldots\ldots\ldots\ldots\ldots\\ &+(a+\lambda)S^{(n-2)}+S^{(n-1)},\end{aligned}$$

divisée par

$$na^{n-1}+(n-1)\lambda a^{n-2}+(n-2)\mu a^{n-3}+(n-3)\nu a^{n-4}+\ldots.$$

On trouvera de même les valeurs des quantités $B\sin\beta$, $C\sin\gamma,\ldots$, et il n'y aura pour cela qu'à changer, dans l'expression précédente de $A\sin\alpha$, la racine a successivement en b, $c,\ldots$.

Si l'on traite d'une manière semblable les n équations

$$\begin{aligned}S_1 &= A_1\sin\alpha+B_1\sin\beta+C_1\sin\gamma+\ldots,\\ S_1^{(1)} &= a\,A_1\sin\alpha+b\,B_1\sin\beta+c\,C_1\sin\gamma+\ldots,\\ S_1^{(2)} &= a^2A_1\sin\alpha+b^2B_1\sin\beta+c^2C_1\sin\gamma+\ldots,\\ &\ldots\ldots\ldots\ldots\ldots\ldots,\end{aligned}$$

on déduira les valeurs des n quantités

$$A_1\sin\alpha,\quad B_1\sin\beta,\quad C_1\sin\gamma,\ldots;$$

et il est clair que ces valeurs ne différeront de celles de

$$A\sin\alpha,\quad B\sin\beta,\quad C\sin\gamma,\ldots,$$

trouvées ci-dessus, qu'en ce que, à la place des quantités S, $S^{(1)}$, $S^{(2)},\ldots$, il y aura les quantités S_1, $S_1^{(1)}$, $S_1^{(2)},\ldots$.

De là il est facile de conclure que, si dans les mêmes valeurs de

$$A\sin\alpha,\quad B\sin\beta,\quad C\sin\gamma,\ldots$$

on met à la place des quantités S, $S^{(1)}$, $S^{(2)},\ldots$ les quantités S_2, $S_2^{(1)}$,

$S_2^{(2)}, \ldots,$ ou S_3, $S_3^{(1)}$, $S_3^{(2)}, \ldots,$ ou ..., on aura les valeurs des quantités

$$A_2 \sin\alpha, \quad B_2 \sin\beta, \quad C_2 \sin\gamma, \ldots,$$

ou

$$A_3 \sin\alpha, \quad B_3 \sin\beta, \quad C_3 \sin\gamma, \ldots,$$

ou ....

Enfin, si dans les valeurs précédentes on change les quantités

$$S,\ S_1,\ S_2, \ldots; \quad S^{(1)},\ S_1^{(1)},\ S_2^{(1)}, \ldots; \quad S^{(2)},\ S_1^{(2)},\ S_2^{(2)}, \ldots; \ldots$$

en

$$U,\ U_1,\ U_2, \ldots; \quad U^{(1)},\ U_1^{(1)},\ U_2^{(1)}, \ldots; \quad U^{(2)},\ U_1^{(2)},\ U_2^{(2)}, \ldots; \ldots$$

(ces quantités $U^{(1)}$, $U_1^{(1)}$, $U_2^{(1)}, \ldots;$ $U^{(2)}$, $U_1^{(2)}$, $U_2^{(2)}, \ldots; \ldots$ étant formées des quantités U, U_1, $U_2, \ldots,$ de la même manière que les quantités $S^{(1)}$, $S_1^{(1)}$, $S_2^{(1)}, \ldots;$ $S^{(2)}$, $S_1^{(2)}$, $S_2^{(2)}, \ldots; \ldots$ le sont des quantités S, S_1, $S_2, \ldots$), on aura les valeurs des quantités correspondantes

$$A \cos\alpha, \quad B \cos\beta, \quad C \cos\gamma, \ldots,$$

$$A_1 \cos\alpha, \quad B_1 \cos\beta, \quad C_1 \cos\gamma, \ldots,$$

$$A_2 \cos\alpha, \quad B_2 \cos\beta, \quad C_2 \cos\gamma, \ldots.$$

28. Au reste, dès qu'on aura trouvé les valeurs des quantités

$$A \sin\alpha,\ B \sin\beta,\ C \sin\gamma, \ldots, \quad \text{et} \quad A \cos\alpha,\ B \cos\beta,\ C \cos\gamma, \ldots,$$

on pourra d'abord déterminer celles des coefficients A, B, $C, \ldots$ et des angles α, β, $\gamma, \ldots;$ après quoi il suffira de chercher encore les valeurs des quantités

$$A_1 \sin\alpha,\ B_1 \sin\beta,\ C_1 \sin\gamma, \ldots; \quad A_2 \sin\alpha,\ B_2 \sin\beta,\ C_2 \sin\gamma, \ldots$$

pour pouvoir déterminer celles des autres coefficients A_1, B_1, $C_1, \ldots,$ A_2, B_2, $C_2, \ldots,$ ou bien on pourra, si on l'aime mieux, employer les équations de condition du nº 25 pour déterminer les quantités A_1, $A_2, \ldots$ en A; et, comme les mêmes équations doivent avoir lieu entre les quantités B, B_1, $B_2, \ldots,$ ainsi qu'entre les quantités C, C_1, $C_2, \ldots, \ldots,$ en changeant seulement a en b ou en $c,\ldots$, on aura également les valeurs de B_1, $B_2,\ldots$ en B, de C_1, $C_2,\ldots$ en C, et ainsi des autres.

29. S'il n'y a que deux orbites mobiles, les équations de condition du n° **25** seront

$$[a+(0,1)]A-(0,1)A_1=0,$$

$$(1,0)A-[a+(1,0)]A_1=0;$$

d'où l'on tire cette équation en a ou en x (en changeant a en x)

$$[x+(0,1)][x+(1,0)]-(0,1)(1,0)=0,$$

laquelle est évidemment du second degré.

Si les orbites mobiles sont au nombre de trois, on aura ces trois équations de condition

$$[a+(0,1)+(0,2)]A-(0,1)A_1-(0,2)A_2=0,$$

$$(1,0)A-[a+(1,0)+(1,2)]A_1+(1,2)A_2=0,$$

$$(2,0)A+(2,1)A_1-[a+(2,0)+(2,1)]A_2=0;$$

d'où l'on tirera par les formules connues cette équation finale en a ou en x

$$\begin{gathered}[x+(0,1)+(0,2)][x+(1,0)+(1,2)][x+(2,0)+(2,1)]\\ -[x+(0,1)+(0,2)](1,2)(2,1)-[x+(1,0)+(1,2)](0,2)(2,0)\\ -[x+(2,0)+(2,1)](0,1)(1,0)-(0,1)(1,2)(2,0)-(1,0)(2,1)(0,2)=0,\end{gathered}$$

laquelle est, comme l'on voit, du troisième degré.

S'il y avait quatre orbites mobiles, on aurait alors ces quatre équations de condition

$$[a+(0,1)+(0,2)+(0,3)]A-(0,1)A_1-(0,2)A_2-(0,3)A_3=0,$$

$$(1,0)A-[a+(1,0)+(1,2)+(1,3)]A_1+(1,2)A_2+(1,3)A_3=0,$$

$$(2,0)A+(2,1)A_1-[a+(2,0)+(2,1)+(2,3)]A_2+(2,3)A_3=0,$$

$$(3,0)A+(3,1)A_1+(3,2)A_2-[a+(3,0)+(3,1)+(3,2)]A_3=0,$$

lesquelles donneraient sur-le-champ celle-ci en a ou en x,

$$
\begin{aligned}
&[x+(0,1)+(0,2)+(0,3)][x+(1,0)+(1,2)+(1,3)]\\
&\times[x+(2,0)+(2,1)+(2,3)][x+(3,0)+(3,1)+(3,2)]\\
&-[x+(0,1)+(0,2)+(0,3)][x+(1,0)+(1,2)+(1,3)](2,3)(3,2)\\
&-[x+(0,1)+(0,2)+(0,3)][x+(2,0)+(2,1)+(2,3)](1,3)(3,1)\\
&-[x+(0,1)+(0,2)+(0,3)][x+(3,0)+(3,1)+(3,2)](1,2)(2,1)\\
&-[x+(1,0)+(1,2)+(1,3)][x+(2,0)+(2,1)+(2,3)](0,3)(3,0)\\
&-[x+(1,0)+(1,2)+(1,3)][x+(3,0)+(3,1)+(3,2)](0,2)(2,0)\\
&-[x+(2,0)+(2,1)+(2,3)][x+(3,0)+(3,1)+(3,2)](0,1)(1,0)\\
&-[x+(0,1)+(0,2)+(0,3)][(1,2)(2,3)(3,1)+(2,1)(3,2)(1,3)]\\
&-[x+(1,0)+(1,2)+(1,3)][(0,2)(2,3)(3,0)+(2,0)(3,2)(0,3)]\\
&-[x+(2,0)+(2,1)+(2,3)][(0,1)(1,3)(3,0)+(1,0)(3,1)(0,3)]\\
&-[x+(3,0)+(3,1)+(3,2)][(0,1)(1,2)(2,0)+(1,0)(2,1)(0,2)]\\
&-(0,1)(1,2)(2,3)(3,0)-(0,2)(2,3)(3,1)(1,0)-(0,3)(3,1)(1,2)(2,0)\\
&-(1,0)(2,1)(3,2)(0,3)-(2,0)(3,2)(1,3)(0,1)-(3,0)(1,3)(2,1)(0,2)\\
&+(0,1)(1,0)(2,3)(3,2)+(0,2)(2,0)(1,3)(3,1)+(0,3)(3,0)(1,2)(2,1)=0,
\end{aligned}
$$

équation qui étant ordonnée par rapport à l'inconnue x montera au quatrième degré; et ainsi de suite.

30. Si l'on développe les équations précédentes, on verra que leur dernier terme disparaît toujours par la destruction mutuelle des quantités qui le composent; d'où il suit que chaque équation sera divisible par x, et aura par conséquent $x=0$ pour une de ses racines. C'est de quoi on peut aussi se convaincre, *à priori*, par la forme même des équations de condition du n° **25**, car il est clair qu'on peut satisfaire à ces équations en faisant

$$a=0 \quad \text{et} \quad A=A_1=A_2,\ldots;$$

de sorte que $a=0$ sera nécessairement une des racines de l'équation en a. On voit aussi par là que les valeurs de A, A_1, A_2,..., qui répondent à cette racine $a = 0$, sont toutes égales entre elles. Par conséquent les expressions de $s, s_1, s_2, \ldots, u, u_1, u_2, \ldots$ deviendront

$$\begin{aligned}
s &= \mathrm{A} \sin\alpha + \mathrm{B} \sin(bt + \beta) + \mathrm{C} \sin(ct + \gamma) + \ldots, \\
s_1 &= \mathrm{A} \sin\alpha + \mathrm{B}_1 \sin(bt + \beta) + \mathrm{C}_1 \sin(ct + \gamma) + \ldots, \\
s_2 &= \mathrm{A} \sin\alpha + \mathrm{B}_2 \sin(bt + \beta) + \mathrm{C}_2 \sin(ct + \gamma) + \ldots, \\
& \ldots\ldots\ldots\ldots\ldots\ldots\ldots\ldots\ldots\ldots\ldots\ldots ; \\
u &= \mathrm{A} \cos\alpha + \mathrm{B} \cos(bt + \beta) + \mathrm{C} \cos(ct + \gamma) + \ldots, \\
u_1 &= \mathrm{A} \cos\alpha + \mathrm{B}_1 \cos(bt + \beta) + \mathrm{C}_1 \cos(ct + \gamma) + \ldots, \\
u_2 &= \mathrm{A} \cos\alpha + \mathrm{B}_2 \cos(bt + \beta) + \mathrm{C}_2 \cos(ct + \gamma) + \ldots, \\
& \ldots\ldots\ldots\ldots\ldots\ldots\ldots\ldots\ldots\ldots\ldots\ldots ,
\end{aligned}$$

dans lesquelles $b, c, \ldots$ seront les racines des équations ci-dessus en x, après qu'elles auront été rabaissées par la division par x.

Ainsi, dans le cas de deux orbites mobiles, la quantité b sera donnée par l'équation du premier degré

$$x + (0, 1) + (1, 0) = 0.$$

Dans le cas de trois orbites mobiles, les quantités b et c seront données par l'équation du second degré

$$\begin{aligned}
x^2 &+ [(0, 1) + (0, 2) + (1, 0) + (1, 2) + (2, 0) + (2, 1)]\, x \\
&+ (0, 1)(1, 2) + (0, 2)(1, 0) + (0, 2)(1, 2) + (0, 1)(2, 0) \\
&+ (0, 1)(2, 1) + (0, 2)(2, 1) + (1, 0)(2, 0) + (1, 0)(2, 1) + (1, 2)(2, 0) = 0,
\end{aligned}$$

et ainsi de suite.

31. Avant de terminer cet Article, nous devons encore remarquer que, quoique nous ayons supposé que toutes les racines $a, b, c, \ldots$ de l'équation en x soient réelles et inégales, il peut néanmoins arriver qu'il y en ait d'égales ou d'imaginaires; mais il est facile de résoudre ces cas par les méthodes connues : nous observerons seulement que, dans le cas des racines égales, les valeurs de $s, s_1, s_2, \ldots, u, u_1, u_2, \ldots$ contiendront des arcs de cercle, et que dans celui des racines imaginaires ces valeurs contiendront des exponentielles ordinaires; de sorte que, dans l'un et l'autre cas, les quantités dont il s'agit croîtront à mesure que t croît; par

conséquent la solution précédente cessera d'être exacte au bout d'un certain temps (23); mais heureusement ces cas ne paraissent pas avoir lieu dans le Système du monde (*).

ARTICLE V. — *Remarques sur les mouvements des nœuds et les variations des inclinaisons qui résultent des formules trouvées dans l'Article précédent.*

32. Puisque

$$\operatorname{tang}\omega = \frac{s}{u} \quad \text{et} \quad \theta = \sqrt{s^2 + u^2},$$

par le n° 8 on aura, en substituant les valeurs de s et de u (30),

$$\operatorname{tang}\omega = \frac{A\sin\alpha + B\sin(bt+\beta) + C\sin(ct+\gamma) + \ldots}{A\cos\alpha + B\cos(bt+\beta) + C\cos(ct+\gamma) + \ldots},$$

$$\theta = \sqrt{A^2+B^2+C^2+\ldots+2AB\cos(bt+\beta-\alpha)+2AC\cos(ct+\gamma-\alpha)+\ldots+2BC\cos[(b-c)t+\beta-\gamma]+\ldots};$$

par la première de ces équations, on connaîtra donc la longitude ω du nœud de l'orbite de la planète T, rapportée à l'écliptique ou au plan fixe qui en tient lieu, et par la seconde on aura la tangente θ de l'inclinaison de la même orbite.

On aura des formules semblables pour le lieu du nœud et la tangente de l'inclinaison de l'orbite de chacune des autres planètes T_1, T_2,...; il n'y aura qu'à marquer les lettres A, B, C,... de l'indice 1, ou 2, ou....

33. Si l'on voulait déterminer directement la longitude ω du nœud, il n'y aurait qu'à substituer la valeur de $\operatorname{tang}\omega$ dans l'équation

$$d\omega = \frac{d\operatorname{tang}\omega}{1+\operatorname{tang}^2\omega},$$

ce qui donnerait, après les réductions, cette équation différentielle

$$\frac{d\omega}{dt} = \frac{bB^2+cC^2+\ldots+bAB\cos(bt+\beta-\alpha)+cAC\cos(ct+\gamma-\alpha)+\ldots+(b+c)BC\cos[(b-c)t+\beta-\gamma]+\ldots}{(A^2+B^2+C^2+\ldots)+2AB\cos(bt+\beta-\alpha)+2AC\cos(ct+\gamma-\alpha)+\ldots+2BC\cos[(b-c)t+\beta-\gamma]+\ldots}$$

(*) Il convient de rappeler ici que les résultats qui précèdent ont été reproduits avec des développements étendus dans la *Théorie des variations séculaires des éléments des planètes* insérée dans les *Mémoires de l'Académie de Berlin*, année 1761. *Voir* le tome V des *OEuvres de Lagrange*, p. 125. (*Note de l'Éditeur.*)

d'où l'on pourra tirer par l'intégration la valeur de l'angle ω. Si l'on suppose

$$B^2 + cC^2 + \ldots + bAB\cos(bt+\beta-\alpha) + cAC\cos(ct+\gamma-\alpha) + \ldots + (b+c)BC\cos[(b-c)t+\beta-\gamma] + \ldots = 0,$$

on a l'équation qui donne les maxima et minima de l'angle ω; si donc cette équation est possible, l'angle ω sera renfermé dans des limites données, et le nœud n'aura par conséquent qu'un mouvement de libration; mais, si l'équation dont il s'agit est impossible, il n'y aura alors ni maximum ni minimum; l'angle ω croîtra donc continuellement, et le nœud aura nécessairement un mouvement continu et progressif.

34. Pour mettre ce que nous venons de dire dans un plus grand jour, considérons le cas où il n'y a que deux orbites mobiles; on aura dans ce cas

$$\operatorname{tang}\omega = \frac{A\sin\alpha + B\sin(bt+\beta)}{A\cos\alpha + B\cos(bt+\beta)},$$

et de là

$$\frac{d\omega}{dt} = \frac{bB[B + A\cos(bt+\beta-\alpha)]}{A^2 + B^2 + 2AB\cos(bt+\beta-\alpha)};$$

l'équation du maximum ou minimum sera donc

$$B + A\cos(bt+\beta-\alpha) = 0,$$

laquelle donne

$$\cos(bt+\beta-\alpha) = -\frac{B}{A}.$$

Cette équation n'est possible, comme l'on voit, que lorsque $B =$ ou $< A$, abstraction faite des signes : dans ce cas donc le nœud de l'orbite de la planète T n'aura qu'un mouvement de libration; mais si $B > A$, alors l'équation deviendra impossible, et le nœud aura par conséquent un mouvement progressif sur l'écliptique.

35. Pour déterminer ces mouvements du nœud, nous allons chercher la valeur de l'angle ω par l'intégration de l'équation ci-dessus. Faisant, pour abréger,

$$bt + \beta - \alpha = \varphi,$$

on aura donc à intégrer l'équation

$$d\omega = \frac{B^2 + AB\cos\varphi}{A^2 + B^2 + 2AB\cos\varphi}\,d\varphi = \frac{d\varphi}{2} + \frac{1}{2}\,\frac{(B^2 - A^2)\,d\varphi}{A^2 + B^2 + 2AB\cos\varphi};$$

or j'observe que, si l'on prend un angle ψ tel que l'on ait

$$\operatorname{tang}\psi = \frac{B - A}{B + A}\operatorname{tang}\frac{\varphi}{2},$$

on trouve, par la différentiation,

$$d\psi = \frac{1}{2}\,\frac{(B^2 - A^2)\,d\varphi}{A^2 + B^2 + 2AB\cos\varphi};$$

d'où il s'ensuit qu'on aura

$$d\omega = \frac{d\varphi}{2} + d\psi,$$

et, en intégrant,

$$\omega = \frac{\varphi}{2} + \psi + m,$$

m étant une constante qui sera égale à la valeur de ω lorsque $\varphi = 0$, parce que ψ est aussi égal à zéro dans ce cas; or, en faisant $\varphi = 0$, on a

$$bt + \beta = \alpha,$$

et, substituant cette valeur dans l'expression ci-dessus de $\operatorname{tang}\omega$, il vient

$$\operatorname{tang}\omega = \frac{\sin\alpha}{\cos\alpha} = \operatorname{tang}\alpha;$$

donc $\omega = \alpha$; par conséquent $m = \alpha$; de sorte qu'on aura, en général,

$$\omega = \frac{\varphi}{2} + \psi + \alpha.$$

Maintenant il est clair que, si $B > A$ (abstraction faite des signes), la quantité $\frac{B - A}{B + A}$ sera toujours positive, quels que soient les signes de B et A; de plus, si A et B sont de même signe, cette quantité sera toujours < 1; au contraire elle sera > 1, si A et B sont de signes différents.

Dans le premier cas, on pourra donc supposer

$$\frac{B - A}{B + A} = \cos h,$$

et l'on aura l'équation

$$\tang \psi = \cos h \tang \frac{\varphi}{2},$$

laquelle fait voir que l'arc ψ est la base d'un triangle sphérique rectangle, dont $\frac{\varphi}{2}$ est l'hypoténuse et h l'angle compris. On pourra donc regarder l'arc $\frac{\varphi}{2}$ comme l'argument de latitude, l'arc ψ comme la distance au nœud, en prenant h pour l'inclinaison de l'orbite, et alors la différence $\frac{\varphi}{2} - \psi$ sera ce qu'on appelle *la réduction à l'écliptique*, dont la valeur est alternativement positive et négative. Désignant donc cette réduction par ρ, on aura

$$\frac{\varphi}{2} - \psi = \rho;$$

donc

$$\psi = \frac{\varphi}{2} - \rho,$$

et par conséquent

$$\omega = \varphi + \alpha - \rho = bt + \beta - \rho;$$

d'où l'on voit que la valeur moyenne de ω, c'est-à-dire, le lieu moyen du nœud, sera $bt + \beta$.

Dans le second cas, c'est-à-dire, lorsque A et B sont de signes différents, on pourra faire

$$\frac{B - A}{B + A} = \frac{1}{\cos h},$$

et l'on aura l'équation

$$\tang \frac{\varphi}{2} = \cos h \tang \psi.$$

Dans ce cas ψ sera l'argument de latitude, $\frac{\varphi}{2}$ la distance au nœud, et, nommant la réduction σ, on aura

$$\psi - \frac{\varphi}{2} = \sigma;$$

donc

$$\psi = \frac{\varphi}{2} + \sigma,$$

et par conséquent

$$\omega = \varphi + \alpha + \sigma = bt + \beta + \sigma;$$

de sorte que le lieu moyen du nœud sera aussi $bt + \beta$.

Mais, si $B < A$ (abstraction faite des signes), la quantité $\frac{B-A}{B+A}$ sera toujours négative, par conséquent la quantité $\frac{A-B}{A+B}$ sera toujours positive; ainsi il n'y aura qu'à prendre l'angle ψ négativement, et l'on aura l'équation

$$\operatorname{tang}\psi = \frac{A-B}{A+B}\operatorname{tang}\frac{\varphi}{2},$$

dans laquelle $A > B$, et qui donnera comme ci-devant

$$\psi = \frac{\varphi}{2} - \rho,$$

si A et B sont de même signe, ou

$$\psi = \frac{\varphi}{2} + \sigma,$$

si A et B sont de signes différents; mais, en faisant ψ négatif, la valeur de ω deviendra

$$\omega = \frac{\varphi}{2} - \psi + \alpha;$$

donc, substituant la valeur de ψ, on aura, dans le premier cas,

$$\omega = \alpha + \rho,$$

et dans le second

$$\omega = \alpha - \sigma;$$

d'où l'on voit que le lieu moyen du nœud sera α, et par conséquent fixe.

Enfin, si $B = A$, on aura $\tang\psi = 0$; donc $\psi = 0$ et

$$\omega = \frac{\varphi}{2} + \alpha = \frac{bt + \beta + \alpha}{2};$$

et, si $B = -A$, on aura $\tang\psi = \infty$; donc $\psi = 90°$, et

$$\omega = 90° + \frac{bt + \beta + \alpha}{2}.$$

36. On peut encore trouver la valeur de l'angle ω par le moyen de sa tangente, sans employer aucune différentiation ni intégration. En effet on a, comme l'on sait,

$$\begin{aligned} 2\omega\sqrt{-1} &= \log e^{\omega\sqrt{-1}} - \log e^{-\omega\sqrt{-1}} = \log(\cos\omega + \sin\omega\sqrt{-1}) - \log(\cos\omega - \sin\omega\sqrt{-1}) \\ &= \log\frac{\cos\omega + \sin\omega\sqrt{-1}}{\cos\omega - \sin\omega\sqrt{-1}} = \log\frac{1 + \tang\omega\sqrt{-1}}{1 - \tang\omega\sqrt{-1}}; \end{aligned}$$

qu'on substitue donc dans cette formule la valeur de $\tang\omega$, en faisant, pour abréger,

$$bt + \beta = \zeta,$$

on aura

$$\begin{aligned} \omega &= \frac{1}{2\sqrt{-1}}\log\frac{A(\cos\alpha + \sin\alpha\sqrt{-1}) + B(\cos\zeta + \sin\zeta\sqrt{-1})}{A(\cos\alpha - \sin\alpha\sqrt{-1}) + B(\cos\zeta - \sin\zeta\sqrt{-1})} \\ &= \frac{1}{2\sqrt{-1}}\log\frac{Ae^{\alpha\sqrt{-1}} + Be^{\zeta\sqrt{-1}}}{Ae^{-\alpha\sqrt{-1}} + Be^{-\zeta\sqrt{-1}}}. \end{aligned}$$

Supposons d'abord $B > A$; on mettra la valeur de ω sous cette forme

$$\begin{aligned} \omega &= \frac{1}{2\sqrt{-1}}\log\frac{e^{\zeta\sqrt{-1}}\left[1 + \frac{A}{B}e^{(\alpha-\zeta)\sqrt{-1}}\right]}{e^{-\zeta\sqrt{-1}}\left[1 + \frac{A}{B}e^{-(\alpha-\zeta)\sqrt{-1}}\right]} \\ &= \zeta + \frac{\log\left[1 + \frac{A}{B}e^{(\alpha-\zeta)\sqrt{-1}}\right] - \log\left[1 + \frac{A}{B}e^{-(\alpha-\zeta)\sqrt{-1}}\right]}{2\sqrt{-1}}; \end{aligned}$$

réduisant ces deux logarithmes en série, on aura

$$\omega = \zeta + \frac{A}{B}\,\frac{e^{(\alpha-\zeta)\sqrt{-1}} - e^{-(\alpha-\zeta)\sqrt{-1}}}{2\sqrt{-1}} - \frac{A^2}{2B^2}\,\frac{e^{2(\alpha-\zeta)\sqrt{-1}} - e^{-2(\alpha-\zeta)\sqrt{-1}}}{2\sqrt{-1}} + \ldots,$$

ou bien

$$\omega = \zeta + \frac{A\sin(\alpha-\zeta)}{B} - \frac{A^2\sin 2(\alpha-\zeta)}{2B^2} + \frac{A^3\sin 3(\alpha-\zeta)}{3B^3} + \ldots.$$

Comme $\frac{A}{B}$ est supposée une quantité moindre que l'unité, il est clair que la série précédente sera toujours convergente, et par conséquent d'autant plus exacte qu'on la poussera à un plus grand nombre de termes; d'où il est aisé de conclure que la valeur moyenne de ω sera ζ ou bien $bt+\beta$, comme on l'a trouvé ci-dessus. Mais, si $B < A$, alors il n'y aura qu'à changer, dans l'expression précédente de ω, A en B, α en ζ, et *vice versâ*, ce qui ne change rien à la valeur de $\tang\omega$, et l'on aura par ce moyen

$$\omega = \alpha + \frac{B\sin(\zeta-\alpha)}{A} - \frac{B^2\sin 2(\zeta-\alpha)}{2A^2} + \frac{B^3\sin 3(\zeta-\alpha)}{3A^3} + \ldots.$$

Cette série sera aussi convergente à cause de $\frac{B}{A} < 1$; par conséquent on aura dans ce cas α pour la valeur moyenne de ω, ainsi qu'on l'a déjà vu plus haut.

37. On peut aussi appliquer la méthode précédente à la formule générale du n° **32**, et l'on trouvera, en faisant $bt+\beta=\zeta$, $ct+\gamma=\xi,\ldots$,

$$\omega = \frac{\log(Ae^{\alpha\sqrt{-1}} + Be^{\zeta\sqrt{-1}} + Ce^{\xi\sqrt{-1}} + \ldots)}{2\sqrt{-1}} - \frac{\log(Ae^{-\alpha\sqrt{-1}} + Be^{-\zeta\sqrt{-1}} - Ce^{-\xi\sqrt{-1}} - \ldots)}{2\sqrt{-1}};$$

on réduira ces logarithmes en séries, en commençant par le terme dont le coefficient sera le plus grand, pour avoir des suites convergentes, et il n'y aura plus qu'à substituer les sinus à la place de leurs valeurs exponentielles imaginaires; mais il faut remarquer qu'on n'aura de cette manière une série véritablement convergente dans tous les cas, à moins que le plus grand coefficient ne surpasse la somme de tous les autres pris positivement.

Supposons, par exemple, que A soit plus grand que la somme de B, C,...; alors on réduira le logarithme de

$$Ae^{\alpha\sqrt{-1}} + Be^{\zeta\sqrt{-1}} + Ce^{\xi\sqrt{-1}} + \ldots$$

dans la série

$$lA + \alpha\sqrt{-1} + \frac{Be^{(\zeta-\alpha)\sqrt{-1}} + Ce^{(\xi-\alpha)\sqrt{-1}} + \ldots}{A} - \frac{B^2e^{2(\zeta-\alpha)\sqrt{-1}} + 2BCe^{(\zeta+\xi-2\alpha)\sqrt{-1}} + C^2e^{2(\xi-\alpha)\sqrt{-1}} + \ldots}{2A^2} + \ldots;$$

donc, changeant le signe de $\sqrt{-1}$ et prenant la différence des deux séries, on aura, après l'avoir divisée par $2\sqrt{-1}$, et y avoir substitué les sinus à la place des exponentielles, on aura, dis-je,

$$\omega = \alpha + \frac{B\sin(\zeta-\alpha) + C\sin(\xi-\alpha) + \ldots}{A} - \frac{B^2\sin 2(\zeta-\alpha) + 2BC\sin(\zeta+\xi-2\alpha) + C^2\sin 2(\xi-\alpha) + \ldots}{2A^2} + \ldots.$$

Cette série sera, comme il est facile de le voir, toujours convergente, et approchera d'autant plus de la vraie valeur de ω qu'on y prendra plus de termes; d'où il s'ensuit que α sera la valeur moyenne de ω. En général, on peut conclure de là que, lorsque l'un des coefficients A, B, C,... surpasse la somme des autres, la valeur moyenne de l'angle ω sera égale à l'angle même, dont le sinus et le cosinus seront multipliés par ce coefficient dans la valeur de $\tan g\,\omega$.

38. Pour ce qui regarde la tangente θ de l'inclinaison de l'orbite, il est clair qu'elle sera toujours nécessairement renfermée dans de certaines limites, à moins que les racines b, c,... ne deviennent égales ou imaginaires (**31**, **32**).

S'il n'y a que deux orbites mobiles, on aura

$$\theta = \sqrt{A^2 + B^2 + 2AB\cos(bt + \beta - \alpha)};$$

et il est visible que les deux limites de θ seront A + B et A − B.

En général, il est facile de voir que la valeur de θ sera toujours nécessairement renfermée entre la plus grande et la plus petite des valeurs de la quantité

$$\pm A \pm B \pm C \pm \ldots,$$

en prenant les signes à volonté; mais, si l'on voulait déterminer exactement les maxima et les minima de θ, il faudrait résoudre l'équation

$$bAB\sin(bt+\beta-\alpha)+cAC\sin(ct+\gamma-\alpha)+\ldots+(b-c)BC\sin[(b-c)t+\beta-\gamma]+\ldots=0,$$

ce qui ne sera pas facile lorsqu'il y aura plus d'un terme.

39. Tout ce que nous venons de dire ne regarde que la position de l'orbite de la planète T rapportée à l'écliptique; mais on peut l'appliquer immédiatement aux orbites des autres planètes T_1, T_2,..., en substituant seulement à la place des quantités A, B, C,... les quantités A_1, B_1, C_1,..., A_2, B_2, C_2,.... Enfin il est facile d'appliquer la même Théorie à la position relative des orbites, d'après ce qu'on a démontré dans l'Article III (**21**).

En effet, pour déterminer, par exemple, la position de l'orbite de la planète T à l'égard de celle de la planète T_1, on aura, en conservant les dénominations du numéro cité, les deux équations

$$\eta\sin\psi=\theta\sin\omega-\theta_1\sin\omega_1=s-s_1,$$

$$\eta\cos\psi=\theta\cos\omega-\theta_1\cos\omega_1=u-u_1;$$

donc (**30**)

$$\eta\sin\psi=(B-B_1)\sin(bt+\beta)+(C-C_1)\sin(ct+\gamma)+\ldots,$$

$$\eta\cos\psi=(B-B_1)\cos(bt+\beta)+(C-C_1)\cos(ct+\gamma)+\ldots,$$

où ψ est la longitude du nœud, c'est-à-dire, de la ligne d'intersection des deux orbites, et η la tangente de leur inclinaison mutuelle.

Comme ces expressions de $\eta\sin\psi$, $\eta\cos\psi$ sont entièrement semblables à celles de $\theta\sin\omega=s$, $\theta\cos\omega=u$, avec cette seule différence que les termes multipliés par A ne s'y trouvent point, et que dans les autres il y a $B-B_1$, $C-C_1$,... à la place de B, C,..., il est facile de conclure, en général, que, pour appliquer les déterminations du lieu du nœud et de l'inclinaison de l'orbite d'une planète quelconque T, rapportée à l'écliptique, à celles du lieu du nœud et de l'inclinaison de la même orbite par rapport à l'orbite d'une autre planète quelconque T_1, il n'y aura qu'à faire $A = 0$, et changer B, C,... en $B - B_1$, $C - C_1$,...; ainsi nous n'entrerons dans aucun nouveau détail sur ce sujet.

40. Voici, au reste, une manière fort simple de trouver la position de chaque orbite au bout d'un temps quelconque, et d'en représenter les divers mouvements. Ayant tracé sur la surface de la sphère un grand cercle qu'on prendra pour l'écliptique, on décrira un autre grand cercle qui coupe celui-là en sorte que la longitude du nœud soit α, et la tangente de l'inclinaison A; on décrira ensuite un troisième grand cercle qui coupe le second en sorte que la longitude de son nœud sur ce même cercle soit $bt + \beta$, et la tangente de l'inclinaison B; on décrira de même un quatrième grand cercle qui coupe le troisième de manière que la longitude du nœud soit $ct + \gamma$, et la tangente de l'inclinaison C, et ainsi de suite; le nombre des cercles inclinés au premier devant être égal à celui des orbites mobiles, le dernier de tous ces cercles déterminera la position de l'orbite de la planète T, et son intersection avec le cercle de l'écliptique donnera le lieu du nœud et l'inclinaison cherchée de cette orbite.

On fera la même chose pour l'orbite de chacune des autres planètes T_1, T_2,..., en conservant les mêmes longitudes des nœuds, mais en prenant, pour les tangentes des inclinaisons, les quantités A_1, B_1, C_1, ..., A_2, B_2, C_2, ...

De cette manière, on voit que le mouvement du nœud et la variation de l'inclinaison de chaque planète peuvent être regardés comme le résultat des seuls mouvements des nœuds des différentes orbites dont chacune serait mue uniformément sur la précédente en gardant toujours la même inclinaison; et ces mouvements particuliers des nœuds seront les mêmes pour les orbites de toutes les planètes, mais les inclinaisons devront être différentes pour chaque planète.

La démonstration de cette construction est très-facile à déduire des expressions (30) des quantités

$$s = \theta \sin\omega \quad \text{et} \quad u = \theta \cos\omega$$

par le moyen des Théorèmes du n° 21. Ainsi nous ne croyons pas devoir nous arrêter davantage sur cette matière.

Article VI. — *Des équations séculaires des nœuds et des inclinaisons des orbites de Jupiter et de Saturne.*

41. Pour appliquer la Théorie précédente aux orbites des planètes principales, il n'y aura qu'à employer les données du n° 19. Nous supposerons donc que les planètes T, T_1, T_2, T_3, T_4, T_5,... soient Jupiter, Saturne, la Terre, Vénus, Mars et Mercure, moyennant quoi les lettres sans indice se rapporteront à l'orbite de Jupiter, celles avec l'indice 1 à l'orbite de Saturne, celles avec l'indice 2 à l'orbite de la Terre, et ainsi de suite. Ainsi ω sera la longitude du nœud de Jupiter, θ la tangente de l'inclinaison de son orbite, ω_1 la longitude du nœud de Saturne, θ_1 la tangente de l'inclinaison de son orbite, et ainsi des autres.

42. Cela posé, je remarque que, parmi les quantités (0, 1), (0, 2),... de la Table du n° 19, ces deux-ci (0, 1) et (1, 0) ont des valeurs considérablement plus grandes que les suivantes, où il y a aussi les chiffres 0 ou 1 avant la virgule; d'où il s'ensuit qu'on pourra négliger toutes celles-ci, et les regarder comme nulles vis-à-vis de celles-là.

De cette manière les quatre premières équations différentielles du n° 16 deviendront simplement

$$\frac{ds}{dt} + (0, 1)(u - u_1) = 0, \qquad \frac{du}{dt} - (0, 1)(s - s_1) = 0,$$

$$\frac{ds_1}{dt} + (1, 0)(u_1 - u) = 0, \qquad \frac{du_1}{dt} - (1, 0)(s_1 - s) = 0,$$

lesquelles, ne renfermant que les quatre variables s, u, s_1, u_1, pourront être traitées à part et indépendamment de toutes les autres.

C'est le cas où il n'y aurait que deux orbites mobiles, et ces orbites seront, comme l'on voit, celles de Jupiter et de Saturne, dont les masses sont en effet trop grandes par rapport à celles des autres planètes, pour que celles-ci puissent produire des dérangements sensibles dans la position des orbites de celles-là.

On aura donc (30)

$$s = A \sin\alpha + B \sin(bt + \beta),$$
$$u = A \cos\alpha + B \cos(bt + \beta),$$
$$s_1 = A \sin\alpha + B_1 \sin(bt + \beta),$$
$$u_1 = A \cos\alpha + B_1 \cos(bt + \beta),$$

et la quantité b sera la racine de l'équation

$$x + (0, 1) + (1, 0) = 0,$$

en sorte qu'on aura (19)

$$b = -(0, 1) - (1, 0) = -25'', 337.$$

On pourrait maintenant employer la méthode générale du n° 26 pour déterminer les constantes A, B, B_1, α, β; mais il paraît encore plus commode, dans le cas présent, de faire usage de la méthode ordinaire d'élimination.

On commencera donc par déterminer la valeur de B_1 en B à l'aide de l'équation de condition (27 et 28)

$$[b + (0, 1)]B - (0, 1)B_1 = 0,$$

laquelle, à cause de

$$b = -(0, 1) - (1, 0),$$

donnera

$$B_1 = -\frac{(1, 0)}{(0, 1)}B = -\frac{17'', 773}{7'', 564}B = -2, 3497\,B.$$

Après cela on n'aura plus que quatre constantes à déterminer, ce qui demande qu'on connaisse les lieux des nœuds et les inclinaisons de Jupiter et de Saturne, pour une époque quelconque donnée, pour laquelle nous prendrons le commencement de l'année 1760.

Or on a, suivant les dernières Tables de M. de Lalande,

Longitude du nœud de Jupiter pour 1760........	$3^s.\ 8^\circ.26'.\ 0''$,
Longitude du nœud de Saturne................	3.21.36.17,
Inclinaison de l'orbite de Jupiter...............	1.19.10,
Inclinaison de l'orbite de Saturne..............	2.30.20.

Donc

$$\omega = 98^\circ 26' 0'', \qquad \omega_1 = 111^\circ 36' 17'',$$

$$\theta = \operatorname{tang} 1^\circ 19' 10'', \quad \theta_1 = \operatorname{tang} 2^\circ 30' 20'';$$

d'où l'on tire

$$s = \theta \sin\omega = 0{,}022783, \quad u = \theta \cos\omega = -0{,}003378,$$

$$s_1 = \theta_1 \sin\omega_1 = 0{,}040684, \quad u_1 = \theta_1 \cos\omega_1 = -0{,}016112.$$

Ce sont là les valeurs qui répondent à l'époque de 1760; par conséquent, si l'on suppose que t désigne le nombre des années écoulées depuis cette époque, ou bien de celles qui la précèdent en prenant t négatif, il faudra que l'on ait, lorsque $t = 0$, ces quatre équations

$$\mathrm{A} \sin\alpha + \mathrm{B} \sin\beta = 0{,}022783,$$

$$\mathrm{A} \cos\alpha + \mathrm{B} \cos\beta = -0{,}003378,$$

$$\mathrm{A} \sin\alpha - 2{,}3497\,\mathrm{B} \sin\beta = 0{,}040684,$$

$$\mathrm{A} \cos\alpha - 2{,}3497\,\mathrm{B} \cos\beta = -0{,}016112;$$

d'où l'on tire

$$\mathrm{A} \sin\alpha = 0{,}028127, \qquad \mathrm{B} \sin\beta = -0{,}0053441,$$

$$\mathrm{A} \cos\alpha = -0{,}0071800, \quad \mathrm{B} \cos\beta = 0{,}0038015;$$

donc, à cause de $\mathrm{B}_1 = -2{,}3497\,\mathrm{B}$,

$$\mathrm{B}_1 \sin\beta = 0{,}012557, \quad \mathrm{B}_1 \cos\beta = -0{,}0089324;$$

et de là

$$\mathrm{A} = 0{,}029029, \quad \mathrm{B} = 0{,}006558, \quad \mathrm{B}_1 = -0{,}015410,$$

$$\alpha = 180^\circ - 75^\circ 40' 46'', \quad \beta = 360^\circ - 54^\circ 34' 25''.$$

De sorte qu'il n'y aura plus qu'à substituer ces valeurs dans les expressions ci-dessus de s, u, s_1, u_1; car, connaissant les valeurs de ces quantités pour un temps quelconque, on trouvera aisément les longitudes ω et ω_1 des nœuds de Jupiter et de Saturne, ainsi que les inclinaisons de leurs orbites, dont θ et θ_1 sont les tangentes, et cela par le moyen des formules

$$\tang\omega = \frac{s}{u}, \qquad \theta = \sqrt{s^2 + u^2},$$

$$\tang\omega_1 = \frac{s_1}{u_1}, \qquad \theta_1 = \sqrt{s_1^2 + u_1^2}.$$

43. Comme

$$\sin(\beta + bt) = \sin\beta\cos bt + \cos\beta\sin bt,$$

$$\cos(\beta + bt) = \cos\beta\cos bt - \sin\beta\sin bt,$$

on pourra mettre les valeurs de s, u, s_1, u_1 sous la forme suivante, qui est en quelque façon plus commode, tant que bt est un petit angle.

Pour Jupiter,

$$s = \quad 0{,}028127 - 0{,}005344\cos(25'',337\,t) - 0{,}003802\sin(25'',337\,t),$$

$$u = -0{,}007180 + 0{,}003802\cos(25'',337\,t) - 0{,}005344\sin(25'',337\,t).$$

Pour Saturne,

$$s_1 = \quad 0{,}028127 + 0{,}012557\cos(25'',337\,t) + 0{,}008932\sin(25'',337\,t),$$

$$u_1 = -0{,}007180 - 0{,}008932\cos(25'',337\,t) + 0{,}012557\sin(25'',337\,t).$$

Il faut se souvenir que les années dont le nombre est marqué par t sont des années tropiques, dont la durée est de

$$365^{j}\,5^{h}\,48^{m}\,45^{s},$$

et qu'elles doivent être comptées depuis le 1er janvier 1760 à midi moyen, à cause que cette année est bissextile.

On doit remarquer de plus que les longitudes ω et ω_1 doivent toujours se compter depuis le lieu de l'équinoxe de 1760, en sorte que, pour avoir les vraies longitudes des nœuds des orbites de Jupiter et de Saturne sur l'écliptique pour un temps quelconque, il faudra ajouter aux longitudes données par les formules précédentes la précession des équinoxes $50'', 336\,t$.

44. Comme la valeur de A est plus grande que celle de B et que celle de B_1, il s'ensuit de ce qu'on a démontré dans le n° 35 que le lieu moyen des nœuds des orbites de Jupiter et de Saturne sera fixe, sa longitude comptée depuis l'équinoxe de 1760 étant α, c'est-à-dire, $104°19'14''$; en sorte que les nœuds de ces deux planètes n'auront que des mouvements de libration autour de ce point de l'écliptique. La plus grande libration, ou excursion des nœuds, aura lieu lorsque

$$\cos(\beta - \alpha + bt) = -\frac{B}{A}$$

pour l'orbite de Jupiter, ou

$$\cos(\beta - \alpha + bt) = -\frac{B_1}{A}$$

pour l'orbite de Saturne.

De là on trouvera pour Jupiter

$$180° + 21°6'21'' - 25'',337\,t = 180° \pm 76°56'36'' + 360°\mu$$

(μ étant un nombre quelconque entier, positif ou négatif, ou zéro); donc

$$25'',337\,t = -55°50'15'' - 360°\mu, \quad \text{ou} \quad = 98°2'57'' - 360°\mu;$$

par conséquent, en négligeant les fractions,

$$t = -7933 - 51150\mu, \quad \text{ou} \quad = 13931 - 51150\mu,$$

ce qui donne les années de la plus grande et de la plus petite libration; et l'on voit que la période entière d'une libration sera de 51150 ans, ou plus exactement de $\frac{1296000}{25,337}$ ans.

Si l'on substitue ces valeurs de t dans l'expression de la tangente $\frac{s}{u}$ de la longitude du nœud, on trouvera que les longitudes qui y répondent sont, en négligeant les secondes, $91°16'$ et $117°23'$; de sorte que l'étendue de la libration du nœud de Jupiter sur l'écliptique sera de $26°7'$.

On trouvera de même pour Saturne

$$180° + 21°6'21'' - 25'',337\,t = \pm 57°56'14'' + 360°\mu,$$

d'où l'on tire

$$25'',337\,t = 180° - 36°49'53'' - 360°\mu,$$

ou

$$25'',337\,t = 180° + 79°\ 2'35'' - 360°\mu;$$

par conséquent on aura

$$t = 20342 - 51150\mu, \quad \text{ou} \quad t = 36806 - 51150\mu$$

pour les années de la plus grande et plus petite libration, en sorte que la période d'une libration sera la même que ci-devant.

De là on trouvera, pour les longitudes correspondantes du nœud, $72°16'$ et $136°24'$; en sorte que l'étendue de la libration du nœud de Saturne sur l'écliptique sera de $64°8'$.

45. Si l'on veut connaître les inégalités mêmes des mouvements des nœuds de Jupiter et de Saturne, on pourra employer la série du n° 36; il n'y aura pour cela qu'à y substituer $104°19'14''$ à la place de α, et $180° + 21°6'21'' - 25'',337t$ à la place de $\zeta - \alpha = \beta - \alpha + bt$, et faire ensuite

$$\frac{B}{A} = 0,22591$$

pour Jupiter, ou

$$\frac{B}{A} = -0,53085 = -\frac{B_1}{A}$$

pour Saturne; après quoi il faudra encore multiplier les coefficients des différents sinus par l'arc égal au rayon, lequel est de $206265''$, à très-peu près.

De cette manière, si l'on fait, pour plus de simplicité,

$$\varphi = 21°6'21'' - 25'',337\,t,$$

on aura la longitude du nœud de Jupiter égale à

$$3^s 14^\circ 19' 14'' - 46598'' \sin\varphi - 5260'' \sin 2\varphi - 792'' \sin 3\varphi - 134'' \sin 4\varphi - 24'' \sin 5\varphi - 5'' \sin 6\varphi - 1'' \sin 7\varphi,$$

et celle du nœud de Saturne sera égale à

$$\begin{aligned} 3^s 14^\circ 19' 14'' &+ 109495'' \sin\varphi - 29062'' \sin 2\varphi + 10285'' \sin 3\varphi - 4095'' \sin 4\varphi + 1739'' \sin 5\varphi \\ &- 769'' \sin 6\varphi + 350'' \sin 7\varphi - 162'' \sin 8\varphi + 77'' \sin 9\varphi - 37'' \sin 10\varphi \\ &+ 18'' \sin 11\varphi - 9'' \sin 12\varphi + 4'' \sin 13\varphi - 2'' \sin 14\varphi + 1'' \sin 15\varphi. \end{aligned}$$

46. A l'égard de l'inclinaison, le maximum et le minimum auront lieu lorsque l'on aura (38)

$$\cos(\beta - \alpha + bt) = \pm 1,$$

ce qui donne dans notre cas

$$180^\circ + 21^\circ 6' 21'' - 25'',337\, t = 360^\circ \mu, \quad \text{ou} \quad = 180^\circ + 360^\circ \mu;$$

d'où l'on tire

$$t = 28574 - 51150\mu, \quad \text{ou} \quad = 2999 - 51150\mu.$$

Dans les années marquées par la première de ces deux valeurs de t, l'inclinaison de l'orbite de Jupiter sera la plus grande, et aura la tangente

$$A + B = 0,035587,$$

à laquelle répond l'angle $2^\circ 2' 18''$; et l'inclinaison de l'orbite de Saturne sera la plus petite, et aura pour tangente

$$A + B_1 = 0,013619,$$

à laquelle répond l'angle $46' 49''$. Au contraire, dans les années marquées par la seconde valeur de t, l'inclinaison de l'orbite de Jupiter sera la plus petite, ayant pour tangente

$$A - B = 0,022471,$$

à laquelle répond l'angle 1°17′15″; et l'inclinaison de l'orbite de Saturne sera la plus grande, ayant pour tangente

$$A - B_1 = 0,044439,$$

à laquelle répond l'angle 2°32′41″.

D'où l'on voit que la variation totale de l'inclinaison de l'orbite de Jupiter sera de 45′3″, et que la variation de l'inclinaison de l'orbite de Saturne sera de 1°45′51″. Quant à la période de ces variations, elle sera aussi de 51150 années.

47. Si l'on voulait déterminer les mouvements annuels des nœuds, ainsi que les variations des inclinaisons de Jupiter et de Saturne, il est clair que, à cause de ce que le coefficient de t est très-petit dans les expressions de s, u, s_1, u_1, il n'y aurait qu'à chercher, par la différentiation, les valeurs de $d\omega$, $d\omega_1$ et $d\theta$, $d\theta_1$, et y supposer $dt = 1$; mais, sans se donner cette peine, on pourra faire usage des formules trouvées dans le n° 23.

On aura donc pour Jupiter, en substituant la valeur du coefficient $(0, 1)$ et négligeant les autres comme nuls, le mouvement annuel par rapport aux étoiles fixes

$$d\omega = -7'',564\left[1 - \frac{\theta_1 \cos(\omega - \omega_1)}{\theta}\right],$$

et la variation annuelle de l'inclinaison

$$d\theta = 7'',564\,\theta_1 \sin(\omega - \omega_1).$$

On aura de même pour Saturne, en changeant ω en ω_1, θ en θ_1, $(0, 1)$ en $(1, 0)$, et substituant pour cette dernière quantité sa valeur, le mouvement annuel des nœuds par rapport aux étoiles fixes

$$d\omega_1 = -17'',773\left[1 - \frac{\theta \cos(\omega_1 - \omega)}{\theta_1}\right],$$

et la variation annuelle de l'inclinaison

$$d\theta_1 = 17'',773\,\theta \sin(\omega_1 - \omega).$$

86.

On n'aura donc plus qu'à substituer, dans ces expressions, les valeurs des quantités ω, ω_1, θ, θ_1, correspondant au temps donné pour lequel on cherche les variations annuelles du nœud et de l'inclinaison.

Si l'on adopte celles qui répondent à l'époque de 1760, on trouvera

$$d\omega = 6'',428, \qquad d\theta = -0'',075,$$
$$d\omega_1 = -8'',665, \qquad d\theta_1 = 0'',093,$$

et ces valeurs pourront être regardées comme exactes pendant tout le siècle courant.

Article VII. — *Des équations séculaires des nœuds et des inclinaisons des orbites de la Terre, de Vénus et de Mars.*

48. Comme l'action de Mercure sur les autres planètes ne peut produire que des effets très-petits, ainsi qu'on le voit par la Table du n° 19, où les quantités qui renferment le chiffre 5 après la virgule sont toutes très-petites, nous n'aurons aucun égard à cette action, et nous regarderons, par conséquent, comme nuls tous les termes des équations différentielles du n° 16, qui seront multipliés par quelqu'une des quantités dont il s'agit. Or, ayant déjà examiné, dans l'Article précédent, les quatre premières de ces équations, il ne restera plus qu'à considérer les six suivantes

$$\frac{ds_2}{dt} + (2,0)(u_2 - u) + (2,1)(u_2 - u_1) + (2,3)(u_2 - u_3) + (2,4)(u_2 - u_4) = 0,$$

$$\frac{du_2}{dt} - (2,0)(s_2 - s) - (2,1)(s_2 - s_1) - (2,3)(s_2 - s_3) - (2,4)(s_2 - s_4) = 0,$$

$$\frac{ds_3}{dt} + (3,0)(u_3 - u) + (3,1)(u_3 - u_1) + (3,2)(u_3 - u_2) + (3,4)(u_3 - u_4) = 0,$$

$$\frac{du_3}{dt} - (3,0)(s_3 - s) - (3,1)(s_3 - s_1) - (3,2)(s_3 - s_2) - (3,4)(s_3 - s_4) = 0,$$

$$\frac{ds_4}{dt} + (4,0)(u_4 - u) + (4,1)(u_4 - u_1) + (4,2)(u_4 - u_2) + (4,3)(u_4 - u_3) = 0,$$

$$\frac{du_4}{dt} - (4,0)(s_4 - s) - (4,1)(s_4 - s_1) - (4,2)(s_4 - s_2) - (4,3)(s_4 - s_3) = 0.$$

Dans ces équations, les quantités s, u, s_1, u_1 sont déjà connues, ayant été déterminées dans l'Article précédent : ainsi ces équations suffiront pour déterminer les six inconnues s_2, u_2, s_3, u_3, s_4, u_4, dont les premières se rapportent à l'orbite de la Terre, les deux suivantes à l'orbite de Vénus et les deux dernières à celle de Mars.

Si, pour intégrer ces équations, on voulait employer la méthode générale de l'Article IV, il faudrait les combiner avec les quatre de l'Article précédent, pour avoir autant d'équations que de variables s, u, $s_1, \ldots$; mais cela allongerait inutilement le calcul, puisque les quatre premières de ces variables sont déjà connues : c'est pourquoi il sera plus à propos de traiter ces équations à part.

On commencera donc par y substituer les valeurs de s, u, s_1, u_1, déterminées dans l'Article précédent; ensuite on remarquera qu'on peut satisfaire à ces équations, en faisant

$$\begin{aligned}
s_2 &= \mathrm{A}\sin\alpha + \mathrm{B}_2\sin(bt+\beta) + \mathrm{C}_2\sin(ct+\gamma),\\
u_2 &= \mathrm{A}\cos\alpha + \mathrm{B}_2\cos(bt+\beta) + \mathrm{C}_2\cos(ct+\gamma),\\
s_3 &= \mathrm{A}\sin\alpha + \mathrm{B}_3\sin(bt+\beta) + \mathrm{C}_3\sin(ct+\gamma),\\
u_3 &= \mathrm{A}\cos\alpha + \mathrm{B}_3\cos(bt+\beta) + \mathrm{C}_3\cos(ct+\gamma),\\
s_4 &= \mathrm{A}\sin\alpha + \mathrm{B}_4\sin(bt+\beta) + \mathrm{C}_4\sin(ct+\gamma),\\
u_4 &= \mathrm{A}\cos\alpha + \mathrm{B}_4\cos(bt+\beta) + \mathrm{C}_4\cos(ct+\gamma),
\end{aligned}$$

où B_2, B_3, B_4; C_2, C_3, C_4; c et γ sont des quantités indéterminées.

Ces substitutions faites, on comparera les termes analogues, et, faisant, pour abréger,

$$\begin{aligned}
(2) &= (2,0) + (2,1) + (2,3) + (2,4),\\
(3) &= (3,0) + (3,1) + (3,2) + (3,4),\\
(4) &= (4,0) + (4,1) + (4,2) + (4,3),
\end{aligned}$$

on aura les équations de condition suivantes

$$\begin{aligned}
&[b+(2)]\mathrm{B}_2 - (2,0)\mathrm{B} - (2,1)\mathrm{B}_1 - (2,3)\mathrm{B}_3 - (2,4)\mathrm{B}_4 = 0,\\
&[b+(3)]\mathrm{B}_3 - (3,0)\mathrm{B} - (3,1)\mathrm{B}_1 - (3,2)\mathrm{B}_2 - (3,4)\mathrm{B}_4 = 0,\\
&[b+(4)]\mathrm{B}_4 - (4,0)\mathrm{B} - (4,1)\mathrm{B}_1 - (4,2)\mathrm{B}_2 - (4,3)\mathrm{B}_3 = 0,
\end{aligned}$$

$$[c+(2)]C_2-(2,3)C_3-(2,4)C_4=0,$$
$$[c+(3)]C_3-(3,2)C_2-(3,4)C_4=0,$$
$$[c+(4)]C_4-(4,2)C_2-(4,3)C_3=0.$$

Comme les quantités B, B_1 et b ont déjà été déterminées dans l'Article précédent, il est clair que les trois premières des équations précédentes serviront à déterminer les trois quantités B_2, B_3, B_4; à l'égard des trois dernières, il est visible qu'en éliminant deux des trois quantités C_2, C_3, C_4, la troisième s'en ira d'elle-même, et l'on aura une équation finale en c, qui sera de cette forme

$$\begin{aligned}&[c+(2)][c+(3)][c+(4)]-(3,4)(4,3)[c+(2)]-(2,4)(4,2)[c+(3)]\\&\quad-(2,3)(3,2)[c+(4)]-(2,3)(3,4)(4,2)-(3,2)(4,3)(2,4)=0.\end{aligned}$$

Ainsi il faudra déterminer, par cette équation, la quantité c; ensuite on déterminera deux quelconques des trois quantités C_2, C_3, C_4 par le moyen de deux des trois dernières équations ci-dessus, et la troisième de ces quantités demeurera indéterminée, ainsi que la quantité γ.

49. Je remarque maintenant que l'équation précédente en c, étant du troisième degré, donnera trois valeurs différentes de c, qui satisferont également aux équations différentielles proposées; d'où, et de ce que ces équations sont simplement linéaires, il est facile de conclure que, si l'on désigne par c, d, e les trois racines de l'équation dont il s'agit, et qu'on prenne six autres constantes D_2, D_3, D_4 et E_2, E_3, E_4, telles qu'il y ait entre les trois premières et la quantité d, ainsi qu'entre les trois dernières et la quantité e, la même relation que nous avons trouvée entre les constantes C_2, C_3, C_4 et la quantité c; qu'enfin on prenne encore deux autres indéterminées δ, ε, on en conclura, dis-je, que les valeurs complètes de s_2, u_2; s_3, u_3; s_4, u_4 seront de la forme suivante

$$s_2=A\sin\alpha+B_2\sin(bt+\beta)+C_2\sin(ct+\gamma)+D_2\sin(dt+\delta)+E_2\sin(et+\varepsilon),$$
$$u_2=A\cos\alpha+B_2\cos(bt+\beta)+C_2\cos(ct+\gamma)+D_2\cos(dt+\delta)+E_2\cos(et+\varepsilon),$$

$$s_3 = A\sin\alpha + B_3\sin(bt+\beta) + C_3\sin(ct+\gamma) + D_3\sin(dt+\delta) + E_3\sin(et+\varepsilon),$$
$$u_3 = A\cos\alpha + B_3\cos(bt+\beta) + C_3\cos(ct+\gamma) + D_3\cos(dt+\delta) + E_3\cos(et+\varepsilon),$$
$$s_4 = A\sin\alpha + B_4\sin(bt+\beta) + C_4\sin(ct+\gamma) + D_4\sin(dt+\delta) + E_4\sin(et+\varepsilon),$$
$$u_4 = A\cos\alpha + B_4\cos(bt+\beta) + C_4\cos(ct+\gamma) + D_4\cos(dt+\delta) + E_4\cos(et+\varepsilon).$$

En effet il est facile de voir que ces expressions doivent satisfaire aux équations différentielles; et, comme elles contiennent d'ailleurs six constantes arbitraires, il s'ensuit qu'elles sont aussi générales que la nature du problème l'exige, puisqu'on peut, par le moyen de ces constantes, donner aux six quantités s_2, u_2, s_3,... des valeurs initiales quelconques.

Il ne reste donc plus qu'à faire les substitutions numériques; et d'abord on trouve, d'après les valeurs de la Table du n° 19,

$$(2) = 14'',386, \quad (3) = 11'',521, \quad (4) = 18'',179;$$

de sorte que, mettant ces valeurs, ainsi que celles de $b = -25'',337$, $B_1 = -2,3497B$ (Article précédent), dans les trois premières équations de condition (48), elles deviendront

$$10,951B_2 + 6,646B_3 + 0,532B_4 + 6,089B = 0,$$
$$13,816B_3 + 6,703B_2 + 0,515B_4 + 3,622B = 0,$$
$$7,158B_4 + 1,773B_2 + 1,701B_3 + 12,544B = 0;$$

d'où l'on tire

$$B_2 = -0,50235B, \quad B_3 = 0,042600B, \quad B_4 = -1,6380B,$$

et par conséquent, en substituant les valeurs de $B\sin\beta$ et $B\cos\beta$ de l'Article précédent,

$$B_2\sin\beta = 0,0026845, \quad B_2\cos\beta = -0,0019097,$$
$$B_3\sin\beta = -0,00022766, \quad B_3\cos\beta = 0,00016195,$$
$$B_4\sin\beta = 0,0087535, \quad B_4\cos\beta = -0,0062269;$$

ensuite l'équation en c (48) deviendra, en y changeant c en x,

$$(x+14,386)(x+11,521)(x+18,179) - 0,876(x+14,386)$$
$$- 0,943(x+11,521) - 44,547(x+18,179) - 12,130 = 0,$$

laquelle, en faisant

$$x = y - 14,695,$$

pour en faire disparaître le second terme, se transforme en

$$(y - 0,309)(y - 3,174)(y + 3,484) - 0,876(y - 0,309)$$
$$- 0,943(y - 3,174) - 44,547(y + 3,484) - 12,130 = 0,$$

c'est-à-dire, en développant les termes,

$$y^3 - 57,520y - 160,653 = 0.$$

Cette équation étant comparée avec celle-ci

$$y^3 - 3r^2y - 2r^3\cos\varphi = 0,$$

dont les racines sont, comme l'on sait,

$$2r\cos\frac{\varphi}{3}, \quad -2r\cos\left(\frac{\varphi}{3} - 60^\circ\right), \quad -2r\cos\left(\frac{\varphi}{3} + 60^\circ\right),$$

on trouve

$$r = 4,3787, \quad \cos\varphi = 0,9568,$$

d'où

$$\varphi = 16^\circ 54';$$

de sorte qu'on aura pour les trois valeurs de y

$$8,715, \quad -5,103, \quad -3,613;$$

par conséquent celles de x seront

$$-5,980, \quad -19,797, \quad -18,308;$$

de sorte qu'on aura

$$c = -5'',980, \quad d = -19'',798, \quad e = -18'',308.$$

On prendra maintenant deux des trois dernières équations de condition (48), et, y substituant la valeur de c, on en tirera les rapports des trois quantités C_2, C_3, C_4; ensuite, changeant successivement c en d et en e, on en tirera de même les rapports des quantités D_2, D_3, D_4, et ceux des quantités E_2, E_3, E_4.

Or quoique, à la rigueur, il soit indifférent lesquelles de ces équations de condition on choisisse pour ces déterminations, il y a cependant une observation importante à faire, laquelle peut être appliquée à tous les cas semblables : c'est qu'il peut arriver que les équations qu'on emploie pour l'élimination des inconnues donnent pour les valeurs de ces inconnues des fractions dont le numérateur et le dénominateur soient à la fois des nombres très-petits, auquel cas une erreur très-petite dans ces nombres en produirait une beaucoup plus grande dans la valeur de leur rapport, et rendrait par conséquent fautive la valeur de l'inconnue cherchée. Cet inconvénient aura lieu dans la question présente si, parmi les trois équations de condition dont il s'agit, on prend les deux premières pour déterminer les rapports des quantités C_2, C_3, C_4, ainsi que ceux des quantités D_2, D_3, D_4, et une des deux premières avec la troisième pour déterminer ceux de E_2, E_3, E_4, comme il est facile de s'en convaincre par le calcul. Il conviendra donc de combiner, dans le premier cas, une des deux premières équations avec la troisième, et, dans le second cas, la première avec la deuxième; de cette manière, les équations à résoudre seront les suivantes

$$8,406C_2 - 6,646C_3 - 0,532C_4 = 0,$$
$$12,199C_4 - 1,773C_2 - 1,701C_3 = 0,$$
$$5,412D_2 + 6,646D_3 + 0,532D_4 = 0,$$
$$1,619D_4 + 1,773D_2 + 1,701D_3 = 0,$$
$$3,922E_2 + 6,646E_3 + 0,532E_4 = 0,$$
$$6,787E_3 + 6,703E_2 + 0,515E_4 = 0,$$

d'où l'on tire

$$C_3 = 1,2394C_2, \qquad C_4 = 0,3180C_2,$$
$$D_3 = -0,7935D_2, \qquad D_4 = -0,2613D_2,$$
$$E_2 = 0,0105E_4, \qquad E_3 = -0,0863E_4;$$

et les trois quantités C_2, D_2, E_4 resteront indéterminées.

50. Pour les déterminer, ainsi que les autres quantités γ, δ, ε, il faut connaître les lieux des nœuds et les inclinaisons des orbites de la Terre,

de Vénus et de Mars, pour la même époque que nous avons employée dans l'Article précédent pour Jupiter et Saturne, c'est-à-dire, pour le commencement de l'année 1760, afin de pouvoir en déduire les valeurs correspondantes des quantités s_2, u_2, s_3,....

A l'égard de l'orbite de la Terre, il est clair qu'on doit la supposer dans le plan même que nous prenons pour l'écliptique; mais, comme nous regardons ce plan comme fixe, tandis que celui de l'orbite de la Terre est réellement mobile, il s'ensuit que la supposition dont il s'agit ne peut avoir lieu que pour un instant, qui sera donc celui de l'époque en question; de sorte que le plan de notre écliptique fixe sera celui de l'écliptique réelle et mobile, au commencement de l'année 1760; ainsi l'inclinaison de l'orbite de la Terre sera nulle pour cette époque : par conséquent la quantité θ_2 qui en exprime la tangente sera nulle aussi; ce qui donnera

$$s_2 = \theta_2 \sin\omega_2 = 0, \qquad u_2 = \theta_2 \cos\omega_2 = 0.$$

Quant aux orbites de Vénus et de Mars, on trouve, par les dernières Tables de M. de la Lande, les éléments suivants

		s ° ′ ″
Longitude du nœud de Vénus, pour 1760	....	2.14.31.28,
» de Mars, »	....	1.17.43. 8,
Inclinaison de l'orbite de Vénus, »	....	3.23.20,
» de Mars, »	....	1.51. 0.

Donc

$$\omega_3 = 74^\circ 31' 28'', \qquad \omega_4 = 47^\circ 43' 8'',$$
$$\theta_3 = \operatorname{tang} 3^\circ 23' 20'', \qquad \theta_4 = \operatorname{tang} 1^\circ 51' 0'';$$

d'où l'on tire

$$s_3 = \theta_3 \sin\omega_3 = 0{,}057070, \qquad u_3 = \theta_3 \cos\omega_3 = 0{,}015801,$$
$$s_4 = \theta_4 \sin\omega_4 = 0{,}023867, \qquad u_4 = \theta_4 \cos\omega_4 = 0{,}021731.$$

Comme ces valeurs sont celles qui répondent à l'époque de 1760, depuis laquelle nous comptons les années marquées par t (Article précédent), il faudra donc les substituer dans les formules générales du numéro précédent, en y supposant en même temps $t = 0$; de cette manière, après avoir fait aussi les autres substitutions du même numéro, et mis pour $A \sin\alpha$, $A \cos\alpha$, $B \sin\beta$, $B \cos\beta$ leurs valeurs trouvées plus haut (**42**), on obtiendra les six équations suivantes

$$C_2 \sin\gamma + D_2 \sin\delta + 0,0105 E_4 \sin\varepsilon + 0,030812 = 0,$$
$$C_2 \cos\gamma + D_2 \cos\delta + 0,0105 E_4 \cos\varepsilon - 0,009090 = 0,$$
$$1,2394 C_2 \sin\gamma - 0,7935 D_2 \sin\delta - 0,0863 E_4 \sin\varepsilon - 0,029171 = 0,$$
$$1,2394 C_2 \cos\gamma - 0,7935 D_2 \cos\delta - 0,0863 E_4 \cos\varepsilon - 0,022819 = 0,$$
$$0,3180 C_2 \sin\gamma - 0,2613 D_2 \sin\delta + E_4 \sin\varepsilon + 0,012984 = 0,$$
$$0,3180 C_2 \cos\gamma - 0,2613 D_2 \cos\delta + E_4 \cos\varepsilon - 0,035138 = 0,$$

qui serviront à déterminer les six inconnues $C_2 \sin\gamma$, $C_2 \cos\gamma$, $D_2 \sin\delta$,..., et l'on aura

$$C_2 \sin\gamma = 0,0014840, \qquad C_2 \cos\gamma = 0,015857,$$
$$D_2 \sin\delta = -0,032068, \qquad D_2 \cos\delta = -0,0070630,$$
$$E_4 \sin\varepsilon = -0,021836, \qquad E_4 \cos\varepsilon = 0,028249,$$

d'où l'on tire (numéro précédent)

$$C_3 \sin\gamma = 0,0018393, \qquad C_3 \cos\gamma = 0,019653,$$
$$C_4 \sin\gamma = 0,00047191, \qquad C_4 \cos\gamma = 0,0050425,$$
$$D_3 \sin\delta = 0,025447, \qquad D_3 \cos\delta = 0,0056044,$$
$$D_4 \sin\delta = 0,0083795, \qquad D_4 \cos\delta = 0,0018455,$$
$$E_2 \sin\varepsilon = -0,00022894, \qquad E_2 \cos\varepsilon = 0,00029618,$$
$$E_3 \sin\varepsilon = 0,0018845, \qquad E_3 \cos\varepsilon = -0,0024379.$$

On peut déduire, si l'on veut, de ces valeurs celles des coefficients C_2, D_2,... et des angles γ, δ,..., mais on n'en aura pas besoin si l'on transforme, ainsi que nous en avons usé plus haut, les sinus et cosinus des angles $bt + \beta$, $ct + \gamma$,... en

$$\sin\beta \cos bt + \cos\beta \sin bt, \ldots, \qquad \cos\beta \cos bt - \sin\beta \sin bt, \ldots,$$

ce qui est plus commode pour le calcul, lorsque bt et α sont de très-petits angles.

51. Faisant donc toutes ces substitutions dans les formules générales (49), on trouvera les expressions suivantes

Pour la Terre.

$$\begin{aligned}
s_2 = \quad & 0{,}028127 + 0{,}002685\cos(25'',337\,t) + 0{,}001910\sin(25'',337\,t)\\
& + 0{,}001484\cos(\ 5'',980\,t) - 0{,}015857\sin(\ 5'',980\,t)\\
& - 0{,}032068\cos(19'',798\,t) + 0{,}007063\sin(19'',798\,t)\\
& - 0{,}000229\cos(18'',308\,t) - 0{,}000296\sin(18'',308\,t),
\end{aligned}$$

$$\begin{aligned}
u_2 = - & 0{,}007180 - 0{,}001910\cos(25'',337\,t) + 0{,}002685\sin(25'',337\,t)\\
& + 0{,}015857\cos(\ 5'',980\,t) + 0{,}001484\sin(\ 5'',980\,t)\\
& - 0{,}007063\cos(19'',798\,t) - 0{,}032068\sin(19'',798\,t)\\
& + 0{,}000296\cos(18'',308\,t) - 0{,}000229\sin(18'',308\,t);
\end{aligned}$$

Pour Vénus.

$$\begin{aligned}
s_3 = \quad & 0{,}028127 - 0{,}000228\cos(25'',337\,t) - 0{,}000162\sin(25'',337\,t\\
& + 0{,}001839\cos(\ 5'',980\,t) - 0{,}019653\sin(\ 5'',980\,t)\\
& + 0{,}025447\cos(19'',798\,t) - 0{,}005604\sin(19'',798\,t)\\
& + 0{,}001884\cos(18'',308\,t) + 0{,}002438\sin(18'',308\,t),
\end{aligned}$$

$$\begin{aligned}
u_3 = - & 0{,}007180 + 0{,}000162\cos(25'',337\,t) - 0{,}000228\sin(25'',337\,t)\\
& + 0{,}019653\cos(\ 5'',980\,t) + 0{,}001839\sin(\ 5'',980\,t)\\
& + 0{,}005604\cos(19'',798\,t) + 0{,}025447\sin(19'',798\,t)\\
& - 0{,}002438\cos(18'',308\,t) + 0{,}001884\sin(18'',308\,t);
\end{aligned}$$

Pour Mars.

$$\begin{aligned}
s_4 = \quad & 0{,}028127 + 0{,}008754\cos(25'';337\,t) + 0{,}006227\sin(25'',337\,t)\\
& + 0{,}000472\cos(\ 5'',980\,t) - 0{,}005043\sin(\ 5'',980\,t)\\
& + 0{,}008380\cos(19'',798\,t) - 0{,}001846\sin(19'',798\,t)\\
& - 0{,}021836\cos(18'',308\,t) - 0{,}028249\sin(18'',308\,t),
\end{aligned}$$

$$\begin{aligned}
u_4 = - & 0{,}007180 - 0{,}006227\cos(25'',337\,t) + 0{,}008754\sin(25'',337\,t)\\
& + 0{,}005043\cos(\ 5'',980\,t) + 0{,}000472\sin(\ 5'',980\,t)\\
& + 0{,}001846\cos(19'',798\,t) + 0{,}008380\sin(19'',798\,t)\\
& + 0{,}028249\cos(18'',308\,t) - 0{,}021836\sin(18'',308\,t).
\end{aligned}$$

Ainsi, prenant t pour le nombre des années tropiques écoulées depuis le 1er janvier 1760 à midi moyen, ou bien pour le nombre des années qui précèdent cette époque, en faisant t négatif, il n'y aura qu'à calculer par les formules précédentes les valeurs correspondantes des quantités s_2, u_2, s_3,..., et l'on en pourra déduire sur-le-champ les longitudes ω_2, ω_3,... des nœuds des orbites des planètes dont il s'agit, par rapport au plan de l'écliptique de 1760, regardé comme fixe, ainsi que les inclinaisons des mêmes orbites par rapport à ce plan, dont θ_2, θ_3,... sont les tangentes; car on a

$$\tang\omega_2 = \frac{s_2}{u_2}, \quad \tang\omega_3 = \frac{s_3}{u_3}, \ldots,$$

$$\theta_2 = \sqrt{s_2^2 + u_2^2}, \quad \theta_3 = \sqrt{s_3^2 + u_3^2}, \ldots.$$

Au reste, à cause de ce que les expressions des quantités s_2, s_3, s_4 contiennent plusieurs termes, il sera assez difficile de déterminer si les angles ω_2, ω_3, ω_4 ont des limites ou non, et d'en trouver les valeurs moyennes, ainsi que nous l'avons fait à l'égard de Jupiter et de Saturne dans l'Article précédent; c'est pourquoi nous n'entrerons pas dans cette discussion qui pourrait nous mener trop loin.

52. Nous terminerons donc cet Article par donner les formules des mouvements annuels des nœuds et des variations annuelles des inclinaisons des orbites de la Terre, de Vénus et de Mars, formules qui se déduisent facilement de celles du n° **23**, en y faisant les substitutions convenables, et supposant $dt = 1$.

Ayant donc égard à l'action mutuelle de toutes les planètes, excepté Mercure, ainsi que nous en avons usé dans les recherches précédentes, on trouvera

Pour la Terre.

$$\begin{aligned} d\omega_2 = &- 6'',874\left[1 - \frac{\theta\cos(\omega_2 - \omega)}{\theta_2}\right] - 0'',334\left[1 - \frac{\theta_1\cos(\omega_2 - \omega_1)}{\theta_2}\right] \\ &- 6'',646\left[1 - \frac{\theta_3\cos(\omega_2 - \omega_3)}{\theta_2}\right] - 0'',532\left[1 - \frac{\theta_4\cos(\omega_2 - \omega_4)}{\theta_2}\right] \end{aligned}$$

$$\begin{aligned} d\theta_2 = 6'',874\,\theta\sin(\omega_2 - \omega) + 0'',334\,\theta_1\sin(\omega_2 - \omega_1) + 6'',646\,\theta_3\sin(\omega_2 - \omega_3) \\ + 0'',532\,\theta_4\sin(\omega_2 - \omega_4); \end{aligned}$$

Pour Vénus.

$$d\omega_3 = -\ 4'',100\left[1-\frac{\theta\cos(\omega_3-\omega)}{\theta_3}\right] - 0'',203\left[1-\frac{\theta_1\cos(\omega_3-\omega_1)}{\theta_3}\right]$$
$$-\ 6'',703\left[1-\frac{\theta_2\cos(\omega_3-\omega_2)}{\theta_3}\right] - 0'',515\left[1-\frac{\theta_4\cos(\omega_3-\omega_4)}{\theta_3}\right]$$

$$d\theta_3 = 4'',100\,\theta\sin(\omega_3-\omega) + 0'',203\,\theta_1\sin(\omega_3-\omega_1) + 6'',703\,\theta_2\sin(\omega_3-\omega_2)$$
$$+ 0'',515\,\theta_4\sin(\omega_3-\omega_4);$$

Pour Mars.

$$d\omega_4 = -\ 14'',060\left[1-\frac{\theta\cos(\omega_4-\omega)}{\theta_4}\right] - 0'',645\left[1-\frac{\theta_1\cos(\omega_4-\omega_1)}{\theta_4}\right]$$
$$-\ 1'',773\left[1-\frac{\theta_2\cos(\omega_4-\omega_2)}{\theta_4}\right] - 1'',701\left[1-\frac{\theta_3\cos(\omega_4-\omega_3)}{\theta_4}\right]$$

$$d\theta_4 = 14'',060\,\theta\sin(\omega_4-\omega) + 0'',645\,\theta_1\sin(\omega_4-\omega_1) + 1'',773\,\theta_2\sin(\omega_4-\omega_2)$$
$$+ 1'',701\,\theta_3\sin(\omega_4-\omega_3);$$

où $d\omega_2$, $d\omega_3$, $d\omega_4$ sont les mouvements annuels des nœuds par rapport aux étoiles fixes, et $d\theta_2$, $d\theta_3$, $d\theta_4$ peuvent être prises sans erreur sensible pour les variations annuelles des inclinaisons des orbites à l'écliptique; mais, pour pouvoir faire usage de ces formules, il faudra déterminer auparavant les valeurs des quantités ω, $\omega_1, \ldots$, θ, $\theta_1, \ldots$, qui conviennent à l'année donnée, d'après les formules générales de cet Article et du précédent. Si l'on emploie celles qui répondent à l'époque de 1760, on aura pour l'orbite de Vénus

$$d\omega_3 = -\ 9'',692, \quad d\theta_3 = -\ 0'',035,$$

et pour celle de Mars

$$d\omega_4 = -\ 8'',664, \quad d\theta_4 = -\ 0'',321.$$

Quant à l'orbite de la Terre, nous remarquerons que, puisque $\theta_2 = 0$ pour 1760 (hypothèse), il faudra que, dans l'expression de $d\omega_2$, tous les termes divisés par θ_2 soient aussi égaux à zéro, ce qui donne l'équation

$$6'',874\,\theta\cos(\omega_2-\omega) + 0'',334\,\theta_1\cos(\omega_2-\omega_1) + 6'',646\,\theta_3\cos(\omega_2-\omega_3) + 0'',532\,\theta_4\cos(\omega_2-\omega_4) = 0;$$

d'où l'on tire, pour la valeur de la tangente de ω_2, l'expression

$$\frac{,874\,\theta\cos\omega+0'',334\,\theta_1\cos\omega_1+6'',646\,\theta_3\cos\omega_3+0'',532\,\theta_4\cos\omega_4}{,874\,\theta\sin\omega+0'',334\,\theta_1\sin\omega_1+6'',646\,\theta_3\sin\omega_3+0'',532\,\theta_4\sin\omega_4}=-\frac{6'',874\,u+0''.334\,u_1+6'',646\,u_3+0'',532\,u_4}{6'',874\,s+0'',334\,s_1+6'',646\,s_3+0'',532\,s_4}$$

Substituant donc à la place de s, u, s_1,... les valeurs qui répondent au commencement de l'année 1760, et qui ont déjà été déterminées ci-dessus d'après les Tables, on aura

$$\tang\omega_2=-\frac{0,08797}{0,56219}=-0,15648,$$

d'où

$$\omega_2=180^\circ-8^\circ 53' 36'';$$

c'est le lieu où l'orbite de la Terre doit couper le plan de l'écliptique de 1760, au premier instant où elle abandonne ce plan.

Employant maintenant cette valeur de ω_2 dans l'expression de $d\theta_2$, on trouvera

$$d\theta_2=0'',569;$$

ce qui donne l'augmentation annuelle de l'inclinaison de l'orbite de la Terre, par rapport au plan dont il s'agit.

On aurait les mêmes résultats si l'on cherchait les valeurs de $\tang\omega_2$ et de θ_2, d'après les formules générales du numéro précédent; car, faisant $t=1$ dans les expressions de s_2 et de u_2, et mettant à la place des sinus des arcs très-petits $25'',337$, $5'',980$,... ces arcs mêmes, et à la place de leurs cosinus l'unité, on trouve

$$s_2=0'',08797,\quad u_2=-0'',56219,$$

d'où

$$\tang\omega_2=-\frac{0,08797}{0,56219},\quad \theta_2=0'',569;$$

ce qui s'accorde avec ce qu'on a trouvé ci-dessus, et pourrait servir, s'il en était besoin, à confirmer la justesse de nos calculs.

Article VIII. — *Des équations séculaires du nœud et de l'inclinaison de l'orbite de Mercure.*

53. Pour achever nos Recherches sur les dérangements causés dans les plans des orbites des planètes par leur action mutuelle, il ne reste plus qu'à examiner ceux qui doivent avoir lieu dans le plan de l'orbite de Mercure. Or, suivant nos dénominations, ω_5 sera la longitude du nœud de cette orbite, et θ_5 sera la tangente de son inclinaison; de sorte que la question se réduira à déterminer les valeurs des quantités $s_5 = \theta_5 \sin\omega_5$, $u_5 = \theta_5 \cos\omega_5$, par l'intégration des équations différentielles d'où elles dépendent, et qui, selon l'ordre des équations (16), doivent être la neuvième et la dixième.

Ces équations seront donc

$$\frac{ds_5}{dt} + (5,0)(u_5 - u) + (5,1)(u_5 - u_1) + (5,2)(u_5 - u_2) + (5,3)(u_5 - u_3) + (5,4)(u_5 - u_4) = 0,$$

$$\frac{du_5}{dt} - (5,0)(s_5 - s) - (5,1)(s_5 - s_1) - (5,2)(s_5 - s_2) - (5,3)(s_5 - s_3) - (5,4)(s_5 - s_4) = 0,$$

lesquelles, en y substituant les valeurs des quantités $s, s_1, \ldots, u, u_1, \ldots$ déjà trouvées dans les deux Articles précédents, et faisant, pour plus de simplicité,

$$f = -(5,0) - (5,1) - (5,2) - (5,3) - (5,4),$$
$$M = (5,0)B + (5,1)B_1 + (5,2)B_2 + (5,3)B_3 + (5,4)B_4,$$
$$N = (5,2)C_2 + (5,3)C_3 + (5,4)C_4,$$
$$P = (5,2)D_2 + (5,3)D_3 + (5,4)D_4,$$
$$Q = (5,2)E_2 + (5,3)E_3 + (5,4)E_4,$$

se changent en celles-ci

$$\frac{ds_5}{dt} - f(u_5 - A\cos\alpha) - M\cos(bt+\beta) - N\cos(ct+\gamma) - P\cos(dt+\delta) - Q\cos(et+\varepsilon) = 0,$$

$$\frac{du_5}{dt} + f(s_5 - A\sin\alpha) + M\sin(bt+\beta) + N\sin(ct+\gamma) + P\sin(dt+\delta) + Q\sin(et+\varepsilon) = 0.$$

Telles sont les équations qu'il s'agit maintenant d'intégrer; et il est facile de voir que pour cela il n'y a qu'à supposer

$$s_5 = \mathrm{A}\sin\alpha + \mathrm{B}_5\sin(bt+\beta) + \mathrm{C}_5\sin(ct+\gamma) + \mathrm{D}_5\sin(dt+\delta) + \mathrm{E}_5\sin(et+\varepsilon) + \mathrm{F}_5\sin(ft+\varphi),$$
$$u_5 = \mathrm{A}\cos\alpha + \mathrm{B}_5\cos(bt+\beta) + \mathrm{C}_5\cos(ct+\gamma) + \mathrm{D}_5\cos(dt+\delta) + \mathrm{E}_5\cos(et+\varepsilon) + \mathrm{F}_5\cos(ft+\varphi);$$

car, faisant ces substitutions et égalant à zéro les termes homogènes, on n'aura que ces quatre équations de condition

$$(b-f)\mathrm{B}_5 = \mathrm{M},\quad (c-f)\mathrm{C}_5 = \mathrm{N},\quad (d-f)\mathrm{D}_5 = \mathrm{P},\quad (e-f)\mathrm{E}_5 = \mathrm{Q},$$

lesquelles donnent

$$\mathrm{B}_5 = \frac{\mathrm{M}}{b-f},\quad \mathrm{C}_5 = \frac{\mathrm{N}}{c-f},\quad \mathrm{D}_5 = \frac{\mathrm{P}}{d-f},\quad \mathrm{E}_5 = \frac{\mathrm{Q}}{e-f};$$

de sorte qu'il y aura encore deux indéterminées F_5 et φ, qui dépendront des valeurs initiales de s_5 et de u_5 données par les observations; ainsi les valeurs supposées de s_5 et de u_5 sont exactes et complètes.

Pour déterminer les deux inconnues F_5 et φ, je tire des Tables les éléments suivants

Longitude du nœud de Mercure pour 1760.....	$1^s 15^\circ 28' 45''$
Inclinaison de son orbite.....................	$7^\circ\ 0'\ 0''$

Donc

$$\omega_5 = 45^\circ 28' 45'',\quad \theta_5 = \operatorname{tang} 7^\circ;$$

de là on trouvera

$$s_5 = \theta_5 \sin\omega_5 = 0{,}087543,\quad u_5 = \theta_5\cos\omega_5 = 0{,}086092;$$

ce qui (en supposant, comme on a fait jusqu'ici, que t soit égal à zéro au commencement de 1760) donnera les deux équations

$$\mathrm{A}\sin\alpha + \mathrm{B}_5\sin\beta + \mathrm{C}_5\sin\gamma + \mathrm{D}_5\sin\delta + \mathrm{E}_5\sin\varepsilon + \mathrm{F}_5\sin\varphi = 0{,}087543,$$
$$\mathrm{A}\cos\alpha + \mathrm{B}_5\cos\beta + \mathrm{C}_5\cos\gamma + \mathrm{D}_5\cos\delta + \mathrm{E}_5\cos\varepsilon + \mathrm{F}_5\cos\varphi = 0{,}086092,$$

par lesquelles on pourra déterminer F_5 et φ.

Maintenant je trouve, d'après la Table du nº 19,

$$f = -6'' 311,$$

et ensuite, en employant les valeurs de $B \sin\beta$, $B_1 \sin\beta$ déterminées dans les deux Articles précédents,

$$\begin{aligned} B_5 \sin\beta &= 0,00028612, & B_5 \cos\beta &= 0,00020354, \\ C_5 \sin\gamma &= 0,024795, & C_5 \cos\gamma &= 0,264940, \\ D_5 \sin\delta &= -0,0050520, & D_5 \cos\delta &= -0,0011126, \\ E_5 \sin\varepsilon &= -0,00047975, & E_5 \cos\varepsilon &= -0,00062066; \end{aligned}$$

enfin, substituant ces valeurs dans les deux équations ci-dessus, on aura

$$F_5 \sin\varphi = 0,039867, \qquad F_5 \cos\varphi = -0,170972.$$

54. Si donc on substitue ces valeurs dans les expressions ci-dessus de s_5 et de u_5, après y avoir changé les sinus et cosinus de $bt + \beta$, $ct + \gamma, \ldots$ en

$$\sin\beta \cos bt + \cos\beta \sin bt, \ldots, \quad \cos\beta \cos bt - \sin\beta \sin bt, \ldots,$$

on aura les formules suivantes

Pour Mercure.

$$\begin{aligned} s_5 = 0,028127 &+ 0,000286 \cos(25'',337\,t) + 0,000204 \sin(25'',337\,t) \\ &+ 0,024795 \cos(5'',980\,t) - 0,264940 \sin(5'',980\,t) \\ &- 0,005052 \cos(19'',798\,t) + 0,001113 \sin(19'',798\,t) \\ &- 0,000480 \cos(18'',308\,t) - 0,000621 \sin(18'',308\,t) \\ &+ 0,039867 \cos(6'',311\,t) + 0,170972 \sin(6'',311\,t) \end{aligned}$$

$$\begin{aligned} u_5 = -0,007180 &- 0,000204 \cos(25'',337\,t) + 0,000286 \sin(25'',337\,t) \\ &+ 0,264940 \cos(5'',980\,t) + 0,024795 \sin(5'',980\,t) \\ &- 0,001113 \cos(19'',798\,t) - 0,005052 \sin(19'',798\,t) \\ &+ 0,000621 \cos(18'',308\,t) - 0,000480 \sin(18'',308\,t) \\ &- 0,170972 \cos(6'',311\,t) + 0,039867 \sin(6'',311\,t). \end{aligned}$$

Dans ces formules, t représente, comme dans les Articles précédents, le nombre des années tropiques écoulées depuis le 1er janvier 1760 à midi moyen, ou de celles qui ont précédé cette époque, si l'on fait t négatif; ainsi l'on pourra par leur moyen calculer pour un temps quelconque les valeurs des quantités s_5 et u_5; et, d'après ces valeurs, on trouvera le lieu du nœud ascendant de l'orbite de Mercure, ainsi que l'inclinaison de son orbite, par les formules

$$\operatorname{tang}\omega_5 = \frac{s_5}{u_5}, \quad \theta_5 = \sqrt{s_5^2 + u_5^2},$$

ω_5 étant la longitude du nœud comptée depuis le lieu de l'équinoxe de 1760, et θ_5 la tangente de l'inclinaison.

55. A l'égard du mouvement annuel des nœuds et de la variation annuelle de l'inclinaison, quoiqu'on puisse les déduire aisément des formules précédentes, il sera cependant plus commode de les déterminer par le moyen des formules différentielles (**23**), en y faisant $dt = 1$.

De cette manière, on trouvera pour le mouvement annuel des nœuds de Mercure, par rapport aux étoiles fixes,

$$\begin{aligned} d\omega_5 = &- 1'',564\left[1 - \frac{\theta\cos(\omega_5 - \omega)}{\theta_5}\right] - 0'',080\left[1 - \frac{\theta_1\cos(\omega_5 - \omega_1)}{\theta_5}\right] \\ &- 0'',867\left[1 - \frac{\theta_2\cos(\omega_5 - \omega_2)}{\theta_5}\right] - 3'',749\left[1 - \frac{\theta_3\cos(\omega_5 - \omega_3)}{\theta_5}\right] \\ &- 0'',051\left[1 - \frac{\theta_4\cos(\omega_5 - \omega_4)}{\theta_5}\right], \end{aligned}$$

et pour la variation annuelle de l'inclinaison

$$\begin{aligned} d\theta_5 = &1'',564\theta\sin(\omega_5 - \omega) + 0'',080\theta_1\sin(\omega_5 - \omega_1) + 0'',867\theta_2\sin(\omega_5 - \omega_2) \\ &+ 3'',749\theta_3\sin(\omega_5 - \omega_3) + 0'',051\theta_4\sin(\omega_5 - \omega_4). \end{aligned}$$

Ainsi il n'y aura qu'à substituer dans ces expressions les valeurs des quantités θ, $\theta_1, \ldots$, ω, $\omega_1, \ldots$, qui répondent au temps donné, et qui résultent des formules générales données ci-dessus. Si l'on emploie celles qui répondent à l'époque de 1760, et que nous avons déduites des Tables, on trouvera, pour le siècle présent,

$$d\omega_5 = -4'',528, \quad d\theta_5 = -0'',140.$$

ARTICLE IX. — *Sur les changements de latitude et de longitude des étoiles fixes, causés par le déplacement de l'orbite de la Terre.*

56. Nous avons donné, dans l'Article VII, les formules nécessaires pour déterminer à chaque instant la position du plan de l'orbite de la Terre, par rapport au plan dans lequel cette orbite s'est trouvée au commencement de l'année 1760, que nous avons prise pour époque; ainsi, connaissant la position des étoiles fixes à l'égard de ce dernier plan, c'est-à-dire, leurs longitude et latitude pour le commencement de 1760, il sera facile de trouver les longitudes et les latitudes pour un autre temps quelconque.

Pour cet effet, on commencera par calculer, pour le temps donné, les valeurs des quantités s_2 et u_2 (**51**), et l'on en tirera celles de ω_2 longitude du nœud de l'orbite de la Terre et de y inclinaison de cette orbite, au moyen des formules

$$\tang\omega_2 = \frac{s_2}{u_2}, \quad \tang y = \theta_2 = \sqrt{s_2^2 + u_2^2};$$

on ajoutera à la longitude ω_2 la précession des équinoxes $50'', 3t$, pour avoir la longitude du nœud de l'orbite de la Terre, comptée à l'ordinaire, depuis le premier point d'*Aries*, c'est-à-dire, depuis l'intersection de l'écliptique et de l'équateur, et l'on nommera cette longitude x. Cela posé, comme l'inclinaison y est toujours très-petite, on trouvera aisément, par les formules différentielles connues, que l'obliquité de l'écliptique sera sujette à une variation égale à $y\cos x$, et que les points équinoxiaux auront un mouvement en longitude égal à $\frac{y\sin x}{\tang 23^\circ\frac{1}{2}}$, et un mouvement en ascension droite égal à $\frac{y\sin x}{\sin 23^\circ\frac{1}{2}}$.

Ensuite, nommant l la longitude d'une étoile quelconque et λ sa latitude, calculées en ayant égard à la précession des équinoxes, on trouvera que la variation de cette étoile en longitude sera

$$y\cos(l-x)\operatorname{tang}\lambda - \frac{y\sin x}{\operatorname{tang} 23^\circ \frac{1}{2}};$$

et que sa variation en latitude sera

$$-y\sin(l-x).$$

57. Pour faciliter le calcul de ces formules, on remarquera que, à cause de la petitesse de l'angle y, on aura, sans aucune erreur sensible, $y=\theta_2$; donc, puisque

$$x=\omega_2+50'',3t,$$

on aura

$$\sin x=\sin\omega_2\cos(50'',3t)+\cos\omega_2\sin(50'',3t),$$

$$\cos x=\cos\omega_2\cos(50'',3t)-\sin\omega_2\sin(50'',3t);$$

par conséquent on aura

$$y\sin x=s_2\cos(50'',3t)+u_2\sin(50'',3t),$$

$$y\cos x=u_2\cos(50'',3t)-s_2\sin(50'',3t).$$

De là il s'ensuit que, si l'on fait, pour abréger,

$$\sigma=s_2\cos(50'',3t)+u_2\sin(50'',3t),$$

$$\upsilon=u_2\cos(50'',3t)-s_2\sin(50'',3t),$$

on aura υ pour la variation de l'obliquité de l'écliptique, et

$$\frac{\sigma}{\operatorname{tang} 23^\circ\frac{1}{2}}, \quad \text{ou} \quad \frac{\sigma}{\sin 23^\circ\frac{1}{2}}$$

pour le mouvement en longitude ou en ascension droite des points équinoxiaux.

De plus, à cause de

$$\sin(l-x)=\sin l\cos x-\cos l\sin x, \quad \cos(l-x)=\cos l\cos x+\sin l\sin x,$$

on aura, pour la variation en longitude d'une étoile quelconque,

$$(\sigma \sin \text{long.} + \upsilon \cos \text{long.}) \tan\text{g latit.} - \frac{\sigma}{\text{tang } 23^\circ \frac{1}{2}},$$

et pour sa variation en latitude

$$\sigma \cos \text{long.} - \upsilon \sin \text{long.}$$

58. Toute la difficulté se réduit donc à calculer, pour le temps donné, les valeurs de s_2 et u_2 d'après les deux formules du n° 51, et en déduire ensuite celles des quantités σ et υ par les formules du numéro précédent.

Pour épargner ce travail aux Astronomes qui voudront faire usage de notre Théorie, j'ai pris la peine de calculer les quantités dont il s'agit, de siècle en siècle, pour vingt siècles, tant avant qu'après 1760, en faisant successivement $t = -100, -200, -300, \ldots$ jusqu'à -2000, et ensuite $t = 100, 200, 300, \ldots$ jusqu'à 2000; et, afin de pouvoir mettre une plus grande exactitude dans les calculs, j'ai d'abord changé dans les expressions de s_2 et de u_2 du numéro cité les cosinus en $1 - 2(\text{sinus})^2$, et j'ai ensuite réduit les coefficients en secondes en les multipliant par 206265.

De cette manière, j'ai transformé les expressions dont il s'agit dans celles-ci, qui sont à la fois plus simples et plus commodes pour le calcul,

$$\begin{aligned} s_2 = {} & 393'',9 \sin(25'',337\,t) - 1107'',5 \sin^2(12'',668\,t) \\ & - 3270'',8 \sin(5'',980\,t) - 612'',2 \sin^2(2'',990\,t) \\ & + 1456'',9 \sin(19'',798\,t) + 13229'',4 \sin^2(9'',899\,t) \\ & - 61'',1 \sin(18'',308\,t) + 94'',4 \sin^2(9'',154\,t) \end{aligned}$$

$$\begin{aligned} u_2 = {} & 553'',7 \sin(25'',337\,t) + 787'',8 \sin^2(12'',668\,t) \\ & + 306'',1 \sin(5'',980\,t) - 6541'',6 \sin^2(2'',990\,t) \\ & - 6614'',7 \sin(19'',798\,t) + 2913'',8 \sin^2(9'',899\,t) \\ & - 47'',2 \sin(18'',308\,t) - 122'',2 \sin^2(9'',154\,t). \end{aligned}$$

Ensuite j'ai construit d'après ces formules les deux Tables suivantes, dont la première est pour les siècles qui précèdent l'année 1760, et dont la seconde est pour ceux qui la suivent.

TABLE I.

VALEURS de t.	VALEURS de s_1.	VALEURS de u_1.
— 100	— 8",5347	56",304
— 200	— 16,540	112,77
— 300	— 24,016	169,38
— 400	— 30,956	226,13
— 500	— 37,365	283,04
— 600	— 43,233	340,10
— 700	— 48,578	397,27
— 800	— 53,369	454,57
— 900	— 57,633	512,01
— 1000	— 61,335	569,51
— 1100	— 64,521	627,18
— 1200	— 67,121	684,94
— 1300	— 69,213	742,80
— 1400	— 70,725	800,74
— 1500	— 71,697	858,80
— 1600	— 72,099	916,73
— 1700	— 71,910	974,70
— 1800	— 71,272	1033,28
— 1900	— 70,060	1091,70
— 2000	— 68,287	1150,03

TABLE II.

VALEURS de t.	VALEURS de s_1.	VALEURS de u_1.
100	9",0628	— 56",144
200	18,648	— 112,12
300	28,760	— 167,93
400	39,389	— 223,55
500	50,542	— 279,02
600	62,206	— 334,28
700	74,391	— 389,37
800	87,088	— 444,26
900	100,29	— 498,97
1000	114,02	— 553,37
1100	128,21	— 607,70
1200	142,96	— 661,73
1300	158,18	— 715,57
1400	173,90	— 769,17
1500	190,12	— 822,57
1600	206,805	— 875,53
1700	223,945	— 928,20
1800	241,75	— 981,18
1900	259,90	—1033,43
2000	278,54	—1085,85

Enfin j'ai déduit des valeurs de s_2 et de u_2, renfermées dans ces deux Tables, celles des quantités σ et υ, par le moyen des formules du n° 57, et j'ai formé, de cette manière, les Tables III et IV, qui suivent, et dont l'une, c'est-à-dire, la troisième, donne les valeurs de σ et υ qui répondent à chaque siècle, à compter du commencement de 1760, en remontant, et dont l'autre, c'est-à-dire, la quatrième, donne les valeurs des mêmes quantités pour chaque siècle, à compter depuis la même époque en descendant. Il faut se souvenir que j'entends par siècle un intervalle de cent années tropiques, lequel est moindre qu'un siècle ordinaire de cent années juliennes, la différence étant de $18^h 27^m$; mais, comme les variations séculaires des quantités σ et υ sont moindres qu'une minute, il est clair qu'on peut, en toute sûreté, faire abstraction de la différence dont il s'agit, et prendre indifféremment des années juliennes à la place des années tropiques.

59. Les quantités υ représentent, comme on l'a dit plus haut (57), les variations de l'obliquité de l'écliptique : on voit donc, par la Table III, que cette obliquité n'a cessé de diminuer depuis deux mille ans, et la Table IV montre qu'elle doit continuer toujours à diminuer, du moins pendant l'espace de deux mille ans auquel cette Table s'étend. La diminution séculaire est, pour le siècle présent, d'environ 56 secondes, mais cette diminution n'est point uniforme; elle n'était, il y a deux mille ans, que de 38″,67; depuis lors elle a augmenté continuellement, et elle n'arrivera à son maximum que dans quatre siècles : elle sera alors de 56″,76, ce qui diffère très-peu de sa valeur actuelle; mais dans vingt siècles d'ici elle ne sera plus que de 49 secondes.

Si l'on prend 23° 28′ 20″ pour l'obliquité moyenne actuelle, elle aura dû être, suivant la Table III, de 23° 44′ 5″ au temps d'Hipparque, qui vivait 150 ans avant Jésus-Christ. Il est vrai que cette obliquité serait moindre d'environ 7 minutes que celle que les anciennes observations paraissent donner pour ce temps-là; mais on sait que ces observations ne sont pas assez exactes pour pouvoir servir à fixer la juste valeur d'un élément si délicat; il doit suffire, ce me semble, qu'elles s'accordent avec la Théorie à prouver la diminution de l'obliquité de l'écliptique, et jusqu'à présent on ne peut que s'en rapporter à celle-ci pour ce qui regarde la quantité et les lois de cette diminution.

TABLE III.

VALEURS de t.	VALEURS de σ.	VALEURS de υ.
— 100	— 9″,91	56″,07
— 200	— 22,02	111,82
— 300	— 36,33	167,18
— 400	— 52,83	222,05
— 500	— 71,51	276,40
— 600	— 92,35	330,16
— 700	— 115,36	383,25
— 800	— 140,47	435,60
— 900	— 167,72	487,19
— 1000	— 197,03	537,85
— 1100	— 228,44	587,64
— 1200	— 261,86	636,46
— 1300	— 297,33	684,21
— 1400	— 334,74	730,84
— 1500	— 374,14	776,42
— 1600	— 415,36	820,42
— 1700	— 458,42	863,16
— 1800	— 503,65	905,01
— 1900	— 550,58	945,28
— 2000	— 599,26	983,95

TABLE IV.

VALEURS de t.	VALEURS de σ.	VALEURS de υ.
100	7″,69	— 56″,34
200	13,17	— 112,90
300	16,50	— 169,58
400	17,42	— 226,33
500	16,23	— 283,09
600	12,80	— 339,78
700	7,16	— 396,35
800	— 0,68	— 452,71
900	— 10,74	— 508,84
1000	— 22,96	— 564,54
1100	— 37,44	— 619,94
1200	— 54,02	— 674,83
1300	— 72,78	— 729,22
1400	— 93,66	— 782,99
1500	— 116,69	— 836,14
1600	— 141,75	— 888,39
1700	— 168,89	— 939,78
1800	— 198,16	— 990,90
1900	— 229,37	—1040,62
2000	— 262,73	—1089,69

60. Si l'on divise les quantités σ par tang $23^\circ\frac{1}{2}$, ou plus exactement par

$$\tang 23^\circ 28' = 0,4341,$$

ou, ce qui revient au même, qu'on les multiplie par 2,3035, on aura l'équation des points équinoxiaux, c'est-à-dire, les quantités qu'il faudra ajouter ou soustraire du lieu moyen du premier point d'*Aries* sur l'écliptique pour avoir son lieu vrai (57). Donc, si l'on convertit les secondes de degré en secondes de temps, à raison du mouvement moyen du Soleil, ce qui se fera en multipliant les secondes de degré par 24, ou plus exactement par la fraction

$$\frac{24^{h}}{59^{m}8^{s},3} = 24,3497,$$

on aura l'équation qui servira à corriger le temps de l'équinoxe; de sorte que cette équation sera représentée, en général, par $56,089\sigma$. J'ai donc construit la Table V suivante, laquelle donne pour chaque siècle, avant et après 1760, la valeur de l'équation dont il s'agit, exprimée en secondes de temps.

Or il est clair que, si l'on prend la différence des équations répondant à deux siècles consécutifs, dans la Table V, on aura l'équation par laquelle il faudra corriger la durée de 100 années tropiques moyennes, pour avoir leur durée exacte; par conséquent, la centième partie de cette équation donnera à très-peu près l'équation de la durée des années tropiques pour le siècle dont il s'agit. C'est sur ce principe que j'ai formé la Table VI, d'après celle qui précède : cette Table fait voir que la longueur de l'année a toujours été en diminuant depuis vingt siècles jusqu'à présent, et qu'elle doit continuer à diminuer, du moins pendant l'espace de vingt autres siècles, et, si l'on soustrait l'équation actuelle de $5^{s},56$ de l'équation qui répond au dix-neuvième siècle avant 1760, et qui est de $27^{s},31$, on aura $21^{s},75$ pour la quantité dont l'année tropique a dû être plus longue au temps d'Hipparque qu'elle n'est à présent.

TABLE V.

SIÈCLES avant 1760.	ÉQUATION des équinoxes.	SIÈCLES après 1760.	ÉQUATION des équinoxes.
0	0	0	0
1	— 556s	1	432s
2	— 1235	2	739
3	— 2038	3	925
4	— 2963	4	977
5	— 4011	5	910
6	— 5180	6	718
7	— 6471	7	401
8	— 7879	8	— 38
9	— 9407	9	— 603
10	— 11051	10	— 1287
11	— 12813	11	— 2100
12	— 14688	12	— 3030
13	— 16669	13	— 4082
14	— 18775	14	— 5253
15	— 20985	15	— 6545
16	— 23297	16	— 7950
17	— 25712	17	— 9473
18	— 28250	18	— 11115
19	— 30882	19	— 12865
20	— 33613	20	— 14737

TABLE VI.

SIÈCLES avant 1760.	ÉQUATION DE LA DURÉE des années tropiques.	SIÈCLES après 1760.	ÉQUATION DE LA DURÉE des années tropiques.
0	5,56 s	0	5,56 s
1	6,79	1	4,32
2	8,03	2	3,07
3	9,25	3	1,86
4	10,48	4	0,52
5	11,69	5	− 0,67
6	12,91	6	− 1,92
7	14,08	7	− 3,17
8	15,28	8	− 4,39
9	16,44	9	− 5,65
10	17,62	10	− 6,84
11	18,75	11	− 8,13
12	19,81	12	− 9,30
13	21,06	13	− 10,52
14	22,10	14	− 11,71
15	23,12	15	− 12,92
16	24,15	16	− 14,05
17	25,38	17	− 15,23
18	26,32	18	− 16,42
19	27,31	19	− 17,50
20		20	− 18,72

61. Quant aux variations des étoiles fixes en longitude et en latitude, on les déterminera aisément d'après les valeurs des quantités σ et υ des Tables III et IV, et par le moyen des formules que nous avons données plus haut (**57**); mais, comme ces quantités n'ont été calculées que de siècle en siècle, et que leurs différences sont assez inégales, si l'on voulait avoir les variations dont il s'agit, d'année en année, ou du moins de dix ans en dix ans pour le siècle présent, il faudrait, pour plus d'exactitude, calculer de nouveau, d'après les formules générales, les valeurs de σ et υ qui répondent à $t=1, 2, 3, \ldots$, ou à $t=10, 20, 30, \ldots$. Nous nous contenterons ici de donner les valeurs qui répondent à $t=1$, et pour cela il suffira de se souvenir qu'on a déjà trouvé plus haut (**52**) pour $t=1$

$$s_2 = 0'',08797, \quad u_2 = -0'',56219;$$

d'où l'on tire

$$\sigma = 0'',08783, \quad \upsilon = -0'',56221.$$

De là il s'ensuit que, pour un certain nombre d'années t, à compter depuis le commencement de 1760, on aura, avec une exactitude suffisante,

$$\sigma = 0'',08783\,t, \quad \upsilon = -0'',56221\,t;$$

et ces valeurs serviront aussi pour les années qui précèdent 1760, en faisant t négatif

Au reste, comme les variations dont nous venons de parler ne dépendent que du déplacement de l'écliptique, il est clair que les déclinaisons des astres ne souffriront aucun changement; mais les ascensions droites seront toutes également diminuées de la quantité $\frac{\sigma}{\sin 23^\circ\frac{1}{2}}$, qui est le mouvement des points équinoxiaux en ascension droite (**57**).

MÉMOIRE SUR LA THÉORIE

DES

VARIATIONS DES ÉLÉMENTS DES PLANÈTES

ET EN PARTICULIER

DES VARIATIONS DES GRANDS AXES DE LEURS ORBITES.

MÉMOIRE SUR LA THÉORIE

DES

VARIATIONS DES ÉLÉMENTS DES PLANÈTES

ET EN PARTICULIER

DES VARIATIONS DES GRANDS AXES DE LEURS ORBITES (*).

(Mémoires de la première classe de l'Institut de France, année 1808.)

On entend, en Astronomie, par éléments d'une planète les quantités qui déterminent son orbite autour du Soleil, supposée elliptique, ainsi que le lieu de la planète dans un instant marqué, qu'on appelle l'*époque*. Ces quantités sont au nombre de cinq, dont deux, le grand axe ou la distance moyenne qui en est la moitié, et l'excentricité, déterminent la grandeur de l'ellipse dont le Soleil occupe l'un des foyers; les trois autres, la longitude de l'aphélie, celle des nœuds, et l'inclinaison, déterminent la position du grand axe sur le plan de l'ellipse et la position de ce plan sur un plan qu'on regarde comme fixe par rapport aux étoiles. Ces cinq quantités, jointes à l'époque, étant connues pour une planète, on peut trouver en tout temps son lieu dans le ciel par le moyen de ces deux lois, découvertes par Képler, que les aires décrites dans l'ellipse par le rayon vecteur croissent proportionnellement au temps, et que la durée de la révolution est proportionnelle à la racine carrée du cube du grand axe. Les Tables d'une planète, abstraction faite de ses perturba-

(*) Lu, le 22 août 1808, à l'Institut de France.

tions, ne sont autre chose que des suites de valeurs particulières répondant à des intervalles de temps égaux, des fonctions du temps et des six éléments, par lesquelles la position de la planète est déterminée dans l'espace par rapport au Soleil. Ce n'est que par l'observation qu'on peut trouver les valeurs des éléments d'une planète, mais il faut beaucoup d'art pour les déduire des lieux observés; ce travail occupe les Astronomes depuis Képler; car, comme la précision des éléments dépend de celle des observations, de nouvelles observations plus exactes amènent toujours des corrections aux éléments qu'on avait déterminés.

Lorsque, dans le siècle dernier, on entreprit d'appliquer le Calcul différentiel à la solution des Problèmes que Newton avait résolus par des constructions linéaires, on reconnut que le mouvement d'une planète attirée par le Soleil en raison inverse du carré de la distance dépend de trois équations différentielles du second ordre, qui demandent par conséquent six intégrations; ces intégrations introduisent chacune dans le calcul une constante arbitraire; de sorte que la solution du Problème renferme en dernière analyse six constantes arbitraires : ce sont les éléments mêmes de la planète, ou des fonctions de ces éléments.

Mais les planètes ne sont pas seulement attirées par le Soleil, elles s'attirent encore mutuellement, et l'effet de cette action mutuelle est de déranger leur mouvement elliptique et d'y produire des inégalités qu'on nomme *perturbations*, dont le calcul est long et délicat, et fait depuis Newton l'objet des travaux des Géomètres qui s'occupent de la Théorie du Système du monde. En effet, les forces qui résultent de cette dernière attraction ajoutent aux équations différentielles de leurs mouvements des termes qui en rendent l'intégration impossible dans l'état actuel de l'Analyse, et qui forcent de recourir aux approximations. Heureusement ces termes sont très-petits vis-à-vis de ceux qui viennent de l'action directe du Soleil, parce qu'ils sont multipliés par les masses mêmes des planètes, ou plutôt par leur rapport à celle du Soleil; et, si l'on intègre les équations différentielles comme s'ils n'existaient pas, il arrive que les constantes arbitraires que l'intégration ajoute à chaque intégrale se trouvent augmentées d'une petite partie variable due à ces mêmes termes, dont on ne peut, à la vérité, trouver la valeur finie et rigoureuse, parce qu'elle dépend d'une intégration qui est impossible, en général, mais dont on peut avoir, par des approximations successives, la valeur aussi approchée qu'on voudra. Ainsi les éléments du mouvement elliptique, qui par l'action seule du Soleil sont constants, deviennent sujets à de petites variations; et quoique, à la rigueur, le mouvement ne soit plus elliptique, on peut néanmoins le regarder comme tel à chaque instant; l'ellipse variable devient alors osculatrice de la véritable orbite de la planète, comme on peut le conclure de la Théorie générale de l'osculation que j'ai exposée ailleurs (*), et qui est fondée sur la variation des constantes. C'est de cette manière que j'ai considéré et calculé les variations des éléments des planètes dans la Théorie de ces variations, que j'ai donnée dans les *Mémoires de l'Académie de Berlin*, années 1781, 1782 et suivantes (**).

Mais les variations dont il s'agit sont de deux sortes : les unes ne sont composées que de termes périodiques dont la valeur dépend de la configuration des planètes, soit entre elles, soit à l'égard de leurs nœuds et de leurs aphélies, et redevient la même lorsque ces configurations reprennent la même forme; les autres sont indépendantes des configurations des planètes et peuvent croître avec le temps, ou avoir aussi des périodes, mais extrêmement longues.

On nomme les premières *inégalités périodiques*, et leur calcul n'a guère d'autre difficulté que la longueur jointe à l'attention qu'il faut avoir aux termes qui, quoique très-petits dans l'équation différentielle, peuvent augmenter beaucoup par l'intégration. On peut détacher ces inégalités des éléments; alors elles se simplifient en se fondant ensemble, et il en résulte des inégalités qui affectent immédiatement les lieux de la planète calculés dans l'ellipse : c'est pourquoi il est presque plus simple de déduire directement ces inégalités des équations différentielles par les méthodes ordinaires d'approximation.

(*) *Voir* les *Mémoires de Berlin* de 1779, p. 138, et la *Théorie des Fonctions*, Articles 113 et suiv. (*Œuvres de Lagrange*, t. IV, p. 583).

(**) *Œuvres de Lagrange*, t. V, p. 125 et suiv.

Les inégalités de la seconde espèce sont nommées *séculaires*, et demeurent attachées aux éléments qu'elles font varier à la longue et d'une manière insensible; on les appelle *séculaires* parce que ce n'est qu'au bout de quelques siècles que leur effet peut se manifester.

L'observation a encore devancé sur ce point le calcul; car les Astronomes avaient reconnu l'existence de ces variations relativement aux excentricités, aux aphélies et aux nœuds, longtemps avant qu'on connût la Théorie de l'attraction universelle.

Parmi les différentes inégalités séculaires, la plus importante est celle des grands axes des orbites, parce qu'elle affecte aussi la durée des révolutions, ou le moyen mouvement; car il arrive par l'effet de l'intégration que, si le grand axe est sujet à une inégalité croissante comme le temps, le moyen mouvement en a une qui croît comme le carré du temps.

Or la première approximation donne dans les autres éléments des termes proportionnels au temps; le grand axe seul en est exempt : c'est ce que M. de Laplace a reconnu le premier, par une analyse très-délicate, dans un Mémoire lu à l'Académie des Sciences en 1773; mais, comme dans ce résultat on n'avait tenu compte que des premières et des secondes dimensions des excentricités et des inclinaisons supposées très-petites, il était important de voir ce que pourraient donner les termes qui contiendraient les autres dimensions de ces quantités.

Dans un Mémoire lu à l'Académie de Berlin en 1776 (*), je considérai d'une manière directe les variations auxquelles peut être sujet le grand axe d'une planète par les forces perturbatrices provenant de l'action des autres planètes, et je réduisis ces variations à une formule générale et très-simple qui, ne dépendant que de la différentielle partielle d'une fonction finie relativement au mouvement moyen de la planète, fait voir tout de suite que le grand axe ne peut jamais contenir aucun terme proportionnel au temps, quelque loin qu'on continue l'approximation par rapport aux excentricités et aux inclinaisons des orbites, mais en s'arrê-

(*) *OEuvres de Lagrange*, t. IV, p. 255.

tant à la première approximation par rapport aux termes proportionnels aux masses des planètes.

On n'avait pas été plus loin sur ce point; mais M. Poisson y a fait un pas de plus dans le *Mémoire* qu'il a lu il y a deux mois (*) à la Classe, *sur les inégalités séculaires des moyens mouvements des planètes,* et dont nous (**) avons fait le Rapport dans la dernière séance. Il a poussé l'approximation de la même formule jusqu'aux termes affectés des carrés et des produits des masses, en ayant égard dans cette formule à la variation des éléments que j'avais regardés comme constants dans la première approximation. En employant les méthodes et les formules connues pour la variation des éléments elliptiques, il a su donner aux termes qui forment la seconde approximation, et qui ne proviennent que des variations des éléments de la planète troublée, une disposition et une forme telles, qu'il est facile de prouver qu'aucun de ces termes, qui peuvent d'ailleurs être en nombre infini, ne peut jamais donner dans le grand axe des termes croissant comme le temps. A l'égard de ceux qui doivent provenir des variations des éléments des planètes perturbatrices, ils échappent à son analyse : pour suppléer à ce défaut, il a recours à l'équation générale des forces vives sous la forme donnée par M. de Laplace dans le premier volume de sa *Mécanique céleste,* et il parvient d'une manière ingénieuse à faire voir que ces sortes de termes ne peuvent non plus produire dans le grand axe des variations proportionnelles au temps.

Cette découverte de M. Poisson a réveillé mon attention sur un objet qui m'avait autrefois beaucoup occupé, et que j'avais ensuite totalement perdu de vue. Il me parut que le résultat qu'il venait de trouver par le moyen des formules qui représentent le mouvement elliptique était un résultat analytique dépendant de la forme des équations différentielles et des conditions de la variabilité des constantes, et qu'on devait y arriver par la seule force de l'Analyse, sans connaître les expressions particulières des quantités relatives à l'orbite elliptique.

(*) Le 20 juin 1808.

(**) MM. de Laplace, Biot et moi.

En effet, en considérant sous un nouveau point de vue la variation des constantes arbitraires qui naîtraient de l'intégration des équations différentielles lorsqu'on n'y tient compte que de l'action du Soleil et qu'on néglige celle des planètes perturbatrices, j'ai obtenu des formules qui donnent les différentielles de ces variations sous une forme plus simple que celle des formules connues jusqu'à présent, parce qu'elles ont l'avantage de ne contenir que les différences partielles d'une même fonction du temps et des constantes arbitraires, prises par rapport à chacune de ces constantes, et multipliées par de simples fonctions de ces constantes; de sorte que la fonction dont il s'agit étant développée, comme elle peut toujours l'être, tant que l'orbite est elliptique, en une série de sinus et cosinus d'angles proportionnels au temps, le terme indépendant du temps donnera sur-le-champ les équations des variations séculaires aussi exactes qu'on voudra par rapport aux puissances et aux produits des excentricités et des inclinaisons, au lieu que jusqu'ici elles étaient bornées aux premières dimensions de ces éléments. Ces formules ont de plus l'avantage que, étant appliquées aux variations du grand axe, on en voit naître tout de suite des expressions analogues à celles auxquelles M. Poisson n'est parvenu que par des réductions heureuses des formules déduites de la considération du mouvement elliptique.

De cette manière on démontre dans toute la généralité possible, et quelle que soit l'inclinaison de l'orbite primitive sur le plan fixe, que la variation du grand axe ne peut contenir aucun terme non périodique ni dans la première ni dans la seconde approximation, du moins en tant qu'on n'a égard dans celle-ci qu'aux variations des éléments de l'orbite troublée. Ce qui empêche que la même Analyse ne s'étende également aux termes provenant des variations des éléments des planètes perturbatrices, c'est que la fonction, dont la différence partielle relative aux coordonnées de l'orbite troublée donne la variation du grand axe, n'est pas la même pour les planètes perturbatrices, parce qu'elle n'est pas symétrique par rapport aux coordonnées de toutes les planètes; c'est aussi ce qui a lieu dans l'Analyse de M. Poisson, qui dépend de la même fonction.

Mais en rapportant les planètes, non au centre du Soleil, mais au centre commun de gravité du Soleil et des planètes autour duquel leur mouvement est presque plus régulier qu'autour du Soleil, j'obtiens des équations différentielles semblables, dans lesquelles la fonction dont il s'agit est symétrique, et demeure par conséquent la même pour toutes les planètes; alors le calcul devient uniforme et général, et n'est plus sujet à aucune exception. On a de cette manière les variations des éléments de chacune des orbites rapportées au centre commun de gravité, et l'on démontre par une même Analyse que le grand axe de chacune de ces orbites ne peut avoir dans les deux premières approximations aucune inégalité croissant comme le temps. Or il est facile de passer du mouvement autour du centre de gravité au mouvement autour du Soleil, et, en regardant celui-ci comme elliptique, on trouve facilement, par la Théorie des osculations, les expressions variables des éléments. Par ce moyen je démontre la proposition générale de la non-existence des inégalités proportionnelles au temps dans les grands axes des planètes rapportées au Soleil.

L'objet de ce Mémoire est d'exposer les nouvelles formules que j'ai trouvées pour les variations des éléments des planètes, ainsi que leur application aux variations des grands axes, et de développer surtout l'Analyse qui m'y a conduit, et qui me paraît mériter l'attention des Géomètres par son uniformité et par sa généralité, puisqu'elle est indépendante de la considération des orbites elliptiques, et qu'elle peut s'appliquer avec le même succès à toute autre hypothèse de gravitation dans laquelle les orbites ne seraient plus des sections coniques.

Ayant montré à M. de Laplace mes formules et mon Analyse, il me montra de son côté en même temps des formules analogues qui donnent les variations des éléments elliptiques par les différences partielles d'une même fonction, relatives à ces éléments. J'ignore comment il y est parvenu; mais je présume qu'il les a trouvées par une combinaison adroite des formules qu'il avait données dans la *Mécanique céleste* (*). Ainsi son

(*) Depuis la lecture de ce Mémoire, M. de Laplace a publié ses formules dans un *Supplément à la Mécanique céleste.*

travail et le mien, conduisant au même but par des chemins différents, peuvent servir également à l'avancement de l'Analyse et de l'Astronomie physique.

Formules générales pour la variation des éléments des planètes.

1. Je prends la masse du Soleil pour l'unité, et je désigne par m, m', m'',... les masses des différentes planètes. Ces quantités seront des fractions très-petites, et l'on pourra distinguer en différents ordres de petitesses les termes qui contiendront ces quantités à la première, ou à la deuxième, ou à la troisième,... dimension.

Je rapporte d'abord le mouvement des planètes au centre du Soleil par les coordonnées rectangles x, y, z pour la planète m; x', y', z' pour la planète m'; x'', y'', z'' pour la planète m'', etc., et je fais, pour abréger,

$$r = \sqrt{x^2 + y^2 + z^2},$$

$$r' = \sqrt{x'^2 + y'^2 + z'^2},$$

$$r'' = \sqrt{x''^2 + y''^2 + z''^2},$$

$$\dots\dots\dots\dots\dots\dots,$$

$$\Omega = m'\left[\frac{1}{\sqrt{(x-x')^2+(y-y')^2+(z-z')^2}} - \frac{xx'+yy'+zz'}{r'^3}\right]$$
$$+ m''\left[\frac{1}{\sqrt{(x-x'')^2+(y-y'')^2+(z-z'')^2}} - \frac{xx''+yy''+zz''}{r''^3}\right]$$
$$+\dots\dots\dots\dots\dots\dots\dots\dots\dots\dots$$

J'ai pour la planète m les équations suivantes, dans lesquelles t est le temps et où dt est constant,

$$\frac{d^2x}{dt^2} + \frac{1+m}{r^3}x = \frac{d\Omega}{dx},$$

$$\frac{d^2y}{dt^2} + \frac{1+m}{r^3}y = \frac{d\Omega}{dy},$$

$$\frac{d^2z}{dt^2} + \frac{1+m}{r^3}z = \frac{d\Omega}{dz}.$$

Car, si l'on forme les différences partielles de la fonction Ω suivant les variables x, y, z, on a les expressions des forces dues à l'attraction des planètes m', m'',..., décomposées suivant les coordonnées x, y, z.

On aura de pareilles équations pour la planète m', en changeant m en m', et x, y, z en x', y', z', et réciproquement; mais alors la fonction Ω changera, et pourra être désignée par Ω'; et ainsi pour les autres planètes. Je crois avoir employé le premier les équations des planètes sous cette forme très-simple, qui est maintenant généralement adoptée.

2. Comme l'effet de l'action des planètes perturbatrices est contenu dans la fonction Ω, en rejetant les termes qui en dépendent, on a, pour le mouvement de la planète m, en tant qu'elle n'est attirée que par le Soleil, les trois équations

$$\frac{d^2x}{dt^2} + \frac{1+m}{r^3}x = 0,$$

$$\frac{d^2y}{dt^2} + \frac{1+m}{r^3}y = 0,$$

$$\frac{d^2z}{dt^2} + \frac{1+m}{r^3}z = 0.$$

Les intégrales de ces équations sont assez connues, et donnent une ellipse décrite suivant les lois de Képler; mais nous n'en avons pas besoin ici, et il suffit pour notre objet de faire les remarques suivantes :

1° Que les valeurs des coordonnées sont des fonctions du temps et des six constantes arbitraires introduites par les six intégrations, et que nous désignerons par a, b, c, f, g, h. Elles déterminent la grandeur et la position de l'ellipse sur le plan de projection, ainsi que le lieu de la planète dans un instant donné, et on les nomme en Astronomie *éléments de la planète*;

2° Que, si l'on dénote par $2a$ le grand axe de l'orbite elliptique de la planète m, en sorte que a soit la distance moyenne, son mouvement moyen, qui est proportionnel au temps, sera exprimé par nt, en faisant

$$n = \sqrt{\frac{1+m}{a^3}},$$

et que les coordonnées x, y, z pourront être exprimées en séries de sinus et cosinus d'angles multiples de nt, dont les coefficients seront des fonctions données des éléments a, b,....

3. Considérons maintenant les perturbations dues à l'action des autres planètes, qui introduit dans les équations les termes dépendant de la fonction Ω. Pour avoir égard à ces termes, la méthode la plus simple est celle de la variation des constantes arbitraires que j'ai employée depuis longtemps; suivant les principes de cette méthode, que j'ai exposée d'une manière générale dans les *Mémoires de l'Académie de Berlin* de 1775, page 190 (*), comme les équations différentielles auxquelles il s'agit de satisfaire sont du second ordre, on conservera les expressions elliptiques des coordonnées x, y, z, ainsi que celles des différentielles $\frac{dx}{dt}$, $\frac{dy}{dt}$, $\frac{dz}{dt}$, mais en y regardant les constantes a, b, c,... comme variables, et l'on vérifiera les équations par la variation de ces constantes dans les différentielles secondes.

Désignons pour un moment par la caractéristique δ les différentielles provenant de la variation des constantes, tandis que la caractéristique ordinaire d se rapporte à la variation de t. La différence première de x aura pour valeur complète, en faisant tout varier, $dx + \delta x$; donc, supposant $\delta x = 0$, elle sera simplement dx; ainsi la valeur complète de la différence seconde de x sera $ddx + \delta dx$; mais la partie ddx satisfait à l'équation en x sans le terme $\frac{d\Omega}{dx}$ qui en forme le second membre, quelles que soient les valeurs des constantes, puisque l'équation se vérifie identiquement; donc l'autre partie doit vérifier le reste de l'équation. Ainsi l'on aura

$$\frac{\delta\, dx}{dt^2} = \frac{d\Omega}{dx},$$

de sorte que, relativement à l'équation en x, on aura par la variation

(*) *Œuvres de Lagrange*, t. IV, p. 159 et suiv.

des constantes arbitraires les deux équations

$$\delta x = 0, \quad \frac{\delta\, dx}{dt^2} = \frac{d\Omega}{dx}.$$

On aura de même, relativement à l'équation en y, les deux équations

$$\delta y = 0, \quad \frac{\delta\, dy}{dt^2} = \frac{d\Omega}{dy},$$

et, relativement à l'équation en z, les deux équations

$$\delta z = 0, \quad \frac{\delta\, dz}{dt^2} = \frac{d\Omega}{dz}.$$

Ainsi l'on aura en tout six équations différentielles du premier ordre entre les six constantes arbitraires a, b, c, f, g, h, devenues variables.

Maintenant, comme x, y, z sont des fonctions supposées connues de t, a, b, c,..., il est facile de voir que l'on a

$$\delta x = \frac{dx}{da}\,da + \frac{dx}{db}\,db + \frac{dx}{dc}\,dc + \frac{dx}{df}\,df + \frac{dx}{dg}\,dg + \frac{dx}{dh}\,dh,$$

et, comme $dx = \frac{dx}{dt}\,dt$, on aura pareillement

$$\frac{\delta\, dx}{dt} = \frac{d^2x}{dt\,da}\,da + \frac{d^2x}{dt\,db}\,db + \frac{d^2x}{dt\,dc}\,dc + \frac{d^2x}{dt\,df}\,df + \frac{d^2x}{dt\,dg}\,dg + \frac{d^2x}{dt\,dh}\,dh;$$

ainsi les deux équations $\delta x = 0$ et $\frac{\delta\, dx}{dt} = \frac{d\Omega}{dt}\,dt$ donneront ces deux-ci

$$\frac{dx}{da}\,da + \frac{dx}{db}\,db + \frac{dx}{dc}\,dc + \frac{dx}{df}\,df + \frac{dx}{dg}\,dg + \frac{dx}{dh}\,dh = 0,$$

$$\frac{d^2x}{dt\,da}\,da + \frac{d^2x}{dt\,db}\,db + \frac{d^2x}{dt\,dc}\,dc + \frac{d^2x}{dt\,df}\,df + \frac{d^2x}{dt\,dg}\,dg + \frac{d^2x}{dt\,dh}\,dh = \frac{d\Omega}{dx}\,dt,$$

et l'on aura de pareilles équations en y et en z, en changeant seulement x en y et en z.

Ces six équations donneront les six différentielles da, db,... par l'élimination ordinaire; mais on aurait de cette manière des formules très-compliquées. Heureusement j'ai trouvé une combinaison de ces équations qui conduit à des résultats simples et très-remarquables, et que je vais exposer.

4. Je retranche la première équation multipliée par $\frac{d^2x}{dt\,da}$ de la seconde multipliée par $\frac{dx}{da}$; j'ai

$$\frac{d\Omega}{dx}\frac{dx}{da}dt = \mathrm{A}db + \mathrm{B}dc + \mathrm{C}df + \mathrm{D}dg + \mathrm{E}dh,$$

en faisant, pour abréger,

$$\mathrm{A} = \frac{dx}{da}\frac{d^2x}{dt\,db} - \frac{dx}{db}\frac{d^2x}{dt\,da},$$

$$\mathrm{B} = \frac{dx}{da}\frac{d^2x}{dt\,dc} - \frac{dx}{dc}\frac{d^2x}{dt\,da},$$

$$\mathrm{C} = \frac{dx}{da}\frac{d^2x}{dt\,df} - \frac{dx}{df}\frac{d^2x}{dt\,da},$$

$$\mathrm{D} = \frac{dx}{da}\frac{d^2x}{dt\,dg} - \frac{dx}{dg}\frac{d^2x}{dt\,da},$$

$$\mathrm{E} = \frac{dx}{da}\frac{d^2x}{dt\,dh} - \frac{dx}{dh}\frac{d^2x}{dt\,da}.$$

Mais, pour mieux conserver la signification de ces formules, nous emploierons à la place des lettres A, B, C,... les symboles (x, a, b), (x, a, c), (x, a, f),...; ainsi l'expression

$$\frac{dx}{db}\frac{d^2x}{dt\,da} - \frac{dx}{da}\frac{d^2x}{dt\,db}$$

sera représentée par (x, b, a), parce qu'elle ne diffère de celle de A que par l'échange des lettres a, b; et, comme elle est égale à $-\mathrm{A}$, il s'ensuit que l'on aura

$$(x, b, a) = -(x, a, b).$$

Donc, en général, l'échange des lettres qui suivent la lettre x ne fera que rendre la quantité négative; et l'on voit aussi que $(x, a, a) = 0$.

De cette manière j'aurai

$$\frac{d\Omega}{dx}\frac{dx}{da}dt = (x, a, b)\,db + (x, a, c)\,dc + (x, a, f)\,df + (x, a, g)\,dg + (x, a, h)\,dh.$$

Les mêmes équations étant multipliées, la seconde par $\frac{dx}{db}$ et la première par $\frac{d^2x}{dt\,db}$, et ensuite retranchées l'une de l'autre, donneront

$$\frac{d\Omega}{dx}\frac{dx}{db}dt = -(x, a, b)\,da + (x, b, c)\,dc + (x, b, f)\,df + (x, b, g)\,dg + (x, b, h)\,dh,$$

équation qu'on peut déduire immédiatement de la précédente par l'échange des lettres a et b entre elles, et en se souvenant que

$$(x, b, a) = -(x, a, b).$$

Par le même procédé, mais prenant $\frac{dx}{dc}$ et $\frac{d^2x}{dt\,dc}$ pour multiplicateurs, on aura

$$\frac{d\Omega}{dx}\frac{dx}{dc}dt = -(x, a, c)\,da - (x, b, c)\,db + (x, c, f)\,df + (x, c, g)\,dg + (x, c, h)\,dh,$$

ce qui se déduit aussi de la première en y changeant a en c et c en a.

Continuant ainsi, on aura encore trois autres équations qu'on pourra déduire successivement de la première, en y échangeant a en f, en g, en h, et *vice versâ*.

$$\frac{d\Omega}{dx}\frac{dx}{df}dt = -(x, a, f)\,da - (x, b, f)\,db - (x, c, f)\,dc + (x, f, g)\,dg + (x, f, h)\,dh,$$

$$\frac{d\Omega}{dx}\frac{dx}{dg}dt = -(x, a, g)\,da - (x, b, g)\,db - (x, c, g)\,dc - (x, f, g)\,df + (x, g, h)\,dh,$$

$$\frac{d\Omega}{dx}\frac{dx}{dh}dt = -(x, a, h)\,da - (x, b, h)\,db - (x, c, h)\,dc - (x, f, h)\,df - (x, g, h)\,dg.$$

On aura de pareilles équations pour les valeurs de $\frac{d\Omega}{dy}\frac{dy}{da}, \frac{d\Omega}{dy}\frac{dy}{db}, \ldots$, et pour cela il ne faudra que changer dans les précédentes x en y; et l'on en aura encore de pareilles pour les valeurs de $\frac{d\Omega}{dz}\frac{dz}{da}$, $\frac{d\Omega}{dz}\frac{dz}{db}$, ..., en changeant simplement x en z dans celles qu'on vient de trouver.

Maintenant, si l'on ajoute ensemble les valeurs de $\frac{d\Omega}{dx}\frac{dx}{da}$, $\frac{d\Omega}{dy}\frac{dy}{da}$, $\frac{d\Omega}{dz}\frac{dz}{da}$, et qu'on se rappelle que Ω n'est fonction que de x, y, z, x', y', z', ..., et que les constantes a, b, c, f, g, h ne sont contenues que dans x, y, z, il est visible qu'on aura

$$\frac{d\Omega}{dx}\frac{dx}{da}+\frac{d\Omega}{dy}\frac{dy}{da}+\frac{d\Omega}{dz}\frac{dz}{da}=\frac{d\Omega}{da},$$

et par conséquent

$$\begin{aligned}\frac{d\Omega}{da}dt = {} & [(x, a, b)+(y, a, b)+(z, a, b)]\,db \\ & +[(x, a, c)+(y, a, c)+(z, a, c)]\,dc \\ & +[(x, a, f)+(y, a, f)+(z, a, f)]\,df \\ & +[(x, a, g)+(y, a, g)+(z, a, g)]\,dg \\ & +[(x, a, h)+(y, a, h)+(z, a, h)]\,dh.\end{aligned}$$

5. Pour avoir les valeurs des coefficients de db, dc, df, ... dans cette équation, il faudrait substituer dans les expressions de (x, a, b), (y, a, b), (z, a, b), (x, a, c), ... les valeurs elliptiques de x, y, z en t et a, b, c, f, g, h, et exécuter les différentiations partielles relatives à ces quantités; et il est facile de voir qu'on aura pour les coefficients dont il s'agit les mêmes fonctions des quantités t, a, b, c, f, g, h, soit que les six dernières soient supposées variables ou constantes. En les supposant constantes, les valeurs de x, y, z satisfont aux équations

$$\frac{d^2x}{dt^2}+\frac{1+m}{r^3}x=0,$$

$$\frac{d^2y}{dt^2}+\frac{1+m}{r^3}y=0,$$

$$\frac{d^2z}{dt^2}+\frac{1+m}{r^3}z=0,$$

quelles que soient ces constantes, puisqu'elles sont arbitraires. Donc les mêmes équations seront encore satisfaites si l'on donne à une de ces constantes, comme a, l'accroissement infiniment petit et constant δa. Or il est clair que les accroissements correspondants de x, y, z seront

$$\delta x = \frac{dx}{da}\delta a, \quad \delta y = \frac{dy}{da}\delta a, \quad \delta z = \frac{dz}{da}\delta a,$$

et ces valeurs devront par conséquent satisfaire aux équations précédentes différentiées suivant la caractéristique δ. Pour simplifier ces différentiations, je mets les équations dont il s'agit sous cette forme plus simple et équivalente

$$\frac{d^2x}{dt^2} = (1+m)\frac{d\frac{1}{r}}{dx},$$

$$\frac{d^2y}{dt^2} = (1+m)\frac{d\frac{1}{r}}{dy},$$

$$\frac{d^2z}{dt^2} = (1+m)\frac{d\frac{1}{r}}{dz},$$

et, différentiant suivant δ, j'ai, à cause que les caractéristiques d et δ sont censées indépendantes entre elles, et que par conséquent δd^2 est la même chose que $d^2\delta$,

$$\frac{d^2\delta x}{dt^2} = (1+m)\left(\frac{d^2\frac{1}{r}}{dx^2}\delta x + \frac{d^2\frac{1}{r}}{dx\,dy}\delta y + \frac{d^2\frac{1}{r}}{dx\,dz}\delta z\right),$$

$$\frac{d^2\delta y}{dt^2} = (1+m)\left(\frac{d^2\frac{1}{r}}{dx\,dy}\delta x + \frac{d^2\frac{1}{r}}{dy^2}\delta y + \frac{d^2\frac{1}{r}}{dy\,dz}\delta z\right),$$

$$\frac{d^2\delta z}{dt^2} = (1+m)\left(\frac{d^2\frac{1}{r}}{dx\,dz}\delta x + \frac{d^2\frac{1}{r}}{dy\,dz}\delta y + \frac{d^2\frac{1}{r}}{dz^2}\delta z\right),$$

et ces équations seront satisfaites également par les valeurs

$$\delta x = \frac{dx}{da}\delta a, \quad \delta y = \frac{dy}{da}\delta a, \quad \delta z = \frac{dz}{da}\delta a,$$

et par celles-ci

$$\delta x = \frac{dx}{db}\delta b,\quad \delta y = \frac{dy}{db}\delta b,\quad \delta z = \frac{dz}{db}\delta b,$$

ou par

$$\delta x = \frac{dx}{dc}\delta c,\quad \delta y = \frac{dy}{dc}\delta c,\quad \delta z = \frac{dz}{dc}\delta c,$$

et ainsi de suite, en prenant pour δa, δb, δc,... des constantes infiniment petites.

Substituons les deux premiers systèmes de valeurs de δx, δy, δz dans la première équation; elle donnera, en divisant par δa et δb,

$$\frac{d^3 x}{dt^2 da} = (1+m)\left(\frac{d^2\frac{1}{r}}{dx^2}\frac{dx}{da} + \frac{d^2\frac{1}{r}}{dx\,dy}\frac{dy}{da} + \frac{d^2\frac{1}{r}}{dx\,dz}\frac{dz}{da}\right),$$

$$\frac{d^3 x}{dt^2 db} = (1+m)\left(\frac{d^2\frac{1}{r}}{dx^2}\frac{dx}{db} + \frac{d^2\frac{1}{r}}{dx\,dy}\frac{dy}{db} + \frac{d^2\frac{1}{r}}{dx\,dz}\frac{dz}{db}\right).$$

Soustrayons la première multipliée par $\frac{dx}{db}$ de la seconde multipliée par $\frac{dx}{da}$; on aura

$$\frac{dx}{da}\frac{d^3 x}{dt^2 db} - \frac{dx}{db}\frac{d^3 x}{dt^2 da} = (1+m)\left[\frac{d^2\frac{1}{r}}{dx\,dy}\left(\frac{dx}{da}\frac{dy}{db} - \frac{dx}{db}\frac{dy}{da}\right) + \frac{d^2\frac{1}{r}}{dx\,dz}\left(\frac{dx}{da}\frac{dz}{db} - \frac{dx}{db}\frac{dz}{da}\right)\right]$$

Les mêmes systèmes de valeurs de δx, δy, δz étant substitués dans la seconde équation, il en résultera deux autres, dont la première, multipliée par $\frac{dy}{db}$ et retranchée de la seconde multipliée par $\frac{dy}{da}$, donnera

$$\frac{dy}{da}\frac{d^3 y}{dt^2 db} - \frac{dy}{db}\frac{d^3 y}{dt^2 da} = (1+m)\left[\frac{d^2\frac{1}{r}}{dx\,dy}\left(\frac{dx}{db}\frac{dy}{da} - \frac{dx}{da}\frac{dy}{db}\right) + \frac{d^2\frac{1}{r}}{dy\,dz}\left(\frac{dy}{da}\frac{dz}{db} - \frac{dy}{db}\frac{dz}{da}\right)\right]$$

Enfin la troisième équation, traitée de la même manière, donnera celle-ci

$$\frac{dz}{da}\frac{d^3 z}{dt^2 db} - \frac{dz}{db}\frac{d^3 z}{dt^2 da} = (1+m)\left[\frac{d^2\frac{1}{r}}{dx\,dz}\left(\frac{dx}{db}\frac{dz}{da} - \frac{dx}{da}\frac{dz}{db}\right) + \frac{d^2\frac{1}{r}}{dy\,dz}\left(\frac{dy}{db}\frac{dz}{da} - \frac{dy}{da}\frac{dz}{db}\right)\right]$$

Qu'on ajoute maintenant ces trois équations ensemble, le second membre s'évanouit, et l'on a simplement

$$\frac{dx}{da}\frac{d^3x}{dt^2db}-\frac{dx}{db}\frac{d^3x}{dt^2da}+\frac{dy}{da}\frac{d^3y}{dt^2db}-\frac{dy}{db}\frac{d^3y}{dt^2da}+\frac{dz}{da}\frac{d^3z}{dt^2db}-\frac{dz}{db}\frac{d^3z}{dt^2da}=0.$$

Comme il n'y a proprement que le t de variable dans cette équation, elle est évidemment intégrable, et son intégrale est

$$\frac{dx}{da}\frac{d^2x}{dt\,db}-\frac{dx}{db}\frac{d^2x}{dt\,da}+\frac{dy}{da}\frac{d^2y}{dt\,db}-\frac{dy}{db}\frac{d^2y}{dt\,da}+\frac{dz}{da}\frac{d^2z}{dt\,db}-\frac{dz}{db}\frac{d^2z}{dt\,da}=\mathrm{K},$$

K étant une constante qui pourra être fonction des constantes a, b, c, f, g, h.

Or il est visible que le premier membre de cette équation n'est autre chose que ce que nous avons représenté par

$$(x, a, b)+(y, a, b)+(z, a, b);$$

ainsi la valeur de cette expression qui forme le coefficient de db, dans la valeur de $\frac{d\Omega}{da}dt$ donnée ci-dessus (4), sera indépendante de t et ne sera que fonction des six éléments a, b, c, f, g, h; et, pour avoir cette fonction, il n'y aura qu'à rejeter tous les termes dépendants de t dans l'expression dont il s'agit, après la substitution des valeurs de $\frac{dx}{da}$, $\frac{d^2x}{dt\,da}$, $\frac{dx}{db}$,..., déduites des valeurs elliptiques de x, y, z.

On trouvera par une analyse semblable, en faisant varier successivement les autres constantes c, f, g, h des différences infiniment petites et constantes δc, δf,..., et employant des réductions analogues, que la valeur de l'expression

$$(x, a, c)+(y, a, c)+(z, a, c)$$

sera indépendante de t, ainsi que celle des autres expressions analogues qui forment les coefficients de dc, df,... dans la valeur de $\frac{d\Omega}{da}dt$.

6. Dénotons par les symboles (a, b), (a, c), (a, f),... les valeurs des expressions

$$\frac{dx}{da}\frac{d^2x}{dt\,db}+\frac{dy}{da}\frac{d^2y}{dt\,db}+\frac{dz}{da}\frac{d^2z}{dt\,db}-\frac{dx}{db}\frac{d^2x}{dt\,da}-\frac{dy}{db}\frac{d^2y}{dt\,da}-\frac{dz}{db}\frac{d^2z}{dt\,da},$$
$$\frac{dx}{da}\frac{d^2x}{dt\,dc}+\frac{dy}{da}\frac{d^2y}{dt\,dc}+\frac{dz}{da}\frac{d^2z}{dt\,dc}-\frac{dx}{dc}\frac{d^2x}{dt\,da}-\frac{dy}{dc}\frac{d^2y}{dt\,da}-\frac{dz}{dc}\frac{d^2z}{dt\,da},$$
$$\frac{dx}{da}\frac{d^2x}{dt\,df}+\frac{dy}{da}\frac{d^2y}{dt\,df}+\frac{dz}{da}\frac{d^2z}{dt\,df}-\frac{dx}{df}\frac{d^2x}{dt\,da}-\frac{dy}{df}\frac{d^2y}{dt\,da}-\frac{dz}{df}\frac{d^2z}{dt\,da},$$
$$\cdots\cdots\cdots\cdots\cdots\cdots\cdots\cdots,$$

lorsqu'on y fait disparaître tous les termes qui contiennent t, après les substitutions des différences partielles des valeurs de x, y, z; on aura cette formule très-remarquable

$$\frac{d\Omega}{da}dt=(a,b)\,db+(a,c)\,dc+(a,f)\,df+(a,g)\,dg+(a,h)\,dh.$$

En procédant de la même manière, après avoir ajouté ensemble les trois quantités

$$\frac{d\Omega}{dx}\frac{dx}{db}dt,\quad \frac{d\Omega}{dy}\frac{dy}{db}dt,\quad \frac{d\Omega}{dz}\frac{dz}{db}dt,$$

dont la somme est égale à $\frac{d\Omega}{db}dt$, et fait des opérations analogues, on aura la formule

$$\frac{d\Omega}{db}dt=-(a,b)\,da+(b,c)\,dc+(b,f)\,df+(b,g)\,dg+(b,h)\,dh,$$

dans laquelle les symboles (b, c), (b, f), (b, g),... dénotent les valeurs des expressions

$$\frac{dx}{db}\frac{d^2x}{dt\,dc}+\frac{dy}{db}\frac{d^2y}{dt\,dc}+\frac{dz}{db}\frac{d^2z}{dt\,dc}-\frac{dx}{dc}\frac{d^2x}{dt\,db}-\frac{dy}{dc}\frac{d^2y}{dt\,db}-\frac{dz}{dc}\frac{d^2z}{dt\,db},$$
$$\frac{dx}{db}\frac{d^2x}{dt\,df}+\frac{dy}{db}\frac{d^2y}{dt\,df}+\frac{dz}{db}\frac{d^2z}{dt\,df}-\frac{dx}{df}\frac{d^2x}{dt\,db}-\frac{dy}{df}\frac{d^2y}{dt\,db}-\frac{dz}{df}\frac{d^2z}{dt\,db},$$
$$\frac{dx}{db}\frac{d^2x}{dt\,dg}+\frac{dy}{db}\frac{d^2y}{dt\,dg}+\frac{dz}{db}\frac{d^2z}{dt\,dg}-\frac{dx}{dg}\frac{d^2x}{dt\,db}-\frac{dy}{dg}\frac{d^2y}{dt\,db}-\frac{dz}{dg}\frac{d^2z}{dt\,db},$$
$$\cdots\cdots\cdots\cdots\cdots\cdots\cdots\cdots,$$

lorsqu'on en fait disparaître le temps t après les substitutions.

Et l'on voit que cette formule peut se déduire de la précédente en y changeant entre elles les quantités a et b, et observant que

$$(b, a) = -(a, b),$$

comme cela se voit par les valeurs des symboles (a, b) et (b, a); et cela a lieu, en général, pour tous ces symboles.

On aura donc ainsi les quatre formules correspondantes

$$\frac{d\Omega}{dc}dt = -(a, c)\,da - (b, c)\,db + (c, f)\,df + (c, g)\,dg + (c, h)\,dh,$$

$$\frac{d\Omega}{df}dt = -(a, f)\,da - (b, f)\,db - (c, f)\,dc + (f, g)\,dg + (f, h)\,dh,$$

$$\frac{d\Omega}{dg}dt = -(a, g)\,da - (b, g)\,db - (c, g)\,dc - (f, g)\,df + (g, h)\,dh,$$

$$\frac{d\Omega}{dh}dt = -(a, h)\,da - (b, h)\,db - (c, h)\,dc - (f, h)\,df - (g, h)\,dg.$$

7. Il est bien remarquable que les différences partielles de la fonction Ω, relatives aux constantes arbitraires, puissent s'exprimer ainsi par des fonctions différentielles de ces mêmes constantes sans que le temps t y entre. Il s'ensuit qu'on pourra également exprimer les différentielles $\frac{da}{dt}, \frac{db}{dt}, \frac{dc}{dt},\ldots$ par les différences partielles de la fonction Ω relatives aux éléments $a, b, c,\ldots$, multipliées par de simples fonctions de ces quantités sans t; car il n'y aura qu'à déduire les valeurs de ces différentielles des six équations précédentes par les méthodes ordinaires de l'élimination, et il est visible qu'elles seront toutes de la forme

$$\left(A\frac{d\Omega}{da} + B\frac{d\Omega}{db} + C\frac{d\Omega}{dc} + F\frac{d\Omega}{df} + G\frac{d\Omega}{dg} + H\frac{d\Omega}{dh}\right)dt,$$

dans laquelle les coefficients A, B, C, F,... ne seront donnés que par les coefficients (a, b), (a, c), (b, c),..., et ne seront par conséquent que de simples fonctions des éléments sans t; ce qui fournit un Théorème très-important et très-utile dans la Théorie des perturbations des planètes.

Il est bon de remarquer encore que la même analyse servirait également si l'attraction, au lieu d'agir en raison inverse du carré des distances, suivait la loi d'une autre fonction quelconque de la distance. Car soit, en général, r la distance, et supposons que l'attraction, au lieu d'être proportionnelle à $\frac{1}{r^2}$, soit proportionnelle à $\varphi(r)$; il n'y aura qu'à mettre dans les équations différentielles les termes $\frac{x}{r^3}$, $\frac{y}{r^3}$, $\frac{z}{r^3}$ sous la forme

$$-\frac{d\frac{1}{r}}{dx}, \quad -\frac{d\frac{1}{r}}{dy}, \quad -\frac{d\frac{1}{r}}{dz},$$

et remplacer ensuite $\frac{1}{r}$ par $-\int\varphi(r)\,dr$. De même, dans la fonction Ω, il faudra mettre

$$\frac{d\int\varphi(r')\,dr'}{dx'}, \quad \frac{d\int\varphi(r')\,dr'}{dy'}, \quad \frac{d\int\varphi(r')\,dr'}{dz'}$$

à la place de $\frac{x'}{r'^3}$, $\frac{y'}{r'^3}$, $\frac{z'}{r'^3}$, et $-\int\varphi(\rho')\,d\rho'$ à la place de $\frac{1}{\rho'}$, en supposant, pour abréger,

$$\rho' = \sqrt{(x-x')^2+(y-y')^2+(z-z')^2},$$

et ainsi pour les quantités affectées de deux traits,....

Enfin, si l'on voulait aussi avoir égard à la figure des planètes perturbatrices, il n'y aurait qu'à substituer pour la planète m', à la place de $m'\int\varphi(r')\,dr'$, $m'\int\varphi(\rho')\,d\rho'$, les quantités $\sum dm'\int\varphi(r')\,dr'$, $\sum dm'\int\varphi(\rho')\,d\rho'$, en supposant que les rayons r', ρ' soient dirigés à chaque élément dm' de la planète m', et que l'intégrale dénotée par la caractéristique $\sum$ soit prise pour toute la masse m', en ne faisant varier que les coordonnées qui déterminent la position de dm' relativement au centre de la planète, et regardant comme constantes les coordonnées x', y', z' de ce centre; et ainsi pour les autres planètes. Cela suit du Théorème que j'ai donné en 1774, dans l'Article XII de la Pièce *Sur l'équation séculaire de la Lune*. [*Voyez* le tome VII des *Savants étrangers* (*)].

8. Nous venons de montrer comment on peut obtenir les valeurs des différentielles de tous les éléments par les différences partielles de la fonction Ω relatives à ces éléments. Mais, pour le grand axe, j'ai trouvé, il y a longtemps, que sa différentielle peut s'exprimer par la différence partielle de Ω relative au temps t, en tant qu'il entre dans les valeurs elliptiques de x, y, z. On parvient à ce résultat par la considération suivante.

Soit $\Phi = 0$ une des intégrales des trois équations en x, y, z dans les cas où les termes dépendant de Ω sont nuls; la quantité Φ sera fonction de x, y, z, $\frac{dx}{dt}$, $\frac{dy}{dt}$, $\frac{dz}{dt}$, et de a, b, c, ..., ou de quelques-unes de ces quantités seulement. En regardant a, b, c,... comme constantes, l'équation $d\Phi = 0$ devient identique par la substitution des valeurs de x, y, z en t et en a, b, c,...; mais en les regardant comme variables et dénotant par la caractéristique δ les différentielles relatives à ces variables, tandis que la caractéristique ordinaire d se rapporte à la variable t, la différentiation complète de Φ donnera l'équation $d\Phi + \delta\Phi = 0$; et comme $d\Phi$ est identiquement nul par l'hypothèse, on aura simplement $\delta\Phi = 0$. Or il est facile de voir que l'on a

$$\delta\Phi = \frac{d\Phi}{dx}\delta x + \frac{d\Phi}{dy}\delta y + \frac{d\Phi}{dz}\delta z + \frac{d\Phi}{d\frac{dx}{dt}}\frac{\delta\, dx}{dt} + \frac{d\Phi}{d\frac{dy}{dt}}\frac{\delta\, dy}{dt} + \frac{d\Phi}{d\frac{dz}{dt}}\frac{\delta\, dz}{dt} + \frac{d\Phi}{da}da + \frac{d\Phi}{db}db + \frac{d\Phi}{dc}dc + \ldots.$$

Mais on a vu au commencement (3) que les conditions de la variation des éléments sont

$$\delta x = 0, \qquad \delta y = 0, \qquad \delta z = 0,$$

$$\frac{\delta\, dx}{dt} = \frac{d\Omega}{dx}dt, \quad \frac{\delta\, dy}{dt} = \frac{d\Omega}{dy}dt, \quad \frac{\delta\, dz}{dt} = \frac{d\Omega}{dz}dt;$$

(*) *Œuvres de Lagrange*, t. VI, p. 348.

donc on aura l'équation

$$\left(\frac{d\Phi}{d\frac{dx}{dt}}\frac{d\Omega}{dx}+\frac{d\Phi}{d\frac{dy}{dt}}\frac{d\Omega}{dy}+\frac{d\Phi}{d\frac{dz}{dt}}\frac{d\Omega}{dz}\right)dt+\frac{d\Phi}{da}da+\frac{d\Phi}{db}db+\ldots=0.$$

Il s'ensuit de là que, si la fonction Φ ne contient qu'une seule des constantes arbitraires $a, b, \ldots$, on aura sur-le-champ par cette équation la valeur de sa différentielle dégagée de toutes les autres.

Ainsi, en prenant l'intégrale connue

$$\frac{dx^2+dy^2+dz^2}{2dt^2}-(1+m)\left(\frac{1}{r}-\frac{1}{2a}\right)=0,$$

laquelle résulte immédiatement des trois équations fondamentales

$$\frac{d^2x}{dt^2}+\frac{1+m}{r^3}x=0,$$

$$\frac{d^2y}{dt^2}+\frac{1+m}{r^3}y=0,$$

$$\frac{d^2z}{dt^2}+\frac{1+m}{r^3}z=0,$$

multipliées respectivement par dx, dy, dz, et ensuite ajoutées ensemble, et dans laquelle on démontre facilement que la constante arbitraire $2a$ représente le grand axe de l'ellipse, la formule précédente donne tout de suite

$$\frac{d\Omega}{dx}dx+\frac{d\Omega}{dy}dy+\frac{d\Omega}{dz}dz+(1+m)d\frac{1}{2a}=0;$$

et, comme ici les différentielles dx, dy, dz se rapportent uniquement à t, il est clair que cette équation peut être représentée plus simplement par

$$\frac{d\Omega}{n\,dt}n\,dt+(1+m)d\frac{1}{2a}=0,$$

de sorte qu'on aura

$$da=\frac{2a^2}{1+m}\frac{d\Omega}{n\,dt}n\,dt.$$

J'écris $n\,dt$ dans la différentiation partielle de Ω pour qu'on ne fasse varier le t qu'autant qu'il sera contenu dans x, y, z, où il est multiplié par n.

Telles sont les formules les plus simples pour la variation des éléments des planètes. Nous allons les employer d'abord pour la variation du grand axe.

Variation du grand axe.

Première approximation.

9. La variation du grand axe $2a$ est la plus importante, parce que celle du moyen mouvement nt en dépend à cause de $n=\sqrt{\frac{1+m}{a^3}}$, et le point principal est de déterminer si la différentielle da peut contenir un terme constant, tel que $K\,dt$; car ce terme donnerait Kt dans l'expression de a : d'où résulterait un terme proportionnel à t^2 dans celle du mouvement moyen, lequel donnerait une équation séculaire croissant comme le carré du temps.

Comme les variations des éléments dépendent toutes des différentielles partielles de la quantité Ω, qui est une fonction algébrique des coordonnées x, y, z, x', y', z', x'', y'', z'',... des planètes m, m', m'',..., il faut commencer par substituer, ou du moins supposer qu'on ait substitué dans cette fonction les valeurs elliptiques connues de ces coordonnées, lesquelles sont fonctions de $\sin nt$, $\cos nt$ et des éléments a, b, c, f, g, h pour la planète m, et fonctions semblables de $\sin n't$, $\cos n't$ et des éléments a', b', c', f', g', h' pour la planète m', en faisant $n'=\sqrt{\frac{1+m'}{a'^3}}$, et ainsi pour les autres planètes.

De cette manière la quantité Ω deviendra fonction de $\sin nt$, $\cos nt$, $\sin n't$, $\cos n't$,..., et de a, b, c, f, g, h, a', b', c', f', g', h',...; et, comme les valeurs des coordonnées peuvent être réduites en séries de sinus et cosinus d'angles multiples de nt, ou $n't$, ou $n''t$,..., il est facile de voir que la fonction Ω pourra être réduite en une série de sinus ou cosinus d'angles tels que $int+i'n't+i''n''t+\ldots$, en dénotant par i, i', i'',... des nombres entiers; ces sinus ou cosinus ayant pour coefficients des fonctions des éléments $a, b, c, f, g, h, a', b', c', \ldots$.

La première approximation consiste à regarder dans la fonction Ω tous ces éléments comme constants; alors un terme quelconque de cette fonction sera de la forme

$$I \times \frac{\sin}{\cos}\left(int + i'n't + i''n''t + \ldots\right),$$

le coefficient I étant une quantité constante.

Comme dans la différence partielle $\frac{d\Omega}{n\,dt}$, il ne faut différentier que par rapport au terme nt, où t est affecté de n, on voit que le terme dont il s'agit donnera dans la valeur de da le terme

$$\frac{2a^2 I in}{2+m} \times \frac{+\cos}{-\sin}\left(int + i'n't + i''n''t + \ldots\right),$$

et par conséquent dans la valeur de a le terme

$$\frac{2ina^2 I}{(1+m)(in + i'n' + i''n'' + \ldots)} \times \frac{\sin}{\cos}\left(int + i'n't + i''n''t + \ldots\right);$$

d'où l'on voit qu'il ne peut jamais en résulter des termes proportionnels à t, à moins que l'on ait

$$in + i'n' + i''n'' + \ldots = 0,$$

ce qui est à peu près impossible, vu l'incommensurabilité des coefficients $n, n', n'', \ldots$, dans notre Système planétaire.

C'est ainsi que j'avais démontré, dans mon Mémoire de 1776, ce Théorème important, que les grands axes des planètes ne peuvent être sujets qu'à des variations périodiques, et non à des variations croissant comme le temps (*). Mais ce Théorème ne pouvait encore être regardé comme exact qu'en se bornant à la première approximation, dans laquelle on fait abstraction des perturbations qui font varier tous les éléments $a, b, c, f, g, h, a', b', c', \ldots$.

(*) *Œuvres de Lagrange*, t. IV, p. 255.

Seconde approximation.

10. Dans cette seconde approximation, nous aurons égard à la variation des éléments qui entrent dans la fonction Ω; et, comme ces variations sont fort petites parce qu'elles dépendent elles-mêmes des différences partielles des fonctions Ω, Ω',..., dont tous les termes sont multipliés par les masses $m, m', m'',\ldots$, qui sont des fractions très-petites, on simplifiera le calcul en décomposant chaque élément en une partie constante et une partie variable très-petite, qu'on pourra dénoter par la caractéristique Δ, et traiter comme on traite toutes les différences finies. De cette manière les éléments a, a', a'',..., b, b', b'',..., c, c', c'',... deviendront $a+\Delta a$, $a'+\Delta a'$, $a''+\Delta a''$,..., $b+\Delta b$, $b'+\Delta b'$, $b''+\Delta b''$,..., $c+\Delta c, c'+\Delta c', c''+\Delta c''$,..., où a, a', a'',..., b, b', b'',..., c, c', c'',... seront dorénavant des quantités constantes, et Δa, $\Delta a'$, $\Delta a''$,..., Δb, $\Delta b'$, $\Delta b''$,... seront les seules variables; par conséquent les différentielles des éléments da, da', da'',..., db, db', db'',... deviendront simplement $d\Delta a$, $d\Delta a'$, $d\Delta a''$,..., $d\Delta b$, $d\Delta b'$, $d\Delta b''$,....

En faisant ces substitutions, et développant ensuite par la méthode connue suivant les puissances et les produits des différences Δa, $\Delta a'$, Δb, $\Delta b'$,..., la fonction Ω deviendra $\Omega+\Delta\Omega+\frac{1}{2}\Delta^2\Omega+\ldots$, et l'on aura

$$\begin{aligned}\Delta\Omega = {} & \frac{d\Omega}{da}\Delta a + \frac{d\Omega}{db}\Delta b + \frac{d\Omega}{dc}\Delta c + \frac{d\Omega}{df}\Delta f + \frac{d\Omega}{dg}\Delta g + \frac{d\Omega}{dh}\Delta h \\ & + \frac{d\Omega}{da'}\Delta a' + \frac{d\Omega}{db'}\Delta b' + \frac{d\Omega}{dc'}\Delta c' + \frac{d\Omega}{df'}\Delta f' + \frac{d\Omega}{dg'}\Delta g' + \frac{d\Omega}{dh'}\Delta h' \\ & + \ldots\ldots\ldots\ldots\ldots\ldots\ldots\ldots\end{aligned}$$

$$\begin{aligned}\Delta^2\Omega = {} & \frac{d^2\Omega}{da^2}\Delta a^2 + 2\frac{d^2\Omega}{da\,db}\Delta a\,\Delta b + 2\frac{d^2\Omega}{da\,dc}\Delta a\,\Delta c + \ldots \\ & + \ldots\ldots\ldots\ldots\ldots\ldots,\end{aligned}$$

et la formule de la variation du grand axe deviendra

$$d\Delta a = \frac{2(a+\Delta a)^2}{1+m}\left(\frac{d\Omega}{n\,dt} + \frac{d\,\Delta\Omega}{n\,dt} + \frac{1}{2}\frac{d\,\Delta^2\Omega}{n\,dt} + \ldots\right)n\,dt.$$

Dans ces formules la fonction Ω et ses différences partielles ne contiendront plus que t de variable, et les différences partielles relatives à t ne devront être prises qu'en faisant varier dans Ω le t qui est affecté du coefficient n.

Le premier terme $\frac{d\Omega}{n\,dt}$ est celui que nous avons considéré dans la première approximation. Dans celle-ci nous allons considérer le terme suivant $\frac{d\,\Delta\Omega}{n\,dt}$, dans lequel $\Delta\Omega$ ne contient que les premières dimensions des différences Δa, Δb,..., $\Delta a'$, $\Delta b'$,....

11. Je vais commencer par la partie de $\Delta\Omega$ qui ne renferme que les différences Δa, Δb,... des éléments de la planète m. Cette partie est composée des termes suivants

$$\frac{d\Omega}{da}\,\Delta a + \frac{d\Omega}{db}\,\Delta b + \frac{d\Omega}{dc}\,\Delta c + \frac{d\Omega}{df}\,\Delta f + \frac{d\Omega}{dg}\,\Delta g + \frac{d\Omega}{dh}\,\Delta h.$$

Comme les différentielles da, db,... sont remplacées par celles de Δa, Δb, il résulte de ce que nous avons démontré plus haut (7) que chacune de ces différentielles sera de la forme

$$\left(\mathrm{A}\,\frac{d\Omega}{da} + \mathrm{B}\,\frac{d\Omega}{db} + \mathrm{C}\,\frac{d\Omega}{dc} + \mathrm{F}\,\frac{d\Omega}{df} + \mathrm{G}\,\frac{d\Omega}{dg} + \mathrm{H}\,\frac{d\Omega}{dh}\right) dt,$$

dans laquelle A, B, C,... sont de simples fonctions des éléments sans t. Il faudrait donc substituer dans ces fonctions, ainsi que dans Ω, $a + \Delta a$, $b + \Delta b$,..., $a' + \Delta a'$, $b' + \Delta b'$,... au lieu de a, b,..., a', b',...; mais cette substitution appartiendrait à l'approximation suivante; ainsi on pourra ici regarder les quantités A, B, C,... comme simplement constantes, et la fonction Ω comme simple fonction de nt, $n't$, $n''t$,.... Par ce moyen il n'y aura de variable que la fonction Ω, et les valeurs des différences Δa, Δb, Δc,... seront de la forme

$$\mathrm{A}\int\frac{d\Omega}{da}\,dt + \mathrm{B}\int\frac{d\Omega}{db}\,dt + \mathrm{C}\int\frac{d\Omega}{dc}\,dt + \mathrm{F}\int\frac{d\Omega}{df}\,dt + \mathrm{G}\int\frac{d\Omega}{dg}\,dt + \mathrm{H}\int\frac{d\Omega}{dh}\,dt,$$

qu'il faudra substituer dans la formule précédente.

Mais j'observe que, si au lieu de substituer ces valeurs on conserve au contraire les quantités $\Delta a, \Delta b, \Delta c, \ldots$, et qu'on y substitue les valeurs des différences partielles de Ω, que nous avons trouvées plus haut (6), en y remplaçant les différentielles da, db, $dc, \ldots$ par $d\Delta a$, $d\Delta b$, $d\Delta c, \ldots$, la quantité

$$\left(\frac{d\Omega}{da}\Delta a+\frac{d\Omega}{db}\Delta b+\frac{d\Omega}{dc}\Delta c+\frac{d\Omega}{df}\Delta f+\frac{d\Omega}{dg}\Delta g+\frac{d\Omega}{dh}\Delta h\right)dt$$

prend immédiatement cette forme élégante et symétrique

$$\begin{aligned}
&(a,b)(\Delta a\, d\Delta b-\Delta b\, d\Delta a)\\
+&(a,c)(\Delta a\, d\Delta c-\Delta c\, d\Delta a)\\
+&(a,f)(\Delta a\, d\Delta f-\Delta f\, d\Delta a)\\
+&(a,g)(\Delta a\, d\Delta g-\Delta g\, d\Delta a)\\
+&(a,h)(\Delta a\, d\Delta h-\Delta h\, d\Delta a)\\
+&(b,c)(\Delta b\, d\Delta c-\Delta c\, d\Delta b)\\
+&(b,f)(\Delta b\, d\Delta f-\Delta f\, d\Delta b)\\
+&(b,g)(\Delta b\, d\Delta g-\Delta g\, d\Delta b)\\
+&(b,h)(\Delta b\, d\Delta h-\Delta h\, d\Delta b)\\
+&(c,f)(\Delta c\, d\Delta f-\Delta f\, d\Delta c)\\
+&(c,g)(\Delta c\, d\Delta g-\Delta g\, d\Delta c)\\
+&(c,h)(\Delta c\, d\Delta h-\Delta h\, d\Delta c)\\
+&(f,g)(\Delta f\, d\Delta g-\Delta g\, d\Delta f)\\
+&(f,h)(\Delta f\, d\Delta h-\Delta h\, d\Delta f)\\
+&(g,h)(\Delta g\, d\Delta h-\Delta h\, d\Delta g),
\end{aligned}$$

laquelle contient, comme l'on voit, toutes les combinaisons deux à deux des six éléments a, b, c, f, g, h.

Ici la fonction Ω est censée entrer dans les valeurs des différentielles de Δa, Δb, $\Delta c, \ldots$, et par conséquent ce n'est que dans ces valeurs qu'il faudra faire varier le t en tant qu'il sera affecté du coefficient n, pour avoir la différence partielle relative à t de $\Delta\Omega$, dans l'expression de $d\Delta a$.

12. Si maintenant, dans les expressions données ci-dessus des différentielles $d\Delta a$, $d\Delta b$,..., on substitue la valeur de Ω en série de sinus et cosinus, on aura des termes de la forme

$$(\mathrm{L}\sin\mathrm{N}t + \mathrm{M}\cos\mathrm{N}t)\,dt,$$

qu'on peut réduire à

$$\mathrm{P}\sin(\mathrm{N}t + p)\,dt,$$

dans lesquels $\mathrm{N} = in + i'n' + i''n'' + \ldots$, en donnant à i, i',... toutes les valeurs entières y compris zéro.

Soit donc

$$\mathrm{P}\sin(\mathrm{N}t + p)$$

un terme quelconque de $d\Delta a$, la valeur de Δa aura le terme correspondant

$$-\frac{\mathrm{P}\cos(\mathrm{N}t + p)}{\mathrm{N}}.$$

Il y aura de pareils termes dans les valeurs de $d\Delta b$ et Δb, et il est facile de voir que la formule $\Delta a\,d\Delta b - \Delta b\,d\Delta a$ ne pourra donner de termes sans t dans la différentielle partielle de Ω, à moins qu'on ne combine ensemble les termes de $d\Delta a$ et de $d\Delta b$ qui ont le même argument $\mathrm{N}t$. Ainsi l'on prendra pour $d\Delta b$ et Δb les termes

$$\mathrm{Q}\sin(\mathrm{N}t + q)\,dt \quad \text{et} \quad -\frac{\mathrm{Q}\cos(\mathrm{N}t + q)}{\mathrm{N}}.$$

Substituons ces termes dans l'expression

$$\left[\Delta a\,\frac{d(d\Delta b)}{n\,dt} - \Delta b\,\frac{d(d\Delta a)}{n\,dt}\right] n\,dt,$$

elle deviendra

$$-\frac{\mathrm{PQ}}{\mathrm{N}}\,[(\cos(\mathrm{N}t + p)\cos(\mathrm{N}t + q) - \cos(\mathrm{N}t + q)\cos(\mathrm{N}t + p)]\,n\,dt,$$

qui est évidemment nulle.

Donc l'expression dont il s'agit et toutes les expressions semblables dont est composée la partie de $\frac{d\Delta\Omega}{n\,dt}\,n\,dt$, qui est due aux variations des éléments de la planète m, ne pourront jamais donner de termes constants; par conséquent la variation du grand axe, en tant qu'elle dépend de ces mêmes variations, ne contiendra point de terme constant et indépendant de t.

C'est de cette manière que M. Poisson a démontré l'absence des termes constants dans la variation du grand axe, due aux variations des éléments de la planète troublée, après avoir, par une combinaison ingénieuse des formules connues pour ces variations, ramené les différents termes de la variation du grand axe à la forme

$$P\int Q\,dt - Q\int P\,dt.$$

13. Il reste à considérer les autres parties de la fonction $\Delta\Omega$ dépendant des variations des éléments a', b', c', ..., a'', b'', c'', ... des planètes m', m'',...; mais on n'y peut plus employer les mêmes réductions, parce que, la fonction Ω n'étant pas symétrique par rapport aux coordonnées x, y, z, x', y', z', ..., il arrive que les fonctions Ω', Ω'', ..., qui doivent entrer dans les équations différentielles en x', y', z', x'', y'', z'', ..., sont toutes différentes de la fonction Ω, comme nous l'avons remarqué au commencement (1).

Pour éviter cet inconvénient et pouvoir renfermer dans un même calcul la détermination de la variation complète du grand axe, il faut rapporter les planètes m, m', m'',..., ainsi que le Soleil, à leur centre commun de gravité, autour duquel leurs mouvements sont plus réguliers à quelques égards.

Variation des éléments des orbites rapportées au centre commun de gravité du Soleil et des planètes.

14. Prenons X, Y, Z pour les coordonnées du Soleil, et conservons les mêmes lettres x, y, z, x', y', z',... pour celles des planètes, l'origine

de ces coordonnées étant dans le centre commun de gravité; nous avons d'abord, par la propriété du centre de gravité, les trois équations

$$X + mx + m'x' + m''x'' + \ldots = 0,$$

$$Y + my + m'y' + m''y'' + \ldots = 0,$$

$$Z + mz + m'z' + m''z'' + \ldots = 0.$$

Ensuite, si l'on fait, pour abréger,

$$\begin{aligned}\Omega = {} & m\left[\frac{1}{\sqrt{(x - X)^2 + (y - Y)^2 + (z - Z)^2}} - \frac{1 + m}{r}\right] \\ & + m'\left[\frac{1}{\sqrt{(x' - X)^2 + (y' - Y)^2 + (z' - Z)^2}} - \frac{1 + m'}{r'}\right] \\ & + m''\left[\frac{1}{\sqrt{(x'' - X)^2 + (y'' - Y)^2 + (z'' - Z)^2}} - \frac{1 + m''}{r''}\right] \\ & \cdots\cdots\cdots\cdots\cdots\cdots\cdots\cdots\cdots\cdots \\ & + mm'\left[\frac{1}{\sqrt{(x' - x)^2 + (y' - y)^2 + (z' - z)^2}} - \frac{1}{r} - \frac{1}{r'}\right] \\ & + mm''\left[\frac{1}{\sqrt{(x'' - x)^2 + (y'' - y)^2 + (z'' - z)^2}} - \frac{1}{r} - \frac{1}{r''}\right] \\ & + m'm''\left[\frac{1}{\sqrt{(x'' - x')^2 + (y'' - y')^2 + (z'' - z')^2}} - \frac{1}{r'} - \frac{1}{r''}\right] \\ & \cdots\cdots\cdots\cdots\cdots\cdots\cdots\cdots\cdots\cdots,\end{aligned}$$

on aura les équations suivantes, dans lesquelles je fais, pour abréger, $m + m' + m'' + \ldots = M$,

$$\frac{d^2X}{dt^2} = \frac{d\Omega}{dX}, \quad \frac{d^2Y}{dt^2} = \frac{d\Omega}{dY}, \quad \frac{d^2Z}{dt^2} = \frac{d\Omega}{dZ},$$

$$\frac{d^2x}{dt^2} + \frac{1 + M}{r^3}x = \frac{d\Omega}{m\,dx}, \quad \frac{d^2y}{dt^2} + \frac{1 + M}{r^3}y = \frac{d\Omega}{m\,dy}, \quad \frac{d^2z}{dt^2} + \frac{1 + M}{r^3}z = \frac{d\Omega}{m\,dz},$$

$$\frac{d^2x'}{dt^2} + \frac{1 + M}{r'^3}x' = \frac{d\Omega}{m'dx'}, \quad \frac{d^2y'}{dt^2} + \frac{1 + M}{r'^3}y' = \frac{d\Omega}{m'dy'}, \quad \frac{d^2z'}{dt^2} + \frac{1 + M}{r'^3}z' = \frac{d\Omega}{m'dz'},$$

$$\cdots\cdots\cdots\cdots\cdots\cdots\cdots\cdots\cdots\cdots\cdots\cdots$$

Ces équations sont, comme l'on voit, toutes semblables pour les différentes planètes, et en même temps semblables à celles où les coordonnées sont rapportées au Soleil; mais la fonction Ω est ici la même pour toutes les planètes, parce qu'elle est symétrique par rapport aux coordonnées $x, y, z, x', y', z', \ldots$.

J'avais donné ces équations relatives au centre de gravité sous une forme un peu différente, mais qui est la même pour le fond, dans les *Mémoires de l'Académie de Berlin* de 1777 (*), et j'en avais déduit différents Théorèmes relatifs aux centres de gravité des planètes.

Il est bon de remarquer, à l'égard de la fonction Ω, qu'elle n'est composée que de termes du second ordre relativement aux masses $m, m', m'', \ldots$; car les quantités qui, dans cette fonction, ne sont multipliées que par $m, m', m'', \ldots$, sont déjà elles-mêmes du premier ordre, à cause que les X, Y, Z sont du premier ordre, comme on le voit par les trois équations finies du centre de gravité. Ainsi les différences partielles

$$\frac{d\Omega}{dX}, \frac{d\Omega}{dY}, \frac{d\Omega}{dZ}, \frac{d\Omega}{m\,dx}, \frac{d\Omega}{m\,dy}, \frac{d\Omega}{m\,dz}, \ldots,$$

qui forment les seconds membres des équations différentielles, seront toutes très-petites du premier ordre, relativement aux masses $m, m', \ldots$.

On pourra donc traiter ces équations comme nous avons fait à l'égard de celles qui se rapportent au centre du Soleil, et en tirer des résultats semblables.

15. Comme les quantités X, Y, Z sont du premier ordre relativement aux masses $m, m', \ldots$, on pourra les négliger dans la valeur de $\frac{d\Omega}{n\,dt}$ de la première approximation dans laquelle, en supposant les éléments constants, on néglige leurs variations, qui sont aussi du premier ordre.

Dans la seconde approximation, comme les différentes parties de $\Delta\Omega$ relatives aux variations des éléments des planètes $m, m', m'', \ldots$ sont

(*) *Œuvres de Lagrange*, t. IV, p. 401.

toutes semblables et dépendantes de la même fonction, elles donneront toutes le même résultat.

A l'égard de la partie de Ω dépendante des coordonnées X, Y, Z du Soleil, elle contiendra les termes

$$\frac{d\Omega}{dX}X+\frac{d\Omega}{dY}Y+\frac{d\Omega}{dZ}Z,$$

et l'on aura X, Y, Z par les trois premières équations, lesquelles donnent

$$X=\int dt\int dt\,\frac{d\Omega}{dX},\quad Y=\int dt\int dt\,\frac{d\Omega}{dY},\quad Z=\int dt\int dt\,\frac{d\Omega}{dZ}.$$

Comme les différences partielles de Ω relatives à $n\,dt$ ne regardent que les coordonnées x, y, z, la variation du grand axe $2a$ dépendante de ces termes sera exprimée par

$$\frac{4(a+\Delta a)^2}{1+M}\left(\frac{d^2\Omega}{n\,dt\,dX}X+\frac{d^2\Omega}{n\,dt\,dY}Y+\frac{d^2\Omega}{n\,dt\,dZ}Z\right)n\,dt.$$

On pourra faire, dans les expressions des différences partielles $\frac{d\Omega}{dX}$, $\frac{d\Omega}{dY}$, $\frac{d\Omega}{dZ}$, les X, Y, Z nuls, parce que ce sont des quantités très-petites du premier ordre; alors ces différences partielles ne seront plus que des fonctions de $x, y, z, x', y', z',\ldots$, et par conséquent seront réductibles à des suites de termes de la forme

$$P\sin(Nt+p),$$

en supposant, comme ci-dessus,

$$N=in+i'n'+i''n''+\ldots.$$

Considérons dans $\frac{d\Omega}{dX}$ un terme de cette forme; il en résultera dans X, par la double intégration, le terme

$$-\frac{P\sin(Nt+p)}{N^2}.$$

Ce terme devant être multiplié par $\frac{d^2\Omega}{n\,dt\,dX}$, il est visible qu'il n'en pourra résulter de terme sans t, à moins qu'on ne prenne dans $\frac{d\Omega}{dX}$ un terme qui ait le même argument Nt, et qui soit par conséquent de la même forme $P\sin(Nt+p)$, puisqu'on sait que tous les termes qui ont le même argument Nt sont réductibles à un seul de cette forme; ce terme deviendra

$$iP\cos(Nt+p)$$

dans $\frac{d^2\Omega}{n\,dt\,dX}$, et le produit des deux termes sera

$$-\frac{iP^2\sin 2(Nt+p)}{2N^2},$$

et par conséquent périodique.

On peut conclure de là que, dans les ellipses variables que les planètes peuvent être censées décrire autour du centre commun de gravité du Soleil et des planètes, les grands axes ne peuvent être sujets à des variations non périodiques, tant qu'on n'a égard qu'aux termes proportionnels aux masses et à leurs carrés ou produits de deux dimensions; que par conséquent leurs mouvements moyens ne sauraient contenir des inégalités croissant comme les carrés des temps.

Mais, quand on connaît le mouvement d'une planète autour du centre commun de gravité, il est facile d'avoir son mouvement rapporté au Soleil; car les coordonnées relatives à ce mouvement ne sont que les différences de celles de la planète et de celles du Soleil. Ainsi, x, y, z étant les coordonnées de la planète et X, Y, Z celles du Soleil, on aura

$$x-X,\quad y-Y,\quad z-Z$$

pour les coordonnées de la planète rapportées au Soleil. Or les équations données ci-dessus (**14**) pour le centre de gravité donnent

$$\begin{aligned}
X &= -mx - m'x' - m''x'' - \ldots,\\
Y &= -my - m'y' - m''y'' - \ldots,\\
Z &= -mz - m'z' - m''z'' - \ldots.
\end{aligned}$$

Ainsi les coordonnées autour du Soleil sont données par celles qui se rapportent au centre de gravité.

De plus, comme tous ces mouvements sont à peu près elliptiques, soit autour du centre commun de gravité, soit autour du Soleil, on peut aussi rapporter à des ellipses variables les nouvelles coordonnées

$$x - X,\ y - Y,\ z - Z;$$

et, par la Théorie des osculations que j'ai exposée ailleurs, on aura les valeurs des éléments variables correspondants, en substituant ces coordonnées à la place des coordonnées x, y, z dans l'expression de chaque élément en x, y, z et $\frac{dx}{dt}, \frac{dy}{dt}, \frac{dz}{dt}$, relative au cas où l'on regarde les éléments comme constants.

Ainsi, comme on a, en général (8), pour le grand axe $2a$, l'expression

$$\frac{1}{2a} = \frac{1}{r} - \frac{dx^2 + dy^2 + dz^2}{2(1+m)\,dt^2},$$

on aura pareillement pour le grand axe 2α de la planète rapportée au centre commun de gravité

$$\frac{1}{2\alpha} = \frac{1}{r} - \frac{dx^2 + dy^2 + dz^2}{2(1+M)\,dt^2},$$

où x, y, z et $r = \sqrt{x^2 + y^2 + z^2}$ sont censés avoir leur origine au centre commun de gravité; et cette valeur de $\frac{1}{2\alpha}$ deviendra celle de $\frac{1}{2a}$ pour la même planète rapportée au Soleil, par la substitution de $x - X, y - Y, z - Z$ au lieu de x, y, z (*).

(*) Une explication, sur ce passage, est peut-être nécessaire. Comme, dans l'expression précédente de $\frac{1}{2a}$, x, y, z désignent les coordonnées de la planète par rapport au Soleil, il est clair qu'il suffira de substituer $x - X$, $y - Y$, $z - Z$ à x, y, z, si ces dernières lettres sont employées pour représenter les coordonnées relatives au centre de gravité, X, Y, Z désignant alors les coordonnées du Soleil. Mais on peut aussi procéder d'une autre manière, comme le fait Lagrange. A la force $\frac{1+m}{(x-X)^2 + (y-Y)^2 + (z-Z)^2}$, qui régit le mouvement elliptique

17. Comme les quantités X, Y, Z sont du premier ordre relativement aux masses, il suffira, dans cette substitution, d'avoir égard aux secondes dimensions de ces quantités. Ainsi

$$\frac{1}{r} = \frac{1}{\sqrt{x^2 + y^2 + z^2}}$$

deviendra

$$\frac{1}{\sqrt{r^2 - 2(xX + yY + zZ) + X^2 + Y^2 + Z^2}}$$
$$= \frac{1}{r} + \frac{xX + yY + zZ}{r^3} - \frac{X^2 + Y^2 + Z^2}{2r^3} + \frac{(xX + yY + zZ)^2}{2r^5} \ (^*),$$

et la quantité $\frac{dx^2 + dy^2 + dz^2}{2(1 + M)\,dt^2}$ deviendra

$$\frac{dx^2 + dy^2 + dz^2}{2(1 + M)\,dt^2} + \frac{dx\,dX + dy\,dY + dz\,dZ}{(1 + M)\,dt^2} + \frac{dX^2 + dY^2 + dZ^2}{2(1 + M)\,dt^2} \ (^{**}).$$

Par ces substitutions et en remettant $\frac{1}{2\alpha}$ à la place de sa valeur, on aura

$$\frac{1}{2a} = \frac{1}{2\alpha} + \frac{xX + yY + zZ}{r^3} - \frac{dx\,dX + dy\,dY + dz\,dZ}{(1 + M)\,dt^2}$$
$$+ \frac{(xX + yY + zZ)^2 - r^2(X^2 + Y^2 + Z^2)}{2r^5} - \frac{dX^2 + dY^2 + dZ^2}{2(1 + M)\,dt^2} \ (^{***}).$$

de la planète m autour du Soleil, rien n'empêche de substituer $\frac{1 + M}{(x - X)^2 + (y - Y)^2 + (z - Z)^2}$, pourvu qu'aux forces perturbatrices existantes on ajoute une force nouvelle de même ordre que celles-ci, égale à $\frac{M - m}{(x - X)^2 + (y - Y)^2 + (z - Z)^2}$, et dirigée du Soleil vers la planète.
(*Note de l'Éditeur.*)

(*) Cette formule est inexacte; le facteur 3, qui doit multiplier le dernier terme du second membre, a été omis par l'Auteur. (*Note de l'Éditeur.*)

(**) Le deuxième terme de cette expression, qui est affecté du signe +, doit avoir le signe —. (*Note de l'Éditeur.*)

(***) Les fautes que nous venons de signaler affectent la présente formule. Pour rétablir l'exactitude, il faut remplacer par + le signe — placé devant le troisième terme du second membre, et donner le coefficient 3 à la première partie du numérateur du quatrième terme. (*Note de l'Éditeur.*)

Mais les équations différentielles en x, y, z de l'orbite de m rapportée au centre commun de gravité donnent (**14**)

$$\frac{x}{r^3} = -\frac{d^2x}{(1+M)\,dt^2} + \frac{d\Omega}{(1+M)\,m\,dx},$$

$$\frac{y}{r^3} = -\frac{d^2y}{(1+M)\,dt^2} + \frac{d\Omega}{(1+M)\,m\,dy},$$

$$\frac{z}{r^3} = -\frac{d^2z}{(1+M)\,dt^2} + \frac{d\Omega}{(1+M)\,m\,dz}.$$

Substituant ces quantités dans $\frac{xX+yY+zZ}{r^3}$, il vient

$$\frac{1}{2a} = \frac{1}{2\alpha} - \frac{d(X\,dx+Y\,dy+Z\,dz)}{(1+M)\,dt^2} + \Psi \text{ (*)},$$

en faisant, pour abréger,

$$\Psi = \frac{(xX+yY+zZ)^2 - r^2(X^2+Y^2+Z^2)}{r^5} - \frac{dX^2+dY^2+dZ^2}{2(1+M)\,dt^2} + \frac{1}{1+M}\left(\frac{X\,d\Omega}{m\,dx} + \frac{Y\,d\Omega}{m\,dy} + \frac{Z\,d\Omega}{m\,dz}\right) \text{ (**)}.$$

Dans cette formule on a (numéro cité)

$$X = -mx - m'x' - \ldots,$$

$$Y = -my - m'y' - \ldots,$$

$$Z = -mz - m'z' - \ldots;$$

de sorte que la fonction Ψ est du second ordre relativement aux masses

(*) Cette formule est inexacte, comme celle d'où elle est tirée : il faut la remplacer par la suivante

$$\frac{1}{2a} = \frac{1}{2\alpha} - \frac{(X\,d^2x+Y\,d^2y+Z\,d^2z)-(dx\,dX+dy\,dY+dz\,dZ)}{(1+M)\,dt^2} + \Psi.$$

(*Note de l'Éditeur.*)

(**) Dans le second membre de cette formule, il faut donner le coefficient 2 au dénominateur du premier terme et le coefficient 3 à la première partie du numérateur.

(*Note de l'Éditeur.*)

m, m',..., puisque les différences partielles $\frac{d\Omega}{m\,dx}$, $\frac{d\Omega}{m\,dy}$, $\frac{d\Omega}{m\,dz}$ sont déjà du premier, comme on l'a vu ci-dessus. Ainsi il suffit d'y substituer, pour x, y, z, x', y', z',..., leurs valeurs elliptiques à éléments constants; d'où l'on voit que cette fonction ne peut contenir aucun terme proportionnel au temps.

A l'égard de la quantité

$$\frac{X\,dx + Y\,dy + Z\,dz}{dt},$$

qui n'est que du premier ordre, elle pourrait contenir de pareils termes par la variation des éléments dans les expressions de $x, y, z, x', y', z', \ldots$; mais, comme la valeur de $\frac{1}{2a}$ ne contient que la différentielle de cette quantité relativement au temps, il est clair que le temps disparaîtra par la différentiation. Enfin on a prouvé que le grand axe 2α de l'orbite rapportée au centre commun de gravité ne renferme point de termes proportionnels au temps, en ayant égard aux quantités du premier et du second ordre des masses; donc le grand axe $2a$ de la même orbite rapportée au centre du Soleil n'en renfermera pas non plus : ce qu'on s'était proposé de démontrer (*). On voit que cette démonstration est directe et générale, et ne laisse rien à désirer.

Développement des formules générales relativement aux variations des éléments elliptiques (**).

18. Jusqu'à présent notre Analyse a été indépendante des valeurs des coordonnées elliptiques x, y, z; mais elle serait incomplète si elle n'offrait pas les formules des variations des éléments elliptiques, ré-

(*) Cette conclusion, que l'illustre Auteur tire d'une expression inexacte de $\frac{1}{2a}$, ne résulte plus, *d'une manière évidente*, de l'expression corrigée. La faute de signe que nous avons signalée réduit donc à néant la démonstration. (*Note de l'Éditeur.*)

(**) Ce qui suit n'a été lu que le 12 septembre.

duites à la forme la plus simple et la plus propre pour le calcul des perturbations des planètes. Or ces formules demandent le développement des fonctions que nous avons désignées (6) par les symboles (a, b), (a, c),..., en y substituant les valeurs de x, y, z exprimées en t et en a, b, c,...; ainsi nous commencerons par donner ces valeurs sous la forme la plus simple.

Sans chercher à les déduire de l'intégration des équations différentielles, ce qui serait trop long, et ce qui est d'ailleurs assez connu, nous emploierons la considération de l'angle appelé par les Astronomes *anomalie excentrique*, et que nous désignerons par u. Par le moyen de cet angle, on a tout de suite la formule

$$nt + c = u + b \sin u,$$

dans laquelle $nt + c$ est l'anomalie moyenne, n étant égal à $\sqrt{\frac{1+m}{a^3}}$, et où a est le demi-grand axe, b l'excentricité, savoir le rapport de la distance des foyers au grand axe $2a$ de l'ellipse, et c l'époque, savoir la valeur de l'anomalie moyenne qui répond à l'instant d'où l'on commence à compter le mouvement moyen nt. Ensuite on a, en prenant les abscisses x dans le grand axe depuis le foyer, et les ordonnées y perpendiculaires au grand axe dans le plan de l'ellipse,

$$x = a(b + \cos u), \quad y = a\sqrt{1 - b^2} \sin u, \quad z = 0.$$

En éliminant u, on aura les valeurs de x et y en fonction de nt et des constantes a, b, c, qui sont les éléments du mouvement elliptique. Les trois autres constantes f, g, h ne dépendent que de la position du grand axe et du plan de l'ellipse relativement au plan fixe.

19. Ne considérons d'abord que ces valeurs de x, y, z; elles donneront par les différentiations celles de

$$\frac{dx}{da}, \quad \frac{d^2x}{dt\,da}, \quad \frac{dx}{db}, \quad \frac{d^2x}{dt\,db}, \ldots,$$

qu'on substituera dans les expressions de (a, b), (a, c),... du n° 6, et, comme ces expressions doivent être indépendantes de t, on pourra en rejeter les termes qui contiendront t hors des signes de sinus et cosinus, et faire $u = 0$ sous les sinus et cosinus.

On aura d'abord

$$\frac{du}{dt} = \frac{n}{1 + b\cos u}, \quad \frac{du}{da} = \frac{t}{1 + b\cos u}\frac{dn}{da};$$

mais on a

$$\frac{dn}{n} = -\frac{3}{2}\frac{da}{a},$$

d'où

$$\frac{dn}{da} = -\frac{3n}{2a},$$

et par conséquent

$$\frac{du}{da} = -\frac{3nt}{2a(1 + b\cos u)},$$

$$\frac{du}{db} = -\frac{\sin u}{1 + b\cos u},$$

$$\frac{du}{dc} = \frac{1}{1 + b\cos u}.$$

De là on trouvera

$$\frac{dx}{da} = b + \cos u + \frac{3nt\sin u}{2(1 + b\cos u)},$$

$$\frac{dy}{da} = \sqrt{1 - b^2}\sin u - \frac{3nt\cos u}{2(1 + b\cos u)}\sqrt{1 - b^2},$$

$$\frac{dx}{db} = a\left(1 + \frac{\sin^2 u}{1 + b\cos u}\right),$$

$$\frac{dy}{db} = -\frac{ab}{\sqrt{1 - b^2}}\sin u - \frac{a\sin u\cos u}{1 + b\cos u}\sqrt{1 - b^2}.$$

$$\frac{dx}{dc} = -\frac{a\sin u}{1 + b\cos u},$$

$$\frac{dy}{dc} = \frac{a\cos u}{1 + b\cos u}\sqrt{1 - b^2}.$$

Différentiant encore ces valeurs en ne faisant varier que t et u, et substituant pour $\frac{du}{dt}$ sa valeur $\frac{n}{1+b\cos u}$, on aura celles de $\frac{d^2x}{dt\,da}$, $\frac{d^2y}{dt\,da}$, ...

En faisant ensuite dans les unes et dans les autres $t=0$, $u=0$, on aura celles-ci

$$\frac{dx}{da}=1+b, \qquad \frac{dy}{da}=0,$$

$$\frac{dx}{db}=a, \qquad \frac{dy}{db}=0,$$

$$\frac{dx}{dc}=0, \qquad \frac{dy}{dc}=\frac{a\sqrt{1-b^2}}{1+b},$$

$$\frac{d^2x}{dt\,da}=0, \qquad \frac{d^2y}{dt\,da}=-\frac{n\sqrt{1-b^2}}{2(1+b)},$$

$$\frac{d^2x}{dt\,db}=0, \qquad \frac{d^2y}{dt\,db}=-\frac{na}{(1+b)\sqrt{1-b^2}},$$

$$\frac{d^2x}{dt\,dc}=-\frac{na}{(1+b)^2}, \qquad \frac{d^2y}{dt\,dc}=0.$$

Ces valeurs, substituées dans les expressions des symboles (a,b), (a,c), (b,c),... du n° 6, en y faisant $z=0$, donneront enfin

$$(a,b)=0, \quad (a,c)=-\frac{na}{2}, \quad (b,c)=0.$$

Ce sont les valeurs de ces quantités, en supposant le grand axe et le plan de l'orbite fixes.

20. Cela posé, considérons maintenant les valeurs complètes de x, y, z rapportées à un plan fixe et indépendant de celui de l'orbite. Nommons X, Y, Z les valeurs employées ci-dessus, savoir

$$X=a(b+\cos u), \quad Y=a\sqrt{1-b^2}\sin u, \quad Z=0.$$

Par la Théorie connue du changement des coordonnées rectangulaires on a, en général,

$$x = \xi' X + \xi'' Y + \xi''' Z,$$

$$y = \eta' X + \eta'' Y + \eta''' Z,$$

$$z = \zeta' X + \zeta'' Y + \zeta''' Z,$$

les neuf coefficients $\xi', \xi'', \xi''', \eta', \eta'', \eta''', \zeta', \zeta'', \zeta'''$ devant satisfaire aux six équations de condition

$$\xi'^2 + \eta'^2 + \zeta'^2 = 1, \qquad \xi'\xi'' + \eta'\eta'' + \zeta'\zeta'' = 0,$$

$$\xi''^2 + \eta''^2 + \zeta''^2 = 1, \qquad \xi'\xi''' + \eta'\eta''' + \zeta'\zeta''' = 0,$$

$$\xi'''^2 + \eta'''^2 + \zeta'''^2 = 1, \qquad \xi''\xi''' + \eta''\eta''' + \zeta''\zeta''' = 0,$$

qui résultent de ce que par la nature de la question on doit avoir identiquement

$$x^2 + y^2 + z^2 = X^2 + Y^2 + Z^2.$$

Il ne reste ainsi que trois indéterminées qui tiendront lieu des trois constantes arbitraires ou éléments f, g, h.

J'adopte ici les lettres $\xi', \xi'', \xi''', \eta', \ldots$ pour représenter les coefficients de X, Y, Z, afin de me conformer aux formules que j'ai employées dans la sixième Section de la seconde Partie de la *Mécanique analytique* (*), et de pouvoir profiter des différentes réductions que j'ai données relativement à ces quantités.

Nous allons substituer ces valeurs de x, y, z dans les expressions générales des symboles (a, b), $(a, c), \ldots$, en observant que les constantes a, b, c, ainsi que le temps t, n'entrent que dans les valeurs des trois quantités X, Y, Z, et que les trois autres constantes f, g, h ne sont censées entrer que dans celles des coefficients $\xi', \xi'', \xi''', \ldots$.

Ces substitutions, qui paraissent devoir être très-compliquées, se simplifient d'une manière étonnante par le moyen des équations de condition

(*) C'est à la première édition de la *Mécanique analytique*, publiée en 1788, que se rapportent la présente citation de l'Auteur et celles qu'on remarquera dans les numéros suivants. (*Note de l'Éditeur.*)

données ci-dessus. En effet on voit tout de suite que la quantité

$$\frac{dx}{da}\frac{d^2x}{dt\,db}+\frac{dy}{da}\frac{d^2y}{dt\,db}+\frac{dz}{da}\frac{d^2z}{dt\,db}$$

devient

$$\frac{dX}{da}\frac{d^2X}{dt\,db}+\frac{dY}{da}\frac{d^2Y}{dt\,db}+\frac{dZ}{da}\frac{d^2Z}{dt\,db}.$$

De même la quantité

$$\frac{dx}{db}\frac{d^2x}{dt\,da}+\frac{dy}{db}\frac{d^2y}{dt\,da}+\frac{dz}{db}\frac{d^2z}{dt\,da}$$

se réduit à

$$\frac{dX}{db}\frac{d^2X}{dt\,da}+\frac{dY}{db}\frac{d^2Y}{dt\,da}+\frac{dZ}{db}\frac{d^2Z}{dt\,da}.$$

D'où il suit que la quantité (a, b), qui est la différence de ces deux-ci, sera exprimée de la même manière par les coordonnées x, y, z que par les coordonnées primitives X, Y, Z. Il en sera de même, et par la même raison, des quantités (a, c) et (b, c). Ces trois quantités auront donc les mêmes valeurs que nous avons trouvées ci-dessus (19), et par conséquent on aura, en général, quelle que soit la position de l'orbite elliptique par rapport au plan fixe,

$$(a, b)=0,\quad (a, c)=-\frac{na}{2},\quad (b, c)=0.$$

21. Passons aux quantités représentées par les symboles (a, f), (a, g), (a, h), (b, f),.... Ici les quantités X, Y, Z ne varient que par rapport à a, b, c, t dont elles sont fonctions, et les variations relatives à f, g, h ne regardent que les coefficients ξ', ξ'', ξ''', η',.... D'après cette considération, si l'on fait les substitutions des valeurs de x, y, z et de leurs différences partielles dans la fonction

$$\frac{dx}{da}\frac{d^2x}{dt\,df}+\frac{dy}{da}\frac{d^2y}{dt\,df}+\frac{dz}{da}\frac{d^2z}{dt\,df},$$

et qu'on observe que les trois premières équations de condition donnent

$$\xi' d\xi' + \eta' d\eta' + \zeta' d\zeta' = 0,$$
$$\xi'' d\xi'' + \eta'' d\eta'' + \zeta'' d\zeta'' = 0,$$
$$\xi''' d\xi''' + \eta''' d\eta''' + \zeta''' d\zeta''' = 0,$$

on aura la transformée

$$\begin{aligned}
&\frac{\xi' d\xi'' + \eta' d\eta'' + \zeta' d\zeta''}{df}\,\frac{dX}{da}\,\frac{dY}{dt}\\
+&\frac{\xi' d\xi''' + \eta' d\eta''' + \zeta' d\zeta'''}{df}\,\frac{dX}{da}\,\frac{dZ}{dt}\\
+&\frac{\xi'' d\xi' + \eta'' d\eta' + \zeta'' d\zeta'}{df}\,\frac{dY}{da}\,\frac{dX}{dt}\\
+&\frac{\xi'' d\xi''' + \eta'' d\eta''' + \zeta'' d\zeta'''}{df}\,\frac{dY}{da}\,\frac{dZ}{dt}\\
+&\frac{\xi''' d\xi' + \eta''' d\eta' + \zeta''' d\zeta'}{df}\,\frac{dZ}{da}\,\frac{dX}{dt}\\
+&\frac{\xi''' d\xi'' + \eta''' d\eta'' + \zeta''' d\zeta''}{df}\,\frac{dZ}{da}\,\frac{dY}{dt}.
\end{aligned}$$

Mais les trois dernières équations de condition entre ξ', ξ'', ..., étant différentiées, donnent

$$\xi' d\xi'' + \eta' d\eta'' + \zeta' d\zeta'' = -\xi'' d\xi' - \eta'' d\eta' - \zeta'' d\zeta',$$
$$\xi' d\xi''' + \eta' d\eta''' + \zeta' d\zeta''' = -\xi''' d\xi' - \eta''' d\eta' - \zeta''' d\zeta',$$
$$\xi'' d\xi''' + \eta'' d\eta''' + \zeta'' d\zeta''' = -\xi''' d\xi'' - \eta''' d\eta'' - \zeta''' d\zeta''.$$

Donc, si l'on fait, pour abréger, comme dans le n° **23** de la Section citée de la *Mécanique analytique* (*),

$$dP = \xi''' d\xi'' + \eta''' d\eta'' + \zeta''' d\zeta'',$$
$$dQ = \xi' d\xi''' + \eta' d\eta''' + \zeta' d\zeta''',$$
$$dR = \xi'' d\xi' + \eta'' d\eta' + \zeta'' d\zeta',$$

(*) Dans la deuxième édition, seconde Partie, Section IX, n° 11. (*Note de l'Éditeur.*)

la fonction dont il s'agit se réduira à cette forme simple

$$\frac{dR}{df}\left(\frac{dX}{dt}\frac{dY}{da}-\frac{dY}{dt}\frac{dX}{da}\right)-\frac{dQ}{df}\left(\frac{dX}{dt}\frac{dZ}{da}-\frac{dZ}{dt}\frac{dX}{da}\right)+\frac{dP}{df}\left(\frac{dY}{dt}\frac{dZ}{da}-\frac{dZ}{dt}\frac{dY}{da}\right).$$

On trouvera de la même manière que la fonction

$$\frac{dx}{df}\frac{d^2x}{dt\,da}+\frac{dy}{df}\frac{d^2y}{dt\,da}+\frac{dz}{df}\frac{d^2z}{dt\,da}$$

se réduit à cette forme

$$\frac{dR}{df}\left(X\frac{d^2Y}{dt\,da}-Y\frac{d^2X}{dt\,da}\right)-\frac{dQ}{df}\left(X\frac{d^2Z}{dt\,da}-Z\frac{d^2X}{dt\,da}\right)+\frac{dP}{df}\left(Y\frac{d^2Z}{dt\,da}-Z\frac{d^2Y}{dt\,da}\right).$$

En retranchant cette dernière quantité de la précédente, on aura la valeur de (a, f), et il est visible qu'elle se réduira à cette forme

$$(a,f)=\frac{dR}{df}\,\frac{d\left(\frac{Y\,dX-X\,dY}{dt}\right)}{da}-\frac{dQ}{df}\,\frac{d\left(\frac{Z\,dX-X\,dZ}{dt}\right)}{da}+\frac{dP}{df}\,\frac{d\left(\frac{Z\,dY-Y\,dZ}{dt}\right)}{da}.$$

Or les valeurs de X et Y (**20**) donnent

$$X\,dY-Y\,dX=a^2\sqrt{1-b^2}(1+b\cos u)\,du,$$

et, comme $\frac{du}{dt}=\frac{n}{1+b\cos u}$ (19), on aura

$$\frac{X\,dY-Y\,dX}{dt}=na^2\sqrt{1-b^2}.$$

Donc, puisque $Z=0$, on aura simplement

$$(a,f)=-\frac{dR}{df}\,\frac{d(na^2\sqrt{1-b^2})}{da}.$$

En changeant successivement a en b, en c, et f en g, en h, on aura les valeurs des autres quantités représentées par (b, f), (c, f), (a, g),.... J'aurais pu supposer tout de suite $Z = 0$, ce qui aurait simplifié le calcul; mais j'ai été bien aise de donner ces formules dans toute leur généralité, parce qu'elles pourront peut-être servir dans d'autres occasions.

22. Il ne reste plus qu'à chercher les valeurs des quantités représentées par (f, g), (f, h), (g, h).

En faisant les mêmes substitutions dans la fonction

$$(f, g) = \frac{dx}{df}\frac{d^2x}{dt\,dg} + \frac{dy}{df}\frac{d^2y}{dt\,dg} + \frac{dz}{df}\frac{d^2z}{dt\,dg} - \frac{dx}{dg}\frac{d^2x}{dt\,df} - \frac{dy}{dg}\frac{d^2y}{dt\,df} - \frac{dz}{dg}\frac{d^2z}{dt\,df},$$

et observant que le t ne varie que dans X, Y, Z, et que f, g ne varient que dans les coefficients ξ', η', ζ', ξ'',..., on aura tout de suite

$$(f, g) = \mathrm{F}\frac{X\,dY - Y\,dX}{dt} + \mathrm{G}\frac{X\,dZ - Z\,dX}{dt} + \mathrm{H}\frac{Y\,dZ - Z\,dY}{dt},$$

en supposant, pour abréger,

$$\mathrm{F} = \frac{d\xi'}{df}\frac{d\xi''}{dg} + \frac{d\eta'}{df}\frac{d\eta''}{dg} + \frac{d\zeta'}{df}\frac{d\zeta''}{dg} - \frac{d\xi'}{dg}\frac{d\xi''}{df} - \frac{d\eta'}{dg}\frac{d\eta''}{df} - \frac{d\zeta'}{dg}\frac{d\zeta''}{df},$$

$$\mathrm{G} = \frac{d\xi'}{df}\frac{d\xi'''}{dg} + \frac{d\eta'}{df}\frac{d\eta'''}{dg} + \frac{d\zeta'}{df}\frac{d\zeta'''}{dg} - \frac{d\xi'}{dg}\frac{d\xi'''}{df} - \frac{d\eta'}{dg}\frac{d\eta'''}{df} - \frac{d\zeta'}{dg}\frac{d\zeta'''}{df},$$

$$\mathrm{H} = \frac{d\xi''}{df}\frac{d\xi'''}{dg} + \frac{d\eta''}{df}\frac{d\eta'''}{dg} + \frac{d\zeta''}{df}\frac{d\zeta'''}{dg} - \frac{d\xi''}{dg}\frac{d\xi'''}{df} - \frac{d\eta''}{dg}\frac{d\eta'''}{df} - \frac{d\zeta''}{dg}\frac{d\zeta'''}{df}.$$

Or, dans le nº **27** de la Section déjà citée de la *Mécanique analytique* (*), j'ai trouvé ces réductions

$$d\xi' = \xi''\,dR - \xi'''\,dQ,$$
$$d\xi'' = \xi'''\,dP - \xi'\,dR,$$
$$d\xi''' = \xi'\,dQ - \xi''\,dP,$$

et de même, en changeant ξ en η et en ζ.

(*) Dans la deuxième édition, seconde Partie, Section IX, nº 13. (*Note de l'Éditeur.*)

En faisant ces substitutions dans les expressions précédentes des F, G, H, et ayant égard aux équations de condition entre ξ', ξ'', ξ''', η',..., on trouve facilement

$$\mathrm{F} = \frac{d\mathrm{P}}{df}\frac{d\mathrm{Q}}{dg} - \frac{d\mathrm{P}}{dg}\frac{d\mathrm{Q}}{df},$$

$$\mathrm{G} = \frac{d\mathrm{P}}{df}\frac{d\mathrm{R}}{dg} - \frac{d\mathrm{P}}{dg}\frac{d\mathrm{R}}{df},$$

$$\mathrm{H} = \frac{d\mathrm{Q}}{df}\frac{d\mathrm{R}}{dg} - \frac{d\mathrm{Q}}{dg}\frac{d\mathrm{R}}{df}.$$

Or on a déjà trouvé

$$\frac{\mathrm{X}\,d\mathrm{Y} - \mathrm{Y}\,d\mathrm{X}}{dt} = na^2\sqrt{1-b^2};$$

donc, comme $\mathrm{Z} = 0$, on aura

$$(f, g) = \left(\frac{d\mathrm{P}}{df}\frac{d\mathrm{Q}}{dg} - \frac{d\mathrm{P}}{dg}\frac{d\mathrm{Q}}{df}\right) na^2\sqrt{1-b^2},$$

et, changeant g en h, on aura la valeur de (f, h), et changeant à la fois f en g, g en h, on aura celle de (g, h). Ainsi on connaîtra les valeurs de tous les coefficients des variations da, db,... dans les formules du n° 6.

23. Particularisons maintenant les constantes f, g, h, qui sont encore indéterminées. Pour les adapter aux usages astronomiques, nous supposerons que f soit l'angle que le grand axe de l'orbite fait avec la ligne des nœuds, c'est-à-dire, avec l'intersection de son plan avec le plan fixe des x et y; que g soit l'angle que la ligne des nœuds fait avec l'axe des x, et que h soit l'inclinaison du plan de l'orbite sur le même plan fixe. D'après ces suppositions, on trouvera facilement les expressions de ξ', ξ'',... en sinus et cosinus des trois angles f, g, h; nous les avons données dans le n° 30 de la Section citée de la *Mécanique analytique*, où les angles φ, ψ, ω répondent à f, g, h. Mais nous n'aurons pas même besoin de ces expressions; il nous suffira d'avoir celles de $d\mathrm{P}$, $d\mathrm{Q}$, $d\mathrm{R}$, que nous avons données dans le n° 31 de la même Section (*), et qui, en y

(*) Dans la deuxième édition, seconde Partie, Section IX, n° 11. (*Note de l'Éditeur.*)

changeant φ, ψ, ω en f, g, h, deviennent

$$dP = \sin f \sin h \, dg + \cos f \, dh,$$
$$dQ = \cos f \sin h \, dg - \sin f \, dh,$$
$$dR = df + \cos h \, dg.$$

De là on aura tout de suite

$$\frac{dP}{df} = 0, \qquad \frac{dQ}{df} = 0, \qquad \frac{dR}{df} = 1,$$
$$\frac{dP}{dg} = \sin f \sin h, \qquad \frac{dQ}{dg} = \cos f \sin h, \qquad \frac{dR}{dg} = \cos h,$$
$$\frac{dP}{dh} = \cos f, \qquad \frac{dQ}{dh} = -\sin f, \qquad \frac{dR}{dh} = 0.$$

Substituant ces valeurs dans les formules du n° **19**, et exécutant les différentiations partielles relatives à a, b, c, on aura, à cause de $\frac{d.na^2}{da} = 2na + a^2\frac{dn}{da} = \frac{na}{2}$ (19),

$$(a, f) = -\frac{na\sqrt{1-b^2}}{2}, \qquad (a, g) = -\frac{na\sqrt{1-b^2}}{2}\cos h, \qquad (a, h) = 0,$$
$$(b, f) = \frac{na^2 b}{\sqrt{1-b^2}}, \qquad (b, g) = \frac{na^2 b}{\sqrt{1-b^2}}\cos h, \qquad (b, h) = 0,$$
$$(c, f) = 0, \qquad (c, g) = 0, \qquad (c, h) = 0.$$

Ensuite les mêmes valeurs, substituées dans les formules du n° **22**, donneront

$$(f, g) = 0, \quad (f, h) = 0, \quad (g, h) = -na^2\sqrt{1-b^2}\sin h.$$

En joignant à ces valeurs celles de (a, b), (a, c), (b, c), trouvées dans le n° **20**, savoir

$$(a, b) = 0, \quad (a, c) = -\frac{na}{2}, \quad (b, c) = 0,$$

on aura les valeurs des quinze symboles que nous avons employés.

24. Telles sont les valeurs qu'il faut substituer dans les formules du n° 6, lesquelles deviendront par là

$$\frac{d\Omega}{da}dt = -\frac{na}{2}dc - \frac{1}{2}na\sqrt{1-b^2}\,df - \frac{1}{2}na\sqrt{1-b^2}\cos h\,dg,$$

$$\frac{d\Omega}{db}dt = \frac{na^2b}{\sqrt{1-b^2}}df + \frac{na^2b}{\sqrt{1-b^2}}\cos h\,dg,$$

$$\frac{d\Omega}{dc}dt = \frac{na}{2}da,$$

$$\frac{d\Omega}{df}dt = \frac{1}{2}na\sqrt{1-b^2}\,da - \frac{na^2b}{\sqrt{1-b^2}}db,$$

$$\frac{d\Omega}{dg}dt = \frac{1}{2}na\sqrt{1-b^2}\cos h\,da - \frac{na^2b}{\sqrt{1-b^2}}\cos h\,db - na^2\sqrt{1-b^2}\sin h\,dh,$$

$$\frac{d\Omega}{dh}dt = na^2\sqrt{1-b^2}\sin h\,dg;$$

d'où l'on tire facilement

$$\frac{da}{dt} = \frac{2}{na}\frac{d\Omega}{dc},$$

$$\frac{db}{dt} = \frac{1-b^2}{na^2b}\frac{d\Omega}{dc} - \frac{\sqrt{1-b^2}}{na^2b}\frac{d\Omega}{df},$$

$$\frac{dc}{dt} = -\frac{2}{na}\frac{d\Omega}{da} - \frac{1-b^2}{na^2b}\frac{d\Omega}{db},$$

$$\frac{df}{dt} = \frac{\sqrt{1-b^2}}{na^2b}\frac{d\Omega}{db} - \frac{\cos h}{na^2\sqrt{1-b^2}\sin h}\frac{d\Omega}{dh},$$

$$\frac{dg}{dt} = \frac{1}{na^2\sqrt{1-b^2}\sin h}\frac{d\Omega}{dh},$$

$$\frac{dh}{dt} = \frac{\cos h}{na^2\sqrt{1-b^2}\sin h}\frac{d\Omega}{df} - \frac{1}{na^2\sqrt{1-b^2}\sin h}\frac{d\Omega}{dg}.$$

Voilà les formules des variations des six éléments elliptiques a, b, c, f, g, h, exprimées par les différences partielles de la même fonction Ω, relativement à ces mêmes éléments; ce qui est infiniment commode pour le calcul. Or, comme Ω est une fonction des coordonnées $x, y, z, x', y', z', \ldots$, en substituant pour ces coordonnées leurs valeurs, elle deviendra une fonction de u, de a, b, c, f, g, h, de u', de a', b', c', f', g', h', de $u'', \ldots$, et pourra toujours être réduite en série suivant les sinus et cosinus des angles $u, u', \ldots$. Alors le terme indépendant de $u, u', \ldots$ donnera les équations séculaires, et les autres termes donneront les équations périodiques. Et, si l'on rapporte les orbites des planètes au centre commun de gravité du Soleil et des planètes, on aura l'avantage de l'uniformité et de la simplicité du calcul pour toutes les planètes.

25. Avant de terminer ce Mémoire, il est bon de faire remarquer que la valeur de $\frac{da}{dt}$, qu'on vient de trouver, s'accorde avec celle qu'on a trouvée par une autre voie (**8**). En effet, comme par l'équation du n° 18

$$nt + c = u + b \sin u$$

l'angle u devient une fonction de $nt + c$, il est visible que les différences partielles de Ω, relatives à nt et à c, seront la même chose; de sorte qu'on aura

$$\frac{d\Omega}{dc} = \frac{d\Omega}{n\,dt};$$

ainsi l'on aura

$$\frac{da}{dt} = \frac{2}{na} \frac{d\Omega}{n\,dt};$$

mais $n^2 = \frac{1+m}{a^3}$; donc

$$da = \frac{2a^2}{1+m} \frac{d\Omega}{n\,dt} n\,dt,$$

qui est la formule du n° **8**; ce qui pourrait servir, s'il était nécessaire, à confirmer la bonté de nos calculs.

Une autre remarque essentielle, c'est que, dans la différentiation partielle de la fonction Ω relativement à a, on peut se dispenser de faire varier la quantité n qui dépend de a; car, puisque Ω est une fonction de $nt+c$, la portion de $\frac{d\Omega}{da}$ qui dépend de n sera

$$\frac{d\Omega}{dc}\cdot t\frac{dn}{da};$$

donc, comme la valeur de $\frac{dc}{dt}$ contient le terme

$$-\frac{2}{na}\frac{d\Omega}{da},$$

elle contiendra, à raison de la variation de n, la partie

$$-\frac{2}{na}\frac{d\Omega}{dc}\cdot t\frac{dn}{da}.$$

Donc la variation de l'angle $nt+c$ sera, à raison de la variation de n,

$$t\frac{dn}{da}da-\frac{2}{na}\frac{d\Omega}{dc}t\frac{dn}{da}dt;$$

mais

$$da=\frac{2}{na}\frac{d\Omega}{dc}dt;$$

donc la variation sera nulle. Mais, comme n est une quantité essentiellement variable, la différentielle de nt est $n\,dt+t\,dn$; ainsi, en n'ayant point égard à la partie $t\,dn$, il faudra substituer $\int n\,dt$ à la place de nt dans la valeur de u, ce qui fera disparaître en même temps les termes qui se trouveraient multipliés par t; mais l'emploi de ces termes était nécessaire dans les formules des variations dues à la constante a, sans quoi on aurait trouvé pour la quantité (a, c) une valeur fausse.

26. Les formules du n° **24**, quoique fort simples, sont encore susceptibles d'une simplification importante. Il est visible que la seconde équation est de cette forme

$$\frac{d\Omega}{db}dt=\frac{na^2b}{\sqrt{1-b^2}}(df+\cos h\,dg).$$

Donc, si l'on fait

$$df + \cos h \, dg = d\varphi,$$

ce qui donne

$$f = \varphi - \int \cos h \, dg,$$

et qu'on suppose que cette valeur soit substituée partout au lieu de f, on aura, au lieu de la formule qui donne la valeur de $\frac{df}{dt}$, celle-ci

$$\frac{d\varphi}{dt} = \frac{\sqrt{1-b^2}}{na^2 b} \frac{d\Omega}{db}.$$

Ensuite, en regardant Ω d'abord comme fonction de f et g, et ensuite comme fonction de φ et g, en substituant la valeur de $d\varphi$, on aura

$$\frac{d\Omega}{df} df + \frac{d\Omega}{dg} dg = \frac{d\Omega}{d\varphi} d\varphi + \frac{d\Omega}{dg} dg = \frac{d\Omega}{d\varphi} df + \left(\frac{d\Omega}{d\varphi} \cos h + \frac{d\Omega}{dg} \right) dg,$$

d'où l'on tire

$$\frac{d\Omega}{df} = \frac{d\Omega}{d\varphi}, \quad \frac{d\Omega}{dg} = \frac{d\Omega}{d\varphi} \cos h + \frac{d\Omega}{dg}.$$

On substituera donc ces valeurs à la place de $\frac{d\Omega}{df}$ et $\frac{d\Omega}{dg}$, et les valeurs de $\frac{db}{dt}$ et $\frac{dh}{dt}$ deviendront

$$\frac{db}{dt} = \frac{1-b^2}{na^2 b} \frac{d\Omega}{dc} - \frac{\sqrt{1-b^2}}{na^2 b} \frac{d\Omega}{d\varphi},$$

$$\frac{dh}{dt} = - \frac{1}{na^2 \sqrt{1-b^2} \sin h} \frac{d\Omega}{dg}.$$

Par ce moyen nos six formules seront

$$\frac{da}{dt} = \frac{2}{na} \frac{d\Omega}{dc},$$

$$\frac{db}{dt} = \frac{1-b^2}{na^2 b} \frac{d\Omega}{dc} - \frac{\sqrt{1-b^2}}{na^2 b} \frac{d\Omega}{d\varphi},$$

$$\frac{dc}{dt} = - \frac{2}{na} \frac{d\Omega}{da} - \frac{1-b^2}{na^2 b} \frac{d\Omega}{db},$$

$$\frac{d\varphi}{dt} = \frac{\sqrt{1-b^2}}{na^2 b}\frac{d\Omega}{db},$$

$$\frac{dg}{dt} = \frac{1}{na^2\sqrt{1-b^2}\sin h}\frac{d\Omega}{dh},$$

$$\frac{dh}{dt} = -\frac{1}{na^2\sqrt{1-b^2}\sin h}\frac{d\Omega}{dg}.$$

Nous remarquerons ici que l'angle $d\varphi$ exprime proprement le mouvement de l'aphélie sur le plan de l'orbite mobile; car cet angle est le même que celui que nous avons désigné par $d\mathrm{R}$ (**23**), et qui, d'après ce qui a été démontré dans la Section citée de la *Mécanique analytique* (**26**) (*), représente la rotation de l'axe des X, qui est le grand axe de l'ellipse, autour de l'axe des Z perpendiculaire au plan de l'orbite.

27. Maintenant je fais

$$b\sin\varphi = \beta,\quad b\cos\varphi = \gamma,\qquad \sin h\sin g = \varepsilon,\quad \sin h\cos g = \lambda;$$

j'ai, en différentiant,

$$\begin{aligned}
d\beta &= \sin\varphi\, db + b\cos\varphi\, d\varphi,\\
d\gamma &= \cos\varphi\, db - b\sin\varphi\, d\varphi,\\
d\varepsilon &= \cos h\sin g\, dh + \sin h\cos g\, dg,\\
d\lambda &= \cos h\cos g\, dh - \sin h\sin g\, dg.
\end{aligned}$$

Substituant les valeurs précédentes de db, $d\varphi$, dh, dg, on aura

$$\frac{d\beta}{dt} = -\frac{\sqrt{1-b^2}}{na^2}\left(\frac{\sin\varphi}{b}\frac{d\Omega}{d\varphi} - \cos\varphi\frac{d\Omega}{db}\right) + \frac{1-b^2}{na^2 b}\sin\varphi\frac{d\Omega}{dc},$$

$$\frac{d\gamma}{dt} = -\frac{\sqrt{1-b^2}}{na^2}\left(\frac{\cos\varphi}{b}\frac{d\Omega}{d\varphi} + \sin\varphi\frac{d\Omega}{db}\right) + \frac{1-b^2}{na^2 b}\cos\varphi\frac{d\Omega}{dc},$$

$$\frac{d\varepsilon}{dt} = -\frac{1}{na^2\sqrt{1-b^2}}\left(\frac{\cos h\sin g}{\sin h}\frac{d\Omega}{dg} - \cos g\frac{d\Omega}{dh}\right),$$

$$\frac{d\lambda}{dt} = -\frac{1}{na^2\sqrt{1-b^2}}\left(\frac{\cos h\cos g}{\sin h}\frac{d\Omega}{dg} + \sin g\frac{d\Omega}{dh}\right).$$

(*) Dans la deuxième édition, seconde Partie, Section IX, n° 10. (*Note de l'Éditeur.*)

Or, en regardant Ω comme fonction de b et de φ, ou de β et γ, on a l'équation identique

$$\frac{d\Omega}{db}\,db + \frac{d\Omega}{d\varphi}\,d\varphi = \frac{d\Omega}{d\beta}\,d\beta + \frac{d\Omega}{d\gamma}\,d\gamma$$

$$= \left(\frac{d\Omega}{d\beta}\sin\varphi + \frac{d\Omega}{d\gamma}\cos\varphi\right)db + b\left(\frac{d\Omega}{d\beta}\cos\varphi - \frac{d\Omega}{d\gamma}\sin\varphi\right)d\varphi.$$

Donc

$$\frac{d\Omega}{db} = \frac{d\Omega}{d\beta}\sin\varphi + \frac{d\Omega}{d\gamma}\cos\varphi,$$

$$\frac{d\Omega}{d\varphi} = b\left(\frac{d\Omega}{d\beta}\cos\varphi - \frac{d\Omega}{d\gamma}\sin\varphi\right).$$

De même, en regardant Ω comme fonction de g, h, ou de ε, λ, on a

$$\frac{d\Omega}{dg}\,dg + \frac{d\Omega}{dh}\,dh = \frac{d\Omega}{d\varepsilon}\,d\varepsilon + \frac{d\Omega}{d\lambda}\,d\lambda$$

$$= \left(\frac{d\Omega}{d\varepsilon}\cos h\sin g + \frac{d\Omega}{d\lambda}\cos h\cos g\right)dh + \left(\frac{d\Omega}{d\varepsilon}\sin h\cos g - \frac{d\Omega}{d\lambda}\sin h\sin g\right)dg;$$

donc

$$\frac{d\Omega}{dg} = \left(\frac{d\Omega}{d\varepsilon}\cos g - \frac{d\Omega}{d\lambda}\sin g\right)\sin h,$$

$$\frac{d\Omega}{dh} = \left(\frac{d\Omega}{d\varepsilon}\sin g + \frac{d\Omega}{d\lambda}\cos g\right)\cos h.$$

Substituant ces valeurs dans les formules précédentes, elles deviendront

$$\frac{d\beta}{dt} = \frac{\sqrt{1-b^2}}{na^2}\frac{d\Omega}{d\gamma} + \frac{1-b^2}{na^2b^2}\beta\frac{d\Omega}{dc},$$

$$\frac{d\gamma}{dt} = -\frac{\sqrt{1-b^2}}{na^2}\frac{d\Omega}{d\beta} + \frac{1-b^2}{na^2b^2}\gamma\frac{d\Omega}{dc},$$

$$\frac{d\varepsilon}{dt} = \frac{\cos h}{na^2\sqrt{1-b^2}}\frac{d\Omega}{d\lambda},$$

$$\frac{d\lambda}{dt} = -\frac{\cos h}{na^2\sqrt{1-b^2}}\frac{d\Omega}{d\varepsilon},$$

auxquelles on ajoutera ces deux-ci

$$\frac{da}{dt} = \frac{2}{na}\frac{d\Omega}{dc},$$

$$\frac{dc}{dt} = -\frac{2}{na}\frac{d\Omega}{da} - \frac{1-b^2}{na^2b^2}\left(\beta\frac{d\Omega}{d\beta} + \gamma\frac{d\Omega}{d\gamma}\right).$$

On voit que ces formules représentent les six variations sous une forme très-simple et en même temps symétrique. On y serait parvenu directement si l'on avait donné d'abord aux quantités b, f, g, h la signification des lettres β, γ, ε, λ.

A l'égard de l'intégrale $\int \cos h\,dg$, qui entre dans la valeur de f par l'introduction de l'angle φ (**26**), si l'on substitue pour $\cos h$ la valeur équivalente $1 - \frac{\sin^2 h}{1+\cos h}$, elle deviendra

$$g - \int \frac{\sin^2 h}{1+\cos h}\,dg.$$

Or

$$\sin^2 h = \varepsilon^2 + \lambda^2, \quad \operatorname{tang} g = \frac{\varepsilon}{\lambda};$$

donc

$$dg = \frac{\lambda\,d\varepsilon - \varepsilon\,d\lambda}{\varepsilon^2+\lambda^2}.$$

donc

$$\int \frac{\sin^2 h}{1+\cos h}\,dg = \int \frac{\lambda\,d\varepsilon - \varepsilon\,d\lambda}{1+\sqrt{1-\varepsilon^2-\lambda^2}}.$$

et, comme ε et λ ne sont exprimées qu'en sinus et cosinus d'angles, on pourra réduire en séries les sinus et cosinus de cette intégrale dans les valeurs de $\sin f$ et $\cos f$.

En désignant cette intégrale par Π, on aura

$$f = \varphi - g + \Pi; \quad \text{donc} \quad \varphi = f + g - \Pi,$$

où l'on remarquera que $f+g$ est ce que les Astronomes nomment *la longitude de l'aphélie dans l'orbite*.

Les formules précédentes sont surtout utiles lorsque les excentricités et les inclinaisons sont des quantités assez petites, comme cela a lieu dans notre Système planétaire. En général, il est visible que les quantités β, γ, ε, λ seront dans tous les cas des fractions moindres que l'unité, et que par conséquent la fonction Ω pourra toujours être développée en une série convergente relativement à ces quantités.

28. Pour appliquer ces équations aux variations séculaires, il n'y aura qu'à substituer, au lieu de Ω, la partie non périodique de cette équation. Soit A cette partie, c'est-à-dire, le premier terme du développement de Ω en série de sinus et cosinus des anomalies moyennes $nt+c$, $n't+c',\ldots$ des planètes $m, m',\ldots$; car, comme Ω n'est fonction que de $x, y, z, x', y', z',\ldots$ et que ces coordonnées sont données par des sinus et cosinus des angles respectifs $u, u',\ldots$, lesquels dépendent des angles $nt+c$, $n't+c',\ldots$ (18), il est clair que le développement de Ω ne contiendra que les sinus et cosinus de ces derniers angles multipliés par des fonctions des éléments $a, b, f, g, h, a', b', f', g', h',\ldots$. Ainsi A sera une pareille fonction, et l'on aura $\frac{dA}{dc}=0$; de sorte que les quatre premières équations se réduiront à celles-ci, dans lesquelles j'ai substitué pour b et $\cos h$ leurs valeurs en β, γ, ε, λ,

$$\frac{d\beta}{dt}=\frac{\sqrt{1-\beta^2-\gamma^2}}{na^2}\frac{dA}{d\gamma},\qquad \frac{d\gamma}{dt}=-\frac{\sqrt{1-\beta^2-\gamma^2}}{na^2}\frac{dA}{d\beta},$$

$$\frac{d\varepsilon}{dt}=\frac{\sqrt{1-\varepsilon^2-\lambda^2}}{na^2\sqrt{1-\beta^2-\gamma^2}}\frac{dA}{d\lambda},\quad \frac{d\lambda}{dt}=-\frac{\sqrt{1-\varepsilon^2-\lambda^2}}{na^2\sqrt{1-\beta^2-\gamma^2}}\frac{dA}{d\varepsilon},$$

lesquelles serviront à déterminer les variations séculaires de l'excentricité, de l'aphélie, du nœud et de l'inclinaison.

Lorsqu'on regarde les excentricités et les inclinaisons des orbites comme très-petites, les variables β, γ, ε, λ deviennent très-petites, ainsi que leurs analogues β', γ', ε', $\lambda',\ldots$. On peut alors réduire la fonction A en une série ascendante par rapport à ces quantités; et, si l'on s'arrête aux secondes dimensions, ce qui suffit pour la première approximation, on aura des équations linéaires semblables à celles dont j'ai donné l'intégration et la résolution complète pour toutes les grandes planètes dans les *Mémoires de l'Académie des Sciences* de 1774 (*) et dans ceux *de l'Académie de Berlin* de 1782 (**).

Enfin, comme $d\varphi$ est la variation instantanée du lieu de l'aphélie dans l'orbite, si l'on y ajoute la variation instantanée dc de l'époque de l'anomalie moyenne, on aura $dc + d\varphi$ pour la variation instantanée de l'époque de la longitude moyenne, que nous désignerons par $d\theta$. Ainsi, en observant que

$$1 - b^2 - \sqrt{1 - b^2} = - \frac{b^2 \sqrt{1 - b^2}}{1 + \sqrt{1 - b^2}},$$

on aura, par les formules du n° **26**,

$$\frac{d\theta}{dt} = - \frac{2}{na} \frac{d\Omega}{da} + \frac{b\sqrt{1 - b^2}}{na^2(1 + \sqrt{1 - b^2})} \frac{d\Omega}{db}.$$

L'angle θ donnera la variation du mouvement moyen, dépendant de la variation de l'époque, et l'on aura la partie séculaire de cette variation en substituant la fonction A à la place de Ω.

Cette variation séculaire est insensible dans Jupiter et dans Saturne, comme je l'ai fait voir dans le *Mémoire sur les variations séculaires des mouvements moyens des planètes* [*Mémoires de Berlin* de 1783 (***)]; mais elle devient sensible dans la Lune et donne l'explication de l'équation séculaire de cette planète, comme M. de Laplace l'a reconnu le premier. *Voyez* les *Mémoires de l'Académie des Sciences* de 1786, et ceux *de l'Académie de Berlin* pour 1792 et 1793 (****), où j'ai donné l'application de mes formules à la Lune.

(*) *OEuvres de Lagrange*, t. VI, p. 635.

(**) *OEuvres de Lagrange*, t. V, p. 125.

(***) *OEuvres de Lagrange*, t. V, p. 381.

(****) *OEuvres de Lagrange*, t. V, p. 687.

MÉMOIRE SUR LA THÉORIE GÉNÉRALE

DE LA

VARIATION DES CONSTANTES ARBITRAIRES

DANS TOUS LES PROBLÈMES DE LA MÉCANIQUE.

MÉMOIRE SUR LA THÉORIE GÉNÉRALE

DE LA

VARIATION DES CONSTANTES ARBITRAIRES

DANS TOUS LES PROBLÈMES DE LA MÉCANIQUE (*).

(Mémoires de la première Classe de l'Institut de France, année 1808.

L'application de l'Algèbre à la Théorie des courbes, qu'on doit à Descartes, avait fait naître la distinction des quantités en constantes et en variables, et la découverte du Calcul différentiel a appris à soumettre au calcul les variations instantanées de ces dernières quantités. Depuis on a beaucoup étendu la considération de la variabilité, et l'on peut dire que presque tous les artifices d'Analyse qu'on a inventés se réduisent à faire varier de différentes manières, soit ensemble ou séparément, tant les quantités qui sont par leur nature variables, que celles que l'état de la question suppose constantes. L'art consiste à choisir parmi toutes les variations possibles celles qui, dans chaque cas, peuvent conduire aux résultats les plus simples et les plus avantageux.

On sait que l'intégration introduit toujours dans le calcul des quantités constantes relativement aux variables des équations, et dont la valeur est arbitraire. On peut donc aussi faire varier ces constantes; ces variations, envisagées sous différents points de vue, ont produit des

(*) Lu le 13 mars 1809.

Théories nouvelles, parmi lesquelles celle de la variation des éléments des planètes est la plus importante.

Dans le Mémoire (*) que j'ai lu, il y a six mois, sur cette Théorie, j'ai cherché à déduire immédiatement des équations différentielles du mouvement des planètes les variations de leurs éléments, en considérant ceux-ci comme les constantes arbitraires que l'intégration doit introduire lorsqu'on fait abstraction des forces perturbatrices, et en attribuant tout l'effet des perturbations à la variation de ces constantes. Je suis parvenu de cette manière à un résultat général et indépendant de la figure des orbites planétaires. J'ai trouvé que la fonction des distances qui exprime la somme des intégrales des forces perturbatrices, multipliées chacune par l'élément de sa direction, a cette propriété remarquable, qu'en y faisant varier les seules constantes arbitraires, ses différences partielles relatives à chacune de ces constantes ne renferment point le temps, et ne sont exprimées que par des fonctions linéaires des différences de ces constantes, et dans lesquelles les coefficients de ces différences ne dépendent que des mêmes constantes. De là il a été facile de déduire les variations des éléments, exprimées par des formules différentielles qui ne renferment que les éléments eux-mêmes et les différences partielles de la fonction dont on a parlé par rapport à ces éléments; résultat important auquel M. de Laplace est parvenu de son côté par la considération des formules du mouvement elliptique.

J'ai entrepris depuis d'étendre à un système de corps qui agissent les uns sur les autres, d'une manière quelconque, l'Analyse qui m'avait réussi pour les variations des éléments des planètes, en l'appliquant aux formules générales que j'ai données dans la *Mécanique analytique*, pour le mouvement d'un système quelconque de corps; après plusieurs tentatives infructueuses je suis parvenu, non sans étonnement, vu la grande généralité des équations différentielles, à un résultat analogue à celui que j'avais trouvé pour les planètes, et dont celui-ci n'est plus qu'un cas particulier. Cette nouvelle Analyse, qui fait l'objet de ce Mé-

(*) *Œuvres de Lagrange*, t. VI, p. 713.

moire, sera le complément de la Théorie de la variation des constantes arbitraires, et pourra être utile dans plusieurs Problèmes de Mécanique.

Quel que soit le système de corps dont on cherche le mouvement, et de quelque manière qu'ils agissent les uns sur les autres, on peut toujours réduire les variables, qui déterminent leur position dans l'espace, à un petit nombre de variables indépendantes, en éliminant, au moyen des équations de condition données par la nature du système, autant de variables qu'il y a de conditions; c'est-à-dire, en exprimant toutes les variables, qui sont au nombre de trois pour chaque corps, par un petit nombre d'entre elles, ou par d'autres variables quelconques qui, n'étant plus assujetties à aucune condition, seront indépendantes. Cette réduction supposée, le Problème mécanique consiste à déterminer chacune de ces variables par le temps; or j'ai donné, dans la seconde Partie de la *Mécanique analytique*, la forme générale des équations différentielles pour chacune des variables indépendantes dont il s'agit; de sorte que la solution du Problème ne dépend plus que de l'intégration de ces différentes équations différentielles, qui sont essentiellement du second ordre, et qui sont plus ou moins compliquées suivant la nature du Problème.

Supposons que dans un Problème donné on soit parvenu à intégrer complétement les équations dont il dépend, mais en faisant abstraction de certaines forces qui agissent sur les corps dans une raison quelconque des distances, et qu'on peut regarder comme des forces perturbatrices du mouvement du système. A l'imitation de ce qu'on fait à l'égard des planètes, on peut réduire l'effet de ces forces, surtout si on les suppose très-petites, à ne faire varier dans la solution générale que les constantes arbitraires introduites par les différentes intégrations; et, comme il doit y avoir deux constantes arbitraires à raison de chaque variable, puisque ces variables dépendent d'équations différentielles du second ordre, on peut faire en sorte que, non-seulement leurs expressions finies, mais encore leurs expressions différentielles, soient les mêmes que si les constantes dont il s'agit demeuraient invariables; de sorte qu'à chaque instant les lieux des corps dans l'espace, ainsi que leurs vitesses et leurs directions, soient représentés par les mêmes formules, en ayant égard aux forces perturbatrices, que lorsqu'on fait abstraction de ces forces, comme cela a lieu pour les planètes.

En considérant sous ce point de vue la variation des constantes arbitraires, j'ai trouvé que la fonction qui représente l'intégrale de toutes les forces perturbatrices, multipliées chacune par l'élément de la distance dont elle dépend, jouit aussi de la même propriété, que ses différences partielles relatives à chacune des constantes arbitraires sont exprimées uniquement par des fonctions différentielles de ces mêmes constantes sans le temps; de sorte que l'on a, pour les variations de ces constantes, des équations différentielles qui ne renferment que ces constantes avec les différences partielles de la fonction dont il s'agit, relatives à chacune d'elles, comme dans le cas des perturbations des planètes, forme extrêmement avantageuse pour le calcul des variations des constantes, et surtout pour la détermination de leurs variations séculaires. Ainsi cette propriété, que j'ai reconnue à l'égard du mouvement des planètes, a lieu, en général, pour tous les Problèmes sur le mouvement des corps, et peut être regardée comme un résultat général des lois fondamentales de la Mécanique. Elle fournit en même temps un nouvel instrument pour faciliter la solution de plusieurs Problèmes importants.

Le Système du monde, outre les perturbations des planètes, auquel la Théorie de la variation des éléments s'applique naturellement, en offre encore un autre plus difficile, et susceptible également de la même Théorie : c'est celui de la rotation des planètes autour de leur centre de gravité, en ayant égard à leur figure non sphérique et à l'attraction que les autres planètes exercent sur chacune de leurs molécules. En faisant abstraction de ces forces d'attraction, qu'on peut regarder comme des forces perturbatrices, le Problème consiste à déterminer le mouvement d'un corps solide de figure quelconque autour de son centre de gravité, lorsqu'il n'est sollicité par aucune force et qu'il a seulement reçu une impulsion initiale quelconque; et l'on sait que ce Problème, pour lequel d'Alembert avait donné le premier les équations différentielles, a été résolu complétement par Euler. On a ici, comme pour le mouvement d'une planète dans son orbite, trois équations différentielles du second ordre entre trois variables indépendantes; par conséquent les expressions finies de ces variables doivent renfermer six constantes arbitraires qu'on peut regarder comme les éléments de la rotation, et dont trois tiennent à la rotation elle-même, et les trois autres sont relatives au plan auquel on rapporte la rotation, comme dans le cas du mouvement de translation. Ces éléments deviendront variables par l'action des forces perturbatrices, et la détermination de leurs variations est un Problème dont la solution n'a pas encore été donnée, ni même tentée, que je sache, sous ce point de vue général. Je me propose d'en faire l'objet d'un autre Mémoire; dans celui-ci je ne vais exposer que l'Analyse générale et applicable à tous les Problèmes de Mécanique.

Formules générales pour la variation des constantes arbitraires dans les Problèmes de Mécanique.

1. Soit un système de corps m, m', ..., qui agissent les uns sur les autres d'une manière quelconque, et qui soient de plus sollicités par des forces accélératrices P, Q, ..., P', Q', ... tendant à des centres fixes ou à des corps mêmes du système, et proportionnelles à des fonctions quelconques des distances p, q, ..., p', q', ..., en sorte que les différentielles $P\,dp$, $Q\,dq$, ..., $P'dp'$, ... soient toujours intégrables.

Soient x, y, z les coordonnées rectangles du corps m; x', y', z' celles du corps m', ..., et soit

$$T = \frac{dx^2 + dy^2 + dz^2}{2\,dt^2}\,m + \frac{dx'^2 + dy'^2 + dz'^2}{2\,dt^2}\,m' + \ldots,$$

dt étant l'élément du temps supposé constant.

Soit de plus

$$V = \left(\int P\,dp + \int Q\,dq + \ldots\right) m + \left(\int P'dp' + \int Q'dq' + \ldots\right) m' + \ldots.$$

Cette quantité V sera aussi une fonction des coordonnées x, y, z, x', y',

z',..., puisque, en désignant par α, β, γ les coordonnées du centre de la force P, on a

$$p = \sqrt{(x-\alpha)^2 + (y-\beta)^2 + (z-\gamma)^2},$$

et ainsi des autres.

2. Les conditions du système dépendantes de la disposition des corps entre eux, étant traduites en Analyse, fourniront autant d'équations de condition entre leurs coordonnées x, y, z, x', y', z', ..., par lesquelles quelques-unes de ces variables seront déterminées en fonctions des autres; de sorte qu'il ne restera qu'un certain nombre de variables indépendantes, par lesquelles la position du système sera déterminée à chaque instant.

Désignons, en général, par r, s, u,... les variables indépendantes dont les coordonnées x, y, z, x', y', z',... seront des fonctions connues; il est clair que les quantités T et V deviendront aussi des fonctions de ces mêmes variables; et en particulier la quantité T sera une fonction de r, s, u,... et de leurs dérivées $\frac{dr}{dt}$, $\frac{ds}{dt}$, $\frac{du}{dt}$, ..., que nous dénoterons, pour plus de simplicité, par r', s', u',...; mais la quantité V sera une simple fonction de r, s, u,....

3. Cela posé, j'ai démontré, dans la *Mécanique analytique* [Partie II, Section IV (*)], que ces variables fournissent autant d'équations différentielles de la forme

$$\frac{d\frac{dT}{dr'}}{dt} - \frac{dT}{dr} + \frac{dV}{dr} = 0,$$

$$\frac{d\frac{dT}{ds'}}{dt} - \frac{dT}{ds} + \frac{dV}{ds} = 0,$$

$$\frac{d\frac{dT}{du'}}{dt} - \frac{dT}{du} + \frac{dV}{du} = 0,$$

....

(*) Cette citation, qui se réfère à la première édition de la *Mécanique analytique*, convient aussi à la deuxième édition. (*Note de l'Éditeur.*)

Il est visible que ces équations seront toutes du second ordre, de sorte que les expressions finies de r, s, u,... contiendront deux fois autant de constantes arbitraires qu'il y a de variables. Nous dénoterons ces constantes par a, b, c, f, g, h,....

4. Supposons maintenant que, le Problème étant résolu dans cet état et les expressions de r, s, u,... étant connues en fonctions de t et de a, b, c, f,..., on demande de résoudre le même Problème, dans le cas où les différents corps du système seraient de plus soumis à l'action de forces perturbatrices de la nature des forces P, Q,..., mais dont les centres soient mobiles d'une manière quelconque indépendante du système.

Désignons par $-\Omega$ ce que devient la fonction V pour les forces perturbatrices dont il s'agit; il n'y aura qu'à mettre $V-\Omega$ à la place de V dans les équations précédentes, pour avoir les équations du mouvement du même système altéré par les forces perturbatrices.

Ces équations seront ainsi

$$\frac{d\frac{dT}{dr'}}{dt}-\frac{dT}{dr}+\frac{dV}{dr}=\frac{d\Omega}{dr},$$

$$\frac{d\frac{dT}{ds'}}{dt}-\frac{dT}{ds}+\frac{dV}{ds}=\frac{d\Omega}{ds},$$

$$\frac{d\frac{dT}{du'}}{dt}-\frac{dT}{du}+\frac{dV}{du}=\frac{d\Omega}{du},$$

........................;

et, si l'on suppose que les mêmes expressions de r, s, u,..., ainsi que celles de r', s', u',..., y satisfassent encore en regardant comme variables les constantes arbitraires a, b, c, f, g,..., la question sera réduite à déterminer ces variables d'après ces conditions.

5. Nous ne considérerons ici que trois variables indépendantes, r, s, u; mais on verra aisément que l'Analyse est générale, quel que soit le nombre de ces variables. On n'aura donc entre ces variables que trois équations, qui, à cause que V ne contient point r', s', u', peuvent se mettre sous cette forme plus simple

$$d\frac{dR}{dr'} - \frac{dR}{dr}\,dt = \frac{d\Omega}{dr}\,dt,$$

$$d\frac{dR}{ds'} - \frac{dR}{ds}\,dt = \frac{d\Omega}{ds}\,dt,$$

$$d\frac{dR}{du'} - \frac{dR}{du}\,dt = \frac{d\Omega}{du}\,dt,$$

en faisant $R = T - V$.

Dans ces équations, R est une fonction donnée de r, s, u et de r', s', u', et Ω est aussi une fonction donnée seulement de r, s, u, mais qui peut contenir encore d'autres variables dépendant du mouvement des centres des forces perturbatrices.

6. Nous supposerons connue la solution complète de ces équations dans le cas où l'on fait abstraction des seconds membres qui dépendent de la fonction Ω; ainsi, pour ce cas, les valeurs de r, s, u seront censées connues en fonctions de t et des six constantes arbitraires a, b, c, f, g, h, et il s'agira de faire varier ces constantes de manière que les expressions finies de r, s, u, ainsi que celles de r', s', u', c'est-à-dire, de leurs différentielles $\frac{dr}{dt}$, $\frac{ds}{dt}$, $\frac{du}{dt}$ relatives seulement à t et indépendantes de la variation des constantes, satisfassent en entier aux mêmes équations, en ayant égard aux termes dépendants de Ω.

7. Dénotons par la caractéristique δ, comme dans le *Mémoire sur la variation des éléments des planètes,* les différentielles provenant de la variation des six constantes arbitraires a, b, c, f, g, h; on aura par l'algorithme des différences partielles, en regardant r, s, u, ainsi que r',

s', u' comme fonctions de t et de a, b, c, f, g, h,

$$\delta r = \frac{dr}{da}da + \frac{dr}{db}db + \frac{dr}{dc}dc + \frac{dr}{df}df + \frac{dr}{dg}dg + \frac{dr}{dh}dh,$$

$$\delta s = \frac{ds}{da}da + \frac{ds}{db}db + \frac{ds}{dc}dc + \frac{ds}{df}df + \frac{ds}{dg}dg + \frac{ds}{dh}dh,$$

$$\delta u = \frac{du}{da}da + \frac{du}{db}db + \frac{du}{dc}dc + \frac{du}{df}df + \frac{du}{dg}dg + \frac{du}{dh}dh;$$

et de même

$$\delta r' = \frac{dr'}{da}da + \frac{dr'}{db}db + \frac{dr'}{dc}dc + \frac{dr'}{df}df + \frac{dr'}{dg}dg + \frac{dr'}{dh}dh,$$

$$\delta s' = \frac{ds'}{da}da + \frac{ds'}{db}db + \frac{ds'}{dc}dc + \frac{ds'}{df}df + \frac{ds'}{dg}dg + \frac{ds'}{dh}dh,$$

$$\delta u' = \frac{du'}{da}da + \frac{du'}{db}db + \frac{du'}{dc}dc + \frac{du'}{df}df + \frac{du'}{dg}dg + \frac{du'}{dh}dh.$$

En regardant les constantes a, b, c, f, g, h comme variables en même temps que t, les différentielles de r, s, u seront ainsi

$$r'dt + \delta r, \quad s'dt + \delta s, \quad u'dt + \delta u;$$

donc, pour que ces différentielles se réduisent à $r'dt$, $s'dt$, $u'dt$, comme si les constantes arbitraires ne variaient pas, il faudra que l'on ait

$$\delta r = 0, \quad \delta s = 0, \quad \delta u = 0.$$

8. Maintenant, si l'on considère l'équation

$$d\frac{dR}{dr'} - \frac{dR}{dr}dt = \frac{d\Omega}{dr}dt,$$

il est facile de voir que, comme R est une fonction de r, s, u et de r', s', u', la partie de la différentielle de $\frac{dR}{dr'}$ provenant de la variation des constantes arbitraires sera simplement

$$\frac{d^2R}{dr'^2}\delta r' + \frac{d^2R}{dr'ds'}\delta s' + \frac{d^2R}{dr'du'}\delta u',$$

à cause de $\delta r = 0$, $\delta s = 0$, $\delta u = 0$. Donc cette partie seule devra être égalée au second membre $\frac{d\Omega}{dr}dt$, puisque l'équation est censée satisfaite, sans cette partie et sans le second membre, par les mêmes valeurs de r, s, u, r', s', u' en t, a, b, c, f, g, h que dans le cas où il n'y a que t de variable.

On aura de cette manière l'équation

$$\frac{d^2R}{dr'^2}\delta r' + \frac{d^2R}{dr'ds'}\delta s' + \frac{d^2R}{dr'du'}\delta u' = \frac{d\Omega}{dr}dt;$$

et pareillement les deux autres équations donneront

$$\frac{d^2R}{dr'ds'}\delta r' + \frac{d^2R}{ds'^2}\delta s' + \frac{d^2R}{ds'du'}\delta u' = \frac{d\Omega}{ds}dt,$$

$$\frac{d^2R}{dr'du'}\delta r' + \frac{d^2R}{ds'du'}\delta s' + \frac{d^2R}{du'^2}\delta u' = \frac{d\Omega}{du}dt.$$

Ces trois équations, jointes aux équations

$$\delta r = 0, \quad \delta s = 0, \quad \delta u = 0,$$

renferment toutes les conditions du Problème, et serviront à déterminer les valeurs des nouvelles variables a, b, c, f, g, h en t.

Le but de l'Analyse que nous allons exposer est simplement de réduire les valeurs des différentielles

$$\frac{da}{dt}, \frac{db}{dt}, \frac{dc}{dt}, \frac{df}{dt}, \frac{dg}{dt}, \frac{dh}{dt}$$

données par ces équations à des expressions qui ne renferment que les quantités a, b, c, f, g, h et les différences partielles de Ω relatives à ces mêmes quantités, sans le temps t, comme nous l'avons fait pour les variations des éléments des planètes dans le Mémoire cité.

9. En multipliant la première équation par $\frac{dr}{da}$, et retranchant les équations

$$\delta r = 0, \quad \delta s = 0, \quad \delta u = 0,$$

multipliées respectivement par

$$\frac{d^2R}{dr'^2}\,\frac{dr'}{da},\quad \frac{d^2R}{dr'ds'}\,\frac{dr'}{da},\quad \frac{d^2R}{dr'du'}\,\frac{dr'}{da},$$

je forme celle-ci

$$\frac{d\Omega}{dr}\,\frac{dr}{da}\,dt = \frac{d^2R}{dr'^2}\left(\frac{dr}{da}\,\delta r' - \frac{dr'}{da}\,\delta r\right) + \frac{d^2R}{dr'ds'}\left(\frac{dr}{da}\,\delta s' - \frac{dr'}{da}\,\delta s\right) + \frac{d^2R}{dr'du'}\left(\frac{dr}{da}\,\delta u' - \frac{dr'}{da}\,\delta u\right).$$

J'aurai de même par les deux autres équations ces transformées

$$\frac{d\Omega}{ds}\,\frac{ds}{da}\,dt = \frac{d^2R}{dr'ds'}\left(\frac{ds}{da}\,\delta r' - \frac{ds'}{da}\,\delta r\right) + \frac{d^2R}{ds'^2}\left(\frac{ds}{da}\,\delta s' - \frac{ds'}{da}\,\delta s\right) + \frac{d^2R}{ds'du'}\left(\frac{ds}{da}\,\delta u' - \frac{ds'}{da}\,\delta u\right),$$

$$\frac{d\Omega}{du}\,\frac{du}{da}\,dt = \frac{d^2R}{dr'du'}\left(\frac{du}{da}\,\delta r' - \frac{du'}{da}\,\delta r\right) + \frac{d^2R}{ds'du'}\left(\frac{du}{da}\,\delta s' - \frac{du'}{da}\,\delta s\right) + \frac{d^2R}{du'^2}\left(\frac{du}{da}\,\delta u' - \frac{du'}{da}\,\delta u\right).$$

J'ajoute ces trois équations ensemble, et comme Ω n'est fonction que de r, s, u, sans r', s', u', il est clair qu'on a

$$\frac{d\Omega}{dr}\,\frac{dr}{da} + \frac{d\Omega}{ds}\,\frac{ds}{da} + \frac{d\Omega}{du}\,\frac{du}{da} = \frac{d\Omega}{da}.$$

On aura donc cette équation

$$\begin{aligned}\frac{d\Omega}{da}\,dt = {} & \frac{d^2R}{dr'^2}\left(\frac{dr}{da}\,\delta r' - \frac{dr'}{da}\,\delta r\right) + \frac{d^2R}{ds'^2}\left(\frac{ds}{da}\,\delta s' - \frac{ds'}{da}\,\delta s\right) + \frac{d^2R}{du'^2}\left(\frac{du}{da}\,\delta u' - \frac{du'}{da}\,\delta u\right)\\ & + \frac{d^2R}{dr'ds'}\left(\frac{dr}{da}\,\delta s' + \frac{ds}{da}\,\delta r' - \frac{dr'}{da}\,\delta s - \frac{ds'}{da}\,\delta r\right)\\ & + \frac{d^2R}{dr'du'}\left(\frac{dr}{da}\,\delta u' + \frac{du}{da}\,\delta r' - \frac{dr'}{da}\,\delta u - \frac{du'}{da}\,\delta r\right)\\ & + \frac{d^2R}{ds'du'}\left(\frac{ds}{da}\,\delta u' + \frac{du}{da}\,\delta s' - \frac{ds'}{da}\,\delta u - \frac{du'}{da}\,\delta s\right).\end{aligned}$$

10. J'y substitue maintenant les valeurs de δr, δs, δu, $\delta r'$, $\delta s'$, $\delta u'$ données ci-dessus (7), et j'ordonne les termes par rapport aux différences da, db, dc, df, dg, dh; on aura une formule de cette forme

$$\frac{d\Omega}{da}\,dt = A\,da + B\,db + C\,dc + F\,df + G\,dg + H\,dh;$$

et il est d'abord facile de voir que le coefficient A sera nul par la destruction mutuelle des termes qui le composent. On aura ensuite

$$\begin{aligned}
\mathrm{B} = {} & \frac{d^2\mathrm{R}}{dr'^2}\left(\frac{dr}{da}\frac{dr'}{db} - \frac{dr'}{da}\frac{dr}{db}\right) + \frac{d^2\mathrm{R}}{ds'^2}\left(\frac{ds}{da}\frac{ds'}{db} - \frac{ds'}{da}\frac{ds}{db}\right) + \frac{d^2\mathrm{R}}{du'^2}\left(\frac{du}{da}\frac{du'}{db} - \frac{du'}{da}\frac{du}{db}\right) \\
& + \frac{d^2\mathrm{R}}{dr'ds'}\left(\frac{dr}{da}\frac{ds'}{db} + \frac{ds}{da}\frac{dr'}{db} - \frac{dr'}{da}\frac{ds}{db} - \frac{ds'}{da}\frac{dr}{db}\right) \\
& + \frac{d^2\mathrm{R}}{dr'du'}\left(\frac{dr}{da}\frac{du'}{db} + \frac{du}{da}\frac{dr'}{db} - \frac{dr'}{da}\frac{du}{db} - \frac{du'}{da}\frac{dr}{db}\right) \\
& + \frac{d^2\mathrm{R}}{ds'du'}\left(\frac{ds}{da}\frac{du'}{db} + \frac{du}{da}\frac{ds'}{db} - \frac{ds'}{da}\frac{du}{db} - \frac{du'}{da}\frac{ds}{db}\right).
\end{aligned}$$

En changeant successivement dans cette expression de B la lettre b en c, f, g, h, c'est-à-dire, les différentielles partielles relatives à b en pareilles différentielles relatives à c, f, g, h, on aura les expressions des valeurs de C, F, G, H.

Comme R est une fonction donnée de r, s, u, r', s', u', et que ces quantités sont des fonctions supposées connues de t et de a, b, c, f, g, h, il est visible que les coefficients B, C, F, G, H dont il s'agit seront aussi des fonctions de t et de a, b, c, f, g, h. La question est maintenant de déterminer la nature de ces fonctions.

11. Pour cela on se rappellera que les fonctions r, s, u et leurs dérivées $r' = \frac{dr}{dt}$, $s' = \frac{ds}{dt}$, $u' = \frac{du}{dt}$ sont telles qu'elles satisfont aux trois équations

$$d\frac{d\mathrm{R}}{dr'} - \frac{d\mathrm{R}}{dr}\,dt = 0,$$

$$d\frac{d\mathrm{R}}{ds'} - \frac{d\mathrm{R}}{ds}\,dt = 0,$$

$$d\frac{d\mathrm{R}}{du'} - \frac{d\mathrm{R}}{du}\,dt = 0,$$

en y regardant les quantités a, b, c, f, g, h comme des constantes arbitraires quelconques, et la quantité t comme seule variable. Ainsi, en donnant aux constantes a, b, c,... des accroissements quelconques δa,

δb, δc,... infiniment petits et constants, c'est-à-dire, indépendants de t, les équations différentielles qui en résulteront seront encore satisfaites par les mêmes valeurs de r, s, u et de leurs différences.

Désignons de nouveau par la caractéristique δ les différentielles de r, s, u, r', s', u' qui résultent des accroissements δa, δb, δc, δf, δg, δh attribués aux constantes a, b, c, f, g, h; il est clair que, puisque R est une fonction de r, s, u et de r', s', u', on aura, par l'algorithme des différences partielles, ces différences relatives à δ

$$\delta\frac{dR}{dr} = \frac{d^2R}{dr^2}\delta r + \frac{d^2R}{dr\,ds}\delta s + \frac{d^2R}{dr\,du}\delta u + \frac{d^2R}{dr\,dr'}\delta r' + \frac{d^2R}{dr\,ds'}\delta s' + \frac{d^2R}{dr\,du'}\delta u',$$

$$\delta\frac{dR}{dr'} = \frac{d^2R}{dr\,dr'}\delta r + \frac{d^2R}{ds\,dr'}\delta s + \frac{d^2R}{du\,dr'}\delta u + \frac{d^2R}{dr'^2}\delta r' + \frac{d^2R}{dr'\,ds'}\delta s' + \frac{d^2R}{dr'\,du'}\delta u'.$$

Donc la première équation, différentiée suivant δ, donnera

$$d\left(\frac{d^2R}{dr\,dr'}\delta r + \frac{d^2R}{ds\,dr'}\delta s + \frac{d^2R}{du\,dr'}\delta u + \frac{d^2R}{dr'^2}\delta r' + \frac{d^2R}{dr'\,ds'}\delta s' + \frac{d^2R}{dr'\,du'}\delta u'\right)$$
$$-\left(\frac{d^2R}{dr^2}\delta r + \frac{d^2R}{dr\,ds}\delta s + \frac{d^2R}{dr\,du}\delta u + \frac{d^2R}{dr\,dr'}\delta r' + \frac{d^2R}{dr\,ds'}\delta s' + \frac{d^2R}{dr\,du'}\delta u'\right)dt = 0.$$

De même la deuxième et la troisième donneront ces deux-ci

$$d\left(\frac{d^2R}{dr\,ds'}\delta r + \frac{d^2R}{ds\,ds'}\delta s + \frac{d^2R}{du\,ds'}\delta u + \frac{d^2R}{dr'\,ds'}\delta r' + \frac{d^2R}{ds'^2}\delta s' + \frac{d^2R}{ds'\,du'}\delta u'\right)$$
$$-\left(\frac{d^2R}{dr\,ds}\delta r + \frac{d^2R}{ds^2}\delta s + \frac{d^2R}{ds\,du}\delta u + \frac{d^2R}{ds\,dr'}\delta r' + \frac{d^2R}{ds\,ds'}\delta s' + \frac{d^2R}{ds\,du'}\delta u'\right)dt = 0,$$

$$d\left(\frac{d^2R}{dr\,du'}\delta r + \frac{d^2R}{ds\,du'}\delta s + \frac{d^2R}{du\,du'}\delta u + \frac{d^2R}{dr'\,du'}\delta r' + \frac{d^2R}{ds'\,du'}\delta s' + \frac{d^2R}{du'^2}\delta u'\right)$$
$$-\left(\frac{d^2R}{dr\,du}\delta r + \frac{d^2R}{ds\,du}\delta s + \frac{d^2R}{du^2}\delta u + \frac{d^2R}{du\,dr'}\delta r' + \frac{d^2R}{du\,ds'}\delta s' + \frac{d^2R}{du\,du'}\delta u'\right)dt = 0.$$

12. Si, au lieu des accroissements δa, δb, δc, δf, δg, δh, on attribue aux mêmes constantes a, b, c, f, g, h d'autres accroissements infiniment petits et constants que nous désignerons par Δa, Δb, Δc, Δf, Δg, Δh, et qu'on dénote par la caractéristique Δ les différences des fonctions r, s, u, r', s', u' qui en proviennent, on aura trois autres équations semblables aux précédentes, dans lesquelles la caractéristique δ sera simplement remplacée par la caractéristique Δ.

13. Qu'on ajoute maintenant ensemble les trois équations précédentes multipliées respectivement par Δr, Δs, Δu, et qu'on en retranche la somme des trois pareilles équations, dans lesquelles le δ est changé en Δ, après les avoir multipliées respectivement par δr, δs, δu, on aura cette équation

$$
\begin{aligned}
&\Delta r\, d\left(\frac{d^2R}{dr\,dr'}\,\delta r+\frac{d^2R}{ds\,dr'}\,\delta s+\frac{d^2R}{du\,dr'}\,\delta u+\frac{d^2R}{dr'^2}\,\delta r'+\frac{d^2R}{dr'ds'}\,\delta s'+\frac{d^2R}{dr'du'}\,\delta u'\right)\\
-&\Delta r\left(\frac{d^2R}{dr^2}\,\delta r+\frac{d^2R}{dr\,ds}\,\delta s+\frac{d^2R}{dr\,du}\,\delta u+\frac{d^2R}{dr\,dr'}\,\delta r'+\frac{d^2R}{dr\,ds'}\,\delta s'+\frac{d^2R}{dr\,du'}\,\delta u'\right)dt\\
+&\Delta s\, d\left(\frac{d^2R}{dr\,ds'}\,\delta r+\frac{d^2R}{ds\,ds'}\,\delta s+\frac{d^2R}{du\,ds'}\,\delta u+\frac{d^2R}{dr'ds'}\,\delta r'+\frac{d^2R}{ds'^2}\,\delta s'+\frac{d^2R}{ds'du'}\,\delta u'\right)\\
-&\Delta s\left(\frac{d^2R}{dr\,ds}\,\delta r+\frac{d^2R}{ds^2}\,\delta s+\frac{d^2R}{ds\,du}\,\delta u+\frac{d^2R}{ds\,dr'}\,\delta r'+\frac{d^2R}{ds\,ds'}\,\delta s'+\frac{d^2R}{ds\,du'}\,\delta u'\right)dt\\
+&\Delta u\, d\left(\frac{d^2R}{dr\,du'}\,\delta r+\frac{d^2R}{ds\,du'}\,\delta s+\frac{d^2R}{du\,du'}\,\delta u+\frac{d^2R}{dr'du'}\,\delta r'+\frac{d^2R}{ds'du'}\,\delta s'+\frac{d^2R}{du'^2}\,\delta u'\right)\\
-&\Delta u\left(\frac{d^2R}{dr\,du}\,\delta r+\frac{d^2R}{ds\,du}\,\delta s+\frac{d^2R}{du^2}\,\delta u+\frac{d^2R}{du\,dr'}\,\delta r'+\frac{d^2R}{du\,ds'}\,\delta s'+\frac{d^2R}{du\,du'}\,\delta u'\right)dt\\
-&\delta r\, d\left(\frac{d^2R}{dr\,dr'}\,\Delta r+\frac{d^2R}{ds\,dr'}\,\Delta s+\frac{d^2R}{du\,dr'}\,\Delta u+\frac{d^2R}{dr'^2}\,\Delta r'+\frac{d^2R}{dr'ds'}\,\Delta s'+\frac{d^2R}{dr'du'}\,\Delta u'\right)\\
+&\delta r\left(\frac{d^2R}{dr^2}\,\Delta r+\frac{d^2R}{dr\,ds}\,\Delta s+\frac{d^2R}{dr\,du}\,\Delta u+\frac{d^2R}{dr\,dr'}\,\Delta r'+\frac{d^2R}{dr\,ds'}\,\Delta s'+\frac{d^2R}{dr\,du'}\,\Delta u'\right)dt\\
-&\delta s\, d\left(\frac{d^2R}{dr\,ds'}\,\Delta r+\frac{d^2R}{ds\,ds'}\,\Delta s+\frac{d^2R}{du\,ds'}\,\Delta u+\frac{d^2R}{dr'ds'}\,\Delta r'+\frac{d^2R}{ds'^2}\,\Delta s'+\frac{d^2R}{ds'du'}\,\Delta u'\right)\\
+&\delta s\left(\frac{d^2R}{dr\,ds}\,\Delta r+\frac{d^2R}{ds^2}\,\Delta s+\frac{d^2R}{ds\,du}\,\Delta u+\frac{d^2R}{ds\,dr'}\,\Delta r'+\frac{d^2R}{ds\,ds'}\,\Delta s'+\frac{d^2R}{ds\,du'}\,\Delta u'\right)dt\\
-&\delta u\, d\left(\frac{d^2R}{dr\,du'}\,\Delta r+\frac{d^2R}{ds\,du'}\,\Delta s+\frac{d^2R}{du\,du'}\,\Delta u+\frac{d^2R}{dr'du'}\,\Delta r'+\frac{d^2R}{ds'du'}\,\Delta s'+\frac{d^2R}{du'^2}\,\Delta u'\right)\\
+&\delta u\left(\frac{d^2R}{dr\,du}\,\Delta r+\frac{d^2R}{ds\,du}\,\Delta s+\frac{d^2R}{du^2}\,\Delta u+\frac{d^2R}{du\,dr'}\,\Delta r'+\frac{d^2R}{du\,ds'}\,\Delta s'+\frac{d^2R}{du\,du'}\,\Delta u'\right)dt=
\end{aligned}
$$

14. Et, si l'on exécute les différentiations relatives à la caractéristique d qui se rapporte au temps t, qu'on efface les termes qui se détruisent et qu'on ordonne les autres par rapport aux différentielles de R, on aura

$$
\begin{aligned}
& d\,\frac{d^2R}{dr'^2}\,(\Delta r\,\delta r' - \delta r\,\Delta r') \\
+\,& d\,\frac{d^2R}{ds'^2}\,(\Delta s\,\delta s' - \delta s\,\Delta s') \\
+\,& d\,\frac{d^2R}{du'^2}\,(\Delta u\,\delta u' - \delta u\,\Delta u') \\
+\,& d\,\frac{d^2R}{dr'\,ds'}\,(\Delta r\,\delta s' - \delta r\,\Delta s' + \Delta s\,\delta r' - \delta s\,\Delta r') \\
+\,& d\,\frac{d^2R}{dr'\,du'}\,(\Delta r\,\delta u' - \delta r\,\Delta u' + \Delta u\,\delta r' - \delta u\,\Delta r') \\
+\,& d\,\frac{d^2R}{ds'\,du'}\,(\Delta s\,\delta u' - \delta s\,\Delta u' + \Delta u\,\delta s' - \delta u\,\Delta s') \\
+\,& d\,\frac{d^2R}{ds\,dr'}\,(\Delta r\,\delta s - \delta r\,\Delta s) \\
+\,& d\,\frac{d^2R}{du\,dr'}\,(\Delta r\,\delta u - \delta r\,\Delta u) \\
+\,& d\,\frac{d^2R}{dr\,ds'}\,(\Delta s\,\delta r - \delta s\,\Delta r) \\
+\,& d\,\frac{d^2R}{du\,ds'}\,(\Delta s\,\delta u - \delta s\,\Delta u) \\
+\,& d\,\frac{d^2R}{dr\,du'}\,(\Delta u\,\delta r - \delta u\,\Delta r) \\
+\,& d\,\frac{d^2R}{ds\,du'}\,(\Delta u\,\delta s - \delta u\,\Delta s) \\
+\,& \frac{d^2R}{dr'^2}\,(\Delta r\,d\,\delta r' - \delta r\,d\,\Delta r') \\
+\,& \frac{d^2R}{ds'^2}\,(\Delta s\,d\,\delta s' - \delta s\,d\,\Delta s') \\
+\,& \frac{d^2R}{du'^2}\,(\Delta u\,d\,\delta u' - \delta u\,d\,\Delta u' \\
+\,& \frac{d^2R}{dr'\,ds'}\,(\Delta r\,d\,\delta s' - \delta r\,d\,\Delta s' + \Delta s\,d\,\delta r' - \delta s\,d\,\Delta r')
\end{aligned}
$$

$$+\frac{d^2R}{dr'du'}(\Delta r\, d\delta u' - \delta r\, d\Delta u' + \Delta u\, d\delta r' - \delta u\, d\Delta r')$$

$$+\frac{d^2R}{ds'du'}(\Delta s\, d\delta u' - \delta s\, d\Delta u' + \Delta u\, d\delta s' - \delta u\, d\Delta s')$$

$$+\frac{d^2R}{dr\,dr'}(\Delta r\, d\delta r - \delta r\, d\Delta r - \Delta r\, \delta r'\, dt + \delta r\, \Delta r'\, dt)$$

$$+\frac{d^2R}{ds\,dr'}(\Delta r\, d\delta s - \delta r\, d\Delta s - \Delta s\, \delta r'\, dt + \delta s\, \Delta r'\, dt)$$

$$+\frac{d^2R}{du\,dr'}(\Delta r\, d\delta u - \delta r\, d\Delta u - \Delta u\, \delta r'\, dt + \delta u\, \Delta r'\, dt)$$

$$+\frac{d^2R}{dr\,ds'}(\Delta s\, d\delta r - \delta s\, d\Delta r - \Delta r\, \delta s'\, dt + \delta r\, \Delta s'\, dt)$$

$$+\frac{d^2R}{ds\,ds'}(\Delta s\, d\delta s - \delta s\, d\Delta s - \Delta s\, \delta s'\, dt + \delta s\, \Delta s'\, dt)$$

$$+\frac{d^2R}{du\,ds'}(\Delta s\, d\delta u - \delta s\, d\Delta u - \Delta u\, \delta s'\, dt + \delta u\, \Delta s'\, dt)$$

$$+\frac{d^2R}{dr\,du'}(\Delta u\, d\delta r - \delta u\, d\Delta r - \Delta r\, \delta u'\, dt + \delta r\, \Delta u'\, dt)$$

$$+\frac{d^2R}{ds\,du'}(\Delta u\, d\delta s - \delta u\, d\Delta s - \Delta s\, \delta u'\, dt + \delta s\, \Delta u'\, dt)$$

$$+\frac{d^2R}{du\,du'}(\Delta u\, d\delta u - \delta u\, d\Delta u - \Delta u\, \delta u'\, dt + \delta u\, \Delta u'\, dt) = 0.$$

15. Si maintenant on fait attention que $r'\,dt = dr$, et par conséquent

$$\delta r'\, dt = \delta\, dr = d\,\delta r,$$

à cause de l'indépendance des caractéristiques d et δ, et par la même raison

$$\delta s'\, dt = d\,\delta s, \quad \delta u'\, dt = d\,\delta u,$$

ainsi que

$$\Delta r'\, dt = d\,\Delta r, \quad \Delta s'\, dt = d\,\Delta s, \quad \Delta u'\, dt = d\,\Delta u,$$

on verra d'abord que les coefficients de $\frac{d^2R}{dr\,dr'}$, $\frac{d^2R}{ds\,ds'}$, $\frac{d^2R}{du\,du'}$ se détruisent d'eux-mêmes, et que le premier membre de l'équation devient intégrable par rapport à t, ce qu'on ne pouvait pas espérer.

L'équation intégrale est ainsi

$$\begin{aligned}
&\frac{d^2R}{dr'^2}(\Delta r\,\delta r' - \delta r\,\Delta r')\\
+&\frac{d^2R}{ds'^2}(\Delta s\,\delta s' - \delta s\,\Delta s')\\
+&\frac{d^2R}{du'^2}(\Delta u\,\delta u' - \delta u\,\Delta u')\\
+&\frac{d^2R}{dr'\,ds'}(\Delta r\,\delta s' + \Delta s\,\delta r' - \delta r\,\Delta s' - \delta s\,\Delta r')\\
+&\frac{d^2R}{dr'\,du'}(\Delta r\,\delta u' + \Delta u\,\delta r' - \delta r\,\Delta u' - \delta u\,\Delta r')\\
+&\frac{d^2R}{ds'\,du'}(\Delta s\,\delta u' + \Delta u\,\delta s' - \delta s\,\Delta u' - \delta u\,\Delta s')\\
+&\left(\frac{d^2R}{ds\,dr'} - \frac{d^2R}{dr\,ds'}\right)(\Delta r\,\delta s - \delta r\,\Delta s)\\
+&\left(\frac{d^2R}{du\,dr'} - \frac{d^2R}{dr\,du'}\right)(\Delta r\,\delta u - \delta r\,\Delta u)\\
+&\left(\frac{d^2R}{du\,ds'} - \frac{d^2R}{ds\,du'}\right)(\Delta s\,\delta u - \delta s\,\Delta u) = K,
\end{aligned}$$

la quantité K étant une constante par rapport à t, et qui peut être par conséquent une fonction de a, b, c, f, g, h et de leurs différences relatives aux caractéristiques δ et Δ.

A l'égard des valeurs des différences δr, δs, δu, $\delta r'$, $\delta s'$, $\delta u'$, il est facile de concevoir qu'elles doivent être exprimées comme celles du n° 7, mais en y changeant les différentielles da, db, dc, df, dg, dh en δa, δb, δc, δf, δg, δh. Il en sera de même des différences Δr, Δs, Δu, $\Delta r'$, $\Delta s'$, $\Delta u'$, en changeant da, db, dc, df, dg, dh en Δa, Δb, Δc, Δf, Δg, Δh.

16. Comme ces différences δa, δb, δc, δf, δg, δh, ainsi que Δa, Δb, Δc, Δf, Δg, Δh sont constantes, c'est-à-dire, indépendantes de t et absolument

arbitraires, l'équation précédente subsistera toujours, quelques valeurs qu'on leur donne. Supposons d'abord

$$\Delta b = 0, \quad \Delta c = 0, \quad \Delta f = 0, \quad \Delta g = 0, \quad \Delta h = 0,$$

ensuite

$$\delta a = 0, \quad \delta c = 0, \quad \delta f = 0, \quad \delta g = 0, \quad \delta h = 0,$$

on aura (7)

$$\Delta r = \frac{dr}{da}\Delta a, \quad \Delta s = \frac{ds}{da}\Delta a, \quad \Delta u = \frac{du}{da}\Delta a,$$

$$\Delta r' = \frac{dr'}{da}\Delta a, \quad \Delta s' = \frac{ds'}{da}\Delta a, \quad \Delta u' = \frac{du'}{da}\Delta a,$$

$$\delta r = \frac{dr}{db}\delta b, \quad \delta s = \frac{ds}{db}\delta b, \quad \delta u = \frac{du}{db}\delta b,$$

$$\delta r' = \frac{dr'}{db}\delta b, \quad \delta s' = \frac{ds'}{db}\delta b, \quad \delta u' = \frac{du'}{db}\delta b;$$

et, ces valeurs étant substituées dans l'équation intégrale ci-dessus, on aura, après avoir effacé le facteur commun $\Delta a\,\delta b$,

$$\left.\begin{aligned}
&\frac{d^2R}{dr'^2}\left(\frac{dr}{da}\frac{dr'}{db} - \frac{dr}{db}\frac{dr'}{da}\right)\\
+&\frac{d^2R}{ds'^2}\left(\frac{ds}{da}\frac{ds'}{db} - \frac{ds}{db}\frac{ds'}{da}\right)\\
+&\frac{d^2R}{du'^2}\left(\frac{du}{da}\frac{du'}{db} - \frac{du}{db}\frac{du'}{da}\right)\\
+&\frac{d^2R}{dr'\,ds'}\left(\frac{dr}{da}\frac{ds'}{db} + \frac{ds}{da}\frac{dr'}{db} - \frac{dr}{db}\frac{ds'}{da} - \frac{ds}{db}\frac{dr'}{da}\right)\\
+&\frac{d^2R}{dr'\,du'}\left(\frac{dr}{da}\frac{du'}{db} + \frac{du}{da}\frac{dr'}{db} - \frac{dr}{db}\frac{du'}{da} - \frac{du}{db}\frac{dr'}{da}\right)\\
+&\frac{d^2R}{ds'\,du'}\left(\frac{ds}{da}\frac{du'}{db} + \frac{du}{da}\frac{ds'}{db} - \frac{ds}{db}\frac{du'}{da} - \frac{du}{db}\frac{ds'}{da}\right)\\
+&\left(\frac{d^2R}{ds\,dr'} - \frac{d^2R}{dr\,ds'}\right)\left(\frac{dr}{da}\frac{ds}{db} - \frac{dr}{db}\frac{ds}{da}\right)\\
+&\left(\frac{d^2R}{du\,dr'} - \frac{d^2R}{dr\,du'}\right)\left(\frac{dr}{da}\frac{du}{db} - \frac{dr}{db}\frac{du}{da}\right)\\
+&\left(\frac{d^2R}{du\,ds'} - \frac{d^2R}{ds\,du'}\right)\left(\frac{ds}{da}\frac{du}{db} - \frac{ds}{db}\frac{du}{da}\right)
\end{aligned}\right\} = (a, b).$$

Je désigne par le symbole (a, b) une quantité constante relativement à t, et composée des constantes a, b, c, f, g, h, laquelle sera égale à ce que devient le premier membre de l'équation lorsque, après la substitution des valeurs de r, s, u et de leurs dérivées r', s', u' en fonction de t et de a, b, c, f, g, h, on y fait $t=0$, ou bien on en rejette tous les termes dépendants de t.

17. Or on voit que les premiers termes de cette équation coïncident avec ceux de l'expression du coefficient B du terme Bdb dans la valeur de $\frac{d\Omega}{da}dt$ (10). Ainsi, en substituant B à la place de ces termes, on aura simplement

$$\begin{aligned}\mathrm{B} &+ \left(\frac{d^2\mathrm{R}}{ds\,dr'} - \frac{d^2\mathrm{R}}{dr\,ds'}\right)\left(\frac{dr}{da}\frac{ds}{db} - \frac{dr}{db}\frac{ds}{da}\right)\\ &+ \left(\frac{d^2\mathrm{R}}{du\,dr'} - \frac{d^2\mathrm{R}}{dr\,du'}\right)\left(\frac{dr}{da}\frac{du}{db} - \frac{dr}{db}\frac{du}{da}\right)\\ &+ \left(\frac{d^2\mathrm{R}}{du\,ds'} - \frac{d^2\mathrm{R}}{ds\,du'}\right)\left(\frac{ds}{da}\frac{du}{db} - \frac{ds}{db}\frac{du}{da}\right) = (a, b),\end{aligned}$$

d'où l'on tire

$$\begin{aligned}\mathrm{B} = (a, b) &+ \left(\frac{d^2\mathrm{R}}{dr\,ds'} - \frac{d^2\mathrm{R}}{ds\,dr'}\right)\left(\frac{dr}{da}\frac{ds}{db} - \frac{ds}{da}\frac{dr}{db}\right)\\ &+ \left(\frac{d^2\mathrm{R}}{dr\,du'} - \frac{d^2\mathrm{R}}{du\,dr'}\right)\left(\frac{dr}{da}\frac{du}{db} - \frac{du}{da}\frac{dr}{db}\right)\\ &+ \left(\frac{d^2\mathrm{R}}{ds\,du'} - \frac{d^2\mathrm{R}}{du\,ds'}\right)\left(\frac{ds}{da}\frac{du}{db} - \frac{du}{da}\frac{ds}{db}\right).\end{aligned}$$

18. Supposons ensuite dans les valeurs de $\delta r, \delta s, \delta u, \delta r', \delta s', \delta u'$ les différences $\delta a, \delta b, \delta f, \delta g, \delta h$ nulles; on aura

$$\delta r = \frac{dr}{dc}\delta c, \quad \delta s = \frac{ds}{dc}\delta c, \quad \delta u = \frac{du}{dc}\delta c,$$

$$\delta r' = \frac{dr'}{dc}\delta c, \quad \delta s' = \frac{ds'}{dc}\delta c, \quad \delta u' = \frac{du'}{dc}\delta c.$$

En substituant ces valeurs dans la même équation générale, et conservant les valeurs précédentes de $\Delta r, \Delta s, \Delta u, \Delta r', \Delta s', \Delta u'$, on aura, en effaçant le facteur commun $\Delta a \delta c$, cette autre équation

$$\left.\begin{aligned}
&\frac{d^2R}{dr'^2}\left(\frac{dr}{da}\frac{dr'}{dc}-\frac{dr}{dc}\frac{dr'}{da}\right)\\
&+\frac{d^2R}{ds'^2}\left(\frac{ds}{da}\frac{ds'}{dc}-\frac{ds}{dc}\frac{ds'}{da}\right)\\
&+\frac{d^2R}{du'^2}\left(\frac{du}{da}\frac{du'}{dc}-\frac{du}{dc}\frac{du'}{da}\right)\\
&+\frac{d^2R}{dr'ds'}\left(\frac{dr}{da}\frac{ds'}{dc}+\frac{ds}{da}\frac{dr'}{dc}-\frac{dr}{dc}\frac{ds'}{da}-\frac{ds}{dc}\frac{dr'}{da}\right)\\
&+\frac{d^2R}{dr'du'}\left(\frac{dr}{da}\frac{du'}{dc}+\frac{du}{da}\frac{dr'}{dc}-\frac{dr}{dc}\frac{du'}{da}-\frac{du}{dc}\frac{dr'}{da}\right)\\
&+\frac{d^2R}{ds'du'}\left(\frac{ds}{da}\frac{du'}{dc}+\frac{du}{da}\frac{ds'}{dc}-\frac{ds}{dc}\frac{du}{da}-\frac{du}{dc}\frac{ds'}{da}\right)\\
&+\left(\frac{d^2R}{ds\,dr'}-\frac{d^2R}{dr\,ds'}\right)\left(\frac{dr}{da}\frac{ds}{dc}-\frac{dr}{dc}\frac{ds}{da}\right)\\
&+\left(\frac{d^2R}{du\,dr'}-\frac{d^2R}{dr\,du'}\right)\left(\frac{dr}{da}\frac{du}{dc}-\frac{dr}{dc}\frac{du}{da}\right)\\
&+\left(\frac{d^2R}{du\,ds'}-\frac{d^2R}{ds\,du'}\right)\left(\frac{ds}{da}\frac{du}{dc}-\frac{ds}{dc}\frac{du}{da}\right)
\end{aligned}\right\}=(a,c).$$

La quantité désignée par le symbole (a, c) exprime la valeur de la formule qui forme le premier membre de l'équation lorsque l'on y fait $t = 0$ ou qu'on rejette tous les termes indépendants de t; et l'on voit que cette quantité répond à celle qu'on a désignée par le symbole (a, b) en ce que la lettre c est partout à la place de b. On voit aussi de la même manière que les premiers termes de cette équation forment la valeur du coefficient C du terme $C\,dc$ de l'expression de $\frac{d\Omega}{da}dt$; ainsi l'on en peut déduire la valeur de ce coefficient exprimée de cette manière

$$\begin{aligned}
C = (a, c) &+ \left(\frac{d^2R}{dr\,ds'}-\frac{d^2R}{ds\,dr'}\right)\left(\frac{dr}{da}\frac{ds}{dc}-\frac{ds}{da}\frac{dr}{dc}\right)\\
&+\left(\frac{d^2R}{dr\,du'}-\frac{d^2R}{du\,dr'}\right)\left(\frac{dr}{da}\frac{du}{dc}-\frac{du}{da}\frac{dr}{dc}\right)\\
&+\left(\frac{d^2R}{ds\,du'}-\frac{d^2R}{du\,ds'}\right)\left(\frac{ds}{da}\frac{du}{dc}-\frac{du}{da}\frac{ds}{dc}\right).
\end{aligned}$$

Comme cette expression de C résulte de celle de B, en y changeant simplement b en c, on aura pareillement celles de F, G, H, en changeant successivement b en f, g, h.

19. Ainsi la valeur de $\frac{d\Omega}{da}dt$ (10) deviendra, par ces substitutions,

$$\begin{aligned}\frac{d\Omega}{da}dt &= (a,b)\,db + (a,c)\,dc + (a,f)\,df + (a,g)\,dg + (a,h)\,dh\\
&+\left(\frac{d^2R}{dr\,ds'}-\frac{d^2R}{ds\,dr'}\right)\frac{dr}{da}\left(\frac{ds}{db}db+\frac{ds}{dc}dc+\frac{ds}{df}df+\frac{ds}{dg}dg+\frac{ds}{dh}dh\right)\\
&-\left(\frac{d^2R}{dr\,ds'}-\frac{d^2R}{ds\,dr'}\right)\frac{ds}{da}\left(\frac{dr}{db}db+\frac{dr}{dc}dc+\frac{dr}{df}df+\frac{dr}{dg}dg+\frac{dr}{dh}dh\right)\\
&+\left(\frac{d^2R}{dr\,du'}-\frac{d^2R}{du\,dr'}\right)\frac{dr}{da}\left(\frac{du}{db}db+\frac{du}{dc}dc+\frac{du}{df}df+\frac{du}{dg}dg+\frac{du}{dh}dh\right)\\
&-\left(\frac{d^2R}{dr\,du'}-\frac{d^2R}{du\,dr'}\right)\frac{du}{da}\left(\frac{dr}{db}db+\frac{dr}{dc}dc+\frac{dr}{df}df+\frac{dr}{dg}dg+\frac{dr}{dh}dh\right)\\
&+\left(\frac{d^2R}{ds\,du'}-\frac{d^2R}{du\,ds'}\right)\frac{ds}{da}\left(\frac{du}{db}db+\frac{du}{dc}dc+\frac{du}{df}df+\frac{du}{dg}dg+\frac{du}{dh}dh\right)\\
&-\left(\frac{d^2R}{ds\,du'}-\frac{d^2R}{du\,ds'}\right)\frac{du}{da}\left(\frac{ds}{db}db+\frac{ds}{dc}dc+\frac{ds}{df}df+\frac{ds}{dg}dg+\frac{ds}{dh}dh\right).\end{aligned}$$

20. Si maintenant on se rappelle que les équations $\delta r = 0$, $\delta s = 0$, $\delta u = 0$ du n° 7 donnent

$$\frac{dr}{db}db+\frac{dr}{dc}dc+\frac{dr}{df}df+\frac{dr}{dg}dg+\frac{dr}{dh}dh=-\frac{dr}{da}da,$$

$$\frac{ds}{db}db+\frac{ds}{dc}dc+\frac{ds}{df}df+\frac{ds}{dg}dg+\frac{ds}{dh}dh=-\frac{ds}{da}da,$$

$$\frac{du}{db}db+\frac{du}{dc}dc+\frac{du}{df}df+\frac{du}{dg}dg+\frac{du}{dh}dh=-\frac{du}{da}da,$$

on voit tout de suite que cette expression de $\frac{d\Omega}{da}dt$ se réduit à la forme très-simple

$$\frac{d\Omega}{da}dt = (a,b)\,db + (a,c)\,dc + (a,f)\,df + (a,g)\,dg + (a,h)\,dh;$$

et de là, par l'analogie qui règne dans nos formules, on pourra déduire immédiatement les expressions de $\frac{d\Omega}{db}\,dt$, $\frac{d\Omega}{dc}\,dt, \ldots$, en changeant simplement a en $b, c, \ldots$. On aura ainsi, en observant que la valeur de (a, b) ne fait que changer de signe par le changement de a en b et b en a, et qu'il en est de même des valeurs de tous les autres symboles (a, c), $(b, c), \ldots$,

$$\frac{d\Omega}{db}\,dt = -(a, b)\,da + (b, c)\,dc + (b, f)\,df + (b, g)\,dg + (b, h)\,dh,$$

$$\frac{d\Omega}{dc}\,dt = -(b, c)\,db - (a, c)\,da + (c, f)\,df + (c, g)\,dg + (c, h)\,dh,$$

$$\frac{d\Omega}{df}\,dt = -(b, f)\,db - (c, f)\,dc - (a, f)\,da + (f, g)\,dg + (f, h)\,dh,$$

$$\frac{d\Omega}{dg}\,dt = -(b, g)\,db - (c, g)\,dc - (f, g)\,df - (a, g)\,da + (g, h)\,dh,$$

$$\frac{d\Omega}{dh}\,dt = -(b, h)\,db - (c, h)\,dc - (f, h)\,df - (g, h)\,dg - (a, h)\,da,$$

formules entièrement semblables à celles que nous avons trouvées dans le *Mémoire sur la variation des éléments des planètes* (6), et qui n'en diffèrent que par la valeur des symboles (a, b), (a, c), $(b, c), \ldots$.

21. A l'égard de ces valeurs, il est bon d'observer qu'elles ne dépendent pas de la fonction R elle-même, mais seulement de ses différences partielles relatives à r', s', u'; de sorte que, comme on a supposé $R = T - V$ (5), et que V n'est fonction que de r, s, u (2), on aura simplement

$$\frac{dR}{dr'} = \frac{dT}{dr'}, \quad \frac{dR}{ds'} = \frac{dT}{ds'}, \quad \frac{dR}{du'} = \frac{dT}{du'};$$

par conséquent, dans les expressions des valeurs dont il s'agit, on pourra mettre partout T à la place de R.

De cette manière on aura, en général, pour un symbole quelconque (a, b),

$$\begin{aligned}(a, b) = {} & \frac{d^2\mathrm{T}}{dr'^2}\left(\frac{dr}{da}\frac{dr'}{db} - \frac{dr'}{da}\frac{dr}{db}\right) \\ & + \frac{d^2\mathrm{T}}{ds'^2}\left(\frac{ds}{da}\frac{ds'}{db} - \frac{ds'}{da}\frac{ds}{db}\right) \\ & + \frac{d^2\mathrm{T}}{du'^2}\left(\frac{du}{da}\frac{du'}{db} - \frac{du'}{da}\frac{du}{db}\right) \\ & + \frac{d^2\mathrm{T}}{dr'ds'}\left(\frac{dr}{da}\frac{ds'}{db} + \frac{ds}{da}\frac{dr'}{db} - \frac{dr'}{da}\frac{ds}{db} - \frac{ds'}{da}\frac{dr}{db}\right) \\ & + \frac{d^2\mathrm{T}}{dr'du'}\left(\frac{dr}{da}\frac{du'}{db} + \frac{du}{da}\frac{dr'}{db} - \frac{dr'}{da}\frac{du}{db} - \frac{du'}{da}\frac{dr}{db}\right), \\ & + \frac{d^2\mathrm{T}}{ds'du'}\left(\frac{ds}{da}\frac{du'}{db} + \frac{du}{da}\frac{ds'}{db} - \frac{ds'}{da}\frac{du}{db} - \frac{du'}{da}\frac{ds}{db}\right) \\ & + \left(\frac{d^2\mathrm{T}}{ds\,dr'} - \frac{d^2\mathrm{T}}{dr\,ds'}\right)\left(\frac{dr}{da}\frac{ds}{db} - \frac{ds}{da}\frac{dr}{db}\right) \\ & + \left(\frac{d^2\mathrm{T}}{du\,dr'} - \frac{d^2\mathrm{T}}{dr\,du'}\right)\left(\frac{dr}{da}\frac{du}{db} - \frac{du}{da}\frac{dr}{db}\right) \\ & + \left(\frac{d^2\mathrm{T}}{du\,ds'} - \frac{d^2\mathrm{T}}{ds\,du'}\right)\left(\frac{ds}{da}\frac{du}{db} - \frac{du}{da}\frac{ds}{db}\right),\end{aligned}$$

en faisant $t = 0$, ou bien en rejetant tous les termes qui contiendraient t, après la substitution des valeurs de T et de r, s, u en fonction de t, a, b, c, f, g, h.

22. On voit aussi, par cette formule, comment on pourrait l'étendre au cas où il y aurait un plus grand nombre de variables indépendantes.

A l'égard de la fonction T, elle n'est autre chose que la moitié de la somme des masses multipliées chacune par le carré de sa vitesse, c'est-à-dire, la moitié de la force vive du système exprimée en fonction des variables indépendantes et de leurs dérivées relatives au temps. Ainsi notre Analyse a toute la généralité et la simplicité qu'on peut désirer.

23. Lorsqu'on aura trouvé les valeurs de tous les symboles (a, b), (a, c), (b, c), ... en fonction des constantes a, b, c, ..., on aura autant d'équations de la forme de celles du n° 20, par lesquelles on pourra dé-

terminer les variations de toutes les constantes par les procédés ordinaires de l'élimination, et il est clair que l'on aura pour chacune de ces variations des formules de la forme

$$\frac{da}{dt} = \mathrm{L}\frac{d\Omega}{da} + \mathrm{M}\frac{d\Omega}{db} + \mathrm{N}\frac{d\Omega}{dc} + \ldots,$$

dans lesquelles les coefficients L, M, N,... seront de simples fonctions de a, b, c,... sans t, comme on l'a vu dans le *Mémoire sur la variation des éléments des planètes;* et l'on aura les variations séculaires en n'ayant égard, dans le développement de la fonction Ω, qu'aux termes non périodiques.

24. Dans le cas des perturbations d'une planète, ses trois coordonnées x, y, z sont indépendantes l'une de l'autre, et on peut les prendre pour les variables r, s, u. On aura alors

$$\mathrm{T} = m\frac{dx^2 + dy^2 + dz^2}{2\,dt^2} = \tfrac{1}{2}m(r'^2 + s'^2 + u'^2),$$

d'où l'on tire

$$\frac{d^2\mathrm{T}}{dr'^2} = m,\quad \frac{d^2\mathrm{T}}{ds'^2} = m,\quad \frac{d^2\mathrm{T}}{du'^2} = m,$$

$$\frac{d^2\mathrm{T}}{dr'\,ds'} = 0,\quad \frac{d^2\mathrm{T}}{dr'\,du'} = 0,\quad \frac{d^2\mathrm{T}}{ds'\,du'} = 0,$$

$$\frac{d^2\mathrm{T}}{ds\,dr'} = 0,\quad \frac{d^2\mathrm{T}}{du\,dr'} = 0,\ldots.$$

L'expression générale de (a, b) devient ainsi

$$m\left(\frac{dr}{da}\frac{dr'}{db} - \frac{dr'}{da}\frac{dr}{db} + \frac{ds}{da}\frac{ds'}{db} - \frac{ds'}{da}\frac{ds}{db} + \frac{du}{da}\frac{du'}{db} - \frac{du'}{da}\frac{du}{db}\right),$$

laquelle s'accorde avec celle du n° 6 du Mémoire cité, en y changeant r, s, u en x, y, z, et r', s', u' en $\frac{dx}{dt}$, $\frac{dy}{dt}$, $\frac{dz}{dt}$, et effaçant le facteur m qui est la masse de la planète, parce que, les quantités T, V et Ω se trouvant toutes multipliées par m, ce facteur disparaît de lui-même des équations différentielles.

Pour le mouvement de rotation, nous avons donné dans la *Mécanique analytique* l'expression de T en fonction des angles φ, ψ, ω, à la place desquels il n'y aura qu'à substituer r, s, u.

ADDITION.

25. Depuis la lecture de ce Mémoire j'ai observé que l'équation intégrale trouvée dans le n° 15 pouvait se réduire à cette forme simple

$$\Delta r\delta\frac{dR}{dr'}+\Delta s\delta\frac{dR}{ds'}+\Delta u\delta\frac{dR}{du'}-\delta r\Delta\frac{dR}{dr'}-\delta s\Delta\frac{dR}{ds'}-\delta u\Delta\frac{dR}{du'}=K,$$

et j'ai reconnu qu'il était possible de la déduire directement des trois équations différentielles

$$d\frac{dR}{dr'}-\frac{dR}{dr}dt=o,$$

$$d\frac{dR}{ds'}-\frac{dR}{ds}.dt=o,$$

$$d\frac{dR}{du'}-\frac{dR}{du}dt=o,$$

par le seul jeu des caractéristiques δ et Δ, et sans exécuter les différentiations relatives à d.

En effet, si l'on ajoute ces équations ensemble, après les avoir multipliées respectivement par Δr, Δs, Δu, on a

$$\Delta r\,d\frac{dR}{dr'}+\Delta s\,d\frac{dR}{ds'}+\Delta u\,d\frac{dR}{du'}-\left(\frac{dR}{dr}\Delta r+\frac{dR}{ds}\Delta s+\frac{dR}{du}\Delta u\right)dt=o.$$

Or

$$\Delta r\,d\frac{dR}{dr'}=d\left(\Delta r\frac{dR}{dr'}\right)-\frac{dR}{dr'}d\Delta r.$$

Mais nous avons déjà vu que $d\Delta r=\Delta r'dt$ (numéro cité); ainsi l'on aura

$$\Delta r\,d\frac{dR}{dr'}=d\left(\Delta r\frac{dR}{dr'}\right)-\frac{dR}{dr'}\Delta r'dt,$$

et de même

$$\Delta s\, d\frac{d\mathrm{R}}{ds'} = d\left(\Delta s\,\frac{d\mathrm{R}}{ds'}\right) - \frac{d\mathrm{R}}{ds'}\,\Delta s'\,dt,$$

$$\Delta u\, d\frac{d\mathrm{R}}{du'} = d\left(\Delta u\,\frac{d\mathrm{R}}{du'}\right) - \frac{d\mathrm{R}}{du'}\,\Delta u'\,dt.$$

Substituant ces valeurs dans l'équation précédente, on pourra lui donner cette forme (puisque R est une fonction de r, s, u, r', s', u')

$$d\left(\Delta r\,\frac{d\mathrm{R}}{dr'} + \Delta s\,\frac{d\mathrm{R}}{ds'} + \Delta u\,\frac{d\mathrm{R}}{du'}\right) - \Delta\mathrm{R}\,dt = 0.$$

On trouvera pareillement, en changeant la caractéristique Δ en δ,

$$d\left(\delta r\,\frac{d\mathrm{R}}{dr'} + \delta s\,\frac{d\mathrm{R}}{ds'} + \delta u\,\frac{d\mathrm{R}}{du'}\right) - \delta\mathrm{R}\,dt = 0.$$

Maintenant, si l'on affecte tous les termes de la première équation de la caractéristique δ et ceux de la seconde de la caractéristique Δ, et qu'on regarde les variations Δr, Δs, Δu comme constantes à l'égard de la caractéristique δ, ainsi que les variations δr, δs, δu, comme constantes à l'égard de la caractéristique Δ; que de plus on se souvienne que le d n'a rapport qu'au temps t, et est par conséquent indépendant de δ et Δ, on aura ces deux équations-ci

$$d\left(\Delta r\,\delta\frac{d\mathrm{R}}{dr'} + \Delta s\,\delta\frac{d\mathrm{R}}{ds'} + \Delta u\,\delta\frac{d\mathrm{R}}{du'}\right) - \delta\Delta\mathrm{R}\,dt = 0,$$

$$d\left(\delta r\,\Delta\frac{d\mathrm{R}}{dr'} + \delta s\,\Delta\frac{d\mathrm{R}}{ds'} + \delta u\,\Delta\frac{d\mathrm{R}}{du'}\right) - \Delta\delta\mathrm{R}\,dt = 0.$$

Or, puisque les deux caractéristiques δ et Δ sont indépendantes entre elles, en supposant les variations de r, s, u, r', s', u' relatives à ces caractéristiques aussi indépendantes les unes des autres, il est clair qu'on aura

$$\delta\Delta\mathrm{R} = \Delta\delta\mathrm{R}.$$

Donc, retranchant les deux équations l'une de l'autre, on aura une équation intégrable relativement à t, et dont l'intégrale sera

$$\Delta r\,\delta\frac{d\mathrm{R}}{dr'}+\Delta s\,\delta\frac{d\mathrm{R}}{ds'}+\Delta u\,\delta\frac{d\mathrm{R}}{du'}-\delta r\,\Delta\frac{d\mathrm{R}}{dr'}-\delta s\,\Delta\frac{d\mathrm{R}}{ds'}-\delta u\,\Delta\frac{d\mathrm{R}}{du'}=\mathrm{K},$$

qui est la même que celle que nous avons déjà trouvée.

Mais, quoique cette Analyse soit bien plus simple que celle du Mémoire, parce que les différentiations n'y sont qu'indiquées, elle peut néanmoins laisser quelques doutes dans l'esprit, à cause de la supposition que nous y avons faite de l'indépendance des variations de r, s, u, r', s', u' relatives aux deux caractéristiques δ et Δ, tandis qu'il n'y a à la rigueur d'indépendantes que les variations δa, δb, δc,... et Δa, Δb, Δc,... C'est pourquoi l'entière Analyse, quoique beaucoup plus longue, ne doit pas être regardée comme inutile, puisqu'elle peut servir à mettre notre Théorie à l'abri de toute objection.

26. Au reste, d'après la forme que nous venons de donner à l'équation intégrale, on peut simplifier les expressions des symboles (a, b), (a, c),.... En effet il est facile de voir qu'en regardant directement R comme fonction de a, b, c,..., et substituant T à la place de R, comme nous l'avons fait (**21**), si l'on suppose, pour abréger,

$$\frac{d\mathrm{T}}{dr'}=\mathrm{T}',\quad \frac{d\mathrm{T}}{ds'}=\mathrm{T}'',\quad \frac{d\mathrm{T}}{du'}=\mathrm{T}''',$$

on aura, par l'algorithme des différences partielles,

$$(a, b)=\frac{dr}{da}\frac{d\mathrm{T}'}{db}+\frac{ds}{da}\frac{d\mathrm{T}''}{db}+\frac{du}{da}\frac{d\mathrm{T}'''}{db}-\frac{dr}{db}\frac{d\mathrm{T}'}{da}-\frac{ds}{db}\frac{d\mathrm{T}''}{da}-\frac{du}{db}\frac{d\mathrm{T}'''}{da},$$

et ainsi des autres symboles, en changeant seulement les lettres a, b en c, f, g, h, où l'on rejettera après les substitutions tous les termes qui contiendront le temps t, ou bien on y fera $t=0$, pour que les valeurs de ces symboles ne dépendent que des constantes arbitraires a, b, c, f, g, h.

On voit aussi, par cette forme que nous venons de donner aux expressions des symboles, comment elle peut s'étendre à un plus grand nombre de variables s, t, u,..., et de constantes arbitraires a, b, c, f, g, h,....

27. Je ferai encore ici une autre observation importante. On sait que la loi de Mécanique appelée la *conservation des forces vives* a lieu dans tout système de corps liés entre eux d'une manière quelconque, qui agissent les uns sur les autres par des forces proportionnelles à des fonctions des distances, et sont en même temps soumis à des forces étrangères dirigées vers des centres fixes et proportionnelles aussi à des fonctions des distances aux centres; mais elle cesse d'avoir lieu, si les forces étrangères ou quelques-unes d'entre elles tendent à des centres mobiles et indépendants du système.

Cependant on peut démontrer par les formules de ce Mémoire que les variations de la force vive du système, produites par ces sortes de forces que nous regardons comme des forces perturbatrices, ne peuvent jamais croître comme le temps, mais doivent toujours être périodiques, si les mouvements des corps du système sans les forces perturbatrices, ainsi que ceux des centres de ces forces, sont simplement périodiques; et ce résultat a lieu en ayant égard non-seulement aux premiers termes dus aux forces perturbatrices, mais aussi à ceux qui contiendraient les carrés et les produits de ces mêmes forces.

28. En effet les équations du système sans les forces perturbatrices sont de la forme (5)

$$d\frac{dR}{dr'} - \frac{dR}{dr}\,dt = 0,$$

$$d\frac{dR}{ds'} - \frac{dR}{ds}\,dt = 0,$$

$$d\frac{dR}{du'} - \frac{dR}{du}\,dt = 0,$$

$$\ldots\ldots\ldots\ldots\ldots\ldots,$$

quel que soit le nombre des variables r, s, u,...

En ajoutant ensemble ces équations, après les avoir multipliées respectivement par $r' = \frac{dr}{dt}$, $s' = \frac{ds}{dt}$, $u' = \frac{du}{dt}, \ldots,$ on a

$$r'd\frac{dR}{dr'} + s'd\frac{dR}{ds'} + u'd\frac{dR}{du'} + \ldots - \frac{dR}{dr}dr - \frac{dR}{ds}ds - \frac{dR}{du}du - \ldots = 0.$$

Or la première partie de cette équation peut se mettre sous la forme

$$d\left(\frac{dR}{dr'}r' + \frac{dR}{ds'}s' + \frac{dR}{du'}u' + \ldots\right) - \frac{dR}{dr'}dr' - \frac{dR}{ds'}ds' - \frac{dR}{du'}du' - \ldots.$$

Donc, puisque R ne contient d'autres variables que r, s, $u, \ldots$, r', s', $u', \ldots$, l'équation prendra cette forme

$$d\left(\frac{dR}{dr'}r' + \frac{dR}{ds'}s' + \frac{dR}{du'}u' + \ldots\right) - dR = 0,$$

dont l'intégrale est

$$\frac{dR}{dr'}r' + \frac{dR}{ds'}s' + \frac{dR}{du'}u' + \ldots - R = a,$$

a étant une constante arbitraire.

Or $R = T - V$ (5); et, comme V n'est censé contenir que r, s, $u, \ldots$ sans r', s', $u', \ldots$, l'équation précédente devient

$$\frac{dT}{dr'}r' + \frac{dT}{ds'}s' + \frac{dT}{du'}u' + \ldots - T + V = a.$$

Mais, la quantité T étant exprimée en fonction de r, s, u et de r', s', $u', \ldots$, il est facile de voir qu'elle ne peut être qu'une fonction homogène de deux dimensions de r', s', $u', \ldots$, et qu'ainsi on doit avoir, par la propriété connue de ces sortes de fonctions,

$$\frac{dT}{dr'}r' + \frac{dT}{ds'}s' + \frac{dT}{du'}u' + \ldots = 2T.$$

De sorte que l'équation qu'on vient de trouver se réduira à

$$T + V = a,$$

laquelle exprime la loi de la conservation des forces vives. [*Voyez* la cinquième Section de la seconde Partie de la *Mécanique analytique*, Article IV (*).]

29. Lorsqu'on a égard aux forces perturbatrices, les équations des mouvements du système sont (5)

$$d\frac{dR}{dr'} - \frac{dR}{dr}dt = \frac{d\Omega}{dr}dt,$$

$$d\frac{dR}{ds'} - \frac{dR}{ds}dt = \frac{d\Omega}{ds}dt,$$

$$d\frac{dR}{du'} - \frac{dR}{du}dt = \frac{d\Omega}{du}dt,$$

$$\dots\dots\dots\dots\dots\dots\dots\dots ;$$

et, en faisant sur ces équations les mêmes opérations, on aura, au lieu de l'équation $T + V = a$, celle-ci

$$T + V = a + \int\left(\frac{d\Omega}{dr}dr + \frac{d\Omega}{ds}ds + \frac{d\Omega}{du}du + \dots\right),$$

dans laquelle la quantité

$$\frac{d\Omega}{dr}dr + \frac{d\Omega}{ds}ds + \frac{d\Omega}{du}du + \dots$$

n'est pas intégrable, parce que la quantité Ω est en même temps fonction de $r, s, u, \dots$ et des variables qui dépendent du mouvement des centres des forces perturbatrices.

Ainsi, dans le cas des forces perturbatrices, la constante arbitraire a de l'équation $T + V = a$ devient variable, et l'on a

$$da = \frac{d\Omega}{dr}dr + \frac{d\Omega}{ds}ds + \frac{d\Omega}{du}du + \dots.$$

La force vive du système (1) étant exprimée par $2T$, elle sera égale à $2a - 2V$; mais la quantité V est une fonction donnée des variables qui déterminent la position instantanée des corps dans l'espace. Donc les

(*) Dans la deuxième Édition, seconde Partie, Section V, n° 22. (*Note de l'Éditeur.*)

variations de la constante arbitraire $2a$ seront celles que la force vive éprouve par l'action des forces perturbatrices.

30. La quantité

$$\frac{d\Omega}{dr}dr + \frac{d\Omega}{ds}ds + \frac{d\Omega}{du}du + \ldots$$

n'est autre chose que la différentielle de Ω, en ne faisant varier que les quantités r, s, u,... qui appartiennent au système; et, comme ces quantités sont censées connues en fonction du temps t, la quantité dont il s'agit peut être regardée comme la différentielle de Ω par rapport au temps t, en tant qu'on n'a égard qu'aux variables relatives au système. Or les équations différentielles du mouvement du système ne renfermant point le temps fini t, mais seulement sa différentielle dt, parmi les constantes arbitraires que les intégrales de ces équations doivent contenir, il y en aura nécessairement une qui se trouvera ajoutée au temps fini t.

Ainsi, en nommant c cette constante, les expressions finies de r, s, u,... seront fonctions de $t + c$. Donc la différentielle de Ω relative à t, en tant que t entre dans les expressions de r, s, u,..., sera la même que la différentielle de Ω relative à c; d'où il suit qu'on aura

$$\frac{d\Omega}{dr}dr + \frac{d\Omega}{ds}ds + \frac{d\Omega}{du}du + \ldots = \frac{d\Omega}{dc}dt.$$

Par conséquent on aura sur-le-champ cette équation relative aux variations des constantes arbitraires a et c

$$da = \frac{d\Omega}{dc}dt.$$

Cette expression de la variation de la constante arbitraire a est très-remarquable par sa simplicité et sa généralité, et surtout parce qu'on y parvient *à priori*, indépendamment de la variation des autres constantes arbitraires.

31. Cela posé, je vais prouver que la valeur variable de a ne peut

contenir aucun terme non périodique de la forme Kt; car pour cela il faudrait que $\frac{da}{dt}$ contînt un terme constant K. Or, la fonction Ω ne contenant par l'hypothèse que des quantités périodiques, il est impossible que la différentielle $\frac{d\Omega}{dc}$ contienne un terme non périodique K.

Si l'on veut avoir égard aux secondes dimensions des forces perturbatrices, il faudra tenir compte, dans la valeur de Ω, des variations des constantes arbitraires a, b, c, f, g,.... Pour cela on suivra un procédé analogue à celui des n^{os} **10** et **11** du *Mémoire sur la variation des éléments des planètes*, et l'on parviendra à un résultat semblable, vu que les différences partielles de Ω relatives aux constantes arbitraires sont exprimées de la même manière par les symboles (a, b), (a, c),..., comme on l'a vu plus haut (**20**).

32. Dans l'orbite des planètes autour du Soleil, T devient

$$m\frac{dx^2+dy^2+dz^2}{2\,dt^2},$$

et V devient

$$-\frac{m(1+m)}{r},$$

r étant le rayon vecteur de la planète m, et la masse du Soleil étant prise pour l'unité. Alors la constante a devient

$$-\frac{m(1+m)}{\alpha},$$

α étant le grand axe de l'orbite, comme on le voit par l'équation rapportée dans le n° 8 du Mémoire cité.

Ainsi le Théorème sur la variation du grand axe n'est qu'un cas particulier de celui que nous venons de démontrer.

33. Dans la rotation d'un corps solide, on a [*Mécanique analytique*, Partie II, Section VI, Article 40 (*)]

$$T=\frac{1}{2}(Ap^2+Bq^2+Cr^2)-Fqr-Gpr-Hpq,$$

(*) Dans la deuxième Édition, seconde Partie, Section IX, n° 21. (*Note de l'Éditeur.*)

p, q, r étant les vitesses de rotation autour de trois axes perpendiculaires entre eux, et A, B, C, F, G, H étant des constantes dépendantes de la figure du corps et de la position des trois axes; et, si l'on nomme ρ la vitesse de rotation autour de l'axe instantané de rotation, et λ, μ, ν les angles que cet axe fait avec les trois axes des rotations p, q, r, on a [Section citée, Article 45 (*)]

$$p = \rho\cos\lambda, \quad q = \rho\cos\mu, \quad r = \rho\cos\nu.$$

La force vive $2T$ sera ainsi

$$(A\cos^2\lambda + B\cos^2\mu + C\cos^2\nu - 2F\cos\mu\cos\nu - 2G\cos\lambda\cos\nu - 2H\cos\lambda\cos\mu)\rho^2.$$

Donc, s'il y a des forces perturbatrices, la valeur de ρ ne pourra jamais être sujette à une variation croissante comme le temps, en ayant même égard aux secondes dimensions des forces perturbatrices.

Ce résultat s'applique naturellement à la rotation de la Terre et des planètes, en tant qu'elle peut être altérée par l'attraction des autres planètes.

34. Je dois ajouter, relativement à l'analyse du n° 25, qu'on peut la rendre rigoureuse en formant d'abord l'équation

$$\begin{aligned}
&\Delta r\left(d\delta\frac{dR}{dr'} - \delta\frac{dR}{dr}\,dt\right) - \delta r\left(d\Delta\frac{dR}{dr'} - \Delta\frac{dR}{dr}\,dt\right)\\
&+\Delta s\left(d\delta\frac{dR}{ds'} - \delta\frac{dR}{ds}\,dt\right) - \delta s\left(d\Delta\frac{dR}{ds'} - \Delta\frac{dR}{ds}\,dt\right)\\
&+\Delta u\left(d\delta\frac{dR}{du'} - \delta\frac{dR}{du}\,dt\right) - \delta u\left(d\Delta\frac{dR}{du'} - \Delta\frac{dR}{du}\,dt\right) = 0,
\end{aligned}$$

qui se transforme aisément en celle-ci

$$\begin{aligned}
&d\left(\Delta r\,\delta\frac{dR}{dr'} + \Delta s\,\delta\frac{dR}{ds'} + \Delta u\,\delta\frac{dR}{du'} - \delta r\,\Delta\frac{dR}{dr'} - \delta s\,\Delta\frac{dR}{ds'} - \delta u\,\Delta\frac{dR}{du'}\right)\\
&-\left(\Delta r\,\delta\frac{dR}{dr} + \Delta s\,\delta\frac{dR}{ds} + \Delta u\,\delta\frac{dR}{du} + \Delta r'\,\delta\frac{dR}{dr'} + \Delta s'\,\delta\frac{dR}{ds'} + \Delta u'\,\delta\frac{dR}{du'}\right)dt\\
&+\left(\delta r\,\Delta\frac{dR}{dr} + \delta s\,\Delta\frac{dR}{ds} + \delta u\,\Delta\frac{dR}{du} + \delta r'\,\Delta\frac{dR}{dr'} + \delta s'\,\Delta\frac{dR}{ds'} + \delta u'\,\Delta\frac{dR}{du'}\right)dt = 0.
\end{aligned}$$

(*) Dans la deuxième Édition, seconde Partie, Section IX, n° 29. (*Note de l'Éditeur.*)

Or, R étant une fonction des variables r, s, u, r',..., il est facile de voir, par le développement des différentielles marquées par Δ et δ, que les deux formules

$$\Delta r\,\delta\frac{dR}{dr}+\Delta s\,\delta\frac{dR}{ds}+\Delta u\,\delta\frac{dR}{du}+\Delta r'\,\delta\frac{dR}{dr'}+\ldots,$$

$$\delta r\,\Delta\frac{dR}{dr}+\delta s\,\Delta\frac{dR}{ds}+\Delta\,\delta u\,\frac{dR}{du}+\delta r'\,\Delta\frac{dR}{dr'}+\ldots$$

sont identiques. Donc il reste l'équation intégrable

$$d\left(\Delta r\,\delta\frac{dR}{dr'}+\Delta s\,\delta\frac{dR}{ds'}+\Delta u\,\delta\frac{dR}{du'}-\delta r\,\Delta\frac{dR}{dr'}+\delta s\,\Delta\frac{dR}{ds'}-\delta u\,\Delta\frac{dR}{du'}\right)=0.$$

35. Enfin, si dans l'expression de $\frac{d\Omega}{da}dt$ du n° **20** on substitue les valeurs des symboles (a, b), (a, c),... données dans le n° **26**, et qu'on dénote, comme dans le n° **7**, par la caractéristique δ les différentielles provenant uniquement de la variation des constantes a, b, c, f,..., on aura l'équation

$$\frac{d\Omega}{da}dt=\frac{dr}{da}\,\delta\frac{dT}{dr'}+\frac{ds}{da}\,\delta\frac{dT}{ds'}+\frac{du}{da}\,\delta\frac{dT}{du'}-\frac{d\frac{dT}{dr'}}{da}\delta r-\frac{d\frac{dT}{ds'}}{da}\delta s-\frac{d\frac{dT}{du'}}{da}\delta u,$$

où le t devant disparaître du second membre y peut être supposé tout ce que l'on voudra.

On aura autant de pareilles équations qu'il y a de constantes arbitraires, en changeant successivement a en b, c, f,... dans les différences partielles.

C'est là, ce me semble, ce que l'Analyse peut donner de plus simple sur la variation des constantes arbitraires dans les Problèmes de Mécanique.

SUPPLÉMENT AU MÉMOIRE PRÉCÉDENT.

L'objet de ce Supplément est de montrer comment la formule du n° 35, qui renferme toute la Théorie de la variation des constantes arbitraires, et à laquelle je ne suis arrivé que par une analyse longue et compliquée, peut se déduire immédiatement des équations primitives du n° 8.

En conservant toujours la caractéristique δ pour dénoter les différentielles provenant uniquement de la variation des constantes arbitraires, il est facile de voir que ces équations peuvent se mettre sous cette forme plus simple

$$\frac{d\Omega}{dr}\,dt = \delta\,\frac{dR}{dr'},$$

$$\frac{d\Omega}{ds}\,dt = \delta\,\frac{dR}{ds'},$$

$$\frac{d\Omega}{du}\,dt = \delta\,\frac{dR}{du'},$$

dont celles du n° 8 ne sont que le développement.

De là, en regardant r, s, u comme fonctions de a, on tire tout de suite

$$\frac{d\Omega}{da}\,dt = \frac{dr}{da}\,\delta\,\frac{dR}{dr'} + \frac{ds}{da}\,\delta\,\frac{dR}{ds'} + \frac{du}{da}\,\delta\,\frac{dR}{du'},$$

et, à cause de

$$\delta r = 0, \quad \delta s = 0, \quad \delta u = 0,$$

on a aussi

$$\frac{d\Omega}{da}\,dt = \frac{dr}{da}\,\delta\,\frac{dR}{dr'} + \frac{ds}{da}\,\delta\,\frac{dR}{ds'} + \frac{du}{da}\,\delta\,\frac{dR}{du'} - \frac{d\,\frac{dR}{dr'}}{da}\,\delta r - \frac{d\,\frac{dR}{ds'}}{da}\,\delta s - \frac{d\,\frac{dR}{du'}}{da}\,\delta u,$$

où il n'y a plus qu'à changer R en T pour avoir la formule dont il s'agit.

Cette équation et celle du n° 34, par laquelle on voit que le second membre de l'équation précédente est toujours indépendant du temps t, sont le résultat de tout le Mémoire, qui, présenté de cette manière, ne tiendrait que deux ou trois pages.

SECOND MÉMOIRE SUR LA THÉORIE

DE LA

VARIATION DES CONSTANTES ARBITRAIRES

DANS LES PROBLÈMES DE MÉCANIQUE,

DANS LEQUEL ON SIMPLIFIE L'APPLICATION DES FORMULES GÉNÉRALES A CES PROBLÈMES.

SECOND MÉMOIRE SUR LA THÉORIE

DE LA

VARIATION DES CONSTANTES ARBITRAIRES

DANS LES PROBLÈMES DE MÉCANIQUE,

DANS LEQUEL ON SIMPLIFIE L'APPLICATION DES FORMULES GÉNÉRALES A CES PROBLÈMES (*).

(Mémoires de la première Classe de l'Institut de France, année 1809.)

La variation des constantes arbitraires est une Méthode nouvelle dont l'Analyse s'est enrichie dans ces derniers temps, et dont on a déjà fait des applications importantes. Dans la Mécanique, elle sert à étendre la solution d'un Problème à des cas où de nouvelles forces, dont on n'avait pas tenu compte, seraient supposées agir sur les mobiles. Ainsi lorsque, après avoir résolu le Problème du mouvement d'une planète autour du Soleil en vertu de la seule attraction de cet astre, on veut avoir égard aussi à l'attraction des autres planètes, on peut, en conservant la forme de la première solution, satisfaire à cette nouvelle condition par la variation des constantes arbitraires qui sont les éléments de la Théorie de la planète.

Les observations avaient depuis longtemps indiqué les variations de ces éléments; mais Euler est le premier qui ait cherché à les déterminer par l'Analyse. Ses formules étant de peu d'usage par leur complication, et n'ayant pas même toute l'étendue que la question peut comporter,

(*) Lu le 19 février 1810.

M. de Laplace et moi en donnâmes de plus générales et plus simples, que nous parvînmes ensuite à réduire au plus grand degré de simplicité.

Enfin je viens de donner dans un Mémoire lu à cette Classe le 13 mars 1809, et imprimé dans le volume des *Mémoires* de 1808 (*), une Théorie complète de la variation des constantes arbitraires dans tous les Problèmes de la Mécanique. J'étais parvenu d'abord, par une analyse assez compliquée, à un résultat simple et inespéré; j'ai ensuite trouvé moyen d'arriver directement et par un calcul très-court à ce même résultat, comme on le voit dans l'*Addition* et dans le *Supplément* au Mémoire cité, imprimés dans le même volume. Mais l'application des formules générales aux Problèmes particuliers demandait encore un long calcul, à cause des éliminations qu'il fallait faire pour obtenir séparément l'expression de la variation de chacune des constantes devenues variables. Heureusement une considération très-simple, que je vais exposer et qui m'avait échappé, facilite et simplifie extrêmement cette application et ne laisse plus rien à désirer dans la Théorie analytique de la variation des constantes, relativement aux questions de Mécanique.

On peut regarder cette Théorie comme toute concentrée dans la formule très-simple que j'ai donnée dans le *Supplément* cité, et qui consiste en ce que la différence partielle d'une certaine fonction dépendante des seules forces ajoutées au système, prise relativement à une quelconque des constantes arbitraires, est toujours égale à une fonction des variables du Problème et de leurs différences prises séparément par rapport au temps et par rapport aux constantes arbitraires, laquelle fonction jouit de cette propriété singulière et très-remarquable, qu'en y substituant les valeurs des variables exprimées par le temps et par les constantes arbitraires elle doit devenir indépendante du temps, et ne plus contenir que les mêmes constantes avec leurs différences premières.

Cette circonstance de l'évanouissement de la variable, qui représente le temps dans la fonction dont il s'agit, m'a fait penser que, si les variables étaient exprimées par des séries de puissances ascendantes du

(*) *Voir* le Mémoire précédent, p. 771 du présent volume.

temps, la fonction dont nous parlons ne contiendrait, après les substitutions, que les premiers termes tous constants de ces séries et les coefficients des seconds, à cause des différences premières des variables qui se trouvent dans la fonction. Or ces quantités sont justement les constantes arbitraires que l'intégration introduit naturellement dans l'expression finie des variables, lorsqu'elles dépendent d'équations différentielles du second ordre, comme cela a lieu dans tous les Problèmes de la Mécanique. Il suit de là qu'en adoptant ces constantes arbitraires il suffira d'avoir égard aux deux premiers termes des expressions des variables réduites en séries.

Mais on voit par notre formule du *Supplément* que les différentielles des variables, relativement au temps, ne s'y trouvent que dans les différences partielles de la fonction de ces variables que nous avons nommée T, et qui n'est autre chose que la moitié de la force vive du système. Si donc on suppose que les valeurs de ces différences partielles soient aussi réduites en séries de puissances du temps, leurs premiers termes ne dépendront que des premiers termes et des coefficients des seconds termes des séries des premières variables. On pourra donc, pour plus de simplicité, adopter les premiers termes de ces nouvelles séries pour constantes arbitraires, à la place des coefficients des seconds termes des premières séries. De cette manière il suffira, dans les substitutions, d'avoir égard aux seuls premiers termes de ces différentes séries; et la simple inspection de notre formule fait voir qu'alors la différentielle partielle de la fonction des forces, relativement à chacune des constantes arbitraires, est égale à la différentielle d'une seule de ces constantes : de sorte qu'on a ainsi directement les différentielles de ces constantes devenues variables, exprimées de la manière la plus simple par les différences partielles de la même fonction.

Maintenant on sait que toutes les constantes arbitraires, que les différentes intégrations peuvent introduire, sont toujours réductibles à ces constantes arbitraires primitives; car pour cela il n'y a qu'à supposer le temps égal à zéro dans les différentes équations intégrales qu'on aura obtenues. On aura ainsi les nouvelles constantes arbitraires en fonction de celles qu'on avait adoptées, et l'on en déduira facilement, par les opérations connues, les valeurs de leurs différentielles exprimées en différences partielles de la même fonction, mais rapportées à ces nouvelles constantes arbitraires. Tout cela ne dépend plus que d'un calcul connu, et nous donnerons les formules générales qui en résultent. Ce sera le complément de notre Théorie de la variation des constantes.

M. Poisson a lu, le 16 octobre dernier, à cette Classe, un *Mémoire sur la variation des constantes arbitraires dans les questions de Mécanique*, lequel est imprimé dans le volume qui vient de paraître du *Journal de l'École Polytechnique* (*). Ce Mémoire contient une savante analyse qui est comme l'inverse de la mienne, et dont l'objet est d'éviter les éliminations que celle-ci exigeait. L'Auteur parvient en effet, par un calcul assez long et délicat, à des formules qui donnent directement les valeurs des différentielles des constantes arbitraires devenues variables. Ces formules ne coïncident pas immédiatement avec celles que je donne dans ce Mémoire, parce qu'elles renferment les constantes arbitraires en fonction des variables du Problème et de leurs différentielles, au lieu que les nôtres ne renferment ces constantes qu'en fonction d'autres constantes; mais il est facile de se convaincre *à priori* qu'elles conduisent aux mêmes résultats.

Voici maintenant notre analyse, d'après les principes que nous venons d'exposer.

1. En conservant les noms donnés dans le premier Mémoire, on a cette formule générale trouvée dans le *Supplément* (**)

$$\frac{d\Omega}{da}dt = \frac{dr}{da}\delta\frac{dT}{dr'} + \frac{ds}{da}\delta\frac{dT}{ds'} + \frac{du}{da}\delta\frac{dT}{du'} - \frac{d\frac{dT}{dr'}}{da}\delta r - \frac{d\frac{dT}{ds'}}{da}\delta s - \frac{d\frac{dT}{du'}}{da}\delta u,$$

où la caractéristique δ indique des différences relatives uniquement aux constantes arbitraires contenues dans les expressions des variables r, s, u.

(*) 15ᵉ Cahier, page 266.

(**) *Voir* page 805 de ce volume.

Le point capital de cette formule est que le second membre de l'équation doit devenir indépendant du temps après la substitution des valeurs de r, s, u, comme je l'ai démontré d'une manière fort simple dans le n° 34 de l'*Addition*. C'est pourquoi, si l'on suppose, ce qui est toujours permis,

$$r = \alpha + \alpha' t + \alpha'' t^2 + \ldots,$$

$$s = \beta + \beta' t + \beta'' t^2 + \ldots,$$

$$u = \gamma + \gamma' t + \gamma'' t^2 + \ldots,$$

et ensuite

$$\frac{dT}{dr'} = \lambda + \lambda' t + \lambda'' t^2 + \ldots,$$

$$\frac{dT}{ds'} = \mu + \mu' t + \mu'' t^2 + \ldots,$$

$$\frac{dT}{du'} = \nu + \nu' t + \nu'' t^2 + \ldots,$$

tous les termes de ces séries, excepté les premiers, s'en iront après les substitutions; de sorte qu'il suffira de substituer dans la formule générale α, β, γ, λ, μ, ν à la place des quantités r, s, u, $\frac{dT}{dr'}$, $\frac{dT}{ds'}$, $\frac{dT}{du'}$; ce qui la réduira d'abord à la forme

$$\frac{d\Omega}{da} dt = \frac{d\alpha}{da} \delta\lambda + \frac{d\beta}{da} \delta\mu + \frac{d\gamma}{da} \delta\nu - \frac{d\lambda}{da} \delta\alpha - \frac{d\mu}{da} \delta\beta - \frac{d\nu}{da} \delta\gamma;$$

et, comme T est une fonction de r, s, u et de $r' = \frac{dr}{dt}$, $s' = \frac{ds}{dt}$, $u' = \frac{du}{dt}$, il est clair que les premiers termes λ, μ, ν seront donnés en fonction de α, β, γ et de α', β', γ', et que ces fonctions seront semblables aux fonctions $\frac{dT}{dr'}$, $\frac{dT}{ds'}$, $\frac{dT}{du'}$ de r, s, u, r', s', u'.

2. Les équations différentielles entre les variables r, s, u et t étant du second ordre, les constantes arbitraires que l'intégration introduit naturellement dans les expressions de r, s, u sont leurs valeurs initiales α, β, γ, ainsi que les valeurs initiales α', β', γ' de $\frac{dr}{dt}$, $\frac{ds}{dt}$, $\frac{du}{dt}$. Donc si, à

la place de ces trois dernières constantes, on prend les trois constantes λ, μ, ν, qui sont données en α, β, γ et α', β', γ', on pourra représenter les six constantes arbitraires du Problème par les six quantités α, β, γ, λ, μ, ν.

Ainsi, en substituant successivement, dans la formule précédente, chacune de ces quantités à la place de a qui représente une des constantes arbitraires, et changeant la caractéristique δ en d, puisque les variations des constantes arbitraires se rapportent maintenant au temps t, on aura tout de suite les six équations

$$\frac{d\Omega}{d\alpha}dt = d\lambda, \qquad \frac{d\Omega}{d\beta}dt = d\mu, \qquad \frac{d\Omega}{d\gamma}dt = d\nu,$$

$$\frac{d\Omega}{d\lambda}dt = -d\alpha, \qquad \frac{d\Omega}{d\mu}dt = -d\beta, \qquad \frac{d\Omega}{d\nu}dt = -d\gamma,$$

qui sont, comme l'on voit, sous la forme la plus simple qu'il soit possible.

3. Mais, quelles que soient les constantes arbitraires qu'on veuille employer dans les expressions des variables r, s, u, elles ne peuvent être que des fonctions des constantes α, β, γ, α', β', γ', qu'on trouvera facilement en faisant $t = 0$ dans les équations qui donnent les valeurs de r, s, u, et dans leurs différentielles, et changeant r, s, u, r', s', u' en α, β, γ, α', β', γ'.

Ainsi, comme les quantités λ, μ, ν sont données aussi en α, β, γ, α', β', γ', on aura les nouvelles constantes, que nous désignerons maintenant par a, b, c, f, g, h, en fonction des constantes α, β, γ, λ, μ, ν.

Donc, en différentiant les valeurs de a, b, c,..., et substituant les valeurs de $d\alpha$, $d\beta$, $d\gamma$, $d\lambda$, $d\mu$, $d\nu$ qu'on vient de trouver, on aura, en divisant par dt,

$$\frac{da}{dt} = -\frac{da}{d\alpha}\frac{d\Omega}{d\lambda} - \frac{da}{d\beta}\frac{d\Omega}{d\mu} - \frac{da}{d\gamma}\frac{d\Omega}{d\nu} + \frac{da}{d\lambda}\frac{d\Omega}{d\alpha} + \frac{da}{d\mu}\frac{d\Omega}{d\beta} + \frac{da}{d\nu}\frac{d\Omega}{d\gamma},$$

$$\frac{db}{dt} = -\frac{db}{d\alpha}\frac{d\Omega}{d\lambda} - \frac{db}{d\beta}\frac{d\Omega}{d\mu} - \frac{db}{d\gamma}\frac{d\Omega}{d\nu} + \frac{db}{d\lambda}\frac{d\Omega}{d\alpha} + \frac{db}{d\mu}\frac{d\Omega}{d\beta} + \frac{db}{d\nu}\frac{d\Omega}{d\gamma},$$

. . . .

Or, en regardant Ω comme fonction de a, b, c, f, g, h, et ces quantités comme fonctions de α, β, γ, λ, μ, ν, on a par les formules connues

$$\frac{d\Omega}{d\alpha} = \frac{da}{d\alpha}\frac{d\Omega}{da} + \frac{db}{d\alpha}\frac{d\Omega}{db} + \frac{dc}{d\alpha}\frac{d\Omega}{dc} + \frac{df}{d\alpha}\frac{d\Omega}{df} + \frac{dg}{d\alpha}\frac{d\Omega}{dg} + \frac{dh}{d\alpha}\frac{d\Omega}{dh},$$

$$\frac{d\Omega}{d\beta} = \frac{da}{d\beta}\frac{d\Omega}{da} + \frac{db}{d\beta}\frac{d\Omega}{db} + \frac{dc}{d\beta}\frac{d\Omega}{dc} + \frac{df}{d\beta}\frac{d\Omega}{df} + \frac{dg}{d\beta}\frac{d\Omega}{dg} + \frac{dh}{d\beta}\frac{d\Omega}{dh},$$

. . . .

4. Faisant toutes ces substitutions dans les expressions précédentes de $\frac{da}{dt}$, $\frac{db}{dt}$, ..., et ordonnant les termes suivant les différences partielles de Ω, on voit d'abord que le coefficient de $\frac{d\Omega}{da}$ est nul dans la valeur de $\frac{da}{dt}$, que celui de $\frac{d\Omega}{db}$ est nul dans la valeur de $\frac{db}{dt}$, et ainsi des autres; qu'ensuite, en employant des symboles $[a, b]$, $[a, c]$, $[b, c]$, ... analogues à ceux du premier Mémoire, tels que l'on ait

$$[a, b] = -\frac{da}{d\alpha}\frac{db}{d\lambda} - \frac{da}{d\beta}\frac{db}{d\mu} - \frac{da}{d\gamma}\frac{db}{d\nu} + \frac{da}{d\lambda}\frac{db}{d\alpha} + \frac{da}{d\mu}\frac{db}{d\beta} + \frac{da}{d\nu}\frac{db}{d\gamma},$$

$$[a, c] = -\frac{da}{d\alpha}\frac{dc}{d\lambda} - \frac{da}{d\beta}\frac{dc}{d\mu} - \frac{da}{d\gamma}\frac{dc}{d\nu} + \frac{da}{d\lambda}\frac{dc}{d\alpha} + \frac{da}{d\mu}\frac{dc}{d\beta} + \frac{da}{d\nu}\frac{dc}{d\gamma},$$

$$[b, c] = -\frac{db}{d\alpha}\frac{dc}{d\lambda} - \frac{db}{d\beta}\frac{dc}{d\mu} - \frac{db}{d\gamma}\frac{dc}{d\nu} + \frac{db}{d\lambda}\frac{dc}{d\alpha} + \frac{db}{d\mu}\frac{dc}{d\beta} + \frac{db}{d\nu}\frac{dc}{d\gamma},$$

. . . . ,

on aura ces formules

$$\frac{da}{dt} = [a, b]\frac{d\Omega}{db} + [a, c]\frac{d\Omega}{dc} + [a, f]\frac{d\Omega}{df} + [a, g]\frac{d\Omega}{dg} + [a, h]\frac{d\Omega}{dh},$$

$$\frac{db}{dt} = -[a, b]\frac{d\Omega}{da} + [b, c]\frac{d\Omega}{dc} + [b, f]\frac{d\Omega}{df} + [b, g]\frac{d\Omega}{dg} + [b, h]\frac{d\Omega}{dh},$$

$$\frac{dc}{dt} = -[a, c]\frac{d\Omega}{da} - [b, c]\frac{d\Omega}{db} + [c, f]\frac{d\Omega}{df} + [c, g]\frac{d\Omega}{dg} + [c, h]\frac{d\Omega}{dh},$$

. . . . , dans lesquelles la loi de la continuation est évidente, en remarquant que les symboles changent de signe quand on change l'ordre des deux lettres renfermées entre les crochets, mais sans changer de valeur. Ainsi

$$[b, a] = -[a, b], \quad [c, b] = -[b, c], \ldots.$$

Ces formules donnent, comme l'on voit, la solution la plus directe et la plus simple du Problème de la variation des constantes arbitraires, et elles s'étendent à autant de constantes qu'on voudra.

FIN DU TOME SIXIÈME.

TABLE DES MATIÈRES

DU TOME SIXIÈME.

SECTION TROISIÈME.

MÉMOIRES EXTRAITS DES RECUEILS DE L'ACADÉMIE DES SCIENCES DE PARIS ET DE LA CLASSE DES SCIENCES MATHÉMATIQUES ET PHYSIQUES DE L'INSTITUT DE FRANCE.

PARIS. — IMPRIMERIE DE GAUTHIER-VILLARS, SUCCESSEUR DE MALLET-BACHELIER, Quai des Augustins, 55.

www.ingramcontent.com/pod-product-compliance
Lightning Source LLC
Chambersburg PA
CBHW070714020526
44115CB00031B/1083

9782012596610